TURING 图灵计算机科学丛书

计算机程序设计艺术
卷2：半数值算法
（第3版）

[美] 高德纳（Donald E. Knuth）◎著

巫斌 范明 ◎译

The Art of Computer Programming

Vol 2: Seminumerical Algorithms
Third Edition

人民邮电出版社
北京

图书在版编目（ＣＩＰ）数据

计算机程序设计艺术 ：第3版. 卷2，半数值算法 /
（美）高德纳（Knuth, D.E.）著 ；巫斌，范明译. -- 北
京 ：人民邮电出版社，2016.7（2023.12重印）
（图灵计算机科学丛书）
书名原文：The Art of Computer Programming, Vol
2: Seminumerical Algorithms, Third Edition
ISBN 978-7-115-36069-4

Ⅰ．①计⋯ Ⅱ．①高⋯ ②巫⋯ ③范⋯ Ⅲ．①程序设
计②电子计算机－算法分析 Ⅳ．①TP311.1②TP301.6

中国版本图书馆CIP数据核字(2016)第086191号

内 容 提 要

　　《计算机程序设计艺术》系列被公认为计算机科学领域的权威之作，深入阐述了程序设计理论，对计算机领域的发展有着极为深远的影响。本书为该系列的第 2 卷，全面讲解了半数值算法，分"随机数"和"算术"两章。书中总结了主要算法范例及这些算法的基本理论，广泛剖析了计算机程序设计与数值分析间的相互联系。

　　本书适合从事计算机科学、计算数学等各方面工作的人员阅读，也适合高等院校相关专业的师生作为教学参考书，对于想深入理解计算机算法的读者，是一份必不可少的珍品。

◆ 著　　　　[美] 高德纳（Donald E. Knuth）
　　译　　　　巫 斌　范 明
　　责任编辑　傅志红
　　执行编辑　隋春宁　黄志斌
　　责任印制　彭志环
　　排版指导　刘海洋

◆ 人民邮电出版社出版发行　　北京市丰台区成寿寺路11号
　　邮编　100164　电子邮件　315@ptpress.com.cn
　　网址　https://www.ptpress.com.cn
　　天津翔远印刷有限公司印刷

◆ 开本：787×1092　1/16
　　印张：38.5　　　　　　　　2016年 7 月第 1 版
　　字数：1054千字　　　　　　2023年12月天津第 12 次印刷
　　著作权合同登记号　图字：01-2009-7276号

定价：228.80元
读者服务热线：(010)84084456-6009　印装质量热线：(010)81055316
反盗版热线：(010)81055315
广告经营许可证：京东市监广登字 20170147 号

版权声明

前　言

亲爱的奥菲莉娅!
这些数很让我头疼: 我不知道自己叹息多少次了.
——《哈姆雷特》(第 2 幕, 第 2 场, 第 120 行)

本书讨论的算法与数值直接相关. 不过我认为把它们称为半数值算法也是恰如其分的, 因为它们介于数值计算和符号计算之间. 这些算法不仅仅计算了数值问题的答案, 还试图很好地适应数字计算机的内部运算. 读者如果对计算机的机器语言没有一定的了解, 很多情况下就无法充分体会到算法之美——相应的机器程序的效率是至关重要的, 与算法本身密不可分. 为了寻求计算机处理数值的最佳方法, 我们既要考虑数值也要研究策略. 因而本书的内容无疑既属于计算数学, 也属于计算机科学.

有些在 "较高层次" 上从事数值分析工作的人可能会认为本书讨论的是系统程序员做的事情, 而那些在 "较高层次" 上从事系统编程工作的人又会认为这些问题是数值分析人员要去考虑的. 但我希望还是会有一些人愿意认真研究本书中讲解的这些基本方法. 虽然这些方法显得层次较低, 但它们是用计算机解决强大的数值问题的基础, 因此深入了解这些方法十分重要. 本书着重考虑的是计算数学与计算机程序设计之间的接口, 这两类技巧的结合使得本书充满了趣味性.

与这套书的其他各卷相比, 本书所讨论的内容中, 数学内容所占的比例明显要大很多. 多数情况下, 书中数学知识的讨论几乎是从零开始的 (或者从第 1 卷的结果开始), 但有几个小节仍然需要读者具备一定的微积分知识.

本卷包含整套书中的第 3 章和第 4 章. 第 3 章讨论 "随机数", 不仅研究了生成随机序列的各种方法, 而且还研究了随机性的统计测试, 以及一致随机数到其他类型随机量的转换——后者说明了如何在实践中使用随机数. 此外, 我还专门用一节内容介绍了随机性本身的特性. 第 4 章意在介绍经过数百年的发展之后, 人们在算术运算上都有哪些美妙的发现. 这一章讨论了多种数值表示系统以及它们之间的相互转换, 还介绍了浮点数、高精度整数、有理分式、多项式及幂级数的算术运算, 包括因式分解和计算最大公因子的问题.

可以以第 3 章或第 4 章的内容为基础, 为大学三年级到研究生层次的学生开设一学期的课程. 目前许多学校都没有关于 "随机数" 和 "算术" 的课程, 但我相信读者可以从这两章的内容中发现其实际教育价值. 根据我自己的经验, 这些课程可以很好地向大学生传授初等概率论和数论知识. 这类导论性课程中涉及的内容几乎都与实际应用有着自然的关联, 而这些实际应用对学习和理解相应的理论是非常重要的. 此外, 每章都给出了一些涉及更深入问题的提示, 可以激发学生进一步从事数学研究的兴趣.

除少数内容与第 1 卷介绍的 MIX 计算机有关之外, 本书的大部分内容都是自成一体的. 附录 B 列出了本书用到的数学符号, 有些与传统数学书中的符号略有不同.

第 3 版前言

本书的第 2 版完成于 1980 年, 它可以说是 TEX 和 METAFONT 这两个电子排版原型系统的第一个重要测试实例. 上一版启发我开发和完善了这两个电子排版系统, 现在第 3 版又要问世了, 我为这两个电子排版系统的成功感到由衷的高兴. 最终我可以使《计算机程序设计艺术》

的各卷内容保持一致的格式，并能够适应印刷技术和显示技术上的变化. 新的设置使得我可以在文字上进行数千处的改进，这是我多年来一直想做的校正.

我对新版的文字逐字进行了认真的审阅，力图在保持原有的蓬勃朝气的同时，加入一些可能更成熟的论断. 新版增加了几十道新的习题，并为原有的几十道习题给出了改进的新答案. 改动可谓无处不在，但最重要的改动集中在 3.5 节（关于随机性的理论保证）、3.6 节（关于可移植的随机数生成程序）、4.5.2 节（关于二进制最大公因数算法）和 4.7 节（关于幂级数的复合与迭代）.

《计算机程序设计艺术》丛书尚未完稿，而有关半数值算法的研究也还在快速发展. 因此书中有些部分还带有"建设中"的图标，以向读者致歉——这部分内容还不是最新的. 我电脑中的文件里堆满了重要的材料，打算写进第 2 卷最后壮丽无比的第 4 版中，或许从现在算起还需要 16 年的时间. 但我必须先完成第 4 卷和第 5 卷，非到万不得已，我不想拖延这两卷的出版时间.

非常感谢在过去 35 年中帮助我搜集素材和改进内容的数百人. 准备这一新版本的大部分艰苦工作是由西尔维奥·利维和杰弗里·奥尔德姆完成的，利维十分专业地编辑了本书的电子文本，奥尔德姆则几乎把所有的插图都转换成了 METAPOST 格式. 我修正了细心的读者在第 2 版中发现的所有错误（还有读者未能察觉的一些错误），并尽量避免在新增内容中引入新的错误. 但我猜测可能仍然有一些缺陷，我希望能尽快加以改正. 因此，我很乐意向首先发现技术性错误、印刷错误或历史知识错误的人按每处支付 $2.56. 下列网页上列出了所有已反馈给我的最新勘误：http://www-cs-faculty.stanford.edu/~knuth/taocp.html.

高德纳
加利福尼亚州斯坦福市
1997 年 7 月

对于一本撰写时间长达 8 年的书而言，需要感谢的同事、打字员、学生、老师和朋友太多了. 此外，我不想按常规做法免除他们对于书中错误的责任，他们应该帮我纠正这些错误！有时候，他们甚至需要为一些将来被证明是错误的观点负责. 不管怎样，我要对这些共事的伙伴们表示感谢.
——爱德华·坎贝尔（小）（1975）

"Defendit numerus"（数值是安全的）是傻瓜的格言；
"Deperdit numerus"（数值有毁灭性）是智者的格言.
——查尔斯·科尔顿（1820）

习题说明

这套书的习题既可用于自学，也可用于课堂练习．任何人单凭阅读而不运用获得的知识解决具体问题，进而激励自己思考所阅读的内容，就想学会一门学科，即便可能，也很困难．再者，人们大凡对亲身发现的事物才有透彻的了解．因此，习题是这套书的一个重要组成部分．我力求习题的信息尽可能丰富，并且兼具趣味性和启发性．

很多书会把容易的题和很难的题随意混杂在一起．这样做有些不合适，因为读者在做题前想知道需要花多少时间，不然他们可能会跳过所有习题．理查德·贝尔曼的《动态规划》(*Dynamic Programming*)一书就是个典型的例子．这是一本很重要的开创性著作，在书中某些章后"习题和研究题"的标题下，极为平常的问题与深奥的未解难题掺杂在一起．据说有人问过贝尔曼博士，如何区分习题和研究题，他回答说："若你能求解，它就是一道习题；否则，它就是一道研究题．"

在我们这种类型的书中，有足够理由同时收录研究题和非常容易的习题．因此，为了避免读者陷入区分的困境，我用等级编号来说明习题的难易程度．这些编号的意义如下所示．

等级　说明

00　极为容易的习题，只要理解了文中内容就能立即解答．这样的习题差不多都是可以"在脑子中"形成答案．

10　简单问题，它让你思考刚阅读的材料，决非难题．你至多花一分钟就能做完，可考虑借助笔和纸求解．

20　普通问题，检验你对正文内容的基本理解，完全解答可能需要 15 到 20 分钟．

30　具有中等难度的较复杂问题．为了找到满意的答案，可能需要两小时以上．要是开着电视机，时间甚至更长．

40　非常困难或者很长的问题，适合作为课堂教学中一个学期的设计项目．学生应当有能力在一段相当长的时间内解决这个问题，但解答不简单．

50　研究题，尽管有许多人尝试，但直到我写书时尚未有满意的解答．你若找到这类问题的答案，应该写文章发表．而且，我乐于尽快获知这个问题的解答（只要它是正确的）．

依据上述尺度，其他等级的意义便清楚了．例如，一道等级为 17 的习题就比普通问题略微简单点．等级为 50 的问题，若是将来被某个读者解决了，可能会在本书以后的版本中标记为 40 等，并发布在因特网上的本书勘误表中．

等级编号除以 5 得到的余数，表示完成这道习题的具体工作量．因此，等级为 24 的习题，比等级为 25 的习题可能花更长的时间，不过做后一种习题需要更多的创造性．等级为 46 及以上的习题是开放式问题，有待进一步研究，其难度等级由尝试解决该问题的人数而定．

作者力求为习题指定精确的等级编号，但这很困难，因为出题人无法确切知道别人在求解时会有多大难度；同时，每个人都会更擅长解决某些类型的问题．希望等级编号能合理地反映习题的难度，读者应把它们看成一般的指导而非绝对的指标．

本书的读者群具有不同程度数学教育和素养，因此某些习题仅供喜欢数学的读者使用．如果习题涉及的数学背景大大超过了仅对算法编程感兴趣的读者的接受能力，那么等级编号前会有一个字母 *M*．如果习题的求解必须用到本书中没有详细讨论的微积分等高等数学知识，那么用两个字母 *HM*．*HM* 记号并不一定意味着习题很难．

　　某些习题前有个箭头 ▶，这表示问题极具启示性，特别向读者推荐. 当然，不能期待读者或者学生做全部习题，所以我挑选出了看起来最有价值的习题.（这并非要贬低其他习题！）读者至少应该试着解答等级 10 以下的所有习题，再去优先考虑箭头标出的那些较高等级的习题.

　　书后给出了多数习题的答案. 请读者慎用答案，还未认真求解之前不要求助于答案，除非你确实没有时间做某道习题. 在你得出自己的答案或者做了应有的尝试之后，再看习题答案是有教益和帮助的. 书中给出的解答通常非常简短，因为我假定你已经用自己的方法做了认真的尝试，所以只概述其细节. 有时解答给出的信息比较少，不过通常会给较多信息. 很可能你得出的答案比书后答案更好，你也可能发现书中答案的错误，对此，我愿闻其详. 本书的后续版本会给出改进后的答案，在适当情况下也会列出解答者的姓名.

　　你做一道习题时，可以利用前面习题的答案，除非明确禁止这样做. 我在标注习题等级时已经考虑到了这一点，因此，习题 $n+1$ 的等级可能低于习题 n 的等级，尽管习题 n 的结果只是它的特例.

编号摘要：		*00*	立即回答
		10	简单（一分钟）
		20	普通（一刻钟）
▶	推荐的	*30*	中等难度
M	面向数学的	*40*	学期设计
HM	需要"高等数学"	*50*	研究题

习题

▶ **1.** [*00*] 等级 "*M20*" 的含义是什么？

2. [*10*] 教科书中的习题对于读者具有什么价值？

3. [*M34*] 欧拉在 1772 年推测，方程 $w^4 + x^4 + y^4 = z^4$ 没有正整数解，但是诺姆·埃尔基斯在 1987 年证明，它存在无穷多个解 [见 *Math. Comp.* **51** (1988), 825–835]. 请找出所有整数解，使得 $0 \le w \le x \le y < z < 10^6$.

4. [*M50*] 证明：当 n 为大于 4 的整数时，方程 $w^n + x^n + y^n = z^n$ 无正整数解 w, x, y, z.

> *习题是最好的学习方法.*
> ——罗伯特·雷科德，*The Whetstone of Witte*（1557）

目　录

JMK
JSK

第 3 章　随机数

3.1　引言

在许多不同类型的应用中，"随机选取的"数都是有用的. 例如：

(a)仿真. 使用计算机模拟自然现象时，需要使用随机数使得效果更加逼真. 仿真涵盖许多领域，从核物理研究（粒子服从随机碰撞）到运筹学（例如人们相隔随机的时间间隔到达机场）.

(b)抽样. 通常，考察所有可能的情况是不切实际的，但是借助随机样本，我们可以理解"典型"行为.

(c) 数值分析. 人们已经借助随机数，发明了一些精巧的方法，用于解决复杂的数值计算问题. 关于该主题已经出版多部专著.

(d) 计算机程序设计. 为检测计算机算法的有效性，随机值是很好的测试数据. 更重要的是，随机算法离不开随机值，而随机算法常常比确定性算法有用得多. 在这套书中，随机数的这种用法是我们最感兴趣的应用. 正因为如此，我们在第 3 章就研究随机数，然后才介绍其他大部分计算机算法.

(e) 决策. 据报导，许多管理者都通过掷硬币或投飞镖等来做决定. 谣传有些大学教授也用类似方法给学生打分. 有时，有必要做出完全"无偏的"决定. 在矩阵对策论中，随机性也与最优策略密不可分.

(f) 密码学. 在多种保密通信方式中，数据需要保密，无偏的二进位源是至关重要的.

(g) 美学. 少许随机性使得计算机生成的图形和音乐更富有生趣. 例如在某些情况下，下面左边的模式往往比右边的模式更吸引人. [参阅高德纳，*Bull. Amer. Math. Soc.* **1** (1979), 369.]

(h) 娱乐. 几乎人人都喜欢掷骰子、洗牌、转动轮盘等消遣活动. 鉴于随机数的这种传统用法，人们使用"蒙特卡罗方法"一词来泛指一切使用随机数的算法.

考虑随机数的人总是爱陷于"'随机'一词的含义是什么"的哲学讨论. 在某种意义下，所谓"一个随机数"根本不存在. 试问，2 是随机数吗？相反，我们说具有特定分布的、独立随机数的序列，意指每个数都是随机得到的，与该序列中的其他数无关，并且每个数都以特定概率落入任意给定的取值范围.

在有限数集上的均匀分布中，每个可能的数都是等可能的. 除非另作明确说明，否则分布都视为均匀分布.

在一个（均匀的）随机数字序列中，0 到 9 这十个数字的每一个出现的比率都大约是 $\frac{1}{10}$. 每两个固定数字出现比率都大约是 $\frac{1}{100}$，以此类推. 但是，如果我们真的取一个具有一百万位数字的真正随机的序列，那么它并非总是恰好包含 100 000 个 0，100 000 个 1，等等. 事实上，这种可能性相当小，许多个这种序列平均起来才会具有这种性质.

所有一百万位数字的序列都具有相同的可能性. 因此，如果我们随机选取一百万个数字，并且前 999 999 个碰巧都是 0，则在真正随机的情况下，最后一个数字恰好为 0 的可能性仍然只有 $\frac{1}{10}$. 许多人会觉得这些话自相矛盾，但实际上它们并无矛盾.

随机性有很多种严格的抽象定义方法，3.5 节将继续讲解这一有趣的主题. 现在，我们只需要直观地理解这一概念就足够了.

许多年前，需要随机数的科研工作者会从"充分搅匀的桶"中摸球，或者掷骰子，或者抽牌. 1927 年，伦纳德·蒂皮特公布了一张"从人口普查报告中随机抽取的"、超过 40 000 位随机数字的表. 自那以后，人们制造了一些设备用来机械地生成随机数. 1939 年，莫里斯·肯德尔和伯纳德·巴宾顿-史密斯使用第一台这样的机器，产生了 100 000 位随机数字的表. Ferranti Mark I 计算机于 1951 年首次投入使用，它有一条内置指令，使用电阻噪声发生器，把 20 个随机二进制位送入累加器. 此前，图灵曾经建议使用这种做法. 1955 年，美国兰德公司公布了借助另一台特殊设备得到的一百万位随机数字的表，这份数表得到广泛使用. 多年来，英国溢价储蓄债券彩票一直使用著名的随机数生成机器 ERNIE 产生中奖号码. ［弗洛伦丝·戴维在《游戏、上帝和赌博》（ *Games, Gods, and Gambling* (1962)）中介绍了早期的历史情况. 又见肯德尔和巴宾顿-史密斯，*J. Royal Stat. Soc.* **A101** (1938), 147–166；**B6** (1939), 51–61；关于 Mark I，见西蒙·拉文顿，*CACM* **21** (1978), 4–12；关于兰德公司随机数表，见 *Math. Comp.* **10** (1956), 39–43；关于 ERNIE，见威廉·汤姆森，*J. Royal Stat. Soc.* **A122** (1959), 301–333. ］

计算机出现之后不久，人们就开始寻找在计算机程序中得到随机数的高效方法. 可以使用一张随机数表，但是这种方法的效用有限，因为需要内存空间和输入时间，表可能太短，制作和维护随机数表也有点麻烦. 可以把 ERNIE 之类机器连到 Ferranti Mark I 之类计算机上，但是事实证明效果并不令人满意，因为测试程序时，不可能正确地重现计算；此外，这种机器容易出现很难检测的故障. 20 世纪 90 年代，由于技术进步，可以轻松获得十亿个通过测试的随机字节，因此随机数表再次有了实用意义. 1995 年，乔治·马尔萨利亚制作了一张包含 650 兆随机字节的演示盘，帮助随机数表复活. 这些随机字节来自一个噪声二极管电路的输出，混以经过确定扰码的说唱音乐.（他称之为"黑白噪声".）

由于早期机械方法的不足，人们开始关注如何使用计算机的普通算术运算产生随机数. 大约在 1946 年，冯·诺依曼最先提议使用这种方法. 他的想法是，取前一个随机数的平方，并取出中间几位数字作为新的随机数. 例如，如果我们要生成具有 10 位数字的数，已知前一个数是 5772156649，则我们求它的平方，得到

$$33317792380594909201,$$

于是，下一个数为 7923805949.

这种方法的问题很明显：既然每一个数都完全由前一个数所确定，用这种方法生成的序列怎么可能是随机的?（见本章开始处冯·诺依曼的评述. ）答案是：这个序列不是随机的，但是它

看上去是. 在一般应用中，前后两个数之间虽然有实际联系，但不具有实际影响，因此，非随机性并没有什么实际缺点. 直观看来，取平方的中间几位数，已经相当充分地扰乱了前一个数.

在深奥的科技文献中，像这类以确定方法生成的序列，通常称作伪随机（pseudorandom）或准随机（quasirandom）序列. 在本书的大部分地方，我们将简单地称它们为随机序列，但要明白它们只是看上去是随机的，反正这或许已经是我们对于随机序列的最高评价了. 在几乎所有的应用中，只要细心选择合适的方法，在计算机上确定地生成的随机数效果都相当好. 当然，确定性序列并非总是正确的解，彩票开奖的时候肯定不应该用它取代 ERNIE.

事实上，业已证明冯·诺依曼最初的"平方取中法"是一种相对较差的随机数源. 危险在于序列容易陷入定式，也就是元素会以短的循环周期重复出现. 例如，假如序列中出现一次零，后面就都是零了.

20 世纪 50 年代早期，一些人曾用平方取中法进行实验. 使用 4 位，而不是 10 位数字，福赛斯尝试了 16 种不同的初值，发现其中 12 种导致序列最终陷入循环 6100, 2100, 4100, 8100, 6100, ...，还有 2 种退化为零. 尼古拉斯·梅特罗波利斯进行了更全面的测试，主要使用二进制记数系统. 结果表明，当使用 20 位二进制数时，平方取中法的序列可能退化为 13 种不同的循环，最长的周期为 142.

如果检测到零，很容易用一个新值重新开始平方取中法；但是长循环没那么容易检测和避免. 习题 6 和 7 讨论了一些有趣方法，使用极少量内存，检测周期序列的循环.

平方取中法的一个理论缺陷在习题 9 和 10 中给出. 另一方面，使用 38 位二进制数，梅特罗波利斯得到了一个大约有 750 000 个数且尚未退化的序列，结果令人满意，这 $750\,000 \times 38$ 位二进制数字通过了随机性的统计检验. [*Symp. on Monte Carlo Methods* (Wiley, 1956), 29–36.] 这一实验表明，平方取中法能够给出有用的结果，但是如果没有精心进行繁复计算，信任这种方法其实相当不稳妥.

在第一次编写本章时，正使用的许多随机数生成器都不太好. 人们习惯于回避研究这样的子程序，不怎么令人满意的老方法在程序员中盲目地代代相传，而用户对方法原来的局限性一无所知. 本章，我们将会看到，尽管必须足够审慎才能避免常见错误，但是关于随机数生成器的最重要事实并不难把握.

发明一个完美的随机数源并不容易. 1959 年，我曾试图用如下方法创建一个想象中的好生成器，因而对此深有体会.

算法 K（"超级随机"数生成器）. 给定一个 10 位十进制数 X，该算法可以把 X 改变成想象中的随机序列中的下一个数. 尽管该算法预期可以产生相当随机的序列，但是下面给出的理由表明它其实并不太好.（读者不必认真研究该算法，只需注意该算法多么复杂，特别是注意步骤 K1 和 K2.）

K1.［选择迭代次数.］置 $Y \leftarrow \lfloor X/10^9 \rfloor$，$X$ 的最高位有效数字.（步骤 K2~K13 将恰好执行 $Y+1$ 次，也就是说，我们进行随机次随机变换.）

K2.［选择随机步骤.］置 $Z \leftarrow \lfloor X/10^8 \rfloor \bmod 10$，$X$ 的次高位有效数字. 转到步骤 $\mathrm{K}(3+Z)$（即随机跳转到程序的某一步）.

K3.［确保 $\geq 5 \times 10^9$.］如果 $X < 5000000000$，则置 $X \leftarrow X + 5000000000$.

K4.［平方取中.］用 $\lfloor X^2/10^5 \rfloor \bmod 10^{10}$，即用 X 的平方的中部，取代 X.

K5.［乘.］用 $(1001001001\,X) \bmod 10^{10}$ 取代 X.

K6.［求伪补.］如果 $X < 100000000$，则置 $X \leftarrow X + 9814055677$；否则置 $X \leftarrow 10^{10} - X$.

K7. ［两半互换.］X 的低 5 位数字与高 5 位数字互换，即置 $X \leftarrow 10^5(X \bmod 10^5) + \lfloor X/10^5 \rfloor$，也就是 $(10^{10}+1)X$ 的中间 10 位数字.

K8. ［乘.］与步骤 K5 相同.

K9. ［数字减 1.］把 X 的十进制表示的每位非零数字减 1.

K10. ［99999 修改.］如果 $X < 10^5$，则置 $X \leftarrow X^2 + 99999$；否则置 $X \leftarrow X - 99999$.

K11. ［规格化.］（此步，X 不可能为零.）如果 $X < 10^9$，则置 $X \leftarrow 10X$，并重复此步骤.

K12. ［修改的平方取中.］用 $\lfloor X(X-1)/10^5 \rfloor \bmod 10^{10}$，即用 $X(X-1)$ 的中间 10 位数字，取代 X.

K13. ［重复？］如果 $Y > 0$，则 Y 减 1，并返回步骤 K2. 如果 $Y = 0$，则算法终止，X 为所求的"随机"值. ▮

（对应于这个算法的机器语言程序刻意设计得极其复杂，以至于没有附加的注释，人们根本不知道它在做什么.）

算法 K 有这么复杂麻烦的步骤，它似乎理应产生几乎无穷多个完全随机的数，是吗？不是的！事实上，当该算法第一次在计算机上运行时，它几乎立即收敛到十位数值 6065038420，由于异乎寻常的巧合，该数被算法 K 变换到自身（见表 1）. 使用另一个初值，序列在 7401 个值后开始重复，循环周期的长度为 3178.

表 1　异乎寻常的巧合：算法 K 把数 6065038420 变换到自身

步骤	X（之后）		步骤	X（之后）	
K1	6065038420		K9	1107855700	
K3	6065038420		K10	1107755701	
K4	6910360760		K11	1107755701	
K5	8031120760		K12	1226919902	$Y = 3$
K6	1968879240		K5	0048821902	
K7	7924019688		K6	9862877579	
K8	9631707688		K7	7757998628	
K9	8520606577		K8	2384626628	
K10	8520506578		K9	1273515517	
K11	8520506578		K10	1273415518	
K12	0323372207	$Y = 6$	K11	1273415518	
K6	9676627793		K12	5870802097	$Y = 2$
K7	2779396766		K11	5870802097	
K8	4942162766		K12	3172562687	$Y = 1$
K9	3831051655		K4	1540029446	
K10	3830951656		K5	7015475446	
K11	3830951656		K6	2984524554	
K12	1905867781	$Y = 5$	K7	2455429845	
K12	3319967479	$Y = 4$	K8	2730274845	
K6	6680032521		K9	1620163734	
K7	3252166800		K10	1620063735	
K8	2218966800		K11	1620063735	
			K12	6065038420	$Y = 0$

这件事的教训是：随机数不应该用随机选择的方法生成，应该使用某种理论.

在以下几节，我们将考察比平方取中法和算法 K 更好的随机数生成器. 对应的序列确保具有令人满意的某些随机性质，并且不会出现退化. 我们将详细考察这种看似随机的行为的原由，并且考虑随机数的处理方法，例如探讨如何在计算机程序中模拟纸牌的洗牌.

3.6 节总结本章，并且列举一些参考文献源.

习题

▶ **1.** [20] 假设你不使用计算机，想随机地得到一个十进制数字. 下面哪些方法合适？

(a) 将手指随机地伸到一本电话号码簿的某两张纸之间，翻开电话簿，并使用选定页上第一个数的个位数字.

(b) 与 (a) 相同，但使用页码的个位数字.

(c) 滚动一个正二十面体骰子，其 20 个面用 0, 0, 1, 1, ..., 9, 9 标记. 当骰子停下不动时，使用顶部数字.（建议使用铺毡的硬桌面滚动骰子.）

(d) 用放射源照射盖革计数器一分钟（实验者要注意防护），并使用计数结果的个位数字. 假设盖革计数器用十进制数显示计数，并且计数初始化为零.

(e) 扫一眼你的手表，如果秒针在 $6n$ 和 $6(n+1)$ 之间，则选择数字 n.

(f) 请一位朋友想一个随机数字，并使用他给出的数字.

(g) 请一位敌人想一个随机数字，并使用他给出的数字.

(h) 假设 10 匹马参加比赛，而你对它们的实力一无所知. 以任意方式对这些马用数字 0 到 9 编号，并使用比赛获胜的马的数字.

2. [M22] 在一个一百万位十进制数字的随机序列中，每个可能的数字都恰有 100 000 个的概率是多少？

3. [10] 在平方取中法中，1010101010 的下一个数是什么？

4. [20] (a) 执行算法 K 的步骤 K11 时，为什么 X 的值不可能为零？如果 X 的值可能为零，该算法会有什么错误？(b) 使用表 1 推导出，用初值 $X = 3830951656$ 反复使用算法 K 将发生什么.

5. [15] 试解释，如果人们事先知道算法 K 产生的任何序列（即便表 1 给出的巧合不出现）最终都会表现出周期性，那么在任何情况下，都不能期望算法 K 提供无限多个随机数.

▶ **6.** [M21] 假设我们想产生一个整数序列 $X_0, X_1, X_2, \ldots$，其中 $0 \le X_n < m$. 令 $f(x)$ 是任意函数，使得 $0 \le x < m$ 蕴涵 $0 \le f(x) < m$. 考虑由规则 $X_{n+1} = f(X_n)$ 形成的序列.（例子是平方取中法和算法 K.）

(a) 证明序列最终都是周期的：存在数 λ 和 μ，使得诸值

$$X_0, X_1, \ldots, X_\mu, \ldots, X_{\mu+\lambda-1}$$

是不同的，但当 $n \ge \mu$ 时 $X_{n+\lambda} = X_n$. 找出 μ 和 λ 的最大和最小的可能值.

(b)（罗伯特·弗洛伊德）证明：存在 $n > 0$ 使得 $X_n = X_{2n}$，并且这样的 n 的最小值在区间 $\mu \le n \le \mu + \lambda$ 中. 此外，X_n 的值是唯一的，即如果 $X_n = X_{2n}$，并且 $X_r = X_{2r}$，则 $X_r = X_n$.

(c) 使用 (b) 中的思想设计一个算法，对任意给定的函数 f 和任意给定的 X_0，只用 $O(\mu + \lambda)$ 步和有限多个内存单元，计算 μ 和 λ.

▶ **7.** [M21]（理查德·布伦特，1977）令 $\ell(n)$ 为小于或等于 n 的 2 的最大幂. 这样，例如 $\ell(15) = 8$，而 $\ell(\ell(n)) = \ell(n)$.

(a) 用习题 6 的记号，证明存在 $n > 0$ 使得 $X_n = X_{\ell(n)-1}$. 找出一个公式，用周期数 μ 和 λ 表示这样的最小的 n.

(b) 使用这一结果设计一个算法，可以与任何 $X_{n+1} = f(X_n)$ 类型的随机数生成器结合使用，防止陷入无限循环. 你的算法应该计算周期长度 λ，并且只使用少量内存空间——不能简单地存储所计算的所有序列值！

8. [*23*] 对于两位十进制数的情况, 彻底考察平方取中法. (a) 该过程初始值可以是 100 个可能值 00, 01, ..., 99 中的任意一个. 这些值中有多少个最终导致重复的循环 00, 00, ...? [例如: 从 43 开始, 得到序列 43, 84, 05, 02, 00, 00, 00, ...] (b) 有多少种可能的最终循环? 最长循环的长度是多少? (c) 哪个或者哪些初始值在序列重复之前将产生最多不同元素?

9. [*M14*] 证明使用 $2n$ 位 b 进制数的平方取中法具有如下缺点: 如果在序列中, 有一个数的前 n 位数字为 0, 则后继数将变得越来越小, 直至重复地出现零.

10. [*M16*] 在上一题的假设下, 如果 X 的后 n 位数字为零, 那么 X 之后的数满足什么结论? 如果后 $n+1$ 位数字为零呢?

▶ **11.** [*M26*] 考虑具有习题 6 所描述形式的随机数生成器的序列. 如果随机地选择函数 $f(x)$ 和 X_0 的值, 换言之, 如果我们假定 m^m 个可能的函数 $f(x)$ 都是等可能的, m 个可能的 X_0 值也都是等可能的, 那么序列最终退化为长度为 $\lambda = 1$ 的循环的概率是多少? [注记: 由这一问题的假定, 可以自然地设想这种类型的 "随机的" 随机数生成器. 诸如算法 K 这样的方法可望具有类似表现. 本题的答案可以度量表 1 的偶然性实际上有多大.]

▶ **12.** [*M31*] 在上一题的假设下, 最终循环的平均长度是多少? 在出现循环之前, 序列的平均长度是多少? (用习题 6 的记号, 我们希望考察 λ 和 $\mu + \lambda$ 的平均值.)

13. [*M42*] 如果 $f(x)$ 是在习题 11 意义下随机选定的函数, 那么通过改变开始值 X_0 得到的最长循环的平均长度是多少? [注记: 在 $f(x)$ 是随机排列情况下, 我们已经研究过类似问题, 见习题 1.3.3–23.]

14. [*M38*] 如果 $f(x)$ 是在习题 11 意义下随机选定的, 那么通过改变开始值可以得到的不同的最终循环的平均个数是多少? [见习题 8(b).]

15. [*M15*] 如果 $f(x)$ 是在习题 11 意义下随机选定的, 那么不论如何选择 X_0, 最终循环长度不为 1 的概率是多少?

16. [*15*] 一个像习题 6 那样产生的序列最多在产生 m 个值之后开始重复. 假设我们推广这种方法, 使得 X_{n+1} 依赖于 X_{n-1} 和 X_n; 形式定义为, 令 $f(x, y)$ 是一个函数, 使得 $0 \le x, y < m$ 蕴涵 $0 \le f(x, y) < m$. 序列用如下方法构造: 任意选取 X_0 和 X_1, 然后对于 $n > 0$, 令

$$X_{n+1} = f(X_n, X_{n-1}).$$

在这种情况下, 可能得到的最大周期是多少?

17. [*10*] 推广上一题的情况, 使得 X_{n+1} 依赖于它前面的 k 个值.

18. [*M20*] 发明一种类似于习题 7 的方法, 找出习题 17 中讨论的一般形式下的随机数生成器的循环.

19. [*HM47*] 对于更一般的情况, 即 X_{n+1} 依赖于它前面的 k 个值, m^{m^k} 个函数 $f(x_1, \ldots, x_k)$ 视为等可能的, 求解习题 11 到 15 的渐近结果. [注记: 产生最大周期的函数个数在习题 2.3.4.2–23 中分析过.]

20. [*30*] 以某些非负数 $X < 10^{10}$ 为初始值, 算法 K 最终可以得到表 1 中那个能变换到自身的数. 找出所有这些 X.

21. [*40*] 证明或证伪: 算法 K 定义的映射 $X \mapsto f(X)$ 恰有 5 个循环, 长度分别为 3178, 1606, 1024, 943 和 1.

22. [*21*] (海因里希·罗列斯奇克) 对于随机函数 f, 如果使用序列 $f(0), f(1), f(2), \ldots$ 生成随机数, 而不是使用 $x_0, f(x_0), f(f(x_0))$ 等, 这样做合理吗?

▶ **23.** [*M26*] (多米尼克·福阿塔和艾梅·富克斯, 1970) 证明: 习题 6 的 m^m 个函数 $f(x)$ 中的每一个都可以表示成具有如下性质的序列 $(x_0, x_1, \ldots, x_{m-1})$.

    (i) $(x_0, x_1, \ldots, x_{m-1})$ 是 $(f(0), f(1), \ldots, f(m-1))$ 的一个排列.

    (ii) $(f(0), \ldots, f(m-1))$ 可以唯一地从 $(x_0, x_1, \ldots, x_{m-1})$ 重构.

    (iii) 出现在 f 的循环中的元素为 $\{x_0, x_1, \ldots, x_{k-1}\}$, 其中 k 是使得 k 个元素互不相同的最大下标.

    (iv) $x_j \notin \{x_0, x_1, \ldots, x_{j-1}\}$ 蕴涵 $x_{j-1} = f(x_j)$, 除非 x_j 是 f 的循环中的最小元素.

(v) $(f(0), f(1), \ldots, f(m-1))$ 是 $(0, 1, \ldots, m-1)$ 的一个排列, 当且仅当 $(x_0, x_1, \ldots, x_{m-1})$ 表示 1.3.3 节 "一种不寻常的对应" 的排列的*逆*.

(vi) $x_0 = x_1$ 当且仅当 $(x_1, \ldots, x_{m-1})$ 表示习题 2.3.4.4–18 构造的定向树, 其中 x 的父母为 $f(x)$.

3.2 生成均匀的随机数

本节将研究哪些方法可以生成随机小数序列——在 0 和 1 之间均匀分布的随机实数 U_n. 由于计算机只能以有限精度表示实数，因此我们实际上将生成 0 和某个 m 之间的整数 X_n. 于是，分数

$$U_n = X_n/m$$

将落在 0 和 1 之间. 通常，m 是计算机字大小，因此 X_n 可以（保守地）看作一个计算机字表示的整数，假定小数点在最右边，而 U_n 可以（宽松地）看作同一个字表示的小数，假定小数点在最左边.

3.2.1 线性同余法

当今，最流行的随机数生成器是德里克·亨利·莱默于 1949 年发明的如下模式的特殊情况. [见 *Proc. 2nd Symp. on Large-Scale Digital Calculating Machinery* (Cambridge, Mass.: Harvard University Press, 1951), 141–146.] 我们选取 4 个神奇的整数：

$$\begin{aligned} m, &\quad \text{模;} &\quad 0 < m. \\ a, &\quad \text{乘数;} &\quad 0 \le a < m. \\ c, &\quad \text{增量;} &\quad 0 \le c < m. \\ X_0, &\quad \text{初值;} &\quad 0 \le X_0 < m. \end{aligned} \tag{1}$$

于是，令

$$X_{n+1} = (aX_n + c) \bmod m, \qquad n \ge 0, \tag{2}$$

得到所求随机数序列 $\langle X_n \rangle$，这称为线性同余序列. 取模 m 的余数有点像旋转轮盘时确定小球落在哪一格.

例如，当 $m = 10$，$X_0 = a = c = 7$ 时，得到的序列为

$$7, 6, 9, 0, 7, 6, 9, 0, \dots. \tag{3}$$

可见，对于 m, a, c, X_0 的所有选择，该序列并不总是“随机的”. 本章稍后将认真分析选择合适整数的原则.

事实上，同余序列总是会陷入循环，最终会出现无休止重复的数的循环，譬如例 (3). 函数 f 把一个有限集变换到自身，具有通式 $X_{n+1} = f(X_n)$ 的所有序列都具有这一性质，见习题 3.1–6. 这种重复的循环称为周期. 序列 (3) 具有长度为 4 的周期. 当然，有用的序列应该具有较长的周期.

有必要特别指出特殊情况 $c = 0$，因为当 $c = 0$ 时，数的生成过程比 $c \ne 0$ 时快一点. 稍后，我们将会看到，$c = 0$ 的限制缩短了序列周期的长度，不过周期仍然有可能相当长. 莱默的生成方法取 $c = 0$，他也提到了 $c \ne 0$ 的可能性. $c \ne 0$ 可得到较长的周期，这一事实分别由汤姆森 [*Comp. J.* **1** (1958), 83, 86] 和奥贝·罗滕博格 [*JACM* **7** (1960), 75–77] 独立提出. 术语乘法同余方法和混合同余方法被许多作者分别用来表示 $c = 0$ 和 $c \ne 0$ 的线性同余序列.

本章各处，字母 m, a, c, X_0 均按上述意义使用. 此外，定义

$$b = a - 1 \tag{4}$$

有助于简化大部分公式.

首先, 我们可以立即排除 $a = 1$, 因为此时 $X_n = (X_0 + nc) \bmod m$, 序列肯定不像是随机序列. $a = 0$ 的情形更糟糕. 因此, 实践上, 可以假定

$$a \geq 2, \qquad b \geq 1. \tag{5}$$

现在, 我们可以证明式 (2) 的推广

$$X_{n+k} = \left(a^k X_n + (a^k - 1)c/b\right) \bmod m, \qquad k \geq 0, \quad n \geq 0, \tag{6}$$

它直接用第 n 项表示第 $(n+k)$ 项. (在这个等式中, 特殊情况 $n = 0$ 值得注意.) 由此推出, 在 $\langle X_n \rangle$ 中每 k 项 (即每隔 $k - 1$ 项) 取一项, 组成的子序列是另一个线性同余序列, 其乘数为 $a^k \bmod m$, 增量为 $((a^k - 1)c/b) \bmod m$.

式 (6) 的一个重要推论是: 由 m, a, c, X_0 定义的一般序列可以非常简单地用特例 $c = 1$, $X_0 = 0$ 表示. 令

$$Y_0 = 0, \qquad Y_{n+1} = (aY_n + 1) \bmod m. \tag{7}$$

根据式 (6), $Y_k \equiv (a^k - 1)/b \ (\text{modulo } m)$, 因此式 (2) 中定义的一般序列满足

$$X_n = (AY_n + X_0) \bmod m, \qquad \text{其中 } A = (X_0 b + c) \bmod m. \tag{8}$$

习题

1. [10] 例 (3) 中 $X_4 = X_0$, 因此序列又从头开始. 试给出一个 $m = 10$ 的线性同余序列, 要求 X_0 不会再次出现.

▶ **2.** [M20] 证明: 如果 a 与 m 互素, 则 X_0 一定会出现在周期中.

3. [M10] 如果 a 与 m 不互素, 解释为什么序列会有些缺陷, 可能不太随机. 因此, 我们通常希望乘数 a 与模 m 互素.

4. [11] 证明式 (6).

5. [M20] 对于 $k \geq 0$, 式 (6) 成立. 如果可能, 给出一个公式, 对于负的 k 值, 用 X_n 表示 X_{n+k}.

3.2.1.1 模的选择. 现在, 我们的目标是为定义线性同余序列的参数选取合适的值. 首先考虑 m 的合适选择. 我们希望 m 相当大, 因为周期中的元素不可能超过 m 个. (即便我们只打算生成随机的 0 和 1, 也不能取 $m = 2$, 因为这样的话, 序列充其量只具有 $\ldots, 0, 1, 0, 1, 0, 1, \ldots$ 这种形式! 由线性同余序列得到随机的 0 和 1 的方法将在 3.4 节讨论.)

选择 m 还要考虑生成速度: 我们希望选取一个 m 值, 使得 $(aX_n + c) \bmod m$ 的计算很快.

以 MIX 为例, 为计算 $y \bmod m$, 可以把 y 放入寄存器 A 和 X 中并除以 m. 假定 y 和 m 为正, 那么寄存器 X 中的新值就是 $y \bmod m$. 但是, 除法运算相对较慢. 如果取 m 为特别方便的值, 如计算机的字大小, 就不用做除法.

令 w 为计算机的字大小. 在 e 位的二进制计算机上, w 为 2^e; 在 e 位的十进制计算机上, w 为 10^e. (本书通常使用字母 e 表示任意的整数指数, 而不是自然对数的底, 希望借助上下文, 读者不会产生误解. 物理学家使用 e 表示元电荷时也有类似的问题.) 除了在反码 (即 1 的补码) 计算机上之外, 加法通常给出模 w 的结果; 乘法模 w 也相当简单, 结果就是积的后半部分. 这样, 下面的程序可以高效地计算 $(aX + c) \bmod w$:

```
LDA   A        rA ← a.
MUL   X        rAX ← (rA) · X.
SLAX  5        rA ← rAX mod w.
ADD   C        rA ← (rA + c) mod w.
```
$$\tag{1}$$

结果在寄存器 A 中. 这些指令结束时, 上溢开关可能是开的; 如果不希望如此, 则代码后面应当加上 JOV *+1 之类指令关闭它.

执行模 $w+1$ 计算时, 可以使用一种不太知名的巧妙技术. 由于后面将说明的原因, 我们一般希望当 $m=w+1$ 时 $c=0$, 因此只需要计算 $(aX) \bmod (w+1)$. 下面的程序完成这一计算:

$$
\begin{array}{llll}
01 & \text{LDAN} & \text{X} & \text{rA} \leftarrow -X. \\
02 & \text{MUL} & \text{A} & \text{rAX} \leftarrow (\text{rA}) \cdot a. \\
03 & \text{STX} & \text{TEMP} & \\
04 & \text{SUB} & \text{TEMP} & \text{rA} \leftarrow \text{rA} - \text{rX}. \\
05 & \text{JANN} & \text{*+3} & \text{如果 rA} \geq 0, \text{则退出}. \\
06 & \text{INCA} & 2 & \text{rA} \leftarrow \text{rA} + 2. \\
07 & \text{ADD} & \text{=w-1=} & \text{rA} \leftarrow \text{rA} + w - 1. \quad \blacksquare
\end{array} \tag{2}
$$

现在, 寄存器 A 包含值 $(aX) \bmod (w+1)$. 当然, 这个值可能落在 0 和 w 之间的任何位置 (包括 0 和 w 在内), 因此读者完全有理由提问: A 寄存器怎么可能表示这么多值! (该寄存器显然不能存放大于 $w-1$ 的数.) 答案是: 假定上溢开关最初是关闭的, 结果等于 w 当且仅当程序 (2) 打开上溢开关. 由于当 $X=0$ 时通常不使用程序 (2), 因此我们可以用 0 表示 w; 但是最简便的是直接不允许 w 出现在模 $w+1$ 同余序列中. 于是, 只需把 (2) 的 05 和 06 行改为 "JANN *+4; INCA 2; JAP *-5", 即可避免上溢.

为了证明程序 (2) 确实能算出 $(aX) \bmod (w+1)$, 注意在 04 行, 我们从乘积的前半部分减去后半部分. 这一步不可能产生上溢. 如果 $aX = qw + r$, $0 \leq r < w$, 则 04 行之后, 量 $r-q$ 将储存在寄存器 A 中. 由于

$$
aX = q(w+1) + (r-q),
$$

并且 $q < w$, 故 $-w < r-q < w$. 因此, $(aX) \bmod (w+1)$ 等于 $r-q$ 或 $r-q+(w+1)$, 视 $r-q \geq 0$ 还是 $r-q < 0$ 而定.

使用类似的方法, 可以得到两个数的乘积模 $(w-1)$, 见习题 8.

在后面的几节中, 我们需要知道 m 的素因子, 才能正确地选择乘数 a. 对几乎所有已知的计算机字大小 w, 表 1 列出了 $w \pm 1$ 的完全素因子分解. 必要时, 还可以用 4.5.4 节的方法继续扩充该表.

读者可能会问, 既然选择 $m=w$ 又容易想到, 又方便操作, 为什么还要自讨麻烦, 考虑使用 $m = w \pm 1$. 原因是, 当 $m=w$ 时, X_n 的右部数字远不如左部数字随机. 如果 d 是 m 的因子, 并且

$$
Y_n = X_n \bmod d, \tag{3}
$$

容易证明

$$
Y_{n+1} = (aY_n + c) \bmod d. \tag{4}
$$

(因为存在整数 q, 使得 $X_{n+1} = aX_n + c - qm$. 当 d 是 m 的因子时, 上式两边同时对 d 取模, 量 qm 就会约去.)

下面以二进制计算机为例, 解释式 (4) 的意义. 如果 $m = w = 2^e$, 则 X_n 的末 4 位是数 $Y_n = X_n \bmod 2^4$. 式 (4) 的要旨是, $\langle X_n \rangle$ 的末 4 位构成一个周期长度最多为 16 的同余序列. 类似地, 末 5 位也具有周期性, 周期长度最多为 32. X_n 的最末位或者是常数, 或者是严格轮换的.

表 1 $w \pm 1$ 的素因子分解

$2^e - 1$	e	$2^e + 1$
$7 \cdot 31 \cdot 151$	15	$3^2 \cdot 11 \cdot 331$
$3 \cdot 5 \cdot 17 \cdot 257$	16	65537
131071	17	$3 \cdot 43691$
$3^3 \cdot 7 \cdot 19 \cdot 73$	18	$5 \cdot 13 \cdot 37 \cdot 109$
524287	19	$3 \cdot 174763$
$3 \cdot 5^2 \cdot 11 \cdot 31 \cdot 41$	20	$17 \cdot 61681$
$7^2 \cdot 127 \cdot 337$	21	$3^2 \cdot 43 \cdot 5419$
$3 \cdot 23 \cdot 89 \cdot 683$	22	$5 \cdot 397 \cdot 2113$
$47 \cdot 178481$	23	$3 \cdot 2796203$
$3^2 \cdot 5 \cdot 7 \cdot 13 \cdot 17 \cdot 241$	24	$97 \cdot 257 \cdot 673$
$31 \cdot 601 \cdot 1801$	25	$3 \cdot 11 \cdot 251 \cdot 4051$
$3 \cdot 2731 \cdot 8191$	26	$5 \cdot 53 \cdot 157 \cdot 1613$
$7 \cdot 73 \cdot 262657$	27	$3^4 \cdot 19 \cdot 87211$
$3 \cdot 5 \cdot 29 \cdot 43 \cdot 113 \cdot 127$	28	$17 \cdot 15790321$
$233 \cdot 1103 \cdot 2089$	29	$3 \cdot 59 \cdot 3033169$
$3^2 \cdot 7 \cdot 11 \cdot 31 \cdot 151 \cdot 331$	30	$5^2 \cdot 13 \cdot 41 \cdot 61 \cdot 1321$
2147483647	31	$3 \cdot 715827883$
$3 \cdot 5 \cdot 17 \cdot 257 \cdot 65537$	32	$641 \cdot 6700417$
$7 \cdot 23 \cdot 89 \cdot 599479$	33	$3^2 \cdot 67 \cdot 683 \cdot 20857$
$3 \cdot 43691 \cdot 131071$	34	$5 \cdot 137 \cdot 953 \cdot 26317$
$31 \cdot 71 \cdot 127 \cdot 122921$	35	$3 \cdot 11 \cdot 43 \cdot 281 \cdot 86171$
$3^3 \cdot 5 \cdot 7 \cdot 13 \cdot 19 \cdot 37 \cdot 73 \cdot 109$	36	$17 \cdot 241 \cdot 433 \cdot 38737$
$223 \cdot 616318177$	37	$3 \cdot 1777 \cdot 25781083$
$3 \cdot 174763 \cdot 524287$	38	$5 \cdot 229 \cdot 457 \cdot 525313$
$7 \cdot 79 \cdot 8191 \cdot 121369$	39	$3^2 \cdot 2731 \cdot 22366891$
$3 \cdot 5^2 \cdot 11 \cdot 17 \cdot 31 \cdot 41 \cdot 61681$	40	$257 \cdot 4278255361$
$13367 \cdot 164511353$	41	$3 \cdot 83 \cdot 8831418697$
$3^2 \cdot 7^2 \cdot 43 \cdot 127 \cdot 337 \cdot 5419$	42	$5 \cdot 13 \cdot 29 \cdot 113 \cdot 1429 \cdot 14449$
$431 \cdot 9719 \cdot 2099863$	43	$3 \cdot 2932031007403$
$3 \cdot 5 \cdot 23 \cdot 89 \cdot 397 \cdot 683 \cdot 2113$	44	$17 \cdot 353 \cdot 2931542417$
$7 \cdot 31 \cdot 73 \cdot 151 \cdot 631 \cdot 23311$	45	$3^3 \cdot 11 \cdot 19 \cdot 331 \cdot 18837001$
$3 \cdot 47 \cdot 178481 \cdot 2796203$	46	$5 \cdot 277 \cdot 1013 \cdot 1657 \cdot 30269$
$2351 \cdot 4513 \cdot 13264529$	47	$3 \cdot 283 \cdot 165768537521$
$3^2 \cdot 5 \cdot 7 \cdot 13 \cdot 17 \cdot 97 \cdot 241 \cdot 257 \cdot 673$	48	$193 \cdot 65537 \cdot 22253377$
$179951 \cdot 3203431780337$	59	$3 \cdot 2833 \cdot 37171 \cdot 1824726041$
$3^2 \cdot 5^2 \cdot 7 \cdot 11 \cdot 13 \cdot 31 \cdot 41 \cdot 61 \cdot 151 \cdot 331 \cdot 1321$	60	$17 \cdot 241 \cdot 61681 \cdot 4562284561$
$7^2 \cdot 73 \cdot 127 \cdot 337 \cdot 92737 \cdot 649657$	63	$3^3 \cdot 19 \cdot 43 \cdot 5419 \cdot 77158673929$
$3 \cdot 5 \cdot 17 \cdot 257 \cdot 641 \cdot 65537 \cdot 6700417$	64	$274177 \cdot 67280421310721$

$10^e - 1$	e	$10^e + 1$
$3^3 \cdot 7 \cdot 11 \cdot 13 \cdot 37$	6	$101 \cdot 9901$
$3^2 \cdot 239 \cdot 4649$	7	$11 \cdot 909091$
$3^2 \cdot 11 \cdot 73 \cdot 101 \cdot 137$	8	$17 \cdot 5882353$
$3^4 \cdot 37 \cdot 333667$	9	$7 \cdot 11 \cdot 13 \cdot 19 \cdot 52579$
$3^2 \cdot 11 \cdot 41 \cdot 271 \cdot 9091$	10	$101 \cdot 3541 \cdot 27961$
$3^2 \cdot 21649 \cdot 513239$	11	$11^2 \cdot 23 \cdot 4093 \cdot 8779$
$3^3 \cdot 7 \cdot 11 \cdot 13 \cdot 37 \cdot 101 \cdot 9901$	12	$73 \cdot 137 \cdot 99990001$
$3^2 \cdot 11 \cdot 17 \cdot 73 \cdot 101 \cdot 137 \cdot 5882353$	16	$353 \cdot 449 \cdot 641 \cdot 1409 \cdot 69857$

当 $m = w \pm 1$ 时，就不会出现这种情况. 这时，X_n 的低位部分将像它的高位部分一样随机. 例如，如果 $w = 2^{35}$，$m = 2^{35} - 1$，只考虑模 31、71、127 或 122921 的余数，则该序列中的数就不是很随机（见表 1）；但是最低位相当随机，而它代表序列中的数对 2 取模.

另一种方案是，令 m 为小于 w 的最大素数. 使用 4.5.4 节的方法和该节中适当大的素数的表，可以找到这个素数.

在大部分应用中，低位可以忽略，选取 $m = w$ 相当令人满意——倘若程序员能聪明地使用随机数.

迄今为止，我们的讨论都是基于像 MIX 这样的"带符号数值的"计算机. 类似的思想也适用于使用补码系统的计算机，尽管有一些变化. 例如，DECsystem 20 计算机有 36 个二进制位，使用补码（即 2 的补码）算术运算. 它在计算两个非负整数的乘积时，低半部包含末 35 位二进制数字和一个正号. 此时，我们应该取 $w = 2^{35}$，而不是 2^{36}. IBM System/370 计算机则使用不同的 32 个二进制位的位补码运算：乘积的低半部包含完整的 32 个二进制位. 有些程序员认为这是它的缺点，因为当操作数均为正时，低半部可能为负，而更正它很麻烦；但是，从随机数生成的角度来说，这实际上是一个明显的优点，因为我们可以取 $m = 2^{32}$，而不是取 2^{31}（见习题 4）.

习题

1. [*M12*] 在习题 3.2.1–3 中，我们断言最好的同余生成器应该满足乘数 a 与 m 互素. 试证明在这种情况下，当 $m = w$ 时，可以仅用 3 条 MIX 指令计算 $(aX + c) \bmod w$，使得结果在寄存器 X 中，而不需要用 (1) 中的 4 条指令.

2. [*16*] 写一个具有如下特征说明的 MIX 子程序：

> 调用序列：   JMP RANDM
>
> 入口条件：   位置 XRAND 包含整数 X.
>
> 出口条件： $X \leftarrow \text{rA} \leftarrow (aX + c) \bmod w$，rX $\leftarrow 0$，上溢关闭.

（这样，调用该子程序将产生线性同余序列的下一个随机数.）

▶ **3.** [*M25*] 在许多计算机中，无法用一个字的数除两个字的数，只能对一个字的数进行操作，如 $\text{himult}(x, y) = \lfloor xy/w \rfloor$，$\text{lomult}(x, y) = xy \bmod w$，其中 x 和 y 都是小于字大小 w 的非负整数. 假定 $0 \le a$，$x < m < w$，并且 $m \perp w$，解释如何使用 himult 和 lomult 计算 $ax \bmod m$. 你可以使用依赖于 a、m 和 w 的预先计算的常数.

▶ **4.** [*21*] 讨论如何在诸如 IBM System/370 这样的补码计算机上，用 $m = 2^{32}$ 计算线性同余序列.

5. [*20*] 已知 m 小于字大小，x 和 y 为小于 m 的非负整数，说明 $(x - y) \bmod m$ 可以只用 4 条 MIX 指令计算，而不需要任何除法. 对于计算 $(x + y) \bmod m$，最好的程序是什么？

▶ **6.** [*20*] 上一题表明减法模 m 比加法模 m 更容易计算. 讨论由规则

$$X_{n+1} = (aX_n - c) \bmod m$$

生成的序列. 这类序列与正文中定义的线性同余序列有实质性的差别吗？它们更适合计算机高效计算吗？

7. [*M24*] 你能在表 1 中发现什么模式？

▶ **8.** [*20*] 写一个类似于 (2) 的 MIX 计算机程序，计算 $(aX) \bmod (w - 1)$. 在程序的输入和输出中，值 0 和 $w - 1$ 应看作等价的.

▶ **9.** [*M25*] 大部分高级程序设计语言既不提供用一个字的整数除两个字的整数的好方法，也不提供习题 3 中的 himult 操作. 本题的目的是，找出一种合理的方法，克服上述局限性，以便对变量 x 和常量 $0 < a < m$ 计算 $ax \bmod m$.

    (a) 证明：如果 $q = \lfloor m/a \rfloor$，则 $a(x - (x \bmod q)) = \lfloor x/q \rfloor(m - (m \bmod a))$.

    (b) 假定 $a^2 \le m$，使用 (a) 中的等式计算 $ax \bmod m$，而不必计算绝对值超过 m 的数.

10. [*M26*] 当 $a^2 > m$ 时，习题 9(b) 的解有时也能用. 对于 0 和 m 之间的所有 x，有多少个乘数 a 能保证该方法的中间结果不会超过 m?

11. [*M30*] 继续习题 9，说明仅使用如下基本操作就能计算 $ax \bmod m$：

    (i) $u \times v$，其中 $u \ge 0$, $v \ge 0$，而 $uv < m$;

    (ii) $\lfloor u/v \rfloor$，其中 $0 < v \le u < m$;

    (iii) $(u - v) \bmod m$，其中 $0 \le uv < m$.

事实上，不计依赖于 a 和 m 的常量的预计算，总有可能最多使用 12 次 (i) 类和 (ii) 类操作，并使用有界数目的 (iii) 类操作完成计算. 例如，解释当 a 为 62089911，m 为 $2^{31} - 1$ 时如何进行计算.（这些常量见表 3.3.4–1.）

▶ **12.** [*M28*] 考虑用纸笔或算盘进行的计算.

    (a) 给定十位数乘 10，再对 9999998999 取模，有什么好办法?

    (b) 同上，但是乘 999999900（仍对 9999998999 取模）.

    (c) 解释如何对 $n = 1, 2, 3, \ldots$，计算幂 $999999900^n \bmod 9999998999$.

    (d) 建立这种计算与 1/9999998999 的小数展开的联系.

    (e) 说明如何借助上述思想，实现具有非常大的模的某类线性同余生成器，生成每个数都只需要少量操作.

13. [*M24*] 重做上一题，模为 9999999001，乘数分别为 10 和 8999999101.

14. [*M25*] 推广上两题的思想，得到一大族使用很大的模的线性同余生成器.

    3.2.1.2 乘数的选择. 本节分析如何选择乘数 a，以便产生最长的周期. 要想把序列用作随机数源，长周期必不可少. 其实，我们希望周期包含很多数，远比单个应用所用到的还要多. 为此，本节将关注周期长度问题. 然而，读者应该明白，对于线性同余序列的随机性而言，长周期只是指标之一. 例如，当 $a = c = 1$ 时，序列就是 $X_{n+1} = (X_n + 1) \bmod m$，周期长度显然为 m，然而序列一点也不随机. 选择乘数需考虑的其他因素将在本章稍后给出.

    由于只可能有 m 个不同的值，因此周期长度肯定不可能大于 m. 我们能达到这个最大长度吗? 上面的例子表明这总是可能的，尽管选择 $a = c = 1$ 不产生期望的序列. 考察产生最长周期的 a、c 和 X_0 的所有可能选择，结果发现，这样的参数值都可以很简单地刻画：当 m 是不同素数的乘积时，只有 $a = 1$ 能产生最大周期；但是当 m 可被某个素数的高次幂整除时，a 有相当宽的选择范围. 根据下面的定理，容易判断是否达到最长周期.

定理 A. 由 m、a、c 和 X_0 定义的线性同余序列具有周期 m，当且仅当

    (i) c 与 m 互素；

    (ii) 对于每个整除 m 的素数 p，$b = a - 1$ 是 p 的倍数；

    (iii) 如果 m 是 4 的倍数，则 b 是 4 的倍数.

证明. 该定理证明所使用的思想至少可以追溯到一百年前. 但是，以这种特定形式表述的第一个证明出现较晚，而且只针对 $m = 2^e$ 的特殊情形，由马丁·格林伯格给出［见 *JACM* **8** (1961), 163–167］. 条件 (i) (ii) (iii) 在一般情况下的充分性则由托马斯·赫尔和艾伦·多贝尔证明［见 *SIAM Review* **4** (1962), 230–254］. 为了证明该定理，我们首先给出数论方面的辅助结果，它们本身也是有趣的.

引理 P. 设 p 是一个素数，e 是一个正整数，满足 $p^e > 2$. 如果

$$x \equiv 1 \ (\text{modulo} \ p^e), \qquad x \not\equiv 1 \ (\text{modulo} \ p^{e+1}), \tag{1}$$

则

$$x^p \equiv 1 \ (\text{modulo} \ p^{e+1}), \qquad x^p \not\equiv 1 \ (\text{modulo} \ p^{e+2}). \tag{2}$$

证明. 存在不是 p 的倍数的整数 q，使得 $x = 1 + qp^e$. 由二项式公式

$$x^p = 1 + \binom{p}{1}qp^e + \cdots + \binom{p}{p-1}q^{p-1}p^{(p-1)e} + q^p p^{pe}$$

$$= 1 + qp^{e+1}\left(1 + \frac{1}{p}\binom{p}{2}qp^e + \frac{1}{p}\binom{p}{3}q^2 p^{2e} + \cdots + \frac{1}{p}\binom{p}{p}q^{p-1}p^{(p-1)e}\right).$$

括号中的量是整数；事实上，除第一项外，括号中的每一项都是 p 的倍数. 因为如果 $1 < k < p$，则二项式系数 $\binom{p}{k}$ 可以被 p 整除（见习题 1.2.6–10），所以

$$\frac{1}{p}\binom{p}{k}q^{k-1}p^{(k-1)e}$$

可以被 $p^{(k-1)e}$ 整除. 最后一项为 $q^{p-1}p^{(p-1)e-1}$，能被 p 整除，因为当 $p^e > 2$ 时，$(p-1)e > 1$. 于是，$x^p \equiv 1 + qp^{e+1} \ (\text{modulo} \ p^{e+2})$，至此证明完毕.（注记： 这一结果的推广见习题 3.2.2–11(a).） ∎

引理 Q. 设 m 的素因子分解为

$$m = p_1^{e_1}\ldots p_t^{e_t}. \tag{3}$$

(X_0, a, c, m) 确定的线性同余序列的周期长度 λ 是所有线性同余序列 $(X_0 \bmod p_j^{e_j},\ a \bmod p_j^{e_j},\ c \bmod p_j^{e_j},\ p_j^{e_j})$ $(1 \le j \le t)$ 的周期长度 λ_j 的最小公倍数.

证明. 对 t 归纳，只要证明如果 m_1 与 m_2 互素，则参数 $(X_0, a, c, m_1 m_2)$ 确定的线性同余序列的周期长度 λ 是 $(X_0 \bmod m_1,\ a \bmod m_1,\ c \bmod m_1,\ m_1)$ 和 $(X_0 \bmod m_2,\ a \bmod m_2,\ c \bmod m_2,\ m_2)$ 确定的序列的周期长度 λ_1 和 λ_2 的最小公倍数. 根据式 3.2.1.1–(4)，如果这三个序列的元素分别记作 X_n、Y_n 和 Z_n，则

$$Y_n = X_n \bmod m_1 \quad \text{和} \quad Z_n = X_n \bmod m_2, \qquad \text{对于所有} n \ge 0.$$

因此，根据 1.2.4 节的定律 D，我们发现

$$X_n = X_k \qquad \text{当且仅当} \qquad Y_n = Y_k \quad \text{和} \quad Z_n = Z_k. \tag{4}$$

令 λ' 为 λ_1 和 λ_2 的最小公倍数，我们希望证明 $\lambda' = \lambda$. 由于所有适当大的 n 都满足 $X_n = X_{n+\lambda}$，因此 $Y_n = Y_{n+\lambda}$（因而 λ 是 λ_1 的倍数），$Z_n = Z_{n+\lambda}$（因而 λ 是 λ_2 的倍数），于是必然有 $\lambda \ge \lambda'$. 此外，我们知道所有适当大的 n 都满足 $Y_n = Y_{n+\lambda'}$ 和 $Z_n = Z_{n+\lambda'}$，因此，由式 (4)，$X_n = X_{n+\lambda'}$. 这就证明了 $\lambda \le \lambda'$. ∎

现在，我们已经做好了证明定理 A 的准备. 引理 Q 告诉我们，只要对 m 是素数的幂证明该定理就足够了，因为

$$p_1^{e_1}\ldots p_t^{e_t} = \lambda = \text{lcm}(\lambda_1, \ldots, \lambda_t) \le \lambda_1 \ldots \lambda_t \le p_1^{e_1}\ldots p_t^{e_t}$$

为真当且仅当对于所有的 $1 \le j \le t$ 都有 $\lambda_j = p_j^{e_j}$.

因此，假定 $m = p^e$，其中 p 是素数，而 e 是正整数. 当 $a = 1$ 时，定理显然成立，因此我们可以取 $a > 1$. 周期的长度可以为 m，当且仅当小于 m 的所有非负整数都出现在该周期

中, 因为周期中不会出现重复值. 因此, 该周期的长度为 m, 当且仅当 $X_0 = 0$ 的序列的周期长度为 m, 于是不妨假设 $X_0 = 0$. 由公式 3.2.1–(6),

$$X_n = \left(\frac{a^n - 1}{a - 1}\right) c \bmod m. \tag{5}$$

如果 c 与 m 不互素, 则值 X_n 永远不可能等于 1, 因此该定理的条件 (i) 是必要的. 周期长度为 m, 当且仅当使得 $X_n = X_0 = 0$ 成立的最小正值为 $n = m$. 由式 (5) 和条件 (i), 要证明定理 A, 现在只需证明如下事实.

引理 R. 假定 $1 < a < p^e$, 其中 p 是素数. 如果 λ 是使得 $(a^\lambda - 1)/(a - 1) \equiv 0 \;(\text{modulo } p^e)$ 的最小正整数, 则

$$\lambda = p^e \qquad \text{当且仅当} \qquad \begin{cases} a \equiv 1 \;(\text{modulo } p) & p > 2, \\ a \equiv 1 \;(\text{modulo } 4) & p = 2. \end{cases}$$

证明. 假定 $\lambda = p^e$. 如果 $a \not\equiv 1 \;(\text{modulo } p)$, 则 $(a^n - 1)/(a - 1) \equiv 0 \;(\text{modulo } p^e)$ 当且仅当 $a^n - 1 \equiv 0 \;(\text{modulo } p^e)$. 于是, 条件 $a^{p^e} - 1 \equiv 0 \;(\text{modulo } p^e)$ 蕴涵 $a^{p^e} \equiv 1 \;(\text{modulo } p)$; 但是, 根据定理 1.2.4F, $a^{p^e} \equiv a \;(\text{modulo } p)$ 与 $a \not\equiv 1 \;(\text{modulo } p)$ 矛盾. 而如果 $p = 2$, $a \equiv 3 \;(\text{modulo } 4)$, 则根据习题 8,

$$(a^{2^{e-1}} - 1)/(a - 1) \equiv 0 \;(\text{modulo } 2^e).$$

这些论证表明, $a = 1 + qp^f$ 一般是必要的, 其中 $p^f > 2$, 并且当 $\lambda = p^e$ 时, q 不是 p 的倍数.

下面需要证明这一条件对于 $\lambda = p^e$ 是充分的. 反复使用引理 P, 我们发现, 对于所有的 $g \geq 0$,

$$a^{p^g} \equiv 1 \;(\text{modulo } p^{f+g}), \qquad a^{p^g} \not\equiv 1 \;(\text{modulo } p^{f+g+1}),$$

因此

$$\begin{aligned} (a^{p^g} - 1)/(a - 1) &\equiv 0 \;(\text{modulo } p^g), \\ (a^{p^g} - 1)/(a - 1) &\not\equiv 0 \;(\text{modulo } p^{g+1}). \end{aligned} \tag{6}$$

特殊地, $(a^{p^e} - 1)/(a - 1) \equiv 0 \;(\text{modulo } p^e)$. 由于同余序列 $(0, a, 1, p^e)$ 有 $X_n = (a^n - 1)/(a - 1) \bmod p^e$, 因此, 它的周期为 λ (即 $X_n = 0$) 当且仅当 n 是 λ 的倍数. 所以, p^e 是 λ 的倍数. 仅当对于某个 g 有 $\lambda = p^g$ 时这才可能发生, 而式 (6) 中的关系蕴涵 $\lambda = p^e$. 证毕. ∎

现在, 定理 A 的证明完成. ∎

在本节的最后, 我们考虑 $c = 0$ 时的特殊情形, 也就是纯乘法生成器. 尽管在这种情况下随机数的生成过程稍微快一点, 但是定理 A 表明, 此时不可能得到最大周期长度. 事实上, 这是很显然的, 因为现在序列满足关系

$$X_{n+1} = aX_n \bmod m. \tag{7}$$

值 $X_n = 0$ 永远不应出现, 以免序列退化到零. 一般地, 如果 d 是 m 的因子, 而 X_n 是 d 的倍数, 则乘法序列的所有后继元素 $X_{n+1}, X_{n+2}, \ldots$ 都将是 d 倍数. 因此, 当 $c = 0$ 时, 我们希望对于所有的 n, X_n 都与 m 互素. 这限制周期的长度最多为 $\varphi(m)$, 即不大于 m 且与 m 互素的正整数个数.

即使我们规定 $c = 0$, 仍然可能达到足够长的周期. 现在, 我们找出乘数应该满足的条件, 使得在这种特殊情况下, 周期尽可能地长.

根据引理 Q，序列周期完全依赖于 $m = p^e$ 时的序列周期，因此，我们考虑后一种情况. 由于 $X_n = a^n X_0 \bmod p^e$，并且如果 a 是 p 的倍数，则周期长度显然为 1，因此我们取 a 与 p 互素. 于是，周期是使得 $X_0 = a^\lambda X_0 \bmod p^e$ 的最小正整数 λ. 如果 X_0 和 p^e 的最大公约数为 p^f，则该条件等价于

$$a^\lambda \equiv 1 \pmod{p^{e-f}}. \tag{8}$$

根据欧拉定理（习题 1.2.4–28），$a^{\varphi(p^{e-f})} \equiv 1 \pmod{p^{e-f}}$. 因此，$\lambda$ 是

$$\varphi(p^{e-f}) = p^{e-f-1}(p-1)$$

的因子. 当 a 与 m 互素时，使得 $a^\lambda \equiv 1 \pmod{m}$ 的最小正整数 λ 通常称作 a 模 m 的阶（order）. 具有模 m 的最大阶的 a 值称为模 m 本原元（primitive element）.

令 $\lambda(m)$ 表示本原元的阶，即模 m 的最大阶. 上面的分析表明 $\lambda(p^e)$ 是 $p^{e-1}(p-1)$ 的一个因子. 稍作分类讨论（见习题 11~16），我们就可以给出所有情况下 $\lambda(m)$ 的精确值如下：

$$\lambda(2) = 1, \qquad \lambda(4) = 2, \qquad \lambda(2^e) = 2^{e-2} \quad \text{如果} \quad e \geq 3;$$
$$\lambda(p^e) = p^{e-1}(p-1), \qquad \text{如果} \quad p > 2; \tag{9}$$
$$\lambda(p_1^{e_1} \ldots p_t^{e_t}) = \operatorname{lcm}\big(\lambda(p_1^{e_1}), \ldots, \lambda(p_t^{e_t})\big).$$

以上论述可以总结为下面的定理.

定理 B. ［高斯，*Disquisitiones Arithmeticæ* (1801)，§90–92.］当 $c = 0$ 时，能取到的最长周期为 $\lambda(m)$，定义见式 (9). 该周期可以达到，如果

(i) X_0 与 m 互素；

(ii) a 是一个模 m 本原元. ∎

注意：如果 m 是素数，则我们可以得到长度为 $m - 1$ 的周期，这仅仅比最长周期小 1. 因此，对于所有的实际应用而言，这个周期长度已令人满意.

现在的问题是：如何找到模 m 本原元？本节习题表明，当 m 是素数或素数的幂时，存在相当简单的解，也就是下面的定理.

定理 C. 设 p 是素数，数 a 是一个模 p^e 本原元，当且仅当下述情况之一满足：

(i) $p = 2$，$e = 1$，并且 a 为奇数；

(ii) $p = 2$，$e = 2$，并且 $a \bmod 4 = 3$；

(iii) $p = 2$，$e = 3$，并且 $a \bmod 8 = 3, 5$ 或 7；

(iv) $p = 2$，$e \geq 4$，并且 $a \bmod 8 = 3$ 或 5；

(v) p 是奇数，$e = 1$，$a \not\equiv 0 \pmod{p}$，并且对于 $p - 1$ 的任意素因子 q，$a^{(p-1)/q} \not\equiv 1 \pmod{p}$.

(vi) p 是奇数，$e > 1$，a 满足条件 (v)，并且 $a^{p-1} \not\equiv 1 \pmod{p^2}$. ∎

对于大的 p 值，如果我们知道 $p - 1$ 的因子，则使用 4.6.3 节讨论的高效求幂方法，可以在计算机上轻松验证定理 C 的条件 (v) 和 (vi).

定理 C 只用于素数的幂. 但是，如果已知模 $p_j^{e_j}$ 本原值 a_j，则使用 4.3.2 节讨论的中国剩余算法，可能找出单个值 a，使得对于 $1 \leq j \leq t$，$a \equiv a_j \pmod{p_j^{e_j}}$. 这个数 a 是模 $p_1^{e_1} \ldots p_t^{e_t}$ 本原元. 因此，存在一种相当有效率的方法，对于任意不算太大的模 m，构造满足定理 B 条件的乘数，尽管在一般情况下，计算可能有点冗长.

在 $m = 2^e$（$e \geq 4$）这种常见情况下，上面的条件简化为仅要求 $a \equiv 3$ 或 5（modulo 8）. 在这种情况下，乘数的所有可能值中，有四分之一将使得周期长度等于 $m/4$，这也是 $c = 0$ 时可能达到的最大长度.

次常见的情况是 $m = 10^e$. 使用引理 P 和 Q，不难得到在十进制计算机上达到最大周期的必要充分条件（见习题 18）：

定理 D. 如果 $m = 10^e$，$e \geq 5$，$c = 0$，并且 X_0 不是 2 或 5 的倍数，则线性同余序列的周期为 $5 \times 10^{e-2}$，当且仅当 $a \bmod 200$ 等于如下 32 个值之一：

$$3,\ 11,\ 13,\ 19,\ 21,\ 27,\ 29,\ 37,\ 53,\ 59,\ 61,\ 67,\ 69,\ 77,\ 83,\ 91,\ 109,\ 117,$$
$$123,\ 131,\ 133,\ 139,\ 141,\ 147,\ 163,\ 171,\ 173,\ 179,\ 181,\ 187,\ 189,\ 197. \qquad \blacksquare \qquad (10)$$

习题

1. [10] $X_0 = 5772156648$，$a = 3141592621$，$c = 2718281829$，$m = 10000000000$，线性同余序列的周期长度是多少？

2. [10] 当 m 是 2 的幂时，下面的两个条件是最长周期的充分条件吗？(i) c 是奇数；(ii) $a \bmod 4 = 1$.

3. [13] 假设 $m = 10^e$，其中 $e \geq 2$，又假设 c 是奇数而且不是 5 的倍数. 证明：线性同余序列具有最长周期，当且仅当 $a \bmod 20 = 1$.

4. [M20] 假定 $m = 2^e$，$X_0 = 0$. 如果数 a 和 c 满足定理 A 的条件，$X_{2^{e-1}}$ 的值是多少？

5. [14] 当 $m = 2^{35} + 1$ 时，找出满足定理 A 条件的所有乘数 a.（m 的素因子可以查表 3.2.1.1–1.）

▶ **6.** [20] 当 $m = 10^6 - 1$ 时，找出满足定理 A 条件的所有乘数 a.（见表 3.2.1.1–1.）

▶ **7.** [M23] 同余序列的周期不必从 X_0 开始，但是我们总是可以找到下标 $\mu \geq 0$ 和 $\lambda > 0$，使得只要 $n \geq \mu$ 就有 $X_{n+\lambda} = X_n$，并且 μ 和 λ 是具有这种性质的最小的可能值.（见习题 3.1–6 和 3.2.1–1.）如果 μ_j 和 λ_j 是对应于序列

$$(X_0 \bmod p_j^{e_j},\ a \bmod p_j^{e_j},\ c \bmod p_j^{e_j},\ p_j^{e_j})$$

的下标，并且 μ 和 λ 对应于复合序列 $(X_0, a, c, p_1^{e_1} \dots p_t^{e_t})$，则引理 Q 指出 λ 是 $\lambda_1, \dots, \lambda_t$ 的最小公倍数. 用 $\mu_1, \dots, \mu_t$ 的值表示，μ 的值是什么？固定 $m = p_1^{e_1} \dots p_t^{e_t}$，改变 X_0、a 和 c，μ 能够达到的最大值是多少？

8. [M20] 证明：如果 $a \bmod 4 = 3$，则当 $e > 1$ 时，有 $(a^{2^{e-1}} - 1)/(a - 1) \equiv 0$（modulo 2^e）.（使用引理 P.）

▶ **9.** [M22] （汤姆森）当 $c = 0$，$m = 2^e \geq 16$ 时，定理 B 和 C 指出周期长度为 2^{e-2}，当且仅当乘数 a 满足 $a \bmod 8 = 3$ 或 $a \bmod 8 = 5$. 证明这样的序列本质上都是满足 $m = 2^{e-2}$ 的线性同余序列，在以下意义下具有满周期：

(a) 如果 $X_{n+1} = (4c + 1)X_n \bmod 2^e$，并且 $X_n = 4Y_n + 1$，则

$$Y_{n+1} = ((4c + 1)Y_n + c) \bmod 2^{e-2}.$$

(b) 如果 $X_{n+1} = (4c - 1)X_n \bmod 2^e$，并且 $X_n = ((-1)^n(4Y_n + 1)) \bmod 2^e$，则

$$Y_{n+1} = ((1 - 4c)Y_n - c) \bmod 2^{e-2}.$$

[注记：在这些公式中，c 是奇数. 文献几度暗示，$c = 0$ 时，满足定理 B 的序列比满足定理 A 的序列更随机，尽管前者的周期长度只有后者的四分之一. 本题反驳这种观点. 本质上，当 m 是 2 的幂时，我们必须放弃字长的两个二进制位，以便存放加 c 的结果.]

10. [M21] 对于什么 m 值，有 $\lambda(m) = \varphi(m)$？

▶ **11.** [*M28*] 令 x 为大于 1 的奇数. (a) 证明存在唯一整数 $f > 1$, 使得 $x \equiv 2^f \pm 1$ (modulo 2^{f+1}). (b) 给定 $1 < x < 2^e - 1$ 和 (a) 的对应整数 f, 证明 x 模 2^e 的阶为 2^{e-f}. (c) 特别地, 这证明定理 C 的 (i)–(iv).

12. [*M26*] 设 p 是一个奇素数. 如果 $e > 1$, 证明 a 是模 p^e 本原元, 当且仅当 a 是模 p 本原元, 并且 $a^{p-1} \not\equiv 1$ (modulo p^2). (证明本题时, 可假定 $\lambda(p^e) = p^{e-1}(p-1)$. 这一事实的证明见习题 14 和 16.)

13. [*M22*] 设 p 是一个素数. 已知 a 不是模 p 本原元, 证明: 或者 a 是 p 的倍数, 或者对于某个整除 $p-1$ 的素数 q, $a^{(p-1)/q} \equiv 1$ (modulo p).

14. [*M18*] 如果 $e > 1$, p 是一个奇素数, 并且 a 是模 p 本原元, 证明: a 或 $a+p$ 是模 p^e 本原元. [提示: 见习题 12.]

15. [*M29*] (a) 设 a_1 和 a_2 与 m 互素, 它们模 m 的阶分别为 λ_1 和 λ_2. 如果 λ 是 λ_1 和 λ_2 的最小公倍数, 证明: 对于适当的整数 κ_1 和 κ_2, $a_1^{\kappa_1} a_2^{\kappa_2}$ 模 m 的阶为 λ. [提示: 首先考虑 λ_1 与 λ_2 互素的情况.] (b) 设 $\lambda(m)$ 为所有元素模 m 的最大阶. 证明 $\lambda(m)$ 是每个元素模 m 阶的倍数. 换言之, 证明: 只要 a 与 m 互素, 就有 $a^{\lambda(m)} \equiv 1$ (modulo m). (不要使用定理 B.)

▶ **16.** [*M24*] (原根的存在性) 设 p 是一个素数.

(a) 考虑多项式 $f(x) = x^n + c_1 x^{n-1} + \cdots + c_n$, 其中系数 c 均为整数. 已知整数 a 满足 $f(a) \equiv 0$ (modulo p). 证明: 存在一个整系数多项式

$$q(x) = x^{n-1} + q_1 x^{n-2} + \cdots + q_{n-1},$$

使得对于所有的整数 x, $f(x) \equiv (x-a)q(x)$ (modulo p).

(b) 设 $f(x)$ 是一个 (a) 中那样的多项式. 证明 $f(x)$ 最多有 n 个不同的模 p "根", 即最多存在 n 个整数 a, 满足 $0 \le a < p$, 使得 $f(a) \equiv 0$ (modulo p).

(c) 由习题 15(b), 多项式 $f(x) = x^{\lambda(p)} - 1$ 有 $p-1$ 个不同的根, 因此存在一个阶为 $p-1$ 的整数 a.

17. [*M26*] 定理 D 列出的所有值并非都能按照正文的构造方式找到. 例如, 11 不是模 5^e 本原元, 但 11 是模 10^e 本原元, 根据定理 D, 为什么会出现这种情况? 定理 D 列举的哪些值同时是模 2^e 和模 5^e 本原元?

18. [*M25*] 证明定理 D. (见上一题.)

19. [*40*] 假定 $c = 0$, 对于表 3.2.1.1–1 中列举的每个 m 值, 制作合适的乘数 a 的表.

▶ **20.** [*M24*] (马尔萨利亚) 本题的目的是研究任取一个线性同余序列的周期长度. 令 $Y_n = 1 + a + \cdots + a^{n-1}$, 使得对于 3.2.1–(8)给出的某常数 A, $X_n = (AY_n + X_0) \bmod m$.

(a) 证明 $\langle X_n \rangle$ 的周期长度是 $\langle Y_n \bmod m' \rangle$ 的周期长度, 其中 $m' = m/\gcd(A, m)$.

(b) 证明当 p 是素数时, $\langle Y_n \bmod p^e \rangle$ 的周期长度满足: (i) 如果 $a \bmod p = 0$, 则周期为 1. (ii) 如果 $a \bmod p = 1$, 则除 $p = 2$, $e \ge 2$ 并且 $a \bmod 4 = 3$ 之外, 周期为 p^e. (iii) 如果 $p = 2$, $e \ge 2$ 并且 $a \bmod 4 = 3$, 则周期是 a 模 p^e 的阶的二倍 (见习题 11), 除非 $a \equiv -1$ (modulo 2^e), 此时周期为 2. (iv) 如果 $a \bmod p > 1$, 则周期是 a 模 p^e 的阶.

21. [*M25*] 在最大周期的线性同余序列中, 令 $X_0 = 0$, 并令 s 为使 $a^s \equiv 1$ (modulo m) 的最小正整数. 证明 $\gcd(X_s, m) = s$.

▶ **22.** [*M25*] 讨论如何求出模 $m = b^k \pm b^l \pm 1$, 使得习题 3.2.1.1–14 的减法借位和加法进位生成器将具有很长的周期.

3.2.1.3 势. 在上一节, 我们证明了, 当 $b = a - 1$ 是整除 m 的每个素数的倍数时, 序列具有最长周期; 如果 m 是 4 的倍数, 则 b 也必须是 4 的倍数. 如果 z 是机器的基数 (二进制计算机的 $z = 2$, 而十进制计算机的 $z = 10$), m 是字大小 z^e, 则乘数

$$a = z^k + 1, \qquad 2 \le k < e \tag{1}$$

满足这些条件. 定理 3.2.1.2A 还表明, 可以取 $c = 1$. 现在, 递推关系形式为

$$X_{n+1} = \left((z^k + 1)X_n + 1\right) \bmod z^e, \tag{2}$$

这暗示我们可以不做乘法, 只需要用移位和加法就足够了.

例如, 假设我们选择 $a = B^2 + 1$, 其中 B 是 MIX 的字节大小. 代码

$$\text{LDA X;\quad SLA 2;\quad ADD X;\quad INCA 1} \tag{3}$$

可以用来替换 3.2.1.1 节给出的指令, 执行时间从 $16u$ 减少到 $7u$.

正因为如此, 形如式 (1) 的乘数已得到广泛的文献讨论, 确实也受到许多作者推荐. 然而, 早期实践经验最终表明, 应该避免使用具有式 (1) 中简单形式的乘数. 这是因为生成的数不够随机.

本章稍后将展开相当复杂的理论讨论, 解释所有已知质量不好的线性同余随机数生成器为什么质量差. 不过, 某些生成器 (如 (2)) 相当糟糕, 只用简单的理论就能排除. 这种简单的理论用到 "势" 的概念, 我们现在就讨论它.

具有最大周期的线性同余序列的势 (potency) 定义为使得

$$b^s \equiv 0 \pmod{m} \tag{4}$$

的最小正整数 s. (由于 b 是整除 m 的每个素数的倍数, 因此当乘数满足定理 3.2.1.2A 的条件时, 这样的整数 s 总是存在的.)

因为周期中有 0, 不妨取 $X_0 = 0$, 分析序列的随机性. 使用这一假设, 式 3.2.1–(6) 归约为

$$X_n = \left((a^n - 1)c/b\right) \bmod m;$$

用二项式定理展开 $a^n - 1 = (b+1)^n - 1$, 则我们发现

$$X_n = c\left(n + \binom{n}{2}b + \cdots + \binom{n}{s}b^{s-1}\right) \bmod m. \tag{5}$$

b^s、b^{s+1} 等项全都可以忽略, 因为它们都是 m 的倍数.

式 (5) 可能具有启发性, 因此我们应该具体考虑某些特殊情况. 如果 $a = 1$, 则势为 1; 正如之前指出的, $X_n \equiv cn \pmod{m}$, 因此序列肯定不随机. 如果势为 2, 则 $X_n \equiv cn + cb\binom{n}{2}$, 序列还是不太随机, 事实上,

$$X_{n+1} - X_n \equiv c + cbn.$$

因此, 相继生成的数之间的差具有简单的规律. 点 (X_n, X_{n+1}, X_{n+2}) 总是落在三维空间的以下四个平面之一上:

$$x - 2y + z = d + m, \qquad\qquad x - 2y + z = d - m,$$
$$x - 2y + z = d, \qquad\qquad x - 2y + z = d - 2m,$$

其中, $d = cb \bmod m$.

如果势为 3, 则序列开始看上去更随机, 但是 X_n、X_{n+1} 和 X_{n+2} 之间存在很强的依赖性. 检验表明, 势为 3 的序列仍然不够好. 势大于等于 4 时, 已经公布了不少结果, 但仍有人质疑. 如果需要足够随机的值, 看来势至少要为 5.

例如, 假设 $m = 2^{35}$, $a = 2^k + 1$, 于是 $b = 2^k$. 因此, 当 $k \geq 18$ 时, $b^2 = 2^{2k}$ 是 m 倍数, 即势为 2; 如果 $k = 17, 16, \ldots, 12$, 则势为 3; 而对于 $k = 11, 10, 9$, 势等于 4. 因此, 从势的角度来看, 可以接受的乘数仅有 $k \leq 8$, 这意味 $a \leq 257$. 稍后我们将会看到, 也要避免使用小乘数. 因此, 当 $m = 2^{35}$ 时, 所有形如 $2^k + 1$ 的乘数都不能使用.

当 $m = w \pm 1$ 时（其中 w 是字大小），m 一般不能被素数的高次幂整除，所以，势不可能很高（见习题 6）．因此，在这种情况下，不能使用最大周期方法，而应该使用 $c = 0$ 的纯乘法．

必须强调，对于随机性而言，高势是必要但不充分的．我们使用势的概念，仅仅是为了排除无效的生成器，而不是接受有效的生成器．线性同余序列必须通过 3.3.4 节讨论的"谱检验"，随机性才算合格．

习题

1. [*M10*] 证明：无论 MIX 的字节大小 B 是多少，代码 (3) 都提供最大周期随机数生成器.

2. [*10*] MIX 代码 (3) 所提供的生成器的势是多少？

3. [*11*] 当 $m = 2^{35}$ 时，如果 $a = 3141592621$，线性同余序列的势是多少？如果 $a = 2^{23} + 2^{13} + 2^2 + 1$，势是多少？

4. [*15*] 证明：如果 $m = 2^e \geq 8$，则当 $a \bmod 8 = 5$ 时，线性同余序列取到最大势.

5. [*M20*] 给定 $m = p_1^{e_1} \ldots p_t^{e_t}$ 和 $a = 1 + kp_1^{f_1} \ldots p_t^{f_t}$，其中 a 满足定理 3.2.1.2A 的条件，而 k 与 m 互素．证明势为 $\max(\lceil e_1/f_1 \rceil, \ldots, \lceil e_t/f_t \rceil)$.

▶ **6.** [*20*] 表 3.2.1.1–1 中的哪些 $m = w \pm 1$ 值可以用于其势为 4 或更大的、最大周期线性同余序列？（利用习题 5 的结果．）

7. [*M20*] 当 a 满足定理 3.2.1.2A 的条件时，它与 m 互素；因此存在一个数 a' 使得 $aa' \equiv 1 \pmod{modulo\ m}$．证明 a' 可以简单地用 b 表示.

▶ **8.** [*M26*] 由 $X_{n+1} = (2^{17} + 3)X_n \bmod 2^{35}$ 和 $X_0 = 1$ 定义的随机数生成器受到如下检验：令 $Y_n = \lfloor 20X_n/2^{35} \rfloor$，则 Y_n 应该是 0 与 19 之间的随机数，并且三元组 $(Y_{3n}, Y_{3n+1}, Y_{3n+2})$ 应该以几乎相等的频率从 $(0,0,0)$ 到 $(19,19,19)$ 中的 8000 个可能值中取每个值．但是，使用 $1\,000\,000$ 个 n 值检验，许多三元组并没出现，而其他值出现的次数比它们应该出现的次数多．你能解释这种失败的原因吗？

3.2.2   其他方法

当然，线性同余序列并非是为计算机使用而提出的唯一的随机数源．本节，我们将综述最重要的其他方法．其中，有些方法相当重要，而另一些之所以引起我们的兴趣，主要是因为它们并不像人们期望的那么好．

随机数生成方面的一个常见误解是，选取一个好的生成器，稍加修改就能得到"更随机的"序列．这通常是错误的．例如，我们知道

$$X_{n+1} = (aX_n + c) \bmod m \tag{1}$$

生成相当好的随机数；难道

$$X_{n+1} = \big((aX_n) \bmod (m+1) + c\big) \bmod m \tag{2}$$

产生的序列不会更随机吗？答案是：新序列反而可能更不随机．由于破坏了整个理论，序列 (2) 的行为缺乏任何理论，于是它就变成了 $X_{n+1} = f(X_n)$ 这种类型的生成器，其中函数 f 是随机选取的．习题 3.1–11 到 3.1–15 表明，这些序列可能比更规范的函数 (1) 得到的序列差得多．

让我们考虑另一种方法，试着实际改进序列 (1)．线性同余方法可以推广，例如二次同余方法：

$$X_{n+1} = (dX_n^2 + aX_n + c) \bmod m. \tag{3}$$

习题 8 推广定理 3.2.1.2A，得到了关于 a、c 和 d 的充分必要条件，使得式 (3) 定义的序列具有最大周期长度 m．限制并不比线性方法严格多少．

当 m 是 2 的幂时，罗伯特 · 科维尤提出了一种有趣的二次方法：令

$$X_0 \bmod 4 = 2, \qquad X_{n+1} = X_n(X_n + 1) \bmod 2^e, \qquad n \geq 0. \qquad (4)$$

这个序列可以像 (1) 一样高效地计算，不必担心溢出. 它与冯 · 诺依曼最初的平方取中法有着有趣的联系：如果令 Y_n 等于 $2^e X_n$，使得 Y_n 为 X_n 的二进制表示的右端添上 e 个 0 得到的双精度数，则 Y_{n+1} 正好由 $Y_n^2 + 2^e Y_n$ 的中间 $2e$ 位数字组成！换言之，科维尤的方法几乎等同于退化的双精度平方取中法，但是它保证具有长周期. 该方法随机性的进一步证明见习题 8 的答案中引用的科维尤论文.

式 (1) 的其他推广也显而易见. 例如，我们可以试图扩展序列的周期长度. 线性同余序列的周期相当长，当 m 近似等于计算机字大小时，周期长度通常可达 10^9 量级或更长，而一般计算只使用序列的很少一部分. 另一方面，在 3.3.4 节讨论有关 "精度" 的思想时，我们将会看到周期的长度影响序列可以达到的随机性程度. 因此，我们期望寻求更长的周期. 已经有一些方法可以用于这一目的. 一种技术是让 X_{n+1} 依赖于 X_n 和 X_{n-1}，而不仅仅是依赖于 X_n. 这样，周期长度可以高达 m^2，因为在 $(X_{n+\lambda}, X_{n+\lambda+1}) = (X_n, X_{n+1})$ 之前，序列不会开始重复. 约翰 · 莫奇利在 1949 年提交给统计学会议一篇文章（未发表），文中使用递推式 $X_n = \mathrm{middle}(X_{n-1} \cdot X_{n-6})$，扩充了平方取中法.

X_{n+1} 依赖于前面多个值的最简单序列是斐波那契序列

$$X_{n+1} = (X_n + X_{n-1}) \bmod m. \qquad (5)$$

20 世纪 50 年代初期，人们就研究了这个生成器. 它通常产生大于 m 的周期长度. 但是，检验表明，斐波那契递推式产生的数完全不具有令人满意的随机性，因此我们对随机数源式 (5) 的主要兴趣在于，它是一个经典的 "反面典型". 我们还可以考虑形如

$$X_{n+1} = (X_n + X_{n-k}) \bmod m \qquad (6)$$

的生成器，其中 k 是一个较大的值. 这个递推式的提出者是伯特 · 格林（小）、詹姆斯 · 史密斯和劳拉 · 克莱姆 [*JACM* **6** (1959), 527–537]. 他们报告说，当 $k \leq 15$ 时，序列不能通过 3.3.2 节介绍的 "间隙检验"，不过当 $k = 16$ 时能得到满意的检验结果.

1958 年，杰勒德 · 米切尔和唐纳德 · 穆尔设计了一类更好的加法生成器（未发表），他们提出下式定义的不寻常的序列

$$X_n = (X_{n-24} + X_{n-55}) \bmod m, \qquad n \geq 55, \qquad (7)$$

其中，m 是偶数，而 $X_0, \ldots, X_{54}$ 是不全为偶数的任意整数. 定义中的常数 24 和 55 不是随机选取的，而是特殊值. 它们恰好定义了一个序列，其最低有效位 $\langle X_n \bmod 2 \rangle$ 的周期长度为 $2^{55} - 1$. 因此，序列 $\langle X_n \rangle$ 的周期一定至少这么长. 习题 30 证明当 $m = 2^e$ 时，序列 (7) 的周期长度恰为 $2^{e-1}(2^{55} - 1)$.

乍一看，式 (7) 似乎并不太适合机器实现，但事实上，使用循环表，可以非常有效率地生成该序列.

算法 A（加数生成器）. 存储单元 $Y[1], Y[2], \ldots, Y[55]$ 初始化，分别设置为 $X_{54}, X_{53}, \ldots, X_0$；$j$ 初始化为 24，而 k 为 55. 该算法的相继执行将产生数 $X_{55}, X_{56}, \ldots$ 作为输出.

A1. [加.]（如果我们要在此时输出 X_n，则现在 $Y[j]$ 等于 X_{n-24}，而 $Y[k]$ 等于 X_{n-55}.）置 $Y[k] \leftarrow (Y[k] + Y[j]) \bmod 2^e$，并输出 $Y[k]$.

A2. ［前进.］j 和 k 减 1. 现在，如果 $j = 0$，则置 $j \leftarrow 55$；否则，如果 $k = 0$，则置 $k \leftarrow 55$.（j 和 k 不可能同时为 0.）∎

这个算法的 MIX 程序如下.

程序 A（加数生成器）. 变址寄存器 5 和 6 分别表示 j 和 k，假定它们不被本程序所在的程序的其余部分使用，下面的程序执行算法 A，并把结果存在寄存器 A 中.

```
LDA  Y,6    A1. 加.
ADD  Y,5    Yk + Yj（可能溢出）
STA  Y,6       → Yk.
DEC5 1      A2. 前进.  j ← j - 1.
DEC6 1      k ← k - 1.
J5P  *+2
ENT5 55     如果 j = 0，则置 j ← 55.
J6P  *+2
ENT6 55     如果 k = 0，则置 k ← 55.  ∎
```

这个生成器通常比我们讨论的其他方法快，因为它不需要乘法运算. 它不但速度快，还具有迄今为止我们看到的最长周期，唯一例外是习题 3.2.1.2–22 中的生成器. 此外，正如布伦特指出的，它可以正确地用浮点数计算，而不需要在整数与小数之间转换（见习题 23）. 因此，对于实际应用而言，或许式 (7) 有机会成为最好的随机数源，可惜我们很难真心推荐这样的生成器，主要原因是缺乏理论证明它们是否具有期望的随机性. 本质上，我们确实知道它的周期很长，但这还不够. 然而，约翰·赖泽尔（博士论文，斯坦福大学，1977）证明，只要某个看似有道理的猜想成立，则像式 (7) 那样的加法序列在高维上将会分布得很好（见习题 26）.

式 (7) 中的数 24 和 55 通常称作滞后（lag），而称式 (7) 定义的数 X_n 形成滞后斐波那契序列（lagged Fibonacci sequence）. 由于本节部分习题中给出的理论结果，因而像 (24, 55) 这样的滞后效果很好. 当然，如果应用恰好同时使用 55 个值一组的数，那么最好使用更大的滞后. 式 (7) 生成的数 X_n 肯定不会严格地落在 X_{n-24} 与 X_{n-55} 之间（见习题 2）. 让-马瑞尔·诺尔芒、汉斯·赫曼和曼苏尔·哈贾尔在进行需要 10^{11} 个随机数的大规模高精度蒙特卡罗方法研究时，检测到式 (7) 生成的数有轻微的偏倚［*J. Statistical Physics* **52** (1988), 441–446］，但是较大的 k 值降低了这种负面影响. 表 1 列出了一些有用的数偶 (l, k)，相应序列 $X_n = (X_{n-l} + X_{n-k}) \bmod 2^e$ 的周期长度为 $2^{e-1}(2^k - 1)$. 对于大部分应用而言，$(l, k) = (30, 127)$ 应该已经足够大；配合稍后讨论的加强随机性的其他技术，更能保证足够使用.

表 1 产生模 2 长周期的滞后

(24, 55)	(37, 100)	(83, 258)	(273, 607)	(576, 3217)	(7083, 19937)
(38, 89)	(30, 127)	(107, 378)	(1029, 2281)	(4187, 9689)	(9739, 23209)

关于该表的扩充，见尼尔·齐尔勒和约翰·布里尔哈特，*Information and Control* **13** (1968), 541–554, **14** (1969), 566–569, **15** (1969), 67–69；栗田良春和松本真，*Math. Comp.* **56** (1991), 817–821；约克·赫林加、亨德里克·布洛特和奥尔德特·孔帕纳，*Int. J. Mod. Phys.* **C3** (1992), 561–564.

马尔萨利亚［*Comp. Sci. and Statistics: Symposium on the Interface* **16** (1984), 3–10］建议用

$$X_n = (X_{n-24} \cdot X_{n-55}) \bmod m, \qquad n \geq 55 \tag{7'}$$

取代式 (7)，其中 m 是 4 的倍数，X_0 到 X_{54} 均为奇数并且不全与 1 模 4 同余. 于是，次最低有效位的周期是 $2^{55} - 1$，而最高有效位比以前混合得更彻底，因为它们实质上依赖于 X_{n-24} 和 X_{n-55} 的所有位. 习题 31 表明序列 $(7')$ 的周期长度只比序列 (7) 稍微小一点.

自 1958 年以来，滞后斐波那契生成器已经成功地应用于许多情况. 可是到了 20 世纪 90 年代，人们却非常意外地发现，这类生成器实际上不能通过一种极其简单的、非针对性的随机性检验（见习题 3.3.2-31）. 可以适当舍弃序列的某些元素，避免这些问题，应对方法见本节末尾.

除了纯加法或纯乘法序列，我们也可以通过对某个不大的 k，取 $X_{n-1}, \ldots, X_{n-k}$ 的一般线性组合，构造有用的随机数生成器. 在这种情况下，最好的结果出现在模 m 是大素数时. 例如，可以取 m 为能够放入单个内存字的最大素数（见表 4.5.4-2）. 当 $m = p$ 是素数时，有限域理论告诉我们，能找到乘数 $a_1, \ldots, a_k$ 使得由

$$X_n = (a_1 X_{n-1} + \cdots + a_k X_{n-k}) \bmod p \tag{8}$$

定义的序列的周期长度为 $p^k - 1$，其中 $X_0, \ldots, X_{k-1}$ 可以任意选取，但不全为 0.（特殊情况 $k = 1$ 对应于具有素数模的乘法同余序列，对此我们已经很熟悉.）式 (8) 中的常数 $a_1, \ldots, a_k$ 具有期望的性质，当且仅当多项式

$$f(x) = x^k - a_1 x^{k-1} - \cdots - a_k \tag{9}$$

是一个"模 p 本原多项式"，即该多项式具有一个根，它是具有 p^k 个元素的域的一个本原元（见习题 4.6.2-16）.

当然，对于实际应用而言，仅仅存在产生周期长度 $p^k - 1$ 的常数 $a_1, \ldots, a_k$ 是不够的，我们还必须能够求出它们，不能简单地穷举 p^k 种可能性，因为 p 和计算机的字大小处于相同量级. 幸而，恰好存在 $\varphi(p^k - 1)/k$ 种 $(a_1, \ldots, a_k)$ 的合适选择，因此几次随机尝试之后，很有可能命中一个. 但是，我们还需要一种方法，快速确定式 (9) 是否是一个模 p 本原多项式，毕竟假如产生多达 $p^k - 1$ 个元素，等它出现重复，实在是麻烦得难以想象！杰克·阿拉宁和高德纳 [*Sankhyā* **A26** (1964), 305–328] 讨论了检验模 p 本原性的方法. 可以使用如下准则：令 $r = (p^k - 1)/(p - 1)$，

(i) $(-1)^{k-1} a_k$ 必定是一个模 p 原根.（见 3.2.1.2 节.）

(ii) 多项式 x^r 一定与 $(-1)^{k-1} a_k$，模 $f(x)$ 和模 p 同余.

(iii) 对于 r 的每个素因子 q，使用模 p 多项式算术，$x^{r/q} \bmod f(x)$ 的阶一定为正.

4.6.2 节讨论对于给定的素数 p，如何使用模 p 多项式算术，高效计算多项式 $x^n \bmod f(x)$.

为了进行这种检验，我们需要知道 $r = (p^k - 1)/(p - 1)$ 的素因子分解，这正是该计算的制约因素. 当 $k = 2$ 或 3 时（等于 4 或许也有可能），可以在合理的时间内对 r 进行因子分解，但是当 p 较大时，较大的 k 值就难以处理. 不过，即使 $k = 2$，实际上可获得的"有效随机数字"也比 $k = 1$ 时翻了一番，因此基本不需要较大的 k 值.

修改谱检验（3.3.4 节），可以评估式 (8) 生成的数序列，见习题 3.3.4-24. 3.3.4 节的讨论表明，当存在形如 $a_1 = +1$ 或 -1 的本原多项式时，我们不应该取这些明显的选择；最好选择满足这些条件的、大的、本质上"随机的" $a_1, \ldots, a_k$ 值，并使用谱检验对选择进行检验. 求 $a_1, \ldots, a_k$ 需要大量计算，但是所有已知的证据都表明，这样将得到非常令人满意的随机数源. 我们只使用单精度操作，实质上也能得到具有 k 元组精度的线性同余生成器的随机性.

特殊情况 $p = 2$ 值得关注. 有时，我们希望随机数生成器产生随机二进制位序列，序列里只有 0 和 1，而不是 0 和 1 之间的小数. 在一台二进制计算机上操纵 k 位字，生成高度随机的

位序列, 有一种简单的方法: 从任意非零二进制字 X 开始. 为了得到序列中的下一个随机位, 执行如下 MIX 语言所示的操作 (见习题 16):

```
LDA  X      (假定上溢现在"关闭")
ADD  X      左移一位.
JNOV *+2    如果高位原先为 0, 则转移.                    (10)
XOR  A      否则, 用"异或"来调整该数.
STA  X
```

这里, 第 4 条指令是"异或"操作, 几乎所有二进制计算机上都有 (见习题 2.5–28 和 7.1.3 节). 它改变 rA 中单元 A 为"1"的所有位. 单元 A 的值是二进制常数 $(a_1 \ldots a_k)_2$, 其中 $x^k - a_1 x^{k-1} - \cdots - a_k$ 是一个模 2 本原多项式. 代码 (10) 执行之后, 所生成的序列的下一位可以取为字 X 的最低有效位. 不过, 如果取最高有效位更方便的话, 我们也可以始终使用 X 的最高有效位.

```
1011
0101
1010
0111
1110
1111
1101
1001
0001
0010
0100
1000
0011
0110
1100
1011
```

图 1 假定 $k = 4$, CONTENTS(A) $= (0011)_2$, 二进制方法中计算机字 X 的相继内容

例如, 考虑图 1, 这是由 $k = 4$ 和 CONTENTS(A) $= (0011)_2$ 所生成的序列. 当然, k 值非常小. 最右边的一列连起来就是该序列的位序列, 即 1101011110001001..., 按周期长度 $2^k - 1 = 15$ 重复. 考虑到只用了 4 位内存, 这个序列算是相当随机. 这是因为, 考虑周期中出现的相邻 4 位组 1101, 1010, 0101, 1011, 0111, 1111, 1110, 1100, 1000, 0001, 0010, 0100, 1001, 0011, 0110. 一般地, 每个可能的相邻 k 位组都恰好在周期中出现一次, 只有全 0 组不出现, 因为周期的长度为 $2^k - 1$. 这样, 相邻 k 位组本质上是独立的. 在 3.5 节将证明, 当 k 比较大, 比如为 30 或更大时, 这是一个很强的随机性评判标准. 解释这个序列的随机性的理论结果见罗伯特·淘斯沃茨的文章 [*Math. Comp.* **19** (1965), 201–209].

次数小于等于 168 的模 2 本原多项式已编制成表, 作者是韦恩·斯坦克 [*Math. Comp.* **27** (1973), 977–980]. 当 $k = 35$ 时, 我们可以取

CONTENTS(A) $= (00000000000000000000000000000000101)_2$.

但是, 习题 18 和 3.3.4–24 表明, 定义模 2 本原多项式的数最好还是找"随机"常数.

小心: 有些人误以为这种随机位生成技术可以用来生成随机的整字小数 $(0.X_0 X_1 \ldots X_{k-1})_2$, $(0.X_k X_{k+1} \ldots X_{2k-1})_2, \ldots$. 但实际上, 这个小数源的随机性很糟糕, 尽管这些位每个都相当随机. 习题 18 解释了其中的原因.

米切尔和穆尔的加法生成器 (7) 本质上是基于本原多项式概念: 多项式 $x^{55} + x^{24} + 1$ 是本原的, 表 1 本质上是某些模 2 本原三项式的列表. 西奥多·刘易斯和威廉姆·佩恩在 1971 年独立发现另一个非常相似的生成器 [*JACM* **20** (1973), 456–468], 但是他们使用"异或"而不是加法, 因此周期的长度恰为 $2^{55} - 1$. 刘易斯和佩恩的序列的每个二进制位都遍取相同的周期序列, 但具有各自的起点. 实验表明, 式 (7) 效果更好.

现在，我们已经看到，当 X_n 是 $X_{n-1}, \ldots, X_{n-k}$ 的适当函数，m 是素数时，可以并不太困难地构造 $0 \le X_n < m$，并且周期为 $m^k - 1$ 的序列. 容易看出，形如

$$X_n = f(X_{n-1}, \ldots, X_{n-k}), \qquad 0 \le X_n < m \tag{11}$$

的关系定义的任何序列可能达到的最长周期为 m^k. 门罗·马丁 [*Bull. Amer. Math. Soc.* **40** (1934), 859–864] 首先证明：对于所有的 m 和 k，达到最大周期的函数都是可能的. 他的方法易于陈述（习题 17）并且可以相当有效地编程（习题 29），但是它不适合随机数生成，因为它缓慢地改变 $X_{n-1} + \cdots + X_{n-k}$ 的值：所有的 k 元组都出现，但并非以很随机的次序. 习题 21 考虑了一类更好的产生最大周期 m^k 的函数 f. 一般而言，对应的程序生成随机数不如我们已经介绍的其他方法有效，但是当把周期总体考虑时，它们确实表现出可证明的随机性.

人们已经提出了许多随机数生成方案. 其中，最令人感兴趣的方法可能是尤尔根·艾歇瑙尔-赫尔曼和尤尔根·莱恩提出的逆同余序列（inversive congruential sequence）[*Statistische Hefte* **27** (1986), 315–326]

$$X_{n+1} = (aX_n^{-1} + c) \bmod p. \tag{12}$$

这里，p 是素数，X_n 在集合 $\{0, 1, \ldots, p-1, \infty\}$ 上取值，而逆定义为 $0^{-1} = \infty$，$\infty^{-1} = 0$，其他情形则为 $X^{-1}X \equiv 1 \pmod{p}$. 由于在该序列中，0 后面总是 ∞，然后是 c，因此对于实现而言，我们也可以简单地定义 $0^{-1} = 0$；但是定义 $0^{-1} = \infty$，理论更清晰，更容易逐步阐明. 为计算 $X^{-1} \bmod p$，有适合硬件实现的高效算法，例如习题 4.5.2–39. 然而，不幸的是，这种操作并不在大部分计算机的指令系统中. 习题 35 表明，a 和 c 的许多选择都产生最长的周期长度 $p+1$. 习题 37 证明了最重要的性质：逆线性同余序列完全没有线性同余序列特征性的格结构.

另一类重要技术涉及随机数生成器的组合. 总有一些人认为线性同余方法、加法方法等都过于简单，不能产生足够随机的序列. 我们或许永远都不可能证明他们的怀疑是没有根据的，毕竟他们可能是对的，因此，对此进行争论毫无用处. 我们可以有效率地把两个序列组合成一个，新序列足够随意，能满足绝大多数怀疑论者.

假设我们有两个 0 和 $m-1$ 之间的随机数序列 $X_0, X_1, \ldots$ 和 $Y_0, Y_1, \ldots$，最好是用两种不相关的方法生成的. 于是，例如，我们可以使用一个随机序列对另一个的元素进行排列，这种方法是由马尔科姆·麦克拉伦和马尔萨利亚提出的 [*JACM* **12** (1965), 83–89；又见马尔萨利亚和托马斯·布雷，*CACM* **11** (1968), 757–759].

算法 M（通过扰动随机化）. 给定生成两个随机序列 $\langle X_n \rangle$ 和 $\langle Y_n \rangle$ 的方法，该算法将相继输出"更加随机的"序列的项. 我们使用一个辅助表 $V[0], V[1], \ldots, V[k-1]$，其中 k 是为方便而选取的某个数，通常在 100 附近. 初始，V 表填入 X 序列的前 k 个值.

M1. [生成 X 和 Y.] 置 X 和 Y 分别等于序列 $\langle X_n \rangle$ 和 $\langle Y_n \rangle$ 的下一个数.

M2. [选取 j.] 置 $j \leftarrow \lfloor kY/m \rfloor$，其中 m 是序列 $\langle Y_n \rangle$ 中使用的模，即 j 是一个被 Y 决定的随机值，$0 \le j < k$.

M3. [交换.] 输出 $V[j]$，然后置 $V[j] \leftarrow X$. ∎

例如，假定使用 $k = 64$，把算法 M 用于如下两个序列：

$$
\begin{aligned}
X_0 &= 5772156649, & X_{n+1} &= (3141592653X_n + 2718281829) \bmod 2^{35}; \\
Y_0 &= 1781072418, & Y_{n+1} &= (2718281829Y_n + 3141592653) \bmod 2^{35}.
\end{aligned}
\tag{13}
$$

直观看来，似乎完全可以预言，把算法 M 用于 (13) 能够满足任何人对计算机生成序列的随机性要求，因为输出的邻近项之间的联系几乎被完全消除了. 此外，生成这个序列所需的时间只是稍多于单独生成序列 $\langle X_n \rangle$ 所需时间的二倍.

习题 15 证明，在大部分具有实际意义的情况下，算法 M 输出的周期长度将是序列 $\langle X_n \rangle$ 和 $\langle Y_n \rangle$ 的长度的最小公倍数. 特殊地，如果舍弃序列中的 0 值，使得 $\langle Y_n \rangle$ 具有周期长度 $2^{35} - 1$，则用算法 M 从式 (13) 产生数列，周期长度为 $2^{70} - 2^{35}$. [见约瑟夫·格林伍德，*Computer Science and Statistics: Symposium on the Interface* **9** (1976), 222–227.]

然而，约翰·贝斯和史蒂芬·德拉姆发现，还存在更好的扰动序列方法 [*ACM Trans. Math. Software* **2** (1976), 59–64]. 尽管他们的方法表面与算法 M 类似，但是性能好得惊人，而且它只需要一个序列 $\langle X_n \rangle$，而不是两个.

算法 B（通过扰动随机化）．给定生成一个随机序列 $\langle X_n \rangle$ 的方法，使用像算法 M 中一样的辅助表 $V[0], V[1], \ldots, V[k-1]$，该算法将相继输出"更加随机的"序列的项. 初始，V 表填入 X 序列的前 k 个值，并且设置辅助变量 Y 等于 X 序列的第 $(k+1)$ 个值.

B1. [选取 j.] 置 $j \leftarrow \lfloor kY/m \rfloor$，其中 m 是序列 $\langle X_n \rangle$ 中使用的模，即 j 是一个被 Y 确定的随机值，$0 \le j < k$.

B2. [交换.] 置 $Y \leftarrow V[j]$，输出 Y，然后置 $V[j]$ 为序列 $\langle X_n \rangle$ 中的下一个数.   ∎

鼓励读者做习题 3 和 5，以便感受算法 M 和 B 的差别.

在 MIX 上，我们可以取 k 等于字节大小，实现算法 B. 初始化以后，有如下简单的生成方案：

```
LD6    Y(1:1)      j ← Y 的高阶字节.
LDA    X           rA ← X_n.
INCA   1           （见习题 3.2.1.1–1）
MUL    A           rX ← X_{n+1}.                          (14)
STX    X           "n ← n + 1."
LDA    V,6
STA    Y           Y ← V[j].
STX    V,6         V[j] ← X_n.    ∎
```

输出在寄存器 A 中. 注意，每生成一个数，算法 B 只需要额外的 4 条指令开销.

弗里德里希·格布哈特 [*Math. Comp.* **21** (1967), 708–709] 发现，即便把算法 M 用于像斐波那契序列那样不随机的序列，即 $X_n = F_{2n} \bmod m$，$Y_n = F_{2n+1} \bmod m$，算法 M 也能产生令人满意的随机序列. 然而，如习题 3 所示，如果 $\langle X_n \rangle$ 和 $\langle Y_n \rangle$ 是强相关的，则算法 M 产生的序列可能不如原序列随机. 看来，算法 B 不会出现这种问题. 由于算法 B 不会使序列更不随机，并且它只需很小的附加代价就能增强随机性，因而可以推荐把它与任何其他随机数生成器联合使用.

然而，扰动方法有一个固有缺陷：它只改变所生成的数的次序，而不改变数本身. 对于大部分用途而言，次序是至关重要的；但是，如果随机数生成器不能通过 3.3.2 节讨论的"生日间隔"（birthday spacing）检验或习题 3.3.2–31 的随机游走（random-walk）检验，则扰动之后也不会好多少. 扰动还有一个相对缺点：不允许从周期中间某个给定点开始，也不允许对于很大的 k，快速从 X_n 跳到 X_{n+k}.

因此，许多人建议用更简单的方法组合序列 $\langle X_n \rangle$ 和 $\langle Y_n \rangle$，避免扰动的两个缺陷. 当 $0 \leq X_n < m$, $0 \leq Y_n < m' \leq m$ 时，我们可以使用像

$$Z_n = (X_n - Y_n) \bmod m \tag{15}$$

这样的组合. 习题 13 和 14 讨论了这种序列的周期长度；习题 3.3.2–23 证明，当初始值 X_0 和 Y_0 独立地选取时，式 (15) 往往增强随机性.

在计算时代的早期，约翰·托德和奥尔加·托德就提出了一种更简单的方法，能够消除算术方法生成的数的结构偏倚 [*Symp. on Monte Carlo Methods* (Wiley, 1956), 15–28]：只需要丢弃序列中的某些数. 他们的方法虽然对线性同余生成器没有多大用处，但如今非常适合搭配像式 (7) 一样具有极长周期的生成器一起使用，因为有大量的数可供丢弃.

改善式 (7) 的随机性的最简单方法是对某个小的 j，每隔 j 项取一项. 但是，另一种更好的方案可能更简单，就是用式 (7) 产生一个数组，比如说 500 个随机数，然后只使用前 55 个. 这 55 个数用完之后，用相同的方法再生成 500 个数. 这种思想由马丁·吕舍尔提出 [*Computer Physics Communications* **79** (1994), 100–110]，受动态系统中的混沌理论的启发：我们可以把式 (7) 看作一个过程，它把 55 个值 $(X_{n-55}, \ldots, X_{n-1})$ 映射到另一个 55 个值的向量 $(X_{n+t-55}, \ldots, X_{n+t-1})$. 假设我们生成 $t \geq 55$ 个值并使用前 55 个. 于是，如果 $t = 55$，则新的值向量与旧的相当接近；但是，如果 $t \approx 500$，则新旧向量之间几乎没有相关性（见习题 33）. 对于进位加法或借位减法生成器的类似情况（习题 3.2.1.1–14），这些向量实际上就是线性同余生成器得到的数的 b 进制表示，一次生成 t 个数时，相关的乘数为 b^{-t}. 因此，此时使用 3.3.4 节的谱检验可以证实吕舍尔的理论. 用吕舍尔方法增强的滞后斐波那契序列，可用来设计可移植的随机数生成器，其介绍连同附加评述见 3.6 节.

在序列中，随机数生成器通常只做几次乘法和/或加法，就能得到下一个元素. 按上面的方法组合这样的生成器时，常识告诉我们，得到的序列同真正的随机数应该很难分辨. 但是，直觉不能代替严格的数学证明. 如果我们愿意增加计算量，比如说，增加为原先的 1000 或 1 000 000 倍，则我们可以得到新的序列，它们的随机性具有好得多的理论保证.

例如，考虑由规则

$$X_{n+1} = X_n^2 \bmod M, \qquad B_n = X_n \bmod 2 \tag{16}$$

生成的位序列 $B_1, B_2, \ldots$ [曼纽尔·布卢姆、莉诺·布卢姆和迈克尔·舒布，*SICOMP* **15** (1986), 364–383]，或根据

$$X_{n+1} = X_n^2 \bmod M, \qquad B_n = X_n \cdot Z \bmod 2 \tag{17}$$

产生的更复杂的序列，其中 r 位二进制数 $(x_{r-1} \ldots x_0)_2$ 和 $(z_{r-1} \ldots z_0)_2$ 的点积是 $x_{r-1} z_{r-1} + \cdots + x_0 z_0$，这里，$Z$ 是 r 位 "掩码"，r 是 M 中的位数. 模 M 应该是两个形如 $4k+3$ 的大素数的积，而初值 X_0 应该与 M 互素. 规则 (17) 是利奥尼德·列文提出的，是冯·诺依曼最初的平方取中法的模仿. 我们称它为扰乱平方方法，因为它扰乱了平方的各位数字. 当然，规则 (16) 就是特殊情况 $Z = 1$.

3.5F 节证明，当 X_0、Z 和 M 随机选取时，式 (16) 和式 (17) 生成的序列通过所有的随机性统计检验，检验所需的工作量不会多于对大数分解因子. 换言之，当 M 足够大时，在今天最快的计算机上，持续时间少于 100 年的任何计算都不可能辨别这些位和真正的随机数之间的差别，除非能够用比现在已知的方法快得多的方法找到这些数的非平凡因子. 式 (16) 比 (17) 简单，但是如果我们想得到相同的统计保证的话，式 (16) 中的模 M 必须比式 (17) 中的大.

习题

▶ **1.** [*12*] 实践中，要产生随机数，我们首先使用 $X_{n+1} = (aX_n + c) \bmod m$，其中诸 X 是整数；随后把它们处理成小数 $U_n = X_n/m$. U_n 的递推关系实际上是

$$U_{n+1} = (aU_n + c/m) \bmod 1.$$

讨论如何使用计算机上的浮点算术运算，直接使用这个递推关系生成随机序列.

▶ **2.** [*M20*] 对于一个好的随机数源，$X_{n-1} < X_{n+1} < X_n$ 所占比例大约为六分之一，因为 X_{n-1}、X_n 和 X_{n+1} 的六种可能的相对次序应该是等可能的. 然而，如果使用斐波那契序列 (5)，证明上面的次序绝对不会出现.

3. [*23*] (a) 如果

$$X_0 = 0, \quad X_{n+1} = (5X_n + 3) \bmod 8, \quad Y_0 = 0, \quad Y_{n+1} = (5Y_n + 1) \bmod 8,$$

并且 $k = 4$，那么算法 M 产生什么序列？（注意，势为 2，因此 $\langle X_n \rangle$ 和 $\langle Y_n \rangle$ 并不很随机.）(b) 如果以 $k = 4$，把算法 B 用于相同的序列 $\langle X_n \rangle$ 会发生什么？

4. [*00*] 为什么在程序 (14) 的第一行使用最高位字节，而不是其他字节？

▶ **5.** [*20*] 讨论：如果为了提高生成速度，在算法 M 中使用 $X_n = Y_n$，结果类似于算法 B 吗？

6. [*10*] 正文中说，在二进制方法 (10) 中，如果该代码重复执行，则 X 的低位是随机的. 整个字 X 为什么不是随机的？

7. [*20*] 证明：如果把程序 (10) 改变为

```
LDA  X              LDA  A              JNOV *+3            XOR  A
JANZ *+2            ADD  X              JAZ  *+2            STA  X ▮
```

则可以得到长度为 2^e 的完全序列（在周期中，2^e 种可能的相邻 e 位组都恰好出现一次）.

8. [*M39*] 证明二次同余序列 (3) 周期长度为 m，当且仅当满足如下条件：

(i) c 与 m 互素；

(ii) 对于所有整除 m 的奇素数 p, d 和 $a - 1$ 都是 p 的倍数；

(iii) 如果 m 是 4 的倍数，则 d 是偶数，并且 $d \equiv a - 1 \pmod 4$；如果 m 是 2 的倍数，则 $d \equiv a - 1 \pmod 2$.

(iv) 如果 m 是 9 的倍数，则 $d \not\equiv 3c \pmod 9$.

[提示：由 $X_0 = 0$, $X_{n+1} = dX_n^2 + aX_n + c \bmod m$ 定义的序列的周期长度为 m，仅当该序列对 m 的任意因子 r 取模的周期长度为 r.]

▶ **9.** [*M24*] （罗伯特·科维尤）使用习题 8 的结果证明，修改后的平方取中法 (4) 产生的序列的周期长度为 2^{e-2}.

10. [*M29*] 证明：如果 X_0 和 X_1 不全为偶数，并且 $m = 2^e$，则斐波那契序列 (5) 的周期为 $3 \cdot 2^{e-1}$.

11. [*M36*] 本题的目的是分析满足递推关系

$$X_n = a_1 X_{n-1} + \cdots + a_k X_{n-k}, \qquad n \geq k$$

的整数序列的某些性质. 如果我们能够计算当 p 为素数时，该序列模 $m = p^e$ 的周期长度，则关于任意模 m 的周期长度是关于 m 的各素数幂因子的周期长度的最小公倍数.

　　(a) 如果 $f(z), a(z), b(z)$ 都是整系数多项式，并且存在整系数多项式 $u(z)$ 和 $v(z)$ 使得 $a(z) = b(z) + f(z)u(z) + mv(z)$，则我们记 $a(z) \equiv b(z) \pmod{f(z) \text{ and } m}$. 证明当 $f(0) = 1$ 并且 $p^e > 2$ 时，如下断言成立：如果 $z^\lambda \equiv 1 \pmod{f(z) \text{ and } p^e}$ 并且 $z^\lambda \not\equiv 1 \pmod{f(z) \text{ and } p^{e+1}}$，则 $z^{p\lambda} \equiv 1 \pmod{f(z) \text{ and } p^{e+1}}$ 并且 $z^{p\lambda} \not\equiv 1 \pmod{f(z) \text{ and } p^{e+2}}$.

(b) 令 $f(z) = 1 - a_1 z - \cdots - a_k z^k$，又令

$$G(z) = 1/f(z) = A_0 + A_1 z + A_2 z^2 + \cdots.$$

令 $\lambda(m)$ 表示 $\langle A_n \bmod m \rangle$ 的周期长度. 证明：$\lambda(m)$ 是使得 $z^\lambda \equiv 1 \pmod{f(z) \text{ and } m}$ 的最小正整数 λ.

(c) 给定 p 是素数，$p^e > 2$，并且 $\lambda(p^e) \ne \lambda(p^{e+1})$. 证明：对于所有的 $r \ge 0$，$\lambda(p^{e+r}) = p^r \lambda(p^e)$.（这样，为了找出序列 $\langle A_n \bmod 2^e \rangle$ 的周期长度，我们可以计算 $\lambda(4)$, $\lambda(8)$, $\lambda(16)$, ..., 直到找到使得 $\lambda(2^e) \ne \lambda(4)$ 的最小的 $e \ge 3$；然后，对所有的 e，求出模 2^e 的周期长度. 习题 4.6.3–26 解释如何对很大的 n 用 $O(\log n)$ 步操作计算 X_n.）

(d) 证明：满足题干所述的递推关系的任何整数序列都存在生成函数 $g(z)/f(z)$，其中 $g(z)$ 是某个整系数多项式.

(e) 给定 (d) 中的多项式 $f(z)$ 和 $g(z)$ 模 p 互素（见 4.6.1 节），证明：一般序列 $\langle X_n \bmod p^e \rangle$ 与 (b) 中的特殊序列 $\langle A_n \bmod p^e \rangle$ 恰有相同的周期长度.（不可能通过选择 $X_0, \ldots, X_{k-1}$ 得到更长的周期，因为一般序列是这个特殊序列"移位"的线性组合.）[提示：根据习题 4.6.2–22（亨泽尔引理），存在多项式使得 $a(z)f(z) + b(z)g(z) \equiv 1 \pmod{p^e}$.]

▶ **12.** [*M28*] 找出整数 X_0, X_1, a, b, c，使得序列

$$X_{n+1} = (aX_n + bX_{n-1} + c) \bmod 2^e, \qquad n \ge 1$$

的周期长度是同类序列中最长的.[提示：由此推出，$X_{n+2} = ((a+1)X_{n+1} + (b-a)X_n - bX_{n-1}) \bmod 2^e$，见习题 11(c).]

13. [*M20*] 令 $\langle X_n \rangle$ 和 $\langle Y_n \rangle$ 为模 m 整数序列，周期长度分别为 λ_1 和 λ_2. 组合它们，令 $Z_n = (X_n + Y_n) \bmod m$. 证明：如果 λ_1 和 λ_2 互素，则序列 $\langle Z_n \rangle$ 的周期长度为 $\lambda_1 \lambda_2$.

14. [*M24*] 令 X_n, Y_n, Z_n, λ_1, λ_2 与上一题一样. 假设 λ_1 的素因子分解为 $2^{e_2} 3^{e_3} 5^{e_5} \ldots$，类似地假设 $\lambda_2 = 2^{f_2} 3^{f_3} 5^{f_5} \ldots$. 令 $g_p = (\max(e_p, f_p)$ 如果 $e_p \ne f_p$，否则0）. 令 $\lambda_0 = 2^{g_2} 3^{g_3} 5^{g_5} \ldots$. 证明：序列 $\langle Z_n \rangle$ 的周期长度 λ' 是 λ_0 的倍数，并且是 $\lambda = \mathrm{lcm}(\lambda_1, \lambda_2)$ 的因子. 特殊地，如果对于每个素数 p 都有 $(e_p \ne f_p$ 或 $e_p = f_p = 0)$，则 $\lambda' = \lambda$.

15. [*M27*] 设算法 M 中的序列 $\langle X_n \rangle$ 的周期长度为 λ_1，并假定其周期内的所有元素互不相同. 令 $q_n = \min\{r \mid r > 0 \text{ 且 } \lfloor kY_{n-r}/m \rfloor = \lfloor kY_n/m \rfloor\}$. 假定对于所有的 $n \ge n_0$ 有 $q_n < \frac{1}{2}\lambda_1$，并且序列 $\langle q_n \rangle$ 的周期长度为 λ_2. 令 λ 为 λ_1 和 λ_2 的最小公倍数. 证明：算法 M 产生的输出序列 $\langle Z_n \rangle$ 的周期长度为 λ.

▶ **16.** [*M28*] 令 (10) 中的 CONTENTS(A) 的二进制表示为 $(a_1 a_2 \ldots a_k)_2$. 证明生成的低位序列 X_0, X_1, ... 满足关系：

$$X_n = (a_1 X_{n-1} + a_2 X_{n-2} + \cdots + a_k X_{n-k}) \bmod 2.$$

[这可以看作定义该序列的另一种方法，尽管它与高效代码 (10) 之间的联系并非一目了然！]

17. [*M33*]（门罗·马丁，1934）令 m 和 k 为正整数，并令 $X_1 = X_2 = \cdots = X_k = 0$. 对于所有的 $n > 0$，置 X_{n+k} 为使得 k 元组 $(X_{n+1}, \ldots, X_{n+k-1}, y)$ 未在该序列中出现的最大非负值 $y < m$；换言之，对于 $0 \le r < n$，$(X_{n+1}, \ldots, X_{n+k-1}, y)$ 必然不同于 $(X_{r+1}, \ldots, X_{r+k})$. 用这种方法，每个 k 元组在序列中最多出现一次. 最终，当到达一个 n 值使得对于所有的非负值 $y < m$，$(X_{n+1}, \ldots, X_{n+k-1}, y)$ 都已经出现在该序列中时，该过程将终止. 例如，如果 $m = k = 3$，序列为 000222122021121020120011010100，然后过程终止. (a) 证明：当序列终止时，$X_{n+1} = \cdots = X_{n+k-1} = 0$. (b) 证明其元素满足 $0 \le a_j < m$ 的每个 k 元组 $(a_1, a_2, \ldots, a_k)$ 都出现在该序列中；因此，当 $n = m^k$ 时，该序列终止.[提示：对 s 归纳，证明当 $a_s \ne 0$，k 元组 $(a_1, \ldots, a_s, 0, \ldots, 0)$ 出现.] 注意，如果对于 $1 \le n \le m^k$，定义 $f(X_n, \ldots, X_{n+k-1}) = X_{n+k}$，置 $X_{m^k+k} = 0$，则我们得到最大可能周期的函数.

18. [*M22*] 设 $\langle X_n \rangle$ 为用方法 (10) 生成的位序列，初始条件为

$$k = 35, \quad \text{CONTENTS(A)} = (00000000000000000000000000000000101)_2.$$

令 U_n 为二进制小数 $(0.X_{nk}X_{nk+1}\ldots X_{nk+k-1})_2$. 证明：当 $d=8$ 时，序列 $\langle U_n \rangle$ 不能通过数对上的序列检验（3.3.2B 节）.

19. [*M40*] 对于 4.5.4 节表 2 头两列中的每个素数 p，找出正文提到的合适的常数 a_1 和 a_2，使得当 $k=2$ 时，式 (8) 的周期长度为 p^2-1.（例子见式 3.3.4-(39).）

20. [*M40*] 对于 $2 \le k \le 64$，计算方法 (10) 的 CONTENTS(A) 适合取用的常量，要求其中数字 0 和 1 的个数近似相等.

21. [*M35*]（戴维·里斯）如果 m 是素数，$X_0,\ldots,X_{k-1}$ 不全为 0，正文介绍了如何找出函数 f，使得序列 (11) 具有周期长度 m^k-1. 证明：可以修改这种函数，对于所有整数 m 都能得到周期长度为 m^k 的形如 (11) 的序列.［提示：考虑习题 7 和 13 的结果，以及诸如 $\langle pX_{2n}+X_{2n+1}\rangle$ 的序列.］

▶ **22.** [*M24*] 正文中，扩展线性序列 (8) 仅讨论了 m 是素数的情况. 证明：当 m "无平方因子"，即当 m 是不同素数的乘积时，也可以得到相当长的周期.（表 3.2.1.1-1 表明 $m = w \pm 1$ 通常满足这一假设，因此，正文中的许多结果都可以推广到这种情况，从而方便计算.）

▶ **23.** [*20*] 讨论用 $X_n = (X_{n-55} - X_{n-24}) \bmod m$ 定义的序列能否取代式 (7).

24. [*M20*] 令 $0 < l < k$. 证明：只要 $Y_n = (Y_{n-l} + Y_{n-k}) \bmod 2$ 定义的序列的周期长度为 2^k-1，那么递推公式 $X_n = (X_{n-k+l} + X_{n-k}) \bmod 2$ 定义的序列的周期长度就为 2^k-1.

25. [*26*] 讨论程序 A 的替代方案：每第 55 次需要随机数时，就改变表 Y 的所有 55 项.

26. [*M48*]（赖泽尔）设 p 是素数，k 是正整数. 给定整数 $a_1,\ldots,a_k$ 和 $x_1,\ldots,x_k$，令 λ_α 为递推公式

$$X_n = x_n \bmod p^\alpha, \quad 0 \le n < k; \qquad X_n = (a_1 X_{n-1} + \cdots + a_k X_{n-k}) \bmod p^\alpha, \quad n \ge k$$

生成的序列 $\langle X_n \rangle$ 的周期，并令 N_α 为周期中的 0 的个数（使得 $\mu_\alpha \le j < \mu_\alpha + \lambda_\alpha$ 并且 $X_j = 0$ 的下标 j 的个数）. 证明或反驳如下猜想：存在常数 c（可能依赖于 p、k 和 $a_1,\ldots,a_k$），使得对于所有的 α 和所有的 $x_1,\ldots,x_k$，$N_\alpha \le cp^{\alpha(k-2)/(k-1)}$.

　　［注记：赖泽尔证明，如果该递推式具有模 p 最大周期长度（即如果 $\lambda_1 = p^k - 1$），并且如果该猜想成立，则当 $\alpha \to \infty$ 时，$\langle X_n \rangle$ 的 k 维偏差为 $O(\alpha^k p^{-\alpha/(k-1)})$；这样，当 $m = 2^e$ 并且考虑整个周期时，像式 (7) 这样的加法生成器将在 55 维上良分布.（k 维偏差的定义见 3.3.4 节.）该猜想是一个很弱的条件，因为如果 $\langle X_n \rangle$ 大致等可能地取每个值，并且 $\lambda_\alpha = p^{\alpha-1}(p^k - 1)$，那么 $N_\alpha \approx (p^k - 1)/p$ 并不随 α 增加而增加. 赖泽尔对 $k=3$ 验证了该猜想. 另一方面，他已经证明，只要 $\lambda_\alpha = p^{\alpha-1}(p^k - 1)$，$k \ge 3$，并且 α 充分大，就能找到很糟糕的初始值 $x_1,\ldots,x_k$（依赖于 α），使得 $N_{2\alpha} \ge p^\alpha$. ］

27. [*M30*] 假设算法 B 用于一个序列 $\langle X_n \rangle$，其周期长度 λ，其中 $\lambda \gg k$. 证明：对于固定的 k 和所有充分大的 λ，序列的输出最终将是周期的，周期长度同样为 λ，除非序列 $\langle X_n \rangle$ 不是非常随机的.［提示：找出能 "同步" 算法 B 后续行为的 $\lfloor kX_n/m \rfloor$ 的取值规律.］

28. [*40*]（艾伦·沃特曼）以 m 为计算机字大小的平方或立方，而 a 和 c 为单精度数，进行线性同余序列实验.

▶ **29.** [*40*] 找出一种好方法，仅给定 k 元组 $(x_1,\ldots,x_k)$，计算由习题 17 马丁的序列定义的函数 $f(x_1,\ldots,x_k)$.

30. [*M37*]（布伦特）设 $f(x) = x^k - a_1 x^{k-1} - \cdots - a_k$ 是一个模 2 本原多项式，并假设 $X_0,\ldots,X_{k-1}$ 是不全为偶数的整数.

　　(a) 证明：对于所有的 $e \ge 1$，递推式 $X_n = (a_1 X_{n-1} + \cdots + a_k X_{n-k}) \bmod 2^e$ 的周期是 $2^{e-1}(2^k - 1)$，当且仅当 $f(x)^2 + f(-x)^2 \not\equiv 2f(x^2)$ 并且 $f(x)^2 + f(-x)^2 \not\equiv 2(-1)^k f(-x^2)$ (modulo 8).［提示：$x^{2^k} \equiv -x$ (modulo 4 and $f(x)$) 当且仅当 $f(x)^2 + f(-x)^2 \equiv 2f(x^2)$ (modulo 8).］

　　(b) 证明：当多项式 $f(x) = x^k \pm x^l \pm 1$ 是模 2 本原的，并且 $k > 2$ 时，该条件总是成立.

31. [*M30*]（马尔萨利亚）当 $m = 2^e \ge 8$ 时，序列 (7') 的周期长度是多少？假定 $X_0,\ldots,X_{54}$ 并非都满足 $\equiv \pm 1$ (modulo 8).

32. [*M21*] 当 $X_n = (X_{n-24} + X_{n-55}) \bmod m$ 时，子序列 $\langle X_{2n} \rangle$ 和 $\langle X_{3n} \rangle$ 的元素满足什么递推式?

▶ **33.** [*M23*] (a) 令 $g_n(z) = X_{n+30} + X_{n+29}z + \cdots + X_n z^{30} + X_{n+54}z^{31} + \cdots + X_{n+31}z^{54}$, 其中诸 X 满足滞后斐波那契递推式 (7). 找出 $g_n(z)$ 和 $g_{n+t}(z)$ 的简单关系. (b) 用 $X_0, \ldots, X_{54}$ 表示 X_{500}.

34. [*M25*] 证明: 逆同余序列 (12) 的周期为 $p+1$, 当且仅当多项式 $f(x) = x^2 - cx - a$ 具有如下两个性质: (i) 当用多项式算术模 p 计算时，$x^{p+1} \bmod f(x)$ 是一个非零常数; (ii) 对于每个整除 $p+1$ 的素数 q, $x^{(p+1)/q} \bmod f(x)$ 的次数为 1. [提示: 考虑矩阵 $\binom{0\ 1}{a\ c}$ 的幂.]

35. [*HM35*] 有多少对 (a, c) 满足习题 34 的条件?

36. [*M25*] 逆同余序列 $X_{n+1} = (aX_n^{-1} + c) \bmod 2^e$, $X_0 = 1$, $e \geq 3$. 证明: 当 $a \bmod 4 = 1$, $c \bmod 4 = 2$ 时，该序列的周期长度为 2^{e-1}.

▶ **37.** [*HM32*] 令 p 是素数，并假定 $X_{n+1} = (aX_n^{-1} + c) \bmod p$ 定义了一个周期长度为 $p+1$ 的逆同余序列. 设 $0 \leq b_1 < \cdots < b_d \leq p$, 并考虑集合

$$V = \{(X_{n+b_1}, X_{n+b_2}, \ldots, X_{n+b_d}) \mid 0 \leq n \leq p \text{ 且 } X_{n+b_j} \neq \infty \text{ 对于 } 1 \leq j \leq d\}.$$

这个集合包含 $p+1-d$ 个向量. V 中任意 d 个向量都落在某个 $(d-1)$ 维超平面 $H = \{(v_1, \ldots, v_d) \mid r_1 v_1 + \cdots + r_d v_d \equiv r_0 \pmod p)\}$ 上，其中 $(r_1, \ldots, r_d) \not\equiv (0, \ldots, 0)$. 证明 V 的任何 $d+1$ 个向量都不在相同的超平面中.

3.3 统计检验

我们的主要目的是得到仿佛随机的序列. 迄今为止, 我们已经看到如何使得序列的周期很长, 保证在实践中绝不会出现重复. 周期长度固然是一个重要标准, 但是这并不能保证序列在应用中是有用的. 那么, 我们如何确定一个序列是否足够随机呢?

如果我们把笔和纸给随机挑选的人, 请他写下 100 个随机的十进制数字, 那么他写出来的东西基本上不太可能让人满意. 人们往往避免看上去不随机的事情, 如两个相同数字相邻（尽管大约每 10 个数字就有一个等于它前面的数字）. 反过来, 如果我们把一张真正随机的数表给同一个人看, 他非常可能对我们说, 这数字一点也不随机, 他的眼睛能辨认出明显的规律.

按照矩阵博士和唐纳德·里克普夫的说法（经马丁·加德纳转述, 见 *Scientific American,* January, 1965）, "数学家认为 π 的十进制展式是一个随机序列, 但对现代数字命理学家而言, 它富含引人注目的模式." 例如, 矩阵博士指出, π 的展式中第一个重复的两位数是 26, 它的第二次出现是在一个奇怪的重复模式中间:

$$3.14159265358979323846264338327950 \tag{1}$$

他列出这些数字的十几个性质, 然后指出, 当正确地解释时, π 记录了人类的完整历史!

我们都会注意电话号码、执照号码等中的模式, 因为这样好记. 说上面这些话是想表明, 要想判断一个数列是否随机, 我们不能相信自己的判断, 必须使用某些无偏的机械检验.

统计学理论提供了随机性的某些定量测度. 我们可以设计无数种检验, 这里只讨论其中几种, 这些检验已被证明是最有用、最有启发性、最适合计算机计算的检验.

如果一个序列对检验 $T_1, T_2, \ldots, T_n$ 都表现随机, 我们也不能保证在进行进一步检验 T_{n+1} 时它不会通不过. 话虽如此, 每通过一种检验, 我们都会更加确信序列的随机性. 实践中, 我们对一个序列使用五、六种不同类型的统计检验, 如果它令人满意地通过这些检验, 那么我们就认为它是随机的——在证明有罪之前, 假定它无罪.

每个准备广泛使用的序列都应该小心检验, 因此以下几节解释如何以合适的方法进行这些检验. 检验分为两种不同类型: 经验检验（empirical test）和理论检验（theoretical test）. 经验检验就是用计算机处理序列中的若干组数, 计算特定的统计量; 理论检验就是用数论方法, 根据形成序列的递推规则, 建立序列的特征.

如果证据不够满意, 读者不妨试试《统计数字会撒谎》[达莱尔·哈夫, *How to Lie With Statistics* (Norton, 1954)] 中的技巧.

3.3.1 研究随机数据的一般检验过程

A. 卡方检验. 卡方检验（χ^2 检验）或许是最著名的统计检验, 也是常常与其他检验结合使用的基本方法. 在研究其一般思想之前, 我们先举一个具体例子: 用于掷骰子的卡方检验. 使用两个 "可靠的" 骰子（假定每个都独立以等概率得到值 1, 2, 3, 4, 5, 6）, 一次投掷得到的两个值之和为 s 的概率见下表:

值 $s=$	2	3	4	5	6	7	8	9	10	11	12
概率 p_s	$\frac{1}{36}$	$\frac{1}{18}$	$\frac{1}{12}$	$\frac{1}{9}$	$\frac{5}{36}$	$\frac{1}{6}$	$\frac{5}{36}$	$\frac{1}{9}$	$\frac{1}{12}$	$\frac{1}{18}$	$\frac{1}{36}$

$$\tag{1}$$

例如, 值 4 可以用 3 种方法掷出: $1+3, 2+2, 3+1$; 在 36 种可能输出中, 这 3 种占的比例为 $\frac{3}{36} = \frac{1}{12} = p_4$.

如果我们掷这些骰子 n 次，则在平均情况下，值 s 出现大约 np_s 次. 例如，总共投掷 144 次，值 4 出现大约 12 次. 下面的表显示在某回连续 144 次投掷的序列中实际得到的结果：

$$
\begin{array}{lccccccccccc}
\text{值 } s = & 2 & 3 & 4 & 5 & 6 & 7 & 8 & 9 & 10 & 11 & 12 \\
\text{观测次数 } Y_s = & 2 & 4 & 10 & 12 & 22 & 29 & 21 & 15 & 14 & 9 & 6 \\
\text{期望次数 } np_s = & 4 & 8 & 12 & 16 & 20 & 24 & 20 & 16 & 12 & 8 & 4
\end{array}
\tag{2}
$$

注意，在所有的情况下，观察到的次数都不等于期望次数. 事实上，随机掷两个骰子得到结果的频率，很难恰好等于标准的概率. 144 次投掷有 36^{144} 种可能的序列，它们都是等可能的. 其中一个序列全为 2（"对幺"），如果有人一口气掷出 144 个对幺，那么他肯定会觉得骰子有问题. 然而，全为 2 的序列出现的可能性虽小，却与指定两个骰子每次结果的任何特定序列具有完全一样的可能性.

考虑到这一点，我们如何检验一对给定的骰子是否作假？回答是，我们不能明确做出断言，但是我们可以给出概率解答，说说特定类型的事件有多么可能或多么不可能.

回到上面的例子，一种相当自然的处理方法是考虑观测次数 Y_s 与期望次数 np_s 之差的平方. 我们把它们累加在一起，得到

$$
V = (Y_2 - np_2)^2 + (Y_3 - np_3)^2 + \cdots + (Y_{12} - np_{12})^2.
\tag{3}
$$

一对劣质骰子将导致比较大的 V 值；对于任何给定的 V 值，我们可以问："使用可靠的骰子，V 值这么高的概率有多大？"如果这个概率很小，比如说 $\frac{1}{100}$，则我们知道可靠的骰子在一百次中大约只有一次产生如此偏离期望值的结果，所以自然有道理怀疑骰子的质量.（然而需要注意，即便好骰子，一百次中大约也会有一次产生这么高的 V 值，因此谨慎的人应该重复该实验，看看高 V 值是否重复出现.）

式 (3) 中的统计量 V 赋予 $(Y_7 - np_7)^2$ 和 $(Y_2 - np_2)^2$ 相同的权重，不过 $(Y_7 - np_7)^2$ 很可能比 $(Y_2 - np_2)^2$ 大得多，因为 7 出现的可能性大约是 2 的 6 倍. 因此，"正确的"统计量（至少事实证明它是最重要的统计量）应该让 $(Y_7 - np_7)^2$ 的权重是 $(Y_2 - np_2)^2$ 权重的 $\frac{1}{6}$，式 (3) 应该改成如下公式：

$$
V = \frac{(Y_2 - np_2)^2}{np_2} + \frac{(Y_3 - np_3)^2}{np_3} + \cdots + \frac{(Y_{12} - np_{12})^2}{np_{12}}.
\tag{4}
$$

这称作掷骰子实验中观测量 $Y_2, \ldots, Y_{12}$ 的"卡方"统计量. 由 (2) 中的数据，我们得到：

$$
V = \frac{(2-4)^2}{4} + \frac{(4-8)^2}{8} + \cdots + \frac{(9-8)^2}{8} + \frac{(6-4)^2}{4} = 7\frac{7}{48}.
\tag{5}
$$

当然，现在重要的问题是"$7\frac{7}{48}$ 是 V 不太可能出现的高值吗？"在回答这个问题之前，让我们考虑卡方方法的一般应用.

一般地，假设每个观测可能落入 k 个范畴之一. 我们取 n 个独立观测，这意味一个观测的结果对其他观测的结果完全没有影响. 设 p_s 是每个观测落入范畴 s 的概率，而 Y_s 是实际落入范畴 s 的观测数，定义统计量

$$
V = \sum_{s=1}^{k} \frac{(Y_s - np_s)^2}{np_s}.
\tag{6}
$$

在上例中，每次掷出骰子，都有 11 种可能的结果，因此 $k = 11$.（式 (6) 稍微改变了式 (4) 的记号，因为现在所有可能结果编号为从 1 到 k，而不是从 2 到 12.）

展开式 (6) 中的 $(Y_s - np_s)^2 = Y_s^2 - 2np_sY_s + n^2p_s^2$, 并使用事实

$$Y_1 + Y_2 + \cdots + Y_k = n,$$
$$p_1 + p_2 + \cdots + p_k = 1, \tag{7}$$

我们得到公式

$$V = \frac{1}{n}\sum_{s=1}^{k}\left(\frac{Y_s^2}{p_s}\right) - n, \tag{8}$$

这通常可以简化 V 的计算.

　　现在, 我们回到重要问题: "V 的合理值是什么?" 查找表 1 那样的表可以找出答案. 该表对各种 ν 值给出了"自由度为 ν 的卡方分布". 应该使用表中 $\nu = k-1$ 的行, 因为"自由度"为 $k-1$, 比范畴数小 1. (直观理解, 这意味 $Y_1, Y_2, \ldots, Y_k$ 不完全独立, 因为式 (7) 表明, 如果 $Y_1, \ldots, Y_{k-1}$ 已知, 则可以计算 Y_k, 所以自由度为 $k-1$. 这个论证不严格, 但是下面的理论证实了它.)

表 1　卡方分布的部分百分比点

	$p=1\%$	$p=5\%$	$p=25\%$	$p=50\%$	$p=75\%$	$p=95\%$	$p=99\%$
$\nu=1$	0.00016	0.00393	0.1015	0.4549	1.323	3.841	6.635
$\nu=2$	0.02010	0.1026	0.5754	1.386	2.773	5.991	9.210
$\nu=3$	0.1148	0.3518	1.213	2.366	4.108	7.815	11.34
$\nu=4$	0.2971	0.7107	1.923	3.357	5.385	9.488	13.28
$\nu=5$	0.5543	1.1455	2.675	4.351	6.626	11.07	15.09
$\nu=6$	0.8721	1.635	3.455	5.348	7.841	12.59	16.81
$\nu=7$	1.239	2.167	4.255	6.346	9.037	14.07	18.48
$\nu=8$	1.646	2.733	5.071	7.344	10.22	15.51	20.09
$\nu=9$	2.088	3.325	5.899	8.343	11.39	16.92	21.67
$\nu=10$	2.558	3.940	6.737	9.342	12.55	18.31	23.21
$\nu=11$	3.053	4.575	7.584	10.34	13.70	19.68	24.72
$\nu=12$	3.571	5.226	8.438	11.34	14.85	21.03	26.22
$\nu=15$	5.229	7.261	11.04	14.34	18.25	25.00	30.58
$\nu=20$	8.260	10.85	15.45	19.34	23.83	31.41	37.57
$\nu=30$	14.95	18.49	24.48	29.34	34.80	43.77	50.89
$\nu=50$	29.71	34.76	42.94	49.33	56.33	67.50	76.15
$\nu>30$	$\nu + \sqrt{2\nu}x_p + \frac{2}{3}x_p^2 - \frac{2}{3} + O\left(1/\sqrt{\nu}\right)$						
$x_p=$	-2.33	-1.64	$-.674$	0.00	0.674	1.64	2.33

(关于更多的值, 见米尔顿·阿布拉莫维茨和艾琳·斯古特恩编辑的《数学函数手册》[*Handbook of Mathematical Functions*, (Washington, D.C.: U.S. Government Printing Office, 1964)] 表 26.8. 又见 (22) 和习题 16.)

　　如果 ν 行 p 列的表目为 x, 则这意味"如果 n 充分大, 则式 (8) 中的量 V 小于或等于 x 的概率近似为 p". 例如, 第 10 行的 95% 处的表目为 18.31, 因此 $V > 18.31$ 的情况大约只占 5%.

假定我们在计算机上，使用某个假想的随机数序列，模拟掷骰子实验，得到如下结果：

$$\text{值 } s = \quad 2 \quad 3 \quad 4 \quad 5 \quad 6 \quad 7 \quad 8 \quad 9 \quad 10 \quad 11 \quad 12$$

$$\text{实验 1，} Y_s = \quad 4 \quad 10 \quad 10 \quad 13 \quad 20 \quad 18 \quad 18 \quad 11 \quad 13 \quad 14 \quad 13 \tag{9}$$

$$\text{实验 2，} Y_s = \quad 3 \quad 7 \quad 11 \quad 15 \quad 19 \quad 24 \quad 21 \quad 17 \quad 13 \quad 9 \quad 5$$

计算第一种情况下的卡方统计量，得到 $V_1 = 29\frac{59}{120}$；在第二种情况下，得到 $V_2 = 1\frac{17}{120}$. 查自由度为 10 的表目，我们发现 V_1 太大，因为 V 大于 23.21 的概率只有大约 1%！（查找更详细的表，我们发现，事实上，V 像 V_1 一样大的概率只有 0.1%.）因此，实验 1 显著偏离随机行为.

另一方面，V_2 相当小，因为实验 2 中的观测值 Y_s 与 (2) 中的期望值 np_s 相当接近. 事实上，卡方表告诉我们，V_2 太小：观测值与期望值太接近，不能认为是随机的！（查看更详细的表可知，当自由度为 10 时，这么小的 V 值出现概率只有 0.03%.）最后，式 (5) 的计算结果 $V = 7\frac{7}{48}$ 也可以用表 1 检查. 它落在 25% 与 50% 的表目之间，因此它不算特别高，也不算特别低，所以对该检验而言，式 (2) 中的观测具有令人满意的随机性.

值得注意的是，无论 n 的值是多少，无论概率 p_s 是多少，用的都是同一张表. 只有数 $\nu = k - 1$ 影响结果. 然而，事实上，表目并不十分正确，因为卡方分布是一种近似，它只对足够大的 n 值有效. n 应该多大？常用的经验规则是取 n 足够大，使得每个期望值 np_s 至少为 5；然而，应该取大得多的 n 值，以便得到更有效的检验. 在上面的例子中，我们取 $n = 144$，因此 np_2 仅为 4，违反了上述经验规则. 这样做仅仅是因为作者厌倦掷骰子，但这导致在应用中，表 1 的数据不够准确. 使用 $n = 1000$ 或 10 000，甚至 100 000，在计算机上进行实验，效果会好得多. 我们还可以把 $s = 2$ 和 $s = 12$ 的数据组合在一起，这样，检验的自由度只有 9，但是卡方近似将更准确.

为了大致理解上述近似的粗略程度，考虑只有两个范畴，概率分别为 p_1 和 p_2 的情况. 假设 $p_1 = \frac{1}{4}$，$p_2 = \frac{3}{4}$. 根据所述经验规则，为了得到满意的近似，应该有 $n \geq 20$，那么就取这个值看看. 当 $n = 20$ 时，V 可以取到的值是 $(Y_1 - 5)^2/5 + (5 - Y_1)^2/15 = \frac{4}{15}r^2$，其中 $-5 \leq r \leq 15$. 我们希望知道，表 1 中 $\nu = 1$ 那一行对 V 的分布描述有多么准确. 卡方分布连续变化，而 V 的实际分布是间隔很大的离散数值，因此为了表示确切的分布，我们需要某些约定. 如果实验的所有不同结果分别以概率 $\pi_0, \pi_1, \ldots, \pi_n$ 得到值 $V_0 \leq V_1 \leq \cdots \leq V_n$，假设给定的百分数 p 落在区间 $\pi_0 + \cdots + \pi_{j-1} < p < \pi_0 + \cdots + \pi_{j-1} + \pi_j$，那么我们用"百分比" x 表示 p，这里 V 小于 x 的概率小于等于 p，V 大于 x 的概率则大于等于 $1 - p$. 不难看出，唯一满足该条件的数是 $x = V_j$. 在我们的例子中，$n = 20$，$\nu = 1$，准确分布的百分比点，对应于表 1 中 $p = 1\%$, 5%, 25%, 50%, 75%, 95%, 99% 的近似值分别是（精确到两位小数）

$$0, \quad 0, \quad 0.27, \quad 0.27, \quad 1.07, \quad 4.27, \quad 6.67.$$

例如，$p = 95\%$ 的百分比点是 4.27，而表 1 给出的估计是 3.841. 后者太低了，根据表 1，在 95% 水平 $V = 4.27$ 达不到要求，而这是不对的，事实上，$V \geq 4.27$ 的概率大于 6.5%. 当 $n = 21$ 时，情况稍有变化，因为期望值 $np_1 = 5.25$ 和 $np_2 = 15.75$ 根本取不到. $n = 21$ 的百分比点为

$$0.02, \quad 0.02, \quad 0.14, \quad 0.40, \quad 1.29, \quad 3.57, \quad 5.73.$$

我们可能认为，当 $n = 50$ 时，表 1 的近似更为准确，但是对应的值实际上在某些方面比 $n = 20$ 更远离表 1：

$$0.03, \quad 0.03, \quad 0.03, \quad 0.67, \quad 1.31, \quad 3.23, \quad 6.$$

当 $n = 300$ 时的值为:

$$0, \quad 0, \quad 0.07, \quad 0.44, \quad 1.44, \quad 4, \quad 6.42.$$

即便在这种情况下, 每个范畴都满足 $np_s \geq 75$, 表 1 的表目也只有大约一位有效数字是准确的.

n 的正确选择有点不明朗. 如果骰子实际是有偏的, 则随着 n 变得越来越大, 问题将暴露出来 (见习题 12). 但是, 如果 n 值很大, 一批具有很大偏倚的数后面可能接着出现一批具有相反偏倚的数, 从而掩盖局部非随机行为. 在滚动实际的骰子时, 局部非随机行为不是问题, 因为整个检验都使用相同的骰子. 但是, 计算机生成的数列可能会很清楚地表现出这种异常. 或许应该对不同的 n 值进行卡方检验. 无论如何, n 应该相当大.

卡方检验可以总结如下. 取相当大的独立观测次数 n. (除非观测是独立的, 否则不要使用卡方检验. 例如, 习题 10 讨论了一半观测依赖于另一半的情况.) 总共有 k 个范畴, 我们统计落入其中每一个的观测数, 并根据式 (6) 和 (8) 计算量 V. 然后, 将 V 与表 1 中 $\nu = k-1$ 行中的数进行比较. 如果 V 小于 1% 处的表目, 或大于 99% 处的表目, 则这些数不够随机, 应该拒绝使用. 如果 V 落在 1% 和 5% 处的表目中间, 或落在 95% 和 99% 处的表目中间, 则这些数是 "可疑的"; 如果 (根据插值) V 落在 5% 和 10% 处的表目中间, 或落在 90% 和 95% 处的表目中间, 则这些数可能是 "比较可疑的". 通常, 卡方检验至少要在不同的数据集上做三次, 三个结果中至少两个是可疑的, 才能把这些数视为不够随机的.

例如, 图 2 是在 6 个随机数序列上使用 5 种不同类型的卡方检验的结果. 图示中的每个检验都用于序列的三个不同数块. 生成器 A 是麦克拉伦-马尔萨利亚方法 (算法 3.2.2M 用于 3.2.2–(13)中的序列); 生成器 E 是斐波那契方法 3.2.2–(5); 而另外四个生成器都是线性同余序列, 使用如下参数:

生成器 B: $X_0 = 0$, $a = 3141592653$, $c = 2718281829$, $m = 2^{35}$.

生成器 C: $X_0 = 0$, $a = 2^7 + 1$, $c = 1$, $m = 2^{35}$.

生成器 D: $X_0 = 47594118$, $a = 23$, $c = 0$, $m = 10^8 + 1$.

生成器 F: $X_0 = 314159265$, $a = 2^{18} + 1$, $c = 1$, $m = 2^{35}$.

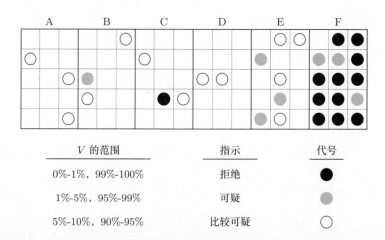

V 的范围	指示	代号
0%-1%, 99%-100%	拒绝	●
1%-5%, 95%-99%	可疑	◗
5%-10%, 90%-95%	比较可疑	○

图 2 在 90 次卡方检验中 "显著" 偏离的图示 (也见图 5)

由图 2 我们断言: 仅就这些检验而言, 生成器 A、B 和 D 是令人满意的; 生成器 C 处于两可之间, 可能应该拒绝; 生成器 E 和 F 完全不能令人满意. 当然, 生成器 F 具有低势; 生成器 C 和 D 已在文献中讨论过，它们的乘数太小．（生成器 D 是莱默于 1948 年提出的乘法生成器原型；生成器 C 是罗滕博格于 1960 年提出的 $c \neq 0$ 的线性同余生成器原型．）

本节稍后将讨论更具一般性的方法，可取代"可疑""比较可疑"等评判卡方检验的标准．

B. 柯尔莫哥洛夫-斯米尔诺夫检验. 我们已经看到，卡方检验用于观测落入有限多个范畴中的情况．然而，诸如随机小数（0 和 1 之间的随机实数），有无限多个可能取值的随机量也很常见．尽管计算机只能表示有限多个实数，但是我们希望随机值表现得好像 $[0..1)$ 中所有实数都是等可能的．

无论概率分布是有限的还是无限的，都可以用一种通用记号描述，这种记号在概率统计的研究中得到广泛使用．假设我们想描述随机量 X 的值分布，那么就使用分布函数 $F(x)$，其中

$$F(x) = \Pr(X \leq x) = (X \leq x)\text{的概率}.$$

图 3 显示了 3 个例子．图 3(a) 是随机二进制位的分布函数，随机二进制位即 X 只取 0 和 1 两个值，概率均为 $\frac{1}{2}$．图 3(b) 是 0 和 1 之间均匀分布的随机实数的分布函数；这里，当 $0 \leq x \leq 1$ 时，$X \leq x$ 的概率就等于 x，例如 $X \leq \frac{2}{3}$ 的概率自然是 $\frac{2}{3}$．图 3(c) 是卡方检验中值 V 的极限分布（自由度为 10）；在表 1 中已出现过该分布的另一种表示方式．注意，当 x 从 $-\infty$ 增加到 $+\infty$ 时，$F(x)$ 总是从 0 增加到 1．

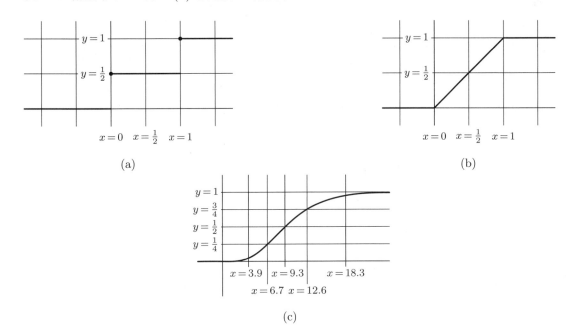

图 3 分布函数的例子

如果对随机量 X 进行 n 次独立观测，得到值 $X_1, X_2, \ldots, X_n$，则我们可以构造经验分布函数 $F_n(x)$，即

$$F_n(x) = \frac{\text{小于或等于 } x \text{ 的} X_1, X_2, \ldots, X_n \text{ 的个数}}{n}. \tag{10}$$

图 4 将 3 个经验分布函数（显示成锯齿线，不过严格说来，$F_n(x)$ 的图形不包括图中的竖线）和假定的实际分布函数 $F(x)$ 的图形上分别重叠绘制在同一张图中．随着 n 增大，$F_n(x)$ 对 $F(x)$ 的近似程度应该越来越好．

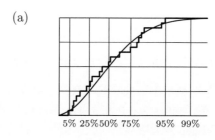

(a)

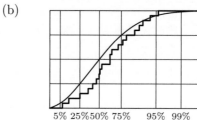

(b)

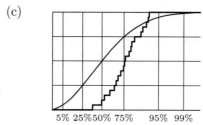

(c)

图 4 经验函数的例子. 标记 5% 的 x
值是 $F(x) = 0.05$ 的百分比点

当 $F(x)$ 没有跃变时，可以基于 $F(x)$ 和 $F_n(x)$ 的差，使用柯尔莫哥洛夫-斯米尔诺夫检验
（KS 检验）. 如果随机数源很糟糕，那么产生的经验函数就不能足够好地逼近 $F(x)$. 以图 4(b)
为例，其中诸 X_i 都太高，因此经验分布函数太低. 图 4(c) 的例子更差，显然 $F_n(x)$ 与 $F(x)$
之间出现这么大的偏差是极不可能的，而使用 KS 检验，就可以告诉我们这种不可能的程度.

为了进行 KS 检验，我们构造如下统计量：

$$
\begin{aligned}
K_n^+ &= \sqrt{n} \sup_{-\infty < x < +\infty} \big(F_n(x) - F(x)\big); \\
K_n^- &= \sqrt{n} \sup_{-\infty < x < +\infty} \big(F(x) - F_n(x)\big).
\end{aligned}
\tag{11}
$$

这里，K_n^+ 度量 F_n 大于 F 时的最大偏差，而 K_n^- 度量 F_n 小于 F 时的最大偏差. 对于图 4 的
例子，这些统计量是

	图 4(a)	图 4(b)	图 4(c)	
K_{20}^+	0.492	0.134	0.313	(12)
K_{20}^-	0.536	1.027	2.101	

（注记：乍一看，出现在式 (11) 中的因子 $\sqrt{n}$ 可能看上去让人迷惑不解. 习题 6 表明，
对于固定的 x，$F_n(x)$ 的标准差正比于 $1/\sqrt{n}$；因此，K_n^+ 和 K_n^- 乘以因子 $\sqrt{n}$，标准差便与 n
无关了. ）

像卡方检验一样，现在我们可以在百分位表中查找值 K_n^+ 和 K_n^-，判断它们是否显著偏高
或偏低. 查找 K_n^+ 和 K_n^- 均可使用表 2. 例如，K_{20}^- 小于或等于 0.7975 的概率为 75%. 卡方
检验是仅对很大的 n 值才成立的近似值，但表 2 是准确值（当然，不计舍入误差），KS 检验可
以可靠地用于任意 n 值.

表 2 分布 K_n^+ 和 K_n^- 的部分百分比点

	$p = 1\%$	$p = 5\%$	$p = 25\%$	$p = 50\%$	$p = 75\%$	$p = 95\%$	$p = 99\%$
$n = 1$	0.01000	0.05000	0.2500	0.5000	0.7500	0.9500	0.9900
$n = 2$	0.01400	0.06749	0.2929	0.5176	0.7071	1.0980	1.2728
$n = 3$	0.01699	0.07919	0.3112	0.5147	0.7539	1.1017	1.3589
$n = 4$	0.01943	0.08789	0.3202	0.5110	0.7642	1.1304	1.3777
$n = 5$	0.02152	0.09471	0.3249	0.5245	0.7674	1.1392	1.4024
$n = 6$	0.02336	0.1002	0.3272	0.5319	0.7703	1.1463	1.4144
$n = 7$	0.02501	0.1048	0.3280	0.5364	0.7755	1.1537	1.4246
$n = 8$	0.02650	0.1086	0.3280	0.5392	0.7797	1.1586	1.4327
$n = 9$	0.02786	0.1119	0.3274	0.5411	0.7825	1.1624	1.4388
$n = 10$	0.02912	0.1147	0.3297	0.5426	0.7845	1.1658	1.4440
$n = 11$	0.03028	0.1172	0.3330	0.5439	0.7863	1.1688	1.4484
$n = 12$	0.03137	0.1193	0.3357	0.5453	0.7880	1.1714	1.4521
$n = 15$	0.03424	0.1244	0.3412	0.5500	0.7926	1.1773	1.4606
$n = 20$	0.03807	0.1298	0.3461	0.5547	0.7975	1.1839	1.4698
$n = 30$	0.04354	0.1351	0.3509	0.5605	0.8036	1.1916	1.4801
$n > 30$			$y_p - \frac{1}{6}n^{-1/2} + O(1/n)$, 其中 $y_p^2 = \frac{1}{2}\ln(1/(1-p))$				
$y_p =$	0.07089	0.1601	0.3793	0.5887	0.8326	1.2239	1.5174

（为扩充该表, 见式 (25) (26) 和习题 20 的答案. ）

　　如其所示, 式 (11) 并不能直接用计算机计算, 因为需要寻找无限多个 x 值的上确界. 但是, 由于 $F(x)$ 是递增的, 并且 $F_n(x)$ 的递增步骤有限, 因此我们可以推导出一个计算统计量 K_n^+ 和 K_n^- 的简单过程.

步骤 1. 得到独立的观测值 $X_1, X_2, \ldots, X_n$.

步骤 2. 把这些观测值按递增序重新排列: $X_1 \leq X_2 \leq \cdots \leq X_n$. （高效排序算法是第 5 章的主题. 习题 23 表明, 在这种情况下, 其实也可以不排序. ）

步骤 3. 现在, 所求的统计量由以下公式给出

$$
\begin{aligned}
K_n^+ &= \sqrt{n} \max_{1 \leq j \leq n} \left(\frac{j}{n} - F(X_j) \right); \\
K_n^- &= \sqrt{n} \max_{1 \leq j \leq n} \left(F(X_j) - \frac{j-1}{n} \right).
\end{aligned}
\tag{13}
$$

　　与 χ^2 检验相比, 在 KS 检验中选择观测值个数 n, 虽然需要考虑一些类似的因素, 但是做法容易一点. 如果随机变量 X_j 实际属于概率分布 $G(x)$, 但我们假定它们属于 $F(x)$ 给定的分布, 则 n 应该比较大, 这样才不会假设 $G(x) = F(x)$. 因为只有 n 足够大, 才能看出经验分布 $G_n(x)$ 与 $F_n(x)$ 之间的不同. 另一方面, n 值很大时, 局部非随机行为往往会 “被平均”, 而这种行为对随机数的大多数计算机应用而言都是非常危险的, 因此, n 值应该较小. 合理的折中方案是, 选取 n 为 1000, 并在随机序列的不同部分多次计算 K_{1000}^+, 从而得到值

$$
K_{1000}^+(1), \qquad K_{1000}^+(2), \qquad \ldots, \qquad K_{1000}^+(r). \tag{14}
$$

我们还可以对这些结果再次使用 KS 检验:现在,令 $F(x)$ 是 K_{1000}^+ 的经验分布函数,并确定由 (14) 中的观测值得到的经验分布 $F_r(x)$. 幸运的是,此时 $F(x)$ 非常简单;对于像 $n = 1000$ 这样大的 n 值,K_n^+ 的分布有很接近的简单近似式

$$F_\infty(x) = 1 - e^{-2x^2}, \qquad x \geq 0. \tag{15}$$

以上论述也适用于 K_n^-,因为 K_n^+ 和 K_n^- 具有相同的期望行为. 该方法对适当大小的 n 值进行多次检验,然后把各次观测组合起来,再进行一次 KS 检验. 这类方法往往能够同时检测局部和全局非随机行为.

例如在写本章时,我做了如下简单试验:把下一节介绍的"5 中最大"检验用于 1000 个均匀的随机数,产生 200 个观测值 $X_1, X_2, \ldots, X_{200}$,属于分布 $F(x) = x^5$,$0 \leq x \leq 1$. 把这些观测值划分成 20 组,每组 10 个,并对每组计算统计量 K_{10}^+,得到 20 个 K_{10}^+ 值,相应的经验分布如图 4 所示. 图 4 各小图中的光滑曲线是统计量 K_{10}^+ 应该具有的实际分布. 图 4(a) 是由序列

$$Y_{n+1} = (3141592653 Y_n + 2718281829) \bmod 2^{35}, \qquad U_n = Y_n/2^{35}$$

得到的 K_{10}^+ 的经验分布,它的随机性令人满意. 图 4(b) 来自斐波那契方法,这个序列具有全局非随机行为——可以看出,"5 中最大"检验中的观测 X_n 不具有正确的分布 $F(x) = x^5$. 图 4(c) 来自声名狼藉的无效线性同余序列 $Y_{n+1} = ((2^{18} + 1)Y_n + 1) \bmod 2^{35}$,$U_n = Y_n/2^{35}$.

对图 4 的数据进行 KS 检验,结果见式 (12). 用 $n = 20$ 查表 2,我们看到,图 4(b) 的 K_{20}^+ 和 K_{20}^- 是比较可疑的(分别位于 5% 和 88% 水平),但是它们还没有差到直接拒绝的程度. 当然,图 4(c) 的 K_{20}^- 的值完全差得离谱,因此"5 中最大"检验表明该随机数生成器完全不合格.

我们预料在该试验中,确定全局非随机性比确定局部非随机性更困难,因为图 4 的基本观测是在每组只有 10 个数的样本上做的. 如果我们取 20 组,每组 1000 个数,则图 4(b) 将表现出更显著的偏差. 为了解释这一点,对所有 200 个观测值做一次 KS 检验,得到图 4,并得到下面的结果:

	图 4(a)	图 4(b)	图 4(c)	
K_{200}^+	0.477	1.537	2.819	(16)
K_{200}^-	0.817	0.194	0.058	

这里,斐波那契生成器的全局非随机性无疑被检测出来.

KS 检验可以总结如下. 给定 n 个独立观测 $X_1, \ldots, X_n$,它们取自由连续函数 $F(x)$ 确定的某分布. 连续函数 $F(x)$ 必须是像图 3(b) 和 3(c) 所示的函数,没有像图 3(a) 中的跃变. 在这些观测上执行式 (13) 前面描述的过程,得到统计量 K_n^+ 和 K_n^-. 这些统计量应该按表 2 分布.

现在,可以对 KS 检验和卡方检验进行一些比较. 首先,我们注意到,KS 检验可以与卡方检验联合使用,得到的过程胜过卡方检验最后提到的特殊过程. (换言之,之前的方法是做 3 次检验并评价这些结果有多"可疑",实际上存在更好的方法.)比如说,假设我们已经在随机序列的不同部分,做了 10 次独立的卡方检验,从而得到值 $V_1, V_2, \ldots, V_{10}$. 单单统计多少个 V 值大得可疑或小得可疑,并不是好策略. 虽然这一过程在极端情况下有效,非常大或非常小的值可能意味序列具有严重的局部非随机性;但是,存在更好的一般性方法,那就是绘制这 10 个值的经验分布,与正确的分布(可以从表 1 得到)进行比较. 经验分布能够更清晰地描绘卡方检验的结果. 事实上,根据经验 χ^2 值,可以计算统计量 K_{10}^+ 和 K_{10}^-,以指示结果是成功还是失败. 无论是只用 10 个值,抑或使用多达 100 个值,使用图形方法,这一切都容易通过手算完成;使用更多的 V 值,则需要一个计算卡方分布的计算机子程序. 注意,图 4(c) 的所有 20 个

观测都落在 5% 和 95% 水平之间，因此单独看任何一个，都不算可疑值；但是，总体上，经验分布显示，这些观测一点也不正确.

KS 检验与卡方检验的一个重要差别是，KS 检验用于无跃变的分布函数 $F(x)$，而卡方检验则用于严格的跃变分布（因为所有的观测都被划分成 k 个范畴）；也就是说，两种检验针对不同类型的应用. 然而，即使 $F(x)$ 是连续的，仍然可以使用卡方检验，做法就是把连续函数 $F(x)$ 的值域划分成 k 部分，忽略每部分内部的变化. 例如，已知 $U_1, U_2, \ldots, U_n$，要检验 0 和 1 之间的均匀分布能否看作它们的来源，也就是要检验它们是否具有分布函数 $F(x) = x$，$0 \leq x \leq 1$. 这种时候，使用 KS 检验顺理成章. 但是，我们也可以把区间 0 到 1 划分成 $k = 100$ 个相等部分，统计每部分落入多少个 U，并使用自由度为 99 的卡方检验. 目前还没有多少理论结果可以用来比较 KS 检验与卡方检验的有效性. 我发现，要指出数据中的非随机性，有时 KS 检验效果更好，有时卡方检验更胜一筹. 例如，如果上面提到的 100 个范畴编号为 0, 1, $\ldots$, 99，在间隔 0 到 49 中偏离期望值的偏差为正，但是在 50 到 99 偏差为负，则经验分布函数比 χ^2 值指示的更远离 $F(x)$；但是，如果正偏差出现在间隔 0, 2, $\ldots$, 98，而负偏差出现在 1, 3, $\ldots$, 99，则经验分布函数将更紧密地缠绕 $F(x)$. 因此，度量这种类型的偏差略有区别. 使用 $k = 10$，把卡方检验用于图 4 对应的 200 个观测，V 的值分别为 9.4、17.7 和 39.3，因此在这一个例中，检验结果与 (16) 中的 KS 值相差不大. 由于卡方检验本身精度较低，又需要较大的 n，因此，检验连续分布时，KS 检验具有一定优势.

另一个例子也值得一提. 图 2 对应的数据是用如下方法得到的卡方统计量：基于 t 中最大标准（$1 \leq t \leq 5$）的 $n = 200$ 个观测，其值域被划分成 10 个等可能部分. 从这 200 个观测值，可以计算 KS 统计量 K_{200}^+ 和 K_{200}^-，结果可以仿照图 2 制图（标明哪些 KS 值超过 99% 水平，等等），见图 5. 注意，在图 5 中，生成器 D（莱默方法原型）显得很差，而同样数据上的卡方检验（见图 2）没有问题；相反，生成器 E（斐波那契方法）在图 5 中看上去并不太差，实际则不然. 好生成器 A 和 B 令人满意地通过了所有检验. 图 2 与图 5 不一致的主要原因是：(a) 实际上观测数 200 不够大，不足以保证检验效力；(b) "拒绝""可疑""比较可疑"等评定标准本身就不可靠.

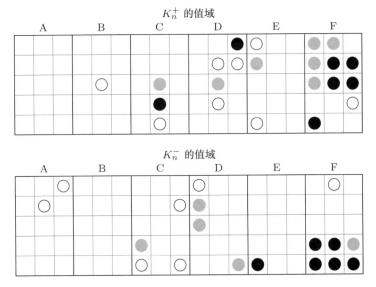

图 5 KS 检验用于与图 2 相同的数据

（附带一提，责备莱默在 20 世纪 40 年代使用"坏"随机数生成器是不公正的，因为他实际使用的生成器 D 相当有效．ENIAC 计算机是一台高度并行的机器，使用线路接线板编程．莱默对它进行设置，使得它的一个累加器反复地用 23 乘以自身（modulo $10^8 + 1$），每几毫秒产生一个新值．由于乘数 23 太小，这一过程前后得到的两个值相关性太强，而不能认为是足够随机的；但是，相应的程序实际调用该特殊累加器中的值的时候，两次调用之间的时间间隔相对较长，又有波动．因此，实际的乘数是 23^k，其中 k 是大的、变化的值．）

C. 历史、文献和理论． 卡方检验是卡尔·皮尔逊于 1900 年发明的 [*Philosophical Magazine, Series 5,* **50**, 157–175]．这篇重要论文被看作现代统计学的奠基论文之一，因为在此之前，人们只是绘制实验结果的图形，直接断言结果是正确的．皮尔逊则在这篇论文中给出了统计量误用的有趣例子，还证明了轮盘赌的某几轮实验（1892 年他在蒙特卡罗住过两周，期间亲身体验过）远远偏离期望频率，假定轮盘有问题的可能性与没动手脚的可能性之比几乎为 10^{29} 比 1！卡方检验的一般讨论及大量参考文献，可见威廉姆·科克伦的综述 [*Annals Math. Stat.* **23** (1952), 315–345]．

现在，我们简要推导卡方检验的理论基础．容易看出，$Y_1 = y_1, \ldots, Y_k = y_k$ 的概率为

$$\frac{n!}{y_1! \ldots y_k!} p_1^{y_1} \ldots p_k^{y_k}. \tag{17}$$

如果我们假定 Y_s 取值 y_s 的泊松概率为

$$\frac{e^{-np_s}(np_s)^{y_s}}{y_s!},$$

并且诸 Y 是独立的，则 $(Y_1, \ldots, Y_k)$ 等于 $(y_1, \ldots, y_k)$ 的概率为

$$\prod_{s=1}^{k} \frac{e^{-np_s}(np_s)^{y_s}}{y_s!},$$

而 $Y_1 + \cdots + Y_k$ 等于 n 的概率为

$$\sum_{\substack{y_1 + \cdots + y_k = n \\ y_1, \ldots, y_k \geq 0}} \prod_{s=1}^{k} \frac{e^{-np_s}(np_s)^{y_s}}{y_s!} = \frac{e^{-n}n^n}{n!}.$$

如果我们假定除条件 $Y_1 + \cdots + Y_k = n$ 之外，它们在其他方面都是独立的，则 $(Y_1, \ldots, Y_k) = (y_1, \ldots, y_k)$ 的概率是商

$$\left(\prod_{s=1}^{k} \frac{e^{-np_s}(np_s)^{y_s}}{y_s!} \right) \bigg/ \left(\frac{e^{-n}n^n}{n!} \right),$$

这等于式 (17)．因此，诸 Y 除了具有固定的和之外，在其他方面都可以看作独立的泊松分布．

可以换元，令

$$Z_s = \frac{Y_s - np_s}{\sqrt{np_s}}, \tag{18}$$

则 $V = Z_1^2 + \cdots + Z_k^2$，这样很方便．条件 $Y_1 + \cdots + Y_k = n$ 等价于要求

$$\sqrt{p_1}\, Z_1 + \cdots + \sqrt{p_k}\, Z_k = 0. \tag{19}$$

考虑使得式 (19) 成立的所有向量 $(Z_1, \ldots, Z_k)$ 构成的 $(k-1)$ 维空间 S．对于大的 n 值，每个 Z_s 都具有近似的正态分布（见习题 1.2.10–15），因此，在 S 的微分体 $dz_2 \ldots dz_k$ 中的点出现

的概率近似正比于 $\exp\left(-(z_1^2+\cdots+z_k^2)/2\right)$. （正是因为这一步推导，卡方方法才只对大的 n 近似成立.）现在，$V \le v$ 的概率是

$$\frac{\int_{(z_1,\ldots,z_k)\text{ 在 }S\text{ 中且 }z_1^2+\cdots+z_k^2\le v} \exp\left(-(z_1^2+\cdots+z_k^2)/2\right)\,dz_2\ldots dz_k}{\int_{(z_1,\ldots,z_k)\text{ 在 }S\text{ 中}} \exp\left(-(z_1^2+\cdots+z_k^2)/2\right)\,dz_2\ldots dz_k}. \tag{20}$$

由于超平面 (19) 经过 k 维空间的原点，因此式 (20) 的分子是对球心在原点的 $k-1$ 维球进行的积分. 存在某个函数 f，适当选取半径 χ 和幅角 $\omega_1,\ldots,\omega_{k-2}$，相应的广义极坐标变换把式 (20) 变换成

$$\frac{\int_{\chi^2\le v} e^{-\chi^2/2}\chi^{k-2}f(\omega_1,\ldots,\omega_{k-2})\,d\chi\,d\omega_1\ldots d\omega_{k-2}}{\int e^{-\chi^2/2}\chi^{k-2}f(\omega_1,\ldots,\omega_{k-2})\,d\chi\,d\omega_1\ldots d\omega_{k-2}}$$

（见习题 15）. 于是，在幅角 $\omega_1,\ldots,\omega_{k-2}$ 上积分，产生一个常量，可从分子和分母中消去. 最终，我们得到 $V\le v$ 的近似概率公式

$$\frac{\int_0^{\sqrt{v}} e^{-\chi^2/2}\chi^{k-2}\,d\chi}{\int_0^{\infty} e^{-\chi^2/2}\chi^{k-2}\,d\chi}. \tag{21}$$

推导式 (21) 时，我们使用符号 χ 表示半径长度，皮尔逊当年在原始论文中就是这么做的. 这就是 χ^2 检验的名称由来. 代换 $t=\chi^2/2$，该积分可以用不完全 γ 函数（见 1.2.11.3 节）表示：

$$\lim_{n\to\infty}\Pr(V\le v)=\gamma\left(\frac{k-1}{2},\frac{v}{2}\right)\Big/\Gamma\left(\frac{k-1}{2}\right). \tag{22}$$

这就是具有 $k-1$ 个自由度的卡方分布的定义.

下面讨论 KS 检验. 1933 年，柯尔莫哥洛夫提出了一种基于如下统计量的检验：

$$K_n=\sqrt{n}\ \max_{-\infty<x<+\infty}\left|F_n(x)-F(x)\right|=\max(K_n^+,K_n^-). \tag{23}$$

1939 年，斯米尔诺夫讨论了这种检验的多种变形，包括前面提到的单独考察 K_n^+ 和 K_n^-. 类似的检验数目繁多，但是 K_n^+ 和 K_n^- 统计量似乎是最方便计算机应用的. 詹姆斯·杜宾在专论中全面综述了 KS 检验及其推广，并列出大量文献 [*Regional Conf. Series on Applied Math.* **9** (SIAM, 1973)].

为了研究 K_n^+ 和 K_n^- 的分布，我们首先证明以下基本事实：如果 X 是一个具有连续分布 $F(x)$ 的随机变量，则 $F(X)$ 是 0 和 1 之间均匀分布的实数. 为此，只需要验证：如果 $0\le y\le 1$，则 $F(X)\le y$ 的概率为 y. 由于 F 是连续函数，因此存在 x_0 使得 $F(x_0)=y$，$F(X)\le y$ 的概率就是 $X\le x_0$ 的概率. 根据定义，后一个概率是 $F(x_0)$，即 y.

对于 $1\le j\le n$，令 $Y_j=nF(X_j)$，其中诸 X 像式 (13) 前面的步骤 2 那样已排序. 于是，诸变量 Y_j 本质上相当于独立的、0 和 n 之间均匀分布的、按非减序排序的随机数 $Y_1\le Y_2\le\cdots\le Y_n$，式 (13) 的第一个等式变换成

$$K_n^+=\frac{1}{\sqrt{n}}\max(1-Y_1,2-Y_2,\ldots,n-Y_n).$$

因此，如果 $0\le t\le n$，则 $K_n^+\le t/\sqrt{n}$ 的概率是 $Y_j\ge j-t$（$1\le j\le n$）的概率. 这不难用 n 元积分表示为

$$\frac{\int_{\alpha_n}^n dy_n\int_{\alpha_{n-1}}^{y_n}dy_{n-1}\cdots\int_{\alpha_1}^{y_2}dy_1}{\int_0^n dy_n\int_0^{y_n}dy_{n-1}\cdots\int_0^{y_2}dy_1}, \qquad \text{其中 }\alpha_j=\max(j-t,0). \tag{24}$$

这里，分母可以立即求值：它等于 $n^n/n!$，这是因为满足 $0 \le y_j < n$ 的所有向量 $(y_1, y_2, \ldots, y_n)$ 构成一个超立方体，它的体积为 n^n，并且可以划分成 $n!$ 个相等的部分，对应于诸 y 的每种排序. 分子的积分稍微难一点，可以使用习题 17 的方法. 我们得到一般公式

$$\Pr\left(K_n^+ \le \frac{t}{\sqrt{n}}\right) = \frac{t}{n^n} \sum_{0 \le k \le t} \binom{n}{k}(k-t)^k(t+n-k)^{n-k-1} \tag{25}$$

$$= 1 - \frac{t}{n^n} \sum_{t < k \le n} \binom{n}{k}(k-t)^k(t+n-k)^{n-k-1}. \tag{26}$$

K_n^- 的分布与此完全相同. 式 (26) 最先被斯米尔诺夫得到 [*Uspekhi Mat. Nauk* **10** (1944), 176–206]；又见齐格蒙特·伯恩鲍姆和弗雷德·廷吉，*Annals Math. Stat.* **22** (1951), 592–596. 对所有固定的 $s \ge 0$，斯米尔诺夫推导出近似公式

$$\Pr(K_n^+ \le s) = 1 - e^{-2s^2}\left(1 - \frac{2}{3}s/\sqrt{n} + O(1/n)\right). \tag{27}$$

这产生表 2 中适用于大 n 的近似值.

阿贝尔二项式定理，式 1.2.6–(16) 表明，式 (25) 和式 (26) 等价. 这两个公式都可以用来扩充表 2，但是两者各有利弊：尽管当给定 $s = t/\sqrt{n}$ 时，式 (25) 中的和只有 $s\sqrt{n}$ 项，但是它必须用多精度算术运算求值，因为这些项都很大，高位数相互抵消；式 (26) 没有这样的问题，因为它的诸项都是正的，但是式 (26) 总共有 $n - s\sqrt{n}$ 项.

习题

1. [00] 为了检查式 (5) 的值 $V = 7\frac{7}{48}$ 是否过于高，应该使用卡方表的哪一行？

2. [20] 假设有两个"作假"的骰子，一个骰子的值 1 朝上的概率是其他任一值朝上概率的二倍，另一个骰子则类似地偏向 6. 对于 $2 \le s \le 12$，计算两个骰子上出现的总和恰为 s 的概率 p_s.

▶ **3.** [23] 两个骰子像上题那样作假. 掷 144 次，观测到如下值：

$$s的值 = \quad 2 \quad 3 \quad 4 \quad 5 \quad 6 \quad 7 \quad 8 \quad 9 \quad 10 \quad 11 \quad 12$$
$$观测数 Y_s = \quad 2 \quad 6 \quad 10 \quad 16 \quad 18 \quad 32 \quad 20 \quad 13 \quad 16 \quad 9 \quad 2$$

使用式 (1) 中的概率，就当不知道这些骰子作假，对这些值使用卡方检验，能够检测出骰子有问题吗？如果不能，解释为什么不能.

▶ **4.** [23] 式 (9) 实验 1 的数据实际上是作者模拟骰子得到的. 有两个骰子，其中一个是正常的，另一个作假，总是 1 或 6 朝上（两个概率是等可能的）. 在这种情况下，计算取代式 (1) 的概率，并使用卡方检验判定这一实验结果是否与骰子作假方法一致.

5. [22] 设 $F(x)$ 是均匀分布，如图 3(b). 对以下 20 个观测，求 K_{20}^+ 和 K_{20}^-，并说明这些观测与这两种检验的期望行为是否有显著不同：

0.414, 0.732, 0.236, 0.162, 0.259, 0.442, 0.189, 0.693, 0.098, 0.302,
0.442, 0.434, 0.141, 0.017, 0.318, 0.869, 0.772, 0.678, 0.354, 0.718.

6. [M20] 对于固定的 x，考虑式 (10) 给定的 $F_n(x)$. 给定整数 s，$F_n(x) = s/n$ 的概率是多少？$F_n(x)$ 的均值是多少？标准差是多少？

7. [M15] 证明 K_n^+ 和 K_n^- 不可能为负. K_n^+ 的最大值是多少？

8. [00] 正文中介绍了一个实验：研究一个随机序列，得到统计量 K_{10}^+ 的 20 个值，然后用这些值绘图得到图 4，并由图 4 计算一个 KS 统计量. 研究最后得到的统计量时，为什么用表中 $n = 20$ 的表目，而不是用 $n = 10$ 的表目？

▶ **9.** [20] 正文中介绍的实验用到一个随机序列, 对它的不同部分使用 "5 中最大" 检验, 得到 20 个 K_{10}^+ 值. 其实也可以计算相应的 20 个 K_{10}^- 值. 因为 K_{10}^- 与 K_{10}^+ 具有相同的分布, 所以可以把这 40 个值 (即 20 个 K_{10}^+ 值和 20 个 K_{10}^- 值) 混合在一起, 使用 KS 检验, 得到新的 K_{40}^+ 和 K_{40}^-. 讨论这种想法的优点.

▶ **10.** [20] 假设取 n 个观测, 做卡方检验得到 V 值. 现在, 我们对这 n 个观测重复该检验 (当然得到相同的结果), 并把两次检验的数据放在一块, 看作使用 $2n$ 个观测的一次卡方检验. (这一过程违反正文中所有观测必须相互独立的约定.) 第二个 V 值与第一个 V 值有何联系?

11. [10] 用 KS 检验取代卡方检验, 做习题 10.

12. [M28] 假设在 n 个观测的集合上做卡方检验, 事先假定 p_s 是每个观测落入范畴 s 的概率, 但是观测落入范畴 s 的真实概率 $q_s \neq p_s$. (见习题 3.) 当然, 我们希望卡方检验能检测出 p_s 是错误假定. 证明: 如果 n 足够大, 则能够检测出这一点. 证明 KS 检验也有类似的结论.

13. [M24] 证明式 (13) 等价于式 (11).

▶ **14.** [HM26] 设 Z_s 由式 (18) 给出. 使用斯特林近似公式直接证明: 如果当 $n \to \infty$ 时, $Z_1, Z_2, \ldots, Z_k$ 有界, 则多项式概率

$$n! \, p_1^{Y_1} \ldots p_k^{Y_k} / Y_1! \ldots Y_k! = e^{-V/2} / \sqrt{(2n\pi)^{k-1} p_1 \ldots p_k} + O(n^{-k/2}).$$

(据此可以证明卡方检验, 证法比正文中的推导更接近基本定理, 推导过程也更简洁.)

15. [HM24] 二维极坐标习惯用方程 $x = r\cos\theta$ 和 $y = r\sin\theta$ 定义. 两种坐标的积分关系为 $dx\,dy = r\,dr\,d\theta$. 更一般地, 在 n 维空间可以令

$$x_k = r\sin\theta_1 \ldots \sin\theta_{k-1}\cos\theta_k, \quad 1 \le k < n, \qquad \text{并且} \qquad x_n = r\sin\theta_1 \ldots \sin\theta_{n-1}.$$

证明, 在这种情况下,

$$dx_1\,dx_2 \ldots dx_n = |r^{n-1}\sin^{n-2}\theta_1 \ldots \sin\theta_{n-2}\,dr\,d\theta_1 \ldots d\theta_{n-1}|.$$

▶ **16.** [HM35] 推广定理 1.2.11.3A, 对大的 x 和固定的 y, z, 计算

$$\gamma(x+1, x+z\sqrt{2x}+y)/\Gamma(x+1).$$

忽略解的 $O(1/x)$ 项. 使用这一结果, 对于大的 ν 和固定的 p, 求出方程

$$\gamma\left(\frac{\nu}{2}, \frac{t}{2}\right) \bigg/ \Gamma\left(\frac{\nu}{2}\right) = p$$

的近似解 t, 从而得到表 1 给出的近似公式. [提示: 见习题 1.2.11.3-8.]

17. [HM26] 设 t 是一个固定的实数. 对于 $0 \le k \le n$, 令

$$P_{nk}(x) = \int_{n-t}^x dx_n \int_{n-1-t}^{x_n} dx_{n-1} \ldots \int_{k+1-t}^{x_{k+2}} dx_{k+1} \int_0^{x_{k+1}} dx_k \ldots \int_0^{x_2} dx_1;$$

习惯约定 $P_{00}(x) = 1$. 证明如下关系.

    (a) $P_{nk}(x) = \int_n^{x+t} dx_n \int_{n-1}^{x_n} dx_{n-1} \ldots \int_{k+1}^{x_{k+2}} dx_{k+1} \int_t^{x_{k+1}} dx_k \ldots \int_t^{x_2} dx_1.$

    (b) $P_{n0}(x) = (x+t)^n/n! - (x+t)^{n-1}/(n-1)!.$

    (c) $P_{nk}(x) - P_{n(k-1)}(x) = \dfrac{(k-t)^k}{k!} P_{(n-k)0}(x-k)$, 如果 $1 \le k \le n$.

    (d) 得到 $P_{nk}(x)$ 的一般公式, 并用它计算式 (24).

18. [M20] 给出一个 "简单的" 理由, 说明为什么 K_n^- 与 K_n^+ 具有相同的概率分布.

19. [HM48] 针对多元分布 $F(x_1, \ldots, x_r) = \Pr(X_1 \le x_1, \ldots, X_r \le x_r)$, 开发一种类似于 KS 检验的检验. (此类过程可以取代其他检验, 例如下一节的 "序列检验".)

20. [HM41] 推导 KS 分布的渐近行为的后续各项, 扩展式 (27).

21. [*M40*] 尽管正文中说，仅当 $F(x)$ 是连续分布函数时才可使用 KS 检验，但是，即使分布具有跃变，当然也能试着计算 K_n^+ 和 K_n^-. 对各种非连续的分布函数 $F(x)$，分析 K_n^+ 和 K_n^- 的可能行为. 选取若干随机数样本，比较统计检验与卡方检验的有效性.

22. [*HM46*] 考察习题 6 的解答中提出的"改进版"KS 检验.

23. [*M22*]（特奥菲洛·冈萨雷斯、萨尔塔杰·萨尼和威廉·弗兰塔）(a) 假设公式 (13) 中 KS 统计量 K_n^+ 的最大值出现在给定的下标 j，其中 $\lfloor nF(X_j) \rfloor = k$. 证明 $F(X_j) = \max_{1 \le i \le n}\{F(X_i) \mid \lfloor nF(X_i) \rfloor = k\}$.
(b) 设计一个算法，在 $O(n)$ 步之内计算 K_n^+ 和 K_n^-（不排序）.

▶ **24.** [*40*] 用若干具有 3 个范畴的概率分布 (p, q, r) 做试验，其中 $p + q + r = 1$，通过对不同的 n 计算卡方统计量 V 的准确分布，从而确定具有两个自由度的卡方分布的近似值的实际准确程度.

25. [*HM26*] 假设对于 $1 \le i \le m$，$Y_i = \sum_{j=1}^n a_{ij}X_j + \mu_i$，其中 $X_1, \ldots, X_n$ 都是独立的随机变量，均值为 0，方差为 1，矩阵 $A = (a_{ij})$ 的秩为 n.

(a) 用矩阵 A 表示协方差矩阵 $C = (c_{ij})$，其中 $c_{ij} = \mathrm{E}(Y_i - \mu_i)(Y_j - \mu_j)$.
(b) 证明：如果 $\bar{C} = (\bar{c}_{ij})$ 是使得 $C\bar{C}C = C$ 的任意矩阵，则统计量

$$W = \sum_{i=1}^m \sum_{j=1}^m (Y_i - \mu_i)(Y_j - \mu_j)\bar{c}_{ij}$$

等于 $X_1^2 + \cdots + X_n^2$.［因此，如果 X_j 是正态分布，则 W 是自由度为 n 的卡方分布.］

> 普通人掷硬币镇定自若，
> 因为有一个定律……确保
> 他既不会因输得太厉害而心烦意乱，
> 也不会因赢得太频繁而令对手心烦意乱.
> ——汤姆·斯托帕德, *Rosencrantz & Guildenstern are Dead*（1966）

3.3.2　经验检验

本节，我们将具体讨论传统上用于考察序列随机性的 11 种检验. 每种检验的讨论都分为两部分：(a) 如何进行检验的"插件"描述；(b) 检验的理论基础研究.（缺乏数学训练的读者可能希望跳过理论讨论. 相反，喜爱数学的读者即便不打算检验随机数生成器，也会喜欢阅读相关理论，因为其中涉及一些富有启发意义的组合问题. 确实，本节介绍的若干主题非常重要，它们会在后文的不同情境下再度出现.）

每个检验都用于实数序列

$$\langle U_n \rangle = U_0, U_1, U_2, \ldots, \tag{1}$$

其中各实数是独立的，在 0 和 1 之间均匀分布. 某些检验主要是为整数值序列，而不是为实数值序列 (1) 设计的. 在这种情况下，使用辅助序列

$$\langle Y_n \rangle = Y_0, Y_1, Y_2, \ldots, \tag{2}$$

它由规则

$$Y_n = \lfloor dU_n \rfloor \tag{3}$$

定义. 这是一个独立的、在 0 和 $d-1$ 之间均匀分布的整数序列. 数 d 的选择旨在方便. 例如，在二进制计算机上，可以选择 $d = 64 = 2^6$，使得 Y_n 代表 U_n 二进制表示的最高 6 位. d 的值应该足够大，使得检验是有意义的；但是也不能太大，以免检验太难实行.

在本节中，量 U_n、Y_n 和 d 自始至终都具有上述意义，尽管 d 的值在不同的检验中可能不同.

A. 等分布检验（频率检验）. 序列 (1) 必须满足的第一个要求是：它的数确实是在 0 和 1 之间均匀分布的. 检验方法有两种：(a) 用 $F(x) = x$，$0 \le x \le 1$，使用 KS 检验. (b) 令 d 是一个合适的数，例如十进制计算机上的 100，二进制计算机上的 64 或 128，使用序列 (2) 而不是 (1). 对于每个整数 r（$0 \le r < d$），统计 $Y_j = r$（$0 \le j < n$）的次数，然后使用 $k = d$，每个范畴的概率 $p_s = 1/d$，运用卡方检验.

这种检验的理论已在 3.3.1 节阐述.

B. 序列检验. 更一般地，我们希望相继的数对以独立的方式均匀分布. 纵观悠悠岁月，日出和日落的频率几乎完全一样，但是太阳的运动并不随机.

序列检验（serial test）很简单，第一步是对 $0 \le j < n$，统计数对 $(Y_{2j}, Y_{2j+1}) = (q, r)$ 出现的次数，满足 $0 \le qr < d$ 的所有整数对 (q, r) 都应统计到；第二步则是把卡方检验运用于这 $k = d^2$ 个范畴，每个范畴的概率为 $1/d^2$. 与等分布一样，d 可以是任意方便的数，但是它将比 A 中建议的值小一点，因为要获得有效的卡方检验，那么与 k 相比，n 必须是大数（比如说，至少有 $n \ge 5d^2$）.

显然，这种检验可以推广到三元组、四元组等等，而不仅仅是二元组（见习题 2）. 然而，必须大幅度降低 d 以避免有太多的范畴. 因此，在考虑四元组或更多的相邻元素时，我们利用较粗略的检验，如下面介绍的纸牌检验或最大检验.

请注意，在这个检验中，为得到 n 个观测，我们使用序列 (2) 中的 $2n$ 个数. 在 (Y_0, Y_1)，(Y_1, Y_2)，…，(Y_{n-1}, Y_n) 上进行序列检验是错误的. 读者知道这是为什么吗？如果在数对 (Y_{2j+1}, Y_{2j+2}) 上进行另一次序列检验，那么鉴于这两次检验不是相互独立的，我们会期望序列同时通过两次检验. 不过，马尔萨利亚证明，如果使用对偶 (Y_0, Y_1)，(Y_1, Y_2)，…，(Y_{n-1}, Y_n)，并且使用一般的卡方检验方法，以相同的 d 值计算序列检验的统计量 V_2 和 $Y_0, \ldots, Y_{n-1}$ 上的频率检验的统计量 V_1，则当 n 较大时，$V_2 - V_1$ 将是自由度为 $d(d-1)$ 的卡方分布（见习题 24）.

C. 间隙检验. 考察在某范围内 U_j 出现之间的"间隙"长度. 如果 α 和 β 是两个实数，满足 $0 \le \alpha < \beta \le 1$，则我们要分析连续子序列 $U_j, U_{j+1}, \ldots, U_{j+r}$ 的长度，其中 U_{j+r} 落在 α 和 β 之间，前面各项则不然.（这 $r+1$ 个数的子序列表示一个长度为 r 的间隙.）

算法 G（间隙检验的数据）. 对任意给定的 α 和 β 值，下面的算法应用于序列 (1)，统计长度为 $0, 1, \ldots, t-1$ 的间隙个数和长度 $\ge t$ 的间隙个数，总共统计 n 个间隙.

G1.［初始化.］置 $j \leftarrow -1$，$s \leftarrow 0$，并对 $0 \le r \le t$，置 COUNT[r] $\leftarrow 0$.

G2.［置 r 为 0.］置 $r \leftarrow 0$.

G3.［$\alpha \le U_j < \beta$?］j 增加 1. 如果 $U_j \ge \alpha$ 且 $U_j < \beta$，则转到步骤 G5.

G4.［r 增值.］r 增加 1，回到步骤 G3.

G5.［记录间隙长度.］（现在已经找到一个长度为 r 的间隙.）如果 $r \ge t$，则 COUNT[t] 增加 1，否则 COUNT[r] 增加 1.

G6.［找到 n 个间隙？］s 增加 1. 如果 $s < n$，则返回步骤 G2. ∎

算法 G 运行之后，使用概率

$$p_r = p(1-p)^r, \quad 0 \le r \le t-1; \qquad p_t = (1-p)^t, \tag{4}$$

把卡方检验用于 $k = t+1$ 个值：COUNT[0], COUNT[1], …, COUNT[t]. 式 (4) 中的 $p = \beta - \alpha$ 是 $\alpha \le U_j < \beta$ 的概率. 像通常一样，选取 n 和 t，使得每个 COUNT[r] 值都大于或等于 5，最好是大于 5.

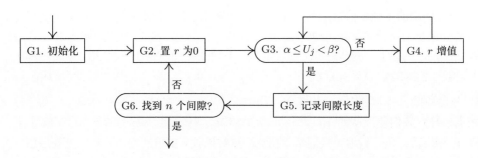

图 6 为间隙检验收集数据（"集券检验"和"游程检验"的算法是类似的）

人们常常以 $\alpha = 0$ 或 $\beta = 1$ 使用间隙检验，以便省略步骤 G3 中的一次比较. 特殊情况 $(\alpha, \beta) = (0, \frac{1}{2})$ 或 $(\frac{1}{2}, 1)$ 对应的检验有时也分别称作"均值上方游程"和"均值下方游程"检验.

式 (4) 中的概率容易导出，因此请读者自行推导. 注意：上面介绍的间隙检验观测的是 n 个间隙的长度，并不是 n 个数中的间隙长度. 如果序列 $\langle U_n \rangle$ 足够非随机，则算法 G 可能不终止. 考察固定数目的 U 的其他间隙检验也已出现（见习题 5）.

D. 纸牌检验（划分检验）. "经典的"纸牌检验（poker test）分析 n 组 5 个相继的整数 $\{Y_{5j}, Y_{5j+1}, \ldots, Y_{5j+4}\}$，$0 \le j < n$，并观测每个（无序的）五元组与下面七种模式中的哪一个匹配：

$$
\begin{aligned}
\text{都不相同：} &\quad abcde \\
\text{一对：} &\quad aabcd \\
\text{两对：} &\quad aabbc \\
\text{三张同点：} &\quad aaabc \\
\text{满堂红：} &\quad aaabb \\
\text{四张同点：} &\quad aaaab \\
\text{五张同点：} &\quad aaaaa
\end{aligned}
$$

卡方检验基于每个范畴中的五元组个数.

简化以方便编程是合理的. 有一种好的折中方案，是简单地统计每组 5 个数中的不同值个数，于是只有 5 个范畴：

$$
\begin{aligned}
5 \text{ 个值} &= \text{都不相同；} \\
4 \text{ 个值} &= \text{一对；} \\
3 \text{ 个值} &= \text{两对或三张同点；} \\
2 \text{ 个值} &= \text{满堂红或四张同点；} \\
1 \text{ 个值} &= \text{五张同点.}
\end{aligned}
$$

这种划分容易系统地确定，检验效果几乎一样好.

一般地，可以考虑 n 组，每组 k 个相继数，统计具有 r 个不同值的 k 元组个数，然后使用相应的概率

$$
p_r = \frac{d(d-1)\ldots(d-r+1)}{d^k} \left\{ \begin{matrix} k \\ r \end{matrix} \right\} \tag{5}
$$

进行卡方检验.（斯特林数 $\left\{ \begin{smallmatrix} k \\ r \end{smallmatrix} \right\}$ 的定义和计算公式见 1.2.6 节.）由于当 $r = 1$ 或 2 时概率 p_r 很小，因此我们一般先合并几个小概率范畴，再使用卡方检验.

为了导出 p_r 的正确公式, 我们必须统计 d^k 个 k 元组 (各数都在 0 和 $d-1$ 之间) 中, 有多少个 k 元组恰有 r 个不同元素, 并除以总数 d^k. 由于从 d 个对象中有序选取 r 个对象的方法数为 $d(d-1)\dots(d-r+1)$, 因此只需要证明 $\left\{{k \atop r}\right\}$ 是把 k 个元素的集合划分成 r 部分的方法数, 见习题 1.2.6-64, 从而完成式 (5) 的推导.

E. 集券检验. 集券检验 (coupon collector's test) 与纸牌检验相关, 就像间隙检验与频率检验相关一样. 我们使用序列 $Y_0, Y_1, \dots$, 观测要得到从 0 到 $d-1$ 的整数的 "完全集" 所需要的段 $Y_{j+1}, Y_{j+2}, \dots, Y_{j+r}$ 的长度. 算法 C 给出了如下精确描述.

算法 C (*集券检验的数据*). 给定一个满足 $0 \le Y_j < d$ 的整数序列 $Y_0, Y_1, \dots$, 这个算法统计 n 个连续 "集券" 段的长度. 算法结束时, 对于 $d \le r < t$, COUNT[r] 是长度为 r 的段数, 而 COUNT[t] 是长度大于等于 $\ge t$ 的段数.

C1. [初始化.] 置 $j \leftarrow -1$, $s \leftarrow 0$, 并对 $d \le r \le t$, 置 COUNT[r] $\leftarrow 0$.

C2. [置 q, r 为 0.] 置 $q \leftarrow r \leftarrow 0$, 并对 $0 \le k < d$, 置 OCCURS[k] $\leftarrow 0$.

C3. [下一个观测.] r 和 j 增加 1. 如果 OCCURS[Y_j] $\neq 0$, 则重复这一步骤.

C4. [完全集?] 置 OCCURS[Y_j] $\leftarrow 1$, $q \leftarrow q+1$. (迄今为止观测到的子序列包含 q 个不同值; 因此, 如果 $q = d$, 就是完全集.) 如果 $q < d$, 则返回步骤 C3.

C5. [记录长度.] 如果 $r \ge t$, 则 COUNT[t] 增加 1, 否则 COUNT[r] 增加 1.

C6. [找到 n?] s 增加 1. 如果 $s < n$, 则返回步骤 C2. ∎

该算法的例子见习题 7. 想象有 d 种优惠券随机地散布在营养麦片的包装中, 有个男孩想集齐所有优惠券, 他就必须不停地吃麦片, 直到每一种都找齐为止.

使用算法 C 统计了 n 个长度之后, 再以 $k = t - d + 1$ 把卡方检验运用于 COUNT[d], COUNT[$d+1$], $\dots$, COUNT[t]. 对应的概率是

$$p_r = \frac{d!}{d^r}\left\{{r-1 \atop d-1}\right\}, \qquad d \le r < t; \qquad p_t = 1 - \frac{d!}{d^{t-1}}\left\{{t-1 \atop d}\right\}. \tag{6}$$

不难推导这些概率, 只需指出, 如果 q_r 表示长度为 r 的子序列是不完全集的概率, 则由式 (5),

$$q_r = 1 - \frac{d!}{d^r}\left\{{r \atop d}\right\}.$$

因为这意味元素构成一个 r 元组, 它不具有所有 d 个不同值. 于是, 由关系 $p_t = q_{t-1}$ 和

$$p_r = q_{r-1} - q_r \qquad 对于 \ d \le r < t.$$

得到式 (6).

集券检验有若干推广, 相关公式见习题 9 和 10, 以及两篇论文: 乔治·波利亚, *Zeitschrift für angewandte Math. und Mech.* **10** (1930), 96–97; 赫尔曼·冯·亥姆霍兹, *AMM* **61** (1954), 306–311.

F. 排列检验. 排列检验 (permutation test) 把输入序列划分成 n 组, 每组 t 个元素, 即 $(U_{jt}, U_{jt+1}, \dots, U_{jt+t-1})$, $0 \le j < n$. 每组中的元素都有 $t!$ 种可能的相对次序, 排列检验就是统计每种次序出现的次数, 并以 $k = t!$, 每种次序的概率 $1/t!$, 运用卡方检验.

例如, 如果 $t = 3$, 则有 6 个范畴, 分别满足 $U_{3j} < U_{3j+1} < U_{3j+2}$ 或 $U_{3j} < U_{3j+2} < U_{3j+1}$ 或 $\cdots$ 或 $U_{3j+2} < U_{3j+1} < U_{3j}$. 在这个检验中, 我们假定诸 U 互不相等. 这种假定是合理的, 因为两个 U 相等的概率为 0.

如下算法既是在计算机上进行排列检验的简便方法, 本身也值得研究.

算法 P（分析一个排列）. 给定不同元素的序列 $(U_1, \ldots, U_t)$，计算一个整数 $f(U_1, \ldots, U_t)$，使得

$$0 \leq f(U_1, \ldots, U_t) < t!,$$

并且 $f(U_1, \ldots, U_t) = f(V_1, \ldots, V_t)$ 当且仅当 $(U_1, \ldots, U_t)$ 和 $(V_1, \ldots, V_t)$ 具有相同的相对次序.

P1. [初始化.] 置 $r \leftarrow t$, $f \leftarrow 0$.（该算法运行期间，$0 \leq f < t!/r!$.）

P2. [找最大值.] 找出 $\{U_1, \ldots, U_r\}$ 的最大值，并假设 U_s 是该最大值. 置 $f \leftarrow r \cdot f + s - 1$.

P3. [交换.] 交换 $U_r \leftrightarrow U_s$.

P4. [减少 r.] r 减少 1. 如果 $r > 1$，则返回步骤 P2. ▮

当该算法停止时，序列 $(U_1, \ldots, U_t)$ 将以递增序排序. 为了证明结果 f 唯一地刻画 $(U_1, \ldots, U_t)$ 的初始序，注意算法 P 可以逆向运行：

$$\begin{aligned} &\text{对于 } r = 2, 3, \ldots, t, \\ &\quad \text{置 } s \leftarrow f \bmod r, \ f \leftarrow \lfloor f/r \rfloor, \\ &\quad \text{并交换 } U_r \leftrightarrow U_{s+1}. \end{aligned}$$

容易看出，这将撤销步骤 P2–P4 的影响，回到原序列，因此，两个排列不可能产生相同的 f 值，而算法 P 确实有效.

算法 P 的基本思想是一种混合进制数系，称作"阶乘数系"（factorial number system）：区间 $0 \leq f < t!$ 中的每个整数 f 都可以唯一地表示成

$$\begin{aligned} f &= (\ldots (c_{t-1} \times (t-1) + c_{t-2} \times (t-2) + \cdots + c_2) \times 2 + c_1 \\ &= (t-1)! \, c_{t-1} + (t-2)! \, c_{t-2} + \cdots + 2! \, c_2 + 1! \, c_1, \end{aligned} \tag{7}$$

其中，"数字" c_j 是整数，满足

$$0 \leq c_j \leq j, \qquad \text{对于 } 1 \leq j < t. \tag{8}$$

在算法 P 中，对于给定的 r 值，当步骤 P2 执行时，$c_{r-1} = s - 1$.

G. 游程检验. 我们还可以检验序列的"升游程"（runs up）或"降游程"（runs down），考察原序列的单调部分（递增或递减的段）的长度.

下面以 10 个数字的序列 1298536704 为例，说明游程的准确定义. 在左右两端各画一条竖线，并且当 $X_j > X_{j+1}$ 时，在 X_j 与 X_{j+1} 之间也画一条竖线，我们得到

$$|1 \ 2 \ 9|8|5|3 \ 6 \ 7|0 \ 4|, \tag{9}$$

这显示了"升游程"：先是一个长度为 3 的游程，接下去是两个长度为 1 的游程，后随一个长度为 3 的游程，最后是一个长度为 2 的游程. 习题 12 的算法展示如何计算"升游程"的长度.

与间隙检验和集券检验不同（除此以外，它们在其他方面很相似），游程计数不能使用卡方检验，因为相邻的游程并非独立的. 一个长游程往往后随一个短游程，反之亦然. 缺乏独立性足以使得直接的卡方检验失效. 不过，当游程长度已经按照习题 12 的方法确定时，可以计算下面的统计量：

$$V = \frac{1}{n-6} \sum_{1 \leq i,j \leq 6} (\text{COUNT}[i] - nb_i)(\text{COUNT}[j] - nb_j) a_{ij}, \tag{10}$$

其中，n 是序列的长度，系数矩阵 $A = (a_{ij})_{1 \leq i, j \leq 6}$ 和 $B = (b_i)_{1 \leq i \leq 6}$ 由下式给出

$$
A = \begin{pmatrix}
4529.4 & 9044.9 & 13568 & 18091 & 22615 & 27892 \\
9044.9 & 18097 & 27139 & 36187 & 45234 & 55789 \\
13568 & 27139 & 40721 & 54281 & 67852 & 83685 \\
18091 & 36187 & 54281 & 72414 & 90470 & 111580 \\
22615 & 45234 & 67852 & 90470 & 113262 & 139476 \\
27892 & 55789 & 83685 & 111580 & 139476 & 172860
\end{pmatrix}, \quad
B = \begin{pmatrix}
\frac{1}{6} \\
\frac{5}{24} \\
\frac{11}{120} \\
\frac{19}{720} \\
\frac{29}{5040} \\
\frac{1}{840}
\end{pmatrix}. \tag{11}
$$

（这里只给出 a_{ij} 的近似值，准确值可以由下面推导的公式得到．）当 n 很大时，式 (10) 中的统计量 V 将具有卡方分布，自由度为 6 而不是 5．n 的值应该很大，比如超过 4000．同样的检验也适用于"降游程"．

习题 14 介绍了另一种游程检验，它简单得多，也实用得多．因此，只对检验随机数生成器感兴趣的读者应该跳过下面几页，先看看习题 14，然后继续阅读"t 中最大检验"．另一方面，从数学角度而言，明白如何处理相互依赖的游程的复杂游程检验是有益的，因此我们现在将暂时偏离主题，谈谈怎么检验．

给定 n 个元素的任意排列，如果位置 i 是一个长度不短于 p 的升游程的首位，则令 $Z_{pi} = 1$，否则令 $Z_{pi} = 0$．例如，考虑 $n = 10$ 的排列 (9)，我们有

$$
Z_{11} = Z_{21} = Z_{31} = Z_{14} = Z_{15} = Z_{16} = Z_{26} = Z_{36} = Z_{19} = Z_{29} = 1,
$$

而其他诸 Z 均为 0．使用这些记号，

$$
R'_p = Z_{p1} + Z_{p2} + \cdots + Z_{pn} \tag{12}
$$

是长度大于或等于 p 的游程个数，

$$
R_p = R'_p - R'_{p+1} \tag{13}
$$

是长度恰为 p 的游程个数．我们的目标是计算 R_p 的均值，以及协方差

$$
\mathrm{covar}(R_p, R_q) = \mathrm{mean}\big((R_p - \mathrm{mean}(R_p))(R_q - \mathrm{mean}(R_q))\big),
$$

它度量 R_p 与 R_q 的相互依赖性．计算这些均值，要在所有 $n!$ 个排列的集合上计算相应的平均值．

式 (12) 和 (13) 表明，解答可以用 Z_{pi} 的均值和 $Z_{pi} Z_{qj}$ 的均值表示．因此，第一步得到如下结果（假定 $i < j$）：

$$
\frac{1}{n!} \sum Z_{pi} = \begin{cases} \dfrac{p + \delta_{i1}}{(p+1)!}, & \text{如果 } i \leq n - p + 1; \\ 0, & \text{否则.} \end{cases}
$$

$$
\frac{1}{n!} \sum Z_{pi} Z_{qj} = \begin{cases} \dfrac{(p + \delta_{i1})q}{(p+1)!\,(q+1)!}, & \text{如果 } i + p < j \leq n - q + 1; \\ \dfrac{p + \delta_{i1}}{(p+1)!\,q!} - \dfrac{p + q + \delta_{i1}}{(p+q+1)!}, & \text{如果 } i + p = j \leq n - q + 1; \\ 0, & \text{否则.} \end{cases} \tag{14}
$$

$\sum$ 符号表示对所有可能的排列求和．为了演示计算过程，我们以最麻烦的情况为例，也就是 $i + p = j \leq n - q + 1$，且 $i > 1$ 时．量 $Z_{pi} Z_{qj}$ 或者为 0，或者为 1，因此求和就等于计数所有

满足 $Z_{pi} = Z_{qj} = 1$ 的排列 $U_1 U_2 \ldots U_n$，即所有使得

$$U_{i-1} > U_i < \cdots < U_{i+p-1} > U_{i+p} < \cdots < U_{i+p+q-1} \tag{15}$$

的排列. 这种排列的个数可以枚举如下：存在 $\binom{n}{p+q+1}$ 种方法为式 (15) 指定的位置选择元素；习题 13 表明，存在

$$(p+q+1)\binom{p+q}{p} - \binom{p+q+1}{p+1} - \binom{p+q+1}{1} + 1 \tag{16}$$

种方法把这些元素排成式 (15) 的次序；存在 $(n-p-q-1)!$ 种方法安排剩下的元素. 这样，方法总数为 $\binom{n}{p+q+1}(n-p-q-1)!$ 乘以式 (16)，除以 $n!$ 得到所求公式.

由关系 (14)，多步计算，得

$$\text{mean}(R_p') = (n+1)p/(p+1)! - (p-1)/p!, \qquad 1 \le p \le n; \tag{17}$$

$$\begin{aligned}
\text{covar}(R_p', R_q') &= \text{mean}(R_p' R_q') - \text{mean}(R_p')\,\text{mean}(R_q')\\
&= \sum_{1 \le i,j \le n} \frac{1}{n!}\sum Z_{pi}Z_{qj} - \text{mean}(R_p')\,\text{mean}(R_q')\\
&= \begin{cases} \text{mean}(R_t') + f(p,q,n), & \text{如果 } p+q \le n,\\ \text{mean}(R_t') - \text{mean}(R_p')\,\text{mean}(R_q'), & \text{如果 } p+q > n, \end{cases}
\end{aligned} \tag{18}$$

其中，$t = \max(p,q)$，$s = p+q$，

$$f(p,q,n) = (n+1)\left(\frac{s(1-pq)+pq}{(p+1)!\,(q+1)!} - \frac{2s}{(s+1)!}\right) + 2\left(\frac{s-1}{s!}\right) + \frac{(s^2-s-2)pq - s^2 - p^2q^2 + 1}{(p+1)!\,(q+1)!}. \tag{19}$$

不幸的是，这个协方差的表达式相当复杂，但它对于成功的游程检验（如前述）却是必要的. 由这些公式，容易计算

$$\begin{aligned}
\text{mean}(R_p) &= \text{mean}(R_p') - \text{mean}(R_{p+1}'),\\
\text{covar}(R_p, R_q') &= \text{covar}(R_p', R_q') - \text{covar}(R_{p+1}', R_q'),\\
\text{covar}(R_p, R_q) &= \text{covar}(R_p, R_q') - \text{covar}(R_p, R_{q+1}').
\end{aligned} \tag{20}$$

雅各布·沃尔福威茨证明：当 $n \to \infty$ 时，量 $R_1, R_2, \ldots, R_{t-1}, R_t'$ 具有正态分布，均值和协方差同前所述 [*Annals Math. Stat.* **15** (1944), 163–165]. 这意味如下游程检验是正确的：给定 n 个随机数的序列，对于 $1 \le p < t$，计算长度为 p 的游程数 R_p，以及长度不短于 t 的游程数 R_t'. 令

$$\begin{aligned}
Q_1 &= R_1 - \text{mean}(R_1), \quad \ldots, \quad Q_{t-1} = R_{t-1} - \text{mean}(R_{t-1}),\\
Q_t &= R_t' - \text{mean}(R_t').
\end{aligned} \tag{21}$$

计算诸 R' 的协方差矩阵 C，例如 $C_{13} = \text{covar}(R_1, R_3)$，而 $C_{1t} = \text{covar}(R_1, R_t')$. 当 $t = 6$ 时，我们有

$$C = nC_1 + C_2, \tag{22}$$

其中，如果 $n \geq 12$，则

$$C_1 = \begin{pmatrix} \frac{23}{180} & \frac{-7}{360} & \frac{-5}{336} & \frac{-433}{60480} & \frac{-13}{5670} & \frac{-121}{181440} \\ \frac{-7}{360} & \frac{2843}{20160} & \frac{-989}{20160} & \frac{-7159}{362880} & \frac{-10019}{1814400} & \frac{-1303}{907200} \\ \frac{-5}{336} & \frac{-989}{20160} & \frac{54563}{907200} & \frac{-21311}{1814400} & \frac{-62369}{19958400} & \frac{-7783}{9979200} \\ \frac{-433}{60480} & \frac{-7159}{362880} & \frac{-21311}{1814400} & \frac{886657}{39916800} & \frac{-257699}{239500800} & \frac{-62611}{239500800} \\ \frac{-13}{5670} & \frac{-10019}{1814400} & \frac{-62369}{19958400} & \frac{-257699}{239500800} & \frac{29874811}{5448643200} & \frac{-1407179}{21794572800} \\ \frac{-121}{181440} & \frac{-1303}{907200} & \frac{-7783}{9979200} & \frac{-62611}{239500800} & \frac{-1407179}{21794572800} & \frac{2134697}{1816214400} \end{pmatrix},$$

$$C_2 = \begin{pmatrix} \frac{83}{180} & \frac{-29}{180} & \frac{-11}{210} & \frac{-41}{12096} & \frac{91}{25920} & \frac{41}{18144} \\ \frac{-29}{180} & \frac{-305}{4032} & \frac{319}{20160} & \frac{2557}{72576} & \frac{10177}{604800} & \frac{413}{64800} \\ \frac{-11}{210} & \frac{319}{20160} & \frac{-58747}{907200} & \frac{19703}{604800} & \frac{239471}{19958400} & \frac{39517}{9979200} \\ \frac{-41}{12096} & \frac{2557}{72576} & \frac{19703}{604800} & \frac{-220837}{4435200} & \frac{1196401}{239500800} & \frac{360989}{239500800} \\ \frac{91}{25920} & \frac{10177}{604800} & \frac{239471}{19958400} & \frac{1196401}{239500800} & \frac{-139126639}{7264857600} & \frac{4577641}{10897286400} \\ \frac{41}{18144} & \frac{413}{64800} & \frac{39517}{9979200} & \frac{360989}{239500800} & \frac{4577641}{10897286400} & \frac{-122953057}{21794572800} \end{pmatrix}.$$

现在，确定矩阵 C 的逆矩阵 $A = (a_{ij})$，并计算 $\sum_{i,j=1}^{t} Q_i Q_j a_{ij}$. 对于大的 n，结果应该近似具有卡方分布，自由度为 t.

稍早在式 (11) 给出的矩阵 A 是矩阵 C_1 的逆，精确到 5 位有效数字. 真正的逆 A 是 $n^{-1}C_1^{-1} - n^{-2}C_1^{-1}C_2C_1^{-1} + n^{-3}C_1^{-1}C_2C_1^{-1}C_2C_1^{-1} - \cdots$，事实上，$C_1^{-1}C_2C_1^{-1}$ 非常接近于 $-6C_1^{-1}$. 因此，由式 (10)，$V \approx Q^T C_1^{-1} Q/(n-6)$，其中 $Q = (Q_1 \ldots Q_t)^T$.

H. t 中最大检验. 对于 $0 \leq j < n$，令 $V_j = \max(U_{tj}, U_{tj+1}, \ldots, U_{tj+t-1})$. 现在，使用分布函数 $F(x) = x^t$，$0 \leq x \leq 1$，对序列 $V_0, V_1, \ldots, V_{n-1}$ 运用 KS 检验，对序列 $V_0^t, V_1^t, \ldots, V_{n-1}^t$ 则运用等分布检验.

为了证明该检验的有效性，我们必须证明 V_j 的分布函数是 $F(x) = x^t$. $\max(U_1, U_2, \ldots, U_t) \leq x$ 的概率是 $U_1 \leq x$ 并且 $U_2 \leq x$ 并且 $\ldots$ 并且 $U_t \leq x$ 的概率，这等于各概率的乘积，即 $xx \ldots x = x^t$.

I. 碰撞检验. 只有落入每个范畴的项数都将是非平凡的，才能进行卡方检验. 当范畴数比观测数大得多时，可以使用另一类检验. 这种检验与 "散列" 有关. 散列是一种重要的信息检索技术，我们将在 6.4 节研究.

假设有 m 个瓮，随机将 n 个球丢入这些瓮中，m 比 n 大得多. 大部分球都将落入原本为空的瓮中，如果一个球落入至少已经包含一个球的瓮中，则我们说发生了 "碰撞". 碰撞检验 (collision test) 统计碰撞次数，如果一个生成器不导致太多或太少碰撞，则它通过该检验.

为了明确该检验的思想，假设 $m = 2^{20}$，$n = 2^{14}$. 于是，平均每个瓮仅有 $\frac{1}{64}$ 个球. 一个给定的瓮恰包含 k 个球的概率为 $p_k = \binom{n}{k} m^{-k} (1 - m^{-1})^{n-k}$，因此每个瓮的期望碰撞次数为

$$\sum_{k \geq 1} (k-1)p_k = \sum_{k \geq 0} kp_k - \sum_{k \geq 1} p_k = \frac{n}{m} - 1 + p_0.$$

由于 $p_0 = (1 - m^{-1})^n = 1 - nm^{-1} + \binom{n}{2}m^{-2} -$ 更小的项，因此所有 m 个瓮的碰撞总次数，平均略小于 $n^2/(2m) = 128$.（实际值约等于 127.33.）

碰撞检验可用来在高维中评估随机数生成器. 例如当 $m = 2^{20}$，$n = 2^{14}$ 时，我们可以令 $d = 2$，并形成 20 维向量 $V_j = (Y_{20j}, Y_{20j+1}, \ldots, Y_{20j+19})$（$0 \leq j < n$），检验随机数生成器的

20 维随机性. 我们维护一个 $m = 2^{20}$ 位的表判定碰撞, 每一位对应向量 V_j 的每个可能值, 在一台每个字 32 位的计算机上总共需要 2^{15} 个字. 初始, 该表的所有 2^{20} 位清 0; 然后, 对于每个 V_j, 如果对应的位已经为 1, 则我们记录一次碰撞, 否则设置该位为 1. 也可以令 $d = 4$, 将该检验用于 10 维, 等等.

为了确定是否通过该检验, 当 $m = 2^{20}$, $n = 2^{14}$ 时, 我们可以使用下面的百分比点表:

碰撞 $\leq$	101	108	119	126	134	145	153
概率	0.009	0.043	0.244	0.476	0.742	0.946	0.989

这些概率基于的理论与纸牌检验中所用的式 (5) 相同, 出现 c 次碰撞的概率就是 $n - c$ 个瓮中有球的概率, 即

$$\frac{m(m-1)\dots(m-n+c+1)}{m^n} \left\{ \begin{matrix} n \\ n-c \end{matrix} \right\}.$$

尽管 m 和 n 都很大, 但是使用下面的方法不难计算这些概率.

算法 S (碰撞检验的百分比点). 给定 m 和 n, 该算法确定 n 个球散落到 m 个瓮中出现的碰撞次数的分布. 计算使用一个辅助的浮点数数组 $A[0], A[1], \dots, A[n]$. 实际上, $A[j]$ 仅对于 $j_0 \leq j \leq j_1$ 非零, 并且 $j_1 - j_0$ 的阶最多为 $\log n$, 因此有可能使用相当少的存储.

S1. [初始化.] 对于 $0 \leq j \leq n$, 置 $A[j] \leftarrow 0$; 再置 $A[1] \leftarrow 1$, $j_0 \leftarrow j_1 \leftarrow 1$. 然后, 执行步骤 S2 恰好 $n - 1$ 次, 并继续执行步骤 S3.

S2. [更新概率.] (执行此步骤一次对应于丢一个球到一个瓮中; $A[j]$ 表示恰有 j 个瓮中有球的概率.) 置 $j_1 \leftarrow j_1 + 1$. 然后, 对于 $j \leftarrow j_1, j_1 - 1, \dots, j_0$, 按此次序置 $A[j] \leftarrow (j/m)A[j] + \big((1+1/m) - (j/m)\big)A[j-1]$. 如果计算导致 $A[j]$ 变得非常小, 比如说 $A[j] < 10^{-20}$, 则置 $A[j] \leftarrow 0$; 在这种情况下, 如果 $j = j_1$, 则 j_1 减少 1, 如果 $j = j_0$, 则 j_0 增加 1.

S3. [计算答案.] 在这一步, 我们使用一个辅助表 $(T_1, T_2, \dots, T_{\text{tmax}}) = (0.01, 0.05, 0.25, 0.50, 0.75, 0.95, 0.99, 1.00)$, 它包含需要用到的指定的百分比点. 置 $p \leftarrow 0$, $t \leftarrow 1$, $j \leftarrow j_0 - 1$. 执行下面的迭代, 直到 $t = \text{tmax}$ 为止: j 增加 1, 并置 $p \leftarrow p + A[j]$; 然后, 如果 $p > T_t$, 则输出 $n - j - 1$ 和 $1 - p$ (最多存在 $n - j - 1$ 个碰撞的概率为 $1 - p$), 并反复将 t 增加 1, 直到 $p \leq T_t$ 为止. ∎

J. 生日间隔检验. 1984 年, 马尔萨利亚发明一类新的检验: 像碰撞检验一样, 将 n 个球丢到 m 个瓮中, 但是现在把瓮看作是"一年中的天", 球是"生日". 假设生日是 $(Y_1, \dots, Y_n)$, 其中 $0 \leq Y_k < m$. 把它们以非递减序排序, $Y_{(1)} \leq \dots \leq Y_{(n)}$; 然后, 定义 n 个"间隔" $S_1 = Y_{(2)} - Y_{(1)}, \dots, S_{n-1} = Y_{(n)} - Y_{(n-1)}$, $S_n = Y_{(1)} + m - Y_{(n)}$; 最后, 将这些间隔排序, $S_{(1)} \leq \dots \leq S_{(n)}$. 令 R 为相等的间隔个数, 即使得 $1 < j \leq n$ 并且 $S_{(j)} = S_{(j-1)}$ 的下标 j 的个数. 当 $m = 2^{25}$, $n = 512$ 时, 我们有

$R =$	0	1	2	3 或更大
概率	0.368801577	0.369035243	0.183471182	0.078691997

($m = 2^{25}$, $n = 512$ 时, 相等间隔的平均数应该近似为 1.) 重复该检验, 比如说 1000 次, 并进行自由度为 3 的卡方检验, 将这些 R 的经验分布与正确分布进行比较, 判断生成器是否产生合理的随机生日间隔. 习题 28-30 阐述了该检验的理论和 m、n 取其他值的公式.

这种生日间隔检验之所以重要, 主要是因为令人瞩目的事实: 滞后斐波那契生成器虽然能顺利通过其他传统检验, 却都通不过它. [这种失败的生动例子见马尔萨利亚、阿里夫·扎曼和

曾衛寰，*Stat. and Prob. Letters* **9** (1990), 35–39.] 例如，考虑式 3.2.2–(7)的序列

$$X_n = (X_{n-24} + X_{n-55}) \bmod m,$$

该序列的数满足

$$X_n + X_{n-86} \equiv X_{n-24} + X_{n-31} \quad (\text{modulo } m),$$

因为两端都与 $X_{n-24} + X_{n-55} + X_{n-86}$ 同余. 因此，两对差相等：

$$X_n - X_{n-24} \equiv X_{n-31} - X_{n-86},$$

和

$$X_n - X_{n-31} \equiv X_{n-24} - X_{n-86}.$$

当 X_n 非常接近 X_{n-24} 或 X_{n-31} 时（在真正随机的序列中理应如此），差很有可能出现在两个间隔中. 因此，相等的情况多得多——通常 $R \approx 2$ 平均约为 2，而不是 1. 但是，如果我们从 R 扣除上述同余引起的相等间隔，则结果统计量 R' 确实能够通过生日间隔检验.（一种避免失败的方法是舍弃序列的某些元素，例如，只使用 $X_0, X_2, X_4, \ldots$ 作为随机数，这样集合 $\{X_n, X_{n-24}, X_{n-31}, X_{n-86}\}$ 中 4 个元素就不会同时出现，生日间隔也就不再有任何问题. 吕舍尔提出另一种更好的做法，即成批舍弃连续的数，见 3.2.2 节.）习题 3.2.1.1–14 的借位减法和进位加法生成器也有类似结论.

K. 序列相关检验. 我们也可以计算如下统计量：

$$C = \frac{n(U_0U_1 + U_1U_2 + \cdots + U_{n-2}U_{n-1} + U_{n-1}U_0) - (U_0 + U_1 + \cdots + U_{n-1})^2}{n(U_0^2 + U_1^2 + \cdots + U_{n-1}^2) - (U_0 + U_1 + \cdots + U_{n-1})^2}, \tag{23}$$

这称作"序列相关系数"，度量 U_{j+1} 依赖 U_j 的程度.

统计学经常用到相关系数. 如果有 n 个量 $U_0, U_1, \ldots, U_{n-1}$ 和另外 n 个量 $V_0, V_1, \ldots, V_{n-1}$，则它们之间的相关系数定义为

$$C = \frac{n \sum(U_j V_j) - \left(\sum U_j\right)\left(\sum V_j\right)}{\sqrt{\left(n \sum U_j^2 - \left(\sum U_j\right)^2\right)\left(n \sum V_j^2 - \left(\sum V_j\right)^2\right)}}. \tag{24}$$

该公式中所有的求和范围都是区间 $0 \le j < n$. 式 (23) 是特例 $V_j = U_{(j+1) \bmod n}$. 当 $U_0 = U_1 = \cdots = U_{n-1}$ 或 $V_0 = V_1 = \cdots = V_{n-1}$ 时，式 (24) 的分母为 0，我们不讨论这种情况.

相关系数总是在 -1 和 $+1$ 之间. 它等于 0 或很接近 0，表明量 U_j 和 V_j 是彼此（比较）独立的，而它等于 ± 1 表明两者完全是线性依赖关系，事实上此时存在常量 α 和 β，使得 $V_j = \alpha \pm \beta U_j$ 对于所有的 j 成立（见习题 17）.

因此，我们希望式 (23) 的 C 接近于 0. 事实上，由于 $U_0 U_1$ 并不完全独立于 $U_1 U_2$，因此不能期望序列相关系数恰好等于 0（见习题 18）. "好的" C 值应该介于 $\mu_n - 2\sigma_n$ 和 $\mu_n + 2\sigma_n$ 之间，其中

$$\mu_n = \frac{-1}{n-1}, \qquad \sigma_n^2 = \frac{n^2}{(n-1)^2(n-2)}, \qquad n > 2. \tag{25}$$

我们期望 C 落在这些界限之间的几率大约为 95%.

式 (25) 中给出的是 σ_n^2 的上界，对任意分布的独立随机变量之间的序列相关都有效. 当诸 U 均匀分布时，真正的方差需要减去 $\frac{24}{5}n^{-2} + O(n^{-7/3} \log n)$（见习题 20）.

我们不仅可以计算观测 $(U_0, U_1, \ldots, U_{n-1})$ 和各项的直接后继 $(U_1, \ldots, U_{n-1}, U_0)$ 之间的相关系数，还可以计算 $(U_0, U_1, \ldots, U_{n-1})$ 和任意循环移位序列 $(U_q, \ldots, U_{n-1}, U_0, \ldots, U_{q-1})$ 之间

的相关系数. 对于 $0 < q < n$, 循环相关度应该很小. 对于所有的 q 直接计算式 (24) 大约需要 n^2 次乘法. 如果使用"快速傅里叶变换", 实际上可以仅在 $O(n \log n)$ 步之内计算所有的相关系数. (见 4.6.1 节; 又见拉里·施密德, *CACM* **8** (1965), 115.)

L. 子序列检验. 外部程序常常需要成批的随机数. 例如, 如果一个程序使用三个随机变量 X、Y 和 Z, 则它可能总是要求一次生成三个随机数. 在这样的应用中, 原序列中每数第三项构成的子序列必须是随机的. 如果程序一次需要 q 个数, 则诸序列

$$U_0, U_q, U_{2q}, \ldots; \qquad U_1, U_{q+1}, U_{2q+1}, \ldots; \qquad \ldots; \qquad U_{q-1}, U_{2q-1}, U_{3q-1}, \ldots;$$

每个都能够通过上述关于原序列 U_0, U_1, U_2, ... 的检验.

使用线性同余序列的实验表明, 除非 q 与周期长度具有很大的公因子, 否则这些导出的序列的随机性一般不比原序列差. 例如, 在二进制计算机上, 取 m 等于字大小, 对于所有的 $q < 16$ 进行子序列检验, $q = 8$ 时随机性往往最差; 而在十进制计算机上, $q = 10$ 最可能产生不令人满意的子序列. (这可以用势来解释, 因为这样的 q 值往往会降低势. 习题 3.2.1.2–20 给出了更详细的解释.)

M. 历史评述和进一步讨论. 随着统计学家努力"证明"或"否定"关于各种观测数据的假设, 统计检验应运而生. 讨论检验人工生成的数的随机性, 最著名的早期文章出自肯德尔和巴宾顿-史密斯 [*Journal of the Royal Statistical Society* **101** (1938), 147–166; 增刊 **6** (1939), 51–61]. 这两篇论文讨论的是检验 0 与 9 之间的随机数字, 而不是随机实数. 为此, 作者讨论了频率检验、序列检验、间隙检验和纸牌检验, 尽管序列检验用错了. 肯德尔和巴宾顿-史密斯还使用了集券检验的另一种形式, 本节介绍的方法是罗伯特·格林伍德提出的 [*Math. Comp.* **9** (1955), 1–5].

游程检验具有一段相当有趣的历史. 最初, 人们同时检验升游程和降游程: 先是一个升游程, 然后是一个降游程, 然后是另一个升游程, 如此下去. 注意, 游程检验和排列检验不依赖于诸 U 的均匀分布, 而仅依赖于如下事实: 当 $i \neq j$ 时, $U_i = U_j$ 出现的概率为 0. 因此, 这些检验可以用于许多不同类型的序列. 游程检验的原始形式源于伊雷内·别内梅 [*Comptes Rendus Acad. Sci.* **81** (Paris, 1875), 417–423]. 大约 60 年后, 威廉·克马克和安德森·麦肯德里克发表了两篇论文, 全面讨论了该主题 [*Proc. Royal Society Edinburgh* **57** (1937), 228–240, 332–376]. 他们在文中举例指出, 在 1785 年到 1930 年间, 爱丁堡的降雨量关于游程检验"在特征上是完全随机的"(尽管他们只考察了游程长度的均值和标准差). 其他人也开始使用该检验, 但是 1944 年才有人证明当时所使用的卡方方法是不正确的. 霍华德·列文和沃尔福威茨 [*Annals Math. Stat.* **15** (1944), 58–69] 提出了正确的游程检验 (升游程和降游程二者选一), 并讨论了该检验早期的错误使用. 分别进行升游程和降游程检验非常适合计算机应用, 因此我们没有给出一升一降游程检验的复杂公式. 见戴维·巴顿和科林·马洛斯的综述 [*Annals Math. Stat.* **36** (1965), 236–260].

在我们讨论的所有检验中, 频率检验和序列检验看来最弱, 几乎所有的随机数生成器都能通过这两种检验. 这些检验的缺点的理论依据在 3.5 节简要讨论 (见习题 3.5–26). 另一方面, 游程检验相当强: 习题 3.3.3–23 和 3.3.3–24 的结果表明, 如果乘数不足够大的话, 线性同余生成器往往具有更长的游程, 因此无疑应该做习题 14 的游程检验.

碰撞检验也是大力推荐的, 因为许多劣质生成器传播广泛, 该检验正是专门为检测它们而设计的, 其设计依据是汉纳·克里斯琴森的想法 [Inst. Math. Stat. and Oper. Res., Tech. Univ.

Denmark (October 1975)，未发表]. 这是计算机出现之后开发的第一种检验. 专门为使用计算机设计，不适合笔算.

读者可能纳闷："为什么会有这么多检验？"据说，花费在检验随机数上的计算机时间比在应用中使用随机数的时间还要多! 这不是真的，尽管在检验方面确实有可能走极端.

人们已经证明，有必要进行多种检验. 例如，由平方取中法改编得到某种方法，生成的某些数能通过频率检验、间隙检验和纸牌检验，但通不过序列检验. 使用较小乘数的线性同余序列能通过许多检验，但通不过游程检验，因为长度为 1 的游程太少. t 中最大检验也能发现一些其他方法看不出问题的劣质生成器. 当最大间隙长度超过最长滞后时，借位减法生成器通不过间隙检验，见伊尔波·瓦图莱宁、卡里·坎卡拉、尤卡·萨里宁和塔皮奥·阿拉-尼西莱，*Computer Physics Communications* **86** (1995), 209–226，该论文还报告了其他多种检验. 滞后斐波那契生成器理论上可以保证最低位具有等分布，但是仍然通不过 1 位等分布检验的某些简单变形 (见习题 31 和 35，又见习题 3.6–14).

或许，对随机数生成器进行繁复检验的主要原因是，错误使用 X 先生的随机数生成器的人不愿承认自己的程序有错误，而会责备生成器质量差，除非 X 先生能够证明他生成的数是足够随机的. 另一方面，如果随机数源仅供 X 先生个人使用，则他可能认为不必劳神检验，因为本章推荐的技术令人满意的概率很高.

随着计算机的速度越来越快，消耗的随机数越来越多，对于物理学、组合数学、随机几何学等领域的复杂应用而言，曾经令人满意的随机数生成器如今已经不够好. 为了应对这一挑战，马尔萨利亚提出了一些严格检验，它们远比诸如间隙检验和纸牌检验这类经典方法更好. 例如，他发现序列 $X_{n+1} = (62605 X_n + 113218009) \bmod 2^{29}$ 在以下实验中具有明显偏倚：生成 2^{21} 个随机数 X_n，并抽取它们的前十位 $Y_n = \lfloor X_n/2^{19} \rfloor$. 统计 2^{20} 个可能的十位数对偶 (y, y') 有多少个不在 $(Y_1, Y_2), (Y_2, Y_3), \ldots, (Y_{2^{21}-1}, Y_{2^{21}})$ 中出现. 理论上大约应该有 141909.33 个对偶不出现，其标准差 ≈ 290.46 (见习题 34). 但是，以 $x_1 = 1234567$ 开始进行 6 次相继实验，计数都偏低 1.5 到 3.5 个标准差. 该分布有点过于"平坦"，不够随机——或许是因为 2^{21} 个数占整个周期的 1/256，所占比例太大. 实验证明，使用乘数 69069 和模数 2^{30} 的类似生成器更好. 马尔萨利亚和扎曼称该过程为"猴子检验"，因为它统计一只猴子在 1024 个键的键盘上随机敲击后遗漏的两字符组合的个数. 关于多种猴子检验的分析，见 *Computer and Math.* **26**, 9 (November 1993), 1–10.

习题

1. [*10*] 为什么要把 B 部分介绍的序列检验用于 $(Y_0, Y_1), (Y_2, Y_3), \ldots, (Y_{2n-2}, Y_{2n-1})$，而不是用于 $(Y_0, Y_1), (Y_1, Y_2), \ldots, (Y_{n-1}, Y_n)$？

2. [*10*] 给出适当的方法，把序列检验从二元组推广到三元组、四元组等.

▶ **3.** [*M20*] 假定序列是随机的，在平均情况下，间隙检验 (算法 G) 需要考察多少个 U 才能发现 n 个间隙? 标准差是多少?

4. [*M12*] 证明：对于间隙检验，式 (4) 中的概率是正确的.

5. [*M23*] 肯德尔和巴宾顿-史密斯使用的"经典"间隙检验把数 $U_0, U_1, \ldots, U_{N-1}$ 看作循环序列，满足 U_{N+j} 等于 U_j. 这里，N 是接受该检验的 U 的固定个数. 如果果数 $U_0, \ldots, U_{N-1}$ 中的 n 个落在区间 $\alpha \le U_j < \beta$，则该循环序列存在 n 个间隙. 对于 $0 \le r < t$，设 Z_r 为长度为 r 的间隙数，并设 Z_t 为长度 $\ge t$ 的间隙数. 证明当 N 趋向于无穷大时，量 $V = \sum_{0 \le r \le t} (Z_r - np_r)^2/np_r$ 趋向于自由度为 t 的卡方分布，其中 p_r 由式 (4) 给定.

6. [*40*] （希尔达·盖林格）对 $e = 2.71828\ldots$ 的前 2000 个十进制数字进行频率计数，算出 χ^2 值为 1.06，表明数字 0, 1, ..., 9 的实际频率太接近期望值，因此不能认为它们是随机分布的.（事实上，$\chi^2 \geq 1.15$ 的概率为 99.9%.）同样检验 e 的前 10 000 个数字，$\chi^2 = 8.61$ 为合理值. 但是，前 2000 个数字分布得如此均匀，仍然令人吃惊. 在 e 的其他进制表示下，同样的现象还会出现吗？[见 *AMM* **72** (1965), 483–500.]

7. [*08*] 用 $d = 3$ 和 $n = 7$，对序列 1101221022120202001212201010201121 使用集券检验（算法 C）. 7 个子序列的长度是多少？

▶ **8.** [*M22*] 假定序列是随机的，在平均情况下，集券检验（算法 C）需要考察多少个 U 才能找到 n 个完全集？标准差是多少？[提示：见式 1.2.9–(28).]

9. [*M21*] 推广集券检验，找到 w 个不同值后立即停止搜索，其中 w 是小于或等于 d 的固定的正整数. 应该使用什么概率替代式 (6)？

10. [*M23*] 对于习题 9 介绍的更一般的集券检验，解习题 8.

11. [*00*] 在特定排列下的"升游程"如式 (9) 所示，该排列下的"降游程"是什么？

12. [*20*] 设 $U_0, U_1, \ldots, U_{n-1}$ 是 n 个不同的数. 写一个算法，确定该序列中所有降游程的长度. 算法终止时，对于 $1 \leq r \leq 5$，COUNT[r] 是长度为 r 的游程数，而 COUNT[6] 是长度为 6 或更长的游程.

13. [*M23*] 证明：式 (16) 是具有模式 (15) 的 $p+q+1$ 个不同元素的排列数.

▶ **14.** [*M15*] 如果我们"丢弃"紧跟在一个游程之后的元素，使得当 X_j 大于 X_{j+1} 时，从 X_{j+2} 开始下一个游程，则游程的长度是独立的，可以使用简单的卡方检验（不必使用正文中推导的复杂麻烦的方法）. 对于这种简单的游程检验，游程长度概率应该是怎样的？

15. [*M10*] t 中最大检验为什么假设 $V_0^t, V_1^t, \ldots, V_{n-1}^t$ 在 0 和 1 之间均匀分布？

▶ **16.** [*15*] 乔纳森·奎克先生（一位学生）想对一些不同的 t 值进行 t 中最大检验.

(a) 他令 $Z_{jt} = \max(U_j, U_{j+1}, \ldots, U_{j+t-1})$，于是发现可以更巧妙地从序列 $Z_{0(t-1)}, Z_{1(t-1)}, \ldots$ 得到序列 $Z_{0t}, Z_{1t}, \ldots$，只需使用很少的空间. 这种巧妙方法是什么？

(b) 他决定修改 t 中最大方法，使得第 j 个观测是 $\max(U_j, \ldots, U_{j+t-1})$；换言之，他取 $V_j = Z_{jt}$，而不是像正文中那样取 $V_j = Z_{(tj)t}$. 他推断所有的 Z 应该具有相同的分布，因此如果每个 Z_{jt}（$0 \leq j < n$）都使用，不只是用每数第 t 个，则检验应该更强. 但是，当他在 V_j^t 值上试用卡方等分布检验时，统计量 V 的值非常高，甚至还会随着 t 增加而增加. 为什么会这样？

17. [*M25*] 给定任意的数 $U_0, \ldots, U_{n-1}, V_0, \ldots, V_{n-1}$，设它们的均值为

$$\bar{u} = \frac{1}{n} \sum_{0 \leq k < n} U_k, \qquad \bar{v} = \frac{1}{n} \sum_{0 \leq k < n} V_k.$$

(a) 令 $U_k' = U_k - \bar{u}$，$V_k' = V_k - \bar{v}$，证明式 (24) 中给出的相关系数 C 等于

$$\sum_{0 \leq k < n} U_k' V_k' \Big/ \sqrt{\sum_{0 \leq k < n} U_k'^2} \sqrt{\sum_{0 \leq k < n} V_k'^2}.$$

(b) 令 $C = N/D$，其中 N 和 D 分别表示 (a) 中表达式的分子和分母. 证明 $N^2 \leq D^2$，因而 $-1 \leq C \leq 1$；推导差 $D^2 - N^2$ 的公式. [提示：见习题 1.2.3–30.]

(c) 如果 $C = \pm 1$，证明对于某不全为 0 的常数 α、β 和 τ，$\alpha U_k + \beta V_k = \tau$，$0 \leq k < n$.

18. [*M20*] (a) 证明：如果 $n = 2$，则序列相关系数式 (23) 总是等于 -1（除非分母为 0）. (b) 类似地，证明：当 $n = 3$ 时，该序列相关系数总是等于 $-\frac{1}{2}$. (c) 证明式 (23) 的分母为 0，当且仅当 $U_0 = U_1 = \cdots = U_{n-1}$.

19. [*M30*] （詹姆斯·巴特勒）令 $U_0, \ldots, U_{n-1}$ 是独立的随机变量，具有相同的分布. 证明：在分母非零的所有情况下取平均，序列相关系数 (23) 的期望值为 $-1/(n-1)$.

20. [HM41] 继续上一题, 证明: 式 (23) 的方差等于 $n^2/(n-1)^2(n-2) - n^3 \operatorname{E}((U_0 - U_1)^4/D^2)/2(n-2)$, 其中 D 是式 (23) 的分母, E 表示在所有 $D \neq 0$ 情况下的期望值. 当每个 U_j 都是均匀分布时, $\operatorname{E}((U_0 - U_1)^4/D^2)$ 的近似值是多少?

21. [19] 如果提供排列 $(1, 2, 9, 8, 5, 3, 6, 7, 0, 4)$, 算法 P 计算的 f 值是多少?

22. [18] 对于 $\{0, 1, 2, 3, 4, 5, 6, 7, 8, 9\}$ 的什么排列, 算法 P 将产生值 $f = 1024$?

23. [M22] 设 $\langle Y_n \rangle$ 和 $\langle Y'_n \rangle$ 是周期长度分别为 λ 和 λ' 的整数序列, 满足 $0 \leq Y_n, Y'_n < d$; 又设 $Z_n = (Y_n + Y'_{n+r}) \bmod d$, 其中 r 在 0 和 $\lambda' - 1$ 之间随机选取. 证明在下述意义下, $\langle Z_n \rangle$ 至少像 $\langle Y_n \rangle$ 一样顺利通过 t 维序列检验: 令 $P(x_1, \ldots, x_t)$ 和 $Q(x_1, \ldots, x_t)$ 为 t 元组 $(x_1, \ldots, x_t)$ 在 $\langle Y_n \rangle$ 和 $\langle Z_n \rangle$ 中出现的概率

$$P(x_1, \ldots, x_t) = \frac{1}{\lambda} \sum_{n=0}^{\lambda-1} [(Y_n, \ldots, Y_{n+t-1}) = (x_1, \ldots, x_t)];$$

$$Q(x_1, \ldots, x_t) = \frac{1}{\lambda\lambda'} \sum_{n=0}^{\lambda-1} \sum_{r=0}^{\lambda'-1} [(Z_n, \ldots, Z_{n+t-1}) = (x_1, \ldots, x_t)],$$

则 $\displaystyle\sum_{(x_1, \ldots, x_t)} (Q(x_1, \ldots, x_t) - d^{-t})^2 \leq \sum_{(x_1, \ldots, x_t)} (P(x_1, \ldots, x_t) - d^{-t})^2.$

24. [HM37] (马尔萨利亚) 证明在 n 个重叠的 t 元组 $(Y_1, Y_2, \ldots, Y_t)$, $(Y_2, Y_3, \ldots, Y_{t+1})$, $\ldots$, $(Y_n, Y_1, \ldots, Y_{t-1})$ 上, 序列检验可以按如下方法进行: 对于每个满足 $0 \leq a_i < d$ 的串 $\alpha = a_1 \ldots a_m$, 令 $N(\alpha)$ 为 α 在 $Y_1 Y_2 \ldots Y_n Y_1 \ldots Y_{m-1}$ 中作为子串出现的次数, 并令 $P(\alpha) = P(a_1) \ldots P(a_m)$ 为 α 出现在任意给定位置的概率; 每个数字可以以不同的概率 $P(0), P(1), \ldots, P(d-1)$ 出现. 计算统计量

$$V = \frac{1}{n} \sum_{|\alpha|=t} \frac{N(\alpha)^2}{P(\alpha)} - \frac{1}{n} \sum_{|\alpha|=t-1} \frac{N(\alpha)^2}{P(\alpha)}.$$

则当 n 很大时, V 应该具有卡方分布, 自由度为 $d^t - d^{t-1}$. [提示: 使用习题 3.3.1–25.]

25. [M46] 当 C_1 和 C_2 是式 (22) 后定义的矩阵时, 为什么 $C_1^{-1} C_2 C_1^{-1} \approx -6 C_1^{-1}$?

26. [HM30] 令 $U_1, U_2, \ldots, U_n$ 为 $[0 .. 1)$ 上的独立的均匀偏差, 并令 $U_{(1)} \leq U_{(2)} \leq \cdots \leq U_{(n)}$ 为它们排序后的值. 定义间隔 $S_1 = U_{(2)} - U_{(1)}$, $\ldots$, $S_{n-1} = U_{(n)} - U_{(n-1)}$, $S_n = U_{(1)} + 1 - U_{(n)}$, 像生日间隔检验中一样, 将间隔排序为 $S_{(1)} \leq \cdots \leq S_{(n)}$. 为方便计算, 使用记号 x_+^n 作为表达式 $x^n[x \geq 0]$ 的缩写.

    (a) 给定任意实数 $s_1, s_2, \ldots, s_n$, 证明不等式 $S_1 \geq s_1$, $S_2 \geq s_2$, $\ldots$, $S_n \geq s_n$ 同时成立的概率为 $(1 - s_1 - s_2 - \cdots - s_n)_+^{n-1}$.

    (b) 由此, 最小间隔 $S_{(1)} \leq s$ 的概率为 $1 - (1 - ns)_+^{n-1}$.

    (c) 对于 $1 \leq k \leq n$, 分布函数 $F_k(s) = \Pr(S_{(k)} \leq s)$ 是什么?

    (d) 计算每个 $S_{(k)}$ 的均值和方差.

▶ **27.** [HM26] (迭代间隔) 在上一题的记号下, 证明数 $S'_1 = n S_{(1)}$, $S'_2 = (n-1)(S_{(2)} - S_{(1)})$, $\ldots$, $S'_n = 1(S_{(n)} - S_{(n-1)})$ 与 n 个均匀偏差的原间隔 $S_1, \ldots, S_n$ 具有相同的联合概率分布. 因此, 可以把它们排序为 $S'_{(1)} \leq \cdots \leq S'_{(n)}$, 并重复这一变换, 得到另一组随机间隔 $S''_1, \ldots, S''_n$, 如此下去. 后继的每组间隔 $S_1^{(k)}, \ldots, S_n^{(k)}$ 都可以使用

$$K_{n-1}^+ = \sqrt{n-1} \max_{1 \leq j < n} \left(\frac{j}{n-1} - S_1^{(k)} - \cdots - S_j^{(k)} \right),$$

$$K_{n-1}^- = \sqrt{n-1} \max_{1 \leq j < n} \left(S_1^{(k)} + \cdots + S_j^{(k)} - \frac{j-1}{n-1} \right)$$

进行 KS 检验. 在 $n = 2$ 和 $n = 3$ 的情况下, 详细考察从 $(S_1, \ldots, S_n)$ 到 $(S'_1, \ldots, S'_n)$ 的变换, 解释当计算机生成的具有有限精度的数重复这一过程时, 为什么最终会崩溃. (一种比较几个随机数生成器的方法是看它们在这种严酷检验下能够撑多久.)

28. [*M26*] 设 $b_{nrs}(m)$ 为恰有 r 个相等间隔和 s 个零间隔的 n 元组 $(y_1, \ldots, y_n)$ 的个数, 其中 $0 \le y_j < m$. 这样, 在生日间隔检验中, $R = r$ 的概率为 $\sum_{s=0}^{r+1} b_{nrs}(m)/m^n$. 又设 $p_n(m)$ 为把 m 划分为至多 n 部分 的分划数 (习题 5.1.1–15). (a) 用划分表示 $b_{n00}(m)$. [提示: 考虑 m 和 n 较小的情况.] (b) 证明: 当 $s > 0$ 时, $b_{nrs}(m)$ 与 $b_{(n-s)(r+1-s)0}(m)$ 存在简单的关系. (c) 为没有间隔相等的概率推导出一个显式公式.

29. [*M35*] 接习题 28, 当 $r = 0, 1$ 和 2 时, 为生成函数 $b_{nr}(z) = \sum_{m \ge 0} b_{nr0}(m)z^m/m$ 找出简单的表达式.

30. [*HM41*] 接 29 题, 证明: 如果 $m = n^3/\alpha$, 则对于固定的 α, 当 $n \to \infty$ 时,

$$p_n(m) = \frac{m^{n-1}e^{\alpha/4}}{n!\,(n-1)!}\Big(1 - \frac{13\alpha^2}{288n} + \frac{169\alpha^4 + 2016\alpha^3 - 1728\alpha^2 - 41472\alpha}{165888n^2} + O(n^{-3})\Big).$$

设 $q_n(m)$ 为把 m 划分 n 个不同非零部分的划分数, 找出 $q_n(m)$ 的类似公式. 推导出生日间隔检验找出 R 等于 $0, 1$ 和 2 的渐近概率, 精确到 $O(1/n)$ 之内.

▶ **31.** [*M21*] 递推式 $Y_n = (Y_{n-24} + Y_{n-55}) \bmod 2$ 刻画滞后斐波那契生成器 3.2.2-(7) 的最低位, 以及 3.2.2-(7′) 的次低位, 已知它的周期长度为 $2^{55} - 1$, 因此, 每种可能的非零位模式 $(Y_n, Y_{n+1}, \ldots, Y_{n+54})$ 等可能地出现. 尽管如此, 证明: 如果从周期内任意点开始, 生成 79 个相继的随机位 $Y_n, \ldots, Y_{n+78}$, 则 1 比 0 多的可能性大于 51%. 如果用这样的位来定义"随机游走", 当该位为 1 时向右, 为 0 时向左, 则结束时停在起点右边的次数显著超过半数. [提示: 求出生成函数 $\sum_{k=0}^{79} \Pr(Y_n + \cdots + Y_{n+78} = k)\,z^k$.]

32. [*M20*] 判断真假: 如果 X 和 Y 是均值为 0 的独立同分布随机变量, 并且它们为正的可能性比为负大, 则 $X + Y$ 为正的可能性比为负大.

33. [*HM32*] 当 $k > 2l$ 并且递推式 $Y_n = (Y_{n-l} + Y_{n-k}) \bmod 2$ 的周期长度为 $2^k - 1$ 时, 由该递推式生成 $k + l$ 个相继位, 假定 k 很大, 求生成的 1 多于 0 的概率的渐近值.

34. [*HM29*] 假定字母表中有 m 个字符, 一个随机字符串的长度为 n, 解释如何估计不在该字符串中出现的两字符组合数目的均值和方差. 假定 m 很大, 而 $n \approx 2m^2$.

▶ **35.** [*HM32*] (詹姆斯·林霍尔姆, 1968) 假设以 $Y_0 = 1, Y_1 = \cdots = Y_{k-1} = 0$ 开始, 选定合适的 $a_1, \ldots, a_k$ 使用递推式

$$Y_n = (a_1 Y_{n-1} + a_2 Y_{n-2} + \cdots + a_k Y_{n-k}) \bmod 2$$

生成随机位 $\langle Y_n \rangle$, 周期长度为 $2^k - 1$. 令 $Z_n = (-1)^{Y_n + 1} = 2Y_n - 1$ 是随机符号, 考虑统计量 $S_m = Z_n + Z_{n+1} + \cdots + Z_{n+m-1}$, 其中 n.

(a) 证明 $\mathrm{E}\,S_m = m/N$, 其中 $N = 2^k - 1$.

(b) $\mathrm{E}\,S_m^2$ 是什么? 假定 $m \le N$. 提示: 见习题 3.2.2–16.

(c) 如果诸 Z 是真正随机的, 那么 $\mathrm{E}\,S_m$ 和 $\mathrm{E}\,S_m^2$ 是什么?

(d) 假定 $m \le N$, 证明 $\mathrm{E}\,S_m^3 = m^3/N - 6B(N+1)/N$, 其中

$$B = \sum_{0 < i < j < m} \big[(Y_{i+1}Y_{i+2}\ldots Y_{i+k-1})_2 = (Y_{j+1}Y_{j+2}\ldots Y_{j+k-1})_2 \big] (m - j).$$

(e) 对于习题 31 的特殊情形, 即 $m = 79$, $Y_n = (Y_{n-24} + Y_{n-55}) \bmod 2$, 估计 B.

*3.3.3 理论检验

尽管总可以使用上一节介绍的方法检验随机数生成器, 但是有先验检验更好. 先验检验指的是提前判断检验结果好坏的理论结果. 与经验的、试错的结果相比, 这种理论结果能有力帮助我们理解生成方法. 本节将更详细地研究线性同余序列. 如果在实际生成随机数之前就知道某些检验的结果是什么, 我们就更有可能选取合适的 a、m 和 c.

这类理论很难确立, 尽管已经取得了一些进展. 迄今为止所得到的结果一般都是针对整个周期上的统计检验. 并非所有的统计检验用于全周期都有意义, 例如等分布检验将产生过于完

美的结果，但是，序列检验、间隙检验、排列检验、最大检验等用于整个周期，可以富有成效地分析. 这种研究将检测序列的全局非随机性，即很大的样本中的不正常行为.

我们将要讨论的理论相当具有启发性，但是依然需要通过 3.3.2 节的方法检验局部非随机性. 其实，证明关于短的子序列的任何有用结果看来都非常困难. 关于比完整周期短的线性同余序列上的行为，只有少数已知的理论结果，这些将在 3.3.4 节的结尾处讨论（又见习题 18）.

我们首先对于排列检验的最简单情况，证明简单的先验律. 第一个定理的要点是：只要序列具有高势，那么 $X_{n+1} < X_n$ 的可能性约为一半.

定理 P. 设 a、c 和 m 生成具有最大周期的线性同余序列；设 $b = a - 1$，d 是 m 和 b 的最大公约数. $X_{n+1} < X_n$ 的概率等于 $\frac{1}{2} + r$，其中

$$r = \big(2(c \bmod d) - d\big)/2m, \tag{1}$$

因此 $|r| < d/2m$.

证明. 该定理的证明涉及一些技巧，这些技巧本身也值得研究. 首先，我们定义

$$s(x) = (ax + c) \bmod m. \tag{2}$$

这样，$X_{n+1} = s(X_n)$，该定理归结为统计使得 $0 \le x < m$ 且 $s(x) < x$ 的整数 x 的个数，因为每个这样的整数都出现在该周期内的某处. 我们要证明，该数为

$$\tfrac{1}{2}\big(m + 2(c \bmod d) - d\big). \tag{3}$$

当 $x > s(x)$ 时，函数 $\lceil (x - s(x))/m \rceil$ 等于 1，否则它等于 0. 因此，希望得到的计数可以简单地写成

$$\sum_{0 \le x < m} \left\lceil \frac{x - s(x)}{m} \right\rceil = \sum_{0 \le x < m} \left\lceil \frac{x}{m} - \left(\frac{ax+c}{m} - \left\lfloor \frac{ax+c}{m} \right\rfloor \right) \right\rceil$$

$$= \sum_{0 \le x < m} \left(\left\lfloor \frac{ax+c}{m} \right\rfloor - \left\lfloor \frac{bx+c}{m} \right\rfloor \right). \tag{4}$$

（回忆一下，$\lceil -y \rceil = -\lfloor y \rfloor$，$b = a - 1$.）这样的和可以用习题 1.2.4–37 的方法计算，该题证明只要 h 和 k 是整数，并且 $k > 0$，就有

$$\sum_{0 \le j < k} \left\lfloor \frac{hj+c}{k} \right\rfloor = \frac{(h-1)(k-1)}{2} + \frac{g-1}{2} + g \lfloor c/g \rfloor, \qquad g = \gcd(h, k). \tag{5}$$

由于 a 与 m 互素，由该式得到

$$\sum_{0 \le x < m} \left\lfloor \frac{ax+c}{m} \right\rfloor = \frac{(a-1)(m-1)}{2} + c,$$

$$\sum_{0 \le x < m} \left\lfloor \frac{bx+c}{m} \right\rfloor = \frac{(b-1)(m-1)}{2} + \frac{d-1}{2} + c - (c \bmod d),$$

由此立即得到式 (3). ∎

定理 P 的证明表明，只要我们能够适当处理涉及函数 $\lfloor \rfloor$ 和 $\lceil \rceil$ 的求和，则确实可以进行先验检验. 在大部分情况下，处理上下取整函数，最有效的技巧是用两个更对称的操作来替换它们：

$$\delta(x) = \lfloor x \rfloor + 1 - \lceil x \rceil = [x \text{ 为整数}], \tag{6}$$

$$((x)) = x - \lfloor x \rfloor - \tfrac{1}{2} + \tfrac{1}{2}\delta(x) = x - \lceil x \rceil + \tfrac{1}{2} - \tfrac{1}{2}\delta(x) = x - \tfrac{1}{2}\big(\lfloor x \rfloor + \lceil x \rceil\big). \tag{7}$$

后一个函数是在研究傅里叶级数时常见的"锯齿"函数，图像如图 7 所示. 选择用 $((x))$ 而不是用 $\lfloor x \rfloor$ 或 $\lceil x \rceil$ 的原因是，$((x))$ 具有非常有用的性质：

$$((-x)) = -((x)); \tag{8}$$

$$((x+n)) = ((x)), \quad n\text{为整数}; \tag{9}$$

$$((nx)) = ((x)) + \left(\left(x+\frac{1}{n}\right)\right) + \cdots + \left(\left(x+\frac{n-1}{n}\right)\right), \quad \text{整数}n \geq 1. \tag{10}$$

（见习题 1.2.4–38 和 1.2.4–39(a,b,g). ）

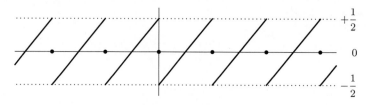

图 7　锯齿函数 $((x))$

为了练习使用这些函数，让我们再次证明定理 P，这次不依赖习题 1.2.4–37. 借助式 (7) (8) (9)，可以证明

$$\left\lceil \frac{x - s(x)}{m} \right\rceil = \frac{x - s(x)}{m} - \left(\left(\frac{x - s(x)}{m}\right)\right) + \frac{1}{2} - \frac{1}{2}\delta\left(\frac{x - s(x)}{m}\right)$$

$$= \frac{x - s(x)}{m} - \left(\left(\frac{x - (ax + c)}{m}\right)\right) + \frac{1}{2}$$

$$= \frac{x - s(x)}{m} + \left(\left(\frac{bx + c}{m}\right)\right) + \frac{1}{2}. \tag{11}$$

因为 $\big(x - s(x)\big)/m$ 绝对不是整数. 于是

$$\sum_{0 \leq x < m} \frac{x - s(x)}{m} = 0.$$

因为 x 和 $s(x)$ 都取 $\{0, 1, \ldots, m-1\}$ 中的每个值恰好一次. 因此，由式 (11) 得到

$$\sum_{0 \leq x < m} \left\lceil \frac{x - s(x)}{m} \right\rceil = \sum_{0 \leq x < m} \left(\left(\frac{bx + c}{m}\right)\right) + \frac{m}{2}. \tag{12}$$

令 $b = b_0 d$，$m = m_0 d$，其中 b_0 与 m_0 互素. 我们知道，随着 x 从 0 变化到 $m_0 - 1$，$(b_0 x) \bmod m_0$ 以某种次序在 $\{0, 1, \ldots, m_0 - 1\}$ 上取值. 根据式 (9) (10) 以及

$$\left(\left(\frac{b(x + m_0) + c}{m}\right)\right) = \left(\left(\frac{bx + c}{m}\right)\right),$$

推出

$$\sum_{0 \leq x < m} \left(\left(\frac{bx + c}{m}\right)\right) = d \sum_{0 \leq x < m_0} \left(\left(\frac{bx + c}{m}\right)\right)$$

$$= d \sum_{0 \leq x < m_0} \left(\left(\frac{c}{m} + \frac{b_0 x}{m_0}\right)\right) = d \left(\left(\frac{c}{d}\right)\right). \tag{13}$$

由式 (12) (13) 立即得到定理 P.

定理 P 的一个推论是: 除非 d 很大, 否则任意选取 a 和 c, $X_{n+1} < X_n$ 至少在整个周期上成立的概率往往都不小; 很大的 d 值对应于低势, 而我们知道低势生成器效果不佳.

根据下一个定理, 选择参数 a 和 c 有更严格的条件. 我们将考虑对整个周期使用序列相关检验. 3.3.2 节式 (23) 定义的量 C 为

$$C = \left(m \sum_{0 \le x < m} x s(x) - \left(\sum_{0 \le x < m} x \right)^2 \right) \bigg/ \left(m \sum_{0 \le x < m} x^2 - \left(\sum_{0 \le x < m} x \right)^2 \right). \tag{14}$$

设 x' 是使得 $s(x') = 0$ 的元素, 则

$$s(x) = m \left(\left(\frac{ax + c}{m} \right) \right) + \frac{m}{2} [x \ne x']. \tag{15}$$

要推导的公式, 用下面的和式表达最方便:

$$\sigma(h, k, c) = 12 \sum_{0 \le j < k} \left(\left(\frac{j}{k} \right) \right) \left(\left(\frac{hj + c}{k} \right) \right). \tag{16}$$

这个函数非常重要, 在许多数学问题中都会出现. 函数 $\sigma(h, k, 0)$ 称作广义戴德金和 (generalized Dedekind sum), 因为它由戴德金于 1876 年发明, 当时他在为黎曼的一份不完整的手稿做注释. [见黎曼, *Gesammelte math. Werke*, 2nd ed. (1892), 466–478.]

使用著名的公式

$$\sum_{0 \le x < m} x = \frac{m(m-1)}{2} \qquad \text{和} \qquad \sum_{0 \le x < m} x^2 = \frac{m(m - \frac{1}{2})(m-1)}{3},$$

直接把式 (14) 变换成

$$C = \frac{m \sigma(a, m, c) - 3 + 6(m - x' - c)}{m^2 - 1}. \tag{17}$$

(见习题 5.) 由于 m 通常很大, 因此 $1/m$ 阶项可以舍弃, 得出近似公式

$$C \approx \sigma(a, m, c) / m, \tag{18}$$

误差的绝对值小于 $6/m$.

现在, 序列相关检验归结为确定戴德金和 $\sigma(a, m, c)$ 的值. 直接从定义 (16) 计算 $\sigma(a, m, c)$ 一点也不比直接计算相关系数本身容易, 幸好存在快速计算戴德金和的简单方法.

引理 B (戴德金和的互反律).   设 h、k 和 c 是整数. 如果 $0 \le c < k$, $0 < h \le k$, 并且 h 与 k 互素, 则

$$\sigma(h, k, c) + \sigma(k, h, c) = \frac{h}{k} + \frac{k}{h} + \frac{1}{hk} + \frac{6c^2}{hk} - 6 \left\lfloor \frac{c}{h} \right\rfloor - 3e(h, c), \tag{19}$$

其中

$$e(h, c) = [c = 0] + [c \bmod h \ne 0]. \tag{20}$$

证明.   请读者自行证明, 在这些假定下,

$$\sigma(h, k, c) + \sigma(k, h, c) = \sigma(h, k, 0) + \sigma(k, h, 0) + \frac{6c^2}{hk} - 6 \left\lfloor \frac{c}{h} \right\rfloor - 3e(h, c) + 3. \tag{21}$$

(见习题 6.) 下面只需要对 $c = 0$ 的情况证明该引理.

我们将基于单位复根给出证明,这种做法本质上应归功于伦纳德·卡利茨. 其实存在一个更简单的证明,只用到和式的基本运算(见习题 7),但是这里的方法演示了更多可用于该类问题的数学工具,因此更有教益.

设 $f(x)$ 和 $g(x)$ 是多项式,定义如下

$$
\begin{aligned}
f(x) &= 1 + x + \cdots + x^{k-1} = (x^k - 1)/(x - 1) \\
g(x) &= x + 2x^2 + \cdots + (k-1)x^{k-1} \\
&= xf'(x) = kx^k/(x-1) - x(x^k - 1)/(x-1)^2.
\end{aligned} \tag{22}
$$

如果 ω 是 k 次单位复根 $e^{2\pi i/k}$,则根据式 1.2.9–(13),

$$
\frac{1}{k} \sum_{0 \le j < k} \omega^{-jr} g(\omega^j x) = rx^r, \qquad \text{如果} 0 \le r < k. \tag{23}
$$

置 $x = 1$. 于是,如果 $j \ne 0$,则 $g(\omega^j x) = k/(\omega^j - 1)$,否则它等于 $k(k-1)/2$. 因此

$$
r \bmod k = \sum_{0 < j < k} \frac{\omega^{-jr}}{\omega^j - 1} + \tfrac{1}{2}(k-1), \qquad \text{如果} r \text{ 是整数.}
$$

(式 (23) 表明,当 $0 \le r < k$ 时,该式右端等于 r,把 k 的倍数加到 r 上时结果不变.)因此

$$
\left(\!\left(\frac{r}{k}\right)\!\right) = \frac{1}{k} \sum_{0 < j < k} \frac{\omega^{-jr}}{\omega^j - 1} - \frac{1}{2k} + \frac{1}{2}\delta\!\left(\frac{r}{k}\right). \tag{24}
$$

只要 r 为整数,这个重要公式就成立,由此,涉及 $((r/k))$ 的许多计算都可归结为涉及 k 次单位根的和,种种全新的技巧都浮出水面. 特殊地,当 $h \perp k$ 时,我们得到如下公式:

$$
\sigma(h, k, 0) + \frac{3(k-1)}{k^2} = \frac{12}{k^2} \sum_{0 < r < k} \sum_{0 < i < k} \sum_{0 < j < k} \frac{\omega^{-ir}}{\omega^i - 1} \frac{\omega^{-jhr}}{\omega^j - 1}. \tag{25}
$$

计算对 r 的求和,可化简该式右端. 如果 $s \bmod k \ne 0$,则 $\sum_{0 \le r < k} \omega^{rs} = f(\omega^s) = 0$. 现在,式 (25) 归约为

$$
\sigma(h, k, 0) + \frac{3(k-1)}{k} = \frac{12}{k} \sum_{0 < j < k} \frac{1}{(\omega^{-jh} - 1)(\omega^j - 1)}. \tag{26}
$$

用 $\zeta = e^{2\pi i/h}$ 替换 ω,可以得到 $\sigma(k, h, 0)$ 的类似公式.

接下来,怎么处理式 (26) 中的和?做法并不显然,但很优雅. 由于和式的每一项都是 ω^j($0 < j < k$)的函数,因此求和范围本质上是除 1 之外的所有 k 次单位根. 只要 $x_1, x_2, \ldots, x_n$ 是不同的复数,就有等式

$$
\sum_{j=1}^{n} \frac{1}{(x_j - x_1) \ldots (x_j - x_{j-1})(x - x_j)(x_j - x_{j+1}) \ldots (x_j - x_n)}
$$
$$
= \frac{1}{(x - x_1) \ldots (x - x_n)}. \tag{27}
$$

通过把右端化为部分分式的常规方法即可证明. 此外,如果 $q(x) = (x - y_1)(x - y_2) \ldots (x - y_m)$,则

$$
q'(y_j) = (y_j - y_1) \ldots (y_j - y_{j-1})(y_j - y_{j+1}) \ldots (y_j - y_m). \tag{28}
$$

这个等式通常可以用来化简形如式 (27) 左端的表达式. 当 h 和 k 互素时,数 $\omega, \omega^2, \ldots, \omega^{k-1}$,$\zeta, \zeta^2, \ldots, \zeta^{h-1}$ 都互不相同,因此,我们将多项式 $(x - \omega) \ldots (x - \omega^{k-1})(x - \zeta) \ldots (x - \zeta^{h-1}) =$

$(x^k - 1)(x^h - 1)/(x - 1)^2$ 代入式 (27)，得到关于 x 的等式：

$$\frac{1}{h}\sum_{0<j<h}\frac{\zeta^j(\zeta^j-1)^2}{(\zeta^{jk}-1)(x-\zeta^j)} + \frac{1}{k}\sum_{0<j<k}\frac{\omega^j(\omega^j-1)^2}{(\omega^{jh}-1)(x-\omega^j)} = \frac{(x-1)^2}{(x^h-1)(x^k-1)}. \tag{29}$$

这个等式有许多有趣的推论，由它可以推出许多有关式 (26) 那类和的互反公式．例如，如果对式 (29) 关于 x 求两次微分，令 $x \to 1$，则

$$\frac{2}{h}\sum_{0<j<h}\frac{\zeta^j(\zeta^j-1)^2}{(\zeta^{jk}-1)(1-\zeta^j)^3} + \frac{2}{k}\sum_{0<j<k}\frac{\omega^j(\omega^j-1)^2}{(\omega^{jh}-1)(1-\omega^j)^3}$$
$$= \frac{1}{6}\Big(\frac{h}{k}+\frac{k}{h}+\frac{1}{hk}\Big) + \frac{1}{2} - \frac{1}{2h} - \frac{1}{2k}.$$

在左端的两项中，分别用 $h-j$ 和 $k-j$ 替换 j，使用式 (26) 得到

$$\frac{1}{6}\Big(\sigma(k,h,0)+\frac{3(h-1)}{h}\Big) + \frac{1}{6}\Big(\sigma(h,k,0)+\frac{3(k-1)}{k}\Big)$$
$$= \frac{1}{6}\Big(\frac{h}{k}+\frac{k}{h}+\frac{1}{hk}\Big) + \frac{1}{2} - \frac{1}{2h} - \frac{1}{2k},$$

这等价于欲证的结果．∎

引理 B 给出显式函数 $f(h,k,c)$．只要 $0<h\le k$，$0\le c<k$，并且 h 与 k 互素，就有

$$\sigma(h,k,c) = f(h,k,c) - \sigma(k,h,c). \tag{30}$$

由定义 (16)，显然

$$\sigma(k,h,c) = \sigma(k \bmod h, h, c \bmod h). \tag{31}$$

因此，我们可以使用像欧几里得算法那样的过程规约参数，迭代地使用式 (30) 计算 $\sigma(h,k,c)$．

深入分析这一迭代过程，可发现进一步的简化．置 $m_1=k$，$m_2=h$，$c_1=c$，构造出下面的表

$$\begin{aligned}
m_1 &= a_1 m_2 + m_3 & c_1 &= b_1 m_2 + c_2 \\
m_2 &= a_2 m_3 + m_4 & c_2 &= b_2 m_3 + c_3 \\
m_3 &= a_3 m_4 + m_5 & c_3 &= b_3 m_4 + c_4 \\
m_4 &= a_4 m_5 & c_4 &= b_4 m_5 + c_5
\end{aligned} \tag{32}$$

这里

$$\begin{aligned}
a_j &= \lfloor m_j/m_{j+1}\rfloor, & b_j &= \lfloor c_j/m_{j+1}\rfloor, \\
m_{j+2} &= m_j \bmod m_{j+1}, & c_{j+1} &= c_j \bmod m_{j+1},
\end{aligned} \tag{33}$$

由此得到

$$0 \le m_{j+1} < m_j, \qquad 0 \le c_j < m_j. \tag{34}$$

为方便起见，我们在 (32) 中假定，欧几里得算法在 4 次迭代后终止．这种假定将揭示在一般情况下成立的模式．由于开始时 h 与 k 互素，在 (32) 中必然有 $m_5=1$ 和 $c_5=0$．

另外，假定 $c_3\ne 0$ 但 $c_4=0$，以便理解取值是否为 0 对递推有什么效果．式 (30) 和 (31) 产生

$$\begin{aligned}
\sigma(h,k,c) &= \sigma(m_2,m_1,c_1) \\
&= f(m_2,m_1,c_1) - \sigma(m_3,m_2,c_2) \\
&= \cdots \\
&= f(m_2,m_1,c_1) - f(m_3,m_2,c_2) + f(m_4,m_3,c_3) - f(m_5,m_4,c_4).
\end{aligned}$$

式 (19) 中 $f(h,k,c)$ 公式的第一部分 $h/k + k/h$ 对总和的贡献为

$$\frac{m_2}{m_1} + \frac{m_1}{m_2} - \frac{m_3}{m_2} - \frac{m_2}{m_3} + \frac{m_4}{m_3} + \frac{m_3}{m_4} - \frac{m_5}{m_4} - \frac{m_4}{m_5},$$

化简为

$$\frac{h}{k} + \frac{m_1 - m_3}{m_2} - \frac{m_2 - m_4}{m_3} + \frac{m_3 - m_5}{m_4} - \frac{m_4}{m_5} = \frac{h}{k} + a_1 - a_2 + a_3 - a_4.$$

式 (19) 的下一部分是 $1/hk$ 对总和的贡献也可以写成较简单的形式. 根据 4.5.3-(9) 和 4.5.3 节的其他公式, 有

$$\frac{1}{m_1 m_2} - \frac{1}{m_2 m_3} + \frac{1}{m_3 m_4} - \frac{1}{m_4 m_5} = \frac{h'}{k} - 1, \tag{35}$$

其中, h' 是满足

$$h'h \equiv 1 \ (\text{modulo } k), \quad 0 < h' \le k \tag{36}$$

的唯一整数. 把所有贡献相加, 记住之前我们假设 $c_4 = 0$（因此 $e(m_4, c_3) = 0$, 见式 (20)）, 求得

$$\sigma(h,k,c) = \frac{h + h'}{k} + (a_1 - a_2 + a_3 - a_4) - 6(b_1 - b_2 + b_3 - b_4)$$
$$+ 6\left(\frac{c_1^2}{m_1 m_2} - \frac{c_2^2}{m_2 m_3} + \frac{c_3^2}{m_3 m_4} - \frac{c_4^2}{m_4 m_5}\right) + 2,$$

各字母的意思见表 (32). 类似的一般结果也成立：

定理 D. 设 h, k, c 是整数, 满足 $0 < h \le k$, $0 \le c < k$, 并且 h 与 k 互素. 由在 (33) 中定义的"欧几里得表", 假定该过程在 t 步之后停止并有 $m_{t+1} = 1$. 设 s 是使得 $c_s = 0$ 的最小下标, h' 由 (36) 定义. 则

$$\sigma(h,k,c) = \frac{h + h'}{k} + \sum_{1 \le j \le t} (-1)^{j+1}\left(a_j - 6b_j + 6\frac{c_j^2}{m_j m_{j+1}}\right)$$
$$+ 3\left((-1)^s + \delta_{s1}\right) - 2 + (-1)^t. \quad \blacksquare$$

欧几里得算法将在 4.5.3 节仔细分析. 量 $a_1, a_2, \ldots, a_t$ 称作 h/k 的部分商. 定理 4.5.3F 说明, 迭代次数 t 绝对不会超过 $\log_\phi k$, 因此戴德金和可以快速计算. 项 $c_j^2/m_j m_{j+1}$ 可以进一步化简, 计算 $\sigma(h,k,c)$ 的一个高效算法见习题 17.

既然我们已经分析了广义戴德金和, 下面就试着运用已有的知识, 计算序列相关系数.

例 1. 当 $m = 2^{35}$, $a = 2^{34} + 1$, $c = 1$ 时, 计算序列相关系数.
解. 根据式 (17),

$$C = \left(2^{35}\sigma(2^{34} + 1, 2^{35}, 1) - 3 + 6(2^{35} - (2^{34} - 1) - 1)\right)/(2^{70} - 1).$$

为计算 $\sigma(2^{34} + 1, 2^{35}, 1)$, 构造下面的表

$m_1 = 2^{35}$		$c_1 = 1$	
$m_2 = 2^{34} + 1$	$a_1 = 1$	$c_2 = 1$	$b_1 = 0$
$m_3 = 2^{34} - 1$	$a_2 = 1$	$c_3 = 1$	$b_2 = 0$
$m_4 = 2$	$a_3 = 2^{33} - 1$	$c_4 = 1$	$b_3 = 0$
$m_5 = 1$	$a_4 = 2$	$c_5 = 0$	$b_4 = 1$

由于 $h' = 2^{34} + 1$，由定理 D，相应值为 $2^{33} - 3 + 2^{-32}$. 因此

$$C = (2^{68} + 5)/(2^{70} - 1) = \tfrac{1}{4} + \epsilon, \qquad |\epsilon| < 2^{-67}. \tag{37}$$

对于随机性而言，这样的相关性实在太高. 当然，这个生成器具有很低的势，所以我们早就认为它不随机而弃之不用.

例 2. 当 $m = 10^{10}$，$a = 10001$，$c = 2113248653$ 时，近似计算序列相关性.

解. $C \approx \sigma(a, m, c)/m$，计算过程如下：

$$
\begin{array}{llll}
m_1 = 10000000000 & & c_1 = 2113248653 & \\
m_2 = \quad\quad 10001 & a_1 = 999900 & c_2 = \quad\quad 7350 & b_1 = 211303 \\
m_3 = \quad\quad\quad 100 & a_2 = \quad 100 & c_3 = \quad\quad\quad 50 & b_2 = \quad 73 \\
m_4 = \quad\quad\quad\quad 1 & a_3 = \quad 100 & c_4 = \quad\quad\quad\quad 0 & b_3 = \quad 50 \\
\end{array}
$$

$$\sigma(m_2, m_1, c_1) = -31.6926653544; \qquad C \approx -3 \cdot 10^{-9}. \tag{38}$$

这确实是非常不错的 C 值. 但是，该生成器的势仅为 3，因此它实际上不是很好的随机数源，尽管它的序列相关性很低. 序列相关性低是必要的，但不充分.

例 3. 对于一般的 a, m, c，估计序列相关性.

解. 如果只考虑运用一次式 (30)，则有

$$\sigma(a, m, c) \approx \frac{m}{a} + 6\frac{c^2}{am} - 6\frac{c}{a} - \sigma(m, a, c).$$

根据习题 12，$|\sigma(m, a, c)| < a$，并因此

$$C \approx \frac{\sigma(a, m, c)}{m} \approx \frac{1}{a}\left(1 - 6\frac{c}{m} + 6\left(\frac{c}{m}\right)^2\right). \tag{39}$$

误差的绝对值小于 $(a + 6)/m$.

式 (39) 的估计是已知的关于同余生成器随机性的第一个理论结果，最早由科维尤 [*JACM* **7** (1960), 72–74] 得出，他的做法是在 0 和 m 之间的所有实数上取平均值，而不仅仅考虑整数值（见习题 21）；之后，格林伯格 [*Math. Comp.* **15** (1961), 383–389] 给出了包括误差项估计的严格推导.

于是，计算机科学史上最悲哀的时代开始了！尽管上面的近似值相当正确，但是它在实践中惨遭错误使用. 人们丢弃了从前一直使用的好生成器，改用从式 (39) 的角度看上去不错的糟糕生成器. 仅仅因为一次理论进展，接下来长达十年之久，日常使用最普遍的随机数生成器都有严重缺陷.

一知半解，最为危险.

——亚历山大·蒲柏, *An Essay on Criticism*, 215（1711）

要从过去的错误中吸取教训，就必须仔细反思，前人是怎么错误使用式 (39) 的. 首先，人们不加辨别地假定，如果序列相关性在整个周期上都很小，就算是随机性的优良保证. 但事实上，这甚至不能保证序列中连续 1000 个元素的序列相关性很小（见习题 14）.

其二，仅当 $a \approx \sqrt{m}$ 时，式 (39) 及其误差项才能确保较小的 C 值. 因此，人们建议选取接近 $\sqrt{m}$ 的乘数. 但是我们将证明，事实上几乎所有的乘数都产生显著小于 $1/\sqrt{m}$ 的 C 值，因此式 (39) 并不是实际情况的准确近似. 极小化 C 的粗略上界，并不能极小化 C.

其三，人们发现，当

$$c/m \approx \tfrac{1}{2} \pm \tfrac{1}{6}\sqrt{3} \tag{40}$$

时，式 (39) 的估计最准确，因为这两个值是 $1 - 6x + 6x^2 = 0$ 的根。"既然 c 有其他选择标准，我们不妨使用这个标准."后半句话并非不正确，但至少也是误导，因为实验表明，当 a 是好的乘数时，c 值对序列相关性的实际值几乎没有任何影响；式 (40) 的选择仅在例 2 那样的情况下才可以显著地降低 C，而此时显然是在自欺欺人，因为糟糕的乘数将在其他地方暴露出缺陷.

显然，我们需要一个比式 (39) 更好的估计. 多亏有定理 D，现在已经有了这样的估计. 定理 D 主要源于乌尔里希·迪特尔的工作 [*Math. Comp.* **25** (1971), 855–883]. 它表明，如果 a/m 的部分商很小，则 $\sigma(a, m, c)$ 也很小. 确实，更仔细地分析广义戴德金和，可以得到相当准确的估计：

定理 K.   在定理 D 的假设下，总成立

$$-\frac{1}{2} \sum_{\substack{1 \le j \le t \\ j\, 为奇数}} a_j - \sum_{\substack{1 \le j \le t \\ j\, 为偶数}} a_j \le \sigma(h, k, c) \le \sum_{\substack{1 \le j \le t \\ j\, 为奇数}} a_j + \frac{1}{2} \sum_{\substack{1 \le j \le t \\ j\, 为偶数}} a_j - \frac{1}{2}. \tag{41}$$

证明.   见高德纳，*Acta Arithmetica* **33** (1977), 297–325，那里还进一步证明，当部分商很大时，这基本上是最好的上下界.   ▮

例 4.   对于 $a = 3141592621$，$m = 2^{35}$，c 为奇数，估计序列相关度.
解. a/m 的部分商为 10, 1, 14, 1, 7, 1, 1, 1, 3, 3, 3, 5, 2, 1, 8, 7, 1, 4, 1, 2, 4, 2. 因此，根据定理 K，

$$-55 \le \sigma(a, m, c) \le 67.5.$$

对于所有的 c，序列相关度都保证极低.

注意，这个界比从式 (39) 得到的界好得多，因为式 (39) 的误差的阶是 a/m. 结果表明，根据式 (39) 特意选择的貌似好的乘数，实际远远比不上"随机"乘数. 事实上，可以证明，遍取所有与 m 互素的乘数 a，$\sum_{j=1}^{t} a_j$ 的平均值为

$$\frac{6}{\pi^2}(\ln m)^2 + O\big((\log m)(\log\log m)^4\big)$$

（见习题 4.5.3–35）. 因此，当 $m \to \infty$ 时，随机乘数的 $\sum_{j=1}^{t} a_j$ 值很大，比如说对于某个固定的 $\epsilon > 0$，该值大于 $(\log m)^{2+\epsilon}$ 的概率趋向于 0. 这与经验结论是一致的：几乎所有的线性同余序列在整个周期上都具有很低的序列相关度.

下面的习题表明，其他先验检验，诸如整个周期上的序列检验，也可以用几个广义戴德金和表示. 由定理 K，只要某些指定的分数（依赖于 a 和 m，但不依赖 c）具有较小的部分商，那么线性同余序列就能通过这些检验. 习题 19 的结果特别表明，序列顺利通过数对上的序列检验，当且仅当 a/m 没有大的部分商.

汉斯·拉德梅彻和埃米尔·格罗斯瓦尔德的书《戴德金和》[*Dedekind Sums*, Math. Assoc. of America, Carus Monograph No. 16, 1972] 讨论了戴德金和及其推广的历史和性质. 3.3.4 节继续讨论其他理论检验，包括较高维上的序列检验.

习题（第一组）

1. [*M10*] 用锯齿函数和 δ 函数表示 $x \bmod y$.

2. [*HM22*] 函数 $((x))$ 的傅里叶级数展开式（用正弦和余弦表示）是什么？

3. [*M23*] （法恩）证明：对于所有实数 x，$|\sum_{k=0}^{n-1}((2^k x + \frac{1}{2}))| < 1$.

▶ **4.** [*M19*] 已知生成器的势为 10，如果 $m = 10^{10}$，那么 d 的最大可能值是多少（符号定义同定理 P）？

5. [*M21*] 完成式 (17) 的推导.

6. [*M27*] 假定 $hh' + kk' = 1$.

   (a) 不使用引理 B，证明：对所有整数 $c \geq 0$，

$$\sigma(h, k, c) = \sigma(h, k, 0) + 12 \sum_{0 < j < c} \left(\left(\frac{h'j}{k}\right)\right) + 6\left(\left(\frac{h'c}{k}\right)\right).$$

   (b) 证明：如果 $0 < j < k$，则 $\left(\left(\frac{h'j}{k}\right)\right) + \left(\left(\frac{k'j}{h}\right)\right) = \frac{j}{hk} - \frac{1}{2}\delta\left(\frac{j}{h}\right)$.

   (c) 在引理 B 的假定下，证明式 (21).

▶ **7.** [*M24*] 当 $c = 0$ 时，利用习题 1.2.4–45 的一般互反律，证明互反律式 (19).

▶ **8.** [*M34*] （卡利茨）令

$$\rho(p, q, r) = 12 \sum_{0 \leq j < r} \left(\left(\frac{jp}{r}\right)\right)\left(\left(\frac{jq}{r}\right)\right).$$

推广引理 B 的证法，证明拉德梅彻给出的漂亮恒等式：如果 p, q, r 两两互素，则

$$\rho(p, q, r) + \rho(q, r, p) + \rho(r, p, q) = \frac{p}{qr} + \frac{q}{rp} + \frac{r}{pq} - 3.$$

（$c = 0$ 的戴德金和的互反律是 $r = 1$ 的特例.）

9. [*M40*] 沿着习题 7 特例的证明思路，存在拉德梅彻等式（习题 8）的简单证明吗？

10. [*M20*] 证明：当 $0 < h < k$ 时，用 $\sigma(h, k, c)$ 可以轻松表示 $\sigma(k - h, k, c)$ 和 $\sigma(h, k, -c)$.

11. [*M30*] 当 h 与 k 互素，c 为整数时，正文的公式可用于计算 $\sigma(h, k, c)$. 对于一般情况，证明

   (a) 对于整数 $d > 0$，$\sigma(dh, dk, dc) = \sigma(h, k, c)$.

   (b) 对于整数 c，实数 $0 < \theta < 1$，$h \perp k$，$hh' \equiv 1 \pmod{k}$，有 $\sigma(h, k, c + \theta) = \sigma(h, k, c) + 6((h'c/k))$.

12. [*M24*] 证明：如果 h 与 k 互素，c 是整数，则 $|\sigma(h, k, c)| \leq (k-1)(k-2)/k$.

13. [*M24*] 推广式 (26)，使得它给出 $\sigma(h, k, c)$ 的表达式.

▶ **14.** [*M20*] 一个线性同余序列满足 $m = 2^{35}$，$a = 2^{18} + 1$，$c = 1$，对它进行 3 批序列相关检验，每次检验 1000 个相继数，结果发现相关性很高，每次都在 0.2 和 0.3 之间. 取周期的全部 2^{35} 个数，该生成器的序列相关度是多少？

15. [*M21*] 推广引理 B，使得它可以用于 $0 \leq c < k$ 的所有实数值 c.

16. [*M24*] 给定 (33) 中定义的欧几里得表，令 $p_0 = 1$，$p_1 = a_1$，而对于 $1 < j \leq t$，$p_j = a_j p_{j-1} + p_{j-2}$. 证明定理 D 中和式的复杂部分可以改写，从而避免非整数计算：

$$\sum_{1 \leq j \leq t} (-1)^{j+1} \frac{c_j^2}{m_j m_{j+1}} = \frac{1}{m_1} \sum_{1 \leq j \leq t} (-1)^{j+1} b_j (c_j + c_{j+1}) p_{j-1}.$$

[提示：证明 $\sum_{1 \leq j \leq r} (-1)^{j+1}/m_j m_{j+1} = (-1)^{r+1} p_{r-1}/m_1 m_{r+1}$ 对于 $1 \leq r \leq t$ 成立.]

17. [*M22*] 设计一个算法，对满足定理 D 假定的整数 h, k, c 计算 $\sigma(h, k, c)$. 算法应该只使用（无精度限制的）整数算术运算，产生形如 $A + B/k$ 的答案，其中 A 和 B 都是整数（见习题 16）. 尽量只使用有限个变量作为临时存储，不要维护像 $a_1, a_2, \ldots, a_t$ 这样的数组.

▶ **18.** [*M23*] （迪特尔）给定正整数 h, k, z，令

$$S(h, k, c, z) = \sum_{0 \leq j < z} \left(\left(\frac{hj + c}{k}\right)\right).$$

证明使用戴德金和与锯齿函数, 可以把该和式表示成闭形式. [提示: 当 $z \leq k$ 时, 对于 $0 \leq j < z$, 量 $\lfloor j/k \rfloor - \lfloor (j-z)/k \rfloor$ 等于 1, 而对于 $z \leq j < k$, 它等于 0, 因此我们可以引入这个因子, 并在 $0 \leq j < k$ 上求和.]

▶ **19.** [*M23*] 证明序列检验可以用广义戴德金和在全周期上分析, 做法是求出 $\alpha \leq X_n < \beta$ 且 $\alpha' \leq X_{n+1} < \beta'$ 的概率的公式, 其中 α, β, α', β' 是给定的整数, $0 \leq \alpha < \beta \leq m$, $0 \leq \alpha' < \beta' \leq m$. [提示: 考虑量 $\lfloor (x-\alpha)/m \rfloor - \lfloor (x-\beta)/m \rfloor$.]

20. [*M29*] (迪特尔) 得到用广义戴德金和表示的 $X_n > X_{n+1} > X_{n+2}$ 的概率公式, 以此推广定理 P.

习题 (第二组)

在许多情况下, 精确的整数计算相当困难, 但是我们不必局限于计算整数值, 也可以尝试研究对所有实数 x 取平均值的相应概率. 尽管这些结果只是近似的, 但是它们有助于理解本节内容.

处理 0 和 1 之间的数 U_n 很方便. 对于线性同余序列, 令 $U_n = X_n/m$, 则 $U_{n+1} = \{aU_n + \theta\}$, 其中 $\theta = c/m$, $\{x\}$ 表示 $x \bmod 1$. 例如, 序列相关公式变成

$$C = \left(\int_0^1 x\{ax + \theta\}\, dx - \left(\int_0^1 x\, dx \right)^2 \right) \bigg/ \left(\int_0^1 x^2\, dx - \left(\int_0^1 x\, dx \right)^2 \right).$$

▶ **21.** [*HM23*] (科维尤) 在上面刚给出的序列相关公式中, C 值是什么?

▶ **22.** [*M22*] 设 a 为整数, 并设 $0 \leq \theta < 1$. 如果 x 是一个随机实数, 均匀分布在 0 和 1 之间, 令 $s(x) = \{ax + \theta\}$, 那么 $s(x) < x$ 的概率是多少? (这是定理 P 的 "实数" 版本.)

23. [*M28*] 上一题给出了 $U_{n+1} < U_n$ 的概率. 假定 U_n 是 0 和 1 之间的随机实数, $U_{n+2} < U_{n+1} < U_n$ 的概率是多少?

24. [*M29*] 设 $\theta = 0$, 其他假设与 22 题相同, 证明 $U_n > U_{n+1} > \cdots > U_{n+t-1}$ 的概率为

$$\frac{1}{t!}\left(1 + \frac{1}{a}\right)\cdots\left(1 + \frac{t-2}{a}\right).$$

假定 U_n 从 0 和 1 之间随机选取, 从 U_n 开始的降游程的平均长度是多少?

▶ **25.** [*M25*] 设 α, β, α', β' 为实数, 满足 $0 \leq \alpha < \beta \leq 1$, $0 \leq \alpha' < \beta' \leq 1$. 在习题 22 的假设下, $\alpha \leq x < \beta$ 和 $\alpha' \leq s(x) < \beta'$ 的概率是多少? (这是习题 19 的实数版本.)

26. [*M21*] 考虑 "斐波那契" 生成器, 其中 $U_{n+1} = \{U_n + U_{n-1}\}$. 假定 U_1 和 U_2 独立地从 0 和 1 之间随机选取, 求出 $U_1 < U_2 < U_3$, $U_1 < U_3 < U_2$, $U_2 < U_1 < U_3$ 等的概率. [提示: 按照 x、y 和 $\{x+y\}$ 的相对序, 把单位正方形 $\{(x,y) \mid 0 \leq x, y < 1\}$ 划分成 6 部分, 并确定每部分的面积.]

27. [*M32*] 在上一题的斐波那契生成器中, 设 U_0 和 U_1 独立从单位正方形中选取, 但满足 $U_0 > U_1$. 求出从 U_1 开始的升游程长度为 k 的概率, 即 $U_0 > U_1 < \cdots < U_k > U_{k+1}$ 的概率. 把这一结果与随机序列的对应概率进行比较.

28. [*M35*] 根据式 3.2.1.3-(5), 一个势为 2 的线性同余生成器, 满足条件 $X_{n-1} - 2X_n + X_{n+1} \equiv (a-1)c$ (modulo m). 考虑一个抽象化这种情况的生成器, 设 $U_{n+1} = \{\alpha + 2U_n - U_{n-1}\}$. 像习题 26 一样, 对每对 (U_1, U_2), 根据 U_1、U_2 和 U_3 的相对序, 把单位正方形相应划分成 6 部分. 假定 U_1 和 U_2 在单位正方形中随机选取, 是否存在 α 值使得 6 种序的概率均为 $\frac{1}{6}$?

3.3.4 谱检验

本节, 我们将研究一种检查线性同余随机数生成器质量的方法, 它特别重要. 不但所有好的生成器都能通过这种检验, 而且所有目前已知的坏生成器实际上都不能通过它. 因此, 它是迄今为止已知的最强的检验, 值得特别关注. 我们的讨论也将揭示, 从线性同余序列及其推广能得到多大的随机性, 具有怎样的基本限制.

谱检验综合了前几节研究的经验检验和理论检验的特点: 它既像理论检验, 因为它处理序列全周期的性质; 又像经验检验, 因为它需要计算机程序来确定结果.

A. 检验的基本思想. 看来, 最重要的随机性标准依赖于序列的 t 个相继元素的联合分布性质, 而谱检验直接处理这种分布. 如果序列 $\langle U_n \rangle$ 的周期为 m, 那么检验的基本思想是分析 t 维空间中所有 m 个点的集合

$$\{ (U_n, U_{n+1}, \ldots, U_{n+t-1}) \mid 0 \le n < m \}. \tag{1}$$

为简单起见, 假定有线性同余生成器 (X_0, a, c, m), 要么最大周期长度为 m (因而 $c \ne 0$), 要么 m 为素数, $c = 0$, 周期长度为 $m-1$. 在后一种情况下, 我们将把点 $(0, 0, \ldots, 0)$ 添加到集合 (1) 中, 使得该集合中总有 m 个点, 从而大大简化理论. 当 m 很大时, 这个附加的点的影响可以忽略. 在这些假定下, 式 (1) 可以改写为

$$\left\{ \frac{1}{m} (x, s(x), s(s(x)), \ldots, s^{[t-1]}(x)) \,\middle|\, 0 \le x < m \right\}, \tag{2}$$

其中

$$s(x) = (ax + c) \bmod m \tag{3}$$

是 x 的后继. 我们只考虑 t 维空间中所有这样的点组成的集合, 不考虑这些点的实际生成次序. 但是, 生成次序反映在向量各分量之间的依赖关系中. 谱检验通过处理所有点的全体 (2), 对各种维度 t 研究这种依赖.

例如, 图 8 显示了二维和三维的典型情形, 用到的数较小, 生成器是

$$s(x) = (137x + 187) \bmod 256. \tag{4}$$

当然, 周期长度为 256 的生成器几乎肯定不是随机的, 但是 256 足够小, 能让我们先绘图, 稍作理解, 方便以后再考虑具有实际意义的较大的 m.

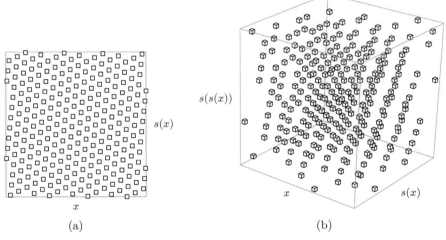

(a)   (b)

图 8   (a) 当 $X_{n+1} = (137X_n + 187) \bmod 256$ 时, 所有相继的点对 (X_n, X_{n+1}) 形成的二维栅格; (b) 三元组 (X_n, X_{n+1}, X_{n+2}) 的三维栅格

或许, 图 8(a) 方格的模式最引人注目之处是, 只用相当少的平行线就能覆盖它们. 事实上, 存在许多不同的平行线族穿过所有的点, 例如一组 20 条接近竖直方向的平行直线就穿过了所有的点, 一组 21 条斜向上大约 30° 角的平行直线也如此. 驾车驶过全面规划、系统耕作的农田时, 我们常常观察到类似模式.

如果在三维空间分析相同的生成器, 对图 8(a) 平面中的 256 个点 $(x, s(x))$ 各添加一个 "高度" 分量 $s(s(x))$, 我们得到立方体中的 256 个点, 如图 8(b) 所示. 想象把这个 3 维晶体结构

制成实体模型, 做成一个可以在手中把玩的立方体, 那么随着转动它, 我们会注意到许多平行平面族都能包含所有点. 用詹姆斯·吉文斯 (小) 的话说, 随机数"主要驻留在诸平面上".

乍一看, 我们可能认为, 这种行为太有条理, 太不随机, 因此同余生成器毫无价值. 但是, 要记住实践中 m 相当大, 所以更仔细思考才能看得更全面, 更深入. 图 8 的规则结构本质上相当于在高倍显微镜下观察随机数时所看到的"颗粒". 如果我们取 0 和 1 之间的真正随机数, 按照有限精度四舍五入或截断, 使得对于某个给定的 ν, 每一个数都是 $1/\nu$ 的整数倍, 则通过显微镜观察时, t 维点 (1) 将具有非常规则的特征.

设 $1/\nu_2$ 是遍取覆盖二维空间诸点 $\{(x/m, s(x)/m)\}$ 的所有平行直线族的直线间的最大距离. 我们称 ν_2 为该随机数生成器的二维精度, 因为基本上在 ν_2 分之一尺度下, 所有相继数对才能表现出规整的微细结构. 类似地, 令 $1/\nu_3$ 是遍取覆盖所有点 $\{(x/m, s(x)/m, s(s(x))/m)\}$ 的所有平行平面族的平面间的最大距离, 称 ν_3 为三维精度. t 维精度 ν_t 是遍取覆盖所有点 $\{(x/m, s(x)/m, \ldots, s^{[t-1]}(x)/m)\}$ 的所有 $(t-1)$ 维平行超平面族的超平面间最大距离的倒数.

周期序列与真正随机序列之间的本质区别是: 对 $1/\nu$ 的倍数四舍五入后, 真正随机序列的精度在所有维上都相同, 而周期序列的精度随 t 增加而减小. 事实上, 当 m 是周期长度时, 由于 t 维立方体中只有 m 个点, 因此 t 维精度不可能比 $m^{1/t}$ 更高.

在考虑 t 个相继值的独立性时, 计算机生成的随机数基本上表现得就像取真正的随机数并舍入到 $\lg \nu_t$ 位一样, 其中 ν_t 随 t 增加而减少. 实践中, 这种变化的精度常常足够使用. 我们并不强求 10 维精度达到 2^{32}, 即所有 $(2^{32})^{10}$ 个可能的 10 元组 $(U_n, U_{n+1}, \ldots, U_{n+9})$ 在 32 位机上都等可能; 对于这么大的 t 值, 我们只希望 $(U_n, U_{n+1}, \ldots, U_{n+t-1})$ 的前几位表现得仿佛独立随机数即可.

另一方面, 在应用程序需要高分辨率的随机数序列时, 简单的线性同余序列必然不足以满足要求. 应该改用具有更长周期的生成器, 即便实际只需产生周期的很小部分. 周期长度取平方, 则高维上的精度基本上也取平方, 换言之, 精度的有效位数将翻番.

谱检验基于较小的 t (比如说 $2 \leq t \leq 6$) 的 ν_t 值. 二、三、四维似乎足以检测出序列中的重要缺陷. 但是, 由于我们考虑整个周期, 因此最好多加小心, 保险起见不妨额外增加一两个维度. 另一方面, 对于 $t \geq 10$, ν_t 的值似乎没有什么实际意义. (这很幸运, 因为当 $t \geq 10$ 时, 精确计算 ν_t 看来相当困难.)

谱检验与序列检验之间存在模糊的关系. 例如, 习题 3.3.3–19 给出序列检验的一种特殊形式, 它遍取整个周期, 分别统计图 8(a) 的 64 个子正方形中的方格数目. 两种检验的主要区别是, 谱检验旋转诸点, 以发现最不利的方向. 本节稍后还将回到序列检验.

起先, 我们可能会认为, 只需要对适当大的一个 t 值进行谱检验, 因为如果一个生成器在 3 维中通过该检验, 则它似乎理应能够通过二维检验, 所以可以省略后者. 这种推理是错误的, 因为在较低的维上, 条件更为严格. 类似的情况也出现在序列检验中: 考虑一个生成器, 当单位立方体划分成 64 个大小为 $\frac{1}{4} \times \frac{1}{4} \times \frac{1}{4}$ 的子立方体时, 该生成器在每个子立方体中具有几乎相同个数的点 (这很正常); 但当单位正方形划分成 64 个大小为 $\frac{1}{8} \times \frac{1}{8}$ 的子正方形时, 同一个生成器却可能产生全空的子正方形. 由于我们在较低维中提高了预期, 因此需要对每个维度分别进行检验.

并非总有 $\nu_t \leq m^{1/t}$, 尽管当诸点形成矩形栅格时, $m^{1/t}$ 确实是 ν_t 的上界. 例如, 在图 8 中, $\nu_2 = \sqrt{274} > \sqrt{256}$, 因为与严格矩形结构相比, m 个点在近似六边形结构中排列得更紧密.

为了开发计算 ν_t 的有效算法, 我们必须更深入地钻研相关数学理论. 因此, 建议不喜欢数学的读者跳到本节的 D 部分, 直接阅读"插件"方式的谱检验方法及示例. 不过, 谱检验所需要的数学知识仅仅是基本的向量运算.

有些作者建议使用覆盖各点的平行直线或超平面的最小数目 N_t, 而不是它们之间的最大距离 $1/\nu_t$ 作为标准. 然而, 数 N_t 看上去没有上面定义的精度概念重要, 因为它是有偏的, 依赖于直线或超平面的倾斜方向与立方体坐标轴向的接近程度. 例如, 在下面的式 (14) 中, 令 $(u_1, u_2) = (18, -2)$, 则覆盖图 8(a) 所有点的 20 条接近竖直的直线实际上相距 $1/\sqrt{328}$ 个单位, 由此可能错误得出, 精度为 $\sqrt{328}$ 分之一, 甚至是 20 分之一. 从 21 条斜率为 7/15 的直线构成的较大直线族获得的真正精度只有 $\sqrt{274}$ 分之一; 另一组斜率为 $-11/13$ 的 24 条直线的直线族, 线间距离也比前述 20 条直线的直线族大, 因为 $1/\sqrt{290} > 1/\sqrt{328}$. 直线族在单位超立方体边界的确切行为并不是一个特别"清晰"或有意义的标准. 然而, 如果有人宁愿统计超平面数, 则可以使用类似于计算 ν_t 的方法来计算 N_t (见习题 16).

*B. 谱检验的理论. 为了分析基本集合 (2), 首先注意到

$$\frac{1}{m} s^{[j]}(x) = \left(\frac{a^j x + (1 + a + \cdots + a^{j-1})c}{m} \right) \bmod 1. \tag{5}$$

在所有方向上, 周期地扩充该集合, 制作原 t 维超立方体的无限多个副本, 我们可以去掉"mod 1"操作, 得到集合

$$L = \left\{ \left(\frac{x}{m} + k_1, \frac{s(x)}{m} + k_2, \ldots, \frac{s^{[t-1]}(x)}{m} + k_t \right) \;\middle|\; 整数\, x, k_1, k_2, \ldots, k_t \right\}$$

$$= \left\{ V_0 + \left(\frac{x}{m} + k_1, \frac{ax}{m} + k_2, \ldots, \frac{a^{t-1}x}{m} + k_t \right) \;\middle|\; 整数\, x, k_1, k_2, \ldots, k_t \right\},$$

其中

$$V_0 = \frac{1}{m} \left(0, c, (1+a)c, \ldots, (1 + a + \cdots + a^{t-2})c \right) \tag{6}$$

是一个常向量. 在 L 的这个表达式中, 变量 k_1 是冗余的, 因为我们可以把 $(x, k_1, k_2, \ldots, k_t)$ 改成 $(x + k_1 m, 0, k_2 - ak_1, \ldots, k_t - a^{t-1}k_1)$, 把 k_1 归约为 0 而不失一般性. 这样, 我们得到相对简单的公式

$$L = \{ V_0 + y_1 V_1 + y_2 V_2 + \cdots + y_t V_t \mid 整数\, y_1, y_2, \ldots, y_t \}, \tag{7}$$

其中

$$V_1 = \frac{1}{m}(1, a, a^2, \ldots, a^{t-1}); \tag{8}$$

$$V_2 = (0, 1, 0, \ldots, 0), \quad V_3 = (0, 0, 1, \ldots, 0), \quad \ldots, \quad V_t = (0, 0, 0, \ldots, 1). \tag{9}$$

L 中对于所有 j 满足 $0 \le x_j < 1$ 的点 $(x_1, x_2, \ldots, x_t)$ 恰为原集合 (2) 中的 m 个点.

注意, 增量 c 仅出现在 V_0 中, 而 V_0 的影响只是移动 L 的所有元素而不改变它们的相对距离. 因此, c 完全不影响谱检验, 在计算 ν_t 时, 不妨假定 $V_0 = (0, 0, \ldots, 0)$. 当 V_0 为零向量时, 各点构成点格

$$L_0 = \{ y_1 V_1 + y_2 V_2 + \cdots + y_t V_t \mid 整数\, y_1, y_2, \ldots, y_t \}. \tag{10}$$

我们的目标是研究覆盖 L_0 中所有点的平行超平面族中, 相邻的 $(t-1)$ 维超平面之间的距离.

一族平行的 $(t-1)$ 维超平面可以用一个垂直于它们的非零向量 $U=(u_1,\ldots,u_t)$ 定义,则一个特定超平面上的点的集合为

$$\{(x_1,\ldots,x_t)\mid x_1u_1+\cdots+x_tu_t=q\},\tag{11}$$

其中,对于超平面族中的每个超平面,q 是一个不同的常量. 换言之,每个超平面都是使得点积 $X\cdot U$ 等于给定值 q 的所有向量 X 的集合. 由于我们要求相邻超平面都相隔固定的距离,其中一个还应包含 $(0,0,\ldots,0)$,因此可以调整 U 的量值,使得所有整数值 q 的集合给出族中所有的超平面. 于是,相邻超平面之间的距离是点 $(0,0,\ldots,0)$ 到 $q=1$ 的超平面的最小距离,即

$$\min_{\text{实数 } x_1,\ldots,x_t}\left\{\sqrt{x_1^2+\cdots+x_t^2}\ \middle|\ x_1u_1+\cdots+x_tu_t=1\right\}.\tag{12}$$

根据柯西不等式(见习题 1.2.3-30),

$$(x_1u_1+\cdots+x_tu_t)^2\le(x_1^2+\cdots+x_t^2)(u_1^2+\cdots+u_t^2),\tag{13}$$

因此,当每个 $x_j=u_j/(u_1^2+\cdots+u_t^2)$ 时,式 (12) 取最小值. 相邻超平面之间的距离为

$$1/\sqrt{u_1^2+\cdots+u_t^2}=1/\text{长度}(U).\tag{14}$$

换言之,我们要找的量 ν_t 恰为定义包含 L_0 中所有元素的超平面族 $\{X\cdot U=q\mid \text{整数}q\}$ 的最短向量 U 的长度.

这样的向量 $U=(u_1,\ldots,u_t)$ 必须是非零向量,并且对于 L_0 中的所有 V,$V\cdot U$ 都必须等于整数. 特别是由于点 $(1,0,\ldots,0)$, $(0,1,\ldots,0)$, $\ldots$, $(0,0,\ldots,1)$ 都在 L_0 中,因此所有的 u_j 必须是整数. 此外,由于 V_1 在 L_0 中,因此 $\frac{1}{m}(u_1+au_2+\cdots+a^{t-1}u_t)$ 必然为整数,即

$$u_1+au_2+\cdots+a^{t-1}u_t\equiv 0\pmod{m}.\tag{15}$$

反过来,满足式 (15) 的任意非零整数向量 $U=(u_1,\ldots,u_t)$ 都定义了一个满足所要求的性质的超平面族,能够覆盖 L_0 的所有点,因为对于所有的整数 $y_1,\ldots,y_t$,点积 $(y_1V_1+\cdots+y_tV_t)\cdot U$ 为整数. 我们已经证明了

$$\begin{aligned}\nu_t^2&=\min_{(u_1,\ldots,u_t)\ne(0,\ldots,0)}\left\{u_1^2+\cdots+u_t^2\ \middle|\ u_1+au_2+\cdots+a^{t-1}u_t\equiv 0\pmod{m}\right\}\\&=\min_{(x_1,\ldots,x_t)\ne(0,\ldots,0)}\left((mx_1-ax_2-a^2x_3-\cdots-a^{t-1}x_t)^2+x_2^2+x_3^2+\cdots+x_t^2\right).\end{aligned}\tag{16}$$

C. 推导计算方法. 现在,我们已经把谱检验归结为求最小值 (16) 的问题. 但是,究竟如何才能在合理的时间内确定这个最小值?穷举搜索是不行的,因为在有实际意义的情况下,m 非常大.

既有趣、可能也更有用的做法是,开发一种计算方法,求解更一般的问题:给定非奇异的系数矩阵 $U=(u_{ij})$,在所有非零整数向量 $(x_1,\ldots,x_t)$ 上,求

$$f(x_1,\ldots,x_t)=(u_{11}x_1+\cdots+u_{t1}x_t)^2+\cdots+(u_{1t}x_1+\cdots+u_{tt}x_t)^2\tag{17}$$

的最小值. 表达式 (17) 称作 t 个变量的"正定二次型". 由于 U 是非奇异的,因此除非诸 x_j 都为零,否则式 (17) 不可能为零.

我们用 $U_1,\ldots,U_t$ 表示 U 的行. 于是,式 (17) 可以写成向量 $x_1U_1+\cdots+x_tU_t$ 的长度的平方形式

$$f(x_1,\ldots,x_t)=(x_1U_1+\cdots+x_tU_t)\cdot(x_1U_1+\cdots+x_tU_t).\tag{18}$$

非奇异矩阵 U 有逆矩阵，这意味存在唯一确定的向量 $V_1,\ldots,V_t$，使得

$$U_i \cdot V_j = \delta_{ij}, \qquad 1 \le i,j \le t. \tag{19}$$

例如，在源于谱检验的特殊形式 (16) 下，我们有

$$
\begin{aligned}
U_1 &= (\quad m,0,0,\ldots,0), & V_1 &= \tfrac{1}{m}(1,a,a^2,\ldots,a^{t-1}),\\
U_2 &= (\quad -a,1,0,\ldots,0), & V_2 &= (0,1,\ 0,\ldots,\quad 0),\\
U_3 &= (\quad -a^2,0,1,\ldots,0), & V_3 &= (0,0,\ 1,\ldots,\quad 0),\\
&\quad\cdots\cdots\cdots\cdots\cdots\cdots\\
U_t &= (-a^{t-1},0,0,\ldots,1), & V_t &= (0,0,\ 0,\ldots,\quad 1).
\end{aligned}
\tag{20}
$$

这些 V_j 正是原先用来定义格 L_0 的向量 (8) 和 (9). 读者可能猜到了，这不是巧合——确实，如果 L_0 是由任意一组线性独立的向量 $V_1,\ldots,V_t$ 定义的任意格，则可以推广上述论证，证明：覆盖族中超平面之间具有最大间距，相当于式 (17) 取到最小值，其中系数 u_{ij} 由式 (19) 定义（见习题 2）.

最小化式 (18) 的第一步是把它归约为一个有穷问题，证明在求最小值时，不需要检验无穷多个向量 $(x_1,\ldots,x_t)$. 这正是向量 $V_1,\ldots,V_t$ 的有用之处. 由于

$$x_k = (x_1 U_1 + \cdots + x_t U_t) \cdot V_k,$$

根据柯西不等式，

$$\big((x_1 U_1 + \cdots + x_t U_t) \cdot V_k\big)^2 \le f(x_1,\ldots,x_t)(V_k \cdot V_k).$$

于是，我们导出了每个坐标 x_k 的有用上界：

引理 A. 设 $(x_1,\ldots,x_t)$ 是最小化式 (18) 的非零向量，$(y_1,\ldots,y_t)$ 是任意非零整数向量. 于是

$$x_k^2 \le f(y_1,\ldots,y_t)(V_k \cdot V_k), \qquad 1 \le k \le t. \tag{21}$$

特别地，对于所有 i，令 $y_i = \delta_{ij}$，有

$$x_k^2 \le (U_j \cdot U_j)(V_k \cdot V_k), \qquad 1 \le j,k \le t. \quad\blacksquare \tag{22}$$

引理 A 把该问题归约为有限搜索，但是式 (21) 的右端通常太大，穷举搜索仍然不现实. 所以至少还需要再来一个化简的点子. 这时，一句古老的格言提供了合理的建议："如果你不能求解所陈述的问题，那么就把它转化成具有相同解的较简单问题." 例如，欧几里得算法就具有这种形式：如果我们不知道输入数的最大公约数，就把它们转化成具有相同最大公约数的较小的数.（事实上，几乎所有算法的诞生，大概都以一种稍微更一般的方法为基础："如果我们不能直接求解一个问题，那么就把它转化成一个或多个较简单的问题，由它们的解可以求解原问题."）

在我们的情况下，一个较简单的问题也就是需要较少搜索的问题，因为式 (22) 的右端较小. 用到的关键思想是：可以把一个二次型转换成另一个实际效果完全等价的二次型. 设 j 是任意固定的下标 $1 \le j \le t$，$(q_1,\ldots,q_{j-1},q_{j+1},\ldots,q_t)$ 是 $t-1$ 个整数的任意序列. 考虑向量变换

$$
\begin{aligned}
V_i' &= V_i - q_i V_j, & x_i' &= x_i - q_i x_j, & U_i' &= U_i, & i \ne j;\\
V_j' &= V_j, & x_j' &= x_j, & U_j' &= U_j + \textstyle\sum_{i \ne j} q_i U_i.
\end{aligned}
\tag{23}
$$

容易看出，新向量 $U_1',\ldots,U_t'$ 定义了一个二次型 f'，满足 $f'(x_1',\ldots,x_t') = f(x_1,\ldots,x_t)$；此外，基本正交条件 (19) 仍然成立，因为容易验证 $U_i' \cdot V_j' = \delta_{ij}$. 当 $(x_1,\ldots,x_t)$ 遍取所有非零整数向量时，$(x_1',\ldots,x_t')$ 也遍取非零整数向量. 因此，新的二次型 f' 与 f 具有相同的最小值.

我们的目标是使用变换 (23), 对于所有的 i, 用 U_i' 替换 U_i, V_i' 替换 V_i, 使得式 (22) 右端变小. 当 $U_j \cdot U_j$ 和 $V_k \cdot V_k$ 都小时, 式 (22) 右端也小. 因此, 关于变换 (23), 自然有以下两个问题:

(a) 选取什么样的 q_i 能使 $V_i' \cdot V_i'$ 尽可能小?

(b) 选取什么样的 $q_1, \ldots, q_{j-1}, q_{j+1}, \ldots, q_t$ 能使 $U_j' \cdot U_j'$ 尽可能小?

最简单的方法是先对实数值 q_i 来解答这些问题. 问题 (a) 相当简单, 因为

$$(V_i - q_i V_j) \cdot (V_i - q_i V_j) = V_i \cdot V_i - 2q_i V_i \cdot V_j + q_i^2 V_j \cdot V_j$$
$$= (V_j \cdot V_j)\left(q_i - (V_i \cdot V_j / V_j \cdot V_j)\right)^2 + V_i \cdot V_i - (V_i \cdot V_j)^2 / V_j \cdot V_j,$$

当

$$q_i = V_i \cdot V_j / V_j \cdot V_j \tag{24}$$

时取最小值. 从几何角度看, 我们是问, 从 V_i 减去 V_j 的多少倍, 得到的向量 V_i' 具有最小长度, 而答案是选择 q_i 使得 V_i' 垂直于 V_j (即 $V_i' \cdot V_j = 0$), 这在下图中一目了然:

$$ \tag{25}$$

转到问题 (b), 我们希望选择 q_i, 使得 $U_j + \sum_{i \ne j} q_i U_i$ 具有最小长度. 从几何角度讲, 就是以 U_j 开始, 加上其点是 $\{U_i \mid i \ne j\}$ 的倍数和的 $(t-1)$ 维超平面中的某个向量. 同样, 最优解又是选择 q_i 使得 U_j' 垂直于该超平面, 即对于所有的 $k \ne j$, $U_j' \cdot U_k = 0$:

$$U_j \cdot U_k + \sum_{i \ne j} q_i (U_i \cdot U_k) = 0, \qquad 1 \le k \le t, \qquad k \ne j. \tag{26}$$

(问题 (b) 的解必须满足这 $t-1$ 个方程, 严格证明见习题 12.)

回答了问题 (a) 和 (b) 之后, 我们会有一点困惑: 是应该根据式 (24), 选择 q_i 使得 $V_i' \cdot V_i'$ 最小; 还是根据式 (26), 选择 q_i 使得 $U_j' \cdot U_j'$ 最小? 这两种选择都能改进式 (22) 的右端, 因此优先选择哪种并非显而易见. 幸好, 答案很简单: 条件 (24) 和 (26) 完全一样! (见习题 7.) 因此, 问题 (a) 和 (b) 有相同的答案. 我们很高兴, 因为可以同时缩小诸 U 和诸 V 的长度. 刚才我们其实是重新发现了格拉姆-施密特正交化过程 [见 *Crelle* **94** (1883), 41–73].

我们还不能高兴得太早, 毕竟现在只对实数值 q_i 处理了问题 (a) 和 (b). 由于应用限制, 只能用整数值, 因此不可能使 V_i' 恰好与 V_j 正交. 对于问题 (a), 我们所能做的是令 q_i 为最接近 $V_i \cdot V_j / V_j \cdot V_j$ 的整数 (见 (25)), 但这并非总是问题 (b) 的最优解. 事实上, U_j' 有时可能比 U_j 长. 然而, 上界 (21) 不会增加, 因为我们总可以记住迄今为止找到的 $f(y_1, \ldots, y_t)$ 的最小值. 这样, 仅根据问题 (a) 选择的 q_i 也是相当令人满意的.

如果反复使用变换 (23), 使得诸向量 V_i 都不会变长, 保证每次至少有一个向量变短, 则不可能陷入循环, 即经过一系列这样的非平凡变换之后, 绝对不会出现相同的二次型. 但是, 最终我们会卡住, 即对于 $1 \le j \le t$, 变换 (23) 无法缩短向量 $V_1, \ldots, V_t$ 中的任何一个. 此时, 我们可以回到穷举搜索, 使用引理 A 的界. 在大部分情况下, 界 (21) 现在已经相当小; 偶尔, 这个界会很差, 那么可以使用另一种类型的变换, 它通常会使算法继续进行, 并降低该界 (见习题 18). 然而已经证明, 变换 (23) 本身用于谱检验已经相当够用. 事实上, 业已证明, 按照下面的算法进行计算, 变换 (23) 的能力强得惊人.

*D. 如何进行谱检验. 现在, 按照上述考虑因素, 给出一个高效的计算过程. 小高斯珀和迪特尔指出, 使用低维的结果, 可明显加快高维的谱检验. 下面的算法结合了这种改进, 也利用了二维情况下的高斯化简 (习题 5).

算法 S (谱检验).   给定 a、m 和 T, 其中 $0 < a < m$, a 与 m 互素. 这个算法对于 $2 \leq t \leq T$, 确定

$$\nu_t = \min\left\{ \sqrt{x_1^2 + \cdots + x_t^2} \;\middle|\; x_1 + ax_2 + \cdots + a^{t-1}x_t \equiv 0 \pmod{m} \right\} \tag{27}$$

的值. (与上面的讨论一致, 最小值在所有非零整数向量 $(x_1, \ldots, x_t)$ 上取, 数 ν_t 度量随机数生成器的 t 维精度.) 算法中的所有算术运算都对整数进行. 除步骤 S7 之外, 这些整数大小很少超过 m^2; 事实上, 在计算期间, 几乎所有整数变量的绝对值都将小于 m.

在对 $t \geq 3$ 计算 ν_t 时, 算法使用两个 $t \times t$ 矩阵 U 和 V, 它们的行向量分别记作 $U_i = (u_{i1}, \ldots, u_{it})$ 和 $V_i = (v_{i1}, \ldots, v_{it})$, $1 \leq i \leq t$. 这些向量满足如下条件

$$u_{i1} + au_{i2} + \cdots + a^{t-1}u_{it} \equiv 0 \pmod{m}, \qquad 1 \leq i \leq t; \tag{28}$$

$$U_i \cdot V_j = m\delta_{ij}, \qquad 1 \leq i, \; j \leq t. \tag{29}$$

(用 m 乘以先前讨论的 V_j, 以确保各分量为整数.) 还有 3 个辅助向量 $X = (x_1, \ldots, x_t)$, $Y = (y_1, \ldots, y_t)$, $Z = (z_1, \ldots, z_t)$. 在整个算法中, r 表示 $a^{t-1} \bmod m$, s 表示迄今为止已经发现的 ν_t^2 的最小上界.

S1. [初始化.] 置 $t \leftarrow 2$, $h \leftarrow a$, $h' \leftarrow m$, $p \leftarrow 1$, $p' \leftarrow 0$, $r \leftarrow a$, $s \leftarrow 1 + a^2$. (算法的第一步非常像欧几里得算法, 先用特殊的方法处理 $t = 2$. 在计算的这一阶段,

$$h - ap \equiv h' - ap' \equiv 0 \pmod{m} \qquad \text{和} \qquad hp' - h'p = \pm m.) \tag{30}$$

S2. [欧几里得步骤.] 置 $q \leftarrow \lfloor h'/h \rfloor$, $u \leftarrow h' - qh$, $v \leftarrow p' - qp$. 如果 $u^2 + v^2 < s$, 则置 $s \leftarrow u^2 + v^2$, $h' \leftarrow h$, $h \leftarrow u$, $p' \leftarrow p$, $p \leftarrow v$, 并重复步骤 S2.

S3. [计算 ν_2.] 置 $u \leftarrow u - h$, $v \leftarrow v - p$; 如果 $u^2 + v^2 < s$, 则置 $s \leftarrow u^2 + v^2$, $h' \leftarrow u$, $p' \leftarrow v$. 然后输出 $\sqrt{s} = \nu_2$. (对于二维情况, 该计算的正确性在习题 5 证明. 现在设置满足式 (28) 和 (29) 的矩阵 U 和 V, 为高维计算做准备.) 置

$$U \leftarrow \begin{pmatrix} -h & p \\ -h' & p' \end{pmatrix}, \qquad V \leftarrow \pm \begin{pmatrix} p' & h' \\ -p & -h \end{pmatrix},$$

其中, 当且仅当 $p' > 0$ 时, V 选择 − 号.

S4. [推进 t.] 如果 $t = T$, 则算法终止. (否则, t 增加 1. 此时, U 和 V 是满足式 (28) 和 (29) 的 $t \times t$ 矩阵, 因此必须扩展它们, 增加一个新行和一个新列.) 置 $t \leftarrow t+1$, $r \leftarrow (ar) \bmod m$. 置 U_t 为 t 个元素的新行 $(-r, 0, 0, \ldots, 0, 1)$, 对 $1 \leq i < t$, 置 $u_{it} \leftarrow 0$. 置 V_t 为新行 $(0, 0, 0, \ldots, 0, m)$. 最后, 对于 $1 \leq i < t$, 置 $q \leftarrow \text{round}(v_{i1}r/m)$, $v_{it} \leftarrow v_{i1}r - qm$, $U_t \leftarrow U_t + qU_i$. (这里 $\text{round}(x)$ 表示最接近 x 的整数, 如 $\lfloor x + 1/2 \rfloor$. 我们本质上是置 $v_{it} \leftarrow v_{i1}r$, 并立即以 $j = t$ 应用变换 (23), 因为数 $|v_{i1}r|$ 太大, 应该立即约减.) 最后, 置 $s \leftarrow \min(s, U_t \cdot U_t)$, $k \leftarrow t$, $j \leftarrow 1$. (在下面的步骤中, j 表示变换 (23) 的当前行下标, 而 k 表示上一次变换至少缩短一个 V_i 时的相应下标.)

S5. [变换.] 对于 $1 \leq i \leq t$, 执行如下操作: 如果 $i \neq j$ 并且 $2|V_i \cdot V_j| > V_j \cdot V_j$, 则置 $q \leftarrow \text{round}(V_i \cdot V_j / V_j \cdot V_j)$, $V_i \leftarrow V_i - qV_j$, $U_j \leftarrow U_j + qU_i$, $s \leftarrow \min(s, U_j \cdot U_j)$,

$k \leftarrow j$.（$2|V_i \cdot V_j|$ 恰等于 $V_j \cdot V_j$ 时，省略该变换. 习题 19 表明这可预防算法陷入无休止的循环.）

S6. ［推进 j.］如果 $j = t$，则置 $j \leftarrow 1$；否则置 $j \leftarrow j+1$. 现在，如果 $j \neq k$，则返回步骤 S5.（如果 $j = k$，则我们连续经历了 $t-1$ 个无变换的循环，因此变换过程已经卡住.）

S7. ［准备搜索.］（现在，穷举搜索满足引理 A 条件 (21) 的所有 $(x_1, \ldots, x_t)$，确定绝对最小值.）置 $X \leftarrow Y \leftarrow (0, \ldots, 0)$，$k \leftarrow t$，并置

$$z_j \leftarrow \left\lfloor \sqrt{\lfloor (V_j \cdot V_j)s/m^2 \rfloor} \right\rfloor, \qquad 1 \leq j \leq t. \tag{31}$$

（我们将考察满足 $|x_j| \leq z_j$，$1 \leq j \leq t$ 的所有 $X = (x_1, \ldots, x_t)$. 通常 $|z_j| \leq 1$，但是在 1999 年，林恩·基林贝克注意到，当 $m = 2^{64}$ 时，对于大约占所有乘数的 0.00001 比例的乘数，会出现较大的数. 在穷举搜索期间，向量 Y 总是等于 $x_1 U_1 + \cdots + x_t U_t$，使得 $f(x_1, \ldots, x_t) = Y \cdot Y$. 由于 $f(-x_1, \ldots, -x_t) = f(x_1, \ldots, x_t)$，因此我们只要考察第一个非零分量为正的那些向量. 把 $(x_1, \ldots, x_t)$ 看作混合进制 $(2z_1 + 1, \ldots, 2z_t + 1)$ 平衡数系的数字，则该方法本质上是步进计数. 见 4.1 节.）

S8. ［推进 x_k.］如果 $x_k = z_k$，则转到 S10；否则 x_k 增加 1，并置 $Y \leftarrow Y + U_k$.

S9. ［推进 k.］置 $k \leftarrow k+1$. 然后，如果 $k \leq t$，则置 $x_k \leftarrow -z_k$，$Y \leftarrow Y - 2z_k U_k$，并重复步骤 9；但是，如果 $k > t$，则置 $s \leftarrow \min(s, Y \cdot Y)$.

S10. ［减小 k.］置 $k \leftarrow k-1$. 如果 $k \geq 1$，则返回步骤 S8. 否则，输出 $\nu_t = \sqrt{s}$（穷举搜索完成）并转回 S4. ∎

实践中，对 $T = 5$ 或 6 使用算法 S；当 $T = 7$ 或 8 时，它通常运行得相当好；但是当 $T \geq 9$ 时，它可能非常慢，因为穷举搜索往往导致运行时间呈 3^T 的速度增加.（如果最小值 ν_t 出现在多个不同点，则穷举搜索将找到全部点. 因此，对大的 t，通常会求出所有的 $z_k = 1$. 如上所述，t 很大时，ν_t 的值一般没有实际意义.）

下面举一个例子，帮助理解算法 S. 考虑由

$$m = 10^{10}, \qquad a = 3141592621, \qquad c = 1, \qquad X_0 = 0 \tag{32}$$

定义的线性同余序列. 在步骤 S2 和 S3，欧几里得算法的 6 次循环足以证实，$x_1^2 + x_2^2$ 的满足

$$x_1 + 3141592621x_2 \equiv 0 \pmod{10^{10}}$$

的最小非零值出现在 $x_1 = 67654$，$x_2 = 226$. 因此，这个生成器的二维精度为

$$\nu_2 = \sqrt{67654^2 + 226^2} \approx 67654.37748.$$

推进到三维，我们求 $x_1^2 + x_2^2 + x_3^2$ 的最小非零值，使得

$$x_1 + 3141592621x_2 + 3141592621^2 x_3 \equiv 0 \pmod{10^{10}}. \tag{33}$$

步骤 S4 设置矩阵

$$U = \begin{pmatrix} -67654 & -226 & 0 \\ -44190611 & 191 & 0 \\ 5793866 & 33 & 1 \end{pmatrix}, \qquad V = \begin{pmatrix} -191 & -44190611 & 2564918569 \\ -226 & 67654 & 1307181134 \\ 0 & 0 & 10000000000 \end{pmatrix}.$$

步骤 S5 的第一次迭代，对 $i = 2$ 用 $q = 1$，对 $i = 3$ 用 $q = 4$，把它们改变为

$$U = \begin{pmatrix} -21082801 & 97 & 4 \\ -44190611 & 191 & 0 \\ 5793866 & 33 & 1 \end{pmatrix}, \qquad V = \begin{pmatrix} -191 & -44190611 & 2564918569 \\ -35 & 44258265 & -1257737435 \\ 764 & 176762444 & -259674276 \end{pmatrix}.$$

（在这个变换中，第一行 U_1 其实变长了，尽管最终 U 的各行都将变短.）

步骤 S5 接下来进行 14 次迭代，$(j, q_1, q_2, q_3) = (2, -2, *, 0)$，$(3, 0, 3, *)$，$(1, *, -10, -1)$，$(2, -1, *, -6)$，$(3, -1, 0, *)$，$(1, *, 0, 2)$，$(2, 0, *, -1)$，$(3, 3, 4, *)$，$(1, *, 0, 0)$，$(2, -5, *, 0)$，$(3, 1, 0, *)$，$(1, *, -3, -1)$，$(2, 0, *, 0)$，$(3, 0, 0, *)$. 现在，变换过程卡住，但是矩阵的行已经明显变短：

$$U = \begin{pmatrix} -1479 & 616 & -2777 \\ -3022 & 104 & 918 \\ -227 & -983 & -130 \end{pmatrix}, \quad V = \begin{pmatrix} -888874 & 601246 & -2994234 \\ -2809871 & 438109 & 1593689 \\ -854296 & -9749816 & -1707736 \end{pmatrix}. \tag{34}$$

步骤 S7 中的搜索界限 (z_1, z_2, z_3) 变成 $(0, 0, 1)$，因此 U_3 是式 (33) 最短的解，

$$\nu_3 = \sqrt{227^2 + 983^2 + 130^2} \approx 1017.21089.$$

尽管条件 (33) 乍一看相当难处理，但是求出三维精度只需要几次迭代. 我们的计算表明，随机数生成器 (32) 产生的所有点 (U_n, U_{n+1}, U_{n+2}) 都落在一族大约相距 0.001 个单位的平行平面上，但是不会落在距离超过 0.001 个单位的任何平面族上.

步骤 S8–S10 的穷举搜索极少能降低 s 值. 一例由罗伯特·卡林和肯尼斯·莱文在 1982 年发现，出现在 $a = 464680339$，$m = 2^{29}$，$t = 5$ 时；另一例出现在我计算本节稍后表 1 第 21 行的 ν_6^2 时.

E. 评估各种生成器. 迄今为止，我们还未给出一个准则，明确判断一个特定的随机数生成器是否通过谱检验. 事实上，谱检验的成功依赖于应用，因为有些应用对分辨率要求更高. 看来，对于大部分应用而言，$\nu_t \geq 2^{30/t}$（$2 \leq t \leq 6$）足够了.（我必须承认，选择这个标准的部分原因是 30 能被 2、3、5、6 整除.）

对于某些用途而言，我们希望有相对独立于 m 的标准，使得对于给定的 m，可以比较一个特定的乘数相对于其他所有乘数是好还是坏，而不必具体考察其他乘数. 一种评估特定乘数好坏的合理图形看来是 t 维空间的椭球体，定义式

$$(x_1 m - x_2 a - \cdots - x_t a^{t-1})^2 + x_2^2 + \cdots + x_t^2 \leq \nu_t^2,$$

因为这个体积大致指示非零整数点 $(x_1, \ldots, x_t)$（对应于式 (15) 的解）落在椭球体中的可能性有多大. 因此，我们提议计算该体积，即

$$\mu_t = \frac{\pi^{t/2} \nu_t^t}{(t/2)! \, m}. \tag{35}$$

作为给定 m 时判断乘数 a 的有效性的一个指标. 在这个公式中，

$$\left(\frac{t}{2}\right)! = \left(\frac{t}{2}\right)\left(\frac{t}{2} - 1\right) \ldots \left(\frac{1}{2}\right)\sqrt{\pi}, \qquad t \text{ 为奇数.} \tag{36}$$

这样，在 6 维或更低维，该指标计算如下：

$$\mu_2 = \pi \nu_2^2 / m, \qquad \mu_3 = \tfrac{4}{3}\pi \nu_3^3 / m, \qquad \mu_4 = \tfrac{1}{2}\pi^2 \nu_4^4 / m,$$
$$\mu_5 = \tfrac{8}{15}\pi^2 \nu_5^5 / m, \qquad \mu_6 = \tfrac{1}{6}\pi^3 \nu_6^6 / m.$$

如果对于 $2 \leq t \leq 6$，$\mu_t \geq 0.1$，则我们可以说乘数 a 通过了谱检验；而如果对于所有这些 t，$\mu_t \geq 1$，则说它"完全成功通过". 低 μ_t 值意味乘数可能选得很不合适，因为很少的格会具有如此接近原点的整数点. 反之，高 μ_t 值意味对于给定的 m，我们找到了一个好得异乎寻常的乘数，但是并不意味随机数必然非常好，因为 m 可能太小. 只有 ν_t 值才真正指示随机程度.

表 1 显示了在典型的序列中会出现什么样的值. 表的每一行对应一个特定的生成器，列出 ν_t^2、μ_t 和"精度的二进制位数" $\lg \nu_t$. 行 1 到行 4 显示 3.3.1 节图 2 和 5 提到的生成器. 行 1 和行 2

表 1　谱检验的范例结果

行	a	m	ν_2^2	ν_3^2	ν_4^2	ν_5^2	ν_6^2
1	23	10^8+1	530	530	530	530	447
2	2^7+1	2^{35}	16642	16642	16642	15602	252
3	$2^{18}+1$	2^{35}	34359738368	6	4	4	4
4	3141592653	2^{35}	2997222016	1026050	27822	1118	1118
5	137	256	274	30	14	6	4
6	3141592621	10^{10}	4577114792	1034718	62454	1776	542
7	3141592221	10^{10}	4293881050	276266	97450	3366	2382
8	4219755981	10^{10}	10721093248	2595578	49362	5868	820
9	4160984121	10^{10}	9183801602	4615650	16686	6840	1344
10	$2^{24}+2^{13}+5$	2^{35}	8364058	8364058	21476	16712	1496
11	5^{13}	2^{35}	33161885770	2925242	113374	13070	2256
12	$2^{16}+3$	2^{29}	536936458	118	116	116	116
13	1812433253	2^{32}	4326934538	1462856	15082	4866	906
14	1566083941	2^{32}	4659748970	2079590	44902	4652	662
15	69069	2^{32}	4243209856	2072544	52804	6990	242
16	2650845021	2^{32}	4938969760	2646962	68342	8778	1506
17	314159269	$2^{31}-1$	1432232969	899290	36985	3427	1144
18	62089911	$2^{31}-1$	1977289717	1662317	48191	6101	1462
19	16807	$2^{31}-1$	282475250	408197	21682	4439	895
20	48271	$2^{31}-1$	1990735345	1433881	47418	4404	1402
21	40692	$2^{31}-249$	1655838865	1403422	42475	6507	1438
22	44485709377909	2^{46}	5.6×10^{13}	1180915002	1882426	279928	26230
23	31167285	2^{48}	3.2×10^{14}	4111841446	17341510	306326	59278
24	见 (38)		2.4×10^{18}	4.7×10^{11}	1.9×10^9	3194548	1611610
25	见 (39)		$(2^{31}-1)^2$	1.4×10^{12}	643578623	12930027	837632
26	见正文	2^{64}	8.8×10^{18}	6.4×10^{12}	4.1×10^9	45662836	1846368
27	见正文	$\approx 2^{78}$	$2^{62}+1$	4281084902	2.2×10^9	1.8×10^9	1862407
28	$2^{-24}\cdot389$	$\approx 2^{576}$	1.8×10^{173}	3.5×10^{115}	4.4×10^{86}	2×10^{69}	5×10^{57}
29	$(2^{32}-5)^{-400}$	$\approx 2^{1376}$	1.6×10^{414}	8.6×10^{275}	1×10^{207}	2×10^{165}	8×10^{137}

的生成器问题在于乘数太小，当 a 很小时，像图 8 这样的图将有 a 条接近竖直的"条纹". 行 3 的生成器很糟糕，虽然 μ_2 很好，但 μ_3 和 μ_4 很差，和绝大多数势为 2 的生成器一样，它有 $\nu_3=\sqrt{6}$ 和 $\nu_4=2$（见习题 3). 行 4 显示了一个"随机"乘数，这个生成器令人满意地通过了许多关于随机性的经验检验，但是并没有特别高的 $\mu_2,\dots,\mu_6$ 值. 事实上，μ_5 的值太低，不符合我们的标准.

行 5 显示了图 8 的生成器. 考虑 μ_2 到 μ_6 时，它非常成功地通过了谱检验，但是 m 太小，很难说这些数是随机的，其 ν_t 值非常低.

行 6 是式 (32) 中讨论的生成器. 行 7 是一个类似的例子，具有极低的 μ_3 值. 行 8 对相同的模 m 使用非随机的乘数，它的所有部分商都是 1、2 或 3. 这样的乘数由伊扎克·博罗沙和哈拉尔德·尼德赖特提议使用，因为戴德金和多半会特别小，在二维序列检验中结果也最好（见 3.3.3 节和习题 30). 行 8 中的特定例子只有一个"3"作为部分商，不存在与 1 模 20 同余的乘数使得关于 10^{10} 的部分商只有 1 和 2. 行 9 的生成器显示了另一个按照沃特曼的建议刻意选择的乘数，它确保相当高的 μ_2 值（见习题 11). 行 10 值得关注，因为它尽管 μ_2 值低，但是 μ_3 值很高（见习题 8).

表 1 的行 11 让人怀念昔日的美好时光——按照奥尔加·陶斯基在 20 世纪 50 年代早期的建议，它一度得到广泛使用. 但是，在 20 世纪 60 年代后期，2^{35} 为合适的模的计算机开始淡出，到了 80 年代几乎完全消失，因为当时 32 位算术运算的机器开始激增. 字大小减小的这一转换过程值得格外关注. 可叹啊，行 12 的生成器实际在全世界大部分科学计算中心的这种机器上使用了十多年，光提它的名字 RANDU 就足以使许多计算机科学家眼神惊恐，满腹酸楚！实际

$$\left(\epsilon = \tfrac{1}{10}\right)$$

$\lg \nu_2$	$\lg \nu_3$	$\lg \nu_4$	$\lg \nu_5$	$\lg \nu_6$	μ_2	μ_3	μ_4	μ_5	μ_6	行
4.5	4.5	4.5	4.5	4.4	$2\epsilon^5$	$5\epsilon^4$	0.01	0.34	4.62	1
7.0	7.0	7.0	7.0	4.0	$2\epsilon^6$	$3\epsilon^4$	0.04	4.66	$2\epsilon^3$	2
17.5	1.3	1.0	1.0	1.0	3.14	$2\epsilon^9$	$2\epsilon^9$	$5\epsilon^9$	ϵ^8	3
15.7	10.0	7.4	5.1	5.1	0.27	0.13	0.11	0.01	0.21	4
4.0	2.5	1.9	1.3	1.0	3.36	2.69	3.78	1.81	1.29	5
16.0	10.0	8.0	5.4	4.5	1.44	0.44	1.92	0.07	0.08	6
16.0	9.0	8.3	5.4	5.6	1.35	0.06	4.69	0.35	6.98	7
16.7	10.7	7.8	6.3	4.8	3.37	1.75	1.20	1.39	0.28	8
16.5	11.1	7.0	6.4	5.2	2.89	4.15	0.14	2.04	1.25	9
11.5	11.5	7.2	7.0	5.3	$8\epsilon^4$	2.95	0.07	5.53	0.50	10
17.5	10.7	8.4	6.8	5.6	3.03	0.61	1.85	2.99	1.73	11
14.5	3.4	3.4	3.4	3.4	3.14	ϵ^5	ϵ^4	ϵ^3	0.02	12
16.0	10.2	6.9	6.1	4.9	3.16	1.73	0.26	2.02	0.89	13
16.1	10.5	7.7	6.1	4.7	3.41	2.92	2.32	1.81	0.35	14
16.0	10.5	7.8	6.4	4.0	3.10	2.91	3.20	5.01	0.02	15
16.1	10.7	8.0	6.6	5.3	3.61	4.20	5.37	8.85	4.11	16
15.2	9.9	7.6	5.9	5.1	2.10	1.66	3.14	1.69	3.60	17
15.4	10.3	7.8	6.3	5.3	2.89	4.18	5.34	7.13	7.52	18
14.0	9.3	7.2	6.1	4.9	0.41	0.51	1.08	3.22	1.73	19
15.4	10.2	7.8	6.1	5.2	2.91	3.35	5.17	3.15	6.63	20
15.3	10.2	7.7	6.3	5.2	2.42	3.24	4.15	8.37	7.16	21
22.8	15.1	10.4	9.0	7.3	2.48	2.42	0.25	3.10	1.33	22
24.1	16.0	12.0	9.1	7.9	3.60	3.92	5.27	0.97	3.82	23
30.5	19.4	15.4	10.8	10.3	1.65	0.29	3.88	0.02	4.69	24
31.0	20.2	14.6	11.8	9.8	3.14	1.49	0.44	0.69	0.66	25
31.5	21.3	16.0	12.7	10.4	1.50	3.68	4.52	4.02	1.76	26
31.0	16.0	15.5	15.4	10.4	$5\epsilon^5$	$4\epsilon^9$	$8\epsilon^5$	2.56	ϵ^4	27
288.	192.	144.	115.	95.9	2.27	3.46	3.92	2.49	2.98	28
688.	458.	344.	275.	229.	3.10	2.04	2.85	1.15	1.33	29

由式 (40) 得到的上界:　　　　　　3.63　　5.92　　9.87　　14.89　　23.87

的生成器由下式定义:

$$X_0 \text{为奇数}, \qquad X_{n+1} = (65539 X_n) \bmod 2^{31}, \tag{37}$$

习题 20 指出，对于谱检验，2^{29} 是合适的模数. 由于 $9X_n - 6X_{n+1} + X_{n+2} \equiv 0 \pmod{2^{31}}$，该生成器通不过随机性的大部分三维标准，因而本不该使用. 几乎任何与 5 (modulo 8) 同余的乘数都更好一些. （小高斯珀注意到，关于 RANDU 有一个奇怪事实: $\nu_4 = \nu_5 = \nu_6 = \nu_7 = \nu_8 = \nu_9 = \sqrt{116}$，因此 μ_9 为 11.98 令人印象深刻.）行 13 和 14 分别是博罗沙-尼德赖特和沃特曼提出的关于模 2^{32} 的乘数. 行 16 是基林贝克找到的，他完成了 $m = 2^{32}$ 时所有满足 $a \equiv 1 \bmod 4$ 的乘数 a 的穷举搜索. 行 23 与之类似，是米歇尔·洛沃和弗兰克·让森斯在（非穷举的）计算机搜索具有很高的 μ_2、适合谱检验的好乘数时找到的. 行 22 是在Cray X-MP 库中与 $c = 0$ 和 $m = 2^{48}$ 一起使用的乘数; 行 26 （其卓越的乘数 6364136223846793005 太大，该列写不开）由查尔斯·海恩斯（小）提出. 行 15 是马尔萨利亚用计算机搜索了 2 到 5 维的近立方体格后推荐的"最佳乘数候选"，部分原因是它好记 [*Applications of Number Theory to Numerical Analysis*，斯坦尼斯劳·扎伦巴编辑 (New York: Academic Press, 1972), 275].

行 17 使用一个随机模素数 $2^{31} - 1$ 原根作为乘数. 行 18 显示了模 $2^{31} - 1$ 的谱最优（即最适合谱检验）原根，这是乔治·菲什曼和路易斯·穆尔在一次穷举搜索中发现的 [*SIAM J. Sci. Stat. Comput.* **7** (1986), 24–45]. 行 19 的乘数 $16807 = 7^5$，虽然够用但不算卓越，自从彼得·刘易斯、艾伦·古德曼和詹姆斯·米勒 [*IBM Systems J.* **8** (1969), 136–146] 提出之后，它便是对该模数实际使用最频繁的乘数，自 1971 年以来一直是知名的IMSL 子程序库中最重要的生成器之一. 人们持续使用乘数 $a = 16807$ 的主要原因是 a^2 小于模数 m，因此使用习题 3.2.1.1–9 的方法，可以相当高效地用高级语言实现 $ax \bmod m$. 然而，这种小乘数也有为人所知的缺陷. 斯蒂芬·帕克和肯内特·米勒注意到，这种实现方法也可以用于大于 $\sqrt{m}$ 的某些乘数，因此他们请菲什曼在这一较大范围中找出该类的最佳"可高效移植"乘数，结果见第 20 行 [*CACM* **31** (1988), 1192–1201]. 行 21 显示了另一个好乘数，归功于勒屈耶 [*CACM* **31** (1988), 742–749, 774]，这个生成器使用稍小的素数模数.

按照式 3.2.2–(15)的建议，用减法结合行 20 和 21 的生成器，使得所生成的数 $\langle Z_n \rangle$ 满足

$$X_{n+1} = 48271X_n \bmod (2^{31}-1), \qquad Y_{n+1} = 40692Y_n \bmod (2^{31}-249),$$
$$Z_n = (X_n - Y_n) \bmod (2^{31}-1), \tag{38}$$

此时，习题 32 表明，用 $m = (2^{31}-1)(2^{31}-249)$ 和 $a = 1431853894371298687$ 的谱检验评估 $\langle Z_n \rangle$ 是合理的. （值 a 满足 $a \bmod (2^{31}-1) = 48271$ 和 $a \bmod (2^{31}-249) = 40692$.）结果见第 24 行. 我们不必过于担心值 μ_5 很小，因为 $\nu_5 > 1000$. 生成器 (38) 的周期长度为 $(2^{31}-2)(2^{31}-250)/62 \approx 7 \times 10^{16}$.

表 1 的第 25 行代表序列

$$X_n = (271828183X_{n-1} - 314159269X_{n-2}) \bmod (2^{31}-1). \tag{39}$$

可以证明它的周期长度为 $(2^{31}-1)^2 - 1$，已经用习题 24 的广义谱检验对它进行了分析.

表 1 的最后 3 行基于进位加法和借位减法，它们模拟具有特别大的模数的线性同余序列（见习题 3.2.1.1–14）. 行 27 是生成器

$$X_n = (X_{n-1} + 65430X_{n-2} + C_n) \bmod 2^{31},$$
$$C_{n+1} = \lfloor (X_{n-1} + 65430X_{n-2} + C_n)/2^{31} \rfloor,$$

它对应于 $\mathcal{X}_{n+1} = (65430 \cdot 2^{31}+1)\mathcal{X}_n \bmod (65430 \cdot 2^{62} + 2^{31}-1)$. 表中的数源自"超值"

$$\mathcal{X}_n = (65430 \cdot 2^{31}+1)X_{n-1} + 65430X_{n-2} + C_n,$$

而不是实际作为随机数计算和使用的值 X_n. 行 28 代表一个更典型的借位减法生成器

$$X_n = (X_{n-10} - X_{n-24} - C_n) \bmod 2^{24}, \qquad C_{n+1} = [X_{n-10} < X_{n-24} + C_n],$$

但它经过修改，生成序列的 389 个元素，而只使用前（或后）24 个. 这个生成器称作RANLUX，在通过了许多先前的生成器都未能通过的严格检验之后，被吕舍尔推荐 [*Computer Physics Communications* **79** (1994), 100–110]. 行 29 是一个类似的序列

$$X_n = (X_{n-22} - X_{n-43} - C_n) \bmod (2^{32}-5), \qquad C_{n+1} = [X_{n-22} < X_{n-43} + C_n],$$

它在生成 400 个元素后只使用 43 个，相关讨论见习题 3.2.1.2–22 的答案. 在两种情况下，表项都涉及多精度数 $\mathcal{X}_n$，而不是个体"数字" X_n 上的谱检验，但是高 μ 值表明，由于这些生成器的方案极其简单，因此在选择 24 或 43 个数之前生成 389 或 400 个数是消除偏倚的极好方法.

无论如何选取 m，μ_t 都有不可能超越的理论上界，见表 1 下方. 人们业已知道，每个单位体积有 m 个点的每个格都满足

$$\nu_t \leq \gamma_t^{1/2} m^{1/t}, \tag{40}$$

其中，对于 $t = 2, \ldots, 8$，γ_t 分别取如下值

$$(4/3)^{1/2}, \quad 2^{1/3}, \quad 2^{1/2}, \quad 2^{3/5}, \quad (64/3)^{1/6}, \quad 4^{3/7}, \quad 2 \tag{41}$$

[见习题 9 和约翰·卡斯尔斯, *Introduction to the Geometry of Numbers* (Berlin: Springer, 1959), 332; 约翰·康威和尼尔·斯洛恩, *Sphere Packings, Lattices and Groups* (New York: Springer, 1988), 20.] 对于由具有任意实数坐标的向量生成的格, 这些界都成立. 例如, 对于 $t = 2$, 最佳的格是六边形, 生成它的两个向量构成等边三角形的两边, 长度为 $2/\sqrt{3m}$. 在三维, 生成最佳的格的三个向量 V_1, V_2, V_3 可以旋转成 $(v, v, -v)$, $(v, -v, v)$, $(-v, v, v)$, 其中 $v = 1/\sqrt[3]{4m}$.

*F. 与序列检验的关系. 在 20 世纪 70 年代发表的一系列重要论文中, 尼德赖特展示了如何用指数和分析 t 维向量 (1) 的分布. 其理论的重要推论是: 即使只考虑周期的充分大的部分, 而不是整个周期, 通过谱检验的任何生成器都将通过多个维度上的序列检验. 现在, 我们就暂时转向周期长度为 m 的线性同余序列 (X_0, a, c, m), 研究他的有趣方法.

我们需要的第一个概念是 t 维偏差. t 维偏差定义为, t 维向量 $(x_n, x_{n+1}, \ldots, x_{n+t-1})$ 落入一个超矩形区域的期望次数与实际次数之间的差, 在所有这样的区域上的最大值. 为精确起见, 令 $\langle x_n \rangle$ 为 $0 \le x_n < m$ 中的整数的序列. 我们定义

$$D_N^{(t)} = \max_R \left| \frac{\text{对于 } 0 \le n < N, R \text{ 中 } (x_n, \ldots, x_{n+t-1}) \text{ 的个数}}{N} - \frac{R \text{ 的体积}}{m^t} \right| \tag{42}$$

其中, R 遍取所有形如

$$R = \{(y_1, \ldots, y_t) \mid \alpha_1 \le y_1 < \beta_1, \ldots, \alpha_t \le y_t < \beta_t\} \tag{43}$$

的点集, 其中对于 $1 \le j \le t$, α_j 和 β_j 是区间 $0 \le \alpha_j < \beta_j \le m$ 内的整数. R 的体积显然为 $(\beta_1 - \alpha_1) \ldots (\beta_t - \alpha_t)$. 为了得到偏差 $D_N^{(t)}$, 设想考虑所有这些集合 R, 并找出点 $(x_n, \ldots, x_{n+t-1})$ 超出或缺少最多的那个集合.

可以使用指数和找到该偏差的一个上界. 设 $\omega = e^{2\pi i/m}$ 为 m 次单位原根. 如果 $(x_1, \ldots, x_t)$ 和 $(y_1, \ldots, y_t)$ 是两个向量, 所有分量都满足 $0 \le x_j, y_j < m$, 则

$$\sum_{0 \le u_1, \ldots, u_t < m} \omega^{(x_1-y_1)u_1 + \cdots + (x_t-y_t)u_t} = \begin{cases} m^t & \text{如果 } (x_1, \ldots, x_t) = (y_1, \ldots, y_t), \\ 0 & \text{如果 } (x_1, \ldots, x_t) \ne (y_1, \ldots, y_t). \end{cases}$$

因此, 当 R 由式 (43) 定义时, 对于 $0 \le n < N$, R 中的向量 $(x_n, \ldots, x_{n+t-1})$ 的个数可以表示为

$$\frac{1}{m^t} \sum_{0 \le n < N} \sum_{0 \le u_1, \ldots, u_t < m} \omega^{x_n u_1 + \cdots + x_{n+t-1} u_t} \sum_{\alpha_1 \le y_1 < \beta_1} \cdots \sum_{\alpha_t \le y_t < \beta_t} \omega^{-(y_1 u_1 + \cdots + y_t u_t)}.$$

当这个和式中 $u_1 = \cdots = u_t = 0$ 时, 我们得到 N/m^t 乘以 R 的体积, 因此 $D_N^{(t)}$ 可以表示为

$$\left| \frac{1}{Nm^t} \sum_{0 \le n < N} \sum_{\substack{0 \le u_1, \ldots, u_t < m \\ (u_1, \ldots, u_t) \ne (0, \ldots, 0)}} \omega^{x_n u_1 + \cdots + x_{n+t-1} u_t} \sum_{\alpha_1 \le y_1 < \beta_1} \cdots \sum_{\alpha_t \le y_t < \beta_t} \omega^{-(y_1 u_1 + \cdots + y_t u_t)} \right|$$

在 R 上的最大值. 由于复数满足 $|w + z| \le |w| + |z|$ 和 $|wz| = |w||z|$, 由此得到

$$D_N^{(t)} \le \max_R \frac{1}{m^t} \sum_{\substack{0 \le u_1, \ldots, u_t < m \\ (u_1, \ldots, u_t) \ne (0, \ldots, 0)}} \left| \sum_{\alpha_1 \le y_1 < \beta_1} \cdots \sum_{\alpha_t \le y_t < \beta_t} \omega^{-(y_1 u_1 + \cdots + y_t u_t)} \right| g(u_1, \ldots, u_t)$$

$$\le \frac{1}{m^t} \sum_{\substack{0 \le u_1, \ldots, u_t < m \\ (u_1, \ldots, u_t) \ne (0, \ldots, 0)}} \max_R \left| \sum_{\alpha_1 \le y_1 < \beta_1} \cdots \sum_{\alpha_t \le y_t < \beta_t} \omega^{-(y_1 u_1 + \cdots + y_t u_t)} \right| g(u_1, \ldots, u_t)$$

$$= \sum_{\substack{0 \le u_1,\dots,u_t < m \\ (u_1,\dots,u_t) \ne (0,\dots,0)}} f(u_1,\dots,u_t)\, g(u_1,\dots,u_t), \tag{44}$$

其中

$$g(u_1,\dots,u_t) = \left| \frac{1}{N} \sum_{0 \le n < N} \omega^{x_n u_1 + \dots + x_{n+t-1} u_t} \right|,$$

$$f(u_1,\dots,u_t) = \max_R \frac{1}{m^t} \left| \sum_{\alpha_1 \le y_1 < \beta_1} \dots \sum_{\alpha_t \le y_t < \beta_t} \omega^{-(y_1 u_1 + \dots + y_t u_t)} \right|$$

$$= \max_R \left| \frac{1}{m} \sum_{\alpha_1 \le y_1 < \beta_1} \omega^{-u_1 y_1} \right| \dots \left| \frac{1}{m} \sum_{\alpha_t \le y_t < \beta_t} \omega^{-u_t y_t} \right|.$$

f 和 g 都可以进一步化简, 得到 $D_N^{(t)}$ 的好上界. 当 $u \ne 0$ 时,

$$\left| \frac{1}{m} \sum_{\alpha \le y < \beta} \omega^{-uy} \right| = \left| \frac{1}{m} \frac{\omega^{-\beta u} - \omega^{-\alpha u}}{\omega^{-u} - 1} \right| \le \frac{2}{m\,|\omega^u - 1|} = \frac{1}{m \sin(\pi u/m)};$$

当 $u = 0$ 时, 该和 ≤ 1; 因此

$$f(u_1,\dots,u_t) \le r(u_1,\dots,u_t), \tag{45}$$

其中

$$r(u_1,\dots,u_t) = \prod_{\substack{1 \le k \le t \\ u_k \ne 0}} \frac{1}{m \sin(\pi u_k/m)}. \tag{46}$$

此外, 当 $\langle x_n \rangle$ 由一个线性同余序列模 m 生成时, 我们有

$$x_n u_1 + \dots + x_{n+t-1} u_t = x_n u_1 + (a x_n + c) u_2 + \dots + \big(a^{t-1} x_n + c(a^{t-2} + \dots + 1)\big) u_t$$

$$= (u_1 + a u_2 + \dots + a^{t-1} u_t) x_n + h(u_1,\dots,u_t),$$

其中 $h(u_1,\dots,u_t)$ 独立于 n. 因此

$$g(u_1,\dots,u_t) = \left| \frac{1}{N} \sum_{0 \le n < N} \omega^{q(u_1,\dots,u_t) x_n} \right|, \tag{47}$$

其中

$$q(u_1,\dots,u_t) = u_1 + a u_2 + \dots + a^{t-1} u_t. \tag{48}$$

现在该与谱检验建立联系了: 我们将证明, 除非 $q(u_1,\dots,u_t) \equiv 0 \pmod{m}$, 否则和 $g(u_1,\dots,u_t)$ 相当小; 换言之, 对式 (44) 的贡献主要来自式 (15) 的解. 此外, 习题 27 表明, 当 $(u_1,\dots,u_t)$ 是式 (15) 的 "大" 解时, $r(u_1,\dots,u_t)$ 相当小. 因此, 当式 (15) 仅有 "大" 解时, 即当它通过谱检验时, 偏差 $D_N^{(t)}$ 相当小. 剩下的任务是通过仔细计算来量化这些定性陈述.

首先, 考虑 $g(u_1,\dots,u_t)$ 的大小. 当 $N = m$ 时, 式 (47) 是在整个周期上求和, 则除非 $(u_1,\dots,u_t)$ 满足式 (15), 否则 $g(u_1,\dots,u_t) = 0$, 因而在此情况下偏差有上界, 一个上界就是遍取式 (15) 的所有非零解的 $r(u_1,\dots,u_t)$ 之和. 同时, 也要考虑当 N 小于 m 并且 $q(u_1,\dots,u_t)$

不是 m 的倍数时，式 (47) 这样的和会发生什么. 我们有

$$\sum_{0 \le n < N} \omega^{x_n} = \sum_{0 \le n < N} \frac{1}{m} \sum_{0 \le k < m} \omega^{-nk} \sum_{0 \le j < m} \omega^{x_j + jk}$$

$$= \sum_{0 \le k < m} \left(\frac{1}{m} \sum_{0 \le n < N} \omega^{-nk} \right) S_{k0}, \tag{49}$$

其中

$$S_{kl} = \sum_{0 \le j < m} \omega^{x_{j+l} + jk}. \tag{50}$$

现在 $S_{kl} = \omega^{-lk} S_{k0}$，因此对于所有的 l，$|S_{kl}| = |S_{k0}|$. 进一步求指数和，可以计算这个公共值：

$$|S_{k0}|^2 = \frac{1}{m} \sum_{0 \le l < m} |S_{kl}|^2$$

$$= \frac{1}{m} \sum_{0 \le l < m} \sum_{0 \le j < m} \omega^{x_{j+l} + jk} \sum_{0 \le i < m} \omega^{-x_{i+l} - ik}$$

$$= \frac{1}{m} \sum_{0 \le i, j < m} \omega^{(j-i)k} \sum_{0 \le l < m} \omega^{x_{j+l} - x_{i+l}}$$

$$= \frac{1}{m} \sum_{0 \le i < m} \sum_{i \le j < m+i} \omega^{(j-i)k} \sum_{0 \le l < m} \omega^{(a^{j-i}-1)x_{i+l} + (a^{j-i}-1)c/(a-1)}.$$

设 s 是使得 $a^s \equiv 1 \pmod{m}$ 的最小值，并设

$$s' = (a^s - 1)c/(a-1) \bmod m.$$

于是 s 是 m 的一个因子（见引理 3.2.1.2P），并且 $x_{n+js} \equiv x_n + js' \pmod{m}$. 除非 $j - i$ 是 s 的一个倍数，否则上式中关于 l 的和为零，因此求得

$$|S_{k0}|^2 = m \sum_{0 \le j < m/s} \omega^{jsk + js'}.$$

我们有 $s' = q's$，其中 q' 与 m 互素（见习题 3.2.1.2–21），于是结果是

$$|S_{k0}| = \begin{cases} 0 & \text{如果 } k + q' \not\equiv 0 \pmod{m/s}, \\ m/\sqrt{s} & \text{如果 } k + q' \equiv 0 \pmod{m/s}. \end{cases} \tag{51}$$

把这些代入式 (49)，回想式 (45) 的推导，推出

$$\left| \sum_{0 \le n < N} \omega^{x_n} \right| \le \frac{m}{\sqrt{s}} \sum_k r(k), \tag{52}$$

其中，求和范围是使得 $k + q' \equiv 0 \pmod{m/s}$ 的 $0 \le k < m$. 现在可以用习题 25 估计剩下的和，从而求出

$$\left| \sum_{0 \le n < N} \omega^{x_n} \right| \le \frac{2}{\pi} \sqrt{s} \ln s + O\left(\frac{m}{\sqrt{s}} \right). \tag{53}$$

对任意 $q \not\equiv 0 \pmod{m}$，这也是 $|\sum_{0 \le n < N} \omega^{qx_n}|$ 的上界，因为其效果只是在推导中用 m 的一个因子替换 m. 事实上，当 q 与 m 有公因子时，上界甚至还可以更小，因为 s 和 $m/\sqrt{s}$ 一般变得更小（见习题 26）.

现在，我们已经证明了，如果 N 足够大，并且 $(u_1, \ldots, u_t)$ 不满足谱检验同余式 (15)，则偏差上界 (44) 的 $g(u_1, \ldots, u_t)$ 部分很小. 习题 27 证明，对满足式 (15) 的所有非零向量

$(u_1, \ldots, u_t)$ 求和时，只要这些向量都远离 $(0, \ldots, 0)$，则上界的 $f(u_1, \ldots, u_t)$ 部分很小. 综合以上结果，得出下面的尼德赖特定理.

定理 N. 设 $\langle X_n \rangle$ 是周期长度 $m > 1$ 的线性同余序列 (X_0, a, c, m)，s 是使得 $a^s \equiv 1$ (modulo m) 的最小正整数，则按照式 (42) 的定义，对应于 $\langle X_n \rangle$ 的前 N 个值的 t 维偏差 $D_N^{(t)}$ 满足

$$D_N^{(t)} = O\left(\frac{\sqrt{s} \log s\, (\log m)^t}{N} \right) + O\left(\frac{m(\log m)^t}{N\sqrt{s}} \right) + O\big((\log m)^t r_{\max}\big), \tag{54}$$

$$D_m^{(t)} = O\big((\log m)^t r_{\max}\big), \tag{55}$$

这里，$r_{\max}$ 是 $(u_1, \ldots, u_t)$ 取遍满足式 (15) 的所有非零整数向量时，式 (46) 定义的量 $r(u_1, \ldots, u_t)$ 的最大值.

证明. 式 (54) 的前两个 O 项来自式 (44) 中不满足式 (15) 的向量 $(u_1, \ldots, u_t)$，因为习题 25 证明，$f(u_1, \ldots, u_t)$ 对所有的 $(u_1, \ldots, u_t)$ 求和，为 $O\big(((2/\pi) \ln m)^t\big)$，而习题 26 给出了每个 $g(u_1, \ldots, u_t)$ 的界.（这些项不在式 (55) 中，因为在这种情况下 $g(u_1, \ldots, u_t) = 0$.）使用习题 27 推导出的界，式 (54) 和 (55) 中剩下的 O 项来自满足式 (15) 的非零向量 $(u_1, \ldots, u_t)$.（通过仔细考察该证明，我们可以用 t 的显式函数替换这些公式中的每个 O.）∎

式 (55) 与整个周期上的 t 维序列检验有关，而当 N 小于 m 时，只要 N 不太小，式 (54) 也提供了关于所生成的前 N 个值的分布的有用信息. 应当注意，仅当 s 充分大时，式 (54) 才能保证低偏差，否则偏差将由 $m/\sqrt{s}$ 项决定. 如果 $m = p_1^{e_1} \ldots p_r^{e_r}$，$\gcd(a-1, m) = p_1^{f_1} \ldots p_r^{f_r}$，则根据引理 3.2.1.2P，$s$ 等于 $p_1^{e_1-f_1} \ldots p_r^{e_r-f_r}$；于是，最大的 s 值对应于高势. 在 $m = 2^e$，$a \equiv 5$ (modulo 8) 的通常情况下，我们有 $s = \frac{1}{4}m$，因而 $D_N^{(t)}$ 为 $O\big(\sqrt{m}\,(\log m)^{t+1}/N\big) + O\big((\log m)^t r_{\max}\big)$. 不难证明

$$r_{\max} \leq \frac{1}{\sqrt{8}\, \nu_t} \tag{56}$$

（见习题 29）. 因此，式 (54) 特别表明，如果通过谱检验并且 N 大于 $\sqrt{m}\,(\log m)^{t+1}$，则 t 维偏差将很低.

在某种意义下，定理 N 几乎太强了，因为习题 30 的结果表明，像表 1 的第 8 和 13 行那样的线性同余序列在 2 维具有 $(\log m)^2/m$ 量级的偏差. 在这种情况下，偏差非常小，尽管事实上存在面积大约为 $1/\sqrt{m}$ 的平行四边形区域不包含点 (U_n, U_{n+1}). 转动诸点时可以如此剧烈地改变偏差，这警示我们，在度量随机性方面，序列检验可能不如具有旋转不变性的谱检验有意义.

G. 历史注记. 1959 年，在用蒙特卡罗方法推导 t 维积分计算的误差上界时，尼古拉·科罗博夫设计了一种评估线性同余序列乘数的方法. 他的公式相当复杂，与谱检验有关，因为它深受式 (15) "小"解的影响；但是，它与谱检验并不太一样. 科罗博夫检验一直是众多文献的主题，劳韦伦斯·凯珀斯和尼德赖特在《序列的均匀分布》[*Uniform Distribution of Sequences* (New York: Wiley, 1974)] 的 2.5 节给出了综述.

谱检验最早由科维尤和罗伯特·麦克弗森系统阐述 [*JACM* **14** (1967), 100–119]，他们用一种有趣的间接方法发明了它. 他们把随机数生成器看作 t 维"波"源，而没有使用相继点的栅格结构. 在原始讨论中，满足 $x_1 + \cdots + a^{t-1}x_t \equiv 0$ (modulo m) 的数 $\sqrt{x_1^2 + \cdots + x_t^2}$ 视为波的"频率"，即随机数生成器定义的"谱"中的点，而低频波对随机性损害最大，谱检验由此得名. 为了进行检验，科维尤和麦克弗森基于引理 A 的原理，发明了一个类似于算法 S 的过程. 然而，他们最初的过程使用矩阵 UU^T 和 VV^T，而不是使用 U 和 V，所以处理的数非常大. 直接使用 U 和 V 的想法分别由让森斯和迪特尔独立提出 [见 *Math. Comp.* **29** (1975), 827–833].

其他作者指出，用更具体的术语可以更好地理解谱检验. 通过引进对应于线性同余序列的栅格和格结构的研究，随机性的基本局限性可从图形上清楚表现出来. 见马尔萨利亚，*Proc. Nat. Acad. Sci.* **61** (1968), 25–28；威廉姆·伍德，*J. Chem. Phys.* **48** (1968), 427；科维尤，*Studies in Applied Math.* **3** (Philadelphia: SIAM, 1969), 70–111；威廉姆·拜尔、雷蒙德·鲁夫和多萝西·威廉森，*Math. Comp.* **25** (1971), 345–360；马尔萨利亚和拜尔，*Applications of Number Theory to Numerical Analysis*，扎伦巴编辑 (New York: Academic Press, 1972), 249–285, 361–370.

理查德·斯托纳姆使用对指数和的估计，证明当 a 是关于素数模 p 的原根时，序列 $a^k X_0 \bmod p$ 的 $p^{1/2+\epsilon}$ 个或更多的元素具有渐近的小偏差 [*Acta Arithmetica* **22** (1973), 371–389]. 该研究如上所述，在尼德赖特的许多文章中得到扩充 [*Math. Comp.* **28** (1974), 1117–1132；**30** (1976), 571–597；*Advances in Math.* **26** (1977), 99–181；*Bull. Amer. Math. Soc.* **84** (1978), 957–1041]. 又见尼德赖特的书《随机数生成与准蒙特卡罗方法》[*Random Number Generation and Quasi-Monte Carlo Methods* (Philadelphia: SIAM, 1992)].

习题

1. [*M10*] 一维的谱检验简化成什么?（换言之，当 $t = 1$ 时会发生什么?）

2. [*HM20*] 设 $V_1, \ldots, V_t$ 为 t 维空间的线性独立向量，设 L_0 为式 (10) 定义的点的格，而 $U_1, \ldots, U_t$ 由式 (19) 定义. 证明：遍取覆盖 L_0 的所有 $(t-1)$ 维平行超平面族，相邻超平面之间的最大距离为 $1/\min\{f(x_1, \ldots, x_t)^{1/2} \mid (x_1, \ldots, x_t) \neq (0, \ldots, 0)\}$，其中 f 在式 (17) 定义.

3. [*M24*] 确定所有势为 2、周期长度为 m 的线性同余生成器的 ν_3 和 ν_4.

▶ **4.** [*M23*] 设 $u_{11}, u_{12}, u_{21}, u_{22}$ 是 2×2 的整数矩阵的元素，使得 $u_{11} + au_{12} \equiv u_{21} + au_{22} \equiv 0$ (modulo m)，并且 $u_{11}u_{22} - u_{21}u_{12} = m$.

　　(a) 证明：同余式 $y_1 + ay_2 \equiv 0$ (modulo m) 的所有整数解 (y_1, y_2) 都形如 $(y_1, y_2) = (x_1u_{11} + x_2u_{21}, x_1u_{12} + x_2u_{22})$，其中 x_1 和 x_2 是整数.

　　(b) 如果还有 $2|u_{11}u_{21} + u_{12}u_{22}| \leq u_{11}^2 + u_{12}^2 \leq u_{21}^2 + u_{22}^2$. 证明：$(y_1, y_2) = (u_{11}, u_{12})$ 时，$y_1^2 + y_2^2$ 取到同余式的所有非零解上的最小值.

5. [*M30*] 证明：算法 S 的步骤 S1 到 S3 正确地进行二维上的谱检验. [提示： 见习题 4，并证明在步骤 S2 开始处有 $(h' + h)^2 + (p' + p)^2 \geq h^2 + p^2$.]

6. [*M30*] 设 $a_0, a_1, \ldots, a_{t-1}$ 是 3.3.3 节定义的 a/m 的部分商，并设 $A = \max_{0 \leq j < t} a_j$. 证明 $\mu_2 > 2\pi/(A + 1 + 1/A)$.

7. [*HM22*] 证明：对于实数值 $q_1, \ldots, q_{j-1}, q_{j+1}, \ldots, q_t$，式 (23) 下面的问题 (a) 和 (b) 具有相同的解.（见式 (24) 和 (26).）

8. [*M18*] 表 1 的第 10 行 μ_2 值非常低，但 μ_3 相当令人满意. 当 $\mu_2 = 10^{-6}$, $m = 10^{10}$ 时，μ_3 的可能的最大值是多少?

9. [*HM32*] （夏尔·埃尔米特，1846）设 $f(x_1, \ldots, x_t)$ 是正定二次型，由 (17) 的矩阵 U 定义，并设 θ 是 f 在所有非零整数点上的最小值. 证明 $\theta \leq (\frac{4}{3})^{(t-1)/2}|\det U|^{2/t}$. [提示： 如果 W 是行列式为 1 的任意整数矩阵，则矩阵 WU 定义了一个等价于 f 的二次型；如果 S 是任意的正交矩阵（即，如果 $S^{-1} = S^T$），则矩阵 US 定义了一个等价于 f 的二次型. 证明存在一个等价的二次型 g，它的最小值 θ 出现在 $(1, 0, \ldots, 0)$ 处. 然后，记 $g(x_1, \ldots, x_t) = \theta(x_1 + \beta_2 x_2 + \cdots + \beta_t x_t)^2 + h(x_2, \ldots, x_t)$，其中 h 是 $t-1$ 个变量的正定二次型，通过对 t 归纳证明一般结果.]

10. [*M28*] 设 y_1 和 y_2 是互素的整数，满足 $y_1 + ay_2 \equiv 0$ (modulo m) 和 $y_1^2 + y_2^2 < \sqrt{4/3}\,m$. 证明：存在整数 u_1 和 u_2，使得 $u_1 + au_2 \equiv 0$ (modulo m)，$u_1y_2 - u_2y_1 = m$, $2|u_1y_1 + u_2y_2| \leq \min(u_1^2 + u_2^2, y_1^2 + y_2^2)$ 且 $(u_1^2 + u_2^2)(y_1^2 + y_2^2) \geq m^2$.（因此，由习题 4，$\nu_2^2 = \min(u_1^2 + u_2^2, y_1^2 + y_2^2)$.）

▶ **11.** [HM30]（沃特曼，1974）给定 $m = 2^e$，设计一个相当有效率的过程计算乘数 $a \equiv 1$ (modulo 4)，对于它，同余方程 $y_1 + ay_2 \equiv 0$ (modulo m) 存在互素解，满足 $y_1^2 + y_2^2 = \sqrt{4/3}\,m - \epsilon$，其中 $\epsilon > 0$ 尽可能小.（根据习题 10，a 的这一选择保证 $\nu_2^2 \geq m^2/(y_1^2 + y_2^2) > \sqrt{3/4}\,m$，并且 ν_2^2 有可能接近于其最优值 $\sqrt{4/3}\,m$. 实践中，我们将计算多个这样的具有小 ϵ 的乘数，选择具有最优谱值 $\nu_2, \nu_3, \ldots$ 的那个. ）

12. [HM23] 不使用几何图形，证明式 (23) 下面的问题 (b) 的任何解必须也满足方程组 (26).

13. [HM22] 引理 A 使用 U 非奇异这一事实，来证明正定二次型在非零整数点上取非零最小值. 用如下方法证明这一假设是必要的：给出一个其系数矩阵奇异的二次型 (19)，其 $f(x_1, \ldots, x_t)$ 的值在非零整数点 $(x_1, \ldots, x_t)$ 可任意接近于零（但不等于零）.

14. [24] 对于 $m = 100$，$a = 41$，$T = 3$，人工执行算法 S.

▶ **15.** [M20] 设 U 是满足式 (15) 的整数向量. U 定义的 $(t-1)$ 维超平面中，有多少个与单位超立方体 $\{(x_1, \ldots, x_t) \mid 0 \leq x_j < 1$ 对于 $1 \leq j \leq t\}$ 相交？（这是足以覆盖 L_0 的超平面族中的超平面的近似个数. ）

16. [M30]（迪特尔）说明如何修改算法 S，在所有满足式 (15) 的 U 上，计算与习题 15 中所述的单位超立方体相交的平行超平面的最小个数 N_t. [提示：正定二次型和引理 A 的合适类推是什么？]

17. [20] 修改算法 S，使得它不但计算量 ν_t，还输出所有满足式 (15)，对于 $2 \leq t \leq T$，使得 $u_1^2 + \cdots + u_t^2 = \nu_t^2$ 的整数向量 $(u_1, \ldots, u_t)$.

18. [M30] 本题涉及算法 S 的最坏情况.

　　(a) 考虑其元素形如 $y + x\delta_{ij}$ 的"组合矩阵"（见习题 1.2.3-39），找出满足式 (29) 的 3×3 整数矩阵 U 和 V，使得对于任意 j，步骤 S8 的变换什么都不做，但是式 (31) 中对应的 z_k 太大，无法穷举搜索.（矩阵 U 不必满足式 (28)，我们感兴趣的是行列式为 m 的任意正定二次型. ）

　　(b) 尽管变换 (23) 对于 (a) 中的矩阵没有用，找出另一个确实使它发生实质性化简的变换.

▶ **19.** [HM25] 假设步骤 S5 稍加改变，当 $2V_i \cdot V_j = V_j \cdot V_j$ 时用 $q = 1$ 进行变换.（这样，只要 $i \neq j$，就有 $q = \lfloor (V_i \cdot V_j / V_j \cdot V_j) + \frac{1}{2} \rfloor$. ）这可能使得算法 S 陷入无限循环吗？

20. [M23] 一类线性序列满足 $c = 0$，X_0 为奇数，$m = 2^e$，$a \bmod 8 = 3$ 或 5. 讨论如何对此类线性同余序列进行合适的谱检验.（见习题 3.2.1.2-9. ）

21. [M20]（小高斯珀）某应用按 4 个一批使用随机数，但"丢弃"每批的第二个. 给定一个周期为 $m = 2^e$ 的线性同余序列，如何研究 $\left\{ \frac{1}{m}(X_{4n}, X_{4n+2}, X_{4n+3}) \right\}$ 的栅格结构？

22. [M46] 已知 μ_2 非常接近它的最大值 $\sqrt{4/3}\,\pi$，μ_3 的最佳上界是什么？已知 μ_3 非常接近它的最大值 $\frac{4}{3}\pi\sqrt{2}$，μ_2 的最佳上界是什么？

23. [M46] 对于 $1 \leq i, j \leq t$，设 U_i 和 V_j 是实数向量，满足 $U_i \cdot V_j = \delta_{ij}$，并且对于 $i \neq j$ 有 $U_i \cdot U_i = 1, 2|U_i \cdot U_j| \leq 1$，$2|V_i \cdot V_j| \leq V_j \cdot V_j$. $V_1 \cdot V_1$ 可能达到多大？（这个问题涉及步骤 S7 的界，讨论的是式 (23) 和习题 18(b) 的变换都不能化简的情况. 已知的、可达到的最大值为 $(t+2)/3$，相应条件为：$U_1 = I_1$，$U_j = \frac{1}{2}I_1 + \frac{1}{2}\sqrt{3}\,I_j$，$V_1 = I_1 - (I_2 + \cdots + I_t)/\sqrt{3}$，对于 $2 \leq j \leq t$，$V_j = 2I_j/\sqrt{3}$，其中 $(I_1, \ldots, I_t)$ 是单位矩阵. 这一构造由鲍里斯·阿莱克谢耶夫发现. ）

▶ **24.** [M28] 把谱检验推广到周期长度为 $p^2 - 1$ 的、形如 $X_n = (aX_{n-1} + bX_{n-2}) \bmod p$ 的二阶序列.（见式 3.2.2-(8). ）如何修改算法 S？

25. [HM24] 设 d 是 m 的因子，并设 $0 \leq q < d$. 证明：在所有使得 $0 \leq k < m$ 且 $k \bmod d = q$ 的 k 上求和，$\sum r(k)$ 最多为 $(2/d\pi) \ln(m/d) + O(1)$.（这里，当 $t = 1$ 时，$r(k)$ 在式 (46) 中定义. ）

26. [M22] 解释为什么对于 $0 < q < m$，根据式 (53) 的推导，可推出

$$\left| \sum_{0 \leq n < N} \omega^{qx_n} \right|$$

具有类似的上界.

27. [HM39] （埃德蒙·赫拉卡和尼德赖特）设 $r(u_1,\ldots,u_t)$ 为式 (46) 定义的函数. 证明: 在所有使得 $(u_1,\ldots,u_t) \neq (0,\ldots,0)$, 并且式 (15) 成立的 $0 \le u_1,\ldots,u_t < m$ 上求和, $\sum r(u_1,\ldots,u_t)$ 最多为 $2((\pi + 2\pi \lg m)^t r_{\max})$, 其中 $r_{\max}$ 为该式中 $r(u_1,\ldots,u_t)$ 的最大项.

▶ **28.** [M28] （尼德赖特）m 为素数, $c = 0$, a 为模 m 原根, $X_0 \not\equiv 0 \pmod{m}$, 找出适用于此情形的类似于定理 N 的定理. [提示: 指数和应该既有 ω, 也有 $\zeta = e^{2\pi i/(m-1)}$.] 证明: 在这种情况下, "平均" 原根的偏差为 $D_{m-1}^{(t)} = O\left(t(\log m)^t/\varphi(m-1)\right)$, 因此所有的 m 都存在好的原根.

29. [HM22] 证明习题 27 中的量 $r_{\max}$ 不大于 $1/(\sqrt{8}\,\nu_t)$.

30. [M33] （扎伦巴）证明: 在二维中, $r_{\max} = O(\max(a_1,\ldots,a_s)/m)$, 其中 $a_1, \ldots, a_s$ 是欧几里得算法用于 m 和 a 得到的部分商. [提示: 用 4.5.3 节的记号, 有 $a/m = /\!/a_1,\ldots,a_s/\!/$. 使用习题 4.5.3–42.]

31. [HM48] （博罗沙和尼德赖特）证明: 对于所有充分大的 m, 存在一个与 m 互素的数 a, 使得 a/m 的所有部分商 ≤ 3. 此外, 满足这一条件, 但 a/m 的所有部分商都 ≤ 2 的所有 m 的集合具有正密度.

▶ **32.** [M21] 设 $m_1 = 2^{31} - 1$ 和 $m_2 = 2^{31} - 249$ 是生成器 (38) 的模数.

(a) 证明: 如果 $U_n = (X_n/m_1 - Y_n/m_2) \bmod 1$, 则 $U_n \approx Z_n/m_1$.

(b) 设 $W_0 = (X_0 m_2 - Y_0 m_1) \bmod m$ 并且 $W_{n+1} = aW_n \bmod m$, 其中 a 和 m 取值如正文式 (38) 下方所述. 证明 W_n 与 U_n 之间存在简单的关系.

在本书的下一版, 我计划新增一节题为 "L^3 算法" 的 3.3.5 节. 它将偏离随机数的一般主题, 继续讨论 3.3.4 节的格基化简, 主题将是阿金·伦斯特拉、亨德里克·伦斯特拉（小）和洛瓦斯的找出近优基向量集的经典算法 [*Math. Annalen* **261** (1982), 515–534], 以及其后其他研究者对该算法所做的改进. 改进算法的例子可以参考以下论文及其参考文献: 马丁·赛森, *Combinatorica* **13** (1993), 363–375; 施诺尔和霍斯特·赫纳, *Lecture Notes in Comp. Sci.* **921** (1995), 1–12.

3.4 其他类型的随机量

我们已经知道,如何让计算机生成数列 $U_0, U_1, U_2, \ldots$,仿佛每个数都是以均匀分布从 0 和 1 之间独立随机选取的. 然而,随机数的应用常常需要其他类型的分布. 例如,如果我们想从 k 个候选中随机选择,则我们就需要从 1 到 k 之间的随机整数. 如果某个模拟过程需要独立事件发生之间具有随机的等待时间,则需要具有指数分布的随机数. 有时,我们甚至不需要随机数,而是需要一个随机排列(n 个对象的随机安排)或随机组合(从 n 个对象中随机选择 k 个).

原则上,这些不同类型的随机量都可以从均匀偏差 $U_0, U_1, U_2, \ldots$ 得到. 人们已经设计了大量重要的 "随机技巧",高效进行均匀偏差的变换. 研究这些技术,我们也能理解,如何在蒙特卡罗应用中正确使用随机数.

可以想象,某人某天会发明一个随机数生成器,直接生成上述随机量,而不是间接通过均匀分布得到它们. 但是,迄今为止,基本没有直接方法被证明是实用的,唯一例外是 3.2.2 节介绍的 "随机位" 生成器.(又见习题 3.4.1–31,该方法中,均匀分布主要用于初始化,之后的步骤基本都是直接生成.)

3.4.1 节的讨论假定存在 0 和 1 之间均匀分布的随机实数序列. 需要时,将生成一个均匀分布的偏差 U. 这些数通常用一个计算机字表示,假定小数点在最左边.

3.4.1 数值分布

本节总结目前由各种重要的分布生成数的最好技术. 许多方法最初都由冯·诺依曼在 20 世纪 50 年代早期提出,其后不断被其他人改进,特别是被马尔萨利亚、约阿希姆·阿伦斯和迪特尔改进.

A. 从有限集随机选择. 实践中需要的最简单、最常见的分布类型是随机整数. 要获取 0 与 7 之间的一个随机整数,可以在一台二进制计算机上抽取 U 的 3 位. 在这种情况下,应该抽取计算机字的最高有效位(最左)部分,因为许多随机数生成器产生的低位都不够随机(见 3.2.1.1 节的讨论).

一般地,为了得到 0 和 $k-1$ 之间的随机整数 X,我们可以将 U 乘以 k,令 $X = \lfloor kU \rfloor$. 在 MIX 机上,执行指令

$$
\begin{array}{ll}
\text{LDA} & \text{U} \\
\text{MUL} & \text{K}
\end{array}
\tag{1}
$$

所求的整数将在寄存器 A 中. 如果需要 1 和 k 之间的随机整数,则我们把该结果加 1.(在 (1) 后添加指令 "INCA 1".)

这种方法赋予每个整数近似相等的概率. 存在一点误差,因为计算机的字大小是有限的(见习题 2);但是,如果 k 很小,例如 $k/m < 1/10000$,则这一误差可以忽略.

在更一般的情况下,我们可能希望把不同的权重赋予不同的整数. 假设值 $X = x_1$ 以概率 p_1 得到,值 $X = x_2$ 以概率 p_2 得到,$\ldots$,值 $X = x_k$ 以概率 p_k 得到. 我们可以生成一个均匀的数 U,并令

$$
X = \begin{cases}
x_1, & \text{如果 } 0 \le U < p_1; \\
x_2, & \text{如果 } p_1 \le U < p_1 + p_2; \\
\vdots \\
x_k, & \text{如果 } p_1 + p_2 + \cdots + p_{k-1} \le U < 1.
\end{cases}
\tag{2}
$$

(注意,$p_1 + p_2 + \cdots + p_k = 1$.)

由式 (2) 可见,要比较 U 与各种 $p_1 + p_2 + \cdots + p_s$ 值的大小,有一种 "最佳" 方法,该方法在 2.3.4.5 节讨论过. 特殊情况可以用更有效率的方法处理. 例如,为了以 "骰子" 概率 $\frac{1}{36}$,

$\frac{2}{36}, \dots, \frac{6}{36}, \dots, \frac{2}{36}, \frac{1}{36}$ 得到相应的 11 个数 2, 3, $\dots$, 12 中的一个, 我们可以计算 1 和 6 之间的两个独立的随机整数, 然后把它们相加.

然而, 根据阿拉斯泰尔·沃克提出的精巧方法 [*Electronics Letters* **10**, 8 (1974), 127–128; *ACM Trans. Math. Software* **3** (1977), 253–256], 实际上还能够更快地以任意给定的概率选择 $x_1, \dots, x_k$. 假设我们构造 kU, 并分别考虑它的整数部分 $K = \lfloor kU \rfloor$ 和分数部分 $V = (kU) \bmod 1$. 例如, 代码 (1) 执行之后, K 将在寄存器 A 中, 而 V 在寄存器 X 中. 于是, 总是存在适当的表 $(P_0, \dots, P_{k-1})$ 和 $(Y_0, \dots, Y_{k-1})$, 通过执行操作

$$\text{如果} \quad V < P_K, \text{ 则} \quad X \leftarrow x_{K+1}, \text{ 否则} \quad X \leftarrow Y_K, \tag{3}$$

我们能够得到期望的分布. 习题 7 展示如何一般地计算这种表. 有时, 沃克的方法又称"别名"(aliases) 方法.

在二进制计算机上, 通常希望假定 k 是 2 的幂, 使得乘法可以用移位来实现. 不失一般性, 引入具有零概率的附加 x 项可以实现这一点. 再次以骰子为例, 假设我们希望 $X = j$ 以如下 16 种概率出现:

$j =$	0	1	2	3	4	5	6	7	8	9	10	11	12	13	14	15
$p_j =$	0	0	$\frac{1}{36}$	$\frac{2}{36}$	$\frac{3}{36}$	$\frac{4}{36}$	$\frac{5}{36}$	$\frac{6}{36}$	$\frac{5}{36}$	$\frac{4}{36}$	$\frac{3}{36}$	$\frac{2}{36}$	$\frac{1}{36}$	0	0	0

如果 $k = 16$, 对于 $0 \le j < 16$, $x_{j+1} = j$, 并且 P 和 Y 表设置如下:

$j =$	0	1	2	3	4	5	6	7	8	9	10	11	12	13	14	15
$P_j =$	0	0	$\frac{4}{9}$	$\frac{8}{9}$	1	$\frac{7}{9}$	1	1	1	$\frac{7}{9}$	$\frac{7}{9}$	$\frac{8}{9}$	$\frac{4}{9}$	0	0	0
$Y_j =$	5	9	7	4	*	6	*	*	*	8	4	7	10	6	7	8

(当 $P_j = 1$ 时不用 Y_j), 则我们可以使用式 (3) 来实现上述概率. 例如, 值 7 出现的概率是 $\frac{1}{16} \cdot ((1 - P_2) + P_7 + (1 - P_{11}) + (1 - P_{14})) = \frac{6}{36}$, 符合要求. 这种掷骰子方法很奇特, 但是结果与实际情况没有区别.

概率 p_j 可以隐式地用非负权重 $w_1, w_2, \dots, w_k$ 表示: 如果用 W 表示这些权重的和, 则 $p_j = w_j/W$. 在许多应用中, 个体权重动态变化. 约西·马蒂亚斯、魏杰甫和倪文君 [*SODA* **4** (1993), 361–370] 展示了如何在恒定的期望时间内更新权重并生成 X.

B. 连续分布的一般方法. 最一般的实数值分布可以用"分布函数" $F(x)$ 表示, 它指出随机量 X 不超过 x 的概率:

$$F(x) = \Pr(X \le x). \tag{4}$$

分布函数总是单调地从 0 增加到 1, 即

$$F(x_1) \le F(x_2), \quad \text{如果} x_1 \le x_2; \qquad F(-\infty) = 0, \qquad F(+\infty) = 1. \tag{5}$$

3.3.1 节图 3 给出了分布函数的例子. 如果 $F(x)$ 连续且严格增加 (因而当 $x_1 < x_2$ 时, $F(x_1) < F(x_2)$), 则它遍取 0 和 1 之间的所有值, 并且存在反函数 $F^{[-1]}(y)$, 使得对于 $0 < y < 1$,

$$y = F(x) \qquad \text{当且仅当} \qquad x = F^{[-1]}(y). \tag{6}$$

一般地, 当 $F(x)$ 连续且严格增加时, 我们可以令 U 是均匀的, 再令

$$X = F^{[-1]}(U), \tag{7}$$

计算具有分布 $F(x)$ 的随机量 X. 这种做法之所以可行, 是因为 $X \leq x$ 的概率为 $F^{[-1]}(U) \leq x$ 的概率, 即 $U \leq F(x)$ 的概率, 即 $F(x)$.

现在, 问题归结为一个数值分析问题, 即找出以期望的精度计算 $F^{[-1]}(U)$ 的好方法. 本书讨论半数值计算, 数值分析超出讨论范围, 不过有一些捷径可以加快式 (7) 的一般方法, 因此这里将讨论这些技巧.

首先, 如果 X_1 是一个随机变量, 具有分布 $F_1(x)$, 而 X_2 是一个独立的随机变量, 具有分布 $F_2(x)$, 则

$$\begin{aligned} \max(X_1, X_2) \quad &\text{的分布为} \quad F_1(x)F_2(x), \\ \min(X_1, X_2) \quad &\text{的分布为} \quad F_1(x) + F_2(x) - F_1(x)F_2(x). \end{aligned} \tag{8}$$

(见习题 4.) 例如, 均匀偏差 U 的分布为 $F(x) = x$, $0 \leq x \leq 1$; 如果 $U_1, U_2, \ldots, U_t$ 是独立的均匀偏差, 则 $\max(U_1, U_2, \ldots, U_t)$ 的分布函数为 $F(x) = x^t$, $0 \leq x \leq 1$. 这个公式是 3.3.2 节 "t 中最大检验" 的基础, 它的反函数为 $F^{[-1]}(y) = \sqrt[t]{y}$. 因此, 在特殊情况 $t = 2$ 下, 两个公式

$$X = \sqrt{U} \qquad \text{和} \qquad X = \max(U_1, U_2) \tag{9}$$

将给出随机变量 X 的相同分布, 尽管乍一看并不显然. 因此, 我们不用取均匀偏差的平方根.

像这样的技巧不胜枚举: 任何使用随机数作为输入的算法, 都将产生一个具有某种分布的随机量作为输出. 问题是, 给定输出的分布函数, 如何找到构建该算法的一般方法. 我们不打算完全抽象地凭空讨论这种一般方法, 而是研究如何在几种重要情况下具体使用它.

C. 正态分布. 也许, 最重要的非均匀的连续分布是均值为 0、标准差为 1 的正态分布:

$$F(x) = \frac{1}{\sqrt{2\pi}} \int_{-\infty}^{x} e^{-t^2/2} \, dt. \tag{10}$$

该分布的重要性已经在 1.2.10 节指出. 在这种情况下, 反函数 $F^{[-1]}$ 不太容易计算, 但是可以使用其他几种方法.

(1) 极方法 (Polar method), 由乔治·博克斯、默文·穆勒和马尔萨利亚发明 [*Annals Math. Stat.* **29** (1958), 610–611; 波音科学研究实验室报告 D1-82-0203 (1962)].

算法 P (正态偏差的极方法).   该算法计算两个独立的正态分布变量 X_1 和 X_2.

P1. [得到均匀变量.] 生成两个在 0 和 1 之间均匀分布的独立的随机变量 U_1 和 U_2. 置 $V_1 \leftarrow 2U_1 - 1$, $V_2 \leftarrow 2U_2 - 1$. (现在, V_1 和 V_2 在 -1 和 $+1$ 之间均匀分布. 在大部分计算机上, V_1 和 V_2 最好用浮点数表示.)

P2. [计算 S.] 置 $S \leftarrow V_1^2 + V_2^2$.

P3. [$S \geq 1$?] 如果 $S \geq 1$, 则返回步骤 P1. (步骤 P1 到 P3 平均执行 1.27 次, 标准差为 0.59, 见习题 6.)

P4. [计算 $X_1 X_2$.] 如果 $S = 0$, 则置 $X_1 \leftarrow X_2 \leftarrow 0$; 否则置

$$X_1 \leftarrow V_1 \sqrt{\frac{-2\ln S}{S}}, \qquad X_2 \leftarrow V_2 \sqrt{\frac{-2\ln S}{S}}. \tag{11}$$

这些是所需要的正态分布的变量. ∎

为了证明这一方法的正确性, 我们使用初等解析几何和微积分: 如果步骤 P3 中 $S < 1$, 则平面中笛卡儿坐标为 (V_1, V_2) 的点是一个在单位圆中均匀分布的随机点. 变换成极坐标

$V_1 = R \cos \Theta$, $V_2 = R \sin \Theta$, 有

$$S = R^2, \qquad X_1 = \sqrt{-2 \ln S} \cos \Theta, \qquad X_2 = \sqrt{-2 \ln S} \sin \Theta.$$

同样使用极坐标 $X_1 = R' \cos \Theta'$, $X_2 = R' \sin \Theta'$, 我们发现 $\Theta' = \Theta$ 和 $R' = \sqrt{-2 \ln S}$. 显然, R' 和 Θ' 是独立的, 因为 R 和 Θ 在单位圆中是独立的. 此外, Θ' 在 0 和 2π 之间均匀分布, 并且 $R' \leq r$ 的概率是 $-2 \ln S \leq r^2$ 的概率, 即 $S \geq e^{-r^2/2}$ 的概率. 这等于 $1 - e^{-r^2/2}$, 因为 $S = R^2$ 是在 0 和 1 之间均匀分布的. 因而, R' 落在 r 和 $r + dr$ 之间的概率是 $1 - e^{-r^2/2}$ 的微分, 即 $re^{-r^2/2} dr$. 类似可得, Θ' 落在 θ 和 $\theta + d\theta$ 之间的概率是 $(1/2\pi) d\theta$. 现在, 可以计算 $X_1 \leq x_1$ 并且 $X_2 \leq x_2$ 的联合概率, 它是

$$\int_{\{(r,\theta) \,|\, r\cos\theta \leq x_1,\, r\sin\theta \leq x_2\}} \frac{1}{2\pi} e^{-r^2/2} r \, dr \, d\theta$$

$$= \frac{1}{2\pi} \int_{\{(x,y) \,|\, x \leq x_1,\, y \leq x_2\}} e^{-(x^2+y^2)/2} \, dx \, dy$$

$$= \left(\sqrt{\frac{1}{2\pi}} \int_{-\infty}^{x_1} e^{-x^2/2} \, dx \right) \left(\sqrt{\frac{1}{2\pi}} \int_{-\infty}^{x_2} e^{-y^2/2} \, dy \right).$$

计算证明, X_1 和 X_2 是独立的, 都具有正态分布, 因此所求结论得证.

(2) 马尔萨利亚发明的矩形-楔形-尾 (rectangle-wedge-tail) 方法. 这里, 我们使用函数

$$F(x) = \mathrm{erf}(x/\sqrt{2}) = \sqrt{\frac{2}{\pi}} \int_0^x e^{-t^2/2} \, dt, \qquad x \geq 0, \tag{12}$$

它给出了正态偏差的绝对值的分布. 按照分布 (12) 计算 X 之后, 我们给它的值附加一个随机符号, 使它成为真正的正态偏差.

矩形-楔形-尾基于一些重要的通用方法. 我们一边开发该算法, 一边考察这些通用方法. 第一个关键思想是把 $F(x)$ 看作多个其他函数的混合函数, 即写成

$$F(x) = p_1 F_1(x) + p_2 F_2(x) + \cdots + p_n F_n(x), \tag{13}$$

其中, F_1, F_2, $\ldots$, F_n 是适当的分布, 而 p_1, p_2, $\ldots$, p_n 是总和为 1 的非负概率. 如果我们以概率 p_j 选取分布 F_j 生成随机变量 X, 则容易看出 X 将具有总体分布 F. 某些分布 $F_j(x)$ 可能很难处理, 甚至比 F 本身还难处理, 但是我们可以重新安排, 使得相应的概率 p_j 非常小. 大部分分布 $F_j(x)$ 都很容易处理, 因为它们都只对均匀分布稍加修改. 这种方法产生非常有效率的程序, 因为它的平均运行时间非常短.

如果我们使用分布的导数而不是分布本身, 则该方法更容易理解. 设

$$f(x) = F'(x), \qquad f_j(x) = F_j{}'(x)$$

为概率分布的密度函数. 式 (13) 变成

$$f(x) = p_1 f_1(x) + p_2 f_2(x) + \cdots + p_n f_n(x). \tag{14}$$

每个 $f_j(x)$ 都大于等于 0, 并且 $f_j(x)$ 图形下方总面积都为 1. 因此, 用图形方法显示关系 (14) 是方便的: $f(x)$ 下方的区域划分成 n 部分, 对应于 $f_j(x)$ 的部分具有面积 p_j. 这里, 我们讨论的情况是 $f(x) = F'(x) = \sqrt{2/\pi}\, e^{-x^2/2}$, 如图 9 所示, 曲线下方的区域划分成 $n = 31$ 部分. 图中有 15 个长方形, 分别表示 $p_1 f_1(x), \ldots, p_{15} f_{15}(x)$; 15 个楔形片, 分别表示 $p_{16} f_{16}(x), \ldots, p_{30} f_{30}(x)$; 而剩下的部分 $p_{31} f_{31}(x)$ 是 "尾", 即 $x \geq 3$ 的 $f(x)$ 的图形.

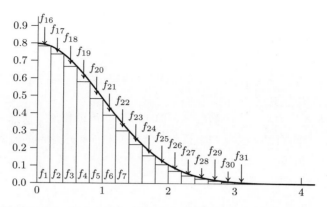

图 9　密度函数划分成 31 部分. 每部分的面积代表具有该密度的随机数被计算的平均次数

矩形部分 $f_1(x), \ldots, f_{15}(x)$ 代表均匀分布. 例如, $f_3(x)$ 代表一个在 $\frac{2}{5}$ 和 $\frac{3}{5}$ 之间均匀分布的随机变量. $p_j f_j(x)$ 的高度为 $f(j/5)$, 因此第 j 个矩形的面积为

$$p_j = \frac{1}{5} f(j/5) = \sqrt{\frac{2}{25\pi}}\, e^{-j^2/50}, \qquad 1 \le j \le 15. \tag{15}$$

为了产生分布的此类矩形部分, 只需计算

$$X = \tfrac{1}{5} U + S, \tag{16}$$

其中, U 是均匀的, 而 S 以概率 p_j 取值 $(j-1)/5$. 由于 $p_1 + \cdots + p_{15} = 0.9183$, 因而在大约 92% 的情况下都可以使用这样的简单的均匀偏差.

在剩下的 8% 情况下, 我们通常必须产生楔形分布 $F_{16}, \ldots, F_{30}$ 中的一个. 典型的做法示例显示在图 10 中. 当 $x < 1$ 时曲线是凹的, 而当 $x > 1$ 时曲线是凸的. 但是, 在两种情况下, 曲线都合理地近似于一条直线, 可以包含在所示的两条平行线内.

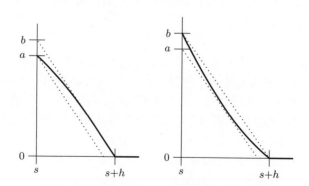

图 10　可以使用算法 L 生成随机数的密度函数

为了处理这些楔形分布, 我们将依赖另一种通用方法——冯·诺依曼的拒绝方法 (rejection method), 由另一个 "包围" 它的密度来计算一个复杂的密度. 上面介绍的极方法是这种方法的一个简单例子: 步骤 P1-P3 得到单位圆内的一个随机点, 做法就是先在一个较大的正方形中生成一个随机点, 如果它落在圆外, 则拒绝它并重新开始.

一般的拒绝方法甚至比极方法更强大. 为了生成一个具有 f 的随机变量 X, 令 g 是另一个概率密度函数, 使得对于所有的 t,

$$f(t) \le c g(t), \tag{17}$$

其中，c 是常量. 现在，按照密度 g 生成 X，并生成一个独立的均匀偏差 U. 如果 $U \geq f(X)/cg(X)$，则拒绝 X 并用另一个 X 和 U 重新开始. 当条件 $U < f(X)/cg(X)$ 最终满足时，得到的 X 将具有期望的密度 f. ［证明：$X \leq x$ 的概率为 $p(x) = \int_{-\infty}^{x} \big(g(t)\, dt \cdot f(t)/cg(t)\big) + qp(x)$，其中 $q = \int_{-\infty}^{\infty} \big(g(t)\, dt \cdot (1 - f(t)/cg(t))\big) = 1 - 1/c$ 是拒绝概率，因而 $p(x) = \int_{-\infty}^{x} f(t)\, dt$. ］

当 c 很小时，拒绝方法最有效率，因为在接受一个值之前平均经过 c 次迭代（见习题 6）. 在大部分情况下，$f(x)/cg(x)$ 总是为 0 或 1，于是，不必生成 U. 在其他情况下，如果 $f(x)/cg(x)$ 很难计算，则我们可以把它"挤在"两个简单得多的界函数之间，

$$r(x) \leq f(x)/cg(x) \leq s(x), \tag{18}$$

除非 $r(x) \leq U < s(x)$，否则不必计算 $f(x)/cg(x)$ 的准确值. 下面的算法进一步开发拒绝方法，从而解决楔形问题.

算法 L（接近线性的密度）. 对于密度函数 $f(x)$ 满足如下条件的任意分布，该算法可用于生成相应的随机变量 X（见图 10）：

$$\begin{aligned} f(x) = 0, &\qquad \text{对于 } x < s \text{ 和 } x > s+h; \\ a - b(x-s)/h \leq f(x) \leq b - b(x-s)/h, &\qquad \text{对于 } s \leq x \leq s+h. \end{aligned} \tag{19}$$

L1. ［得到 $U \leq V$.］生成两个独立在 0 和 1 之间非均匀分布的随机变量 U 和 V. 如果 $U > V$，则交换 $U \leftrightarrow V$.

L2. ［属于容易情况？］如果 $V \leq a/b$，则转到 L4.

L3. ［重试？］如果 $V > U + (1/b)f(s+hU)$，则转回 L1. （如果 a/b 接近 1，算法的这一步常常不需要. ）

L4. ［计算 X.］置 $X \leftarrow s + hU$. ∎

到达步骤 L4 时，点 (U, V) 是图 11 阴影区域中的一个随机点，即 $0 \leq U \leq V \leq U + (1/b)f(s+hU)$. 条件 (19) 确保

$$\frac{a}{b} \leq U + \frac{1}{b}f(s+hU) \leq 1.$$

现在，对于 $0 \leq x \leq 1$，$X \leq s + hx$ 的概率是图 11 中竖直线 $U = x$ 左边的阴影面积除以整个阴影面积，即

$$\int_0^x \frac{1}{b}f(s+hu)\, du \bigg/ \int_0^1 \frac{1}{b}f(s+hu)\, du = \int_s^{s+hx} f(v)\, dv,$$

因此，X 具有正确的分布.

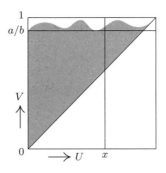

图 11 算法 L 的"接受"区域

使用适当的常数 a_j, b_j, s_j, 对于 $1 \le j \le 15$, 算法 L 将处理图 9 的楔形密度 f_{j+15}. 最后一个分布 F_{31} 大约只有 1/370 的情况下需要处理, 只要计算出 $X \ge 3$ 的结果就使用它. 习题 11 表明, 这个 "尾" 可以使用一种标准拒绝策略. 我们已经准备完毕, 现在考虑整个过程.

算法 M (生成正态偏差的矩形-楔形-尾). 对于该算法, 我们使用辅助表 $(P_0, \ldots, P_{31})$, $(Q_1, \ldots, Q_{15})$, $(Y_0, \ldots, Y_{31})$, $(Z_0, \ldots, Z_{31})$, $(S_1, \ldots, S_{16})$, $(D_{16}, \ldots, D_{30})$, $(E_{16}, \ldots, E_{30})$. 辅助表的构造方法在习题 10 中解释, 示例见表 1. 假定使用二进制计算机, 不过类似的过程也可以在十进制计算机上运行.

M1. [得到 U.] 生成一个均匀随机数 $U = (0.b_0 b_1 b_2 \ldots b_t)_2$. (这里, 诸 b 是 U 的二进制表示的诸位. 为了得到足够的精度, t 至少为 24.) 置 $\psi \leftarrow b_0$. (稍后, ψ 将用来确定结果的符号.)

M2. [矩形?] 置 $j \leftarrow (b_1 b_2 b_3 b_4 b_5)_2$, 这是由 U 的前几位确定的二进制数; 置 $f \leftarrow (0.b_6 b_7 \ldots b_t)_2$, 这是由 U 的剩余几位确定的小数. 如果 $f \ge P_j$, 则置 $X \leftarrow Y_j + f Z_j$, 并转到 M9. 否则, 如果 $j \le 15$ (即 $b_1 = 0$), 则置 $X \leftarrow S_j + f Q_j$, 并转到 M9. (这里采用沃克的别名方法 (3).)

M3. [楔形还是尾?] (现在 $16 \le j \le 31$, 每个特定的 j 值以概率 p_j 出现.) 如果 $j = 31$, 则转到 M7.

M4. [得到 $U \le V$.] 生成两个新的均匀偏差 U 和 V; 如果 $U > V$, 则交换 $U \leftrightarrow V$. (现在执行算法 L 的一种特殊情况.) 置 $X \leftarrow S_{j-15} + \frac{1}{5} U$.

M5. [属于容易情况?] 如果 $V \le D_j$, 则转到 M9.

M6. [重试?] 如果 $V > U + E_j (e^{(S_{j-14}^2 - X^2)/2} - 1)$, 则转回 M4; 否则转到 M9. (这一步执行的概率很低.)

M7. [得到超尾偏差.] 生成两个新的、独立的均匀偏差 U 和 V, 并置 $X \leftarrow \sqrt{9 - 2\ln V}$.

M8. [拒绝?] 如果 $UX \ge 3$, 则转回 M7. (在到达 M8 时, 这种情况的几率大约只有十二分之一.)

M9. [附上符号.] 如果 $\psi = 1$, 则置 $X \leftarrow -X$. ∎

这个算法是数学理论与程序设计技巧密切结合的典范, 是对计算机程序设计艺术的优美诠释! 大部分时间只需执行步骤 M1、M2 和 M9, 而其他步骤也不是太慢. 关于矩形-楔形-尾方法, 最早的两篇论文是马尔萨利亚, *Annals Math. Stat.* **32** (1961), 894–899; 马尔萨利亚、麦克拉伦和布雷, *CACM* **7** (1964), 4–10. 算法 M 后来得到进一步改良, 见马尔萨利亚、卡西·阿南塔纳拉亚南和尼古拉斯·保罗, *Inf. Proc. Letters* **5** (1976), 27–30.

(3) 奇偶方法 (odd-even method), 由乔治·福赛斯发明. 大约在 1950 年, 冯·诺依曼和福赛斯发现, 用一种简单得惊人的方法, 可以生成具有一般指数形式密度

$$f(x) = Ce^{-h(x)} [a \le x < b], \tag{20}$$

的随机偏差, 其中

$$0 \le h(x) \le 1, \qquad a \le x < b. \tag{21}$$

这种思想基于前面解释的拒绝方法: 令 $g(x)$ 为 $[a..b]$ 上的均匀分布, 置 $X \leftarrow a + (b-a)U$, 其中 U 是均匀偏差; 然后, 我们想以概率 $e^{-h(X)}$ 接受 X. 如果令 V 是另一个均匀偏差, 那么

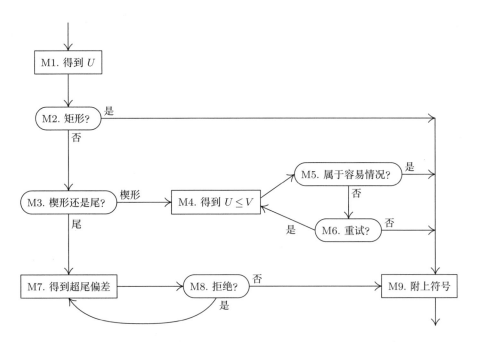

图 12 生成正态偏差的"矩形-楔形-尾"方法

表 1 算法 M 使用的辅助表的示例

j	P_j	P_{j+16}	Q_j	Y_j	Y_{j+16}	Z_j	Z_{j+16}	S_{j+1}	D_{j+15}	E_{j+15}
0	0.000	0.067		0.00	0.59	0.20	0.21	0.0		
1	0.849	0.161	0.236	$-$ 0.92	0.96	1.32	0.24	0.2	0.505	25.00
2	0.970	0.236	0.206	$-$ 5.86	-0.06	6.66	0.26	0.4	0.773	12.50
3	0.855	0.285	0.234	$-$ 0.58	0.12	1.38	0.28	0.6	0.876	8.33
4	0.994	0.308	0.201	-33.16	1.31	34.96	0.29	0.8	0.939	6.25
5	0.995	0.304	0.201	-39.51	0.31	41.31	0.29	1.0	0.986	5.00
6	0.933	0.280	0.214	$-$ 2.57	1.12	2.97	0.28	1.2	0.995	4.06
7	0.923	0.241	0.217	$-$ 1.61	0.54	2.61	0.26	1.4	0.987	3.37
8	0.727	0.197	0.275	0.67	0.75	0.73	0.25	1.6	0.979	2.86
9	1.000	0.152	0.200		0.56		0.24	1.8	0.972	2.47
10	0.691	0.112	0.289	0.35	0.17	0.65	0.23	2.0	0.966	2.16
11	0.454	0.079	0.440	$-$ 0.17	0.38	0.37	0.22	2.2	0.960	1.92
12	0.287	0.052	0.698	0.92	-0.01	0.28	0.21	2.4	0.954	1.71
13	0.174	0.033	1.150	0.36	0.39	0.24	0.21	2.6	0.948	1.54
14	0.101	0.020	1.974	$-$ 0.02	0.20	0.22	0.20	2.8	0.942	1.40
15	0.057	0.086	3.526	0.19	0.78	0.21	0.22	3.0	0.936	1.27

* 实践中，这些数据将以更高的精度给出. 表 1 提供的数字位数有限，恰好使得感兴趣的读者能够自行设计并测试计算更精确值的算法. $Q_0, Y_9, Z_9, D_{15}, E_{15}$ 的值用不到.

后面的接受操作可以通过比较 $e^{-h(X)}$ 和 V，或通过比较 $h(X)$ 和 $-\ln V$ 进行. 但是，这件事也可以不使用任何超越函数，按下面的有趣方法来做：置 $V_0 \leftarrow h(X)$，然后生成均匀偏差 V_1，$V_2, \ldots$，直到找到某个 $K \geq 1$ 满足 $V_{K-1} < V_K$. 对于固定的 X 和 k，$h(X) \geq V_1 \geq \cdots \geq V_k$

的概率为 $1/k!$ 乘以 $\max(V_1, \ldots, V_k) \le h(X)$ 的概率, 即 $h(X)^k/k!$. 因此, $K = k$ 的概率为 $h(X)^{k-1}/(k-1)! - h(X)^k/k!$, 而 K 为奇数的概率为

$$\sum_{k\text{ 为奇数},\, k \ge 1} \left(\frac{h(X)^{k-1}}{(k-1)!} - \frac{h(X)^k}{k!} \right) = e^{-h(X)}. \tag{22}$$

因此, 如果 K 为偶数, 则我们拒绝 X 并重试; 如果 K 为奇数, 则我们接受 X 为具有密度 (20) 的随机变量. 通常, 为了确定 K, 不必生成许多 V, 因为 (若 X 已给定) K 的平均值为 $\sum_{k \ge 0} \Pr(K > k) = \sum_{k \ge 0} h(X)^k/k! = e^{h(X)} \le e$.

多年之后, 福赛斯意识到, 这种方法可以推出一种计算正态偏差的高效方法, 而不像算法 P 和 M 那样必须使用计算平方根或对数的附加例程. 他提出的这一过程可以汇总如下, 其中区间 $[a \mathinner{.\,.} b)$ 采用阿伦斯和迪特尔的改进方案.

算法 F (正态偏差的奇偶方法). 假定精度大约为 $t+1$ 个二进制位, 这个算法在二进制计算机上生成正态偏差. 它需要值 $d_j = a_j - a_{j-1}$ $(1 \le j \le t+1)$ 的表, 其中 a_j 由下式定义:

$$\sqrt{\frac{2}{\pi}} \int_{a_j}^{\infty} e^{-x^2/2}\, dx = \frac{1}{2^j}. \tag{23}$$

F1. [得到 U.] 生成一个均匀随机数 $U = (0.b_0 b_1 \ldots b_t)_2$, 其中 $b_0, b_1, \ldots, b_t$ 都是二进制表示的位. 置 $\psi \leftarrow b_0$, $j \leftarrow 1$, $a \leftarrow 0$.

F2. [找到第一个为零的 b_j.] 如果 $b_j = 1$, 则置 $a \leftarrow a + d_j$, $j \leftarrow j+1$, 并重复该步骤. (如果 $j = t+1$, 则把 b_j 看作 0.)

F3. [生成候选.] (现在, $a = a_{j-1}$, j 的当前值出现的概率约等于 2^{-j}. 我们将使用上面的拒绝方法, 用 $h(x) = x^2/2 - a^2/2 = y^2/2 + ay$ (其中 $y = x - a$), 在区间 $[a_{j-1} \mathinner{.\,.} a_j)$ 生成 X. 习题 12 证明, $h(x) \le 1$, 符合式 (21) 的要求.) 置 $Y \leftarrow d_j$ 乘以 $(0.b_{j+1} \ldots b_t)_2$, $V \leftarrow (\frac{1}{2}Y + a)Y$. (由于 j 的平均值为 2, 因此 $(0.b_{j+1} \ldots b_t)_2$ 的有效位数通常足以提供足够的精度. 这些计算容易用定点算术运算实现.)

F4. [拒绝?] 生成一个均匀偏差 U. 如果 $V < U$, 则转到 F5. 否则, 置 V 为新的均匀偏差, 并当新的 $V \le U$ 时重复 F4. 否则 (即, 在上面的讨论中, 如果 K 为偶数), 用一个新的均匀偏差 $(0.b_0 b_1 \ldots b_t)_2$ 替换 U, 并转回 F3.

F5. [返回 X.] 置 $X \leftarrow a + Y$. 如果 $\psi = 1$, 则置 $X \leftarrow -X$. ∎

阿伦斯和迪特尔的文章 [*Math. Comp.* **27** (1973), 927–937] 对于 $1 \le j \le 47$ 给出了 d_j 的值. 这篇论文讨论了算法的改进, 以更多的表为代价提高速度. 算法 F 很吸引人, 因为它几乎像算法 M 一样快, 同时更容易实现. 每个正态偏差对应的均匀偏差平均为 2.53947 个. 布伦特 [*CACM* **17** (1974), 704–705] 则展示了如何以每减少一个均匀偏差就增加两次减法和一次除法的代价, 把它降低到 1.37446.

(4) 均匀偏差的比率. 还有另一种生成正态偏差的好方法, 在 1976 年由艾伯特 · 金德曼和约翰 · 莫纳汉发明. 他们的想法是在

$$0 < u \le 1, \qquad -2u\sqrt{\ln(1/u)} \le v \le 2u\sqrt{\ln(1/u)} \tag{24}$$

定义的区域生成一个随机点 (U, V), 然后输出比率 $X \leftarrow V/U$. 图 13 的阴影区域是使这一切起作用的神奇区域 (24). 在研究相关理论之前, 让我们先陈述该算法, 充分表现出它的高效性和简洁性.

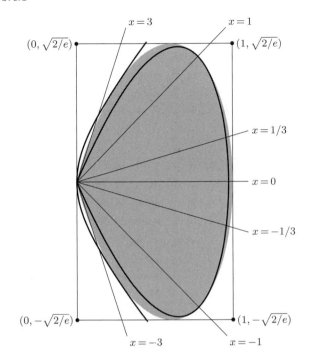

图 13 正态偏差的均匀比率方法的 "接受" 区域. 坐标比率为 x 的线段长度具有正态分布

算法 R （正态偏差的比率方法）. 这个算法生成正态偏差 X.

R1. ［得到 U 和 V.］生成两个独立的均匀偏差 U 和 V，其中 U 非零，并置 $X \leftarrow \sqrt{8/e}\,(V - \frac{1}{2})/U$. （现在，$X$ 是包含图 13 阴影区域的矩形中的随机点 $(U, \sqrt{8/e}\,(V - \frac{1}{2}))$ 的坐标之间的比率. 如果对应的点实际落在 "阴影中"，则我们将接受 X；否则重试. ）

R2. ［可选上界测试. ］如果 $X^2 \le 5 - 4e^{1/4}U$，则输出 X 并终止算法. （如果愿意，这一步可以省略. 它检查选择的点是否落在图 13 的内部区域中，从而不必计算对数. ）

R3. ［可选下界测试. ］如果 $X^2 \ge 4e^{-1.35}/U + 1.4$，则转回 R1. （这一步也可以省略. 它检查选择的点是否落在图 13 的外部区域外，从而不必计算对数. ）

R4. ［最后的测试. ］如果 $X^2 \le -4\ln U$，则输出 X 并终止算法. 否则，转回 R1. ▌

习题 20 和 21 进行时间分析，分析了 4 种不同的算法，因为可以选择包括或省略步骤 R2 和 R3. 下面的表显示，使用这 4 种检验，每个步骤平均将执行多少次：

步骤	全不用	仅用 R2	仅用 R3	全用	
R1	1.369	1.369	1.369	1.369	
R2	0	1.369	0	1.369	(25)
R3	0	0	1.369	0.467	
R4	1.369	0.467	1.134	0.232	

这样，如果存在非常快的对数运算，则值得忽略可选的测试，但如果对数程序很慢，则值得使用可选的测试.

为什么这种方法可行？一个理由是我们可以计算 $X \le x$ 的概率，结果就是正确值式 (10). 但是这种计算一般不太容易，除非正好撞到点上. 无论如何，最好还是了解一下，当初人们是怎么发现该算法的. 金德曼和莫纳汉通过解决如下可以用于任何良态密度函数 $f(x)$ 的理论，推导出这一算法 ［见 *ACM Trans. Math. Software* **3** (1977), 257–260］.

一般地，假设点 (U, V) 已经在由

$$u > 0, \qquad u^2 \leq g(v/u) \tag{26}$$

定义的 (u, v) 平面区域上均匀地生成，其中，g 是非负可积函数. 如果我们置 $X \leftarrow V/U$，则 $X \leq x$ 的概率可以用如下方法计算：在式 (26) 的两个关系和附加条件 $v/u \leq x$ 共同定义的区域上，对 $du\, dv$ 积分，然后除以无附加条件的相同积分. 令 $v = tu$，则 $dv = u\, dt$，该积分变成

$$\int_{-\infty}^{x} dt \int_{0}^{\sqrt{g(t)}} u\, du = \frac{1}{2} \int_{-\infty}^{x} g(t)\, dt.$$

因而，$X \leq x$ 的概率为

$$\int_{-\infty}^{x} g(t)\, dt \left/ \int_{-\infty}^{+\infty} g(t)\, dt \right. . \tag{27}$$

当 $g(t) = e^{-t^2/2}$ 时，得到正态分布，条件 $u^2 \leq g(v/u)$ 简化为 $(v/u)^2 \leq -4 \ln u$. 容易看出，所有这样的对偶 (u, v) 的集合完全包含在图 13 的矩形中.

步骤 R2 和 R3 的界用较简单的边界方程定义内部和外部区域. 著名的不等式

$$e^x \geq 1 + x$$

对所有的实数 x 都成立，可以用来证明，对于任意常数 $c > 0$，

$$1 + \ln c - cu \leq -\ln u \leq 1/(cu) - 1 + \ln c. \tag{28}$$

习题 21 证明，$c = e^{1/4}$ 是用于步骤 R2 的最优常数. 步骤 R3 的情况更复杂，看来不存在最优 c 的简单表达式，计算实验表明，最优值约等于 $e^{1.35}$. 当 $u = 1/c$ 时，近似曲线 (28) 与真正的边界相切.

事实上，改进对接受区域的近似 [见约瑟夫·利瓦，*ACM Trans. Math. Software* **18** (1992)，449–455]，我们可以把对数计算的期望次数降低到只有 0.012.

通过把区域划分成子区域，其中大部分可以更快地处理，能得到更快的方法. 当然，这意味像算法 M 和 F 一样，需要更多辅助表. 阿伦斯和迪特尔 [*CACM* **31** (1988), 1330–1337] 提出了一种需要较少辅助表项的有趣方法.

(5) 从正态偏差到正态偏差. 习题 31 讨论了一种有趣的方法，它直接使用正态偏差，而不是完全从均匀偏差开始计算，从而节省时间. 这种方法由克里斯托弗·斯图尔特·华莱士（小）于 1996 年提出，目前理论支持还相对较少，但是已经成功通过了许多经验检验.

(6) 正态分布的变体. 迄今为止，我们讨论了均值为 0、标准差为 1 的正态分布. 如果 X 具有这种分布，则

$$Y = \mu + \sigma X \tag{29}$$

具有均值为 μ、标准差为 σ 的正态分布. 此外，如果 X_1 和 X_2 是独立的、均值为 0、标准差为 1 的正态偏差，并且

$$Y_1 = \mu_1 + \sigma_1 X_1, \qquad Y_2 = \mu_2 + \sigma_2 \left(\rho X_1 + \sqrt{1 - \rho^2}\, X_2 \right), \tag{30}$$

则 Y_1 和 Y_2 是相关的随机变量，遵从正态分布，均值分别为 μ_1 和 μ_2，标准差分别为 σ_1 和 σ_2，协相关系数为 ρ.（推广到 n 个变量的结论见习题 13.）

D. 指数分布. 均匀偏差和正态偏差是最重要的随机量，接下来就是指数偏差. 这种数用于描述"到达时间". 例如，如果一种放射性物质以某种速率发射 α 粒子，使得平均情况下，每 μ 秒发射一个粒子，则两次相继发射之间的时间间隔满足均值为 μ 的指数分布. 该分布的定义式为

$$F(x) = 1 - e^{-x/\mu}, \qquad x \ge 0. \tag{31}$$

(1) 对数方法. 显然，如果 $y = F(x) = 1 - e^{-x/\mu}$，则 $x = F^{[-1]}(y) = -\mu \ln(1-y)$. 因此，根据式 (7)，$-\mu \ln(1-U)$ 具有指数分布. 由于当 U 是均匀分布时，$1-U$ 也是均匀分布，因此我们断言

$$X = -\mu \ln U \tag{32}$$

是均值为 μ 的指数分布. ($U = 0$ 的情况必须特殊处理，可以用任意方便的值 ϵ 替换 0，因为这种情况的概率非常小.)

(2) 随机极小化方法. 在算法 F 中，我们看到，有简单快速的其他方法可取代计算均匀偏差的对数. 下面的方法效率特别高，是马尔萨利亚、涩谷政昭和阿伦斯开发的 [见 *CACM* **15** (1972), 876–877].

算法 S (均值为 μ 的指数分布). 这个算法在二进制计算机上，使用具有 $(t+1)$ 位精度的均匀偏差，产生指数偏差. 常量

$$Q[k] = \frac{\ln 2}{1!} + \frac{(\ln 2)^2}{2!} + \cdots + \frac{(\ln 2)^k}{k!}, \qquad k \ge 1 \tag{33}$$

应当提前计算，直到 $Q[k] > 1 - 2^{-t}$.

S1. [得到 U 并移位.] 生成一个 $(t+1)$ 位均匀、随机的二进制小数 $U = (0.b_0 b_1 b_2 \ldots b_t)_2$. 确定第一个为 0 的位 b_j，置 $U \leftarrow (0.b_{j+1} \ldots b_t)_2$，移掉前面的 $j+1$ 位. (与算法 F 一样，平均丢弃的位数为 2.)

S2. [立即接受?] 如果 $U < \ln 2$，则置 $X \leftarrow \mu(j \ln 2 + U)$ 并终止算法. (注意：$Q[1] = \ln 2$.)

S3. [极小化.] 找出使得 $U < Q[k]$ 的最小的 $k \ge 2$. 生成 k 个新的均匀偏差 $U_1, \ldots, U_k$，并置 $V \leftarrow \min(U_1, \ldots, U_k)$.

S4. [提交答案.] 置 $X \leftarrow \mu(j + V) \ln 2$. ∎

还可以使用其他方法生成指数偏差（例如，使用算法 R 中的均匀偏差的比率）.

E. 其他连续分布. 现在，我们简略讨论如何处理实践中相当常见的其他分布.

(1) $a > 0$ 时，a 阶 Γ 分布由

$$F(x) = \frac{1}{\Gamma(a)} \int_0^x t^{a-1} e^{-t} \, dt, \qquad x \ge 0 \tag{34}$$

定义. 当 $a = 1$ 时，这是均值为 1 的指数分布；当 $a = \frac{1}{2}$ 时，这是 $\frac{1}{2} Z^2$ 的分布，其中 Z 符合正态分布（均值为 0，方差为 1）. 如果 X 和 Y 分别是独立的 a 阶和 b 阶 Γ 分布随机变量，则 $X + Y$ 具有 $a + b$ 阶 Γ 分布. 例如，k 个独立的均值为 1 的指数分布之和具有 k 阶 Γ 分布. 如果对数方法 (32) 用来生成这些指数偏差，则我们只需要计算一个对数：$X \leftarrow -\ln(U_1 \ldots U_k)$，其中 $U_1, \ldots, U_k$ 是非零均匀偏差. 这种技术可处理所有整数阶 a. 为完整起见，习题 16 介绍了一种适合 $0 < a < 1$ 的方法.

当 a 很大时，简单的对数方法太慢，因为它需要 $\lfloor a \rfloor$ 个均匀偏差. 此外，乘积 $U_1 \ldots U_{\lfloor a \rfloor}$ 存在很大的导致浮点下溢的风险. 对于大的 a，阿伦斯提出的如下算法相当高效，也很容易写成标准子程序 [见 *Ann. Inst. Stat. Math.* **13** (1962), 231–237].

算法 A ($a > 1$ 阶 Γ 分布).

A1. [生成候选.] 置 $Y \leftarrow \tan(\pi U)$,其中 U 是均匀偏差,并置 $X \leftarrow \sqrt{2a-1}\,Y + a - 1$. (也可以不用 $\tan(\pi U)$,改用极方法,像算法 P 的步骤 P4 一样,计算比率 V_2/V_1 .)

A2. [接受?] 如果 $X \leq 0$,则返回 A1. 否则,生成一个均匀偏差 V ,如果 $V > (1 + Y^2)\exp\big((a-1)\ln(X/(a-1)) - \sqrt{2a-1}\,Y\big)$,则返回 A1. 否则接受 X . ∎

当 $a \geq 3$ 时. 步骤 A1 的平均执行次数 < 1.902 .

对于大的 a ,还有一种吸引人的方法. 它基于一个重要事实: Γ 偏差近似等于 aX^3 ,其中 X 具有均值为 $1 - 1/(9a)$ 、标准差为 $1/\sqrt{9a}$ 的正态分布 [见埃德温·威尔逊和玛格丽特希尔弗蒂, *Proc. Nat. Acad. Sci.* **17** (1931), 684–688; 马尔萨利亚, *Computers and Math.* **3** (1977), 321–325]. [1]

另有一个有点复杂但是显著更快的算法,生成一个 Γ 偏差的时间大约是生成正态偏差的二倍,见阿伦斯和迪特尔, *CACM* **25** (1982), 47–54. 这篇论文还讨论了构建该算法的设计原理,富有启发意义.

(2) 具有正参数 a 和 b 的 β 分布由

$$F(x) = \frac{\Gamma(a+b)}{\Gamma(a)\,\Gamma(b)} \int_0^x t^{a-1}(1-t)^{b-1}\,dt, \qquad 0 \leq x \leq 1 \tag{35}$$

定义. 设 X_1 和 X_2 分别是独立的 a 阶和 b 阶 Γ 偏差,并置 $X \leftarrow X_1/(X_1 + X_2)$. 另一种对较小的 a 和 b 有用的方法是反复地置

$$Y_1 \leftarrow U_1^{1/a} \qquad 和 \qquad Y_2 \leftarrow U_2^{1/b},$$

直到 $Y_1 + Y_2 \leq 1$,然后,置 $X \leftarrow Y_1/(Y_1 + Y_2)$. [见马克斯·约恩克, *Metrika* **8** (1964), 5–15.] 如果 a 和 b 是不太大的整数,则还有另一种方法,置 X 为 $a + b - 1$ 个独立均匀偏差中从大到小排序的第 b 个 (见第 5 章开始处的习题 9). 又见郑川训介绍的更直接的方法 [*CACM* **21** (1978), 317–322].

(3) 自由度为 ν 的卡方分布 (式 3.3.1-(22)) 通过置 $X \leftarrow 2Y$ 得到,其中 Y 是具有 $\nu/2$ 阶 Γ 分布的随机变量.

(4) 自由度为 ν_1 和 ν_2 的 F 分布 (方差-比率分布) 由

$$F(x) = \frac{\nu_1^{\nu_1/2}\,\nu_2^{\nu_2/2}\,\Gamma\big((\nu_1+\nu_2)/2\big)}{\Gamma(\nu_1/2)\,\Gamma(\nu_2/2)} \int_0^x t^{\nu_1/2-1}(\nu_2 + \nu_1 t)^{-\nu_1/2-\nu_2/2}\,dt, \qquad x \geq 0 \tag{36}$$

定义. 设 Y_1 和 Y_2 是独立的、自由度分别为 ν_1 和 ν_2 的卡方分布,置 $X \leftarrow Y_1\nu_2/Y_2\nu_1$. 或置 $X \leftarrow \nu_2 Y/\nu_1(1-Y)$,其中 Y 是具有参数 $\nu_1/2$ 和 $\nu_2/2$ 的 β 变量.

(5) 自由度为 ν 的 t 分布由

$$F(x) = \frac{\Gamma\big((\nu+1)/2\big)}{\sqrt{\pi\nu}\,\Gamma(\nu/2)} \int_{-\infty}^x (1 + t^2/\nu)^{-(\nu+1)/2}\,dt \tag{37}$$

定义. 令 Y_1 为正态偏差 (均值 0,方差 1),并令 Y_2 是独立于 Y_1 、自由度为 ν 的卡方分布. 置 $X \leftarrow Y_1/\sqrt{Y_2/\nu}$. 当 $\nu > 2$ 时,也可采用另一种方法,令 Y_1 为正态偏差, Y_2 为独立的、均值为 $2/(\nu-2)$ 的指数分布;置 $Z \leftarrow Y_1^2/(\nu-2)$,如果 $e^{-Y_2-Z} \geq 1 - Z$,则拒绝 (Y_1, Y_2) ,否则置

$$X \leftarrow Y_1/\sqrt{(1-2/\nu)(1-Z)}.$$

---

[1] 在该书 323 页算法的步骤 3 中,把 $+(3a-1)$ 变为 $-(3a-1)$.

后一种方法见马尔萨利亚, *Math. Comp.* **34** (1980), 235–236. [又见金德曼、莫纳汉和约翰·拉梅奇, *Math. Comp.* **31** (1977), 1009–1018.]

(6) 半径为 1 的 n 维球面上的随机点. 令 $X_1, X_2, \ldots, X_n$ 为独立的正态偏差（均值 0, 方差 1）. 单位球上的所求点是

$$(X_1/r, X_2/r, \ldots, X_n/r), \qquad \text{其中 } r = \sqrt{X_1^2 + X_2^2 + \cdots + X_n^2}. \tag{38}$$

如果诸 X 用极方法（算法 P）计算, 则我们每次计算两个独立的 X, 用该算法的记号, 有 $X_1^2 + X_2^2 = -2\ln S$. 这节省了一点计算 r 所需要的时间. 式 (38) 的正确性源于如下事实: 点 $(X_1, \ldots, X_n)$ 的分布函数的密度仅依赖于该点到原点的距离, 因此投影到单位球上就具有均匀分布. 这种方法首先由乔治·布朗提出, 见《近代工程数学·第一辑》[*Modern Mathematics for the Engineer*, First series, 埃德温·贝肯巴赫编辑 (New York: McGraw–Hill, 1956), 302]. 为了得到 n 维球内的随机点, 布伦特建议在球面上取一个点并乘以 $U^{1/n}$.

在三维, 可以使用大大简化的方法, 因为每个坐标都在 -1 和 1 之间均匀分布: 用算法 P 的步骤 P1-P3 找出 V_1、V_2 和 S; 于是, 球面上所求的随机点为 $(\alpha V_1, \alpha V_2, 2S-1)$, 其中 $\alpha = 2\sqrt{1-S}$. [罗伯特·克诺普, *CACM* **13** (1970), 326.]

F. 重要的整数值分布. 仅在整数值非零的概率分布, 基本上都可以使用本节开始介绍的各种方法处理. 其中有几个分布在实践中非常重要, 值得特别提及.

(1) 几何分布. 如果某事件是以概率 p 出现的, 那么该事件相邻两次出现之间（或该事件第一次出现之前）的独立试验次数 N 服从几何分布. $N = 1$ 的概率为 p, $N = 2$ 的概率为 $(1-p)p$, $\ldots$, $N = n$ 的概率为 $(1-p)^{n-1}p$. 这实质上是我们在 3.3.2 节间隙检验考虑过的情况. 它也与本节算法中特定循环（如极方法的步骤 P1–P3）的执行次数直接相关.

要生成具有这种分布的变量, 一种简便方法是置

$$N \leftarrow \lceil \ln U / \ln(1-p) \rceil. \tag{39}$$

为了检验该公式, 我们注意到 $\lceil \ln U / \ln(1-p) \rceil = n$, 当且仅当 $n - 1 < \ln U / \ln(1-p) \le n$, 即 $(1-p)^{n-1} > U \ge (1-p)^n$, 而这以概率 $(1-p)^{n-1}p$ 发生, 符合我们的要求. 量 $\ln U$ 可以用 $-Y$ 替换, 其中 Y 是均值为 1 的指数分布.

在二进制计算机上, 特殊情况 $p = \frac{1}{2}$ 特别简单, 因为式 (39) 简化为 $N \leftarrow \lceil -\lg U \rceil$, 即 N 比 U 的二进制表示中前导 0 的个数大 1.

(2) 二项分布 (t, p). 如果某事件以概率 p 出现, 做 t 次独立的试验, 则该事件出现的总次数 N 等于 n 的概率为 $\binom{t}{n} p^n (1-p)^{t-n}$（见 1.2.10 节）. 换言之, 如果我们生成 $U_1, \ldots, U_t$, 则我们想要统计它们之中有多少个小于 p. 对于很小的 t, 完全可以用这种方式得到 N.

对于很大的 t, 我们可以生成一个具有整数参数 a 和 b 的 β 变量 X, 其中 $a + b - 1 = t$. 这能有效提供 t 个元素从大到小排序的第 b 个, 而不必费事生成其他元素. 现在, 如果 $X \ge p$, 则置 $N \leftarrow N_1$, 其中 N_1 具有二项分布 $(a-1, p/X)$, 因为这表明区间 $[0..X)$ 中的 $a-1$ 个随机数有多少个小于 p; 如果 $X < p$, 则置 $N \leftarrow a + N_1$, 其中 N_1 具有二项分布 $(b-1, (p-X)/(1-X))$, 因为 N_1 说明区间 $[X..1)$ 中的 $b-1$ 个随机数有多少个小于 p. 选择 $a = 1 + \lfloor t/2 \rfloor$, 经过大约 $\lg t$ 次这类归约之后, 参数 t 将降低到合理大小.（这种方法由阿伦斯提出, 他还对中等大小的 t 提出了另一种方案, 见习题 27.）

(3) 均值为 μ 的泊松分布. 泊松分布与指数分布有关，正如二项分布与几何分布有关一样. 它表示可能在任意瞬时出现的某一事件在每单位时间的出现次数. 例如，放射物质一秒钟放射的 α 粒子数服从泊松分布.

根据这一原理，我们可以用以下方法生成泊松偏差 N：生成独立的、均值为 $1/\mu$ 的指数偏差 $X_1, X_2, \ldots$，当 $X_1 + \cdots + X_m \geq 1$ 时立即停止；然后置 $N \leftarrow m - 1$. $X_1 + \cdots + X_m \geq 1$ 的概率是 m 阶 Γ 偏差 $\geq \mu$ 的概率，亦即 $\int_\mu^\infty t^{m-1}e^{-t}\, dt/(m-1)!$. 因此 $N = n$ 的概率为

$$\frac{1}{n!}\int_\mu^\infty t^n e^{-t}\, dt - \frac{1}{(n-1)!}\int_\mu^\infty t^{n-1}e^{-t}\, dt = e^{-\mu}\frac{\mu^n}{n!}, \qquad n \geq 0. \tag{40}$$

如果我们用对数方法生成指数偏差，则上面的诀窍说明，应该在 $-(\ln U_1 + \cdots + \ln U_m)/\mu \geq 1$ 时停止. 化简这个表达式，可见所需的泊松偏差可以通过以下方法得到：计算 $e^{-\mu}$，把它转换成定点表示，然后生成一个或多个均匀偏差 $U_1, U_2, \ldots$，直到乘积满足 $U_1 \ldots U_m \leq e^{-\mu}$，最后置 $N \leftarrow m - 1$. 在平均情况下，这需要生成 $\mu + 1$ 个均匀偏差，因此当 μ 不是太大时，这种方法非常有用.

当 μ 很大时，由于我们知道如何对大的阶处理 Γ 分布和二项分布，因此可以得到一种 $\log \mu$ 量级的方法：首先生成具有 $m = \lfloor \alpha\mu \rfloor$ 阶 Γ 分布的 X，其中 α 是一个适当的常数.（由于 X 等价于 $-\ln(U_1 \ldots U_m)$，我们实质上绕过了前面方法的 m 步.）如果 $X < \mu$，则置 $N \leftarrow m + N_1$，其中 N_1 是均值为 $\mu - X$ 的泊松偏差；如果 $X \geq \mu$，则置 $N \leftarrow N_1$，其中 N_1 是二项分布 $(m-1, \mu/X)$. 这种方法由阿伦斯和迪特尔提出，他们的实验表明 $\frac{7}{8}$ 是 α 的合适取值.

当 $X \geq \mu$ 时，所述化简的正确性是如下重要原理的推论："设 $X_1, \ldots, X_m$ 是独立的、具有相同均值的指数偏差；对于 $1 \leq j \leq m$，令 $S_j = X_1 + \cdots + X_j$，$V_j = S_j/S_m$. 于是，$V_1, V_2, \ldots, V_{m-1}$ 的分布与 $m-1$ 个独立的、按递增序排序的均匀偏差的分布相同." 为了形式证明这一原理，给定 $S_m = s$ 的值，我们对任意的值 $0 \leq v_1 \leq \cdots \leq v_{m-1} \leq 1$，计算 $V_1 \leq v_1, \ldots, V_{m-1} \leq v_{m-1}$ 的概率：令 $f(v_1, v_2, \ldots, v_{m-1})$ 为 $(m-1)$ 重积分

$$\int_0^{v_1 s} \mu e^{-t_1/\mu}\, dt_1 \int_0^{v_2 s - t_1} \mu e^{-t_2/\mu}\, dt_2 \ldots$$
$$\times \int_0^{v_{m-1}s - t_1 - \cdots - t_{m-2}} \mu e^{-t_{m-1}/\mu}\, dt_{m-1} \cdot \mu e^{-(s - t_1 - \cdots - t_{m-1})/\mu};$$

通过代换 $t_1 = su_1, t_1 + t_2 = su_2, \ldots, t_1 + \cdots + t_{m-1} = su_{m-1}$，得到

$$\frac{f(v_1, v_2, \ldots, v_{m-1})}{f(1, 1, \ldots, 1)} = \frac{\int_0^{v_1} du_1 \int_{u_1}^{v_2} du_2 \ldots \int_{u_{m-2}}^{v_{m-1}} du_{m-1}}{\int_0^1 du_1 \int_{u_1}^1 du_2 \ldots \int_{u_{m-2}}^1 du_{m-1}}.$$

等号右边的比率是已知均匀偏差 $U_1 \leq \cdots \leq U_{m-1}$ 时，$U_1, \ldots, U_{m-1}$ 满足 $U_1 \leq v_1, \ldots, U_{m-1} \leq v_{m-1}$ 的对应概率.

习题 22 概述了一种处理二项偏差和泊松偏差的方法，效率更高，但稍微复杂一些.

G. 更多读物. 冯·诺依曼于 1947 年 5 月 21 日发出一封信件，首次提出拒绝方法. 这封信的副本收录在 *Los Alamos Science* (Los Alamos National Lab., 1987) 的特刊中 [*Stanislaw Ulam 1909–1984*, 135–136]. 吕克·德夫罗伊在《非均匀随机变量生成》[*Non-Uniform Random Variate Generation* (Springer, 1986)] 一书中讨论了更多种具有非均匀分布的随机变量的生成算法，并仔细考虑了每种方法在常用计算机上的运行效率.

沃尔夫冈·赫尔曼和格哈德·德夫林格 [*ACM Trans. Math. Software* **19** (1993), 489–495] 指出，拒绝方法与具有较小乘数 $a \approx \sqrt{m}$ 的线性同余生成器一起使用，可能会有危险.

从理论角度来看，值得考虑生成具有给定分布的随机变量的最优方法，即由尽可能少的随机位数产生期望结果的方法. 关于该问题的早期工作见高德纳和姚期智的 *Algorithms and Complexity* [约瑟夫·特劳布编辑，New York: Academic Press, 1976, 357–428].

建议读者做习题 16，复习本节介绍的许多技术方法.

习题

1. [10] 如果 α 和 β 是实数，满足 $\alpha < \beta$，那么如何生成一个在 α 和 β 之间均匀分布的实数?

2. [M16] 假定 mU 是 0 和 $m-1$ 之间的一个随机整数. 如果 $0 \le r < k$，那么 $\lfloor kU \rfloor = r$ 的准确概率是多少? 把它与期望概率 $1/k$ 进行比较.

▶ **3.** [14] 讨论: 把 U 看作整数，计算它模 k 的余数，得到 0 和 $k-1$ 之间的随机整数，而不是像正文中建议的那样做乘法. 这样，式 (1) 变成

$$\text{ENTA 0; \quad LDX U; \quad DIV K,}$$

结果在寄存器 X 中. 这是一种好方法吗?

4. [M20] 证明式 (8) 中的两个关系.

▶ **5.** [21] 提出一种高效的方法，计算具有分布 $F(x) = px + qx^2 + rx^3$ 的随机变量，其中 $p \ge 0$，$q \ge 0$，$r \ge 0$，$p + q + r = 1$.

6. [HM21] 量 X 用如下方法计算:

步骤 1. 生成两个独立的均匀偏差 U 和 V.

步骤 2. 如果 $U^2 + V^2 \ge 1$，则返回步骤 1; 否则置 $X \leftarrow U$.

X 的分布函数是什么? 步骤 1 将执行多少次? (给出均值和标准差.)

▶ **7.** [20] (沃克) 假设我们有大量 k 种不同颜色的立方体，比方说对于 $1 \le j \le k$，颜色 C_j 的立方体有 n_j 个; 我们还有 k 个盒子 $\{B_1, \ldots, B_k\}$，每个恰好可以装 n 个立方体. 此外，$n_1 + \cdots + n_k = kn$，因此这些立方体正好可以装进这些盒子. (构造性地) 证明: 总存在一种方法把这些立方体放进这些盒子，使得每个盒子最多包含两种不同颜色的立方体; 事实上，存在一种方法，使得只要盒子 B_j 包含两种颜色，那么其中一种颜色就是 C_j. 给定概率分布 $(p_1, \ldots, p_k)$，展示如何使用这一原理来计算式 (3) 所需的 P 表和 Y 表.

8. [M15] 证明: 如果更方便的话，适当地修改 P_0, P_1, $\ldots$, P_{k-1}，操作 (3) 可以改变成

$$\text{如果} \quad U < P_K, \quad \text{则} \quad X \leftarrow x_{K+1}, \quad \text{否则} \quad X \leftarrow Y_K.$$

(这样，使用的是 U 的原始值，而不是 V 的值.)

9. [HM10] 为什么图 9 的曲线 $f(x)$ 当 $x < 1$ 时是凹的，当 $x > 1$ 时是凸的?

▶ **10.** [HM24] 解释如何计算辅助常量 P_j, Q_j, Y_j, Z_j, S_j, D_j, E_j，使得算法 M 给出正确的概率.

▶ **11.** [HM27] 证明算法 M 的步骤 M7–M8 生成一个具有适当的正态分布尾的随机变量; 换言之，$X \le x$ 的概率应该恰为

$$\int_3^x e^{-t^2/2} \, dt \Big/ \int_3^\infty e^{-t^2/2} \, dt, \qquad x \ge 3.$$

[提示: 证明这是拒绝方法的特殊情形，其中对于某个 C，$g(t) = Cte^{-t^2/2}$.]

12. [HM23] (布伦特) 证明式 (23) 中定义的数 a_j 对于所有 $j \ge 1$，满足关系

$$a_j^2 - a_{j-1}^2 < 2\ln 2.$$

[提示: 如果 $f(x) = e^{x^2/2} \int_x^\infty e^{-t^2/2} \, dt$，证明对于所有 $0 \le x < y$，$f(x) > f(y)$.]

13. [*HM25*] 给定 n 个独立的、均值为 0、方差为 1 的正态偏差 $X_1, X_2, \ldots, X_n$，说明如何找出常量 b_j 和 a_{ij}，$1 \le j \le i \le n$，使得如果

$$Y_1 = b_1 + a_{11}X_1, \quad Y_2 = b_2 + a_{21}X_1 + a_{22}X_2, \quad \ldots, \quad Y_n = b_n + a_{n1}X_1 + \cdots + a_{nn}X_n,$$

则 $Y_1, Y_2, \ldots, Y_n$ 是独立的正态分布变量，Y_j 的均值为 μ_j，具有给定的协方差矩阵 (c_{ij}).（Y_i 和 Y_j 的协方差 c_{ij} 定义为 $(Y_i - \mu_i)(Y_j - \mu_j)$ 的平均值. 特殊地，c_{jj} 是 Y_j 的方差，即它的标准差的平方. 并非所有矩阵 (c_{ij}) 都能用作协方差矩阵，因此当然只要求你的构造在有解的条件起作用.）

14. [*M21*] 如果 X 是一个随机变量，具有连续分布 $F(x)$，而 c 是一个常量（可能为负），那么 cX 的分布是什么？

15. [*HM21*] 如果 X_1 和 X_2 是独立的随机变量，分布函数分别为 $F_1(x)$ 和 $F_2(x)$，密度函数分别为 $f_1(x) = F_1'(x)$，$f_2(x) = F_2'(x)$，那么量 $X_1 + X_2$ 的分布函数和密度函数是什么？

▶ **16.** [*HM22*]（阿伦斯）当 $0 < a \le 1$ 时，为 a 阶 Γ 偏差开发一个算法，对于 $0 < t < 1$ 用 $cg(t) = t^{a-1}/\Gamma(a)$ 使用拒绝方法，而对于 $t \ge 1$ 用 $cg(t) = e^{-t}/\Gamma(a)$ 使用拒绝方法.

▶ **17.** [*M24*] 对于概率为 p 的几何分布，分布函数 $F(x)$ 是什么？生成函数 $G(z)$ 是什么？该分布的均值和标准差是多少？

18. [*M24*] 提出一种计算随机整数 N 的方法，其中 N 以概率 $np^2(1-p)^{n-1}$ 取值 n，$n \ge 0$.（p 很小的情况特别值得注意.）

19. [*22*] 负二项分布 (t, p) 以概率 $\binom{t-1+n}{n}p^t(1-p)^n$ 取整数值 $N = n$.（与一般的二项分布不同，t 不必是整数，因为只要 $t > 0$，则对于所有的 n，这个量都非负.）推广习题 18，说明当 t 是一个较小的正整数时，如何产生具有这种分布的整数 N. 如果 $t = p = \frac{1}{2}$，你认为应采用什么方法？

20. [*M20*] 设 A 是图 13 阴影区域的面积，而 R 是包含它的矩形的面积. 设 I 是步骤 R2 认可的内部区域的面积，而 E 是步骤 R3 拒绝的外部区域与外面矩形之间部分的面积. 对于式 (25) 中的 4 种情况，确定算法 R 每一步骤执行的次数，用 A、R、I 和 E 表示.

21. [*HM29*] 为习题 20 中定义的量 A、R、I 和 E 推导公式.（对于 I 和 E，特别是 E，你可能希望使用交互计算机代数系统.）证明：对于形如"$X^2 \le 4(1 + \ln c) - 4cU$"的检验，$c = e^{1/4}$ 是步骤 R2 中的最优常数.

22. [*HM40*] 对于大的 μ，能否通过生成一个适当的正态偏差，用方便的方法把它转换成整数，并偶尔使用（或许是复杂的）修正，得到准确的泊松分布？

23. [*HM23*]（冯·诺依曼）下面两种生成随机量 X 的方法等价吗，即量 X 具有相同的分布吗？

　　　　方法 1： 置 $X \leftarrow \sin((\pi/2)U)$，其中 U 是均匀的.

　　　　方法 2： 生成两个均匀偏差 U 和 V；如果 $U^2 + V^2 \ge 1$，则重复，
　　　　　　　　直到 $U^2 + V^2 < 1$. 然后，置 $X \leftarrow |U^2 - V^2|/(U^2 + V^2)$.

24. [*HM40*]（乌拉姆，冯·诺依曼）设 V_0 是随机选取的 0 和 1 之间的实数，序列 $\langle V_n \rangle$ 由规则 $V_{n+1} = 4V_n(1 - V_n)$ 定义. 如果以理想的精度完全精确计算，则结果应当是具有分布 $\sin^2 \pi U$ 的序列，其中 U 是均匀的，即分布函数 $F(x) = \int_0^x dx/\sqrt{2\pi x(1-x)}$. 因为如果记 $V_n = \sin^2 \pi U_n$，则我们发现 $U_{n+1} = (2U_n) \bmod 1$，又由于几乎所有实数都具有一个随机二进制展开式（见 3.5 节），序列 U_n 是等分布的. 但是，如果 V_n 只以有限精度计算，则这一论证不成立，因为很快就会出现舍入误差噪声.［见冯·诺依曼，*Collected Works* **5**, 768–770.］

　　仅提供有限精度时，从经验（对于不同的 V_0 值）和理论两方面分析序列 $\langle V_n \rangle$. 该序列的分布类似于期望的分布吗？

25. [*M25*] 设 $X_1, X_2, \ldots, X_5$ 为二进制字，每位独立地以概率 $\frac{1}{2}$ 取 0 或 1. $X_1 \mid (X_2 \,\&\, (X_3 \mid (X_4 \,\&\, X_5)))$ 的给定位是 1 的概率是多少？推广你的结论.

26. [*M18*] 设 N_1 和 N_2 分别是均值为 μ_1 和 μ_2 的泊松偏差，其中 $\mu_1 > \mu_2 \ge 0$. 证明或证伪：(a) $N_1 + N_2$ 是均值为 $\mu_1 + \mu_2$ 的泊松分布. (b) $N_1 - N_2$ 是均值为 $\mu_1 - \mu_2$ 的泊松分布.

27. [*22*]（阿伦斯）在大多数二进制计算机上，都有办法高效统计一个二进制字中 1 的个数（见 7.1.3 节）．因此，当 $p = \frac{1}{2}$ 时，存在一种得到二项分布 (t, p) 的优雅方法：只需产生 t 个随机二进制位，并统计 1 的个数．

设计一个算法，对于任意的 p，仅使用特殊情况 $p = \frac{1}{2}$ 的子程序作为随机数源，产生二项分布 (t, p)．［提示：模拟一个过程，它首先考察 t 个均匀偏差的最高有效位，然后对根据最高有效位不足以确定取值是否小于 p 的那些偏差，考察次高有效位，如此下去．］

28. [*HM35*]（布伦特）开发一种算法，在由 $\sum a_k x_k^2 = 1$ 定义的椭球面上生成一个随机点，其中 $a_1 \geq \cdots \geq a_n > 0$．

29. [*M20*]（乔恩·本特利和詹姆斯·萨克斯）找出一种简单的方法，生成 n 个数 $X_1, \ldots, X_n$，它们在 0 和 1 之间均匀分布，并且已经排序，$X_1 \leq \cdots \leq X_n$．算法应该仅执行 $O(n)$ 步．

30. [*M30*] 解释如何生成随机点 (X_j, Y_j) 的集合，使得如果 R 是包含在单位正方形内、面积为 α 的任意矩形，则落入 R 的点 (X_j, Y_j) 的个数服从均值为 $\alpha\mu$ 的泊松分布．

31. [*HM39*]（正态偏差的直接生成方法）

(a) 证明：如果 $a_1^2 + \cdots + a_k^2 = 1$，并且 $X_1, \ldots, X_k$ 是独立的、均值为 0、方差为 1 的正态偏差，则 $a_1 X_1 + \cdots + a_k X_k$ 是均值为 0、方差为 1 的正态偏差．

(b) (a) 的结果表明，正如我们可以从旧的均匀偏差得到新的均匀偏差一样，我们也可以从旧的正态偏差生成新的正态偏差．例如，我们可以使用 3.2.2-(7) 的思想，但在初始化计算一组正态偏差 $X_0, \ldots, X_{54}$ 之后，使用像下面这样的递推式：

$$X_n = (X_{n-24} + X_{n-55})/\sqrt{2} \qquad \text{或} \qquad X_n = \tfrac{3}{5} X_{n-24} + \tfrac{4}{5} X_{n-55}.$$

解释为什么这不是一种好想法．

(c) 即便如此，试说明，改良 (a) 和 (b) 的思想并加以利用，仍然可得到从旧的正态偏差快速生成新的正态偏差的合适方法．［提示：如果 X 和 Y 是独立的正态偏差，则对于任意角度 θ，$X' = X\cos\theta + Y\sin\theta$ 和 $Y' = -X\sin\theta + Y\cos\theta$ 也是独立的正态偏差．］

32. [*HM30*]（华莱士）设 X 和 Y 是独立的、均值为 1 的指数偏差．证明：X' 和 Y' 也是独立的、均值为 1 的指数偏差，如果它们按如下方法之一从 X 和 Y 得到：

(a) 给定 $0 < \lambda < 1$，

$$X' = (1-\lambda)X - \lambda Y + (X+Y)[(1-\lambda)X < \lambda Y], \qquad Y' = X + Y - X'.$$

(b) $(X', Y') = \begin{cases} (2X, Y-X), & \text{如果 } X \leq Y; \\ (2Y, X-Y), & \text{如果 } X > Y. \end{cases}$

(c) 如果用二进制表示 $X = (\ldots x_2 x_1 x_0 . x_{-1} x_{-2} x_{-3} \ldots)_2$，$Y = (\ldots y_2 y_1 y_0 . y_{-1} y_{-2} y_{-3} \ldots)_2$，则 X' 和 Y' 具有"打乱"的值

$$X' = (\ldots x_2 y_1 x_0 . y_{-1} x_{-2} y_{-3} \ldots)_2, \qquad Y' = (\ldots y_2 x_1 y_0 . x_{-1} y_{-2} x_{-3} \ldots)_2.$$

33. [*20*] 算法 P、M、F 和 R 通过消耗未知个数的均匀随机变量 $U_1, U_2, \ldots$ 生成正态偏差．如何修改它们，使得输出只是一个 U 的函数．

3.4.2 随机抽样和洗牌

许多数据应用都要求从包含 N 个记录的文件中无偏地随机选取 n 个记录．例如，在质量控制之类需要抽样的统计计算中，就会出现这一问题．通常，N 非常大，不可能一次把所有数据装入内存；每个记录本身通常也非常大，甚至不可能在内存保留 n 个记录．因此，我们需要寻找一种选择 n 个记录的高效过程，在每个记录出现的时候，决定是接受还是拒绝它，并把接受的记录写到输出文件上．

为此, 人们已经设计了许多方法. 最显而易见的方法是以概率 n/N 选取每个记录. 有时, 这样做可能是合适的, 但是它只在平均情况下给出样本中的 n 个记录. 标准差为 $\sqrt{n(1-n/N)}$, 因此样本有可能太大, 不适合相应的应用, 或者太小, 无法产生必要的结果.

幸而, 这种"显而易见的"方法稍作简单修改, 就能满足我们的要求: 如果已经选取了 m 个项, 则第 $(t+1)$ 个记录被选中的概率应当为 $(n-m)/(N-t)$. 这个概率之所以正确, 是因为在从 N 个事物中选择 n 个使得有 m 个值来自前 t 个对象的所有方法中, 选择第 $(t+1)$ 个元素的方法所占比例恰为

$$\binom{N-t-1}{n-m-1} \bigg/ \binom{N-t}{n-m} = \frac{n-m}{N-t}. \tag{1}$$

根据这种思想, 立即可以写出如下算法.

算法 S (选择抽样技术).   随机地从 N 个记录的集合中选择 n 个记录, 其中 $0 < n \le N$.

S1. [初始化.] 置 $t \leftarrow 0$, $m \leftarrow 0$. (在算法执行期间, m 表示已经选取的记录个数, t 表示已经处理过的输入记录总数.)

S2. [产生 U.] 生成一个在 0 和 1 之间均匀分布的随机数 U.

S3. [测试.] 如果 $(N-t)U \ge n-m$, 则转到步骤 S5.

S4. [选择.] 为样本选择下一个记录, m 和 t 都增值 1. 如果 $m < n$, 则转到步骤 S2; 否则抽样完成, 算法终止.

S5. [跳过.] 跳过下一个记录 (样本中不包含它), t 增值 1, 并转回步骤 S2.   ∎

乍一看, 该算法似乎不太可靠, 事实上甚至好像不正确. 但是, 仔细分析 (见习题) 表明它完全值得信赖. 不难验证

(a) 最多输入 N 个记录 (在选取 n 个记录之前, 绝对不会跑到文件尾).

(b) 样本完全是无偏的. 具体说来, 任意给定的元素, 例如文件的最后一个元素, 被选中的概率都是 n/N.

陈述 (b) 为真, 尽管我们选择第 $(t+1)$ 个项的概率不是 n/N, 而是式 (1)! 部分文献因此有些困惑. 读者能够解释这种看似矛盾的现象吗?

(注意: 使用算法 S 时应该小心, 程序每次运行时都应使用不同的随机数 U 的源, 以避免不同时间得到的样本之间产生联系. 例如, 可以每次为线性同余方法选择一个不同的 X_0 值. 种子值 X_0 可以设置为当前日期, 或程序上一次运行时产生的最后一个随机数 X.)

通常, 我们不必扫描所有 N 个记录. 事实上, 上面的 (b) 表明, 最后一个记录被选中的概率为 n/N, 因此, 尚未考虑最后一个记录就已经终止算法的概率为 $(1-n/N)$. 当 $n=2$ 时, 平均考虑的记录数为 $\frac{2}{3}N$, 而一般公式在习题 5 和 6 中给出.

范崇德、穆勒和伊万·列祖查讨论了算法 S 及其他几种抽样技术 [*J. Amer. Stat. Assoc.* **57** (1962), 387–402]. 该方法被特伦斯·琼斯独立发现 [*CACM* **5** (1962), 343].

如果我们预先不知道 N 的值, 就会出现问题, 因为在算法 S 中, N 的准确值是至关重要的. 假设我们想从一个文件中随机地选择 n 个项, 而不知道该文件中总共有多少个项, 那么可以先扫描一遍文件, 统计记录数, 然后扫描第二遍, 选择部分记录. 但是, 在第一次扫描时就抽取 $m \ge n$ 个原始项, 一般会更好, 因为第二次扫描只需要考虑 m 个项, 其中 m 远小于 N. 当然, 必须采用某种技巧, 保证最终结果是原文件的真正随机样本.

由于不知道输入何时结束, 因此我们必须随时记录此前看到的输入记录的一个随机样本, 时刻准备结束. 我们一边读入输入, 一边构造一个"水库", 只包含先前样本中出现的那些记

录. 前 n 个记录总是进入该水库. 对于 $t \geq n$, 当输入第 $(t+1)$ 个记录时, 我们在内存中存放一个有 n 个下标的表, 指向从前 t 个记录中选取的那些记录. 问题是, 在 t 增加 1 的时候, 维持这种状况, 即从现在已知的 $t+1$ 个记录中找出一个新的随机样本. 不难看出, 新样本中包含这个新纪录的概率应该是 $n/(t+1)$, 如果包含, 它应该置换先前样本中的一个随机元素.

因此, 下面过程就完成这项工作.

算法 R (水库抽样). 给定 $n > 0$, 从一个长度未知、但大于等于 n 的文件中随机选择 n 记录. 一个称作 "水库" 的附加文件包含作为最终样本候选的所有记录. 算法使用一个有不同下标的表 $I[j]$, $1 \leq j \leq n$, 每个下标指向水库中的一个记录.

R1. [初始化.] 输入前 n 个记录, 都复制到水库中. 对于 $1 \leq j \leq n$, 置 $I[j] \leftarrow j$, $t \leftarrow m \leftarrow n$. (当然, 如果被抽样的文件少于 n 个记录, 则应该中止程序并报告错误. 在算法执行期间, 下标 $I[1], \ldots, I[n]$ 指向当前样本中的记录; m 是水库的大小; t 是已经处理的记录个数.)

R2. [文件结束?] 如果不再有记录输入, 则转到 R6.

R3. [产生并检验.] t 增加 1, 然后生成一个 1 与 t 之间 (包括 1 和 t) 的随机整数 M. 如果 $M > n$, 则转到 R5.

R4. [添加到水库中.] 把输入文件的下一个记录复制到水库中, m 增加 1, 置 $I[M] \leftarrow m$. (样本中, $I[M]$ 先前指向的记录置换为这个新记录.) 转回 R2.

R5. [跳过.] 跳过输入文件的下一个记录 (不把它放入水库中), 转回 R2.

R6. [第二遍扫描.] 把 I 表的项排序, 使得 $I[1] < \cdots < I[n]$; 然后, 扫描水库, 把具有这些下标的记录复制到存放最终样本的输出文件中. ∎

算法 R 由沃特曼发明. 读者可以通过习题 9 的例子理解这些操作.

如果记录足够短, 当然完全不必使用水库, 只需把当前样本的 n 个记录一直放在内存即可, 此时算法大大简化 (见习题 10).

关于算法 R, 一个自然的问题是: "水库的期望规模有多大?" 习题 11 表明, m 的平均值严格等于 $n(1 + H_N - H_n)$, 近似等于 $n(1 + \ln(N/n))$. 因此, 如果 $N/n = 1000$, 则水库仅包含原文件记录的大约 $1/125$.

注意, 算法 S 和算法 R 可以用来同时得到多个独立范畴的样本. 例如, 如果有一个大文件, 存放美国 50 个州全体居民的姓名和地址, 那么我们可以从中挑选每个州恰好包含 10 个人的随机样本, 既不必扫描文件 50 遍, 也不必先对文件按州排序.

当 n/N 较小时, 我们可以显著改进算法 S 和 R, 做法是产生一个随机变量, 告诉我们每次应该跳过多少个记录, 而不是临时决定每次是否应该跳过下一个记录 (见习题 8).

"组合" 的传统定义是从 N 个事物一次取 n 个, 因此抽样问题可以看作随机组合计算问题 (见 1.2.6 节). 现在, 我们考虑 t 个对象的随机排列问题. 我们将称它为洗牌 (shuffling) 问题, 因为洗牌无非就是给一副牌指定一种随机排列.

任何玩牌的人只要稍加思索就足以意识到, 传统的洗牌过程非常不充分. 完全不可能用这样的方法以接近相等的概率得到 $t!$ 种排列的每一种. 据说, 老练的桥牌手在决定是否叫牌时就利用这一事实. 52 张牌如果使用 "拨牌式交叉洗牌法", 至少需要洗 7 次, 分布才能与均匀分布相差 10% 以内, 而如果使用随机洗牌, 14 次可确保这一结果 [见戴维·奥尔德斯和佩尔西·迪亚科尼斯, *AMM* **93** (1986), 333–348].

如果 t 很小，则我们可以通过产生 1 到 $t!$ 之间的随机整数，快速得到一个随机排列. 例如，当 $t=4$ 时，使用一个 1 到 24 之间的随机数，足以从列出所有可能排列的表中选择一个随机排列. 但是，对于很大的 t，如果我们想要声称每种排列都等可能的话，就需要更加小心，因为 $t!$ 比单个随机数的精度大得多.

回想算法 3.3.2P，可以得到一个合适的洗牌过程. 根据算法 3.3.2P，$t!$ 个可能的排列与数列 $(c_1, c_2, \ldots, c_{t-1})$（$0 \le c_j \le j$）之间存在简单的对应关系. 容易随机地计算这样的数的集合，然后使用这种对应关系产生一个随机排列.

算法 P（洗牌）. 设 $(X_1, X_2, \ldots, X_t)$ 是待洗牌的 t 个数的序列.

P1.［初始化.］置 $j \leftarrow t$.

P2.［产生 U.］生成一个在 0 和 1 之间均匀分布的随机数 U.

P3.［交换.］置 $k \leftarrow \lfloor jU \rfloor + 1$.（现在，$k$ 是 1 和 j 之间的随机整数. 习题 3.4.1–3 解释，不要通过模 j 取余数计算 k.）交换 $X_k \leftrightarrow X_j$.

P4.［减少 j.］j 减 1. 如果 $j > 1$，则返回步骤 P2. ▮

这个算法首先由罗纳德·费希尔和弗兰克·耶茨［*Statistical Tables* (London, 1938)，例 12］用自然语言发表，而由理查德·德斯坦菲尔德［*CACM* **7** (1964)，420］用计算机语言发表. 如果我们只是希望生成 $\{1, \ldots, t\}$ 的一个随机排列，而不是洗乱给定的序列 $(X_1, \ldots, X_t)$，则令 j 从 1 增加到 t，并置 $X_j \leftarrow X_k$，$X_k \leftarrow j$，而省去交换操作 $X_k \leftrightarrow X_j$［见高德纳，*The Stanford GraphBase* (New York: ACM Press, 1994)，104］.

罗伯特·萨尔菲［*COMPSTAT 1974* (Vienna: 1974)，28–35］指出，当我们用模 m 的线性同余序列得到均匀的 U，或在 U_n 只有 m 个可能取值的情况下使用递推式 $U_{n+1} = f(U_n)$ 时，算法 P 不可能生成超过 m 个不同的排列，因为在这种情况下，最终的排列完全被所产生的第一个 U 的值所决定. 这样，如果 $m = 2^{32}$，则 13 个元素的某些排列永远不会出现，因为 $13! \approx 1.45 \times 2^{32}$. 在大多数应用中，实际上我们并不需要看到所有 13! 个排列；然而，知道哪些排列出现，哪些排列不出现，只是由像格结构这样简单的数学规则确定的，仍然令人不安（见 3.3.4 节）.

使用像 3.2.2–(7) 那样的周期足够长的滞后斐波那契生成器时，不会出现这种问题. 但是，即便是使用这样的方法，我们也不可能均匀地得到所有排列，除非我们能够指定至少 $t!$ 个不同的种子值来初始化生成器. 换言之，我们不可能输出 $\lg t!$ 个真正随机位，除非事先输入 $\lg t!$ 个真正随机位. 3.5 节表明，我们不必为此忧心.

容易修改算法 P，使之产生随机组合的随机排列（见习题 15）. 关于其他类型对象的随机组合（例如分划）见 7.2 节，又见阿尔伯特·奈恩黑斯和维尔夫的书《组合算法》［*Combinatorial Algorithms* (New York: Academic Press, 1975)］.

习题

1. [*M12*] 解释式 (1).

2. [20] 证明算法 S 试图读入输入文件的记录数绝对不会超过 N 个.

▶ **3.** [22] 在算法 S 中，以概率 $(n-m)/(N-t)$ 而不是以概率 n/N 选择第 $(t+1)$ 项，但是正文还是声称样本是无偏的；这样，每个项应当以相同的概率被选择. 这两种陈述如何都能为真？

4. [*M23*] 令 $p(m, t)$ 为选择抽样技术从前 t 个项中恰好选取 m 个的概率. 由算法 S 直接证明

$$p(m, t) = \binom{t}{m}\binom{N-t}{n-m} \Big/ \binom{N}{n}, \qquad 0 \le t \le N.$$

5. [*M24*] 当算法 S 终止时，t 的平均值是多少？（换言之，在平均情况下，样本完成之前，N 个记录有多少个已经被扫描？）

6. [*M24*] 习题 5 计算的值的标准差是多少？

7. [*M25*] 证明：任意给定的 N 个记录中的 n 个选择都被算法 S 以概率 $1/\binom{N}{n}$ 得到。因此，样本是完全无偏的。

▶ **8.** [*M39*] （魏杰甫）算法 S 对它处理的每个输入记录计算一个均匀偏差。本习题的目的是考虑一种更有效的方法，更快地计算在做出首次选择之前，跳过的输入记录的正确个数 X。

(a) 给定 k，$X \geq k$ 的概率是多少？

(b) 证明 (a) 的结果使得我们可以只生成一个均匀的 U，然后做 $O(X)$ 次其他计算来计算 X。

(c) 证明我们还可以置 $X \leftarrow \min(Y_N, Y_{N-1}, \ldots, Y_{N-n+1})$，其中诸 Y 是独立的，并且每个 Y_t 都是区间 $0 \leq Y_t < t$ 中的随机整数。

(d) 为了最快，证明使用像式 3.4.1–(18) 的"挤压方法"，在平均情况下，还可以用 $O(1)$ 步计算 X。

9. [*12*] 令 $n = 3$。如果算法 R 用于包含 20 个记录的文件，记录从 1 到 20 编号，并且步骤 R3 产生的随机数分别为

$$4, 1, 6, 7, 5, 3, 5, 11, 11, 3, 7, 9, 3, 11, 4, 5, 4,$$

哪些记录进入水库？哪些在最终的样本中？

10. [*15*] 假定当前样本的 n 个记录可以放在内存，修改算法 R，使得不再需要水库。

▶ **11.** [*M25*] 令 p_m 为算法 R 的第一遍扫描期间恰有 m 个元素放入水库的概率。确定生成函数 $G(z) = \sum_m p_m z^m$，并且找出均值和标准差。（利用 1.2.10 节的思想。）

12. [*M26*] 算法 P 的中心思想是，任何排列 π 都可以唯一地表示成形如 $\pi = (a_t t) \ldots (a_3 3)(a_2 2)$ 的对换的乘积，其中对于 $t \geq j > 1$，$1 \leq a_j \leq j$。证明：还存在一种形如 $\pi = (b_2 2)(b_3 3) \ldots (b_t t)$ 的唯一表示，其中对于 $1 < j \leq t$，$1 \leq b_j \leq j$；设计一个算法，在 $O(t)$ 步之内由诸 a 计算诸 b。

13. [*M23*] （所罗门·格伦布）最普通的洗牌方法是把牌分成尽可能相等的两部分，然后把它们"洗"到一起。（根据纸牌游戏的霍伊尔规则中的纸牌玩法惯例，"这种洗牌大约应该做 3 次，以便把纸牌完全混合"。）考虑一叠 $2n-1$ 张牌 $X_1, X_2, \ldots, X_{2n-1}$；"完美洗牌" s 把这叠牌划分成 $X_1, X_2, \ldots, X_n$ 和 $X_{n+1}, \ldots, X_{2n-1}$，然后完全插入，得到 $X_1, X_{n+1}, X_2, X_{n+2}, \ldots, X_{2n-1}, X_n$。"切牌"操作 c^j 把 $X_1, X_2, \ldots, X_{2n-1}$ 改变为 $X_{j+1}, \ldots, X_{2n-1}, X_1, \ldots, X_j$。证明如果 $n > 1$，则结合完美洗牌和切牌，可能得到的不同安排最多有 $(2n-1)(2n-2)$ 种。

14. [*22*] $a_0 a_1 \ldots a_{n-1}$ 的切洗牌排列把它变成对于某 x 和 y，包含子序列

$$a_x \, a_{(x+1) \bmod n} \cdots a_{(y-1) \bmod n} \qquad 和 \qquad a_y \, a_{(y+1) \bmod n} \cdots a_{(x-1) \bmod n}$$

的某种混合序列。这样，3890145267 是 0123456789 的切洗牌结果，其中 $x = 3$，$y = 8$。

(a) 开始，52 张纸牌按标准次序排列

2 3 4 5 6 7 8 9 10 J Q K A 2 3 4 5 6 7 8 9 10 J Q K A 2 3 4 5 6 7 8 9 10 J Q K A 2 3 4 5 6 7 8 9 10 J Q K A，

奎克先生（一位学生）做了一次随机切洗牌；然后，他拿掉最左边的牌，并把它插入到随机位置，得到序列

9 10 K J Q A K A 2 Q 3 2 3 4 5 6 7 4 8 9 5 10 6 J 7 Q 8 K 9 10 J Q A K 2 3 A 4 2 3 4 5 6 5 6 7 8 7 9 10 J 8

他从最左边拿掉了哪张牌？

(b) 以原来的次序重新开始。现在，在把最左边的牌移动到新位置之前，奎克做了三次切洗牌

10 J Q 3 4 5 6 J J Q 4 6 K A 2 3 K 4 7 5 6 Q A 7 5 A 8 7 6 K K 9 A 7 8 9 10 8 10 8 2 5 J 2 3 Q 4 9 3 2 9 10。

这次，他移动了哪张牌？

▶ **15.** [*30*] （奥利-约翰·达尔）如果在算法 P 开始时，对于 $1 \leq k \leq t$，$X_k = k$，并且当 j 达到值 $t-n$ 时终止算法，则序列 $X_{t-n+1}, \ldots, X_t$ 是 n 个元素的随机组合的一个随机排列. 说明如何仅用 $O(n)$ 个内存单元模拟这一过程的效果.

▶ **16.** [*M25*] 给定 N 和 n，设计一个算法，使用散列的思想（6.4 节）计算从 N 个记录中选择 n 个记录的随机样本. 你的方法应该使用 $O(n)$ 个存储单元，平均使用 $O(n)$ 个单位时间，并且以整数的有序集 $1 \leq X_1 < X_2 < \cdots < X_n \leq N$ 提供样本.

17. [*M22*] （弗洛伊德）证明：下面的算法从 $\{1, \ldots, N\}$ 中生成 n 个整数的随机样本 S：置 $S \leftarrow \emptyset$；然后对于 $j \leftarrow N-n+1,\, N-n+2, \ldots, N$（按此顺序），置 $k \leftarrow \lfloor jU \rfloor + 1$，并且置

$$S \leftarrow \begin{cases} S \cup \{k\}, & \text{如果 } k \notin S; \\ S \cup \{j\}, & \text{如果 } k \in S. \end{cases}$$

▶ **18.** [*M32*] 有时，人们试图通过如下相继交换，对 n 个项 $(X_1, X_2, \ldots, X_n)$ 进行洗牌：

$$X_1 \leftrightarrow X_{k_1}, \; X_2 \leftrightarrow X_{k_2}, \; \ldots, \; X_n \leftrightarrow X_{k_n},$$

其中下标 k_j 是独立的、在 0 和 n 之间均匀随机的.

考虑以 $\{1, 2, \ldots, n\}$ 为顶点、以从 j 到 k_j（$1 \leq j \leq n$）的弧为边的有向图. 描述这种类型的有向图. 对于它们，如果我们从元素 $(X_1, X_2, \ldots, X_n) = (1, 2, \ldots, n)$ 开始，所述交换产生排列 (a) $(n, 1, 2, \ldots)$；(b) $(1, 2, \ldots, n)$；(c) $(2, \ldots, n, 1)$. 推断这 3 种排列以很不相同的概率得到.

▶ **19.** [*M28*] （优先抽样）考虑 N 个项的文件，其中第 k 个项具有正的权重 w_k. 对于 $1 \leq k \leq N$，令 $q_k = U_k/w_k$，其中 $\{U_1, \ldots, U_N\}$ 是 $[0..1)$ 中独立、均匀的偏差. 如果 r 是任意实数，定义

$$\widehat{w}_k^{(r)} = \begin{cases} \max(w_k, 1/r), & \text{如果 } q_k < r; \\ 0, & \text{如果 } q_k \geq r; \end{cases} \qquad \widehat{w}_k^{(r+)} = \begin{cases} \max(w_k, 1/r), & \text{如果 } q_k \leq r; \\ 0, & \text{如果 } q_k > r. \end{cases}$$

(a) 如果 r 是 $\{q_1, \ldots, q_N\}$ 的第 n 个最小元素，证明：对于 $1 \leq k < n \leq N$，期望值 $E\,\widehat{w}_1^{(r)}\widehat{w}_2^{(r)} \ldots w_k^{(r)}$ 为 $w_1 w_2 \ldots w_k$. 提示：证明如果 s 是 $\{q_{k+1}, \ldots, q_N\}$ 的第 $(n-k)$ 个最小元素，则我们有 $\widehat{w}_1^{(r)} \ldots \widehat{w}_k^{(r)} = \widehat{w}_1^{(s+)} \ldots \widehat{w}_k^{(s+)}$.（注意：量 s 独立于 $\{U_1, \ldots, U_k\}$.）

(b) 因此，$E\,\widehat{w}_{j_1}^{(r)} \ldots \widehat{w}_{j_k}^{(r)} = w_{j_1} \ldots w_{j_k}$，其中 $j_1 < \cdots < j_k$.

(c) 证明：如果 $n > 2$，则方差 $\mathrm{Var}(\widehat{w}_{j_1}^{(r)} + \cdots + \widehat{w}_{j_k}^{(r)})$ 为 $\mathrm{Var}(\widehat{w}_{j_1}^{(r)}) + \cdots + \mathrm{Var}(\widehat{w}_{j_k}^{(r)})$.

(d) 给定 n，解释如何修改水库抽样方法，使得 r 的值和具有下标 $\{j \mid q_j < r\}$ 的 $n-1$ 项可以通过大小 N 未知的文件的一遍扫描得到. 提示：使用大小为 n 的优先队列.

由线而推及纱锭，
因此，我们将因有样本而感到满意和踏实.

——米格尔·德·塞万提斯·萨维德拉，*El Ingenioso Hidalgo*
Don Quixote de la Mancha（1605）

*3.5　什么是随机序列?

A. 引论. 本章, 我们已经知道了如何产生区间 $0 \le U_n < 1$ 中的实数列

$$\langle U_n \rangle = U_0,\ U_1,\ U_2,\ \dots, \tag{1}$$

它称为 "随机" 序列, 尽管本质上是完全确定的. 为了证实这个术语正确, 我们声称这些数 "表现得仿佛是真正随机的". 这种表述 (目前) 可能足以满足实际应用的要求, 但是它回避了一个非常重要的哲学和理论问题: "随机行为" 的精确含义是什么? 我们需要量化的定义. 我们不希望讨论并不真正理解的概念, 特别是随机数, 因为可以做出许多显然似是而非的陈述.

概率统计的数学理论审慎地回避这一问题. 它不做绝对陈述, 而以概率来描述每件事, 对命题涉及的随机事件序列赋予一个概率. 如此建立概率论的公理, 使得抽象的概率容易计算, 但是并不说明概率的真实含义, 也不介绍如何把这一概念有意义地用于现实世界. 在《概率、统计与真实》[*Probability, Statistics, and Truth* (New York: Macmillan, 1957)] 一书中, 理查德·冯·米泽斯详细讨论了这种情况, 并且提出: 概率的正确定义依赖于随机序列的正确定义.

众多作者对该问题发表了看法. 这里转述其中两位的陈述.

> 莱默 (1951): "随机序列是一个含糊概念, 它体现了这样一种思想: 序列中的每一项在外行人眼中是不可预测的, 其数字通过了一定数量的检验, 这些检验由统计学家长期使用, 部分依赖于序列的用途."

> 富兰克林 (1962): "序列 (1) 是随机的, 如果它具有所有均匀分布的随机变量的独立样本的无穷序列都具有的所有性质."

富兰克林的陈述本质上推广了莱默的陈述, 指出序列必须满足所有的统计检验. 他的定义并不完全准确, 稍后我们会看到, 合理解释他的陈述, 将会导致结论: 根本不存在随机序列! 因此, 让我们从莱默的限制较少的陈述开始, 试着使它更准确. 实际上, 我们需要列出相对较少的数学性质的列表, 其中每个性质都能被随机序列的直观概念所满足; 此外, 该表应该足够完整, 足以使我们认同, 满足这些性质的任何序列都是 "随机的". 本节, 我们根据这些标准, 分析随机性的合适定义, 不过还有许多有趣的问题都尚未解答.

设 u 和 v 是实数, $0 \le u < v \le 1$. 如果 U 是在 0 和 1 之间均匀分布的随机变量, 则 $u \le U < v$ 的概率为 $v - u$. 例如, $\frac{1}{5} \le U < \frac{3}{5}$ 的概率为 $\frac{2}{5}$. 我们如何将单个数 U 的这种性质转换成无穷序列 $U_0, U_1, U_2, \dots$ 的性质呢? 显然, 可以统计 U_n 落在 u 和 v 之间的次数, 平均次数应该等于 $v - u$. 因此, 概率的直观概念正是基于这种出现频率.

更准确地说, 设 $\nu(n)$ 为使得 $u \le U_j < v$ 的 j ($0 \le j < n$) 值的个数, 我们希望当 n 趋向无穷大时, 比率 $\nu(n)/n$ 趋向值 $v - u$:

$$\lim_{n \to \infty} \frac{\nu(n)}{n} = v - u. \tag{2}$$

如果这个条件对 u 和 v 的所有取值都成立, 则称该序列为等分布的.

设 $S(n)$ 为关于整数 n 和序列 $U_0, U_1, \dots$ 的陈述. 例如, $S(n)$ 可以是上面考虑的陈述 "$u \le U_n < v$". 我们可以推广上一段所使用的思想, 定义 $S(n)$ 关于特定的无穷序列为真的概率.

定义 A. 设 $\nu(n)$ 为使得 $S(j)$ 为真的 j ($0 \le j < n$) 值的个数. 如果 n 趋向无穷大时, $\nu(n)/n$ 的极限等于 λ, 我们就说 $S(n)$ 以概率 λ 为真. 用符号表示: 如果 $\lim_{n \to \infty} \nu(n)/n = \lambda$, $\mathrm{Pr}\big(S(n)\big) = \lambda$.

使用这种记号，序列 $U_0, U_1, \ldots$ 是等分布的，当且仅当对于满足 $0 \le u < v \le 1$ 的所有实数 u 和 v，$\Pr(u \le U_n < v) = v - u$.

一个不随机的序列也可能是等分布的. 例如，如果 $U_0, U_1, \ldots$ 和 $V_0, V_1, \ldots$ 都是等分布的序列，则不难证明序列

$$W_0, W_1, W_2, W_3, \ldots = \tfrac{1}{2}U_0,\ \tfrac{1}{2}+\tfrac{1}{2}V_0,\ \tfrac{1}{2}U_1,\ \tfrac{1}{2}+\tfrac{1}{2}V_1,\ \ldots \tag{3}$$

也是等分布的，因为子序列 $\tfrac{1}{2}U_0,\ \tfrac{1}{2}U_1,\ \ldots$ 是在 0 和 $\tfrac{1}{2}$ 之间等分布的，而交替项 $\tfrac{1}{2} + \tfrac{1}{2}V_0$，$\tfrac{1}{2} + \tfrac{1}{2}V_1,\ \ldots$ 是在 $\tfrac{1}{2}$ 和 1 之间等分布的. 但是，在序列 W 中，一个小于 $\tfrac{1}{2}$ 的值总是后随一个大于或等于 $\tfrac{1}{2}$ 的值，反之亦然；因此，根据任何合理的定义，该序列都不是随机的. 我们需要比等分布更强的性质.

等分布性质的一种自然推广可以消除上一段所述异议，做法是考虑序列中的相邻数对. 我们可以要求，对于满足 $0 \le u_1 < v_1 \le 1$，$0 \le u_2 < v_2 \le 1$ 的任意 4 个数 u_1, v_1, u_2, v_2，序列满足条件

$$\Pr(u_1 \le U_n < v_1\ \text{且}\ u_2 \le U_{n+1} < v_2) = (v_1 - u_1)(v_2 - u_2). \tag{4}$$

一般地，对于任意正整数 k，我们可以要求序列在以下意义下是 k 分布的：

定义 B.   如果对于满足 $0 \le u_j < v_j \le 1$（$1 \le j \le k$）的所有实数 u_j 和 v_j，都有

$$\Pr(u_1 \le U_n < v_1,\ \ldots,\ u_k \le U_{n+k-1} < v_k) = (v_1 - u_1) \ldots (v_k - u_k), \tag{5}$$

则序列 (1) 称为是 k 分布的.

等分布序列是 1 分布序列. 注意，如果 $k > 1$，则 k 分布序列总是 $(k-1)$ 分布的，因为我们可以在式 (5) 中置 $u_k = 0$ 而 $v_k = 1$. 特殊地，任何 4 分布序列必定是 3 分布、2 分布和等分布的. 我们可以考察使得给定序列为 k 分布的最大的 k，由此得到如下更强的性质.

定义 C.   如果一个序列对于所有的正整数 k 都是 k 分布的，则这个序列称为是 ∞ 分布的.

迄今为止，我们已经研究了 $[0..1)$ 序列，即落入 0 和 1 之间的实数的序列. 相同的思想也可以用于整数值序列. 如果每个 X_n 都是整数 $0, 1, \ldots, b-1$ 中的一个，我们说序列 $\langle X_n \rangle = X_0$，$X_1, X_2, \ldots$ 是一个 b 进制序列. 这样，二进制序列就是 0 和 1 的序列.

我们还定义 k 位 b 进制数为 k 个整数的串 $x_1 x_2 \ldots x_k$，其中对于 $1 \le j \le k$ 有 $0 \le x_j < b$.

定义 D.   如果一个 b 进制序列对于所有的 b 进制数 $x_1 x_2 \ldots x_k$，都有

$$\Pr(X_n X_{n+1} \ldots X_{n+k-1} = x_1 x_2 \ldots x_k) = 1/b^k, \tag{6}$$

则这个序列称为 k 分布的.

由这一定义显然有：如果 $U_0, U_1, \ldots$ 是 k 分布的 $[0..1)$ 序列，则 $\lfloor bU_0 \rfloor, \lfloor bU_1 \rfloor, \ldots$ 是 k 分布的 b 进制序列.（如果置 $u_j = x_j/b$，$v_j = (x_j+1)/b$，$X_n = \lfloor bU_n \rfloor$，则式 (5) 变成式 (6).）此外，如果 $k > 1$，则每个 k 分布的 b 进制序列也是 $(k-1)$ 分布的，因为 b 进制数 $x_1 \ldots x_{k-1} 0$，$x_1 \ldots x_{k-1} 1, \ldots, x_1 \ldots x_{k-1}(b-1)$ 的概率相加，得到

$$\Pr(X_n \ldots X_{n+k-2} = x_1 \ldots x_{k-1}) = 1/b^{k-1}.$$

（不相交事件的概率是可加的，见习题 5.）因此，像定义 C 一样，可以很自然地说一个 b 进制序列是 ∞ 分布的.

正实数的 b 进制表示可以看作 b 进制序列. 例如, π 对应于 10 进制序列 3, 1, 4, 1, 5, 9, 2, 6, 5, 3, 5, 8, 9, ... 人们猜测这个序列是 ∞ 分布的, 但是还没有人能够证明它是 1 分布的.

让我们以 k 等于一百万为例, 更仔细地分析这些概念. 一个 1000000 分布的二进制序列将具有连续一百万个 0 的游程! 类似地, 一个 1000000 分布的 $[0..1)$ 序列将具有连续一百万个值均小于 $\frac{1}{2}$ 的游程. 不错, 在平均情况下, 这发生的概率只有 $\left(\frac{1}{2}\right)^{1000000}$, 但是它的确会发生. 实际上, 按照 "真正随机" 的直观概念, 这种现象将在任何真正随机的序列中出现. 可以想象, 如果在计算机模拟实验中使用这组一百万个 "真正随机的" 数, 这种情况会有多么大的影响, 因此完全有理由抱怨这种随机数生成器. 然而, 如果一个数的序列中完全不会出现连续一百万个 U 均小于 $\frac{1}{2}$ 的游程, 则该序列不是随机的, 这种随机数源不适合其他使用非常长的 U 块作为输入的应用. 总之, 真正随机的序列将表现出局部非随机性. 在某些应用中, 局部非随机性是必要的, 但是在其他应用中, 这会造成严重后果. 我们不得不得出结论, 任何 "随机" 数列都不可能适合所有应用.

类似地, 有人可能会说, 不可能断定一个有穷序列是否随机, 因为任何两个特定的序列都具有相同的可能性. 如果我们要给出有用的随机性定义的话, 这些肯定是障碍, 但是其实不必引起惊慌. 我们仍然可以适当给出无穷实数序列的随机性定义, 使得我们能够借助对应的理论, 深入理解实际在计算机上产生的、一般的有理数的有穷序列. 此外, 本节稍后将会指出, 对于有穷序列的随机性, 存在几种言之成理的定义.

B. ∞ 分布序列. 现在, 我们简略研究 ∞ 分布序列的理论. 为了充分地介绍这种理论, 需要使用一点高等数学知识, 因此在本节, 假定读者熟悉 "高等微积分" 课程的一般内容.

为方便起见应该推广定义 A, 因为那里出现的极限并非对所有的序列都存在. 我们定义

$$\overline{\Pr}\big(S(n)\big) = \limsup_{n \to \infty} \frac{\nu(n)}{n}, \qquad \underline{\Pr}\big(S(n)\big) = \liminf_{n \to \infty} \frac{\nu(n)}{n}. \tag{7}$$

于是, $\Pr\big(S(n)\big)$ 如果存在, 就等于 $\underline{\Pr}\big(S(n)\big)$ 和 $\overline{\Pr}\big(S(n)\big)$.

我们已经看到, 如果用 $\lfloor bU \rfloor$ 替换 U, 则 k 分布的 $[0..1)$ 序列变成 k 分布的 b 进制序列. 下面的第一个定理表明其逆也成立.

定理 A. 设 $\langle U_n \rangle = U_0, U_1, U_2, \dots$ 是 $[0..1)$ 序列. 如果对于无穷整数序列 $1 < b_1 < b_2 < b_3 < \cdots$ 中的所有 b_j, 序列

$$\langle \lfloor b_j U_n \rfloor \rangle = \lfloor b_j U_0 \rfloor, \ \lfloor b_j U_1 \rfloor, \ \lfloor b_j U_2 \rfloor, \ \dots$$

都是 k 分布的 b_j 进制序列, 则原序列 $\langle U_n \rangle$ 是 k 分布的.

举例说明该定理, 假设 $b_j = 2^j$. 序列 $\lfloor 2^j U_0 \rfloor$, $\lfloor 2^j U_1 \rfloor$, ... 实质上是由序列 $U_0, U_1, \dots$ 的二进制表示的前 j 位组成的序列. 如果按照定义 D, 这些整数序列都是 k 分布的, 则按照定义 B, 实数值序列 $U_0, U_1, \dots$ 也必然是 k 分布的.

定理 A 的证明. 如果序列 $\lfloor bU_0 \rfloor$, $\lfloor bU_1 \rfloor$, ... 是 k 分布的, 则根据概率的可加性, 只要每个 u_j 和 v_j 都是以 b 为分母的有理数, 那么式 (5) 就成立. 现在, u_j 和 v_j 为任意实数, 并令 u_j' 和 v_j' 为以 b 为分母的有理数, 使得

$$u_j' \le u_j < u_j' + 1/b, \qquad v_j' \le v_j < v_j' + 1/b.$$

令 $S(n)$ 为陈述 $u_1 \le U_n < v_1, \dots, u_k \le U_{n+k-1} < v_k$. 我们有

$$\overline{\mathrm{Pr}}\big(S(n)\big) \leq \mathrm{Pr}\Big(u'_1 \leq U_n < v'_1 + \frac{1}{b}, \ldots, u'_k \leq U_{n+k-1} < v'_k + \frac{1}{b}\Big)$$
$$= \Big(v'_1 - u'_1 + \frac{1}{b}\Big) \ldots \Big(v'_k - u'_k + \frac{1}{b}\Big);$$

$$\underline{\mathrm{Pr}}\big(S(n)\big) \geq \mathrm{Pr}\Big(u'_1 + \frac{1}{b} \leq U_n < v'_1, \ldots, u'_k + \frac{1}{b} \leq U_{n+k-1} < v'_k\Big)$$
$$= \Big(v'_1 - u'_1 - \frac{1}{b}\Big) \ldots \Big(v'_k - u'_k - \frac{1}{b}\Big).$$

现在，$\big|(v'_j - u'_j \pm 1/b) - (v_j - u_j)\big| \leq 2/b$. 由于这些不等式对于所有的 $b = b_j$ 成立，并且当 $j \to \infty$ 时，$b_j \to \infty$，因此

$$(v_1 - u_1) \ldots (v_k - u_k) \leq \underline{\mathrm{Pr}}\big(S(n)\big) \leq \overline{\mathrm{Pr}}\big(S(n)\big) \leq (v_1 - u_1) \ldots (v_k - u_k). \quad \blacksquare$$

下一个定理是证明关于 k 分布序列的结论时用到的主要工具.

定理 B.   假设 $\langle U_n \rangle$ 是 k 分布的 $[0..1)$ 序列，并设 $f(x_1, x_2, \ldots, x_k)$ 是 k 个变量的黎曼可积函数，则

$$\lim_{n \to \infty} \frac{1}{n} \sum_{0 \leq j < n} f(U_j, U_{j+1}, \ldots, U_{j+k-1}) = \int_0^1 \cdots \int_0^1 f(x_1, x_2, \ldots, x_k)\, dx_1 \ldots dx_k. \tag{8}$$

证明. k 分布序列的定义表明，这一结果在特殊情况下成立：对于常量 $u_1, v_1, \ldots, u_k, v_k$,

$$f(x_1, \ldots, x_k) = [u_1 \leq x_1 < v_1, \ldots, u_k \leq x_k < v_k]. \tag{9}$$

因此，只要 $f = a_1 f_1 + a_2 f_2 + \cdots + a_m f_m$，并且每个 f_j 都是形如式 (9) 的函数，那么式 (8) 就成立. 换言之，只要能够按照平行于坐标轴的面，把 k 单位立方体划分为子单元，并在每个子单元上赋予 f 一个常量值，得到"阶梯函数" f，那么式 (8) 就成立.

现在，设 f 为任意黎曼可积函数. 如果 ϵ 是任意正数，则我们（根据黎曼可积性定义）知道存在阶梯函数 $\underline{f}$ 和 $\overline{f}$，使得 $\underline{f}(x_1, \ldots, x_k) \leq f(x_1, \ldots, x_k) \leq \overline{f}(x_1, \ldots, x_k)$，并且 $\underline{f}$ 与 $\overline{f}$ 的积分之差小于 ϵ. 由于对于 $\underline{f}$ 和 $\overline{f}$，式 (8) 成立，又由于

$$\frac{1}{n} \sum_{0 \leq j < n} \underline{f}(U_j, \ldots, U_{j+k-1}) \leq \frac{1}{n} \sum_{0 \leq j < n} f(U_j, \ldots, U_{j+k-1})$$
$$\leq \frac{1}{n} \sum_{0 \leq j < n} \overline{f}(U_j, \ldots, U_{j+k-1}),$$

因此对于 f，式 (8) 也成立. $\blacksquare$

例如，定理 B 可以用于 3.3.2 节的排列检验. 设 $(p_1, p_2, \ldots, p_k)$ 是 $\{1, 2, \ldots, k\}$ 的任意排列，我们希望证明

$$\mathrm{Pr}(U_{n+p_1-1} < U_{n+p_2-1} < \cdots < U_{n+p_k-1}) = 1/k!. \tag{10}$$

为此，假定序列 $\langle U_n \rangle$ 是 k 分布的，并设

$$f(x_1, \ldots, x_k) = [x_{p_1} < x_{p_2} < \cdots < x_{p_k}],$$

那么

$$\Pr(U_{n+p_1-1} < U_{n+p_2-1} < \cdots < U_{n+p_k-1})$$

$$= \int_0^1 \cdots \int_0^1 f(x_1,\ldots,x_k)\, dx_1 \ldots dx_k$$

$$= \int_0^1 dx_{p_k} \int_0^{x_{p_k}} \cdots \int_0^{x_{p_3}} dx_{p_2} \int_0^{x_{p_2}} dx_{p_1} = \frac{1}{k!}.$$

推论 P.   *如果一个 $[0..1)$ 序列是 k 分布的, 则它满足式 (10) 的 k 阶排列检验.*   ∎

我们还可以证明它满足序列相关检验.

推论 S.   *如果一个 $[0..1)$ 序列是 $(k+1)$ 分布的, 则 U_n 和 U_{n+k} 之间的序列相关系数趋于 0:*

$$\lim_{n\to\infty} \frac{\frac{1}{n}\sum U_j U_{j+k} - \left(\frac{1}{n}\sum U_j\right)\left(\frac{1}{n}\sum U_{j+k}\right)}{\sqrt{\left(\frac{1}{n}\sum U_j^2 - \left(\frac{1}{n}\sum U_j\right)^2\right)\left(\frac{1}{n}\sum U_{j+k}^2 - \left(\frac{1}{n}\sum U_{j+k}\right)^2\right)}} = 0.$$

（这里, 所有求和都对 $0 \le j < n$ 进行.）

证明.   根据定理 B, 当 $n \to \infty$ 时, 量

$$\frac{1}{n}\sum U_j U_{j+k}, \qquad \frac{1}{n}\sum U_j^2, \qquad \frac{1}{n}\sum U_{j+k}^2, \qquad \frac{1}{n}\sum U_j, \qquad \frac{1}{n}\sum U_{j+k}$$

分别趋向于极限 $\frac{1}{4}, \frac{1}{3}, \frac{1}{3}, \frac{1}{2}, \frac{1}{2}$.   ∎

现在, 让我们考虑序列的某些稍微更加一般的分布性质. 通过考虑所有相邻的 k 元组, 我们已经定义了 k 分布概念. 例如, 一个序列是 2 分布的, 当且仅当点

$$(U_0, U_1),\ (U_1, U_2),\ (U_2, U_3),\ (U_3, U_4),\ (U_4, U_5),\ \ldots$$

在单位正方形中是等分布的. 然而, 很可能出现这种情况: 上面的点是等分布的, 而交替的点 $(U_1, U_2), (U_3, U_4), (U_5, U_6), \ldots$ 不是等分布的. 如果点 (U_{2n-1}, U_{2n}) 在某区域中密度不够, 则点 (U_{2n}, U_{2n+1}) 可能会弥补它. 例如, 周期长度为 16 的二进制周期序列

$$\langle X_n \rangle = 0,0,0,1,\ 0,0,0,1,\ 1,1,0,1,\ 1,1,0,1,\ 0,0,0,1,\ \ldots \tag{11}$$

是 3 分布的, 但是在偶数号元素的子序列 $\langle X_{2n} \rangle = 0, 0, 0, 0, 1, 0, 1, 0, \ldots$ 中, 0 的个数是 1 的 3 倍, 而奇数号元素的子序列 $\langle X_{2n+1} \rangle = 0, 1, 0, 1, 1, 1, 1, 1, \ldots$ 中, 1 的个数是 0 的 3 倍.

假设序列 $\langle U_n \rangle$ 是 ∞ 分布的. 例 (11) 表明, 似乎不能确保交替项的子序列 $\langle U_{2n} \rangle = U_0, U_2, U_4, U_6, \ldots$ 是 ∞ 分布的, 甚至不能保证它是 1 分布的. 但是, 我们将看到, 事实上 $\langle U_{2n} \rangle$ 是 ∞ 分布的, 更严格的结论也成立.

定义 E.   *如果一个 $[0..1)$ 序列 $\langle U_n \rangle$ 对于满足 $0 \le u_r < v_r \le 1$ $(1 \le r \le k)$ 的所有实数 u_r 和 v_r, 以及满足 $0 \le j < m$ 的 j, 都有*

$$\Pr(u_1 \le U_{mn+j} < v_1,\ u_2 \le U_{mn+j+1} < v_2,\ \ldots,\ u_k \le U_{mn+j+k-1} < v_k)$$

$$= (v_1 - u_1) \ldots (v_k - u_k),$$

则该序列称为 (m, k) 分布的.

这样，k 分布序列是定义 E 的特殊情况 $m = 1$. $m = 2$ 意味从偶数位置开始的 k 元组与从奇数位置开始的 k 元组必须具有相同的密度，等等.

定义 E 的如下性质是显然的：

$$\text{对于 } 1 \leq \kappa \leq k, (m, k) \text{ 分布序列是 } (m, \kappa) \text{ 分布的} . \tag{12}$$

$$\text{对于 } m \text{ 的所有因子 } d, (m, k) \text{ 分布序列是 } (d, k) \text{ 分布的} . \tag{13}$$

下一个定理在许多方面都相当令人吃惊. 它表明 ∞ 分布的性质非常强，远比我们最初考虑该概念时所想象的强得多.

定理 C（伊万·尼云和赫伯特·朱克曼）. 　对于所有的正整数 m 和 k，∞ 分布序列是 (m, k) 分布的.

证明. 利用前述定理 A 的推广，只要对 b 进制序列证明该定理就足够了. 此外，我们可以假定 $m = k$，因为式 (12) 和 (13) 表明，如果序列是 (mk, mk) 分布的，它就是 (m, k) 分布的.

因此，我们将证明，任意 ∞ 分布的 b 进制序列 $X_0, X_1, \ldots$，对于所有的正整数 m，都是 (m, m) 分布的. 我们的证明是尼云和朱克曼的原始证明 [*Pacific J. Math.* **1** (1951), 103–109] 的简化版本.

证明用到的关键思想是一种通用的重要数学技巧："如果 m 个量的和以及平方和都符合这 m 个量相等的假设，则该假设成立." 这一原理可以陈述为更强的形式.

引理 E. 给定 m 个数列 $\langle y_{jn} \rangle = y_{j0}, y_{j1}, \ldots$ $(1 \leq j \leq m)$，假设

$$\begin{aligned} \lim_{n \to \infty} (y_{1n} + y_{2n} + \cdots + y_{mn}) &= m\alpha, \\ \limsup_{n \to \infty} (y_{1n}^2 + y_{2n}^2 + \cdots + y_{mn}^2) &\leq m\alpha^2, \end{aligned} \tag{14}$$

则对于每个 j，$\lim_{n \to \infty} y_{jn}$ 存在并且等于 α.

该引理有一个极其简单的证明，见习题 9. ▮

继续证明定理 C. 令 $x = x_1 x_2 \ldots x_m$ 为 b 进制数. 当 $X_{p-m+1} X_{p-m+2} \ldots X_p = x$ 时，称 x 出现在位置 p. 令 $\nu_j(n)$ 为当 $p < n$ 并且 $p \bmod m = j$ 时 x 在位置 p 出现的次数. 令 $y_{jn} = \nu_j(n)/n$. 我们希望证明

$$\lim_{n \to \infty} y_{jn} = \frac{1}{mb^m}. \tag{15}$$

首先，我们知道

$$\lim_{n \to \infty} (y_{0n} + y_{1n} + \cdots + y_{(m-1)n}) = \frac{1}{b^m}, \tag{16}$$

因为该序列是 m 分布的. 根据引理 E 和式 (16)，如果我们可以证明

$$\limsup_{n \to \infty} (y_{0n}^2 + y_{1n}^2 + \cdots + y_{(m-1)n}^2) \leq \frac{1}{mb^{2m}}, \tag{17}$$

则定理 C 得证.

这个不等式目前还不是显然的，需要做一些精细的调整才能证明. 令 q 为 m 的倍数，并考虑

$$C(n) = \sum_{0 \leq j < m} \binom{\nu_j(n) - \nu_j(n-q)}{2}. \tag{18}$$

这是 x 在位置 p_1 和 p_2 出现的对偶个数, 其中 $n - q \leq p_1 < p_2 < n$, 并且 $p_2 - p_1$ 是 m 的倍数. 现在, 考虑和

$$S_N = \sum_{n=1}^{N+q} C(n). \tag{19}$$

x 在位置 p_1 和 p_2 出现的每个对偶都恰在总和 S_N 中被计算 $p_1 + q - p_2$ 次 (即 $p_2 < n \leq p_1 + q$), 其中 p_1 和 p_2 满足 $p_1 < p_2 < p_1 + q$, $p_2 - p_1$ 是 m 的倍数, 并且 $p_1 \leq N$; 而满足 $N < p_1 < p_2 < N + q$ 的这种对偶恰被计算了 $N + q - p_2$ 次.

令 $d_t(n)$ 为 x 在满足 $p_1 + t = p_2 < n$ 的位置 p_1 和 p_2 出现的对偶的个数. 上面的分析表明

$$\sum_{0 < t < q/m} (q - mt) d_{mt}(N+q) \geq S_N \geq \sum_{0 < t < q/m} (q - mt) d_{mt}(N). \tag{20}$$

由于原序列是 q 分布的, 对于所有的 t, $0 < t < q/m$,

$$\lim_{N \to \infty} \frac{1}{N} d_{mt}(N) = \frac{1}{b^{2m}}. \tag{21}$$

因此, 根据式 (20),

$$\lim_{N \to \infty} \frac{S_N}{N} = \sum_{0 < t < q/m} \frac{q - mt}{b^{2m}} = \frac{q(q-m)}{2mb^{2m}}. \tag{22}$$

经过处理后, 这一事实将证明定理 C.

根据定义,

$$2S_N = \sum_{n=1}^{N+q} \sum_{0 \leq j < m} \left((\nu_j(n) - \nu_j(n-q))^2 - (\nu_j(n) - \nu_j(n-q)) \right),$$

使用式 (16), 去掉非平方项, 得到

$$\lim_{N \to \infty} \frac{T_N}{N} = \frac{q(q-m)}{mb^{2m}} + \frac{q}{b^m}, \tag{23}$$

其中

$$T_N = \sum_{n=1}^{N+q} \sum_{0 \leq j < m} \left(\nu_j(n) - \nu_j(n-q) \right)^2.$$

使用不等式

$$\frac{1}{r} \left(\sum_{j=1}^{r} a_j \right)^2 \leq \sum_{j=1}^{r} a_j^2$$

(见习题 1.2.3–30), 我们发现

$$\limsup_{N \to \infty} \sum_{0 \leq j < m} \frac{1}{N(N+q)} \left(\sum_{n=1}^{N+q} \left(\nu_j(n) - \nu_j(n-q) \right) \right)^2 \leq \frac{q(q-m)}{mb^{2m}} + \frac{q}{b^m}. \tag{24}$$

另外,

$$q\,\nu_j(N) \leq \sum_{N < n \leq N+q} \nu_j(n) = \sum_{n=1}^{N+q} \left(\nu_j(n) - \nu_j(n-q) \right) \leq q\nu_j(N+q),$$

代入式 (24), 得到

$$\limsup_{N \to \infty} \sum_{0 \leq j < m} \left(\frac{\nu_j(N)}{N} \right)^2 \leq \frac{q-m}{qmb^{2m}} + \frac{1}{qb^m}. \tag{25}$$

只要 q 是 m 的倍数, 这个公式就成立; 如果我们令 $q \to \infty$, 则得到式 (17), 完成证明.

另一种可能更简单的证明，见卡斯尔斯，*Pacific J. Math.* **2** (1952), 555–557. ∎

习题 29 和 30 解释了这个定理的非平凡性，还证实 q 分布序列的概率与真正的 (m, m) 分布的概率之间的偏差最多为 $1/\sqrt{q}$.（见式 (25).）对于证明该定理，∞ 分布的全部假设是必要的.

根据定理 C，我们可以证明 ∞ 分布序列通过序列检验、t 中最大检验、碰撞检验、生日间隔检验和 3.3.2 节提到的子序列上的检验. 不难证明它也满足间隙检验、纸牌检验和游程检验（见习题 12–14）. 集券检验非常难处理，但是它也能通过（见习题 15 和 16）.

下一个定理确保一类相当简单的 ∞ 分布序列的存在性.

定理 F（富兰克林）.   对于几乎所有的实数 $\theta > 1$，满足

$$U_n = \theta^n \bmod 1 \tag{26}$$

的 $[0..1)$ 序列 $U_0, U_1, U_2, \ldots$ 都是 ∞ 分布的. 即，集合

$$\{\theta \mid \theta > 1 \text{ 且式 (26) 不是 } \infty \text{ 分布的}\}$$

的测度为零.

该定理及几种推广的证明，见 *Math. Comp.* **17** (1963), 28–59. ∎

富兰克林证明，为了使式 (26) 是 ∞ 分布的，θ 必须是超越数. 20 世纪 60 年代早期，人们使用多精度算术运算，对于 $n \le 10000$，辛辛苦苦计算幂 $\langle \pi^n \bmod 1 \rangle$，把每个结果的前 35 位存放在磁盘文件中，成功地用作均匀偏差源. 根据定理 F，幂 $\langle \pi^n \bmod 1 \rangle$ 是 ∞ 分布的概率等于 1. 但是由于实数是不可数的，因此关于 π 实际是否是 ∞ 分布的，该定理并未提供什么信息. 可以相当放心地打赌：在我们有生之年，没人能证明这个序列不是 ∞ 分布的；但是，它也可能不是 ∞ 分布的. 由于这些考虑，人们完全有理由怀疑，是否存在 ∞ 分布的显式序列：是否存在一个算法，对于所有的 $n \ge 0$ 计算实数 U_n，使得序列 $\langle U_n \rangle$ 是 ∞ 分布的？ 回答是肯定的，例如高德纳 [*BIT* **5** (1965), 246–250] 构造的序列，它完全由有理数组成；事实上，其中的每个数 U_n 在二进制数系中都具有有限表示. 显式 ∞ 分布序列的另一种构造比刚才提到的序列稍微复杂一点，由下面的定理 W 得到. 又见科罗博夫，*Izv. Akad. Nauk SSSR* **20** (1956), 649–660.

C. ∞ 分布 = 随机吗？   纵观 ∞ 分布的所有理论结果，我们可以确信一点：∞ 分布序列是一个重要的数学概念. 还有大量证据显示，下面可能是随机性的直观思想的正确形式化叙述.

定义 R1.   如果一个 $[0..1)$ 是 ∞ 分布序列，则该序列定义为"随机"的.

我们已经看到，满足这一定义的序列，都满足 3.3.2 节的所有统计检验和更多的检验.

让我们试着客观评判这个定义. 首先，"真正随机"的序列都是 ∞ 分布的吗？存在不可数个 0 和 1 之间的实数的序列 $U_0, U_1, \ldots$. 如果选取一个真正的随机数生成器来产生值 $U_0, U_1, \ldots$，则任何可能的序列都会是等可能的，而其中某些序列（实际上，不可数个序列）甚至不是等分布的. 另一方面，在所有可能序列的空间上，利用任何合理的概率定义，我们都将得出结论：随机序列是 ∞ 分布的概率为 1. 富兰克林的随机性定义（见本节开始部分）形式化表述如下.

定义 R2. $\langle U_n \rangle$ 是一个 $[0..1)$ 序列，$\langle V_n \rangle$ 是均匀分布的随机变量的独立样本序列. $\langle U_n \rangle$ 定义为"随机"的，如果只要性质 P 使得 $P(\langle V_n \rangle)$ 以概率 1 成立，就有 $P(\langle U_n \rangle)$ 为真.

定义 R1 有没有可能与定义 R2 等价呢？让我们分析人们反对定义 R1 的可能理由，看看这些批评是否正确.

首先, 定义 R1 只处理 $n \to \infty$ 时序列的极限性质. 存在一些 ∞ 分布序列, 前一百万个元素都是 0, 这种序列应该看作随机的吗?

这个反对理由不是很充分. 如果 ϵ 是任意正数, 没有理由要求序列的前一百万个元素不能都小于 ϵ. 既然一个真正随机的序列包含无限多个一百万个相继元素都小于 ϵ 的游程的概率为 1, 这种现象凭什么不能发生在序列的开始?

另一方面, 考虑定义 R2, 并设性质 P 表示序列的所有元素都互不相同. P 为真的概率为 1, 因此根据这种标准, 任何具有一百万个 0 的序列都不是随机的.

现在, 设性质 P 表示序列的所有元素都不等于 0. P 为真的概率还是等于 1. 因此, 根据定义 R2, 任何具有 0 元素的序列都不是随机的. 然而, 更一般地, 令 x_0 为 0 和 1 之间任意固定的数, 并设性质 P 表示序列的所有元素都不等于 x_0, 那么定义 R2 就是说随机序列都不能包含 x_0! 现在, 我们可以证明, 没有一个序列满足定义 R2 的条件. (反证, 如果 $U_0, U_1, \ldots$ 是满足条件的序列, 则取 $x_0 = U_0$.)

这样, 如果定义 R1 太弱, 则定义 R2 肯定太强. "正确"的定义必须比 R2 弱. 然而, 我们实际上并未证明 R1 太弱, 因此让我们继续指出它的问题. 此前提到, 人们已经构造了一个有理数的 ∞ 分布序列. (确实, 这并不太令人吃惊, 见习题 18.) 由于几乎所有的实数都是无理数, 因此我们也许应该坚称, 在随机序列中,

$$\Pr(U_n \text{ 是有理数}) = 0.$$

等分布定义式 (2) 表明 $\Pr(u \le U_n < v) = v - u$. 使用测度论, 显然可以推广这个定义: 如果 $S \subseteq [0 .. 1)$ 是一个测度为 μ 的集合, 则对于所有的随机序列 $\langle U_n \rangle$,

$$\Pr(U_n \in S) = \mu. \tag{27}$$

特殊地, 如果 S 是有理数的集合, 则它的测度为 0, 因此在这种广义解释下, 不存在等分布的有理数序列. 如果保证性质 (27), 则有理由认为定理 B 应该可以从黎曼积分推广到勒贝格积分. 然而我们又一次发现, 定义 (27) 太苛刻, 因为没有一个序列满足该性质. 如果 $U_0, U_1, \ldots$ 是任意序列, 则集合 $S = \{U_0, U_1, \ldots\}$ 的测度为 0, 但 $\Pr(U_n \in S) = 1$. 这样, 我们从随机序列排除有理数序列, 然后又用相同的论证方法, 排除所有随机序列.

迄今为止, 事实证明定义 R1 是能站住脚的. 然而, 还存在反对它的正当理由. 例如, 如果有一个直观意义下的随机序列, 则无穷子序列

$$U_0, U_1, U_4, U_9, \ldots, U_{n^2}, \ldots \tag{28}$$

应该也是随机序列. 但是, 对于 ∞ 分布序列, 这并非总是为真. 事实上, 如果我们任取一个 ∞ 分布序列, 并对所有的 n, 置 $U_{n^2} \leftarrow 0$, 则 k 分布性检验中的计数 $\nu_k(n)$ 最多改变 $\sqrt{n}$, 因此比率 $\nu_k(n)/n$ 的极限不变. 可惜, 定义 R1 不满足这一随机性标准.

也许, 我们应该按如下方法加强 R1.

定义 R3.   如果一个 $[0 .. 1)$ 序列的每个无穷子序列都是 ∞ 分布的, 则该序列称为 "随机" 的.

然而, 事实表明, 这个定义依然太苛刻, 因为任何等分布的序列 $\langle U_n \rangle$ 都存在一个单调的子序列, 满足 $U_{s_0} < U_{s_1} < U_{s_2} < \cdots$.

解决问题的秘诀是限制子序列的定义, 定义者不用看 U_n, 就确定它是否在子序列中. 显然, 出现如下定义.

定义 R4. 如果一个 $[0..1)$ 序列 $\langle U_n \rangle$ 对于每个指定互不相同的非负整数 s_n $(n \geq 0)$ 的无穷序列的有效算法，对应于该算法的子序列 $U_{s_0}, U_{s_1}, U_{s_2}, \ldots$ 都是 ∞ 分布的，则该序列称为"随机"的.

定义 R4 中提到的算法是指给定 n 可计算 s_n 的有效过程（见 1.1 节的讨论）. 这样，例如序列 $\langle \pi^n \bmod 1 \rangle$ 就不满足 R4，因为它要么不是等分布的，要么存在一个有效算法，确定满足 $(\pi^{s_0} \bmod 1) < (\pi^{s_1} \bmod 1) < (\pi^{s_2} \bmod 1) < \cdots$ 的子序列 s_n. 类似地，没有一个显式定义的序列满足定义 R4. 如果我们承认，显式定义的序列都不会是真正的随机序列，那么这种结论就是合理的. 然而，对于几乎所有的实数 $\theta > 1$，形如 $\langle \theta^n \bmod 1 \rangle$ 的序列实际上都满足定义 R4. 这并不矛盾，因为几乎所有的 θ 都不是可由算法计算的. 茹尔恩·柯凯斯曼证明，如果 $\langle s_n \rangle$ 是互不相同的正整数组成的任意序列，则对于几乎所有的 $\theta > 1$，$\langle \theta^{s_n} \bmod 1 \rangle$ 都是 1 分布的 [_Compositio Math._ **2** (1935), 250–258]；尼德赖特和罗伯特·蒂希加强了柯凯斯曼定理，用 "∞ 分布" 取代了 "1 分布" [_Mathematika_ **32** (1985), 26–32]. 只有可数个序列 $\langle s_n \rangle$ 是可有效定义的，因此 $\langle \theta^n \bmod 1 \rangle$ 几乎总是满足 R4.

定义 R4 比定义 R1 强得多，但是仍然有理由说它太弱. 例如，设 $\langle U_n \rangle$ 是一个真正随机的序列，并且用如下规则定义子序列 $\langle U_{s_n} \rangle$：$s_0 = 0$；如果 $n > 0$，则 s_n 是 $\geq n$ 且使得 U_{s_n-1}，$U_{s_n-2}, \ldots, U_{s_n-n}$ 都小于 $\frac{1}{2}$ 的最小整数. 于是，在这个子序列中，每个值都在第一个有 n 个相继值小于 $\frac{1}{2}$ 的游程之后. 假设 "$U_n < \frac{1}{2}$" 对应于掷一次硬币得到"正面". 假定硬币没有作假，赌徒往往认为，一个"正面"的长游程（连续出现多次"正面"）之后，相反情况"背面"就更可能出现. 刚才定义的子序列 $\langle U_{s_n} \rangle$ 对应于一种赌博策略，赌徒在第一次遇到连续 n 个"正面"的游程之后，对第 n 次掷硬币下注. 赌徒可能认为 $\Pr(U_{s_n} \geq \frac{1}{2})$ 大于 $\frac{1}{2}$，但是在真正随机的序列中，$\langle U_{s_n} \rangle$ 当然是完全随机的. 任何赌博策略都不可能稳操胜券！关于根据这样的赌博策略形成的子序列，定义 R4 完全没有考虑，因此我们显然还需要继续修改定义.

我们定义"子序列规则" $\mathcal{R}$ 为函数的无穷序列 $\langle f_n(x_1, \ldots, x_n) \rangle$，其中对于 $n \geq 0$，f_n 是 n 个变量的函数，$f_n(x_1, \ldots, x_n)$ 的值或者为 0，或者为 1. 这里，$x_1, \ldots, x_n$ 都是某集合 S 的元素.（于是，特殊地，f_0 是一个常量函数，其值为 0 或 1.）对于 S 的元素的任意无穷序列 $\langle X_n \rangle$，子序列规则 $\mathcal{R}$ 定义它的一个子序列：第 n 项 X_n 在子序列 $\langle X_n \rangle \mathcal{R}$ 中，当且仅当 $f_n(X_0, X_1, \ldots, X_{n-1}) = 1$. 注意，这样定义的子序列 $\langle X_n \rangle \mathcal{R}$ 未必是无穷序列，甚至可能完全不包含任何元素.

例如刚介绍的赌徒子序列对应于如下子序列规则："$f_0 = 1$；对于 $n > 0$，$f_n(x_1, \ldots, x_n) = 1$，当且仅当区间 $0 < k \leq n$ 中存在 k，使得 k 个相继参数 $x_m, x_{m-1}, \ldots, x_{m-k+1}$ 都小于 $\frac{1}{2}$ 在 $m = n$ 时成立，而 $k \leq m < n$ 时不成立."

如果存在一个有效的算法，对于给定的输入 n 和 $x_1, \ldots, x_n$ 可以确定 $f_n(x_1, \ldots, x_n)$ 的值，那么子序列规则 $\mathcal{R}$ 称为可计算的. 在试图定义随机性时，我们最好只考虑可计算的子序列规则，以免导致 R3 那样过于苛刻的定义. 但是，有效的算法可能不能很好地处理任意实数输入，例如，如果实数 x 用无穷十进制展开式指定，则没有算法能够确定 x 是否小于 $\frac{1}{3}$，因为需要考察数 $0.333\ldots$ 的所有数字. 因此，可计算的子序列规则不能用于所有的 $[0..1)$ 序列，为方便起见，我们应该把下一个定义建立在 b 进制序列的基础上.

定义 R5. 一个 b 进制序列称为"随机"的，如果由可计算的子序列规则定义的每个无穷子序列都是 1 分布的.

$\langle U_n \rangle$ 是一个 $[0..1)$ 序列，如果对于所有的整数 $b \geq 2$，b 进制序列 $\langle \lfloor bU_n \rfloor \rangle$ 都是"随机"序列，那么称 $\langle U_n \rangle$ 为"随机"序列.

定义 R5 只要求 "1 分布"，而不是 "∞ 分布". 这样做可以不失一般性，验证方法是有趣的. 对于任意给定的 b 进制数 $a_1 \ldots a_k$，我们可以如下定义一个显然可计算的子序列规则 $\mathcal{R}(a_1 \ldots a_k)$: 令 $f_n(x_1, \ldots, x_n) = 1$，当且仅当 $n \geq k-1$ 并且 $x_{n-k+1} = a_1, \ldots, x_{n-1} = a_{k-1}, x_n = a_k$. 现在，如果 $\langle X_n \rangle$ 是一个 k 分布的 b 进制序列，则规则 $\mathcal{R}(a_1 \ldots a_k)$ 选择每次 $a_1 \ldots a_k$ 出现之后紧接着的项，定义了一个无穷子序列；如果这个子序列是 1 分布的，则对于 $0 \leq a_{k+1} < b$，每个 $(k+1)$ 元组 $a_1 \ldots a_k a_{k+1}$ 都以概率 $1/b^{k+1}$ 出现在 $\langle X_n \rangle$ 中. 于是，对 k 作归纳，可以证明，对于所有 k，满足定义 R5 的序列是 k 分布的. 与此类似，考虑子序列规则的 "复合"，即如果 $\mathcal{R}_1$ 定义一个无穷子序列 $\langle X_n \rangle \mathcal{R}_1$，则定义 $\mathcal{R}_1 \mathcal{R}_2$ 为使得 $\langle X_n \rangle \mathcal{R}_1 \mathcal{R}_2 = (\langle X_n \rangle \mathcal{R}_1) \mathcal{R}_2$ 的子序列规则. 由此我们发现，符合定义 R5 的所有子序列都是 ∞ 分布的（见习题 32）.

∞ 分布是定义 R5 的极端特殊情况，这实在鼓舞人心，表明我们很可能终于找到了一直寻求的随机性定义. 可惜，还有一个问题. 我们还不清楚，满足定义 R5 的序列是否一定满足定义 R4. 在 R5 中，刚才说明的 "可计算子序列规则" 总是枚举子序列 $\langle X_{s_n} \rangle$，其中 $s_0 < s_1 < \cdots$；但是在 R4 中，$\langle s_n \rangle$ 不必是单调的，它只需要满足条件: 对于 $n \neq m$，$s_n \neq s_m$.

为了解决这一异议，我们可以把定义 R4 和 R5 组合成新的定义.

定义 R6. 一个 b 进制序列 $\langle X_n \rangle$ 称为 "随机" 的，如果对于每个能指定互不相同的非负整数的无穷序列 $\langle s_n \rangle$ 并把它描述为 n 和值 $X_{s_0}, \ldots, X_{s_{n-1}}$ 的函数的有效算法，对应于该算法的子序列 $\langle X_{s_n} \rangle$ 按照定义 R5 都是 "随机" 的.

一个 $[0..1)$ 序列 $\langle U_n \rangle$ 称为 "随机" 的，如果对于所有的整数 $b \geq 2$，b 进制序列 $\langle \lfloor b U_n \rfloor \rangle$ 都是 "随机" 的.

我认为[①]，这个定义肯定满足对随机性的所有合乎哲理的要求，因此它回答了本节提出的首要问题.

D. 随机序列的存在性. 我们已经看到，定义 R3 太强，没有一个序列满足它，而上面的定义 R4、R5 和 R6 均尝试重新表述定义 R3 的本质特征. 为了表明定义 R6 不是过于苛刻，我们还需要证明满足这些条件的序列是存在的. 直观上，我们确信绝对没有问题，因为我们相信真正随机的序列不但存在，而且满足定义 R6；但是为了表明该定义自身是相容的，确实需要严格证明.

亚伯拉罕·瓦尔德发现一种有意思的方法，可以从非常简单的 1 分布序列入手，构造满足定义 R5 的序列.

引理 T. 设实数序列 $\langle V_n \rangle$ 用二进制数系定义如下:

$$V_0 = 0, \qquad V_1 = 0.1, \qquad V_2 = 0.01, \qquad V_3 = 0.11, \qquad V_4 = 0.001, \qquad \ldots$$

$$V_n = 0.c_r \ldots c_1 1 \qquad \text{如果} \quad n = 2^r + c_1 2^{r-1} + \cdots + c_r. \tag{29}$$

令 $I_{b_1 \ldots b_r}$ 表示 $[0..1)$ 中其二进制表示以 $0.b_1 \ldots b_r$ 开始的所有实数的集合，于是

$$I_{b_1 \ldots b_r} = \left[(0.b_1 \ldots b_r)_2 \, .. \, (0.b_1 \ldots b_r)_2 + 2^{-r} \right). \tag{30}$$

那么，如果 $\nu(n)$ 表示 $I_{b_1 \ldots b_r}$ 中 V_k 的个数 $(0 \leq k < n)$，则

$$\left| \nu(n)/n - 2^{-r} \right| \leq 1/n. \tag{31}$$

证明. 由于 $\nu(n)$ 是满足 $k \bmod 2^r = (b_r \ldots b_1)_2$ 的 k 的个数，因而当 $\lfloor n/2^r \rfloor = t$ 时，我们有 $\nu(n) = t$ 或 $t+1$. 因此，$\left| \nu(n) - n/2^r \right| \leq 1$. ∎

---

① 至少在 1966 年最初写作这部分时，我持这种论点.

由式 (31) 可知，序列 $\langle\lfloor 2^r V_n\rfloor\rangle$ 是一个等分布的 2^r 进制序列. 因此由定理 A，$\langle V_n\rangle$ 是一个等分布的 $[0..1)$ 序列. 确实，很显然，$\langle V_n\rangle$ 是等分布程度极高的 $[0..1)$ 序列.（关于此序列和相关序列的进一步讨论，见范德科普特，*Proc. Koninklijke Nederl. Akad. Wetenschappen* **38** (1935), 813–821, 1058–1066；约翰·霍尔顿，*Numerische Math.* **2** (1960), 84–90, 196；西摩·哈伯，*J. Research National Bur. Standards* **B70** (1966), 127–136；罗伯特·贝日昂和亨利·福尔，*Comptes Rendus Acad. Sci.* **A285** (Paris, 1977), 313–316；福尔，*J. Number Theory* **22** (1986), 4–20；手塚集，*ACM Trans. Modeling and Comp. Simul.* **3** (1993), 99–107. 莱尔·拉姆肖证明，$\langle\phi n\bmod 1\rangle$ 的等分布程度比 $\langle V_n\rangle$ 更高一点，见 *J. Number Theory* **13** (1981), 138–175.）

现在，设 $\mathcal{R}_1, \mathcal{R}_2, \ldots$ 是无穷多个子序列规则，我们寻找一个序列 $\langle U_n\rangle$，使得所有无穷子序列 $\langle U_n\rangle\mathcal{R}_j$ 都是等分布的.

算法 W（瓦尔德序列）. 　给定子序列规则的无穷序列 $\mathcal{R}_1, \mathcal{R}_2, \ldots$，它们定义有理数的 $[0..1)$ 序列的子序列，这个过程定义一个 $[0..1)$ 序列 $\langle U_n\rangle$. 计算涉及无穷多个辅助变量 $C[a_1, \ldots, a_r]$，其中 $r \geq 1$，并且对于 $1 \leq j \leq r$，$a_j = 0$ 或 1. 这些变量都初始化为 0.

W1.［初始化 n.］置 $n \leftarrow 0$.

W2.［初始化 r.］置 $r \leftarrow 1$.

W3.［测试 $\mathcal{R}_r$.］如果根据 U_k（$0 \leq k < n$）的值，元素 U_n 在 $\mathcal{R}_r$ 定义的子序列中，则置 $a_r \leftarrow 1$；否则置 $a_r \leftarrow 0$.

W4.［尚未完成 $[a_1, \ldots, a_r]$？］如果 $C[a_1, \ldots, a_r] < 3 \cdot 4^{r-1}$，则转到 W6.

W5.［r 增值.］置 $r \leftarrow r+1$，并转回 W3.

W6.［置 U_n.］$C[a_1, \ldots, a_r]$ 的值增加 1，并令 k 为它的新值. 置 $U_n \leftarrow V_k$，其中 V_k 由上面的引理 T 定义.

W7.［推进 n.］n 增加 1，并转回 W2. ∎

严格说来，这不是一个算法，因为它不终止. 但是，我们可以轻松修改它，使得它在 n 增加到给定值时终止. 为了充分理解这种构造的思想，建议读者用 2^r 替换步骤 W4 中的 $3 \cdot 4^{r-1}$，试着手工执行它.

算法 W 并非旨在作为实际的随机数源，它只用于理论目的——定理 W.

定理 W. 　设 $\langle U_n\rangle$ 是算法 W 定义的有理数序列，并设 k 为正整数. 如果子序列 $\langle U_n\rangle\mathcal{R}_k$ 是无穷的，则它是 1 分布的.

证明. 　设 $A[a_1, \ldots, a_r]$ 表示 $\langle U_n\rangle$ 的一个子序列（可能为空），它由所有满足如下条件的元素 U_n 组成：对于所有的 $j \leq r$，如果 $a_j = 1$，则它属于子序列 $\langle U_n\rangle\mathcal{R}_j$；如果 $a_j = 0$，则它不属于子序列 $\langle U_n\rangle\mathcal{R}_j$.

只需证明，对于所有的 $r \geq 1$ 和所有的二进制数 $a_1 \ldots a_r$ 和 $b_1 \ldots b_r$，只要子序列 $A[a_1, \ldots, a_r]$ 是无穷的，则该子序列满足 $\Pr(U_n \in I_{b_1 \ldots b_r}) = 2^{-r}$（见式 (30)）. 因为如果 $r \geq k$，则无穷序列 $\langle U_n\rangle\mathcal{R}_k$ 是所有 $a_k = 1$ 且 $a_j = 0$ 或 1（$1 \leq j \leq r$，$j \neq k$）的不相交的子序列 $A[a_1, \ldots, a_r]$ 的有限并. 由此推出，$\langle U_n\rangle\mathcal{R}_k$ 满足 $\Pr(U_n \in I_{b_1 \ldots b_r}) = 2^{-r}$（见习题 33）. 根据定理 A，这足以表明该序列是 1 分布的.

令 $B[a_1, \ldots, a_r]$ 表示 $\langle U_n\rangle$ 的一个子序列，它由所有满足如下条件的 U_n 组成：对于这些 n，$C[a_1, \ldots, a_r]$ 在算法的步骤 W6 增值 1. 根据该算法，$B[a_1, \ldots, a_r]$ 是最多包含 $3 \cdot 4^{r-1}$ 个元素的有穷序列. $A[a_1, \ldots, a_r]$ 除有限个元素外，全部来自子序列 $B[a_1, \ldots, a_r, \ldots, a_t]$，其中对于 $r < j \leq t$，$a_j = 0$ 或 1.

现在,假定 $A[a_1,\ldots,a_r]$ 是无穷的,并令 $A[a_1,\ldots,a_r]=\langle U_{s_n}\rangle$,其中 $s_0<s_1<s_2<\cdots$. 如果 N 是一个大整数,满足 $4^r\le 4^q<N\le 4^{q+1}$,那么使得 U_{s_k} 属于 $I_{b_1\ldots b_r}$ 的 k($k<N$) 值的个数(该子序列开始处的有限多个元素除外)为

$$\nu(N)=\nu(N_1)+\cdots+\nu(N_m).$$

这里,m 是上面列举的子序列 $B[a_1,\ldots,a_t]$ 的个数,其中存在 $k<N$ 使得 U_{s_k} 出现;N_j 是使得 U_{s_k} 出现在对应的子序列中的 k 值个数,而 $\nu(N_j)$ 是也属于 $I_{b_1\ldots b_r}$ 的上述 k 值个数. 因此,由引理 T,

$$\left|\nu(N)-2^{-r}N\right|=\left|\nu(N_1)-2^{-r}N_1+\cdots+\nu(N_m)-2^{-r}N_m\right|$$
$$\le\left|\nu(N_1)-2^{-r}N_1\right|+\cdots+\left|\nu(N_m)-2^{-r}N_m\right|$$
$$\le m\le 1+2+4+\cdots+2^{q-r+1}<2^{q+1}.$$

这个关于 m 的不等式由如下事实得到:根据 N 的选取依据,存在 $t\le q+1$,使得元素 U_{s_N} 在 $B[a_1,\ldots,a_t]$ 中.

我们已经证明 $|\nu(N)/N-2^{-r}|\le 2^{q+1}/N<2/\sqrt{N}$. ∎

为了最终证明满足定义 R5 的序列存在,首先我们注意到,如果 $\langle U_n\rangle$ 是有理数的 $[0..1)$ 序列,$\mathcal{R}$ 是 b 进制序列的可计算的子序列规则,则我们可以由 $\mathcal{R}$ 构造 $\langle U_n\rangle$ 的可计算子序列规则 $\mathcal{R}'$,做法是令 $\mathcal{R}'$ 中的 $f_n'(x_1,\ldots,x_n)$ 等于 $\mathcal{R}$ 中的 $f_n(\lfloor bx_1\rfloor,\ldots,\lfloor bx_n\rfloor)$. 如果 $[0..1)$ 序列 $\langle U_n\rangle\mathcal{R}'$ 是等分布的,则 b 进制序列 $\langle\lfloor bU_n\rfloor\rangle\mathcal{R}$ 也是. 现在,对于所有的 b 值,b 进制序列的所有可计算子序列规则的集合是可数的(因为只有可数个有效算法),从而可以把它们枚举为某个序列 $\mathcal{R}_1,\mathcal{R}_2,\ldots$. 因此,算法 W 定义了一个 $[0..1)$ 序列,按照定义 R5,它是随机的.

这把我们带入有点自相矛盾的境地. 前面说过,没有一个有效算法可以定义满足定义 R4 的序列;同理,也没有一个有效算法可以定义满足定义 R5 的序列. 这种随机序列的存在性证明必然是非构造性的,那么算法 W 怎么能够构造一个这样的序列呢?

这里并没有矛盾. 问题只不过在于,所有有效算法的集合不能被一个有效算法枚举. 换言之,没有一个有效算法能选择第 j 个可计算的子序列规则 $\mathcal{R}_j$,这是因为没有一个有效算法能确定一个可计算的方法是否终止. 但是,几大类重要的算法的确可以系统地枚举. 例如,算法 W 表明,如果只考虑"本原递归"子序列规则,则能使用一个有效的算法,构造一个满足定义 R5 的序列.

修改算法 W 的步骤 W6,置 $U_n\leftarrow V_{k+t}$ 而不是 V_k,其中 t 是依赖于 $a_1,\ldots,a_r$ 的任何非负整数. 我们可以证明,存在不可数多个满足定义 R5 的 $[0..1)$ 序列.

下面的定理表明,即便用更强的定义 R6,也可以使用一种基于测度论的不太直接的论证方法,证明存在不可数多个随机序列.

定理 M. 如果实数 x($0\le x<1$) 的二进制表示为 $(0.X_0X_1\ldots)_2$,则令 x 对应于二进制序列 $\langle X_n\rangle$. 在这种对应关系下,几乎所有的 x 对应的二进制序列按定义 R6 都是随机的. (换言之,按定义 R6 非随机的二进制序列对应的所有实数 x 的集合的测度为 0.)

证明. 设 $\mathcal{S}$ 是一个有效算法,它确定一个互不相同的非负整数的无穷序列 $\langle s_n\rangle$,其中 s_n 的选取仅依赖于 n 和 X_{s_k}($0\le k<n$);设 $\mathcal{R}$ 是一个可计算的序列规则. 于是,任何二进制序列 $\langle X_n\rangle$ 都对应一个子序列 $\langle X_{s_n}\rangle\mathcal{R}$,定义 R6 表明该子序列或者是有穷的,或者是 1 分布的. 只需证明,对于固定的 $\mathcal{R}$ 和 $\mathcal{S}$,对应于 $\langle X_n\rangle$、使得 $\langle X_{s_n}\rangle\mathcal{R}$ 无穷但非 1 分布的所有实数 x 的集合 $N(\mathcal{R},\mathcal{S})$ 的测度为 0. 因为 x 具有非随机的二进制表示,当且仅当 x 在 $\bigcup N(\mathcal{R},\mathcal{S})$ 中,取并集的范围是所有 $\mathcal{R}$ 和 $\mathcal{S}$(可数多个).

因此, 令 $\mathcal{R}$ 和 $\mathcal{S}$ 是固定的. 对所有二进制数 $a_1a_2\ldots a_r$, 定义集合 $T(a_1a_2\ldots a_r)$, 它由满足下列条件的所有元素 x 组成: 对应于 $\langle X_n \rangle$, 使得 $\langle X_{s_n} \rangle \mathcal{R}$ 的元素数目大于或等于 r, 其前 r 个元素分别等于 $a_1, a_2, \ldots, a_r$. 我们的第一个结果是

$$T(a_1a_2\ldots a_r) \text{ 的测度} \leq 2^{-r}. \tag{32}$$

为了证明这一点, 我们首先说明 $T(a_1a_2\ldots a_r)$ 是可测集: $T(a_1a_2\ldots a_r)$ 的每个元素是一个实数 $x = (0.X_0X_1\ldots)_2$, 对于它, 存在一个整数 m, 使得算法 $\mathcal{S}$ 确定不同的值 $s_0, s_1, \ldots, s_m$, 而规则 $\mathcal{R}$ 确定 $X_{s_0}, X_{s_1}, \ldots, X_{s_m}$ 的一个子序列, 使得 X_{s_m} 是这个子序列的第 r 个元素. 使得 $Y_{s_k} = X_{s_k}$ ($0 \leq k \leq m$) 的所有实数 $y = (0.Y_0Y_1\ldots)_2$ 的集合也包含在 $T(a_1a_2\ldots a_r)$ 中, 而这是由二进制子区间 $I_{b_1\ldots b_t}$ 的有限并组成的可测集. 由于只有可数个这样的二进制区间, $T(a_1a_2\ldots a_r)$ 是可数个二进制区间的并, 因此它是可测的. 此外, 可以扩充这一论证, 证明 $T(a_1\ldots a_{r-1}0)$ 的测度等于 $T(a_1\ldots a_{r-1}1)$ 的测度, 因为在二进制区间中, 要求对于 $0 \leq k < m$, $Y_{s_k} = X_{s_k}$, 并且 $Y_{s_m} \neq X_{s_m}$, 取区间的并, 即可由前者得到后者. 现在, 由于

$$T(a_1\ldots a_{r-1}0) \cup T(a_1\ldots a_{r-1}1) \subseteq T(a_1\ldots a_{r-1}),$$

因此 $T(a_1a_2\ldots a_r)$ 的测度最多等于 $T(a_1\ldots a_{r-1})$ 的测度的一半. 对 r 归纳得到不等式 (32).

既然已经证明式 (32), 接下来实质上只需要证明, 几乎所有实数的二进制表示都是等分布的. 对于 $0 < \epsilon < 1$, 令 $B(r, \epsilon)$ 为 $\bigcup T(a_1\ldots a_r)$, 取并的范围是所有满足条件的二进制串 $a_1\ldots a_r$: $a_1\ldots a_r$ 中 1 的个数 $\nu(r)$ 满足

$$\left| \nu(r) - \tfrac{1}{2}r \right| \geq \epsilon r.$$

这种二进制串的个数为 $C(r, \epsilon) = \sum \binom{r}{k}$, 在所有满足 $|k - \tfrac{1}{2}r| \geq \epsilon r$ 的 k 值上求和. 习题 1.2.10–21 证明 $C(r, \epsilon) \leq 2^{r+1}e^{-\epsilon^2 r}$, 因此, 由式 (32),

$$B(r, \epsilon) \text{ 的测度} \leq 2^{-r}C(r, \epsilon) \leq 2e^{-\epsilon^2 r}. \tag{33}$$

下一步是定义

$$B^*(r, \epsilon) = B(r, \epsilon) \cup B(r+1, \epsilon) \cup B(r+2, \epsilon) \cup \cdots.$$

$B^*(r, \epsilon)$ 的测度最多为 $\sum_{k \geq r} 2e^{-\epsilon^2 k}$, 而这是一个收敛级数的余项, 因此

$$\lim_{r \to \infty} \left(B^*(r, \epsilon)\text{的测度} \right) = 0. \tag{34}$$

现在, 如果实数 x 的二进制展开式 $(0.X_0X_1\ldots)_2$ 对应于非 1 分布的无穷序列 $\langle X_{s_n} \rangle \mathcal{R}$, 用 $\nu(r)$ 表示该序列的前 r 个元素中 1 的个数, 则存在 $\epsilon > 0$ 和无穷多个 r, 使得

$$\left| \nu(r)/r - \tfrac{1}{2} \right| \geq \epsilon,$$

这意味对于所有的 r, x 在 $B^*(r, \epsilon)$ 中. 于是, 我们最终证得

$$N(\mathcal{R}, \mathcal{S}) = \bigcup_{t \geq 2} \bigcap_{r \geq 1} B^*(r, 1/t).$$

而根据式 (34), 对于所有的 t, $\bigcap_{r \geq 1} B^*(r, 1/t)$ 的测度为 0. 因此, $N(\mathcal{R}, \mathcal{S})$ 的测度为 0. ∎

由于存在满足定义 R6 的二进制序列, 我们可以证明, 按这种定义随机 $[0..1)$ 序列也存在. 详细证明过程见习题 36. 定义 R6 的相容性由此得到证实.

E. 随机有穷序列. 上面给出的论证表明, 不可能对有穷序列定义随机性概念: 任何给定的有穷序列都具有完全相同的可能性. 尽管如此, 几乎每个人都会同意序列 011101001 比 101010101 "更随机", 即便是后者也比 000000000 "更随机". 尽管真正随机的序列也会表现出局部非随机性, 但是我们还是期望这种行为只出现在长有穷序列中, 不出现在短序列中.

人们已经提出了多种定义有穷序列的随机性的方法, 这里只提纲挈领地讨论其中几种思想. 为简单起见, 我们只考虑 b 进制序列.

给定一个 b 进制序列 $X_0, X_1, \ldots, X_{N-1}$, 我们可以说

$$\Pr\big(S(n)\big) \approx p, \qquad \text{如果} \quad |\nu(N)/N - p| \le 1/\sqrt{N}, \tag{35}$$

其中 $\nu(n)$ 是出现在本节开始处定义 A 中的量. 如果对于所有的 b 进制数 $x_1 x_2 \ldots x_k$,

$$\Pr(X_n X_{n+1} \ldots X_{n+k-1} = x_1 x_2 \ldots x_k) \approx 1/b^k, \tag{36}$$

则上面的序列可以称为 "k 分布". (与定义 D 比较. 不幸的是, 根据这个新定义, 一个序列有可能不是 $(k-1)$ 分布的, 同时却是 k 分布的.)

现在, 可以给出一个类似于定义 R1 的随机性定义.

定义 Q1. 如果对于所有正整数 $k \le \log_b N$, 一个长度为 N 的 b 进制序列 (在上述意义下) 是 k 分布的, 则称该序列是 "随机" 的.

例如, 根据这个定义, 有 178 个长度为 11 的非随机的二进制序列:

```
00000001111   10000000111   11000000011   11100000001   11110000000
00000001110   10000000110   11000000010   11100000000   11010000000
00000001101   10000000101   11000000001   10100000001   10110000000
00000001011   10000000011   01000000011   01100000001   01110000000
00000000111
```

还有 01010101010, 以及具有不少于 9 个 0 的所有序列, 再加上在前面这些序列中交换 0 和 1 得到的所有序列.

同样, 我们也可以对有穷序列给出类似于定义 R6 的定义. 令 **A** 为一类算法的集合, 其中每个算法都是选取产生子序列 $\langle X_{s_n} \rangle \mathcal{R}$ (见定理 M 证明) 的过程.

定义 Q2. 如果对于被 **A** 中算法确定的每个子序列 $X_{t_1}, X_{t_2}, \ldots, X_{t_m}$, 或者 $m < n$, 或者

$$\left| \frac{1}{m} \nu_a(X_{t_1}, \ldots, X_{t_m}) - \frac{1}{b} \right| \le \epsilon, \qquad 0 \le a < b,$$

这里, $\nu_a(x_1, \ldots, x_m)$ 是序列 $x_1, \ldots, x_m$ 中 a 的个数, 则 b 进制序列 $X_0, X_1, \ldots, X_{N-1}$ 关于算法集合 **A** 是 (n, ϵ) 随机的.

(换言之, 被 **A** 中算法确定的每个足够长的子序列都必须是近似等分布的.) 该定义的基本思想是令 **A** 为 "简单" 算法的集合, **A** 中算法的个数 (和复杂度) 可以随 N 增加.

下面举例说明定义 Q2. 考虑二进制序列, 并令 **A** 为以下四个算法:

(a) 取整个序列;

(b) 从第一项开始, 取序列的交替项;

(c) 取序列中每个 0 的后项;

(d) 取序列中每个 1 的后项.

现在, 序列 $X_0, X_1, \ldots, X_7$ 关于 **A** 是 $(4, \frac{1}{8})$ 随机的, 如果

由 (a)，$\left|\frac{1}{8}(X_0 + X_1 + \cdots + X_7) - \frac{1}{2}\right| \leq \frac{1}{8}$，即有 3、4 或 5 个 1.

由 (b)，$\left|\frac{1}{4}(X_0 + X_2 + X_4 + X_6) - \frac{1}{2}\right| \leq \frac{1}{8}$，即在偶数位置恰有两个 1.

由 (c)，根据有多少个 0 出现在位置 $X_0, \ldots, X_6$ 上，共有 3 种可能性：如果有 2 或 3 个 0，则无需检查其他条件（因为 $n = 4$）；如果有 4 个 0，则它们的后项必须有 2 个 0 和 2 个 1；如果有 5 个 0，则它们的后项必须有 2 个或 3 个 0.

由 (d)，我们得到类似于 (c) 蕴涵的条件.

结果表明，关于这四种规则，长度为 8 的 $(4, \frac{1}{8})$ 随机的二进制序列只有

00001011	00101001	01001110	01101000
00011010	00101100	01011011	01101100
00011011	00110010	01011110	01101101
00100011	00110011	01100010	01110010
00100110	00110110	01100011	01110110
00100111	00111001	01100110	

以及统一交换 0 和 1 得到的序列.

显然，当 n 和 ϵ 很小时，我们可以使算法的集合足够大，使得没有一个序列满足条件. 柯尔莫哥洛夫证明，对于任意给定的 N，如果 **A** 中算法的个数不超过

$$\frac{1}{2}e^{2n\epsilon^2(1-\epsilon)}, \tag{37}$$

则 (n, ϵ) 随机的二进制序列会总是存在的. 这个结果还不够强，不足以证明满足定义 Q1 的序列存在，但是后者可以使用习题 3.2.2–21 中里斯的过程高效构造得到. 基于傅里叶变换的广义谱检验可以用来测量序列与定义 Q1 的符合程度 [见孔帕纳，*Physical Rev.* **E52** (1995), 5634–5645].

佩尔·马丁-洛夫采用另一种有趣的方法来定义随机性 [*Information and Control* **9** (1966), 602–619]. 给定一个有穷的 b 进制序列 $X_1, \ldots, X_N$，令 $l(X_1, \ldots, X_N)$ 为生成该序列的最短的图灵机程序的长度.（我们可以改用其他类的有效算法，如 1.1 节讨论的算法.）于是，$l(X_1, \ldots, X_N)$ 度量该序列的"无模式性"，这可以视为与随机性等同的概念. 具有最大 $l(X_1, \ldots, X_N)$ 的长度为 N 的序列可以称为随机序列.（当然，实用的随机数是由计算机产生的，从这个角度来看，这是能想出来的最糟糕的"随机性"定义！）

大约同一时间，格里高利·蔡廷给出了实质上相同的随机性定义 [见 *JACM* **16** (1969), 145–159]. 有趣的是，尽管这个定义并不像上述其他定义那样用到等分布性质，但是马丁-洛夫和蔡廷证明，这种类型的随机序列也具有期望的等分布性质. 事实上，马丁-洛夫证明，在适当的意义下，这种序列满足随机性的所有可计算的统计检验.

关于随机有穷序列定义的其他进展，见亚历山大·慈翁金和列文，*Uspekhi Mat. Nauk* **25**, 6 (November 1970), 85–127 [英译版见 *Russian Math. Surveys* **25**, 6 (November 1970), 83–124]；列文，*Doklady Akad. Nauk SSSR* **212** (1973), 548–550；列文，*Information and Control* **61** (1984), 15–37.

F. 伪随机数. 各种风格的有穷随机序列在理论上都是存在的，这很令人宽心，但是这种理论并未回答程序员所面临的现实问题. 基于有穷序列集的研究，人们得出了新的理论进展，确立了一种与现实更相关的理论. 更准确地说，我们考虑多重集，其中同一个序列可能出现多次.

设 S 是一个包含长度为 N 的位串（二进制序列）的多重集，称 S 为一个 N 源（N-source）. 令 $\$_N$ 表示包含所有 2^N 个可能的 N 位串的特殊 N 源. S 的每个元素代表一个可能用作伪随机

位源的序列, 选择不同的 "种子" 值就得到 S 的不同元素. 例如, 由 $X_{j+1} = (aX_j + c) \bmod 2^e$ 定义线性同余序列, 则 S 是

$$\{B_1 B_2 \dots B_N \mid B_j \text{ 是 } X_j \text{ 的最高有效位}\} \tag{38}$$

共有 2^e 个初值 X_0, 每一个都相应存在一个串 $B_1 B_2 \dots B_N$.

本章始终表明, 伪随机序列的基本思想是, 得到 N 个看上去随机的位, 尽管在选择种子值时, 我们只依赖于少量 "真正随机" 的位. 在刚才的例子中, 我们需要 e 个真正随机的位来选择种子 X_0; 一般地, 选择 S 的一个成员总共使用 $\lg |S|$ 个真正随机的位, 之后的处理都是确定性的. 如果 $N = 10^6$, $|S| = 2^{32}$, 则对于用到的每个真正随机的位, 我们都得到超过 $30\,000$ 个 "看上去随机" 的位. 使用 $\$_N$ 而不是 S, 就没有这么大的放大率, 因为 $\lg |\$_N| = N$.

"看上去随机" 的含义是什么? 1982 年, 姚期智提出了一个很好的定义: 考虑任意算法 A, 输入一个位串 $B = B_1 \dots B_N$, 它输出值 $A(B) = 0$ 或 1. 我们可以把 A 看作一种随机性检验. 例如, A 可以计算连续的 0 和 1 的游程的分布, 如果游程长度显著不同于期望分布则输出 1. 无论 A 做什么, 我们都可以考虑概率 $P(A, S)$, 即当 B 是 S 中随机选取的元素时 $A(B) = 1$ 的概率, 并把它与 B 是长度为 N 的真正随机位串时 $A(B) = 1$ 的概率 $P(A, \$_N)$ 进行比较. 如果对于所有的统计检验 A, $P(A, S)$ 都非常接近于 $P(A, \$_N)$, 则我们不能分辨 S 中的序列与真正随机的二进制序列之间的差别.

定义 P.   如果 $|P(A, S) - P(A, \$_N)| < \epsilon$, 则我们说 N 源 S 以容差 ϵ 通过统计检验 A. 如果 $|P(A, S) - P(A, \$_N)| \geq \epsilon$, 则它通不过该检验.

算法 A 不必由统计学家设计. 按照定义 P, 任何算法都可以看作一种随机性的统计检验. 在进行计算时, 我们允许 A 掷硬币 (使用真正的随机位). 唯一的要求是 A 必须输出 0 或 1.

不过, 实际上还有一个要求: 我们强调 A 必须在合理的时间内完成输出, 至少在平均情况下如此. 我们对需要运行数年的算法不感兴趣, 因为如果计算机无法在我们的有生之年检测出 S 和 $\$_N$ 之间的差别, 那么我们永远也不会注意到差别. S 的序列只包含 $\lg |S|$ 位信息, 因此肯定有算法能最终检测出序列存在冗余, 但是无所谓, 我们只要求 S 能够通过有实际意义的所有检验.

我们将看到, 可以量化这些定性的想法. 理论相当微妙, 但是非常漂亮, 也非常重要, 读者若花时间仔细研究, 必将获得丰厚的回报.

在下面的讨论中, 算法 A 在 N 位串上的运行时间 $T(A)$ 定义为输出 $A(B)$ 所需要的期望步骤数的最大值, 其中在所有 $B \in \$_N$ 上取最大值, 在算法所有的掷硬币结果上取平均作为期望值.

量化分析的第一步表明, 我们可以把检验限制为一种非常特殊的类型. 令 A_k 是一个算法, 它仅依赖输入串 $B = B_1 \dots B_N$ 的前 k 位, 其中 $0 \leq k < N$; 令 $A_k^P(B) = (A_k(B) + B_{k+1} + 1) \bmod 2$. 因此, 当且仅当 A_k 成功地预测 B_{k+1} 时, A_k^P 输出 1. 我们称 A_k^P 为预测检验 (prediction test).

引理 P1.   设 S 是一个 N 源. 如果 S 不能以容差 ϵ 通过检验 A, 则存在一个整数 $k \in \{0, 1, \dots, N-1\}$ 和一个满足 $T(A_k^P) \leq T(A) + O(N)$ 的预测检验 A_k^P, 使得 S 不能以容差 ϵ/N 通过检验 A_k^P.

证明.   如果有必要, 我们可以通过补充 A 的输出, 假定 $P(A, S) - P(A, \$_N) \geq \epsilon$. 考虑算法 F_k, 它首先掷 $N - k$ 次硬币, 用随机位 $B'_{k+1} \dots B'_N$ 替换 $B_{k+1} \dots B_N$, 然后执行算法 A. 算法 F_N 与 A 一样, 而 F_0 在 S 上的动作与 A 在 $\$_N$ 上的动作一样. 设 $p_k = P(F_k, S)$. 由于 $\sum_{k=0}^{N-1} (p_{k+1} - p_k) = p_N - p_0 = P(A, S) - P(A, \$_N) \geq \epsilon$, 因此存在 k 使得 $p_{k+1} - p_k \geq \epsilon/N$.

设 A_k^P 是实施 F_k 的计算并预测值 $(F_k(B) + B'_{k+1} + 1) \bmod 2$ 的算法. 换言之, 它输出

$$A_k^P(B) = (F_k(B) + B_{k+1} + B'_{k+1}) \bmod 2. \tag{39}$$

仔细分析概率表明, $P(A_k^P, S) - P(A_k^P, \$_N) = p_{k+1} - p_k$ (见习题 40).　∎

　　具有实际意义的大部分 N 源 S 都是移位对称 (shift-symmetric) 的, 意指每个长度为 k 的子串 $B_1 \dots B_k$, $B_2 \dots B_{k+1}$, ..., $B_{N-k+1} \dots B_N$ 都具有相同的概率分布. 例如, 当 S 对应于像式 (38) 那样的线性同余序列时就是如此. 在这种情况下, 我们可以取 $k = N-1$, 改进引理 P1.

引理 P2.　　如果 S 是移位对称的 N 源, 不能以容差 ϵ 通过检验 A, 则存在一个满足 $T(A') \leq T(A) + O(N)$ 的算法 A', 它至少以概率 $\frac{1}{2} + \epsilon/N$ 由 $B_1 \dots B_{N-1}$ 预测 B_N.

证明.　如果 $P(A, S) > P(A, \$_N)$, 则令 A' 为引理 P1 证明中的 A_k^P, 用于 $B_{N-k} \dots B_{N-1} 0 \dots 0$, 而不用于 $B_1 \dots B_N$. 于是, 由于移位对称, A' 具有相同的平均行为. 如果 $P(A, S) < P(A, \$_N)$, 则按相同的方式令 A' 为 $1 - A_k^P$. 显然, $P(A', \$_N) = \frac{1}{2}$.　∎

　　现在, 我们进一步对 S 特殊化. 假设每个序列 $B_1 B_2 \dots B_N$ 都具有形式

$$f(g(X_0)) f(g(g(X_0))) \dots f(g^{[N]}(X_0)),$$

X_0 遍取某集合 X, g 是 X 的一个排列, 并且对于所有的 $x \in X$, $f(x)$ 为 0 或 1. 前面的线性同余序列例子满足这一限制, 其中 $X = \{0, 1, \dots, 2^e - 1\}$, $g(x) = (ax + c) \bmod 2^e$, $f(x) = x$ 的最高有效位. 这样的 N 源称作迭代 (iterative) 的.

引理 P3.　　如果 S 是迭代的 N 源, 不能以容差 ϵ 通过检验 A , 则存在一个满足 $T(A') \leq T(A) + O(N)$ 的算法 A', 它至少以概率 $\frac{1}{2} + \epsilon/N$ 由 $B_2 \dots B_N$ 预测 B_1.

证明.　迭代的 N 源是移位对称的, 它的镜射 $S^R = \{B_N \dots B_1 \mid B_1 \dots B_N \in S\}$ 也是. 因而, 引理 P2 也可用于 S^R.　∎

　　排列 $g(x) = (ax + c) \bmod 2^e$ 容易反演, 只要 a 是奇数, 我们就能从 $g(x)$ 确定 x. 但是, 许多容易计算的排列函数都是 "单向的", 很难反演. 我们将会看到, 这使它们成为可证明的、好的伪随机数源.

引理 P4.　　设 S 是对应于 f、g 和 X 的迭代的 N 源. 如果 S 不能以容差 ϵ 通过检验 A, 则存在一个算法 G, 给定 $g(x)$, 对于 X 的随机元素 x, 它以大于或等于 $\frac{1}{2} + \epsilon/N$ 的概率正确地猜测 $f(x)$. 运行时间 $T(G)$ 最多为 $T(A) + O(N)(T(f) + T(g))$.

证明.　给定 $g(x)$, 所求算法 G 计算 $B_2 = f(g(x))$, $B_3 = f(g(g(x)))$, ..., $B_N = f(g^{[N-1]}(x))$, 并应用引理 P3 的算法 A'. 它以大于或等于 $\frac{1}{2} + \epsilon/N$ 的概率猜测 $f(x) = B_1$, 因为 g 是 X 的一个排列, 并且 $B_1 \dots B_N$ 是对应于种子值 X_0 的 S 中元素, $g(X_0) = x$.　∎

　　为了使用引理 P4, 我们需要在只知道 $g(x)$ 值的情况下, 把猜测位 $f(x)$ 的能力增大为猜测 x 本身. 扩充 S, 使得许多不同的函数 $f(x)$ 需要猜测, 则利用布尔函数的性质, 存在一种很好的一般做法. (然而, 这种方法有点技术性, 因此初次阅读的读者可以暂不详细研读下面的细节, 直接跳到定理 G.)

　　假设 $G(z_1 \dots z_R)$ 是一个 R 位串上的二值函数, 对于某固定的 $x = x_1 \dots x_R$, 它擅长猜测形如 $f(z_1 \dots z_R) = (x_1 z_1 + \dots + x_R z_R) \bmod 2$ 的函数. 要度量 G 的成功程度, 一种方便的做法是对于所有的 $z_1 \dots z_R$, 计算期望值

$$s = \mathrm{E}\left((-1)^{G(z_1 \dots z_R) + x_1 z_1 + \dots + x_R z_R}\right) \tag{40}$$

的平均值. 这等于正确猜测之和减去所有错误猜测再除以 2^R. 因此, 如果 p 是 G 正确的概率, 则 $s = p - (1 - p)$, 或 $p = \frac{1}{2} + \frac{1}{2}s$.

例如, 假设 $R = 4$, $G(z_1 z_2 z_3 z_4) = [z_1 \neq z_2][z_3 + z_4 < 2]$. 如果 $x = 1100$, 则这个函数的成功率为 $s = \frac{3}{4}$ (和 $p = \frac{7}{8}$), 因为对于除 0111 和 1011 外的所有 4 位串 z, 它等于 $x \cdot z \bmod 2 = (z_1 + z_2) \bmod 2$. 当 $x = 0000$、0011、1101 或 1110 时, 它也有 $\frac{1}{4}$ 的成功率. 因此, 对于 x, 有 5 种看似正确的可能性. 其他 11 个 x 使 $s \leq 0$.

当 G 在上述意义下是成功的猜测过程时, 下面的算法在大部分情况下都能奇迹般地发现 x. 更准确地说, 该算法构造一个极可能包括 x 的很短的表.

算法 L (线性猜测的放大). 给定一个二值函数 $G(z_1 \ldots z_R)$ 和一个正整数 k, 这个算法输出具有如下性质的 2^k 个二进制序列 $x = x_1 \ldots x_R$ 的表: 当 $G(z_1 \ldots z_R)$ 是函数 $(x_1 z_1 + \cdots + x_R z_R) \bmod 2$ 的良好近似时, x 很可能被输出.

L1. [构造一个随机矩阵.] 对于 $1 \leq i \leq k$ 和 $1 \leq j \leq R$, 生成随机位 B_{ij}.

L2. [计算符号.] 对于 $1 \leq i \leq R$ 和所有位串 $b = b_1 \ldots b_k$, 计算

$$h_i(b) = \sum_{c \neq 0} (-1)^{b \cdot c + G(cB + e_i)}, \tag{41}$$

其中 e_i 是位置 i 为 1 的 R 位串 $0 \ldots 010 \ldots 0$, 而 cB 是串 $d_1 \ldots d_R$, 满足 $d_j = (B_{1j}c_1 + \cdots + B_{kj}c_k) \bmod 2$. (换言之, 二进制向量 $c_1 \ldots c_k$ 乘以 $k \times R$ 二元矩阵 B.) 上式的求和范围是所有 $2^k - 1$ 个位串 $c_1 \ldots c_k \neq 0 \ldots 0$. 使用阿达马变换的耶茨方法, 对于每个 i, 可以用 $k \cdot 2^k$ 次加减法计算出结果, 见式 4.6.4–(38) 下的评论.

L3. [输出猜测.] 对于 $b = b_1 \ldots b_k$ 的所有 2^k 个取值, 输出串 $x(b) = [h_1(b) < 0] \ldots [h_R(b) < 0]$. ∎

为了证明算法 L 正确, 我们必须证明: 一个给定的串 x 在该输出的时候就很可能被输出. 首先注意, 如果我们把 G 变成 G', 其中 $G'(z) = (G(z) + z_j) \bmod 2$, 则原来的 $G(z)$ 是 $x \cdot z \bmod 2$ 的好近似, 当且仅当 $G'(z)$ 是 $(x + e_j) \cdot z \bmod 2$ 的好近似, 其中 e_j 是步骤 L2 中定义的单位向量串. 此外, 如果我们对 G' 而不是对 G 使用该算法, 则得到

$$h'_i(b) = \sum_{c \neq 0} (-1)^{b \cdot c + G(cB + e_i) + (cB + e_i) \cdot e_j} = (-1)^{\delta_{ij}} h_i\big((b + B_j) \bmod 2\big),$$

其中 B_j 是 B 的第 j 列. 这样, 步骤 L3 输出向量 $x'(b) = x((b + B_j) \bmod 2) + e_j$, 对 2 取模. 由于 b 遍取所有的 k 位串, 因此 $(b + B_j) \bmod 2$ 也是, 效果是对输出的每个 x 的位 j 取补.

因此, 我们只需要证明, 只要 $G(z)$ 是常量函数 0 的好的近似, 那么向量 $x = 0 \ldots 0$ 就很可能被输出. 事实上, 我们将证明: 只要 $G(z)$ 为 0 的可能性比为 1 大得多, 并且 k 充分大, 则在步骤 L3, $x(0 \ldots 0)$ 等于 $0 \ldots 0$ 的概率就很高. 更准确地说, 如果在所有 2^R 个 z 上取平均时 $s = \mathrm{E}((-1)^{G(z)})$ 为正, 并且 k 足够大, 则对于 $1 \leq i \leq R$, 条件

$$\sum_{c \neq 0} (-1)^{G(cB + e_i)} > 0$$

以 $> \frac{1}{2}$ 的概率成立.

关键是需要指出, 对于每个固定的 $c = c_1 \ldots c_k \neq 0 \ldots 0$, 串 $d = cB$ 是均匀分布的: 每个 d 值以概率 $1/2^R$ 出现, 因为 B 的各个位是随机的. 此外, 当 $c \neq c' = c'_1 \ldots c'_k$ 时, 串 $d = cB$ 和 $d' = c'B$ 是独立的: 串偶 (d, d') 的每个值都以概率 $1/2^{2R}$ 出现. 因此, 像切比雪夫不等

式的证明那样，我们可以论证，对于任意固定的 i，和 $\sum_{c\neq 0}(-1)^{G(cB+e_i)}$ 为负的概率最多为 $1/((2^k-1)s^2)$．（详见习题 42．）由此推出，$R/((2^k-1)s^2)$ 是 $x(0)$ 在步骤 L3 中不为 0 的概率的上界．

定理 G.   如果 $s=\mathrm{E}((-1)^{G(z)+x\cdot z})>0$ 并且 $2^k>\lceil 2R/s^2\rceil$，则算法 L 输出 x 的概率 $\geq\frac{1}{2}$．运行时间为 $O(k2^kR)$ 加上 G 的 2^kR 次计算的时间． ∎

现在，我们已经做好准备，可以开始证明 式 3.2.2–(17) 的扰乱平方序列是一个好的（伪）随机数源．假设 $2^{R-1}<M=PQ<2^R$，其中 P 和 Q 是形如 $4k+3$ 的素数，分别位于区间 $2^{(R-2)/2}<P<2^{(R-1)/2}$ 和 $2^{R/2}<Q<2^{(R+1)/2}$ 中．我们称 M 为 R 位布卢姆整数，因为布卢姆首先指出了这种数对密码学的重要性 [*COMPCON* **24** (Spring 1982), 133–137]．布卢姆最初建议 P 和 Q 都有 $R/2$ 位，但是算法 4.5.4D 表明，最好还是按这里的做法选择 P 和 Q，使得 $Q-P>0.29\times 2^{R/2}$．

在区间 $0<X_0<M$ 随机地选择 X_0，满足 $X_0\perp M$；令 Z 为随机的 R 位掩码．我们可以按以下方法构造一个迭代的 N 源 S：令 X 为 (X_0,Z,M) 可能取的所有 (x,z,m) 的集合，进一步要求存在 a 使得 $x\equiv a^2$ (modulo m)．容易证明函数 $g(x,z,m)=(x^2\bmod m,z,m)$ 是 X 的一个排列（例如，见习题 4.5.4–35）．在这个迭代源中抽取诸位的函数 $f(x,z,m)$ 是 $x\cdot z\bmod 2$．初始值 (X_0,Z,M) 不必在 X 中，但 $g(X_0,Z,M)$ 是在 X 中均匀分布的，因为恰有 4 个 X_0 的值具有给定的平方 $X_0^2\bmod M$．

定理 P.   设 S 为在 R 位模数上按扰乱平方法定义的 N 源，并假设 S 不能以容差 $\epsilon\geq 1/2^N$ 通过统计检验 A．于是，我们可以构造一个算法 F，找出具有前述形式的随机 R 位布卢姆整数 $M=PQ$ 的因子，其成功的概率至少为 $\epsilon/(4N)$，其运行时间为 $T(F)=O(N^2R^2\epsilon^{-2}T(A)+N^3R^4\epsilon^{-2})$．
证明． 乘积模 M 可以用 $O(R^2)$ 步完成，即 $T(f)+T(g)=O(R^2)$．因此，引理 P4 断言，存在一个成功率为 ϵ/N 的猜测算法 G，并且 $T(G)\leq T(A)+O(NR^2)$．我们可以使用习题 41 的方法，由 A 构造 G．算法 G 具有性质：$s=\mathrm{E}((-1)^{G(y,z,m)+z\cdot x})\geq(\frac{1}{2}+\epsilon/N)-(\frac{1}{2}-\epsilon/N)=2\epsilon/N$，其中期望值在所有的 $(x,z,m)\in X$ 上取，并且 $(y,z,m)=g(x,z,m)$．

所求算法 F 的机制如下：给定一个随机的 $M=PQ$，其中 P 和 Q 未知，它计算 0 和 M 之间的随机量 X_0，若 $\gcd(X_0,M)\neq 1$，则立即停止，返回已知的因式分解．否则，它就以 $G(z)=G(X_0^2\bmod M,z,M)$ 和 $k=\lceil\lg(1+2N^2R/\epsilon^2)\rceil$ 使用算法 L．如果该算法输出的 2^k 个 x 值中，有一个满足 $x^2\equiv X_0^2$ (modulo M)，则 $x\not\equiv\pm X_0$ 的可能性为 50:50，于是，$\gcd(X_0-x,M)$ 和 $\gcd(X_0+x,M)$ 都是 M 的素因子（见 4.5.4 节迈克尔·拉宾的"SQRT 盒子"）．

算法的运行时间显然为 $O(N^2R^2\epsilon^{-2}T(A)+N^3R^4\epsilon^{-2})$，因为 $\epsilon\geq 2^{-N}$．它成功分解 M 的因子的概率估计如下：设 $n=|X|/2^R$ 为 (x,m) 的可能取值总数，并设 $s_{xm}=2^{-R}\sum(-1)^{G(y,z,m)+z\cdot x}$ 在所有的 R 位数 z 上求和．于是，$s=\sum_{x,m}s_{xm}/n\geq 2\epsilon/N$．设 t 是使得 $s_{xm}\geq\epsilon/N$ 的 (x,m) 的个数．我们的算法处理这样的对偶 (x,m) 的概率为

$$\frac{t}{n}\geq\sum_{x,m}[s_{xm}\geq\epsilon/N]\frac{s_{xm}}{n}=\sum_{x,m}\big(1-[s_{xm}<\epsilon/N]\big)\frac{s_{xm}}{n}$$

$$\geq\frac{2\epsilon}{N}-\sum_{x,m}[s_{xm}<\epsilon/N]\frac{s_{xm}}{n}\geq\frac{\epsilon}{N}.$$

根据定理 G，在这种情况下，它以 $\geq\frac{1}{2}$ 的概率找出 x，因为我们有 $2^k>\lceil 2R/s_{xm}^2\rceil$；因此，它以 $\geq\frac{1}{4}$ 的概率找到一个因子． ∎

定理 P 具有什么实用的意义? 我们的证明显示, 被 O 蕴涵的常量很小, 可以假定因子分解的时间最多为 $10(N^2 R^2 \epsilon^{-2} T(A) + N^3 R^4 \epsilon^{-2})$. 许多伟大的数学家都致力于解决大数因子分解问题, 特别是在 20 世纪 70 年代后期人们发现因子分解与密码学高度相关之后. 由于他们还没有找到好的解决方案, 因此我们有充分理由相信因子分解很困难. 定理 P 表明, 对于检测扰乱平方位的非随机性的所有算法, $T(A)$ 必然很大.

长计算通常用 MIP 年度量. 一个 MIP 年是指一台每秒执行一百万条指令的机器一年执行的指令数, 即 $31\,556\,952\,000\,000 \approx 3.16 \times 10^{13}$. 在 1995 年, 使用性能最好的算法, 分解一个 120 个十进制位 (400 个二进制位) 数的因子所需的时间超过 250 MIP 年. 假如有人发现一个算法, 当 $R \to \infty$ 时, 它仅需要 $\exp(R^{1/4}(\ln R)^{3/4})$ 条指令, 则研究因子分解的最乐观的研究者也会吃惊. 让我们假定, 至少对为数不少的一部分 R 位布卢姆整数 M 实现了这种突破. 于是, 我们可以用 2×10^{25} MIP 年, 分解许多大约 50000 位 (15000 个十进制位) 的数. 如果以 $R = 50000$ 的扰乱平方方法生成 $N = 1000$ 个随机位, 并且假定算法只要足以分解 50000 位布卢姆整数的至少 $\frac{1}{400000}$, 都至少需要运行 2×10^{25} MIP 年, 则定理 P 表明, 每个这样的 1000 位的集合, 都能通过运行时间 $T(A)$ 少于 70000 MIP 年的所有随机性统计检验: 这样的算法 A 都不能以 $\geq \epsilon = \frac{1}{100}$ 的概率区别这样的位和真正随机的序列.

这结论令人印象深刻吗? 不, 这并不出人意料. 毕竟, 当 $R = 50000$ 时, 在开始使用扰乱平方方法之前, 仅仅为了确定初值 X_0、Z 和 M, 我们就大约需要指定 150000 个真正随机的位. 我们投入了这么多, 当然理应获得 1000 个随机位的回报!

但是一般地, 在我们的保守假定下, 当 $\epsilon = \frac{1}{100}$ 时, 该公式变成

$$T(A) \geq \frac{1}{100000} N^{-2} R^{-2} \exp(R^{1/4}(\ln R)^{3/4}) - NR^2.$$

当 R 很大时, 项 NR^2 可以忽略不计. 因而, 让我们置 $R = 200000$, $N = 10^{10}$. 于是, 我们从 $\approx 3R = 600000$ 个真正随机位得到 100 亿个伪随机的扰乱位, 它们能通过耗时少于 7.486×10^{10} MIP 年 = 74.86 吉 MIP 年的所有统计检验. 使用 $R = 333333$, $N = 10^{13}$, 检测出统计偏倚所需要的计算时间增加到 535 太 (10^{12}) MIP 年.

如果因子分解难以处理, 则可以证明, 不用随机掩码 Z 的简单的伪随机数生成器 3.2.2–(16) 也能通过所有的多项式时间的随机性检验 (见习题 4.5.4–43). 但是, 它的已知的性能保证比扰乱平方法弱一点, 当前前者是 $O(N^4 R \epsilon^{-4} \log(NR\epsilon^{-1}))$, 后者是定理 P 的 $O(N^2 R^2 \epsilon^{-2})$.

每个人都相信, 不存在多项式运行时间的 R 位数的因子分解算法. 如果这个猜想的较强形式成立, 也就是说, 对于任意给定的 k, 我们甚至不能在多项式运行时间内分解 R 位布卢姆整数的 $1/R^k$, 则定理 P 证明, 扰乱平方法产生的伪随机数能通过所有多项式时间的随机性统计检验.

换一种说法: 如果对于适当选取的 N 和 R, 用扰乱平方法产生随机位, 那么你或者得到通过所有合理的统计检验的数, 或者因发现一种新的因子分解算法而名利双收.

G. 概述、历史和文献注释. 我们已经定义了序列可能具有的多种不同程度的随机性.

∞ 分布的无穷序列满足随机序列应该具有的许多有用性质, 相应的理论也非常丰富. (下面的习题确立了这种序列的一些重要性质, 而在正文中并未提及.) 因此, 定义 R1 是随机性理论研究的合适的基础.

∞ 分布的 b 进制序列的概念是埃米尔·博雷尔在 1909 年发明的. 他实质上定义了 (m, k) 分布序列的概念, 还证明对于所有的 m 和 k, 几乎所有实数的 b 进制表示都是 (m, k) 分布的. 他称这种数为对于基数 b 完全正规的, 并且非形式地陈述了定理 C 而没有明确意识到需要证明它 [*Rendiconti Circ. Mat. Palermo* **27** (1909), 247–271, §12].

实数的 ∞ 分布序列又称完备等分布序列, 此概念首先出现在科罗博夫的一篇短文中 [*Doklady Akad. Nauk SSSR* **62** (1948), 21–22]. 科罗博夫和几位同事在 20 世纪 50 年代写作了一系列文章, 广泛地发展了关于这种序列的理论. 富兰克林也独立研究了完备等分布序列 [*Math. Comp.* **17** (1963), 28–59]. 他的这篇论文特别值得注意, 因为它源于随机数生成问题. 凯珀斯和尼德赖特的著作《序列的均匀分布》[*Uniform Distribution of Sequences*, New York: Wiley, 1974] 涵盖了所有类型 k 分布序列的数学文献, 提供了非常完整的信息.

然而, 我们已经看到, "随机" 的 ∞ 分布序列不必足够杂乱无章. 上面给出了 R4、R5 和 R6 这三个定义, 提供了附加的条件. 特别是定义 R6, 它看来是定义无穷随机序列概念的合适的方法. 它是精确、定量的陈述, 与我们对真正随机的直观想法完全一致.

从历史角度看, 这些定义主要受冯·米泽斯探索 "概率" 的好定义的影响. 他提出了一个定义 [*Math. Zeitschrift* **5** (1919), 52–99], 与定义 R5 的思想类似, 但条件太强 (像我们的定义 R3), 以至于不可能存在满足条件的序列. 许多人都注意到这一矛盾, 其中亚瑟·克柏兰 [*Amer. J. Math.* **50** (1928), 535–552] 建议减弱冯·米泽斯的定义, 改为他所谓的 "可容许的数" (即伯努利序列). 这种数等价于 ∞ 分布的 $[0..1)$ 序列稍经修改, 即对于给定的概率 p, 序列中所有的项 U_n 都改为 1 (如果 $U_n < p$) 或 0 (如果 $U_n \geq p$). 这样, 克柏兰实质上是建议退回到定义 R1. 随后, 瓦尔德表明不必这么激烈地弱化冯·米泽斯的定义, 并提出采用子序列规则的可数集. 在一篇重要论文中 [*Ergebnisse eines math. Kolloquiums* **8** (Vienna: 1937), 38–72], 瓦尔德实质上证明了定理 W, 尽管他错误地断言算法 W 构造的序列也满足更强的条件: 对于所有勒贝格可测的 $A \subseteq [0..1)$, $\Pr(U_n \in A) = A$ 的测度. 我们已经看到, 没有一个序列满足这一性质.

当瓦尔德写这篇论文时, "可计算性" 概念刚刚萌芽. 阿隆佐·邱奇 [*Bull. Amer. Math. Soc.* **46** (1940), 130–135] 说明如何把 "有效算法" 的概念添加到瓦尔德的理论中, 得到完全严格的定义. 对定义 R6 的扩充主要归功于柯尔莫哥洛夫 [*Sankhyā* **A25** (1963), 369–376], 他同时对有穷序列提出了定义 Q2. 另一种有穷序列的随机性定义大致介于定义 Q1 和 Q2 之间, 多年前已被别西科维奇提出 [*Math. Zeitschrift* **39** (1934), 146–156].

邱奇和柯尔莫哥洛夫的论文都只考虑了一类二进制序列 X_n, 其中对于给定的概率 p, $\Pr(X_n = 1) = p$. 本节的讨论更一般, 因为 $[0..1)$ 序列本质上同时表示所有的 p. 约翰·霍华德用另一种有趣的方法提炼了冯·米泽斯-瓦尔德-邱奇定义 [*Zeitschr. für math. Logik und Grundlagen der Math.* **21** (1975), 215–224].

另一项重要贡献来自唐纳德·拉夫兰 [*Zeitschr. für math. Logik und Grundlagen der Math.* **12** (1966), 279–294], 他讨论了定义 R4、R5、R6 以及一些中间概念. 拉夫兰证明, 存在不满足 R4 的 R5 随机序列, 因而需要 R6 这样的更强的定义. 事实上, 他定义了一个相当简单的非负整数的排列 $\langle f(n) \rangle$ 和一个类似于算法 W 的算法 W′, 使得给定子序列规则 $\mathcal{R}_k$ 的无穷集时, 算法 W′ 产生的每个 R5 随机序列 $\langle U_n \rangle$ 都满足

$$\overline{\Pr}(U_{f(n)} \geq \tfrac{1}{2}) - \underline{\Pr}(U_{f(n)} \geq \tfrac{1}{2}) \geq \tfrac{1}{2}.$$

尽管在直观上, 定义 R6 比 R4 强得多, 但是严格证明这一点显然并不轻松. 多年来, R4 是否蕴涵 R6 一直是一个悬而未决的问题. 最终, 托马斯·赫尔佐格和詹姆斯·奥因斯 (小) 发现如何构造一大族满足 R4 但不满足 R6 的序列. [见 *Zeitschr. für math. Logik und Grundlagen der Math.* **22** (1976), 385–389.]

柯尔莫哥洛夫还写了一篇重要文章 [*Problemy Peredači Informatsii* **1** (1965), 3–11]. 文中, 他考虑了定义序列的 "信息内容" 的问题. 在这一工作的基础上, 蔡廷和马丁-洛夫用 "无

模式性"定义了有穷随机序列. [见 *IEEE Trans.* **IT-14** (1968), 662–664.] 这些思想还可以追溯到雷·所罗门诺夫, *Information and Control* **7** (1964), 1–22, 224–254; *IEEE Trans.* **IT-24** (1978), 422–432; *J. Computer and System Sciences* **55** (1997), 73–88.

关于随机序列的哲学讨论, 见卡尔·波普尔的《科学发现的逻辑》[*The Logic of Scientific Discovery* (London, 1959)], 特别是该书 162-163 页中的有趣构造, 这一构造于 1934 年首次发表.

拉夫兰 [*Trans. Amer. Math. Soc.* **125** (1966), 497–510] 考察了随机序列与递归函数论之间的其他联系. 克劳斯-彼得·施诺尔 [*Zeitschr. Wahr. verw. Geb.* **14** (1969), 27–35] 发现了随机序列与鲁伊兹·布劳威尔在 1919 年定义的 "0 测度类" 之间具有强联系. 紧随其后, 施诺尔的书 *Zufälligkeit und Wahrscheinlichkeit* [*Lecture Notes in Math.* **218** (Berlin: Springer, 1971)] 详尽讨论了随机性, 并且很好地介绍了该主题的持续增加的重要文献. 李明和保罗·威塔涅 [*An Introduction to Kolmogorov Complexity and Its Applications* (Springer, 1993)] 综述了其后 20 年的重要进展.

布卢姆、希尔维奥·米卡利和姚期智奠定了伪随机序列和有效信息的理论基础 [*FOCS* **23** (1982), 80–91, 112–117; *SICOMP* **13**], 构造了第一个通过所有可行的统计检验的显式序列. 布卢姆和米卡利引进了 "硬核位" (hard-core bit) 概念. 硬核位是特殊的布尔函数 f, 使得尽管 $f(g^{[-1]}(x))$ 不容易计算, 但是 $f(x)$ 和 $g(x)$ 都很容易计算, 引理 P4 就源于这篇文章. 列文进一步发展了该理论 [*Combinatorica* **7** (1987), 357–363], 之后他和奥代德·戈德赖希 [*STOC* **21** (1989), 25–32] 分析了扰乱平方法等算法, 并证明类似使用掩码可在许多情况下产生硬核位. 最后, 查尔斯·拉克福通过设计和分析算法 L, 进一步提炼了前一篇文章的方法 [见列文, *J. Symbolic Logic* **58** (1993), 1102–1103].

还有许多作者都对理论作出了贡献, 特别是拉塞尔·因帕利亚佐、列文、迈克尔·卢比和约翰·哈斯塔德 [*SICOMP* **28** (1999), 1364–1396], 他们证明可以通过任意单向函数构造伪随机序列, 但是这些结果超出了本书的范围. 勒屈耶和勒内·普罗克斯首先考察了伪随机性理论研究的实际应用价值 [*Proc. Winter Simulation Conf.* **22** (1989), 467–476].

> 这些数就算不是随机的,
> 至少也是杂乱无章的.
> ——马尔萨利亚 (1984)

习题

1. [*10*] 周期序列可能是等分布的吗?

2. [*10*] 考虑二进制周期序列 0, 0, 1, 1, 0, 0, 1, 1, ... 它是1 分布的吗? 是 2 分布的吗? 是 3 分布的吗?

3. [*M22*] 构造一个 3 分布的三进制周期序列.

4. [*HM14*] 证明: 对于任意两个陈述 $S(n)$ 和 $T(n)$, 都有 $\Pr(S(n)\text{且}T(n)) + \Pr(S(n)\text{或}T(n)) = \Pr(S(n)) + \Pr(T(n))$, 只要这四个极限中至少有三个存在. 例如, 如果序列是 2 分布的, 则我们将发现

$$\Pr(u_1 \le U_n < v_1 \quad \text{或} \quad u_2 \le U_{n+1} < v_2) = v_1 - u_1 + v_2 - u_2 - (v_1 - u_1)(v_2 - u_2).$$

▶ **5.** [*HM22*] 设 $U_n = (2^{\lfloor \lg(n+1)\rfloor}/3) \bmod 1$. $\Pr(U_n < \frac{1}{2})$ 是多少?

6. [*HM23*] 设 $S_1(n), S_2(n), \ldots$ 为关于互不相交事件的陈述, 即如果 $i \ne j$, 则 $S_i(n)$ 与 $S_j(n)$ 不可能同时为真. 假定对于每个 $j \ge 1$, $\Pr(S_j(n))$ 都存在. 证明 $\underline{\Pr}(\text{存在}j \ge 1 \text{使得}S_j(n)\text{为真}) \ge \sum_{j \ge 1} \Pr(S_j(n))$, 并给出一个例子表明等号不必成立.

7. [*HM27*] 设 $\{S_{ij}(n)\}$ 是一个陈述族，使得对于所有的 $i, j \geq 1$，$\Pr(S_{ij}(n))$ 都存在. 假定对于所有的 $n > 0$，恰有一对整数 i, j，使得 $S_{ij}(n)$ 为真. 如果 $\sum_{i,j \geq 1} \Pr(S_{ij}(n)) = 1$，则是否可以推出对于所有的 $i \geq 1$，"$\Pr($ 存在 $j \geq 1$ 使得 S_{ij} 为真)" 存在并且等于 $\sum_{j \geq 1} \Pr(S_{ij}(n))$？

8. [*M15*] 证明式 (13).

9. [*HM20*] 证明引理 E. [提示：考虑 $\sum_{j=1}^{m} (y_{jn} - \alpha)^2$.]

▶ **10.** [*HM22*] 在定理 C 的证明中，m 整除 q 这一事实用在何处？

11. [*M10*] 使用定理 C 证明：如果序列 $\langle U_n \rangle$ 是 ∞ 分布的，则子序列 $\langle U_{2n} \rangle$ 也是.

12. [*HM20*] 证明 k 分布序列在如下意义下通过 "k 中最大检验"：$\Pr(u \leq \max(U_n, U_{n+1}, \ldots, U_{n+k-1}) < v) = v^k - u^k$.

▶ **13.** [*HM27*] 证明 ∞ 分布的 $[0..1)$ 序列在如下意义下通过 "间隙检验"：如果 $0 \leq \alpha < \beta \leq 1$，$p = \beta - \alpha$，令 $f(0) = 0$，并且对于 $n \geq 1$，令 $f(n)$ 为使得 $\alpha \leq U_m < \beta$ 的最小整数 $m > f(n-1)$，则

$$\Pr(f(n) - f(n-1) = k) = p(1-p)^{k-1}.$$

14. [*HM25*] 证明 ∞ 分布序列在如下意义下通过 "游程检验"：如果 $f(0) = 0$，并且对于 $n \geq 1$，$f(n)$ 为使得 $U_{m-1} > U_m$ 的最小整数 $m > f(n-1)$，则

$$\Pr(f(n) - f(n-1) = k) = 2k/(k+1)! - 2(k+1)/(k+2)!.$$

▶ **15.** [*HM30*] 证明在只有两种类型的奖券时，∞ 分布序列在如下意义下通过 "集券检验"：令 $X_1, X_2, \ldots$ 是 ∞ 分布的二进制序列. 令 $f(0) = 0$，并且对于 $n \geq 1$，令 $f(n)$ 为使得 $\{X_{f(n-1)+1}, \ldots, X_m\}$ 是集合 $\{0, 1\}$ 的最小整数 $m > f(n-1)$. 证明对于 $k \geq 2$，$\Pr(f(n) - f(n-1) = k) = 2^{1-k}$. （见习题 7. ）

16. [*HM38*] 当奖券的类型多于两种时，对于 ∞ 分布序列，集券检验成立吗？（见上题. ）

17. [*HM50*] 如果 r 是任意给定的有理数，富兰克林业已证明序列 $\langle r^n \bmod 1 \rangle$ 不是 2 分布的. 但是，是否存在有理数 r，使得该序列是等分布？特殊地，当 $r = \frac{3}{2}$ 时，该序列是等分布的吗？[见库尔特·马勒, *Mathematika* **4** (1957), 122–124.]

▶ **18.** [*HM22*] 证明：如果 $U_0, U_1, \ldots$ 是 k 分布的，则 $V_0, V_1, \ldots$ 也是，其中 $V_n = \lfloor nU_n \rfloor / n$.

19. [*HM35*] 修改定义 R4，只要求子序列是 1 分布的，不要求 ∞ 分布. 存在一个序列，满足这个较弱的条件但不是 ∞ 分布的吗？（这个较弱的定义真的较弱吗？）

▶ **20.** [*HM36*] （德布鲁因和保罗·爱尔特希）任何满足 $U_0 = 0$ 的 $[0..1)$ 序列 $\langle U_n \rangle$ 的前 n 个点都把区间 $[0..1)$ 划分成 n 个子区间；令这些子区间具有长度 $l_n^{(1)} \geq l_n^{(2)} \geq \cdots \geq l_n^{(n)}$. 显然，$l_n^{(1)} \geq \frac{1}{n} \geq l_n^{(n)}$，因为 $l_n^{(1)} + \cdots + l_n^{(n)} = 1$. 一种度量 $\langle U_n \rangle$ 的分布的均匀度的方法是考虑

$$\bar{L} = \limsup_{n \to \infty} n l_n^{(1)} \qquad 和 \qquad \underline{L} = \liminf_{n \to \infty} n l_n^{(n)}.$$

(a) 对于范德科普特序列 (29) 来说，$\bar{L}$ 和 $\underline{L}$ 是什么？

(b) 证明对于 $1 \leq k \leq n$，$l_{n+k-1}^{(1)} \geq l_n^{(k)}$. 利用这一结果证明 $\bar{L} \geq 1/\ln 2$.

(c) 证明 $\underline{L} \leq 1/\ln 4$. [提示：对于每个 n，存在数 $a_1, \ldots, a_{2n}$，使得对于 $1 \leq k \leq 2n$，$l_{2n}^{(k)} \geq l_{n+a_k}^{(n+a_k)}$. 此外，每个整数 $2, \ldots, n$ 最多在 $\{a_1, \ldots, a_{2n}\}$ 中出现两次.]

(d) 证明：对于所有的 n，由 $W_n = \lg(2n+1) \bmod 1$ 定义的序列 $\langle W_n \rangle$ 满足 $1/\ln 2 > n l_n^{(1)} \geq n l_n^{(n)} > 1/\ln 4$，因此它达到最优值 $\bar{L}$ 和 $\underline{L}$.

21. [*HM40*] （拉姆肖）(a) 继续上一题，序列 $\langle W_n \rangle$ 是等分布的吗？

(b) 证明：在 $[0..1)$ 序列中，只有 $\langle W_n \rangle$ 满足，只要 $1 \leq k \leq n$ 就有 $\sum_{j=1}^{k} l_n^{(j)} \leq \lg(1 + k/n)$.

(c) 设 $\langle f_n(l_1, \ldots, l_n) \rangle$ 是 n 元组集合 $\{(l_1, \ldots, l_n) \mid l_1 \geq \cdots \geq l_n$ 并且 $l_1 + \cdots + l_n = 1\}$ 上的任意连续函数序列，满足如下两个性质：

$$f_{mn}(\tfrac{1}{m}l_1, \ldots, \tfrac{1}{m}l_1, \tfrac{1}{m}l_2, \ldots, \tfrac{1}{m}l_2, \ldots, \tfrac{1}{m}l_n, \ldots, \tfrac{1}{m}l_n) = f_n(l_1, \ldots, l_n);$$

如果 $\sum_{j=1}^{k} l_j \geq \sum_{j=1}^{k} l'_j$，$1 \leq k \leq n$ 则 $f_n(l_1, \ldots, l_n) \geq f_n(l'_1, \ldots, l'_n)$.

[例如, $nl_n^{(1)}$; $-nl_n^{(n)}$; $l_n^{(1)}/l_n^{(n)}$; $n(l_n^{(1)2} + \cdots + l_n^{(n)2})$.] 对于序列 $\langle W_n \rangle$, 令

$$\overline{F} = \limsup_{n \to \infty} f_n(l_n^{(1)}, \ldots, l_n^{(n)}).$$

证明关于 $\langle W_n \rangle$, 对于所有的 n, $f_n(l_n^{(1)}, \ldots, l_n^{(n)}) \leq \overline{F}$; 而关于其他任一 $[0..1)$ 序列,

$$\limsup_{n \to \infty} f_n(l_n^{(1)}, \ldots, l_n^{(n)}) \geq \overline{F}.$$

▶ **22.** [*HM30*] （赫尔曼·外尔）证明: $[0..1)$ 序列 $\langle U_n \rangle$ 是 k 分布的, 当且仅当对于每组不全为 0 的整数 $c_1, c_2, \ldots, c_k$,

$$\lim_{N \to \infty} \frac{1}{N} \sum_{0 \leq n < N} \exp(2\pi i (c_1 U_n + \cdots + c_k U_{n+k-1})) = 0.$$

23. [*M32*] (a) 证明: $[0..1)$ 序列 $\langle U_n \rangle$ 是 k 分布的, 当且仅当只要 $c_1, c_2, \ldots, c_k$ 是不全为 0 的整数, 所有序列 $\langle (c_1 U_n + c_2 U_{n+1} + \cdots + c_k U_{n+k-1}) \bmod 1 \rangle$ 都是 1 分布的. (b) 证明: b 进制序列 $\langle X_n \rangle$ 是 k 分布的, 当且仅当只要 $c_1, c_2, \ldots, c_k$ 是满足 $\gcd(c_1, \ldots, c_k) = 1$ 的整数, 所有序列 $\langle (c_1 X_n + c_2 X_{n+1} + \cdots + c_k X_{n+k-1}) \bmod b \rangle$ 都是 1 分布的.

▶ **24.** [*M35*] （范德科普特）(a) 证明: $[0..1)$ 序列 $\langle U_n \rangle$ 是等分布的, 只要对于所有的 $k > 0$, 序列 $\langle (U_{n+k} - U_n) \bmod 1 \rangle$ 都是等分布的. (b) 因此, 当 $d > 0$ 并且 α_d 是无理数时, $\langle (\alpha_d n^d + \cdots + \alpha_1 n + \alpha_0) \bmod 1 \rangle$ 是等分布的.

25. [*HM20*] 如果所有序列相关度都等于 0, 即对于所有的 $k \geq 1$, 推论 S 中的等式都成立, 则称一个序列为 "白序列". （根据推论 S, ∞ 分布的序列是白序列. ）证明: 对于等分布的 $[0..1)$ 序列, 它是白序列的充分必要条件是, 对于所有的 $k \geq 1$,

$$\lim_{n \to \infty} \frac{1}{n} \sum_{0 \leq j < n} (U_j - \tfrac{1}{2})(U_{j+k} - \tfrac{1}{2}) = 0.$$

26. [*HM34*] （富兰克林）上题定义的白序列可能完全不是随机的. 设 $U_0, U_1, \ldots$ 是一个 ∞ 分布的序列, 并定义序列 $V_0, V_1, \ldots$ 如下:

$$(V_{2n-1}, V_{2n}) = (U_{2n-1}, U_{2n}) \qquad \text{如果 } (U_{2n-1}, U_{2n}) \in G,$$
$$(V_{2n-1}, V_{2n}) = (U_{2n}, U_{2n-1}) \qquad \text{如果 } (U_{2n-1}, U_{2n}) \notin G,$$

其中 G 是集合

$$\{(x, y) \mid x - \tfrac{1}{2} \leq y \leq x \text{ 或 } x + \tfrac{1}{2} \leq y\}.$$

证明 (a) $V_0, V_1, \ldots$ 是等分布的白序列. (b) $\Pr(V_n > V_{n+1}) = \frac{5}{8}$. （这指出了序列相关检验的缺点. ）

27. [*HM48*] 在等分布的白序列中, $\Pr(V_n > V_{n+1})$ 最大是多少? （唐·科伯史密斯构造了一个该值达到 $\frac{7}{8}$ 的这种序列. ）

▶ **28.** [*HM21*] 使用序列 (11) 构造一个 3 分布的 $[0..1)$ 序列, 要求 $\Pr(U_{2n} \geq \tfrac{1}{2}) = \frac{3}{4}$.

29. [*HM34*] 设 $X_0, X_1, \ldots$ 是 $(2k)$ 分布的二进制序列. 证明

$$\overline{\Pr}(X_{2n} = 0) \leq \frac{1}{2} + \binom{2k-1}{k} \Big/ 2^{2k}.$$

▶ **30.** [*M39*] 构造一个 $(2k)$ 分布的二进制序列, 要求

$$\Pr(X_{2n} = 0) = \frac{1}{2} + \binom{2k-1}{k} \Big/ 2^{2k}.$$

（因而, 上一题中的不等式是最好的. ）

31. [*M30*] 证明: 存在一个满足定义 R5 的 $[0..1)$ 序列, 并且对于所有的 $n > 0$, 有 $\nu_n/n \geq \tfrac{1}{2}$, 其中 ν_n 是满足 $U_j < \tfrac{1}{2}$ 的 $j < n$ 的个数. （这可以看作序列的一种非随机性质. ）

32. [*M24*] 已知 $\langle X_n \rangle$ 是 "随机" 的 b 进制序列（按照定义 R5）, 而 $\mathcal{R}$ 是一个可计算的子序列规则, 它指定无穷子序列 $\langle X_n \rangle \mathcal{R}$. 证明该子序列不但是 1 分布的, 而且根据定义 R5 是 "随机" 的.

33. [*HM22*] 设 $\langle U_{r_n} \rangle$ 和 $\langle U_{s_n} \rangle$ 是序列 $\langle U_n \rangle$ 的不相交的无穷子序列.（这样, $r_0 < r_1 < r_2 < \cdots$ 和 $s_0 < s_1 < s_2 < \cdots$ 都是递增的整数序列, 并且对于任意 m, n, 都有 $r_m \neq s_n$.）设 $\langle U_{t_n} \rangle$ 是组合的子序列, 使得 $t_0 < t_1 < t_2 < \cdots$ 并且集合 $\{t_n\} = \{r_n\} \cup \{s_n\}$. 证明: 如果 $\Pr(U_{r_n} \in A) = \Pr(U_{s_n} \in A) = p$, 则 $\Pr(U_{t_n} \in A) = p$.

▶ **34.** [*M25*] 定义子序列规则 $\mathcal{R}_1, \mathcal{R}_2, \mathcal{R}_3, \ldots$ 使得算法 W 与这些规则一起使用时, 可以给出一个有效的算法来构造一个满足定义 R1 的 [0 . . 1) 序列.

▶ **35.** [*HM35*] （拉夫兰）证明: 如果二进制序列 $\langle X_n \rangle$ 按照 R5 是随机的, $\langle s_n \rangle$ 是定义 R4 中那样的任意的可计算序列, 则 $\overline{\Pr}(X_{s_n} = 1) \geq \frac{1}{2}$, 并且 $\underline{\Pr}(X_{s_n} = 1) \leq \frac{1}{2}$.

36. [*HM30*] 设二进制序列 $\langle X_n \rangle$ 根据定义 R6 是 "随机" 的. 证明用二进制表示

$$U_0 = (0.X_0)_2, \quad U_1 = (0.X_1X_2)_2, \quad U_2 = (0.X_3X_4X_5)_2, \quad U_3 = (0.X_6X_7X_8X_9)_2 \quad \cdots$$

定义的 [0 . . 1) 序列 $\langle U_n \rangle$ 按照定义 R6 也是随机的.

37. [*M37*] （科伯史密斯）定义一个满足定义 R4 但不满足定义 R5 的序列. [提示: 考虑改变真正随机的序列的 $U_0, U_1, U_4, U_9, \ldots$.]

38. [*M49*] （柯尔莫哥洛夫）给定 N、n 和 ϵ, 集合 **A** 是算法的集合, 关于 **A** 不存在长度为 N 的 (n, ϵ) 随机的二进制序列, **A** 中算法最少有多少个?（如果不能给出准确的公式, 能否找出近似公式? 这一问题旨在发现界 (37) 多么接近 "最佳可能" 的界.）

39. [*HM45*] （沃尔夫冈·施密特）设 U_n 为 [0 . . 1) 序列, 而 $\nu_n(u)$ 为使得 $0 \leq U_j < u$ 的非负整数 $j \leq n$ 的个数. 证明: 存在一个正常数 c, 使得对于任意 N 和任意 [0 . . 1) 序列 $\langle U_n \rangle$, 都存在 n 和 u 满足 $0 \leq n < N$, $0 \leq u < 1$, 且

$$|\nu_n(u) - un| > c \ln N.$$

（换言之, [0 . . 1) 序列不可能特别等分布.）

40. [*M28*] 完成引理 P1 的证明.

41. [*M21*] 引理 P2 表明预测检验的存在性, 但是它的证明依赖于存在一个合适的 k, 而未解释如何构造性地从 A 找到 k. 证明: 任何算法 A 都可以转换成算法 A', 满足 $T(A') \leq T(A) + O(N)$, 对于在任意移位对称的 N 源 S 上, 它至少以概率 $\frac{1}{2} + (P(A, S) - P(A, \$_N))/N$ 由 $B_1 \ldots B_{N-1}$ 预测 B_N.

▶ **42.** [*M28*] （逐对独立性）(a) 设 $X_1, \ldots, X_n$ 是随机变量, 对于 $1 \leq j \leq n$ 具有均值 $\mu = \mathrm{E} X_j$, 方差 $\sigma^2 = \mathrm{E} X_j^2 - (\mathrm{E} X_j)^2$. 在附加的假定 "只要 $i \neq j$, 就有 $\mathrm{E}(X_i X_j) = (\mathrm{E} X_i)(\mathrm{E} X_j)$" 下, 证明切比雪夫不等式

$$\Pr((X_1 + \cdots + X_n - n\mu)^2 \geq tn\sigma^2) \leq 1/t.$$

(b) 设 B 是一个随机的 $k \times R$ 二元矩阵. 证明: 如果 c 和 c' 是固定的非零 k 位向量, 满足 $c \neq c'$, 则向量 cB 和 $c'B$ 是独立、随机的 R 位向量（模 2）.

(c) 使用 (a) 和 (b) 分析算法 L.

43. [*20*] 既然找出任意固定的 R 位布卢姆整数 M 的因子与找出随机的 R 位整数的因子看起来一样难, 为什么表述定理 P 时要用随机的 M 而不是固定的 M?

▶ **44.** [*16*] （欧文·古德）一个正确可用的随机数字表可能只包含一处印刷错误吗?

3.6 小结

本章，我们介绍了大量主题：如何生成随机数，如何检验它们，如何在实际应用中修改它们，以及如何推导关于它们的理论事实. 或许，在读者的心目中，最大的问题是："所有这些理论的结果是什么？为了得到可靠的随机数源，哪一种生成器简单而有效，可以在程序中使用？"

本章对此详细分析，结果表明，对于大部分计算机的机器语言，下面的过程给出最简单的随机数生成器：在程序开始时，置整数型变量 X 为某个值 X_0. 变量 X 仅用于随机数生成. 一旦程序需要一个新的随机数，就置

$$X \leftarrow (aX + c) \bmod m, \tag{1}$$

并使用新的 X 值作为随机值. 需要根据如下原则正确地选择 X_0, a, c, m，明智地使用这些随机数.

(i) "种子" X_0 可以任意选择. 如果程序运行多次，并且要求每次都是不同的随机数源，则置 X_0 为上一次运行时，X 得到的最后一个值；如果方便，也可置 X_0 为当前日期和时间. 如果稍后需要使用相同的随机数重新运行程序（例如程序调试时），则一定打印 X_0，或者用其他方法记住它.

(ii) 数 m 应该比较大，例如至少为 2^{30}. 取 m 为计算机的字大小或许是方便的，因为这时计算 $(aX + c) \bmod m$ 相当高效. 3.2.1.1 节更详细地讨论了 m 的选择. $(aX + c) \bmod m$ 的计算必须精确地进行，没有舍入误差.

(iii) 如果 m 是 2 的幂（即使用二进制计算机），则选择 a 使得 $a \bmod 8 = 5$. 如果 m 是 10 的幂（即使用十进制计算机），则选择 a 使得 $a \bmod 200 = 21$. 如此选择 a 并按照下面的指示选择 c，既能确保随机数生成器产生全部 m 个不同的 X 值之后才会开始重复（见 3.2.1.2 节），又能确保高"势"（见 3.2.1.3 节）.

(iv) 乘数 a 最好在 $.01m$ 和 $.99m$ 之间选择，并且它的二进制或十进制数字不应该有简单的、规则的模式. 若选择像 $a = 3141592621$（它满足 (iii) 的两个条件）这样的具有随意性的常数，我们几乎总是能够得到相当好的乘数. 当然，如果大量使用随机数生成器，则应该做进一步的检验. 例如，在使用欧几里得算法求 a 和 m 的最大公约数时，不应该有很大的商（见 3.3.3 节）；乘数应该通过谱检验（3.3.4 节）和 3.3.2 节的一些检验，我们才能真的说它是个好乘数.

(v) 当 a 是一个好乘数时，c 的值无关紧要，但是当 m 为计算机的字大小时，c 不能与 m 有公约数. 因此，我们可以选取 $c = 1$ 或 $c = a$. 许多人都把 $c = 0$ 与 $m = 2^e$ 一起使用，但是这样做牺牲两位精度和一半的种子值，才节省几纳秒运行时间（见习题 3.2.1.2-9.）

(vi) X 的最低（最右）几位数字不是很随机，因此基于数 X 的决策应该总是主要由最高几位数字决定. 一般来说，最好把 X 看作 0 和 1 之间的随机分数 X/m；即把 X 视为小数点在最左边的小数，而不是把 X 看作 0 和 $m-1$ 之间的随机整数. 为了计算 $k-1$ 之间的随机整数，应该乘以 k 并对结果取整.（不要除以 k，见习题 3.4.1-3.）

(vii) 3.3.4 节讨论了序列 (1) 的随机性的一个重要局限性，那里证明其 t 维"精度"大约只是 $\sqrt[t]{m}$. 需要较高分辨率的蒙特卡罗应用可以使用 3.2.2 节讨论的技术提高随机性.

(viii) 一次最多生成大约 $m/1000$ 个数，否则后面的数将越来越像前面的数. 如果 $m = 2^{32}$，则这意味每消耗几百万个随机数，就应该采用一个新方案（例如使用一个新的乘数 a）.

上面评述主要适用于机器语言编码，其中一些思想也适用于高级程序设计语言编程. 例如，在 C 语言中，如果 X 是无符号长整型，m 是无符号长整型算术运算的模数（通常为 2^{32} 或

2^{64} ），则 (1) 变成 X=a*X+c. 但是，C 语言无法很好地像上面 (vi) 中要求的那样把 X 看作分数，除非我们把它转换成双精度浮点数.

因此，在 C 这样的语言中，经常使用式 (1) 的另一种变形：我们选取 m 为素数，接近容易计算的最大整数，并令 a 为 m 的原根；对于这种情况，合适的增量 c 为 0. 于是，使用习题 3.2.1.1–9 的技术，用 $-m$ 和 $+m$ 之间的整数上的简单算术运算就可以完全实现 (1). 例如，当 $a = 48271$，$m = 2^{31} - 1$ 时（见表 3.3.4–1 的第 20 行），我们可以用如下 C 代码计算 $X \leftarrow aX \bmod m$：

```
#define MM 2147483647                      /* 一个梅森素数 */
#define AA 48271   /* 在谱检验中表现很好的数 */
#define QQ 44488  /* MM / AA */
#define RR 3399   /* MM % AA; 注意 RR<QQ */

X=AA*(X%QQ)-RR*(X/QQ);
if (X<0) X+=MM;
```

这里，X 是长整型，应该被初始化为小于 MM 的非零种子值. 由于 MM 是素数，X 的低位与高位一样随机，因此 (vi) 的提醒不必再考虑.

如果你需要上千万个随机数，可以像式 3.3.4–(38) 那样，把这个程序与另一个程序相结合，多写一点代码：

```
#define MMM 2147483399                     /* 一个非梅森素数 */
#define AAA 40692       /* 另一个适合谱检验的数 */
#define QQQ 52774      /* MMM / AAA */
#define RRR 3791       /* MMM % AAA; 同样注意 QQQ */

Y=AAA*(Y%QQQ)-RRR*(Y/QQQ);
if (Y<0) Y+=MMM;
Z=X-Y; if (Z<=0) Z+=MM-1;
```

像 X 一样，变量 Y 需要初始化为非零值. 这段程序代码与 3.3.4–(38) 稍有不同，输出 Z 总是严格地落在 0 和 $2^{31} - 1$ 之间，正如格奥尔基·拉列斯库所推荐的. Z 序列的周期长度大约为 74 千万亿，各数的精度位数大约是数 X 的二倍.

这种方法是可移植的，它相当简单，但不太快. 一种替代的方案基于使用减法的滞后斐波那契序列（习题 3.2.2–23），效果更加吸引人，因为它不仅容易在计算机之间移植，而且快得多，随机数质量也更高，因为对于 $t \le 100$，t 维精度都很可能很好. 下面是一个 C 子程序 $ran\_array(\textbf{long}\ aa[],\ \textbf{int}\ n)$，它使用递推式

$$X_j = (X_{j-100} - X_{j-37}) \bmod 2^{30}. \tag{2}$$

生成 n 个新的随机数，并把它们放入给定的数组 aa 中. 这个递推式特别适合现代计算机. n 的值必须至少为 100，建议使用像 1000 这样较大的值.

```
#define KK 100                              /* 长滞后 */
#define LL  37                             /* 短滞后 */
#define MM (1L<<30)                        /* 模 */
#define mod_diff(x,y) (((x)-(y))&(MM-1))   /* (x-y) mod MM */
```

```
long ran_x[KK];                          /* 生成器状态 */
void ran_array(long aa[],int n) { /* 把 n 个新值放入 aa */
  register int i,j;
  for (j=0;j<KK;j++) aa[j]=ran_x[j];
  for (;j<n;j++) aa[j]=mod_diff(aa[j-KK],aa[j-LL]);
  for (i=0;i<LL;i++,j++) ran_x[i]=mod_diff(aa[j-KK],aa[j-LL]);
  for (;i<KK;i++,j++) ran_x[i]=mod_diff(aa[j-KK],ran_x[i-LL]);
}
```

在 *ran_x* 中, 存有继续调用 *ran_array* 时生成的数的所有信息. 因此, 在计算中途, 如果你想稍后从同一点继续计算, 而不是一路回到序列的开始处重新计算, 则可以复制该数组, 保留一份副本. 当然, 使用像 (2) 这样的递推式的技巧是, 首先通过置合适的 $X_0, \ldots, X_{99}$, 使一切正确地开始. 当给定 0 和 $2^{30} - 3 = 1073741821$ 之间 (包括两端点) 的任意种子数时, 下面的子程序 *ran_start*(**long** *seed*) 将很好地初始化该生成器:

```
#define TT  70        /* 保证流间的分隔 */
#define is_odd(x)  ((x)&1)              /* x 的单位位 */
void ran_start(long seed) { /* 用来建立 ran_array */
  register int t,j;
  long x[KK+KK-1];                      /* 准备缓冲区 */
  register long ss=(seed+2)&(MM-2);
  for (j=0;j<KK;j++) {
    x[j]=ss;                           /* 缓冲区自举 */
    ss<<=1; if (ss>=MM) ss-=MM-2;     /* 循环移 29 位 */
  }
  x[1]++;                   /* 使 x[1] (并且仅使 x[1]) 为奇数 */
  for (ss=seed&(MM-1),t=TT-1; t; ) {
    for (j=KK-1;j>0;j--)
      x[j+j]=x[j], x[j+j-1]=0;                        /* "平方" */
    for (j=KK+KK-2;j>=KK;j--)
      x[j-(KK-LL)]=mod_diff(x[j-(KK-LL)],x[j]),
      x[j-KK]=mod_diff(x[j-KK],x[j]);
    if (is_odd(ss)) {                         /* "乘以 z" */
      for (j=KK;j>0;j--)  x[j]=x[j-1];
      x[0]=x[KK];                /* 循环移动缓冲区 */
      x[LL]=mod_diff(x[LL],x[KK]);
    }
    if (ss) ss>>=1; else t--;
  }
  for (j=0;j<LL;j++) ran_x[j+KK-LL]=x[j];
  for (;j<KK;j++) ran_x[j-LL]=x[j];
  for (j=0;j<10;j++) ran_array(x,KK+KK-1);     /* 热身 */
}
```

（这个程序以我原来的 *ran_start* 程序为基础，整合了布伦特和佩德罗·弗尔迪亚于 2001 年 11 月提出的改进建议．）

习题 9 解释了 *ran_start* 多少有点古怪的技巧，证明由不同的初始种子产生的数列是相互独立的：在 *ran_array* 随后的输出中，每 100 个连续值 X_n, X_{n+1}, ..., X_{n+99} 的块都与其他种子产生的相应块不同．（严格地说，我们仅知道当 $n < 2^{70}$ 时这为真，但是一年还不到 2^{55} 纳秒．）因此，可以用不同的种子并行开始多个计算过程，并且确保它们独立地计算．在不同的计算中心处理同一问题的不同科研团队如果限定使用不相交的种子集，则可以确保不会重复他人的工作．这样，仅用 *ran_array* 和 *ran_start* 两个程序，就能提供超过十亿批实质上不相交的随机数．如果这还不够，你可以用表 3.2.2-1 中的其他值来替换程序参数 100 和 37．

这两则 C 程序使用按位与运算"&"以提高效率，因此除非计算机对整数使用补码表示，否则它们不完全是可移植的．几乎所有的现代计算机都基于补码算术，但是对于该算法，"&"实际上不是必需的．习题 10 展示，不使用这一技巧，如何用 FORTRAN 语言得到完全相同的数列．尽管这里举例的程序旨在生成 30 位的整数，但是也很容易修改它们，用来在具有可靠浮点算术运算的计算机上产生 0 和 1 之间的 52 位随机小数，见习题 11．

你应该把 *ran_array* 放进子程序库中，除非发现其他人已经做了这件事．要检查 *ran_array* 和 *ran_start* 的实现是否与上面的代码一致，可以运行如下基本检验程序：

```
int main() { register int m; long a[2009];
  ran_start(310952);
  for (m=0;m<2009;m++) ran_array(a,1009);
  printf("%ld\n", ran_x[0]);
  ran_start(310952);
  for (m=0;m<1009;m++) ran_array(a,2009);
  printf("%ld\n", ran_x[0]); return 0;
}
```

打印输出应该是 995235265 （两次）．

注意：*ran_array* 产生的数通不过 3.3.2J 的生日间隔检验，此外还有其他缺陷，有时出现在高分辨率的模拟中（见习题 3.3.2-31 和 3.3.2-35）．仅使用一半数（跳过奇数号元素）可以避免生日间隔检验的问题，但是并不解决其他问题．遵照 3.2.2 节讨论的吕舍尔的建议，可得到更好的过程：使用 *ran_array* 产生一些数，例如 1009 个数，但仅使用前 100 个．（见习题 15．）这种方法具有一定的理论支持，并且没有已知的缺陷．大部分用户不必这么小心，但是这样做确实能降低风险，而且方便在随机性和速度之间做出取舍．

关于式 (1) 这样的线性同余序列，人们已经研究得很透彻，但是关于式 (2) 这样的滞后斐波那契序列的随机性质，目前只有证明了相对很少的事实．实践中，如果遵循以上告诫，那么两种方法看来都是可靠的．

在 20 世纪 60 年代末，我第一次编写本章时，世界上大部分计算机普遍使用一种实在可怕的随机数生成器——RANDU（见 3.3.4 节）．许多学者虽然对随机数生成学科做出贡献，却常常意识不到他们宣扬的某些方法会被证明是不适当的．例如，特别值得指出艾伦·费伦伯格及其同事的体验，见 *Physical Review Letters* **69** (1992), 3382–3384 上．他们通过首先考虑具有已知答案的相关的二维问题，来检验用以解决对应的三维问题的算法，结果发现，公认为具有高质量的新型随机数生成器在小数点后第 5 位就出现错误结果．相比之下，一个老式的、很平常的线性同余生成器 $X \leftarrow 16807X \bmod (2^{31} - 1)$ 运行良好．也许，未来的研究将表明，即便这里推荐的随机数生成器也不是令人满意的. 我们希望不会出现这种情况,但是历史的经验警告我们要小心. 最谨慎的做法是,使用截然不同的随机数源,每个蒙特卡罗程序至少运行两次,然后才能认真接受程序的答案. 这不仅指示结果的稳定性,而且可以避免因信任具有隐患的随机数生成器而带来的风险.(每个随机数生成器都至少在一个应用中失败.)

关于随机数生成的文献资料,理查德·南斯和克劳德·奥弗斯特里特(小)[*Computing Reviews* **13** (1972), 495–508] 以及埃里克·索韦 [*International Stat. Review* **40** (1972), 355–371] 整理并编辑了 1972 年之前的优秀文献目录. 索韦 [*International Stat. Review* **46** (1978), 89–102; *J. Royal Stat. Soc.* **A149** (1986), 83–107] 还综述了 1972–1984 年期间的文献. 其后的发展见手塚集的《均匀随机数》[*Uniform Random Numbers* (Boston: Kluwer, 1995)].

关于随机数在数值分析中的应用,详细研究见约翰·哈默斯利和戴维·汉斯科姆的《蒙特卡罗方法》[*Monte Carlo Methods* (London: Methuen, 1964)]. 这本书表明,使用专门为某一目的设计的"准随机"数(不必满足前述的统计检验),可以加强某些数值方法. 梅特罗波利斯和罗杰·埃克哈特 [*Stanislaw Ulam 1909–1984, Los Alamos Science* **15** (1987) 特刊, 125–137] 讨论了用于计算机的蒙特卡罗方法的起源.

鼓励每位读者都做下面这组问题的习题 6.

> 几乎所有好的计算机程序
> 都至少包含一个随机数生成器.
> ——高德纳, *Seminumerical Algorithms*(1969)

习题

1. [*21*] 使用方法 (1),写一个具有如下特征的 MIX 子程序:

调用序列: JMP RANDI

入口条件: rA $= k$,一个 < 5000 的正整数.

出口条件: rA $\leftarrow$ 随机整数 Y,满足 $1 \leq Y \leq k$,每个整数具有大致相同的概率;

rX $=$;关闭上溢.

▶ **2.** [*15*] 有些人担心有一天计算机将控制整个世界,但是读到下面的话,他们就可以放心了:机器不可能做出真正的创新,因为它只是遵从它的主人——程序员——的命令. 艾达夫人在 1844 年写道:"分析机并不自诩能创造东西. 它能做我们知道如何命令它做的事情." 她的话经过许多哲学家的深入阐述. 考虑随机数生成器,讨论这一问题.

3. [*32*] (A 骰子游戏)写一个程序,模拟投掷两个骰子,每个都以相等的概率取 1, 2, ..., 6 中的一个值. 如果第一次投掷的总和为 7 或 11,则游戏获胜;总和为 2, 3 或 12 则失败;其他情况下,称总和为"点数",并继续投掷骰子,直到出现 7(失败)或再次出现该点数(获胜).

玩 10 次该游戏. 打印每次投掷的结果,形式如 *m n*,后随适当的注释(如"对幺""对二""对子"等),其中 *m* 和 *n* 是骰子掷出的值.

4. [*40*] (单人纸牌游戏)有些人花掉大量宝贵时间来玩单人纸牌游戏. 或许自动化将大举入侵这一领域. 写一个程序,(i) 洗一副模拟纸牌;(ii) 根据牌叠中牌的次序,玩某种常见的单人纸牌游戏;(iii) 显示游戏的结果,显示程序距离获胜有多近. 应该累计统计结果. 如果要求"作弊",可适当设定该程序达到此目的.

5. [*46*] (计算机文学创作)1960 年 10 月 26 日,哥伦比亚广播公司电视网播出一档名为《思考的机器》的电视节目,其中有一期演了两部由计算机程序编写的西部风格短剧. 计算机打印出的剧本如下.

故事 #1.(枪在右手,钱在左手;玻璃杯在桌上,酒瓶在桌上,枪套在强盗身上;治安官的枪在治安官的右手,治安官的枪套在治安官的身上.)

强盗:　　　(强盗在窗口旁)走到门口;开门;进门;关门;走到屋角;把钱放在屋角;走到桌旁;把枪放到桌上;坐下,坐立不安;坐在桌旁;右手拿起玻璃杯(空的);把玻璃杯放到桌上;右手拿起酒瓶;倒酒;把酒瓶放到桌上;右手拿起玻璃杯;举起玻璃杯喝酒;把玻璃杯放到桌上;右手拿起酒瓶;坐在桌旁;坐在桌旁;走到屋角;走到窗口;走到桌旁;把酒瓶放到桌上;坐下,坐立不安;坐在桌旁;坐下,坐立不安;走到窗口;走到桌旁;右手拿起玻璃杯.

治安员：　（治安官在窗口旁）看见强盗；（强盗看见治安官）；走到门口.

强盗：　　把玻璃杯放到桌上；右手拿起枪；验枪.

治安员：　等待；开门；看见强盗；（强盗看见治安官）；进门.

强盗：　　走到窗口；瞄准；开火；治安官擦伤.

治安员：　走到窗口；瞄准；开火；未中；走到门口；走到窗口.

强盗：　　走到门口；瞄准；瞄准.

治安员：　瞄准；开火；未中.

强盗：　　开火；治安官擦伤.

治安员：　走到门口；瞄准；开火；未中；出门；瞄准.

强盗：　　瞄准；开火；未中；瞄准；开火；未中.

治安员：　开火；未中；走到窗口；瞄准；开火；未中.

强盗：　　瞄准；开火；未中；瞄准；开火；未中；瞄准；开火；治安官擦伤.

治安员：　瞄准；开火；**强盗中弹**.

强盗：　　丢枪；**强盗死去**.

治安员：　把枪插入枪套；走到桌旁；右手拿起玻璃杯（空的）；把玻璃杯从右手换到左手；右手拿起酒瓶；倒酒；
　　　　　把酒瓶放到桌上；把玻璃杯从左手换到右手；举起玻璃杯喝酒；把玻璃杯从右手换到左手；右手拿起酒瓶；
　　　　　倒酒；把酒瓶放到桌上；把玻璃杯从左手换到右手；举起玻璃杯喝酒；把玻璃杯放到桌上；走到屋角；右
　　　　　手拾起钱；走到门口；出门；关门. **谢幕**.

故事 #2.（枪在右手，钱在左手；玻璃杯在桌上，酒瓶在桌上，枪套在强盗身上；治安官的枪在治安官的右手，治安
官的枪套在治安官的身上.）

强盗：　　（强盗在窗口旁）走到门口；开门；进门；关门；走到屋角；把钱放在屋角；走到窗口；把枪放到窗台上；
　　　　　倚着窗口观察；倚着窗口观察；走到屋角；数钱；走到桌旁；右手拿起玻璃杯（空的）；把玻璃杯从右手
　　　　　换到左手；右手拿起酒瓶；倒酒；把酒瓶放到桌上；把玻璃杯从左手换到右手；举起玻璃杯喝酒；把玻璃
　　　　　杯放到桌上；右手拿起酒瓶；倒酒；走到屋角；在屋角放下酒瓶；走到窗口；右手拿起枪；验枪；把枪放
　　　　　入枪套；走到桌旁；右手拿起玻璃杯；举起玻璃杯喝酒；走到窗口；把玻璃杯放到窗台上.

治安员：　（治安官在窗口）看见强盗；（强盗看见治安官）；走到门口.

强盗：　　右手从枪套取枪；验枪；走到门口；验枪；在门口放下枪.

治安员：　开门；看见强盗；（强盗看见治安官）；进门；走到窗前.

强盗：　　右手拿起枪.

治安员：　走到桌旁.

强盗：　　瞄准；开火；未中；瞄准；开火；**治安官中弹**；吹枪管；把枪插入枪套；

治安员：　丢枪；**治安官死去**.

强盗：　　走到屋角；右手拾起钱；走到门口；出门；关门. **谢幕**.

　　　仔细阅读这两部剧本，可以感受到剧情极为紧张. 计算机程序仔细记录每个演员的位置和手中物品，
等等. 每个角色的动作都是随机的，由一定的概率控制. 根据角色喝了多少酒，被子弹擦伤多少次，愚蠢
动作的概率会相应提高. 通过研究这两份样本剧本，读者应该能够推导出程序的更多性质.

　　　当然，即便最好的剧本也要改写才能实际使用，当原稿出自没有经验的作家之手时尤其如此. 下面是
实际演出使用的剧本：

故事 #1.   音乐起.
中景 强盗通过小屋窗户窥探.
近景 强盗的面部.
中景 强盗进入小屋.
近景 强盗看见桌上的威士忌酒瓶.
近景 治安官在小屋外.
中景 强盗看见治安官.
远景 越过强盗肩膀、对过门口的治安官，双方拔枪.
中景 治安官拔枪.
远景 射击. 强盗中弹.
中景 治安官拾起钱袋.
中景 强盗摇摇欲坠.
中景 强盗垂死. 在试图最后一次向治安官射击之后倒向桌子.
中景 治安官带着钱走过门口.
中景 强盗的尸体现在仍然躺在桌上. 镜头推回.（笑声）

故事 #2.   音乐起.
近景 窗口. 强盗出现.
中景 强盗带着两袋钱进入小屋.
中景 强盗把钱袋放到桶上.
近景 强盗——看见桌上的威士忌.
中景 强盗为自己倒了一杯. 走过去数钱. 笑.
中景 治安官在小屋外.
中景 掠过窗户.
中景 强盗透过窗户看见治安官.
远景 治安官进入小屋. 拔枪. 射击.
近景 治安官. 被击中挣扎.
中景/2 中弹的治安官摇晃倒向桌子的酒杯……倒下死去.
中景 强盗带着钱袋离去. [①]

［注记： 该电视剧的制片人是托马斯·沃尔夫，他首先提议用计算机编写短剧；该计算机程序的编写者是道格拉斯·罗斯和哈里森·莫尔斯. 感谢他们慷慨提供上述细节.］

1952 年夏天，克里斯托弗·斯特雷奇曾使用 Ferranti Mark I 的硬件随机数生成器写出下面的情书：

Honey Dear
    My sympathetic affection beautifully attracts your affectionate enthusiasm. You are my loving adoration: my breathless adoration. My fellow feeling breathlessly hopes for your dear eagerness. My lovesick adoration cherishes your avid ardour.
                                                         Yours wistfully,
                                                         M. U. C.

（亲爱的宝贝，
    我衷心的爱意优雅地引发你热忱的深情. 你是我钟爱倾慕的人——令我窒息般倾慕的人. 我的心意窒息般期待着你甜蜜的热情. 我的苦恋久久怀念着你炽热的激情.
                                                         满怀渴望的，
                                                         曼彻斯特大学计算机）

［ *Encounter* 3 (1954), 4, 25–31；另一例出现在 *Pears Cyclopedia* 第 64 版，"电子计算机"一文中，见 *Pears Cyclopedia* (London, 1955), 190–191.］

毫无疑问，关于如何教会计算机创作，读者肯定有很多想法，这正是本题的要点.

▶ **6.** [*40*] 考察你单位的每台计算机的子程序库，并用好的随机数生成器替换原有的. 做好心理准备，不要对你的发现太震惊.

▶ **7.** [*M40*] 一位程序员决定使用周期为 2^{32} 的线性同余序列 $\langle X_n \rangle$ 加密他的文件. 该序列由式 (1) 产生，$m = 2^{32}$. 他取最高的几位 $\lfloor X_n / 2^{16} \rfloor$，并把它们与他的数据进行异或运算. 参数 a、c 和 X_0 保密.

请设计一种方法，仅给定 $\lfloor X_n / 2^{16} \rfloor$（$0 \le n < 150$）的值，在合理的时间内推导出乘数 a 和差 $X_1 - X_0$，从而证明他的加密方法不太安全.

8. [*M15*] 提出一种好方法，检验一种线性同余序列生成器的实现是否正确运行.

---

① ⓒ 哥伦比亚广播公司版权所有. 本书已取得使用许可. 更多信息，见约翰·费弗尔，*The Thinking Machine* (New York: J. B. Lippincott, 1962).

9. [*HM32*] 设 $X_0, X_1, \ldots$ 是 *ran_start* 用种子 s 初始化产生过程之后，由 *ran_array* 产生的数，并考虑多项式

$$P_n(z) = X_{n+62}z^{99} + X_{n+61}z^{98} + \cdots + X_n z^{37} + X_{n+99}z^{36} + \cdots + X_{n+64}z + X_{n+63}.$$

(a) 证明：存在指数 $h(s)$，使得 $P_n(z) \equiv z^{h(s)-n}$ (modulo 2 和 $z^{100} + z^{37} + 1$). (b) 用 s 的二进制表示来表示 $h(s)$. (c) 证明：如果 $X_0', X_1', \ldots$ 是由种子 $s' \neq s$ 用相同的过程产生的序列，则对于 $0 \leq k < 100$，都有 $X_{n+k} \equiv X_{n'+k}$ (modulo 2)，当且仅当 $|n - n'| \geq 2^{70} - 1$.

10. [*22*] 把 *ran_array* 和 *ran_start* 的 C 程序转换成生成完全相同数列的FORTRAN 77 子程序.

▶ **11.** [*M25*] 假定在双精度型的数上进行浮点算术运算，能够正确地按 4.2.2 节意义舍入（因而当适当限制数值时，运算是准确的）. 把 C 程序 *ran_array* 和 *ran_start* 转换成类似的程序，产生区间 $[0\mathinner{\ldotp\ldotp}1)$ 上的双精度随机小数，而不是 30 位整数.

▶ **12.** [*M21*] 对于仅有区间 $[-32768\mathinner{\ldotp\ldotp}32767]$ 上的算术运算的超小型机，什么样的随机数生成器是合适的?

13. [*M25*] 比较习题 3.2.1.1–12 的借位减法生成器和本节程序实现的滞后斐波那契生成器.

▶ **14.** [*M35*] （未来与过去）令 $X_n = (X_{n-37} + X_{n-100}) \bmod 2$ 并考虑序列

$$\langle Y_0, Y_1, \ldots \rangle = \langle X_0, X_1, \ldots, X_{99}, X_{200}, X_{201}, \ldots, X_{299}, X_{400}, X_{401}, \ldots, X_{499}, X_{600}, \ldots \rangle.$$

（这个序列对应于反复调用 *ran_array*$(a, 200)$，丢弃一半元素之后，只考虑最低有效位.）下面的实验使用 $\langle Y_n \rangle$，重复 100 万次："生成 100 个随机位；如果其中有大于或等于 60 个 0，则再生成一位并打印它."结果打印了 14527 个 0, 13955 个 1. 但是, 28482 个随机位最多包含 13955 个 1 的概率仅仅约为 0.000358.

给出为什么打印这么多 0 的数学解释.

▶ **15.** [*25*] 写一个 C 程序，它像正文中建议的那样，每生成 1009 个元素，只使用前 100 个，借此由 *ran_array* 方便地生成随机整数.

第 4 章 算术

由于认识到（学数学的学生的观点是正确的）
大数的乘法、除法、平方和立方，其数学方法十分麻烦，
计算起来又相当繁杂，不仅花费大量时间，而且非常容易发生错误．
于是我开始构思有什么方法可以解决问题．

——约翰·纳皮尔（1616）

我讨厌求和．称算术是一种精确科学，没有比这错误更大的了．
有很多……难以发现的数的运算法则需要我这样的头脑理解．
比如说，你从下往上求和，再从上往下求和，所得到的结果永远不一样．

——玛丽亚·拉塔奇（1878）

难以想象，有人需要在一个小时内做 40000 次，哪怕是 4000 次的乘法．
我们不应为了一小部分人的想法而让所有人都使用八进制，这种变化太剧烈了．

——弗朗西斯·韦尔斯（1936）

大多数数值分析学家都对算术没有兴趣．

——贝雷斯福德·帕利特（1979）

本章的主要目的是深入探讨四种基本的算术运算：加法、减法、乘法和除法．很多人认为，算术运算只是小孩子学的简单玩意儿，用计算器就能做．但事实上，它是一个非常有趣和迷人的研究课题．算术运算构成了计算机各种应用的重要基础，因此全面研究其高效算法非常重要．

对算术运算的研究一直是个非常活跃的方向，并且在人类社会的发展历史上扮演着重要角色．直到现在，它仍在蓬勃发展．在这一章里，我们将分析对各种类型的量进行算术运算的算法，其中包括"浮点"数、非常大的数、分数（有理数）、多项式和幂级数等．此外，我们还将讨论一些相关的论题，如进制转换、因数分解和多项式求值．

4.1 按位记数系统

如何做算术运算，这与数的表示方法密切相关．因此，我们首先来介绍数的主要表示方法．以 b 为基数（即 b 进制）的按位记数法按以下规则定义

$$(\ldots a_3 a_2 a_1 a_0 . a_{-1} a_{-2} \ldots)_b = \cdots + a_3 b^3 + a_2 b^2 + a_1 b^1 + a_0 + a_{-1} b^{-1} + a_{-2} b^{-2} + \cdots. \quad (1)$$

例如，$(520.3)_6 = 5 \cdot 6^2 + 2 \cdot 6^1 + 0 + 3 \cdot 6^{-1} = 192\frac{1}{2}$．现在通常使用的十进制数系是这种按位记数法的特殊情形，基数 $b = 10$，而各位上的数字 a_k 可在"十进制数字"0, 1, 2, 3, 4, 5, 6, 7, 8, 9 中选取．此时，式 (1) 的下标 b 可省略．

对十进制数系最简单的推广方式是，取 b 为任一大于 1 的整数并取 a_k 满足 $0 \le a_k < b$．由此可以得到标准的二进制（$b = 2$）、三进制（$b = 3$）、四进制（$b = 4$）、五进制（$b = 5$）等记数系统．更一般地，b 可以取任意非零的数，而 a_k 的值可在任意选定的数集中选取．下面将看到，这样的做法会产生一些有趣的结果．

我们称式 (1) 中位于 a_0 和 a_{-1} 之间的点为小数点（当 $b = 10$ 时，我们也称之为十进制小数点，而 $b = 2$ 时则可称为二进制小数点，依此类推）．欧洲大陆通常用逗号而不是点来表示小数点，而英国人曾使用位置略高的点来表示小数点．

我们将式 (1) 中各个位上的 a_k 称为数字. 下标 k 较大的 a_k 通常认为比 k 较小的 a_k "更重要". 因此, 最左边 ("前导") 的数字是最高有效数字, 而最右边 ("尾部") 的数字是最低有效数字. 在标准二进制数系中所使用的二进制数字通常称为比特, 在标准十六进制数系中所使用的从 0 到 15 的十六进制数字通常采用记号

$$0, 1, 2, 3, 4, 5, 6, 7, 8, 9, a, b, c, d, e, f$$

或者 $\quad 0, 1, 2, 3, 4, 5, 6, 7, 8, 9, A, B, C, D, E, F.$

记数法的历史发展过程是个引人入胜的故事, 因为它与世界文明的发展同步. 如果要精确地探寻其中的细节, 很可能会离题万里, 但总结一下它的主要特征还是很有好处的.

在早期文明中, 原始的记数方法通常利用手指或石头等来记数. 人们通常约定积累了一定数目的物品 (例如五个或十个石头) 后, 就将之替换为另一个特定种类或特定位置上的物品. 这样的思路自然地导出了最早的书面形式的记数方法, 例如巴比伦、埃及、希腊、中国和罗马数系. 然而, 这些记数系统除了一些很简单的情形外都不太方便做算术运算.

在 20 世纪, 数学历史学家深入研究了考古学家在中东发现的写有早期楔形文字的碑. 他们发现巴比伦人实际上使用两种数的表示方法: 在日常商业交易中使用的数字由十、百等记号组合起来表示, 很少涉及大的数字, 这种记数方法源于早期的美索不达米亚文明. 但在考虑较为困难的数学问题时, 巴比伦数学家广泛使用六十进制的记数方法. 这种记数法至少在公元前 1750 年就发展得很成熟了, 其独特之处在于, 它实际上是省略了指数的浮点记数方法. 我们必须根据上下文来确定六十的适当比例因子或乘幂, 例如, 2、120、7200 和 $\frac{1}{30}$ 这几个数都用完全一样的记号来表示. 这种记数法特别适合利用辅助表进行乘法和除法运算, 因为小数点的位置对最后的计算结果完全没有影响. 例如, 早期的辅助表中记载着: 30 的平方是 15 (这也可以理解为 "$\frac{1}{2}$ 的平方是 $\frac{1}{4}$"). $81 = (1\ 21)_{60}$ 的倒数是 $(44\ 26\ 40)_{60}$, 而后者的平方是 $(32\ 55\ 18\ 31\ 6\ 40)_{60}$. 巴比伦人有零的符号, 但因为上面提到的这种 "浮点" 记数规则, 零只出现在数的中间, 而不可能在右侧表示比例因子. 要了解早期巴比伦数学的有趣故事, 可以读读奥托·诺伊格鲍尔, *The Exact Sciences in Antiquity* (Princeton, N. J.: Princeton University Press, 1952); 巴特尔·范德瓦尔登, 英译本 *Science Awakening* (Groningen: P. Noordhoff, 1954), 阿诺德·德雷斯登翻译; 也见高德纳, *CACM* **15** (1972), 671–677; **19** (1976), 108.

定点按位记数法是中美洲的玛雅印第安人在大约 2000 年前首先使用的. 他们的二十进制记数系统发展得很成熟, 特别是在天文记录和历法中被广泛使用. 他们在大约公元 200 年就有了数字零的书面符号. 然而, 来自西班牙的征服者销毁了玛雅人关于历史和科学的几乎所有书籍, 这使得我们对美洲原住民在算术方面的发达程度所知甚少. 我们发现过一些专用的乘法表, 但没有找到一张除法表. [见约翰·汤普森, *Contrib. to Amer. Anthropology and History* **7** (Carnegie Inst. of Washington, 1941), 37–67; 约翰·贾斯特森, "Pratiche di calcolo nell'antica mesoamerica", *Storia della Scienza* **2** (Rome: Istituto della Enciclopedia Italiana, 2001), 976–990.]

早在公元前几个世纪, 希腊人就在画有横线和竖线的板上用沙或卵石来模拟十进制的算术运算. 这可以看作早期形式的算盘. 然而他们从未采用书面的形式来做十进制计算. 对于已经很习惯使用纸笔做十进制运算的我们, 这也许有点不可思议. 但使用算盘的便利性也许让希腊人觉得那些认为在 "草稿纸" 上做计算更方便的人很傻 (因为一方面, 在那个时代很多人都不会写字; 另一方面, 使用算盘不需要记加法和乘法表). 与此同时, 希腊天文学家利用从巴比伦学来的六十进制数系做除法运算.

我们现在使用的十进制记数法起源于印度, 它与其他早期的记数法的主要区别在于小数点的位置固定, 以及使用零的符号. 对这种记数法出现的确切时间众说纷纭, 一种比较可靠的估计是公元 600 年前后. 在那个时期印度的科学高度发达, 特别是天文学. 在印度最早出现的十

进制符号的手稿上，数字是从右向左排列的（即最高有效数字在最右边），但后来从左向右的排列方式成为普遍的做法.

大约在公元 750 年前后，印度的十进制记数法传入波斯，在此期间一些重要的著作被翻译成阿拉伯语. 亚伯拉罕·埃兹拉用希伯来文生动地描述了这一传播过程，其英译本见 *AMM* **25** (1918), 99–108. 不久以后，花拉子米用阿拉伯语写了一本关于这种记数法的教科书（我们在本书第 1 章里提到，"算法"一词源于花拉子米的名字）. 这本书被翻译成拉丁文并对斐波那契有很大的影响，后者关于算术的著作（公元 1202 年）在印度-阿拉伯数系传入欧洲的过程中扮演了重要角色. 非常有趣的是，在这两次传播过程中人们一直使用从左到右的书写顺序，尽管阿拉伯语是从右到左书写的，而印度和拉丁学者使用从左到右的书写顺序. 关于十进制记数法及运算法则随后在 1200–1600 年传播到欧洲各国的过程，见戴维·史密斯的详细记述 [*History of Mathematics* **1** (Boston: Ginn and Co., 1923)，第 6 章和第 8 章].

十进制记数法最开始只用于表示整数，而没有用来表示小数. 阿拉伯天文学家需要在星图和一些数据表中使用小数，他们只能沿用著名的希腊天文学家托勒密的基于六十进制小数的一种记数法. 作为古巴比伦记数系统的残留印迹，六十进制数系直到今天还出现在作为角度单位的度、分、秒的计算，以及表示时间的单位中. 早期的欧洲数学家遇到非整数时也会使用六十进制小数. 例如，斐波那契用

$$1° \ 22' \ 7'' \ 42''' \ 33^{IV} \ 4^{V} \ 40^{VI}$$

作为方程 $x^3 + 2x^2 + 10x = 20$ 的根的近似值.（正确值是 $1° \ 22' \ 7'' \ 42''' \ 33^{IV} \ 4^{V} \ 38^{VI} \ 30^{VII} \ 50^{VIII} \ 15^{IX} \ 43^{X} \dots$.）

用十进制记数法来表示十分之一、百分之一等小数似乎只需要很小的修改就可以做到. 但是要改变传统并不是容易的事情，况且六十进制在表示小数时相对于十进制也有它的优势，例如 $\frac{1}{3}$ 就可以用六十进制简明而精确地表示.

中国的数学家——他们从不使用六十进制——应该是最先使用十进制小数的等价形式的人，尽管他们的记数系统（没有零的符号）最初在严格意义上不是按位记数系统. 中国的重量和长度单位都是十进制的，因此祖冲之（公元 500 年或者 501 年去世）可以将 π 的值近似表示为

$$3 \text{丈} 1 \text{尺} 4 \text{寸} 1 \text{分} 5 \text{厘} 9 \text{毫} 2 \text{秒} 7 \text{忽}.$$

这里丈、尺等都是长度单位，1 忽（一根丝线的直径）相当于 1/10 秒，依此类推. 这种类似于十进制的小数表示方法大约在公元 1250 年后的中国使用得非常普遍.

真正意义上的十进制小数的雏形出现在公元 10 世纪大马士革的一个叫乌格利迪西（"欧几里得的门徒"）的不出名数学家写的一本算术课本里. 在书中，他偶尔会标记小数点的位置，例如在涉及复利计算的问题里他需要计算 135 乘以 $(1.1)^n$，其中 $1 \le n \le 5$. [见阿马德·塞旦，*The Arithmetic of al-Uqlīdisī* (Dordrecht: D. Reidel, 1975), 110, 114, 343, 355, 481–485.] 然而他并没有完整地发展这一思想，而他的技巧也随之被逐渐淡忘了. 来自巴格达和巴库的萨马瓦尔在 1172 年写道，他发现 $\sqrt{10} = 3.162\,277\dots$，但是他找不到方便的途径把这个近似值写下来. 直到几个世纪后，十进制小数才被波斯数学家卡西再次使用，他于 1429 年去世. 卡西是一个技巧高超的计算专家，他给出了下面的精确到小数点后第 16 位的 2π 的近似值

整数部分		小数部分															
0	6	2	8	3	1	8	5	3	0	7	1	7	9	5	8	6	5

这是在那个时代里对 π 值给出的最精确的近似，直到 1586–1610 年，卢多尔夫·范修林才艰难地将 π 值算到小数点后第 35 位的精度.

十进制小数也在欧洲零星地出现. 例如，一种被称为"土耳其方法"的算法被用来计算 $153.5 \times 16.25 = 2494.375$. 乔瓦尼·比安基尼进一步发展了这种方法，并在 1450 年前就用于测量学的计算中. 然而和乌格利迪西一样，他的工作几乎没有对其他人产生任何影响. 克里斯托夫·鲁道夫和弗朗索瓦·韦达分别在 1525 年和 1579 年再次提出了类似的思想. 最后，西蒙·斯蒂文于 1585 年独立发展了十进制小数的表示方法，并写了一本受到广泛关注的算术课本. 这本书以及其后对数的发现使得十进制小数于 17 世纪在欧洲得到普及. ［更多的评论及参考资料见：戴维·史密斯, *History of Mathematics* **2** (1925), 228–247; 维克多·卡茨, *A History of Mathematics* (1993), 225–228, 345–348; 格拉日娜·罗辛斯基, *Quart. J. Hist. Sci. Tech.* **40** (1995), 17–32. ］

二进制记数系统的发展历史也非常有趣. 我们知道很多现存的原始部落都使用"逢二进一"的方式来做计算（即每两个对象作为一组，而不是每五个或十个作为一组），但他们其实不是真的在使用二进制，因为他们没有 2 的幂的概念. 关于早期的数系的一些有趣故事，可见亚伯拉罕·塞登伯格, *The Diffusion of Counting Practices, Univ. of Calif. Publ. in Math.* **3** (1960), 215–300. 二进制的另一个早期例子是常用的表示节奏和持续时间的音乐符号.

非十进制记数系统在 17 世纪的欧洲也有发展. 多年来，天文学家不时会用六十进制做整数和小数的算术运算，其中主要是做乘法［见约翰·沃利斯, *Treatise of Algebra* (Oxford: 1685), 18–22, 30］. 大约在 1658 年，布莱兹·帕斯卡在他的书 *De Numeris Multiplicibus* 中第一次提出任何大于 1 的整数都可以作为基数［见帕斯卡, *Œuvres Complètes* (Paris: Éditions du Seuil, 1963), 84–89］. 帕斯卡写道 "Denaria enim ex instituto hominum, non ex necessitate naturæ ut vulgus arbitratur, et sane satis inepte, posita est"，意思是说"人们使用十进制数系只是因为习惯了使用它，而不是像大多数人认为的那样，是不可替代的记数方式". 他认为十二进制是更好的记数系统，并给出了一个判断十二进制数是否能被 9 整除的规则. 而埃哈德·魏格尔则从 1673 年开始在一系列文章里积极地鼓吹四进制数系. 关于十二进制数的算术运算的具体讨论可见乔舒亚·乔丹尼, *Duodecimal Arithmetick* (London: 1687).

虽然在那个时代里十进制数系已经占据了主流地位，但几乎没有以十的倍数为基数的重量和长度表示系统，因此在商业交易中人们需要很多技巧来处理镑、先令和便士的加法. 几个世纪以来商人们已经学会如何对以特定的货币单位或是重量和长度单位表示的量进行加减运算，他们实际上是在非十进制数系里做计算. 特别值得注意的是自 13 世纪甚至更早的时候在英格兰通用的液体容量单位：

2 及耳 = 1 焦品
2 焦品 = 1 品脱
2 品脱 = 1 夸脱
2 夸脱 = 1 罐
2 罐 = 1 加仑
2 加仑 = 1 配克
2 配克 = 1 坎宁

2 坎宁 = 1 浦式耳
2 浦式耳 = 1 小桶
2 小桶 = 1 圆桶
2 圆桶 = 1 大桶
2 大桶 = 1 管
2 管 = 1 酒桶

这里用加仑、罐、夸脱、品脱等单位来表示液体的容量，实际上是一种二进制的表示. 也许二进制数系的真正发明者正是英国的酒商！

已知的最早记载规范的二进制符号的文献是 1605 年前后托马斯·哈里奥特（1560—1621）的一些未公开发表的手稿. 哈里奥特是一个很有创造力的人. 自从他作为沃尔特·雷利爵士的代表来到美国以后，他的名气开始大起来. 他设计了表示"大于"和"小于"关系的记号（当然他也发明了其他一些东西）. 然而出于某些考虑，他的很多发现都没有发表出来. 他的手稿中关于二进制运算的部分再现于约翰·雪莉，*Amer. J. Physics* **19** (1951), 452–454. 弗兰克·莫利第一次提到哈里奥特对二进制数系的发现 [*The Scientific Monthly* **14** (1922), 60–66].

第一个发表出来的关于二进制数系的论述见于著名的西多会主教卡拉慕夷·洛布科维茨的著作 *Mathesis Biceps* **1** (Campaniæ: 1670), 45–48. 卡拉慕夷很详尽地讨论了在基数 2、3、4、5、6、7、8、9、10、12 和 60 下数的表示问题，但除了 60 进制外他没有给出其他非十进制数系的算术运算的例子.

最后，莱布尼茨的一篇文章引起了人们对二进制数系的关注 [*Mémoires de l'Académie Royale des Sciences* (Paris, 1703), 110–116]. 文中阐述了如何进行二进制数的加法、减法、乘法和除法. 因此，这篇文章通常被看作是二进制运算的诞生之作. 莱布尼茨后来经常提到二进制数系. 他并不推荐使用二进制来进行实际的计算，但认为二进制对于数论研究有重要的作用，因为用二进制往往比用十进制表示更容易看出数列的性质. 此外，他还注意到一个很重要的事实：任何对象都可以用 0 和 1 来表示. 由莱布尼茨的一些未发表手稿可以看出，他早在 1679 年就开始对二进制数系感兴趣，在手稿中称之为"bimal"[双的，与十进制"decimal"（十的）相对应].

汉斯-约阿希姆·察赫尔对莱布尼茨研究二进制数的早期工作有很详细的叙述 [*Die Hauptschriften zur Dyadik von G. W. Leibniz* (Frankfurt am Main: Klostermann, 1973)]. 察赫尔指出，莱布尼茨对纳皮尔的所谓"局部算术"很熟悉. 这种算法最早是一种利用石头来计数的方法，后来演变成为使用基数为 2 的算盘来计算. [纳皮尔把他的局部算术的思想发表于 1617 年出版的小册子 *Rabdologiæ* 的第三部分中. 这个算法可以称为世界上第一个"二进制计算器"，而且肯定也是世界上最便宜的计算器，尽管纳皮尔自己认为它好玩的成分多于实用. 相关内容可见加德纳，*Knotted Doughnuts and Other Mathematical Entertainments* (New York: Freeman, 1986)，第 8 章.]

一个有趣的事实是，那个时代的人并没有很好地理解小数点右边的负指数的概念. 莱布尼茨曾要求雅各布·伯努利在二进制数系里计算 π 的值. 伯努利取 π 的精确到小数点后 35 位的近似值，将它乘以 10^{35}，再将得到的整数表示成二进制数作为他的答案. 打个简单点的比方，他的做法相当于先取 $\pi \approx 3.14$，然后得到 $(314)_{10} = (100111010)_2$，于是他回答说 π 的二进制表示为 100111010! [详见莱布尼茨，*Math. Schriften*，卡尔·格哈特编，**3** (Halle: 1855), 97. 由于计算错误，答案中给出的 118 位数中有两个位上的数字是不正确的.] 伯努利做这个计算的目的在于考察是否能从 π 的二进制表示中发现一些简单的性质.

瑞典国王查理十二在 1717 年前后偶然发现了八进制运算的思想. 他的数学天赋是历史上所有国王中最高的. 这个发现很可能是他自己独立完成的，尽管他曾在 1707 年与莱布尼茨有一次短暂的会面. 查理十二认为八进制或 64 进制可能比十进制更便于做计算，并打算将八进制引入瑞典. 然而他在实施这个计划之前就死于一次战役中. [详见 *The Works of Voltaire* **21** (Paris: E. R. DuMont, 1901), 49；埃马努埃尔·斯韦登堡，*Gentleman's Magazine* **24** (1754), 423–424.]

威廉玛丽学院的教授休·琼斯牧师也曾于 1750 年之前在美洲殖民地建议使用八进制 [详见 *Gentleman's Magazine* **15** (1745), 377–379；哈罗德·费伦，*AMM* **56** (1949), 461–465].

一百多年后，著名的瑞典裔美国土木工程师约翰·奈斯特龙决定将查理十二的方案再向前推进一步. 他计划基于十六进制数系建立包括重量和长度单位以及单位换算的完整体系. 他写道:"我毫不畏惧并且毫不犹豫地提倡建立二进制的度量衡和运算体系. 我知道我拥有自然界的力量. 如果我无法让你们了解二进制对于人类的实用性和重要性,它将无法获得我们这一代人、我们的科学家和哲学家的认可." 奈斯特龙设计了他自己的十六进制数的发音方案. 例如,$(C0160)_{16}$ 的读音是 vybong, bysanton. 他建立的这套系统被称为 "音调系统". 关于这套系统的介绍见 *J. Franklin Inst.* **46** (1863), 263–275, 337–348, 402–407. 艾尔弗雷德 · 泰勒设计了一个类似的但使用八进制的系统 [*Proc. Amer. Pharmaceutical Assoc.* **8** (1859), 115–216 和 *Proc. Amer. Philosophical Soc.* **24** (1887), 296–366]. 越来越多人使用法国的重量和度量(公制)系统,这在当时引起了对十进制数系的优点的广泛讨论. 实际上,当时也有人提议在法国实行八进制 [约瑟夫 · 科莱纳, *Le Système Octaval* (Paris: 1845); 艾梅 · 马里亚热, *Numération par Huit* (Paris: Le Nonnant, 1857)].

从莱布尼茨的时代开始,二进制就被大家看作是神奇的系统,雷蒙德 · 阿奇博尔德收集了大约 20 篇相关的早期参考文献 [*AMM* **25** (1918), 139–142]. 二进制主要用于幂的计算,我们将在 4.6.3 节介绍. 它还用于某些游戏和智力题的分析. 朱塞佩 · 皮亚诺利用二进制记号建立 256 个符号的 "逻辑" 字符集 [*Atti della R. Accademia delle Scienze di Torino* **34** (1898), 47–55]. 约瑟夫 · 鲍登为十六进制数设计了一整套术语 [*Special Topics in Theoretical Arithmetic* (Garden City: 1936), 49].

安东 · 格拉泽对二进制的发展进行了很完整的介绍 [*History of Binary and Other Nondecimal Numeration* (Los Angeles: Tomash, 1981)],提供了很多历史资料,其中也包含了上面引用的很多著作的英译本 [见 *Historia Math.* **10** (1983), 236–243].

计算机器的发展在记数系统的近代历史中占有重要地位. 查尔斯 · 巴贝奇在 1838 年的笔记中提到,他考虑过在自己设计的分析机中使用非十进制数 [见莫里斯 · 威尔克斯, *Historia Math.* **4** (1977), 421]. 随着人们对设计用于算术运算的机械装置越来越感兴趣,在 20 世纪 30 年代有好些人考虑用二进制数系来实现这一目标. 欧内斯特 · 菲利普斯在他的文章 "二进制计算器"(Binary Calculation)中兴致勃勃地介绍了这些工作 [*Journal of the Institute of Actuaries* **67** (1936), 187–221],同时还记录了人们在他的一次演讲后进行的一些讨论. 在文章的开篇他就写道:"(这篇文章的)最终目的是说服整个文明世界放弃使用十进制而用八进制取而代之."

我们现在读菲利普斯的文章时,可能会对文中用 octonary 或者 octonal 表示 "八进制" 感到惊讶. 事实上,当时所有的英语字典中用的都是这些词,而 "十进制" 用的单词则是 denary 或者 decimal,与上面表示八进制的两个词在形式上很类似. 直到 1961 年,我们现在用来表示八进制的词 octal 才出现在字典中,这个词最早是表示一种真空管的基极的术语. 表示 "十六进制" 的词 hexadecimal 出现得更晚,它是希腊语和拉丁语的混合体. 在它出现以前人们用的词是 senidenary、sedecimal 或 sexadecimal,最后这个词在程序员看来可能显得有点淫秽.

本章最开始引用的韦尔斯的话出自同菲利普斯的论文一起印刷的讨论记录. 来听演讲的另一个听众则从商业的角度反对八进制数系:"要将 5% 表示成 64 分之 $3.\dot14\dot6\dot3$,这太可怕了."

菲利普斯倡议使用二进制记数系统,其灵感来自于一个可以用二进制来计数的电子电路 [查尔斯 · 温-威廉斯, *Proc. Roy. Soc. London* **A136** (1932), 312–324]. 用于实现各种算术运算的电子机械电路和电子电路在 20 世纪 30 年代后期涌现出来,其设计者中比较著名的包括美国的约翰 · 阿塔纳索夫和乔治 · 斯蒂比兹,法国的路易斯 · 库菲格纳尔和雷蒙德 · 瓦尔塔特,以及德国的赫尔穆特 · 施赖伊尔和康拉德 · 楚泽. 他们在电路设计中采用的都是二进制数系,不过斯蒂比兹后来设计了超量为 3 的二进制编码的十进制系统. 在布赖恩 · 兰德尔对这段发展历史做了令人神往的介绍 [*The Origins of Digital Computers* (Berlin: Springer, 1973)], 书中还再现或翻译了当时的一些重要文献.

在 20 世纪 40 年代早期, 美国建造的第一台高速计算机使用十进制数系做计算. 然而在 1946 年, 在一份由阿瑟·伯克斯、赫尔曼·戈德斯坦和约翰·冯·诺依曼共同署名的重要的建议书中列出了很详细的理由, 建议人们彻底抛弃十进制而使用二进制. 这份建议书的主要内容是设计第一台可存储程序的计算机 [见冯·诺依曼, *Collected Works* **5**, 41-65]. 从此以后, 采用二进制的计算机不断增加. 十多年后, 沃纳·巴克霍尔兹发表了名为 "Fingers or Fists?" 的文章 [*CACM* **2**, 12 (December 1959), 3-11], 讨论二进制相对于其他进制数系的优点和缺点.

本书中使用的 MIX 计算机已经定义为既可以使用二进制也可以使用十进制. 一个有趣的事实是, 几乎所有的 MIX 程序都不需要知道它是基于二进制还是十进制数系来编写的, 甚至在做多精度算术时也是如此. 因此, 基数的选择对计算机程序并没有显著的影响.（需要注意的例外情况是 7.1 节讨论的 "布尔" 算法, 以及算法 4.5.2B.）

在计算机中有几种不同的方法来表示负数, 而不同的表示方法有时会影响到运算的实现. 为了理解这些表示方法, 不妨先假设 MIX 是采用十进制的计算机. 于是, 每个数包含 10 个数字和一个符号, 例如

$$-12345\ 67890. \tag{2}$$

这种表示方法称为带符号数. 由于它和我们熟悉的记号习惯比较一致, 因而为许多程序员所青睐. 一个潜在的问题是正零和负零的记号不同, 但它们实际上是同一个数. 在编写程序时要注意处理这个特殊情况, 有时候我们还可以利用这种特性.

很多基于十进制数系的机械式计算器使用另一种表示方式, 称为对 10 求补. 在这种表示方法下, 00000 00000 减去 1 得到 99999 99999. 也就是说, 在数的表示中不出现符号, 并且所有的计算都是模 10^{10} 的. 在对 10 求补的表示方式下, 数 $-12345\ 67890$ 表示为

$$87654\ 32110. \tag{3}$$

我们可以认为凡是以 5、6、7、8、9 打头的数都表示负数. 不过在做加法和减法时, 将 (3) 中的数理解为 $+87654\ 32110$ 也不会导致什么错误. 这种表示方法不会像带符号数的方式那样出现负零的问题.

以上两种负数表示方法的主要区别在于右移操作的效果是否将数值除以 10. 例如, $-11 = \ldots 99989$, 右移一位后变成 $\ldots 99998 = -2$（这里我们假设对负数做右移操作时在首位插入数字 "9"）. 事实上, 在对 10 求补的表示方式下, 无论 x 是正数还是负数, 右移一位后得到的结果都是 $\lfloor x/10 \rfloor$.

对 10 求补的表示方式的一个可能的缺点是, 它不是关于零对称的. 例如, p 位负数 $500\ldots 0$ 不是任何一个 p 位正数的相反数. 因而, 把 x 换成 $-x$ 时可能会导致溢出.（习题 7 和习题 31 讨论无穷多位精度下对基数求补的表示方式.）

还有一种负数的表示方法自高速计算机诞生之时就开始使用了, 我们称之为全 9 序列求补. 在这种表示方式下, $-12345\ 67890$ 的表示为

$$87654\ 32109. \tag{4}$$

一般地, $(-x)$ 的每个位上的数字等于 9 减去 x 的相应位置上的数字. 不难发现, 同一个负数用全 9 序列求补的方式来表示比用对 10 求补的表示恰好少 1. 由于加法和减法都是模 $10^{10} - 1$ 的, 因此在最左侧的位上发生的进位将被加到最右边的位上.（见 3.2.1.1 节关于模 $w-1$ 运算

的讨论.）这种负数表示方法仍然有表示负零的潜在问题，因为 99999 99999 和 00000 00000 表示的是同一个数值.

上面介绍的几种基于十进制数系的负数表示方法，其思想也可以用于二进制数系，对应的方案分别称为带符号数、对 2 求补和全 1 序列求补. 对于 n 位的数，对 2 求补的表示方式对应于模 2^n 运算，而全 1 序列求补则对应于模 $2^n - 1$ 运算. 本章用于演示算例的 MIX 计算机用的是带符号数的表示方法，但在我们认为针对其他表示方法的程序也很重要时，会在相应的正文中给出说明.

比较注意细节的读者以及文字编辑应该会发现，对 2 求补和全 1 序列求补中引号的位置有点不同①：在对 2 求补的方案中，求相反数是关于 2 的某次幂求补，而全 1 序列求补的方案则是对一个全 1 序列求补. 事实上，"全 2 序列求补"的表示方法也是存在的，但那是在三进制中对 $(2\ldots22)_3$ 求补.

机器语言的说明书经常告诉我们某个数的小数点是在什么位置，但其实没必要去理会. 如果我们预先设定了小数点会出现在运算结果的特定位置上，那么更重要的是了解这些规定. 例如对于 MIX 计算机，我们可以假设操作数是小数点在最右端的整数，或者是小数点在最左端的分数，或者是这两个极端的某种混合. 对四则运算的计算结果中小数点位置的规定也是类似的.

不难发现 b 进制数和 b^k 进制数的表示方式有以下简单关系：

$$(\ldots a_3 a_2 a_1 a_0 . a_{-1} a_{-2} \ldots)_b = (\ldots A_3 A_2 A_1 A_0 . A_{-1} A_{-2} \ldots)_{b^k}, \tag{5}$$

其中

$$A_j = (a_{kj+k-1} \ldots a_{kj+1} a_{kj})_b.$$

习题 8 就是考察我们是否了解这个转换关系. 利用这个转换关系，我们可以很容易地完成一个数的二进制表示和十六进制表示之间的转换.

除了已经讨论过的一些 b 进制数系以外，还有很多有趣的按位记数系统. 例如，我们可以用 (-10) 作为基数，得到

$$(\ldots a_3 a_2 a_1 a_0 . a_{-1} a_{-2} \ldots)_{-10}$$
$$= \cdots + a_3(-10)^3 + a_2(-10)^2 + a_1(-10)^1 + a_0 + \cdots$$
$$= \cdots - 1000a_3 + 100a_2 - 10a_1 + a_0 - \tfrac{1}{10}a_{-1} + \tfrac{1}{100}a_{-2} - \cdots.$$

其中各个位上的数字满足 $0 \le a_k \le 9$，与十进制的情形完全一样. 十进制数 12345 67890 在"负十进制"系统中将被写成

$$(1\,93755\,73910)_{-10}, \tag{6}$$

因为按照规则，式 (6) 中的数表示的是 $10\,305\,070\,900 - 9\,070\,503\,010$. 有趣的是，$-12345\,67890$ 的负十进制表示为

$$(28466\,48290)_{-10}, \tag{7}$$

事实上，在负十进制表示下无论是正的还是负的实数都不带符号.

维托里奥·格伦沃尔德是第一个考虑负数进制数系的人 [*Giornale di Matematiche di Battaglini* **23** (1885), 203–221, 367]. 他描述了如何在这些记数系统中进行四则运算，还讨论了开方、整除性检验、进制转换等运算. 然而由于他的文章发表在很不起眼的杂志上，因此他的工作似乎没有对其他人的研究产生影响，并且很快就被淡忘了. 关于负数进制数系的下一篇

---

① 对 2 求补的英文是 two's complement，全 1 序列求补的英文是 ones' complement. 对于前者，引号是在 two 和 s 之间；而对于后者，引号是在 ones 后面. ——译者注

文献来自奥布里·肯普纳 [*AMM* **43** (1936), 610–617]. 他讨论了非整数的基数的性质, 并在脚注里指出用负数作为基数是可行的. 20 多年后, 兹齐斯瓦夫·帕夫拉克、安德烈·韦古里茨 [*Bulletin de l'Académie Polonaise des Sciences*, Classe III, **5** (1957), 233–236 和 Série des sciences techniques **7** (1959), 713–721] 和路易斯·韦德尔 [*IRE Transactions* **EC-6** (1957), 123] 再次提出了同样的观点. 20 世纪 50 年代后期波兰建造了名为 SKRZAT 1 和 BINEG 的实验机, 使用以 -2 为基数的运算系统, 见纳尔逊·布拉赫曼, *CACM* **4** (1961), 257 和罗穆亚尔德·马尔琴斯基, *Ann. Hist. Computing* **2** (1980), 37–48. 此外还可见 *IEEE Transactions* **EC-12** (1963), 274–277 和 *Computer Design* **6** (May 1967), 52–63. 有证据表明很多人各自独立地产生了负数进制数系的思想. 例如我在 1955 年写了一篇短文作为高中生 "寻找科学天才" 竞赛的参赛作品, 文中讨论了负数进制数系, 并推广到以复数作为基数的情形.

基数为 $2i$ 的记数系统称为 "虚四进制" (quater-imaginary) 数系 (这个称呼借用四进制 quaternary 的前缀). 这个系统有一个非常独特的性质, 即所有复数都可以表示成由 0、1、2 和 3 组成的序列且不带负号. [见高德纳, *CACM* **3** (1960), 245–247 和 **4** (1961), 355.] 例如,

$$(11210.31)_{2i} = 1 \cdot 16 + 1 \cdot (-8i) + 2 \cdot (-4) + 1 \cdot (2i) + 3 \cdot (-\tfrac{1}{2}i) + 1(-\tfrac{1}{4}) = 7\tfrac{3}{4} - 7\tfrac{1}{2}i.$$

注意到 $2i$ 进制数 $(a_{2n} \ldots a_1 a_0 . a_{-1} \ldots a_{-2k})_{2i}$ 等于

$$(a_{2n} \ldots a_2 a_0 . a_{-2} \ldots a_{-2k})_{-4} + 2i(a_{2n-1} \ldots a_3 a_1 . a_{-1} \ldots a_{-2k+1})_{-4},$$

因此在 $2i$ 进制与其他记数系统之间转换时, 只需要把上式中实部和虚部的负四进制数进行转换. 这个记数系统有一个有趣的性质, 它可以用统一的方式做乘法和除法, 而不用把实部和虚部分开来做计算. 例如, 它的乘法跟其他记数系统的做法一样, 只是进位规则不一样: 每当一个位上的数字大于 3 时, 我们将它减去 4, 同时在这个位左边第二个位上减 1; 而当一个位上的数字为负时, 我们将它加上 4, 同时在左边第二个位上加 1. 下面这个例子演示了这个怪异的进位规则如何实现:

$$
\begin{array}{r}
1\ 2\ 2\ 3\ 1 \quad [9-10i] \\
\times\ 1\ 2\ 2\ 3\ 1 \quad [9-10i] \\
\hline
1\ 2\ 2\ 3\ 1 \\
1\ 0\ 3\ 2\ 0\ 2\ 1\ 3 \\
1\ 3\ 0\ 2\ 2 \\
1\ 3\ 0\ 2\ 2 \\
1\ 2\ 2\ 3\ 1 \\
\hline
0\ 2\ 1\ 3\ 3\ 3\ 1\ 2\ 1 \quad [-19-180i]
\end{array}
$$

具有类似性质但只使用数字 0 和 1 的系统可以用 $\sqrt{2}\,i$ 作为基数, 但是在这个系统中, 即使是很简单的数 "i" 也得表示成无限长的非循环序列. 格伦沃尔德建议在奇数位上使用数字 0 和 $1/\sqrt{2}$ 来避免这个问题, 但这种做法将破坏整个体系 [见 *Commentari dell'Ateneo di Brescia* (1886), 43–54].

另一个 "二进" 的复基数记数系统以 $i-1$ 作为基数得到, 这个系统是由沃尔特·彭尼提出的 [*JACM* **12** (1965), 247–248]:

$$(\ldots a_4 a_3 a_2 a_1 a_0 . a_{-1} \ldots)_{i-1}$$
$$= \cdots - 4a_4 + (2i+2)a_3 - 2i a_2 + (i-1)a_1 + a_0 - \tfrac{1}{2}(i+1)a_{-1} + \cdots.$$

在这个记数系统中只需要使用数字 0 和 1. 为说明任意复数都可以这样表示, 我们来考虑图 1 中所示的很有趣的集合 S. 根据定义, 集合 S 中的所有点都可以写成 $\sum_{k \geq 1} a_k (i-1)^{-k}$ 的形

式, 其中 a_1, a_2, a_3, ... 是 0 或者 1. 集合 S 也称为"双龙分形集" [见迈克尔 · 巴恩斯利, *Fractals Everywhere*, second edition (Academic Press, 1993), 306, 310]. 图 1 表明 S 可以分解为 256 个与 $\frac{1}{16}S$ 全等的子集. 此外, 由于 $(i-1)S = S \cup (S+1)$, 因此若将 S 的图形逆时针旋转 $135°$, 我们可以得到两个全等于 $(1/\sqrt{2})\, S$ 的紧挨着的集合. 习题 18 要求我们详细证明 S 中包含所有模充分小的复数.

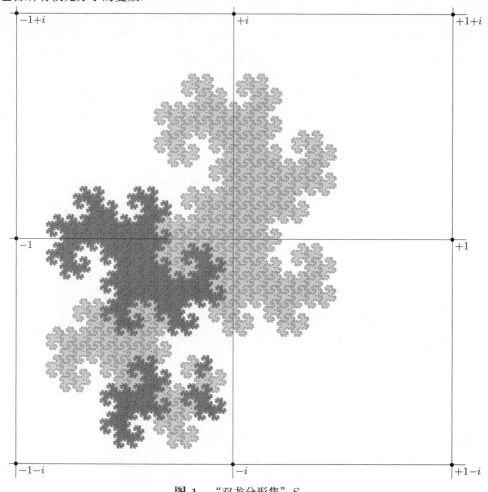

图 1   "双龙分形集" S

在所有记数系统中最美妙的一个也许是平衡三进制数系. 这个记数系统以 3 为基数, 但不是使用数字 0、1 和 2, 而是"三元"(三进制数字) 数字 -1、0 和 $+1$ 来表示一个数. 下面是一个平衡三进制数的例子, 其中我们以记号 $\bar{1}$ 来表示 -1:

平衡三进制	十进制
$10\bar{1}$	8
$11\bar{1}0.\bar{1}\,\bar{1}$	$32\frac{5}{9}$
$\bar{1}\,\bar{1}10.11$	$-32\frac{5}{9}$
$\bar{1}\,\bar{1}10$	-33
$0.11111\ldots$	$\frac{1}{2}$

得到一个数的平衡三进制表示的一种方法是先将它表示成通常的三进制数. 例如,

$$208.3 = (21201.022002200220\ldots)_3.$$

（习题 4.4–12 给出将十进制数转换成三进制表示的简单的笔算方法.）然后，将这个表示序列与无限长的序列 $\ldots 11111.11111\ldots$ 按三进制数系的规则相加. 在上面的例子中，相加后我们得到

$$(\ldots 11111210012.210121012101\ldots)_3.$$

最后，将上面得到的序列与 $\ldots 11111.11111\ldots$ 逐位相减，得到

$$208.3 = (10\bar{1}\bar{1}01.10\bar{1}010\bar{1}010\bar{1}0\ldots)_3. \tag{8}$$

如果我们在上面的转换过程中将人造的无限长数 $\ldots 11111.11111\ldots$ 换成由足够多个 1 组成的（有限位数的）数，则可以证明这个转换过程是严格的.

平衡三进制数系有很多很好的性质：

(a) 求一个数的相反数，只需将原数的表示中数字 1 和 $\bar{1}$ 互换.

(b) 一个数的符号由它左边第一个非零的"三元"数字确定，而且一般来说，将两个数做比较时可以像十进制数那样从左到右逐位进行字典序比较.

(c) 舍入到最接近的整数只需要直接做截断. 换句话说，就是把小数点右边所有的位都去掉.

在平衡三进制数系中做加法很简单，只需要使用下面的加法表

$\bar{1}$	$\bar{1}$	$\bar{1}$	$\bar{1}$	$\bar{1}$	$\bar{1}$	$\bar{1}$	$\bar{1}$	$\bar{1}$	0	0	0	0	0	0	0	0	0	1	1	1	1	1	1	1	1	1
$\bar{1}$	$\bar{1}$	$\bar{1}$	0	0	0	1	1	1	$\bar{1}$	$\bar{1}$	$\bar{1}$	0	0	0	1	1	1	$\bar{1}$	$\bar{1}$	$\bar{1}$	0	0	0	1	1	1
$\bar{1}$	0	1	$\bar{1}$	0	1	$\bar{1}$	0	1	$\bar{1}$	0	1	$\bar{1}$	0	1	$\bar{1}$	0	1	$\bar{1}$	0	1	$\bar{1}$	0	1	$\bar{1}$	0	1
$\bar{1}0$	$\bar{1}1$	$\bar{1}$	$\bar{1}1$	$\bar{1}$	0	$\bar{1}$	0	1	$\bar{1}1$	$\bar{1}$	0	$\bar{1}$	0	1	$\bar{1}$	0	1	$1\bar{1}$	1	0	1	1$\bar{1}$	10			

（表中三个输入的数字分别表示两个要相加的数的对应位上的数字和进位上来的数字.）减法就是将减数取相反数后与被减数相加. 乘法也可表示为取相反数与加法的组合，如下例所示：

$$
\begin{array}{r}
1\ \bar{1}\ 0\ \bar{1} \quad [17] \\
\times\ 1\ \bar{1}\ 0\ \bar{1} \quad [17] \\
\hline
\bar{1}\ 1\ 0\ 1 \\
\bar{1}\ 1\ 0\ 1 \\
1\ \bar{1}\ 0\ \bar{1} \\
\hline
0\ 1\ 1\ \bar{1}\ \bar{1}\ 0\ 1 \quad [289]
\end{array}
$$

在平衡三进制数系中数的表示问题以另一种方式出现在一本著名的数学问题集中，通常被称为"巴谢重量问题". 然而，同样的问题其实已经在巴谢写这本书前 400 年就由斐波那契提出了，而波斯的塔巴里在比斐波那契早 100 多年时也有相关论述. [见威廉·阿伦斯，*Mathematische Unterhaltungen und Spiele* **1** (Leipzig: Teubner, 1910), Section 3.4；海因里希·赫梅林克，*Janus* **65** (1978), 105–117.] 使用负的数字的按位记数系统由约翰·科尔森发明 [*Philos. Trans.* **34** (1726), 161–173]，但他的工作被忘却了，直到大约 100 年后再次由约翰·莱斯利爵士 [*The Philosophy of Arithmetic* (Edinburgh: 1817); 33–34, 54, 64–65, 117, 150] 和柯西 [*Comptes Rendus Acad. Sci.* **11** (Paris, 1840), 789–798] 分别提出. 柯西指出，使用负的数字可以使我们不必背诵超过 5 行 5 列的乘法表. 有人认为这种记数系统很久以前就在印度出现 [贾加德古鲁·巴拉蒂，*Vedic Mathematics* (Delhi: Motilal Banarsidass, 1965)]，但这种说法后来被克里帕·舒克拉驳斥了 [*Mathematical Education* **5**, 3 (1989), 129–133]. "纯正的"平衡三进制数系的记号最早出现在莱昂·拉兰纳的一篇文章里 [*Comptes Rendus Acad. Sci.* **11** (Paris, 1840), 903–905]. 拉兰纳是一个设计师，专门设计用于算术运算的机械装置. 在同一时期，托马斯·福勒独立地发

明并建造了使用平衡三进制数系的计算器 [见 *Report British Assoc. Adv. Sci.* **10** (1840), 55; **11** (1841), 39–40]. 在随后的 100 年里, 平衡三进制数系很少被人提起, 直到 1945–1946 年第一台电子计算机在穆尔电子工程学院诞生. 在设计这台计算机的过程中, 人们非常仔细地考虑过是否可以用它来代替十进制记数系统. 在计算电路的复杂性方面, 平衡三进制数系比二进制数系高不了多少. 而一个数用平衡三进制来表示, 只需要其二进制表示的 $\ln 2 / \ln 3 \approx 63\%$ 的位数. 关于平衡三进制数系的讨论可见 *AMM* **57** (1950), 90–93 和 *High-speed Computing Devices*, Engineering Research Associates (McGraw–Hill, 1950), 287–289. 俄罗斯的实验型计算机 SETUN 采用的就是平衡三进制数系 [见 *CACM* **3** (1960), 149–150]. 也许有一天, 人们将认识到平衡三进制数系的对称性以及基于这种记数方式的运算的简单性的重要之处——到那时, "触发器" 将被 "三态器" 所代替.

按位记数系统可以在另一种重要的方式下推广为混合进制系统. 给定一个数列 $\langle b_n \rangle$（其中 n 可以是负数）, 我们定义

$$
\begin{bmatrix}
\dots, a_3, a_2, a_1, a_0;\ a_{-1},\ a_{-2}, \dots \\
\dots, b_3, b_2, b_1, b_0;\ b_{-1},\ b_{-2}, \dots
\end{bmatrix}
$$
$$
= \cdots + a_3 b_2 b_1 b_0 + a_2 b_1 b_0 + a_1 b_0 + a_0 + a_{-1}/b_{-1} + a_{-2}/b_{-1} b_{-2} + \cdots . \tag{9}
$$

在最简单的混合进制数系中, 上式中所有数都是整数. 我们要求 $b_0, b_1, b_2, \dots$ 都是大于 1 的整数, 并且只考虑没有小数点的数, 其中 a_n 的取值范围为 $0 \le a_n < b_n$.

阶乘数系是最重要的混合进制数系之一, 其中 $b_n = n + 2$. 在这个 13 世纪时印度就已经使用的系统里, 我们可以将任一正整数唯一地表示为

$$
c_n n! + c_{n-1}(n-1)! + \cdots + c_2 2! + c_1, \tag{10}
$$

对于 $1 \le k \le n$, $0 \le c_k \le k$ 且 $c_n \ne 0$.（见算法 3.3.2P 和算法 3.4.2P. ）

混合进制数系在日常生活中常用于各种度量衡系统. 例如, 表示时间长度的量 "3 星期 2 天 9 小时 22 分钟 57 秒 492 毫秒" 可以写成

$$
\begin{bmatrix}
3, 2, & 9, 22, 57;\ & 492 \\
& 7, 24, 60, 60;\ & 1000
\end{bmatrix} \ 秒.
$$

而在英国使用纯十进制货币系统前, "10 镑 6 先令 3 又 1/2 便士" 相当于 $\begin{bmatrix} 10, & 6, & 3; & 1 \\ & 20, & 12; & 2 \end{bmatrix}$ 便士.

直接推广通常的加法和减法的算法就可在混合进制数系中进行加减运算. 当然, 我们要假设做运算的两个数是用同一个混合进制数系来表示的（见习题 4.3.1–9）. 类似地, 可以将已经很熟悉的手算方法做简单的变化以用于在混合进制数系中表示的数与小的整数间进行乘除运算.

格奥尔格 · 康托尔是第一个在最一般的情形下讨论混合进制数系的学者 [*Zeitschrift für Math. und Physik* **14** (1869), 121–128]. 习题 26 和 29 提供了更多的相关资料.

威廉 · 帕里对无理进制的某些问题进行了探讨 [*Acta Math. Acad. Sci. Hung.* **11** (1960), 401–416].

除了这一节介绍的各种记数系统, 这本书的其他部分还提到了另外一些表示数的方式: 组合数系（习题 1.2.6–56）、斐波那契数系（习题 1.2.8–34 、5.4.2–10）、ϕ 数系（习题 1.2.8–35）、模表示（4.3.2 节）、格雷码（7.2.1 节）和罗马数字（9.1 节）.

习题

1. [*15*] 在基数为 -2 的记数系统中表示 $-10, -9, \dots, 9, 10$ 等数.

▶ **2.** [*24*] 考虑下面四个记数系统: (a) 二进制（用带符号数的方式表示负数）, (b) 负二进制（基数为 -2）, (c) 平衡三进制, (d) 基数 $b = \frac{1}{10}$. 在以上四个记数系统中分别表示下面的数: (i) -49, (ii) $-3\frac{1}{7}$（写出循环节）, (iii) π（给出若干位有效数字）.

3. [*20*] 请给出 $-49 + i$ 的虚四进制表示.

4. [*15*] 假设在一个 MIX 程序中，储存在单元 A 中的数的小数点位于字节 3 和 4 之间，存储在单元 B 中的数的小数点位于字节 2 和 3 之间.（最左边的字节编号为 1.）在执行下面的指令后，寄存器 A 和 X 中的小数点位置在哪里？

$$\text{(a) LDA A; \quad MUL B} \qquad \text{(b) LDA A; \quad SRAX 5; \quad DIV B}$$

5. [*00*] 请解释一下为什么对同一个负数，用全 9 序列求补的方式来表示总是等于用对 10 求补方式的表示再减去 1，这里我们将表示序列看作是正数.

6. [*16*] 请给出在下面的表示方式下可以表示的最大和最小的 p 位二进制整数. (a) 带符号数（包括一个符号位），(b) 对 2 求补，(c) 全 1 序列求补.

7. [*M20*] 本节仅对单个计算机字可表示的整数定义了对 10 求补的表示方式. 能否对具有“无穷精度”的任意实数类似地定义对 10 求补的方式？能否类似对任意实数定义全 9 序列求补的表示方式？

8. [*M10*] 请证明等式 (5).

▶ **9.** [*15*] 请将下面的八进制数转换为十六进制数，各个位上的数字使用符号 0, 1, ..., 9, A, B, C, D, E, F: 12、5655、2550276、76545336、3726755.

10. [*M22*] 请将式 (5) 推广到式 (9) 定义的混合进制数系.

11. [*22*] 针对负二进制数系设计一个算法，将 $(a_n \ldots a_1 a_0)_{-2}$ 与 $(b_n \ldots b_1 b_0)_{-2}$ 相加，计算结果写成 $(c_{n+2} \ldots c_1 c_0)_{-2}$ 的形式.

12. [*23*] 请给出下面的转换算法：(a) 将带符号数方式表示的二进制数 $\pm(a_n \ldots a_0)_2$ 转换为负二进制数 $(b_{n+2} \ldots b_0)_{-2}$, (b) 将负二进制数 $(b_{n+1} \ldots b_0)_{-2}$ 转换为带符号数方式表示的二进制数 $\pm(a_{n+1} \ldots a_0)_2$.

▶ **13.** [*M21*] 在十进制数系中有一些数有两种无穷长的十进制表示方式，例如 $2.3599999\ldots = 2.3600000\ldots$. 在负十进制系统中（基数为 -10）任意实数的表示是否总是唯一，还是像十进制数系那样存在两种无穷长表示的实数？

14. [*14*] 使用本节中介绍的方法，在虚四进制表示下求 $(11321)_{2i}$ 的平方.

15. [*M24*] 在负十进制和虚四进制表示下，类似于图 1 的集合 $S = \left\{ \sum_{k \geq 1} a_k b^{-k} \mid a_k \text{是任何可取的数字} \right\}$ 是什么形状？

16. [*M24*] 请设计一个算法，在 $i - 1$ 进制数系中将 $(a_n \ldots a_1 a_0)_{i-1}$ 与 1 相加.

17. [*M30*] 我们选择 $i - 1$ 作为记数系统的基数，而没有选择与之形式相似但看起来更简单的复数 $i + 1$，这似乎是有点怪异的. 是否每个复数 $a + bi$，其中 a 和 b 都是整数，都可以在以 $i + 1$ 为基数的记数系统中表示成 0 和 1 的序列？

18. [*HM32*] 证明图 1 中的双龙分形集是包含原点的邻域的闭集. （从而所有复数在基数 $i - 1$ 下都有“二进制”表示.）

▶ **19.** [*23*] （戴维·马图拉）设 D 是由 b 个整数构成的集合，使得对任意 $0 \leq j < b$，方程 $x \equiv j \pmod{b}$ 在 D 中有唯一解. 证明所有整数（正的、负的或零）m 都可以表示成 $m = (a_n \ldots a_0)_b$ 的形式，其中所有 $a_j \in D$，当且仅当所有满足 $l \leq m \leq u$ 的整数 m 都有这样的表示，其中 $l = -\max\{a \mid a \in D\}/(b-1)$, $u = -\min\{a \mid a \in D\}/(b-1)$. 例如，对所有 $b \geq 3$，$D = \{-1, 0, \ldots, b-2\}$ 满足上面的条件. [提示：设计一个算法以构造一个合适的表示形式.]

20. [*HM28*] （马图拉）考虑一个使用数字集 $D = \{-1, 0, 8, 17, 26, 35, 44, 53, 62, 71\}$ 而不是 $\{0, 1, \ldots, 9\}$ 的十进制记数系统. 由习题 19 的结论可（像习题 18 所述的那样）推出所有实数都由集合 D 中的数字构成的无限长十进制表示.

习题 13 指出，在常用的十进制数系中有些数有两种不同的表示方式. (a) 找出一个有多于两种基于数字集 D 的十进制表示的实数. (b) 证明不存在实数有无穷多种基于数字集 D 的十进制表示. (c) 证明存在不可数无穷多个实数有至少两种基于数字集 D 的十进制表示.

▶ **21.** [*M22*] （克劳德·香农）是否每个实数（正的、负的或零）都可以在"平衡十进制"系统中表示？换句话说，每个实数都可以表示成 $\sum_{k \le n} a_k 10^k$ 的形式，其中 n 是某个整数，序列 $a_n, a_{n-1}, a_{n-2}, \ldots$ 中的数 a_k 都在集合 $\{-4\frac{1}{2}, -3\frac{1}{2}, -2\frac{1}{2}, -1\frac{1}{2}, -\frac{1}{2}, \frac{1}{2}, 1\frac{1}{2}, 2\frac{1}{2}, 3\frac{1}{2}, 4\frac{1}{2}\}$ 中取值。（尽管 0 不在上面的数字集中，但我们可以隐含假设 $a_{n+1}, a_{n+2}, \ldots$ 等于 0。）请给出 0 和 1 在这个记数系统中的所有表示方式。

22. [*HM25*] 令 $\alpha = -\sum_{m \ge 1} 10^{-m^2}$。给定 $\epsilon > 0$，证明对任意实数 x，存在"十进制"表示使得 $0 < |x - \sum_{k=0}^{n} a_k 10^k| < \epsilon$，其中 a_k 的值只能取 0、1 或 α。（请注意，在这个"十进制"表示中不需要使用 10 的负指数。）

23. [*HM30*] 设 D 是由 b 个实数构成的集合，使得任意正实数可以表示成 $\sum_{k \le n} a_k b^k$ 的形式，其中所有 $a_k \in D$。习题 20 表明存在很多不具有唯一表示的数。然而，请证明若 $0 \in D$，则所有这些不具有唯一表示的数构成的集合 T 的测度为 0。证明当 $0 \notin D$ 时，上面的结论不成立。

24. [*M35*] 请找出无穷多个由 10 个非负整数构成的集合 D 满足下面三个条件：(i) $gcd(D) = 1$，(ii) $0 \in D$，(iii) 所有正实数都可以写成 $\sum_{k \le n} a_k 10^k$ 的形式，其中所有 $a_k \in D$。

25. [*M25*] （斯蒂芬·库克）设 b、u 和 v 都是正整数，满足 $b \ge 2$ 及 $0 < v < b^m$。请证明在 u/v 的 b 进制表示中，在小数点右侧不会出现连续 m 个数字 $b - 1$。（按照惯例，在标准的 b 进制表示中不允许出现无穷多个连续的 $b - 1$ 的串。）

▶ **26.** [*HM30*] （内森·门德尔松）设 $\langle \beta_n \rangle$，$-\infty < n < \infty$ 是一个实数序列，满足

$$\beta_n < \beta_{n+1}; \qquad \lim_{n \to \infty} \beta_n = \infty; \qquad \lim_{n \to -\infty} \beta_n = 0.$$

又设 $\langle c_n \rangle$，$-\infty < n < \infty$ 是任意的正整数序列。我们称数 x 具有"广义表示"，若存在整数 n 及无穷整数序列 $a_n, a_{n-1}, a_{n-2}, \ldots$ 使得 $x = \sum_{k \le n} a_k \beta_k$，其中 $a_n \ne 0$，且存在无穷多个 k 使得 $a_k < c_k$。

请证明任意正实数 x 恰有一个广义表示当且仅当对任意 n，

$$\beta_{n+1} = \sum_{k \le n} c_k \beta_k.$$

（因此以整数为基数的混合进制数系都满足上述等式。满足 $\beta_1 = (c_0 + 1)\beta_0$，$\beta_2 = (c_1 + 1)(c_0 + 1)\beta_0, \ldots$，$\beta_{-1} = \beta_0/(c_{-1} + 1), \ldots$ 的混合基数系统是这类记数系统中最一般的情形。）

27. [*M21*] 证明任意非零整数有唯一的"逆向二进制表示"

$$2^{e_0} - 2^{e_1} + \cdots + (-1)^t 2^{e_t},$$

其中 $e_0 < e_1 < \cdots < e_t$。

▶ **28.** [*M24*] 证明形如 $a + bi$ 的任意非零复数，其中 a 和 b 都是整数，有下面的"循环二进制表示"

$$(1+i)^{e_0} + i(1+i)^{e_1} - (1+i)^{e_2} - i(1+i)^{e_3} + \cdots + i^t(1+i)^{e_t},$$

其中 $e_0 < e_1 < \cdots < e_t$。（请与习题 27 比较。）

29. [*M35*] （德布鲁因）设 $S_0, S_1, S_2, \ldots$ 都是非负整数构成的集合。我们说集合 $\{S_0, S_1, S_2, \ldots\}$ 具有性质 B，若每一个非负整数 n 都可以用唯一的方式写成

$$n = s_0 + s_1 + s_2 + \cdots, \qquad s_j \in S_j.$$

（由性质 B 可以推出对任意 j，$0 \in S_j$，这是因为 $n = 0$ 只能表示为 $0 + 0 + 0 + \cdots$。）任给一个基数为 b_0，$b_1, b_2, \ldots$ 的混合进制数系，我们都可以导出满足性质 B 的一族集合，其中 $S_j = \{0, B_j, \ldots, (b_j - 1)B_j\}$，而 $B_j = b_0 b_1 \ldots b_{j-1}$。于是 $n = s_0 + s_1 + s_2 + \cdots$ 恰好对应于其混合进制表示 (9)。此外，如果已知 $\{S_0, S_1, S_2, \ldots\}$ 具有性质 B，且 $A_0, A_1, A_2, \ldots$ 是非负整数集的分划（即 $A_0 \cup A_1 \cup A_2 \cup \cdots = \{0, 1, 2, \ldots\}$，且当 $i \ne j$ 时 $A_i \cap A_j = \emptyset$，某些 A_j 可能是空集），则"分拆的"集合族 $\{T_0, T_1, T_2, \ldots\}$ 也具有性质 B，其中 T_j 是所有形如 $\sum_{i \in A_j} s_i$ 的数构成的集合，在求和式中 s_j 是 S_j 的任意元素。

证明满足性质 B 的任意集合族 $\{T_0, T_1, T_2, \ldots\}$ 都可以通过将对应于某个混合进制数系的集合族 $\{S_0, S_1, S_2, \ldots\}$ 进行分拆得到。

30. [*M39*]（德布鲁因）在负二进制数系中任一整数（正的、负的或零）都有形如

$$(-2)^{e_1} + (-2)^{e_2} + \cdots + (-2)^{e_t}, \qquad e_1 > e_2 > \cdots > e_t \geq 0, \qquad t \geq 0$$

的唯一表示. 本习题的目的是探讨这一性质的推广.

(a) 设 $b_0, b_1, b_2, \ldots$ 是一个整数序列，使得每个整数 n 有形如

$$n = b_{e_1} + b_{e_2} + \cdots + b_{e_t}, \qquad e_1 > e_2 > \cdots > e_t \geq 0, \qquad t \geq 0$$

的唯一表示.（这样的序列 $\langle b_n \rangle$ 称为一个"二进制基底".）证明存在一个下标 j 使得 b_j 是奇数，而对于所有的 $k \neq j$，b_k 是偶数.

(b) 证明每一个二进制基底 $\langle b_n \rangle$ 都可以重新排列成 $d_0, 2d_1, 4d_2, \ldots = \langle 2^n d_n \rangle$ 的形式，其中所有的 d_k 都是奇数.

(c) 如果 (b) 中的 $d_0, d_1, d_2, \ldots$ 都是 ± 1，证明 $\langle b_n \rangle$ 是一个二进制基底当且仅当 d_n 中有无穷多个 $+1$ 和无穷多个 -1.

(d) 证明 $7, -13 \cdot 2, 7 \cdot 2^2, -13 \cdot 2^3, \ldots, 7 \cdot 2^{2k}, -13 \cdot 2^{2k+1}, \ldots$ 是一个二进制基底，并给出 $n = 1$ 在此基底下的表示.

▶ **31.** [*M35*] 库尔特·亨泽尔推广了对 2 求补的表示方式 [*Crelle* **127** (1904), 51–84]，称之为"二进数".（事实上他对任意素数 p 定义了 p 进数.）任意二进数可看作一个二进制数

$$u = (\ldots u_3 u_2 u_1 u_0 . u_{-1} \ldots u_{-n})_2,$$

上面的序列在小数点左边是无限延伸的，但在小数点右边只有有限多位. 二进数的加法、减法和乘法都按通常的运算规则进行，只不过向左侧延伸的长度不确定. 例如，

$$7 = (\ldots 000000000000111)_2 \qquad\qquad \tfrac{1}{7} = (\ldots 110110110110111)_2$$

$$-7 = (\ldots 111111111111001)_2 \qquad\qquad -\tfrac{1}{7} = (\ldots 001001001001001)_2$$

$$\tfrac{7}{4} = (\ldots 000000000000001.11)_2 \qquad\qquad \tfrac{1}{10} = (\ldots 110011001100110.1)_2$$

$$\sqrt{-7} = (\ldots 100000010110101)_2 \quad \text{或} \quad (\ldots 011111101001011)_2.$$

上式中 7 就是通常的二进制整数 7，而 -7 则是 7 的对 2 求补的表示（向左侧无限延伸）. 容易验证在通常的二进制加法运算规则下，$-7 + 7 = (\ldots 00000)_2 = 0$. $\tfrac{1}{7}$ 和 $-\tfrac{1}{7}$ 分别是与 7 形式相乘的结果为 1 和 -1 的唯一二进数. $\tfrac{7}{4}$ 和 $\tfrac{1}{10}$ 也是二进数，但它们不是二进"整数"，因为其小数点右侧存在非零位. $\sqrt{-7}$ 的两个值互为相反数，并且除了它们两个以外，其他二进数的平方都不等于 $(\ldots 111111111111001)_2$.

(a) 证明任意二进数 u 可以被任意非零二进数 v 除，得到满足 $u = vw$ 的唯一二进数 w.（因此所有二进数的集合构成一个"域"，见 4.6.1 节.）

(b) 证明对于正整数 n，有理数 $-1/(2n+1)$ 的二进表示可按以下方式给出：首先求出 $+1/(2n+1)$ 的通常的二进制表示的周期形式 $(0.\alpha\alpha\alpha \ldots)_2$，其中 α 是由 0 和 1 构成的字符串，进而得到 $-1/(2n+1)$ 的二进表示为 $(\ldots \alpha\alpha\alpha)_2$.

(c) 证明数 u 的二进表示最终是周期的（即存在 $\lambda \geq 1$ 使得对足够大的 N 有 $u_{N+\lambda} = u_N$）当且仅当 u 是有理数（即存在整数 m 和 n 使得 $u = m/n$.）

(d) 对于整数 n，证明 $\sqrt{n}$ 是二进数当且仅当存在非负整数 k 使得 $n \bmod 2^{2k+3} = 2^{2k}$.（此式意味着 $n \bmod 8 = 1$ 或 $n \bmod 32 = 4$，等等.）

32. [*M40*]（伊姆里·鲁饶）请找出无穷多个整数，其三进制表示中只包含 0 和 1，且四进制表示中只包含 0、1 和 2.

33. [*M40*]（戴维·克拉尔纳）任给其元素都是整数的集合 D 和正整数 b，记 k_n 为可以写成 n 位 b 进制数 $(a_{n-1} \ldots a_1 a_0)_b$ 且所有数字 a_i 都属于 D 的整数的个数. 请证明序列 $\langle k_n \rangle$ 满足一个线性递推关系，并说明如何计算生成函数 $\sum_n k_n z^n$. 通过证明当 $b = 3$，$D = \{-1, 0, 3\}$ 时 k_n 是斐波那契数来解释你的算法.

▶ **34.** [22] （乔治·赖特维斯纳，1960）请说明如何将给定的整数 n 用最少的非零数字表示成 $(\ldots a_2 a_1 a_0)_2$ 的形式，其中每个 a_j 取值为 -1、0 或 1.

4.2　浮点算术

本节将通过分析"浮点"数的算术运算的内在机制，研究这些运算的基本规则. 可能很多读者对这个主题没什么兴趣，因为他们的计算机要么有内建的浮点数指令，要么在操作系统中配置了专用的子程序. 其实，这一节的内容不应该仅仅被那些做计算机设计的工程师，或者为新的机器编写子程序库的一小部分人所关注，每一个熟练的程序员都应该知道在浮点运算的基本步骤中发生了什么事情. 这一节的内容完全不是很多人认为的那样可以忽视，而是包含了多得惊人的有趣知识.

4.2.1　单精度计算

A. 浮点记数法.　在 4.1 节中，我们讨论了数的"定点"表示方式. 在这种方式下，程序员知道参与运算的数的小数点在什么位置. 然而在很多情况下，在程序运行过程中让小数点的位置动态变化或"浮动"将更为方便. 我们只需要对每个数标出小数点的当前位置. 这种表示方法在科学计算中已经使用多年，特别是用于表示阿伏伽德罗常数 $N = 6.022\,14 \times 10^{23}$ 这种很大的数，或者普朗克常数 $h = 6.626\,1 \times 10^{-27}$ 尔格·秒这种很小的数.

我们在本节将考虑具有基数 b、超量 q 的 p 位浮点数，并用一对数 (e, f) 来标记

$$(e, f) = f \times b^{e-q}. \tag{1}$$

这里 e 是在指定范围内的整数，f 是带符号的小数. 我们总是规定[①]

$$|f| < 1.$$

也就是说，在 f 的按位记数表示中，小数点将出现在最左边. 更确切地说，f 是 p 位数，意味着 $b^p f$ 是一个整数且

$$-b^p < b^p f < b^p. \tag{2}$$

当我们说"浮点二进制"时意味着 $b = 2$，而"浮点十进制"则表示 $b = 10$，等等. 当使用超量为 50 的 8 位十进制数时，我们有下面的表示

$$\begin{aligned} \text{阿伏伽德罗常数}\quad & N = (74, +0.602\,214\,00), \\ \text{普朗克常数}\quad & h = (24, +0.662\,610\,00). \end{aligned} \tag{3}$$

浮点数 (e, f) 的两个分量 e 和 f 分别称为指数部分和小数部分.（有时也会用其他名字，例如"首数"和"尾数". 不过，把小数部分称为尾数会带来一些混淆，因为后者在对数中有很不一样的意义. 而且，"尾数"的英文 mantissa 本意是"不起作用的部分".）

在 MIX 计算机中，我们假设浮点数的形式为

$$\boxed{\ \pm\ }\boxed{\ e\ }\boxed{\ f\ }\boxed{\ f\ }\boxed{\ f\ }\boxed{\ f\ }. \tag{4}$$

在这个表示方式中，基数为 b，超量为 q，小数部分是四个字节的精度，其中 b 是字节大小（即 $b = 64$ 或 $b = 100$），而 q 等于 $\lfloor \frac{1}{2}b \rfloor$. 这个数的小数部分是 $\pm ffff$，指数 e 满足 $0 \le e < b$. 这种内部表示方式是大多数现有计算机的典型约定，只不过 b 的值比通常的基数要大很多.

B. 规范化计算.　若 f 的表示中最高有效位非零，从而

$$1/b \le |f| < 1, \tag{5}$$

[①] 在本书第 4 版中，将改变定义使得 $|f| < b$. 式 (2) 变成 $-b^p < b^{p-1}f < b^p$，式 (5) 变成 $1 \le |f| < b$，阿伏伽德罗常数的超量为 50 的十进制表示变成 $(73, +6.022\,140\,0)$，等等. 净效果是改变超量概念，第 3 版中的超量 q 在第 4 版中变成超量 $q + 1$. 这种术语的改变将更遵守 IEEE 标准的浮点规定（而且也与 4.2.2 节式 (19) 之后定义的术语 ulp 更匹配），虽然 4.2.2 节的式 (21)–(24) 将变得稍微复杂些.　　——编者注

或者 $f = 0$ 且 e 取其取值范围内的最小值,则我们称浮点数 (e, f) 是规范化的. 要比较两个规范化的浮点数,只需要先比较其指数部分,当指数部分相等时再比较小数部分.

我们使用的很多浮点程序基本上只接受规范化的浮点数:程序的输入要求是规范化的浮点数,输出也总是规范化的浮点数. 这样的约定使我们无法表示一些值很小的数,例如 $(0, 0.000\,000\,01)$ 就无法规范化,除非使用负的指数,但我们能获得较高的计算速度和统一性,同时还可以给出计算的相对误差的相对简单的上界.(非规范化的浮点数的算术在 4.2.2 节讨论.)

下面详细研究规范化浮点数的运算. 与此同时,我们将考虑在一台没有内建浮点运算硬件的计算机中如何设计可以实现这些运算的子程序.

用机器语言编写的浮点运算子程序通常都对机器有很大的依赖性,因为在程序中会用到当前运行机器的很多原始特性. 因此,在两台不同的机器上使用的浮点加法子程序看起来可能没什么相似之处,然而如果对使用二进制和十进制数系的计算机中的很多子程序仔细研究后,仍然会发现它们其实有很多共通之处. 因此在讨论浮点运算程序时,我们可以假设是与机器无关的.

在这一节中,我们将讨论的第一个(也是到目前为止最困难的!)算法是浮点加法,

$$(e_u, f_u) \oplus (e_v, f_v) = (e_w, f_w). \tag{6}$$

由于浮点运算本质上是近似计算而非精确的,因此我们将使用"带圈"的符号

$$\oplus, \quad \ominus, \quad \otimes, \quad \oslash$$

来分别表示浮点数的加、减、乘、除运算,以区别于相应的精确运算.

浮点加法的基本思路很简单:若 $e_u \geq e_v$,则令 $e_w = e_u$,$f_w = f_u + f_v/b^{e_u - e_v}$(从而在做加法时对齐了小数点),然后将所得结果规范化. 然而为了处理几种可能出现的状况,实际的运算过程并不像说的那么简单. 下面的算法更精确地描述了整个运算过程.

算法 A(浮点加法). 给定基数为 b、超量为 q 的 p 位规范化浮点数 $u = (e_u, f_u)$ 和 $v = (e_v, f_v)$,下面的算法计算 $w = u \oplus v$. 如果以 $-v$ 代替 v,这个算法就可以实现浮点减法.

A1.[拆分.]分离 u 和 v 的指数部分和小数部分.

A2.[假设 $e_u \geq e_v$.]若 $e_u < e_v$,则交换 u 和 v 的值.(在很多情况下,最好合并 A2 与 A1 或后面的一些步骤.)

A3.[给 e_w 赋值.]置 $e_w \leftarrow e_u$.

A4.[检测 $e_u - e_v$.]若 $e_u - e_v \geq p + 2$(指数相差太大),则令 $f_w \leftarrow f_u$ 并转向 A7.(事实上,由于我们假设 u 是规范化了的,因而此时完全可以终止算法而不必转向 A7. 然而,我们有时候需要将一个未规范化的数与 0 相加以便将它规范化.)

A5.[右移.]将 f_v 向右移 $e_u - e_v$ 位,这相当于将 f_v 除以 $b^{e_u - e_v}$.[注记:我们最多可以将 f_v 右移 $p + 1$ 位,因此在下一步(将 f_u 与 f_v 相加)中需要一个能存放小数点右边有 $2p + 1$ 位 b 进制数的累加器. 如果没有这么大的累加器,可以通过采取适当的防范措施以将 $2p + 1$ 减少到 $p + 2$ 或 $p + 3$. 具体细节见习题 5.]

A6.[相加.]置 $f_w \leftarrow f_u + f_v$.

A7.[规范化.](到这一步我们已经得到了 u 和 v 的和 (e_w, f_w),但 $|f_w|$ 的位数可能大于 p,而且它的值可能不是介于 $1/b$ 和 1 之间.)执行下面的算法 N,将 (e_w, f_w) 规范化并舍入以给出最后的答案. ∎

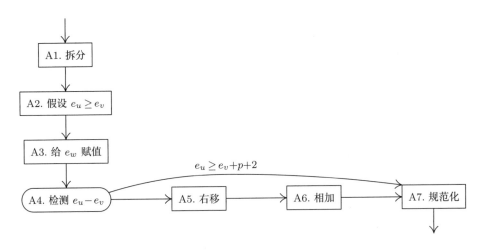

图 2 浮点加法

算法 N（规范化）. 将"原始指数"e 和"原始小数"f 转换为规范形式，必要时再舍入为 p 位. 在本算法中，我们假设 $|f| < b$.

N1. [检测 f.] 若 $|f| \geq 1$（"小数部分溢出"），则转向执行 N4. 若 $f = 0$，则将 e 的值取为其可取的最小值，然后执行 N7.

N2. [f 是否已规范化?] 若 $|f| \geq 1/b$，则转向 N5.

N3. [左移.] 将 f 左移一位（这相当于乘以 b），并将 e 减去 1. 然后退回到 N2.

N4. [右移.] 将 f 右移一位（这相当于除以 b），并将 e 加上 1.

N5. [舍入.] 将 f 舍入为 p 位.（具体地说，我们将 f 的值改为与之最接近的 b^{-p} 的倍数. 有可能出现 $(b^p f) \bmod 1 = \frac{1}{2}$ 的情况，此时有两个数最接近 f 的原值. 若 b 为偶数，将 f 的值改为最接近的 b^{-p} 的倍数 f'，使得 $b^p f' + \frac{1}{2} b$ 是奇数. 关于舍入的进一步讨论见 4.2.2 节.）值得注意的是，以上舍入操作有可能导致 $|f| = 1$（"舍入溢出"），此时应退回到 N4.

N6. [检查 e.] 若 e 的值太大，即超出了它的允许取值范围，则触发指数上溢条件. 若 e 的值太小，则将触发指数下溢条件.（详见下面的讨论. 此时由于运算结果不能表示为允许范围内的规范化浮点数，我们必须执行特殊的操作.）

N7. [组合.] 将 e 和 f 组合在一起，以符合要求的格式输出. ∎

习题 4 给出了浮点加法的一些简单例子.

下面的 MIX 子程序对具有 (4) 中所示形式的数做加法和减法，演示了如何将算法 A 和算法 N 转换为计算机程序. 在该子程序中，其中一个输入 u 来自符号单元 ACC，另一个输入 v 来自寄存器 A. 输出的数 w 在符号单元 ACC 和寄存器 A 中各存储一部分. 因此，定点数代码序列

$$\text{LDA A; \quad ADD B; \quad SUB C; \quad STA D} \tag{7}$$

对应于下面的浮点数代码序列

$$\text{LDA A, STA ACC; \quad LDA B, JMP FADD; \quad LDA C, JMP FSUB; \quad STA D.} \tag{8}$$

程序 A（加法、减法和规范化）. 下面的程序是实现算法 A 的子程序，其中的规范化部分设计成可被本节后面出现的其他子程序调用. 在本程序和本章的其他程序中，OFLO 都代表一个子

4.2.1

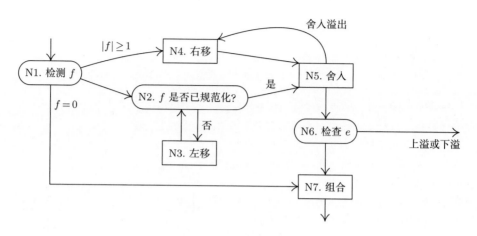

图 3　(e, f) 的规范化

程序，其功能是打印出一条消息，提示 MIX 的溢出检测被意外触发了. 我们假设字节大小 b 是 4 的倍数. 在规范化程序 NORM 中，假设 rI2 $= e$，rAX $= f$，且当 rA $= 0$ 时 rX $= 0$ 和 rI2 $< b$.

00	BYTE	EQU	1(4:4)	字节大小 b
01	EXP	EQU	1:1	指数字段的定义
02	FSUB	STA	TEMP	浮点减法子程序:
03		LDAN	TEMP	改变操作数的符号.
04	FADD	STJ	EXITF	浮点加法子程序:
05		JOV	OFLO	确保溢出标志关闭.
06		STA	TEMP	TEMP $\leftarrow v$.
07		LDX	ACC	rX $\leftarrow u$.
08		CMPA	ACC(EXP)	此处合并执行步骤 A1、A2 和 A3:
09		JGE	1F	当 $e_v \geq e_u$ 时跳转.
10		STX	FU(0:4)	FU $\leftarrow \pm ffff0$.
11		LD2	ACC(EXP)	rI2 $\leftarrow e_w$.
12		STA	FV(0:4)	
13		LD1N	TEMP(EXP)	rI1 $\leftarrow -e_v$.
14		JMP	4F	
15	1H	STA	FU(0:4)	FU $\leftarrow \pm ffff0$（交换 u 和 v）.
16		LD2	TEMP(EXP)	rI2 $\leftarrow e_w$.
17		STX	FV(0:4)	
18		LD1N	ACC(EXP)	rI1 $\leftarrow -e_v$.
19	4H	INC1	0,2	rI1 $\leftarrow e_u - e_v$.（步骤 A4 不必要.）
20	5H	LDA	FV	<u>A5. 右移.</u>
21		ENTX	0	清除 rX.
22		SRAX	0,1	右移 $e_u - e_v$ 位.
23	6H	ADD	FU	<u>A6. 相加.</u>
24		JOV	N4	<u>A7. 规范化.</u>　若小数部分溢出则跳转.
25		JXZ	NORM	简单情形?
26		LD1	FV(0:1)	检查符号是否相反.
27		JAP	1F	
28		J1N	N2	若否，则规范化.
29		JMP	2F	

30	1H	J1P	N2	
31	2H	SRC	5	$\lvert rX \rvert \leftrightarrow \lvert rA \rvert$.
32		DECX	1	（rX 为正.）
33		STA	TEMP	（操作数符号相反,
34		STA	HALF(0:0)	必须在舍入和规范化之前
35		LDAN	TEMP	调整寄存器.）
36		ADD	HALF	
37		ADD	HALF	将最低有效位取补.
38		SRC	5	跳转至规范化子程序.
39		JMP	N2	
40	HALF	CON	1//2	字大小的一半（符号相应改变）
41	FU	CON	0	小数部分 f_u
42	FV	CON	0	小数部分 f_v
43	NORM	JAZ	ZRO	*N1. 检测 f.*
44	N2	CMPA	=0=(1:1)	*N2. f 是否已规范化?*
45		JNE	N5	若前导字节非零则跳至 N5.
46	N3	SLAX	1	*N3. 右移.*
47		DEC2	1	将 e 减去 1.
48		JMP	N2	返回 N2.
49	N4	ENTX	1	*N4. 右移.*
50		SRC	1	右移, 插入带适当符号的 "1".
51		INC2	1	将 e 加上 1.
52	N5	CMPA	=BYTE/2=(5:5)	*N5. 舍入.*
53		JL	N6	$\lvert$ 尾部 $\rvert < \frac{1}{2}b$ 吗?
54		JG	5F	
55		JXNZ	5F	$\lvert$ 尾部 $\rvert > \frac{1}{2}b$ 吗?
56		STA	TEMP	$\lvert$ 尾部 $\rvert = \frac{1}{2}b$, 舍入为奇数.
57		LDX	TEMP(4:4)	
58		JXO	N6	当 rX 为奇数时转向 N6.
59	5H	STA	*+1(0:0)	保存 rA 的符号.
60		INCA	BYTE	将 $\lvert f \rvert$ 加上 b^{-4}. （符号相应改变）
61		JOV	N4	检查是否发生舍入溢出.
62	N6	J2N	EXPUN	*N6. 检查 e.* 若 $e < 0$ 则发生下溢.
63	N7	ENTX	0,2	*N7. 组合.* $rX \leftarrow e$.
64		SRC	1	
65	ZRO	DEC2	BYTE	$rI2 \leftarrow e - b$.
66	8H	STA	ACC	
67	EXITF	J2N	*	退出, 除非 $e \geq b$.
68	EXPOV	HLT	2	检测到指数上溢
69	EXPUN	HLT	1	检测到指数下溢
70	ACC	CON	0	浮点累加器 ∎

我们需要 26–40 行之间这段挺长的代码, 是因为 MIX 只有 5 字节的累加器来做带符号数的加法, 而算法 A 通常需要 $2p + 1 = 9$ 位的精度. 如果愿意舍弃一部分精度, 则这个程序可缩短到现有长度的大约一半, 然而在下一节中我们将看到保持尽可能高的精度是非常重要的. 在第 58 行中使用了将在 4.5.2 节定义的非标准的 MIX 指令. 浮点加法和减法的运行时间依赖于几个因素, 我们将在 4.2.4 节进行分析.

下面考虑乘法和除法. 它们的实现过程很相似, 也都比加法简单.

算法 M（浮点乘法和除法）. 给定基数为 b、超量为 q 的 p 位规范化浮点数 $u = (e_u, f_u)$ 和 $v = (e_v, f_v)$, 本算法计算它们的乘积 $w = u \otimes v$ 或商 $w = u \oslash v$.

M1.［拆分.］将 u 和 v 的表示中的指数部分和小数部分提取出来.（在此步骤中也可以顺便检查一下操作数是否为零, 但这不是必要的.）

M2.［运算.］置

$$
\begin{aligned}
e_w \leftarrow e_u + e_v - q, & \qquad f_w \leftarrow f_u f_v & \text{对于乘法,} \\
e_w \leftarrow e_u - e_v + q + 1, & \qquad f_w \leftarrow (b^{-1} f_u)/f_v & \text{对于除法.}
\end{aligned}
\tag{9}
$$

（由于假设输入的数都是规范化的, 因此要么 $f_w = 0$, 要么 $1/b^2 \le |f_w| < 1$, 要么将发生除以零的错误.）如果有必要的话, 在这个过程中可以只用 $p + 2$ 或 $p + 3$ 位来表示 f_w, 具体做法见习题 5.

M3.［规范化.］对 (e_w, f_w) 运行算法 N 做规范化、舍入及重新组合以得到运算结果.（注记: 本算法中的规范化步骤相对简单些, 因为最多只需要做一次左移, 而且对于除法不可能发生舍入溢出.）　▌

下面的 MIX 子程序实现算法 M 的各个运算步骤, 它将连同程序 A 一起使用.

程序 M（浮点乘法与除法）.

```
01  Q     EQU  BYTE/2        q 是字节大小的一半
02  FMUL  STJ  EXITF         浮点乘法子程序:
03        JOV  OFLO          确保溢出标志关闭.
04        STA  TEMP          TEMP ← v.
05        LDX  ACC           rX ← u.
06        STX  FU(0:4)       FU ← ±f f f f 0.
07        LD1  TEMP(EXP)
08        LD2  ACC(EXP)
09        INC2 -Q,1          rI2 ← e_u + e_v − q.
10        SLA  1
11        MUL  FU            将 f_u 乘以 f_v.
12        JMP  NORM          规范化、舍入并退出.
13  FDIV  STJ  EXITF         浮点除法子程序:
14        JOV  OFLO          确保溢出标志关闭.
15        STA  TEMP          TEMP ← v.
16        STA  FV(0:4)       FV ← ±f f f f 0.
17        LD1  TEMP(EXP)
18        LD2  ACC(EXP)
19        DEC2 -Q,1          rI2 ← e_u − e_v + q.
20        ENTX 0
21        LDA  ACC
22        SLA  1             rA ← f_u.
23        CMPA FV(1:5)
24        JL   *+3           如果 |f_u| < |f_v| 就跳转.
25        SRA  1             否则就将 f_u 右移一位
26        INC2 1                 并将 rI2 加 1.
```

```
27        DIV  FV          做除法.
28        JNOV NORM        规范化、舍入并退出.
29 DVZRO  HLT  3           未规范化或除以零   ▌
```

这个程序中最值得注意的部分是除法部分的 23–26 行，其作用是保证运算结果有足够的精度以便接下来做舍入. 当 $|f_u| < |f_v|$ 时，简单地按照算法 M 的步骤运行将在寄存器 A 中得到形如 "$\pm 0\,ffff$" 的结果. 如果是这样，就必须对（保存在寄存器 X 中的）余数进行仔细的分析，否则无法做出正确的舍入. 有鉴于此，程序在执行 $f_w \leftarrow f_u/f_v$ 时保证了 f_w 要么是零，要么一定能正确地规范化. 在进行舍入时保证有 5 个字节的有效位，并且可能会检测余数是否为零.

我们有时需要将一个数的定点表示转换为浮点表示，或反之. 借助上面给出的实现规范化操作的算法，可以很容易得到"定转浮"程序. 例如在 MIX 中，下面的子程序可以将一个整数表示为浮点数格式：

```
01 FLOT STJ  EXITF   假设 rA = u 是整数.
02      JOV  OFLO    确保溢出标志关闭.
03      ENT2 Q+5     设定原始指数.                    (10)
04      ENTX 0
05      JMP  NORM    规范化、舍入并退出.   ▌
```

在习题 14 中将考虑"浮转定"子程序.

调试浮点子程序通常很困难，因为需要考虑很多不同的情况. 下面列出程序员或硬件设计人员在编写浮点程序时常犯的错误.

(1) 丢失符号. 在很多机器上（不包括 MIX），寄存器之间的移位指令会影响到符号，因此对浮点数进行规范化和做乘除法运算时必须很小心使用移位操作. 当出现负零时往往也容易丢失符号.（例如，程序 A 在 33–37 行很小心地保留寄存器 A 中的符号. 习题 6 也是关于符号处理的问题.）

(2) 没有恰当地处理指数上溢或下溢. 只有在进行舍入和规范化之后，才可以检查 e_w 的大小，因为先期检查可能会给出错误的指示. 指数的上溢和下溢不仅可能发生在做乘法和除法时，在加法和减法中同样可能出现. 虽然发生的可能性很小，但我们还是必须每次进行检测. 因此，应该保留足够多的信息，以便发生上溢或下溢时能恰当地纠正错误.

不幸的是，很多时候人们已经习惯于忽略指数下溢，只是在发生下溢时将运算结果置为零而不给出任何错误提示. 这种处理方法往往导致严重的精度损失（将结果置为零实际上等于损失了所有有效数字），使得浮点运算失去意义. 因此，在发生下溢时必须通知程序员. 将运算结果直接置为零的处理方式只有当该结果接下来与一个很大的量相加时才是合适的. 如果指数下溢不能准确地检测到，那么我们会看到一个诡异的现象，即 $(u \otimes v) \otimes w$ 的值为零，而 $u \otimes (v \otimes w)$ 的值不为零. 这是因为 $u \otimes v$ 可能导致了指数下溢，而在 $u \otimes (v \otimes w)$ 的计算过程中指数不会超出其取值范围. 类似地，如果不对指数下溢进行检测，则可以找到正数 a、b、c、d 和 y 使得

$$(a \otimes y \oplus b) \oslash (c \otimes y \oplus d) \approx \tfrac{2}{3},$$
$$(a \oplus b \oslash y) \oslash (c \oplus d \oslash y) = 1. \tag{11}$$

（见习题 9.）即使我们不期望浮点计算程序能给出完全精确的结果，当 a、b、c、d 和 y 都是正数时，式 (11) 所给出的悬殊结果也是非常意外的! 程序员通常不能预见到指数下溢，因此这

种情况需要报告. [①]

(3) 插入无用信息. 在进行左移操作时，最右边的位只能补零. 例如，程序 A 中第 21 行的 'ENTX 0' 指令，以及 FLOT 子程序 (10) 中第 04 行那个特别容易被遗漏的 'ENTX 0' 指令.（但如果在除法子程序第 27 行后面将寄存器 X 清零就是错误的做法.）

(4) 未预见的舍入溢出. 如果我们要将 0.999 999 997 这样的数舍入为 8 位，则需要向小数点左边进位，因此舍入完成以后要做右移操作. 很多人错误地认为舍入溢出在做乘法运算时不可能出现，他们觉得 $|f_u f_v|$ 可能取的最大值是 $1 - 2b^{-p} + b^{-2p}$，因而不可能舍入为 1. 在习题 11 中解释了这种想法为何是错误的. 出人意料的是，在浮点除法中反而不会出现舍入溢出的情况（见习题 12）.

有学派认为将 0.999 999 997 这样的数"舍入"为 0.999 999 99 而不是 1.000 000 0 不会造成什么麻烦，因为它不会提高最坏情况下相对误差的上界. 我们可以认为十进制浮点数 1.000 000 0 其实代表了区间

$$[1.000\,000\,0 - 5 \times 10^{-8} \,..\, 1.000\,000\,0 + 5 \times 10^{-8}]$$

中所有的实数，而 0.999 999 99 代表的是相对小得多的区间

$$(0.999\,999\,99 - 5 \times 10^{-9} \,..\, 0.999\,999\,99 + 5 \times 10^{-9})$$

中的所有实数. 虽然后一区间中没有包含原始值 0.999 999 997，但后一区间中的每一个数都包含在前一区间中，因此在随后的计算中使用后一区间的数不会比使用前一区间的数精度更低. 然而，上述巧妙的论证与 4.2.2 节中阐述的浮点运算的数学思想不相容.

(5) 在规范化以前进行舍入. 在错误的位置提早做舍入会造成误差. 比较显然的情形是舍入位置比合适的位置靠左了，然而另一种不容易引起注意的情形也是危险的，即先是在偏右的位置舍入，然后在正确的位置做舍入. 因此，在步骤 A5 的"右移"操作过程中做舍入是错误的，除非是像习题 5 中的那种情况.（但是，在步骤 N5 中做舍入，然后在发生舍入溢出后再做一次舍入，这样的特殊处理不会带来麻烦. 这是因为舍入溢出后总是得到 $\pm 1.000\,000\,0$，这样的数即使怎么做舍入都不会变化.）

(6) 在计算的中间过程没有保持足够的精度. 在下一节我们将对浮点运算的精度作详细的分析，其中强烈建议浮点数规范化程序应该总是在舍入时保持尽可能高的精度. 这个原则应该是没有例外的，即使是对发生概率极低的情况也应该遵守. 在整个计算过程中，我们都应该保持适当位数的有效数字，正如算法 A 和算法 M 所做的那样.

C. 浮点硬件. 几乎每台为科学计算而设计的大型计算机都将浮点运算作为其内建功能的一部分. 遗憾的是，这些硬件的设计都存在一些缺陷，使它们在某些情况下的表现非常糟糕. 我们希望以后的计算机设计者能比过去更关注计算机在浮点运算方面的运行状况. 我们只需要多

[①] 另一方面，我们必须承认，现在的高级程序设计语言无法提供给程序员令人足够满意的方式去利用浮点子程序可以提供给我们的信息. 而本节中的 MIX 程序在检测到错误后只是简单地终止运行，这种做法更糟糕. 在相当多的重要应用问题中，指数下溢造成的破坏相对来说是无关紧要的. 我们期望能找到一种方法，使得程序员能够安全而又方便地处理这种状况. 人们已经意识到在发生下溢时将数值置为零不是好的处理方法，而最近另一种做法得到许多人的认同，即修改我们对浮点数的定义，将指数取为其允许的最小值，而小数部分采用非规范化的表示. 这种"渐下溢"的思想，最早是在 Electrologica X8 计算机的硬件上实现的. 它仅仅对算法增加了少量的复杂性，而使得浮点加法和减法不发生下溢. 对于渐下溢的处理方式，在 4.2.2 节中给出的关于相对误差的简单公式就不再成立了，所以相关的讨论超出了本书的范围. 不过，我们还是可以利用一些公式证明渐下溢在很多重要情形下的处理效果非常好，例如公式 $\mathrm{round}(x) = x(1 - \delta) + \epsilon$，其中 $|\delta| < b^{1-p}/2$ 和 $|\epsilon| < b^{-p-q}/2$. 见威廉·卡亨和约翰·帕尔默，*ACM SIGNUM Newsletter* (October 1979), 13–21.

花一点心思就能将计算机设计得更好, 而下一节的讨论表明这将给我们带来可观的收益. 我们知道, 过去的折中方案已经不再适用当今的机器了.

在这套书中, 作为 "典型" 机器的 MIX 计算机中有一套可选的 "浮点附件"（需要增加额外的成本才可使用）, 其中包括了如下七种运算.

• FADD, FSUB, FMUL, FDIV, FLOT, FCMP（分别有 C = 1, 2, 3, 4, 5, 56, F = 6）. 在执行运算指令 FADD V 后 rA 的值与执行一系列指令

$$\text{STA ACC; \quad LDA V; \quad JMP FADD}$$

后 rA 的值相同, 其中 FADD 就是本节稍早时给出的那个子程序, 唯一的区别是, 如果两个操作数未被规范化, 则在进行运算前它们将自动先被规范化.（如果在运算前的规范化过程中而不是对运算结果作规范化时出现指数下溢, 则不会报告发生了下溢.）对 FSUB、FMUL 和 FDIV 也有类似情形. 执行 FLOT 指令后 rA 的值就是子程序 (10) 中执行 JMP FLOT 后的值.

指令 FCMP V 不会改变 rA 的值. 当 rA 的值 "严格小于" "近似等于" 或 "严格大于" V 时, 该指令分别将比较标志置为 LESS、EQUAL 或 GREATER. 在下一节我们将作具体讨论. 其确切的动作由习题 4.2.2–17 中的 FCMP 子程序定义, 其中 EPSILON 在单元 0 中.

在所有寄存器中, 只有 rA 的内容有可能被浮点运算修改. 如果发生了指数上溢或下溢, 则溢出标志将置为溢出, 且答案中的指数将对字节大小取模. 如果出现除以零的情况, 会在 rA 中留下未定义的无用信息. 这六种运算的运行时间分别为 $4u, 4u, 9u, 11u, 3u, 4u$.

• FIX（C = 5, F = 7）. rA 中的内容将替换为整数 "round(rA)", 即如算法 N 的步骤 N5 那样舍入到最接近的整数值. 但是, 如果舍入后得到的整数大于寄存器可以存储的内容, 则溢出标志将置为溢出, 运行结果未定义. 运行时间: $3u$.

在某些情形下, 采用非标准方式进行浮点运算是有好处的. 例如, 如果在 MIX 的浮点附件中没有包含 FLOT 运算, 我们可以用下面的程序对 4 个字节的数实现其功能:

```
FLOT STJ  9F
     SLA  1
     ENTX Q+4
     SRC  1
     FADD =0=
9H   JMP  *
```
(12)

这个程序不完全等价于 FLOT 运算, 因为它假定 rA 的 1:1 字节为零, 并且会破坏寄存器 rX 中的内容. 处理更一般的情况则需要更多技巧, 因为在 FLOT 的执行过程中也可能发生舍入溢出.

类似地, 假设 MIX 提供了 FADD 运算, 但没有 FIX 运算. 如果我们要将一个浮点格式的数 u 舍入到最接近的以定点格式表示的整数, 并且已经知道该整数非负且最多占据三个字节, 则可以用

$$\text{FADD FUDGE}$$

来完成这个操作, 其中在位置 FUDGE 处存储了常数

+	Q+4	1	0	0	0

,

运行后寄存器 rA 中的数值为

+	Q+4	1	round(u)	

.
(13)

D. 历史与参考文献. 对浮点数表示方法的研究, 最早可追溯到巴比伦数学家（公元前 1800 年甚至更早）, 他们广泛使用基于 60 进制的浮点算术运算但通常不明确写出指数. 指数具体是多少需要靠做计算的人自己"理解". 有记载表明, 有人在做加法时由于没有正确地对齐两个加数而导致运算结果错误, 但这样的例子很少. 具体内容见诺伊格鲍尔, *The Exact Sciences in Antiquity* (Princeton, N. J.: Princeton University Press, 1952), 26–27. 对浮点数表示的另一个早期贡献来自希腊数学家阿波罗尼奥斯（公元前 3 世纪）, 他应该是第一个对一些简单情形提出如何通过分解出一个数的 10 的幂次来简化乘法运算的人. [对阿波罗尼奥斯的方法的讨论可参考帕普斯, *Mathematical Collections* (公元 4 世纪).] 在巴比伦文明消亡以后, 直到一千多年后对数的出现（1600）及威廉·奥特雷德发明计算尺（1630）, 人们才再次将浮点数的表示方法用于乘法和除法运算中. 我们现在用来表示指数的记号 x^n 也是在那个时期引入的. 而用于表示 x 的平方、x 的立方等的记号在更早的时候已经存在了.

在最早期的一些计算机的设计中, 人们已经将浮点算术作为其中的组成部分. 1914 年莱昂纳多·托雷斯在马德里、1936 年楚泽在柏林、1939 年斯蒂比兹在新泽西, 各自独立地提出这些设计方案. 楚泽设计的计算机使用了被称为"半对数记号"的浮点二进制表示方法. 他同时还规定了如何处理 ∞ 和"未定义"等特殊量的方法. 美国的第一台利用浮点运算硬件进行算术运算的计算机是贝尔实验室的 Model V 和哈佛大学的 Mark II, 这两台都是 1944 年设计的继电计算器. [见兰德尔, *The Origins of Digital Computers* (Berlin: Springer, 1973), 100, 155, 163–164, 259–260; *Proc. Symp. Large-Scale Digital Calculating Machinery* (Harvard, 1947), 41–68, 69–79; *Datamation* **13** (1967 年 4 月), 35–44 (1967 年 5 月), 45–49; *Zeit. für angew. Math. und Physik* **1** (1950), 345–346.]

穆尔电子工程学院的研究者们在 1944–1946 年间研制第一台电子数字计算机的过程中, 非常认真地考虑了浮点二进制运算的实现方法. 然而他们发现, 用电子管实现浮点运算电路远比用继电器困难得多. 研究小组意识到移位运算是编程中的一个问题, 同时也明白, 这只是当时所有编程工作中的一小部分. 的确, 定点移位操作似乎更值得我们为之花费时间和精力, 因为它可以使程序员非常清楚计算结果可以达到多高的精度. 此外, 设计人员认为浮点表示会占用宝贵的内存空间, 因为我们必须存储指数, 而且浮点硬件当时还不适用于多精度计算. [见冯·诺依曼, *Collected Works* **5** (New York: Macmillan, 1963), 43, 73–74.] 当然, 他们当时在设计第一台存储程序计算机以及第二台电子计算机, 而只能在浮点算术和定点算术中选择一种, 不能两者兼用. 他们将浮点二进制运算子程序的代码加入其中, 而其中的"左移"和"右移"指令只是为了使程序的运行更有效率. 第一台同时拥有两种格式的算术运算硬件的计算机是由通用电子公司研制的 [见 *Proc. 2nd Symp. Large-Scale Digital Calculating Machinery* (Cambridge, Mass.: Harvard University Press, 1951), 65–69].

早期计算机中的浮点子程序及其解释系统由戴维·惠勒和其他人编写, 并首先发表在威尔克斯、惠勒和斯坦利·吉尔编写的 *The Preparation of Programs for an Electronic Digital Computer* (Reading, Mass.: Addison–Wesley, 1951), 子程序 A1–A11, 第 35–37 页和第 105–117 页. 有趣的是, 虽然在计算机中使用的是二进制, 在这里介绍的却是十进制子程序. 也就是说, 将数值表示为 $10^e f$ 而不是 $2^e f$, 从而缩放操作需要乘以或者除以 10. 在这种特殊的计算机上, 做缩放操作几乎与移位操作一样简单, 而十进制表示极大地简化了输入/输出的格式转换.

大部分与浮点运算程序有关的公开发表文献来自各个计算机制造商发布的技术报告, 也有一小部分来自其他领域. 除了上面已提到的文献, 还有下面这些值得关注: 理查德·斯塔克和唐纳德·麦克米伦, *Math. Comp.* **5** (1951), 86–92, 文中给出了一个金属线路连接板程序; 丹尼尔·麦克拉肯, *Digital Computer Programming* (New York: Wiley, 1957), 121–131; 约翰·卡尔, *CACM* **2**, 5 (1959 年 5 月), 10–15; 沃尔特·韦迪, *JACM* **7** (1960), 129–139; 高德纳, *JACM*

8 (1961), 119–128；奥利弗 · 克斯纳，*CACM* **5** (1962), 269–271；弗雷德里克 · 布鲁克斯（小）和肯尼思 · 艾弗森，*Automatic Data Processing* (New York: Wiley, 1963), 184–199. 从计算机设计者的视角对浮点运算的讨论，可参考沙利文 · 坎贝尔，"Floating point operation"；安德里斯 · 帕德格斯，*IBM Systems J.* **7** (1968), 22–29. 前者收录于巴克霍尔兹编辑的 *Planning a Computer System* (New York: McGraw–Hill, 1962), 92–121. 在 4.2.2 节中，我们将列出一些主要讨论浮点方法精度的文献.

在 20 世纪 80 年代后期，很多制造商开始采用ANSI/IEEE 标准 754，由此带来了浮点硬件的革命性改变. 相关的文献有：*IEEE Micro* **4** (1984), 86–100；威廉 · 科迪（小），*Comp. Sci. and Statistics: Symp. on the Interface* **15** (1983), 133–139；卡亨，*Mini/Micro West-83 Conf. Record* (1983), Paper 16/1；戴维 · 戈德堡，*Computing Surveys* **23** (1991), 5–48, 413；威廉 · 科迪和杰尔姆 · 库南，*ACM Trans. Math. Software* **19** (1993), 443–451.

 将在本书下一版中替代 MIX 的 MMIX 计算机，自然地符合新标准.

习题

1. [*10*] 如何将 (3) 中的阿伏伽德罗常数和普朗克常数表示为基数为 100、超量为 50 的四位浮点数？（这就是 MIX 计算机采用的 (4) 所示形式的表示方式，其中字节大小为 100.）

2. [*12*] 假设指数 e 的取值范围为 $0 \le e \le E$，那么基数为 b、超量为 q 的 p 位浮点数中最大和最小的正数分别是多少？如果我们要求以上浮点表示是规范化的，那么可表示的最大和最小的正数分别是多少？

3. [*11*] （楚泽，1936）请证明对于规范化二进制浮点运算，采用以下技巧可以稍微提高一点计算精度并且不增加存储空间：如果将指数的取值范围稍微缩小一点，那么就可以用一个机器字中的 $p-1$ 位来表示出 p 位的小数部分.

▶ **4.** [*16*] 假设 $b = 10$，$p = 8$，那么使用算法 A 计算 $(50, +0.987\,654\,32) \oplus (49, +0.333\,333\,33)$、$(53, -0.999\,876\,54) \oplus (54, +0.100\,000\,00)$ 和 $(45, -0.500\,000\,01) \oplus (54, +0.100\,000\,00)$ 的结果分别是多少？

▶ **5.** [*24*] 我们记 $x \sim y$（关于给定的基数 b），如果 x 和 y 是满足下列条件的实数：

$$\lfloor x/b \rfloor = \lfloor y/b \rfloor,$$
$$x \bmod b = 0 \iff y \bmod b = 0,$$
$$0 < x \bmod b < \tfrac{1}{2}b \iff 0 < y \bmod b < \tfrac{1}{2}b,$$
$$x \bmod b = \tfrac{1}{2}b \iff y \bmod b = \tfrac{1}{2}b,$$
$$\tfrac{1}{2}b < x \bmod b < b \iff \tfrac{1}{2}b < y \bmod b < b.$$

证明将算法 A 的步骤 A5 和 A6 之间的 f_v 替换为 $b^{-p-2}F_v$（其中 $F_v \sim b^{p+2}f_v$）不会改变算法的计算结果.（如果 F_v 是整数且 b 是偶数，这样做其实是将 f_v 截断为 $p+2$ 位同时还能记住是否有非零数字被去掉了，从而使步骤 A6 中加法所需的寄存器长度达到最小.）

6. [*20*] 如果 FADD 指令给出的计算结果为零，那么按照本节中给出的 MIX 计算机浮点指令的定义，rA 的符号是什么？

7. [*27*] 请讨论平衡三进制表示下的浮点运算.

8. [*20*] 设 u 和 v 都是规范化的 8 位十进制浮点数，其指数满足 $0 \le e < 100$，请给出将它们相加时会发生以下情况的例子：(a) 指数下溢，(b) 指数上溢.

9. [*M24*] （卡亨）假设发生指数下溢时将计算结果置为零，并且不给出错误提示. 设 a、b、c、d 和 y 都是正数，并且用超量为零、指数在 $-50 \le e < 50$ 范围内的 8 位十进制浮点数表示. 请给出它们的满足式 (11) 的值.

10. [*12*] 设 u 和 v 都是规范化的 8 位十进制浮点数，请给出将它们相加时会发生舍入溢出的例子.

▶ **11.** [*M20*] 设 u 和 v 都是规范化的超量为 50 的 8 位十进制浮点数,请给出将它们相乘时会发生舍入溢出的例子.

12. [*M25*] 证明在浮点除法的规范化阶段不可能发生舍入溢出.

13. [*30*] 在进行"区间运算"时,我们并不想对浮点运算的结果进行舍入,而宁愿采用象 $\bigtriangledown$ 和 $\bigtriangleup$ 这样的运算,以给出精确的和最接近的可表示的上下界:

$$u \bigtriangledown v \leq u + v \leq u \bigtriangleup v.$$

我们应怎样修改本节的算法以实现这个目标?

14. [*25*] 写一个 MIX 子程序,给出与寄存器 A 中任意给定的(不一定是规范化的)浮点数最接近的定点表示的整数(或者确认给出的数的绝对值太大,不能得到这样的整数).

▶ **15.** [*28*] 写一个可与本节的子程序结合使用的 MIX 子程序,对给定的浮点数 u 计算 $u \pmod{1}$,即将 $u - \lfloor u \rfloor$ 舍入到最接近的浮点数.注意,当 u 是非常小的负数时,$u \pmod 1$ 舍入后的结果可能为 1(尽管按照定义,$u \bmod 1$ 的值必定是小于 1 的实数).

16. [*HM21*] (罗伯特·史密斯)设计一个算法,对给定的浮点数 a、b、c 和 d,$c + di \neq 0$,计算复数 $(a + bi)/(c + di)$ 的实部和虚部.请避免计算 $c^2 + d^2$,因为当 $|c|$ 或 $|d|$ 的值接近可表示的最大浮点数值的平方根时,这个运算会导致浮点溢出.

17. [*40*] (约翰·科克)探讨以下扩大浮点数表示范围的方法:用一个机器字表示浮点数,其小数部分的精度降低而指数的数值增大.

18. [*25*] 考虑以下二进制计算机,其中每个机器字包含 36 位,并且将正的二进制浮点数表示为 $(0 e_1 e_2 \ldots e_8 f_1 f_2 \ldots f_{27})_2$. 在此表示方式中,$(e_1 e_2 \ldots e_8)_2$ 是超量为 $(10000000)_2$ 的指数部分,$(f_1 f_2 \ldots f_{27})_2$ 是 27 位的小数部分. 在表示负数时,则将对应的正数的表示格式对 2 求补(见 4.1 节). 因此,1.5 的八进制表示为 201|600000000,而 -1.5 的八进制表示为 576|200000000. 类似地,1.0 和 -1.0 的八进制表示分别为 201|400000000 和 576|400000000.(上述表示格式中的竖线表示指数部分和小数部分之间的分界.)注意,规范化的正数的 f_1 必定是 1,而负数的 f_1 则几乎总是零,其例外情形是 -2^k.

假设一个浮点运算的精确结果为 572|740000000|01,其中的(负的)33 位小数部分应规范化并舍入为 27 位. 如果我们将小数部分不断左移直到第一位为零,则得 576|000000000|20,但这个数在被舍入后得到的数值 576|000000000 是不允许的. 因此这样的做法会导致过度规范化,而正确的答案是 575|400000000. 另一方面,如果(在某个其他问题中)我们要规范化 572|740000000|05,为避免发生过度规范化而给出 575|400000000|50 的答案,则舍入后得到的将是非规范化的数 575|400000001. 进一步规范化后则得到 576|000000002,而正确结果是 576|000000001.

给出一个简单而且正确的舍入规则,处理好在这台计算机上出现的困难(必须使用对 2 求补的方式来表示浮点数).

19. [*24*] 如何用输入数据的相关特征量来表示程序 A 中 FADD 子程序的运行时间?对于不会引起指数上溢或下溢的输入数据,最长运行时间是多少?

舍入的数都是不准确的.

——塞缪尔·约翰逊(1750)

我认为舍入的数虽然不是绝对精确,
但也不会与精确值差别很大.

——托马斯·杰斐逊(1824)

4.2.2 浮点算术的精度

浮点运算本质上是不精确的. 程序员常常因为不能恰当地进行浮点运算而导致计算结果基本上都是"噪声". 数值分析的一个主要研究课题就是确定所分析数值方法的计算结果的精度. 在可信度方面面临的问题是：我们不知道计算机给出的结果有多少是可信的. 刚开始使用计算机的新手往往将计算机当作永不出错的权威, 相信计算机打印出来的每一个数字都是有意义的. 而对计算机已经不抱幻想的使用者则正好相反, 他们在任何时候都担心计算机给出的答案是没有意义的. 有许多严谨的数学家都曾试图严格地分析浮点运算的序列, 然而却发现实现这个目标的困难过大, 而不得不转而考虑可解的简化问题.

本书并不打算完整地介绍误差分析的技术, 但在这一节我们将研究浮点运算误差的一些低层次特性. 我们的目标是寻找进行浮点运算的方式, 使得对误差传播的分析能够尽可能简单.

研究浮点数运算的一种粗浅（但相当有用）的方法是基于"有效数字"或相对误差的概念. 如果一个实数 x 在计算机中近似表示为 $\hat{x} = x(1 + \epsilon)$, 则 $\epsilon = (\hat{x} - x)/x$ 被称为该近似值的相对误差. 一般来说, 浮点乘法和除法不会显著地放大相对误差. 然而, 将两个相差很小的浮点数相减（以及做浮点加法 $u \oplus v$, 其中 u 几乎等于 $-v$）, 则可能使相对误差增大很多. 于是我们可以建立以下的经验法则, 即精度的损失主要来自上述情形的加法和减法, 而不是乘法和除法. 另一方面, 这个法则有点似是而非, 我们必须从适当的角度理解它. 事实上, 被认为"坏事"的加法和减法往往算得非常精确!（见习题 25.）

关于浮点加法的不可靠性的一个结果是结合律不成立：

$$(u \oplus v) \oplus w \neq u \oplus (v \oplus w), \qquad \text{对许多 } u, v, w. \tag{1}$$

例如

$$(11111113. \oplus -11111111.) \oplus 7.5111111 = 2.0000000 \oplus 7.5111111 = 9.5111111,$$

$$11111113. \oplus (-11111111. \oplus 7.5111111) = 11111113. \oplus -11111103. = 10.000000.$$

（在本节的所有例子中, 所有浮点数都由 8 位数字和一个小数点来表示. 像 4.2.1 节那样, 我们用符号 $\oplus$、$\ominus$、$\otimes$ 和 $\oslash$ 表示浮点运算, 它们对应于精确的数学运算 $+$、$-$、$\times$ 和 $/$.）

由于浮点加法的结合律不成立, 因此本章开头引用的拉塔奇夫人的评论就很容易理解了. 当使用数学记号 $a_1 + a_2 + a_3$ 或 $\sum_{k=1}^{n} a_k$ 时, 我们是自然地假设结合律成立的. 然而作为程序员, 我们必须特别注意不要下意识地认为结合律是成立的.

A. 公理化方法. 虽然结合律不成立, 但交换律

$$u \oplus v = v \oplus u \tag{2}$$

仍然是成立的. 后者对程序设计和程序分析有很大的帮助. 等式 (2) 启发我们寻找更多的对浮点运算 $\oplus$、$\ominus$、$\otimes$ 和 $\oslash$ 成立的重要法则. 在编写浮点运算程序时应该使尽可能多的数学运算法则得以保持, 这种说法并不是没有道理的. 成立的公理越多, 就越有助于我们编写出好的程序, 程序也就越容易从一种计算机移植到另一种计算机上.

因此, 现在让我们来考虑满足上一节所介绍的规范化浮点运算的另一些基本法则. 首先, 我们有

$$u \ominus v = u \oplus -v, \tag{3}$$

$$-(u \oplus v) = -u \oplus -v, \tag{4}$$

$$u \oplus v = 0 \qquad \text{当且仅当} \qquad v = -u, \tag{5}$$

$$u \oplus 0 = u. \tag{6}$$

由此，我们可以导出更多的恒等式. 例如（见习题 1）

$$u \ominus v = -(v \ominus u).\tag{7}$$

恒等式 (2)–(6) 都很容易从 4.2.1 节的算法中导出. 然而下面的规则就不是那么明显了：

$$如果 \quad u \le v \quad 则 \quad u \oplus w \le v \oplus w.\tag{8}$$

我们并不打算通过分析算法 4.2.1A 来证明这个法则，而是考虑设计这个算法时所遵循的基本原则.（算法的证明并不一定比数学证明更容易.）我们的思路是，浮点数运算应当满足

$$\begin{aligned}
u \oplus v &= \mathrm{round}(u + v), & u \ominus v &= \mathrm{round}(u - v), \\
u \otimes v &= \mathrm{round}(u \times v), & u \oslash v &= \mathrm{round}(u \,/\, v),
\end{aligned}\tag{9}$$

其中 $\mathrm{round}(x)$ 是在算法 4.2.1N 中定义的运算，代表最接近 x 的浮点数. 显然有

$$\mathrm{round}(-x) = -\mathrm{round}(x),\tag{10}$$

$$如果 \quad x \le y \quad 则 \quad \mathrm{round}(x) \le \mathrm{round}(y),\tag{11}$$

而由这些基本关系可以马上推出性质 (2)–(8). 我们还可以写出更多的恒等式：

$$u \otimes v = v \otimes u, \qquad (-u) \otimes v = -(u \otimes v), \qquad 1 \otimes v = v,$$

$$u \otimes v = 0 \quad 当且仅当 \quad u = 0 \text{ 或者 } v = 0,$$

$$(-u) \oslash v = u \oslash (-v) = -(u \oslash v),$$

$$0 \oslash v = 0, \qquad u \oslash 1 = u, \qquad u \oslash u = 1.$$

如果 $u \le v$ 且 $w > 0$，则 $u \otimes w \le v \otimes w$ 且 $u \oslash w \le v \oslash w$. 此外，当 $v \ge u > 0$ 时，$w \oslash u \ge w \oslash v$. 若 $u \oplus v = u + v$，则 $(u \oplus v) \ominus v = u$. 而当 $u \otimes v = u \times v \ne 0$ 时，有 $(u \otimes v) \oslash v = u$. 可见，尽管浮点运算是不精确的，但只要我们适当地定义相关的操作，还是会有很多数学法则成立.

当然，有一些常见的代数运算法则显然仍不能包含在上面的恒等式中. 如习题 3 所示，浮点乘法的结合律不一定成立，而稍微更糟糕的是关于 $\otimes$ 和 $\oplus$ 的分配律也可能不成立：设 $u = 20\,000.000$，$v = -6.000\,000\,0$，$w = 6.000\,000\,3$，则

$$(u \otimes v) \oplus (u \otimes w) = -120\,000.00 \oplus 120\,000.01 = 0.010\,000\,000$$

$$u \otimes (v \oplus w) = 20\,000.000 \otimes 0.000\,000\,300\,000\,00 = 0.006\,000\,000\,0$$

因此

$$u \otimes (v \oplus w) \ne (u \otimes v) \oplus (u \otimes w).\tag{12}$$

另一方面，由于

$$\mathrm{round}(bx) = b\,\mathrm{round}(x),\tag{13}$$

因此有 $b \otimes (v \oplus w) = (b \otimes v) \oplus (b \otimes w)$，其中 b 是浮点记数系统的基数.（严格说来，我们在本节中考虑的恒等式和不等式都隐含假设指数上溢和下溢不会发生. 事实上，当 $|x|$ 太小或太大时，函数 $\mathrm{round}(x)$ 是没有定义的，而类似于 (13) 的等式只有当两端都有定义时才成立.）

柯西不等式

$$(x_1^2 + \cdots + x_n^2)(y_1^2 + \cdots + y_n^2) \ge (x_1 y_1 + \cdots + x_n y_n)^2$$

对浮点运算不成立，这是传统代数运算法则在浮点运算中失效的另一个重要例子. 习题 7 告诉我们，即使对很简单的情形 $n = 2$, $x_1 = x_2 = 1$, 柯西不等式也可能不成立. 经验不足的程序员会使用教科书上的公式

$$\sigma = \sqrt{\left(n \sum_{1 \le k \le n} x_k^2 - \left(\sum_{1 \le k \le n} x_k\right)^2\right) \Big/ n(n-1)} \tag{14}$$

来计算标准差，进而发现他们需要对一个负数取平方根！用浮点运算来计算均值和标准差的一个更好的方法是使用递推公式

$$M_1 = x_1, \qquad M_k = M_{k-1} \oplus (x_k \ominus M_{k-1}) \oslash k, \tag{15}$$

$$S_1 = 0, \qquad S_k = S_{k-1} \oplus (x_k \ominus M_{k-1}) \otimes (x_k \ominus M_k), \tag{16}$$

其中 $2 \le k \le n$, 进而得到标准差 $\sigma = \sqrt{S_n/(n-1)}$. [见韦尔福德，*Technometrics* **4** (1962), 419–420.] 采用这种方法计算的 S_n 肯定不会是负数，而且还能避免直接累加的方法可能会遇到的一些严重问题. 习题 16 比较了这两种计算方法.（习题 19 给出了一种累加技巧，它可以更好地保证计算精度. ）

尽管有些代数运算法则并不总是精确成立，但我们可以证明它们一般也不会太离谱. 当 $b^{e-1} \le |x| < b^e$ 时有 $\mathrm{round}(x) = x + \rho(x)$, 其中 $|\rho(x)| \le \frac{1}{2} b^{e-p}$. 从而

$$\mathrm{round}(x) = x(1 + \delta(x)), \tag{17}$$

其中相对误差有与 x 无关的界：

$$|\delta(x)| = \frac{|\rho(x)|}{|x|} \le \frac{|\rho(x)|}{b^{e-1} + |\rho(x)|} \le \frac{\frac{1}{2} b^{e-p}}{b^{e-1} + \frac{1}{2} b^{e-p}} < \frac{1}{2} b^{1-p}. \tag{18}$$

我们可以利用这个不等式来直接估计浮点运算的相对误差. 例如，由 $u \oplus v = (u+v)(1 + \delta(u+v))$ 可以直接得到浮点加法的相对误差上界.

下面考虑乘法的结合律的相对误差，其分析过程可以作为对其他法则分析的典型代表. 习题 3 告诉我们 $(u \otimes v) \otimes w$ 并不一定等于 $u \otimes (v \otimes w)$, 但其误差其实远比关于加法的结合律 (1) 和分配律 (12) 要小. 事实上，当不出现指数上溢或下溢时，存在 $\delta_1, \delta_2, \delta_3, \delta_4$ 使得

$$(u \otimes v) \otimes w = ((uv)(1 + \delta_1)) \otimes w = uvw(1 + \delta_1)(1 + \delta_2),$$

$$u \otimes (v \otimes w) = u \otimes ((vw)(1 + \delta_3)) = uvw(1 + \delta_3)(1 + \delta_4),$$

其中对每一个 j 有 $|\delta_j| < \frac{1}{2} b^{1-p}$. 从而

$$\frac{(u \otimes v) \otimes w}{u \otimes (v \otimes w)} = \frac{(1 + \delta_1)(1 + \delta_2)}{(1 + \delta_3)(1 + \delta_4)} = 1 + \delta,$$

其中

$$|\delta| < 2b^{1-p} / \left(1 - \frac{1}{2} b^{1-p}\right)^2. \tag{19}$$

b^{1-p} 这个数值在此类分析中出现得非常频繁，所以我们专门给它一个名称，叫作"一个 ulp", 意思是小数部分的"最后一位上的一个单位". 如果一次浮点运算没有出错，其误差应在半个 ulp 之内. 那么，我们通过两次浮点乘法来计算乘积 uvw, 在计算不出错时其误差应不大于一个 ulp（忽略二阶项）. 所以，浮点乘法的结合律在两个 ulp 的误差内是成立的.

刚才我们已经证明了 $(u \otimes v) \otimes w$ 近似等于 $u \otimes (v \otimes w)$. 然而当发生指数上溢或下溢时仍然会出问题. 因此，更深入地研究这个近似等式的直观思想是很有必要的. 我们能否合理地得到更精确的等式呢？

　　程序员在做浮点运算时几乎从不检验两个计算结果是否精确相等（或者至少他们不应该做这样的检验），因为这样的情况不太可能出现. 例如，在使用一个递推式

$$x_{n+1} = f(x_n)$$

时，按照某一教科书上的理论，当 $n \to \infty$ 时 x_n 有极限. 然而，如果我们一直等到 $x_{n+1} = x_n$ 对某个 n 成立时才停止计算，这显然是错误的，因为受到中间结果的舍入影响，序列 x_n 的数值可能呈现较长周期的循环变化. 合理的做法应当是选取一个适当的小量 δ，当 $|x_{n+1} - x_n| < \delta$ 时就停止计算. 然而，由于我们不一定能够预先知道 x_n 的数值大小，因此

$$|x_{n+1} - x_n| \le \epsilon |x_n| \tag{20}$$

是一个更好的判断条件. 显然 ϵ 是更容易选取的量. 不等式 (20) 是 x_{n+1} 与 x_n 近似相等的另一种表述. 我们的分析表明，当涉及浮点计算时，"近似相等"的关系要比传统的相等关系更有用，因为此时只能定义近似关系.

　　换一个角度来看，既然浮点数的数值的严格相等是没有意义的，我们就应当引进一个新的浮点运算：浮点比较. 这种运算用于判断两个浮点数值的相对大小. 下面的定义针对具有基数 b 和超量 q 的两个浮点数 $u = (e_u, f_u)$ 和 $v = (e_v, f_v)$：

$$u \prec v \quad (\epsilon) \qquad 当且仅当 \qquad v - u > \epsilon \max(b^{e_u - q}, b^{e_v - q}), \tag{21}$$

$$u \sim v \quad (\epsilon) \qquad 当且仅当 \qquad |v - u| \le \epsilon \max(b^{e_u - q}, b^{e_v - q}), \tag{22}$$

$$u \succ v \quad (\epsilon) \qquad 当且仅当 \qquad u - v > \epsilon \max(b^{e_u - q}, b^{e_v - q}), \tag{23}$$

$$u \approx v \quad (\epsilon) \qquad 当且仅当 \qquad |v - u| \le \epsilon \min(b^{e_u - q}, b^{e_v - q}). \tag{24}$$

以上定义不仅适用于规范化的浮点数，也同样适用于非规范化的浮点数. 需要指出的是，对任意一对浮点数 u 和 v，三种情形 $u \prec v$（严格小于）、$u \sim v$（近似等于）和 $u \succ v$（严格大于）有且只有一种成立. 而 $u \approx v$ 关系比 $u \sim v$ 略强一点，可以称之为"u 实质等于 v". 以上关系的定义依赖于一个正实数 ϵ，其作用是设定近似程度.

　　我们可采用以下方式来理解上面的几个定义，即对每个浮点数 u 关联一个"邻域"集合 $N(u) = \{x \mid |x - u| \le \epsilon b^{e_u - q}\}$. 由定义可见，$N(u)$ 根据 u 的浮点表示中的指数部分来界定哪些数值接近 u. 利用 $N(u)$，我们有 $u \prec v$ 当且仅当 $N(u) < v$ 且 $u < N(v)$，$u \sim v$ 当且仅当 $u \in N(v)$ 或 $v \in N(u)$，$u \succ v$ 当且仅当 $u > N(v)$ 且 $N(u) > v$，$u \approx v$ 当且仅当 $u \in N(v)$ 且 $v \in N(u)$.（这里我们假设表示近似程度的参数 ϵ 是固定不变的. 如果采用更复杂一点的记号，就可以体现出 $N(u)$ 对 ϵ 的依赖性. ）

　　下面是可由定义 (21)–(24) 导出的一些简单结果：

$$如果 \quad u \prec v \;\; (\epsilon) \qquad 则 \qquad v \succ u \;\; (\epsilon), \tag{25}$$

$$如果 \quad u \approx v \;\; (\epsilon) \qquad 则 \qquad u \sim v \;\; (\epsilon), \tag{26}$$

$$u \approx u \;\; (\epsilon), \tag{27}$$

$$如果 \quad u \prec v \;\; (\epsilon) \qquad 则 \qquad u < v, \tag{28}$$

$$如果 \quad u \prec v \;\; (\epsilon_1) \;\; 且 \;\; \epsilon_1 \ge \epsilon_2 \qquad 则 \qquad u \prec v \;\; (\epsilon_2), \tag{29}$$

$$如果 \quad u \sim v \;\; (\epsilon_1) \;\; 且 \;\; \epsilon_1 \le \epsilon_2 \qquad 则 \qquad u \sim v \;\; (\epsilon_2), \tag{30}$$

$$如果 \quad u \approx v \;\; (\epsilon_1) \;\; 且 \;\; \epsilon_1 \le \epsilon_2 \qquad 则 \qquad u \approx v \;\; (\epsilon_2), \tag{31}$$

$$如果 \quad u \prec v \;\; (\epsilon_1) \;\; 且 \;\; v \prec w \;\; (\epsilon_2) \qquad 则 \qquad u \prec w \;\; (\min(\epsilon_1, \epsilon_2)), \tag{32}$$

$$如果 \quad u \approx v \;\; (\epsilon_1) \;\; 且 \;\; v \approx w \;\; (\epsilon_2) \qquad 则 \qquad u \sim w \;\; (\epsilon_1 + \epsilon_2). \tag{33}$$

而且, 我们还可以毫无困难地证明

$$|u - v| \leq \epsilon|u| \quad 且 \quad |u - v| \leq \epsilon|v| \qquad 意味着 \qquad u \approx v \quad (\epsilon), \tag{34}$$

$$|u - v| \leq \epsilon|u| \quad 或 \quad |u - v| \leq \epsilon|v| \qquad 意味着 \qquad u \sim v \quad (\epsilon), \tag{35}$$

反之, 对规范化的浮点数 u 和 v, 当 $\epsilon < 1$ 时有

$$u \approx v \quad (\epsilon) \qquad 意味着 \qquad |u - v| \leq b\epsilon|u| \quad 且 \quad |u - v| \leq b\epsilon|v|, \tag{36}$$

$$u \sim v \quad (\epsilon) \qquad 意味着 \qquad |u - v| \leq b\epsilon|u| \quad 或 \quad |u - v| \leq b\epsilon|v|. \tag{37}$$

假设 $\epsilon_0 = b^{1-p}$ 为一个 ulp. 由式 (17) 可推导出不等式 $|x - \mathrm{round}(x)| = |\rho(x)| < \frac{1}{2}\epsilon_0 \min(|x|, |\mathrm{round}(x)|)$, 从而

$$x \approx \mathrm{round}(x) \quad (\tfrac{1}{2}\epsilon_0), \tag{38}$$

由此可得到 $u \oplus v \approx u + v$ $(\frac{1}{2}\epsilon_0)$ 以及其他关系式. 我们在前面给出的乘法的近似结合律也可按以下方式推出: 首先由 (19) 可得

$$\left|(u \otimes v) \otimes w - u \otimes (v \otimes w)\right| < \frac{2\epsilon_0}{(1 - \frac{1}{2}\epsilon_0)^2} \left|u \otimes (v \otimes w)\right|,$$

在上式中将 $(u \otimes v) \otimes w$ 和 $u \otimes (v \otimes w)$ 交换位置, 不等式仍然成立, 从而当 $\epsilon \geq 2\epsilon_0/(1 - \frac{1}{2}\epsilon_0)^2$ 时, 由 (34) 推出

$$(u \otimes v) \otimes w \approx u \otimes (v \otimes w) \quad (\epsilon). \tag{39}$$

例如, 当 $b = 10$, $p = 8$ 时, 我们可取 $\epsilon = 0.000\,000\,21$.

上面定义的四种关系 $\prec$、$\sim$、$\succ$ 和 $\approx$ 在数值算法中非常有用. 因此, 我们认为最好能编写用于比较两个浮点数大小的程序, 并在其他算法中使用.

现在我们回到前面考虑的问题——寻找浮点运算遵循的精确关系. 值得注意的是, 从公理化的观点来看, 浮点加法和减法并不是完全不能控制的, 因为它们满足下面定理中给出的并非一目了然的恒等式.

定理 A. 设 u 和 v 都是规范化的浮点数. 当不发生指数上溢和下溢时有

$$((u \oplus v) \ominus u) + ((u \oplus v) \ominus ((u \oplus v) \ominus u)) = u \oplus v. \tag{40}$$

上面这个看起来有点冗长的等式可以按下面的方式写得简单些: 令

$$\begin{aligned} u' &= (u \oplus v) \ominus v, & v' &= (u \oplus v) \ominus u, \\ u'' &= (u \oplus v) \ominus v', & v'' &= (u \oplus v) \ominus u'. \end{aligned} \tag{41}$$

直观上, u' 和 u'' 是 u 的近似, 而 v' 和 v'' 是 v 的近似. 定理 A 告诉我们

$$u \oplus v = u' + v'' = u'' + v'. \tag{42}$$

对上式做舍入可得

$$u \oplus v = u' \oplus v'' = u'' \oplus v'. \tag{43}$$

显然 (42) 比 (43) 的结论更强.

证明. 如果

$$t \equiv x \pmod{b^e}, \qquad |t| \leq \tfrac{1}{2}b^e, \tag{44}$$

则我们称 t 是 x 模 b^e 的尾部. 由定义可知, $x - \mathrm{round}(x)$ 一定是 x 的尾部. 本定理的结论基本上可由以下在习题 11 中证明的简单结果推出.

引理 T.   如果 t 是浮点数 x 的一个尾部，则 $x \ominus t = x - t$.   ▮

令 $w = u \oplus v$. 当 $w = 0$ 时定理 A 显然成立. 由于在 (40) 中我们可以对所有的数都乘上 b 的一个适当的幂，因此可以不失一般性地假设 $e_w = p$. 记 r 为 $u + v$ modulo 1 的尾部，则 $u + v = w + r$. 进而有 $u' = \text{round}(w - v) = \text{round}(u - r) = u - r - t$，其中 t 是 $u - r$ modulo b^e 的尾部，$e = e_{u'} - p$.

如果 $e \le 0$，则 $t \equiv u - r \equiv -v \pmod{b^e}$，所以 t 是 $-v$ 的尾部且 $v'' = \text{round}(w - u') = \text{round}(v + t) = v + t$，从而 (40) 得证. 若 $e > 0$，则 $|u - r| \ge b^p - \frac{1}{2}$. 此外，由于 $|r| \le \frac{1}{2}$，所以 $|u| \ge b^p - 1$. 因此 u 是一个整数，从而 r 是 v modulo 1 的尾部. 如果 $u' = u$，那么 $t = -r$ 是 $-v$ 的尾部. 如果 $u' \ne u$，由 $\text{round}(u - r) \ne u$ 可知 $|u| = b^p - 1$，$|r| = \frac{1}{2}$，$|u'| = b^p$，$t = r$，于是仍可得 t 是 $-v$ 的尾部.   ▮

定理 A 给出了浮点加法遵循的一个法则，但这似乎不是一个特别有用的结果. 相比之下，下面的恒等式更有意义.

定理 B.   假设定理 A 中的条件成立，则利用 (41) 的定义，有

$$u + v = (u \oplus v) + ((u \ominus u') \oplus (v \ominus v'')). \tag{45}$$

证明. 事实上，我们可以证明 $u \ominus u' = u - u'$，$v \ominus v'' = v - v''$，$(u - u') \oplus (v - v'') = (u - u') + (v - v'')$，从而可由定理 A 推出 (45). 利用在前面的证明中定义的记号，这三个等式分别等价于

$$\text{round}(t + r) = t + r, \qquad \text{round}(t) = t, \qquad \text{round}(r) = r. \tag{46}$$

习题 12 证明了在 $|e_u - e_v| \ge p$ 的特殊情况下定理成立. 如果 $|e_u - e_v| < p$，则 $u + v$ 最多有 $2p$ 位有效数字，从而易知 $\text{round}(r) = r$. 现在如果 $e > 0$，则由定理 A 的证明得 $t = -r$ 或者 $t = r = \pm\frac{1}{2}$. 如果 $e \le 0$，则 $t + r \equiv u$ 且 $t \equiv -v \pmod{b^e}$，所以只要 $e_u \ge e$ 且 $e_v \ge e$，则 $t + r$ 和 t 舍入后还是本身. 但由于 $e_w = p$，所以 $e_u < 0$ 或者 $e_v < 0$ 都与假设 $|e_u - e_v| < p$ 矛盾.   ▮

定理 B 给出了 $u + v$ 和 $u \oplus v$ 之间的差的显式表达式，且该表达式可以利用五种浮点运算表示出来. 当基数 b 是 2 或者 3 时，我们可以改进定理 B 的结果，只需要利用两种浮点运算和绝对值的（定点）比较就可以给出这个修正项的精确值.

定理 C.   如果 $b \le 3$ 且 $|u| \ge |v|$，则

$$u + v = (u \oplus v) + (u \ominus (u \oplus v)) \oplus v. \tag{47}$$

证明. 仍利用前面证明中定义的记号，我们将要证明 $v \ominus v' = r$. 这只需证明 $v' = w - u$，因为再由 (46) 即可得 $v \ominus v' = \text{round}(v - v') = \text{round}(u + v - w) = \text{round}(r) = r$.

事实上，我们将证明当 $b \le 3$ 且 $e_u \ge e_v$ 时 (47) 成立. 如果 $e_u \ge p$，则 r 是 v modulo 1 的尾部，从而 $v' = w \ominus u = v \ominus r = v - r = w - u$. 如果 $e_u < p$，则 $e_u = p - 1$，于是 $w - u$ 是 b^{-1} 的倍数. 所以当其绝对值小于 $b^{p-1} + b^{-1}$ 时，舍入后还是本身. 然而由于 $b \le 3$，所以 $|w - u| \le |w - u - v| + |v| \le \frac{1}{2} + (b^{p-1} - b^{-1}) < b^{p-1} + b^{-1}$. 于是定理得证.   ▮

当 x 恰好等于两个相邻的浮点数的算术平均值时，$\text{round}(x)$ 的处理方式不是唯一的. 而定理 A、B 和 C 的证明并不依赖于 $\text{round}(x)$ 对这种特殊情形的具体处理方法. 无论 $\text{round}(x)$ 如何定义，我们目前已经证明的结论都成立.

不存在对所有情形都能给出最佳结果的舍入规则. 例如, 我们通常希望为计算个人所得税寻找一个特定的规则. 然而对于大多数数值计算, 最佳的舍入规则似乎都是由算法 4.2.1N 给出的, 这个规则在舍入两个相邻浮点数的算术平均值时, 总是保持舍入后的浮点数的最低有效位是偶数 (或者总是奇数). 这不是一个无足轻重的技术细节, 讨论这个问题也绝不是吹毛求疵. 事实上, 这在实际应用中是非常重要的处理技术, 因为被舍入的数恰好是两个相邻浮点数的算术平均值的情形其实非常频繁地出现, 而如果我们在舍入时总是取小于或者大于它的浮点数, 很可能会导致很大的偏差. 例如在十进制运算中, 我们总是将尾数是 5 的数舍入成比它大的数. 如果 $u = 1.000\,000\,0$ 和 $v = 0.555\,555\,55$, 则 $u \oplus v = 1.555\,555\,6$. 然后我们将 $u \oplus v$ 与 v 做浮点减法, 得 $u' = 1.000\,000\,1$. 再将 u' 与 v 加一次然后减一次, 得到 $1.000\,000\,2$, 再加一次和减一次, 得到的是 $1.000\,000\,3$, 等等. 尽管我们每次都是将同一个数加一次再减一次, 所得到的数值却不断增长.

我们将上面的现象称为漂移. 然而如果我们采用基于最低有效位的奇偶性的舍入规则, 漂移现象就不会发生. 更确切地说, 我们有:

定理 D. $\quad (((u \oplus v) \ominus v) \oplus v) \ominus v = (u \oplus v) \ominus v.$

例如, 如果 $u = 1.234\,567\,9$ 和 $v = -0.234\,567\,85$, 有

$$u \oplus v = 1.000\,000\,0, \qquad\qquad (u \oplus v) \ominus v = 1.234\,567\,8,$$

$$((u \oplus v) \ominus v) \oplus v = 0.999\,999\,95, \qquad (((u \oplus v) \ominus v) \oplus v) \ominus v = 1.234\,567\,8.$$

如果要对任意的 u 和 v 证明定理中的等式, 需要按不同的情况进行很细致的分析, 请参考下面列出的文献. ▮

定理 D 对 "舍入到偶数" 和 "舍入到奇数" 的舍入策略都是成立的. 对于这两种策略, 我们该如何取舍呢? 当基数 b 是奇数时, 除了在做浮点除法, 绝不会出现以上所述的被舍入数为相邻浮点数的算术平均值的歧义情形, 而在这种情况下如何舍入显得相对不那么重要. 当基数 b 是偶数时, 我们有理由遵循以下规则: "当 $b/2$ 是奇数时舍入到偶数, 当 $b/2$ 是偶数时舍入到奇数." 浮点数的小数部分的最低有效位通常都是作为一系列运算过程中的舍入的判别条件, 而上述规则可以尽量避免舍入后的数的最低有效位上的数字是 $b/2$, 从而在接下来的舍入中不会再次遇到歧义情形. 例如我们对十进制数采取舍入到奇数的策略, 则对 $2.444\,45$ 按最后一位来舍入依次得到 $2.444\,5$、2.445、2.45、2.5 和 3. 而如果采取舍入到偶数的策略则不会连续遇到歧义情形. 当然, 如果对 $2.545\,4$ 采取舍入到偶数的策略也会造成差不多大的误差. [见罗伊·基尔, *Inf. Proc. Letters* **3** (1975), 188–189.] 有些人喜欢在任何情况下都采取舍入到偶数的策略, 因为这样会使舍入后的最低有效位有更大可能为 0. 习题 23 展示了舍入到偶数的策略的这个优点. 这两种舍入方案中没有一种在所有情形下都比另一种好. 幸运的是, 我们通常选择的基数是 $b = 2$ 或者 $b = 10$, 对这两种情形我们都认同舍入到偶数的方案是最佳的.

如果读者检查一下上面证明中的一些细节, 就会发现 $u \oplus v = \text{round}(u + v)$ 这个简单的运算规则给证明带来了很大的简化. 如果我们的浮点加法程序哪怕只是在一两种情况下不满足这个规则, 都会导致以上定理的证明变得复杂很多, 甚至无法进行.

如果我们将舍入操作替换成截断, 即令 $u \oplus v = \text{trunc}(u + v)$ 和 $u \ominus v = \text{trunc}(u - v)$, 其中 $\text{trunc}(x)$ 是对任意的正实数 x 给出不大于 x 的最大浮点数, 则定理 B 将不成立. 当 $u + v$ 和 $u \oplus v$ 之间的差不能精确地表达为一个浮点数时, 则定理 B 对于像 $(20, +0.100\,000\,01) \oplus (10, -0.100\,000\,01) = (20, +0.100\,000\,00)$ 这样的情况将不成立. 如果这个差是一个浮点数, 则对于像 $12\,345\,678 \oplus 0.012\,345\,678$ 这样的情况, 定理 B 仍然不成立.

　　有不少人认为, 反正浮点运算本身就不精确, 如果存在一种可以很方便的处理方式, 而这种方式只是在很少情况下误差较大, 那么这些误差应该不会对整个运算系统造成什么危害. 在这样的指导思想下, 计算机硬件的设计的确会简单一些, 子程序的平均运行时间也会稍微缩短一些. 然而下面的讨论会告诉我们这样的想法是错误的. 如果我们能够容忍在少数情形下舍入得不恰当, 相应带来的程序简化的确能使 FADD 算法, 即程序 4.2.1A, 节省大约 5% 的运行时间以及 25% 的存储空间, 但最好不要这样做. 其理由并非因为崇尚 "精雕细刻". 这里涉及一个关系重大的更基本的观点: 数值计算程序给出的计算结果应尽一切可能遵循各种简单而有用的数学法则. $u \oplus v = \text{round}(u + v)$ 是一个关键的公式, 是否遵循这个公式将区分两种截然不同的立场, 即对数值算法的数学分析应该做还是可以忽略. 如果不存在任何基本的对称性, 证明那些有趣的理论结果会是非常令人不快的工作. 然而, 欣赏我们所用的工具是任何成功的工作的基本要素.

　　B. 非规范化浮点运算. 将所有浮点数做规范化的规定可以从两个不同的角度来理解: 正面的理解是, 它在规定的精度限制下试图获得尽可能大的精度; 负面的理解是, 这样的做法是有潜在危险的, 因为规范化后的结果似乎比实际数据更精确[①]. 当我们将 $(1, +0.314\,285\,71) \ominus (1, +0.314\,159\,27)$ 的计算结果规范化为 $(-2, +0.126\,440\,00)$ 时, 后者的不精确性实际上比我们看到的更大. 而非规范化的形式 $(1, +0.000\,126\,44)$ 能更真实地反映计算结果的精度.

　　我们所求解问题的输入数据, 其数值常常达不到浮点数可以表示的精确程度. 例如, 阿伏伽德罗常数和普朗克常数都没有 8 位有效数字, 所以将它们写成

$$(27, +0.000\,602\,21) \qquad \text{和} \qquad (-23, +0.000\,662\,61)$$

比规范化形式的 $(24, +0.602\,214\,00)$ 和 $(-26, +0.662\,610\,00)$ 更合适. 用非规范化的形式来表达数值应当是比较好的处理方式, 因为它们能反映出输入数据有多高的精度, 以及计算结果能达到什么精度. 可惜的是, 这是一个极其困难的问题, 尽管非规范化运算能给我们一些启发. 例如, 我们可以很有信心地说阿伏伽德罗常数和普朗克常数的乘积是 $(1, +0.000\,399\,03)$, 而它们的和是 $(27, +0.000\,602\,21)$. (这个例子的目的不是想说明这些基本常数的和与乘积具有多重要的物理意义, 而是在各操作数相互独立时仍然可以保留不精确的计算结果的少量精度信息.)

　　非规范化算术运算的规则简单地说就是: 令 l_u 表示浮点数 $u = (e_u, f_u)$ 的小数部分前导零的个数, 因此 l_u 是满足 $|f_u| < b^{-l_u}$ 条件的不大于 p 的最大整数. 加法和减法仍然按照算法 4.2.1A 的方式进行, 只是省掉了所有的左移步骤. 乘法和除法则按照算法 4.2.1M 进行, 只是得到计算结果后将之向左或向右平移, 使得平移后小数部分恰好有 $\max(l_u, l_v)$ 个前导零. 其实这样的规则已经在手工计算中使用了很多年.

　　对于非规范化运算, 有

$$e_{u \oplus v}, e_{u \ominus v} = \max(e_u, e_v) + (0 \text{ 或 } 1) \tag{48}$$

$$e_{u \otimes v} = e_u + e_v - q - \min(l_u, l_v) - (0 \text{ 或 } 1) \tag{49}$$

$$e_{u \oslash v} = e_u - e_v + q - l_u + l_v + \max(l_u, l_v) + (0 \text{ 或 } 1). \tag{50}$$

当计算结果为零时, 应输出一个非规范化的零 (我们通常称之为 "大小相当于零"). 这表示计算结果不一定精确为零, 只是我们不知道它的任何有效数字.

[①] 在接下来给出的例子中, 规范化后的计算结果 $(-2, +0.126\,440\,00)$ 看起来有 8 位有效数字, 而非规范化的结果 $(1, +0.000\,126\,44)$ 则只有 5 位有效数字. 然而, 前者的最后 3 个零其实并不 "有效", 因为它们是在规范化过程中被加上去的. ——译者注

非规范化浮点运算的误差分析与规范化的形式有点不同. 我们定义

$$\delta_u = \tfrac{1}{2} b^{e_u - q - p} \qquad \text{其中 } u = (e_u, f_u). \tag{51}$$

这个数值与 u 的表示格式有关, 而不仅依赖于 $b^{e_u-q} f_u$ 的值. 由舍入规则可知

$$|u \oplus v - (u+v)| \le \delta_{u \oplus v}, \qquad |u \ominus v - (u-v)| \le \delta_{u \ominus v},$$
$$|u \otimes v - (u \times v)| \le \delta_{u \otimes v}, \qquad |u \oslash v - (u\ /\ v)| \le \delta_{u \oslash v}.$$

以上不等式既适用于规范化运算, 也适用于非规范化运算. 两种类型的误差分析的主要区别在于, 各种运算的计算结果的指数定义不同 (式 (48)–(50)).

我们曾经指出, 在本节较早时定义的四种关系运算 $\prec$、$\sim$、$\succ$ 和 $\approx$, 不仅对规范化运算, 而且对非规范化运算也成立并且有意义. 作为使用这些关系运算的一个例子, 我们下面来证明非规范化加法类似于 (39) 的近似结合律: 对于适当的正数 ϵ,

$$(u \oplus v) \oplus w \approx u \oplus (v \oplus w) \quad (\epsilon). \tag{52}$$

可以证明

$$|(u \oplus v) \oplus w - (u+v+w)| \le |(u \oplus v) \oplus w - ((u \oplus v)+w)| + |u \oplus v - (u+v)|$$
$$\le \delta_{(u \oplus v) \oplus w} + \delta_{u \oplus v}$$
$$\le 2\delta_{(u \oplus v) \oplus w}.$$

对 $|u \oplus (v \oplus w) - (u+v+w)|$ 可证明类似的不等式. 由于 $e_{(u \oplus v) \oplus w} = \max(e_u, e_v, e_w) + (0, 1\ \text{或}\ 2)$, 我们有 $\delta_{(u \oplus v) \oplus w} \le b^2 \delta_{u \oplus (v \oplus w)}$. 因此当 $\epsilon \ge b^{2-p} + b^{-p}$ 时 (52) 成立. 对于结合律, 非规范化运算要比规范化运算稳定.

需要强调的是, 非规范化运算不是包治百病的灵药. 虽然在某些例子中非规范化运算的精度比现在讨论的情形更高 (例如, 将多个数值大小差不多的小量相加, 或者对很大的 n 计算 x^n), 但在更多的例子中, 非规范化运算的精度很差而规范化运算的结果很精确. 为什么不存在完全令人满意的直接的误差分析方法, 每次只分析一次运算? 其中一个重要原因是各个操作数之间通常不是相互独立的. 这意味着各部分的误差会以怪异的方式相互抵消或者叠加. 例如, 假设 x 的值约为 $1/2$, 而 $y = x + \delta$ 是 x 的绝对误差为 δ 的近似值. 如果要计算 $x(1-x)$ 的值, 我们可以求 $y(1-y)$. 设 $x = \tfrac{1}{2} + \epsilon$, 则 $y(1-y) = x(1-x) - 2\epsilon\delta - \delta^2$. 可见绝对误差大大降低了: 它已经乘以因子 $2\epsilon + \delta$. 以上只是当操作数不是彼此独立时, 不精确数值的乘法给出很精确的计算结果的一种情形. 另一个更典型的例子是 $x \ominus x$, 无论我们使用 x 的精度多差的近似值进行计算, 都可以得到精度很好的计算结果.

非规范化运算在多步运算中提供给我们的额外信息常常比它破坏掉的信息更重要, 然而我们必须 (如往常那样) 非常小心地利用这些信息. 罗伯特·阿申赫斯特和梅特罗波利斯 [*Computers and Computing*, AMM, Slaught Memorial Papers **10** (1965 年 2 月), 47–59]、梅特罗波利斯 [*Numer. Math.* **7** (1965), 104–112]、阿申赫斯特 [*Error in Digital Computation* **2**, 路易斯·拉尔编辑 (New York: Wiley, 1965), 3–37] 都讨论了如何正确使用非规范化运算的一些例子. 阿申赫斯特给出了以非规范化浮点数作为输入和输出来计算标准数学函数的适当方法 [*JACM* **11** (1964), 168–187]. 梅特罗波利斯讨论了非规范化运算的一个扩充 [*IEEE Trans.* **C-22** (1973), 573–576], 它能够记住某些已知是精确的值.

C. 区间运算. 估算误差的另一种途径是所谓的区间运算或范围运算, 在这些运算中每个数的上界和下界可以严格保持. 例如, 如果我们已知 $u_0 \le u \le u_1$ 和 $v_0 \le v \le v_1$, 则

可将它们记为区间的形式 $u = [u_0 . . u_1]$, $v = [v_0 . . v_1]$. 于是它们的和 $u \oplus v$ 的区间表示为 $[u_0 \bigtriangledown v_0 . . u_1 \bigtriangleup v_1]$, 其中 $\bigtriangledown$ 表示"浮点数下和", 即不大于两数之和的最大浮点数. $\bigtriangleup$ 可类似定义（见习题 4.2.1–13）. 此外, $u \ominus v = [u_0 \bigtriangledown v_1 . . u_1 \bigtriangleup v_0]$. 当 u_0 和 v_0 都是正数时, 有 $u \otimes v = [u_0 \bigtriangledown v_0 . . u_1 \bigtriangleup v_1]$ 和 $u \oslash v = [u_0 \bigtriangledown v_1 . . u_1 \bigtriangleup v_0]$. 例如, 我们可将阿伏伽德罗常数和普朗克常数分别表示为

$$N = \big[(24, +0.602\,213\,31) . . (24, +0.602\,214\,03)\big],$$
$$h = \big[(-26, +0.662\,607\,15) . . (-26, +0.662\,607\,95)\big].$$

于是它们的和与乘积分别为

$$N \oplus h = \big[(24, +0.602\,213\,31) . . (24, +0.602\,214\,04)\big],$$
$$N \otimes h = \big[(-2, +0.399\,030\,84) . . (-2, +0.399\,031\,81)\big].$$

如果我们试图以 $[v_0 . . v_1]$ 作除数, 其中 $v_0 < 0 < v_1$, 则可能会遇到除以零的情况. 由于区间运算的出发点就是给出严格的误差估计, 因此在这种情形下应报告除以零错误. 然而, 如果我们按照习题 24 的讨论引进一些特殊的约定, 那么区间运算中的上溢和下溢不一定要作为严重错误来处理.

区间运算的计算代价大约是常规运算的两倍, 却可以提供切实可靠的误差估计. 考虑在数学上进行误差估计的困难, 这确实只是一个很小的代价. 如我们刚才所解释的, 计算过程中的各个中间结果是相互关联的, 因此由区间运算给出的总体误差往往很大. 而且如果我们要做区间运算, 则很多迭代数值方法都需要重新设计. 然而, 对区间运算的有效使用看来是有美好前景的, 因此我们应当努力发展区间运算并尽可能使它便于使用.

D. 历史与参考文献. 朱尔·塔内里在他关于十进制运算的经典著作 [*Leçons d'Arithmétique* (Paris: Colin, 1894)] 中认为, 在对正数做舍入时, 如果被舍入部分的第一位是 5 或者更大的数, 那么应该向前进位. 考虑到每一位上的数字恰好有一半的可能是 5 或者更大的数, 他认为这样的舍入规则平均有一半的机会向前进位, 从而使舍入误差的正负性是平衡的. 在歧义情形下, "舍入到偶数"的思想似乎首先是由詹姆斯·斯卡伯勒在其开创性著作 [*Numerical Mathematical Analysis* (Baltimore: Johns Hopkins Press, 1930), 2] 第一版中提出的. 在该书的第二版 (1950) 中, 他对此做了进一步的论述, 认为"任何人只要稍微想想就知道, 当我们将 5 去掉时, 只有一半的情形应当将其前一位加 1", 并且提议采用舍入到偶数的方式作为具体实现方案.

关于浮点运算的第一个分析是由弗里德里希·鲍尔和克劳斯·扎梅尔松给出的 [*Zeitschrift für angewandte Math. und Physik* **4** (1953), 312–316]. 至少五年后才出现下一个文献: 卡尔, *CACM* **2**, 5 (1959 年 5 月), 10–15; 还有帕特里克·费希尔, *Proc. ACM Nat. Meeting* **13** (1958), Paper 39. 詹姆斯·威尔金森也介绍了如何将单个运算的误差分析应用到大规模的问题中 [*Rounding Errors in Algebraic Processes* (Englewood Cliffs: Prentice–Hall, 1963)], 读者还可参考他在 *The Algebraic Eigenvalue Problem* (Oxford: Clarendon Press, 1965) 上的论文.

在这里特别推荐两篇论文以供进一步研究之用, 它们总结了关于浮点运算的精度的早期工作: 卡亨, *Proc. IFIP Congress* (1971), **2**, 1214–1239; 布伦特, *IEEE Trans.* **C-22** (1973), 601–607. 这两篇论文给出了很多有用的理论, 并且这些理论与实际计算的结果是一致的.

本节介绍的四种关系 $\prec$、$\sim$、$\succ$ 和 $\approx$ 与阿德里安·范·韦恩加登提出的思想类似 [*BIT* **6** (1966), 66–81]. 定理 A 和 B 是受奥利·莫勒相关工作 [*BIT* **5** (1965), 37–50, 251–255] 的启发. 定理 C 来自特奥多鲁斯·德克尔 [*Numer. Math.* **18** (1971), 224–242]. 塞波·林纳因马对这三个定理做了一些推广和改进 [*BIT* **14** (1974), 167–202]. 卡亨在他的一些未发表的文

稿中给出了定理 D. 关于定理 D 的完整证明和进一步的评论, 可以参考约翰·赖泽和高德纳, *Inf. Proc. Letters* **3** (1975), 84–87, 164.

非规范化浮点运算是由鲍尔和扎梅尔松在我们刚才引用的论文中推荐的, 而美国密歇根大学的卡尔在 1953 年独立地使用了这种运算. 几年后, MANIAC III 计算机被设计出来, 在其硬件中同时包含了规范化和非规范化浮点运算. 相关资料可参考阿申赫斯特和梅特罗波利斯, *JACM* **6** (1959), 415–428, *IEEE Trans.* **EC-12** (1963), 896–901; 阿申赫斯特, *Proc. Spring Joint Computer Conf.* **21** (1962), 195–202. 对非规范化运算的早期的进一步讨论, 还可以参考赫伯特·格雷和查尔斯·哈里森（小）, *Proc. Eastern Joint Computer Conf.* **16** (1959), 244–248; 沃尔特·韦迪, *JACM* **7** (1960), 129–139.

关于区间运算的早期发展及其某些改进, 可参考艾伦·吉布, *CACM* **4** (1961), 319–320; 布鲁斯·查特斯, *JACM* **13** (1966), 386–403; 拉蒙·穆尔, *Interval Analysis* (Prentice–Hall, 1966). 穆尔后来撰写的 *Methods and Applications of Interval Analysis* (Philadelphia: SIAM, 1979), 描述了这个研究方向后续的繁盛.

20 世纪 80 年代初, 德国卡尔斯鲁厄大学对 Pascal 语言进行了扩充, 允许变量的类型为 "区间". 在格尔德·博伦德、克里斯蒂安·乌尔里希、沃尔夫·冯·古登伯格和路易斯·拉尔撰写的 *Pascal-SC* (New York: Academic Press, 1987) 中给出了这个语言的一般性描述以及它在科学计算方面的各种特性.

乌尔里希·库利施讨论了浮点运算体系 [*Grundlagen des numerischen Rechnens: Mathematische Begründung der Rechnerarithmetik* (Mannheim: Bibl. Inst., 1976)]. 读者也可参考他的文章 *IEEE Trans.* **C-26** (1977), 610–621, 以及他与威拉德·米朗克合著的书 *Computer Arithmetic in Theory and Practice* (New York: Academic Press, 1981).

尼古拉斯·海厄姆对浮点运算误差分析的近期研究成果做了非常好的总结 [*Accuracy and Stability of Numerical Algorithms* (Philadelphia: SIAM, 1996)].

习题

注: 除非特别说明, 否则我们总是假设所做的是规范化运算.

1. [*M18*] 证明可以由恒等式 (2)–(6) 推导出恒等式 (7).

2. [*M20*] 利用恒等式 (2)–(8) 证明, 当 $x \geq 0$ 且 $y \geq 0$ 时有 $(u \oplus x) \oplus (v \oplus y) \geq u \oplus v$.

3. [*M20*] 找出 8 位的十进制浮点数 u、v 和 w, 满足

$$u \otimes (v \otimes w) \neq (u \otimes v) \otimes w,$$

并且在计算过程中不会发生指数上溢和下溢.

4. [*10*] 是否能找到浮点数 u、v 和 w, 使得在计算 $u \otimes (v \otimes w)$ 时会发生指数上溢, 但在计算 $(u \otimes v) \otimes w$ 时不会发生指数上溢?

5. [*M20*] 如果不发生指数上溢和下溢, $u \oslash v = u \otimes (1 \oslash v)$ 是否对所有的浮点数 u 和 $v \neq 0$ 成立?

6. [*M22*] 下面两个恒等式是否对所有浮点数 u 都成立? (a) $0 \ominus (0 \ominus u) = u$, (b) $1 \oslash (1 \oslash u) = u$.

7. [*M21*] 设 $u^{②}$ 表示 $u \otimes u$. 找出二进制浮点数 u 和 v 满足 $(u \oplus v)^{②} > 2(u^{②} + v^{②})$.

▶ **8.** [*20*] 设 $\epsilon = 0.0001$. 对下面各组基数为 10, 超量为 0 的 8 位浮点数, 以下四种关系

$$u \prec v \ \ (\epsilon), \qquad u \sim v \ \ (\epsilon), \qquad u \succ v \ \ (\epsilon), \qquad u \approx v \ \ (\epsilon)$$

中哪几种成立?

(a) $u = (1, +0.31415927)$, $v = (1, +0.31416000)$.

(b) $u = (0, +0.999\,970\,00)$, $v = (1, +0.100\,000\,39)$.

(c) $u = (24, +0.602\,214\,00)$, $v = (27, +0.000\,602\,21)$.

(d) $u = (24, +0.602\,214\,00)$, $v = (31, +0.000\,000\,06)$.

(e) $u = (24, +0.602\,214\,00)$, $v = (28, +0.000\,000\,00)$.

9. [*M22*] 证明 (33)，并解释一下为什么我们不能把这个结论加强为 $u \approx w$ $(\epsilon_1 + \epsilon_2)$.

▶ **10.** [*M25*]（卡亨）假设有一台计算机在做浮点运算时没有正确地进行舍入. 确切地说，它的浮点乘法程序只保留了 $2p$ 位乘积 $f_u f_v$ 的前 p 位.（因此，当 $f_u f_v < 1/b$ 时，$u \otimes v$ 的最低有效位会在规范化步骤中被置为 0. ）请说明这将导致乘法的单调性不成立. 具体来说，请找出正的规范化浮点数 u、v 和 w，使得在这台计算机上有 $u < v$，但 $u \otimes w > v \otimes w$.

11. [*M20*] 证明引理 T.

12. [*M24*] 对 $|e_u - e_v| \geq p$ 的情形证明定理 B 和 (46).

▶ **13.** [*M25*] 某些编程语言（甚至某些计算机）只有浮点运算的功能，而不提供整数的精确计算功能. 当需要做整数计算时，我们当然还是可以将整数写成浮点数的格式. 当浮点运算遵循 (9) 中的定义时我们知道，只要操作数和计算结果都可以用 p 位精确表示，那么浮点运算就是精确的. 也就是说，只要进行运算的数都不是太大，则对整数做加、减、乘法时不会因为舍入而产生误差.

然而，假设一个程序员要判断 m 是否为 n 的整数倍，其中 m 和 $n \neq 0$ 都是整数. 我们还假设已经有一个子程序可以像习题 4.2.1–15 要求的那样，对给定的浮点数 u 计算 $\text{round}(u \bmod 1) = u\,\text{(mod)}\,1$. 于是判断 m 是否为 n 的整数倍的一个好办法，是利用这个子程序来检验 $(m \oslash n)\,\text{(mod)}\,1 = 0$ 是否成立. 然而，在某些情况下浮点运算的舍入误差会导致这个方法失效.

请对 m 和 $n \neq 0$ 的取值范围给出适当的条件，使得在此条件下 m 是 n 的整数倍当且仅当 $(m \oslash n)\,\text{(mod)}\,1 = 0$. 确切地说，证明当 m 和 n 不是太大时，上一段中的判断方法是有效的.

14. [*M27*] 找一个适当的 ϵ，使得在做非规范化乘法时有 $(u \otimes v) \otimes w \approx u \otimes (v \otimes w)$ (ϵ).（这是对 (39) 的推广，因为这个结果说明，当输入的操作数 u、v 和 w 都是规范化的浮点数时，非规范化的乘法运算和规范化的乘法运算是没有区别的. ）

▶ **15.** [*M24*]（约翰·比约克）对任意区间，我们求得的区间中点是否一定位于两个端点之间？（换句话说，若 $u \leq v$，是否必有 $u \leq (u \oplus v) \oslash 2 \leq v$？）

16. [*M28*] (a) 对于 8 位数的十进制浮点运算，设 $n = 10^6$ 且对于所有 k，$x_k = 1.111\,111\,1$，请问 $(\cdots((x_1 \oplus x_2) \oplus x_3) \oplus \cdots \oplus x_n)$ 的计算结果是多少？(b) 若使用式 (14) 计算上述 x_k 值的标准差会出现什么情况？如果用式 (15) 和 (16) 来计算标准差呢？(c) 证明对任意 $x_1, \ldots, x_k$，由公式 (16) 求得的 $S_k \geq 0$.

17. [*28*] 请写一个 MIX 子程序 FCMP，用来比较存储在单元 ACC 中的浮点数 u 和存储在寄存器 A 中的浮点数 v. 根据比较结果是 $u \prec v$、$u \sim v$ 或者 $u \succ v$ (ϵ)，将比较结果设为 LESS、EQUAL 或者 GREATER. 这里 ϵ 是存储在 EPSILON 中的非负定点数，并且假设小数点位于最左边. 假设输入是规范化的.

18. [*M40*] 对于非规范化浮点运算，是否存在适当的 ϵ，使得

$$u \otimes (v \oplus w) \approx (u \otimes v) \oplus (u \otimes w) \quad (\epsilon)?$$

▶ **19.** [*M30*]（卡亨）考虑对 $x_1, x_2, \ldots, x_n$ 进行浮点求和的下列过程：

$$s_0 = c_0 = 0;$$

$$y_k = x_k \ominus c_{k-1}, \quad s_k = s_{k-1} \oplus y_k, \quad c_k = (s_k \ominus s_{k-1}) \ominus y_k, \qquad \text{对于 } 1 \leq k \leq n.$$

这些运算的相对误差定义为

$$y_k = (x_k - c_{k-1})(1 + \eta_k), \qquad s_k = (s_{k-1} + y_k)(1 + \sigma_k),$$

$$c_k = ((s_k - s_{k-1})(1 + \gamma_k) - y_k)(1 + \delta_k),$$

其中 $|\eta_k|, |\sigma_k|, |\gamma_k|, |\delta_k| \leq \epsilon$. 证明 $s_n - c_n = \sum_{k=1}^{n}(1 + \theta_k)x_k$，其中 $|\theta_k| \leq 2\epsilon + O(n\epsilon^2)$. [定理 C 告诉我们，当 $b = 2$ 且 $|s_{k-1}| \geq |y_k|$ 时有 $s_{k-1} + y_k = s_k - c_k$. 而在这个习题中我们想给出一个估计，即使在浮点运算的结果未能足够好地舍入时也能成立，其中我们只是假设每次运算的相对误差有界.]

20. [*25*] （塞波・林纳因马）求所有使得 $|u| \geq |v|$ 且 (47) 不成立的数 u 和 v.

21. [*M35*] （德克尔）定理 C 已经告诉我们如何对二进制浮点数进行精确求和. 请说明如何精确相乘：将乘积 uv 表示成 $w + w'$，其中 w 和 w' 都可以由二进制浮点数 u 和 v 通过仅仅使用 $\oplus$、$\ominus$ 和 $\otimes$ 运算得到.

22. [*M30*] 漂移现象是否会出现在浮点乘法和除法中？给定 u 和 $v \neq 0$，考虑序列 $x_0 = u$，$x_{2n+1} = x_{2n} \otimes v$，$x_{2n+2} = x_{2n+1} \oslash v$，使得 $x_k \neq x_{k+2}$ 的最大下标 k 是多少？

▶ **23.** [*M26*] 证明或证伪以下命题：对所有浮点数 u，有 $u \ominus (u \pmod 1) = \lfloor u \rfloor$.

24. [*M27*] 考虑所有区间 $[u_l \mathbin{..} u_r]$ 的集合，其中 u_l 和 u_r 要么是非零浮点数，要么是以下特殊符号：$+0$，-0，$+\infty$，$-\infty$. 我们要求 $u_l \leq u_r$，且仅当 u_l 是有限的非零值时允许 $u_l = u_r$. 区间 $[u_l \mathbin{..} u_r]$ 包含所有满足 $u_l \leq x \leq u_r$ 的浮点数 x，其中

$$-\infty < -x < -0 < 0 < +0 < +x < +\infty$$

对所有正数 x 成立.（于是 $[1 \mathbin{..} 2]$ 表示 $1 \leq x \leq 2$，$[+0 \mathbin{..} 1]$ 表示 $0 < x \leq 1$，$[-0 \mathbin{..} 1]$ 表示 $0 \leq x \leq 1$，$[-0 \mathbin{..} +0]$ 表示单个值零，$[-\infty \mathbin{..} +\infty]$ 表示全体浮点数.）请对所有这些区间定义合适的算术运算，使得除了被包含 0 的区间除的运算，在其他运算中都不会发生上溢或下溢，也不需要利用非正常的符号来表示运算结果.

▶ **25.** [*15*] 当人们提到浮点数运算的不精确性时，常常把误差归结为将两个几乎相等的数相减时发生的"抵消"现象. 然而，对两个近似相等的浮点数 u 和 v，浮点数减法 $u \ominus v$ 其实是精确的，并不会产生误差. 那么上述说法实际上是什么意思呢？

26. [*M21*] 假设 u、u'、v 和 v' 都是正的浮点数，且 $u \sim u'$ (ϵ) 和 $v \sim v'$ (ϵ). 请证明对于规范化浮点运算，存在一个小的 ϵ' 使得 $u \oplus v \sim u' \oplus v'$ (ϵ').

27. [*M27*] （卡亨）证明 $1 \oslash (1 \oslash (1 \oslash u)) = 1 \oslash u$ 对所有 $u \neq 0$ 成立.

28. [*HM30*] （哈罗德・戴蒙德）设 $f(x)$ 是定义在某个区间 $[x_0 \mathbin{..} x_1]$ 上的严格递增函数，$g(x)$ 是它的反函数.（例如，f 和 g 可能分别为 exp 和 ln，或者 tan 和 arctan.）如果 x 是浮点数且满足 $x_0 \leq x \leq x_1$，则定义 $\hat{f}(x) = \mathrm{round}(f(x))$，并且对满足 $f(x_0) \leq y \leq f(x_1)$ 的 y 定义 $\hat{g}(y) = \mathrm{round}(g(y))$. 进而定义 $h(x) = \hat{g}(\hat{f}(x))$，其中 x 取所有使右端表达式有意义的值. 尽管由于进行了舍入，$h(x)$ 并不一定等于 x，但我们期望 $h(x)$ 可以非常接近 x.

证明当精度 b^p 至少为 3 且 f 是严格凹函数或严格凸函数（即对于在 $[x_0 \mathbin{..} x_1]$ 中的所有 x，$f''(x)$ 的符号相同）时，重复作用函数 h 的运算是稳定的，即

$$h(h(h(x))) = h(h(x))$$

对所有使得上式等号两侧的函数有意义的 x 成立. 换句话说，只要子程序能正确执行，就不会出现"漂移"现象.

▶ **29.** [*M25*] 举例说明在上一道习题中 $b^p \geq 3$ 是必要条件.

▶ **30.** [*M30*] （卡亨）对 $x < 1$ 定义 $f(x) = 1 + x + \cdots + x^{106} = (1 - x^{107})/(1 - x)$，对 $0 < y < 1$ 定义 $g(y) = f((\frac{1}{3} - y^2)(3 + 3.45y^2))$. 请在一个或多个袖珍计算器上求 $y = 10^{-3}$，10^{-4}，10^{-5}，10^{-6} 时 $g(y)$ 的值，并解释你所得到的计算结果的不精确性.（由于现在的很多袖珍计算器都不能正确地舍入，因此计算结果往往都是令人吃惊的. 请注意 $g(\epsilon) = 107 - 10\,491.35\epsilon^2 + 659\,749.962\,5\epsilon^4 - 30\,141\,386.266\,25\epsilon^6 + O(\epsilon^8)$.）

31. [*M25*] （库利施）当我们用标准的 53 个二进制位的双精度浮点运算来求多项式 $2y^2 + 9x^4 - y^4$ 在 $x = 408\,855\,776$ 和 $y = 708\,158\,977$ 的值时，计算结果约等于 -3.7×10^{19}. 而如果用另一种表达式 $2y^2 + (3x^2 - y^2)(3x^2 + y^2)$ 来计算，结果则约等于 $+1.0 \times 10^{18}$. 然而，精确的结果应该是（严格等于）1.0. 说明如何构造具有数值不稳定性的其他类似例子.

32. [*M21*] 请找出 (a, b)，使得 $\mathrm{round\_to\_even}(x) = \lfloor ax + b \rfloor + \lceil ax - b \rceil$ 对所有 x 都成立.

*4.2.3 双精度计算

到目前为止我们已经讨论了不少"单精度"浮点运算，即参加运算的浮点数可储存在一个机器字中．如果对所考虑的应用问题，单精度浮点运算不能达到足够的精度，我们可以采用适当的编程技巧，用两个或更多的机器字来存储一个浮点数，从而提高运算精度．

尽管我们将在 4.3 节中讨论高精度计算的一般问题，但在这里单独讨论一下双精度的计算也无不妥．有一些适用于双精度计算的特殊技巧对高精度计算相对不那么合适．而且双精度计算本身就是一个相当重要的研究课题，因为它是从单精度向高精度计算跨出的第一步，而且有许多问题需要用到双精度，但又不需要特别高的精度．

我在 20 世纪 60 年代撰写本书的第一版时，上面这段话的观点是对的．然而随着近半个世纪以来计算机的发展，原来那些使用双精度计算的动机大都不复存在了．因此，保存本节的内容主要是出于历史兴趣．在规划中的本书的第四版里，我们准备将 4.2.1 节的标题改为"规范化浮点计算"，而当前的 4.2.3 节将替换为对"例外的数"的讨论．这些讨论主要关注ANSI/IEEE 标准 754 中的一些特殊规定：非标准浮点数，无穷大量，以及用来表示未定义或非普通数的量的所谓NaNs．（请参考 4.2.1 节末尾的文献．）同时，保留本节也是为了最后再回顾一下以前的一些观点，也许可以从中吸取一些经验教训．

双精度计算在浮点运算中几乎总要用到，但很少用在定点运算中，不过在统计量的计算中我们会用双精度定点数来计算平方和与叉积．由于定点数的双精度计算比浮点数的更简单，因此我们在这里只讨论后者．

我们经常需要用到双精度，不仅是为了增加浮点数的小数部分的长度，而且也会扩展指数部分的表示范围．在这一节里，我们在 MIX 计算机中使用的双精度浮点数的双字格式为：

$$
\boxed{\pm\ \ e\ \ e\ \ f\ \ f\ \ f}\qquad \boxed{\ \ f\ \ f\ \ f\ \ f\ \ f}\ . \tag{1}
$$

也就是说，有 2 个字节用来表示指数，8 个字节表示小数部分．指数是"超量为 $b^2/2$ 的"，其中 b 是字节大小．符号位出现在第一个字中．为方便起见，我们完全忽略后一个字的符号位．

以下关于双精度的讨论将是完全面向机器的，因为只有通过研究程序代码中出现的问题，我们才能真正理解好这个主题．因此，仔细地研究下面的 MIX 程序对理解我们将要讨论的内容非常重要．

本节将不会追求前两节中提出的理想的精度目标．在双精度计算程序中不会对计算结果进行舍入，并且有时允许出现一点小的误差．这样的程序不容易得到用户的充分信任．对于单精度计算，我们有充分的理由去达到尽可能高的精度，但现在我们面对的是很不相同的情况：(a)我们可以考虑增加额外的代码以保证对所有情形都进行双精度浮点数的舍入，这需要大约两倍的空间以及多一半的运行时间．要使得单精度计算的程序达到尽善尽美是相对容易的，但双精度浮点运算需要我们直接面对计算机的极限．类似的情况在其他浮点子程序中也会出现．我们不能期望计算余弦值的程序可以对所有 x 都精确计算 $\mathrm{round}(\cos x)$，因为这几乎是不可能的．事实上，余弦程序应当对 x 的所有适当的值，以适当的速度给出它可以达到的最小相对误差的计算结果．当然，程序的设计者应当尽可能使所计算的函数尽量满足基本的数学定律——例如，

$$
\boxed{\cos}\,(-x)=\boxed{\cos}\,x,\quad |\boxed{\cos}\,x|\le 1,\quad \boxed{\cos}\,x\ge\boxed{\cos}\,y\ \text{对于}\ 0\le x\le y<\pi.
$$

(b) 单精度计算是"主食"，每一个需要做浮点运算的人都要用它，而双精度计算不必象单精度计算这样精益求精．7 位和 8 位精度的区别是很大的，但我们很少在意 15 位和 16 位精度的差别．双精度计算往往用在单精度计算过程中的中间步骤，我们其实不必用尽它的精度．(c) 分析双

精度程序可能会不精确到什么程度是很有意义的工作，因为由此我们可以预见，在单精度计算程序中如果采用了类似的处理方法将产生严重后果（见习题 7 和 8）.

现在让我们用这种观点来考虑加法和减法运算. 当然，如果将减法运算中的第二个操作数取相反数，就可以将减法转换为加法. 在做加法时，我们将两个数的高半部分和低半部分有效位分别相加，并适当地做"进位"操作.

然而，由于我们做的是带符号数的运算，因此会遇到以下困难：在将低半部分有效位相加时有可能给出错误的符号（例如，当两个操作数的符号相反，且较小的操作数的低半部分比较大的操作数的低半部分更大时）. 最简单的解决方案是预测计算结果的符号. 因此，我们不仅要像算法 4.2.1A 的步骤 A2 那样假设 $e_u \geq e_v$，而且还要假设 $|u| \geq |v|$. 这样我们就知道计算结果的符号与 u 的符号相同. 在其他方面双精度加法与单精度加法非常类似，只不过每个步骤都要做两次.

程序 A（双精度浮点加法）. 子程序 DFADD 将一个具有 (1) 中所示形式的双精度浮点数 v 与双精度浮点数 u 相加. 我们假设 v 最初存储在 rAX（寄存器 A 和 X）中，而 u 最初存储在单元 ACC 和 ACCX 中. 计算结果则存放在 rAX 和 (ACC, ACCX) 中. 子程序 DFSUB 从 u 中减去 v，相关设定同上.

我们假设两个输入的操作数都是规范化的浮点数，计算结果也将被规范化. 这个程序的最后部分是对双精度浮点数进行规范化，这段代码在这一节的其他子程序中也会用到. 习题 5 对这个程序作了重大改进.

```
01  ABS     EQU   1:5          绝对值的字段定义
02  SIGN    EQU   0:0          符号的字段定义
03  EXPD    EQU   1:2          双精度指数字段
04  DFSUB   STA   TEMP         双精度减法：
05          LDAN  TEMP         改变 v 的符号.
06  DFADD   STJ   EXITDF       双精度加法：
07          CMPA  ACC(ABS)     比较 |v| 和 |u|.
08          JG    1F
09          JL    2F
10          CMPX  ACCX(ABS)
11          JLE   2F
12  1H      STA   ARG          如果 |v| > |u|, 交换 u ↔ v.
13          STX   ARGX
14          LDA   ACC
15          LDX   ACCX
16          ENT1  ACC          (ACC 和 ACCX 位于
17          MOVE  ARG(2)            相邻的单元中. )
18  2H      STA   TEMP
19          LD1N  TEMP(EXPD)   rI1 ← −e_v.
20          LD2   ACC(EXPD)    rI2 ← e_u.
21          INC1  0,2          rI1 ← e_u − e_v.
22          SLAX  2            去掉指数.
23          SRAX  1,1          右移.
24          STA   ARG          0 v_1 v_2 v_3 v_4
25          STX   ARGX                   v_5 v_6 v_7 v_8 v_9
26          STA   ARGX(SIGN)   在前后两半都存储 v 的真正符号.
```

27		LDA	ACC	（我们知道计算结果与 u 同号.）
28		LDX	ACCX	$rAX \leftarrow u$.
29		SLAX	2	去掉指数.
30		STA	ACC	$u_1 u_2 u_3 u_4 u_5$
31		SLAX	4	
32		ENTX	1	
33		STX	EXPO	EXPO $\leftarrow 1$（见后续代码）.
34		SRC	1	$1\ u_5\ u_6\ u_7\ u_8$
35		STA	1F(SIGN)	一个小技巧，请参考正文中的说明.
36		ADD	ARGX(0:4)	加 $0\ v_5\ v_6\ v_7\ v_8$.
37		SRAX	4	
38	1H	DECA	1	将插入的 1 调整过来.（改变符号）
39		ADD	ACC(0:4)	将高半部分相加.
40		ADD	ARG	（不会发生溢出）
41	DNORM	JANZ	1F	规范化子程序:
42		JXNZ	1F	f_w 在 rAX 中, $e_w = $ EXPO $+ rI2$.
43	DZERO	STA	ACC	如果 $f_w = 0$, 则令 $e_w \leftarrow 0$.
44		JMP	9F	
45	2H	SLAX	1	向左进行规范化.
46		DEC2	1	
47	1H	CMPA	=0=(1:1)	前导字节为零吗？
48		JE	2B	
49		SRAX	2	（省略舍入步骤）
50		STA	ACC	
51		LDA	EXPO	计算最终的指数.
52		INCA	0,2	
53		JAN	EXPUND	是负数吗？
54		STA	ACC(EXPD)	
55		CMPA	=1(3:3)=	是否多于两个字节？
56		JL	8F	
57	EXPOVD	HLT	20	
58	EXPUND	HLT	10	
59	8H	LDA	ACC	将计算结果移到 rA 中.
60	9H	STX	ACCX	
61	EXITDF	JMP	*	从子程序中退出.
62	ARG	CON	0	
63	ARGX	CON	0	
64	ACC	CON	0	浮点累加器
65	ACCX	CON	0	
66	EXPO	CON	0	"原始指数" 部分 ▮

    这个程序在将两个数的低半部分相加时，会在已知有正确符号的那个字的最左边额外插入一个 "1". 在将低半部分相加后，这个字节的值根据不同情形可能是 0、1 或者 2. 无论是哪种情况，我们都用上述方式统一处理了.（请将这种方法与程序 4.2.1A 中使用的比较麻烦的求补运算进行比较.）

值得注意的是，在运行完第 40 行的指令后，寄存器 A 中的值可能为零. 根据 MIX 对计算结果为零的处理方法，只要寄存器 X 的值非零，累加器中的符号就是正确的，这个符号会被用来确定计算结果的符号. 虽然 39 行与 40 行都是 ADD 指令，但如果我们将这两行互换，程序的结果就会出错！

下面我们考虑双精度浮点乘法. 如图 4 所示的那样，乘积可分成四段. 由于我们只需要最左边的 8 个字节，因此图中的垂线右边的数字都可以忽略. 事实上，我们并不需要计算两个操作数的低半部分有效位的乘积.

$$
\begin{array}{l}
u\;u\;u\;u\;u \quad u\;u\;u\;0\;0 = u_m + \epsilon u_l \\
v\;v\;v\;v\;v \quad v\;v\;v\;0\;0 = v_m + \epsilon v_l \\
\hline
\qquad\qquad x\;x\;x\;x\;x \quad x\;0\;0\;0\;0 = \epsilon^2 u_l \times v_l \\
\qquad x\;x\;x\;x\,|\,x \quad x\;x\;x\;0\;0 \qquad\quad = \epsilon u_m \times v_l \\
\qquad x\;x\;x\;x\,|\,x \quad x\;x\;x\;0\;0 \qquad\quad = \epsilon u_l \times v_m \\
x\;x\;x\;x\;x \quad x\;x\;x\,|\,x \qquad\qquad\quad = u_m \times v_m \\
\hline
w\;w\;w\;w\;w \quad w\;w\;w\,|\,w \quad w\;w\;w\;w\;w \quad w\;0\;0\;0\;0
\end{array}
$$

图 4 对两个小数部分为八个字节的浮点数做双精度乘法

程序 M （双精度浮点乘法）. 在这个子程序中，对输入和输出数据的设定与程序 A 相同.

01	BYTE	EQU	1(4:4)	字节大小
02	QQ	EQU	BYTE*BYTE/2	双精度指数的超量
03	DFMUL STJ	EXITDF	双精度乘法:
04		STA	TEMP	
05		SLAX	2	去掉指数.
06		STA	ARG	v_m
07		STX	ARGX	v_l
08		LDA	TEMP(EXPD)	
09		ADD	ACC(EXPD)	
10		STA	EXPO	EXPO $\leftarrow e_u + e_v$.
11		ENT2	-QQ	rI2 $\leftarrow$ -QQ.
12		LDA	ACC	
13		LDX	ACCX	
14		SLAX	2	去掉指数.
15		STA	ACC	u_m
16		STX	ACCX	u_l
17		MUL	ARGX	$u_m \times v_l$
18		STA	TEMP	
19		LDA	ARG(ABS)	
20		MUL	ACCX(ABS)	$|v_m \times u_l|$
21		SRA	1	$0\,x\,x\,x\,x$
22		ADD	TEMP(1:4)	（不会发生溢出）
23		STA	TEMP	
24		LDA	ARG	
25		MUL	ACC	$v_m \times u_m$
26		STA	TEMP(SIGN)	记录计算结果的正确的符号.
27		STA	ACC	现在准备将
28		STX	ACCX	各部分乘积相加.

29	LDA	ACCX(0:4)	0 x x x x
30	ADD	TEMP	（不会发生溢出）
31	SRAX	4	
32	ADD	ACC	（不会发生溢出）
33	JMP	DNORM	对计算结果作规范化处理并退出. ▌

请注意这个程序对符号的处理非常谨慎. 此外, 考虑到指数的取值范围, 我们不可能使用变址寄存器来计算乘积的指数. 程序 M 在精度方面的处理可能稍显粗糙, 因为它只利用了图 4 中垂线左侧的那些信息, 从而乘积的最低有效字节的误差最大可达到 2. 习题 4 讨论了一种可以达到更高一点精度的处理方法.

双精度浮点除法是这一章到目前为止最困难, 或者至少是最令人害怕的程序. 事实上, 一旦知道了该怎么处理, 这个程序就不会再像我们想像的那么复杂. 假设要计算 $(u_m + \epsilon u_l)/(v_m + \epsilon v_l)$, 其中 ϵ 是计算机的字大小的倒数, 并且假设 v_m 已经被规范化. 我们可将这个分数展开为

$$\frac{u_m + \epsilon u_l}{v_m + \epsilon v_l} = \frac{u_m + \epsilon u_l}{v_m} \left(\frac{1}{1 + \epsilon(v_l/v_m)} \right)$$
$$= \frac{u_m + \epsilon u_l}{v_m} \left(1 - \epsilon \left(\frac{v_l}{v_m} \right) + \epsilon^2 \left(\frac{v_l}{v_m} \right)^2 - \cdots \right). \tag{2}$$

由于 $0 \le |v_l| < 1$ 且 $1/b \le |v_m| < 1$, 所以 $|v_l/v_m| < b$, 从而误差中含 ϵ^2 的项以及后面的各项都可以忽略. 于是, 我们只需先求 $w_m + \epsilon w_l = (u_m + \epsilon u_l)/v_m$, 然后再减去 ϵ 和 $w_m v_l/v_m$ 的乘积.

在下面的程序中, 27-32 行对两个双精度数的低半部分有效位做加法, 这是有别于程序 A 的另一种确保得到正确符号的技巧.

程序 D （双精度浮点除法）. 这个程序将沿用与程序 A 和程序 M 完全相同的设定.

01	DFDIV	STJ EXITDF	双精度除法:
02		JOV OFLO	确保溢出标志关闭.
03		STA TEMP	
04		SLAX 2	去掉指数.
05		STA ARG	v_m
06		STX ARGX	v_l
07		LDA ACC(EXPD)	
08		SUB TEMP(EXPD)	
09		STA EXPO	EXPO $\leftarrow e_u - e_v$.
10		ENT2 QQ+1	rI2 $\leftarrow$ QQ $+ 1$.
11		LDA ACC	
12		LDX ACCX	
13		SLAX 2	去掉指数.
14		SRAX 1	（见算法 4.2.1M）
15		DIV ARG	如果发生溢出, 下面会检测到.
16		STA ACC	w_m
17		SLAX 5	后面做除法时要用到余数.
18		DIV ARG	
19		STA ACCX	$\pm w_l$
20		LDA ARGX(1:4)	
21		ENTX 0	

22	DIV	ARG(ABS)	rA ← $\lfloor \lfloor b^4 v_l/v_m \rfloor \rfloor / b^5$.
23	JOV	DVZROD	做除法时发生溢出吗?
24	MUL	ACC(ABS)	rAX ← $|w_m v_l / b v_m|$.
25	SRAX	4	乘以 b, 并保存
26	SLC	5	前导字节于 rX 中.
27	SUB	ACCX(ABS)	减去 $|w_l|$.
28	DECA	1	将符号确定为负号.
29	SUB	WM1	
30	JOV	*+2	如果没有发生溢出,
31	INCX	1	则向高半部分进 1.
32	SLC	5	(现在 rA ≤ 0)
33	ADD	ACC(ABS)	rA ← $|w_m| - |rA|$.
34	STA	ACC(ABS)	(现在 rA ≥ 0)
35	LDA	ACC	rA ← w_m, 保持符号正确.
36	JMP	DNORM	进行规范化并退出.
37	DVZROD HLT	30	无法规范化或者除以零
38	1H EQU	1(1:1)	
39	WM1 CON	1B-1,BYTE-1(1:1)	字大小减 1 ▮

下表是各个双精度计算子程序的近似平均计算时间, 以及与 4.2.1 节中对应的单精度计算子程序的计算时间的比较:

	单精度	双精度
加法	$45.5u$	$84u$
减法	$49.5u$	$88u$
乘法	$48u$	$109u$
除法	$52u$	$126.5u$

关于如何将双精度计算的处理技巧应用到三精度浮点小数部分, 可参考池边八洲彦, *CACM* **8** (1965), 175–177.

习题

1. [*16*] 请用双精度除法技术来手算 180 000 除以 314 159, 其中取 $\epsilon = \frac{1}{1000}$. (具体来说, 取 $(u_m, u_l) = (0.180, 0.000)$ 和 $(v_m, v_l) = (0.314, 0.159)$, 然后用正文中 (2) 后边介绍的方法求它们的商.)

2. [*20*] 如果想避免寄存器 X 中多余的信息影响计算结果的精度, 那么在程序 M 的第 30 和 31 行之间插入指令 ENTX 0 是否是一个好办法?

3. [*M20*] 请解释一下为什么在程序 M 中不会发生溢出.

4. [*22*] 如果将图 4 中的垂线向右移一位, 则可获得更高的精度, 应如何相应修改程序 M? 请具体说明所有需要做的修改, 以及这些改变所导致的运行时间的差别.

▶ **5.** [*24*] 如果将在小数点右侧有 8 个字节的累加器改为有 9 个字节的累加器, 则可提高计算精度, 应如何相应修改程序 A? 请具体说明所有需要做的修改, 以及这些改变所导致的运行时间的差别.

6. [*23*] 假设本节的双精度计算子程序和 4.2.1 节的单精度子程序同时用在一个主程序中. 请写一个子程序将单精度浮点数转换为具有形式 (1) 的双精度浮点数, 以及一个子程序将双精度浮点数转换为单精度浮点数 (若无法进行转换, 则报告指数上溢或下溢.)

▶ **7.** [*M30*] 请给出下列相对误差

$$|((u \oplus v) - (u+v))/(u+v)|, \quad |((u \otimes v) - (u \times v))/(u \times v)|, \quad |((u \oslash v) - (u/v))/(u/v)|$$

的上界 δ_1、δ_2 和 δ_3,从而估计本节中的双精度计算子程序的计算精度.

8. [*M28*] 用习题 7 中的方式估计习题 4 和 5 中"改进"的双精度计算子程序的计算精度.

9. [*M42*] 德克尔 [*Numer. Math.* **18** (1971), 224–242] 提出了完全基于单精度二进制运算的一种双精度计算方法. 定理 4.2.2C 告诉我们,当 $|u| \geq |v|$ 且基数为 2 时 $u + v = w + r$,其中 $w = u \oplus v$ 和 $r = (u \ominus w) \oplus v$. 这里 $|r| \leq |w|/2^p$,从而数对 (w, r) 可看作 $u+v$ 的双精度表示. 如果要将两个数对相加,即计算 $(u, u') \oplus (v, v')$,其中 $|u'| \leq |u|/2^p$ 和 $|v'| \leq |v|/2^p$ 且 $|u| \geq |v|$,德克尔建议先求 $u + v = w + r$(精确计算),然后计算 $s = (r \oplus v') \oplus u'$(一个近似的余数),最后输出计算结果 $(w \oplus s, (w \ominus (w \oplus s)) \oplus s)$.

请递归运用上面的方法以实现四倍精度运算,并分析其精度和计算效率.

4.2.4　浮点数的分布

为了分析浮点算法的平均表现(特别是确定它们的平均运行时间),我们需要一些统计信息以了解各种不同情况出现的机会有多大. 本节的目的就是讨论浮点数分布的经验和理论性质.

A. 加法和减法程序. 浮点加法和减法的运行时间在很大程度上依赖于操作数的指数之间的差,同时也与需要做的(向左或向右)规范化次数有关. 目前还不知道如何建立一个好的理论模型来告诉我们可预期的特征是什么,不过杜拉·斯威尼已经在这方面做了不少经验性的探索 [*IBM Systems J.* **4** (1965), 31–42].

利用一个特殊的追踪程序,斯威尼运行了六个选自不同计算实验室的"典型"的大规模数值计算程序,并非常细致地检查其中的每个浮点加法和减法运算. 他总共检查了 250 000 多个浮点加减法运算来搜集数据. 在这些被测试的程序中,大概每十个指令就有一个是 FADD 或者 FSUB.

在减法运算中如果将第二个操作数取相反数,减法就变成了加法,所以在进行统计时可以认为我们只是做加法运算. 斯威尼的结论可归纳如下.

在加法运算中,其中一个操作数等于零的概率大约为 9%,而且这个操作数通常来自累加器(ACC). 其余 91% 的情况,两个操作数符号相同和相反的情况大概各占一半,$|u| \leq |v|$ 或者 $|v| \leq |u|$ 的情况也大概各占一半. 大概有 1.4% 的情况计算结果为零.

在表 1 中给出了对不同的基数 b,两个操作数的指数差的各种数值出现的近似概率.(表中">5"那一行的数据包括了其中一个操作数等于零的情况,而"平均"那一行的数据没有包括这种情况.)

表 1　在相加以前将两个操作数对齐的经验数据

$|e_u - e_v|$	$b = 2$	$b = 10$	$b = 16$	$b = 64$
0	0.33	0.47	0.47	0.56
1	0.12	0.23	0.26	0.27
2	0.09	0.11	0.10	0.04
3	0.07	0.03	0.02	0.02
4	0.07	0.01	0.01	0.02
5	0.04	0.01	0.02	0.00
> 5	0.28	0.13	0.11	0.09
平均	3.1	0.9	0.8	0.5

当 u 和 v 都是规范化浮点数且符号相同时,计算 $u+v$ 的值要么需要进行一次右移(以处理小数部分溢出),要么不进行任何规范化的移位操作. 当 u 和 v 的符号相反时,规范化过程中要进行零次或多次左移操作. 表 2 给出了统计出来的移位次数. 表中的最后一行包括了计算结果为零的情况. 当 $b = 2$ 时,每次规范化所需的左移操作的平均次数大约为 0.9,当 $b = 10$ 或 16 时大约为 0.2,当 $b = 64$ 时大约为 0.1.

表 2   在相加以后将计算结果规范化的经验数据

	$b = 2$	$b = 10$	$b = 16$	$b = 64$
右移一次	0.20	0.07	0.06	0.03
不平移	0.59	0.80	0.82	0.87
左移一次	0.07	0.08	0.07	0.06
左移二次	0.03	0.02	0.01	0.01
左移三次	0.02	0.00	0.01	0.00
左移四次	0.02	0.01	0.00	0.01
左移四次以上	0.06	0.02	0.02	0.02

B. 小数部分. 为进一步分析浮点程序的性能, 我们可以随机选取规范化浮点数, 然后建立其小数部分的统计分布. 统计结果非常令人吃惊, 由此可以得到很有趣的理论以解释我们观察到的那些不寻常的现象.

为方便起见, 我们暂时假设所做的是十进制浮点数运算 (基数为 10). 下面的讨论可以很方便地改为针对其他正整数的基数 b. 假设有一个 "随机" 给定的规范化的正数 $(e, f) = 10^e \cdot f$. 由于 f 是规范化的, 因此我们知道它的首位是 1,2,3,4,5,6,7,8,9 中的一个. 一个自然的想法是这 9 个数字出现在首位上的机会大约各占 1/9. 但实际情况跟我们的想象很不相同. 例如, 首位是 1 的情况其实超过 30%!

测试上述论断的一个办法是从标准文献中随便选取一个物理常数 (例如光速或重力加速度) 表. 例如, 如果我们选择《数学函数手册》(美国贸易部, 1964) 这本书, 就会发现在表 2.3 中的 28 个不同的物理常数中, 有 8 个常数, 即大约 29% 的常数, 首位是 1. 当 $1 \le n \le 100$ 时, $n!$ 的值的十进制表示中恰好有 30 个首位是 1. 对 2^n 和 F_n 也是完全一样的情况. 我们还可以在人口普查报告或农业年鉴中发现类似的情况 (但请不要尝试电话号码簿).

在袖珍计算器出现以前, 频繁使用的对数表中靠前的页面往往很脏, 而后边那些页相对干净和整洁. 首先在正式发表的文献中指出这个现象的似乎是天文学家西蒙·纽科姆 [*Amer. J. Math.* **4** (1881), 39–40]. 他给出了强有力的依据, 说明数字 d 出现在首位上的概率是 $\log_{10}(1 + 1/d)$. 很多年以后, 弗兰克·本福德根据对来自不同文献的 20 229 个数字的统计结果给出了同样的经验分布 [*Proc. Amer. Philosophical Soc.* **78** (1938), 551–572].

为了解释上述关于首位数字分布的规律, 我们更仔细地观察一下用浮点数格式表示数字的方式. 任取一个正数 u, 其小数部分由公式 $10 f_u = 10^{(\log_{10} u) \bmod 1}$ 确定, 从而其首位数字小于 d 当且仅当

$$(\log_{10} u) \bmod 1 < \log_{10} d. \tag{1}$$

现在假设我们从自然界中可能出现的某个合理的概率分布中 "随机" 选择一个正数 U, 那么可以认为 $(\log_{10} U) \bmod 1$ 至少应当非常接近 0 和 1 之间的均匀分布. (类似地, 我们认为 $U \bmod 1$, $U^2 \bmod 1$, $\sqrt{U + \pi} \bmod 1$ 等等都是均匀分布的. 基于同样的原因, 我们认为轮盘赌也是没有偏差的.) 因此由式 (1), 首位数字是 1 的概率是 $\log_{10} 2 \approx 30.103\%$, 首位数字是 2 的概率是 $\log_{10} 3 - \log_{10} 2 \approx 17.609\%$. 一般地, 如果 r 是介于 1 和 10 之间的实数, 则 $10 f_U \le r$ 的概率大约是 $\log_{10} r$.

由于首位数字大部分时候都比较小, 因此在分析浮点运算时不能取 "平均误差". 事实上, 由舍入造成的相对误差通常比我们所估计的要稍微大一点.

当然, 严格地说, 上述启发式的分析并没有证明我们所说的关于首位数字的分布规律, 而仅仅对首位数字出现的规律作出了合理的分析. 理查德·汉明提出了一种有趣的方法来分析首位数字: 对 $1 \le r \le 10$, 记 $p(r)$ 为 $10 f_U \le r$ 成立的概率, 其中 f_U 是随机选取的规范化浮点数 U 的规范化的小数部分. 当我们在现实世界中随机选取数值时, 必须注意它们是用不同的单

位来度量的. 如果改变米或者克的定义, 很多基本的物理常数的值都会随之改变. 假设宇宙中所有的数字同时被乘上同一个常数 c, 我们随机选取的这些浮点数的分布在本质上不会变化, 从而不会影响到 $p(r)$ 的值.

当所有数都乘上 c 时, $(\log_{10} U) \bmod 1$ 相应变为 $(\log_{10} U + \log_{10} c) \bmod 1$. 现在可以建立公式来描述首位数字的分布规律了. 不妨假设 $1 \le c \le 10$. 由定义,

$$p(r) = \Pr\big((\log_{10} U) \bmod 1 \le \log_{10} r\big).$$

又由我们的假设, 有

$$p(r) = \Pr\big((\log_{10} U + \log_{10} c) \bmod 1 \le \log_{10} r\big)$$

$$= \begin{cases} \Pr\big((\log_{10} U \bmod 1) \le \log_{10} r - \log_{10} c \\ \qquad \text{or } (\log_{10} U \bmod 1) \ge 1 - \log_{10} c\big), & \text{如果 } c \le r, \\ \Pr\big((\log_{10} U \bmod 1) \le \log_{10} r + 1 - \log_{10} c \\ \qquad \text{and } (\log_{10} U \bmod 1) \ge 1 - \log_{10} c\big), & \text{如果 } c \ge r, \end{cases}$$

$$= \begin{cases} p(r/c) + 1 - p(10/c), & \text{如果 } c \le r, \\ p(10r/c) - p(10/c), & \text{如果 } c \ge r. \end{cases} \tag{2}$$

现在我们定义 $p(10^n r) = p(r) + n$ 以将 $p(r)$ 的定义延拓到 $1 \le r \le 10$ 之外. 然后将 $10/c$ 替换成 d, 此时等式 (2) 的最后一行的表达式可以写成

$$p(rd) = p(r) + p(d). \tag{3}$$

如果我们所做的关于首位数字分布对乘上一个常数因子的操作不变的假设成立, 那么等式 (3) 对所有 $r > 0$ 和 $1 \le d \le 10$ 都成立. 由 $p(1) = 0$ 和 $p(10) = 1$ 得

$$1 = p(10) = p\big((\sqrt[n]{10})^n\big) = p(\sqrt[n]{10}) + p\big((\sqrt[n]{10})^{n-1}\big) = \cdots = np(\sqrt[n]{10}).$$

因此对所有正整数 m 和 n, 有 $p(10^{m/n}) = m/n$. 如果还要求 p 是连续函数, 那么就只能取 $p(r) = \log_{10} r$, 而这就是我们想要的结果.

尽管这个推导比第一个更有说服力, 但它仍然经不住我们使用严格的概率定义来检查. 使以上分析变得严密的传统方法是, 假设存在分布函数使得任意选取的数 $U \le u$ 的概率是 $F(u)$, 则我们所研究的概率是

$$p(r) = \sum_m \big(F(10^m r) - F(10^m)\big), \tag{4}$$

其中求和对所有 $-\infty < m < \infty$ 进行. 利用前面给出的关于比例不变量以及连续性的假设可得

$$p(r) = \log_{10} r.$$

用相同的推导方式可以 "证明"

$$\sum_m \big(F(b^m r) - F(b^m)\big) = \log_b r, \tag{5}$$

对所有整数 $b \ge 2$ 和 $1 \le r \le b$ 成立. 然而, 不存在对所有这样的 b 和 r 都满足等式 (5) 的分布函数 F! (见习题 7.)

克服以上困难的一个办法是将等式 $p(r) = \log_{10} r$ 看作对真实分布的一个非常接近的近似. 当我们使用的样本空间越来越大时, 随着时间的推移, 真实的分布本身也在变化, 变得越来越接近 "全空间" 的分布. 如果我们允许将 10 换成任意基数 b, 对同样的样本空间, b 越大, 则

对应的分布函数（在任意给定的时间里）的近似程度越差. 另一个摆脱困境的令人感兴趣的方法来自拉尔夫·雷米 [*AMM* **76** (1969), 342–348]，其基本思想是抛弃分布函数的传统定义.

前面一段的解释可能无法使人满意，而下面（使用严密的数学分析且避免使用任何直观但似是而非的概率定义）的推导也许更受欢迎. 现在考虑正整数的首位数字的分布，而不是某个我们想象的实数集的首位数字的分布. 关于这个问题的研究和分析是非常有趣的，不仅因为它阐明了浮点数的概率分布的特性，而且它也为我们提供了一个将离散数学的方法与无穷小的微积分方法相结合的非常有益的例子.

在下面的讨论中，设 r 是一个固定的实数且 $1 \le r \le 10$. 我们将尝试给出 $p(r)$ 的一个合理的定义，使之表示"随机"选取的正整数 N 的浮点数表示 $10^{e_N} \cdot f_N$ 满足 $10f_N < r$ 的"概率". 在上述表示方式中假设精度是无限的.

接下来我们采取类似于 3.5 节中定义 Pr 的极限方法来给出这个概率的定义. 改写这个概率定义的一个好办法是定义

$$P_0(n) = \big[n = 10^e \cdot f \text{ 使得 } 10f < r\big] = \big[(\log_{10} n) \bmod 1 < \log_{10} r\big]. \tag{6}$$

于是 $P_0(1), P_0(2), \ldots$ 是由 0 和 1 构成的无穷序列，其中值为 1 的那些项会对我们将要定义的概率有影响. 现在定义

$$P_1(n) = \frac{1}{n} \sum_{k=1}^{n} P_0(k), \tag{7}$$

以对上面的序列"求平均". 所以如果我们采用第 3 章的技术随机生成一个介于 1 和 n 之间的整数并将它转换为十进制浮点数格式 (e, f)，则 $10f < r$ 的概率恰好就是 $P_1(n)$. 一个自然的想法是定义"概率" $p(r)$ 为 $\lim_{n \to \infty} P_1(n)$，而这种定义方式正是定义 3.5A 中所采用的.

然而，对于此种情形极限并不存在. 例如，考虑子序列

$$P_1(s), P_1(10s), P_1(100s), \ldots, P_1(10^n s), \ldots,$$

其中 s 是一个实数且 $1 \le s \le 10$. 如果 $s \le r$，则

$$\begin{aligned} P_1(10^n s) &= \frac{1}{10^n s}\big(\lceil r \rceil - 1 + \lceil 10r \rceil - 10 + \cdots + \lceil 10^{n-1} r \rceil - 10^{n-1} + \lfloor 10^n s \rfloor + 1 - 10^n\big) \\ &= \frac{1}{10^n s}\big(r(1 + 10 + \cdots + 10^{n-1}) + O(n) + \lfloor 10^n s \rfloor - 1 - 10 - \cdots - 10^n\big) \\ &= \frac{1}{10^n s}\big(\tfrac{1}{9}(10^n r - 10^{n+1}) + \lfloor 10^n s \rfloor + O(n)\big). \end{aligned} \tag{8}$$

从而当 $n \to \infty$ 时 $P_1(10^n s)$ 趋向于极限值 $1 + (r - 10)/9s$. 对 $s > r$，计算过程完全相同，只是需要用 $\lceil 10^n r \rceil$ 代替 $\lfloor 10^n s \rfloor + 1$. 因此对 $s \ge r$，极限值为 $10(r-1)/9s$. [参考杰尔姆·弗拉内尔，*Naturforschende Gesellschaft, Vierteljahrsschrift* **62** (Zürich: 1917), 286–295.]

换句话说，序列 $\langle P_1(n) \rangle$ 中有极限值不同的收敛子序列 $\langle P_1(10^n s) \rangle$，当 s 从 1 增大到 r 再到 10 的过程中，其极限值从 $(r-1)/9$ 增大到 $10(r-1)/9r$ 然后又回到 $(r-1)/9$. 因此当 $n \to \infty$ 时 $P_1(n)$ 没有极限. 而且当 n 很大时，$P_1(n)$ 的值并不是我们猜想的极限值 $\log_{10} r$ 的特别精确的近似！

由于 $P_1(n)$ 并不趋于一个极限，我们再次利用式 (7) 的思想，对这个不好的序列"求平均". 一般地，定义

$$P_{m+1}(n) = \frac{1}{n} \sum_{k=1}^{n} P_m(k), \tag{9}$$

则 $P_{m+1}(n)$ 通常会比 $P_m(n)$ 更好一些. 下面通过定量计算来验证它. 刚才对 $m=0$ 情形的讨论, 启发我们应该关注子序列 $P_{m+1}(10^n s)$. 事实上, 可以得到下面的结论.

引理 Q. 对任意整数 $m \geq 1$ 和实数 $\epsilon > 0$, 存在函数 $Q_m(s)$、$R_m(s)$ 和整数 $N_m(\epsilon)$, 只要 $n > N_m(\epsilon)$ 以及 $1 \leq s \leq 10$, 就有

$$|P_m(10^n s) - Q_m(s) - R_m(s)[s > r]| < \epsilon. \tag{10}$$

而且, 函数 $Q_m(s)$ 和 $R_m(s)$ 还满足关系式

$$Q_m(s) = \frac{1}{s}\left(\frac{1}{9}\int_1^{10} Q_{m-1}(t)\,dt + \int_1^s Q_{m-1}(t)\,dt + \frac{1}{9}\int_r^{10} R_{m-1}(t)\,dt\right),$$
$$R_m(s) = \frac{1}{s}\int_r^s R_{m-1}(t)\,dt, \tag{11}$$
$$Q_0(s) = 1, \qquad R_0(s) = -1.$$

证明. 考虑在 (11) 中定义的函数 $Q_m(s)$ 和 $R_m(s)$, 并定义

$$S_m(t) = Q_m(t) + R_m(t)[t > r]. \tag{12}$$

下面我们对 m 做数学归纳法来证明这一引理.

首先注意到 $Q_1(s) = (1 + (s-1) - (10-r)/9)/s = 1 + (r-10)/9s$ 以及 $R_1(s) = (r-s)/s$. 由 (8) 可知 $|P_1(10^n s) - S_1(s)| = O(n)/10^n$, 从而证明了 $m=1$ 的情形.

对 $m > 1$, 有

$$P_m(10^n s) = \frac{1}{s}\left(\sum_{0 \leq j < n} \frac{1}{10^{n-j}} \sum_{10^j \leq k < 10^{j+1}} \frac{1}{10^j} P_{m-1}(k) + \sum_{10^n \leq k \leq 10^n s} \frac{1}{10^n} P_{m-1}(k)\right),$$

下面我们来逼近右端的数值. 由归纳假设, 当 $1 \leq q \leq 10$ 且 $j > N_{m-1}(\epsilon)$ 时,

$$\left|\sum_{10^j \leq k \leq 10^j q} \frac{1}{10^j} P_{m-1}(k) - \sum_{10^j \leq k \leq 10^j q} \frac{1}{10^j} S_{m-1}\left(\frac{k}{10^j}\right)\right| \tag{13}$$

小于 $q\epsilon$. 由于 $S_{m-1}(t)$ 是连续的, 所以它是黎曼可积的函数. 根据积分的定义, 存在与 q 无关的整数 N, 使得当 $j > N$ 时,

$$\left|\sum_{10^j \leq k \leq 10^j q} \frac{1}{10^j} S_{m-1}\left(\frac{k}{10^j}\right) - \int_1^q S_{m-1}(t)\,dt\right| \tag{14}$$

小于 ϵ. 我们取 $N > N_{m-1}(\epsilon)$ 即可. 所以当 $n > N$ 时,

$$\left|P_m(10^n s) - \frac{1}{s}\left(\sum_{0 \leq j < n}\frac{1}{10^{n-j}}\int_1^{10} S_{m-1}(t)\,dt + \int_1^s S_{m-1}(t)\,dt\right)\right| \tag{15}$$

的上界为 $\sum_{j=0}^N (M/10^{n-j}) + \sum_{N<j<n}(11\epsilon/10^{n-j}) + 11\epsilon$, 其中 M 是 (13)+(14) 对所有正整数 j 的上界. 最后, (15) 中的求和式 $\sum_{0 \leq j < n}(1/10^{n-j})$ 的和为 $(1 - 1/10^n)/9$, 所以当 n 取得足够大时,

$$\left|P_m(10^n s) - \frac{1}{s}\left(\frac{1}{9}\int_1^{10} S_{m-1}(t)\,dt + \int_1^s S_{m-1}(t)\,dt\right)\right|$$

可以小于 (比如说) 20ϵ. 将此不等式与 (10) 和 (11) 比较, 可知已证明了引理. ∎

引理 Q 的要点在于我们有极限关系

$$\lim_{n \to \infty} P_m(10^n s) = S_m(s). \tag{16}$$

此外，由于 $S_m(s)$ 对不同的 s 不恒为常数，因此极限

$$\lim_{n \to \infty} P_m(n)$$

（此即我们期望的"概率"）对所有的 m 都不存在. 图 5 画出了 m 较小且 $r = 2$ 时 $S_m(s)$ 的图形.

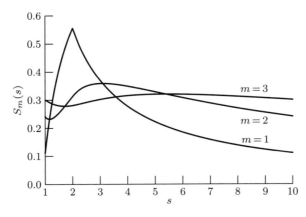

图 5 首位数字是 1 的概率

尽管 $S_m(s)$ 不恒为常数，从而 $P_m(n)$ 没有确定的极限，但在图 5 中我们注意到，当 $m = 3$ 时 $S_m(s)$ 的值都已经非常接近 $\log_{10} 2 \approx 0.301\,03$ 了. 所以有理由猜想对较大的 m，$S_m(s)$ 的值都非常接近 $\log_{10} r$，甚至猜想函数序列 $\langle S_m(s) \rangle$ 一致收敛到常函数 $\log_{10} r$.

通过显式计算出 $Q_m(s)$ 和 $R_m(s)$ 对所有 m 的表达式来证明这个猜想是非常有趣的事情，正如下面定理的证明一样.

定理 F. 设 $S_m(s)$ 是 (16) 中定义的极限函数. 则对任意 $\epsilon > 0$，存在 $N(\epsilon)$ 使得

$$|S_m(s) - \log_{10} r| < \epsilon, \qquad \text{其中 } 1 \le s \le 10, \tag{17}$$

对所有 $m > N(\epsilon)$ 成立.

证明. 根据引理 Q 的结论，为证明本定理，只需证明存在与 ϵ 有关的 M，使得对于 $1 \le s \le 10$ 和所有 $m > M$，有

$$|Q_m(s) - \log_{10} r| < \epsilon \qquad \text{且} \qquad |R_m(s)| < \epsilon. \tag{18}$$

很容易通过递推式 (11) 解出 R_m：我们有 $R_0(s) = -1$，$R_1(s) = -1 + r/s$，$R_2(s) = -1 + (r/s)(1 + \ln(s/r))$，而一般地，

$$R_m(s) = -1 + \frac{r}{s}\left(1 + \frac{1}{1!}\ln\frac{s}{r} + \cdots + \frac{1}{(m-1)!}\left(\ln\frac{s}{r}\right)^{m-1}\right). \tag{19}$$

在定理中所规定的 s 的取值范围内，上式一致收敛到 $-1 + (r/s)\exp\bigl(\ln(s/r)\bigr) = 0$.

由 (11) 中 Q_m 的递推关系可推出

$$Q_m(s) = \frac{1}{s}\left(c_m + 1 + \int_1^s Q_{m-1}(t)\,dt\right), \tag{20}$$

其中

$$c_m = \frac{1}{9}\left(\int_1^{10} Q_{m-1}(t)\,dt + \int_r^{10} R_{m-1}(t)\,dt\right) - 1.\tag{21}$$

要从递推关系 (20) 中解出 Q_m 是容易的，我们只需求出前几项，然后猜想一个公式并用归纳法证明它. 最后答案是

$$Q_m(s) = 1 + \frac{1}{s}\left(c_m + \frac{1}{1!}c_{m-1}\ln s + \cdots + \frac{1}{(m-1)!}c_1(\ln s)^{m-1}\right).\tag{22}$$

最后，我们只需算出系数 c_m 的值. 由 (19)、(21) 和 (22) 可知 c_m 满足关系式

$$c_1 = (r-10)/9,$$

$$\begin{aligned}c_{m+1} = \frac{1}{9}\bigg(&c_m \ln 10 + \frac{1}{2!}c_{m-1}(\ln 10)^2 + \cdots + \frac{1}{m!}c_1(\ln 10)^m\\&+ r\left(1 + \frac{1}{1!}\ln\frac{10}{r} + \cdots + \frac{1}{m!}\left(\ln\frac{10}{r}\right)^m\right) - 10\bigg).\end{aligned}\tag{23}$$

这个序列初看起来非常复杂，但我们可以利用生成函数毫无困难地分析它. 令

$$C(z) = c_1 z + c_2 z^2 + c_3 z^3 + \cdots,$$

则由 $10^z = 1 + z\ln 10 + (1/2!)(z\ln 10)^2 + \cdots$ 可知

$$\begin{aligned}c_{m+1} &= \frac{1}{10}c_{m+1} + \frac{9}{10}c_{m+1}\\&= \frac{1}{10}\left(c_{m+1} + c_m\ln 10 + \cdots + \frac{1}{m!}c_1(\ln 10)^m\right) + \frac{r}{10}\left(1 + \cdots + \frac{1}{m!}\left(\ln\frac{10}{r}\right)^m\right) - 1\end{aligned}$$

是函数

$$\frac{1}{10}C(z)10^z + \frac{r}{10}\left(\frac{10}{r}\right)^z\left(\frac{z}{1-z}\right) - \frac{z}{1-z}\tag{24}$$

中 z^{m+1} 的系数. 由于 (24) 中的函数与函数 $C(z)$ 的所有展开项的系数都相等，因此它们必定是相同的函数，于是可得显式表达式

$$C(z) = \frac{-z}{1-z}\left(\frac{(10/r)^{z-1}-1}{10^{z-1}-1}\right).\tag{25}$$

最后我们需要研究 $C(z)$ 的展开系数的渐近性质以完成整个分析. (25) 右端括号内的表达式在 $z\to 1$ 时趋向于 $\ln(10/r)/\ln 10 = 1 - \log_{10}r$，所以

$$C(z) + \frac{1-\log_{10}r}{1-z} = R(z)\tag{26}$$

是在圆

$$|z| < \left|1 + \frac{2\pi i}{\ln 10}\right|$$

内关于复变量 z 的解析函数. 特别地，$R(z)$ 在 $z=1$ 时收敛，所以它的系数趋向于 0. 于是，我们证明了 $C(z)$ 的系数很接近 $(\log_{10}r - 1)/(1-z)$ 的系数，即

$$\lim_{m\to\infty} c_m = \log_{10}r - 1.$$

最后，我们将上式与 (22) 结合起来，可以推导出 $Q_m(s)$ 对于 $1 \le s \le 10$ 一致收敛到

$$1 + \frac{\log_{10}r - 1}{s}\left(1 + \ln s + \frac{1}{2!}(\ln s)^2 + \cdots\right) = \log_{10}r. \qquad\blacksquare$$

因此, 我们已经通过直接计算建立了整数的对数律. 同时, 它也是平均行为非常好的近似, 尽管不能精确地达到.

前面给出的引理 Q 和定理 F 的证明, 是贝蒂·弗勒欣格尔在 *AMM* **73** (1966), 1056–1061 中的方法的略微简化和扩充. 许多作者写了关于原始数字分布的文章, 证明对数律是许多基础分布的好的近似. 这方面资料的详尽回顾见雷米的综述, *AMM* **83** (1976), 521–538; 彼得·沙特, *J. Information Processing and Cybernetics* **24** (1988), 443–455.

习题 17 讨论了定义概率的一个方法, 该方法使得整数的首位数字精确符合对数律. 此外, 习题 18 证明了任何合理定义的整数的概率, 如果对首位数字的概率指定了一个数值, 则必然使得对数律成立.

当然, 浮点计算主要是对非整数进行. 我们已经研究了整数, 这是因为我们对整数更熟悉, 且整数更简单. 当考虑任意实数时, 理论上的结果更难以获得. 越来越多的证据表明, 同样的统计也适用于实数, 对实数的重复计算总是趋向于产生对小数部分的对数律的越来越好的近似. 例如, 彼得·沙特证明了在不严格的限制下, 独立的恒等分布的随机实变量的乘积趋向于对数分布 [*Zeitschrift für angewandte Math. und Mechanik* **53** (1973), 553–565]. 这种变量的和的分布也是如此, 只不过是在重复平均的意义下. 杰西·巴洛和欧文·巴雷斯也得到类似的结果 [*Computing* **34** (1985), 325–347]. 也见阿尔诺·伯杰、列昂尼德·布尼莫维奇和西奥多·希尔, *Trans. Amer. Math. Soc.* **357** (2004), 197–219.

习题

1. [*13*] 假设 u 和 v 是具有相同符号的非零十进制浮点数. 根据表 1 和表 2, 在计算 $u \oplus v$ 时发生小数部分溢出的概率的近似值是多少?

2. [*42*] 对浮点加法和减法做更多的检验, 以验证或改进表 1 和表 2 中数据的精度.

3. [*15*] 根据首位数字分布的对数律, 一个十进制浮点数的前两位数字是 "23" 的概率是多少?

4. [*M18*] 在本节正文中指出, 经常使用的对数表靠前的页面比后面的页面要脏一些. 如果我们使用的是反对数表呢? 即给出 $\log_{10} x$ 的值, 可以在表中查到 x 的值. 这样的表中哪些页面是最脏的?

▶ **5.** [*M20*] 设 U 是均匀分布在区间 $0 < U < 1$ 上的随机实数. 请问 U 的首位数字满足什么分布?

6. [*23*] 如果我们使用的二进制计算机的一个机器字包含 $n+1$ 位, 可以使用其中 p 位表示二进制浮点数的小数部分, 一位存储符号, 余下 $n-p$ 位表示指数. 这样的格式可表示的数值的范围, 即最大和最小的正的规范化浮点数的比值, 实质上是 $2^{2^{n-p}}$. 我们也可以用这个机器字存储十六进制数, 即基数为 16 的浮点数, 其中 $p+2$ 个二进制位表示小数部分 (即 $(p+2)/4$ 个十六进制数字), $n-p-2$ 个二进制位表示指数. 此时数值的表示范围是 $16^{2^{n-p-2}} = 2^{2^{n-p}}$, 跟表示为二进制数一样, 但小数部分所占的二进制位更多. 这样看来, 我们似乎没有付出额外的代价就得到了一些好处. 但十六进制数的规范化条件更弱, 从而其小数部分可能出现前 3 个二进制位都是 0 的情况, 即并不是所有 $p+2$ 个二进制位都是 "有效" 的.

根据首位数字分布的对数律, 在一个正的规范化十六进制浮点数的小数部分中, 最前面的 0、1、2 和 3 个二进制位是 0 的概率分别是多少? 请对十六进制和二进制表示做比较.

7. [*HM28*] 证明, 对于所有整数 $b \geq 2$, 以及 $1 \leq r \leq b$ 范围内的所有实数 r, 不存在满足 (5) 的分布函数 $F(u)$.

8. [*HM23*] 当 $m = 0$ 时, 不等式 (10) 是否对适当的 $N_0(\epsilon)$ 成立?

9. [*HM25*] (迪亚科尼斯) 设 $P_1(n), P_2(n), \ldots$ 是利用式 (9) 对一个给定的函数 $P_0(n)$ 不断求平均而生成的函数序列. 证明对任意给定的 n, $\lim_{m \to \infty} P_m(n) = P_0(1)$.

▶ **10.** [*HM28*] 在正文中已经推导出 $c_m = \log_{10} r - 1 + \epsilon_m$, 其中 ϵ_m 当 $m \to \infty$ 时趋向于 0. 求出 c_m 的渐近展开式的下一项.

11. [*M15*] 假设 U 是按照对数律分布的随机变量. 证明 $1/U$ 的分布与 U 相同.

12. [*HM25*] （汉明）这道习题的目的是证明浮点乘法的结果比两个操作数更接近满足对数律. 设 U 和 V 是随机选取的规范化的正浮点数, 它们的小数部分满足相互独立的分布, 其密度函数分别记为 $f(x)$ 和 $g(x)$. 因此, 当 $1/b \leq r, s \leq 1$ 时, $f_u \leq r$ 且 $f_v \leq s$ 的概率是 $\int_{1/b}^{r} \int_{1/b}^{s} f(x)g(y)\,dy\,dx$. 设 $h(x)$ 是 $U \times V$（未舍入）的小数部分对应的密度函数. 定义密度函数 f 的变形度 $A(f)$ 为最大相对误差

$$A(f) = \max_{1/b \leq x \leq 1} \left| \frac{f(x) - l(x)}{l(x)} \right|,$$

其中 $l(x) = 1/(x \ln b)$ 为对数分布的密度函数.

证明 $A(h) \leq \min(A(f), A(g))$.（特别地, 当两个操作数之一满足对数分布时, 则乘积也满足对数分布.）

▶ **13.** [*M20*] 浮点乘法程序, 即算法 4.2.1M, 根据 $f_u f_v \geq 1/b$ 是否成立, 而决定规范化时不需要或需要做一次左移操作. 假设输入的两个操作数按照对数律满足相互独立的分布, 那么在规范化时不需要进行左移操作的概率是多大?

▶ **14.** [*HM30*] 设 U 和 V 是随机选取的规范化的正浮点数, 其小数部分满足相互独立的分布, 并记 p_k 为它们的指数的差是 k 的概率. 假设指数的分布与小数部分的分布相互独立, 请用基数 b 和 $p_0, p_1, p_2, \ldots$ 来表示在做浮点加法 $U \oplus V$ 时发生"小数部分溢出"的概率. 请将此结论与习题 1 作对比.（忽略舍入操作.）

15. [*HM28*] 像习题 14 那样定义 $U, V, p_0, p_1, \ldots$, 并假设使用十进制运算. 证明无论 $p_0, p_1, p_2, \ldots$ 的值是多少, $U \oplus V$ 都不会精确满足对数律. 事实上, $U \oplus V$ 的首位数字是 1 的概率总是严格小于 $\log_{10} 2$.

16. [*HM28*] （迪亚科尼斯）假设对任意 n, $P_0(n)$ 的值是 0 或 1, 并且利用式 (9) 不断求平均来定义"概率" $P_{m+1}(n)$. 证明如果 $\lim_{n\to\infty} P_1(n)$ 不存在, 则对任何 m, $\lim_{n\to\infty} P_m(n)$ 都不存在.［提示：证明对于某个固定常数 $M > 0$, 只要 $(a_1 + \cdots + a_n)/n \to 0$ 且 $a_{n+1} \leq a_n + M/n$ 成立, 就有 $a_n \to 0$. ］

▶ **17.** [*HM25*] （辻正次）定义 $\Pr(S(n))$ 的值的另一种方法是计算极限 $\lim_{n\to\infty}(H_n^{-1} \sum_{k=1}^{n} [S(k)]/k)$ 的值. 可以证明这个调和概率存在且等于 $\Pr(S(n))$, 只要后者在定义 3.5 A 的意义下存在. 证明 $(\log_{10} n) \bmod 1 < r$ 的调和概率存在且等于 r.（所以, 在此意义下整数的首位数字精确符合对数律.）

▶ **18.** [*HM30*] 设函数 $P(S)$ 将由正整数构成的集合 S 映为一个实数, 但不是对所有这样的集合 S 都有定义. 此外, 它满足下列非常弱的公理：

(i) 如果 $P(S)$ 和 $P(T)$ 都有定义, 且 $S \cap T = \emptyset$, 则 $P(S \cup T) = P(S) + P(T)$.

(ii) 如果 $P(S)$ 有定义, 则 $P(S+1) = P(S)$, 其中 $S + 1 = \{n+1 \mid n \in S\}$.

(iii) 如果 $P(S)$ 有定义, 则 $P(2S) = \frac{1}{2}P(S)$, 其中 $2S = \{2n \mid n \in S\}$.

(iv) 如果 S 是由所有正整数构成的集合, 则 $P(S) = 1$.

(v) 如果 $P(S)$ 有定义, 则 $P(S) \geq 0$.

进一步假设 $P(L_a)$ 对所有正整数 a 有定义, 其中 L_a 是由所有其十进制表示的最前面几位都是 a 的整数构成的集合, 即

$$L_a = \{n \mid 10^m a \leq n < 10^m(a+1) \text{ 对于某个整数 } m\}.$$

（在此定义中 m 可以是负数. 例如, 1 是 L_{10} 的元素, 但不是 L_{11} 的元素.）证明对所有正整数 a, $P(L_a) = \log_{10}(1 + 1/a)$.

19. [*HM25*] （罗伯特·邓肯）证明斐波那契数的首位数字遵守小数部分的对数律：$\Pr(10 f_{F_n} < r) = \log_{10} r$.

20. [*HM40*] 通过分析当 $n \to \infty$ 时 $P_m(10^n s) - S_m(s)$ 的渐近性质来改进式 (16).

4.3 多精度算术

现在我们来考虑具有任意高精度的数的运算. 为了叙述简便, 我们假设进行运算的是整数, 而不是带有小数点的数.

4.3.1 经典算法

本节我们讨论下列算法:

(a) n 位整数的加法和减法, 给出 n 位的计算结果和一个进位标志.

(b) m 位整数与 n 位整数的乘法, 给出 $(m+n)$ 位的计算结果.

(c) $(m+n)$ 位整数除以 n 位整数的除法, 给出 $(m+1)$ 位的商和 n 位的余数.

这些算法都被称为经典算法, 因为 "算法" (algorithm) 一词在好几个世纪中都专指这些运算. "n 位整数" 指的是所有小于 b^n 的非负整数, 其中 b 是表示这些数的按位记数系统的基数. 于是这些数都可以写成不超过 n 个 "位" 的数.

正如我们可以将 MIX 计算机中针对整数的算术运算应用于更广泛的数集, 上述关于整数的经典算法, 同样也可以应用于带有小数点的数, 以及具有扩展精度的浮点数.

本节我们将研究能够对用 b 进制记数系统表示的整数, 实现上述运算 (a)、(b) 和 (c) 的算法, 其中 b 是任意给定的大于或等于 2 的整数. 这些算法是具有一般适用性的算术运算, 而不依赖于某一台特定的计算机. 但本节的讨论还是会在一定程度上面向计算机, 因为我们考虑的毕竟是用计算机进行高精度计算的高效算法. 尽管我们使用的例子来自虚构的 MIX 计算机, 但它们在本质上适用于几乎所有的计算机.

在理解具有扩展精度的数时, 最重要的一点是这些数会被看作 w 进制数, 其中 w 是计算机的字大小. 例如, 在一台字大小为 $w = 10^{10}$ 的计算机中, 如果一个数占用了 10 个机器字的空间, 则这个数有 100 个十进制数字. 但我们会将它看作基数为 10^{10} 的 10 位数. 这种做法与我们将一个二进制数每四位为一组, 转换为十六进制数的做法, 是出于同样的理由. (见式 4.1–(5).)

利用这些术语, 我们给出下面这些接下来要使用的基本运算:

(a_0) 一位整数的加法和减法, 给出一位的计算结果和进位标志.

(b_0) 一位整数的乘法, 给出两位的计算结果.

(c_0) 两位整数除以一位整数的除法, 假设商是一位整数, 并给出一位的余数.

只要在必要的时候调整字大小, 几乎所有的计算机都可以实现这三种运算. 因此我们将利用基本运算 (a_0)、(b_0) 和 (c_0) 来构造算法 (a)、(b) 和 (c).

由于我们将具有扩展精度的整数看作 b 进制数, 所以考虑 $b = 10$ 的情形, 并想象我们是在用手进行这些算术运算, 可能会对讨论有帮助. 运算 (a_0) 相当于提供加法表, 运算 (b_0) 相当于提供乘法表, 而运算 (c_0) 相当于将乘法表反过来用. 针对高精度数的较为复杂的运算 (a)、(b) 和 (c), 现在可以通过孩子们在小学里学习的简单的加法、减法、乘法和长除运算来实现了. 事实上, 这一节中讨论的大部分算法, 基本上就是我们熟悉的各种笔算. 当然, 这些算法比五年级课堂里讲授的要精确得多, 而且我们还要尽可能减少计算机的存储空间和运行时间.

为了避免枯燥的讨论和复杂的记号, 我们首先假设所涉及的数都是非负的. 计算符号等附加的操作也是十分直接了当的. 尽管是在不使用带符号数的表示的计算机上, 处理用求补格式表示的数时还是需要小心. 这些问题都会在本节近结束时进行讨论.

首先来看加法. 加法当然是非常简单的, 但还是值得我们仔细研究, 因为其中所用到的许多思想在其他算法中也会出现.

算法 A（非负整数的加法）. 给定非负的 n 位整数 $(u_{n-1} \ldots u_1 u_0)_b$ 和 $(v_{n-1} \ldots v_1 v_0)_b$, 本算法求它们的用 b 进制表示的和 $(w_n w_{n-1} \ldots w_1 w_0)_b$. 这里 w_n 是进位标志, 总是等于 0 或 1.

A1.［初始化.］置 $j \leftarrow 0$, $k \leftarrow 0$.（变量 j 将跑遍各个数字的位置, 而变量 k 则在每个步骤中记录是否进位. ）

A2.［在当前位相加.］置 $w_j \leftarrow (u_j + v_j + k) \bmod b$, $k \leftarrow \lfloor (u_j + v_j + k)/b \rfloor$.（利用关于计算的归纳法可以证明,

$$u_j + v_j + k \le (b-1) + (b-1) + 1 < 2b.$$

因此, 根据是否发生进位, 设置 k 的值为 1 或 0. 等价地, $k \leftarrow [u_j + v_j + k \ge b]$. ）

A3.［对 j 循环.］将 j 加 1. 如果 $j < n$, 则返回 A2, 否则令 $w_n \leftarrow k$ 并结束算法. ∎

算法 A 成立的形式证明见习题 4.

实现上述加法运算的 MIX 程序可以是下面的形式.

程序 A（非负整数的加法）. 置 $\mathrm{LOC}(u_j) \equiv \mathtt{U} + j$, $\mathrm{LOC}(v_j) \equiv \mathtt{V} + j$, $\mathrm{LOC}(w_j) \equiv \mathtt{W} + j$, $\mathrm{rI1} \equiv j - n$, $\mathrm{rA} \equiv k$, 字大小 $\equiv b$, $\mathtt{N} \equiv n$.

01		ENN1 N	1	*A1. 初始化.* $j \leftarrow 0$.
02		JOV OFLO	1	确保溢出标志关闭.
03	1H	ENTA 0	$N+1-K$	$k \leftarrow 0$.
04		J1Z 3F	$N+1-K$	如果 $j = n$ 则退出循环.
05	2H	ADD U+N,1	N	*A2. 在当前位相加.*
06		ADD V+N,1	N	
07		STA W+N,1	N	
08		INC1 1	N	*A3. 对 j 循环.* $j \leftarrow j + 1$.
09		JNOV 1B	N	如果没有发生溢出, 则置 $k \leftarrow 0$.
10		ENTA 1	K	否则, 置 $k \leftarrow 1$.
11		J1N 2B	K	如果 $j < n$, 则返回步骤 A2.
12	3H	STA W+N	1	将最后的进位标志存放在 w_n. ∎

这个程序的运行时间是 $10N + 6$ 个周期, 与发生进位的次数 K 无关. K 的值将在这一节结束时详细分析.

对算法 A 可以进行各种修改, 在后面的习题中仅提到其中一些. 如果要写一章专门讨论这个算法的推广, 其标题可以是"如何为数字计算机设计实现加法运算的电路".

减法运算与加法很相似, 但其中的区别仍然值得注意.

算法 S（非负整数的减法）. 给定非负 n 位整数 $(u_{n-1} \ldots u_1 u_0)_b \ge (v_{n-1} \ldots v_1 v_0)_b$, 本算法求它们的用 b 进制表示的非负的差 $(w_{n-1} \ldots w_1 w_0)_b$.

S1.［初始化.］置 $j \leftarrow 0$, $k \leftarrow 0$.

S2.［在当前位相减.］置 $w_j \leftarrow (u_j - v_j + k) \bmod b$, $k \leftarrow \lfloor (u_j - v_j + k)/b \rfloor$.（换句话说, 根据是否发生借位, 即是否有 $u_j - v_j + k < 0$, 设置 k 的值为 -1 或 0. 根据 w_j 的计算, 有 $-b = 0 - (b-1) + (-1) \le u_j - v_j + k \le (b-1) - 0 + 0 < b$. 因此 $0 \le u_j - v_j + k + b < 2b$. 于是可以得到下面将要说明的计算机实现的方法. ）

S3.［对 j 循环.］将 j 加 1. 如果 $j < n$, 则返回 S2, 否则结束算法.（当算法结束时, 必有 $k = 0$. 当且仅当 $(v_{n-1} \ldots v_1 v_0)_b > (u_{n-1} \ldots u_1 u_0)_b$ 时, 才会出现 $k = -1$ 的情况, 而这与假设矛盾. 见习题 12. ）∎

用 MIX 程序实现减法运算时，在整个过程中保存 $1+k$ 的值而不是 k 的值会带来很大便利，此时我们应在步骤 S2 中计算 $u_j - v_j + (1+k) + (b-1)$.（注意 b 是字大小.）这种处理方式将体现在下面的程序中.

程序 S（非负整数的减法）. 这个程序与程序 A 很相似，不同之处是 $\mathrm{rA} \equiv 1+k$. 像本节的其他程序一样，在 WM1 中存储的是常数 $b-1$，即一个 MIX 机器字可以表示的最大值. 见程序 4.2.3D 的 38–39 行.

01		ENN1	N	1	*S1. 初始化.* $j \leftarrow 0$.
02		JOV	OFLO	1	确保溢出标志关闭.
03	1H	J1Z	DONE	$K+1$	如果 $j = n$ 则退出循环.
04		ENTA	1	K	置 $k \leftarrow 0$.
05	2H	ADD	U+N,1	N	*S2. 在当前位相减.*
06		SUB	V+N,1	N	计算 $u_j - v_j + k + b$.
07		ADD	WM1	N	
08		STA	W+N,1	N	（可能出现负零）
09		INC1	1	N	*S3. 对 j 循环.* $j \leftarrow j+1$.
10		JOV	1B	N	如果发生溢出，则置 $k \leftarrow 0$.
11		ENTA	0	$N-K$	否则，置 $k \leftarrow -1$.
12		J1N	2B	$N-K$	如果 $j < n$，则返回步骤 S2.
13		HLT	5		（错误，$v > u$） ∎

这个程序的运行时间是 $12N+3$ 个周期，比程序 A 略长.

读者可能会问，是否值得写一个综合的加减法程序来代替程序 A 和 S？事实上，检查代码后我们发现，在一般情况下用两个不同的程序会更好一些，因为这样一来程序中的内循环可以尽可能运行得快些，这在短程序中特别重要.

下一个要解决的问题是乘法. 这里我们进一步发展了算法 A 中使用的思想.

算法 M（非负整数的乘法）. 给定两个非负整数 $(u_{m-1}\ldots u_1 u_0)_b$ 和 $(v_{n-1}\ldots v_1 v_0)_b$，本算法求它们的用 b 进制表示的乘积 $(w_{m+n-1}\ldots w_1 w_0)_b$.（常规的笔算方法是对于 $0 \le j < n$，先求部分乘积 $(u_{m-1}\ldots u_1 u_0)_b \times v_j$，然后按适当的比例因子将这些部分乘积加在一起. 但在计算机中将加法与乘法同时进行会更简单些，正如这个算法所描述的那样.）

M1.［初始化.］将 $w_{m-1}, w_{m-2}, \ldots, w_0$ 全部赋值为零. 置 $j \leftarrow 0$.（如果在这一步我们没有赋这些零值，则下面的步骤会进行赋值

$$(w_{m+n-1}\ldots w_0)_b \leftarrow (u_{m-1}\ldots u_0)_b \times (v_{n-1}\ldots v_0)_b + (w_{m-1}\ldots w_0)_b.$$

这个更一般的"相乘并相加"运算在很多情况下都非常有用.）

M2.［乘数是否为零？］如果 $v_j = 0$，则置 $w_{j+m} \leftarrow 0$ 并转向 M6.（如果 v_j 有合理的概率等于零，做这个检测有助于节省一些时间，但跳过这个检测步骤也不会影响算法的正确性.）

M3.［初始化 i.］置 $i \leftarrow 0$, $k \leftarrow 0$.

M4.［相乘并相加.］置 $t \leftarrow u_i \times v_j + w_{i+j} + k$，然后置 $w_{i+j} \leftarrow t \bmod b$, $k \leftarrow \lfloor t/b \rfloor$.（在这一步中，进位 k 一定是在 $0 \le k < b$ 范围内，见下面的步骤.）

M5.［对 i 循环.］将 i 加 1. 如果 $i < m$，则返回 M4，否则令 $w_{j+m} \leftarrow k$.

M6.［对 j 循环.］将 j 加 1. 如果 $j < n$，则返回 M2，否则结束算法. ∎

表 1　将 914 与 84 相乘

步骤	i	j	u_i	v_j	t	w_4	w_3	w_2	w_1	w_0
M5	0	0	4	4	16	.	.	0	0	6
M5	1	0	1	4	05	.	.	0	5	6
M5	2	0	9	4	36	.	.	6	5	6
M6	3	0	.	4	36	.	3	6	5	6
M5	0	1	4	8	37	.	3	6	7	6
M5	1	1	1	8	17	.	3	7	7	6
M5	2	1	9	8	76	.	6	7	7	6
M6	3	1	.	8	76	7	6	7	7	6

表 1 展示了算法 M 的步骤 M5 和 M6 开始时各变量的值，其中假设 $b = 10$. 算法 M 成立的形式证明可见习题 14 的答案.

不等式

$$0 \le t < b^2, \qquad 0 \le k < b \tag{1}$$

对这个算法能否高效地执行起着关键的作用，因为它们指出了在计算过程中需要多大的寄存器. 我们可以追踪算法的执行过程，用归纳法来证明这两个不等式. 例如，若在步骤 M4 开始时有 $k < b$，则

$$u_i \times v_j + w_{i+j} + k \le (b-1) \times (b-1) + (b-1) + (b-1) = b^2 - 1 < b^2.$$

下面的 MIX 程序包含了在一台计算机上执行算法 M 时所要考虑的各种情形. 如果计算机本身有"相乘并相加"指令，或者有两倍长度的累加器，则步骤 M4 的代码可以稍微简单一点.

程序 M（非负整数的乘法）. 这个程序与程序 A 类似. rI1 $\equiv i-m$, rI2 $\equiv j-n$, rI3 $\equiv i+j$, CONTENTS(CARRY) $\equiv k$.

01		ENT1	M-1	1	*M1. 初始化.*
02		JOV	OFLO	1	确保溢出标志关闭.
03		STZ	W,1	M	$w_{\text{rI1}} \leftarrow 0$.
04		DEC1	1	M	
05		J1NN	*-2	M	当 $m > \text{rI1} \ge 0$ 重复执行.
06		ENN2	N	1	$j \leftarrow 0$.
07	1H	LDX	V+N,2	N	*M2. 乘数是否为零?*
08		JXZ	8F	N	如果 $v_j = 0$，则置 $w_{j+m} \leftarrow 0$ 并转向步骤 M6.
09		ENN1	M	$N-Z$	*M3. 初始化 i.* $i \leftarrow 0$.
10		ENT3	N,2	$N-Z$	$(i+j) \leftarrow j$.
11		ENTX	0	$N-Z$	$k \leftarrow 0$.
12	2H	STX	CARRY	$(N-Z)M$	*M4. 相乘并相加.*
13		LDA	U+M,1	$(N-Z)M$	
14		MUL	V+N,2	$(N-Z)M$	rAX $\leftarrow u_i \times v_j$.
15		SLC	5	$(N-Z)M$	交换 rA $\leftrightarrow$ rX.
16		ADD	W,3	$(N-Z)M$	将 w_{i+j} 加到低半部分.
17		JNOV	*+2	$(N-Z)M$	是否发生溢出?
18		INCX	1	K	如果发生溢出，则向高半部分进位 1.
19		ADD	CARRY	$(N-Z)M$	将 k 加到低半部分.
20		JNOV	*+2	$(N-Z)M$	是否发生溢出?
21		INCX	1	K'	如果发生溢出，则向高半部分进位 1.
22		STA	W,3	$(N-Z)M$	$w_{i+j} \leftarrow t \bmod b$.

23	INC1 1	$(N-Z)M$	<u>M5. 对 i 循环.</u> $i \leftarrow i+1$.
24	INC3 1	$(N-Z)M$	$(i+j) \leftarrow (i+j)+1$.
25	J1N 2B	$(N-Z)M$	如果 $i < m$, 则返回步骤 M4, 并置 rX $= \lfloor t/b \rfloor$.
26	8H STX W+M+N,2	N	置 $w_{j+m} \leftarrow k$.
27	INC2 1	N	<u>M6. 对 j 循环.</u> $j \leftarrow j+1$.
28	J2N 1B	N	反复执行, 直到 $j=n$. ∎

程序 M 的运行时间与下面这些参数有关: 被乘数 u 的位数 M, 乘数 v 的位数 N, 乘数的各个位上零的个数 Z, 计算 t 的值时在乘积的低半部分的加法中发生的进位次数 K 和 K'. 如果将 K 和 K' 的值近似表示为一个可以接受 (但并不太精确) 的值 $\frac{1}{2}(N-Z)M$, 可得总运行时间为 $28MN+4M+10N+3-Z(28M+3)$ 个周期. 如果不执行步骤 M2, 则运行时间为 $28MN+4M+7N+3$ 个周期, 所以这一步只有当乘数的各个位上的零的密度 $Z/N > 3/(28M+3)$ 时才是有好处的. 如果乘数是完全随机选取的, 则比值 Z/N 大约是 $1/b$, 这是一个很小的数. 所以我们认为步骤 M2 的用处不大, 除非 b 很小.

当 m 和 n 的值很大时, 算法 M 不是实现乘法运算的最快方式, 尽管它的优点是简单. 在 4.3.3 节我们将讨论一些更快但更复杂的算法. 即使对于 $m=n=4$, 我们也可以找到比算法 M 更快的实现乘法的方式.

在这一节中我们关心的最后一个算法是长除: 将 $(m+n)$ 位整数除以 n 位整数. 在用笔算进行长除时, 通常需要许多猜测和经验性的技巧来完成运算过程. 现在我们必须将这些猜测过程从算法中消除, 或者建立一些理论小心地解释这些猜测如何进行.

如果稍微思考一下长除的一般运算过程, 就会发现它可以拆成许多比较简单的步骤, 其中每一步都是用 $(n+1)$ 位的被除数 u 除以 n 位的除数 v, 其中 $0 \le u/v < b$, 而得到的余数 r 小于 v. 然后我们就以 "$rb +$ 被除数的下一位" 作为下一步计算中的 u 的值. 例如, 如果要计算 3142 除以 53, 会先用 314 除以 53 得到商 5 和余数 49, 然后用 492 除以 53, 得到商 9 和余数 15. 所以最后的商是 59, 余数是 15. 显然这种做法具有一般性, 所以寻找合适的除法算法就归结为解决以下问题 (图 6):

设 $u = (u_n u_{n-1} \dots u_1 u_0)_b$ 和 $v = (v_{n-1} \dots v_1 v_0)_b$ 都是 b 进制非负整数, 且 $u/v < b$. 构造一个算法求 $q = \lfloor u/v \rfloor$.

不难发现条件 $u/v < b$ 等价于条件 $u/b < v$, 它和 $\lfloor u/b \rfloor < v$ 相同, 而后者等价于条件 $(u_n u_{n-1} \dots u_1)_b < (v_{n-1} v_{n-2} \dots v_0)_b$. 此外, 如果我们令 $r = u - qv$, 则 q 是使得 $0 \le r < v$ 的唯一整数.

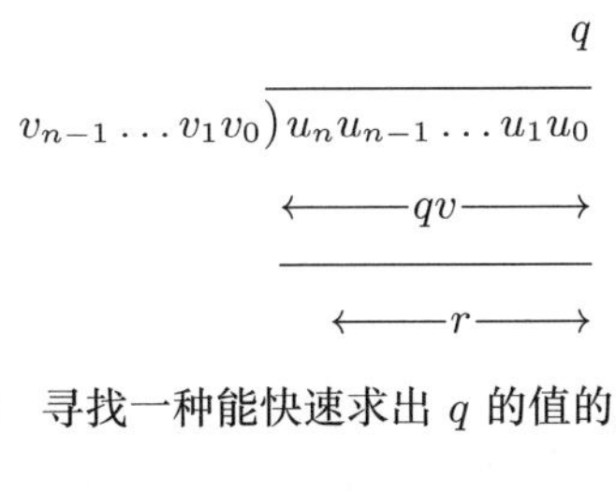

$$
\begin{array}{r}
q \\
\hline
v_{n-1} \dots v_1 v_0 \overline{)\, u_n u_{n-1} \dots u_1 u_0} \\
\longleftarrow qv \longrightarrow \\
\hline
\longleftarrow r \longrightarrow
\end{array}
$$

图 6 寻找一种能快速求出 q 的值的方法

最容易想到的解决办法是根据 u 和 v 的首位数字来猜测 q 的值. 我们并没有明显的依据表明这种方法是足够可靠的, 但它的确值得探讨一下. 令

$$\hat{q} = \min\left(\left\lfloor \frac{u_n b + u_{n-1}}{v_{n-1}} \right\rfloor, b-1 \right). \tag{2}$$

这个公式告诉我们 $\hat{q}$ 的值可以用 u 的前两位数字除以 v 的首位数字得到. 如果得到的商是 b 或者更大的值, 那么就用 $(b-1)$ 替换它.

我们现在要来探讨一个不寻常的结论, 即只要 v_{n-1} 不会太小, 那么 $\hat{q}$ 的值总是我们所期望的答案 q 的一个非常好的近似. 为了分析 $\hat{q}$ 有多接近 q, 我们首先来证明 $\hat{q}$ 的值肯定不会太小.

定理 A. 使用以上记法, 我们有 $\hat{q} \geq q$.

证明. 由于 $q \leq b-1$, 所以当 $\hat{q} = b-1$ 时定理显然成立. 否则有 $\hat{q} = \lfloor (u_n b + u_{n-1})/v_{n-1} \rfloor$, 所以 $\hat{q} v_{n-1} \geq u_n b + u_{n-1} - v_{n-1} + 1$. 进而得到

$$\begin{aligned}
u - \hat{q}v &\leq u - \hat{q}v_{n-1}b^{n-1} \\
&\leq u_n b^n + \cdots + u_0 - (u_n b^n + u_{n-1}b^{n-1} - v_{n-1}b^{n-1} + b^{n-1}) \\
&= u_{n-2}b^{n-2} + \cdots + u_0 - b^{n-1} + v_{n-1}b^{n-1} < v_{n-1}b^{n-1} \leq v.
\end{aligned}$$

由于 $u - \hat{q}v < v$, 所以必有 $\hat{q} \geq q$. ∎

下面我们将证明在现实状况下 $\hat{q}$ 不会比 q 大很多. 假设 $\hat{q} \geq q+3$, 则

$$\hat{q} \leq \frac{u_n b + u_{n-1}}{v_{n-1}} = \frac{u_n b^n + u_{n-1}b^{n-1}}{v_{n-1}b^{n-1}} \leq \frac{u}{v_{n-1}b^{n-1}} < \frac{u}{v - b^{n-1}}.$$

($v = b^{n-1}$ 是不可能的, 因为如果 $v = (100\ldots0)_b$, 则 $q = \hat{q}$.) 而且由 $q > (u/v) - 1$ 可得

$$3 \leq \hat{q} - q < \frac{u}{v - b^{n-1}} - \frac{u}{v} + 1 = \frac{u}{v}\left(\frac{b^{n-1}}{v - b^{n-1}}\right) + 1.$$

所以

$$\frac{u}{v} > 2\left(\frac{v - b^{n-1}}{b^{n-1}}\right) \geq 2(v_{n-1} - 1).$$

最后, 由 $b - 4 \geq \hat{q} - 3 \geq q = \lfloor u/v \rfloor \geq 2(v_{n-1} - 1)$ 可得 $v_{n-1} < \lfloor b/2 \rfloor$. 这就证明了下面的定理.

定理 B. 如果 $v_{n-1} \geq \lfloor b/2 \rfloor$, 则 $\hat{q} - 2 \leq q \leq \hat{q}$. ∎

这个定理最重要的意义在于, 其结论与 b 的值无关. 无论基数 b 多大, 我们估算的商 $\hat{q}$ 的误差都不会超过 2.

条件 $v_{n-1} \geq \lfloor b/2 \rfloor$ 很像一个规范化要求. 事实上, 它恰好是一台二进制计算机上的二进制浮点数规范化的条件. 确保 v_{n-1} 足够大的一个简单方法是同时将 u 和 v 乘以 $\lfloor b/(v_{n-1} + 1) \rfloor$. 这样做并不会改变 u/v 的值, 也不会增加 v 的位数, 而且习题 23 证明了它一定能使修改后的 v_{n-1} 足够大. (将除数规范化的另一种方法将在习题 28 中讨论.)

有了上面得到的这些结论, 现在可以写出期待已久的长除算法了. 这个算法在步骤 D3 中使用了稍作改进的 $\hat{q}$ 的取值方案, 可以确保 $q = \hat{q}$ 或 $\hat{q} - 1$. 事实上, 采用这种办法确定的 $\hat{q}$ 的值, 在绝大多数情况下就是准确的 q 值.

算法 D (非负整数的除法). 给定非负整数 $u = (u_{m+n-1} \ldots u_1 u_0)_b$ 和 $v = (v_{n-1} \ldots v_1 v_0)_b$, 其中 $v_{n-1} \neq 0$ 且 $n > 1$. 我们要找出用 b 进制表示的商 $\lfloor u/v \rfloor = (q_m q_{m-1} \ldots q_0)_b$ 和余数 $u \bmod v = (r_{n-1} \ldots r_1 r_0)_b$. (当 $n = 1$ 时, 可以使用习题 16 提供的较简单的算法.)

D1. [规范化.] 置 $d \leftarrow \lfloor b/(v_{n-1} + 1) \rfloor$, $(u_{m+n}u_{m+n-1} \ldots u_1 u_0)_b \leftarrow (u_{m+n-1} \ldots u_1 u_0)_b \times d$, $(v_{n-1} \ldots v_1 v_0)_b \leftarrow (v_{n-1} \ldots v_1 v_0)_b \times d$. (注意在 u_{m+n-1} 左侧增加了一个新的位 u_{m+n}. 如果 $d = 1$, 那么在这一步唯一要做的是令 $u_{m+n} \leftarrow 0$. 在一台二进制计算机上, d 的理想值是 2 的某次幂, 而不是这里建议的数值. 只要能使得 $v_{n-1} \geq \lfloor b/2 \rfloor$ 的 d 的值都是可以接受的. 见习题 37.)

D2. [初始化 j.] 置 $j \leftarrow m$. (从 D2 到 D7 构成对 j 的一个循环，实际上就是实现将 $(u_{j+n} \ldots u_{j+1} u_j)_b$ 除以 $(v_{n-1} \ldots v_1 v_0)_b$ 的计算过程，以得到一位数的商 q_j. 见图 6.)

D3. [计算 $\hat{q}$.] 置 $\hat{q} \leftarrow \lfloor (u_{j+n}b + u_{j+n-1})/v_{n-1} \rfloor$，并定义 $\hat{r}$ 为余数 $(u_{j+n}b + u_{j+n-1}) \bmod v_{n-1}$. 现在检测一下是否有 $\hat{q} \geq b$ 或 $\hat{q}v_{n-2} > b\hat{r} + u_{j+n-2}$. 若是，则将 $\hat{q}$ 减 1，将 $\hat{r}$ 加 v_{n-1}，并且只要 $\hat{r} < b$ 就继续进行这个检测. (在这个检测过程中，关于 v_{n-2} 的那个检测条件可以在大部分情形下很快确定 $\hat{q}$ 是否比 q 大 1，以及排除掉 $\hat{q}$ 比 q 大 2 的所有情形. 见习题 19、20 和 21.)

D4. [相乘并相减.] 用

$$(u_{j+n}u_{j+n-1} \ldots u_j)_b - \hat{q}(0v_{n-1} \ldots v_1 v_0)_b$$

替换 $(u_{j+n}u_{j+n-1} \ldots u_j)_b$. 这个计算 (类似于算法 M 的步骤 M3、M4 和 M5) 由一个与一位数相乘的简单乘法，以及一个减法组合而成. $(u_{j+n}, u_{j+n-1}, \ldots, u_j)$ 中这些数字应该保持为正数. 如果这一步的计算得到的结果为负值，则应再加上 b^{n+1} 作为 $(u_{j+n}u_{j+n-1} \ldots u_j)_b$ 的值，即将计算结果进行对 b 求补的操作，同时记住需要向左 "借位".

D5. [检测余数.] 置 $q_j \leftarrow \hat{q}$. 如果 D4 的计算结果为负，则执行 D6，否则转到 D7.

D6. [回加.]（执行这一步骤的机会非常小，习题 21 估计其概率只有 $2/b$. 因此在调试时，需要专门设计比较特殊的数据，以便使程序能转向执行这一步骤，见习题 22. ）将 q_j 减 1，然后将 $(0v_{n-1} \ldots v_1 v_0)_b$ 加到 $(u_{j+n}u_{j+n-1} \ldots u_{j+1}u_j)_b$ 中. (在做这个加法时会向 u_{j+n} 的左边进位，但我们应忽略这个进位，因为它其实是与 D4 中的借位抵消了.)

D7. [对 j 循环.] 将 j 减 1. 如果 $j \geq 0$，则返回 D3.

D8. [非规范化.] 现在 $(q_m \ldots q_1 q_0)_b$ 就是所求的商，而余数可以通过将 $(u_{n-1} \ldots u_1 u_0)_b$ 除以 d 得到.

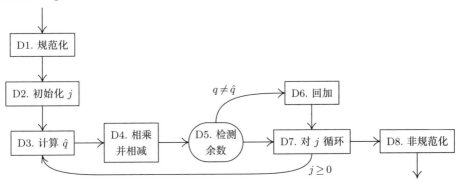

图 7 长除

将算法 D 转换成 MIX 程序时有几个值得关注的地方.

程序 D (非负整数的除法). 这个程序使用的记号与程序 A 类似. $\text{rI1} \equiv i - n$，$\text{rI2} \equiv j$，$\text{rI3} \equiv i + j$.

001	D1	JOV OFLO	1	*D1. 规范化.*
...				(见习题 25)
039	D2	ENT2 M	1	*D2. 初始化 j.* $j \leftarrow m$.
040		STZ V+N	1	为方便执行步骤 D4，置 $v_n \leftarrow 0$.

041	D3 LDA	U+N,2(1:5)	$M+1$	<u>D3. 计算 $\hat{q}$.</u>
042	LDX	U+N-1,2	$M+1$	$rAX \leftarrow u_{j+n}b + u_{j+n-1}$.
043	DIV	V+N-1	$M+1$	$rA \leftarrow \lfloor rAX/v_{n-1} \rfloor$.
044	JOV	1F	$M+1$	如果商 $\geq b$ 则跳转.
045	STA	QHAT	$M+1$	$\hat{q} \leftarrow rA$.
046	STX	RHAT	$M+1$	$\hat{r} \leftarrow u_{j+n}b + u_{j+n-1} - \hat{q}v_{n-1}$
047	JMP	2F	$M+1$	$= (u_{j+n}b + u_{j+n-1}) \bmod v_{n-1}$.
048	1H LDX	WM1		$rX \leftarrow b - 1$.
049	LDA	U+N-1,2		$rA \leftarrow u_{j+n-1}$. （这里 $u_{j+n} = v_{n-1}$.）
050	JMP	4F		
051	3H LDX	QHAT	E	
052	DECX	1	E	将 $\hat{q}$ 减 1.
053	LDA	RHAT	E	相应调整 $\hat{r}$ 的值:
054	4H STX	QHAT	E	$\hat{q} \leftarrow rX$.
055	ADD	V+N-1	E	$rA \leftarrow \hat{r} + v_{n-1}$.
056	JOV	D4	E	（如果 $\hat{r} \geq b$, 则 $\hat{q}v_{n-2} < \hat{r}b$.）
057	STA	RHAT	E	$\hat{r} \leftarrow rA$.
058	LDA	QHAT	E	
059	2H MUL	V+N-2	$M+E+1$	
060	CMPA	RHAT	$M+E+1$	检测 $\hat{q}v_{n-2} \leq \hat{r}b + u_{j+n-2}$ 是否成立.
061	JL	D4	$M+E+1$	
062	JG	3B	E	
063	CMPX	U+N-2,2		
064	JG	3B		如果不成立, 则说明 $\hat{q}$ 值太大了.
065	D4 ENTX	1	$M+1$	<u>D4. 相乘并相减.</u>
066	ENN1	N	$M+1$	$i \leftarrow 0$.
067	ENT3	0,2	$M+1$	$(i+j) \leftarrow j$.
068	2H STX	CARRY	$(M+1)(N+1)$	（这里 $1 - b < rX \leq +1$.）
069	LDAN	V+N,1	$(M+1)(N+1)$	
070	MUL	QHAT	$(M+1)(N+1)$	$rAX \leftarrow -\hat{q}v_i$.
071	SLC	5	$(M+1)(N+1)$	交换 $rA \leftrightarrow rX$.
072	ADD	CARRY	$(M+1)(N+1)$	加上来自右边的
073	JNOV	*+2	$(M+1)(N+1)$	进位, 再加 1.
074	DECX	1	K	如果和 $\leq -b$, 则进行借位.
075	ADD	U,3	$(M+1)(N+1)$	加上 u_{i+j}.
076	ADD	WM1	$(M+1)(N+1)$	加上 $b-1$, 以保证计算结果是正数.
077	JNOV	*+2	$(M+1)(N+1)$	如果没有发生溢出, 则进行借位.
078	INCX	1	K'	$rX \equiv$ 进位 $+ 1$.
079	STA	U,3	$(M+1)(N+1)$	$u_{i+j} \leftarrow rA$ （可能是负零）.
080	INC1	1	$(M+1)(N+1)$	
081	INC3	1	$(M+1)(N+1)$	
082	J1NP	2B	$(M+1)(N+1)$	对 $0 \leq i \leq n$ 反复执行.
083	D5 LDA	QHAT	$M+1$	<u>D5. 检测余数.</u>
084	STA	Q,2	$M+1$	置 $q_j \leftarrow \hat{q}$.
085	JXP	D7	$M+1$	（由于 $v_n = 0$, 这里 $rX = 0$ 或者 1.）
086	D6 DECA	1		<u>D6. 回加.</u>
087	STA	Q,2		置 $q_j \leftarrow \hat{q} - 1$.

088		ENN1	N		$i \leftarrow 0$.
089		ENT3	0,2		$(i+j) \leftarrow j$.
090	1H	ENTA	0		(这基本上是程序 A).
091	2H	ADD	U,3		
092		ADD	V+N,1		
093		STA	U,3		
094		INC1	1		
095		INC3	1		
096		JNOV	1B		
097		ENTA	1		
098		J1NP	2B		
099	D7	DEC2	1	$M+1$	<u>D7. 对 j 循环.</u>
100		J2NN	D3	$M+1$	对 $m \geq j \geq 0$ 反复执行.
101	D8	$\cdots$			(见习题 26) ▮

请注意步骤 D3 中那些看起来相当复杂的计算和判断, 是怎样简单地在计算机中实现的. 此外, 步骤 D4 的代码与程序 M 的类似, 只不过吸收了程序 S 的思想.

程序 D 的运行时间可以通过程序中所示的量 M、N、E、K 和 K' 来估计. (这些量忽略了仅以非常小的概率出现的若干情况. 例如, 我们假设 048–050 行、063–064 行以及步骤 D6 绝不执行.) 其中 $M+1$ 是商所占的机器字的个数, N 是除数所占的机器字的个数, E 是步骤 D3 中将 $\hat{q}$ 的值向下调整的次数, K 和 K' 是在 "相乘并相减" 循环中所做的进位调整的次数. 如果假设 $K+K'$ 的值近似等于 $(N+1)(M+1)$, E 近似等于 $\frac{1}{2}M$, 则程序 D 的总运行时间约为 $30MN + 30N + 89M + 111$ 个周期, 如果 $d > 1$, 则还要加上 $67N + 23.5M + 4$ 个周期. (习题 25 和 26 给出的程序段也已经算在内了.) 当 M 和 N 的值比较大时, 这个运行时间只比程序 M 将商和除数相乘所需的时间多出大约 7%.

当基数 b 相对较小, 而 b^2 小于计算机的字大小时, 可以通过不将中间结果各个位的数字的值减少到 $[0 .. b)$ 范围内来加速多精度除法的执行. 见戴维·史密斯, *Math. Comp.* **65** (1996), 157–163. 在本节末尾的习题中还有更多关于算法 D 的评注.

通过用乘法和加法程序来检查除法程序的计算结果等方式, 可以对多精度算术的程序进行调试. 下面这种类型的测试数据常常是很有用的:

$$(t^m - 1)(t^n - 1) = t^{m+n} - t^n - t^m + 1.$$

如果 $m < n$, 则这个数的 t 进制表示为

$$\underbrace{(t-1) \quad \ldots \quad (t-1)}_{m-1 \text{ 位}} \ (t-2) \ \underbrace{(t-1) \quad \ldots \quad (t-1)}_{n-m \text{ 位}} \ \underbrace{0 \quad \ldots \quad 0}_{m-1 \text{ 位}} \ 1.$$

例如, $(10^3 - 1)(10^8 - 1) = 99\,899\,999\,001$. 对于程序 D, 构造一些测试数据, 使得其中很少有机会被执行的代码段也有运行的机会, 同样是很有必要的工作. 如果我们测试数据是随机选取的, 那么即使测试一百万次, 也可能没有机会执行其中的一些代码. (见习题 22.)

既然我们已经知道如何对带符号数进行运算, 现在就来看一下, 在使用求补的表示方式的计算机上, 应该使用什么方法来解决同样的问题. 对于对 2 求补和全 1 序列求补的表示方式, 一般最好取基数 b 为字大小的一半. 所以当一个机器字是 32 位时, 在上面的算法中应该取 $b = 2^{31}$. 对于多精度数, 除了处于最高位的字, 其他位置的字的符号位都应该是零, 从而避免在乘法和除

法运算过程中进行异常符号校正. 事实上, 求补的表示方式本身就要求我们将除了最高位以外的所有字都看作是非负的. 例如, 假设一个机器字由 8 位构成, 那么用对 2 求补方式表示的数

$$11\,011\,111 \quad 1\,111\,110 \quad 1\,101\,011$$

（其中只有处于最高位的字才有符号位）应该理解为

$$-2^{21} + (1\,011\,111)_2 \cdot 2^{14} + (1\,111\,110)_2 \cdot 2^7 + (1\,101\,011)_2.$$

另一方面, 有些使用对 2 求补的表示方式的二进制计算机也可以进行无符号数的计算. 例如, 设 x 和 y 都包含 32 个二进制位. 计算机既可以把它们看作在 $-2^{31} \le x, y < 2^{31}$ 范围内的用对 2 求补方式表示的数, 也可以看作在 $0 \le x, y < 2^{32}$ 范围内的无符号数. 如果忽略溢出, 那么无论采用哪种理解方式, 32 位加法 $(x+y) \bmod 2^{32}$ 给出的计算结果都是一样的. 然而, 当我们选取不同的取值范围时, 溢出会在不同的情况下发生. 如果计算机在无符号数的表示下能够简单地计算进位 $\lfloor (x+y)/2^{32} \rfloor$, 并且在将 32 位无符号整数相乘时能给出 64 位的乘积, 就可以在高精度算法中使用 $b = 2^{32}$ 代替 $b = 2^{31}$.

在求补的表示方式下, 带符号数的加法会稍微简单一点, 因为 n 位非负整数的加法程序也可以用于任意的 n 位整数的加法. 由于符号只出现在第一个字中, 所以其他的字可以不用理会符号而直接相加. （但是, 如果使用全 1 序列求补的表示方式, 就必须特别注意最高位上的进位. 我们必须将这个进位加到最低位的字中, 并且这个操作可能进一步引发向更高位的字的进位. ）类似地, 在求补的表示方式下带符号数的减法稍微简单一点. 另一方面, 如果先对两个操作数做适当的求补操作将其变为非负, 然后再对非负量进行乘法和除法运算, 这样的处理方式似乎会使得计算容易很多. 不过, 也有一些技巧可以使我们直接对使用求补方式表示的负数做乘法和除法, 而不必预先进行求补操作. 对于双精度数, 不难了解如何使用这些技巧进行乘法运算. 然而, 如果想得到高精度的计算结果, 必须小心不要拖慢子程序的内循环的执行速度.

现在我们来分析程序 A 中出现的量 K, 即将两个 n 位数相加时发生进位的次数. 尽管 K 的数值对程序 A 的总运行时间没有影响, 但确实会影响到与程序 A 相对应的使用求补的表示方式的程序的运行时间. 由于生成函数在分析中起了很重要的作用, 而使得分析过程本身就令人很感兴趣.

设 u 和 v 是均匀分布在 $0 \le u, v < b^n$ 范围内的独立的 n 位随机整数. 记 p_{nk} 为将 u 和 v 相加时恰好发生 k 次进位, 并且其中有一次是发生在最高有效位上（从而 $u + v \ge b^n$）的概率. 类似地, 记 q_{nk} 为恰好发生 k 次进位, 但在最高有效位上没有发生进位的概率. 不难发现对所有 k 和 n 有

$$
\begin{aligned}
p_{0k} &= 0, & p_{(n+1)(k+1)} &= \frac{b+1}{2b} p_{nk} + \frac{b-1}{2b} q_{nk}, \\
q_{0k} &= \delta_{0k}, & q_{(n+1)k} &= \frac{b-1}{2b} p_{nk} + \frac{b+1}{2b} q_{nk}.
\end{aligned}
\tag{3}
$$

这是因为, 当 u_{n-1} 和 v_{n-1} 是独立均匀分布在 $0 \le u_{n-1}, v_{n-1} < b$ 范围内的整数时, $(b-1)/2b$ 是 $u_{n-1} + v_{n-1} \ge b$ 的概率, 而 $(b+1)/2b$ 是 $u_{n-1} + v_{n-1} + 1 \ge b$ 的概率.

为得到关于 p_{nk} 和 q_{nk} 的更多信息, 我们构造生成函数

$$P(z, t) = \sum_{k,n} p_{nk} z^k t^n, \qquad Q(z, t) = \sum_{k,n} q_{nk} z^k t^n. \tag{4}$$

由式 (3)，可得到基本关系

$$P(z,t) = zt\left(\frac{b+1}{2b}P(z,t) + \frac{b-1}{2b}Q(z,t)\right),$$

$$Q(z,t) = 1 + t\left(\frac{b-1}{2b}P(z,t) + \frac{b+1}{2b}Q(z,t)\right).$$

由这两个方程，可解得 $P(z,t)$ 和 $Q(z,t)$. 再令

$$G(z,t) = P(z,t) + Q(z,t) = \sum_n G_n(z)t^n,$$

其中 $G_n(z)$ 是将两个 n 位数相加时发生进位的总次数的生成函数，则

$$G(z,t) = (b - zt)/p(z,t), \quad \text{其中} \quad p(z,t) = b - \tfrac{1}{2}(1+b)(1+z)t + zt^2. \tag{5}$$

注意到 $G(1,t) = 1/(1-t)$，这与 $G_n(1)$ 必须等于 1（所有可能情况的概率之和）是一致的. 对 (5) 求关于 z 的偏导数，可得

$$\frac{\partial G}{\partial z} = \sum_n G_n'(z)t^n = \frac{-t}{p(z,t)} + \frac{t(b-zt)(b+1-2t)}{2p(z,t)^2},$$

$$\frac{\partial^2 G}{\partial z^2} = \sum_n G_n''(z)t^n = \frac{-t^2(b+1-2t)}{p(z,t)^2} + \frac{t^2(b-zt)(b+1-2t)^2}{2p(z,t)^3}.$$

令 $z = 1$，并将部分分式展开：

$$\sum_n G_n'(1)t^n = \frac{t}{2}\left(\frac{1}{(1-t)^2} - \frac{1}{(b-1)(1-t)} + \frac{1}{(b-1)(b-t)}\right),$$

$$\sum_n G_n''(1)t^n = \frac{t^2}{2}\left(\frac{1}{(1-t)^3} - \frac{1}{(b-1)^2(1-t)} + \frac{1}{(b-1)^2(b-t)} + \frac{1}{(b-1)(b-t)^2}\right).$$

所以发生进位的平均次数，即 K 的平均值，是

$$G_n'(1) = \frac{1}{2}\left(n - \frac{1}{b-1}\left(1 - \left(\frac{1}{b}\right)^n\right)\right), \tag{6}$$

而方差为

$$G_n''(1) + G_n'(1) - G_n'(1)^2 = \frac{1}{4}\left(n + \frac{2n}{b-1} - \frac{2b+1}{(b-1)^2} + \frac{2b+2}{(b-1)^2}\left(\frac{1}{b}\right)^n - \frac{1}{(b-1)^2}\left(\frac{1}{b}\right)^{2n}\right). \tag{7}$$

因此，在当前假设下，进位的次数略小于 $\tfrac{1}{2}n$.

历史与参考文献. 本节介绍的经典算法的早期历史，请读者自己根据兴趣去了解，这里我们只介绍在计算机上执行这些算法的历史.

德里克·诺曼·莱默和约翰·巴兰坦讨论了在台式计算器上以 10^n 为基数将很大的数相乘的算法 [*AMM* **30** (1923), 67–69].

关于数字计算机上的双精度计算的讨论最早出现在冯·诺依曼和戈德斯坦发表于 1947 年的关于编程的介绍性文章 [冯·诺依曼，*Collected Works* **5**, 142–151]. 本节的定理 A 和 B 由戴维·波普和马尔温·斯坦给出 [*CACM* **3** (1960), 652–654]，文中还给出了关于双精度计算程序的早期工作的参考文献. 关于商的试探值 $\hat{q}$ 的其他选取方法的讨论见艾伯特·考克斯和赫伯特·卢瑟，*CACM* **4** (1961), 353 [除以 $v_{n-1} + 1$ 而不是 v_{n-1}]，以及斯坦，*CACM* **7** (1964), 472–474 [根据 v_{n-2} 的值决定除以 v_{n-1} 还是 $v_{n-1} + 1$]. 埃达亚苏曼加朗·克里希纳穆尔蒂 [*CACM* **8** (1965), 179–181] 指出，利用在后一种方法中对单精度余数的检验可以改进定理 B

的结果. 克里希纳穆尔蒂和萨利尔·南迪 [*CACM* **10** (1967), 809–813] 提出了一种方法, 根据被除数和除数的前几位数字计算 $\hat{q}$ 的值, 以代替算法 D 中的规范化和非规范化操作. 乔治·科林斯和戴维·马瑟对波普和斯坦的算法作了一些有趣的分析 [*Information Processing Letters* **6** (1977), 151–155].

关于除法还有以下几种可选的方案.

(1) "傅里叶除法" [傅里叶, *Analyse des Équations Déterminées* (Paris: 1831), §2.21]. 这种方法常用于台式计算器, 它在求商的每一位上的数字时都使用精度更高的除数和被除数. 作者所做的大范围测试表明, 这种方法比不上前面介绍的 "先除后校正" 技巧, 但也许在某一些问题上傅里叶除法比较适用. 见莱默, *AMM* **33** (1926), 198–206 和詹姆斯·乌斯宾斯基, *Theory of Equations* (New York: McGraw–Hill, 1948), 159–164.

(2) 用于计算一个数的倒数的 "牛顿法", 广泛用于没有提供单精度除法指令的早期计算机中. 其思路是先找到 $1/v$ 的某个初始近似值 x_0, 然后令 $x_{n+1} = 2x_n - vx_n^2$. 这个算法收敛到 $1/v$ 的速度很快, 因为如果 $x_n = (1-\epsilon)/v$, 那么 $x_{n+1} = (1-\epsilon^2)/v$. 利用式

$$x_{n+1} = x_n + x_n(1 - vx_n) + x_n(1 - vx_n)^2 = x_n \left(1 + (1 - vx_n)(1 + (1 - vx_n)) \right),$$

可以得到三阶收敛的迭代序列, 即每一步迭代可将 ϵ 替换为 $O(\epsilon^3)$. 此外, 还有四阶收敛的类似公式, 等等. 见菲利普·拉比诺维茨, *CACM* **4** (1961), 98. 对于特别大的数的除法运算, 可以先使用牛顿二阶方法求 v 的倒数, 在每一步中增加 x_n 的精度, 然后再利用 4.3.3 节的快速乘法程序将 $1/v$ 与 u 相乘, 其运算速度会比算法 D 快得多. (具体做法见算法 4.3.3R.) 克里希纳穆尔蒂讨论了一些相关的迭代方案 [*IEEE Trans.* **C-19** (1970), 227–231].

(3) 我们也可以利用等式

$$\frac{u}{v+\epsilon} = \frac{u}{v} \left(1 - \left(\frac{\epsilon}{v} \right) + \left(\frac{\epsilon}{v} \right)^2 - \left(\frac{\epsilon}{v} \right)^3 + \cdots \right)$$

实现除法运算. 见哈里·劳克林, *AMM* **37** (1930), 287–293. 在双精度计算中我们也用到了这个方法 (式 4.2.3–(2)).

除了刚才引用的文献以外, 以下关于多精度算术的早期文章也是值得注意的: 阿瑟·斯特劳德和唐·西克里斯特介绍了基于全 1 序列求补表示的浮点数运算的高精度程序 [*Comp. J.* **6** (1963), 62–66]; 布鲁斯·布卢姆介绍了FORTRAN 语言的扩展精度运算子程序 [*CACM* **8** (1965), 318–320]; 马尔蒂·蒂耶纳里和维尔霍·索科瑙蒂奥介绍了对应的 ALGOL 语言的程序 [*BIT* **6** (1966), 332–338]; 科林斯利用链接内存分配的技巧, 非常漂亮地构造了无限精度整数运算的算法 [*CACM* **9** (1966), 578–589]. 包括对数函数和三角函数求值在内的多精度算术的更多的相关工作的介绍见布伦特, *ACM Trans. Math. Software* **4** (1978), 57–81 和史密斯, *ACM Trans. Math. Software* **17** (1991), 273–283, **24** (1998), 359–367.

在历史上, 人类的计算能力常常以同时期所知的 π 的十进制位数来衡量. 4.1 节提到了一些早期的进展. 1719 年, 托马·拉尼将 π 计算到了小数点后第 127 位 [*Mémoires Acad. Sci.* (Paris, 1719), 135–145, 其中第 113 位数字有印刷错误]. 当更好的计算公式被发现后, 一位来自汉堡的名叫约翰·达泽的著名心算家在 1844 年用了不到两个月时间就准确地计算到了 200 位 [*Crelle* **27** (1844), 198]. 其后威廉·尚克斯在 1853 年发表了 π 的 607 位数字, 并继续他的计算, 直到在 1873 年给出 707 位数字. [见威廉·尚克斯, *Contributions to Mathematics* (London: 1853); *Proc. Royal Soc. London* **21** (1873), 318–319; **22** (1873), 45–46; 伊曼纽尔·霍夫曼, *Zeit. für math. und naturwiss. Unterricht* **26** (1895), 261–264.] 尚克斯的 707 位数字

在很多年里广泛为各种数学文献所引用，但唐纳德·弗格森在 1945 年注意到从第 528 位开始有好几位数字是错误的 [*Math. Gazette* **30** (1946), 89–90]. 赖特维斯纳和他的同事在 1949 年利用劳动节的周末，在 ENIAC 上用了 70 个小时得到了 2037 位正确的数字 [*Math. Tables and Other Aids to Comp.* **4** (1950), 11–15]. 1958 年，在 IBM 704 计算机上运行了 100 分钟之后，弗朗索瓦·热尼计算到了 10 000 位 [*Chiffres* **1** (1958), 17–22]. 没过多久，丹尼尔·尚克斯 [与前面那个威廉·尚克斯没有直接关系] 和约翰·伦奇（小）发布了 π 的小数点后 100 000 位数字 [*Math. Comp.* **16** (1962), 76–99]. 为得到这个结果，他们在IBM 7090 计算机上运行了大约 8 小时进行计算，又运行了 4.5 小时检查计算结果. 经检查，他们确实发现了一处临时硬件错误，并通过重新计算排除掉了. π 的前一百万位数字是由法国原子能委员会的让·吉尤和马蒂娜·布耶在 1973 年给出的，他们在一台 CDC 7600 计算机上运行了接近 24 小时得到了这个结果 [见柴田昭彦，*Surikagaku* **20** (1982), 65–73]. 令人惊讶的是，早在此前七年，欧文·马特里克博士就准确地预测到 π 的第一百万位是 "5" [加德纳，*New Mathematical Diversions* (Simon and Schuster, 1966)，第 8 章补遗]. 突破 10 亿位数字的大关，是由格雷戈里·楚德诺夫斯基和达维德·楚德诺夫斯基，并且也由金田康正和田村良明，在 1989 年各自独立完成的. 1991 年，在一台自行搭建的并行计算机上运行了 250 小时之后，楚德诺夫斯基兄弟将结果推进到了 20 亿位. [见理查德·普雷斯顿，*The New Yorker* **68**, 2 (1992 年 3 月 2 日), 36–67. 楚德诺夫斯基兄弟所使用的新颖的公式见 *Proc. Nat. Acad. Sci.* **86** (1989), 8178–8182.] 金田康正和高桥大介在一台配备 1024 个计算单元的 HITACHI SR2201 计算机上，用两种独立的方法分别运行了 29.0 小时和 37.1 小时，于 1997 年 7 月计算到了超过 515 亿位. 2011 年，世界纪录达到 10 万亿位! [①]，这是由余智恒和近藤茂使用楚德诺夫斯基公式以及习题 39 中的方法得到的.

在这一节中我们讨论的都是计算机编程上的算法技巧. 还有许多针对算术运算在硬件上实现的算法也是很有趣的，但这些算法似乎都不适用于高精度计算. 相关内容见：赖特维斯纳，"Binary Arithmetic"，*Advances in Computers* **1** (New York: Academic Press, 1960), 231–308；奥林·麦克索利，*Proc. IRE* **49** (1961), 67–91；赫尔诺特·梅策，*IRE Trans.* **EC-11** (1962), 761–764，哈维·加纳，"Number Systems and Arithmetic"，*Advances in Computers* **6** (New York: Academic Press, 1965), 131–194. 艾伦·埃德尔曼讨论了 1994 年的奔腾芯片的除法程序中一个不出名但很有教益的错误 [*SIAM Review* **39** (1997), 54–67]. 关于在硬件上实现加法和乘法运算所能达到的最短时间的研究见：什穆埃尔·威诺格拉德，*JACM* **12** (1965), 277–285, **14** (1967), 793–802；布伦特，*IEEE Trans.* **C-19** (1970), 758–759；弗洛伊德，*FOCS* **16** (1975), 3–5. 也见 4.3.3E.

习题

1. [*42*] 研究一下算术运算的经典算法的早期历史：请查阅，比如孙子、花拉子米、乌格利迪西、斐波那契和雷科德的著作，并将他们的方法尽可能忠实地转换为严格的算法描述.

2. [*15*] 推广算法 A 使之能进行"列的加法"运算，即求 m 个非负的 n 位整数的和.（假设 $m \le b$.）

3. [*21*] 为习题 2 中的算法写一个 MIX 程序，并估计这个程序的表示为 m 和 n 的函数的运行时间.

4. [*M21*] 利用 1.2.1 节中介绍的归纳断言的方法，给出一个形式证明以说明算法 A 是正确的.

5. [*21*] 算法 A 对输入的两个操作数从右到左相加，但有时候从左到右读取输入的数据更方便. 设计一个算法，其输出与算法 A 相同，但其计算过程是从左到右依次生成计算结果的各位数字. 如果当前计算的位发生进位，前面一位的计算结果就是错的，此时就需要返回去修改前面一些位的数值. [注记：在古代印

[①] 余智恒和近藤茂使用稍微改进的方法，在一台个人计算机上运行了 94 天，于 2013 年 12 月 28 日将 π 计算到了小数点后第 12.1 万亿位，创造了新的世界纪录 [见 http://www.numberworld.org/misc_runs/pi-12t]. ——编者注

度和阿拉伯手稿中,加法就是用这种方式从左到右计算的,这很可能是因为在算盘上人们习惯从左到右计算. 从右到左相加的计算方式是由乌格利迪西提出的,也许是因为阿拉伯文是从右到左书写的.]

▶ **6.** [22] 设计一个算法,可以(像习题 5 那样)从左到右将两个操作数相加,但要求对计算结果的每一位数字,直到确定它不会被更低位的进位改变数值才将这一位保存下来. 也就是说,一旦某一位数字被保存就不再允许修改其数值. [提示:追踪计算结果中还未被保存的相继的 $(b-1)$.] 这种类型的算法适用于输入和输出的数在磁带上从左到右读写,或者是在直接的线性链表上存取的情形.

7. [M26] 习题 5 的算法中平均有多少次在发生进位时必须返回去修改前面 k 位($k = 1, 2, \ldots, n$)数字?(假设输入的两个操作数相互独立且在 0 和 $b^n - 1$ 之间均匀分布.)

8. [M26] 为习题 5 的算法写一个 MIX 程序,并利用正文中估算的发生进位的次数求其平均运行时间.

▶ **9.** [21] 推广算法 A,写一个算法将两个用基数为 $b_0, b_1, \ldots$(从右到左)的混合进制系统表示的 n 位数相加. 也就是说,最低位有效数字介于 0 和 $b_0 - 1$ 之间,次低位有效数字介于 0 和 $b_1 - 1$ 之间,等等. 见式 4.1–(9).

10. [18] 如果我们将程序 S 中 06 和 07 行的指令互换,程序还能正确运行吗?如果将 05 和 06 行的指令互换呢?

11. [10] 请设计一个算法,比较两个非负的 n 位整数 $u = (u_{n-1} \ldots u_1 u_0)_b$ 和 $v = (v_{n-1} \ldots v_1 v_0)_b$,判断 $u < v$、$u = v$ 还是 $u > v$.

12. [16] 在算法 S 中,我们假设已知输入的两个操作数中哪个大一些. 如果不知道哪个数更大,我们还是可以照样做减法,而在算法结束时可能会产生一个额外的借位. 请设计一个算法(当算法 S 的末尾出现借位时)用于求 $(w_{n-1} \ldots w_1 w_0)_b$ 的补,从而得到 u 和 v 之差的绝对值.

13. [21] 写一个 MIX 程序,将 $(u_{n-1} \ldots u_1 u_0)_b$ 与 v 相乘,其中 v 是一个单精度数(即 $0 \leq v < b$),得到乘积 $(w_n \ldots w_1 w_0)_b$. 这个程序需要多少运行时间?

▶ **14.** [M22] 利用 1.2.1 节介绍的归纳断言的方法,写一个形式证明以说明算法 M 的正确性. (见习题 4.)

15. [M20] 如果要将两个 n 位小数相乘,即 $(0.u_1 u_2 \ldots u_n)_b \times (0.v_1 v_2 \ldots v_n)_b$,并给出乘积的包含 n 位有效数字的近似值 $(0.w_1 w_2 \ldots w_n)_b$. 我们可以利用算法 M 得到 $2n$ 位的乘积,然后舍入到所需的精度. 但这种做法要比所要求的精度多一倍的工作量,因为当 $i + j > n + 2$ 时乘积 $u_i v_j$ 对最终答案的贡献很小.

假设我们在做乘法时,对于 $i + j > n + 2$,不计算乘积 $u_i v_j$,而是认为其值为零,请估计由此导致的误差的最大值.

▶ **16.** [20] (短除)设计一个算法,求非负的 n 位整数 $(u_{n-1} \ldots u_1 u_0)_b$ 除以 v 的商 $(w_{n-1} \ldots w_1 w_0)_b$ 和余数 r,其中 v 是一个单精度数(即 $0 < v < b$).

17. [M20] 在图 6 的记号下,假设 $v_{n-1} \geq \lfloor b/2 \rfloor$. 证明当 $u_n = v_{n-1}$ 时,必有 $q = b - 1$ 或 $b - 2$.

18. [M20] 在图 6 的记号下,证明当 $q' = \lfloor (u_n b + u_{n-1})/(v_{n-1} + 1) \rfloor$ 时,有 $q' \leq q$.

▶ **19.** [M21] 在图 6 的记号下,假设 $\hat{q}$ 是 q 的一个近似值,并且 $\hat{r} = u_n b + u_{n-1} - \hat{q} v_{n-1}$. 又假设 $v_{n-1} > 0$. 证明如果 $\hat{q} v_{n-2} > b\hat{r} + u_{n-2}$,那么 $q < \hat{q}$. [提示:通过分析 v_{n-2} 的影响来改进定理 A 的证明.]

20. [M22] 在习题 19 的记号和假设下,证明当 $\hat{q} v_{n-2} \leq b\hat{r} + u_{n-2}$ 且 $\hat{q} < b$ 时,有 $\hat{q} = q$ 或 $q = \hat{q} - 1$.

▶ **21.** [M23] 证明如果 $v_{n-1} \geq \lfloor b/2 \rfloor$,而且在习题 19 和 20 的记号下,如果 $\hat{q} v_{n-2} \leq b\hat{r} + u_{n-2}$ 但 $\hat{q} \neq q$,则 $u \bmod v \geq (1 - 2/b)v$. (最后一个事件出现的概率大约为 $2/b$,从而当 b 是计算机的字大小时,在算法 D 中几乎总有 $q_j = \hat{q}$.)

▶ **22.** [24] 请找一个四位数除以三位数的例子,使得在用算法 D 计算时,步骤 D6 是必不可少的,其中取基数 $b = 10$.

23. [M23] 假设 v 和 b 是整数,并且 $1 \leq v < b$. 证明总有 $\lfloor b/2 \rfloor \leq v \lfloor b/(v+1) \rfloor < (v+1)\lfloor b/(v+1) \rfloor \leq b$.

24. [M20] 利用 4.2.4 节给出的首位数字的分布规律,对算法 D 中 $d = 1$ 的概率给出近似公式. (当 $d = 1$ 时,我们可以忽略步骤 D1 和 D8 中的大部分计算.)

25. [*26*] 为步骤 D1 写一个 MIX 程序以完成程序 D.

26. [*21*] 为步骤 D8 写一个 MIX 程序以完成程序 D.

27. [*M20*] 证明在算法 D 的步骤 D8 开始部分,非规范化的数 $(u_{n-1}\ldots u_1u_0)_b$ 必定恰好是 d 的倍数.

28. [*M30*] (安东宁·斯沃博达, *Stroje na Zpracování Informací* **9** (1963), 25–32) 设

$$v = (v_{n-1}\ldots v_1v_0)_b$$

是 b 进制整数,其中 $v_{n-1} \neq 0$. 执行以下操作:

    N1. 如果 $v_{n-1} < b/2$,则将 v 与 $\lfloor(b+1)/(v_{n-1}+1)\rfloor$ 相乘. 结果记为 $(v_nv_{n-1}\ldots v_1v_0)_b$.

    N2. 如果 $v_n = 0$,则令 $v \leftarrow v+(1/b)\lfloor b(b-v_{n-1})/(v_{n-1}+1)\rfloor v$. 结果记为 $(v_nv_{n-1}\ldots v_0.v_{-1}\ldots)_b$.
    重复执行步骤 N2 直到 $v_n \neq 0$. ■

证明步骤 N2 最多只会执行三次,而且在以上计算过程完成后必有 $v_n = 1$, $v_{n-1} = 0$.
    [注记:如果先将 u 和 v 分别与上面的常数相乘后再除,所得的商仍与 u/v 相等,但此时除数已经变为 $(10v_{n-2}\ldots v_0.v_{-1}v_{-2}v_{-3})_b$. 这种形式的除数非常便于处理,因为按照算法 D 的记号,我们只需在步骤 D3 开头取 $\hat{q} = u_{j+n}$ 作为商的试探值,或者当 $(u_{j+n+1}, u_{j+n}) = (1,0)$ 时取 $\hat{q} = b-1$.]

29. [*15*] 证明或证伪:在算法 D 的步骤 D7 开始部分,我们总有 $u_{j+n} = 0$.

▶ **30.** [*22*] 当存储空间有限时,在本节一些算法的执行过程中我们可能会期望输入和输出数据共享存储位置. 在算法 A 或 S 中,有可能将 $w_0, w_1, \ldots, w_{n-1}$ 存储在 $u_0, \ldots, u_{n-1}$ 或 $v_0, \ldots, v_{n-1}$ 的相应位置上吗? 在算法 D 中,有可能将商 $q_0, \ldots, q_m$ 存储在 $u_n, \ldots, u_{m+n}$ 的相应位置上吗? 在算法 M 中,是否能让输入和输出数据的存储位置有部分重叠?

31. [*28*] 假设 $b = 3$,而 $u = (u_{m+n-1}\ldots u_1u_0)_3$ 和 $v = (v_{n-1}\ldots v_1v_0)_3$ 都是用平衡三进制表示的整数(见 4.1 节),其中 $v_{n-1} \neq 0$. 设计一个长除法的算法,求 u 除以 v 的绝对值不超过 $\frac{1}{2}|v|$ 的余数. 尽可能使这个算法在平衡三进制计算机的计算电路上能够高效运行.

32. [*M40*] 设 $b = 2i$,而 u 和 v 是用虚四进制方式表示的复数. 设计一些计算 u 除以 v 的算法,也许以适当的方式给出余数. 比较这些算法的效率.

33. [*M40*] 设计一个求平方根的算法,它类似于算法 D,也类似于求平方根的传统笔算方法.

34. [*40*] 设计一个计算机子程序集,可以对任意整数进行四则运算,其中对整数的大小不作任何限制. 当然,它们所需的存储空间不能超出计算机的总存储量. (可以使用链接内存分配,从而不需要浪费时间来找地方保存计算结果.)

35. [*40*] 设计一个计算机子程序集,以实现"十倍精度浮点"算术运算,其中使用超量为 0、基数为 b 的 9 字浮点数表示,b 是机器字大小,且用一个机器字来存放指数. (所以每个浮点数是用 10 个字的内存来存放,且在做缩放时是移动整个字而不是在字内做移位操作.)

36. [*M25*] 说明如何利用多精度加法、减法和除以小的数的除法,对 ϕ 的适当精度的近似值,计算 $\ln\phi$ 的高精度的近似值.

▶ **37.** [*20*] (尤金·萨拉明)说明当 d 是 2 的幂时,如何在二进制计算机上避免执行算法 D 中的规范化和非规范化步骤,但不能改变算法中给出的商的试探值的各位数字的序列. (如果没有执行步骤 D1 的规范化操作,应该如何在步骤 D3 中计算 $\hat{q}$?)

38. [*M35*] 假设 u 和 v 是在 $0 \leq u,v < 2^n$ 范围内的整数. 给出一种方法,使用 $O(n)$ 次的加法、减法和针对 $(n+2)$ 位二进制数的比较运算,来计算几何平均值 $\lfloor\sqrt{uv}+\frac{1}{2}\rfloor$. [提示:使用一个"管道"把乘法和求平方根的经典方法组合在一起.]

39. [*25*] (戴维·贝利、彼得·博温和西蒙·普劳夫,1996)利用等式

$$\pi = \sum_{k\geq 0}\frac{1}{16^k}\left(\frac{4}{8k+1} - \frac{2}{8k+4} - \frac{1}{8k+5} - \frac{1}{8k+6}\right),$$

通过 $O(n \log n)$ 次针对 $O(\log n)$ 位二进制整数的算术运算, 在不知道 π 的前 $n-1$ 位二进制位的前提下计算第 n 位二进制位. (假设 π 的二进制表示中不存在特别长串的连续多个 0 或者 1.)

40. [*M24*] 有时我们会在已知余数为 0 的情况下计算 u 除以 v 的值. 假设 u 是 $2n$ 位数, v 是 n 位数, 且 $u \bmod v = 0$. 证明如果我们在计算商的时候, 一半的位数从左向右, 另一半位数从右向左计算, 则可以节省算法 D 大约 75% 的工作量.

▸ **41.** [*M26*] 高精度运算在很多情况下需要反复做对 w 取模的运算, 其中 w 是一个选定的 n 位数, 且与基数 b 互素. 我们可以利用由彼得·蒙哥马利 [*Math. Comp.* **44** (1985), 519–521] 提出的一个技巧来加速这一计算过程, 这个技巧实质上从右向左而不是从左向右进行计算, 从而使求余数的过程流水线化.

(a) 给定 $u = \pm(u_{m+n-1} \ldots u_1 u_0)_b$, $w = (w_{n-1} \ldots w_1 w_0)_b$, 以及数 w' 满足 $w_0 w' \bmod b = 1$, 说明如何求 $v = \pm(v_{n-1} \ldots v_1 v_0)_b$ 满足 $b^m v \bmod w = u \bmod w$.

(b) 给定 n 位带符号整数 u, v, w 满足 $|u||v| < w$, 以及 (a) 中的 w'. 说明如何求 n 位整数 t 满足 $|t| < w$ 且 $b^n t \equiv uv$ (modulo w).

(c) 如何利用 (a) 和 (b) 的算法来简化对 w 取模的运算?

42. [*HM35*] 给定 m 和 b, 记 P_{nk} 为 $\lfloor (u_1 + \cdots + u_m)/b^n \rfloor = k$ 的概率, 其中 $u_1, \ldots, u_m$ 是随机选取的 n 位 b 进制整数. (这是习题 2 的 "列的加法" 算法中 w_n 的分布.) 证明 $P_{nk} = \frac{1}{m!} \left\langle {m \atop k} \right\rangle + O(b^{-n})$, 其中 $\left\langle {m \atop k} \right\rangle$ 是欧拉数 (见 5.1.3 节).

▸ **43.** [*22*] 在表示数字图像中的灰度值或者颜色值的分量时, 我们通常用 $[0 \mathinner{.\,.} 255]$ 范围内的 8 位二进制数 u 代表分数 $u/255$. 给定两个这样的分数 $u/255$ 和 $v/255$, 图形算法经常需要计算它们的近似乘积 $w/255$, 其中 w 是最接近 $uv/255$ 的整数. 证明使用以下公式可以高效地计算 w 的值:

$$t = uv + 128, \qquad w = \lfloor (\lfloor t/256 \rfloor + t)/256 \rfloor.$$

*4.3.2   模算术

在进行大整数的算术运算时, 也可利用数论中的一些简单理论, 推导出一些有趣的算法. 我们的想法是: 选取几个没有公因数的模数 $m_1, m_2, \ldots, m_r$, 然后将运算转化为对余数 $u \bmod m_1$, $u \bmod m_2$, $\ldots$, $u \bmod m_r$ 进行, 而不是直接对 u 进行运算.

为了记号上的方便, 我们在这一节中都会记

$$u_1 = u \bmod m_1, \qquad u_2 = u \bmod m_2, \qquad \ldots, \qquad u_r = u \bmod m_r. \tag{1}$$

利用除法运算, 可以很方便地对任何整数 u 计算出 $(u_1, u_2, \ldots, u_r)$. 非常重要的一点是, 在这个过程中不会损失任何信息 (只要 u 不是太大), 因为由 $(u_1, u_2, \ldots, u_r)$ 可以重新计算出 u 的值. 例如, 如果 $0 \le u < v \le 1000$, 则 $(u \bmod 7, u \bmod 11, u \bmod 13)$ 和 $(v \bmod 7, v \bmod 11, v \bmod 13)$ 不可能相等. 这是下面将要介绍的 "中国剩余定理" 的一个推论.

根据上面的分析, 我们可以将 $(u_1, u_2, \ldots, u_r)$ 看作一种新的计算机内部数据格式, 即整数 u 的 "模表示".

模表示的优点是加法、减法和乘法都非常简单:

$$(u_1, \ldots, u_r) + (v_1, \ldots, v_r) = \left((u_1 + v_1) \bmod m_1, \ldots, (u_r + v_r) \bmod m_r \right), \tag{2}$$

$$(u_1, \ldots, u_r) - (v_1, \ldots, v_r) = \left((u_1 - v_1) \bmod m_1, \ldots, (u_r - v_r) \bmod m_r \right), \tag{3}$$

$$(u_1, \ldots, u_r) \times (v_1, \ldots, v_r) = \left((u_1 \times v_1) \bmod m_1, \ldots, (u_r \times v_r) \bmod m_r \right). \tag{4}$$

例如, 为了得到式 (4), 我们只需证明

$$uv \bmod m_j = (u \bmod m_j)(v \bmod m_j) \bmod m_j$$

对所有模数 m_j 成立. 而这其实是经典数论的一个基本事实: $x \bmod m_j = y \bmod m_j$ 当且仅当 $x \equiv y \pmod{m_j}$. 另一方面, 如果 $x \equiv x'$ 且 $y \equiv y'$, 那么 $xy \equiv x'y' \pmod{m_j}$. 所以 $(u \bmod m_j)(v \bmod m_j) \equiv uv \pmod{m_j}$.

模表示的主要缺点是不容易判断 $(u_1, \ldots, u_r)$ 是否大于 $(v_1, \ldots, v_r)$. 我们也很难判断加法、减法和乘法的结果是否溢出, 而做除法就更困难了. 如果在进行加法、减法和乘法运算时经常需要进行上述操作的话, 那么只有当一个数和它的模表示之间可以实现快速转换时, 我们才有理由使用模算术. 因此, 数的模表示和按位记数表示之间的转换是本节关注的主要课题之一.

由式 (2) (3) (4) 定义的加法、减法和乘法运算称为同余算术或者模算术. 模算术可以处理的数的范围是 $m = m_1 m_2 \ldots m_r$, 即所有模数的乘积. 如果每个 m_j 都接近计算机的字大小, 那么当 $r \approx n$ 时就可以实现 n 个字的数的运算. 因此用模算术进行 n 个字的数的加法、减法和乘法所需的时间实质上与 n 成正比 (不考虑模表示和按位记数表示之间转换所耗费的时间). 这对于加法和减法没什么优势, 但对于乘法却是个相当大的优势, 因为 4.3.1 节中所用的常规乘法, 其运行时间与 n^2 成正比.

此外, 对于可以同时进行多个操作的计算机, 模算术即使在加法和减法上也有很大的优势. 由于针对不同模数的运算可以同时进行, 所以在速度上可以有很大的提高. 在上节中讨论的常规技巧无法像这样达到减少运行时间的效果, 因为它们必须考虑进位的传播对计算过程的影响. 也许将来高度并行的计算机将使得同时进行各种运算成为很平常的事, 所以模算术对于需要对一个问题迅速给出高精度结果的 "实时" 计算有重要的意义. (高度并行的计算机更适合同时运行 k 个独立的程序, 而不是以 k 倍的速度运行单个程序. 因为后一种做法更复杂, 也不能有效地利用计算机的并行性. "实时" 计算是少有的能够凸显模算术天然的并行性优势的应用.)

下面让我们来看一下奠定数的模表示基础的基本事实.

定理 C (中国剩余定理). 设 $m_1, m_2, \ldots, m_r$ 是两两互素的正整数, 即

$$m_j \perp m_k \qquad \text{当 } j \neq k \text{ 时}. \tag{5}$$

令 $m = m_1 m_2 \ldots m_r$, 且 $a, u_1, u_2, \ldots, u_r$ 都是整数. 则恰有一个整数 u 满足以下条件

$$a \leq u < a + m, \qquad \text{并且} \qquad u \equiv u_j \pmod{m_j} \quad \text{对于 } 1 \leq j \leq r. \tag{6}$$

证明. 如果对于 $1 \leq j \leq r$, $u \equiv v \pmod{m_j}$, 则对所有 j, $u-v$ 是 m_j 的倍数. 于是由 (5) 得 $u-v$ 是 $m = m_1 m_2 \ldots m_r$ 的倍数. 所以 (6) 最多有一个解. 为了完成证明, 我们还必须证明至少存在一个解, 而这可以通过以下两种简单的方法得到.

方法 1 ("非构造性" 证明). 由于 (6) 最多有一个解, 所以当 u 取遍 m 个不同的值 $a \leq u < a + m$ 时, r 元组 $(u \bmod m_1, \ldots, u \bmod m_r)$ 必然也取 m 个不同的值. 然而另一方面, 恰好有 $m_1 m_2 \ldots m_r$ 个 r 元组 $(v_1, \ldots, v_r)$ 满足 $0 \leq v_j < m_j$. 所以每个 r 元组恰好出现一次, 从而存在某个 u 使得 $(u \bmod m_1, \ldots, u \bmod m_r) = (u_1, \ldots, u_r)$.

方法 2 ("构造性" 证明). 对于 $1 \leq j \leq r$, 我们可以找到 M_j 满足

$$M_j \equiv 1 \pmod{m_j} \qquad \text{且} \qquad M_j \equiv 0 \pmod{m_k} \quad \text{对于 } k \neq j. \tag{7}$$

事实上, 由 (5) 可知 m_j 与 m/m_j 互素, 所以由欧拉定理 (习题 1.2.4–28), 可取

$$M_j = (m/m_j)^{\varphi(m_j)}. \tag{8}$$

于是

$$u = a + ((u_1 M_1 + u_2 M_2 + \cdots + u_r M_r - a) \bmod m) \tag{9}$$

满足 (6) 的所有条件. ∎

中国数学家孙子阐述了这个定理的一个非常特殊的情形以及解答此类问题的规则，称为大衍求一术（"大归纳"）. 他的著作发表的日期很难确定，通常认为是在公元 280 和 473 年之间. 中世纪印度的数学家运用他们的库塔卡方法（见 4.5.2 节）进一步发展了这种技巧. 但定理 C 的一个更一般的形式是由秦九韶在他的著作《数书九章》（1247）中首先提出和证明的. 秦九韶考虑了各模数有公因数的情形，如习题 3 所述. [见李约瑟，*Science and Civilisation in China* **3** (Cambridge University Press, 1959) [①]，33–34, 119–120；李俨和杜石然，*Chinese Mathematics* (Oxford: Clarendon, 1987) [②]，92–94, 105, 161–166；沈康身，*Archive for History of Exact Sciences* **38** (1988), 285–305.] 伦纳德·迪克森在他的著作 *History of the Theory of Numbers* **2** (Carnegie Inst. of Washington, 1920) 的第 57–64 页总结整理了与这个理论有关的很多早期研究成果.

我们可以运用定理 C 来考虑任意连续 $m = m_1 m_2 \ldots m_r$ 个整数的模表示. 例如，可在 (6) 中取 $a = 0$，即考虑小于 m 的所有非负整数. 另一方面，对于加法、减法和乘法，通常假设所有模数 $m_1, m_2, \ldots, m_r$ 都是奇数，从而 $m = m_1 m_2 \ldots m_r$ 也是奇数，并且考虑在关于零对称的

$$-\frac{m}{2} < u < \frac{m}{2} \tag{10}$$

区间内的所有整数.

为了进行 (2)、(3) 和 (4) 中所列的基本运算，我们需要对 $0 \le u_j, v_j < m_j$ 计算 $(u_j + v_j) \bmod m_j$、$(u_j - v_j) \bmod m_j$ 和 $u_j v_j \bmod m_j$ 的值. 如果 m_j 是单精度数，计算 $u_j v_j \bmod m_j$ 时，最方便的做法是先做一次乘法，然后再做一次除法. 加法和减法相对更简单一些，因为不需要做除法. 下面这两个公式用起来很方便：

$$(u_j + v_j) \bmod m_j = u_j + v_j - m_j[u_j + v_j \ge m_j], \tag{11}$$

$$(u_j - v_j) \bmod m_j = u_j - v_j + m_j[u_j < v_j]. \tag{12}$$

（见 3.2.1.1 节. ）由于我们希望 m 的值尽可能大一些，最容易的是取 m_1 为一个机器字可表示的最大奇数，取 m_2 为小于 m_1 且与 m_1 互素的最大奇数，取 m_3 为小于 m_2 且与 m_1 和 m_2 都互素的最大奇数，依此类推，直至选取了足够多的 m_j，以达到我们期望的足够大的 m 值. 在 4.5.2 节中，我们将讨论快速判断两个整数是否互素的方法.

作为一个简单例子，我们考虑一台十进制计算机，它的一个机器字仅包含两个位，即字大小为 100. 按照上一段中介绍的方法，我们可取

$$m_1 = 99, \quad m_2 = 97, \quad m_3 = 95, \quad m_4 = 91, \quad m_5 = 89, \quad m_6 = 83, \tag{13}$$

等等.

在二进制计算机上，有时会用另一种方式选取 m_j，即

$$m_j = 2^{e_j} - 1. \tag{14}$$

也就是说，每个模数都比 2 的某次幂少 1. 这种选取 m_j 的方法可以使基本的算术运算在大多数情况下更加简单，因为在全 1 序列求补的表示方式下进行模 $2^{e_j} - 1$ 的运算是相对容易的. 按

---

① 此书的中译本《中国科学技术史》各分册分别由科学出版社和上海古籍出版社出版. 截至 2014 年 7 月，第一至三卷，第四卷第一至三分册，第五卷第一、二、五、六、七分册，第六卷第一、五、六分册，共 14 册的中译本已出版. [见 http://zh.wikipedia.org/wiki/中国科学技术史_(李约瑟)，http://www.nri.org.uk/science.html.]——编者注

② 此书是《中国古代数学简史（上、下）》（李俨、杜石然著，中华书局 1964 年 1 月出版）的英译本. ——编者注

照这个原则来选取模数, 可以将 $0 \le u_j < m_j$ 的条件稍稍放宽为

$$0 \le u_j < 2^{e_j}, \qquad u_j \equiv u \pmod{2^{e_j} - 1}. \tag{15}$$

所以, 当 $u_j = 0$ 时, 我们也可以取 $u_j = m_j = 2^{e_j} - 1$. 这个做法不会影响定理 C 的正确性, 而且意味着我们允许 u_j 是任意的 e_j 位二进制数. 在此假设下, 模 m_j 的加法和乘法变为:

$$u_j \oplus v_j = ((u_j + v_j) \bmod 2^{e_j}) + [u_j + v_j \ge 2^{e_j}]; \tag{16}$$

$$u_j \otimes v_j = (u_j v_j \bmod 2^{e_j}) \oplus \lfloor u_j v_j / 2^{e_j} \rfloor. \tag{17}$$

（这里 $\oplus$ 和 $\otimes$ 是 $(u_1, \ldots, u_r)$ 和 $(v_1, \ldots, v_r)$ 在 (15) 的条件下逐分量的加法和乘法运算.）我们仍然可以使用式 (12) 来进行减法运算, 但也可以使用

$$u_j \ominus v_j = ((u_j - v_j) \bmod 2^{e_j}) - [u_j < v_j]. \tag{18}$$

即使当 2^{e_j} 大于计算机的字大小时, 这些运算也可以执行得很快, 因为计算一个正数模 2 的某次幂的余数, 或者用 2 的某次幂去除一个数, 都是很简单的操作. 如习题 3.2.1.1–8 所指出的, 在 (17) 中我们实际上是将乘积的 "高半部分" 和 "低半部分" 相加.

当我们将模数取成 $2^{e_j} - 1$ 的形式时, 必须要知道 $2^e - 1$ 和 $2^f - 1$ 在什么样的条件下互素. 幸运的是, 有一个非常简单的规则:

$$\gcd(2^e - 1, 2^f - 1) = 2^{\gcd(e, f)} - 1. \tag{19}$$

这个公式实际上告诉我们, $2^e - 1$ 和 $2^f - 1$ 互素当且仅当 e 和 f 互素. 等式 (19) 可以由欧几里得算法和等式

$$(2^e - 1) \bmod (2^f - 1) = 2^{e \bmod f} - 1 \tag{20}$$

推导出来（见习题 6）. 在一台字大小为 2^{32} 的计算机上, 我们可以取 $m_1 = 2^{32} - 1$, $m_2 = 2^{31} - 1$, $m_3 = 2^{29} - 1$, $m_4 = 2^{27} - 1$, $m_5 = 2^{25} - 1$. 这种选择方法使得我们可以对 $m_1 m_2 m_3 m_4 m_5 > 2^{143}$ 范围内的整数高效地进行加法、减法和乘法运算.

正如我们指出的, 模表示与其他表示方式之间的转换非常重要. 任给一个数 u, 其模表示 $(u_1, \ldots, u_r)$ 可通过用 $m_1, \ldots, m_r$ 去除 u 并记下相应的余数来得到. 假设 $u = (v_m v_{m-1} \cdots v_0)_b$, 更吸引人的方法是利用模算术计算多项式

$$(\ldots (v_m b + v_{m-1}) b + \cdots) b + v_0$$

的值. 当 $b = 2$ 且模数 m_j 取特殊值 $2^{e_j} - 1$ 时, 上述两种方法都简化为下面的简单过程: 在 u 的二进制表示中每 e_j 位为一组, 得

$$u = a_t A^t + a_{t-1} A^{t-1} + \cdots + a_1 A + a_0, \tag{21}$$

其中 $A = 2^{e_j}$, 且对于 $0 \le k \le t$, $0 \le a_k < 2^{e_j}$. 由于 $A \equiv 1$, 所以

$$u \equiv a_t + a_{t-1} + \cdots + a_1 + a_0 \pmod{2^{e_j} - 1}. \tag{22}$$

于是我们可以利用式 (16) 做 e_j 位数的加法 $a_t \oplus \cdots \oplus a_1 \oplus a_0$ 以得到 u_j. 这个计算过程类似于将 u 表示成十进制数, 然后计算 $u \bmod 9$ 的 "去九" 算法.

将模表示转换为按位记数表示相对更困难一些. 在考虑这个问题时, 关注一下我们如何将对计算的研究转换为数学证明是很有趣的: 定理 C 告诉我们从 $(u_1, \ldots, u_r)$ 得到 u 是有可能的, 并且给出了两个证明. 我们考虑的第一个证明是一种经典的证明方法, 它只需要利用下面这些简单的基本结论:

(i) 如果一个数是 $m_1, m_2, \ldots, m_r$ 这些数的倍数，其中各 m_j 两两互素，则它也一定是 $m_1 m_2 \ldots m_r$ 的倍数；

(ii) 如果将 m 只鸽子放入 m 个鸽巢中，且没有两只（或者更多的）鸽子同在一个鸽巢中，那么每个鸽巢中恰好有一只鸽子．

从传统的数学美学角度来看，这无疑是定理 C 的最好的证明方法，但从计算的角度来看它是完全没用的．这个证明相当于说："依次尝试 $u = a, a + 1, \ldots$ 直至找到一个值满足 $u \equiv u_1$ (modulo m_1), $\ldots$, $u \equiv u_r$ (modulo m_r)．"

定理 C 的第二个证明更具有构造性，它告诉我们如何计算 r 个新的常数 $M_1, \ldots, M_r$，并根据这些常数使用式 (9) 得到问题的解．这个证明用到了更复杂的概念（例如欧拉定理），但从计算的角度看它更使人满意，因为常数 $M_1, \ldots, M_r$ 都只需要计算一次．然而，利用式 (8) 计算 M_j 的值并不容易，因为计算欧拉 φ 函数的值时通常需要将 m_j 分解为素数的乘积．幸好我们有比式 (8) 好得多的计算 M_j 的方法．在这两种证明的对比中，我们再次看到了数学的优美与计算的效率之间的区别．但是即使用了最好的方法来计算 M_j，我们还是要面对一个困难，即 M_j 是很大的数 m/m_j 的倍数．因此在式 (9) 的计算中不得不进行很多高精度运算，而这正是我们最开始想利用模算术避开的事情．

因此，如果我们想得到将 $(u_1, \ldots, u_r)$ 转换为 u 的真正好用的方法，就需要寻求定理 C 的更好的证明．这个证明由加纳在 1958 年提出．这个转换方法需要用到 $\binom{r}{2}$ 个的常数 c_{ij}，对于 $1 \le i < j \le r$，这些常数满足条件

$$c_{ij} \, m_i \equiv 1 \ (\text{modulo } m_j). \tag{23}$$

常数 c_{ij} 容易利用欧几里得算法求出．事实上，任给 i 和 j，我们可利用算法 4.5.2X 求出满足 $am_i + bm_j = \gcd(m_i, m_j) = 1$ 的解 a 和 b，然后令 $c_{ij} = a$ 即可．当模数取特殊值 $2^{e_j} - 1$ 时，习题 6 给出了求 c_{ij} 的一种简单方法．

一旦求出满足 (23) 的 c_{ij}，我们就可以令

$$
\begin{aligned}
v_1 &\leftarrow u_1 \bmod m_1, \\
v_2 &\leftarrow (u_2 - v_1) \, c_{12} \bmod m_2, \\
v_3 &\leftarrow \big((u_3 - v_1) \, c_{13} - v_2\big) \, c_{23} \bmod m_3, \\
&\ \ \vdots \\
v_r &\leftarrow \big(\ldots((u_r - v_1) \, c_{1r} - v_2) \, c_{2r} - \cdots - v_{r-1}\big) \, c_{(r-1)r} \bmod m_r.
\end{aligned}
\tag{24}
$$

则

$$u = v_r m_{r-1} \ldots m_2 m_1 + \cdots + v_3 m_2 m_1 + v_2 m_1 + v_1 \tag{25}$$

满足条件

$$0 \le u < m, \qquad u \equiv u_j \ (\text{modulo } m_j) \qquad 1 \le j \le r. \tag{26}$$

（见习题 8．在习题 7 中给出了将式 (24) 改写成包含较少辅助常数的方法．）式 (25) 是 u 的混合进制表示，利用 4.4 节的方法可以将之转换为 u 的二进制或十进制表示．如果 $0 \le u < m$ 不是我们期望的范围，在转换后可以加上或者减去 m 的一个适当倍数．

式 (24) 的优点是 v_j 的求值只涉及模 m_j 的运算，而这些运算都已经包含在模算术的程序中了．此外，式 (24) 还可以并行计算：我们先令 $(v_1, \ldots, v_r) \leftarrow (u_1 \bmod m_1, \ldots, u_r \bmod m_r)$，然后对于 $1 \le j < r$，在时间 j 处对于 $j < k \le r$ 同时计算 $v_k \leftarrow (v_k - v_j) c_{jk} \bmod m_k$．阿维

泽里·弗伦克尔讨论了另一种计算混合进制表示的方法，也可以做类似的并行化计算 [*Proc.
ACM Nat. Conf.* **19** (Philadelphia: 1964), E1.4].

值得注意的是，式 (25) 中的混合进制表示可以用来比较两个模表示的数的大小。事实
上，如果已知 $0 \le u < m$ 且 $0 \le u' < m$，则为了判断 $u < u'$ 是否成立，只需首先将 u 和 u'
转换为 $(v_1, \ldots, v_r)$ 和 $(v'_1, \ldots, v'_r)$，然后先检测是否有 $v_r < v'_r$，如果 $v_r = v'_r$ 则检测是否有
$v_{r-1} < v'_{r-1}$，等等依次检测下去。如果我们只想知道 $(u_1, \ldots, u_r)$ 是否小于 $(u'_1, \ldots, u'_r)$，就没
必要把它们完全转换为二进制或十进制表示。

比较两个数的大小或者判断一个模表示的数是否为负数的运算应该是非常简单的，因此我们
期望找到比转换为混合进制表示更简单的办法去实现它。然而下面的定理表明，我们不太可能找
到一个好得多的方法，因为一个模表示的数的变化范围与所有余数 $(u_1, \ldots, u_r)$ 的每一位都有关。

定理 S （尼古拉斯·绍博，1961）。   按照上面给出的记号，假设 $m_1 < \sqrt{m}$，且 L 是

$$m_1 \le L \le m - m_1 \tag{27}$$

范围内的任何值。又设 g 是使集合 $\{g(0), g(1), \ldots, g(m_1 - 1)\}$ 包含少于 m_1 个值的任何函数。
则存在 u 和 v 满足

$$g(u \bmod m_1) = g(v \bmod m_1), \qquad u \bmod m_j = v \bmod m_j \qquad 2 \le j \le r, \tag{28}$$

$$0 \le u < L \le v < m. \tag{29}$$

证明。由假设条件，必然存在 $u \ne v$ 使得 (28) 成立，因为 g 一定对两个不同的余数取相同的值。
设 (u, v) 是满足 (28) 的一对数，使得 $0 \le u < v < m$，且 u 取最小值。由于 $u' = u - m_1$ 和
$v' = v - m_1$ 也满足 (28)，因此利用 u 的最小值性质可知 $u' < 0$。从而 $u < m_1 \le L$。如果 (29) 不成
立，则 $v < L$。然而 $v > u$ 且 $v - u$ 是 $m_2 \ldots m_r = m/m_1$ 的倍数，所以 $v \ge v - u \ge m/m_1 > m_1$。
所以，如果 (29) 对 (u, v) 不成立，则它对 $(u'', v'') = (v - m_1, u + m - m_1)$ 成立。   ▮

显然，如果将以上定理中的 m_1 换成 m_j，证明也是相似的。而且，我们还将 (29) 改成
$a \le u < a + L \le v < a + m$，只需要对上面的证明做很小的改动即可。因此，定理 S 告诉我们，
很多简单的函数都不能用来确定模表示的数的变化范围。

现在让我们再回顾一下本节讨论的要点：模算术对于一些应用具有很大的优势，在这些应
用中，计算过程中绝大部分都是大整数的精确乘法（或乘幂），以及相关的加法和减法，而基本
上不涉及除法或比较数的大小，或者判断中间结果是否"溢出"到表示范围之外。（关于判断溢
出的限制条件一定不能忽略。我们可以找到一些判断溢出的方法，例如习题 12。但它们的复杂
度太高，会将模算术的优势完全抵消。）高桥秀俊和石桥善弘讨论了适合使用模算术的若干应用
[*Information Proc. in Japan* **1** (1961), 28–42]。

在这些应用中，其中一个例子是求有理系数线性方程组的精确解。由于种种原因，我们应
该在这个问题中假设模数 $m_1, m_2, \ldots, m_r$ 都是素数。线性方程组可以独立地模每个 m_j 求解。
博罗沙和弗伦克尔详细讨论了求解过程 [*Math. Comp.* **20** (1966), 107–112]，而弗伦克尔和达
恩·勒文塔尔改进了他们的结果 [*J. Res. National Bureau of Standards* **75B** (1971), 67–75]。
使用他们的方法，在一台 CDC 1604 计算机上只需要不到 20 分钟，就可以精确地求出包含 120
个未知量和 111 个方程的线性方程组的 9 个独立解。他们的方法对求解系数矩阵是病态的浮点
系数线性方程组也很有效。模技术（将浮点数系数看作精确的有理系数）给出了求解真正的答
案的方法，而这种方法甚至比那些能够得到可靠的近似解的传统方法更快！[关于这种方法的进
一步发展，见迈克尔·麦克莱伦，*JACM* **20** (1973)，563–588。而对这种方法的局限性进行的一
些讨论，见巴雷斯，*J. Inst. Math. and Appl.* **10** (1972)，68–104。]

　　在已经发表的关于模算术的文献中，绝大部分都是针对硬件设计的，这是因为模算术不涉及进位操作，这对于高速运算来说是非常有吸引力的性质. 这个思路首先是由斯沃博达和米罗斯拉夫·瓦拉赫在捷克斯洛伐克的杂志上发表的［ *Stroje na Zpracování Informací* (*Information Processing Machines*) **3** (1955), 247–295 ］，加纳随后也独立地阐述了这种想法［ *IRE Trans.* **EC-8** (1959), 140–147 ］. 使用形如 $2^{e_j} - 1$ 的模数是由弗伦克尔提出的［ *JACM* **8** (1961), 87–96 ］，而舍恩哈格则列举了这种形式的模数的若干优点［ *Computing* **1** (1966), 182–196 ］. 关于这个议题的更多资料以及完整的文献，可见绍博和田中勇的书 *Residue Arithmetic and Its Applications to Computer Technology* (New York: McGraw–Hill, 1967). 伊兹赖尔·阿库斯基和达维特·尤季茨基在 1968 年出版的一本俄文书中，有一章是关于复数的模数的［ 见 *Rev. Roumaine de Math. Pures et Appl.* **15** (1970), 159–160 ］.

　　关于模算术的进一步讨论可以在 4.3.3B 小节找到.

> 布告栏上说他是在 423 号房间，
> 但这个本应是连续排布的编号系统，
> 似乎一直用于只可能是精神病人或者数学家所做的计划上.
> ——罗伯特·巴纳德，*The Case of the Missing Brontë*（1983）

习题

1. [*20*] 求满足下列条件的所有整数 u：$u \bmod 7 = 1$，$u \bmod 11 = 6$，$u \bmod 13 = 5$，$0 \le u < 1000$.

2. [*M20*] 如果允许 $a, u_1, u_2, \ldots, u_r$ 和 u 是任意实数（不仅仅是整数），那么定理 C 是否仍然成立？

▶ **3.** [*M26*]（广义中国剩余定理）设 $m_1, m_2, \ldots, m_r$ 是正整数，m 是 $m_1, m_2, \ldots, m_r$ 的最小公倍数，$a, u_1, u_2, \ldots, u_r$ 是任意整数，证明当

$$u_i \equiv u_j \quad (\text{modulo } \gcd(m_i, m_j)), \qquad 1 \le i < j \le r$$

时，恰好存在一个整数 u 满足条件

$$a \le u < a + m, \qquad u \equiv u_j \ (\text{modulo } m_j), \qquad 1 \le j \le r.$$

而且如果前面的条件不成立，那么这样的 u 也不存在.

4. [*20*] 如果将 (13) 的计算过程继续进行下去，那么 $m_7, m_8, m_9, \ldots$ 的值是什么？

▶ **5.** [*M23*] (a) 假设我们将 (13) 的计算过程继续进行下去，直至不能选取更多的 m_j. 这个"贪婪"方法能否给出最大的 $m_1 m_2 \ldots m_r$，其中各 m_j 是小于 100 的两两互素的正奇数？(b) 如果要求所有余数 u_j 都能用 8 个二进制位的内存空间来存储，那么最大的 $m_1 m_2 \ldots m_r$ 是多少？

6. [*M22*] 设 e、f 和 g 都是非负整数.
　　(a) 证明 $2^e \equiv 2^f$ (modulo $2^g - 1$) 当且仅当 $e \equiv f$ (modulo g).
　　(b) 假设 $e \bmod f = d$ 且 $ce \bmod f = 1$，证明恒等式

$$((1 + 2^d + \cdots + 2^{(c-1)d}) \cdot (2^e - 1)) \bmod (2^f - 1) = 1.$$

（于是我们得到了 (23) 中要求的相对简单的求 $2^e - 1$, modulo $2^f - 1$ 的逆的公式.）

▶ **7.** [*M21*] 证明式 (24) 可以改写成：

$$v_1 \leftarrow u_1 \bmod m_1,$$
$$v_2 \leftarrow (u_2 - v_1) \, c_{12} \bmod m_2,$$
$$v_3 \leftarrow (u_3 - (v_1 + m_1 v_2)) \, c_{13} c_{23} \bmod m_3,$$
$$\vdots$$
$$v_r \leftarrow (u_r - (v_1 + m_1(v_2 + m_2(v_3 + \cdots + m_{r-2} v_{r-1}) \ldots))) \, c_{1r} \ldots c_{(r-1)r} \bmod m_r.$$

在改写后的公式中，我们只用到 $r-1$ 个常数 $C_j = c_{1j} \ldots c_{(j-1)j} \bmod m_j$，而不像在式 (24) 那样需要 $r(r-1)/2$ 个 c_{ij}. 从用计算机进行计算的角度来讨论这种形式的公式相对于式 (24) 的优点.

8. [M21] 证明由式 (24) 和 (25) 定义的 u 满足 (26).

9. [M20] 说明如何仅使用模 m_j 的运算，由 (25) 的混合进制表示中的系数 $v_1, \ldots, v_r$ 求初始的余数 $u_1, \ldots, u_r$.

10. [M25] 要表示位于对称区间 (10) 内的整数 u，我们可以寻找 $u_1, \ldots, u_r$ 满足 $u \equiv u_j \pmod{m_j}$ 且 $-m_j/2 < u_j < m_j/2$，而不是如正文中那样要求 $0 \le u_j < m_j$. 试讨论适用于这种对称表示的模算术（包括转换式 (24)）.

11. [M23] 假设所有 m_j 都是奇数，且 $u = (u_1, \ldots, u_r)$ 是偶数，其中 $0 \le u < m$. 设计一种用模算术求 $u/2$ 的足够快的算法.

12. [M10] 证明当 $0 \le u, v < m$ 时，将 u 和 v 按模相加导致溢出（超出模表示允许的范围）当且仅当所得的和小于 u. （于是检测溢出的问题等价于比较大小的问题.）

▶ **13.** [M25] （自守数）数学家玩笑式地称 n 位十进制数 $x > 1$ 是"自守数"，如果 x^2 的最后 n 位数字刚好构成 x 本身. 例如，9376 是一个四位自守数，因为 $9376^2 = 87\,909\,376$. ［见 *Scientific American* **218**, 1 (1968 年 1 月), 125. ］

(a) 证明一个 n 位数 $x > 1$ 是自守数，当且仅当 $x \bmod 5^n = 0$ 或 1，并且 $x \bmod 2^n = 1$ 或 0. （因此，如果 $m_1 = 2^n$ 且 $m_2 = 5^n$，则仅有的两个 n 位自守数是 (7) 中的 M_1 和 M_2.）

(b) 如果 x 是一个 n 位自守数，证明 $(3x^2 - 2x^3) \bmod 10^{2n}$ 是一个 $2n$ 位自守数.

(c) 假设 $cx \equiv 1 \pmod{y}$，请找 c' 的一个依赖于 c 和 x 但与 y 无关的简单公式，使得 c' 满足 $c'x^2 \equiv 1 \pmod{y^2}$.

▶ **14.** [M30] （梅森乘法）定义 $(x_0, x_1, \ldots, x_{n-1})$ 和 $(y_0, y_1, \ldots, y_{n-1})$ 的循环卷积为 $(z_0, z_1, \ldots, z_{n-1})$，其中

$$z_k = \sum_{i+j \equiv k \,(\text{modulo } n)} x_i y_j, \qquad 0 \le k < n.$$

我们将在 4.3.3 节和 4.6.4 节讨论循环卷积的高效算法.

考虑 q 个二进制位的整数 u 和 v，它们可表示成

$$u = \sum_{k=0}^{n-1} u_k 2^{\lfloor kq/n \rfloor}, \qquad v = \sum_{k=0}^{n-1} v_k 2^{\lfloor kq/n \rfloor},$$

其中 $0 \le u_k, v_k < 2^{\lfloor (k+1)q/n \rfloor - \lfloor kq/n \rfloor}$. （这种表示方式是两个基数 $2^{\lfloor q/n \rfloor}$ 和 $2^{\lceil q/n \rceil}$ 的混合进制表示.）寻找一种合适的方法，可以利用循环卷积运算表示出

$$w = (uv) \bmod (2^q - 1).$$

［提示：不要害怕浮点运算. ］

*4.3.3 乘法有多快?

算法 4.3.1M 是对按位记数表示的数做乘法运算的常规算法，它需要大约 cmn 次操作来将一个 m 位数与一个 n 位数相乘，其中 c 是常数. 在这一节中，为方便起见我们假设 $m = n$，并考虑以下问题：随着 n 的增长，将两个 n 位数相乘的通用计算机算法的运行时间，是否一定会与 n^2 成正比增长？

（在这个问题中，"通用"算法是指以 n 和任意的两个按位记数表示的 n 位数作为输入，并且以按位记数表示输出它们的乘积的算法. 显然，如果允许对不同的 n 使用不同的算法，这个问题就没有任何意义了. 因为这样就可以对某个确定的 n 建立一个很大的乘法表，然后通过"查表"的方式来完成乘法运算. 名词"计算机算法"是指适合在像 MIX 那样的数字计算机上运行的算法，而运行时间是指在这些计算机上运行算法所需的时间.）

A. 数字化方法. 非常令人惊讶的是, 上面这个问题的答案为 "否". 而且, 要解释清楚原因并不困难. 为方便起见, 在这一节中我们始终假设所涉及的整数都是采用二进制表示. 对两个 $2n$ 位的数 $u = (u_{2n-1} \dots u_1 u_0)_2$ 和 $v = (v_{2n-1} \dots v_1 v_0)_2$, 我们可以将它们写成

$$u = 2^n U_1 + U_0, \qquad v = 2^n V_1 + V_0, \tag{1}$$

其中 $U_1 = (u_{2n-1} \dots u_n)_2$ 是 u 的 "高半部分有效位", 而 $U_0 = (u_{n-1} \dots u_0)_2$ 是 u 的 "低半部分有效位". 类似地, $V_1 = (v_{2n-1} \dots v_n)_2$ 和 $V_0 = (v_{n-1} \dots v_0)_2$. 于是

$$uv = (2^{2n} + 2^n)U_1 V_1 + 2^n (U_1 - U_0)(V_0 - V_1) + (2^n + 1)U_0 V_0. \tag{2}$$

这个公式将两个 $2n$ 位数相乘的问题转化为 n 位数间的三个乘法运算, 即 $U_1 V_1$、$(U_1 - U_0)(V_0 - V_1)$ 和 $U_0 V_0$, 以及一些简单的移位和加法运算.

式 (2) 可用于将两个双精度数相乘得到四倍精度的乘积, 在很多计算机上它只比传统方法稍微快一点. 然而, 式 (2) 的主要优势在于, 我们可以利用它构造乘法运算的递归过程, 当 n 很大时, 比熟知的 n^2 阶的方法要快得多: 如果 $T(n)$ 是计算两个 n 位数的乘法所需的运行时间, 那么存在常数 c 使得

$$T(2n) \leq 3T(n) + cn. \tag{3}$$

这是因为式 (2) 的右端只有三个乘法和一些加法和移位运算. 反复对不等式 (3) 进行迭代即得

$$T(2^k) \leq c(3^k - 2^k), \qquad k \geq 1, \tag{4}$$

其中常数 c 需要选择得足够大, 使得上式对 $k = 1$ 成立. 所以

$$T(n) \leq T\big(2^{\lceil \lg n \rceil}\big) \leq c\big(3^{\lceil \lg n \rceil} - 2^{\lceil \lg n \rceil}\big) < 3c \cdot 3^{\lg n} = 3cn^{\lg 3}. \tag{5}$$

不等式 (5) 表明乘法的运行时间可由 n^2 阶降为 $n^{\lg 3} \approx n^{1.585}$ 阶, 因此当 n 很大时, 这个递归算法要比传统方法快得多. 习题 18 讨论了这个算法的实现.

(另一个类似但稍复杂点的 $n^{\lg 3}$ 阶运行时间的乘法算法, 应该是由阿纳托里·卡拉特萨巴首先提出的 [*Doklady Akad. Nauk SSSR* **145** (1962), 293–294. 英译本 *Soviet Physics–Doklady* **7** (1963), 595–596]. 奇怪的是, 这个思路在 1962 年以前似乎从来没有人发现过. 没有听说哪个善于心算很大的数的乘法的 "计算天才" 是用这种方式进行计算的, 尽管在十进制记法下利用式 (2) 可以比较轻松地心算不超过 8 位的数的乘法.)

当 n 趋向于无穷时, 我们还可以进一步减少乘法运算的计算时间. 事实上, 上面介绍的方法基本上是下面这个更一般的方法中 $r = 1$ 的特殊情形. 对任何固定的 r, 后者的计算时间满足

$$T\big((r+1)n\big) \leq (2r+1)T(n) + cn. \tag{6}$$

它可以通过下面的方法得到: 将

$$u = (u_{(r+1)n-1} \dots u_1 u_0)_2 \quad 和 \quad v = (v_{(r+1)n-1} \dots v_1 v_0)_2$$

分解为 $r+1$ 个部分,

$$u = U_r 2^{rn} + \dots + U_1 2^n + U_0, \qquad v = V_r 2^{rn} + \dots + V_1 2^n + V_0, \tag{7}$$

其中每个 U_j 和 V_j 都是 n 位数. 考虑多项式

$$U(x) = U_r x^r + \dots + U_1 x + U_0, \qquad V(x) = V_r x^r + \dots + V_1 x + V_0, \tag{8}$$

并令

$$W(x) = U(x)V(x) = W_{2r}x^{2r} + \cdots + W_1 x + W_0. \tag{9}$$

由于 $u = U(2^n)$, $v = V(2^n)$, 所以 $uv = W(2^n)$. 因此只要我们知道 $W(x)$ 的各项系数, 就很容易求出 uv 的值. 于是, 问题转化为寻找只需要 $2r+1$ 次 n 位数的乘法以及其他一些运行时间与 n 成正比的运算来求 $W(x)$ 的系数的方法. 事实上, 我们可以利用下面的公式

$$U(0)V(0) = W(0), \quad U(1)V(1) = W(1), \quad \ldots, \quad U(2r)V(2r) = W(2r). \tag{10}$$

一个 $2r$ 次多项式的各项系数可以写成这个多项式在 $2r+1$ 个不同的点上的值的线性组合, 而计算这些线性组合所需的运行时间至多关于 n 线性增长. (实际上, $U(j)V(j)$ 不必须是两个 n 位数的乘积, 但它必须是两个位数不超过 $n+t$ 的数的乘积, 其中 t 是与 r 有关的固定的数. 因为对固定的 t, 做两次 t 位数乘以 n 位数的运算只需要 $c_2 n$ 次操作, 因此设计一个只需要 $T(n) + c_1 n$ 次操作的计算两个 $n+t$ 位数的乘积的乘法程序是容易的, 这里 $T(n)$ 是求两个 n 位数的乘积所需的操作次数.) 因此我们得到了满足 (6) 的乘法算法.

按照 (5) 的推导方法, 可由不等式 (6) 得到 $T(n) \leq c_3 n^{\log_{r+1}(2r+1)} < c_3 n^{1+\log_{r+1}2}$, 于是可证明下面的结果.

定理 A. 任给 $\epsilon > 0$, 存在一个将两个 n 位数相乘的算法, 其包含的基本操作的次数 $T(n)$ 满足

$$T(n) < c(\epsilon)n^{1+\epsilon}, \tag{11}$$

其中常数 $c(\epsilon)$ 是与 n 无关的. ▌

这个定理还不是我们最终想要的结果. 它达不到实际应用的要求, 因为当 $\epsilon \to 0$ (从而 $r \to \infty$) 时, 这种方法变得非常复杂, 它引起 $c(\epsilon)$ 如此急剧地增长, 除非能够极大地改进 (5), 否则我们将不得不取极其巨大的 n 值. 在理论上这个定理也无法令人满意, 因为它并没有充分利用导出定理结论时所用的多项式方法的威力. 如果我们允许 r 的值随 n 变动, 当 n 增长时将 r 的值也取得更大, 就可以得到更好的结果. 这个思路是由安德烈·图姆提出的 [*Doklady Akad. Nauk SSSR* **150** (1963), 496–498, 英译本 *Soviet Mathematics* **4** (1963), 714–716]. 他按照这个想法证明了用于做 n 位数乘法的计算机电路在 n 增大时也只需要很少的部件来构成. 库克随后证明了图姆的方法可用于设计高效的计算机程序 [*On the Minimum Computation Time of Functions* (Thesis, Harvard University, 1966), 51–77].

在深入讨论图姆-库克算法以前, 我们先来看一个从 $U(x)$ 和 $V(x)$ 导出 $W(x)$ 的系数的小例子. 这个例子不能用来说明这种方法的效率, 因为计算的数太小, 但它可以告诉我们在一般情形下可做的一些简化. 假设我们想将 $u = 1234$ 和 $v = 2341$ 相乘. 将它们写成二进制表示, 即

$$u = (0100\ 1101\ 0010)_2 \text{ 乘以 } v = (1001\ 0010\ 0101)_2. \tag{12}$$

取 $r = 2$, 则 (8) 中的多项式 $U(x)$ 和 $V(x)$ 分别为

$$U(x) = 4x^2 + 13x + 2, \qquad V(x) = 9x^2 + 2x + 5.$$

因此对 $W(x) = U(x)V(x)$, 有

$$\begin{array}{lllll}
U(0) = 2, & U(1) = 19, & U(2) = 44, & U(3) = 77, & U(4) = 118; \\
V(0) = 5, & V(1) = 16, & V(2) = 45, & V(3) = 92, & V(4) = 157; \\
W(0) = 10, & W(1) = 304, & W(2) = 1980, & W(3) = 7084, & W(4) = 18526. \quad (13)
\end{array}$$

我们要做的是用最后五个数值计算 $W(x)$ 的五个系数.

当 $W(0)$, $W(1)$, $\ldots$, $W(m-1)$ 的值给定后，我们可以用下面的小算法求多项式 $W(x) = W_{m-1}x^{m-1} + \cdots + W_1 x + W_0$ 的各项系数. 首先，将 $W(x)$ 写成

$$W(x) = a_{m-1}x^{\underline{m-1}} + a_{m-2}x^{\underline{m-2}} + \cdots + a_1 x^{\underline{1}} + a_0, \tag{14}$$

其中 $x^{\underline{k}} = x(x-1)\ldots(x-k+1)$，且系数 a_j 都是待定的. 下降阶乘幂具有以下重要性质：

$$W(x+1) - W(x) = (m-1)a_{m-1}x^{\underline{m-2}} + (m-2)a_{m-2}x^{\underline{m-3}} + \cdots + a_1.$$

因此由归纳法可知，对任意 $k \geq 0$ 有

$$\frac{1}{k!}\left(W(x+k) - \binom{k}{1}W(x+k-1) + \binom{k}{2}W(x+k-2) - \cdots + (-1)^k W(x)\right)$$

$$= \binom{m-1}{k}a_{m-1}x^{\underline{m-1-k}} + \binom{m-2}{k}a_{m-2}x^{\underline{m-2-k}} + \cdots + \binom{k}{k}a_k. \tag{15}$$

记 (15) 左端的表达式为 $(1/k!)\,\Delta^k W(x)$，则有

$$\frac{1}{k!}\Delta^k W(x) = \frac{1}{k}\left(\frac{1}{(k-1)!}\Delta^{k-1}W(x+1) - \frac{1}{(k-1)!}\Delta^{k-1}W(x)\right)$$

且 $(1/k!)\,\Delta^k W(0) = a_k$. 于是系数 a_j 可用一个非常简单的方法计算出来，在这里对 (13) 中的多项式 $W(x)$ 演示一下：

$$
\begin{array}{lllll}
10 & & & & \\
 & 294 & & & \\
304 & & 1382/2 = \ \ 691 & & \\
 & 1676 & & 1023/3 = 341 & \\
1980 & & 3428/2 = 1714 & & 144/4 = 36 \quad\quad (16)\\
 & 5104 & & 1455/3 = 485 & \\
7084 & & 6338/2 = 3169 & & \\
 & 11442 & & & \\
18526 & & & &
\end{array}
$$

上表中最左边的列是给定的 $W(0)$, $W(1)$, $\ldots$, $W(4)$ 的值，而除这一列以外，其他各列中按从左到右数的第 k 列中的数值，都是前一列中相继的两个数的差除以 k. 系数 a_j 就是各列顶端的那个数，即 $a_0 = 10, a_1 = 294, \ldots, a_4 = 36$，从而

$$W(x) = 36x^{\underline{4}} + 341x^{\underline{3}} + 691x^{\underline{2}} + 294x^{\underline{1}} + 10$$

$$= \big(\big(\big(36(x-3) + 341\big)(x-2) + 691\big)(x-1) + 294\big)x + 10. \tag{17}$$

一般地，我们有

$$W(x) = \big(\ldots\big(\big(a_{m-1}(x-m+2) + a_{m-2}\big)(x-m+3) + a_{m-3}\big)(x-m+4) + \cdots + a_1\big)x + a_0,$$

而且这个公式说明了如何从 a_j 的值得到系数 $W_{m-1}, \ldots, W_1, W_0$ 的值：

$$
\begin{array}{ccccc}
36 & 341 & & & \\
 & -3 \cdot 36 & & & \\
36 & 233 & 691 & & \\
 & -2 \cdot 36 & -2 \cdot 233 & & \quad (18)\\
36 & 161 & 225 & 294 & \\
 & -1 \cdot 36 & -1 \cdot 161 & -1 \cdot 225 & \\
36 & 125 & 64 & 69 & 10
\end{array}
$$

其中各条水平线下方的数字依次表示以下多项式的系数

$$a_{m-1},$$
$$a_{m-1}(x - m + 2) + a_{m-2},$$
$$\big(a_{m-1}(x - m + 2) + a_{m-2}\big)(x - m + 3) + a_{m-3}, \qquad 等等.$$

由 (18) 可得

$$W(x) = 36x^4 + 125x^3 + 64x^2 + 69x + 10, \tag{19}$$

所以原问题的答案是 $1234 \cdot 2341 = W(16) = 2\,888\,794$, 其中 $W(16)$ 的值可以通过加法和移位运算得到. 4.6.4 节将讨论这种求系数的方法的推广.

根据斯特林数的基本恒等式 1.2.6–(45)

$$x^n = \left\{ {n \atop n} \right\} x^{\underline{n}} + \cdots + \left\{ {n \atop 1} \right\} x^{\underline{1}} + \left\{ {n \atop 0} \right\},$$

如果 $W(x)$ 的系数都是非负数, 那么所有 a_j 也都非负, 从而以上计算过程中的所有中间结果也是非负的. 这进一步简化了图姆-库克乘法算法, 下面我们将讨论其中的细节.（不愿深入这些细节的读者也可以直接跳到下面的 C 小节.）

算法 T（二进制数的高精度乘法）. 给定正整数 n 和两个 n 位非负整数 u 和 v, 这个算法给出 u 和 v 的 $2n$ 位乘积 w. 在计算过程中使用四个辅助栈来存储中间结果:

             栈 U, V: 在步骤 T4 中临时存储 $U(j)$ 和 $V(j)$.
             栈 C: 存储要做乘法的数以及控制码.
             栈 W: 存储 $W(j)$.

这些栈要么存储一些二进制数, 要么存储称为 code-1、code-2 和 code-3 的特殊控制符号. 在算法中还建立了包含 q_k, r_k 的辅助表. 这个表具有线性表的结构, 配备一个用于（向前或向后）扫描表的指针, 这个指针总是指向我们所关注的当前表项.

（我们使用栈 C 和 W 直接控制这个乘法算法的递归过程, 它可以看作第 8 章中讨论的更一般方式的特殊情形.）

T1.［建立 q, r 数据表.］将栈 U、V、C 和 W 置空. 置

$$k \leftarrow 1, \qquad q_0 \leftarrow q_1 \leftarrow 16, \qquad r_0 \leftarrow r_1 \leftarrow 4, \qquad Q \leftarrow 4, \qquad R \leftarrow 2.$$

如果 $q_{k-1} + q_k < n$, 则置

$$k \leftarrow k+1, \qquad Q \leftarrow Q+R, \qquad R \leftarrow \lfloor \sqrt{Q} \rfloor, \qquad q_k \leftarrow 2^Q, \qquad r_k \leftarrow 2^R,$$

并重复这个过程直至 $q_{k-1} + q_k \geq n$.（注记: 在计算 $R \leftarrow \lfloor \sqrt{Q} \rfloor$ 时, 我们其实不需要做实际上的开平方运算, 因为当 $(R+1)^2 \leq Q$ 时可令 $R \leftarrow R+1$, 而当 $(R+1)^2 > Q$ 时则只需保持 R 不变. 见习题 2. 在这一步我们构造了序列

$k =$	0	1	2	3	4	5	6	$\cdots$
$q_k =$	2^4	2^4	2^6	2^8	2^{10}	2^{13}	2^{16}	$\cdots$
$r_k =$	2^2	2^2	2^2	2^2	2^3	2^3	2^4	$\cdots$

如果要做 $70\,000$ 位数的乘法, 则这一步将在 $k = 6$ 时停止, 因为 $70\,000 < 2^{13} + 2^{16}$.）

T2.［将 u, v 放入栈.］先在栈 C 中放入 code-1, 然后将 u 和 v 都作为 $q_{k-1} + q_k$ 位数放入栈 C.

T3. [检查递归进度.] 将 k 减 1. 如果 $k = 0$, 则栈 C 顶部应包含两个 32 位数 u 和 v. 将它们从栈中释放, 然后调用内建的 32 位数的乘法程序完成赋值 $w \leftarrow uv$, 再转向 T10. 如果 $k > 0$, 则令 $r \leftarrow r_k$, $q \leftarrow q_k$, $p \leftarrow q_{k-1} + q_k$, 然后转向 T4.

T4. [分拆为 $r+1$ 块.] 将栈 C 顶部的数看作 $r + 1$ 个 q 位数的序列 $(U_r \ldots U_1 U_0)_{2^q}$. (栈 C 的顶部现在应该是一个 $(r+1)q = (q_k + q_{k+1})$ 位数.) 对 $j = 0, 1, \ldots, 2r$, 计算 p 位数

$$(\ldots(U_r j + U_{r-1})j + \cdots + U_1)j + U_0 = U(j)$$

的值并依次将它们放入栈 U. (栈 U 的底部现在应存放 $U(0)$ 的值, 然后向上依次是 $U(1)$, 等等, 而顶部则是 $U(2r)$. 由习题 3 可知

$$U(j) \leq U(2r) < 2^q((2r)^r + (2r)^{r-1} + \cdots + 1) < 2^{q+1}(2r)^r \leq 2^p.)$$

然后从栈 C 中释放 $U_r \ldots U_1 U_0$.

现在栈 C 的顶部应该是另一个由 $r + 1$ 个 q 位数构成的序列 $V_r \ldots V_1 V_0$. 我们采用与刚才类似的方法将 p 位数

$$(\ldots(V_r j + V_{r-1})j + \cdots + V_1)j + V_0 = V(j)$$

依次放入栈 V. 完成这个操作后将 $V_r \ldots V_1 V_0$ 从栈 C 中释放.

T5. [递归.] 依次将下列各项放入栈 C:

$$\text{code-2}, V(2r), U(2r), \text{code-3}, V(2r-1), U(2r-1), \ldots,$$

$$\text{code-3}, V(1), U(1), \text{code-3}, V(0), U(0),$$

同时清空栈 U 和 V, 然后转回到 T3.

T6. [保存乘积.] (此时乘法算法已将 w 赋值为诸乘积 $W(j) = U(j)V(j)$ 之一了.) 将 w 放入栈 W. (w 是 $2(q_k + q_{k-1})$ 位数.) 转回到 T3.

T7. [求 a_j 的值.] 令 $r \leftarrow r_k$, $q \leftarrow q_k$, $p \leftarrow q_{k-1} + q_k$. (此时栈 W 中包含了一列数, 从底部向上依次是 $W(0), W(1), \ldots, W(2r)$, 其中每个 $W(j)$ 都是 $2p$ 位数.)

对 $j = 1, 2, 3, \ldots, 2r$ 依次执行以下循环操作: 对 $t = 2r, 2r-1, 2r-2, \ldots, j$, 令 $W(t) \leftarrow (W(t) - W(t-1))/j$. (这里 j 必须是递增而 t 必须是递减的, $(W(t) - W(t-1))/j$ 则总是一个可用 $2p$ 位表示的非负整数. 见 (16).)

T8. [求 $W(j)$ 的值.] 对 $j = 2r-1, 2r-2, \ldots, 1$, 依次执行以下循环操作: 对 $t = j, j+1, \ldots, 2r-1$, 令 $W(t) \leftarrow W(t) - jW(t+1)$. (这里 j 必须是递减而 t 必须是递增的, 这些运算的结果也都是 $2p$ 位的非负整数. 见 (18).)

T9. [保存计算结果.] 将 w 的值置为以下 $2(q_k + q_{k+1})$ 位整数

$$(\ldots(W(2r)2^q + W(2r-1))2^q + \cdots + W(1))2^q + W(0).$$

将 $W(2r), \ldots, W(0)$ 从栈 W 中释放.

T10. [返回.] 令 $k \leftarrow k+1$. 释放栈 C 顶部的数据. 如果该数据为 code-3, 则转到 T6. 如果该数据为 code-2, 则将 w 放入栈 W 并转向 T7. 如果该数据为 code-1, 则结束算法 (此时 w 就是计算结果). ∎

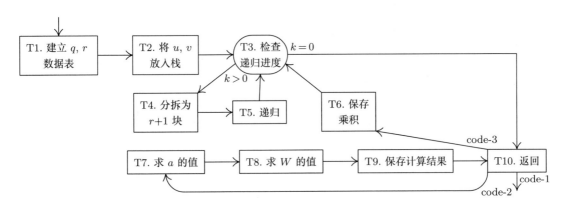

图 8 高精度乘法的图姆-库克算法

现在以基本的机器运算——我们称之为 "周期"——为单位来估算运行时间 $T(n)$. 尽管在内部我们将数 q_k 表示为在后面加上分隔符的 q_k 位组成的长串，但完成步骤 T1 仍只需 $O(q_k)$ 个周期，因为 $q_k + q_{k-1} + \cdots + q_0$ 的大小也是 $O(q_k)$ 阶. 步骤 T2 显然也需要 $O(q_k)$ 个周期.

当 k 的值确定后（即在步骤 T3 开头将 k 的值减 1 后），记 t_k 为从步骤 T3 到 T10 所需的计算量. 步骤 T3 最多需要 $O(q)$ 个周期. 步骤 T4 包含 r 次 q 位数与 $(\lg 2r)$ 位数的乘法，以及 r 次 p 位数的加法，这些运算都要重复 $4r + 2$ 次，所以总共需要 $O(r^2 q \log r)$ 个周期. 步骤 T5 要移动 $4r + 2$ 个 p 位数，所以需要 $O(rq)$ 个周期. 步骤 T6 需要 $O(q)$ 个周期，而且这一步在每次迭代中要执行 $2r + 1$ 次. 这一步还包含一个递归过程，即算法实质上调用它自己（通过返回到步骤 T3）. 每次递归需要 t_{k-1} 个周期，总共递归 $2r + 1$ 次. 步骤 T7 需要 $O(r^2)$ 次 p 位数的减法和 $2p$ 位数除以 $(\lg 2r)$ 位数的除法，所以总共是 $O(r^2 q \log r)$ 个周期. 类似地，步骤 T8 需要 $O(r^2 q \log r)$ 个周期. 步骤 T9 需要 $O(rq)$ 个周期，而步骤 T10 几乎不需要时间.

总计起来，可得 $T(n) = O(q_k) + O(q_k) + t_{k-1}$，其中（如果 $q = q_k$ 和 $r = r_k$）运行时间的主要部分满足

$$
t_k = O(q) + O(r^2 q \log r) + O(rq) + (2r + 1)O(q) + O(r^2 q \log r)
$$
$$
+ O(r^2 q \log r) + O(rq) + O(q) + (2r + 1)t_{k-1}
$$

$$
= O(r^2 q \log r) + (2r + 1)t_{k-1}.
$$

所以存在常数 c 使得

$$
t_k \le c r_k^2 q_k \lg r_k + (2r_k + 1)t_{k-1}.
$$

为得到 t_k 的估计，我们使用暴力计算来证明存在常数 C 使得

$$
t_k \le C q_{k+1} 2^{2.5\sqrt{\lg q_{k+1}}}. \tag{20}
$$

取 $C > 20c$ 且大到足以使 (20) 对 $k \le k_0$ 成立，其中 k_0 的值将在下面给出. 而当 $k > k_0$ 时，令 $Q_k = \lg q_k$，$R_k = \lg r_k$. 则由归纳法得

$$
t_k \le c q_k r_k^2 \lg r_k + (2r_k + 1)C q_k 2^{2.5\sqrt{Q_k}} = C q_{k+1} 2^{2.5\sqrt{\lg q_{k+1}}}(\eta_1 + \eta_2),
$$

其中

$$
\eta_1 = \frac{c}{C} R_k 2^{R_k - 2.5\sqrt{Q_{k+1}}} < \frac{1}{20} R_k 2^{-R_k} < 0.05,
$$

$$
\eta_2 = \left(2 + \frac{1}{r_k}\right) 2^{2.5(\sqrt{Q_k} - \sqrt{Q_{k+1}})} \to 2^{-1/4} < 0.85,
$$

因为当 $k \to \infty$ 时,

$$\sqrt{Q_{k+1}} - \sqrt{Q_k} = \sqrt{Q_k + \lfloor \sqrt{Q_k} \rfloor} - \sqrt{Q_k} \to \tfrac{1}{2}.$$

于是存在 k_0 使得对所有 $k > k_0$ 有 $\eta_2 < 0.95$, 从而完成了 (20) 的归纳证明.

最后, 我们可以来估计 $T(n)$ 了. 由于 $n > q_{k-1} + q_{k-2}$, 所以 $q_{k-1} < n$. 进而有

$$r_{k-1} = 2^{\lfloor \sqrt{\lg q_{k-1}} \rfloor} < 2^{\sqrt{\lg n}}, \qquad \text{且} \qquad q_k = r_{k-1} q_{k-1} < n 2^{\sqrt{\lg n}}.$$

因此

$$t_{k-1} \le C q_k 2^{2.5\sqrt{\lg q_k}} < C n 2^{\sqrt{\lg n} + 2.5(\sqrt{\lg n}+1)},$$

而且由于 $T(n) = O(q_k) + t_{k-1}$, 因此我们得到下面的定理:

定理 B. 存在常数 c_0 使得算法 T 的运行时间小于 $c_0 n 2^{3.5\sqrt{\lg n}}$ 个周期. ∎

由于 $n 2^{3.5\sqrt{\lg n}} = n^{1+3.5/\sqrt{\lg n}}$, 因此这个结果明显强于定理 A. 如果将算法改得稍微复杂一点, 并将算法思想推进到极限 (见习题 5), 我们可将运行时间的估计值改进为

$$T(n) = O(n 2^{\sqrt{2\lg n}} \log n). \tag{21}$$

*B. 模方法. 运用 4.3.2 节介绍的模算术的思想, 我们可以找到另一种非常快速地计算大数的乘积的方法. 乍想之下很难相信这种方法具有优势, 因为基于模算术的乘法算法除了本身的相乘计算外, 还必须包括模数的选取以及数的模表示与其他表示方式之间的转换操作. 尽管这些困难看起来难以克服, 但舍恩哈格却发现这些运算其实都可以非常迅速地完成.

为了理解舍恩哈格方法的基本技巧, 我们先来看一个特殊情形. 考虑由规则

$$q_0 = 1, \qquad q_{k+1} = 3q_k - 1 \tag{22}$$

定义的序列. 容易求得 $q_k = 3^k - 3^{k-1} - \cdots - 1 = \tfrac{1}{2}(3^k + 1)$. 我们将讨论一种利用 p_{k-1} 位数的乘法来将 p_k 位数相乘的方法, 其中 $p_k = (18q_k + 8)$. 也就是说, 如果知道怎样做 $p_0 = 26$ 位数的乘法, 那么下面描述的方法将告诉我们如何做 $p_1 = 44$ 位数的乘法, 然后是 98 位, 再后是 260 位, 等等. 最终每一步所处理的位数几乎都是前一步的三倍.

将 p_k 位数相乘时, 我们的想法是使用 6 个模数

$$
\begin{aligned}
& m_1 = 2^{6q_k-1} - 1, && m_2 = 2^{6q_k+1} - 1, && m_3 = 2^{6q_k+2} - 1, \\
& m_4 = 2^{6q_k+3} - 1, && m_5 = 2^{6q_k+5} - 1, && m_6 = 2^{6q_k+7} - 1.
\end{aligned}
\tag{23}
$$

根据式 4.3.2–(19), 这些模数是互素的, 因为它们的指数

$$6q_k - 1, \quad 6q_k + 1, \quad 6q_k + 2, \quad 6q_k + 3, \quad 6q_k + 5, \quad 6q_k + 7 \tag{24}$$

总是互素的 (见习题 6). (23) 中的 6 个模数可以表示的数最大可以达到 $m = m_1 m_2 m_3 m_4 m_5 m_6 > 2^{36q_k+16} = 2^{2p_k}$, 所以将 p_k 位数 u 和 v 相乘时肯定不会发生溢出. 于是当 $k > 0$ 时, 我们可以使用下面的方法:

(a) 计算 $u_1 = u \bmod m_1, \ldots, u_6 = u \bmod m_6$, 以及 $v_1 = v \bmod m_1, \ldots, v_6 = v \bmod m_6$.

(b) 分别将 u_1 与 v_1, u_2 与 $v_2, \ldots, u_6$ 与 v_6 相乘. 这些乘积最多是 $6q_k + 7 = 18q_{k-1} + 1 < p_{k-1}$ 位数, 所以上面的乘法运算可以使用假设已经存在的 p_{k-1} 位数的乘法过程来完成.

(c) 计算 $w_1 = u_1 v_1 \bmod m_1, w_2 = u_2 v_2 \bmod m_2, \ldots, w_6 = u_6 v_6 \bmod m_6$.

(d) 计算 w, 使得 $0 \le w < m, w \bmod m_1 = w_1, \ldots, w \bmod m_6 = w_6$.

记 t_k 为执行以上计算过程所需的时间. 不难知道步骤 (a) 的计算需要 $O(p_k)$ 个周期, 因为如 4.3.2 节所示, 计算 $u \bmod (2^e - 1)$ 是非常简单的(类似于"去九"运算). 类似地, 步骤 (c) 中的计算需要 $O(p_k)$ 个周期, 步骤 (b) 中的计算实质上需要 $6t_{k-1}$ 个周期. 最后剩下步骤 (d), 这部分的运算似乎很困难. 然而舍恩哈格找到了一种天才的技巧, 只需用 $O(p_k \log p_k)$ 个周期就能够完成步骤 (d), 而这正是他的方法的核心部分. 综上所述, 我们有

$$t_k = 6t_{k-1} + O(p_k \log p_k).$$

由于 $p_k = 3^{k+2} + 17$, 可以证明 n 位数的乘法的运行时间是

$$T(n) = O(n^{\log_3 6}) = O(n^{1.631}). \tag{25}$$

(见习题 7.)

尽管模方法比这一节开始时介绍的 $O(n^{\lg 3})$ 运算量的方法复杂一些, 但式 (25) 表明模算术的运行时间比 n 位数乘法的 $O(n^2)$ 明显要好. 这也向我们展示了如何用两种完全不同的方式来改进传统的方法.

现在让我们来分析步骤 (d). 假设已经有一组正整数 $e_1 < e_2 < \cdots < e_r$, 它们两两互素. 令

$$m_1 = 2^{e_1} - 1, \qquad m_2 = 2^{e_2} - 1, \qquad \dots, \qquad m_r = 2^{e_r} - 1. \tag{26}$$

另外还有一组数 $w_1, \dots, w_r$ 满足 $0 \le w_j \le m_j$. 我们的任务是确定数 w 的表示, 它满足条件

$$\begin{aligned} 0 \le w &< m_1 m_2 \dots m_r, \\ w \equiv w_1 \ (\text{modulo } m_1), \qquad &\dots, \qquad w \equiv w_r \ (\text{modulo } m_r). \end{aligned} \tag{27}$$

我们的方法是基于 4.3.2 节的 (24) 和 (25). 首先对 $j = 2, \dots, r$ 计算

$$w'_j = \left(\dots ((w_j - w'_1) c_{1j} - w'_2) c_{2j} - \cdots - w'_{j-1} \right) c_{(j-1)j} \bmod m_j, \tag{28}$$

其中 $w'_1 = w_1 \bmod m_1$. 然后计算

$$w = \left(\dots (w'_r m_{r-1} + w'_{r-1}) m_{r-2} + \cdots + w'_2 \right) m_1 + w'_1. \tag{29}$$

这里的 c_{ij} 应满足 $c_{ij} m_i \equiv 1 \ (\text{modulo } m_j)$. 因此这些 c_{ij} 的值不是预先给定, 而是由 e_j 的值求得.

要对所有的 j 完成 (28) 中的计算需要 $\binom{r}{2}$ 次模 m_j 的加法, 每次需要 $O(e_r)$ 个周期, 以及 $\binom{r}{2}$ 次乘以 c_{ij} 的模 m_j 乘法. 利用式 (29) 计算 w 的值时, 需要 r 次加法, 以及 r 次乘以 m_j 的乘法. 与 m_j 相乘是容易的, 无非是相加、移位, 然后相减, 所以显然式 (29) 的计算需要 $O(r^2 e_r)$ 个周期. 我们很快会看到, 每次乘以 c_{ij} 的模 m_j 乘法只需要 $O(e_r \log e_r)$ 个周期, 所以, 用 $O(r^2 e_r \log e_r)$ 个周期就可以完成整个转换过程.

以上分析促使我们解决下面的问题: 给定互素的正整数 e 和 f 满足 $e < f$, 以及一个非负整数 $u < 2^f$, 计算 $(cu) \bmod (2^f - 1)$, 其中 c 满足 $(2^e - 1)c \equiv 1 \ (\text{modulo } 2^f - 1)$. 整个计算过程必须要在 $O(f \log f)$ 个周期内完成. 习题 4.3.2–6 给出了 c 要满足的一个公式, 由此可导出一个适合计算 c 的方法. 首先, 我们寻找最小正整数 b 满足

$$be \equiv 1 \ (\text{modulo } f). \tag{30}$$

利用欧几里得算法可以在 $O((\log f)^3)$ 个周期内找到 b. 这是因为将欧几里得算法用于 e 和 f 时需要进行 $O(\log f)$ 次迭代, 而每次迭代需要 $O((\log f)^2)$ 个周期. 然而, 也可以采用另一种满

足对总时间的限制条件的粗略计算方法，简单地依次对 $b = 1, 2, \ldots,$ 进行检查，直到 (30) 成立，总共需要 $O(f \log f)$ 个周期. 在得到 b 的值后，习题 4.3.2–6 告诉我们

$$c = c[b] = \left(\sum_{0 \le j < b} 2^{je} \right) \bmod (2^f - 1). \tag{31}$$

对于解决这个问题，使用乘法暴力计算 $(cu) \bmod (2^f - 1)$ 不是让人满意的方法，因为我们并不知道怎样在 $O(f \log f)$ 个周期内将一般的 f 位数相乘. 但 c 的特殊形式给了我们以下提示：c 的二进制表示的各个位很规整，而等式 (31) 表明 $c[2b]$ 的值可以由 $c[b]$ 通过简单的方式得到. 这启发我们，如果对给定的数 u，我们能找到一种足够聪明的办法在 $\lg b$ 步内求出 $c[b]u$，那么数 u 与 $c[b]$ 的乘法就足够快速了. 例如下面的方法：假设 b 的二进制表示为

$$b = (b_s \ldots b_2 b_1 b_0)_2.$$

我们可计算四个数列 a_k, d_k, u_k, v_k，其定义分别为

$$
\begin{aligned}
a_0 &= e, & a_k &= 2a_{k-1} \bmod f, \\
d_0 &= b_0 e, & d_k &= (d_{k-1} + b_k\, a_k) \bmod f, \\
u_0 &= u, & u_k &= (u_{k-1} + 2^{a_{k-1}} u_{k-1}) \bmod (2^f - 1), \\
v_0 &= b_0 u, & v_k &= (v_{k-1} + b_k\, 2^{d_{k-1}} u_k) \bmod (2^f - 1).
\end{aligned} \tag{32}
$$

不难对 k 归纳证明

$$
\begin{aligned}
a_k &= (2^k e) \bmod f, & u_k &= (c[2^k]u) \bmod (2^f - 1), \\
d_k &= \big((b_k \ldots b_1 b_0)_2\, e\big) \bmod f, & v_k &= \big(c[(b_k \ldots b_1 b_0)_2]u\big) \bmod (2^f - 1).
\end{aligned} \tag{33}
$$

由上面的公式计算得到的 v_s 就是我们想要的结果 $(c[b]u) \bmod (2^f - 1)$. 由 $a_{k-1}, d_{k-1}, u_{k-1}, v_{k-1}$ 计算 a_k, d_k, u_k, v_k 需要 $O(\log f) + O(\log f) + O(f) + O(f) = O(f)$ 个周期. 因此整个计算过程可以在 $s\, O(f) = O(f \log f)$ 个周期内完成，符合我们的要求.

读者会发现，仔细研究一下由 (32) 和 (33) 定义的巧妙的计算方法是非常有益的. 4.6.3 节讨论了与之类似的技巧.

舍恩哈格的论文 [*Computing* **1** (1966), 182–196] 证明，可以将上面的想法推广到使用 $r \approx 2^{\sqrt{2 \lg n}}$ 个模数来计算 n 位数的乘积，从而得到类似于算法 T 的计算过程. 在这里我们不准备详述细节，因为它始终还是比不上算法 T. 不过，下面将介绍一种更好的方法.

C. 离散傅里叶变换. 高精度乘法运算中的关键问题是求 "卷积"，例如

$$u_r v_0 + u_{r-1} v_1 + \cdots + u_0 v_r. \tag{34}$$

而卷积与另一个称为 "傅里叶变换" 的数学概念有密切的关系. 如果 $\omega = \exp(2\pi i / K)$ 是一个 K 次单位根，则复数序列 $(u_0, u_1, \ldots, u_{K-1})$ 的一维傅里叶变换定义为序列 $(\hat{u}_0, \hat{u}_1, \ldots, \hat{u}_{K-1})$，其中

$$\hat{u}_s = \sum_{0 \le t < K} \omega^{st} u_t, \qquad 0 \le s < K. \tag{35}$$

用同样的方式可以定义 $(v_0, v_1, \ldots, v_{K-1})$ 的傅里叶变换 $(\hat{v}_0, \hat{v}_1, \ldots, \hat{v}_{K-1})$. 不难发现 $(\hat{u}_0 \hat{v}_0, \hat{u}_1 \hat{v}_1, \ldots, \hat{u}_{K-1} \hat{v}_{K-1})$ 是 $(w_0, w_1, \ldots, w_{K-1})$ 的傅里叶变换，其中

$$w_r = u_r v_0 + u_{r-1} v_1 + \cdots + u_0 v_r + u_{K-1} v_{r+1} + \cdots + u_{r+1} v_{K-1} = \sum_{\substack{i+j \equiv r \;(\text{modulo } K)}} u_i v_j. \tag{36}$$

当 $K \geq 2n - 1$ 且 $u_n = u_{n+1} = \cdots = u_{K-1} = v_n = v_{n+1} = \cdots = v_{K-1} = 0$ 时，各 w_j 的值就是我们所需要的乘积. 因为当 $0 \leq r \leq 2n - 2$ 时，项 $u_{K-1}v_{r+1} + \cdots + u_{r+1}v_{K-1}$ 消失. 换句话说，卷积的傅里叶变换等于傅里叶变换的普通乘积. 这个思路恰好就是图姆的多项式方法（见式 (10)）的一个特例，只不过是将其中的 x 替换为单位根.

如果 K 恰好是 2 的幂，则只要我们巧妙地安排计算顺序，就可以将离散傅里叶变换 (35) 算得很快，而且逆变换（由 $\hat{w}_j$ 计算 w_j 的值）也可以用同样的方式进行快速计算. 傅里叶变换的这个性质是由福尔克尔·施特拉森在 1968 年发现的. 他的方法比所有已知的计算方法都能更快地进行很大的数的乘法. 他随后和舍恩哈格一起对算法做了改进并发表在 *Computing* **7** (1971), 281–292. 具有类似计算思想但适用于所有整数 K 的方法由约翰·波拉德独立地提出 [*Math. Comp.* **25** (1971), 365–374]. 为了理解他们的方法，我们首先来看一下快速傅里叶变换的原理.

给定由 $K = 2^k$ 个复数构成的序列 $(u_0, \ldots, u_{K-1})$ 以及复数

$$\omega = \exp(2\pi i / K), \tag{37}$$

则使用下面的方案可以快速求得 (35) 中定义的序列 $(\hat{u}_0, \ldots, \hat{u}_{K-1})$. （在下面的公式中，各个参数 s_j 和 t_j 的值不是 0 就是 1，所以每个"通道"代表 2^k 次基本运算.）

通道 0. 令 $A^{[0]}(t_{k-1}, \ldots, t_0) = u_t$, 其中 $t = (t_{k-1} \ldots t_0)_2$.

通道 1. 令 $A^{[1]}(s_{k-1}, t_{k-2}, \ldots, t_0) \leftarrow A^{[0]}(0, t_{k-2}, \ldots, t_0) + \omega^{2^{k-1}s_{k-1}} A^{[0]}(1, t_{k-2}, \ldots, t_0)$.

通道 2. 令 $A^{[2]}(s_{k-1}, s_{k-2}, t_{k-3}, \ldots, t_0) \leftarrow$
$$A^{[1]}(s_{k-1}, 0, t_{k-3}, \ldots, t_0) + \omega^{2^{k-2}(s_{k-2}s_{k-1})_2} A^{[1]}(s_{k-1}, 1, t_{k-3}, \ldots, t_0).$$

$\cdots$

通道 k. 令 $A^{[k]}(s_{k-1}, \ldots, s_1, s_0) \leftarrow$
$$A^{[k-1]}(s_{k-1}, \ldots, s_1, 0) + \omega^{(s_0s_1\ldots s_{k-1})_2} A^{[k-1]}(s_{k-1}, \ldots, s_1, 1).$$

由归纳法很容易证明

$$A^{[j]}(s_{k-1}, \ldots, s_{k-j}, t_{k-j-1}, \ldots, t_0) = \sum_{0 \leq t_{k-1}, \ldots, t_{k-j} \leq 1} \omega^{2^{k-j}(s_{k-j}\ldots s_{k-1})_2 (t_{k-1}\ldots t_{k-j})_2} u_t, \tag{38}$$

其中 $t = (t_{k-1} \ldots t_1 t_0)_2$, 从而

$$A^{[k]}(s_{k-1}, \ldots, s_1, s_0) = \hat{u}_s, \qquad \text{其中 } s = (s_0s_1 \ldots s_{k-1})_2. \tag{39}$$

（需要特别注意的是，s 的各个二进制数字在最后的结果 (39) 中是反序的. 4.6.4 节中有关于这个变换的进一步讨论.）

为了从 $(\hat{u}_0, \ldots, \hat{u}_{K-1})$ 得到傅里叶逆变换 $(u_0, \ldots, u_{K-1})$, 注意到只有当 j 是 K 的倍数时，几何级数 $\sum_{0 \leq s < K} \omega^{sj}$ 的值才不为零，所以我们有以下"双重变换"

$$\hat{\hat{u}}_r = \sum_{0 \leq s < K} \omega^{rs} \hat{u}_s = \sum_{0 \leq s,t < K} \omega^{rs} \omega^{st} u_t = \sum_{0 \leq t < K} u_t \left(\sum_{0 \leq s < K} \omega^{s(t+r)} \right) = K u_{(-r) \bmod K}. \tag{40}$$

因此逆变换的计算方式与变换本身完全相同，只是要将计算结果除以 K 并且稍微平移一下.

回到整数乘法的问题，假设要将两个 n 位整数 u 和 v 相乘. 像算法 T 那样，我们将各个位分组，即令

$$2n \leq 2^k l < 4n, \qquad K = 2^k, \qquad L = 2^l, \tag{41}$$

然后将 u 和 v 写成

$$u = (U_{K-1} \ldots U_1 U_0)_L, \qquad v = (V_{K-1} \ldots V_1 V_0)_L, \tag{42}$$

于是 u 和 v 都被看作是基数为 L 的 K 位数, 其每位数字 U_j 和 V_j 都是 l 位整数. 事实上, 由于 $2^{k-1} l \geq n$, 因此对所有 $j \geq K/2$, U_j 和 V_j 的值都是零. 稍后我们会适当选取 k 和 l 的值, 而现在要做的是了解可能会出现什么情况, 从而在遇到具体的状况时能够选好 k 和 l 的值.

乘法运算的下一步是计算序列 $(u_0, \ldots, u_{K-1})$ 和 $(v_0, \ldots, v_{K-1})$ 的傅里叶变换 $(\hat{u}_0, \ldots, \hat{u}_{K-1})$ 和 $(\hat{v}_0, \ldots, \hat{v}_{K-1})$, 其中我们定义

$$u_t = U_t / 2^{k+l}, \qquad v_t = V_t / 2^{k+l}. \tag{43}$$

做这样的处理是为了使所有 u_t 和 v_t 都小于 2^{-k}, 从而对所有 s, $|\hat{u}_s|$ 和 $|\hat{v}_s|$ 都小于 1.

在这里必然会遇到一个问题, 即复数 ω 不能精确地表示为二进制数. 我们怎样才能得到可靠的傅里叶变换? 值得庆幸的是, 我们只需要以适当的精度进行计算, 就可以得到满意的结果. 目前暂时忽略这个问题, 而假设计算时的精度是无限大的, 稍后再来分析到底需要多高的精度.

一旦求出了 $\hat{u}_s$ 和 $\hat{v}_s$, 我们就可以对 $0 \leq s < K$ 计算 $\hat{w}_s = \hat{u}_s \hat{v}_s$, 然后求傅里叶逆变换 $(w_0, \ldots, w_{K-1})$. 根据前面的分析, 我们有

$$w_r = \sum_{i+j=r} u_i v_j = \sum_{i+j=r} U_i V_j / 2^{2k+2l},$$

从而整数 $W_r = 2^{2k+2l} w_r$ 就是所求的乘积

$$u \cdot v = W_{K-2} L^{K-2} + \cdots + W_1 L + W_0 \tag{44}$$

中的各项系数. 由于 $0 \leq W_r < (r+1) L^2 < K L^2$, 所以每个 W_r 最多有 $k + 2l$ 位, 从而只要 k 相对 l 来说不是很大, 我们不难由 W_r 的值得到它们的二进制表示.

例如, 假设要将 $u = 1234$ 与 $v = 2341$ 相乘, 取参数 $k = 3$ 和 $l = 4$. 由 u 求 $(\hat{u}_0, \ldots, \hat{u}_7)$ 的计算过程可按下面的方式进行 (见式 (12)):

$(r, s, t) =$	$(0,0,0)$	$(0,0,1)$	$(0,1,0)$	$(0,1,1)$	$(1,0,0)$	$(1,0,1)$	$(1,1,0)$	$(1,1,1)$
$2^7 A^{[0]}(r,s,t) =$	2	13	4	0	0	0	0	0
$2^7 A^{[1]}(r,s,t) =$	2	13	4	0	2	13	4	0
$2^7 A^{[2]}(r,s,t) =$	6	13	-2	13	$2+4i$	13	$2-4i$	13
$2^7 A^{[3]}(r,s,t) =$	19	-7	$-2+13i$	$-2-13i$	$\alpha+\beta$	$\alpha-\beta$	$\bar{\alpha}-\bar{\beta}$	$\bar{\alpha}+\bar{\beta}$

这里 $\alpha = 2 + 4i$, $\beta = 13\omega$, 而 $\omega = (1+i)/\sqrt{2}$. 完成这部分计算后, 我们得到表 1 中 $2^7 \hat{u}_s$ 的那一列数据. 从 v 出发用同样的方式可以得到 $2^7 \hat{v}_s$ 那一列的数据. 然后将 $\hat{u}_s$ 和 $\hat{v}_s$ 相乘得到 $\hat{w}_s$. 再利用 (40) 做一次变换即可得到 w_s 和 W_s. 于是我们完成了 (19) 中的卷积运算, 但这次是利用复数运算而不是局限于纯整数运算的方法.

现在我们来估算一下, 如果在傅里叶变换的计算过程中使用 m 位定点数的运算, 那么上面的方法在求大数的乘积时需要花费多长时间. 习题 10 表明经过 (43) 的处理, 在傅里叶变换的计算过程中所有通道中的 $A^{[j]}$ 的绝对值都小于 1, 所以计算过程中所有中间结果的实部和虚部都是 m 位小数 $(0.a_{-1} \ldots a_{-m})_2$. 由于输入的数据 u_t 和 v_t 都是实数, 我们有可能对计算做一些简化. 事实上, 在每一步中都只需要传送 K 个实数值而不是 $2K$ 个 (见习题 4.6.4–14). 为了尽量避免繁杂的枝节, 在讨论中我们将忽略这样的改进细节.

表 1   利用离散傅里叶变换做乘法运算

s	$2^7\hat{u}_s$	$2^7\hat{v}_s$	$2^{14}\hat{w}_s$	$2^{14}\hat{\hat{w}}_s$	$2^{14}w_s = W_s$
0	19	16	304	80	10
1	$2+4i+13\omega$	$5+9i+2\omega$	$-26+64i+69\omega-125\bar{\omega}$	0	69
2	$-2+13i$	$-4+2i$	$-18-56i$	0	64
3	$2-4i-13\bar{\omega}$	$5-9i-2\bar{\omega}$	$-26-64i+125\omega-69\bar{\omega}$	0	125
4	-7	12	-84	288	36
5	$2+4i-13\omega$	$5+9i-2\omega$	$-26+64i-69\omega+125\bar{\omega}$	1000	0
6	$-2-13i$	$-4-2i$	$-18+56i$	512	0
7	$2-4i+13\bar{\omega}$	$5-9i+2\bar{\omega}$	$-26-64i-125\omega+69\bar{\omega}$	552	0

我们要做的第一件事是求 ω 和它的各个乘幂. 为简便起见, 我们编一个表以记录 $\omega^0, \ldots,$ ω^{K-1} 的值. 令

$$\omega_r = \exp(2\pi i/2^r), \tag{45}$$

从而 $\omega_1 = -1$, $\omega_2 = i$, $\omega_3 = (1+i)/\sqrt{2}$, $\ldots$, $\omega_k = \omega$. 如果 $\omega_r = x_r + iy_r$ 且 $r \geq 2$, 则 $\omega_{r+1} = x_{r+1} + iy_{r+1}$, 其中

$$x_{r+1} = \sqrt{\frac{1+x_r}{2}}, \qquad y_{r+1} = \frac{y_r}{2x_{r+1}}. \tag{46}$$

[见斯蒂芬·泰特, *IEEE Transactions* **SP-43** (1995), 1709–1711.] 相对于我们要做的其他运算, 计算 $\omega_1, \omega_2, \ldots, \omega_k$ 的时间是微不足道的, 所以可以选择任何直截了当的算法来做开平方运算. 一旦得到了 ω_r 的值, 利用

$$\omega^j = \omega_1^{j_{k-1}} \ldots \omega_{k-1}^{j_1}\omega_k^{j_0} \qquad \text{如果 } j = (j_{k-1}\ldots j_1 j_0)_2 \tag{47}$$

就可以算出所有的乘幂 ω^j. 这种计算方法可以防止误差传播, 因为每个 ω^j 是不超过 k 个 ω_r 的乘积. 由于对任意 j, 由前一个计算值求 ω^j 的值只需要做一次乘法, 所以计算所有 ω^j 的总时间是 $O(KM)$, 其中 M 是做一次 m 位复数的乘法所需的时间. 由于后续步骤需要超过 $O(KM)$ 个周期, 所以计算 ω 的乘幂的代价是可以忽略的.

三个傅里叶变换中的每一个都由 k 个通道构成, 而在每个通道中要进行 K 次形如 $a \leftarrow b + \omega^j c$ 的运算, 所以做傅里叶变换的总时间是

$$O(kKM) = O(Mnk/l).$$

最后, 利用 (44) 求 $u \cdot v$ 的二进制表示的各个位上的数字的计算量是 $O(K(k+l)) = O(n+nk/l)$. 将以上各部分运算的时间相加, 可得将两个 n 位数 u 和 v 相乘的总时间是 $O(n) + O(Mnk/l)$.

现在来看一下中间结果的精度 m 需要取多高, 从而确定需要将 M 取多大. 为简单起见, 我们对精度只做比较保险的估计, 而不要求得到最佳的界. 在计算 ω^j 时我们期望近似计算值 $(\omega^j)'$ 满足 $|(\omega^j)'| \leq 1$. 因为由 (46) 可推出 $x_{r+1}^2 + y_{r+1}^2 = (1 + x_r^2 + y_r^2 + 2x_r)/(2+2x_r)$, 所以如果使用向零的方向截断代替舍入, 那么这个不等式条件是容易保证的. 我们在做 m 位定点复数的运算时, 是将形如 $a \leftarrow b + \omega^j c$ 的精确计算替换为近似计算

$$a' \leftarrow \text{truncate}\big(b' + (\omega^j)'c'\big), \tag{48}$$

其中 b'、$(\omega^j)'$ 和 c' 是在前面的近似计算中得到的值. 所有这些复数及其近似值的绝对值都不大于 1. 如果 $|b'-b| \leq \delta_1$, $|(\omega^j)'-\omega^j| \leq \delta_2$ 且 $|c'-c| \leq \delta_3$, 我们不难得到 $|a'-a| < \delta+\delta_1+\delta_2+\delta_3$,

其中

$$\delta = |2^{-m} + 2^{-m}i| = 2^{1/2-m}, \tag{49}$$

这是因为 $\left| (\omega^j)'c' - \omega^j c \right| = \left| ((\omega^j)' - \omega^j)c' + \omega^j(c' - c) \right| \le \delta_2 + \delta_3$，而且 δ 的数值大于最大截断误差. 在计算 $(\omega^j)'$ 时，我们从近似值 ω_r' 出发求 (46) 中的数，而且假设以足够大的精度来进行 (46) 的计算，以满足 $|\omega_r' - \omega_r| < \delta$. 进而，由于在 (47) 的计算中，计算误差是由不超过 k 次近似和 $k-1$ 次截断造成，因此对所有 j 有 $\left| (\omega^j)' - \omega^j \right| < (2k-1)\delta$.

假设在进入快速傅里叶变换的某个通道前的误差最多是 ϵ，则该通道的运算具有 (48) 的形式，而 $\delta_1 = \delta_3 = \epsilon$ 和 $\delta_2 = (2k-1)\delta$. 在完成该通道的计算之后的误差不超过 $2\epsilon + 2k\delta$. 通道 0 中没有任何误差，于是对 j 做归纳可知，在完成通道 j 计算后的最大误差有上界 $(2^j - 1) \cdot 2k\delta$，且 $\hat{u}_s$ 的计算值满足 $\left| (\hat{u}_s)' - \hat{u}_s \right| < (2^k - 1) \cdot 2k\delta$. 对 $(\hat{v}_s)'$ 有类似的公式成立. 而且我们有

$$\left| (\hat{w}_s)' - \hat{w}_s \right| < 2(2^k - 1) \cdot 2k\delta + \delta < (4k2^k - 2k)\delta.$$

在做逆变换时会有其他的一些误差积累，但在被 $K = 2^k$ 除之后，这些误差的影响被大大降低了. 通过相同的分析，我们知道计算值 w_r' 满足

$$\left| (\hat{\hat{w}}_r)' - \hat{\hat{w}}_r \right| < 2^k(4k2^k - 2k)\delta + (2^k - 1)2k\delta, \qquad |w_r' - w_r| < 4k2^k\delta. \tag{50}$$

我们需要足够高的精度使得 $2^{2k+2l}w_r'$ 可以舍入到正确的整数 W_r，因此要求

$$2^{2k+2l+2+\lg k + k + 1/2 - m} \le \tfrac{1}{2}, \tag{51}$$

即 $m \ge 3k + 2l + \lg k + 7/2$. 我们只需要取

$$k \ge 7 \qquad 且 \qquad m \ge 4k + 2l \tag{52}$$

就可以满足这个要求. 关系式 (41) 和 (52) 可用于确定参数 k, l, m 的值，使得乘法只需花费 $O(n) + O(Mnk/l)$ 个时间单位，其中 M 是 m 位小数的乘法所需的时间.

例如，我们要用 MIX 计算机进行二进制数的乘法运算，其中每个数都包含 $n = 2^{13} = 8192$ 位. 我们可取 $k = 11$，$l = 8$，$m = 60$，使得所做的 m 位的运算只是双精度计算. 于是做 m 位定点复数的乘法所需的运行时间 M 相对就很少. 对三倍精度运算我们可取 $k = l = 15$，$n \le 15 \cdot 2^{14}$，这已经超出了 MIX 计算机的内存容量. 在更大的机器上我们可取 $k = l = 27$ 和 $m = 144$，从而可以将两个百万位的二进制数相乘.

对 k、l 和 m 的取值的进一步研究还得到非常令人吃惊的结论：在实际应用中我们可以假设 M 是常数，从而图姆-库克乘法算法的运行时间与 n 成正比. 这是因为我们可取 $k = l$ 和 $m = 6k$. 以这种方式选取的 k 值总是小于 $\lg n$，于是我们最多是进行六倍精度运算，除非 n 大于我们使用的计算机的字大小. （特别地，由于 n 通常超出变址寄存器的存储范围，因而我们一般都不能将 u 和 v 存放在主存储器内.）

到此为止，我们算是解决了构造实用的快速乘法算法的问题，但其中的常数因子还可以再改进. 事实上，习题 4.6.4–59 给出的纯整数卷积算法很可能是实用的高精度乘法的一个更好的选择. 然而，我们对大数的乘法的兴趣部分是来自理论上的考虑，因为探究计算复杂度的最终极限是很有意思的事情. 所以，让我们暂时忘掉实用上的考虑而假设 n 的值非常非常大，甚至可能大到比宇宙中的原子数还要多. 我们可取 m 为接近 $6\lg n$ 的数值，然后利用前述算法递归计算 m 位数的乘积. 其运算时间应满足 $T(n) = O(nT(\log n))$. 因此

$$T(n) \le C\,n(C\lg n)(C\lg\lg n)(C\lg\lg\lg n)\ldots, \tag{53}$$

其中右端乘积的项一直取到 $\lg\ldots\lg n \le 2$ 为止.

舍恩哈格和施特拉森在他们的论文里告诉我们如何将这个理论上界改进到 $O(n \log n \log \log n)$. 具体来说，他们将 ω 取为整数，从而对整数进行模 $2^e + 1$ 的快速傅里叶变换. 这个上界可应用于图灵机，即配备有限的内存和有限条任意长度的纸带的计算机.

舍恩哈格指出，如果我们使用的计算机的功能更强大一点，可以随机访问任意多个字大小有界的机器字，那么上界可以降低为 $O(n \log n)$. 这是因为我们可取 $k = l$ 和 $m = 6k$，从而有时间对 $0 \leq x, y < 2^{\lceil m/12 \rceil}$ 建立完整的乘法表以记录所有的乘积 xy.（这样的乘积总共有 2^k 或 2^{k+1} 个，而且表中的每个数值可以通过对位置更靠前的数值做 $O(k)$ 次加法得到，所以建立乘法表最多需要 $O(k2^k) = O(n)$ 步计算.）在这种情况下，M 是在基数 $2^{\lceil m/12 \rceil}$ 下进行 12 位数的运算所需的时间，而且由于 1 位数的乘法可以直接通过查表来完成，所以 $M = O(k) = O(\log n)$.（假设对内存中的一个机器字的访问时间与该机器字的地址中的二进制位的个数成正比.）

而且，舍恩哈格在 1979 年发现，一个指针机器可以在 $O(n)$ 步内完成 n 位数的乘法，见习题 12. 正如 2.6 节末尾所讨论的，这种设备（也称为"存储修正机器"或"链接自动机"）在 $n \to \infty$ 时提供的计算模型似乎是最好的. 于是我们可以说，在 $O(n)$ 步内完成乘法运算，无论在理论上还是应用上都是可以做到的.

1986 年，达维德·楚德诺夫斯基、格雷戈里·楚德诺夫斯基、蒙蒂·丹尼欧和萨德·尤尼斯设计了一台不同寻常的通用计算机，称为小费马（Little Fermat），可以非常快速地完成很大的数的乘法运算. 它的硬件的特征是可以对长度为 257 个二进制位的机器字进行模 $2^{256} + 1$ 的快速计算. 于是，对由 256 个字构成的数组的卷积运算，可以分拆为 256 个针对单字的乘法运算，以及三个仅包含加法、减法和移位运算的离散变换. 如果流水线周期大约为 60 纳秒，那么就有可能在少于 0.1 秒的时间内完成两个 10^6 位的二进制整数的乘法. [*Proc. Third Int. Conf. on Supercomputing* **2** (International Supercomputing Institute, 1988), 498–499 以及 *Contemporary Math.* **143** (1993), 136.]

D. 除法. 既然我们已经有了针对乘法的高效程序，现在是时候考虑它的逆问题了. 事实上，除法可以做得像乘法一样快，差别仅在于常数因子不同.

如果要用 n 位数 u 除以 n 位数 v，我们可以先寻找 $1/v$ 的 n 位近似值，然后将它乘以 u 以得到 u/v 的近似值 $\hat{q}$. 最后，通过另一个乘法运算，我们可以对 $\hat{q}$ 做必要的校正，以保证 $0 \leq u - qv < v$. 基于这样的思路，我们只要找到有效的方法来逼近 n 位数的倒数就行了. 下面的算法将利用 4.3.1 节末尾介绍的"牛顿法"来完成这个工作.

算法 R（高精度倒数）. 设 v 的二进制表示为 $v = (0.v_1 v_2 v_3 \dots)_2$，其中 $v_1 = 1$. 这个算法计算 $1/v$ 的近似值 z，满足

$$|z - 1/v| \leq 2^{-n}. \tag{54}$$

R1. [初始近似值.] 置 $z \leftarrow \frac{1}{4}\lfloor 32/(4v_1 + 2v_2 + v_3)\rfloor$，$k \leftarrow 0$.

R2. [牛顿迭代.]（此时 z 的二进制表示 $(xx.xx \dots x)_2$ 中小数点后有 $2^k + 1$ 位，而且 $z \leq 2$.）利用高速乘法程序精确计算出 $z^2 = (xxx.xx \dots x)_2$ 的值. 然后精确计算出 $V_k z^2$ 的值，其中 $V_k = (0.v_1 v_2 \dots v_{2^{k+1}+3})_2$. 再置 $z \leftarrow 2z - V_k z^2 + r$，其中 $0 \leq r < 2^{-2^{k+1}-1}$ 用于修正 z 的值使其为 $2^{-2^{k+1}-1}$ 的倍数. 最后置 $k \leftarrow k + 1$.

R3. [检测是否应结束.] 如果 $2^k < n$，则转回到 R2，否则结束算法. ∎

这个算法源于库克的一个提议. 类似的技术已经应用于计算机硬件中 [见斯坦利·安德森、约翰·厄尔、罗伯特·戈尔德施密特和唐纳德·鲍尔斯，*IBM J. Res. Dev.* **11** (1967), 48–52].

当然, 我们必须非常小心地检验算法 R 的精度, 因为它很可能给出不精确的结果. 我们将用归纳法证明在步骤 R2 的开始和结束时分别有

$$z \leq 2 \quad \text{和} \quad |z - 1/v| \leq 2^{-2^k}. \tag{55}$$

为此, 令 $\delta_k = 1/v - z_k$, 其中 z_k 是步骤 R2 进行 k 次迭代后 z 的值. 我们开始对 k 进行归纳法, 有

$$\delta_0 = 1/v - 8/v' + (32/v' - \lfloor 32/v' \rfloor)/4 = \eta_1 + \eta_2,$$

其中 $v' = (v_1 v_2 v_3)_2$ 且 $\eta_1 = (v' - 8v)/vv'$, 从而有 $-\frac{1}{2} < \eta_1 \leq 0$ 和 $0 \leq \eta_2 < \frac{1}{4}$. 因此 $|\delta_0| < \frac{1}{2}$. 现在假设 (55) 对 k 成立, 则

$$\begin{aligned}
\delta_{k+1} = 1/v - z_{k+1} &= 1/v - z_k - z_k(1 - z_k V_k) - r \\
&= \delta_k - z_k(1 - z_k v) - z_k^2(v - V_k) - r \\
&= \delta_k - (1/v - \delta_k)v\delta_k - z_k^2(v - V_k) - r \\
&= v\delta_k^2 - z_k^2(v - V_k) - r.
\end{aligned}$$

所以 $0 \leq v\delta_k^2 < \delta_k^2 \leq (2^{-2^k})^2 = 2^{-2^{k+1}}$, 并且

$$0 \leq z^2(v - V_k) + r < 4(2^{-2^{k+1}-3}) + 2^{-2^{k+1}-1} = 2^{-2^{k+1}},$$

因此 $|\delta_{k+1}| \leq 2^{-2^{k+1}}$. 我们还得验证 (55) 中的第一个不等式. 为证明 $z_{k+1} \leq 2$, 我们分以下三种情形讨论.

(a) $V_k = \frac{1}{2}$. 此时 $z_{k+1} = 2$.

(b) $V_k \neq \frac{1}{2} = V_{k-1}$. 此时 $z_k = 2$, 所以 $2z_k - z_k^2 V_k \leq 2 - 2^{-2^{k+1}-1}$.

(c) $V_{k-1} \neq \frac{1}{2}$. 由于 $k > 0$, 所以 $z_{k+1} = 1/v - \delta_{k+1} < 2 - 2^{-2^{k+1}} \leq 2$.

算法 R 的运行时间的上界为

$$2T(4n) + 2T(2n) + 2T(n) + 2T(\tfrac{1}{2}n) + \cdots + O(n),$$

其中 $T(n)$ 是 n 位数的乘法所需时间的上界. 如果 $T(n)$ 具有 $nf(n)$ 的形式, 其中 $f(n)$ 是单调非递减函数, 则

$$T(4n) + T(2n) + T(n) + \cdots < T(8n), \tag{56}$$

从而除法与乘法在相差一个常数因子的意义下具有相同的运算速度.

布伦特已经证明, 如果我们需要花费 $M(n)$ 个时间单位来完成 n 位数的乘法运算, 那么 $\log x$、$\exp x$ 和 $\arctan x$ 等函数可以在 $O(M(n) \log n)$ 步内计算到 n 个有效位的精度 [*JACM* **23** (1976), 242–251].

E. 实时乘法. 我们很自然地想知道 n 位数的乘法能否在 n 步以内完成. 我们已经把运算时间的阶从 n^2 降到 n, 因此还是有可能达到这个极限的下界. 事实上, 如果采用非常规的计算机编程方式, 并且使用具有无限多个可同时运行的部件的计算机, 就完全有可能使输出计算结果的速度与输入数据一样快.

自动机的一个线性迭代队列是指一组设备 M_1, M_2, M_3, ..., 其中每个设备在计算过程中的每一步, 都处于一个有限状态集合中的某一个 "状态". 设备 M_2, M_3, ... 的电路都是相同的, 它们在时间 $t + 1$ 的状态是自身在时间 t 的状态以及位于它们左边和右边的设备在时间 t 的状态的函数. 第一个设备 $M1$ 有一点不同: 它在时间 $t + 1$ 的状态是自身和设备 $M2$ 在时间 t 的状态以及时间 t 处的输入的函数. 一个线性迭代队列的输出是定义在 $M1$ 的状态上的函数.

设 $u = (u_{n-1} \ldots u_1 u_0)_2$, $v = (v_{n-1} \ldots v_1 v_0)_2$, $q = (q_{n-1} \ldots q_1 q_0)_2$ 都是二进制数，并且 $uv + q = w = (w_{2n-1} \ldots w_1 w_0)_2$. 显然，我们可以构造一个与 n 无关的线性迭代队列，如果在时间 0, 1, 2, ... 输入 (u_0, v_0, q_0), (u_1, v_1, q_1), (u_2, v_2, q_2), ...，该队列将在时间 1, 2, 3, ... 输出 w_0, w_1, w_2, ...

如果用计算机硬件语言来描述，就是说可以设计具有以下性质的单片集成电路模块：如果我们将足够多的芯片联成一条线，使得每个模块只与它左侧和右侧的模块相连，如此建构的电路将恰好用 $2n$ 个时钟脉冲得到两个 n 位数的 $2n$ 位的乘积.

基本思想是：在时间 0，机器 $M1$ 检测到 (u_0, v_0, q_0)，从而可以在时间 1 输出 $(u_0 v_0 + q_0) \bmod 2$. 然后它接收到 (u_1, v_1, q_1)，从而可以在时间 2 输出 $(u_0 v_1 + u_1 v_0 + q_1 + k_1) \bmod 2$，其中 k_1 是来自前一步的"进位". 接着它接收 (u_2, v_2, q_2) 并输出 $(u_0 v_2 + u_1 v_1 + u_2 v_0 + q_2 + k_2) \bmod 2$. 此外，它的状态中包含了 u_2 和 v_2 的值，从而机器 $M2$ 可以在时间 3 检测到这些值，且能够计算 $u_2 v_2$ 的值以供 $M1$ 在时间 4 使用. 机器 $M1$ 实质上启动 $M2$ 对序列 (u_2, v_2), (u_3, v_3), ... 中的每一对数做乘法，而 $M2$ 最终安排 $M3$ 对序列 (u_4, v_4), (u_5, v_5) 中的每一对数做乘法，等等. 幸运的是，这样的工作流程环环相扣而不会耽误任何时间. 读者将会发现从下面的形式的描述中进一步推导出更多的细节是有趣的.

每个自动机有 2^{11} 种状态 $(c, x_0, y_0, x_1, y_1, x, y, z_2, z_1, z_0)$，其中 $0 \le c < 4$，其余变量取值为 0 或者 1. 在初始状态下，所有机器的状态都是 $(0,0,0,0,0,0,0,0,0,0)$. 假设在时间 t，对于 $j > 1$，机器 M_j 的状态是 $(c, x_0, y_0, x_1, y_1, x, y, z_2, z_1, z_0)$，它左边的机器 M_{j-1} 的状态是 $(c^l, x_0^l, y_0^l, x_1^l, y_1^l, x^l, y^l, z_2^l, z_1^l, z_0^l)$，右边的机器 M_{j+1} 的状态是 $(c^r, x_0^r, y_0^r, x_1^r, y_1^r, x^r, y^r, z_2^r, z_1^r, z_0^r)$. 则 M_j 在时间 $t+1$ 的状态将会是 $(c', x_0', y_0', x_1', y_1', x', y', z_2', z_1', z_0')$，其中

$$
\begin{aligned}
c' &= \min(c+1, 3) & \text{如果 } c^l = 3, & \quad \text{否则 } 0, \\
(x_0', y_0') &= (x^l, y^l) & \text{如果 } c = 0, & \quad \text{否则 } (x_0, y_0), \\
(x_1', y_1') &= (x^l, y^l) & \text{如果 } c = 1, & \quad \text{否则 } (x_1, y_1), \\
(x', y') &= (x^l, y^l) & \text{如果 } c \ge 2, & \quad \text{否则 } (x, y),
\end{aligned} \tag{57}
$$

而 $(z_2' z_1' z_0')_2$ 是

$$
z_0^r + z_1 + z_2^l + \begin{cases} x^l y^l & \text{如果 } c = 0, \\ x_0 y^l + x^l y_0 & \text{如果 } c = 1, \\ x_0 y^l + x_1 y_1 + x^l y_0 & \text{如果 } c = 2, \\ x_0 y^l + x_1 y + x y_1 + x^l y_0 & \text{如果 } c = 3 \end{cases} \tag{58}
$$

的二进制表示. 最左边的机器 M_1 与其他机器的工作方式几乎一样. 当 M1 接收到输入 (u, v, q) 时，我们可以想象它左边有一台机器 $(3, 0, 0, 0, 0, u, v, q, 0, 0)$. 队列的输出是 M_1 的 z_0 分量.

表 2 给出了这种队列在输入为

$$
u = v = (\ldots 00010111)_2, \qquad q = (\ldots 00001011)_2
$$

时的工作状态. 输出序列的各个分量是 M_1 在各个时间 t 的状态集的右下角的数字：

$$
0, 0, 1, 1, 1, 0, 0, 0, 0, 1, 0, \ldots,
$$

它们从右到左构成二进制数 $(\ldots 01000011100)_2$.

上述构造队列的方式源于艾伦·艾特鲁宾首先发表在 *IEEE Trans.* **EC-14** (1965), 394–399 的类似的构造方式.

尽管迭代队列的速度很快，但它只有当各个输入位在每个时间点输入一位时才能达到最优. 如果所有输入数据在同一时间点到达，则我们更倾向于使用并行电路，它可以在数据输入后

表 2　在线性迭代队列中做乘法

时间	输入		模块 M_1					模块 M_2					模块 M_3				
	u_j v_j	q_j	c	x_0 y_0	x_1 y_1	x y	z_2 z_1 z_0	c	x_0 y_0	x_1 y_1	x y	z_2 z_1 z_0	c	x_0 y_0	x_1 y_1	x y	z_2 z_1 z_0
0	1	1	0	0	0	0	0	0	0	0	0	0	0	0	0	0	0
	1			0	0	0	0		0	0	0	0		0	0	0	0
							0					0					0
1	1	1	1	1	0	0	0	0	0	0	0	0	0	0	0	0	0
	1			1	0	0	1		0	0	0	0		0	0	0	0
							0					0					0
2	1	0	2	1	1	0	1	0	0	0	0	0	0	0	0	0	0
	1			1	1	0	0		0	0	0	0		0	0	0	0
							0					0					0
3	0	1	3	1	1	1	0	0	0	0	0	0	0	0	0	0	0
	0			1	1	1	1		0	0	0	0		0	0	0	0
							1					1					0
4	1	0	3	1	1	0	1	1	1	0	0	0	0	0	0	0	0
	1			1	1	0	0		1	0	0	0		0	0	0	0
							1					1					0
5	0	0	3	1	1	1	0	2	1	0	0	0	0	0	0	0	0
	0			1	1	1	1		1	0	0	0		0	0	0	0
							1					1					0
6	0	0	3	1	1	0	1	3	1	0	1	0	0	0	0	0	0
	0			1	1	0	0		1	0	1	1		0	0	0	0
							0					0					0
7	0	0	3	1	1	0	0	3	1	0	0	0	1	1	0	0	0
	0			1	1	0	0		1	0	0	1		1	0	0	0
							0					0					1
8	0	0	3	1	1	0	0	3	1	0	0	0	2	1	0	0	0
	0			1	1	0	0		1	0	0	1		1	0	0	0
							0					0					0
9	0	0	3	1	1	0	0	3	1	0	0	0	3	1	0	0	0
	0			1	1	0	0		1	0	0	0		1	0	0	0
							0					1					0
10	0	0	3	1	1	0	0	3	1	0	0	0	3	1	0	0	0
	0			1	1	0	0		1	0	0	0		1	0	0	0
							1					0					0
11	0	0	3	1	1	0	0	3	1	0	0	0	3	1	0	0	0
	0			1	1	0	0		1	0	0	0		1	0	0	0
							0					0					0

$O(\log n)$ 的时间就得到两个 n 位数的乘积. 关于这种类型的高效电路的设计的例子见华莱士, *IEEE Trans.* **EC-13** (1964), 14–17, 以及高德纳, *The Stanford GraphBase* (New York: ACM Press, 1994), 270–279.

威诺格拉德研究了对给定的 n 以及数据以任意编码方式同时输入时, 一个逻辑电路做乘法运算的最短时间 [*JACM* **14** (1967), 793–802]. 如果既要做乘法也要做加法, 见姚期智, *STOC* **13** (1981), 308–311 和曼苏尔、诺姆·尼桑; 蒂瓦里, *STOC* **22** (1990), 235–243.

> 乘法是我的烦恼, 而除法是那样糟糕:
> 黄金法则是我的绊脚石, 而实践使我发疯.
> ——詹姆斯·哈利韦尔收集的手稿 (约 1570)

习题

1. [22] 在式 (2) 中体现的思想可以推广到十进制数系中, 只需要将基数 2 替换为 10. 使用推广后的公式计算 1234 和 2341 的乘积 (先将这个四位数的乘法运算转换为三个两位数的乘法运算, 再将这些两位数的乘法运算转换为一位数的乘法运算).

2. [M22] 证明在算法 T 的步骤 T1 中, 当我们令 $R \leftarrow \lfloor \sqrt{Q} \rfloor$ 时, R 的值要么不变, 要么增加 1. (因此在该步骤中我们其实不必做实际的开平方运算.)

3. [M22] 证明当 $k > 0$ 时, 算法 T 中定义的序列 q_k 和 r_k 满足不等式 $2^{q_k+1}(2r_k)^{r_k} \leq 2^{q_{k-1}+q_k}$.

▶ **4.** [28] (柯比·贝克) 证明, 在点 $x = -r, \ldots, 0, \ldots, r$ 处求多项式 $W(x)$ 的值, 比像算法 T 中那样在非负的点 $x = 0, 1, \ldots, 2r$ 处求值要好. 多项 $U(x)$ 可以写成

$$U(x) = U_e(x^2) + xU_o(x^2).$$

类似地, $V(x)$ 和 $W(x)$ 也可以用同样的方式展开. 说明怎样利用这个思路将步骤 T7 和 T8 算得更快.

▶ **5.** [35] 证明如果在算法 T 的步骤 T1 中将 $R \leftarrow \lfloor \sqrt{Q} \rfloor$ 替换为 $R \leftarrow \lceil \sqrt{2Q} \rceil + 1$, 并且对 q_0, q_1, r_0, r_1 赋以适当的初值, 则不等式 (20) 可改进为 $t_k \leq q_{k+1} 2^{\sqrt{2 \lg q_{k+1}}} (\lg q_{k+1})$.

6. [M23] 证明 (24) 中的六个数是两两互素的.

7. [M23] 证明等式 (25).

8. [M20] 判断对错: 在 (39) 中我们可以忽略二进制位的反序操作 $(s_{k-1}, \ldots, s_0) \rightarrow (s_0, \ldots, s_{k-1})$, 因为傅里叶逆变换又会将这些二进制位再反序回来.

9. [M15] 假设我们将正文中的傅里叶变换中的 ω 都替换成 ω^q, 其中 q 是某个固定的整数. 请找出由这个一般的变换导出的 $(\tilde{u}_0, \tilde{u}_1, \ldots, \tilde{u}_{K-1})$ 与当 $q = 1$ 时导出的 $(\hat{u}_0, \hat{u}_1, \ldots, \hat{u}_{K-1})$ 之间的简单关系式.

10. [M26] 在用舍恩哈格-施特拉森乘法算法计算 $\hat{u}_s$ 和 $\hat{v}_s$ 时, 式 (43) 保证了变换过程中通道 j 得到的复数 $A^{[j]}$ 的绝对值小于 2^{j-k}. 证明在第三次傅里叶变换 (计算 $\hat{w}_r$) 时所有 $A^{[j]}$ 的绝对值都小于 1.

▶ **11.** [M26] 对于固定的 n, 在 (57) 和 (58) 定义的线性迭代队列中需要多少个自动机来计算 n 位数的乘积? (请注意自动机 M_j 只受到位于它右方的自动机的 z_0^r 分量的影响, 所以当输入数据为 n 位数时, 我们可以去掉那些 z_0 分量一直保持为零的自动机.)

▶ **12.** [M41] (舍恩哈格) 这道习题的目的是证明一台形式很简单的指针机器可以在 $O(n)$ 步内完成 n 位数的乘法. 这种机器没有任何用于算术运算的内置功能. 它所有的操作都只是针对结点和指针. 每个结点有相同个数的链接域, 另有有限多个链表寄存器. 这台机器只能做下列操作:

(i) 读取一位输入数据, 当该输入为零时跳转;

(ii) 输出 0 或者 1;

(iii) 向一个寄存器写入数据, 数据可以来自另一个寄存器或另一个寄存器指向的某个结点的链接域;

(iv) 将一个寄存器中的数据保存到另一个寄存器指向的某个结点的链接域;

(v) 当两个寄存器中的数据相等时跳转;

(vi) 生成一个新的结点并让一个寄存器指向它;

(vii) 终止运行.

请在这样一台机器上高效地实现基于傅里叶变换的乘法运算. [提示: 首先证明对任意正整数 N, 我们都可以生成 N 个结点来代表 N 个整数 $\{0, 1, \ldots, N-1\}$, 其中代表 p 的结点中包含指向 $p+1$, $\lfloor p/2 \rfloor$ 和 $2p$ 的指针. 这些结点可以在 $O(N)$ 步内生成. 现在我们可以毫无困难地模拟 N 进制运算了: 例如, 给定指向 p 和 q 的指针, 我们需要用 $O(\log N)$ 步找到代表 $(p+q) \bmod N$ 的结点, 并判断 $p+q \geq N$ 是否成立. 而乘法可以在 $O(\log N)^2$ 步内实现. 现在考虑正文中的算法, 其中取 $k = l$, $m = 6k$, $N = 2^{\lceil m/13 \rceil}$, 从而在定点运算中的数值都是 13 位的 N 进制整数. 最后, 利用下面的方法证明快速傅里叶变换中的每个通道可以在 $O(K + (N \log N)^2) = O(K)$ 步内完成: K 个必要的赋值运算, 每一个都可以被 "编译" 到类似于 MIX 的字大小为 N 的模拟计算机的有限指令表中. 而且并行运行的 K 个这样的机器的指令能够在 $O(K + (N \log N)^2)$ 步内被模拟, 如果这些指令首先被排序, 使得所有相同的指令可以被一起执行的话. (如果两个指令有相同的操作码、寄存器内容和内存操作数, 则认为它们是相同的.) 注意 $N^2 = O(n^{12/13})$, 所以 $(N \log N)^2 = O(K)$.]

13. [*M25*] (舍恩哈格) 当 m 和 n 都是很大的整数, 而 n 的值又远大于 m 时, 根据这一节中对 $m = n$ 的情形的讨论, 将一个 m 位二进制数与一个 n 位二进制数相乘的乘法运算的运行时间的好的上界是什么?

14. [*M42*] 结合习题 4 给出的改进方法为算法 T 写一个程序. 将该程序与算法 4.3.1M 的程序以及基于式 (2) 的程序做对比, 指出 n 要达到多大时算法 T 才更优.

15. [*M49*] (库克) 称一个乘法算法是在线的, 如果操作数从右向左数的第 $k+1$ 位数字要在求出乘积的第 k 位数字后才能读取. 在不同种类的自动机上运算速度最快的在线乘法算法是什么算法?

▶ **16.** [*25*] 证明即使 K 不是 2 的幂, 计算离散傅里叶变换 (35) 也只需要 $O(K \log K)$ 次运算. [提示: 将 (35) 改写成

$$\hat{u}_s = \omega^{-s^2/2} \sum_{0 \leq t < K} \omega^{(s+t)^2/2} \omega^{-t^2/2} u_t$$

的形式, 并将其中的求和式写成卷积的形式.]

17. [*M26*] 卡拉特萨巴的乘法计算方案 (2) 在求两个 n 位数的乘积时要计算 K_n 个 1 位数的乘积, 其中 $K_1 = 1$, 且当 $n \geq 1$ 时, $K_{2n} = 3K_n$, $K_{2n+1} = 2K_{n+1} + K_n$. 请 "求解" 这个递推式, 即对 $n = 2^{e_1} + 2^{e_2} + \cdots + 2^{e_t}$, $e_1 > e_2 > \cdots > e_t \geq 0$ 找出 K_n 的显式表达式.

▶ **18.** [*M30*] 设计一种内存分配方案, 用于在基于 (2) 的递归算法进行乘法运算时存储中间结果: 给定两个 N 位整数 u 和 v, 它们每个都存储在 N 个连续分布的存储单元上. 说明如何安排计算过程, 使得乘积 uv 出现在一个包含 $(3N + O(\log N))$ 个存储单元的工作内存的最低有效的 $2N$ 个存储单元中.

▶ **19.** [*M23*] 如果允许比较两个操作数的大小, 说明如何使用习题 3.2.1.1–11 中的规定的有限个基本运算来计算 $uv \bmod m$, 其中 u 和 v 都是变量, 但 m 是常数. 提示: 考虑式 (2) 中的分解.

4.4 进制转换

如果我们的祖先是用他们的两只拳头或者八只手指——不是十只"手指"——来做算术运算的，那么我们现在就不必为编写二进制和十进制之间的转换程序而烦恼了.（同时我们也可能学不到这么多关于记数系统的知识.）在这一节中，我们将讨论如何将一个数的关于一个基数的按位记数表示转换为关于另一个基数的按位记数表示. 当然，这个问题对于二进制计算机来说是非常重要的，因为我们需要将十进制的输入转换为二进制表示，以及将二进制表示的结果转换为十进制.

A. 四种基本方法. 二进制-十进制转换是所有操作中与机器相关度最高的操作之一，因为计算机设计者一直在发明不同的方法来用硬件实现这种转换，所以我们只会讨论相关的一般原则，程序员可以从中选择最适合他们机器的处理方式.

我们假设转换操作只针对非负数，因为处理符号是很容易的.

假设我们要从 b 进制转换到 B 进制.（习题 1 和 2 将会推广到混合进制的情形.）大多数进制转换程序都会使用以下四种方法之一，利用乘法和除法完成转换过程. 其中前两种针对整数（小数点在最右边），而后两种针对小数（小数点在最左边）. 一般而言，我们不能将一个有限位的 b 进制小数 $(0.u_{-1}u_{-2}\ldots u_{-m})_b$ 精确地转换为有限位的 B 进制小数 $(0.U_{-1}U_{-2}\ldots U_{-M})_B$. 例如，分数 $\frac{1}{10}$ 的二进制表示 $(0.0001100110011\ldots)_2$ 包含无穷多位. 因此我们很有必要考虑将计算结果舍入为 M 位的方法.

方法 1a（使用 b 进制数的运算将一个数除以 B）给定一个整数 u，我们可以按下面的方法得到它的 B 进制表示 $(\ldots U_2U_1U_0)_B$：

$$U_0 = u \bmod B, \quad U_1 = \lfloor u/B \rfloor \bmod B, \quad U_2 = \lfloor \lfloor u/B \rfloor /B \rfloor \bmod B, \quad \ldots,$$

当 $\lfloor \ldots \lfloor \lfloor u/B \rfloor /B \rfloor \ldots /B \rfloor = 0$ 时就停止.

方法 1b（使用 B 进制数的运算将一个数乘以 b）如果 u 的 b 进制表示是 $(u_m \ldots u_1 u_0)_b$，我们可以利用 B 进制数的运算按

$$((\ldots(u_m b + u_{m-1})b + \cdots)b + u_1)b + u_0$$

的方式来计算多项式 $u_m b^m + \cdots + u_1 b + u_0 = u$ 的值.

方法 2a（使用 b 进制数的运算将一个数乘以 B）给定一个小数 u，我们可以按下面的方法求它的 B 进制表示 $(0.U_{-1}U_{-2}\ldots)_B$ 的各位数字：

$$U_{-1} = \lfloor uB \rfloor, \quad U_{-2} = \lfloor \{uB\}B \rfloor, \quad U_{-3} = \lfloor \{\{uB\}B\}B \rfloor, \quad \ldots,$$

其中 $\{x\}$ 表示 $x \bmod 1 = x - \lfloor x \rfloor$. 如果需要将计算结果舍入为 M 位，只需在得到 U_{-M} 后停止计算，而当 $\{\ldots\{\{uB\}B\}\ldots B\}$ 大于 $\frac{1}{2}$ 时应将 U_{-M} 的值加 1.（但是，要注意这样的处理可能导致不断向前进位，而这些进位过程必须用 B 进制数的运算来完成. 一个简单一点的方法是在转换操作开始前将 u 加上一个常数 $\frac{1}{2}B^{-M}$，但如果 $\frac{1}{2}B^{-M}$ 不能在计算机中用 b 进制数精确表示，这种处理方式可能会导致不正确的结果. 我们还需要注意当 $b^m \geq 2B^M$ 时，最终计算结果在舍入后可能会变成 $(1.00\ldots0)_B$.）

习题 3 告诉我们如何推广这种方法，使得 M 可变，此时我们取 M 的值足够大，使得给定的数恰好可以用指定的精度表示出来，从而不会遇到进位的麻烦.

方法 2b（使用 B 进制数的运算将一个数除以 b）如果 u 的 b 进制表示是 $(0.u_{-1}u_{-2}\ldots u_{-m})_b$,
我们可以利用 B 进制数的运算按

$$((\ldots(u_{-m}/b + u_{1-m})/b + \cdots + u_{-2})/b + u_{-1})/b$$

的方式来计算多项式 $u_{-1}b^{-1} + u_{-2}b^{-2} + \cdots + u_{-m}b^{-m}$ 的值. 在做除以 b 的运算时要注意控制
截断误差或舍入误差. 这些误差通常是可以忽略的, 但不总是这样.

综上所述, 方法 1a、1b、2a 和 2b 为我们提供了两种转换整数的方法和两种转换小数的方
法. 当然, 还可以通过乘以或者除以 b 或者 B 的适当的幂来实现整数和小数之间的转换. 所以
在做进制转换时至少有四种方法可供选择.

B. 单精度转换. 为演示如何运用这四种方法, 假设 MIX 是二进制计算机, 而我们想将二进
制非负整数 u 转换为十进制整数. 此时可取 $b = 2$, $B = 10$. 方法 1a 可按以下方式编程:

$$
\begin{array}{lll}
& \text{ENT1} \;\; 0 & \text{置 } j \leftarrow 0. \\
& \text{LDX} \;\;\; \text{U} & \\
& \text{ENTA} \;\; 0 & \text{置 rAX} \leftarrow u. \\
\text{1H} & \text{DIV} \;\;\; =10= & (\text{rA}, \text{rX}) \leftarrow (\lfloor \text{rAX}/10 \rfloor, \text{rAX} \bmod 10). \\
& \text{STX} \;\;\; \text{ANSWER,1} & U_j \leftarrow \text{rX}. \\
& \text{INC1} \;\; 1 & j \leftarrow j + 1. \\
& \text{SRAX} \;\; 5 & \text{rAX} \leftarrow \text{rA}. \\
& \text{JXP} \;\;\; \text{1B} & \text{反复执行直到结果为零.} \quad\blacksquare
\end{array}
\tag{1}
$$

这段代码需要 $18M + 4$ 个周期来得到 M 位数字.

方法 1a 需要不断除以 10, 而方法 2a 则是乘以 10, 所以会稍微快一点. 但如果要使用
方法 2a, 就必须处理小数, 而这会导致一种有趣的情况. 设 w 是计算机的字大小, 并假设
$u < 10^n < w$. 我们用一次除法运算可以求出 q 和 r 满足

$$wu = 10^n q + r, \qquad 0 \leq r < 10^n. \tag{2}$$

如果现在对小数 $(q+1)/w$ 运用方法 2a, 就可以在 n 步中从左到右得到 u 的各位数字, 因为

$$\left\lfloor 10^n \frac{q+1}{w} \right\rfloor = \left\lfloor u + \frac{10^n - r}{w} \right\rfloor = u. \tag{3}$$

（这个做法源于保罗·萨梅特, *Software Practice & Experience* **1** (1971), 93–96. ）

下面是相应的 MIX 程序:

$$
\begin{array}{lll}
& \text{JOV} \;\;\; \text{OFLO} & \text{确保溢出标志关闭.} \\
& \text{LDA} \;\;\; \text{U} & \\
& \text{LDX} \;\;\; =10^n= & \text{rAX} \leftarrow wu + 10^n. \\
& \text{DIV} \;\;\; =10^n= & \text{rA} \leftarrow q+1, \; \text{rX} \leftarrow r. \\
& \text{JOV} \;\;\; \text{ERROR} & \text{如果 } u \geq 10^n \text{ 则跳转.} \\
& \text{ENT1} \;\; n-1 & \text{令 } j \leftarrow n - 1. \\
\text{2H} & \text{MUL} \;\;\; =10= & \text{现在想像小数点是在左侧, rA} = x. \\
& \text{STA} \;\;\; \text{ANSWER,1} & \text{令 } U_j \leftarrow \lfloor 10x \rfloor. \\
& \text{SLAX} \;\; 5 & x \leftarrow \{10x\}. \\
& \text{DEC1} \;\; 1 & j \leftarrow j - 1. \\
& \text{J1NN} \;\; \text{2B} & \text{对 } n > j \geq 0 \text{ 反复执行.} \quad\blacksquare
\end{array}
\tag{4}
$$

这个稍微长一点的程序需要 $16n + 19$ 个周期, 所以当 $n = M \geq 8$ 时它比程序 (1) 稍微快一点,
但当有前导零时 (1) 会更快.

当 $10^m < w < 10^{m+1}$ 时，我们不能用程序 (4) 来转换整数 $u \ge 10^m$，因为此时需要取 $n = m + 1$. 然而我们可以先通过计算 $\lfloor u/10^m \rfloor$ 得到 u 的前导数字，然后像上面那样对 $u \bmod 10^m$ 进行转换，其中取 $n = m$.

从左到右依次求出计算结果的各位数字，这对某些应用来说可能是有好处的（例如，每次打印出计算结果的一位数字）. 所以针对小数的方法也可以用于整数的转换，虽然由于除法的不精确性需要做一点误差分析.

在使用方法 1a 时可以使用两次乘法来代替除以 10 的运算. 这种处理方式可能是很重要的，因为进制转换通常是在没有内置除法运算功能的"辅助"计算机上完成的. 如果 x 是 $\frac{1}{10}$ 的一个近似值，并且

$$\frac{1}{10} < x < \frac{1}{10} + \frac{1}{w},$$

那么容易证明（见习题 7）只要 $0 \le u < w$，就有 $\lfloor ux \rfloor = \lfloor u/10 \rfloor$ 或 $\lfloor u/10 \rfloor + 1$. 所以，如果求出了 $u - 10\lfloor ux \rfloor$ 的值，我们就可以利用下式得到 $\lfloor u/10 \rfloor$ 的值：

$$\lfloor u/10 \rfloor = \lfloor ux \rfloor - [u < 10\lfloor ux \rfloor]. \tag{5}$$

同时还可以得到 $u \bmod 10$ 的值. 习题 8 给出了一个利用 (5) 做转换的 MIX 程序，它每计算一位数字需要大约 33 个周期.

如果一台计算机的内置指令集中既没有除法也没有乘法，通过巧妙地利用移位和加法运算，我们还是可以使用方法 1a 来完成转换过程，如习题 9 所示.

我们也可以利用方法 1b 将一个数的二进制表示转换为十进制，但这个转换过程需要在十进制系统中将一个数加倍. 这个方法很适合固化到计算机硬件中. 然而，还可以如表 1 所示的那样，利用二进制加法、二进制移位以及二进制抽取或屏蔽（逐位逻辑与）得到一个将十进制数加倍的程序. 这个方法是由蒙哥马利提出的.

表 1 将一个二进制编码的十进制数加倍

操作	一般形式	例子
1. 给定的数	$u_{11}\,u_{10}\,u_9\,u_8 \quad u_7\,u_6\,u_5\,u_4 \quad u_3\,u_2\,u_1\,u_0$	$0011\ 0110\ 1001 = 369$
2. 每个数字加 3	$v_{11}\,v_{10}\,v_9\,v_8 \quad v_7\,v_6\,v_5\,v_4 \quad v_3\,v_2\,v_1\,v_0$	$0110\ 1001\ 1100$
3. 抽取每个高二进制位	$v_{11}\,0\,0\,0 \quad v_7\,0\,0\,0 \quad v_3\,0\,0\,0$	$0000\ 1000\ 1000$
4. 右移 2 位并相减	$0\,v_{11}\,v_{11}\,0 \quad 0\,v_7\,v_7\,0 \quad 0\,v_3\,v_3\,0$	$0000\ 0110\ 0110$
5. 加上原来的数	$w_{11}\,w_{10}\,w_9\,w_8 \quad w_7\,w_6\,w_5\,w_4 \quad w_3\,w_2\,w_1\,w_0$	$0011\ 1100\ 1111$
6. 加上原来的数	$x_{12} \quad x_{11}\,x_{10}\,x_9\,x_8 \quad x_7\,x_6\,x_5\,x_4 \quad x_3\,x_2\,x_1\,x_0$	$0\ 0111\ 0011\ 1000 = 738$

对某一位上的数字 d，如果 $0 \le d \le 4$，这个方法将它变成 $2d$；如果 $5 \le d \le 9$，那么就变成 $6 + 2d = (2d - 10) + 2^4$. 对于用 4 个二进制位编码 1 个数字的十进制数来说，这就是我们所期望的加倍运算的结果.

另一个思路是制作一个包含 2 的各次幂的十进制表示的表，并且以十进制加法的方式将适当的幂相加. 7.1.3 节给出了关于位操作技术的综述.

最后要说的是，甚至可以用方法 2b 将二进制整数转换为十进制整数. 我们可以像 (2) 那样求得 q，然后采用类似于刚才描述的加倍操作那样的"折半"过程（习题 10），做十进制除法将 $q + 1$ 除以 w，不过只保留小数点后的前 n 位作为计算结果. 对于这种情况，方法 2b 似乎并不比前面已经讨论过的其他三种方法更好，但验证了我们前面所说的，即至少有四种不同的方法可以将整数从一种基数的记数法转换到另一种基数.

现在我们来考虑如何将一个数的十进制表示转换为二进制表示（从而 $b = 10$，$B = 2$）．方法 1a 模拟了十进制表示下除以 2 的运算．这是一种可行的方法（见习题 10），但它主要适用于固化到硬件而不是用程序代码实现．

在绝大多数情况下，方法 1b 是完成从十进制到二进制转换的最实用的方法．下面的 MIX 代码假设在被转换的数 $(u_m \ldots u_1 u_0)_{10}$ 中至少有两位数字，并且 $10^{m+1} < w$，因此不必考虑溢出的问题．

```
      ENT1 M-1        置 j ← m-1.
      LDA  INPUT+M     置 U ← u_m.
  1H  MUL  =10=
      SLAX 5                                           (6)
      ADD  INPUT,1    U ← 10U + u_j.
      DEC1 1
      J1NN 1B         对 m > j ≥ 0 反复执行.  ∎
```

乘以 10 的运算可以通过移位和加法运算来完成．

习题 19 给出了一种更困难但可能更快的方法，它只需要做 $\lg m$ 次乘法、抽取和加法运算，而不是 $m - 1$ 次乘法和加法运算．

如果要将十进制小数 $(0.u_{-1} u_{-2} \ldots u_{-m})_{10}$ 转换为二进制表示，我们可以使用方法 2b．更多的时候，我们首先用方法 1b 将整数 $(u_{-1} u_{-2} \ldots u_{-m})_{10}$ 转换为二进制表示，然后再除以 10^m．

C. 手算. 计算机程序员有时需要手工完成数的表示方式的转换．由于我们在小学里并没有学习如何做这件事，所以需要在这里简单说一下．对于十进制和八进制之间的转换，有一些简单的笔算方法，而且它们都很容易掌握，所以应该被更多人了解．

将八进制表示的整数转换为十进制. 最简单的转换是从八进制到十进制，这个技术似乎首先是由瓦尔特·佐登发表的 [*Math. Comp.* **7** (1953), 273–274]．在做转换时，首先写下给定的八进制数，然后在第 k 步用十进制运算将前 k 位数字加倍并用前 $k+1$ 位数字减去它．如果被转换的数有 $m + 1$ 位数字，那么转换过程将在做完 m 步后结束．为了标示现在将在哪几位加倍，一个好的办法是在相应的位置插入小数点以避免出现尴尬的错误．下面的例子演示了这个计算过程．

例 1. 将 $(5\,325\,121)_8$ 转换为十进制数.

```
        5.3 2 5 1 2 1
      - 1 0
        4 3.2 5 1 2 1
      -   8 6
        3 4 6.5 1 2 1
      -   6 9 2
        2 7 7 3.1 2 1
      -     5 5 4 6
        2 2 1 8 5.2 1
      -     4 4 3 7 0
        1 7 7 4 8 2.1
      -       3 5 4 9 6 4
        1 4 1 9 8 5 7        答案：(1419857)₁₀.
```

答案：$(1\,419\,857)_{10}$.

对上述计算过程有一种相当好的验算方法称为"去九"：将十进制数的各个位上数字相加，以及将八进制数的各个位上数字交替加减，且规定最右侧的数字为正号，所得的两个数必定模 9 同余. 在上例中，$1+4+1+9+8+5+7=35$，而 $1-2+1-5+2-3+5=-1$. 两者之差为 36（是 9 的倍数）. 如果验算表明答案不正确，我们可以对第 k 步计算后得到的前 $k+1$ 位数字做同样的验算，然后通过一个"二分搜索"过程来确定错误出现在什么时候. 换句话说，我们先对中间结果进行验算来判断它是否正确，从而确定错误是发生在这个中间结果之前还是之后，然后再对前一半或者后一半计算过程继续做验算.

"去九"验算只有大概 89% 的可靠性，因为两个随机选取的整数的差有九分之一的机会是 9 的倍数. 更好的验算方法是通过逆运算将答案再转换回八进制. 下面我们来讨论这种方法.

将十进制数转换为八进制. 这个转换过程与前述过程类似：写下给定的十进制数. 在第 k 步用八进制运算将前 k 位数字加倍并与前 $k+1$ 位数字相加. 如果给定的数有 $m+1$ 位，那么这个计算过程在 m 步后结束.

例 2. 将 $(1\,419\,857)_{10}$ 转换为八进制数.

$$
\begin{array}{r}
1.4\,1\,9\,8\,5\,7 \\
+\quad 2 \\
\hline
1\,6.1\,9\,8\,5\,7 \\
+\quad 3\,4 \\
\hline
2\,1\,5.9\,8\,5\,7 \\
+\quad 4\,3\,2 \\
\hline
2\,6\,1\,3.8\,5\,7 \\
+\quad 5\,4\,2\,6 \\
\hline
3\,3\,5\,6\,6.5\,7 \\
+\quad 6\,7\,3\,5\,4 \\
\hline
4\,2\,5\,2\,4\,1.7 \\
+1\,0\,5\,2\,5\,0\,2 \\
\hline
5\,3\,2\,5\,1\,2\,1
\end{array}
$$

答案：$(5\,325\,121)_8$.

（需要注意的是，在这个八进制运算过程中出现了非八进制数字 8 和 9.）我们可以用前面提到的方法来验算答案是否正确. 这个转换方法由查尔斯·罗齐尔发表 [*IEEE Trans.* **EC-11** (1962), 708–709].

上面介绍的两种转换方法本质上是针对一般的进制转换问题的方法 1b. 对十进制数做加倍和减法运算相当于乘以 $10-2=8$，而对八进制数做加倍和加法运算相当于乘以 $8+2=10$. 对于十进制和十六进制之间的转换，方法也是类似的，只不过因为涉及乘以 6 而不是乘以 2 的运算，所以稍微困难一些.

为熟记这两种方法，我们只需记住从八进制转换到十进制要做减法，因为任何数的十进制表示肯定比八进制表示要小. 类似地，从十进制转换为八进制要做加法. 要得到什么进制的答案，计算过程就用什么进制的运算，而不是采用转换前的进制，否则就得不到所要的答案.

对小数做转换. 目前已知的针对小数的进制转换的手算方法就没这么快了. 方法 2a 似乎是最好的方法了，并且用加倍、加法和减法运算来简化乘以 10 或者 8 的运算. 对这个问题，我们要把加法-减法准则反过来用，即转换为十进制数时做加法，转换为八进制数时做减法. 此外，在转换时用的进制是被转换的数所用的进制，而不是答案的进制（见例 3 和例 4）. 这个计算过程比用于整数转换的方法大概困难两倍.

例 3.   将 $(0.141\,59)_{10}$ 转换为八进制数.

$$
\begin{array}{r}
.1\,4\,1\,5\,9\\
2\,8\,3\,1\,8\,-\\
\hline
1.1\,3\,2\,7\,2\\
2\,6\,5\,4\,4\,-\\
\hline
1.0\,6\,1\,7\,6\\
1\,2\,3\,5\,2\,-\\
\hline
0.4\,9\,4\,0\,8\\
9\,8\,8\,1\,6\,-\\
\hline
3.9\,5\,2\,6\,4\\
1\,9\,0\,5\,2\,8\,-\\
\hline
7.6\,2\,1\,1\,2\\
1\,2\,4\,2\,2\,4\,-\\
\hline
4.9\,6\,8\,9\,6\\
\end{array}
$$

答案：$(0.110\,374\ldots)_8$.

例 4.   将 $(0.110\,374)_8$ 转换为十进制数.

$$
\begin{array}{r}
.1\,1\,0\,3\,7\,4\\
2\,2\,0\,7\,7\,0\,+\\
\hline
1.3\,2\,4\,7\,3\,0\\
.\,6\,5\,1\,6\,6\,0\,+\\
\hline
4.1\,2\,1\,1\,6\,0\\
2\,4\,2\,3\,4\,0\,+\\
\hline
1.4\,5\,4\,1\,4\,0\\
1\,1\,3\,0\,3\,0\,0\,+\\
\hline
5.6\,7\,1\,7\,0\,0\\
1\,5\,6\,3\,6\,0\,0\,+\\
\hline
8.5\,0\,2\,6\,0\,0\\
1\,2\,0\,5\,4\,0\,0\,+\\
\hline
6.2\,3\,3\,4\,0\,0\\
\end{array}
$$

答案：$(0.141\,586\ldots)_{10}$.

D. 浮点数转换. 当我们对浮点数进行进制转换时，必须同时对指数部分和小数部分进行转换，因为对指数做转换时会影响到小数部分. 如果要将二进制浮点数 $f \cdot 2^e$ 转换为十进制表示，我们可以先将 2^e 写成 $F \cdot 10^E$ 的形式（通常利用辅助表），然后将 Ff 转换为十进制数. 另一种方法是，先将 e 乘以 $\log_{10} 2$ 并舍入到最接近的整数 E，然后将 $f \cdot 2^e$ 除以 10^E，并将计算结果转换为十进制数. 反之，要将给定的十进制浮点数 $F \cdot 10^E$ 转换为二进制表示，我们可以先将 F 转换为二进制数然后乘以浮点数 10^E（还是利用辅助表）. 我们有很多简单的技巧可以通过多做几次乘法和（或）除法来降低辅助表的规模，不过这样会造成舍入误差的传播. 习题 17 考虑了将误差极小化的问题.

E. 多精度转换. 在转换位数很多的数时，我们可以先利用针对单精度数的转换方法将各个位一组一组地做转换，然后使用简单的多精度技术将这些转换后的位组合起来. 例如，假设 10^n 是小于计算机字大小的 10 的最大的幂. 那么：

(a) 要将一个多精度整数从二进制转换为十进制表示，可以不断将它除以 10^n（即使用方法 1a 将二进制转换为 10^n 进制）. 然后利用单精度数的转换方法将得到的 10^n 进制表示中的每一位转换为 n 位十进制数.

(b) 要将一个多精度小数从二进制转换为十进制表示，可以不断将它乘以 10^n（即对 $B = 10^n$ 运用方法 2a）.

(c) 要将一个多精度整数从十进制转换为二进制表示, 我们先以每 n 位为一组转换为 10^n 进制表示, 然后运用方法 1b 从 10^n 进制转换为二进制.

(d) 要将一个多精度小数从十进制转换为二进制表示, 先像 (c) 那样将它转换为 10^n 进制数, 然后运用方法 2b 完成转换.

F. 历史与参考文献. 进制转换技术早在处理重量、长度和货币等混合进制数系的古老问题中就隐含出现了. 人们通常借助辅助表来进行转换. 在 17 世纪时, 十进制小数开始取代六十进制小数, 人们需要在这两种进制之间进行转换以便继续使用原有的天文历表. 在奥特雷德 1667 年版的著作 *Clavis Mathematicæ* 的第 6 章第 18 节中, 给出了将六十进制小数转换为十进制数以及进行相反方向转换的系统方法. (这部分内容在奥特雷德 1631 年版的书中没有出现.) 事实上, 这些转换规则早已由撒马尔罕的卡西在其著作 *Key to Arithmetic* (1427) 中给出了, 其中对方法 1a、1b 和 2a 都做了很详尽的介绍 [*Istoriko-Mat. Issled.* **7** (1954), 126–135], 只不过他的工作不为欧洲所知. 18 世纪的美国数学家琼斯使用名词 octavation 和 decimation 来表示八进制和十进制之间的转换, 但他的方法不像他所使用的术语那么清晰. 阿德里安-马里·勒让德注意到通过不断除以 64 可以很方便地将正整数转换为二进制表示 [*Théorie des Nombres* (Paris: 1798), 229].

1946 年, 戈德斯坦和冯·诺依曼在他们的经典著作 *Planning and Coding Problems for an Electronic Computing Instrument* 中对进制转换问题做了很重要的探讨, 并且强调了二进制运算的重要性. 见冯·诺依曼, *Collected Works* **5** (New York: Macmillan, 1963), 127–142. 对二进制计算机中进制转换的另一个早期讨论由弗洛伦斯·孔斯和塞缪尔·卢布金发表在 *Math. Comp.* **3** (1949), 427–431, 其中提出了一种很奇特的方法. 没过多久, 鲍尔和扎梅尔松就做了最早的关于浮点数进制转换的讨论 [*Zeit. für angewandte Math. und Physik* **4** (1953), 312–316].

下面的文章也是值得注意的历史文献: 乔治·莱克的一篇笔记 [*CACM* **5** (1962), 468–469] 提到了进制转换的一些硬件技术并给出了明确的例子; 斯特劳德和西克里斯特讨论了多精度浮点数的进制转换问题 [*Comp. J.* **6** (1963), 62–66]; 赫伯特·坎纳 [*JACM* **12** (1965), 242–246] 以及梅特罗波利斯和阿申赫斯特 [*Math. Comp.* **19** (1965), 435–441] 都讨论了能够保持原表示方式的 "有效" 位数的非规范化浮点数的进制转换问题. 见克里帕辛杜·西克达尔, *Sankhyā* **B30** (1968), 315–334 以及文中引用的文献.

菲利普·普罗杰给出了 C 程序设计语言中对整数和浮点数进行格式化输入和输出的完整的子程序 [*The Standard C Library* (Prentice–Hall, 1992), 301–331].

习题

▶ **1.** [*25*] 将方法 1b 推广为适合任意混合进制表示的转换方法, 可以将

$$a_m b_{m-1} \ldots b_1 b_0 + \cdots + a_1 b_0 + a_0 \quad \text{转换为} \quad A_M B_{M-1} \ldots B_1 B_0 + \cdots + A_1 B_0 + A_0,$$

其中 $0 \le a_j < b_j\,(0 \le j < m)$ 且 $0 \le A_J < B_J\,(0 \le J < M)$.

用你给出的方法将 "3 天 9 小时 12 分钟 37 秒" 手算转换为以长吨、英担、英石、磅和盎司为单位的系统. (假设 1 秒转换为 1 盎司. 关于重量的英制系统为[①]1 英石 = 14 磅, 1 英担 = 8 英石, 1 长吨 = 20 英担.) 换句话说, 我们应取 $b_0 = 60$, $b_1 = 60$, $b_2 = 24$, $m = 3$, $B_0 = 16$, $B_1 = 14$, $B_2 = 8$, $B_3 = 20$, $M = 4$. 问题归结为利用推广方法 1b 后得到的系统方法, 求适当范围内的 $A_4, \ldots, A_0$ 满足 $3b_2 b_1 b_0 + 9 b_1 b_0 + 12 b_0 + 37 = A_4 B_3 B_2 B_1 B_0 + A_3 B_2 B_1 B_0 + A_2 B_1 B_0 + A_1 B_0 + A_0$. (所有运算都在混合进制数系中完成.)

[①] 1 磅 = 16 盎司. ——编者注

2. [25] 像习题 1 那样将方法 1a 推广为适合任意混合进制表示的转换方法，并用你给出的推广方法完成习题 1 中的转换问题.

▶ **3.** [25] （唐纳德·塔兰托）对小数进行转换时，并没有明确的规则告诉我们转换后的结果应包含多少位. 请设计方法 2a 的一个简单推广，对给定的两个介于 0 和 1 之间的正的 b 进制小数 u 和 ϵ，可以将 u 转换并舍入为 B 进制数 U，使得 U 在小数点右侧有足够多的位数 M 以满足 $|U - u| < \epsilon$. （特别地，如果 u 是 b^{-m} 的倍数且 $\epsilon = b^{-m}/2$，则对给定的 U 和 m，U 刚好有足够多的有效数字可以精确地求回 u 的值. 注意 M 的值可以是 0. 例如，如果 $\epsilon \leq \frac{1}{2}$ 且 $u > 1 - \epsilon$，则正确的答案是 $U = 1$.）

4. [M21] (a) 证明任意具有有限位二进制表示的实数也一定可以表示为有限位十进制数. (b) 请给出一个关于正整数 b 和 B 的简单条件，使得 b 和 B 满足该条件当且仅当任意可表示为有限位 b 进制数的实数必然也可表示为有限位 B 进制数.

5. [M20] 证明如果在程序 (4) 中将指令 LDX =10^n= 替换为 LDX =c=，其中 c 是特定的其他常数，该程序仍然有效.

6. [30] 讨论当 b 或者 B 等于 -2 时方法 1a、1b、2a 和 2b 的使用.

7. [M18] 假设 $0 < \alpha \leq x \leq \alpha + 1/w$ 且 $0 \leq u \leq w$，其中 u 是整数，证明 $\lfloor ux \rfloor$ 等于 $\lfloor \alpha u \rfloor$ 或 $\lfloor \alpha u \rfloor + 1$. 此外，如果 $u < \alpha w$ 且 α^{-1} 是整数，则恰好有 $\lfloor ux \rfloor = \lfloor \alpha u \rfloor$.

8. [24] 写一个类似于 (1) 的 MIX 程序，在程序中利用式 (5) 以回避使用除法指令.

▶ **9.** [M29] 这道习题的目的是只利用二进制移位和加法运算来对非负整数 u 计算 $\lfloor u/10 \rfloor$. 令 $v_0(u) = 3\lfloor u/2 \rfloor + 3$，且

$$v_{k+1}(u) \;=\; v_k(u) + \lfloor v_k(u)/2^{2^{k+2}} \rfloor \qquad k \geq 0.$$

对于给定的 k，满足 $\lfloor v_k[u]/16 \rfloor \neq \lfloor u/10 \rfloor$ 的最小的非负整数 u 是什么?

10. [22] 表 1 告诉我们如何在一台二进制计算机上利用各种移位、抽取和加法运算将一个二进制编码的十进制数加倍. 设计一个类似的方法将一个二进制编码的十进制数折半（如果该数为奇数则将余数舍弃）.

11. [16] 将 $(57721)_8$ 转换为十进制数.

▶ **12.** [22] 设计一种快速的笔算方法将三进制整数转换为十进制数，并用你设计的方法将 $(1\,212\,011\,210\,210)_3$ 转换为十进制数. 如果是将十进制数转换为三进制数该怎么办?

▶ **13.** [25] 假设在内存空间 U+1, U+2, ..., U+m 中存储了一个多精度小数 $(0.u_{-1}u_{-2}\ldots u_{-m})_b$，其中 b 是 MIX 计算机的字大小. 请写一个 MIX 程序将这个小数转换为十进制数，并舍入到 180 个有效位. 请将答案分两行打印，并将各个位的数字分为 20 组，每组 9 个数字，中间以空格分隔.（可利用 CHAR 指令.）

▶ **14.** [M27] （舍恩哈格）当 n 很大时，正文中转换多精度整数的方法需要 n^2 阶的运行时间来转换一个 n 位整数. 证明我们可以在 $O(M(n)\log n)$ 步内将 n 位十进制整数转换为二进制数，其中 $M(n)$ 是将两个 n 位二进制数相乘所需步数的一个上界，并且满足"光滑条件" $M(2n) \geq 2M(n)$.

15. [M47] 能否将上一道习题中转换大整数的时间的上界显著降低?（见习题 4.3.3–12.）

16. [41] 构造一个用于将十进制数转换为二进制数的快速线性迭代队列（见 4.3.3E 小节）.

17. [M40] 设计一个"理想的"浮点数转换程序，将 p 位的十进制数转换为 P 位的二进制数，以及完成相反方向的转换. 请将转换后的数按照 4.2.2 节的方式进行舍入.

18. [HM34] （马图拉）设 round$_b(u, p)$ 是 b, u, p 的函数，用于表示 4.2.2 节意义下的 u 的 p 位 b 进制浮点数的最佳逼近. 如果 $\log_B b$ 是无理数，并且指数的取值范围无限大，请证明

$$u = \text{round}_b(\text{round}_B(u, P), p)$$

对所有 p 位 b 进制浮点数 u 成立当且仅当 $B^{P-1} \geq b^p$.（换句话说，将 u"理想地"转换为 B 进制数，然后再将这个 B 进制数"理想地"转换回来，总是可以重新得到 u 的充要条件是按上面的公式取中间计算结果的精度 P 适当地大.）

▶ **19.** [*M23*] 假设十进制数 $u = (u_7 \ldots u_1 u_0)_{10}$ 可表示为二进制编码的十进制数 $U = (u_7 \ldots u_1 u_0)_{16}$. 求适当的常数 c_i 和掩码 m_i，使得对 $i = 1, 2, 3$ 依次执行操作 $U \leftarrow U - c_i(U \& m_i)$ 可将 U 转换为 u 的二进制表示，其中 & 表示抽取操作（逐位逻辑与）.

4.5 有理数算术

知道某个数值计算问题的答案就是 $1/3$, 而不是显示为 $0.333\,333\,574$ 的浮点数, 经常是很重要的. 如果算术运算是针对分数而不是分数的近似值进行, 那么很多计算过程都不会有任何舍入误差的积累. 这样做能带给我们浮点运算所不具有的很舒适的安全感, 因为已经达到最高的计算精度了.

> 无理数是所有邪恶的平方根.
>
> ——侯世达, *Metamagical Themas*（1983）

4.5.1　分数

当需要对分数做运算时, 我们可以将分数表示为一对整数 (u/u'), 其中 u 和 u' 互素且 $u' > 0$. 特别地, 我们用 $(0/1)$ 表示零. 在这样的约定下, $(u/u') = (v/v')$ 当且仅当 $u = v$ 且 $u' = v'$.

显然, 分数的乘法是简单的. 为了得到 $(u/u') \times (v/v') = (w/w')$, 我们只需简单地计算 uv 和 $u'v'$. 乘积 uv 和 $u'v'$ 不一定互素, 但我们可令 $d = \gcd(uv, u'v')$, 则所求的答案就是 $w = uv/d$, $w' = u'v'/d$. （见习题 2 .）4.5.2 节将讨论计算最大公因数的高效算法.

实现乘法运算的另一个途径是求 $d_1 = \gcd(u, v')$ 和 $d_2 = \gcd(u', v)$, 于是 $w = (u/d_1)(v/d_2)$, $w' = (u'/d_2)(v'/d_1)$. （见习题 3.）这种方法需要计算两次最大公因数, 但它并不比前一种方法慢. 求最大公因数的算法包含一个迭代过程, 且迭代次数与输入值的对数成正比, 所以求 d_1 和 d_2 所需的总迭代次数与求一个最大公因数 d 的迭代次数基本上是一样的. 而且, 在计算 d_1 和 d_2 时所做的每一次迭代可能更快一些, 因为其中涉及的数相对更小. 如果 u, u', v, v' 都是单精度数, 这个方法有一个优点是在计算过程中不会出现双精度数, 除非我们无法将 w 和 w' 都表示为单精度数.

除法也可以按类似的方式进行. 见习题 4.

加法和减法运算稍微复杂一点. 一个容易想到的办法是求 $(u/u') \pm (v/v') = ((uv' \pm u'v)/u'v')$, 然后像做乘法的第一个方法那样求 $d = \gcd(uv' \pm u'v, u'v')$ 以将它约为最简分数. 同样地, 我们还是有可能避免对比较大的数进行计算. 我们首先计算 $d_1 = \gcd(u', v')$, 如果 $d_1 = 1$, 则所求的分子和分母分别为 $w = uv' \pm u'v$ 和 $w' = u'v'$. （根据定理 4.5.2D, 如果分母 u' 和 v' 都是随机分布的, 则 d_1 有 61% 的概率等于 1. 所以专门考虑这种情形是聪明的做法.）如果 $d_1 > 1$, 则令 $t = u(v'/d_1) \pm v(u'/d_1)$ 并求 $d_2 = \gcd(t, d_1)$. 最终答案为 $w = t/d_2$, $w' = (u'/d_1)(v'/d_2)$. （习题 6 证明了在这种情况下 w 和 w' 是互素的.）如果 u 和 v 都是单精度数, 这个方法只需要进行单精度数的运算, 只有 t 可能是双精度数或略大于双精度可表示的范围（见习题 7）. 由于 $\gcd(t, d_1) = \gcd(t \bmod d_1, d_1)$, 因此求 d_2 时不需要做双精度运算.

例如, 在计算 $(7/66) + (17/12)$ 时, 我们先计算 $d_1 = \gcd(66, 12) = 6$, 然后计算 $t = 7 \cdot 2 + 17 \cdot 11 = 201$ 以及 $d_2 = \gcd(201, 6) = 3$, 从而答案为

$$\frac{201}{3} \Big/ \left(\frac{66}{6} \cdot \frac{12}{3} \right) = 67/44.$$

我们建议可利用一些矩阵的已知的逆矩阵, 对分数运算的子程序进行检查（例如习题 1.2.3–41 中的柯西矩阵）.

分数运算的经验告诉我们, 在运算过程中数往往会变得很大. 所以如果在分数 (u/u') 中 u 和 u' 都是单精度数, 那么在加法、减法、乘法和除法子程序中进行溢出检测是非常重要的. 对于对计算精度要求很高的那些数值问题, 允许分子和分母以任意精度表示的分数运算子程序集是非常有用的.

本节中的方法也可以推广到分数以外的其他数域. 例如, 我们可以对形如 $(u + u'\sqrt{5})/u''$ 的数进行算术运算, 其中 u, u', u'' 都是整数, 且满足 $\gcd(u, u', u'') = 1$ 和 $u'' > 0$. 此外, 我们还可以对 $(u + u'\sqrt[3]{2} + u''\sqrt[3]{4})/u'''$ 等形式的数进行运算.

除了针对分数进行的精确计算, 针对"固定斜线"数和"浮动斜线"数的计算也是非常有趣的, 这两种数与浮点数类似, 但基于有理分数而不是面向进制的分数. 在固定斜线的二进制表示方式中, 每个分数的分子和分母由最多 p 位数字构成, 其中 p 是给定的整数. 对于浮动斜线表示方式, 分子和分母的位数之和不超过一个给定的整数 q, 并且还包含一个字段以记录其中有多少位是用来表示分子的. 无穷大可表示为 $(1/0)$. 对这些数做算术运算时, 我们可定义 $x \oplus y = \mathrm{round}(x + y)$, $x \ominus y = \mathrm{round}(x - y)$, 等等, 其中当 x 可表示时有 $\mathrm{round}(x) = x$, 否则它是与 x 相邻的两个可表示的数之一.

对 $\mathrm{round}(x)$ 的最好的定义方式似乎应当是取最靠近 x 的可表示的数, 就像我们在浮点运算中进行舍入那样. 但经验表明最好的方式是优先选择"简单"的数, 因为分子和分母比较小的分数比复杂的分数更经常出现. 我们希望将更多的数舍入为 $\frac{1}{2}$ 而不是 $\frac{127}{255}$. 在实用中最成功的舍入规则称为"中间舍入": 设 (u/u') 和 (v/v') 是两个相邻的可表示的数, 则只要 $u/u' \le x \le v/v'$, 那么 $\mathrm{round}(x)$ 的值不是 (u/u') 就是 (v/v'). 中间舍入规则规定

$$\mathrm{round}(x) = \frac{u}{u'}, \ x < \frac{u+v}{u'+v'}; \qquad \mathrm{round}(x) = \frac{v}{v'}, \ x > \frac{u+v}{u'+v'}. \tag{1}$$

如果恰好有 $x = (u+v)/(u'+v')$, 则取 $\mathrm{round}(x)$ 为其中分母小的那一个数 (如果 $u' = v'$, 就取分子小的那个). 习题 4.5.3–43 表明, 要高效地实现中间舍入并不困难.

例如, 假设我们对 $p = 8$ 的固定斜线数进行算术运算, 即任意分数 (u/u') 满足 $-128 < u < 128$, $0 \le u' < 256$ 以及 $u \perp u'$. 这样的精度不算高, 但足以给我们提供一些斜线运算的感觉了. 与 $0 = (0/1)$ 相邻的两个数是 $(-1/255)$ 和 $(1/255)$. 根据中间舍入规则, 我们取 $\mathrm{round}(x) = 0$ 当且仅当 $|x| \le 1/256$. 假设我们所做的运算在精确的有理数运算下是 $\frac{22}{7} = \frac{314}{159} + \frac{1300}{1113}$, 然而计算过程中需要将数值表示为适当的斜线数. 在这个例子中, $\frac{314}{159}$ 将被舍入为 $(79/40)$, 而 $\frac{1300}{1113}$ 被舍入为 $(7/6)$. 将舍入后的数相加得 $\frac{79}{40} + \frac{7}{6} = \frac{377}{120}$, 它被舍入为 $(22/7)$. 因此尽管在计算过程中需要做三次舍入, 但我们仍然得到了准确的结果. 这个例子并非是刻意设计的. 事实上, 当一个问题的答案是一个简单分数时, 斜线数的运算将使中间过程的舍入误差相互抵消.

关于分数在计算机中的精确表示的讨论首先出现在彼得·亨里齐的著作 *JACM* **3** (1956), 6–9 中. 固定和浮动斜线数的运算由马图拉在扎伦巴编辑的 *Applications of Number Theory to Numerical Analysis* (New York: Academic Press, 1972), 486–489 中提出. 这个想法继而由马图拉和科内鲁普进一步发展, 相关文献有 *Proc. IEEE Symp. Computer Arith.* **4** (1978), 29–38, 39–47; *Lecture Notes in Comp. Sci.* **72** (1979), 383–397; *Computing*, Suppl. **2** (1980), 85–111; *IEEE Trans.* **C-32** (1983), 378–388; *IEEE Trans.* **C-34** (1985), 3–18; *IEEE Trans.* **C-39** (1990), 1106–1115.

习题

1. [*15*] 给出一个比较两个分数的合理方法, 用于判断 $(u/u') < (v/v')$ 是否成立.

2. [*M15*] 证明如果 $d = \gcd(u, v)$, 则 u/d 和 v/d 互素.

3. [*M20*] 证明如果 $u \perp u'$ 且 $v \perp v'$, 那么 $\gcd(uv, u'v') = \gcd(u, v')\gcd(u', v)$.

4. [*11*] 设计一个类似于正文中第二个乘法算法的分数除法算法. (注意必要要考虑 v 的符号.)

5. [*10*] 利用正文中介绍的方法计算 $(17/120) + (-27/70)$.

▶ **6.** [*M23*] 证明由 $u \perp u'$ 和 $v \perp v'$ 可推出 $\gcd(uv' + vu', u'v') = d_1 d_2$, 其中 $d_1 = \gcd(u', v')$ 且 $d_2 = \gcd(d_1, u(v'/d_1) + v(u'/d_1))$. (因此当 $d_1 = 1$ 有 $(uv' + vu') \perp u'v'$.)

7. [*M22*] 在正文中给出的加法-减法方法中, 如果输入数据的分子和分母的绝对值都小于 N, 那么 t 的绝对值最大可以是多少?

▶ **8.** [*22*] 讨论使用 $(1/0)$ 和 $(-1/0)$ 作为 ∞ 和 $-\infty$ 的表示, 和(或)作为溢出的表示.

9. [*M23*] 假设 $1 \leq u', v' < 2^n$, 证明由 $\lfloor 2^{2n} u/u' \rfloor = \lfloor 2^{2n} v/v' \rfloor$ 可推导出 $u/u' = v/v'$.

10. [*41*] 推广习题 4.3.1–34 中的子程序, 使之可以对"任意"有理数进行运算.

11. [*M23*] 考虑形如 $(u + u'\sqrt{5})/u''$ 的分数, 其中 u, u', u'' 都是整数, $\gcd(u, u', u'') = 1$, 且 $u'' > 0$. 说明如何将两个这样的数相除以得到具有相同形式的商.

12. [*M16*] 给定分子长度和分母长度之和的上界 q, 不超过此上界的有限的浮动斜线数最大是多少? 哪些数舍入后会等于 $(0/1)$?

13. [*20*] (马图拉和科内鲁普) 讨论如何在一个 32 位的二进制机器字中表示浮动斜线数.

14. [*M23*] 说明如何统计满足 $M_1 < u \leq M_2$, $N_1 < u' \leq N_2$ 和 $u \perp u'$ 的整数对 (u, u') 的确切数目. (这可以告诉我们在斜线数运算中有多少个数是可表示的. 根据定理 4.5.2D, 这些数的数目大约是 $(6/\pi^2)(M_2 - M_1)(N_2 - N_1)$.)

15. [*42*] 修改你的计算机中的一个编译程序, 将其中所有浮点运算都替换为浮动斜线运算. 将一些现有的程序按斜线运算编译并运行, 编写这些程序的程序员在写代码时都是按浮点运算来考虑. (在调用一些特殊的子程序, 例如开平方或求对数时, 你的系统应当在运行这些子程序前自动将斜线数转换为浮点数, 然后在得到计算结果后将浮点数转换回斜线数的表示格式. 我们可以将斜线数按分数格式打印出来, 但如果没有对用户的源程序做任何改动, 你也可以像通常那样将斜线数打印成十进制的表示格式.) 用浮动斜线数代入得到的结果是更好还是更坏了?

16. [*40*] 对斜线数使用区间运算.

4.5.2 最大公因数

如果 u 和 v 都是整数, 且不同时为零, 则我们定义它们的最大公因数——$\gcd(u, v)$——为能同时整除 u 和 v 的最大整数. 这个定义是有意义的, 因为如果 $u \neq 0$, 则比 $|u|$ 大的数都不可能整除 u, 而整数 1 可以同时整除 u 和 v. 所以必存在能同时整除它们的最大整数. 如果 u 和 v 都等于 0, 由于所有整数都能整除 0, 所以上述定义不适用. 此时我们定义

$$\gcd(0, 0) = 0. \tag{1}$$

由定义容易推导出

$$\gcd(u, v) = \gcd(v, u), \tag{2}$$
$$\gcd(u, v) = \gcd(-u, v), \tag{3}$$
$$\gcd(u, 0) = |u|. \tag{4}$$

在上一节中, 我们把约分一个分数为最简形式的问题, 归结为求它的分子和分母的最大公因数的问题. 在 3.2.1.2、3.3.3、4.3.2、4.3.3 等节中还提到了最大公因数的其他应用. 所以 $\gcd(u, v)$ 这个概念非常重要并且值得仔细研究.

两个整数 u 和 v 的最小公倍数, 记为 $\mathrm{lcm}(u, v)$, 也是一个非常重要的相关概念. 它被定义为同时为 u 和 v 的整数倍的所有正整数中最小的一个. 我们还定义 $\mathrm{lcm}(u, 0) = \mathrm{lcm}(0, v) = 0$. 在教孩子们学习做分数加法 $u/u' + v/v'$ 时, 经典的方法是让他们求"最小公分母", 即 $\mathrm{lcm}(u', v')$.

根据"算术基本定理"（已在习题 1.2.4–21 中证明），每个正整数 u 都可以表示为

$$u = 2^{u_2}3^{u_3}5^{u_5}7^{u_7}11^{u_{11}}\ldots = \prod_{p\text{ prime}} p^{u_p}, \tag{5}$$

其中指数 $u_2, u_3, \ldots$ 都是唯一确定的非负整数，并且其中只有有限多个非零. 利用正整数的这种标准因数分解，立即可以得到求 u 和 v 的最大公因数的一种方法：由式 (2) (3) (4)，我们可以假设 u 和 v 都是正整数. 如果它们都已经标准分解为素数的乘积，则

$$\gcd(u,v) = \prod_{p\text{ prime}} p^{\min(u_p,v_p)}, \tag{6}$$

$$\text{lcm}(u,v) = \prod_{p\text{ prime}} p^{\max(u_p,v_p)}. \tag{7}$$

所以，例如，两个整数 $u = 7000 = 2^3 \cdot 5^3 \cdot 7$ 和 $v = 4400 = 2^4 \cdot 5^2 \cdot 11$ 的最大公因数是 $2^{\min(3,4)}5^{\min(3,2)}7^{\min(1,0)}11^{\min(0,1)} = 2^3 \cdot 5^2 = 200$，而最小公倍数是 $2^4 \cdot 5^3 \cdot 7 \cdot 11 = 154\,000$.

由式 (6) 和 (7)，容易证明关于最大公因数和最小公倍数的一组基本恒等式：

$$\gcd(u,v)w = \gcd(uw, vw), \qquad \text{如果 } w \geq 0. \tag{8}$$

$$\text{lcm}(u,v)w = \text{lcm}(uw, vw), \qquad \text{如果 } w \geq 0. \tag{9}$$

$$u \cdot v = \gcd(u,v) \cdot \text{lcm}(u,v), \qquad \text{如果 } u, v \geq 0. \tag{10}$$

$$\gcd\big(\text{lcm}(u,v), \text{lcm}(u,w)\big) = \text{lcm}(u, \gcd(v,w)). \tag{11}$$

$$\text{lcm}\big(\gcd(u,v), \gcd(u,w)\big) = \gcd(u, \text{lcm}(v,w)). \tag{12}$$

后两个公式是最大公因数和最小公倍数的"分配律"，类似于我们熟悉的恒等式 $uv+uw = u(v+w)$. 式 (10) 可将 $\gcd(u,v)$ 的计算转化为求 $\text{lcm}(u,v)$，或反之.

欧几里得算法. 尽管式 (6) 在理论分析上很有用，但它对求最大公因数的实际计算基本没有帮助，因为它需要我们首先得到 u 和 v 的标准因数分解. 目前还没有已知的方法可以快速求出一个整数的素因数（见 4.5.4 节）. 然而幸运的是，我们不需要通过因数分解就可以求出两个整数的最大公因数，而且在 2300 多年前就已经发现了这样的方法，称为欧几里得算法. 我们在 1.1 节和 1.2.1 节中就已经分析过这个方法.

欧几里得算法出现在他的《几何原本》（约公元前 300 年）的第 7 卷的命题 1 和 2，但这个算法很可能不是他自己发明的. 有些学者相信这个方法大约在那之前 200 年就已经知道了，至少以它的减法形式，而且几乎可以肯定为欧多克索斯（约公元前 375 年）所知. 见库尔特·冯·弗里茨，*Ann. Math.* (2) **46** (1945), 242–264. 亚里士多德（约公元前 330 年）在其著作 *Topics*, 158b, 29–35 也提到了这种方法. 然而，关于这些早期历史的强有力的证据，能保存下来的已经很少了 [见威尔伯·诺尔，*The Evolution of the Euclidean Elements* (Dordrecht: 1975)].

我们可以把欧几里得算法称为所有算法的祖师爷，因为它是目前仍在使用的最古老的算法.（这一荣誉的最有力竞争者可能是古埃及人的乘法算法，在算法中主要用到了加倍和加法运算. 这个算法构成了 4.6.3 节中求 n 次幂的高效方法的基础. 但埃及人的手稿中仅仅给出了计算的例子而不是系统的描述，而且那些例子也没有经过系统的组织. 所以埃及人的方法与"算法"这个称谓不太相符. 我们还知道几个古巴比伦人用来求解一些特殊的二元二次方程的方法，其中包括了一些真正的算法，因为它们不只是对具有特定系数的方程的特殊解法. 尽管巴比伦人总是通过一个特定的例子来介绍他们的方法，但同时也会用文字解释一般的计算过程. [见高德纳，*CACM* **15** (1972), 671–677; **19** (1976), 108.] 这些巴比伦的算法中有很多都比欧几里

得早 1500 年, 而且它们也是我们所知的被记录下来的最早的计算方法. 但它们不具有欧几里得算法那样的地位, 因为它们没有包含迭代过程, 并且已经被现代的代数方法取代了.)

由于欧几里得算法的重要性, 无论是出于历史的考虑还是实用的原因, 我们都需要了解一下欧几里得本人是如何看待这个算法的. 可以将他所写的内容用现代的术语改写如下.

命题. 给定两个正整数, 求它们的最大公因数.

设 A 和 C 是两个给定的正整数, 我们要求它们的最大公因数. 如果 C 能够整除 A, 那么 C 就是 C 和 A 的一个公因数, 因为 C 必然整除自身. 而且事实上它显然是最大的, 因为不可能有大于 C 的数能整除 C.

但如果 C 不能整除 A, 我们就需要不断地用 A 和 C 中较大的那个减去较小的那个, 直到某个数可以整除前一个数. 这种情况最终总会出现, 因为如果得到 1, 它肯定能整除前一个.

现在假设 E 是 A 除以 C 的正余数, F 是 C 除以 E 的正余数, 并假设 F 是 E 的一个因数. 由于 F 整除 E 且 E 整除 $C - F$, 所以 F 也整除 $C - F$. 但 F 显然整除自身, 所以 F 也整除 C. 又因为 C 整除 $A - E$, 所以 F 也整除 $A - E$. 然而 F 也整除 E, 从而整除 A. 所以 F 是 A 和 C 的一个公因数.

现在我宣布 F 是最大的公因数. 因为如果 F 不是最大的, 就意味着存在一个更大的数能同时整除 A 和 C, 记这样的数为 G.

由于 G 整除 C 而 C 整除 $A - E$, 所以 G 整除 $A - E$. 又因为 G 也整除 A, 所以它整除余数 E. 但 E 整除 $C - F$, 所以 G 也整除 $C - F$. 然而 G 也整除 C, 所以 G 整除余数 F. 这意味着一个较大的数能整除较小的数, 这是不可能的.

所以不存在大于 F 的数能同时整除 A 和 C, 从而 F 是它们的最大公因数.

推论. 以上推导过程表明两个数的任何公因数能整除它们的最大公因数. 证毕.

我们在这里简化了欧几里得的表述, 是考虑到下面的原因: 希腊数学家不认为 1 是其他正整数的 "因数". 两个正整数要么都等于 1, 要么互素, 要么有最大公因数. 事实上, 1 甚至不被当作是个 "数", 而零根本就不存在. 这种让人为难的规定使欧几里得不得不将他的推导增加很多篇幅, 而且要给出两个命题, 每一个基本上都跟我们上面写的命题差不多.

在叙述算法时, 欧几里得建议不断用两个数中较大的那个减去较小的那个, 直到所得到的两个数其中一个是另一个的倍数. 但在证明中他是求一个数除以另一个数的余数. 而且由于他没有零的概念, 所以当一个数整除另一个数时他不知道如何定义余数. 我们可以合理地认为他设想每一次除法 (而不是每一个单独的减法) 是算法中的一步, 所以我们可将他的算法的一种 "可靠" 改写方式整理如下.

算法 E (*原始的欧几里得算法*). 给定两个大于 1 的整数 A 和 C, 这个算法将求它们的最大公因数.

E1. [A 是否可被 C 整除?] 如果 C 整除 A, 则算法结束, 而 C 就是答案.

E2. [用余数替换 A.] 如果 $A \bmod C$ 等于 1, 则两个数互素, 从而算法结束. 否则将数对 (A, C) 替换为 $(C, A \bmod C)$ 并转向 E1. ▮

我们在上面引用的欧几里得 "证明" 的一个非常有趣之处在于, 它不是一个真正的证明! 他只在步骤 E1 执行一次或三次的情形下验证了算法的结果. 可以肯定的是, 他已经意识到步骤 E1 可能会执行超过三次, 尽管他并没有指出这种可能性. 由于没有数学归纳法的概念, 他的证明只能包含有限种情形. (事实上, 当他想对一般的 n 证明一个定理时, 他经常只证明 $n = 3$ 的情形.) 尽管欧几里得是由于他在逻辑推理上的伟大贡献而闻名于世, 但归纳法作为一种证明手段直到很多个世纪以后才被提出来，而证明算法的有效性的关键思想则直到现在才真正清楚.（请参考 1.2.1 节中关于欧几里得算法的完整证明，以及对算法一般证明过程的简短讨论.）

值得注意的是，欧几里得选择这个求最大公因数的算法作为他发展数的理论的第一步. 在现代的教科书中仍然会遵循这种思路. 欧几里得还给出了一种方法来求两个整数 u 和 v 的最小公倍数（命题 34），即用 u 除以 $\gcd(u,v)$ 然后再乘以 v. 这种方法等价于式 (10).

如果我们能够绕过欧几里得对 0 和 1 的偏见，则可以将算法 E 改写如下.

算法 A（现代欧几里得算法）. 给定两个非负整数 A 和 C，这个算法求它们的最大公因数.（注记：利用等式 (2) 和 (3)，要求任意两个整数 u 和 v 的最大公因数，只需将这个算法用于 $|u|$ 和 $|v|$.）

A1. [$v=0$?] 如果 $v=0$，则算法结束，而 u 就是答案.

A2. [取 $u \bmod v$.] 置 $r \leftarrow u \bmod v$，$u \leftarrow v$，$v \leftarrow r$，然后回到 A1.（这一步运算可以使 v 的值变小，同时不改变 $\gcd(u,v)$.） ∎

例如，我们可以通过下列步骤计算 $\gcd(40902,24140)$：

$$\gcd(40902,24140) = \gcd(24140,16762) = \gcd(16762,7378)$$
$$= \gcd(7378,2006) = \gcd(2006,1360) = \gcd(1360,646)$$
$$= \gcd(646,68) = \gcd(68,34) = \gcd(34,0) = 34.$$

算法 A 的正确性可由等式 (4) 以及

$$\gcd(u,v) = \gcd(v, u-qv) \tag{13}$$

推出，其中 q 是任意整数. 等式 (13) 成立是因为 u 和 v 的任何公因数一定是 v 和 $u-qv$ 的公因数；反之，v 和 $u-qv$ 的公因数也一定是 u 和 v 的公因数.

下面的 MIX 程序表明算法 A 可以很方便地在计算机上实现.

程序 A（欧几里得算法）. 假设 u 和 v 是单精度的非负整数，分别存储在位置 U 和 V. 这个程序将把 $\gcd(u,v)$ 的值放入 rA 中.

```
       LDX  U     1      rX ← u.
       JMP  2F    1
1H STX  V     T      v ← rX.
       SRAX 5     T      rAX ← rA.
       DIV  V     T      rX ← rAX mod v.
2H LDA  V     1+T    rA ← v.
       JXNZ 1B    1+T    如果 rX = 0 则结束.   ∎
```

这个程序的运行时间是 $19T+6$ 个周期，其中 T 是程序中执行除法的次数. 4.5.3 节的讨论表明，当我们假设 u 和 v 独立地均匀分布在 $1 \le u,v \le N$ 范围内时，可取 $T = 0.842\,766 \ln N + 0.06$ 作为近似的平均值.

二进制方法. 由于欧几里得算法已经使用了很多个世纪，所以如果我们发现它可能并不是求最大公因数的最优方法，一定会感到很吃惊. 约瑟夫·斯坦在 1961 年设计了一个很不一样的最大公因数算法 [*J. Comp. Phys.* **1** (1967), 397–405]，它主要适用于二进制运算. 这个新算法不需要使用除法指令，而只需做减法、奇偶性检测和偶数的折半运算（对二进制数相当于右移操作）.

这种二进制最大公因数算法是基于正整数 u 和 v 的以下四个简单性质：

(a) 如果 u 和 v 都是偶数，则 $\gcd(u,v) = 2\gcd(u/2, v/2)$. ［见等式 (8).］

(b) 如果 u 是偶数而 v 是奇数，则 $\gcd(u,v) = \gcd(u/2, v)$. ［见等式 (6).］

(c) 由欧几里得算法，$\gcd(u,v) = \gcd(u-v, v)$. ［见等式 (13), (2).］

(d) 如果 u 和 v 都是奇数，则 $u-v$ 是偶数，且 $|u-v| < \max(u,v)$.

算法 B（二进制最大公因数算法）． 给定正整数 u 和 v，这个算法求它们的最大公因数．

B1. ［求 2 的幂.］置 $k \leftarrow 0$，然后执行 $k \leftarrow k+1$，$u \leftarrow u/2$，$v \leftarrow v/2$ 零次或多次，直到 u 和 v 不全是偶数．

B2. ［初始化.］（现在 u 和 v 的初始值都已经除以 2^k，它们当前的值中至少有一个是奇数.）如果 u 是奇数，则置 $t \leftarrow -v$ 并转向 B4，否则置 $t \leftarrow u$.

B3. ［将 t 折半.］（此时 t 是偶数且非零.）置 $t \leftarrow t/2$.

B4. ［t 是偶数吗？］如果 t 是偶数，则回到 B3.

B5. ［重置 $\max(u,v)$.］如果 $t > 0$，则置 $u \leftarrow t$，否则置 $v \leftarrow -t$.（u 和 v 中较大的那个已被 $|t|$ 替换，第一次执行这一步骤时也许会出现例外.）

B6. ［相减.］置 $t \leftarrow u - v$. 如果 $t \neq 0$，则回到 B3，否则结束算法，将 $u \cdot 2^k$ 作为输出. ▮

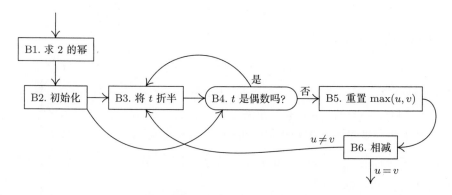

图 9 求最大公因数的二进制算法

作为算法 B 的一个例子，我们来考虑 $u = 40902$，$v = 24140$，这与我们在测试欧几里得算法时所用的数值一样．步骤 B1 的执行结果为 $k \leftarrow 1$，$u \leftarrow 20451$，$v \leftarrow 12070$．然后 t 赋值为 -12070，再替换为 -6035．接着 v 的值替换为 6035，再接下来的计算过程如下：

u	v	t
20451	6035	$+14416, +7208, +3604, +1802, +901$;
901	6035	$-5134, -2567$;
901	2567	$-1666, -833$;
901	833	$+68, +34, +17$;
17	833	$-816, -408, -204, -102, -51$;
17	51	$-34, -17$;
17	17	$0.$

答案是 $17 \cdot 2^1 = 34$. 这里所用的迭代次数比算法 A 需要的更多一些，但由于不需要做除法，所以每次迭代会简单一些．

算法 B 的 MIX 程序只是比算法 A 的程序多了一些步骤, 但这些步骤是基本的. 为了使这个程序成为算法 B 在二进制计算机上的典型程序, 我们假设 MIX 还可以执行下面的操作.

- SLB (AX 二进制左移). $C = 6$, $F = 6$.

将寄存器 A 和 X 中的内容"左移" M 个二进制位, 即 $|rAX| \leftarrow |2^M rAX| \bmod B^{10}$, 其中 B 是字节大小. (与 MIX 的其他移位指令一样, rA 和 rX 的符号均不受影响.)

- SRB (AX 二进制右移). $C = 6$, $F = 7$.

将寄存器 A 和 X 中的内容"右移" M 个二进制位, 即 $|rAX| \leftarrow \lfloor |rAX|/2^M \rfloor$.

- JAE, JAO (A 为偶数时跳转, A 为奇数时跳转). $C = 40$, 分别有 $F = 6, 7$.

当 rA 分别为偶数或奇数时执行 JMP 指令.

- JXE, JXO (X 为偶数时跳转, X 为奇数时跳转). $C = 47$, 分别有 $F = 6, 7$.

类似于 JAE, JAO.

程序 B (二进制最大公因数算法). 假设 u 和 v 都是单精度正整数, 分别存储在位置 U 和 V. 这个程序利用算法 B 求出 $\gcd(u,v)$ 并存储于 rA 中. 寄存器安排: $rA \equiv t$, $rI1 \equiv k$.

```
01  ABS  EQU   1:5
02  B1   ENT1  0          1        B1. 求 2 的幂.
03       LDX   U          1        rX ← u.
04       LDAN  V          1        rA ← −v.
05       JMP   1F         1
06  2H   SRB   1          A        将 rA, rX 折半.
07       INC1  1          A        k ← k + 1.
08       STX   U          A        u ← u/2.
09       STA   V(ABS)     A        v ← v/2.
10  1H   JXO   B4         1 + A    如果 u 是奇数, 则令 t ← −v 并转向 B4.
11  B2   JAE   2B         B + A    B2. 初始化.
12       LDA   U          B        t ← u.
13  B3   SRB   1          D        B3. 将 t 折半.
14  B4   JAE   B3         1 − B + D B4. t 是偶数吗?
15  B5   JAN   1F         C        B5. 重置 max(u,v).
16       STA   U          E        如果 t > 0, 则令 u ← t.
17       SUB   V          E        t ← u − v.
18       JMP   2F         E
19  1H   STA   V(ABS)     C − E    如果 t < 0, 则令 v ← −t.
20  B6   ADD   U          C − E    B6. 相减.
21  2H   JANZ  B3         C        如果 t ≠ 0, 则转向 B3.
22       LDA   U          1        rA ← u.
23       ENTX  0          1        rX ← 0.
24       SLB   0,1        1        rA ← 2^k · rA. ∎
```

这个程序的运行时间是

$$9A + 2B + 6C + 3D + E + 13$$

个时间单位, 其中 $A = k$, 当步骤 B2 中 $t \leftarrow u$ 时 $B = 1$ (否则 $B = 0$), C 是做减法的步骤的数目, D 是步骤 B3 中折半操作的次数, E 是步骤 B5 中出现 $t > 0$ 情形的次数. 本节后面进行的估算表明，当 u 和 v 在 $1 \le u, v < 2^N$ 范围内随机选取时，我们可取 $A = \frac{1}{3}$，$B = \frac{1}{3}$，$C = 0.71N - 0.5$，$D = 1.41N - 2.7$，$E = 0.35N - 0.4$ 作为这些参数的平均值. 因此，总的运行时间大约是 $8.8N + 5.2$ 个周期，而在相同的假设下程序 A 的运行时间是 $11.1N + 7.1$ 个周期. 对在该范围内取值的 u 和 v，取 $A = 0$，$B = 1$，$C = N$，$D = 2N - 2$，$E = N - 1$ 时程序的运行时间最长，总共为 $13N + 8$ 个周期.（程序 A 对应的值是 $26.8N + 19$.）

所以，程序 B 由于简化了运算而使迭代过程更快，抵消了迭代次数多的影响. 我们已经知道在 MIX 计算机上，上述二进制算法比欧几里得算法快大约 20%. 当然，在其他计算机上情况可能有所不同，而且不管怎样这两个程序都是非常高效的. 然而与欧几里得算法同样著名的其他算法都已经被更先进的方法取代了.

二进制最大公因数算法的出身可能是很高贵的，因为在中国古代时它已经出现. 在一本经典著作《九章算术》（意思是"关于算术运算的九个章节"，这是公元一世纪前后的著作）的第一章第六个问题中给出了以下方法将一个分数化为最简形式：

> 可半者半之.
>
> 不可半者，副置分母、子之数，以少减多.
>
> 更相减损，求其等也.
>
> 以等数约之.

如果重复指令[①]意味着是从折半操作开始的过程而不仅仅是将两数相减的操作——这个说法不是很清晰——那么上面的方法其实就是算法 B.［见三上义夫，*The Development of Mathematics in China and Japan* (Leipzig: 1913), 11；奥托·福格尔，*Neun Bücher arithmetischer Technik* (Braunschweig: Vieweg, 1968), 8.］

文森特·哈里斯提出了将欧几里得算法和上述二进制算法混合而成的一个有趣的算法［*Fibonacci Quarterly* **8** (1970), 102–103，也见维克托·勒贝格，*J. Math. Pures Appl.* **12** (1847), 497–520］. 如果 u 和 v 都是奇数，$u \ge v > 0$，则我们总是可以写出等式 $u = qv \pm r$，其中 $0 \le r < v$ 且 r 是偶数. 如果 $r \ne 0$，我们可令 $r \leftarrow r/2$ 直至 r 是奇数. 此时我们令 $u \leftarrow v$，$v \leftarrow r$. 这个过程可以不断重复. 在后续迭代中有 $q \ge 3$.

推广. 我们可把计算 $\gcd(u, v)$ 的方法进行推广，以解决某些稍微困难一点的问题. 例如，假设我们想求 n 个整数 $u_1, u_2, \ldots, u_n$ 的最大公因数.

假设所有 u_j 都是非负整数，则求 $\gcd(u_1, u_2, \ldots, u_n)$ 的一种方法是按下面的方式推广欧几里得算法：如果所有 u_j 都为零，则最大公因数取为零. 否则如果只有一个 u_j 非零，那么它就是最大公因数. 对于余下的情形，对所有 $k \ne j$ 将 u_k 替换为 $u_k \bmod u_j$，其中 u_j 是所有非零的数中最小的那一个，并不断重复以上过程.

上一段中描述的算法是欧几里得算法的一个自然推广，其有效性的验证与欧几里得算法类似. 然而我们还有更简单的方法，它是基于以下容易验证的等式

$$\gcd(u_1, u_2, \ldots, u_n) = \gcd\big(u_1, \gcd(u_2, \ldots, u_n)\big). \tag{14}$$

为求 $\gcd(u_1, u_2, \ldots, u_n)$，我们可以按以下步骤进行.

算法 C（n 个整数的最大公因数）. 给定整数 $u_1, u_2, \ldots, u_n$，其中 $n \ge 1$. 本算法求这 n 个数的最大公因数，并使用 $n = 2$ 情形的算法作为子程序.

C1. 置 $d \leftarrow u_n$，$k \leftarrow n - 1$.

---

① 前面的文字出自《九章算术》"方田"篇. 这里的"重复指令"是指"更相减损，求其等也"，对应的英文是 Repeat until both numbers are equal. ——编者注

C2. 如果 $d \neq 1$ 且 $k > 0$，置 $d \leftarrow \gcd(u_k, d)$ 及 $k \leftarrow k - 1$，并重复执行这一步骤，否则 $d = \gcd(u_1, \ldots, u_n)$. ∎

这一方法将 $\gcd(u_1, \ldots, u_n)$ 的计算转化为多次求两个数的最大公因数. 它利用了性质 $\gcd(u_1, \ldots, u_k, 1) = 1$. 这个等式对算法是很有帮助的，因为如果 u_{n-1} 和 u_n 是随机选取的数，那么 $\gcd(u_{n-1}, u_n) = 1$ 有 60% 的机会成立. 在大多数情况下，d 的值会在前面几步的计算过程中迅速减小，从而使得后续的计算变得非常快. 在这里，欧几里得算法比算法 B 更有优势，因为它的运行时间主要由 $\min(u, v)$ 决定，而算法 B 的运行时间主要由 $\max(u, v)$ 决定. 如果 u 远大于 v，一种合理的做法是先按欧几里得的方法做一次迭代，将 u 替换为 $u \bmod v$，然后再用算法 B 继续做下去.

对随机选取的数有 60% 机会使 $\gcd(u_{n-1}, u_n) = 1$ 成立的论断是以下著名数论结果的推论.

定理 D. [狄利克雷, *Abhandlungen Königlich Preuß. Akad. Wiss.* (1849), 69–83.] 如果 u 和 v 是随机选择的整数，则 $\gcd(u, v) = 1$ 的概率是 $6/\pi^2 \approx 0.60793$.

习题 10 给出了这个定理的精确表述，其中包括具体地定义什么是"随机选择"，并给出了严格的证明. 下面我们只限于进行启发式的讨论以说明这个定理为什么能成立.

如果我们假设（但不证明）$u \perp v$ 有确切定义的概率 p，就可以对任意正整数 d 确定 $\gcd(u, v) = d$ 的概率，因为 $\gcd(u, v) = d$ 当且仅当 u 和 v 都是 d 的倍数且 $u/d \perp v/d$. 所以 $\gcd(u, v) = d$ 的概率等于 $1/d$ 乘以 $1/d$ 乘以 p，即 p/d^2. 我们将这些概率值对所有可能的 d 求和得

$$1 = \sum_{d \geq 1} p/d^2 = p\left(1 + \tfrac{1}{4} + \tfrac{1}{9} + \tfrac{1}{16} + \cdots\right).$$

由式 1.2.7–(7) 可得 $1 + \tfrac{1}{4} + \tfrac{1}{9} + \cdots = H_\infty^{(2)}$ 等于 $\pi^2/6$，所以应有 $p = 6/\pi^2$. ∎

欧几里得算法可用另一种重要的方式进行推广：我们可在求 $\gcd(u, v)$ 的同时求 u' 和 v' 满足

$$uu' + vv' = \gcd(u, v). \tag{15}$$

欧几里得算法的这种推广可以方便地写成向量形式.

算法 X（广义欧几里得算法）. 给定非负整数 u 和 v，本算法求一个向量 (u_1, u_2, u_3) 满足 $uu_1 + vu_2 = u_3 = \gcd(u, v)$. 在计算过程中我们利用两个辅助向量 (v_1, v_2, v_3) 和 (t_1, t_2, t_3). 这些向量按照关系式

$$ut_1 + vt_2 = t_3, \qquad uu_1 + vu_2 = u_3, \qquad uv_1 + vv_2 = v_3 \tag{16}$$

来确定其数值.

X1. [初始化.] 置 $(u_1, u_2, u_3) \leftarrow (1, 0, u)$，$(v_1, v_2, v_3) \leftarrow (0, 1, v)$.

X2. [$v_3 = 0$ 码?] 如果 $v_3 = 0$，则算法终止.

X3. [做除法和减法.] 置 $q \leftarrow \lfloor u_3/v_3 \rfloor$，然后置

$$(t_1, t_2, t_3) \leftarrow (u_1, u_2, u_3) - (v_1, v_2, v_3)q,$$
$$(u_1, u_2, u_3) \leftarrow (v_1, v_2, v_3), \qquad (v_1, v_2, v_3) \leftarrow (t_1, t_2, t_3).$$

转回 X2. ∎

例如，设 $u = 40902$，$v = 24140$. 在步骤 X2 处，我们有

q	u_1	u_2	u_3	v_1	v_2	v_3
—	1	0	40902	0	1	24140
1	0	1	24140	1	−1	16762
1	1	−1	16762	−1	2	7378
2	−1	2	7378	3	−5	2006
3	3	−5	2006	−10	17	1360
1	−10	17	1360	13	−22	646
2	13	−22	646	−36	61	68
9	−36	61	68	337	−571	34
2	337	−571	34	−710	1203	0

所以解答为 $337 \cdot 40902 - 571 \cdot 24140 = 34 = \gcd(40902, 24140)$.

算法 X 可以追溯到印度北部的阿耶波多的著作 $\bar{A}ryabhat\bar{\imath}ya$（公元 499 年）. 他的描述非常隐晦，但后继的注释者，例如 17 世纪的巴斯卡拉，重新解释了规则，并被称为库塔卡（"粉碎机"）. [见比布胡底布胡森·达塔和阿瓦德斯·辛格，*History of Hindu Mathematics* **2** (Lahore: Motilal Banarsi Das, 1938), 89–116.] 注意到该算法对 u_3 和 v_3 的操作与算法 A 相同，于是利用 (16) 可推出算法的有效性. 1.2.1 节给出了算法 X 的具体证明. 戈登·布拉德利发现在算法 X 中不需要用到 u_2、v_2 和 t_2，从而可以减少许多计算过程. u_2 可以在后面利用关系式 $uu_1 + vu_2 = u_3$ 来确定.

习题 15 表明 $|u_1|$、$|u_2|$、$|v_1|$ 和 $|v_2|$ 的值不会超过 u 和 v 的大小. 利用二进制表示的性质来求最大公因数的算法 B 也可用类似方式进行推广. 见习题 39. 4.6.1 节的习题 18 和 19 给出了算法 X 的一些有启发性的推广.

欧几里得算法的基本思想也可用于求整系数线性方程组的整数通解. 例如，假设我们想求满足下面两个方程

$$10w + 3x + 3y + 8z = 1, \tag{17}$$
$$6w - 7x \qquad - 5z = 2. \tag{18}$$

的所有整数 w, x, y, z. 我们可以引进一个新的变量

$$\lfloor 10/3 \rfloor w + \lfloor 3/3 \rfloor x + \lfloor 3/3 \rfloor y + \lfloor 8/3 \rfloor z = 3w + x + y + 2z = t_1,$$

并用它消掉变量 y. 则式 (17) 变为

$$(10 \bmod 3)w + (3 \bmod 3)x + 3t_1 + (8 \bmod 3)z = w + 3t_1 + 2z = 1, \tag{19}$$

而式 (18) 保持不变. 新的方程 (19) 可用于消掉变量 w，从而式 (18) 变为

$$6(1 - 3t_1 - 2z) - 7x - 5z = 2;$$

即

$$7x + 18t_1 + 17z = 4. \tag{20}$$

现在我们像刚才那样引进新的变量

$$x + 2t_1 + 2z = t_2,$$

并从 (20) 消去 x：

$$7t_2 + 4t_1 + 3z = 4. \tag{21}$$

我们可以用同样的方式定义另一个新的变量以消去有最小系数的变量 z:

$$2t_2 + t_1 + z = t_3,$$

从 (21) 中消去 z 得

$$t_2 + t_1 + 3t_3 = 4, \tag{22}$$

这个方程最后可用于消去 t_2. 现在我们有两个独立变量 t_1 和 t_3. 回代到原来的变量就得到通解

$$\begin{aligned} w &= 17 - 5t_1 - 14t_3, \\ x &= 20 - 5t_1 - 17t_3, \\ y &= -55 + 19t_1 + 45t_3, \\ z &= -8 + t_1 + 7t_3. \end{aligned} \tag{23}$$

换句话说, 在 (23) 中将 t_1 和 t_3 取遍所有整数即可得到原始方程 (17) 和 (18) 的所有整数解 (w, x, y, z).

上面描述的求解过程的一般方法基于下面的计算过程: 在方程组中找出具有最小绝对值的非零系数 c. 假设这个系数出现在方程

$$cx_0 + c_1x_1 + \cdots + c_kx_k = d \tag{24}$$

中, 为简单起见我们假设 $c > 0$. 如果 $c = 1$, 则利用这个方程在其他方程中消去变量 x_0. 然后在其他方程中重复这个过程. (对所有方程都做完这样的消元操作后停止计算, 然后用没有被消掉的变量表示方程组的通解.) 现在考虑 $c > 1$ 的情况. 如果 $c_1 \bmod c = \cdots = c_k \bmod c = 0$, 则应有 $d \bmod c = 0$ (否则方程组没有整数解). 此时将 (24) 等号两边都除以 c 然后像 $c = 1$ 时那样消去 x_0. 如果不是所有的 $c_1 \bmod c, \ldots, c_k \bmod c$ 都为零, 则引进新的变量

$$\lfloor c/c \rfloor x_0 + \lfloor c_1/c \rfloor x_1 + \cdots + \lfloor c_k/c \rfloor x_k = t, \tag{25}$$

以便在其他方程中用 t 消去变量 x_0, 同时将 (24) 替换为

$$ct + (c_1 \bmod c)x_1 + \cdots + (c_k \bmod c)x_k = d. \tag{26}$$

(见上面例子中的 (19) 和 (21).)

上面的计算过程最后肯定会终止, 因为每一步完成后要么会减少方程组中方程的数目, 要么会使其中最小非零系数的值变得更小. 如果我们用这种方法对给定的整数 u 和 v 求解 $ux + vy = 1$, 其计算过程跟算法 X 基本上是一样的.

上面演示的变量替换过程是求解变量只能取整数值的线性方程组的一种简单而直接的方法, 但它不是求解这类问题的最佳方法. 我们可以对它做很大的改进, 但这已经超出了本书的范围. [见亨利·科昂, *A Course in Computational Algebraic Number Theory* (New York: Springer, 1993), 第 2 章.]

欧几里得算法的变形可用于高斯整数 $u + iu'$ 及其他特定的二次数域. 见阿道夫·赫维茨, *Acta Math.* **11** (1887), 187–200; 埃里克·卡尔特奥芬和罗赖茨切克, *Math. Comp.* **53** (1989), 697–720; 阿诺德·诺普夫梅切和约翰·诺普夫梅切, *BIT* **31** (1991), 286–292.

高精度计算. 如果 u 和 v 都是非常大的整数, 需要使用多精度的表示格式, 那么二进制算法 (算法 B) 是一种简单而相当高效的求最大公因数的方法, 因为它只用到了减法和移位操作.

相比之下, 欧几里得算法看起来吸引力就小得多了, 因为在步骤 A2 中它需要进行 u 除以 v 的多精度除法. 但这个困难并不像它看起来那么可怕, 因为我们将在 4.5.3 节证明商 $\lfloor u/v \rfloor$ 几

乎总是非常小的数. 例如, 当我们随机选择 u 和 v 的值时, 商 $\lfloor u/v \rfloor$ 有大约 99.856% 的机会小于 1000. 所以我们几乎总是可以用单精度运算以及相对简单的求 $u - qv$ 的运算来求 $\lfloor u/v \rfloor$ 和 $(u \bmod v)$ 的值, 其中 q 是单精度数. 而且, 即使 u 的值确实远大于 v (例如, 最初给的两个数可能是这样的关系), 我们也不必在意商 q 是很大的数, 因为在欧几里得算法中用 $u \bmod v$ 代替 u 后, 接下来的计算就简单多了.

　　利用莱默提出的一种方法 [*AMM* **45** (1938), 227–233], 可以大大提高用欧几里得算法求高精度数的最大公因数的速度. 只对这些数的前几位数字进行运算, 就可以用单精度运算完成大部分的计算过程, 从而大大减少所使用的高精度运算的次数. 节省时间的办法就是用 "虚拟" 计算代替确切的计算.

　　例如, 我们考虑一对 8 位数 $u = 2718\,2818$, $v = 1000\,0000$, 并假设所使用的计算机的一个机器字包含四个位. 令 $u' = 2718$, $v' = 1001$, $u'' = 2719$, $v'' = 1000$. 则 u'/v' 和 u''/v'' 都是 u/v 的近似值, 且

$$u'/v' < u/v < u''/v''. \tag{27}$$

比值 u/v 决定了欧几里得算法中得到的商的序列. 如果我们用欧几里得算法同时对 (u', v') 和 (u'', v'') 进行计算直到得到不同的商, 则不难知道如果我们对多精度数 (u, v) 使用欧几里得算法, 在到达这一步以前所得到的商的序列也是完全一样的. 因此, 现在我们来看看对 (u', v') 和 (u'', v'') 使用欧几里得算法会发生什么情况:

u'	v'	q'		u''	v''	q''
2718	1001	2		2719	1000	2
1001	716	1		1000	719	1
716	285	2		719	281	2
285	146	1		281	157	1
146	139	1		157	124	1
139	7	19		124	33	3

前五个商都是相同的, 所以它们也必定是真正的商. 但在第六步我们发现 $q' \neq q''$, 于是暂停使用单精度运算. 现在我们已经知道如果对原来的多精度数使用欧几里得算法, 计算过程会按照以下方式进行:

u	v	q	
u_0	v_0	2	
v_0	$u_0 - 2v_0$	1	
$u_0 - 2v_0$	$-u_0 + 3v_0$	2	(28)
$-u_0 + 3v_0$	$3u_0 - 8v_0$	1	
$3u_0 - 8v_0$	$-4u_0 + 11v_0$	1	
$-4u_0 + 11v_0$	$7u_0 - 19v_0$	?	

(下一个商是位于 3 和 19 之间的某个数.) 无论 u 和 v 有多少位数字, 只要 (27) 成立, 欧几里得算法的前五步一定与 (28) 中的相同. 所以, 我们可以不做前五步的多精度运算, 而代之以多精度运算 $-4u_0 + 11v_0$ 和 $7u_0 - 19v_0$. 我们在这个例子中求得 $u = 1\,268\,728$, $v = 279\,726$. 接下来可取 $u' = 1268$, $v' = 280$, $u'' = 1269$, $v'' = 279$, 然后按上述方法继续做下去. 如果我们有更大的累加器, 就可以用单精度运算做更多的计算步骤. 在上面的例子中每一个复合步骤只包含欧几里得算法的五次循环, 但如果一个机器字有 10 位数字, 我们每次就可以做大约十二

次循环. 4.5.3 节的证明表明, 每次迭代中可被替换的多精度运算的循环次数与单精度运算所使用的位数大致成正比.

莱默的方法可以表示为以下形式.

算法 L（大数的欧几里得算法）. 设 u 和 v 都是多精度表示的非负整数, 且 $u \geq v$. 本算法计算 u 和 v 的最大公因数, 其中使用了 p 位单精度辅助变量 $\hat{u}, \hat{v}, A, B, C, D, T, q$ 和多精度辅助变量 t 和 w.

L1.［初始化.］如果 v 足够小, 可以表示为一个单精度数, 则用算法 A 求 $\gcd(u,v)$ 直至结束. 否则, 取 $\hat{u}$ 为 u 的前 p 位数字, $\hat{v}$ 为 v 的对应数字. 换句话说, 如果我们使用 b 进制表示, 则 $\hat{u} \leftarrow \lfloor u/b^k \rfloor$ 且 $\hat{v} \leftarrow \lfloor v/b^k \rfloor$, 其中 k 是满足条件 $\hat{u} < b^p$ 的尽可能小的整数.

置 $A \leftarrow 1$, $B \leftarrow 0$, $C \leftarrow 0$, $D \leftarrow 1$.（这些变量表示 (28) 中的各个系数, 其中

$$u = Au_0 + Bv_0, \qquad v = Cu_0 + Dv_0, \tag{29}$$

对应于算法 A 的针对多精度数的运算. 我们还有

$$u' = \hat{u} + B, \qquad v' = \hat{v} + D, \qquad u'' = \hat{u} + A, \qquad v'' = \hat{v} + C \tag{30}$$

其中的记号来自上面演示的例子.）

L2.［测试商的值.］置 $q \leftarrow \lfloor (\hat{u}+A)/(\hat{v}+C) \rfloor$. 如果 $q \neq \lfloor (\hat{u}+B)/(\hat{v}+D) \rfloor$, 则转向 L4.（按照上例中的记号, 这一步测试 $q' \neq q''$ 是否成立. 单精度运算可能会发生溢出, 但只有当 $\hat{u} = b^p - 1$ 且 $A = 1$ 或者 $\hat{v} = b^p - 1$ 且 $D = 1$ 时才会发生. 由 (30) 可知以下不等式

$$\begin{aligned} 0 \leq \hat{u} + A \leq b^p, \qquad & 0 \leq \hat{v} + C < b^p, \\ 0 \leq \hat{u} + B < b^p, \qquad & 0 \leq \hat{v} + D \leq b^p \end{aligned} \tag{31}$$

总是成立. $\hat{v} + C = 0$ 或 $\hat{v} + D = 0$ 有可能成立, 但这两个等式不会同时成立. 所以如果在这一步出现除以零的情况就意味着"直接转向步骤 L4".）

L3.［模仿欧几里得算法.］置 $T \leftarrow A - qC$, $A \leftarrow C$, $C \leftarrow T$, $T \leftarrow B - qD$, $B \leftarrow D$, $D \leftarrow T$, $T \leftarrow \hat{u} - q\hat{v}$, $\hat{u} \leftarrow \hat{v}$, $\hat{v} \leftarrow T$, 然后转回到 L2.（按照 (29) 的规定, 这些单精度运算与 (28) 所示的欧几里得算法的多精度计算过程等价.）

L4.［多精度计算过程.］如果 $B = 0$, 则置 $t \leftarrow u \bmod v$, $u \leftarrow v$, $v \leftarrow t$, 其中使用了多精度除法.（只有当所有多精度计算步骤都不能转换为单精度运算时, 这一步才会被执行. 这意味着欧几里得算法会给出一个很大的商, 而这种情况是很罕见的.）否则, 置 $t \leftarrow Au$, $t \leftarrow t + Bv$, $w \leftarrow Cu$, $w \leftarrow w + Dv$, $u \leftarrow t$, $v \leftarrow w$（直接使用多精度运算进行计算）. 然后转回到 L1. ∎

由于 (31), 在整个计算过程中, A, B, C, D 的值都会保持在单精度数的表示范围内.

算法 L 的程序代码比算法 B 稍微复杂一点, 但在很多计算机上它对大数的计算更快. 不过, 我们也可以用类似的方式（见习题 38）加速算法 B 的运行, 使改进后的算法比算法 L 更快. 算法 L 的优点是可以确定欧几里得算法生成的商的序列, 而我们可以利用这个序列解决很多问题（例如, 见 4.5.3 节的习题 43, 47, 49 和 51）. 也见习题 4.5.3–46.

*二进制算法的分析. 在这一节的最后我们研究算法 B 的运行时间, 从而验证前面提到的公式.

要确切地了解算法 B 的执行过程是非常困难的, 但我们可以从一个近似模型入手. 假设 u 和 v 都是奇数, $u > v$, 并且

$$\lfloor \lg u \rfloor = m, \qquad \lfloor \lg v \rfloor = n. \tag{32}$$

(所以 u 是 $m+1$ 位的二进制数, 而 v 是 $n+1$ 位的二进制数.) 考虑算法 B 中的一个相减-移位循环, 即从步骤 B6 开始直到 B5 完成后的整个过程. 当 $u > v$ 时, 每个相减-移位循环先求 $u - v$, 然后将计算结果不断右移直至得到一个奇数 u', 最后用 u' 的值取代 u 的值. 如果 u 和 v 是随机选取的, 我们期望有一半的可能性 $u' = (u-v)/2$, 有四分之一的机会 $u' = (u-v)/4$, 有八分之一的机会 $u' = (u-v)/8$, 等等. 此外, 我们有

$$\lfloor \lg u' \rfloor = m - k - r, \tag{33}$$

其中 k 是 $u-v$ 右移的位数, $r = \lfloor \lg u \rfloor - \lfloor \lg(u-v) \rfloor$, 即在做减法 $u-v$ 的过程中左侧损失的位数. 注意当 $m \geq n+2$ 时 $r \leq 1$, 当 $m = n$ 时 $r \geq 1$.

k 和 r 之间的相互影响非常复杂 (见习题 20), 但布伦特发现了一种分析其近似行为的好办法, 其中假设 u 和 v 足够大从而其比值 v/u 服从一个连续分布, 而 k 是离散取值的. [见 *Algorithms and Complexity* (New York: Academic Press, 1976), 321–355, 特劳布编辑.] 假设 u 和 v 是随机选取的大整数, 不过我们要求它们都是奇数且其比值服从某个概率分布. 于是步骤 B6 中的量 $t = u - v$ 的最低有效位也是随机取值的, 不过 t 一定是偶数. 所以 t 是 2^k 的奇数倍的概率是 2^{-k}. 这是在相减-移位循环中需要做 k 次右移的近似概率. 换句话说, 我们已经得到了算法 B 的运行状态的一个合理近似, 其中假设步骤 B4 以 $1/2$ 的概率转向步骤 B3.

记 $G_n(x)$ 为执行 n 次相减-移位循环后 $\min(u,v)/\max(u,v) \geq x$ 的概率. 如果 $u \geq v$ 且恰好做了 k 次右移, 则比值 $X = v/u$ 变为 $X' = \min(2^k v/(u-v), (u-v)/2^k v) = \min(2^k X/(1-X), (1-X)/2^k X)$. 所以 $X' \geq x$ 当且仅当 $2^k X/(1-X) \geq x$ 且 $(1-X)/2^k X \geq x$, 而后者即

$$\frac{1}{1 + 2^k/x} \leq X \leq \frac{1}{1 + 2^k x}. \tag{34}$$

所以 $G_n(x)$ 满足下面的有趣的递推关系

$$G_{n+1}(x) = \sum_{k \geq 1} 2^{-k} \left(G_n \left(\frac{1}{1 + 2^k/x} \right) - G_n \left(\frac{1}{1 + 2^k x} \right) \right), \tag{35}$$

其中 $G_0(x) = 1 - x$, $0 \leq x \leq 1$. 尽管要严格证明 $G_n(x)$ 的收敛性非常困难, 但数值计算实验表明 $G_n(x)$ 会迅速收敛到其极限分布 $G_\infty(x) = G(x)$. 我们假设 $G(x)$ 存在, 则它满足

$$G(x) = \sum_{k \geq 1} 2^{-k} \left(G \left(\frac{1}{1 + 2^k/x} \right) - G \left(\frac{1}{1 + 2^k x} \right) \right), \qquad 0 < x \leq 1, \tag{36}$$

$$G(0) = 1, \qquad\qquad G(1) = 0. \tag{37}$$

令

$$S(x) = \frac{1}{2} G \left(\frac{1}{1 + 2x} \right) + \frac{1}{4} G \left(\frac{1}{1 + 4x} \right) + \frac{1}{8} G \left(\frac{1}{1 + 8x} \right) + \cdots$$

$$= \sum_{k \geq 1} 2^{-k} G \left(\frac{1}{1 + 2^k x} \right), \tag{38}$$

则有

$$G(x) = S(1/x) - S(x). \tag{39}$$

我们可定义

$$G(1/x) = -G(x), \tag{40}$$

从而 (39) 对所有 $x > 0$ 成立. 当 x 从 0 变到 ∞ 时, $S(x)$ 从 0 递增到 1, 所以 $G(x)$ 从 +1 递减到 -1. 显然, 当 $x > 1$ 时 $G(x)$ 不再表示概率, 但它仍然是有意义的 (见习题 23).

假设存在幂级数 $\alpha(x)$, $\beta(x)$, $\gamma_m(x)$, $\delta_m(x)$, $\lambda(x)$, $\mu(x)$, $\sigma_m(x)$, $\tau_m(x)$, $\rho(x)$ 使得

$$G(x) = \alpha(x) \lg x + \beta(x) + \sum_{m=1}^{\infty} \big(\gamma_m(x) \cos 2\pi m \lg x + \delta_m(x) \sin 2\pi m \lg x\big), \tag{41}$$

$$S(x) = \lambda(x) \lg x + \mu(x) + \sum_{m=1}^{\infty} \big(\sigma_m(x) \cos 2\pi m \lg x + \tau_m(x) \sin 2\pi m \lg x\big), \tag{42}$$

$$\rho(x) = G(1+x) = \rho_1 x + \rho_2 x^2 + \rho_3 x^3 + \rho_4 x^4 + \rho_5 x^5 + \rho_6 x^6 + \cdots. \tag{43}$$

这个假设是合理的, 因为我们可以证明 (35) 的解 $G_n(x)$ 在 $n \geq 1$ 时就具有这个性质. (例如, 见习题 30.) 这些幂级数对所有 $|x| < 1$ 都收敛.

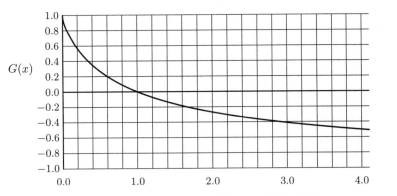

图 10 二进制最大公因数算法中比值的极限分布

我们可由式 (36)–(43) 得到 $\alpha(x), \ldots, \rho(x)$ 的什么性质呢? 首先, 由 (38) (40) (43) 可推出

$$2S(x) = G\big(1/(1+2x)\big) + S(2x) = S(2x) - \rho(2x), \tag{44}$$

所以式 (42) 成立当且仅当

$$2\lambda(x) = \lambda(2x), \tag{45}$$

$$2\mu(x) = \mu(2x) + \lambda(2x) - \rho(2x), \tag{46}$$

$$2\sigma_m(x) = \sigma_m(2x), \qquad 2\tau_m(x) = \tau_m(2x), \qquad m \geq 1. \tag{47}$$

关系式 (45) 告诉我们 $\lambda(x)$ 就是 x 的常数倍. 我们将它写成

$$\lambda(x) = -\lambda x, \tag{48}$$

因为其中的常数是负数. (其中系数的值是

$$\lambda = 0.39792\,26811\,88316\,64407\,67071\,61142\,65498\,23098+, \tag{49}$$

但我们不知道有什么简单的办法求出它的值.) 关系式 (46) 告诉我们 $\rho_1 = -\lambda$, 且当 $k > 1$ 时 $2\mu_k = 2^k \mu_k - 2^k \rho_k$. 换句话说,

$$\mu_k = \rho_k/(1 - 2^{1-k}), \qquad k \geq 2. \tag{50}$$

我们还可由 (47) 知下面两个幂级数

$$\sigma_m(x) = \sigma_m x, \qquad\qquad \tau_m(x) = \tau_m x \qquad (51)$$

也都是线性函数.（但 $\gamma_m(x)$ 和 $\delta_m(x)$ 不是线性函数.）

在 (44) 中将 x 替换为 $1/2x$，得

$$2S(1/2x) = S(1/x) + G(x/(1+x)), \qquad (52)$$

而我们利用 (39) 可将这个关系式转换为 x 在 0 附近时 G 和 S 的关系:

$$2G(2x) + 2S(2x) = G(x) + S(x) + G(x/(1+x)). \qquad (53)$$

将以上方程两边都展成幂级数时，$\lg x$ 的系数应当相等，所以

$$2\alpha(2x) - 4\lambda x = \alpha(x) - \lambda x + \alpha(x/(1+x)). \qquad (54)$$

式 (54) 是关于 $\alpha(x)$ 的递推关系. 事实上，如果我们考虑满足

$$\psi(z) = \frac{1}{2}\left(z + \psi\left(\frac{z}{2}\right) + \psi\left(\frac{z}{2+z}\right)\right), \qquad \psi(0) = 0, \quad \psi'(0) = 1 \qquad (55)$$

的函数 $\psi(z)$，则 (54) 表明

$$\alpha(x) = \frac{3}{2}\lambda\psi(x). \qquad (56)$$

而且，对 (55) 进行迭代可得

$$\begin{aligned}\psi(z) &= \frac{z}{2}\left(\frac{1}{1} + \frac{1}{2}\left(\frac{1}{2} + \frac{1}{2+z}\right) + \frac{1}{4}\left(\frac{1}{4} + \frac{1}{4+z} + \frac{1}{4+2z} + \frac{1}{4+3z}\right) + \cdots\right)\\ &= \frac{z}{2}\sum_{k\geq 0}\frac{1}{2^k}\sum_{0\leq j<2^k}\frac{1}{2^k+jz}.\end{aligned} \qquad (57)$$

所以 $\psi(z)$ 的幂级数展开是

$$\psi(z) = \sum_{n\geq 1}(-1)^{n-1}\psi_n z^n, \qquad \psi_n = \frac{1}{2n}\sum_{k=0}^{n-1}\frac{B_k}{2^{k+1}-1}\binom{n}{k} + \frac{\delta_{n1}}{2}. \qquad (58)$$

见习题 27. ψ_n 满足的这个公式令人惊异地类似于一个与数字查找树算法有关的表达式，即式 6.3–(18). 习题 28 证明了 $\psi_n = \Theta(n^{-2})$.

现在我们只要知道常数 $\lambda = -\rho_1$ 的值就可以确定 $\alpha(x)$，而关系式 (50) 将 $\mu(x)$ 和 $\rho(x)$ 联系起来，其中只有系数 μ_1 未确定. 习题 25 的答案表明 $\rho(x)$ 的系数可用 $\rho_1, \rho_3, \rho_5, \ldots$ 表示. 此外，我们可用求解习题 29 的方法来计算常数 σ_m 和 τ_m，而函数 $\gamma_m(x)$ 和 $\delta_m(x)$ 的系数之间存在复杂的关系. 然而，似乎不可能将 $G(x)$ 的表达式中所有函数的系数都计算出来，而只能采用复杂的数值方法对递推式 (36) 进行迭代.

只要我们得到了一个能很好地近似 $G(x)$ 的函数，就可以按下面的方法估计算法 B 的近似平均运行时间: 如果 $u \geq v$ 且做了 k 次右移，则 $Y = uv$ 变为 $Y' = (u-v)v/2^k$. 所以比值 Y/Y' 为 $2^k/(1-X)$，其中 $X = v/u$ 以概率 $G(x)$ 大于等于 x. 因此平均说来，uv 的二进制位的个数以常数

$$b = \mathrm{E}\lg(Y/Y') = \sum_{k\geq 1}2^{-k}\left(f_k(0) + \int_0^1 G(x)f_k'(x)\,dx\right)$$

递减, 其中 $f_k(x) = \lg\big(2^k/(1-x)\big)$. 于是

$$b = \sum_{k \geq 1} 2^{-k} \left(k + \int_0^1 \frac{G(x)\,dx}{(1-x)\ln 2} \right) = 2 + \int_0^1 \frac{G(x)\,dx}{(1-x)\ln 2}. \tag{59}$$

当最终达到 $u = v$ 时, $\lg uv$ 的期望值大约为 0.9779 (见习题 14). 所以算法 B 所用的相减-移位循环的总数约为 $\lg uv$ 的初始值的 $1/b$ 倍. 由对称性, 这大概是 $\lg u$ 的 $2/b$ 倍. 布伦特在 1997 年进行的数值计算得到的这个基本常数的数值为

$$2/b = 0.70597\,12461\,01916\,39152\,93141\,35852\,88176\,66677+. \tag{60}$$

布丽吉特·瓦莱对这些函数做了更深入的研究, 她猜想常数 λ 和 b 通过下面这个漂亮的公式

$$\frac{\lambda}{b} = \frac{2\ln 2}{\pi^2} \tag{61}$$

相关联. 显然, 布伦特求出的数值非常契合这个非凡的猜想. 瓦莱已经成功地利用严密的 "动态" 方法分析了算法 B [见 *Algorithmica* **22** (1998), 660–685].

我们回到 (32) 的假设条件, 即 u 和 v 都是奇数, 且 $2^m \leq u < 2^{m+1}$ 和 $2^n \leq v < 2^{n+1}$. 用几百万个随机输入数据, 以及在 $29 \leq m, n \leq 37$ 范围内的不同的 m 和 n 的值, 对算法 B 进行的经验测试表明, 它的实际的平均行为由

$$\begin{aligned} C &\approx \tfrac{1}{2}m + 0.203n + 1.9 - 0.4(0.6)^{m-n}, \\ D &\approx \ \ m + 0.41n \ \ - 0.5 - 0.7(0.6)^{m-n}, \end{aligned} \qquad m \geq n \tag{62}$$

确定, 而且这些测试得出的平均值的标准差非常小. 在 (62) 中 m 的系数分别为 $\tfrac{1}{2}$ 和 1, 它们都是可以严格验证的 (见习题 21).

如果我们假设 u 和 v 是独立地均匀分布于范围

$$1 \leq u < 2^N, \qquad 1 \leq v < 2^N \tag{63}$$

内的任意整数, 则可以利用给出的数据求出 C 和 D 的平均值:

$$C \approx 0.70N + O(1), \qquad D \approx 1.41N + O(1). \tag{64}$$

(见习题 22.) 这与进一步的经验测试非常吻合, 对 $N \leq 30$ 所做的几百万次随机实验的结果表明, 在上面对 u 和 v 满足的分布的假设下, 我们可取

$$C = 0.70N - 0.5, \qquad D = 1.41N - 2.7 \tag{65}$$

作为这些常数的很好的估计值.

对布伦特关于算法 B 的连续模型的理论分析表明, 在假设条件 (63) 下 C 和 D 将近似等于 $2N/b$ 和 $4N/b$, 其中 $2/b \approx 0.70597$ 是 (60) 中的常数. 这个理论与实验结果实在太吻合了, 所以布伦特的常数 $2/b$ 应该就是 (65) 中的数 0.70 的真实值, 而在 (62) 中我们应将 0.203 替换为 0.206.

于是我们完成了对 C 和 D 的平均值的研究. 算法 B 的运行时间中出现的其他三个量都很容易分析, 见习题 6、7 和 8.

前面我们已经了解了算法 B 的平均表现, 现在考虑一下 "最坏的" 情况: u 和 v 的哪些值在某种意义下是最难处理的? 我们像刚才那样假设

$$\lfloor \lg u \rfloor = m \qquad 且 \qquad \lfloor \lg v \rfloor = n,$$

然后寻找使得算法 B 运行最慢的 u 和 v 的值. 如果把辅助的记录过程考虑进去, 则做减法的时间比移位操作稍微长一点. 所以我们可以将问题改为寻找需要最多次减法的 u 和 v 的值. 答案有点令人吃惊: C 的最大值刚好就是

$$\max(m, n) + 1, \qquad (66)$$

不过一个比较粗糙的分析认为 C 可能会取大得多的值 (见习题 35). 导出 (66) 的过程是非常有趣的, 所以我们将它留给读者作为消遣的习题 (见习题 36 和 37).

习题

1. [*M21*] 如何从 (6) 和 (7) 推导出 (8), (9), (10), (11) 和 (12) ?

2. [*M22*] 假设 u 整除 $v_1 v_2 \ldots v_n$, 证明 u 整除 $\gcd(u, v_1) \gcd(u, v_2) \ldots \gcd(u, v_n)$.

3. [*M23*] 证明满足 $\operatorname{lcm}(u, v) = n$ 的有序正整数对 (u, v) 的数目等于 n^2 的因数的个数.

4. [*M21*] 给定正整数 u 和 v, 证明存在 u 的因数 u' 和 v 的因数 v' 使得 $u' \perp v'$ 且 $u'v' = \operatorname{lcm}(u, v)$.

▶ **5.** [*M26*] 设计一个算法 (类似于算法 B), 计算两个用平衡三进制记数法表示的整数的最大公因数. 使用你的算法计算 $\gcd(40\,902, 24\,140)$.

6. [*M22*] 假设 u 和 v 是随机选取的正整数. 试求程序 B 的运行时间中数值 A 的均值和标准差. (A 是在程序的准备阶段对 u 和 v 进行的右移操作的次数.)

7. [*M20*] 对程序 B 的运行时间的表达式中的量 B 做一些分析.

▶ **8.** [*M25*] 证明在程序 B 中, E 的平均值大约为 $\frac{1}{2} C_{\text{ave}}$, 其中 C_{ave} 是 C 的平均值.

9. [*18*] 使用算法 B 手算 $\gcd(31\,408, 2\,718)$. 然后使用算法 X 求整数 m 和 n 满足 $31\,408m + 2\,718n = \gcd(31\,408, 2\,718)$.

▶ **10.** [*HM24*] 记 q_n 为在 $1 \le u, v \le n$ 的范围内且满足 $u \perp v$ 的有序整数对 (u, v) 的数目. 这道习题的目的是证明 $\lim_{n \to \infty} q_n / n^2 = 6/\pi^2$, 从而推导出定理 D.

(a) 利用容斥原理 (1.3.3 节) 证明

$$q_n = n^2 - \sum_{p_1} \lfloor n/p_1 \rfloor^2 + \sum_{p_1 < p_2} \lfloor n/p_1 p_2 \rfloor^2 - \cdots,$$

其中求和式是对所有素数 p_i 进行求和.

(b) 莫比乌斯函数 $\mu(n)$ 定义为 $\mu(1) = 1$, $\mu(p_1 p_2 \ldots p_r) = (-1)^r$, 其中 $p_1, p_2, \ldots, p_r$ 是互异的素数, 如果 n 可被某个素数的平方整除, 则定义 $\mu(n) = 0$. 证明 $q_n = \sum_{k \ge 1} \mu(k) \lfloor n/k \rfloor^2$.

(c) 作为 (b) 的推论, 证明 $\lim_{n \to \infty} q_n / n^2 = \sum_{k \ge 1} \mu(k) / k^2$.

(d) 证明 $\left(\sum_{k \ge 1} \mu(k) / k^2 \right) \left(\sum_{m \ge 1} 1/m^2 \right) = 1$. 提示: 如果此级数绝对收敛, 则有

$$\left(\sum_{k \ge 1} a_k / k^z \right) \left(\sum_{m \ge 1} b_m / m^z \right) = \sum_{n \ge 1} \left(\sum_{d \backslash n} a_d b_{n/d} \right) \Big/ n^z.$$

11. [*M22*] $\gcd(u, v) \le 3$ 的概率是多少? (见定理 D.) $\gcd(u, v)$ 的平均值是多少?

12. [*M24*] (切萨罗) 如果 u 和 v 是随机正整数, 那么它们 (正) 的公因数的平均个数是多少? [提示: 在习题 10(d) 的等式中取 $a_k = b_m = 1$.]

13. [*HM23*] 假设 u 和 v 是随机的正奇数, 证明它们互素的概率是 $8/\pi^2$.

▶ **14.** [*HM25*] 当 u 和 v 是 (a) 随机正整数, (b) 随机正奇数时, $\ln \gcd(u, v)$ 的期望值分别是多少?

15. [*M21*] 当算法 X 结束时 v_1 和 v_2 的值分别是多少?

▶ **16.** [*M22*] 给定正整数 u、v 和 m, 其中 v 和 m 互素, 设计一个算法将 u 除以 v 模 m. 换句话说, 这个算法应在 $0 \le w < m$ 范围内求 w 满足 $u \equiv vw \pmod{m}$.

▶ **17.** [*M20*] 给定两个整数 u 和 v 满足 $uv \equiv 1$ (modulo 2^e). 说明如何求一个整数 u' 满足 $u'v \equiv 1$ (modulo 2^{2e}). [由这个方法可得到求一个奇数的模 2 的幂的倒数的快速算法, 因为我们可以对 $e = 8$ 或 $e = 16$ 建立一个倒数表, 然后利用这个表计算模 2 的其他幂的倒数.]

▶ **18.** [*M24*] 说明如何推广算法 L（如同将算法 A 推广为算法 X 那样）以求解 (15), 其中 u 和 v 都是很大的数.

19. [*21*] 请使用正文中的方法求下面的线性方程组的整数通解：

$$\text{(a)} \quad \begin{aligned} 3x + 7y + 11z &= 1 \\ 5x + 7y - 5z &= 3 \end{aligned} \qquad\qquad \text{(b)} \quad \begin{aligned} 3x + 7y + 11z &= 1 \\ 5x + 7y - 5z &= -3 \end{aligned}$$

20. [*M37*] 设 u 和 v 是独立地在 $2^m \le u < 2^{m+1}$, $2^n \le v < 2^{n+1}$ 范围内均匀分布的奇数. 在算法 B 中经过一次相减-移位循环将 u 和 v 的值减少到 $2^{m'} \le u < 2^{m'+1}$, $2^{n'} \le v < 2^{n'+1}$ 范围内的精确的概率（作为 m, n, m' 和 n' 的函数）是多少?

21. [*HM26*] 分别记 C_{mn} 和 D_{mn} 为算法 B 中减法步骤和移位步骤的平均次数, 假设 u 和 v 是奇数, $\lfloor \lg u \rfloor = m$, $\lfloor \lg v \rfloor = n$. 证明对固定的 n, 当 $m \to \infty$ 时, $C_{mn} = \frac{1}{2}m + O(1)$ 且 $D_{mn} = m + O(1)$.

22. [*M28*] 继续前面的习题, 证明如果存在常数 α、β 和 γ 使得 $C_{mn} = \alpha m + \beta n + \gamma$, 那么

$$\sum_{1 \le n < m \le N} (N-m)(N-n)2^{m+n-2}C_{mn} = 2^{2N}\left(\tfrac{11}{27}(\alpha+\beta)N + O(1)\right),$$

$$\sum_{1 \le n \le N} (N-n)^2 2^{2n-2} C_{nn} = 2^{2N}\left(\tfrac{5}{27}(\alpha+\beta)N + O(1)\right).$$

▶ **23.** [*M20*] 对值很大的随机整数使用算法 B 时, 在 n 次相减-移位循环后 $v/u \le x$ 的概率是多少?（这里 x 是任意非负实数. 我们不预先假设 $u \ge v$. ）

24. [*M20*] 假设在步骤 B6 中 $u > v$, 并假设比值 v/u 服从布伦特的极限分布 G. 那么下次执行步骤 B6 时 $u < v$ 的概率是多少?

25. [*M21*] 由等式 (46) 可推导出 $\rho_1 = -\lambda$. 证明 $\rho_2 = \lambda/2$.

26. [*M22*] 证明当 $G(x)$ 满足 (36)–(40) 时有

$$2G(x) - 5G(2x) + 2G(4x) = G(1+2x) - 2G(1+4x) + 2G(1+1/x) - G(1+1/2x).$$

27. [*M22*] 证明 (58), 这个公式将 ψ_n 用伯努利数表示出来.

28. [*HM36*] 分析 ψ_n 的渐近性质. 提示：见习题 6.3-34.

▶ **29.** [*HM26*] （布伦特）求 (35) 中定义的 $G_1(x)$, 即算法 B 第一次相减-移位循环后 $\min(u,v)/\max(u,v)$ 的分布函数. 提示：令 $S_{n+1}(x) = \sum_{k=1}^{\infty} 2^{-k}G_n(1/(1+2^k x))$, 并且使用调和数的梅林变换方法 [见菲利普·弗拉若莱、格扎维埃·古尔登和菲利普·迪马, *Theor. Comp. Sci.* **144** (1995), 3–58].

30. [*HM39*] 继续前一个习题, 求 $G_2(x)$.

31. [*HM46*] 证明或证伪瓦莱猜想 (61).

32. [*HM42*] 是否存在唯一的连续函数 $G(x)$ 满足 (36) 和 (37)?

33. [*M46*] 分析程序 B 后面提到的哈里斯的 "二进制欧几里得算法".

34. [*HM49*] 严格证明布伦特的模型刻画了算法 B 的渐近性质.

35. [*M23*] 考虑一个有向图, 其顶点 (m,n) 对应非负整数 $m, n \ge 0$, 存在从 (m,n) 指向 (m',n') 的弧意味着, 在算法 B 中可以通过一次相减-移位循环, 将满足 $\lfloor \lg u \rfloor = m$ 和 $\lfloor \lg v \rfloor = n$ 的整数 u 和 v, 变为满足 $\lfloor \lg u' \rfloor = m'$ 和 $\lfloor \lg v' \rfloor = n'$ 的 u' 和 v'. 在图中还有一个特殊的 "停止" 顶点. 对所有 $n \ge 0$, 都存在从 (n,n) 指向停止顶点的弧. 那么, 从顶点 (m,n) 通向停止顶点的最长路径的长度是多少?（这给出了算法 B 的最长运行时间的上界. ）

▶ **36.** [*M28*] 给定 $m \ge n \ge 1$, 求满足 $\lfloor \lg u \rfloor = m$ 和 $\lfloor \lg v \rfloor = n$ 的 u 和 v 的值, 使算法 B 需要 $m+1$ 个减法步骤.

37. [*M32*] 证明算法 B 的减法步骤 B6 不可能运行超过 $1 + \lfloor \lg \max(u,v) \rfloor$ 次.

▶ **38.** [*M32*] （小高斯珀）说明如何像算法 L 那样修改算法 B，使之适用于很大的数.

▶ **39.** [*M28*] （沃恩·普拉特）将算法 B 推广为类似于算法 X 的算法 Y.

▶ **40.** [*M25*] （布伦特和孔祥重）从硬件实现的角度来看，二进制最大公因数算法的下面这个变形比算法 B 要好，因为它不需要检测 $u - v$ 的符号. 下面假设 u 是奇数，u 和 v 可以是正数或负数.

  K1. ［初始化.］置 $c \leftarrow 0$.（我们用这个计数器估计 $\lg|u|$ 和 $\lg|v|$ 相差多大.）

  K2. ［完成了吗?］如果 $v = 0$，则结束算法，并将 $|u|$ 作为答案.

  K3. ［将 v 变为奇数.］执行 $v \leftarrow v/2$, $c \leftarrow c+1$ 零次或多次，直到 v 变为奇数.

  K4. ［使 $c \leq 0$.］如果 $c > 0$，则交换 $u \leftrightarrow v$ 并置 $c \leftarrow -c$.

  K5. ［减少.］置 $w \leftarrow (u+v)/2$. 如果 w 是偶数，置 $v \leftarrow w$，否则置 $v \leftarrow w - v$. 返回 K2. ▮

证明步骤 K2 最多执行 $2 + 2\lg\max(|u|,|v|)$ 次.

41. [*M22*] 设 m 和 n 都是非负整数，利用欧几里得算法构造一个求 $\gcd(10^m - 1, 10^n - 1)$ 的简单公式.

42. [*M30*] 计算行列式

$$\begin{vmatrix} \gcd(1,1) & \gcd(1,2) & \dots & \gcd(1,n) \\ \gcd(2,1) & \gcd(2,2) & \dots & \gcd(2,n) \\ \vdots & \vdots & & \vdots \\ \gcd(n,1) & \gcd(n,2) & \dots & \gcd(n,n) \end{vmatrix}.$$

*4.5.3 对欧几里得算法的分析

欧几里得算法的运行时间与 T（除法步骤 A2 的运行次数）有关.（见算法 4.5.2A 和程序 4.5.2A.）量 T 在其他算法的运行时间中也是一个很重要的因素，例如对满足互反公式（见 3.3.3 节）的函数进行求值的算法. 在本节中，我们将看到关于 T 的数学上的分析是很有趣以及有启发的.

与连分数的关系. 欧几里得算法与连分数的关系很密切，连分数形如

$$\cfrac{b_1}{a_1 + \cfrac{b_2}{a_2 + \cfrac{b_3}{\cdots \cfrac{}{a_{n-1} + \cfrac{b_n}{a_n}}}}} = b_1/(a_1 + b_2/(a_2 + b_3/(\cdots/(a_{n-1} + b_n/a_n)\dots))). \tag{1}$$

连分数有很优美的理论，围绕这些理论有好几本经典著作，例如奥斯卡·佩龙, *Die Lehre von den Kettenbrüchen*, 第三版 (Stuttgart: Teubner, 1954), 两卷本；亚历山大·辛钦, *Continued Fractions*, 彼得·温译 (Groningen: P. Noordhoff, 1963)；休伯特·沃尔, *Analytic Theory of Continued Fractions* (New York: Van Nostrand, 1948). 关于这方面的早期历史也见克劳德·布里津斯基, *History of Continued Fractions and Padé Approximants* (Springer, 1991). 因此，在这里有必要限于讨论这些理论中相对简短的部分，只研究那些可以帮助我们了解欧几里得算法的内在本质的部分.

我们主要对那些在 (1) 中的系数 b_i 都等于 1 的连分数感兴趣. 为了记号上的方便，我们定义

$$/\!/x_1, x_2, \dots, x_n/\!/ = 1/(x_1 + 1/(x_2 + 1/(\cdots/(x_{n-1} + 1/x_n)\dots))). \tag{2}$$

于是, 例如

$$//x_1// = \frac{1}{x_1}, \qquad //x_1, x_2// = \frac{1}{x_1 + 1/x_2} = \frac{x_2}{x_1 x_2 + 1}. \tag{3}$$

如果 $n=0$, 记号 $//x_1, \ldots, x_n//$ 就表示 0. 对于 $n \geq 0$, 我们还要定义所谓的 n 元连续多项式 $K_n(x_1, x_2, \ldots, x_n)$, 其规则为

$$K_n(x_1, x_2, \ldots, x_n) = \begin{cases} 1, & \text{如果 } n=0, \\ x_1, & \text{如果 } n=1, \\ x_1 K_{n-1}(x_2, \ldots, x_n) + K_{n-2}(x_3, \ldots, x_n), & \text{如果 } n>1. \end{cases} \tag{4}$$

例如, $K_2(x_1, x_2) = x_1 x_2 + 1, K_3(x_1, x_2, x_3) = x_1 x_2 x_3 + x_1 + x_3$, 等等. 一般而言, 如同欧拉在 18 世纪所指出的, $K_n(x_1, x_2, \ldots, x_n)$ 是一个和式, 其中的求和项是那些从 $x_1 x_2 \ldots x_n$ 去掉零对或多对互不交叠的相继变量 $x_j x_{j+1}$ 得到的表达式. 易知共有 F_{n+1} 个这样的项.

连续多项式的基本性质可由显式公式

$$//x_1, x_2, \ldots, x_n// = K_{n-1}(x_2, \ldots, x_n)/K_n(x_1, x_2, \ldots, x_n), \qquad n \geq 1 \tag{5}$$

刻画. 这可以用归纳法证明, 因为它意味着

$$x_0 + //x_1, \ldots, x_n// = K_{n+1}(x_0, x_1, \ldots, x_n)/K_n(x_1, \ldots, x_n).$$

因此 $//x_0, x_1, \ldots, x_n//$ 是上式右端的倒数.

上面定义的 K-多项式是对称的, 即

$$K_n(x_1, x_2, \ldots, x_n) = K_n(x_n, \ldots, x_2, x_1). \tag{6}$$

这个性质可由欧拉在上面指出的性质推出, 进而可知

$$K_n(x_1, \ldots, x_n) = x_n K_{n-1}(x_1, \ldots, x_{n-1}) + K_{n-2}(x_1, \ldots, x_{n-2}) \tag{7}$$

对 $n > 1$ 成立. K-多项式还满足下面的重要恒等式

$$K_n(x_1, \ldots, x_n) K_n(x_2, \ldots, x_{n+1}) - K_{n+1}(x_1, \ldots, x_{n+1}) K_{n-1}(x_2, \ldots, x_n) = (-1)^n, \quad n \geq 1. \tag{8}$$

(见习题 4.) 由上式以及 (5) 可推导出

$$//x_1, \ldots, x_n// = \frac{1}{q_0 q_1} - \frac{1}{q_1 q_2} + \frac{1}{q_2 q_3} - \cdots + \frac{(-1)^{n-1}}{q_{n-1} q_n}, \quad \text{其中 } q_k = K_k(x_1, \ldots, x_k). \tag{9}$$

所以 K-多项式与连分数的关系很密切.

对于 $0 \leq X < 1$ 范围内的任意实数 X, 我们可按以下方式定义对应的正规连分数: 令 $X_0 = X$, 对于 $n \geq 0$, 如果 $X_n \neq 0$, 则令

$$A_{n+1} = \lfloor 1/X_n \rfloor, \qquad X_{n+1} = 1/X_n - A_{n+1}. \tag{10}$$

如果 $X_n = 0$, 则不再定义 A_{n+1} 和 X_{n+1}, 而将 X 的正规连分数定义为 $//A_1, \ldots, A_n//$. 如果 $X_n \neq 0$, 以上定义方式确保了 $0 \leq X_{n+1} < 1$, 从而所有 A_n 都是正整数. 由定义 (10) 还可推出

$$X = X_0 = \frac{1}{A_1 + X_1} = \frac{1}{A_1 + 1/(A_2 + X_2)} = \cdots,$$

从而对任意 $n \geq 1$, 只要 X_n 有定义, 则

$$X = /\!/A_1, \ldots, A_{n-1}, A_n + X_n/\!/. \tag{11}$$

特别地, 当 $X_n = 0$ 时有 $X = /\!/A_1, \ldots, A_n/\!/$. 如果 $X_n \neq 0$, X 的值必介于 $/\!/A_1, \ldots, A_n/\!/$ 和 $/\!/A_1, \ldots, A_n+1/\!/$ 之间, 因为由 (7) 可知, 当 X_n 从 0 增加到 1 时, $q_n = K_n(A_1, \ldots, A_n + X_n)$ 的值由 $K_n(A_1, \ldots, A_n)$ 单调递增到 $K_n(A_1, \ldots, A_n+1)$, 而且由 (9) 可知, 随着 q_n 的增长, 根据 n 是偶数或奇数, 连分数的值将递增或递减. 事实上, 由 (5), (7), (8) 和 (10) 可推导出

$$\begin{aligned}
|X - /\!/A_1, \ldots, A_n/\!/| &= |/\!/A_1, \ldots, A_n + X_n/\!/ - /\!/A_1, \ldots, A_n/\!/| \\
&= |/\!/A_1, \ldots, A_n, 1/X_n/\!/ - /\!/A_1, \ldots, A_n/\!/| \\
&= \left| \frac{K_n(A_2, \ldots, A_n, 1/X_n)}{K_{n+1}(A_1, \ldots, A_n, 1/X_n)} - \frac{K_{n-1}(A_2, \ldots, A_n)}{K_n(A_1, \ldots, A_n)} \right| \\
&= 1 / \big(K_n(A_1, \ldots, A_n) K_{n+1}(A_1, \ldots, A_n, 1/X_n) \big) \\
&\leq 1 / \big(K_n(A_1, \ldots, A_n) K_{n+1}(A_1, \ldots, A_n, A_{n+1}) \big).
\end{aligned} \tag{12}$$

所以 $/\!/A_1, \ldots, A_n/\!/$ 是非常接近 X 的近似值, 除非 n 的值很小. 如果对所有 n 有 $X_n \neq 0$, 则可得到一个无限连分数 $/\!/A_1, A_2, A_3, \ldots/\!/$, 其值定义为

$$\lim_{n \to \infty} /\!/A_1, A_2, \ldots, A_n/\!/,$$

由不等式 (12) 可知这个极限值就是 X.

实数的正规连分数展开有几个类似于实数的十进制表示的性质. 利用上面给出的计算正规连分数展开的公式, 我们可以得到下面几个比较熟悉的实数的连分数展开:

$$\frac{8}{29} = /\!/3, 1, 1, 1, 2/\!/,$$

$$\sqrt{\tfrac{8}{29}} = /\!/1, 1, 9, 2, 2, 3, 2, 2, 9, 1, 2, 1, 9, 2, 2, 3, 2, 2, 9, 1, 2, 1, 9, 2, 2, 3, 2, 2, 9, 1, \ldots/\!/,$$

$$\sqrt[3]{2} = 1 + /\!/3, 1, 5, 1, 1, 4, 1, 1, 8, 1, 14, 1, 10, 2, 1, 4, 12, 2, 3, 2, 1, 3, 4, 1, 1, 2, 14, 3, \ldots/\!/,$$

$$\pi = 3 + /\!/7, 15, 1, 292, 1, 1, 1, 2, 1, 3, 1, 14, 2, 1, 1, 2, 2, 2, 2, 1, 84, 2, 1, 1, 15, 3, 13, \ldots/\!/,$$

$$e = 2 + /\!/1, 2, 1, 1, 4, 1, 1, 6, 1, 1, 8, 1, 1, 10, 1, 1, 12, 1, 1, 14, 1, 1, 16, 1, 1, 18, 1, \ldots/\!/,$$

$$\gamma = /\!/1, 1, 2, 1, 2, 1, 4, 3, 13, 5, 1, 1, 8, 1, 2, 4, 1, 1, 40, 1, 11, 3, 7, 1, 7, 1, 1, 5, 1, 49, \ldots/\!/,$$

$$\phi = 1 + /\!/1, 1, 1, 1, 1, 1, 1, 1, 1, 1, 1, 1, 1, 1, 1, 1, 1, 1, 1, 1, 1, 1, 1, 1, 1, 1, 1, 1, 1, \ldots/\!/. \tag{13}$$

数 A_1, A_2, $\ldots$ 称为 X 的部分商. 请多留意一下, $\sqrt{8/29}$、ϕ 和 e 的部分商中数字的出现规律. 习题 12 和 16 给出了形成这些规律的原因. $\sqrt[3]{2}$、π 或 γ 的部分商的数字则没有明显的规律.

有意思的是, 古希腊人在发现无理数的存在后, 对实数的第一个定义实质上是使用无穷连分数来表述的. (后来他们采纳了欧多克索斯的建议, 将 $x = y$ 定义为 "对所有有理数 r, $x < r$ 当且仅当 $y < r$".) 见奥斯卡·贝克尔, *Quellen und Studien zur Geschichte Math., Astron., Physik* **B2** (1933), 311–333.

如果 X 是有理数, 则其正规连分数自然地与欧几里得算法相对应. 假设 $X = v/u$, 其中 $u > v \geq 0$. 为了计算 X 的正规连分数, 我们首先令 $X_0 = X$, 然后定义 $U_0 = u$, $V_0 = v$. 假设 $X_n = V_n/U_n \neq 0$, 则 (10) 变成

$$A_{n+1} = \lfloor U_n/V_n \rfloor, \qquad X_{n+1} = U_n/V_n - A_{n+1} = (U_n \bmod V_n)/V_n. \tag{14}$$

因此, 如果我们定义

$$U_{n+1} = V_n, \qquad V_{n+1} = U_n \bmod V_n, \tag{15}$$

则自始至终有 $X_n = V_n/U_n$. 此外, (15) 正是在欧几里得算法中对 u 和 v 做的变换（见算法 4.5.2A 步骤 A2）. 例如, 由于 $\frac{8}{29} = //3,1,1,1,2//$, 我们知道对 $u = 29$ 和 $v = 8$ 使用欧几里得算法恰好需要五个除法步骤, 且步骤 A2 中得到的商 $\lfloor u/v \rfloor$ 依次为 3,1,1,1,2. 如果 $X_n = 0$ 且 $n \geq 1$, 则最后的部分商 A_n 必大于等于 2, 因为 $X_{n-1} < 1$.

根据上述与欧几里得算法的对应关系, 我们可以发现 X 的正规连分数终止在某个 $X_n = 0$ 当且仅当 X 是有理数. 这是因为如果 X 是无理数, 那么 X_n 不可能为 0. 反之, 如果 X 是有理数, 则欧几里得算法一定会在某一步结束. 如果在欧几里得算法中得到的部分商依次为 A_1, $A_2, \ldots, A_n$, 则由 (5) 得

$$\frac{v}{u} = \frac{K_{n-1}(A_2,\ldots,A_n)}{K_n(A_1,A_2,\ldots,A_n)}. \tag{16}$$

对 $u < v$ 使用欧几里得算法时, 这个公式仍然成立, 此时 $A_1 = 0$. 此外, 由关系式 (8), 连续多项式 $K_{n-1}(A_2,\ldots,A_n)$ 和 $K_n(A_1,A_2,\ldots,A_n)$ 互素, 从而 (16) 右端的分数是既约分数. 因此

$$u = K_n(A_1,A_2,\ldots,A_n)d, \qquad v = K_{n-1}(A_2,\ldots,A_n)d, \tag{17}$$

其中 $d = \gcd(u,v)$.

最糟糕的情形. 现在我们可以利用上面的分析结果来确定欧几里得算法在最糟糕的情形下的表现, 或者换句话说, 给出除法次数的上界. 最糟糕的情形出现在输入数据为相继的两个斐波那契数.

定理 F. 对于 $n \geq 1$, 设 u 和 v 都是整数, $u > v > 0$, 并且使得对 u 和 v 使用欧几里得算法恰好需要做 n 次除法, 且 u 是满足以上条件的尽可能小的整数. 则 $u = F_{n+2}$, $v = F_{n+1}$.

证明. 由 (17) 知 $u = K_n(A_1,A_2,\ldots,A_n)d$, 其中 $A_1, A_2, \ldots, A_n$ 和 d 都是正整数且 $A_n \geq 2$. 由于 K_n 是关于所有 n 个变量的非负系数多项式, 所以其最小值仅在 $A_1 = 1, \ldots, A_{n-1} = 1$, $A_n = 2, d = 1$ 时达到. 将这些值代入 (17) 即得定理结论. ∎

这个定理具有历史意义, 即它是斐波那契数列的第一个实际应用. 从那以后, 人们发现了斐波那契数列在算法及算法研究中更多的应用. 这个定理的结果主要来源于拉尼的研究 [*Mém. Acad. Sci.* **11** (Paris, 1733), 363–364], 他列出了前几个连续多项式的表达式, 并发现对给定长度的连分数, 其最小的分子和分母恰好都是斐波那契数. 然而他并没有明确提到最大公因数的计算. 首先指出斐波那契数与欧几里得算法的联系的是埃米尔·莱热 [*Correspondance Math. et Physique* **9** (1837), 483–485].

不久后, 皮埃尔·芬克用另一种方法证明了, 当 $u > v > 0$ 时计算 $\gcd(u,v)$ 最多需要 $2\lg v + 1$ 步 [*Traité Élémentaire d'Arithmétique* (Strasbourg: 1841), 44]. 而加布里埃尔·拉梅将之改进为 $5\lceil \log_{10}(v+1) \rceil$ [*Comptes Rendus Acad. Sci.* **19** (Paris, 1844), 867–870]. 关于算法分析的先驱性研究的完整细节出现在杰弗里·沙历特的有趣的综述文章 *Historia Mathematica* **21** (1994), 401–419 中. 然而, 关于最坏情形的一个更精确的估计, 是定理 F 的一个直接推论.

推论 L. 如果 $0 \leq v < N$, 则将算法 4.5.2A 应用于 u 和 v 时, 所需的除法步骤数最多为 $\lfloor \log_\phi(3-\phi)N \rfloor$.

证明. 经过步骤 A1 后有 $v > u \bmod v$. 所以由定理 F, 当 $v = F_{n+1}$ 且 $u \bmod v = F_n$ 时步骤数 n 达到最大. 由于 $F_{n+1} < N$, 因此 $\phi^{n+1}/\sqrt{5} < N$ （见式 1.2.8-(15)）. 所以 $\phi^n < (\sqrt{5}/\phi)N = (3-\phi)N$. ∎

$\log_\phi(3-\phi)N$ 的值近似等于 $2.078\ln N + 0.6723 \approx 4.785\log_{10} N + 0.6723$. 关于定理 F 的推广见习题 31、36 和 38.

近似模型. 上面已经给出了除法步骤数的最大值,下面我们来找出平均次数. 记 $T(m,n)$ 为将 $u=m$ 和 $v=n$ 作为欧几里得算法的输入时,算法所需的除法步骤数. 则易知

$$T(m,0)=0; \qquad T(m,n)=1+T(n,m \bmod n) \qquad \text{如果 } n \geq 1. \tag{18}$$

又记 T_n 为 $v=n$ 而 u 随机选取时的平均除法步骤数. 由于在第一个除法步骤后,算法的执行过程只受 $u \bmod v$ 的值影响,所以

$$T_n = \frac{1}{n} \sum_{0 \leq k < n} T(k,n). \tag{19}$$

例如,$T(0,5)=1$,$T(1,5)=2$,$T(2,5)=3$,$T(3,5)=4$,$T(4,5)=3$,因此

$$T_5 = \tfrac{1}{5}(1+2+3+4+3) = 2\tfrac{3}{5}.$$

我们的目标是在 n 的值很大时估计 T_n 的值. 一个思路是尝试由弗洛伊德提出的近似方法:我们可以假设,对于 $0 \leq k < n$,n 的值模 k 实质上是“随机”的,从而

$$T_n \approx 1 + \frac{1}{n}(T_0 + T_1 + \cdots + T_{n-1}).$$

所以 $T_n \approx S_n$,其中序列 $\langle S_n \rangle$ 是递推关系

$$S_0 = 0, \qquad S_n = 1 + \frac{1}{n}(S_0 + S_1 + \cdots + S_{n-1}), \qquad n \geq 1 \tag{20}$$

的解. 以上递推式很容易求解,因为

$$S_{n+1} = 1 + \frac{1}{n+1}(S_0 + S_1 + \cdots + S_{n-1} + S_n)$$

$$= 1 + \frac{1}{n+1}(n(S_n - 1) + S_n) = S_n + \frac{1}{n+1}.$$

因此 S_n 是调和数 $1 + \frac{1}{2} + \cdots + \frac{1}{n} = H_n$. 由近似式 $T_n \approx S_n$ 可知 $T_n \approx \ln n + O(1)$.

然而,当我们将这一近似估计与 T_n 真正的值进行比较时,就会发现 $\ln n$ 这个项太大了,T_n 的增长没这么快. 所以,关于 n 的值模 k 随机出现的试探性假设是过于悲观了. 事实上,更仔细的观察发现,对于 $1 \leq k \leq n$,$n \bmod k$ 的平均值小于 $\frac{1}{2}k$ 的平均值:

$$\frac{1}{n} \sum_{1 \leq k \leq n} (n \bmod k) = \frac{1}{n} \sum_{1 \leq k, q \leq n} (n - qk) \left[\lfloor n/(q+1) \rfloor < k \leq \lfloor n/q \rfloor \right]$$

$$= n - \frac{1}{n} \sum_{1 \leq q \leq n} q \left(\binom{\lfloor n/q \rfloor + 1}{2} - \binom{\lfloor n/(q+1) \rfloor + 1}{2} \right)$$

$$= n - \frac{1}{n} \sum_{1 \leq q \leq n} \binom{\lfloor n/q \rfloor + 1}{2}$$

$$= \left(1 - \frac{\pi^2}{12} \right) n + O(\log n) \tag{21}$$

(见习题 4.5.2–10(c)). 最后得到的平均值大约只有 $0.1775n$,而不是 $0.25n$. 所以 $n \bmod k$ 的值比弗洛伊德的模型的估计值要小一些,从而欧几里得算法比我们给出的预测更快一些.

连续模型. 欧几里得算法在 $v=N$ 时的表现实质上是由 $X = 0/N, 1/N, \ldots, (N-1)/N$ 时对应的正规连分数的形式决定的. 因此当 N 很大时,我们需要研究当 X 是均匀分布在 $[0..1)$ 内的随机实数时其正规连分数的行为. 给定 $X = X_0$ 的均匀分布,考虑分布函数

$$F_n(x) = \Pr(X_n \leq x), \qquad 0 \leq x \leq 1. \tag{22}$$

根据正规连分数的定义, 有 $F_0(x) = x$, 且

$$
\begin{aligned}
F_{n+1}(x) &= \sum_{k \geq 1} \Pr(k \leq 1/X_n \leq k + x) \\
&= \sum_{k \geq 1} \Pr\big(1/(k+x) \leq X_n \leq 1/k\big) \\
&= \sum_{k \geq 1} \big(F_n(1/k) - F_n\big(1/(k+x)\big)\big).
\end{aligned}
\tag{23}
$$

如果由这些公式定义的分布函数 $F_0(x), F_1(x), \dots$ 趋向于极限 $F_\infty(x) = F(x)$, 则有

$$
F(x) = \sum_{k \geq 1} \big(F(1/k) - F\big(1/(k+x)\big)\big).
\tag{24}
$$

(一个类似的关系式 4.5.2-(36), 出现在对二进制最大公因数算法的分析中.) 满足 (24) 的一个函数是 $F(x) = \log_b(1+x)$, 其中 $b > 1$. 见习题 19. 如果进一步要求 $F(1) = 1$, 则推导出 $b = 2$. 因此一个合理的猜测是: $F(x) = \lg(1+x)$, 而 $F_n(x)$ 趋向于 $F(x)$.

例如, 我们可以猜想 $F(\frac{1}{2}) = \lg(\frac{3}{2}) \approx 0.58496$. 下面来看一下对于比较小的 n, $F_n(\frac{1}{2})$ 与这个值有多接近. 首先有 $F_0(\frac{1}{2}) = 0.50000$, 接下来是

$$
\begin{aligned}
F_1(x) &= \sum_{k \geq 1} \Big(\frac{1}{k} - \frac{1}{k+x}\Big) = H_x, \\
F_1(\tfrac{1}{2}) &= H_{1/2} = 2 - 2\ln 2 \approx 0.61371, \\
F_2(\tfrac{1}{2}) &= H_{2/2} - H_{2/3} + H_{2/4} - H_{2/5} + H_{2/6} - H_{2/7} + \cdots.
\end{aligned}
$$

(见附录 A 的表 3.) 利用幂级数展开

$$
H_x = \zeta(2)x - \zeta(3)x^2 + \zeta(4)x^3 - \zeta(5)x^4 + \cdots
\tag{25}
$$

可以计算出

$$
F_2(\tfrac{1}{2}) = 0.57655\,93276\,99914\,08418\,82618\,72122\,27055\,92452\,-.
\tag{26}
$$

我们正在接近数值 0.58496, 但是还不能马上知道, 如何对 $n = 3$ 得到 $F_n(\frac{1}{2})$ 的好的近似值, 更不用说对很大的 n 值了.

首先对分布函数 $F_n(x)$ 进行研究的是高斯, 他是在 1799 年 2 月 5 日第一次开始考虑这个问题的. 他于 1800 年在笔记本上列出了各种递推关系式, 并给出了函数值的简表, 其中包括了 (不精确的) 近似值 $F_2(\frac{1}{2}) \approx 0.5748$. 在做完这些计算后, 高斯写道: "Tam complicatæ evadunt, ut nulla spes superesse videatur." 即 "它们太复杂了, 没什么希望解决这个问题." 十二年后, 他写了一封信给拉普拉斯, 其中将这个问题作为他无法满意解答的问题之一. 他说: "通过很简单的推理, 我发现对无穷大的 n, $F_n(x) = \log(1+x)/\log 2$. 但接下来, 我对于很大的、但不是无穷大的 n 值, 估计 $F_n(x) - \log(1+x)/\log 2$ 的大小的努力, 都是不成功的." 他从未发表他的 "很简单的推理", 而且我们也不完全清楚他是否的确得到了严格的证明. [见高斯, *Werke*, vol. 10^1, 552–556.] 直到一百多年后, 才最终由罗季翁·库兹明发表了一个证明 [*Atti del Congresso Internazionale dei Matematici* **6** (Bologna, 1928), 83–89], 他证明了存在某个正的常数 A 使得

$$
F_n(x) = \lg(1+x) + O(e^{-A\sqrt{n}}).
$$

不久以后, 保罗 · 莱维将误差项改进为 $O(e^{-An})$ [*Bull. Soc. Math. de France* **57** (1929), 178–194] [1]. 但高斯提出的问题, 即确定 $F_n(x) - \lg(1+x)$ 的渐近性质, 直到 1974 年才真正解决. 在那一年, 爱德华 · 维尔辛发表了一个关于这个问题的优美的分析 [*Acta Arithmetica* **24** (1974), 507–528]. 在这里, 我们将研究维尔辛的方法中最简单的部分, 因为其中对线性算子的使用很有启发性.

设 G 是对所有 $0 \le x \le 1$ 有定义的函数, 则函数 SG 定义为

$$SG(x) = \sum_{k \ge 1} \left(G\left(\frac{1}{k}\right) - G\left(\frac{1}{k+x}\right) \right). \tag{27}$$

所以 S 是将一个函数变换为另一个函数的算子. 特别地, 由 (23) 可得 $F_{n+1}(x) = SF_n(x)$, 所以

$$F_n = S^n F_0. \tag{28}$$

(在上述讨论中, F_n 表示一个分布函数, 而不是斐波那契数.) 请注意 S 是一个 "线性算子", 即对所有常数 c, $S(cG) = c(SG)$, 并且 $S(G_1 + G_2) = SG_1 + SG_2$.

如果 G 存在有界的一阶导数, 我们可将 (27) 逐项微分, 得

$$(SG)'(x) = \sum_{k \ge 1} \frac{1}{(k+x)^2} G'\left(\frac{1}{k+x}\right). \tag{29}$$

所以 SG 也存在有界的一阶导数. (当导数的级数一致收敛时, 我们可以逐项微分一个收敛级数. 例如, 见康拉德 · 克诺普, *Theory and Application of Infinite Series* (Glasgow: Blackie, 1951), §47.)

记 $H = SG$, 并定义 $g(x) = (1+x)G'(x)$, $h(x) = (1+x)H'(x)$. 则

$$h(x) = \sum_{k \ge 1} \frac{1+x}{(k+x)^2} \left(1 + \frac{1}{k+x}\right)^{-1} g\left(\frac{1}{k+x}\right) = \sum_{k \ge 1} \left(\frac{k}{k+1+x} - \frac{k-1}{k+x}\right) g\left(\frac{1}{k+x}\right).$$

换句话说, $h = Tg$, 其中 T 是由

$$Tg(x) = \sum_{k \ge 1} \left(\frac{k}{k+1+x} - \frac{k-1}{k+x}\right) g\left(\frac{1}{k+x}\right) \tag{30}$$

定义的线性算子.

接下来, 如果 g 存在有界的一阶导数, 可以通过逐项微分证明 Tg 也存在有界的一阶导数:

$$\begin{aligned}
(Tg)'(x) &= -\sum_{k \ge 1} \left(\left(\frac{k}{(k+1+x)^2} - \frac{k-1}{(k+x)^2}\right) g\left(\frac{1}{k+x}\right) \right. \\
&\qquad\qquad \left. + \left(\frac{k}{k+1+x} - \frac{k-1}{k+x}\right) \frac{1}{(k+x)^2} g'\left(\frac{1}{k+x}\right) \right) \\
&= -\sum_{k \ge 1} \left(\frac{k}{(k+1+x)^2} \left(g\left(\frac{1}{k+x}\right) - g\left(\frac{1}{k+1+x}\right)\right) \right. \\
&\qquad\qquad \left. + \frac{1+x}{(k+x)^3(k+1+x)} g'\left(\frac{1}{k+x}\right) \right).
\end{aligned}$$

因此有第三个线性算子 U, 使得 $(Tg)' = -U(g')$, 即

$$U\varphi(x) = \sum_{k \ge 1} \left(\frac{k}{(k+1+x)^2} \int_{1/(k+1+x)}^{1/(k+x)} \varphi(t)\,dt + \frac{1+x}{(k+x)^3(k+1+x)} \varphi\left(\frac{1}{k+x}\right) \right). \tag{31}$$

---

[1] 在本书的第一版中有关于莱维的有趣证明的一些介绍.

上述推导与我们要研究的问题有什么关联呢？好，如果我们令

$$F_n(x) = \lg(1+x) + R_n\big(\lg(1+x)\big),\tag{32}$$

$$f_n(x) = (1+x)\,F_n'(x) = \frac{1}{\ln 2}\big(1 + R_n'\big(\lg(1+x)\big)\big),\tag{33}$$

则

$$f_n'(x) = R_n''\big(\lg(1+x)\big)\big/\big((\ln 2)^2(1+x)\big).\tag{34}$$

经过这些变换后，$\lg(1+x)$ 项的影响消失了. 而且，由于 $F_n = S^n F_0$，所以 $f_n = T^n f_0$ 且 $f_n' = (-1)^n U^n f_0'$. 通过对 n 做归纳，可证明 F_n 和 f_n 都存在有界的各阶导数. 于是 (34) 变为

$$(-1)^n R_n''\big(\lg(1+x)\big) = (1+x)(\ln 2)^2\, U^n f_0'(x).\tag{35}$$

现在 $F_0(x) = x$，$f_0(x) = 1+x$，而 $f_0'(x)$ 是常函数 1. 我们接下来将证明算子 U^n 将常函数变为值非常小的函数，从而 $|R_n''(x)|$ 的值在 $0 \le x \le 1$ 时必定非常小. 最后，我们可以证明 $R_n(x)$ 本身也很小，从而完成整个分析过程. 由于 $R_n(0) = R_n(1) = 0$，因此由一个著名的插值公式（见习题 4.6.4–15，其中取 $x_0 = 0$，$x_1 = x$，$x_2 = 1$）可得，对于某个函数 $\xi_n(x)$，

$$R_n(x) = -\frac{x(1-x)}{2}\,R_n''\big(\xi_n(x)\big),\tag{36}$$

其中，当 $0 \le x \le 1$ 时，$0 \le \xi_n(x) \le 1$.

因此，我们最终只需证明 U^n 生成的函数的数值很小，其中 U 是在 (31) 中定义的线性算子. 注意到 U 是一个正算子，即如果对所有 x 有 $\varphi(x) \ge 0$，则 $U\varphi(x) \ge 0$ 也对所有 x 成立. 所以 U 是保序的算子：如果对所有 x 有 $\varphi_1(x) \le \varphi_2(x)$，则 $U\varphi_1(x) \le U\varphi_2(x)$ 也对所有 x 成立.

为了利用 U 的这个性质，我们要找一个函数 φ 使得 $U\varphi$ 可以精确表示出来，继而用这个函数的常数倍作为我们真正感兴趣的函数的上界. 首先，我们找一个函数 g 使得 Tg 容易计算. 如果我们考虑对所有 $x \ge 0$ 而不仅是在 $[0\,..\,1]$ 有定义的函数，则 (27) 中的求和计算可以很容易去掉，这是因为当 G 是连续函数时，

$$SG(x+1) - SG(x) = G\Big(\frac{1}{1+x}\Big) - \lim_{k\to\infty} G\Big(\frac{1}{k+x}\Big) = G\Big(\frac{1}{1+x}\Big) - G(0).\tag{37}$$

由于 $T\big((1+x)G'\big) = (1+x)(SG)'$，所以（见习题 20）

$$\frac{Tg(x)}{1+x} - \frac{Tg(1+x)}{2+x} = \Big(\frac{1}{1+x} - \frac{1}{2+x}\Big)g\Big(\frac{1}{1+x}\Big).\tag{38}$$

如果取 $Tg(x) = 1/(1+x)$，则相应的 $g(x)$ 为 $1 + x - 1/(1+x)$. 令 $\varphi(x) = g'(x) = 1 + 1/(1+x)^2$，则 $U\varphi(x) = -(Tg)'(x) = 1/(1+x)^2$. 这就是我们要找的函数 φ.

对上面选取的函数 φ，当 $0 \le x \le 1$ 时有 $2 \le \varphi(x)/U\varphi(x) = (1+x)^2 + 1 \le 5$. 所以

$$\tfrac{1}{5}\varphi \le U\varphi \le \tfrac{1}{2}\varphi.$$

利用 U 和 φ 的正算子性质，我们可对这个不等式再次作用 U，得到 $\frac{1}{25}\varphi \le \frac{1}{5}U\varphi \le U^2\varphi \le \frac{1}{2}U\varphi \le \frac{1}{4}\varphi$. 如此进行 $n-1$ 次后，对于这个特定的 φ，我们有

$$5^{-n}\varphi \le U^n\varphi \le 2^{-n}\varphi.\tag{39}$$

取 $\chi(x) = f_0'(x) = 1$，则对 $0 \le x \le 1$ 有 $\frac{5}{4}\chi \le \varphi \le 2\chi$，所以

$$\tfrac{5}{8}5^{-n}\chi \le \tfrac{1}{2}5^{-n}\varphi \le \tfrac{1}{2}U^n\varphi \le U^n\chi \le \tfrac{4}{5}U^n\varphi \le \tfrac{4}{5}2^{-n}\varphi \le \tfrac{8}{5}2^{-n}\chi.$$

由 (35) 得

$$\tfrac{5}{8}(\ln 2)^2 5^{-n} \le (-1)^n R_n''(x) \le \tfrac{16}{5}(\ln 2)^2 2^{-n}, \qquad 0 \le x \le 1.$$

于是由 (32) 和 (36)，我们证明了下面的结论.

定理 W. 　当 $n \to \infty$ 时，分布函数 $F_n(x)$ 趋向于 $\lg(1+x) + O(2^{-n})$. 事实上，当 $0 \le x \le 1$ 时，$F_n(x) - \lg(1+x)$ 介于 $\tfrac{5}{16}(-1)^{n+1} 5^{-n}\big(\ln(1+x)\big)\big(\ln 2/(1+x)\big)$ 和 $\tfrac{8}{5}(-1)^{n+1} 2^{-n}\big(\ln(1+x)\big)\big(\ln 2/(1+x)\big)$ 之间.　　▮

　　如果稍微修改一下 φ 的取法，我们还可得到更精确一点的界（见习题 21）. 事实上，维尔辛在他的文章中给出的结果要好得多. 他证明了

$$F_n(x) = \lg(1+x) + (-\lambda)^n \Psi(x) + O\big(x(1-x)(\lambda-0.031)^n\big), \tag{40}$$

其中

$$\lambda = 0.30366\ 30028\ 98732\ 65859\ 74481\ 21901\ 55623\ 31109-$$
$$= /\!/3, 3, 2, 2, 3, 13, 1, 174, 1, 1, 1, 2, 2, 2, 1, 1, 1, 2, 2, 1, \dots /\!/ \tag{41}$$

是一个基本常数（明显与我们更熟悉的常数没有什么关联），而 Ψ 是一个在整个复平面除负实轴上从 -1 到 $-\infty$ 的一段以外都解析的有趣的函数. 维尔辛的函数满足 $\Psi(0) = \Psi(1) = 0$，$\Psi'(0) < 0$ 和 $S\Psi = -\lambda\Psi$. 所以由 (37)，它满足恒等式

$$\Psi(z) - \Psi(z+1) = \frac{1}{\lambda}\Psi\left(\frac{1}{1+z}\right). \tag{42}$$

进而，维尔辛证明了，当 $N \to \infty$ 时，

$$\Psi\left(-\frac{u}{v} + \frac{i}{N}\right) = c\lambda^{-n}\log N + O(1), \tag{43}$$

其中 c 是一个常数，而 $n = T(u, v)$ 是对 $u > v > 0$ 使用欧几里得算法时的迭代次数.

　　几年以后，巴边科给出了高斯问题的完整解答 [*Doklady Akad. Nauk SSSR* **238** (1978), 1021–1024]. 他利用泛函分析中很强的技巧证明了

$$F_n(x) = \lg(1+x) + \sum_{j \ge 2} \lambda_j^n \Psi_j(x) \tag{44}$$

对所有 $0 \le x \le 1$，$n \ge 1$ 成立. 上式中 $|\lambda_2| > |\lambda_3| \ge |\lambda_4| \ge \cdots$，且每个 $\Psi_j(z)$ 都是在复平面去掉割线 $[-\infty .. -1]$ 后的区域中解析的函数. 函数 Ψ_2 就是维尔辛使用的函数 Ψ，$\lambda_2 = -\lambda$，而 $\lambda_3 \approx 0.10088$，$\lambda_4 \approx -0.03550$，$\lambda_5 \approx 0.01284$，$\lambda_6 \approx -0.00472$，$\lambda_7 \approx 0.00175$. 巴边科还给出了特征值 λ_j 更进一步的性质，他证明了当 $j \to \infty$ 时它们是指数衰减的，并且 (44) 中对 $j \ge k$ 求和的上界为 $(\pi^2/6)|\lambda_k|^{n-1}\min(x, 1-x)$. [更多信息见下列文章：巴边科和尤里耶夫，*Doklady Akad. Nauk SSSR* **240** (1978), 1273–1276；迪特尔·迈耶和勒普斯托夫，*J. Statistical Physics* **47** (1987), 149–171；**50** (1988), 331–344；道格拉斯·汉斯莱，*J. Number Theory* **49** (1994), 142–182；埃尔韦·多德、弗拉若莱和瓦莱，*Combinatorics, Probability and Computing* **6** (1997), 397–433；弗拉若莱和瓦莱，*Theoretical Comp. Sci.* **194** (1998), 1–34.] 式 (41) 中 λ 的 40 位数值是由约翰·赫什伯格计算得到的.

　　从连续到离散. 我们现在已经得到了当 X 是均匀分布在区间 $[0..1)$ 上的实数时，其对应连分数的概率分布的结果. 然而，一个实数是有理数的概率为零（因为几乎所有实数都是无理数），所以这些结果不能直接用于欧几里得算法. 必须解决某些技术性的困难才能将定理 W 用于我们的问题. 考虑以下来自初等测度论的结果.

引理 M.　设 $I_1, I_2, \ldots, J_1, J_2, \ldots$ 是区间 $[0..1)$ 的两两不相交的子区间，并定义

$$\mathcal{I} = \bigcup_{k \geq 1} I_k, \qquad \mathcal{J} = \bigcup_{k \geq 1} J_k, \qquad \mathcal{K} = [0..1] \setminus (\mathcal{I} \cup \mathcal{J}).$$

假设 $\mathcal{K}$ 的测度为零. 记 P_n 为集合 $\{0/n, 1/n, \ldots, (n-1)/n\}$. 则

$$\lim_{n \to \infty} \frac{|\mathcal{I} \cap P_n|}{n} = \mu(\mathcal{I}). \tag{45}$$

这里 $\mu(\mathcal{I})$ 是 $\mathcal{I}$ 的勒贝格测度，即 $\sum_{k \geq 1} \operatorname{length}(I_k)$，而 $|\mathcal{I} \cap P_n|$ 是集合 $\mathcal{I} \cap P_n$ 的元素数目.

证明.　定义 $\mathcal{I}_N = \bigcup_{1 \leq k \leq N} I_k$, $\mathcal{J}_N = \bigcup_{1 \leq k \leq N} J_k$. 对于给定的 $\epsilon > 0$, 寻找一个足够大的 N 使得 $\mu(\mathcal{I}_N) + \mu(\mathcal{J}_N) \geq 1 - \epsilon$, 并定义

$$\mathcal{K}_N = \mathcal{K} \cup \bigcup_{k > N} I_k \cup \bigcup_{k > N} J_k.$$

如果 I 是形如 $(a..b)$, $[a..b)$, $(a..b]$ 或 $[a..b]$ 的区间，则显然 $\mu(I) = b - a$ 且

$$n\mu(I) - 1 \leq |I \cap P_n| \leq n\mu(I) + 1.$$

现在设 $r_n = |\mathcal{I}_N \cap P_n|$, $s_n = |\mathcal{J}_N \cap P_n|$, $t_n = |\mathcal{K}_N \cap P_n|$, 则

$$r_n + s_n + t_n = n,$$
$$n\mu(\mathcal{I}_N) - N \leq r_n \leq n\mu(\mathcal{I}_N) + N,$$
$$n\mu(\mathcal{J}_N) - N \leq s_n \leq n\mu(\mathcal{J}_N) + N.$$

此外 $r_n \leq |\mathcal{I} \cap P_n| \leq r_n + t_n$, 因为 $\mathcal{I}_N \subseteq \mathcal{I} \subseteq \mathcal{I}_N \cup \mathcal{K}$. 因此

$$\mu(\mathcal{I}) - \frac{N}{n} - \epsilon \leq \mu(\mathcal{I}_N) - \frac{N}{n} \leq \frac{r_n}{n} \leq \frac{r_n + t_n}{n} = 1 - \frac{s_n}{n} \leq 1 - \mu(\mathcal{J}_N) + \frac{N}{n} \leq \mu(\mathcal{I}) + \frac{N}{n} + \epsilon.$$

对于给定的 ϵ, 上式对所有 n 成立. 因此 $\lim_{n \to \infty} r_n/n = \lim_{n \to \infty} (r_n + t_n)/n = \mu(\mathcal{I})$.　∎

习题 25 告诉我们引理 M 是不平凡的，因为 (45) 在某些特定的约束条件下才能成立.

部分商的分布.　现在我们将定理 W 和引理 M 相结合，以得到关于欧几里得算法的一些重要结果.

定理 E.　当 $u = n$ 而 v 以均等机会取 $\{0, 1, \ldots, n-1\}$ 中的数时，记 $p_k(a, n)$ 为欧几里得算法中第 $k+1$ 个商 A_{k+1} 等于 a 的概率. 则

$$\lim_{n \to \infty} p_k(a, n) = F_k\left(\frac{1}{a}\right) - F_k\left(\frac{1}{a+1}\right),$$

其中 $F_k(x)$ 是 (22) 中定义的分布函数.

证明.　$[0..1)$ 中使得 $A_{k+1} = a$ 的所有 X 构成的集合 $\mathcal{I}$ 可表示为不相交区间的并，使得 $A_{k+1} \neq a$ 的所有 X 构成的集合 $\mathcal{J}$ 也是这样. 从而我们可使用引理 M, 其中取 $\mathcal{K}$ 为对应的 A_{k+1} 未定义的所有 X 构成的集合. 相应地, $F_k(1/a) - F_k\big(1/(a+1)\big)$ 是 $1/(a+1) < X_k \leq 1/a$ 的概率 $\mu(\mathcal{I})$, 即 $A_{k+1} = a$ 的概率.　∎

作为定理 E 和 W 的推论，我们可以说，商为 a 的近似概率是

$$\lg(1 + 1/a) - \lg(1 + 1/(a+1)) = \lg\big((a+1)^2/((a+1)^2 - 1)\big).$$

所以

$$商为 1 的可能性大约为 \lg\left(\tfrac{4}{3}\right) \approx 41.504\ \%,$$
$$商为 2 的可能性大约为 \lg\left(\tfrac{9}{8}\right) \approx 16.993\ \%,$$
$$商为 3 的可能性大约为 \lg\left(\tfrac{16}{15}\right) \approx\ 9.311\ \%,$$
$$商为 4 的可能性大约为 \lg\left(\tfrac{25}{24}\right) \approx\ 5.889\ \%.$$

假设在欧几里得算法的计算过程中得到的商依次为 $A_1, A_2, \ldots, A_t$,上述证明的推导过程实际上只能保证 k 相对于 t 比较小时 A_k 有这样的性质,而 $A_{t-1}, A_{t-2}, \ldots$ 的情形不在证明所涵盖的范围内. 但我们还是可以证明最后那几个商 $A_{t-1}, A_{t-2}, \ldots$ 的分布与最开始的几个基本上是一样的.

例如,考虑所有分母为 29 的真分数的正规连分数展开:

$$\tfrac{1}{29} = //29//$$ $$\tfrac{8}{29} = //3,1,1,1,2//$$ $$\tfrac{15}{29} = //1,1,14//$$ $$\tfrac{22}{29} = //1,3,7//$$
$$\tfrac{2}{29} = //14,2//$$ $$\tfrac{9}{29} = //3,4,2//$$ $$\tfrac{16}{29} = //1,1,4,3//$$ $$\tfrac{23}{29} = //1,3,1,5//$$
$$\tfrac{3}{29} = //9,1,2//$$ $$\tfrac{10}{29} = //2,1,9//$$ $$\tfrac{17}{29} = //1,1,2,2,2//$$ $$\tfrac{24}{29} = //1,4,1,4//$$
$$\tfrac{4}{29} = //7,4//$$ $$\tfrac{11}{29} = //2,1,1,1,3//$$ $$\tfrac{18}{29} = //1,1,1,1,1,3//$$ $$\tfrac{25}{29} = //1,6,4//$$
$$\tfrac{5}{29} = //5,1,4//$$ $$\tfrac{12}{29} = //2,2,2,2//$$ $$\tfrac{19}{29} = //1,1,1,9//$$ $$\tfrac{26}{29} = //1,8,1,2//$$
$$\tfrac{6}{29} = //4,1,5//$$ $$\tfrac{13}{29} = //2,4,3//$$ $$\tfrac{20}{29} = //1,2,4,2//$$ $$\tfrac{27}{29} = //1,13,2//$$
$$\tfrac{7}{29} = //4,7//$$ $$\tfrac{14}{29} = //2,14//$$ $$\tfrac{21}{29} = //1,2,1,1,1,2//$$ $$\tfrac{28}{29} = //1,28//$$

在这个表中我们有以下几个发现.

(a) 正如之前我们所指出的,最后一个商一定大于等于 2. 而且,显然有恒等式

$$//x_1, \ldots, x_{n-1}, x_n + 1// = //x_1, \ldots, x_{n-1}, x_n, 1//, \tag{46}$$

它给出了最后一个商是 1 的连分数与正规连分数之间的联系.

(b) 表中右半边那些列的数值与左半边那些列的数值之间有简单的关系. 读者是否能在进行后续的阅读以前发现这些对应关系? 刻画它的恒等式为

$$1 - //x_1, x_2, \ldots, x_n// = //1, x_1 - 1, x_2, \ldots, x_n//. \tag{47}$$

见习题 9.

(c) 表中前两列有以下对称关系:如果 $//A_1, A_2, \ldots, A_t//$ 出现了,那么 $//A_t, \ldots, A_2, A_1//$ 也一定会出现,绝无例外. (见习题 26).

(d) 如果我们统计一下表中出现的商的总数,会发现一共有 96 个商,其中有 $\tfrac{39}{96} \approx 40.6\%$ 的几率为 1, $\tfrac{21}{96} \approx 21.9\%$ 的几率为 2, $\tfrac{8}{96} \approx 8.3\%$ 的几率为 3. 这些数值与前面给出的概率值吻合得很好.

执行除法步骤的次数. 现在我们回到最初要讨论的问题,即估计当 $v = n$ 时除法步骤的平均次数 T_n. (见式 (19).) 下面是 T_n 的值的一些样本:

$n =$	95	96	97	98	99	100	101	102	103	104	105
$T_n =$	5.0	4.4	5.3	4.8	4.7	4.6	5.3	4.6	5.3	4.7	4.6

$n =$	996	997	998	999	1000	1001	$\cdots$	9999	10 000	10 001
$T_n =$	6.5	7.3	7.0	6.8	6.4	6.7	$\cdots$	8.6	8.3	9.1

$n =$	49 998	49 999	50 000	50 001	$\cdots$	99 999	100 000	100 001
$T_n =$	9.8	10.6	9.7	10.0	$\cdots$	10.7	10.3	11.0

从中我们可以发现一些古怪的现象. 当 n 是素数时, T_n 的值一般会比相邻的值大一些; 而当 n 有很多因数时, T_n 的值则会比相邻的值小一些. (在上面的表格中, 97, 101, 103, 997 和 49 999 是素数, $10\,001 = 73 \cdot 137$, $49\,998 = 2 \cdot 3 \cdot 13 \cdot 641$, $50\,001 = 3 \cdot 7 \cdot 2381$, $99\,999 = 3 \cdot 3 \cdot 41 \cdot 271$, $100\,001 = 11 \cdot 9091$.) 其实不难理解为什么会出现这种现象: 如果 $\gcd(u, v) = d$, 则对 u 和 v 使用欧几里得算法与对 u/d 和 v/d 使用算法的过程基本上一样. 所以, 如果 $v = n$ 有好几个因数, u 有很多个值可以使对 n 执行算法时, 看起来似乎是对更小的数在运行算法.

于是我们考虑另一个量 τ_n, 它是当 $v = n$ 且 u 与 n 互素时除法步骤的平均次数. 易知

$$\tau_n = \frac{1}{\varphi(n)} \sum_{\substack{0 \le m < n \\ m \perp n}} T(m, n). \tag{48}$$

因此

$$T_n = \frac{1}{n} \sum_{d \backslash n} \varphi(d) \tau_d. \tag{49}$$

下面是前一个表格中 n 的取值所对应的 τ_n 的值:

$n =$	95	96	97	98	99	100	101	102	103	104	105
$\tau_n =$	5.4	5.3	5.3	5.6	5.2	5.2	5.4	5.3	5.4	5.3	5.6

$n =$	996	997	998	999	1000	1001	$\cdots$	9999	10 000	10 001
$\tau_n =$	7.2	7.3	7.3	7.3	7.3	7.4	$\cdots$	9.21	9.21	9.22

$n =$	49 998	49 999	500 00	50 001	$\cdots$	99 999	100 000	100 001
$\tau_n =$	10.59	10.58	10.57	10.59	$\cdots$	11.170	11.172	11.172

显然 τ_n 的值比 T_n 更有规律, 因而更适合做分析. 当 n 的值较小时, τ_n 的值表现出一些奇怪的不规则性. 例如, $\tau_{50} = \tau_{100}$, $\tau_{60} = \tau_{120}$. 然而随着 n 变大, τ_n 的值变得非常有规律, 如上表所列. 而且, τ_n 的值与 n 的因数分解性质没有表现出明显的联系. 如果我们将上面这些 n 的值与 $\ln n$ 的值对应标示在图纸上, 就会发现它们的分布很接近直线

$$\tau_n \approx 0.843 \ln n + 1.47. \tag{50}$$

如果我们稍微深入一些研究正规连分数的展开过程, 就可以解释上面的现象. 由 (15) 展示的欧几里得算法的计算过程, 我们发现由于有 $U_{k+1} = V_k$, 所以

$$\frac{V_0}{U_0} \frac{V_1}{U_1} \cdots \frac{V_{t-1}}{U_{t-1}} = \frac{V_{t-1}}{U_0}.$$

因此如果 $U = U_0$ 和 $V = V_0$ 互素, 并且欧几里得算法执行了 t 次除法步骤, 那么

$$X_0 X_1 \ldots X_{t-1} = 1/U.$$

取 $U = N$ 且 $V = m < N$, 则

$$\ln X_0 + \ln X_1 + \cdots + \ln X_{t-1} = -\ln N. \tag{51}$$

由于我们已经知道 $X_0, X_1, X_2, \ldots$ 的近似分布, 所以可以利用这个等式来估计

$$t = T(N, m) = T(m, N) - 1.$$

回到定理 W 前面的公式, 我们发现, 如果 X_0 是均匀分布于 $[0 \,.\, 1)$ 的实数, 则 $\ln X_n$ 的平均值为

$$\int_0^1 \ln x \, F_n'(x) \, dx = \int_0^1 \ln x \, f_n(x) \, dx / (1 + x), \tag{52}$$

其中 $f_n(x)$ 是 (33) 定义的函数. 利用前面得到的结果（见习题 23），有

$$f_n(x) = \frac{1}{\ln 2} + O(2^{-n}).\tag{53}$$

所以 $\ln X_n$ 的平均值很接近

$$\begin{aligned}
\frac{1}{\ln 2}\int_0^1 \frac{\ln x}{1+x}\,dx &= -\frac{1}{\ln 2}\int_0^\infty \frac{ue^{-u}}{1+e^{-u}}\,du\\
&= -\frac{1}{\ln 2}\sum_{k\ge 1}(-1)^{k+1}\int_0^\infty ue^{-ku}\,du\\
&= -\frac{1}{\ln 2}\left(1 - \frac{1}{4} + \frac{1}{9} - \frac{1}{16} + \frac{1}{25} - \cdots\right)\\
&= -\frac{1}{\ln 2}\left(1 + \frac{1}{4} + \frac{1}{9} + \cdots - 2\left(\frac{1}{4} + \frac{1}{16} + \frac{1}{36} + \cdots\right)\right)\\
&= -\frac{1}{2\ln 2}\left(1 + \frac{1}{4} + \frac{1}{9} + \cdots\right)\\
&= -\pi^2/(12\ln 2).
\end{aligned}$$

因此由 (51)，我们期望有近似公式

$$-t\pi^2/(12\ln 2) \approx -\ln N.$$

也就是说，t 应当近似等于 $((12\ln 2)/\pi^2)\ln N$. 其中的常数 $(12\ln 2)/\pi^2 = 0.842\,765\,913\ldots$ 与前面得到的经验公式 (50) 非常吻合，所以我们很有理由相信

$$\tau_n \approx \frac{12\ln 2}{\pi^2}\ln n + 1.47\tag{54}$$

很好地刻画了当 $n\to\infty$ 时 τ_n 真正的渐近性质.

如果我们假设 (54) 成立，则

$$T_n \approx \frac{12\ln 2}{\pi^2}\left(\ln n - \sum_{d\backslash n}\frac{\Lambda(d)}{d}\right) + 1.47,\tag{55}$$

其中 $\Lambda(d)$ 是由

$$\Lambda(n) = \begin{cases} \ln p, & \text{如果 } n = p^r, \text{ 其中 } p \text{ 是素数且 } r \ge 1;\\ 0, & \text{其他} \end{cases}\tag{56}$$

定义的曼戈尔特函数.（见习题 27.）例如

$$\begin{aligned}
T_{100} &\approx \frac{12\ln 2}{\pi^2}\left(\ln 100 - \frac{\ln 2}{2} - \frac{\ln 2}{4} - \frac{\ln 5}{5} - \frac{\ln 5}{25}\right) + 1.47\\
&\approx (0.843)(4.605 - 0.347 - 0.173 - 0.322 - 0.064) + 1.47\\
&\approx 4.59,
\end{aligned}$$

而 T_{100} 的精确值是 4.56.

当 u 和 v 是在 1 和 N 之间均匀分布的整数时，我们也可以通过计算

$$\frac{1}{N^2}\sum_{m=1}^N\sum_{n=1}^N T(m,n) = \frac{2}{N^2}\sum_{n=1}^N nT_n - \frac{1}{2} - \frac{1}{2N}\tag{57}$$

来估计执行除法步骤的平均次数. 假设式 (55) 成立, 习题 29 证明了上面的和式的值为

$$\frac{12\ln 2}{\pi^2}\ln N + O(1). \tag{58}$$

而且对推导出等式 4.5.2-(65) 的数据进行经验计算所得到的结果与公式

$$\frac{12\ln 2}{\pi^2}\ln N + 0.06 \tag{59}$$

吻合得很好. 当然, 到目前为止我们还没有证明与 T_n 和 τ_n 有关的任何结果, 而只是考虑什么样的公式是合理的. 幸运的是, 通过综合几位数学家所进行的细致的研究工作, 我们现在可以给出严格的证明了.

上面的公式中的首项系数 $12\pi^{-2}\ln 2$ 最早是由古斯塔夫·洛赫施、约翰·狄克逊和汉斯·海尔布龙分别独立给出的. 洛赫施推导出了一个公式 [*Monatshefte für Math.* **65** (1961), 27–52], 这个公式相当于说 (57) 中和式的值等于 $(12\pi^{-2}\ln 2)\ln N + a + O(N^{-1/2})$, 其中 $a \approx 0.065$. 可惜他的论文在很多年里基本上都不为人所知, 这可能是因为他仅计算了一个平均值, 因而我们无法据此对任何 n 值给出 T_n 的确定信息. 狄克逊发展了 $F_n(x)$ 分布的理论 [*J. Number Theory* **2** (1970), 414–422], 他证明了在一定意义下, 各个部分商基本上是相互独立的. 而且证明了, 对于所有正数 ϵ, 以及在 $1 \le m < n \le N$ 范围内的 m 和 n, 除了 $\exp\big(-c(\epsilon)(\log N)^{\epsilon/2}\big)N^2$ （其中 $c(\epsilon) > 0$) 个值外, 我们有 $|T(m,n) - (12\pi^{-2}\ln 2)\ln n| < (\ln n)^{(1/2)+\epsilon}$. 海尔布龙的方法则截然不同, 是针对整数而不是连续变量. 他的想法是基于 τ_n 的值与用特定模式表示 n 的方式数有关. 习题 33 和 34 以稍微不同的形式展现了他的思路. 此外, 他的文章 [*Number Theory and Analysis,* 保罗·图兰编辑 (New York: Plenum, 1969), 87–96] 表明, 我们上面讨论的各个部分商 1, 2, ... 的分布, 实际上可以刻画具有同一个分母的分数的不同分子作为部分商的分布. 这是定理 E 的更强的形式. 比这个结论更强的结果在几年后由约翰·波特给出 [*Mathematika* **22** (1975), 20–28]. 他确定

$$\tau_n = \frac{12\ln 2}{\pi^2}\ln n + C + O(n^{-1/6+\epsilon}), \tag{60}$$

其中 $C \approx 1.467\,078\,079\,4$ 是常数

$$\frac{6\ln 2}{\pi^2}\left(3\ln 2 + 4\gamma - \frac{24}{\pi^2}\zeta'(2) - 2\right) - \frac{1}{2}. \tag{61}$$

见高德纳, *Computers and Math. with Applic.* **2** (1976), 137–139. 于是我们就完全证明了猜想 (50). 利用 (60), 格雷厄姆·诺顿推广了习题 29 的计算方法以验证洛赫施的工作 [*J. Symbolic Computation* **10** (1990), 53–58]. 他证明了 (59) 中的经验常数 0.06 其实是

$$\frac{6\ln 2}{\pi^2}\left(3\ln 2 + 4\gamma - \frac{12}{\pi^2}\zeta'(2) - 3\right) - 1 = 0.065\,351\,425\,9\ldots. \tag{62}$$

汉斯莱证明了 τ_n 的方差与 $\log n$ 成正比 [*J. Number Theory* **49** (1994), 142–182].

如果我们对多精度整数使用欧几里得算法, 其中的算术运算使用经典算法, 科林斯证明了 [*SICOMP* **3** (1974), 1–10] 其平均运行时间的阶为

$$\big(1 + \log\big(\max(u,v)/\gcd(u,v)\big)\big)\log\min(u,v). \tag{63}$$

总结. 我们知道当输入数据 u 和 v 是两个相邻的斐波那契数时, 欧几里得算法的表现最差（定理 F). 当 $0 \le v < N$ 时, 除法步骤的执行次数一定不会超过 $\lceil 4.8\log_{10} N - 0.32\rceil$. 我们还确定了部分商取不同的值的频率, 例如大约有 41% 的除法步骤会给出 $\lfloor u/v \rfloor = 1$ 的结果（定

理 E). 最后, 海尔布龙和波特的定理证明了, 当 $v = n$ 时执行除法步骤的平均次数 T_n 近似等于

$$((12 \ln 2)/\pi^2) \ln n \approx 1.9405 \log_{10} n$$

减去等式 (55) 中与 n 的因数有关的校正项.

习题

▶ **1.** [*20*] 由于在算法 4.5.2A 中商 $\lfloor u/v \rfloor$ 等于 1 的可能性超过 40%, 因此在某些计算机上对这种情况进行检测, 以便在商为 1 时避免做除法可能是有益的. 下面实现欧几里得算法的 MIX 程序是否比程序 4.5.2A 效率更高?

```
     LDX  U    rX ← u.              SRAX 5    rAX ← rA.
     JMP  2F                        JL   2F   u − v < v 吗?
1H   STX  V    v ← rX.              DIV  V    rX ← rAX mod v.
     SUB  V    rA ← u − v.       2H LDA  V    rA ← v.
     CMPA V                         JXNZ 1B   如果 rX = 0 则结束.      ∎
```

2. [*M21*] 计算以下矩阵乘积 $\begin{pmatrix} x_1 & 1 \\ 1 & 0 \end{pmatrix} \begin{pmatrix} x_2 & 1 \\ 1 & 0 \end{pmatrix} \cdots \begin{pmatrix} x_n & 1 \\ 1 & 0 \end{pmatrix}$.

3. [*M21*] 行列式 $\det \begin{pmatrix} x_1 & 1 & 0 & \dots & 0 \\ -1 & x_2 & 1 & & 0 \\ 0 & -1 & x_3 & 1 & \vdots \\ \vdots & & -1 & \ddots & 1 \\ 0 & 0 & \dots & -1 & x_n \end{pmatrix}$ 的值是多少?

4. [*M20*] 证明等式 (8).

5. [*HM25*] 设 $x_1, x_2, \dots$ 是一个实数序列, 其中每个数都大于某个正实数 ϵ. 证明无穷连分数 $/\!/x_1, x_2, \dots /\!/ = \lim_{n \to \infty} /\!/x_1, \dots, x_n /\!/$ 存在. 如果我们只是假设对所有的 j 有 $x_j > 0$, 证明 $/\!/x_1, x_2, \dots /\!/$ 不一定存在.

6. [*M23*] 证明任意的正规连分数展开在下面的意义下是唯一的: 如果 $B_1, B_2, \dots$ 是正整数, 则无穷连分数 $/\!/B_1, B_2, \dots /\!/$ 是介于 0 和 1 之间的无理数 X, 它的正规连分数对所有 $n \geq 1$ 有 $A_n = B_n$. 如果 $B_1, \dots, B_m$ 是正整数且 $B_m > 1$, 则 $X = /\!/B_1, \dots, B_m /\!/$ 的正规连分数对 $1 \leq n \leq m$ 有 $A_n = B_n$.

7. [*M26*] 求整数集合 $\{1, 2, \dots, n\}$ 的所有排列 $p(1)p(2)\dots p(n)$, 使得对于所有 $x_1, x_2, \dots, x_n$, 恒等式 $K_n(x_1, x_2, \dots, x_n) = K_n(x_{p(1)}, x_{p(2)}, \dots, x_{p(n)})$ 成立.

8. [*M20*] 证明在进行正规连分数展开的过程中, 只要 X_n 有定义, 就有 $-1/X_n = /\!/A_n, \dots, A_1, -X /\!/$.

9. [*M21*] 证明连分数满足下面的恒等式:

(a) $/\!/x_1, \dots, x_n /\!/ = /\!/x_1, \dots, x_k + /\!/x_{k+1}, \dots, x_n /\!/ /\!/$, $1 \leq k \leq n$;

(b) $/\!/0, x_1, x_2, \dots, x_n /\!/ = x_1 + /\!/x_2, \dots, x_n /\!/$, $n \geq 1$;

(c) $/\!/x_1, \dots, x_{k-1}, x_k, 0, x_{k+1}, x_{k+2}, \dots, x_n /\!/ = /\!/x_1, \dots, x_{k-1}, x_k + x_{k+1}, x_{k+2}, \dots, x_n /\!/$, $1 \leq k < n$;

(d) $1 - /\!/x_1, x_2, \dots, x_n /\!/ = /\!/1, x_1 - 1, x_2, \dots, x_n /\!/$, $n \geq 1$.

10. [*M28*] 根据习题 6 的结论, 任意无理数 X 有形如

$$X = A_0 + /\!/A_1, A_2, A_3, \dots /\!/$$

的唯一的正规连分数表示, 其中 A_0 是整数, $A_1, A_2, A_3, \dots$ 是正整数. 证明如果 X 有这样的连分数表示, 则存在适当的整数 $B_0, B_1, \dots, B_m$, 使得 $1/X$ 可用正规连分数表示为

$$1/X = B_0 + /\!/B_1, \dots, B_m, A_5, A_6, \dots /\!/.$$

(当然, $A_0 < 0$ 的情形是最有趣的.) 说明如何用 A_0, A_1, A_2, A_3 和 A_4 表示各个 B_i 的值.

11. [*M30*] （塞雷，1850）设用习题 10 的方法得到的实数 X 和 Y 的正规连分数表示分别是 $X = A_0 + /\!/A_1, A_2, A_3, A_4, \ldots /\!/$ 和 $Y = B_0 + /\!/B_1, B_2, B_3, B_4, \ldots /\!/$. 证明这两种方式"终归一致"，即对特定的 m 和 n 以及所有 $k \geq 0$ 有 $A_{m+k} = B_{n+k}$，当且仅当存在整数 q, r, s, t 满足 $|qt - rs| = 1$，使得 $X = (qY + r)/(sY + t)$.（这个定理是以下简单事实的对于连分数表示的类似物：X 和 Y 在十进制数系中的表示方式终归一致当且仅当存在整数 q, r 和 s 使得 $X = (10^q Y + r)/10^s$.）

▶ **12.** [*M30*] 所谓二次无理数，是指形如 $(\sqrt{D} - U)/V$ 的数，其中 D、U 和 V 都是整数，$D > 0$，$V \neq 0$，且 D 不是完全平方数. 不失一般性，我们可以假设 V 是 $D - U^2$ 的一个因数，否则上述二次无理数可改写成 $(\sqrt{DV^2} - U|V|)/(V|V|)$.

(a) 证明二次无理数 $X = (\sqrt{D} - U)/V$（在习题 10 意义下）的正规连分数表示可按下面的公式得到：

$$V_0 = V, \qquad\qquad A_0 = \lfloor X \rfloor, \qquad\qquad U_0 = U + A_0 V;$$
$$V_{n+1} = (D - U_n^2)/V_n, \quad A_{n+1} = \lfloor (\sqrt{D} + U_n)/V_{n+1} \rfloor, \quad U_{n+1} = A_{n+1} V_{n+1} - U_n.$$

(b) 证明对所有 $n > N$ 有 $0 < U_n < \sqrt{D}$，$0 < V_n < 2\sqrt{D}$，其中 N 是某个依赖于 X 的整数. 因此所有二次无理数的正规连分数表示都是终归周期的. ［提示：证明

$$(-\sqrt{D} - U)/V = A_0 + /\!/A_1, \ldots, A_n, -V_n/(\sqrt{D} + U_n)/\!/,$$

并利用公式 (5) 证明当 n 很大时 $(\sqrt{D} + U_n)/V_n$ 是整数.］

(c) 设 $p_n = K_{n+1}(A_0, A_1, \ldots, A_n)$，$q_n = K_n(A_1, \ldots, A_n)$，证明 $Vp_n^2 + 2Up_n q_n + ((U^2 - D)/V)q_n^2 = (-1)^{n+1} V_{n+1}$.

(d) 证明无理数 X 的正规连分数表示是终归周期的当且仅当 X 是二次无理数.（这个结论是以下命题的连分数形式的表述：实数 X 的十进制表示是终归周期的当且仅当 X 是有理数.）

13. [*M40*] （拉格朗日，1767）设 $f(x) = a_n x^n + \cdots + a_0, a_n > 0$，是恰好有一个实根 $\xi > 1$ 的多项式，其中 ξ 是无理数且 $f'(\xi) \neq 0$. 使用下面的算法（此算法基本上只使用加法运算）编写一个程序，求 ξ 的前 1000 个部分商.

L1. 置 $A \leftarrow 1$.

L2. 对 $k = 0, 1, \ldots, n-1$（按这个顺序依次取值）及 $j = n-1, \ldots, k$（按这个顺序依次取值），置 $a_j \leftarrow a_{j+1} + a_j$.（这一步将 $f(x)$ 替换为 $g(x) = f(x+1)$，g 也是一个多项式，且它的根恰好等于 f 对应的根减 1.）

L3. 如果 $a_n + a_{n-1} + \cdots + a_0 < 0$，则置 $A \leftarrow A + 1$，并转回 L2.

L4. 输出 A（这个数就是下一个部分商的值）. 将系数 $(a_n, a_{n-1}, \ldots, a_0)$ 替换为 $(-a_0, -a_1, \ldots, -a_n)$，并转回 L1.（这一步将 $f(x)$ 换成另一个多项式，其根与 f 的对应根互为倒数.）　▮

例如，从 $f(x) = x^3 - 2$ 开始，这个算法先输出"1"（将 $f(x)$ 变为 $x^3 - 3x^2 - 3x - 1$），然后输出"3"（将 $f(x)$ 变为 $10x^3 - 6x^2 - 6x - 1$），等等.

14. [*M22*] （赫维茨，1891）证明利用下面的公式，可以在已知 X 的部分商时求出 $2X$ 的正规连分数展开：
$$2/\!/2a, b, c, \ldots /\!/ = /\!/a, 2b + 2/\!/c, \ldots /\!/ /\!/,$$
$$2/\!/2a + 1, b, c, \ldots /\!/ = /\!/a, 1, 1 + 2/\!/b - 1, c, \ldots /\!/ /\!/.$$

对 (13) 中的 e 的连分数展开，利用这个思路求 $\frac{1}{2}e$ 的正规连分数展开.

▶ **15.** [*M31*] （小高斯珀）推广习题 14 的方法，设计一个算法，在 x 的连分数 $x_0 + /\!/x_1, x_2, \ldots /\!/$ 已知时，对给定的整数 a, b, c, d，其中 $ad \neq bc$，计算 $(ax + b)/(cx + d)$ 的连分数 $X_0 + /\!/X_1, X_2, \ldots /\!/$. 将你的算法设计成"在线协同例程"，即根据已输入的 x_j 的值，把能够计算出来的 X_k 尽可能多地输出. 演示一下你的算法如何对 $x = -1 + /\!/5, 1, 1, 1, 2, 1, 2/\!/$ 计算 $(97x + 39)/(-62x - 25)$ 的连分数.

16. [*HM30*] （欧拉，1731）令 $f_0(z) = (e^z - e^{-z})/(e^z + e^{-z}) = \tanh z$，以及 $f_{n+1}(z) = 1/f_n(z) - (2n+1)/z$. 证明对任意 n，$f_n(z)$ 是关于复变量 z 的在原点邻域内解析的函数，并且满足微分方程 $f_n'(z) = 1 - f_n(z)^2 - 2nf_n(z)/z$. 利用这个命题证明

$$\tanh z = //z^{-1}, 3z^{-1}, 5z^{-1}, 7z^{-1}, \ldots //.$$

然后利用赫维茨规则（习题 14）证明

$$e^{-1/n} = //\overline{1, (2m+1)n - 1, 1}//, \qquad m \geq 0.$$

（这个记号表示的是无穷连分数 $//1, n-1, 1, 1, 3n-1, 1, 1, 5n-1, 1, \ldots //$. ）此外，请对所有奇数 $n > 0$，求 $e^{-2/n}$ 的正规连分数展开.

▶ **17.** [*M23*] (a) 证明 $//x_1, -x_2// = //x_1 - 1, 1, x_2 - 1//$. (b) 推广前面的恒等式，当所有 x_i 都是很大的正整数时，给出关于 $//x_1, -x_2, x_3, -x_4, x_5, -x_6, \ldots, x_{2n-1}, -x_{2n}//$ 的所有部分商都是正整数的公式. (c) 由习题 16 的结果可得 $\tan 1 = //1, -3, 5, -7, \ldots //$. 求 $\tan 1$ 的正规连分数展开.

18. [*M25*] 证明关于连分数的表达式 $//a_1, a_2, \ldots, a_m, x_1, a_1, a_2, \ldots, a_m, x_2, a_1, a_2, \ldots, a_m, x_3, \ldots // - //a_m, \ldots, a_2, a_1, x_1, a_m, \ldots, a_2, a_1, x_2, a_m, \ldots, a_2, a_1, x_3, \ldots //$ 不依赖于 $x_1, x_2, x_3, \ldots$ 的值. 提示：将两个连分数都乘以 $K_m(a_1, a_2, \ldots, a_m)$.

19. [*M20*] 证明 $F(x) = \log_b(1+x)$ 满足等式 (24).

20. [*HM20*] 由 (37) 推导出 (38).

21. [*HM29*] （维尔辛）在关于函数 φ 的不等式 (39) 中，φ 是与 g 对应的函数，其中 g 满足 $Tg(x) = 1/(x+1)$. 证明对应于 $Tg(x) = 1/(x+c)$ 的函数可以得到更好的上下界，其中 $c > 0$ 是一个适当的常数.

22. [*HM46*] （巴边科）设计高效的方法，对较小的 $j \geq 3$ 以及所有 $0 \leq x \leq 1$，计算 (44) 中的 λ_j 和 $\Psi_j(x)$ 的较精确的近似值.

23. [*HM23*] 利用定理 W 证明中得到的结论证明 (53).

24. [*M22*] 一个随机选取的实数的正规连分数展开的部分商 A_n 的平均值是多少？

25. [*HM25*] 寻找一个这样的集合 $\mathcal{I} = I_1 \cup I_2 \cup I_3 \cup \cdots \subseteq [0..1]$，其中各 I_j 是不相交的区间，使得 (45) 不成立.

26. [*M23*] 如果我们将集合 $\{1/n, 2/n, \ldots, \lfloor n/2 \rfloor/n\}$ 中的数表示成正规连分数，证明其结果是左右对称的，即只要 $//A_t, \ldots, A_2, A_1//$ 出现，则 $//A_1, A_2, \ldots, A_t//$ 也会出现.

27. [*M21*] 由 (49) 和 (54) 推导出 (55).

28. [*M23*] 证明关于三个数论函数 $\varphi(n)$，$\mu(n)$，$\Lambda(n)$ 的以下恒等式：

(a) $\sum_{d \backslash n} \mu(d) = \delta_{n1}$;   (b) $\ln n = \sum_{d \backslash n} \Lambda(d)$, $n = \sum_{d \backslash n} \varphi(d)$;

(c) $\Lambda(n) = \sum_{d \backslash n} \mu\left(\frac{n}{d}\right) \ln d$, $\varphi(n) = \sum_{d \backslash n} \mu\left(\frac{n}{d}\right) d$.

29. [*M23*] 假设 T_n 由 (55) 给出，证明 (57) 与 (58) 相等.

▶ **30.** [*HM32*] 欧几里得算法的以下"贪婪"形式经常会被提到：在除法步骤中我们不是用 $u \bmod v$ 替代 v，而是在 $u \bmod v > \frac{1}{2}v$ 时用 $|(u \bmod v) - v|$ 替代 v. 例如，如果 $u = 26$ 且 $v = 7$，则 $\gcd(26,7) = \gcd(-2,7) = \gcd(7,2)$. -2 是用 26 减去 7 的倍数所得的绝对值最小的余数. 将这个算法与欧几里得算法作比较，估计这个方法平均节省的除法步骤的次数.

▶ **31.** [*M35*] 习题 30 中给出的修改后的欧几里得算法的最坏情形是什么？如果用这个算法计算 $u > v > 0$ 的最大公因数，使得算法需要执行 n 次除法步骤的最小的 u 和 v 的值是多少？

32. [20] (a) 长度为 n 的摩尔斯码序列是由 r 个点和 s 条短划线构成的字符串, 其中 $r + 2s = n$. 例如, 长度为 4 的摩尔斯码序列有以下几种:

$$\bullet\bullet\bullet\bullet, \qquad \bullet\bullet-, \qquad \bullet-\bullet, \qquad -\bullet\bullet, \qquad --.$$

注意到连续多项式 $K_4(x_1, x_2, x_3, x_4)$ 的表达式为 $x_1x_2x_3x_4 + x_1x_2 + x_1x_4 + x_3x_4 + 1$. 给出并证明 $K_n(x_1, \ldots, x_n)$ 与长度为 n 的摩尔斯码序列之间的一个简单的关系. (b)（欧拉, *Novi Comm. Acad. Sci. Pet.* **9** (1762), 53–69）证明

$$K_{m+n}(x_1, \ldots, x_{m+n}) =$$
$$K_m(x_1, \ldots, x_m) K_n(x_{m+1}, \ldots, x_{m+n}) + K_{m-1}(x_1, \ldots, x_{m-1}) K_{n-1}(x_{m+2}, \ldots, x_{m+n}).$$

33. [M32] 记 $h(n)$ 为将 n 表示为以下形式的方式的数目:

$$n = xx' + yy', \qquad x > y > 0, \qquad x' > y' > 0, \qquad x \perp y, \qquad x, x', y, y' \text{ 都是整数.}$$

　　(a) 如果将条件放宽为允许 $x' = y'$, 证明表示方式的数目为 $h(n) + \lfloor (n-1)/2 \rfloor$.

　　(b) 对固定的 $y > 0$ 和 $0 < t \leq y$, 其中 $t \perp y$, 以及在 $0 < x' < n/(y + t)$ 范围内满足 $x't \equiv n \pmod{y}$ 的每个固定的 x', 证明 n 恰好有一种表示方式满足 (a) 中的约束和条件 $x \equiv t \pmod{y}$.

　　(c) 由此可知, $h(n) = \sum \lceil (n/(y+t) - t')/y \rceil - \lfloor (n-1)/2 \rfloor$, 其中求和是对所有满足 $t \perp y$, $t \leq y$, $t' \leq y$, $tt' \equiv n \pmod{y}$ 的正整数 y, t, t' 进行.

　　(d) 证明在这 $h(n)$ 种表示方式中, 每一种都可唯一地写成

$$x = K_m(x_1, \ldots, x_m), \qquad y = K_{m-1}(x_1, \ldots, x_{m-1}),$$
$$x' = K_k(x_{m+1}, \ldots, x_{m+k}) d, \qquad y' = K_{k-1}(x_{m+2}, \ldots, x_{m+k}) d$$

的形式, 其中 m, k, d 和 x_j 都是正整数, 并且 $x_1 \geq 2$, $x_{m+k} \geq 2$ 和 d 都是 n 的因数. 于是由习题 32 中的恒等式可推导出 $n/d = K_{m+k}(x_1, \ldots, x_{m+k})$. 反之, 任意满足 $x_1 \geq 2$, $x_{m+k} \geq 2$ 以及使 $K_{m+k}(x_1, \ldots, x_{m+k})$ 整除 n 的正整数序列 $x_1, \ldots, x_{m+k}$, 都可以这种方式与 n 的 $m + k - 1$ 种表示方式相对应.

　　(e) 因此 $nT_n = \lfloor (5n - 3)/2 \rfloor + 2h(n)$.

34. [HM40] （海尔布龙）记 $h_d(n)$ 为习题 33 中 n 的满足 $xd < x'$ 的表示方式的数目与满足 $xd = x'$ 的表示方式的数目的一半之和.

　　(a) 令 $g(n)$ 为不需要满足 $x \perp y$ 的要求的表示方式的数目. 证明

$$h(n) = \sum_{d \backslash n} \mu(d) g\left(\frac{n}{d}\right), \qquad g(n) = 2 \sum_{d \backslash n} h_d\left(\frac{n}{d}\right).$$

　　(b) 推广习题 33(b) 的结论, 证明对 $d \geq 1$ 有 $h_d(n) = \sum (n/(y(y+t))) + O(n)$, 其中求和是对所有满足 $t \perp y$ 和 $0 < t \leq y < \sqrt{n/d}$ 的 y 和 t 进行.

　　(c) 证明 $\sum (y/(y+t)) = \varphi(y) \ln 2 + O(\sigma_{-1}(y))$, 其中求和是对 $0 < t \leq y$ 范围内的满足 $t \perp y$ 的 t 和 y 进行, 且 $\sigma_{-1}(y) = \sum_{d \backslash y}(1/d)$.

　　(d) 证明 $\sum_{y=1}^{n} \varphi(y)/y^2 = \sum_{d=1}^{n} \mu(d) H_{\lfloor n/d \rfloor}/d^2$.

　　(e) 因此我们可以得到渐近公式

$$T_n = ((12 \ln 2)/\pi^2)(\ln n - \sum_{d \backslash n} \Lambda(d)/d) + O(\sigma_{-1}(n)^2).$$

35. [HM41] （姚期智和高德纳）证明对于 $1 \leq m < n$, 部分商 m/n 的和等于 $2(\sum \lfloor x/y \rfloor + \lfloor n/2 \rfloor)$, 其中的求和符号表示对所有满足习题 33(a) 的条件的表示方式 $n = xx' + yy'$ 进行求和. 证明 $\sum \lfloor x/y \rfloor = 3\pi^{-2} n (\ln n)^2 + O(n \log n (\log \log n)^2)$, 并将这个结果应用于只使用减法而不使用除法的欧几里得算法的 "原始" 形式.

36. [*M25*] （布拉德利）假设我们在使用算法 4.5.2C 计算 $\gcd(u_1, \ldots, u_n)$ 时自始至终使用欧几里得算法，则使得计算过程需要使用 N 次除法的 u_n 的最小值是多少？假设 $N \geq n \geq 3$.

37. [*M38*] （西奥多·莫茨金和厄恩斯特·斯特劳斯）设 $a_1, \ldots, a_n$ 都是正整数. 证明对 $\{1, 2, \ldots, n\}$ 的所有可能的排列方式 $p(1) \ldots p(n)$，$K_n(a_{p(1)}, \ldots, a_{p(n)})$ 的最大值在 $a_{p(1)} \geq a_{p(n)} \geq a_{p(2)} \geq a_{p(n-1)} \geq \cdots$ 时达到，而最小值在 $a_{p(1)} \leq a_{p(n)} \leq a_{p(3)} \leq a_{p(n-2)} \leq a_{p(5)} \leq \cdots \leq a_{p(6)} \leq a_{p(n-3)} \leq a_{p(4)} \leq a_{p(n-1)} \leq a_{p(2)}$ 时达到.

38. [*M25*] （扬·米库辛斯基）记 $L(n) = \max_{m \geq 0} T(m, n)$. 由定理 F 知 $L(n) \leq \log_\phi(\sqrt{5}\,n + 1) - 2$. 证明 $2L(n) \geq \log_\phi(\sqrt{5}\,n + 1) - 2$.

▶ **39.** [*M25*] （小高斯珀）如果一个棒球运动员击球的平均命中率是 0.334，则他击球的可能的最少次数是多少？[给非棒球爱好者的注解：击球的平均命中率 = 击中球的次数/击球的次数，精确到小数点后三位.]

▶ **40.** [*M28*] （施特恩-布罗科特树）考虑一个无穷二叉树，每个结点都用分数 $(p_l + p_r)/(q_l + q_r)$ 来标记，最接近它的左先辈标记为 p_l/q_l，右先辈标记为 p_r/q_r.（左先辈是按对称序在当前结点之前的结点，而右先辈在当前结点之后. 对称序的定义见 2.3.1 节.）如果一个结点没有左先辈，则 $p_l/q_l = 0/1$；如果没有右先辈，则 $p_r/q_r = 1/0$. 因此，根结点的标记是 1/1，它的两个子结点的标记分别是 1/2 和 2/1. 第二层的四个结点的标记从左到右是 1/3, 2/3, 3/2 和 3/1. 第三层的八个结点的标记分别是 1/4, 2/5, 3/5, 3/4, 4/3, 5/3, 5/2, 4/1. 等等.

　　证明在每个标记 p/q 中 p 与 q 互素. 而且，按对称序，标记为 p/q 的结点位于标记为 p'/q' 的结点之前，当且仅当 $p/q < p'/q'$. 找出一个结点的标记的连分数表示与通向该结点的路径之间的联系，从而证明每个正有理数恰好标记这个二叉树的一个结点.

41. [*M40*] （沙历特，1979）证明

$$\frac{1}{2^1} + \frac{1}{2^3} + \frac{1}{2^7} + \cdots = \sum_{n \geq 1} \frac{1}{2^{2^n - 1}}$$

的正规连分数展开中只包含 1 和 2，并且有非常简单的模式. 证明对于不小于 2 的整数 l，刘维尔数 $\sum_{n \geq 1} l^{-n!}$ 的部分商也有非常规范的模式.[后一个数由约瑟夫·刘维尔在 *J. de Math. Pures et Appl.* **16** (1851), 133–142 中定义，它是第一个被证明为超越数的显式表达的数. 前一个数以及以类似方式定义的数由肯普纳在 *Trans. Amer. Math. Soc.* **17** (1916), 476–482 中最先被证明为超越数.]

42. [*M30*] （拉格朗日，1798）设 X 有正规连分数展开 $/\!/A_1, A_2, \ldots /\!/$，并且 $q_n = K_n(A_1, \ldots, A_n)$. 记 $\|x\|$ 为 x 与离它最近的整数的距离，即 $\min_p |x - p|$. 证明当 $1 \leq q < q_n$ 时 $\|qX\| \geq \|q_{n-1}X\|$.（因此那些所谓的渐近分数 $p_n/q_n = /\!/A_1, \ldots, A_n /\!/$ 的分母 q_n 就是"打破临界值"的整数，它们使得 $\|qX\|$ 达到更小的数值. ）

43. [*M30*] （马图拉）证明当 $x > 0$ 不可表示时，固定或浮动斜线数的"中间舍入"，即等式 4.5.1-(1)，可以按以下方式执行：设 x 的正规连分数展开为 $a_0 + /\!/a_1, a_2, \ldots /\!/$，且 $p_n = K_{n+1}(a_0, \ldots, a_n)$，$q_n = K_n(a_1, \ldots, a_n)$. 则 $\mathrm{round}(x) = (p_i/q_i)$，其中 (p_i/q_i) 是可表示的数，而 (p_{i+1}/q_{i+1}) 是不可表示的. [提示：见习题 40.]

44. [*M25*] 假设我们在进行基于中间舍入的固定斜线运算，其中分数 (u/u') 可表示当且仅当 $|u| < M$，$0 \leq u' < N$ 且 $u \perp u'$. 证明或证伪：当 $u' < \sqrt{N}$ 且不发生溢出时，恒等式 $((u/u') \oplus (v/v')) \ominus (v/v') = (u/u')$ 对所有可表示的 (u/u') 和 (v/v') 成立.

45. [*M25*] 证明当 $n \to \infty$ 时，对两个 n 位二进制数使用欧几里得算法（算法 4.5.2A）需要 $O(n^2)$ 个时间单位.（算法 4.5.2B 明显有同样的运行时间的上界. ）

46. [*M43*] 如果在习题 45 中使用其他求最大公因数的算法，是否可以得到比 $O(n^2)$ 更小的上界？

47. [*M40*] 编写一个计算机程序，对一个给定的高精度的实数 x 找到它的尽可能多的部分商. 用你的程序计算欧拉常数 γ 的前面几千个部分商. 斯威尼说明了如何计算这些部分商 [*Math. Comp.* **17** (1963), 170–178]. （如果 γ 是有理数，你可以由此得到它的分子和分母，从而解决了一个著名的数学问题. 根

据正文中给出的结论，对随机选取的数，每增加一个十进制位就可以多求 0.97 个部分商. 计算过程不需要用到多精度除法. 可参考算法 4.5.2L 以及小伦奇和丹尼尔·尚克斯的文章 *Math. Comp.* **20** (1966), 444–447.)

48. [*M21*] 设 $T_0 = (1, 0, u)$, $T_1 = (0, 1, v)$, ..., $T_{n+1} = ((-1)^{n+1}v/d, (-1)^n u/d, 0)$ 是算法 4.5.2X（广义欧几里得算法）求得的向量序列，且 $//a_1, \ldots, a_n//$ 是 v/u 的正规连分数. 对于 $1 < j \leq n$, 请用关于 $a_1, \ldots, a_n$ 的连续多项式表示 T_j.

49. [*M33*] 通过修改算法 4.5.2X 末尾的迭代过程，我们可以根据需要将 a_n 替换为两个部分商 $((a_n - 1, 1)$, 从而可以假设迭代次数 n 有固定的奇偶性. 承接上一道习题，对任意的正实数 λ 和 μ, 定义 $\theta = \sqrt{\lambda\mu v/d}$, 其中 $d = \gcd(u, v)$. 证明对偶数 n, 如果 $T_j = (x_j, y_j, z_j)$, 则 $\min_{j=1}^{n+1} |\lambda x_j + \mu z_j - [j \text{ even}]\theta| \leq \theta$.

▶ **50.** [*M25*] 给定无理数 $\alpha \in (0..1)$ 以及实数 β 和 γ 满足 $0 \leq \beta < \gamma < 1$, 记 $f(\alpha, \beta, \gamma)$ 为满足 $\beta \leq \alpha n \bmod 1 < \gamma$ 的最小的非负整数 n. （由外尔定理，这样的整数必定存在，见习题 3.5–22.）设计一个算法求 $f(\alpha, \beta, \gamma)$ 的值.

▶ **51.** [*M30*] （有理数重构）在 $316 \cdot 28481 \equiv 41$ 的意义下，可以认为 28481 等于 41/316(modulo 199999). 我们怎样建立上述关系式呢？给定整数 a 和 m 满足 $m > a > 1$, 说明如何找到整数 x 和 y 满足 $ax \equiv y$ (modulo m), $x \perp y$, $0 < x \leq \sqrt{m/2}$ 且 $|y| \leq \sqrt{m/2}$, 或者确定这样的 x 和 y 不存在. 这个问题的解有可能不止一个吗？

4.5.4 分解素因数

我们在本书中遇到的计算方法中有好几个都用到下面的结果，即每个正整数 n 都可以唯一分解为

$$n = p_1 p_2 \ldots p_t, \qquad p_1 \leq p_2 \leq \cdots \leq p_t, \tag{1}$$

其中每个 p_k 都是素数.（当 $n = 1$ 时，上式中取 $t = 0$.）不幸的是，要找到 n 的这种素因数分解或判断 n 是否是素数，都不是一件容易的事. 目前我们所知的是，对很大的 n 进行素因数分解要比计算两个大数 m 和 n 的最大公因数困难得多. 所以应当尽可能避免分解很大的数. 但是也已经发现了几个可以加速分解过程的巧妙方法，下面我们将谈到其中的一部分.［休·威廉斯和沙历特回顾了因数分解问题在 1950 年以前的全面历史，*Proc. Symp. Applied Math.* **48** (1993), 481–531.］

除法和因数. 我们首先来讨论最容易想到的因数分解的算法：如果 $n > 1$, 可依次将 n 除以素数 $p = 2, 3, 5, \ldots$, 直到发现使得 $n \bmod p = 0$ 的最小素数 p. 于是 p 是 n 的最小素因数，然后我们令 $n \leftarrow n/p$, 并尝试用 n 的这个新的值除以 p 以及更大的素数. 如果进行到某一步发现 $n \bmod p \neq 0$ 但 $\lfloor n/p \rfloor \leq p$, 就可以断定 n 是素数. 这是因为如果 n 不是素数，则由 (1) 可知 $n \geq p_1^2$, 但由 $p_1 > p$ 可推导出 $p_1^2 \geq (p+1)^2 > p(p+1) > p^2 + (n \bmod p) \geq \lfloor n/p \rfloor p + (n \bmod p) = n$. 于是我们有以下计算过程：

算法 A（利用除法做因数分解）. 给定一个正整数 N, 本算法找出等式 (1) 中那样的 N 的素因数 $p_1 \leq p_2 \leq \cdots \leq p_t$. 我们的方法需要利用一个辅助的试探除数序列

$$2 = d_0 < d_1 < d_2 < d_3 < \cdots, \tag{2}$$

其中包含了所有不大于 $\sqrt{N}$ 的素数（如果有必要的话，也可以包括非素数的值）. 上面的序列还必须包含至少一个不小于 $\sqrt{N}$ 的整数.

A1.［初始化.］置 $t \leftarrow 0$, $k \leftarrow 0$, $n \leftarrow N$.（在算法的计算过程中，变量 t, k, n 通过以下条件相关联："$n = N/p_1 \ldots p_t$, 且 n 没有小于 d_k 的素因数."）

A2. ［$n = 1$ 吗?］如果 $n = 1$, 则算法结束.

A3. ［做除法.］置 $q \leftarrow \lfloor n/d_k \rfloor$, $r \leftarrow n \bmod d_k$. （这里 q 和 r 是用 n 除以 d_k 得到的商和余数.）

A4. ［余数是零吗?］如果 $r \neq 0$, 则转向 A6.

A5. ［找到素因数.］将 t 加 1, 然后置 $p_t \leftarrow d_k$, $n \leftarrow q$, 并转回到 A2.

A6. ［商是否过小?］如果 $q > d_k$, 则将 k 加 1, 然后转回到 A3.

A7. ［n 是素数.］将 t 加 1, 置 $p_t \leftarrow n$, 然后结束算法. ▌

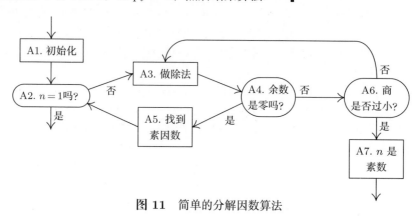

图 11 简单的分解因数算法

考虑算法 A 的一个例子, $N = 25\,852$ 的因数分解. 我们马上可以得到 $N = 2 \cdot 12\,926$, 所以 $p_1 = 2$. 进一步得到 $12\,926 = 2 \cdot 6463$, 所以 $p_2 = 2$. 但 $n = 6463$ 不能被 2, 3, 5, ..., 19 整除. 然后我们得到 $n = 23 \cdot 281$, 所以 $p_3 = 23$. 最后 $281 = 12 \cdot 23 + 5$, 而 $12 \leq 23$, 所以 $p_4 = 281$. 于是, 确定 25852 的因数的过程包含了总共 12 次除法运算. 另一方面, 如果我们试图分解稍微小一点的数 25849（这是一个素数）, 则至少需要做 38 次除法运算. 这表明, 算法 A 需要的运行时间与 $\max(p_{t-1}, \sqrt{p_t})$ 近似成正比. （如果 $t = 1$, 则只要约定 $p_0 = 1$, 这个公式仍然成立.）

算法 A 中使用的试探除数的序列 $d_0, d_1, d_2, \ldots$ 可以简单地取为 2, 3, 5, 7, 11, 13, 17, 19, 23, 25, 29, 31, 35, ..., 这是通过在前三项之后交替地加上 2 和 4 形成的. 这个序列包含了所有不是 2 和 3 的倍数的数. 虽然序列中也包含 25, 35, 49, ... 这类不是素数的数, 但算法仍然可以给出正确的答案. 如果对于 $m \geq 1$, 从序列中去掉所有 $30m \pm 5$（这意味着去掉了所有 5 的倍数）, 则可进一步节省 20% 的计算时间. 如果去掉所有 7 的倍数, 又进一步缩减 14%. 我们可以使用一个表格来控制试探除数的选取.

如果已知 N 的值比较小, 则将所有要用到的素数的表作为程序的一部分是一种合理的做法. 例如, 如果 N 小于一百万, 我们只需要记下 168 个小于 1000 的素数（在这些素数后面还要加上 $d_{168} = 1000$, 因为 N 也许是大于 997^2 的素数）. 这种素数表可以通过一个辅助程序来建立, 例如算法 1.3.2P 或者习题 8.

算法 A 需要多少个试探除数呢? 记 $\pi(x)$ 为不超过 x 的素数的数目, 例如 $\pi(2) = 1$, $\pi(10) = 4$. 从 1798 年的勒让德开始, 已经有许多位世界上最伟大的数学家广泛地研究过这个函数的渐近性质. 这个问题的研究在 19 世纪有许多进展, 并且在 1899 年达到顶峰. 查尔斯·普桑在那一年证明了对于某个 $A > 0$,

$$\pi(x) = \int_2^x \frac{dt}{\ln t} + O\big(x e^{-A\sqrt{\log x}}\big). \tag{3}$$

[*Mém. Couronnés Acad. Roy. Belgique* **59** (1899), 1–74. 也见雅克 · 阿达马，*Bull. Soc. Math. de France* **24** (1896), 199–220.] 利用分部积分可得到

$$\pi(x) = \frac{x}{\ln x} + \frac{x}{(\ln x)^2} + \frac{2! \, x}{(\ln x)^3} + \cdots + \frac{r! \, x}{(\ln x)^{r+1}} + O\left(\frac{x}{(\log x)^{r+2}}\right), \tag{4}$$

其中 $r \geq 0$ 是任意取定的整数. 式 (3) 中的误差项后来不断改进. 例如，它可替换为 $O\big(x \exp(-A(\log x)^{3/5}/(\log \log x)^{1/5})\big)$. [见阿诺德 · 沃尔费茨，*Weyl'sche Exponentialsummen in der neueren Zahlentheorie* (Berlin: 1963)，第 5 章] 黎曼在 1859 年猜测

$$\pi(x) \approx \sum_{k=1}^{\lg x} \frac{\mu(k)}{k} L\big(\sqrt[k]{x}\big) = L(x) - \frac{1}{2}L(\sqrt{x}) - \frac{1}{3}L(\sqrt[3]{x}) + \cdots, \tag{5}$$

其中 $L(x) = \int_2^x dt/\ln t$. 对合理大小的 x，他的公式与实际统计的素数数目吻合得很好:

x	$\pi(x)$	$L(x)$	黎曼的公式
10^3	168	176.6	168.3
10^6	78 498	78 626.5	78 527.4
10^9	50 847 534	50 849 233.9	50 847 455.4
10^{12}	37 607 912 018	37 607 950 279.8	37 607 910 542.2
10^{15}	29 844 570 422 669	29 844 571 475 286.5	29 844 570 495 886.9
10^{18}	24 739 954 287 740 860	24 739 954 309 690 414.0	24 739 954 284 239 494.4

（见习题 41.）然而，大素数的分布问题并不是这么简单，黎曼的猜想在 1914 年被李特尔伍德否定，见哈代和李特尔伍德，*Acta Math.* **41** (1918), 119–196. 他们在文章中证明了存在一个常数 $C > 0$ 使得

$$\pi(x) > L(x) + C\sqrt{x} \log \log \log x / \log x$$

对无穷多个 x 成立. 李特尔伍德的研究结果表明素数本质上是神秘的，我们需要建立很深刻的数学理论才有可能真正弄清楚它们的分布. 黎曼又给出了另一个看起来合理得多的猜想，即著名的"黎曼假设"：除了 z 是负偶数的平凡情形外，复变函数 $\zeta(z)$ 仅当 z 的实部等于 1/2 时才等于零. 如果这个猜想成立，就可以推导出 $\pi(x) = L(x) + O\big(\sqrt{x} \log x\big)$，见习题 25. 布伦特利用莱默的一个方法，通过计算函数值的方式对 z 的所有"小"的值验证了黎曼假设，他发现 $\zeta(z)$ 有 75 000 000 个零点的虚部在 $0 < \Im z < 32\,585\,736.4$ 范围内. 这些零点都满足 $\Re z = \frac{1}{2}$ 和 $\zeta'(z) \neq 0$. [*Math. Comp.* **33** (1979), 1361–1372.]

为了分析算法 A 的平均行为，我们想知道一个整数的最大素因数 p_t 有多大. 第一个探索该问题的是卡尔 · 迪克曼 [*Arkiv för Mat., Astron. och Fys.* **22A**, 10 (1930), 1–14]. 具体来说，他研究的是一个介于 1 和 x 之间的整数的最大素因数不超过 x^α 的概率. 他使用了启发式的论证方式证明了当 $x \to \infty$ 时这个概率值趋向极限 $F(\alpha)$，其中 F 可由函数方程

$$F(\alpha) = \int_0^\alpha F\left(\frac{t}{1-t}\right) \frac{dt}{t}, \qquad 0 \leq \alpha \leq 1; \qquad F(\alpha) = 1, \qquad \alpha \geq 1 \tag{6}$$

解出. 他的推导基本上是这样：给定 $0 < t < 1$，小于 x 且其最大素因数介于 x^t 和 x^{t+dt} 之间的整数的数目是 $xF'(t)\,dt$. 在上述范围内的素数个数是 $\pi(x^{t+dt}) - \pi(x^t) = \pi\big(x^t + (\ln x)x^t \, dt\big) - \pi(x^t) = x^t \, dt/t$. 对于每个这样的素数 p，使得"$np \leq x$ 且 n 的最大素因数不超过 p"的整数 n 的数目就是不超过 x^{1-t} 且其最大素因数不超过 $(x^{1-t})^{t/(1-t)}$ 的 n 的数目，即 $x^{1-t} F\big(t/(1-t)\big)$. 所以 $xF'(t)\,dt = (x^t \, dt/t)\big(x^{1-t}F\big(t/(1-t)\big)\big)$，然后做积分即得 (6). 这种启发式的论证可以转换

为严格的证明. 范米·拉马斯瓦米 [*Bull. Amer. Math. Soc.* **55** (1949), 1122–1127] 证明了对固定的 α, 上面的概率值当 $x \to \infty$ 时渐近趋向于 $F(\alpha) + O(1/\log x)$, 其后许多作者沿用了这一分析方法 [见卡尔·诺顿的综述文章 *Memoirs Amer. Math. Soc.* **106** (1971), 9–27].

如果 $\frac{1}{2} \le \alpha \le 1$, 则式 (6) 可简化为

$$F(\alpha) = 1 - \int_\alpha^1 F\left(\frac{t}{1-t}\right) \frac{dt}{t} = 1 - \int_\alpha^1 \frac{dt}{t} = 1 + \ln \alpha.$$

由此可知, 一个随机选取的不超过 x 的正整数有一个大于 $\sqrt{x}$ 的素因数的概率是 $1 - F(\frac{1}{2}) = \ln 2$, 即大约 69%. 此时算法 A 的计算过程会比较艰难.

上述讨论过程最终告诉我们, 用算法 A 分解六位数是非常快的. 但对很大的 N, 除非我们非常幸运, 否则利用试探除数做因数分解的计算时间会很快超过我们实际可接受的限度.

接下来我们将看到, 有一些很好的方法不需要尝试所有不超过 $\sqrt{n}$ 的除数就可以判断一个相当大的整数 n 是否素数. 所以如果我们在步骤 A2 和 A3 之间插入一段素数判别算法, 那么算法 A 就会执行得更快. 改进后的算法的运行时间大致与 p_{t-1}（即 N 的第二大素因数）而不是 $\max(p_{t-1}, \sqrt{p_t})$ 成正比. 通过与迪克曼相类似的论证过程（见习题 18）, 我们可以证明一个不超过 x 的随机整数的第二大素因数不超过 x^β 的近似概率为 $G(\beta)$, 其中

$$G(\beta) = \int_0^\beta \left(G\left(\frac{t}{1-t}\right) - F\left(\frac{t}{1-t}\right) \right) \frac{dt}{t}, \qquad 0 \le \beta \le \frac{1}{2}. \tag{7}$$

显然当 $\beta \ge \frac{1}{2}$ 时 $G(\beta) = 1$.（见图 12.）通过对 (6) 和 (7) 进行数值计算, 我们得到下面的"百分比"表格:

$F(\alpha), G(\beta) =$	0.01	0.05	0.10	0.20	0.35	0.50	0.65	0.80	0.90	0.95	0.99
$\alpha \approx$	0.2697	0.3348	0.3785	0.4430	0.5220	0.6065	0.7047	0.8187	0.9048	0.9512	0.9900
$\beta \approx$	0.0056	0.0273	0.0531	0.1003	0.1611	0.2117	0.2582	0.3104	0.3590	0.3967	0.4517

所以, 第二大素因数有一半的机会不超过 $x^{0.2117}$.

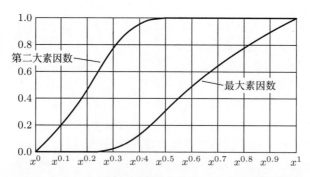

图 12　不大于 x 的随机整数的前两大素因数的概率分布函数

素因数的总数 t 也已经被广泛研究. 显然 $1 \le t \le \lg N$, 但其中的上界和下界都很少达到. 如果 N 是在 1 和 x 之间随机选取, 则我们可以证明对任意固定的 c, 当 $x \to \infty$ 时 $t \le \ln \ln x + c \sqrt{\ln \ln x}$ 的概率趋向于

$$\frac{1}{\sqrt{2\pi}} \int_{-\infty}^c e^{-u^2/2} \, du. \tag{8}$$

换句话说，t 的分布基本上是均值和方差都是 $\ln\ln x$ 的正态分布. 在不大于 x 的整数中大约有 99.73% 满足 $|t - \ln\ln x| \leq 3\sqrt{\ln\ln x}$. 而且我们知道当 $1 \leq N \leq x$ 时 $t - \ln\ln x$ 的均值趋向于

$$\gamma + \sum_{p\ \text{为素数}} \big(\ln(1 - 1/p) + 1/(p-1)\big) = \gamma + \sum_{n\geq 2} \frac{\varphi(n)\ln\zeta(n)}{n}$$
$$= 1.03465\,38818\,97437\,91161\,97942\,98464\,63825\,46703+. \tag{9}$$

[见哈代和爱德华 · 赖特, *An Introduction to the Theory of Numbers*, 5th edition (Oxford, 1979), §22.11. 也见保罗 · 爱尔特希和马克 · 卡克, *Amer. J. Math.* **62** (1940), 738–742.]

素因数的大小与排列数之间有很显著的关联性：当 $n \to \infty$ 时，一个随机选取的 n 位二进制整数的第 k 大素因数的平均位数，渐近趋向于随机的 n 元排列的第 k 长循环的平均长度. [相关文献见高德纳, *Selected Papers on Analysis of Algorithms* (2000), 329–330, 336–337.] 因此，算法 A 通常先找到几个小的因数，然后经过很长的搜索过程才能找到剩下的大的因数.

帕特里克 · 比林斯利给出了关于随机选取的整数的素因数的概率分布的很漂亮的阐述 [*AMM* **80** (1973), 1099–1115]. 也见他的另一篇文章 *Annals of Probability* **2** (1974), 749–791.

利用伪随机循环作分解. 在第 3 章开始之初，我们发现"一个随机选取的随机数发生器并不是很随机". 这个结论在那一章给我们带来很大麻烦，但在这一章它却给我们做了补偿——一种极其高效的因数分解方法. 这种方法是由波拉德发现的 [*BIT* **15** (1975), 331–334]. 波拉德的方法的计算步骤数是 $\sqrt{p_{t-1}}$ 阶的，所以当 N 很大时它比算法 A 要快得多. 根据 (7) 和图 12，它的运行时间通常少于 $N^{1/4}$.

设 $f(x)$ 是任意的整系数多项式，并考虑由

$$x_0 = y_0 = A; \qquad x_{m+1} = f(x_m) \bmod N, \qquad y_{m+1} = f(y_m) \bmod p \tag{10}$$

定义的两个序列，其中 p 是 N 的任一素因数. 易知

$$y_m = x_m \bmod p, \qquad m \geq 1. \tag{11}$$

于是由习题 3.1–7，存在某个 $m \geq 1$ 使得 $y_m = y_{\ell(m)-1}$，其中 $\ell(m)$ 是不大于 m 的 2 的最大的幂. 所以 $x_m - x_{\ell(m)-1}$ 是 p 的倍数. 而且，如果将 $f(y) \bmod p$ 看作从集合 $\{0, 1, \ldots, p-1\}$ 映为自身的随机映射，则习题 3.1–12 证明了上面的 m 中最小那个的平均值是 $\sqrt{p}$ 阶的. 事实上，本节的习题 4 证明了这个随机映射的平均值小于 $1.625\,Q(p)$，其中函数 $Q(p) \approx \sqrt{\pi p/2}$ 已在 1.2.11.3 节中定义. 如果 N 的不同素因数对应于不同的 m 值（当 N 很大时这基本上是对的），则可通过对 $m = 1, 2, 3, \ldots$ 计算 $\gcd(x_m - x_{\ell(m)-1}, N)$ 直到剩下未分解的部分为素数来寻找所有素因数. 波拉德将这一技巧称为"ρ 方法"，因为序列最终形成一个循环 $y_0, y_1, \ldots$ 的过程很容易让人联想起希腊字母 ρ.

根据第 3 章的理论，我们知道相对于我们的目标而言，线性多项式 $f(x) = ax + c$ 还不够随机. 接下来最简单的就是二次多项式了，例如 $f(x) = x^2 + 1$. 我们并不知道这个函数是否足够随机，但仍然决定支持这个随机性假设，而且实验表明这个函数的表现也基本符合我们的预期. 事实上，f 应该是比完全随机稍微确定一点，因为 $x^2 + 1$ 只会取 $\frac{1}{2}(p+1)$ 个模 p 的不同值. 见詹姆斯 · 阿尼和爱德华 · 本德, *Pacific J. Math.* **103** (1982), 269–294. 因此下面的计算过程是合理的.

算法 B （用 ρ 方法分解因数）. 本算法以很大的概率对给定的整数 $N \geq 2$ 输出它的素因数，尽管还是有一定的机会失败.

B1. ［初始化.］置 $x \leftarrow 5$, $x' \leftarrow 2$, $k \leftarrow 1$, $l \leftarrow 1$, $n \leftarrow N$.（在这个算法的计算过程中，n 是 N 的未分解部分，而变量 x 和 x' 分别代表 (10) 中的量 $x_m \bmod n$ 和 $x_{\ell(m)-1} \bmod n$, 其中 $f(x) = x^2 + 1$, $A = 2$, $l = \ell(m)$ 且 $k = 2l - m$.）

B2. ［素性检测.］如果 n 是素数（见下面的讨论），则输出 n 并结束算法.

B3. ［发现因数了吗？］置 $g \leftarrow \gcd(x' - x, n)$. 如果 $g = 1$, 则转到 B4. 否则输出 g. 现在如果 $g = n$ 则结束算法（这意味着算法失败，因为我们知道 n 并不是素数），否则置 $n \leftarrow n/g$, $x \leftarrow x \bmod n$, $x' \leftarrow x' \bmod n$, 再转回 B2.（注意 g 不一定是素数，我们还需要检验它是否素数. 对 g 不是素数的极少数情形，本算法不能求它的素因数.）

B4. ［向前推进.］置 $k \leftarrow k - 1$. 如果 $k = 0$, 则置 $x' \leftarrow x$, $l \leftarrow 2l$, $k \leftarrow l$. 然后置 $x \leftarrow (x^2 + 1) \bmod n$ 并返回到 B3. ∎

作为算法 B 的一个例子，我们再次分解 $N = 25\,852$. 在第三次执行步骤 B3 时将输出 $g = 4$（这不是素数）. 再经过 6 次迭代后算法找到了因数 $g = 23$. 在这个例子中，算法 B 并没有凸显它的优越之处，当然它主要是用于分解很大的数. 算法 A 在找大的素因数时所花的时间要长得多，但它寻找小的素因数的效率是无法超越的. 在具体做因数分解时，我们应当首先运行算法 A 找出一些小的素因数，然后再调用算法 B.

通过对十个最大的六位素数进行测试，可以让我们对算法 B 的优越性有更深刻的了解. 下面的表格给出了算法 B 寻找因数 p 所需的迭代次数 $m(p)$:

$p =$	999 863	999 883	999 907	999 917	999 931	999 953	999 959	999 961	999 979	999 983
$m(p) =$	276	409	2 106	1 561	1 593	1 091	474	1 819	395	814

托马斯·奥利韦拉所做的实验表明，$m(p)$ 的平均值大约是 $2\sqrt{p}$, 而且当 $p < 1\,000\,000\,000$ 时 $m(p)$ 的值从未超过 $16\sqrt{p}$. 当 $p < 10^9$ 时 $m(p)$ 的最大值是 $m(850\,112\,303) = 416\,784$. 而 $m(p)/\sqrt{p}$ 的最大值在 $p = 695\,361\,131$ 时达到，此时 $m(p) = 406\,244$. 根据这些实验性的结果，算法 B 可以用不超过 $64\,000$ 次迭代分解几乎所有的 18 位数（相比之下，算法 A 需要大约 $50\,000\,000$ 次除法）.

在算法 B 的每次迭代中，最耗时间的运算是步骤 B4 中的多精度乘法和除法，以及步骤 B3 中求最大公因数的计算. 利用"蒙哥马利乘法"技术（习题 4.3.1-41）可以使这些计算过程加速. 而且，如果求最大公因数的运算比较慢，波拉德建议可先将若干个（例如十个）相继的 $(x' - x)$ 模 n 相乘，然后再求最大公因数. 这样的处理方法可以将 90% 的求最大公因数的计算替换为一个模 N 乘法，而代价仅仅是稍微增加了一点失败的机会. 他还建议在步骤 B1 中从 $m = q$ 而不是 $m = 1$ 开始，其中 q 可以取为我们计划做的迭代次数的十分之一的值.

对较大的 N, 如果出现了罕见的失败情形，我们可以尝试使用 $f(x) = x^2 + c$, 其中 c 不等于 0 或 1. 我们还应避免取 $c = -2$, 因为递推式 $x_{m+1} = x_m^2 - 2$ 有形如 $x_m = r^{2^m} + r^{-2^m}$ 的解. c 的其他值似乎不导致简单的模 p 关系，只要配上适当的初始值，应当可以达到令人满意的效果.

布伦特利用算法 B 的一种变形发现了 $2^{256} + 1$ 的素因数 $1\,238\,926\,361\,552\,897$. ［见 *Math. Comp.* **36** (1981), 627–630; **38** (1982), 253–255. ］

费马方法. 对因数分解问题，费马在 1643 年使用的方法更适用于寻找大的因数. ［对费马方法的原始描述的英文翻译，可见于迪克森的不朽巨著 *History of the Theory of Numbers* **1** (Carnegie Inst. of Washington, 1919), 357. 一个等价的想法事实上已经被潘季塔在其非凡的著作 *Gaṇita Kaumudī* (1356) 中使用过. 见辛格，*Gaṇita Bhāratī* **22** (2000), 72–74. ］

假设 $N = uv$, 其中 $u \le v$. 出于实用上的考虑, 我们不妨假设 N 是奇数, 从而 u 和 v 都是奇数. 又令

$$x = (u+v)/2, \qquad y = (v-u)/2, \tag{12}$$

$$N = x^2 - y^2, \qquad 0 \le y < x \le N. \tag{13}$$

费马方法就是系统地搜寻满足方程 (13) 的 x 和 y 的值. 下面的算法向我们展示了如何不使用乘法或除法就可以进行因数分解.

算法 C (用加法和减法分解因数). 给定奇数 N, 本算法给出它的不超过 $\sqrt{N}$ 的最大因数.

C1. [初始化.] 置 $a \leftarrow 2\lfloor\sqrt{N}\rfloor + 1$, $b \leftarrow 1$, $r \leftarrow \lfloor\sqrt{N}\rfloor^2 - N$. (用本算法搜寻方程 (13) 的解时, a, b 和 r 分别对应 $2x+1$, $2y+1$ 和 $x^2 - y^2 - N$. 我们有 $|r| < a$ 且 $b < a$.)

C2. [完成了吗?] 如果 $r = 0$, 则算法结束, 此时 $N = ((a-b)/2)((a+b-2)/2)$, 且 $(a-b)/2$ 是 N 的不超过 $\sqrt{N}$ 的最大因数.

C3. [增大 a.] 置 $r \leftarrow r + a$, $a \leftarrow a + 2$.

C4. [增大 b.] 置 $r \leftarrow r - b$, $b \leftarrow b + 2$.

C5. [检测 r.] 如果 $r > 0$ 则转到 C4, 否则转到 C2. ∎

读者如果尝试用这个算法手算求 377 的因数, 可能会觉得很好玩. 找到 $N = uv$ 的因数 u 和 v 所需的步骤数基本上与 $(a+b-2)/2 - \lfloor\sqrt{N}\rfloor = v - \lfloor\sqrt{N}\rfloor$ 成正比. 当然, 这可能是个非常大的数字, 尽管在很多计算机上执行一个步骤所需的时间很短. 罗素·莱曼提出了一种改进算法 [*Math. Comp.* **28** (1974), 637–646], 在最糟糕的情况下也只需 $O(N^{1/3})$ 次操作.

称算法 C 为 "费马方法" 其实不太准确, 因为费马使用的方法更为简明. 算法 C 的主循环在计算机上执行非常快, 并不太适合手算. 费马并不保存 y 的值, 而只是根据 $x^2 - N$ 的后几位数字猜测这个数是否是完全平方数. (一个完全平方数的最后两位一定是 00, $e1$, $e4$, 25, $o6$ 或 $e9$ 中的一个, 其中 e 代表一个偶数字, 而 o 代表一个奇数字.) 所以, 他不需要执行步骤 C4 和 C5, 而代之以判断某个数是否是完全平方数.

当然, 我们可以将费马方法观察最低几位数字的思想推广到使用其他模数. 为明确起见, 我们假设 $N = 8\,616\,460\,799$ (这个数的历史意义我们将在后面说明) 并考虑下面的表格:

m	如果 $x \bmod m$ 是	则 $x^2 \bmod m$ 是	且 $(x^2 - N) \bmod m$ 是
3	0, 1, 2	0, 1, 1	1, 2, 2
5	0, 1, 2, 3, 4	0, 1, 4, 4, 1	1, 2, 0, 0, 2
7	0, 1, 2, 3, 4, 5, 6	0, 1, 4, 2, 2, 4, 1	5, 6, 2, 0, 0, 2, 6
8	0, 1, 2, 3, 4, 5, 6, 7	0, 1, 4, 1, 0, 1, 4, 1	1, 2, 5, 2, 1, 2, 5, 2
11	0, 1, 2, 3, 4, 5, 6, 7, 8, 9, 10	0, 1, 4, 9, 5, 3, 3, 5, 9, 4, 1	10, 0, 3, 8, 4, 2, 2, 4, 8, 3, 0

如果 $x^2 - N$ 是某个完全平方数 y^2, 则它模 m 的余数必须与上表保持一致. 例如, 如果 $N = 8\,616\,460\,799$ 且 $x \bmod 3 \ne 0$, 则 $(x^2 - N) \bmod 3 = 2$, 所以 $x^2 - N$ 不可能是完全平方数. 因此当 $N = x^2 - y^2$ 时, x 必须是 3 的倍数. 事实上, 上表告诉我们

$$\begin{aligned}
x \bmod 3 &= 0, \\
x \bmod 5 &= 0, 2 \text{ 或 } 3, \\
x \bmod 7 &= 2, 3, 4 \text{ 或 } 5, \\
x \bmod 8 &= 0 \text{ 或 } 4 \text{ (因此 } x \bmod 4 = 0), \\
x \bmod 11 &= 1, 2, 4, 7, 9 \text{ 或 } 10.
\end{aligned} \tag{14}$$

这极大地收窄了对 x 的搜索范围. 例如, 我们知道 x 必须是 12 的倍数. 此外, 显然有 $x \geq \lceil\sqrt{N}\rceil = 92825$, 而满足这个条件的 12 的最小倍数是 92832. 这个数模 $(5,7,11)$ 的余数分别为 $(2,5,3)$, 其中模 11 的余数与 (14) 中的数值不一致. 如果将 x 增加 12, 则模 5 的余数增加 2, 模 7 的余数增加 5, 模 11 的余数增加 1. 容易发现满足 $x \geq 92825$ 且满足 (14) 的所有条件的第一个数是 $x = 92880$. 我们有 $92880^2 - N = 10233601$, 而利用开方的笔算方法可知 $10233601 = 3199^2$ 的确是完全平方数. 于是我们找到了解 $x = 92880$, $y = 3199$, 而相应的分解是 $8616460799 = (x-y)(x+y) = 89681 \cdot 96079$.

上面这个 N 值之所以有意思, 是因为英国经济学家和逻辑学家威廉·杰文斯在一本著名的书中这样介绍它: "任意给定两个数, 我们可以使用简单且万无一失的方法得到它们的乘积, 但对一个很大的数求它的因数就完全不是一回事了. 你们能说出将哪两个数相乘会得到 8616460799 吗? 我不认为随便一个人都知道这个答案." [*The Principles of Science* (1874), 第 7 章] 然而我们刚才已经看到, 费马在信封背面用不到 10 分钟就能够分解这个数![1] 杰文斯关于因数分解比将两个数相乘要困难得多的主要论点切中要害, 但这个结论只有对相互不那么接近的两个数才是可取的.

我们可以用不同素数的幂代替 (14) 中出现的模数. 例如, 如果我们用 25 代替 5, 可知 $x \bmod 25$ 的值只能是 0, 5, 7, 10, 15, 18 或 20 中的一个. 这比 (14) 中的数据给出的信息更多. 一般地, 当 $x^2 - N \equiv 0$ (modulo p) 有解时, 对奇素数 p, 我们考虑模 p^2 比考虑模 p 得到的信息更多. 然而, 除非 p 的值很小, 否则, 选择两个素数 p 和 q 比选择 p^2 作为模数更好, 因为考虑模 pq 得到的信息会更多.

我们刚才使用的方法称为筛法, 因为可以想象将所有整数用一个"筛子"过滤, 其中只有满足 $x \bmod 3 = 0$ 的那些整数可以通过筛子. 然后将这些经过过滤的数再用另一个筛子过滤, 使得只有满足 $x \bmod 5 = 0, 2$ 或 3 的那些数才能通过, 等等. 每个筛子会将被检验的数筛掉一半左右 (见习题 6). 如果使用两两互素的模数来做筛选, 则根据中国剩余定理 (定理 4.3.2C), 每个筛子都独立于其他筛子. 所以如果使用 30 个不同的素数来做筛选, 那么每 2^{30} 个数只需要检验一个是否使得 $x^2 - N$ 是完全平方数 y^2.

算法 D (用筛法分解因数).   给定奇数 N, 本算法给出它的不超过 $\sqrt{N}$ 的最大因数. 我们将使用两两互素且与 N 互素的模数 $m_1, m_2, \ldots, m_r$. 假设可以利用 r 个筛选表 $S[i, j]$, $0 \leq j < m_i$, $1 \leq i \leq r$, 其中

$$S[i, j] = [j^2 - N \equiv y^2 \text{ (modulo } m_i) \text{ 有一个解 } y].$$

D1. [初始化.] 置 $x \leftarrow \lceil\sqrt{N}\rceil$, 而且对于 $1 \leq i \leq r$ 置 $k_i \leftarrow (-x) \bmod m_i$. (在算法运行的整个过程中, 下标变量 $k_1, k_2, \ldots, k_r$ 设置为 $k_i = (-x) \bmod m_i$.)

D2. [筛选.] 如果对所有 $1 \leq i \leq r$ 有 $S[i, k_i] = 1$, 则转向 D4.

D3. [步进 x.] 置 $x \leftarrow x + 1$, 而且对于 $1 \leq i \leq r$ 置 $k_i \leftarrow (k_i - 1) \bmod m_i$. 返回 D2.

D4. [检测 $x^2 - N$.] 置 $y \leftarrow \lfloor\sqrt{x^2 - N}\rfloor$ 或 $\lceil\sqrt{x^2 - N}\rceil$. 如果 $y^2 = x^2 - N$, 则 $(x-y)$ 就是所求的因数, 算法结束. 否则返回 D3. ∎

有几种方法能使上面的计算过程执行得快一些. 例如, 我们已经知道如果 $N \bmod 3 = 2$, 则 x 肯定是 3 的倍数. 因此可以令 $x = 3x'$, 然后使用另一个与 x' 对应的筛子来做筛选. 这可以使执行速度变为原来的三倍. 如果 $N \bmod 9 = 1, 4$ 或 7, 则 x 模 9 分别同余于 $\pm 1, \pm 2$ 或 ± 4. 因此我们可以使用两个筛子 (一个对应于 x', 另一个对应于 x'', 其中 $x = 9x' + a$ 且

---

[1] 注意, 这里是说费马有能力在很短的步骤内 ("信封背面"写不下太长的步骤) 分解这个数, 而不是实际分解了这个数. 因为杰文斯的这本书在 1874 年出版, 而费马在 1665 年就去世了. ——编者注

$x = 9x'' - a$），使得执行速度变为原来的 $4\frac{1}{2}$ 倍. 如果 $N \bmod 4 = 3$，则 $x \bmod 4$ 唯一确定，从而速度可提高为原来的四倍. 对于另一种情形 $N \bmod 4 = 1$，可知 x 必须是奇数，从而速度可加倍. 另一种可以使算法的速度加倍的办法（以增加存储空间为代价）是将模数两两合并，即对 $1 \le k < \frac{1}{2}r$，用 $m_{r-k}m_k$ 替代 m_k.

可以使算法 D 加速的一种更重要的方法是利用在大多数二进制计算机上使用的布尔运算. 例如，假设 MIX 是一台二进制计算机，其每个机器字包含 30 位. 表格 $S[i, k_i]$ 可保存在内存中，表格中的每个数用一个二进制位来存储. 所以每个机器字可存储 30 个数值. 操作符 AND 的作用是，对于 $1 \le k \le 30$，如果内存中一个指定的机器字的第 k 位为零，则将累加器的第 k 位赋零值. 于是 AND 操作可同时处理 x 的 30 个值！为方便使用，我们可将表格 $S[i, j]$ 复制多份，使得表中相应于 m_i 的数据占据 $\operatorname{lcm}(m_i, 30)$ 个位. 在这些假设条件下，以下代码相当于执行算法 D 的 30 次主循环：

```
D2  LD1   K1      rI1 ← k₁'.
    LDA   S1,1    rA ← S'[1, rI1].
    DEC1  1       rI1 ← rI1 − 1
    J1NN  *+2
    INC1  M1      如果 rI1 < 0，则置 rI1 ← rI1 + lcm(m₁, 30).
    ST1   K1      k₁' ← rI1.
    LD1   K2      rI1 ← k₂'.
    AND   S2,1    rA ← rA & S'[2, rI1].
    DEC1  1       rI1 ← rI1 − 1.
    J1NN  *+2
    INC1  M2      如果 rI1 < 0，则置 rI1 ← rI1 + lcm(m₂, 30).
    ST1   K2      k₂' ← rI1.
    LD1   K3      rI1 ← k₃'.
    ...           （m₃ 到 mᵣ，类似于 m₂）
    ST1   Kr      kᵣ' ← rI1.
    INCX  30      x ← x + 30.
    JAZ   D2      全部数值都筛选完毕后继续重复执行.  ∎
```

30 次迭代所包含的循环的总数实质上是 $2 + 8r$. 如果 $r = 11$，则意味着每次迭代使用三个循环，这与算法 C 相似，但算法 C 要多包含 $y = \frac{1}{2}(v - u)$ 次迭代.

如果对应于 m_i 的表格数据未充满整数个机器字，则为了适当地进行位对齐，就有必要在每次迭代时对它们做进一步的平移. 这可能给主循环增加很多代码，从而使得程序比算法 C 更慢，除非 $v/u \le 100$（见习题 7）.

筛法还可用于其他各种各样的问题，这些问题不一定与算术运算有很大关系. 关于这些算法的综述见马尔温·文德利希，*JACM* **14** (1967)，10–19.

弗雷德里克·劳伦斯在 19 世纪提出建造一种特殊的筛法设备来做因数分解 [*Quart. J. of Pure and Applied Math.* **28** (1896)，285–311]，而欧仁·卡里桑在 1919 年建造了一种包含 14 个模数的筛法装置. [关于卡里桑的失传已久的筛法装置如何重新被发现并保存到后世的有趣故事，见沙历特、威廉斯和弗朗索瓦·莫兰，*Math. Intelligencer* **17**, 3 (1995)，41–47.] 莱默和他的同事在 1926–1989 年建造并使用了很多不同的筛法设备，最开始是使用自行车链条，后来则利用光电管和其他技术来建造. 例如，见 *AMM* **40** (1933)，401–406. 莱默的电子延迟线筛法装置在 1965 年投入运行，每秒钟可以处理一百万个数. 在 1995 年以前，我们已经有能力建造每秒钟处理 61.44 亿个数的筛法装置，大约 5.2 纳秒就可以完成 256 次步骤 D2 和 D3 的迭代过程［见理查德·卢克斯、卡梅伦·帕特森和威廉斯, *Nieuw Archief voor Wiskunde* (4) **13**
(1995), 113–139］. 在 *Math. Comp.* **28** (1974), 625–635 中, 莱默和埃玛·莱默给出了用筛法
做因数分解的另一种方法.

素性检测. 到目前为止, 我们所讨论过的算法中还没有哪一个可以很快判断一个很大的数
n 是否是素数的. 幸运的是, 我们还有其他途径可以解决这个问题. 爱德华·卢卡斯和其他一
些学者, 其中特别要提到莱默, 设计了不少有效的算法［见 *Bull. Amer. Math. Soc.* **33** (1927),
327–340］.

根据费马定理（定理 1.2.4F）, 当 p 是素数且 x 不是 p 的倍数时, 我们有 $x^{p-1} \bmod p = 1$.
而且存在只需要 $O(\log n)$ 次模 n 乘法运算即可计算 $x^{n-1} \bmod n$ 的有效算法.（我们将在后面
的 4.6.3 节研究这些算法.）当这个等式不成立时, 我们通常就能判定 n 不是素数.

例如, 费马曾经验证 $2^1+1, 2^2+1, 2^4+1, 2^8+1$ 和 $2^{16}+1$ 都是素数. 他在 1640 年写给梅森
的一封信中猜测形如 $2^{2^n}+1$ 的数都是素数, 但同时也说他无法明确地判断 $4\,294\,967\,297 = 2^{32}+1$
是否是素数. 费马和梅森最终都没能解决这个问题, 尽管他们本来可以用下面的方法得到答案:
数 $3^{2^{32}} \bmod (2^{32}+1)$ 可以通过 32 次模 $2^{32}+1$ 的平方运算来计算, 且答案是 $3\,029\,026\,160$, 所
以（由费马自己在同一年即 1640 年给出的定理!）$2^{32}+1$ 不是素数. 上述推导没有给我们任何
关于因数的信息, 但它的确回答了费马的问题.

费马定理是证明一个数不是素数的强有力的工具. 如果 n 不是素数, 我们总是可以找到一
个 $x < n$ 使得 $x^{n-1} \bmod n \neq 1$. 事实上, 经验告诉我们, 这样的 x 几乎总是可以很快找到的.
有极少数 n 值经常使得 $x^{n-1} \bmod n$ 的值等于 1, 然而 n 有小于 $\sqrt[3]{n}$ 的因数. 见习题 9.

通过推广这个方法, 我们可以使用以下想法来证明一个很大的素数 n 的确是素数: 如果存
在 x 使得 x 模 n 的阶等于 $n-1$, 则 n 是素数.（x 模 n 的阶是使得 $x^k \bmod n = 1$ 成立的最
小的正整数 k. 见 3.2.1.2 节.）因为这个条件意味着, 数 $x^1 \bmod n, \ldots, x^{n-1} \bmod n$ 互异且与
n 互素, 从而必定是 $1, 2, \ldots, n-1$ 某种排列. 所以 n 没有真因数. 当 n 是素数时, 这样的 x
（称为 n 的一个原根）一定存在. 见习题 3.2.1.2–16. 事实上, 原根的数量很多, 有 $\varphi(n-1)$
个, 而这是一个很大的数, 因为 $n/\varphi(n-1) = O(\log\log n)$.

在判定 x 的阶是否为 $n-1$ 时, 我们没必要对所有 $k \le n-1$ 计算 $x^k \bmod n$ 的值. x 的阶
是 $n-1$ 当且仅当

(i) $x^{n-1} \bmod n = 1$;

(ii) 对所有整除 $n-1$ 的素数 p 有 $x^{(n-1)/p} \bmod n \neq 1$.

因为 $x^s \bmod n = 1$ 当且仅当 s 是 x 模 n 的阶的倍数. 如果上面两个条件成立, 并且 k 是 x 模
n 的阶, 则 k 是 $n-1$ 的一个因数, 但对于 $n-1$ 的任何素因数 p, k 都不是 $(n-1)/p$ 的因数.
因此唯一的可能性就是 $k = n-1$. 于是我们证明了由条件 (i) 和 (ii) 可推导出 n 是素数.

习题 10 告诉我们, 对不同素因数 p 所选取的 x 值可以不同, 而同样可以推导出 n 是素数.
在寻找满足条件的 x 时, 我们可以只在素数中找, 因为根据习题 3.2.1.2–15, uv 模 n 的阶可以
整除 u 和 v 的阶的最小公倍数. 利用 4.6.3 节中求幂的快速算法, 我们可以高效地检验条件 (i)
和 (ii). 但还是有必要知道 $n-1$ 的素因数, 所以出现了一个有趣的现象, 即 n 的因数分解依赖
于 $n-1$ 的因数分解.

一个例子. 研究如何对一个相当大的数做因数分解有助于解释我们已经讨论过的一些想法.
现在尝试求一个 65 位数 $2^{214}+1$ 的素因数. 因数分解的第一步源于我们发现

$$2^{214}+1 = (2^{107}-2^{54}+1)(2^{107}+2^{54}+1).\tag{15}$$

这个因数分解是 $4x^4 + 1 = (2x^2 + 2x + 1)(2x^2 - 2x + 1)$ 的特殊情形, 而后者是欧拉在 1742 年与哥德巴赫的通信中提到的 [保罗 · 菲斯, *Correspondance Math. et Physique* **1** (1843), 145]. 现在问题归结为对 (15) 中的两个 33 位数的因数进行检查.

一个计算机程序轻而易举地发现 $2^{107} - 2^{54} + 1 = 5 \cdot 857 \cdot n_0$, 其中

$$n_0 = 37\,866\,809\,061\,660\,057\,264\,219\,253\,397 \tag{16}$$

是没有小于 1000 的素因数的 29 位数. 利用算法 4.6.3A 的多精度运算可得

$$3^{n_0 - 1} \bmod n_0 = 1,$$

因此我们猜想 n_0 是素数. 我们当然不会测试大约 10 万亿个可能的因数来证明 n_0 是素数, 而前面讨论的方法给出了素性检测的一种可行的办法: 我们的下一个任务是分解 $n_0 - 1$. 只经过一点点的困难, 计算机就告诉我们

$$n_0 - 1 = 2 \cdot 2 \cdot 19 \cdot 107 \cdot 353 \cdot n_1, \qquad n_1 = 13\,191\,270\,754\,108\,226\,049\,301.$$

这里 $3^{n_1 - 1} \bmod n_1 \neq 1$, 所以 n_1 不是素数. 继续使用算法 A 或者算法 B, 我们得到另一个因数

$$n_1 = 91\,813 \cdot n_2, \qquad n_2 = 143\,675\,413\,657\,196\,977.$$

现在有 $3^{n_2 - 1} \bmod n_2 = 1$, 所以我们将尝试证明 n_2 是素数. 通过寻找小于 1000 的因数, 我们得到 $n_2 - 1 = 2 \cdot 2 \cdot 2 \cdot 2 \cdot 3 \cdot 3 \cdot 547 \cdot n_3$, 其中 $n_3 = 1\,824\,032\,775\,457$. 由于 $3^{n_3 - 1} \bmod n_3 \neq 1$, 所以我们知道 n_3 不可能是素数, 而利用算法 A 可得 $n_3 = 1103 \cdot n_4$, 其中 $n_4 = 1\,653\,701\,519$. n_4 看起来像是个素数 (即 $3^{n_4 - 1} \bmod n_4 = 1$), 于是我们计算

$$n_4 - 1 = 2 \cdot 7 \cdot 19 \cdot 23 \cdot 137 \cdot 1973.$$

太好了! 我们第一次得到了一个完全的分解. 现在可以回到前面那个子问题, 即证明 n_4 是素数. 利用习题 10 给出的计算过程, 我们依次计算下面的数值:

x	p	$x^{(n_4-1)/p} \bmod n_4$	$x^{n_4-1} \bmod n_4$	
2	2	1	(1)	
2	7	766\,408\,626	(1)	
2	19	332\,952\,683	(1)	
2	23	1\,154\,237\,810	(1)	
2	137	373\,782\,186	(1)	(17)
2	1973	490\,790\,919	(1)	
3	2	1	(1)	
5	2	1	(1)	
7	2	1\,653\,701\,518	1	

(这里的 (1) 表示不需要计算就可得到的结果 1, 因为它可由前面的计算结果推断出来.) 所以 n_4 是素数, 从而 $n_2 - 1$ 已经完全分解了. 通过类似的计算过程可以证明 n_2 是素数, 从而最终证明 $n_0 - 1$ 已经完全因数分解了, 进而再通过类似 (17) 的过程证明 n_0 是素数.

(17) 的最后三行表示搜索满足 $x^{(n_4-1)/2} \neq x^{n_4-1} \equiv 1 \pmod{n_4}$ 的整数 x 的过程. 如果 n_4 是素数, 那么我们只有一半的成功机会, 所以 $p = 2$ 是最难验证的情形. 我们可以利用二次互反律来简化这部分的计算 (见习题 23). 例如当 q 是同余于 $\pm 1 \pmod 5$ 的素数时, 二次互反律告诉我们 $5^{(q-1)/2} \equiv 1 \pmod q$. 只要计算 $n_4 \bmod 5$ 的值, 我们马上就会发现取

$x = 5$ 不可能帮助我们证明 n_4 是素数. 然而, 根据习题 26 的结论, 在检测 n 的素性时我们根本不必考虑 $p = 2$ 的情形, 除非 $n - 1$ 可以被 2 的一个很大的幂整除. 因此我们可以完全抹掉 (17) 的最后三行.

我们要分解的下一个数是 (15) 右端的另一个数, 即

$$n_5 = 2^{107} + 2^{54} + 1.$$

由于 $3^{n_5 - 1} \bmod n_5 \neq 1$, 所以 n_5 不是素数, 并且由算法 B 可得 $n_5 = 843\,589 \cdot n_6$, 其中 $n_6 = 192\,343\,993\,140\,277\,293\,096\,491\,917$. 不幸的是, $3^{n_6 - 1} \bmod n_6 \neq 1$, 所以我们需要处理一个 27 位的合数. 继续使用算法 B 很可能会使我们完全失去耐心 (但并没有用光我们的时间, 因为我们用的是周末的闲散时间而不是 "主要时间"[①]), 而算法 D 的筛法可以将 n_6 分解为两个因数:

$$n_6 = 8\,174\,912\,477\,117 \cdot 23\,528\,569\,104\,401.$$

(如果使用算法 B, 经过 $6\,432\,966$ 次迭代后也可得到这个结果.) 算法 A 则无法在可以接受的时间内找到 n_6 的因数.

到此为止, 我们已经完成了整个计算过程: $2^{214} + 1$ 有素因数分解

$$5 \cdot 857 \cdot 843\,589 \cdot 8\,174\,912\,477\,117 \cdot 23\,528\,569\,104\,401 \cdot n_0,$$

其中 n_0 是 (16) 中的 29 位素数. 在这个计算过程中我们有一些好运气, 因为如果不是首先进行了 (15) 中的分解, 我们很可能会先找那些小的因数, 而将 n 的分解问题归结为分解 $n_6 n_0$. 这个 55 位数的分解要困难得多——算法 D 完全用不上, 而算法 B 则因为需要进行高精度计算而额外花费很多时间.

在约翰·布里尔哈特和约翰·塞尔弗里奇的论文 *Math. Comp.* **21** (1967), 87–96 中, 我们可以找到数十个进一步的数值例子.

改进的素性检测方法. 上面介绍的计算过程在证明 n 是素数以前需要对 $n - 1$ 进行完全的因数分解, 因此当 n 很大时会陷入困境. 习题 15 介绍了另一种代之以对 $n + 1$ 进行因数分解来检测素性的技巧. 如果对 $n - 1$ 做分解过于困难, 分解 $n + 1$ 说不定会容易些.

现有的方法可以做很大的改进以处理很大的 n. 例如, 不难证明费马定理的一个更强的逆命题, 只需要用到 $n - 1$ 的不完全因数分解. 习题 26 表明我们其实可以避免 (17) 中的大部分计算过程. 三个条件 $2^{n_4 - 1} \bmod n_4 = \gcd(2^{(n_4 - 1)/23} - 1, n_4) = \gcd(2^{(n_4 - 1)/1973} - 1, n_4) = 1$ 就足以证明 n_4 是素数. 布里尔哈特、莱默和塞尔弗里奇事实上已经建立了一种方法, 其中只要求 $n - 1$ 和 $n + 1$ 被部分分解 [*Math. Comp.* **29** (1975), 620–647, Corollary 11]: 假设 $n - 1 = f^- r^-$ 且 $n + 1 = f^+ r^+$, 其中我们知道 f^- 和 f^+ 的完全因数分解, 而且也知道 r^- 和 r^+ 的所有因数都不小于 b. 如果乘积 $\left(b^3 f^- f^+ \max(f^-, f^+)\right)$ 大于 $2n$, 则只需要他们文章中介绍的少量额外计算就可以确定 n 是否是素数. 所以, 通过简单地找出 $n \pm 1$ 的所有小于 30 030 的素因数, 通常在 1 秒之内就可以检测不超过 35 位的数是否是素数 [见塞尔弗里奇和文德利希, *Congressus Numerantium* **12** (1974), 109–120]. 利用形如 $n^2 \pm n + 1$ 和 $n^2 + 1$ 的数的不完全因数分解, 还可进一步改进这个方法 [见威廉斯和约翰·贾德, *Math. Comp.* **30** (1976), 157–172, 867–886].

实际上, 如果 n 没有小的素因数并且 $3^{n-1} \bmod n = 1$, 则进一步计算几乎总是告诉我们 n 为素数. (在我的经验中, 少数的例外之一是 $n = \frac{1}{7}(2^{28} - 9) = 2341 \cdot 16\,381$.) 另一

[①] "主要时间" 的英文是 prime time, prime 有 "主要的" 和 "素数" 等含义.——编者注

方面，n 的某些非素数值对我们刚讨论过的素性检测方法绝对是灾难性的，因为它们可以使 $x^{n-1} \bmod n = 1$ 对所有与 n 互素的 x 都成立（见习题 9）. 在这些数中，最小的一个是 $n = 3 \cdot 11 \cdot 17 = 561$. 在式 3.2.1.2-(9) 的记号下，$\lambda(n) = \operatorname{lcm}(2, 10, 16) = 80$，因此只要 x 与 561 互素，就有 $x^{80} \bmod 561 = 1 = x^{560} \bmod 561$. 我们的检测过程将无法判定这样的 n 不是素数，除非恰好碰上它的一个因数. 为改进上述的素性检测方法，我们需要寻找对于这样的糟糕情形也能快速判定非素数的 n 确实不是素数.

下面这个简单得令人大跌眼镜的算法能够以很大的概率完成这一工作.

算法 P（概率素性检测）. 给定奇数 n，本算法判断 n 是否是素数. 如下面的注释所说，只要反复执行几次这个算法，我们就可以很有信心地判定 n 是否是素数，只是不能在确定性的意义下严格证明. 假设 $n = 1 + 2^k q$，其中 q 是奇数.

P1.［生成 x.］取 x 为 $1 < x < n$ 范围内的随机整数.

P2.［取幂.］置 $j \leftarrow 0$ 和 $y \leftarrow x^q \bmod n$.（跟前一个素性检测方法一样，我们应该可以在 $O(\log q)$ 步内计算出 $x^q \bmod n$ 的值. 见 4.6.3 节.）

P3.［完成了吗？］（现在有 $y = x^{2^j q} \bmod n$.）如果 $y = n-1$，或者 $y = 1$ 且 $j = 0$，则结束算法并判断 "n 可能是素数". 如果 $y = 1$ 且 $j > 0$，则转向 P5.

P4.［j 自加.］将 j 加 1. 如果 $j < k$，则置 $y \leftarrow y^2 \bmod n$ 并转回到 P3.

P5.［不是素数.］结束算法并判定 "n 肯定不是素数". ▌

隐藏在算法 P 背后的思想是，如果 $x^q \bmod n \neq 1$ 且 $n = 1 + 2^k q$ 是素数，则序列

$$x^q \bmod n, \quad x^{2q} \bmod n, \quad x^{4q} \bmod n, \quad \ldots, \quad x^{2^k q} \bmod n$$

的最后一个数是 1，并且在第一次出现的 1 的前面那个数是 $n-1$.（当 p 是素数时，$y^2 \equiv 1$ (modulo p) 的唯一解是 $y \equiv \pm 1$，这是因为 $(y-1)(y+1)$ 必定是 p 的倍数.）

习题 22 证明了对于所有的 n，算法 P 最多有 1/4 的机会是错的. 事实上对于很多 n 它基本上不会出错，但最关键的一点是，它的失败概率有不依赖于 n 的上界.

假设我们多次调用算法 P，其中在步骤 P1 中对 x 的选取是独立且随机的. 如果某一次算法报告 n 不是素数，那么可以确定地说，n 肯定不是素数. 但如果算法连续 25 次报告 n "可能是素数"，我们可以认为 n "几乎肯定是素数"，因为这样连续 25 次判定 n 是素数而该判断出错的概率小于 $(1/4)^{25}$. 这个概率比一千万亿分之一还小. 即使我们用这样一个过程检测了十亿个不同的素数，判断出错的次数也小于 $\frac{1}{1\,000\,000}$. 我们的计算机由于硬件故障或者宇宙辐射而在计算中丢掉了一个位的可能性，也比算法 P 连续多次判断错误的机会要大.

类似上面这种与概率有关的算法引发我们思考关于可靠性的传统标准. 我们真的需要严格证明一个数是素数吗？加里·米勒（在稍弱一点的意义下）证明了，如果数论中称为广义黎曼假设的著名猜想成立的话，则要么 n 是素数，要么算法 P 可以找到一个 $x < 2(\ln n)^2$ 以判定 n 是合数. 这个结果可以使那些不愿意放弃传统证明的人稍微安心一些.［见 *J. Comp. System Sci.* **13** (1976), 300–317. 上界中的常数 2 来自卡尔·巴赫，*Math. Comp.* **55** (1990), 355–380. 关于黎曼假设的各种推广的介绍可参考巴赫和沙历特，*Algorithmic Number Theory* **1** (MIT Press, 1996)，第 8 章.］因此，如果能够证明广义黎曼假设，我们就可以在 $O(\log n)^5$ 次基本运算之内严格判定一个数是否是素数，相应地，前面给出的概率算法的运行时间是 $O(\log n)^3$. 但也许会有人质疑，号称能够证明广义黎曼假设的推导过程是否比不断对随机选取的 x 执行算法 P 更可靠.

罗伯特·索洛韦和施特拉森在 1974 年提出了一个概率素性检测算法. 他们的方法很有趣但比算法 P 更复杂, 具体见习题 23(b). [见 *SICOMP* **6** (1977), 84–85; **7** (1978), 118.] 算法 P 是迈克尔·拉宾的一个算法的简化版本, 后者部分源于米勒的想法 [见 *Algorithms and Complexity* (1976), 35–36]. 塞尔弗里奇也独立发现了这个算法. 本杰明·阿拉齐发现利用蒙哥马利的求余数的快速算法可以显著提高算法 P 对很大的 n 的执行速度 [*Comp. J.* **37** (1994), 219–222]. (习题 4.3.1–41).

最终在 2002 年, 阿格拉沃尔、卡亚勒和尼廷·萨克塞纳发现了一种可以在多项式时间内完成素性检测的严格的确定性方法. 他们证明了下面的结论.

定理 A. 设 r 是一个整数, 使得 $n \perp r$ 且 n 模 r 的阶大于 $(\lg n)^2$. 则 n 是素数当且仅当同余式

$$(z+a)^n \equiv z^n + a \qquad (\text{modulo } z^r - 1 \text{ 和 } n)$$

对 $0 \le z \le \sqrt{r} \lg n$ 成立. (见习题 3.2.2–11(a).) ∎

安德鲁·格兰维尔给出了这个定理的一个非常好的表述 [*Bull. Amer. Math. Soc.* **42** (2005), 3–38], 他还证明由这个定理可导出一个运行时间为 $\Omega(\log n)^6$ 和 $O(\log n)^{11}$ 的素性检测方法. 此外, 他介绍了小伦斯特拉和卡尔·波默朗斯随后提出的改进算法. 当我们用一个更一般的多项式族代替多项式 $z^r - 1$ 时, 改进算法的运行时间可以降低到 $O(\log n)^{6+\epsilon}$. 他还讨论了由佩德罗·贝里斯贝蒂亚、程岐、普雷达-米哈伊·米赫伊列斯库、罗伯托·阿万齐和丹尼尔·伯恩斯坦提出的一个改良的概率算法. 只要 n 是素数, 我们就可以用这个算法几乎必然在 $O(\log n)^{4+\epsilon}$ 步内判定它是素数.

利用连分数做分解. 到目前为止, 我们讨论过的因数分解算法在分解超过 30 位的数时都会感到困难. 如果想分解更大的数, 我们需要寻找新的思路. 幸运的是, 我们的确找到了这样的思路. 事实上, 我们有分别由勒让德和莫里斯·克莱特奇克提出的两个思路. 很多年以前, 莱默和拉尔夫·鲍尔斯就利用它们设计了一种新的分解技术 [*Bull. Amer. Math. Soc.* **37** (1931), 770–776]. 然而当时没有人使用这种方法, 因为这种方法在桌面计算器上相对不那么适用. 这种负面评价一直影响着人们, 直到 20 世纪 60 年代后期布里尔哈特发现莱默–鲍尔斯方法值得重新被发掘出来, 因为它非常适合进行计算机编程. 事实上, 他后来和迈克尔·莫里森将它发展成为 20 世纪 70 年代大家所知的所有多精度分解算法中最好的一个. 他们的程序可以在一台 IBM 360/91 计算机上用大约 30 秒分解 25 位数, 用大约 50 分钟分解 40 位数 [见 *Math. Comp.* **29** (1975), 183–205]. 这种方法在 1970 年得到了它的第一个重要成果: 发现了分解式 $2^{128} + 1 = 59\,649\,589\,127\,497\,217 \cdot 5\,704\,689\,200\,685\,129\,054\,721$.

这个算法的基本思想是寻找 x 和 y 满足

$$x^2 \equiv y^2 \ (\text{modulo } N), \qquad 0 < x, y < N, \qquad x \ne y, \qquad x + y \ne N. \tag{18}$$

费马方法需要更强的条件 $x^2 - y^2 = N$, 但实际上同余式 (18) 已经足够对 N 做因数分解了: 由 (18) 可推导出 N 是 $x^2 - y^2 = (x-y)(x+y)$ 的因数, 然而 N 不整除 $x+y$ 和 $x-y$ 中的任何一个. 所以 $\gcd(N, x-y)$ 和 $\gcd(N, x+y)$ 都是 N 的真因数, 而且我们可以用 4.5.2 节中的有效方法找出它们.

求 (18) 的解的一种方法是对比较小的 $|a|$ 找到满足 $x^2 \equiv a \ (\text{modulo } N)$ 的 x. 我们将看到, 将这个同余式的解组合起来就可以很容易得到 (18) 的解. 如果对某个 k 和 d 以及很小的 $|a|$ 令 $x^2 = a + kNd^2$, 则分数 x/d 是 $\sqrt{kN}$ 的一个很好的近似值. 反之, 如果 x/d 是 $\sqrt{kN}$ 的非常

好的近似值，则差 $|x^2 - kNd^2|$ 将会很小. 这个发现启发我们研究 $\sqrt{kN}$ 的连分数展开，因为由式 4.5.3–(12) 以及习题 4.5.3–42，我们已经看到利用连分数可以得到很好的有理逼近.

二次无理式的连分数有许多非常好的性质，其证明可见习题 4.5.3–12. 下面的算法利用这些性质求同余式

$$x^2 \equiv (-1)^{e_0} p_1^{e_1} p_2^{e_2} \ldots p_m^{e_m} \pmod{N} \tag{19}$$

的解. 这里我们使用了一个预先选定的由小素数 $p_1 = 2, p_2 = 3, \ldots$ 直到 p_m 构成的集合. 这个集合中的素数 p 要么是 2，要么满足 $(kN)^{(p-1)/2} \bmod p \le 1$，因为其他素数都不可能是由这个算法生成的数的因数（见习题 14）. 如果 $(x_1, e_{01}, e_{11}, \ldots, e_{m1}), \ldots, (x_r, e_{0r}, e_{1r}, \ldots, e_{mr})$ 都是 (19) 的解，且向量和

$$(e_{01}, e_{11}, \ldots, e_{m1}) + \cdots + (e_{0r}, e_{1r}, \ldots, e_{mr}) = (2e_0', 2e_1', \ldots, 2e_m') \tag{20}$$

的每一个分量都是偶数，则

$$x = (x_1 \ldots x_r) \bmod N, \qquad y = \left((-1)^{e_0'} p_1^{e_1'} \ldots p_m^{e_m'}\right) \bmod N \tag{21}$$

就是 (18) 的一个解，除非 $x \equiv \pm y$. 条件 (20) 其实说明这些向量模 2 线性相关，从而如果我们能找到 (19) 的至少 $m+2$ 个解，那么就一定能找到 (20) 的一个解.

算法 E（用连分数分解因数）. 给定正整数 N 和 k 使得 kN 不是完全平方数，本算法通过分析 $\sqrt{kN}$ 的连分数的渐近分数，对给定的素数序列 $p_1, \ldots, p_m$ 求同余式 (19) 的解.（习题 12 讨论的是一个利用本算法的输出求 N 的因数的算法.）

E1. [初始化.] 置 $D \leftarrow kN$，$R \leftarrow \lfloor \sqrt{D} \rfloor$，$R' \leftarrow 2R$，$U' \leftarrow R'$，$V \leftarrow D - R^2$，$V' \leftarrow 1$，$A \leftarrow \lfloor R'/V \rfloor$，$U \leftarrow R' - (R' \bmod V)$，$P' \leftarrow R$，$P \leftarrow (AR+1) \bmod N$，$S \leftarrow 1$.（本算法遵照习题 4.5.3–12 所描述的一般计算过程求 $\sqrt{kN}$ 的连分数展开. 变量 U, U', V, V', P, P'，A 和 S 分别表示该习题中的 $\lfloor \sqrt{D} \rfloor + U_n$，$\lfloor \sqrt{D} \rfloor + U_{n-1}$，$V_n$，$V_{n-1}$，$p_n \bmod N$，$p_{n-1} \bmod N$，$A_n$ 和 $n \bmod 2$，其中 n 的初始值为 1. 由于不等式 $0 < V \le U \le R'$ 总是成立，因此只需要对 P 和 P' 使用最高精度的表示.）

E2. [推进 U, V, S.] 置 $T \leftarrow V$，$V \leftarrow A(U'-U) + V'$，$V' \leftarrow T$，$A \leftarrow \lfloor U/V \rfloor$，$U' \leftarrow U$，$U \leftarrow R' - (U \bmod V)$，$S \leftarrow 1 - S$.

E3. [分解 V.]（根据习题 4.5.3–12(c)，此时存在某个与 P 互素的 Q 使得 $P^2 - kNQ^2 = (-1)^S V$.）置 $(e_0, e_1, \ldots, e_m) \leftarrow (S, 0, \ldots, 0)$，$T \leftarrow V$. 现在对 $1 \le j \le m$ 进行下面的计算：如果 $T \bmod p_j = 0$，则令 $T \leftarrow T/p_j$，$e_j \leftarrow e_j + 1$，并重复这个过程直到 $T \bmod p_j \ne 0$.

E4. [得到解了？] 如果 $T = 1$，则输出 $(P, e_0, e_1, \ldots, e_m)$ 作为 (19) 的一个解.（如果已经得到了足够多的解，我们就可在这一步结束算法.）

E5. [推进 P, P'.] 如果 $V \ne 1$，则置 $T \leftarrow P$，$P \leftarrow (AP+P') \bmod N$，$P' \leftarrow T$，然后转回到 E2. 否则就应结束算法，因为此时除对 S 以外，连分数的展开过程都已经开始进入周期循环.（通常情况下循环节很长，因而不会遇到这种状况.）∎

我们可取 $N = 197209$，$k = 1$，$m = 3$，$p_1 = 2$，$p_2 = 3$，$p_3 = 5$，以演示算法 E 如何用于相对较小的数. 表 1 中列出了计算过程开始阶段的数据.

如果继续计算下去，算法 E 会在前 100 次迭代中就给出 25 个输出. 换句话说，这个算法求解的速度很快. 但有些解是平凡的. 例如，如果按表 1 所示的计算过程再继续做 14 次迭代，

表 1 算法 E 的一个算例

$$N = 197\,209, \quad k = 1, \quad m = 3, \quad p_1 = 2, \quad p_2 = 3, \quad p_3 = 5$$

	U	V	A	P	S	T	输出
E1 之后:	876	73	12	5 329	1	—	
E4 之后:	882	145	6	5 329	0	29	
E4 之后:	857	37	23	32 418	1	37	
E4 之后:	751	720	1	159 316	0	1	$159\,316^2 \equiv +2^4 \cdot 3^2 \cdot 5^1$
E4 之后:	852	143	5	191 734	1	143	
E4 之后:	681	215	3	131 941	0	43	
E4 之后:	863	656	1	193 139	1	41	
E4 之后:	883	33	26	127 871	0	11	
E4 之后:	821	136	6	165 232	1	17	
E4 之后:	877	405	2	133 218	0	1	$133\,218^2 \equiv +2^0 \cdot 3^4 \cdot 5^1$
E4 之后:	875	24	36	37 250	1	1	$37\,250^2 \equiv -2^3 \cdot 3^1 \cdot 5^0$
E4 之后:	490	477	1	93 755	0	53	

我们将得到 $197\,197^2 \equiv 2^4 \cdot 3^2 \cdot 5^0$. 然而这个式子没什么意思, 因为 $197\,197 \equiv -12$. 其实我们利用上面得到的前两个解就已经足以完成因数分解过程了: 我们已经得到

$$(159\,316 \cdot 133\,218)^2 \equiv (2^2 \cdot 3^3 \cdot 5^1)^2 \pmod{197\,209}.$$

所以取 $x = (159\,316 \cdot 133\,218) \bmod 197\,209 = 126\,308$ 和 $y = 540$ 可使 (18) 成立. 由欧几里得算法, $\gcd(126\,308 - 540, 197\,209) = 199$, 所以我们得到完全的因数分解

$$197\,209 = 199 \cdot 991.$$

    遵循理查德 · 施罗皮尔与我在 1975 年的通信中未公开发表的思路, 我们可以对算法 E 进行启发式的分析, 以理解它为什么可以如此成功地对很大的数进行分解. 为方便起见, 我们不妨假设 $k = 1$. 为得到 N 的分解, 我们需要输出的数值的总数与小的素因数的数目 m 大致成正比. 每执行一次步骤 E3 所花费的时间的阶大约为 $m \log N$ 个时间单位, 所以总运行时间大致与 $m^2 \log N / P$ 成正比, 其中 P 是每次迭代能成功得到符合要求的输出的概率. 如果我们做一个保守的假设, 即 V 在 0 和 $2\sqrt{N}$ 之间随机分布, 则概率 P 等于 $(2\sqrt{N})^{-1}$ 乘以小于 $2\sqrt{N}$ 且其素因数都属于集合 $\{p_1, \ldots, p_m\}$ 的整数的数目. 习题 29 给出了 P 的一个下界, 由此我们可得到运行时间的阶最多是

$$\frac{2\sqrt{N}\, m^2 \log N}{m^r/r!}, \qquad \text{其中 } r = \left\lfloor \frac{\log 2\sqrt{N}}{\log p_m} \right\rfloor. \tag{22}$$

如果我们将 $\ln m$ 近似取为 $\frac{1}{2}\sqrt{\ln N \ln \ln N}$, 并假设 $p_m = O(m \log m)$, 则可得 $r \approx \sqrt{\ln N / \ln \ln N} - 1$, 从而式 (22) 简化为

$$\exp\left(2\sqrt{(\ln N)(\ln \ln N)} + O\left((\log N)^{1/2} (\log \log N)^{-1/2} (\log \log \log N)\right)\right).$$

换句话说, 在相对合理的假设下我们估计算法 E 的运行时间不超过 $N^{\epsilon(N)}$, 其中指数 $\epsilon(N) \approx 2\sqrt{\ln \ln N / \ln N}$ 当 $N \to \infty$ 时趋向于 0.

    当 N 的值不是特别大时, 我们要注意不能对上面的渐近估计太过认真. 例如, 要使 $N^{1/\alpha} = (\lg N)^\alpha$ 成立, 当 $N = 10^{50}$ 时应取 $\alpha \approx 4.75$, 而当 $N = 10^{200}$ 时应取 $\alpha \approx 8.42$. 函数 $N^{\epsilon(N)}$ 的增长速度介于 $N^{1/\alpha}$ 和 $(\lg N)^\alpha$ 之间, 但只要 N 的数值不是极其庞大, 这三个表

达式的值都是差不多大小的. 文德利希做了很多计算实验, 这些实验表明, 如果对算法 E 做适当的修改, 其实际计算效果将比我们的理论估计要好得多 [见 *Lecture Notes in Math.* **751** (1979), 328–342]. 虽然当 $N = 10^{50}$ 时 $2\sqrt{\ln \ln N / \ln N} \approx 0.41$, 但在他的实验中对几千个在 $10^{13} \le N \le 10^{42}$ 范围内的数进行分解只需大约 $N^{0.15}$ 的运行时间.

算法 E 实质上是将 N 替换成 kN 来开始尝试分解 N 的, 这个思路是非常古怪的 (如果不是彻底的愚蠢), 正如我们难以想象有人说: "抱歉, 你是否介意我在分解你的数之前先将它乘以 3?" 然而, 事实证明这是一个很好的想法, 因为当 k 的值取得适当时, V 的值就有可能被更多的小素数整除, 从而更有机会在步骤 E3 中完全分解. 另一方面, 如果 k 的值很大, 则这些 V 的值也会更大, 从而更不容易被完全分解. 因此, 我们需要更有技巧地选择 k 的值来平衡这个矛盾. 例如, 我们来考虑 V 被 5 的幂整除的可能性. 在步骤 E3 中有 $P^2 - kNQ^2 = (-1)^S V$, 所以如果 5 整除 V, 则 $P^2 \equiv kNQ^2$ (modulo 5). 在这个同余式中 Q 不可能是 5 的倍数, 因为它与 P 互素, 所以 $(P/Q)^2 \equiv kN$ (modulo 5). 如果假设 P 和 Q 是互素的随机整数, 则满足 $(P \bmod 5, Q \bmod 5) \ne (0,0)$ 的 24 种组合出现的机会是均等的, 因此当 $kN \bmod 5$ 分别为 0, 1, 2, 3, 4 时, 5 能够整除 V 的概率分别为 $\frac{4}{24}$, $\frac{8}{24}$, 0, 0, $\frac{8}{24}$. 类似地, 25 整除 V 的概率分别为 0, $\frac{40}{600}$, 0, 0, $\frac{40}{600}$, 除非 kN 是 25 的倍数. 一般地, 给定满足 $(kN)^{(p-1)/2} \bmod p = 1$ 的奇素数 p, V 是 p^e 的倍数的概率为 $2/(p^{e-1}(p+1))$. 而且 p 整除 V 的平均次数是 $2p/(p^2-1)$. 根据施罗皮尔给出的上述分析, k 的最佳取值应使

$$\sum_{j=1}^{m} f(p_j, kN) \log p_j - \frac{1}{2} \log k \tag{23}$$

达到最大, 其中 f 是习题 28 中定义的函数. 这是因为上式其实是我们开始执行步骤 E4 时 $\ln(\sqrt{N}/T)$ 的期望值.

当 k 和 m 的值都取得非常恰当时, 算法 E 可以达到最好的效果. 只有具体的计算试验可以帮助我们找到合适的 m 值, 因为我们刚才做的渐近分析太粗糙, 不足以提供足够精确的信息, 而且对算法做的各种改进所造成的影响很难估计. 例如, 通过比较步骤 E3 与算法 A, 我们可以做以下重要的改进: 只要我们发现 $T \bmod p_j \ne 0$ 且 $\lfloor T/p_j \rfloor \le p_j$, 就可以停止分解 V, 这是因为此时 T 不是 1 就是素数了. 如果 T 是大于 p_m 的素数 (此时 T 不会大于 $p_m^2 + p_m - 1$), 我们还是可以输出 $(P, e_0, \ldots, e_m, T)$, 因为此时已经得到了完全的因数分解. 算法的第二阶段只会用到那些对应的素数 T 至少出现两次的输出. 做了这样的修改以后, 算法给出的素数序列长了很多, 但不会增加因数分解的时间. 文德利希的实验表明, 当 N 的值约为 10^{40} 时, 按以上方式修改后的算法取 $m \approx 150$ 的效果比较好.

由于步骤 E3 是这个算法中最耗时的部分, 所以莫里森、布里尔哈特和施罗皮尔提出了几种方法, 使得在分解过程不太可能完成时, 算法就不再执行这个步骤: (a) 只要 T 变成了单精度数, 就只有在 $\lfloor T/p_j \rfloor > p_j$ 且 $3^{T-1} \bmod T \ne 1$ 时才继续执行算法. (b) 如果在分解出所有小于 $\frac{1}{10} p_m$ 的因数后 T 的值仍然大于 p_m^2, 则终止算法. (c) 以大约 100 个 V 作为一批数据来获取因数, 但只分解到因数 p_5. 接下来我们只对每批中具有最小残差 T 的 V 执行因数分解计算. (在得到 p_5 之前, 一个明智的做法是计算 $V \bmod p_1^{f_1} p_2^{f_2} p_3^{f_3} p_4^{f_4} p_5^{f_5}$, 其中各个 f_i 的值应足够小, 以使 $p_1^{f_1} p_2^{f_2} p_3^{f_3} p_4^{f_4} p_5^{f_5}$ 在单精度数的表示范围内; 同时又足够大, 以使得 $V \bmod p_i^{f_i+1} = 0$ 不太可能成立. 于是我们可得到 V 模五个小素数的以单精度数表示的余数.)

关于算法 E 的输出中循环长度的估计, 见威廉斯, *Math. Comp.* **36** (1981), 593–601.

*一个理论上界. 从计算复杂度的角度考虑, 我们想知道是否存在一种因数分解方法, 其预期的运行时间是 $O(N^{\epsilon(N)})$, 其中当 $N \to \infty$ 时 $\epsilon(N) \to 0$. 我们在前面已经看到算法 E 很可能

满足这个条件, 但似乎不可能给出严格的证明, 因为连分数不够有规律. 狄克逊在 1978 年第一个证明了在这个意义下的好的因数分解算法是存在的. 事实上, 狄克逊告诉我们只需考虑算法 E 的一个简化版本, 其中不再采用连分数的形式但保留了 (18) 的基本思想.

简单来说, 狄克逊的方法 [*Math. Comp.* **36** (1981), 255–260] 假设 N 至少有两个不同的素因数, 且不能被前 m 个素数 $p_1, p_2, \ldots, p_m$ 整除: 随机选择一个在 $0 < X < N$ 范围内的整数 X, 并取 $V = X^2 \bmod N$. 如果 $V = 0$, 那么 $\gcd(X, N)$ 是 N 的一个真因数. 否则就像步骤 E3 那样把 V 的所有小的素因数都分解出来. 换句话说, 我们将 V 表示为

$$V = p_1^{e_1} \ldots p_m^{e_m} T, \tag{24}$$

其中 T 不能被前 m 个素数中的任何一个整除. 如果 $T = 1$, 则像步骤 E4 那样输出 $(X, e_1, \ldots, e_m)$, 这是同余式 (19) 的一个满足 $e_0 = 0$ 的解. 接下来我们再从 X 的另一个随机选取的值出发重复上面的过程, 直到得到足够多的输出, 使我们能够按照习题 12 中的方法找到 N 的一个因数.

为了分析这个算法, 我们试图找到以下两个量的上界: (a) 随机选取的 X 的值能得到输出的概率. (b) 需要大量的输出才能找到 N 的一个因数的概率. 记 $P(m, N)$ 为概率 (a), 即随机选取 X 的值时 $T = 1$ 的概率. 在随机选取 X 的 M 个值后, 平均来说, 我们将得到 $MP(m, N)$ 个输出. 由于输出数据的个数满足二项分布, 所以标准差小于平均值的平方根. 概率 (b) 很容易估计, 因为习题 13 证明了算法需要超过 $m + k$ 个输出的概率小于 2^{-k}.

习题 30 证明了当 $r = 2\lfloor \log N / (2 \log p_m) \rfloor$ 时有 $P(m, N) \geq m^r / (r! N)$, 因此我们可以得到类似 (22) 那样的对运行时间的估计, 只是要将 $2\sqrt{N}$ 替换为 N. 这次我们取 $r = \sqrt{2 \ln N / \ln \ln N} + \theta$, 其中 $|\theta| \leq 1$ 且 r 是偶数. 此外, 我们取 m 使得

$$r = \ln N / \ln p_m + O(1/\log \log N).$$

这意味着

$$\ln p_m = \sqrt{\frac{\ln N \ln \ln N}{2}} - \frac{\theta}{2} \ln \ln N + O(1),$$

$$\ln m = \ln \pi(p_m) = \ln p_m - \ln \ln p_m + O(1/\log p_m)$$

$$= \sqrt{\frac{\ln N \ln \ln N}{2}} - \frac{\theta + 1}{2} \ln \ln N + O(\log \log \log N),$$

$$\frac{m^r}{r! N} = \exp\left(-\sqrt{2 \ln N \ln \ln N} + O(r \log \log \log N)\right).$$

我们将取 M 使得 $Mm^r / (r! N) \geq 4m$, 从而期望得到的输出数据的总数 $MP(m, N)$ 不少于 $4m$. 算法的运行时间是 $Mm \log N$ 的阶加上习题 12 中的算法的 $O(m^3)$ 步计算. 我们可以证明 $O(m^3)$ 小于 $Mm \log N$, 后者等于

$$\exp\left(\sqrt{8(\ln N)(\ln \ln N)} + O\left((\log N)^{1/2}(\log \log N)^{-1/2}(\log \log \log N)\right)\right).$$

用这个方法无法找到因数的概率小到可以忽略不计, 因为它的输出数据的个数小于 $2m$ 的概率最多是 $e^{-m/2}$ (见习题 31), 而由前 $2m$ 个输出无法找到因数的概率最多是 2^{-m}, 这里 $m \gg \ln N$. 我们证明了下面的比狄克逊的初始形式的定理更强的结果.

定理 D. 存在这样的算法, 它的运行时间是 $O(N^{\epsilon(N)})$, 其中 $\epsilon(N) = c\sqrt{\ln \ln N / \ln N}$, 而 c 是任意大于 $\sqrt{8}$ 的常数. 当 N 至少有两个不同的素因数时, 这个算法可以找到 N 的一个非平凡因数的概率是 $1 - O(1/N)$. ∎

其他方法. 波拉德提出了另一种分解技术 [*Proc. Cambridge Phil. Soc.* **76** (1974), 521–528]. 他给出了一种实用方法寻找 N 的素因数 p，其中 $p-1$ 没有大的素因数. 如果用算法 A 和 B 分解很大的 N 时程序运行很长时间都没有结果，就可以尝试用一下这个算法（见习题 19）.

理查德 · 盖伊和康威合写的综述文章 [*Congressus Numerantium* **16** (1976), 49–89] 用独特的视角回顾了直到那时为止的因数分解算法的发展历史. 盖伊说道："如果在这个世纪内有人能够找到一般的方法对没有特殊形式的 10^{80} 量级的数进行分解，我会为此感到非常吃惊."然而在接下来的 20 年里他注定要吃惊很多次了.

以波默朗斯在 1981 年提出的二次筛法为开端，大数的因数分解技术在 20 世纪 80 年代取得了惊人的进展 [见 *Lecture Notes in Comp. Sci.* **209** (1985), 169–182]. 其后小伦斯特拉设计了椭圆曲线法 [*Annals of Math.* (2) **126** (1987), 649–673]，可以用大约 $\exp\!\left(\sqrt{(2+\epsilon)(\ln p)(\ln\ln p)}\,\right)$ 次乘法找到一个素因数 p. 当 $p \approx \sqrt{N}$ 时，这大致是我们估计的算法 E 的运行时间的平方根，而且当 N 有比较小的素因数时，它的表现会更好. 约瑟夫 · 西尔弗曼和约翰 · 泰特对这个方法做了很好的介绍 [见 *Rational Points on Elliptic Curves* (New York: Springer, 1992)，第 4 章].

约翰 · 波拉德在 1988 年又提出了一种新的方法，称为数域筛法. 这是到目前为止分解非常大的整数的最好的方法，在 *Lecture Notes in Math.* **1554** (1993) 中有一系列文章介绍它. 我们估计当 $N \to \infty$ 时它的运行时间的阶是

$$\exp\!\left((64/9+\epsilon)^{1/3}(\ln N)^{1/3}(\ln\ln N)^{2/3}\right). \tag{25}$$

按照伦斯特拉的估计，数域筛法的较为理想的算法在 $N \approx 10^{112}$ 时开始超越二次筛法的性能.

这些新方法的细节超出了本书的范围，但通过对于形如 $2^{2^k}+1$ 的未被分解的费马数被攻克的某些早期成功的案例，我们可以大致了解其效能. 例如，利用 700 台工作站的空闲时间进行四个月的计算后，数域筛法得到了因数分解

$$2^{512}+1 = 2\,424\,833 \cdot 7\,455\,602\,825\,647\,884\,208\,337\,395\,736\,200\,454\,918\,783\,366\,342\,657 \cdot p_{99},$$

这里 p_{99} 表示一个 99 位的素数 [伦斯特拉、小伦斯特拉、马克 · 马纳塞和波拉德，*Math. Comp.* **61** (1993), 319–349; **64** (1995), 1357]. 下一个费马数的位数是这个的两倍，但利用椭圆曲线法，在 1995 年 10 月 20 日得到了以下分解式:

$$2^{1024}+1 = 45\,592\,577 \cdot 6\,487\,031\,809 \cdot$$
$$4\,659\,775\,785\,220\,018\,543\,264\,560\,743\,076\,778\,192\,897 \cdot p_{252}.$$

[布伦特，*Math. Comp.* **68** (1999), 429–451.] 事实上，布伦特在 1988 年就已经用椭圆曲线法成功分解了再下一个费马数:

$$2^{2048}+1 = 319\,489 \cdot 974\,849 \cdot$$
$$167\,988\,556\,341\,760\,475\,137 \cdot 3\,560\,841\,906\,445\,833\,920\,513 \cdot p_{564},$$

幸运的是，这个费马数只有一个素因数大于 10^{22}，因此椭圆曲线法最早获得了成功.

那么 $2^{4096}+1$ 怎么样呢？到目前为止，我们对这个数还是一筹莫展. 它有五个小于 10^{16} 的素因数，但未被分解的部分包含 1187 个十进制位. 再下一个费马数 $2^{8192}+1$ 有四个我们已经知道数值的小于 10^{27} 的素因数 [理查德 · 克兰德尔和费金，*Math. Comp.* **62** (1994), 321；布伦特、克兰德尔、卡尔 · 迪尔歇尔和克里斯托弗 · 阿勒万，*Math. Comp.* **69** (2000), 1297–1304]，但未被分解的部分更加巨大.

秘密因数. 1977 年，罗纳德·李维斯特、阿迪·沙米尔和伦纳德·阿德尔曼发现了一种加密信息的方法。尽管每个人都知道加密方法，但只有知道一个很大的数 N 的素因数才能将加密的信息破译。这使全世界对因数分解问题的关注度极大提高。由于这么多世界上最出色的数学家都无法找到因数分解的有效方法，因而这种加密方案［CACM **21** (1978), 120–126］为在计算机网络中保护私密数据和通信提供了一种很安全的方式。

我们可以想象一种小的电子设备，称为 RSA 盒子，在它的内存中存储了两个大素数 p 和 q。假设 $p-1$ 和 $q-1$ 都不能被 3 整除。RSA 盒子以某种方式连接到计算机，并且告诉计算机乘积 $N=pq$ 的值。然而，除了对 N 做因数分解，没有人能够知道 p 和 q 的值，因为 RSA 盒子的设计很巧妙，如果有人试图获取它的数据就会自毁。换句话说，如果有人要抢夺它或者试图以辐射等方式修改或者读取存储在其中的数据，它就会清除掉这些数据。此外，由于 RSA 盒子足够可靠，因而不需要进行维护。如果发生了紧急情况或者用坏了，我们只需扔掉它然后买一个新的。RSA 盒子自己可以通过诸如宇宙射线等完全随机的方式来生成素数 p 和 q。关键的要点在于没有人知道 p 和 q，哪怕是那些拥有或可以访问 RSA 盒子的人或组织。所以不可能通过贿赂、勒索或劫持人质的方式来获取 N 的因数。

向乘积为 N 的 RSA 盒子的主人发送机密的信息时，我们要将信息划分为多个数构成的序列 $(x_1,\dots,x_k)$，其中每个 x_i 都位于 $0\le x_i<N$ 范围内，然后将

$$(x_1^3 \bmod N, \ \dots, \ x_k^3 \bmod N)$$

传送出去。由于 RSA 盒子知道 p 和 q 的值，它可以预先算出一个数 $d<N$ 满足 $3d\equiv 1 \ (\text{modulo } (p-1)(q-1))$，从而可以破译传送过去的信息。利用 4.6.3 节中的方法，它可以在合理的时间内计算出每一个秘密分量 $(x_i^3 \bmod N)^d \bmod N = x_i$ 的值。显然 RSA 盒子自己会保管这个神奇的数 d。事实上，它只需要记住 d 而不是 p 和 q，因为在得到 N 的值以后，它唯一需要做的事就是保护这些秘密以及进行模 N 开立方的运算。

当 $x<\sqrt[3]{N}$ 时，这个加密方案是无效的，因为此时 $x^3 \bmod N = x^3$，从而很容易求出立方根。根据 4.2.4 节关于首位数字的对数律，在一个由 k 个数构成的信息 $(x_1,\dots,x_k)$ 中，首位数字 x_1 有大约三分之一的机会小于 $\sqrt[3]{N}$，所以这是个需要解决的问题。习题 32 给出了一种避免这种状况的方法。

RSA 加密格式的安全性在于没有人能够在不知道 N 的因数的情况下快速地进行模 N 求立方根的运算。从表面上看似乎不可能找到这样的方法，但这并非绝对不会发生。目前我们可以确定的是所有一般的求立方根的方法都是行不通的。例如，我们基本上不可能将 d 作为 N 的函数来求它的值。这是因为如果我们知道了 d 的值或者某个大小合适的 m 的值使得 $x^m \bmod N = 1$ 对很多个 x 成立，那么只需要再多计算几步就可以求出 N 的因数（见习题 34）。所以任何显式或隐式地求 m 的值的破解方法基本上都等同于对 N 进行分解。

然而，做一些预防措施还是必要的。如果我们在一个计算机网络中将同样的信息送给三个不同的人，而有人知道了 x^3 模 N_1、N_2 和 N_3 的值，他就可以利用中国剩余定理来求解 $x^3 \bmod N_1N_2N_3 = x^3$，从而 x 的值将不再是秘密。事实上，如果我们将一个"有时间标记"的信息 $(2^{\lceil \lg t_i \rceil}x+t_i)^3 \bmod N_i$ 发送给七个不同的人，其中 t_i 已知或可以猜出来，那么就可以想办法得到 x 的值（见习题 44）。所以有些密码专家建议使用 $2^{16}+1=65\,537$ 而不是 3 作为指数来加密。这个数是素数，而且计算 $x^{65\,537} \bmod N$ 所需的时间只是计算 $x^3 \bmod N$ 的大约 8.5 倍。［CCITT Recommendations Blue Book (Geneva: International Telecommunication Union, 1989), Fascicle VIII.8, Recommendation X.509, Annex C, pages 74–76.］李维斯特、沙米尔和

阿德尔曼最初的方案是用 $x^a \bmod N$ 来加密 x，其中 a 是任意与 $\varphi(N)$ 互素的数而不仅限于取 $a = 3$. 然而在实际应用中，我们倾向于选取那些使加密过程比解码过程快的指数.

为了使 RSA 方案更有效，p 和 q 不应该仅仅是"随机"的素数. 我们前面已经提到 $p-1$ 和 $q-1$ 不能被 3 整除，因为要保证模 N 的立方根是唯一的. $p-1$ 要满足的另一个条件是至少要有一个非常大的素因数，$q-1$ 也是这样，否则我们就可以用习题 19 的算法来分解 N. 事实上，习题 19 的这个算法是寻找一个相对小的数 m，使得有很多 $x^m \bmod N$ 的值都等于 1，而我们刚才已经看到这样的 m 是很危险的. 如果 $p-1$ 和 $q-1$ 分别有大的素因数 p_1 和 q_1，则根据习题 34 的结论，要么 m 是 p_1q_1 的倍数（从而很难求出 m 的值），要么 $x^m \equiv 1$ 的概率小于 $1/p_1q_1$（从而 $x^m \bmod N$ 的值几乎不可能是 1）. 此外，我们不希望 p 和 q 太接近，否则用算法 D 就可以求出它们的值. 事实上，我们不希望比值 p/q 接近任何简单的分数，以防被算法 C 的莱曼的改进算法找出来.

下面这个生成 p 和 q 的方法几乎已成为金科玉律：先在某个区间，比如说 10^{80} 和 10^{81} 之间，选择一个真随机数 p_0. 然后寻找大于 p_0 的第一个素数 p_1. 这需要检测大约 $\frac{1}{2}\ln p_0 \approx 90$ 个奇数，而利用算法 P 做 50 次检测后，得到一个概率大于 $1 - 2^{-100}$ 的"可能是素数"的 p_1. 然后在另一个区间，比如说 10^{39} 和 10^{40} 之间，选择一个真随机数 p_2. 寻找第一个形如 $kp_1 + 1$ 的素数 p，其中 k 是不小于的 p_2 的偶数，并且 $k \equiv p_1$ (modulo 3). 要找到这样的 p 大约需要检测 $\frac{1}{3}\ln p_1p_2 \approx 90$ 个奇数. 素数 p 大约有 120 位. 我们可以用类似的构造过程找到大约有 130 位的素数 q. 为更安全起见，我们建议检验一下 $p+1$ 和 $q+1$ 的素因数，确保它们不会都是很小的数（见习题 20）. 由此得到的乘积 $N = pq$ 的大小约为 10^{250}，并且符合我们所有的要求. 很难想象这样的 N 可以被分解.

例如，假设我们有一个算法可以在 $N^{0.1}$ 微秒内分解一个 250 位的数 N. 于是分解这样的 N 需要花费 10^{25} 微秒. 而一年平均只有 $31\,556\,952\,000\,000$ 微秒，所以我们需要超过 3×10^{11} 年的 CPU 时间来完成分解过程. 即使政府机构购买 100 亿台计算机并全部用于解决这个问题，也至少需要超过 31 年才能将 N 分解出来. 而且，一旦人们知道政府为解决这个问题购买了这么多专用计算机，他们就会开始使用 300 位数的 N.

由于所有人都知道加密方法 $x \mapsto x^3 \bmod N$，所以除了只能用 RSA 盒子来破解密码这个优点以外，我们还能得到其他好处. 这类"公钥"系统最初由贝利·迪菲和马丁·赫尔曼发表在 *IEEE Trans.* **IT-22** (1976), 644–654. 下面举一个例子来说明对一种公开的加密方法我们可以做些什么. 假设艾丽斯想与鲍勃[①]通过电子邮件进行安全的通信，她会在信上签名从而鲍勃知道信不是其他人伪造的. 记 $E_A(M)$ 为发送给艾丽斯的信息 M 的加密函数，$D_A(M)$ 为艾丽斯的 RSA 盒子的解密函数. 记 $E_B(M)$ 和 $D_B(M)$ 为用鲍勃的 RSA 盒子的相应的加密和解密函数. 当艾丽斯要发送一个签名信息时，她首先在机密的信息后面附上她的名字和日期，然后用她的 RSA 盒子得到 $D_A(M)$ 并将 $E_B(D_A(M))$ 传送给鲍勃. 当鲍勃收到信息后，他用 RSA 盒子将其转换为 $D_A(M)$. 由于他知道 E_A，所以可以通过计算 $M = E_A(D_A(M))$ 以获得初始信息 M. 这可以使他相信信息确实来自艾丽斯. 其他人不可能发送信息 $D_A(M)$.（鲍勃现在知道了 $D_A(M)$，所以他可以假冒艾丽斯发送 $E_X(D_A(M))$ 给泽维尔. 为防止这类冒名的情况，M 的内容应该要明确标识出它只是给鲍勃看的.）

你们可能会问，艾丽斯和鲍勃怎么能够知道对方的加密函数 E_A 和 E_B 呢？他们不能简单地把加密函数存放在公开的文件里，因为查利可能会篡改这个文件，将自己计算得到的 N 写到文件中. 然后，他就可以在艾丽斯或鲍勃发现事情不对劲以前暗中截获和破译他们之间的私人

[①] 艾丽斯（Alice）与鲍勃（Bob）是广泛地代入密码学、对策论和物理学领域的通用角色. 还有其他相关角色，如下文中的泽维尔（Xavier）和查利（Charlie）. 这些名称是为了方便说明议题，有时也会用作幽默. ——编者注

信息. 解决这个问题的方案是将乘积 N_A 和 N_B 存放在一个专门的公共的文件夹中, 这个文件夹有它自己的 RSA 盒子和完全公开的乘积 N_D. 当艾丽斯需要与鲍勃联系时, 她可以通过这个文件夹得到对应于鲍勃的乘积. 她会收到一个签名的消息, 里面包含了 N_B 的值. 没有人可以伪造这样的消息, 因此它肯定是可以信赖的.

拉宾提出了另一种可以替代 RSA 算法的有趣方案 [M.I.T. Lab. for Comp. Sci., report TR-212 (1979)]. 他建议用函数 $x^2 \bmod N$ 而不是 $x^3 \bmod N$ 来做加密. 这种加密方式可以称为 SQRT 盒子, 它会返回四个不同的数. 这是因为有四个不同的数的平方模 N 的余数都是一样的, 它们是 x, $-x$, $fx \bmod N$ 和 $(-fx) \bmod N$, 其中 $f = (p^{q-1} - q^{p-1}) \bmod N$. 如果我们预先假设 x 是偶数或者 $x < \frac{1}{2}N$, 则可能性会缩减为两个, 而其中一般又只有一个是有意义的. 事实上, 我们可以像习题 35 那样得到一个确定的解. 拉宾的方案有一个重要意义, 它告诉我们求模 N 的平方根的问题与得到因数分解 $N = pq$ 一样困难. 这是因为当对随机选取的 x 求 $x^2 \bmod N$ 的平方根时, 我们有一半的机会找到 y 满足 $x^2 \equiv y^2$ 且 $x \not\equiv \pm y$, 进而可以得到 $\gcd(x - y, N) = p$ 或 q. 然而, 拉宾的方案中有一个严重的缺陷, 而 RSA 算法似乎没有这样的缺陷 (见习题 33): 任何能接触到 SQRT 盒子的人都可以轻易地找到 N 的因数. 这不仅可能受到不诚实雇员的欺骗, 或者受到敲诈的威胁, 而且因为人们知道 p 和 q 的值, 他们完全可以宣称那些发送出去的文档中他们的 "签名" 是伪造的. 因此, 我们所期望的通信安全导致了一些微妙的问题, 这些问题与我们通常在算法设计和分析中遇到的问题都很不一样.

历史注记: 1997 年, 我们发现克利福德 · 科克斯早在 1973 年就已经考虑过用变换 $x^{pq} \bmod pq$ 来加密信息, 但他的工作一直被保密.

已知的最大素数. 在本书的其他地方我们已经讨论了几种需要用到大的素数的计算方法, 而我们刚才介绍的方法可以比较容易地找到比较小的 (例如位数不超过 25 位的) 素数. 表 2 给出了小于典型计算机的字大小的 10 个最大的素数. (其他一些有用的素数可查阅习题 3.2.1.2–22 和 4.6.4–57 的答案.)

事实上, 我们知道大得多的具有特殊形式的素数, 而且有时很需要使用尽可能大的素数. 所以我们将以介绍发现那些已知的最大素数的有趣方法来结束本节. 这些素数都可以表示为 $2^n - 1$, 其中 n 可取各种特殊的值, 因此它们特别适合于二进制计算机的特定应用.

只有当 n 为素数时 $2^n - 1$ 才可能是素数, 因为 $2^{uv} - 1$ 可以被 $2^u - 1$ 整除. 1644 年, 梅森宣布了一个使他同时代的人大为惊奇的结果. 他的结论大致可表述为: 对不超过 257 的数 p, 只有当 $p = 2, 3, 5, 7, 13, 17, 19, 31, 67, 127, 257$ 时 $2^p - 1$ 才是素数. (这个命题与他的著作 *Cogitata Physico-Mathematica* 的前言中关于完全数的讨论有关联. 奇怪的是, 他又给出了以下评论: "要判断一个 15 或 20 位的数是否是素数, 无论使用什么已知的方法, 即使使用尽全部时间, 也是无法办到的.") 梅森在此前几年与费马、笛卡儿及其他人就相关问题进行了很多讨论, 但他没有对上面的命题给出证明. 而且, 在此后 200 多年里也没有人知道他的命题是否正确. 欧拉在经过多次失败的尝试后, 终于在 1772 年证明了 $2^{31} - 1$ 是素数. 又过了大约 100 年, 卢卡斯发现 $2^{127} - 1$ 是素数, 但 $2^{67} - 1$ 的素性很可疑. 因此梅森的结论可能不完全正确. 伊万 · 佩尔武申在 1883 年证明了 $2^{61} - 1$ 是素数 [见 *Istoriko-Mat. Issledovaniîa* **6** (1953), 559], 这引发人们猜想, 也许梅森只是将 61 误写为 67. 然而人们最终还是发现了梅森的命题中的其他错误. 鲍尔斯证明了 $2^{89} - 1$ 是素数 [*AMM* **18** (1911), 195], 这证实了其他学者此前的猜想. 三年后他又证明了 $2^{107} - 1$ 也是素数. 克莱特奇克在 1922 年发现 $2^{257} - 1$ 不是素数 [见他的著作 *Recherches sur la Théorie des Nombres* (Paris: 1924), 21]. 他的计算过程中有一些计算错误, 但最后的结论仍然是对的.

表 2 有用的素数

N	a_1	a_2	a_3	a_4	a_5	a_6	a_7	a_8	a_9	a_{10}
2^{15}	19	49	51	55	61	75	81	115	121	135
2^{16}	15	17	39	57	87	89	99	113	117	123
2^{17}	1	9	13	31	49	61	63	85	91	99
2^{18}	5	11	17	23	33	35	41	65	75	93
2^{19}	1	19	27	31	45	57	67	69	85	87
2^{20}	3	5	17	27	59	69	129	143	153	185
2^{21}	9	19	21	55	61	69	105	111	121	129
2^{22}	3	17	27	33	57	87	105	113	117	123
2^{23}	15	21	27	37	61	69	135	147	157	159
2^{24}	3	17	33	63	75	77	89	95	117	167
2^{25}	39	49	61	85	91	115	141	159	165	183
2^{26}	5	27	45	87	101	107	111	117	125	135
2^{27}	39	79	111	115	135	187	199	219	231	235
2^{28}	57	89	95	119	125	143	165	183	213	273
2^{29}	3	33	43	63	73	75	93	99	121	133
2^{30}	35	41	83	101	105	107	135	153	161	173
2^{31}	1	19	61	69	85	99	105	151	159	171
2^{32}	5	17	65	99	107	135	153	185	209	267
2^{33}	9	25	49	79	105	285	301	303	321	355
2^{34}	41	77	113	131	143	165	185	207	227	281
2^{35}	31	49	61	69	79	121	141	247	309	325
2^{36}	5	17	23	65	117	137	159	173	189	233
2^{37}	25	31	45	69	123	141	199	201	351	375
2^{38}	45	87	107	131	153	185	191	227	231	257
2^{39}	7	19	67	91	135	165	219	231	241	301
2^{40}	87	167	195	203	213	285	293	299	389	437
2^{41}	21	31	55	63	73	75	91	111	133	139
2^{42}	11	17	33	53	65	143	161	165	215	227
2^{43}	57	67	117	175	255	267	291	309	319	369
2^{44}	17	117	119	129	143	149	287	327	359	377
2^{45}	55	69	81	93	121	133	139	159	193	229
2^{46}	21	57	63	77	167	197	237	287	305	311
2^{47}	115	127	147	279	297	339	435	541	619	649
2^{48}	59	65	89	93	147	165	189	233	243	257
2^{59}	55	99	225	427	517	607	649	687	861	871
2^{60}	93	107	173	179	257	279	369	395	399	453
2^{63}	25	165	259	301	375	387	391	409	457	471
2^{64}	59	83	95	179	189	257	279	323	353	363
10^6	17	21	39	41	47	69	83	93	117	137
10^7	9	27	29	57	63	69	71	93	99	111
10^8	11	29	41	59	69	153	161	173	179	213
10^9	63	71	107	117	203	239	243	249	261	267
10^{10}	33	57	71	119	149	167	183	213	219	231
10^{11}	23	53	57	93	129	149	167	171	179	231
10^{12}	11	39	41	63	101	123	137	143	153	233
10^{16}	63	83	113	149	183	191	329	357	359	369

小于 N 的 10 个最大的素数分别是 $N - a_1, \ldots, N - a_{10}$.

我们现在称形如 $2^p - 1$ 的数为梅森数, 并且知道当 p 等于

$$2, 3, 5, 7, 13, 17, 19, 31, 61, 89, 107, 127, 521, 607, 1279, 2203, 2281, 3217,$$
$$4253, 4423, 9689, 9941, 11\,213, 19\,937, 21\,701, 23\,209, 44\,497, 86\,243, 110\,503,$$
$$132\,049, 216\,091, 756\,839, 859\,433, 1\,257\,787, 1\,398\,269, 2\,976\,221, 3\,021\,377,$$
$$6\,972\,593, 13\,466\,917, 20\,996\,011, 24\,036\,583, 25\,964\,951, 30\,402\,457, 32\,582\,657,$$
$$37\,156\,667, 42\,643\,801, 43\,112\,609, 57\,885\,161, 74\,207\,281 \ldots \tag{26}$$

时, 对应的梅森数是素数. 上面的序列中大于 100 000 的前几项是由戴维·斯洛文斯基和他的同事在测试新的超级计算机时发现的 [见 *J. Recreational Math.* **11** (1979), 258–261]. 他还在 20 世纪 90 年代与保罗·盖奇共同发现对应于 756 839, 859 433 和 1 257 787 的梅森素数. 而对应于从 1 398 269 开始的梅森素数, 发现者分别为若埃尔·阿芒戈、戈登·斯彭斯、罗兰·克拉克森、纳扬·哈吉拉特瓦拉、迈克尔·卡梅伦、迈克尔·谢弗、乔希·芬德利、马丁·诺瓦克、柯蒂斯·库珀/史蒂文·布恩、汉斯-米夏埃尔·埃尔文尼希、奥德·史甸迪莫和埃德森·史密斯.[1]他们是在流行的个人计算机上使用乔治·沃尔特曼的程序和斯科特·库罗夫斯基编写的互联网管理软件完成这项工作的, 最近的一次是在 2016 年 1 月. 沃尔特曼从 1996 年开始开展了一个名为 "因特网梅森素数大搜索 (GIMPS)" 的项目.

需要注意的是, 素数 $8191 = 2^{13} - 1$ 没有出现在序列 (26) 中. 梅森曾断言 $2^{8191} - 1$ 是素数, 而且其他人也曾猜想任何梅森素数也许可以作为指数生成其他梅森素数.

由于人们总是想去创造难以打破的世界纪录, 而不愿花时间研究指数较小的素数, 这使得搜寻大素数的工作不够系统化. 例如, $2^{132\,049} - 1$ 在 1983 年被证明是素数, $2^{216\,091} - 1$ 则是在 1984 年发现的, 然而 $2^{110\,503} - 1$ 直到 1988 年才被找到. 因此, 也许还有小于 $2^{74\,207\,281} - 1$ 的梅森素数未被发现. 截止 2008 年 3 月 1 日, 沃尔特曼已经对所有指数小于 25 000 000 的梅森数进行了检验. 他的志愿者正在有组织地填补剩下的空隙. [2]

由于 $2^{74\,207\,281} - 1$ 是一个超过 2233 万位的十进制数, 因而不难想象在证明它是素数时得用到一些特殊的技巧. 检测给定的梅森数 $2^p - 1$ 的素性的第一个高效方法是由卢卡斯设计的 [*Amer. J. Math.* **1** (1878), 184–239, 289–321, 请特别注意第 316 页], 莱默改进了他的方法 [*Annals of Math.* (2) **31** (1930), 419–448, 请特别注意第 443 页]. 卢卡斯-莱默检测法是目前使用的在已知 $n+1$ 的因数的前提下检测 n 的素性的方法的特殊情形. 具体如下.

定理 L. 设 q 是奇素数, 并按以下规则定义序列 $\langle L_n \rangle$

$$L_0 = 4, \qquad L_{n+1} = (L_n^2 - 2) \bmod (2^q - 1). \tag{27}$$

则 $2^q - 1$ 是素数当且仅当 $L_{q-2} = 0$.

例如, $2^3 - 1$ 是素数是因为 $L_1 = (4^2 - 2) \bmod 7 = 0$. 这种测试方法特别适用于二进制计算机, 因为模 $(2^q - 1)$ 的运算非常方便. 见 4.3.2 节. 习题 4.3.2–14 介绍了当 q 非常大时怎样节省时间.

证明. 我们将通过研究递推序列的具有独立价值的某些特征来证明定理 L, 其中只会用到数论中非常简单的结论. 考虑序列 $\langle U_n \rangle$ 和 $\langle V_n \rangle$, 它们按以下方式定义:

$$U_0 = 0, \qquad U_1 = 1, \qquad U_{n+1} = 4U_n - U_{n-1};$$
$$V_0 = 2, \qquad V_1 = 4, \qquad V_{n+1} = 4V_n - V_{n-1}. \tag{28}$$

---

① 式 (26) 的最后两项都是由柯蒂斯·库珀发现的. ——编者注

② 2014 年 11 月 8 日, $2^{32\,582\,657} - 1$ 被确认为第 44 个梅森素数. 也就是说, 25 000 000 和 32 582 657 之间的空隙已经被填补了, 但是离 74 207 281 的目标还差得很远. ——编者注

很容易通过归纳法证明下面的关系式：

$$V_n = U_{n+1} - U_{n-1};\tag{29}$$

$$U_n = \left((2+\sqrt{3})^n - (2-\sqrt{3})^n\right)/\sqrt{12};\tag{30}$$

$$V_n = (2+\sqrt{3})^n + (2-\sqrt{3})^n;\tag{31}$$

$$U_{m+n} = U_m U_{n+1} - U_{m-1}U_n.\tag{32}$$

当 p 是素数且 $e \geq 1$ 时，现在我们来证明一个辅助结论：

$$\text{如果} \quad U_n \equiv 0 \pmod{p^e} \quad \text{则} \quad U_{np} \equiv 0 \pmod{p^{e+1}}.\tag{33}$$

这个命题可以由习题 3.2.2–11 的更一般意义下的结果推导出来，但对于序列 (28) 我们可以直接证明这个命题. 假设 $U_n = bp^e$，$U_{n+1} = a$. 则由 (28) 和 (32) 得 $U_{2n} = bp^e(2a - 4bp^e) \equiv 2aU_n$ $\pmod{p^{e+1}}$，而 $U_{2n+1} = U_{n+1}^2 - U_n^2 \equiv a^2$. 类似地，$U_{3n} = U_{2n+1}U_n - U_{2n}U_{n-1} \equiv 3a^2 U_n$ 且 $U_{3n+1} = U_{2n+1}U_{n+1} - U_{2n}U_n \equiv a^3$. 一般地，

$$U_{kn} \equiv ka^{k-1}U_n \quad \text{且} \quad U_{kn+1} \equiv a^k \pmod{p^{e+1}},$$

于是取 $k = p$ 即得 (33).

通过将 $(2\pm\sqrt{3})^n$ 做二项式展开，可由式 (30) 和 (31) 得到 U_n 和 V_n 的另一个表达式：

$$U_n = \sum_k \binom{n}{2k+1} 2^{n-2k-1}3^k, \qquad V_n = \sum_k \binom{n}{2k} 2^{n-2k+1}3^k.\tag{34}$$

现在我们取 $n = p$，其中 p 是奇素数. 注意到除了 $k = 0$ 和 $k = p$ 以外，$\binom{p}{k}$ 都是 p 的倍数，因此有

$$U_p \equiv 3^{(p-1)/2}, \qquad V_p \equiv 4 \pmod{p}.\tag{35}$$

如果 $p \neq 3$，则由费马定理得 $3^{p-1} \equiv 1$. 因此 $(3^{(p-1)/2}-1)(3^{(p-1)/2}+1) \equiv 0$，从而 $3^{(p-1)/2} \equiv \pm 1$. 如果 $U_p \equiv -1$，则 $U_{p+1} = 4U_p - U_{p-1} = 4U_p + V_p - U_{p+1} \equiv -U_{p+1}$，从而 $U_{p+1} \bmod p = 0$. 如果 $U_p \equiv +1$，则 $U_{p-1} = 4U_p - U_{p+1} = 4U_p - V_p - U_{p-1} \equiv -U_{p-1}$，从而 $U_{p-1} \bmod p = 0$. 于是对所有的素数 p，我们证明了存在整数 $\epsilon(p)$ 使得

$$U_{p+\epsilon(p)} \bmod p = 0, \qquad |\epsilon(p)| \leq 1.\tag{36}$$

对任意正整数 N，记 $m = m(N)$ 为满足 $U_{m(N)} \bmod N = 0$ 的最小正整数，我们可以证明

$$U_n \bmod N = 0 \quad \text{当且仅当} \quad n \text{ 是 } m(N) \text{ 的倍数}.\tag{37}$$

（我们称 $m(N)$ 为此序列中 N 的幻秩.）要证明 (37)，只需注意序列 $U_m, U_{m+1}, U_{m+2}, \ldots$ 模 N 同余于 $aU_0, aU_1, aU_2, \ldots$，其中 $a = U_{m+1} \bmod N$. 由于 $\gcd(U_n, U_{n+1}) = 1$，所以 a 与 N 互素.

有了这些预备知识，我们就可以着手证明定理 L 了. 利用 (27)，我们可归纳证明

$$L_n = V_{2^n} \bmod (2^q - 1).\tag{38}$$

此外，由恒等式 $2U_{n+1} = 4U_n + V_n$ 可推导出 $\gcd(U_n, V_n) \leq 2$，这是因为当 $U_n \perp U_{n+1}$ 时，U_n 和 V_n 的任意公因数都整除 U_n 和 $2U_{n+1}$. 因此 U_n 和 V_n 没有奇数的公因数，而且当 $L_{q-2} = 0$ 时必有

$$U_{2^{q-1}} = U_{2^{q-2}}V_{2^{q-2}} \equiv 0 \pmod{2^q - 1},$$

$$U_{2^{q-2}} \not\equiv 0 \pmod{2^q - 1}.$$

于是，如果 $m = m(2^q - 1)$ 是 $2^q - 1$ 的幻秩，则 m 必是 2^{q-1} 的因数但不是 2^{q-2} 的因数，所以 $m = 2^{q-1}$. 接下来我们将证明 $n = 2^q - 1$ 必定是素数：设 n 的因数分解为 $p_1^{e_1} \ldots p_r^{e_r}$. 由于 n 是奇数且同余于 $(-1)^q - 1 = -2$ (modulo 3)，因此所有 p_j 都大于 3. 由 (33) (36) (37) 可知 $U_t \equiv 0$ (modulo $2^q - 1$)，其中

$$t = \mathrm{lcm}\big(p_1^{e_1-1}(p_1 + \epsilon_1), \ldots, p_r^{e_r-1}(p_r + \epsilon_r)\big),$$

且每个 ϵ_j 都是 ± 1. 因此 t 是 $m = 2^{q-1}$ 的倍数. 定义 $n_0 = \prod_{j=1}^r p_j^{e_j-1}(p_j + \epsilon_j)$，则 $n_0 \leq \prod_{j=1}^r p_j^{e_j-1}(p_j + \frac{1}{5}p_j) = (\frac{6}{5})^r n$. 此外，由于 $p_j + \epsilon_j$ 是偶数，所以 $t \leq n_0/2^{r-1}$，这是因为对两个偶数每求一次最小公倍数就会损失掉它们的一个公因数. 综合以上结果可得 $m \leq t \leq 2(\frac{3}{5})^r n < 4(\frac{3}{5})^r m < 3m$. 从而 $r \leq 2$ 且 $t = m$ 或 $t = 2m$，即 t 必定是 2 的幂. 因此 $e_1 = 1, e_r = 1$，且如果 n 不是素数，则必有 $n = 2^q - 1 = (2^k + 1)(2^l - 1)$，其中 $2^k + 1$ 和 $2^l - 1$ 都是素数. 然而后一种因数分解当 q 是奇数时显然不可能，所以 n 是素数.

反之，假设 $n = 2^q - 1$ 是素数，则我们必须证明 $V_{2^{q-2}} \equiv 0$ (modulo n). 为此只需证明 $V_{2^{q-1}} \equiv -2$ (modulo n)，这是因为 $V_{2^{q-1}} = (V_{2^{q-2}})^2 - 2$. 注意到

$$V_{2^{q-1}} = \big((\sqrt{2} + \sqrt{6})/2\big)^{n+1} + \big((\sqrt{2} - \sqrt{6})/2\big)^{n+1}$$

$$= 2^{-n} \sum_k \binom{n+1}{2k} \sqrt{2}^{\,n+1-2k} \sqrt{6}^{\,2k} = 2^{(1-n)/2} \sum_k \binom{n+1}{2k} 3^k.$$

因为 n 是奇素数，所以二项式系数

$$\binom{n+1}{2k} = \binom{n}{2k} + \binom{n}{2k-1}$$

除了 $2k = 0$ 和 $2k = n+1$ 以外都可以被 n 整除. 于是

$$2^{(n-1)/2} V_{2^{q-1}} \equiv 1 + 3^{(n+1)/2} \quad (\text{modulo } n).$$

由于 $2 \equiv (2^{(q+1)/2})^2$，所以由费马定理得 $2^{(n-1)/2} \equiv (2^{(q+1)/2})^{(n-1)} \equiv 1$. 最后，利用二次互反律的一个简单情形（见习题 23），由 $n \bmod 3 = 1$ 和 $n \bmod 4 = 3$ 可推出 $3^{(n-1)/2} \equiv -1$. 这意味着 $V_{2^{q-1}} \equiv -2$，从而得到我们期望的结果 $V_{2^{q-2}} \equiv 0$. ∎

一位佚名作者在 1460 年就发现 $2^{17} - 1$ 和 $2^{19} - 1$ 是素数，他的著作现存于意大利图书馆. 从那时开始，世界上公认的最大素数就基本上被梅森素数占据. 然而情况也许会发生变化，因为梅森素数越来越难找到，而习题 27 给出了检测其他形式的素数的有效方法. [见埃托雷·皮丘蒂，*Historia Math.* **16** (1989), 123–136；威廉斯，*Édouard Lucas and Primality Testing* (1998)，第 2 章.]

习题

1. [*10*] 如果算法 A 的试探除数序列 $d_0, d_1, d_2, \ldots$ 中包含合数，为什么这些合数一定不会出现在算法的输出中？

2. [*15*] 如果能够确定算法 A 的输入数据 N 一定是大于等于 3 的数，是否可以去掉算法中的步骤 A2？

3. [*M20*] 证明存在数 P 满足以下性质：如果 $1\,000 \leq n \leq 1\,000\,000$，则 n 是素数当且仅当 $\gcd(n, P) = 1$.

4. [*M29*] 按照习题 3.1–7 和 1.2.11.3 节的记号，证明使得 $X_n = X_{\ell(n)-1}$ 成立的最小的 n 的平均值位于 $1.5Q(m) - 0.5$ 和 $1.625Q(m) - 0.5$ 之间.

5. [*21*] 按照费马方法（算法 D），使用模数 3, 5, 7, 8 和 11 手算 $11\,111$ 的因数.

6. [*M24*] 如果 p 是奇素数, N 不是 p 的倍数, 证明使得 $0 \le x < p$ 且 $x^2 - N \equiv y^2 \pmod{p}$ 的解 y 存在的整数 x 的个数等于 $(p \pm 1)/2$.

7. [*25*] 当模数 m_i 的表格中的元素不是恰好占满整数个机器字时, 讨论如何在二进制计算机上编程实现算法 D 的筛法.

▶ **8.** [*23*] (埃拉托色尼筛法, 公元前 3 世纪) 使用下面的计算过程显然可以找到小于给定整数 N 的所有奇素数, 因为它去掉了所有合数: 首先列出位于 1 和 N 之间的所有奇数, 然后依次对 $k = 2, 3, 4, \ldots$, 划掉 p_k^2, $p_k(p_k + 2)$, $p_k(p_k + 4)$, $\ldots$ 的所有倍数, 其中 p_k 是第 k 个素数, 直到 p_k 满足 $p_k^2 > N$.

说明如何将上面描述的计算过程嵌入到可直接在计算机上进行高效计算的不使用乘法运算的算法中.

9. [*M25*] 设 $n \ge 3$ 是奇数. 证明如果定理 3.2.1.2B 中的数 $\lambda(n)$ 是 $n - 1$ 的因数但不等于 $n - 1$, 则 n 具有 $p_1 p_2 \ldots p_t$ 的形式, 其中各 p_i 是不同的素数且 $t \ge 3$.

▶ **10.** [*M26*] (塞尔弗里奇) 证明如果对 $n - 1$ 的每一个素因数 p, 存在 x_p 使得 $x_p^{(n-1)/p} \bmod n \ne 1$ 但 $x_p^{n-1} \bmod n = 1$, 则 n 是素数.

11. [*M20*] 对于 $N = 197\,209$, $k = 5$, $m = 1$, 算法 E 的输出结果是什么? [提示: $\sqrt{5 \cdot 197\,209} = 992 + /\!/\overline{1, 495, 2, 495, 1, 1984}/\!/$.]

▶ **12.** [*M28*] 假设我们已经使用算法 E 得到足够多的输出从而给出 (18) 的一个解, 设计一个算法利用这个结果寻找 N 的一个真因数.

13. [*HM25*] (狄克逊) 证明只要习题 12 中的算法找到一个解 $(x, e_0, \ldots, e_m)$, 其指数部分与它前面给出的解的指数部分模 2 线性相关, 则不能进行因数分解的概率是 2^{1-d}, 其中 N 有 d 个不同的素因数, x 随机选取.

14. [*M20*] 证明算法 E 的步骤 E3 中的数 T 不可能是满足 $(kN)^{(p-1)/2} \bmod p > 1$ 的奇素数 p 的倍数.

▶ **15.** [*M34*] (卢卡斯和莱默) 设 P 和 Q 是互素的整数, $U_0 = 0$, $U_1 = 1$, 且对于 $n \ge 1$, $U_{n+1} = PU_n - QU_{n-1}$. 证明: 假设 N 是与 $2P^2 - 8Q$ 互素的正整数, 如果 $U_{N+1} \bmod N = 0$, 而且对于每个可以整除 $N + 1$ 的素数 p, $U_{(N+1)/p} \bmod N \ne 0$, 则 N 是素数. (当我们已知 $N + 1$ 而不是 $N - 1$ 的因数时, 这个命题给出了一种素性检测方法. 根据习题 4.6.3-26, 我们可以在 $O(\log m)$ 步内求得 U_m 的值.) [提示: 见定理 L 的证明.]

16. [*M50*] 是否有无穷多个梅森素数?

17. [*M25*] (普拉特) 如果利用费马定理的逆命题证明一个数是素数, 我们需要采用以下的树形式, 树的结点标记为 (q, x), 其中 q 和 x 是满足下面的运算性质的正整数: (i) 如果 $(q_1, x_1), \ldots, (q_t, x_t)$ 是 (q, x) 的子结点, 则 $q = q_1 \ldots q_t + 1$. [特别地, 如果 (q, x) 没有子结点, 则 $q = 2$.] (ii) 如果 (r, y) 是 (q, x) 的子结点, 则 $x^{(q-1)/r} \bmod q \ne 1$. (iii) 对每个结点 (q, x) 有 $x^{q-1} \bmod q = 1$. 由这些条件可知对所有结点 (q, x), q 是素数且 x 是一个模 q 的原根. [例如, 树

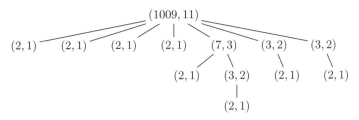

表明 1009 是素数.] 证明以 (q, x) 为根结点的树最多有 $f(q)$ 个结点, 其中 f 是一个增长非常慢的函数.

▶ **18.** [*HM23*] 按照正文中推导出 (6) 的方式, 给出 (7) 的一种启发式证明. $p_{t-1} \le \sqrt{p_t}$ 成立的近似概率是多少?

▶ **19.** [*M25*] (波拉德) 给定数 D, 说明如何计算一个数 M, 它可被 $p - 1$ 是 D 的因数的所有奇素数 p 整除. [提示: 考虑形如 $a^n - 1$ 的数.] 这样的数 M 在因数分解中很有用, 因为只要计算 $\gcd(M, N)$ 就可以找到 N 的一个因数. 推广这个思路, 设计一种高效的方法, 能够以很大的概率找到给定的很大的数

N 的素因数 p, 其中除了最多可以有一个例外, $p-1$ 的素因数的幂都要小于 10^3, 而这个例外的素因数也不能超过 10^5. [例如, 可除尽 $(_{15})$ 中的数的第二大素数可以通过这种方法找出来, 因为这个素数可表示为 $1 + 2^4 \cdot 5^2 \cdot 67 \cdot 107 \cdot 199 \cdot 41\,231$.]

20. [*M40*] 在习题 19 中将 $p-1$ 替换为 $p+1$ 并考虑之.

21. [*M49*] (盖伊) 记 $m(p)$ 为用算法 B 求出素因数 p 所需的迭代次数. 当 $p \to \infty$ 时是否有 $m(p) = O(\sqrt{p} \log p)$?

▶ **22.** [*M30*] (拉宾) 记 p_n 为算法 P 猜错的概率, 其中 n 是不小于 3 的奇数. 证明对所有 n 有 $p_n < \frac{1}{4}$.

23. [*M35*] 对所有整数 $p \geq 0$ 和奇数 $q > 1$, 雅可比符号 $\left(\frac{p}{q}\right)$ 按以下规则取值为 $-1, 0$ 或 $+1$: 当 q 是素数时, $\left(\frac{p}{q}\right) \equiv p^{(q-1)/2}$ (modulo q), 当 q 可表示为 t 个素数的乘积 $q_1 \ldots q_t$ 时 (这些素数不一定互异) $\left(\frac{p}{q}\right) = \left(\frac{p}{q_1}\right) \ldots \left(\frac{p}{q_t}\right)$. 因此, 它推广了习题 1.2.4–47 中的勒让德符号.

(a) 证明 $\left(\frac{p}{q}\right)$ 满足以下关系式, 从而可以快速求值: $\left(\frac{0}{q}\right) = 0$, $\left(\frac{1}{q}\right) = 1$, $\left(\frac{p}{q}\right) = \left(\frac{p \bmod q}{q}\right)$, $\left(\frac{2}{q}\right) = (-1)^{(q^2-1)/8}$, $\left(\frac{pp'}{q}\right) = \left(\frac{p}{q}\right)\left(\frac{p'}{q}\right)$. 如果 p 和 q 都是奇数, 则 $\left(\frac{p}{q}\right) = (-1)^{(p-1)(q-1)/4}\left(\frac{q}{p}\right)$. [最后一个互反关系式将 $\left(\frac{p}{q}\right)$ 的求值转化为 $\left(\frac{q}{p}\right)$ 的求值. 在习题 1.2.4–47(d) 中已经对 p 和 q 都是素数的情形证明了这个公式, 因此我们可以在证明中假设这种特殊情形成立.]

(b) (索洛韦和施特拉森) 证明如果 n 是奇数但不是素数, 则满足 $1 \leq x < n$ 和 $0 \neq \left(\frac{x}{n}\right) \equiv x^{(n-1)/2}$ (modulo n) 的整数 x 的个数最多为 $\frac{1}{2}\varphi(n)$. (因此对给定的 n, 下面的检测过程可以以不小于 $1/2$ 的概率正确判定 n 是否素数: "随机生成满足 $1 \leq x < n$ 的 x, 如果 $0 \neq \left(\frac{x}{n}\right) \equiv x^{(n-1)/2}$ (modulo n), 则称 n 可能是素数, 否则称 n 肯定不是素数.")

(c) (路易斯·莫尼尔) 证明如果 n 和 x 是使得算法 P 给出 "n 可能是素数" 的结论的数值, 则 $0 \neq \left(\frac{x}{n}\right) \equiv x^{(n-1)/2}$ (modulo n). [因此算法 P 总是比 (b) 中给出的检验方法更好.]

▶ **24.** [*M25*] (阿德尔曼) 给定整数 $n > 1$ 和 $x > 1$, n 是奇数, 当 $x \bmod n = 0$ 或步骤 P2–P5 导出 n 可能是素数时, 我们称 n "通过了算法 P 的 x 测试". 证明对任意 N, 存在一组正整数 $x_1, \ldots, x_m \leq N$, 其中 $m \leq \lfloor \lg N \rfloor$, 使得在 $1 < n \leq N$ 范围内的奇数 n 是素数, 当且仅当对于 $x = x_1 \bmod n, \ldots, x = x_m \bmod n$, n 通过了算法 P 的 x 测试. 因此, 我们原则上可以将概率素性检测转化为非概率的有效检测方法. (你不必说明如何很快地找到 x_j, 证明它们存在即可.)

25. [*HM41*] (黎曼) 证明

$$\pi(x) + \frac{\pi(x^{1/2})}{2} + \frac{\pi(x^{1/3})}{3} + \cdots = \int_2^x \frac{dt}{\ln t} - 2 \sum \int_{-\infty}^{\sigma} \frac{e^{(t+i\tau)\ln x} dt}{t + i\tau} + O(1),$$

其中求和式是针对所有满足 $\tau > 0$ 和 $\zeta(\sigma + i\tau) = 0$ 的复数 $\sigma + i\tau$.

▶ **26.** [*M25*] (亨利·波克林顿, 1914) 设 $N = fr + 1$, 其中 $0 < r \leq f+1$. 证明如果对 f 的任一素因数 p 都存在一个整数 x_p 使得 $x_p^{N-1} \bmod N = \gcd(x_p^{(N-1)/p} - 1, N) = 1$, 则 N 是素数.

▶ **27.** [*M30*] 给出一种检验形如 $N = 5 \cdot 2^n + 1$ 的数的素性的方法, 这种方法用到的模 N 平方的次数与定理 L 中给出的梅森素数的卢卡斯-莱默检测法差不多. [提示: 见前一个习题.]

28. [*M27*] 给定素数 p 和正整数 d, 如果 A 和 B 是满足 $A \perp B$ 的独立的随机整数, 则 p 整除 $A^2 - dB^2$ 的 (计算重数的) 平均次数 $f(p, d)$ 的值是多少?

29. [*M25*] 证明所有素因数都包含在素数集合 $\{p_1, \ldots, p_m\}$ 中的不超过 n 的正整数的个数至少是 $m^r/r!$, 其中 $r = \lfloor \log n / \log p_m \rfloor$ 且 $p_1 < \cdots < p_m$.

30. [*HM35*] (狄克逊和施诺尔) 设 $p_1 < \cdots < p_m$ 是不整除奇数 N 的素数, r 是不超过 $\log N / \log p_m$ 的偶数. 证明在 $0 \leq X < N$ 范围内满足 $X^2 \bmod N = p_1^{e_1} \ldots p_m^{e_m}$ 的整数 X 的个数至少是 $m^r/r!$. 提示: 设 N 的因数分解为 $q_1^{f_1} \ldots q_d^{f_d}$. 证明当一组指数 $(e_1, \ldots, e_m)$ 满足 $e_1 + \cdots + e_m \leq r$ 且 $p_1^{e_1} \ldots p_m^{e_m}$ 对于 $1 \leq i \leq d$ 是模 q_i 的二次剩余, 则可推导出存在 2^d 个解 X. 为求出这组指数, 我们可以求两组指数 $(e_1', \ldots, e_m'; e_1'', \ldots, e_m'')$, 满足 $e_1' + \cdots + e_m' \leq \frac{1}{2}r$ 和 $e_1'' + \cdots + e_m'' \leq \frac{1}{2}r$, 并且

$$(p_1^{e_1'} \ldots p_m^{e_m'})^{(q_i-1)/2} \equiv (p_1^{e_1''} \ldots p_m^{e_m''})^{(q_i-1)/2} \pmod{q_i}, \qquad 1 \leq i \leq d.$$

31. [*M20*] 利用习题 1.2.10–21 来估计（在定理 D 前介绍的）狄克逊的因数分解算法给出少于 $2m$ 个输出的概率.

▶ **32.** [*M21*] 说明如何修改 RSA 编码方案，使得对于小于 $\sqrt[3]{N}$ 的消息不会出现问题，且不会使消息的长度增加很多.

33. [*M50*] 证明或证伪以下命题：给定整数 $N = pq$，其素因数满足 $p \equiv q \equiv 2 \ (\text{modulo } 3)$，并且给出 $x^3 \bmod N$ 的值，如果存在能够以不太小的概率计算出 $x \bmod N$ 的值的比较高效的算法，则也存在以不太小的概率找到 N 的因数的比较高效的算法. [如果我们可以证明这个命题，则不仅可以表明立方根的问题与因数分解问题一样困难，而且表明 RSA 方案与 SQRT 方案有同样致命的弱点.]

34. [*M30*]（彼得·温伯格）假设在 RSA 方案中 $N = pq$，且已知一个 m 的值使得 $x^m \bmod N = 1$ 对所有正整数中 10^{-12} 的 x 成立. 当 m 不是特别大时（例如 $m < N^{10}$），请说明如何找到一种不太困难的分解 N 的方法.

▶ **35.** [*M25*]（威廉斯，1979）设 N 是两个素数 p 和 q 的乘积，其中 $p \bmod 8 = 3$ 且 $q \bmod 8 = 7$. 证明雅可比符号满足 $\left(\frac{-x}{N}\right) = \left(\frac{x}{N}\right) = -\left(\frac{2x}{N}\right)$，并利用这个性质设计一个类似于拉宾的 SQRT 盒子的编码/译码方案但不会造成消息的歧义.

36. [*HM24*] (22) 后面的渐近分析过于粗糙，除非 N 的值非常大，否则它给出的估值不会有很大的意义，因为当 N 的值在通常的范围内时 $\ln \ln N$ 的值都非常小. 请给出一种更精确的分析，以对不是非常大的 N 值揭示 (22) 的内在行为特点. 此外，说明如何选取 $\ln m$ 的值，使得 (22) 在除了一个至多 $\exp(O(\log \log N))$ 的因子外取极小值.

37. [*M27*] 证明每个正整数 D 的平方根都有形如

$$\sqrt{D} = R + /\!\!/a_1, \ldots, a_n, 2R, a_1, \ldots, a_n, 2R, a_1, \ldots, a_n, 2R, \ldots /\!\!/$$

的周期连分数表示，除非 D 本身是完全平方数. 在上式中 $R = \lfloor \sqrt{D} \rfloor$，而 $(a_1, \ldots, a_n)$ 是一个回文序列（即对于 $1 \le i \le n$ 有 $a_i = a_{n+1-i}$）.

38. [*25*]（无用的素数）对 $0 \le d \le 9$ 求 P_d 的值，即数字 d 出现次数最多的 50 位的素数中，值最大的素数.（先考虑如何使 d 出现的次数最多，然后再找满足性质的最大素数. ）

39. [*40*] 很多素数 p 都具有一个性质，即 $2p + 1$ 也是素数. 例如，$5 \to 11 \to 23 \to 47$. 更一般地，我们称 q 是 p 的一个后继，如果 p 和 q 都是素数且对于某个 $k \ge 0$ 有 $q = 2^k p + 1$. 例如，$2 \to 3 \to 7 \to 29 \to 59 \to 1889 \to 3779 \to 7559 \to 4058207223809 \to 32465657790473 \to 4462046030502692971872257 \to 95\langle$这里省略 30 位数字$\rangle 37 \to \cdots$. $95 \ldots 37$ 的最小后继有 103 位数字.
请给出你能找到的最长的素数链.

▶ **40.** [*M36*]（沙米尔）考虑一台抽象的计算机，它能对任意长度的整数 x 和 y 做运算 $x + y$, $x - y$, $x \cdot y$ 和 $\lfloor x/y \rfloor$. 而且对无论多大的整数，它都能在一个时间单位内完成一次这样的运算. 这台计算机把参与运算的整数存储在随机存取内存中，并且可以根据给定的 x 和 y 的值是否相等来选择不同的程序步骤. 这道习题的目的是告诉我们，在这种计算机上存在速度惊人的分解因数的方法.（因此，我们很难证明在真实的计算机上做因数分解很复杂，尽管我们认为事实的确如此. ）

(a) 给定整数 $n \ge 2$，找出一种方法能在这样的计算机上在 $O(\log n)$ 步内计算 $n!$ 的值. [提示：如果 A 是充分大的整数，则二项式系数 $\binom{m}{k} = m!/(m-k)!\, k!$ 的值可以很方便地利用 $(A+1)^m$ 的值求得.]

(b) 给定整数 $n \ge 2$，说明如何使用这样的计算机在 $O(\log n)$ 步内计算具有以下性质的数 $f(n)$ 的值：如果 n 是素数则 $f(n) = n$，否则 $f(n)$ 是 n 的一个真因数（但不一定是素因数）. [提示：如果 $n \ne 4$，则 $f(n)$ 可取为 $\gcd(m(n), n)$，其中 $m(n) = \min\{m \mid m! \bmod n = 0\}$.]

（作为 (b) 的推论，我们可以只用 $O(\log n)^2$ 次算术运算完全分解任意大的整数 n：对于 n 的部分因数分解 $n = n_1 \ldots n_r$，每个合数 n_i 可以在 $\sum O(\log n_i) = O(\log n)$ 步内替换为 $f(n_i) \cdot (n_i / f(n_i))$，这样的过程可以进行到所有 n_i 都是素数为止. ）

▶ **41.** [*M28*] （杰弗里·拉加里亚斯、维克托·米勒和奥德里兹科）这道习题的目的是要说明，根据小于 N^2 的素数的个数就可以计算出小于 N^3 的素数个数，从而可以在 $O(N^{2+\epsilon})$ 步内求出 $\pi(N^3)$ 的值.

   一个 "m-存活数" 是指所有素因数都大于 m 的正整数. 于是，当我们使用埃拉托色尼筛法（见习题 8）筛掉所有不超过 m 的素数的倍数后，所有 m-存活数仍会被保留下来. 记 $f(x,m)$ 为所有不超过 x 的 m-存活数的数目，而 $f_k(x,m)$ 为其中恰好有 k 个素因数（计算重数）的存活数的数目.

   (a) 证明 $\pi(N^3) = \pi(N) + f(N^3, N) - 1 - f_2(N^3, N)$.

   (b) 说明如何由满足 $x \le N^2$ 的 $\pi(x)$ 的值计算 $f_2(N^3, N)$，并利用你的方法手算 $f_2(1000, 10)$ 的值.

   (c) 与问题 (b) 一样，但计算的是 $f(N^3, N)$ 而不是 $f_2(N^3, N)$. ［提示：可利用恒等式 $f(x, p_j) = f(x, p_{j-1}) - f(x/p_j, p_{j-1})$，其中 p_j 是第 j 个素数且 $p_0 = 1$. ］

   (d) 讨论应当使用怎样的数据结构以使得问题 (b) 和 (c) 的计算得以高效地进行.

42. [*M35*] （小伦斯特拉）给定 $0 < r < s < N$ 满足 $r \perp s$ 和 $N \perp s$，证明我们可以适当选取 $O(\lceil N/s^3\rceil^{1/2} \log s)$ 个针对 $(\lg N)$ 位二进制数的算术运算以求出 N 的所有同余于 $r \pmod{s}$ 的因数. ［提示：利用习题 4.5.3–49. ］

▶ **43.** [*M43*] 设 $m = pq$ 是定理 3.5P 中所述的 r 个二进制位的布卢姆整数，$Q_m = \{y \mid$ 存在 x 使得 $y = x^2 \bmod m\}$. 则集合 Q_m 有 $(p+1)(q+1)/4$ 个元素，且每个 $y \in Q_m$ 有唯一的属于集合 Q_m 的平方根 $x = \sqrt{y}$. 假设对随机选取的 $y \in Q_m$，$G(y)$ 是能够以不小于 $\frac{1}{2} + \epsilon$ 的概率猜对 $\sqrt{y} \bmod 2$ 的值的算法. 这道习题的目的是证明算法 G 要解决的问题与对 m 做因数分解一样困难.

   (a) 构造算法 $A(G, m, \epsilon, y, \delta)$，利用随机数和算法 G，不需要计算 $\sqrt{y}$ 就可以猜测一个给定的整数 y 是否属于 Q_m. 这个算法猜对的概率应当不小于 $1 - \delta$，且运行时间 $T(A)$ 不应超过 $O(\epsilon^{-2}(\log \delta^{-1})T(G))$，其中我们假设 $T(G) \ge r^2$.（如果 $T(G) < r^2$，则在公式中将 $T(G)$ 替换为 $(T(G) + r^2)$. ）

   (b) 构造算法 $F(G, m, \epsilon))$ 在期望的运行时间 $T(F) = O(r^2(\epsilon^{-6} + \epsilon^{-4}(\log \epsilon^{-1})T(G)))$ 内找到 m 的所有因数.

提示：给定 $y \in Q_m$，对 $0 \le v < m$，令 $\tau v = v\sqrt{y} \bmod m$，$\lambda v = \tau v \bmod 2$. 注意到 $\lambda(-v) + \lambda v = 1$，$\lambda(v_1 + \cdots + v_n) = (\lambda v_1 + \cdots + \lambda v_n + \lfloor (\tau v_1 + \cdots + \tau v_m)/m \rfloor) \bmod 2$. 此外还有 $\tau(\frac{1}{2}v) = \frac{1}{2}(\tau v + m\lambda v)$，其中 $\frac{1}{2}v$ 表示 $(\frac{m+1}{2}v) \bmod m$. 如果 $\pm v \in Q_m$，则 $\tau(\pm v) = \sqrt{v^2 y}$. 因此算法 G 为我们提供了一种方法，可以对大约一半的 v 猜测 λv 的值.

44. [*M35*] （约翰·霍斯塔德）对于 $1 \le i \le 7$，给定 $m_i > 10^{27}$，$m_i \perp m_j$，$1 \le i < j \le 7$. 证明不难找到 x，满足 $0 < x < m_i$，$a_{i0} + a_{i1}x + a_{i2}x^2 + a_{i3}x^3 \equiv 0 \pmod{m_i}$ 且 $\gcd(a_{i0}, a_{i1}, a_{i2}, a_{i3}, m_i) = 1$.（其中的所有变量都是整数，且除了 x 以外都是已知的. ）提示：对非奇异实矩阵 L，伦斯特拉、小伦斯特拉和拉斯洛·洛瓦斯的算法 [*Mathematische Annalen* **261** (1982), 515–534] 可以快速地找到一个非零的整数向量 $v = (v_1, \ldots, v_n)$ 满足 $\mathrm{length}(vL) \le \sqrt{n2^n} |\det L|^{1/n}$.

▶ **45.** [*M41*] （波拉德和施诺尔）给出一种高效的算法，对给定的整数 a, b 和 n，其中 n 是奇数且 $ab \perp n$，在不需要知道 n 的因数分解的情况下可以找到整数 x 和 y 满足同余方程

$$x^2 - ay^2 \equiv b \pmod{n}.$$

［提示：利用恒等式 $(x_1^2 - ay_1^2)(x_2^2 - ay_2^2) = x^2 - ay^2$，其中 $x = x_1 x_2 - ay_1 y_2$，$y = x_1 y_2 + x_2 y_1$. ］

46. [*HM30*] （阿德尔曼）设 p 是一个非常大的素数，a 是模 p 的一个原根. 于是对于所有在 $1 \le b < p$ 范围内的整数 b，都存在唯一的 n 满足 $1 \le n < p$，使得 $b = a^n \bmod p$.

   利用类似于狄克逊的因数分解算法的思想，设计一个算法对任意给定的 b，几乎都能在 $O(p^\epsilon)$ 步内找到对应的 n，这里 ϵ 是任意小的正数. ［提示：首先构造一个表，其中包含使得 $a^{n_i} \bmod p$ 只有小的素因数的数 n_i. ］

47. [*M50*] 给定整数 N 的十六进制表示为

c97d1cbcc3b67d1ba197100df7dbd2d2864c4fef4a78e62ddd1423d972bc7a420f66046386462d260d68a8b2

3fbf12354705d874f79c22698f750c1b4435bc99174e58180bd18560a5c69c4eafb573446f79f588f624ec18

4c3e7098e65ac7b88f89e1fadcdc3558c878dde6bc7c32be57c5e7e8d95d697ad3c6c343485132dcbb74f411.

用 ASCII 码表示的某些典故 $x = x_1x_2$，加密后的值 $(x_1^3 \bmod N, x_2^3 \bmod N)$ 用十六进制表示为

(8372e6cadf564a9ee347092daefc242058b8044228597e5f2326bbbff1583ea4200d895d9564d39229c79af8

72a72e38bb92852a22679080e269c30690fab0ec19f78e9ef8bae74b600f4ebef42a1dd5a6d806dc70b96de2

bf4a6c7d2ebb51bfd156dd8ac3cb0ae1c1c38d76a3427bcc3f12af7d4d04314c0d8377a0c79db1b1f0cd1702,

2aabcd0f9f1f9fb382313246de168bae6a28d177963a8ebe6023f1c5bd8632caee9604f63c6a6e33ceb1e1bd

4732a2973f5021e96e05e0da932b5b1d2bc618351ca584bb6e49255ba22dca55ebd6b93a9c94d8749bb53be2

90650878b17f4fe30bbb08453929a94a2efe3367e2cd92ea31a5e0d9f466870b162272e9e164e8c3238da519).

请问 x 是什么？

> 判别一个数是素数或合数，
> 以及对合数做素因数分解，
> 是全部算术中最重要和最有用的问题之一.
> ……出于科学的尊严，我们应积极
> 为解决这样优雅而著名的问题提供各种帮助.
> ——高斯，*Disquisitiones Arithmeticæ*[①], Article 329（1801）

---

① 中文版《算术探索》，[德] 高斯著，潘承彪、张明尧译，哈尔滨工业大学出版社，2012 年 7 月出版.——编者注

4.6 多项式算术

前面介绍的各种技巧和方法可以自然地推广到处理各种类型的数学对象，而不仅限于数. 本节我们将讨论多项式，这是数的下一步. 形式上，定义在 S 上的多项式是形如

$$u(x) = u_n x^n + \cdots + u_1 x + u_0 \tag{1}$$

的表达式，其中系数 $u_n, \ldots, u_1, u_0$ 是某个代数系统 S 中的元素，而变量 x 可看作不具有明确意义的形式符号. 我们假设代数系统 S 是带单位元的交换环. 这意味着在 S 上可以做加法、减法和乘法，并且它们满足通常约定的性质：加法和乘法都是定义在 S 上的二元运算，满足交换律和结合律，且乘法对加法满足分配律. 存在加法单位元 0 和乘法单位元 1，使得 $a + 0 = a$ 和 $a \cdot 1 = a$ 对 S 中所有元素 a 成立. 减法是加法的逆运算，但我们不对作为乘法逆运算的除法做任何假设. 我们把多项式 $0x^{n+m} + \cdots + 0x^{n+1} + u_n x^n + \cdots + u_1 x + u_0$ 看作与 (1) 相同的多项式，尽管它们的表达式具有不同的形式.

如果 $u_n \neq 0$，则称 (1) 是首项系数为 u_n 的 n 次多项式. 此时我们记

$$\deg(u) = n, \qquad \ell(u) = u_n. \tag{2}$$

为方便起见，我们还约定

$$\deg(0) = -\infty, \qquad \ell(0) = 0, \tag{3}$$

其中"0"表示其所有系数都等于零的零多项式. 我们称 $u(x)$ 是首一多项式，如果其首项系数 $\ell(u)$ 等于 1.

多项式的运算主要包括加法、减法和乘法. 在某些情况下，进一步的运算例如除法、求幂、因子分解和求最大公因子是重要的. 加法、减法和乘法是以一种自然的方式定义的，就如同变量 x 是 S 的元素那样：将两个多项式相加或相减时，将 x 的相同幂次的系数相加或相减. 做乘法时我们遵循规则

$$(u_r x^r + \cdots + u_0)(v_s x^s + \cdots + v_0) = w_{r+s} x^{r+s} + \cdots + w_0,$$

其中

$$w_k = u_0 v_k + u_1 v_{k-1} + \cdots + u_{k-1} v_1 + u_k v_0. \tag{4}$$

在上式中如果 $i > r$ 或 $j > s$，则定义 u_i 和 v_j 的值为零.

代数系统 S 通常取为整数集或有理数集. 它本身也可以是由多项式构成的集合（但不是以 x 为变量），此时 (1) 是多元多项式，即关于多个变量的多项式. 另一个重要的情形是，S 由整数 $0, 1, \ldots, m-1$ 构成，而加法、减法和乘法都是模 m 的运算（见式 4.3.2–(11)）. 我们称之为模 m 多项式算术. 模 2 多项式算术是特别重要的情形，其中所有系数不是 0 就是 1.

读者要注意多项式算术与多精度算术（4.3.1 节）之间的相似性，其中后者的基数 b 对应于前者的变量 x. 两者的主要差别在于，进行多项式运算时 x^k 的系数 u_k 与相邻的两个系数 $u_{k\pm1}$ 之间没有内在的联系，因此不存在从某个位置向前"进位"的情况. 事实上，模 b 的多项式算术基本上等同于基数为 b 的多精度算术，只不过前者不进行任何进位操作. 例如，比较在二进制数系中将 $(1101)_2$ 与 $(1011)_2$ 相乘以及类似地将多项式 $x^3 + x^2 + 1$ 与 $x^3 + x + 1$ 模 2 相乘：

	二进制系统			模 2 多项式
	1101			1101
	× 1011			× 1011
	1101			1101
	1101			1101
1101			1101	
10001111			1111111	

由于将多项式模 2 相乘时不做任何进位，因此得到的多项式为 $x^6 + x^5 + x^4 + x^3 + x^2 + x + 1$.
如果我们是将这两个多项式在整数集上相乘，则不需要计算模 2 的余数，从而得到的多项式为
$x^6 + x^5 + x^4 + 3x^3 + x^2 + x + 1$. 在这种情形下我们还是不做进位，但系数就可以是任意大.

    由于多项式算术与多精度算术之间如此高度相似，因此没有必要在这一节对多项式加法、减法和乘法做过多的讨论. 但是，我们应当指出一些使得多项式算术在实际计算中与多精度算术不太一样的特征：多项式算术的计算结果往往是有很多零系数的多项式和次数很高的多项式，所以我们期望有一些特殊的表达方式来表示这类多项式. 见 2.2.4 节. 此外，在对多个变量的多项式进行运算时，相应的计算程序最好是采用递归的框架来编写. 我们将在第 8 章讨论这个问题.

    尽管多项式加法、减法和乘法的技巧相对来说是比较直截了当的，我们还是需要检验其他几种重要的多项式运算. 因此，在下面各小节中，我们将讨论多项式的除法以及与之相关的一些技巧，例如求最大公因子和因子分解. 我们还将讨论多项式的快速求值问题，具体来说就是对给定的 S 的元素 x，用尽可能少的运算量计算出 $u(x)$ 的值. 特别地，对很大的 n 快速计算 x^n 的值是非常重要的问题，因此我们将在 4.6.3 节做详细的讨论.

    第一个主要针对多项式算术的计算机子程序集是 ALPAK 系统 [布朗、约翰·海德和伯克利·塔格，*Bell System Tech. J.* **42** (1963), 2081–2119; **43** (1964), 785–804, 1547–1562]. 在这个领域中，另一个早期的里程碑是科林斯的 PM 系统 [*CACM* **9** (1966), 578–589]. 也见查尔斯·汉布林，*Comp. J.* **10** (1967), 168–171.

习题

1. [*10*] 对于模 10 的多项式运算，$7x + 2$ 减去 $x^2 + 5$ 等于多少? $6x^2 + x + 3$ 乘以 $5x^2 + 2$ 呢?

2. [*17*] 判断下列命题的对错：(a) 首一多项式的乘积还是首一多项式. (b) 次数分别为 m 和 n 的多项式的乘积的次数是 $m + n$. (c) 次数分别为 m 和 n 的多项式的和的次数为 $\max(m, n)$.

3. [*M20*] 如果 (4) 中的系数 $u_r, \dots, u_0, v_s, \dots, v_0$ 都是满足 $|u_i| \le m_1$, $|v_j| \le m_2$ 的整数，那么 w_k 的绝对值最大是多少?

▶ **4.** [*21*] 如果将多项式的各项系数成组存放在多个机器字中，是否能在二进制计算机上用常规的算术运算实现模 2 的多项式乘法?

▶ **5.** [*M21*] 说明如何利用卡拉特萨巴的方法（见 4.3.3 节），对很大的 n 在 $O(n^{\lg 3})$ 的运行时间内将两个次数不超过 n 的多项式模 2 相乘.

4.6.1 多项式除法

    我们可以用一个多项式除以另一个多项式，运算过程与一个多精度整数除以另一个多精度整数基本相同，其中假设这些多项式定义在某个域上. 域 S 是带单位元的交换环，在 S 上除了可以做加法、减法和乘法运算，还可以做除法运算. 这意味着只要 u 和 v 是 S 的元素且 $v \ne 0$，则存在 w 属于 S 满足 $u = vw$. 在应用中，多项式系数所在的最重要的域包括

    (a) 有理数（以分数的方式表示，见 4.5.1 节）.

(b) 实数或复数（在计算机中用浮点数近似表示，见 4.2 节）.

(c) 模 p 同余的整数，其中 p 是素数（这些数的除法可按习题 4.5.2–16 建议的方式进行）.

(d) 域上的有理函数，即两个系数属于该域的多项式的商，其中分母是首一多项式.

其中特别重要的域是模 2 同余的整数构成的域，其元素只有 0 和 1. 这个域上的多项式（即模 2 多项式）与二进制表示的整数有许多相似之处. 而这个域上的有理函数则与分子分母都表示为二进制形式的有理数特别相似.

给定某个域上的两个多项式 $u(x)$ 和 $v(x)$，其中 $v(x) \neq 0$，我们可将 $u(x)$ 除以 $v(x)$，得到商多项式 $q(x)$ 和余多项式 $r(x)$，满足等式

$$u(x) = q(x) \cdot v(x) + r(x), \qquad \deg(r) < \deg(v). \tag{1}$$

易知最多存在一对多项式 $(q(x), r(x))$ 满足这个条件. 这是因为，如果 $(q_1(x), r_1(x))$ 和 $(q_2(x), r_2(x))$ 对同样的 $u(x)$ 和 $v(x)$ 都满足等式 (1)，则 $q_1(x)v(x) + r_1(x) = q_2(x)v(x) + r_2(x)$，从而 $(q_1(x) - q_2(x))v(x) = r_2(x) - r_1(x)$. 如果 $q_1(x) - q_2(x)$ 不等于零，则 $\deg((q_1 - q_2) \cdot v) = \deg(q_1 - q_2) + \deg(v) \geq \deg(v) > \deg(r_2 - r_1)$，矛盾. 因此 $q_1(x) - q_2(x) = 0$ 且 $r_1(x) = r_2(x)$.

下面的算法基本上与多精度除法算法 4.3.1D 相同，只是完全不需要考虑进位的问题，我们可以用这个算法来求 $q(x)$ 和 $r(x)$.

算法 D（域上的多项式除法）. 给定域 S 上的多项式

$$u(x) = u_m x^m + \cdots + u_1 x + u_0, \qquad v(x) = v_n x^n + \cdots + v_1 x + v_0,$$

其中 $v_n \neq 0$ 且 $m \geq n \geq 0$，本算法求满足等式 (1) 的 S 上的多项式

$$q(x) = q_{m-n} x^{m-n} + \cdots + q_0, \qquad r(x) = r_{n-1} x^{n-1} + \cdots + r_0.$$

D1.［对 k 迭代.］依次对 $k = m - n,\ m - n - 1,\ \ldots,\ 0$ 执行 D2，然后结束算法并取 $(r_{n-1}, \ldots, r_0) = (u_{n-1}, \ldots, u_0)$.

D2.［除法循环.］置 $q_k \leftarrow u_{n+k}/v_n$，然后对 $j = n+k-1,\ n+k-2,\ \ldots,\ k$ 取 $u_j \leftarrow u_j - q_k v_{j-k}$.（后一个操作的目的是将 $u(x)$ 替换为一个次数小于 $n+k$ 的多项式 $u(x) - q_k x^k v(x)$.） ∎

在后面的 (5) 中给出了算法 D 的一个例子. 本算法所需的算术运算的次数基本上与 $n(m - n + 1)$ 成正比. 注意到系数之间的除法只出现在步骤 D2 的开始部分，而且除数都是 v_n. 因此如果 $v(x)$ 是首一多项式（系数 $v_n = 1$），则在算法中完全不需要做除法. 如果做乘法比做除法更容易，则可以在算法开始时先求出 $1/v_n$ 的值，然后在步骤 D2 中乘以这个数值.

我们常用 $u(x) \bmod v(x)$ 来记 (1) 中的余多项式 $r(x)$.

唯一因子分解整环. 如果只限于讨论域上的多项式，我们将错失许多重要的研究对象，例如整数集上的多项式和多元多项式. 因此，我们现在来考虑更一般的情形，即系数所属的代数系统 S 是唯一因子分解整环，而不一定是域. 这意味着 S 是带单位元的交换环，且

(i) 只要 u 和 v 都是 S 的非零元，则 $uv \neq 0$；

(ii) S 中的任一非零元 u 要么是一个单位，要么可"唯一"表示为素元 $p_1, \ldots, p_t$ 的乘积：

$$u = p_1 \ldots p_t, \qquad t \geq 1. \tag{2}$$

单位是指在 S 中有倒数的元素，即对元素 u，如果存在 $v \in S$ 使得 $uv = 1$，则称 u 是单位. 素元是指 S 中一个不是单位的元素 p，使得方程 $p = qr$ 仅当 q 或 r 是单位时才成立. 分解式 (2) 的唯一性是指，如果 $p_1 \ldots p_t = q_1 \ldots q_s$，其中所有 p_i 和 q_i 都是素元，则 $s = t$ 且存在

$\{1,\ldots,t\}$ 的排列 $\pi_1\ldots\pi_t$，使得 $p_1 = a_1 q_{\pi_1}, \ldots, p_t = a_t q_{\pi_t}$，其中 $a_1, \ldots, a_t$ 都是单位. 换句话说，在不考虑单位因子和素因子的顺序的前提下，素因子分解是唯一的.

任何域一定是唯一因子分解整环，其中每个非零元都是单位，而且不存在素元. 整数集可构成一个唯一因子分解整环，其单位是 $+1$ 和 -1，而素元是 $\pm 2, \pm 3, \pm 5, \pm 7, \pm 11, \ldots$. S 是整数集的情形特别重要，是因为整系数的运算比有理系数更容易处理.

关于多项式的一个重要结论是（见习题 10），唯一因子分解整环上的所有多项式也构成唯一因子分解整环. 在这个整环中，如果一个多项式是"素元"，则称之为不可约多项式. 通过反复应用唯一分解定理，可以证明整数集或任意域上的多元多项式，无论有多少个变量，都可以唯一分解为不可约多项式的乘积. 例如，整系数多元多项式 $90x^3 - 120x^2y + 18x^2yz - 24xy^2z$ 是五个不可约多项式的乘积，即 $2 \cdot 3 \cdot x \cdot (3x - 4y) \cdot (5x + yz)$. 然而，同一个多项式作为有理系数多项式，却是三个不可约多项式的乘积 $(6x) \cdot (3x - 4y) \cdot (5x + yz)$. 这个多项式还可写成 $x \cdot (90x - 120y) \cdot (x + \frac{1}{5}yz)$ 以及无穷多种其他的分解方式，尽管这个因子分解实质上是唯一的.

和通常一样，当存在某个多项式 $q(x)$ 使得 $u(x) = v(x)q(x)$ 时，我们称 $u(x)$ 是 $v(x)$ 的倍元，$v(x)$ 是 $u(x)$ 的因子. 假设存在一个算法，可以对唯一因子分解整环 S 中的任意两个非零元素 u 和 v 判定 u 是否是 v 的倍元，并且如果 $u = v \cdot w$，还能找出 w，那么算法 D 就为我们提供了一种方法，可以对 S 上的任意两个非零多项式 $u(x)$ 和 $v(x)$ 判定 $u(x)$ 是否是 $v(x)$ 的倍元. 这是因为，如果 $u(x)$ 是 $v(x)$ 的倍元，则每次开始执行步骤 D2 时，u_{n+k} 必定都是 v_n 的倍元，从而找到商 $u(x)/v(x)$. 反复进行上面的操作，就可以得到一个算法，用以判断 S 上任意多元多项式是否是 S 上另一个多项式的倍元，并且在答案为肯定时给出商多项式.

如果唯一因子分解整环中任一素元不能整除该组中的所有元素，则我们称此唯一因子分解整环中的一组元素是互素的. 如果唯一因子分解整环上的一个多项式的所有系数是互素的，则称此多项式是本原多项式.（注意不要将这个概念与 3.2.2 节中讨论的意义完全不同的"模 p 本原多项式"混淆.）下面的事实具有非常重要的意义，它是高斯在他的经典著作 *Disquisitiones Arithmeticæ* (Leipzig: 1801) 的条目 42 中为了研究整数集上的多项式而引进的.

引理 G（高斯引理）. 唯一因子分解整环上的任意两个本原多项式的乘积还是本原多项式.

证明. 设 $u(x) = u_m x^m + \cdots + u_0$ 和 $v(x) = v_n x^n + \cdots + v_0$ 是本原多项式. 对唯一因子分解整环中的任一素元 p，我们要证明 p 不能整除多项式 $u(x)v(x)$ 的所有系数. 根据假设条件，存在下标 j 使得 u_j 不能被 p 整除，以及下标 k 使得 v_k 不能被 p 整除. 取满足以上条件的尽可能小的 j 和 k，则 $u(x)v(x)$ 中 x^{j+k} 的系数为

$$u_j v_k + u_{j+1}v_{k-1} + \cdots + u_{j+k}v_0 + u_{j-1}v_{k+1} + \cdots + u_0 v_{k+j},$$

容易验证这不是 p 的倍元（因为它的第一项不是 p 的倍元，但所有其他项都是）. ∎

如果唯一因子分解整环 S 上的一个非零多项式 $u(x)$ 不是本原多项式，则我们可将它写成 $u(x) = p_1 \cdot u_1(x)$，其中 p_1 是 S 中整除 $u(x)$ 的所有系数的素元，而 $u_1(x)$ 是 S 上另一个非零多项式. $u_1(x)$ 的所有系数比 $u(x)$ 的对应系数少一个素因子. 如果 $u_1(x)$ 还不是本原多项式，则我们又将它写成 $u_1(x) = p_2 \cdot u_2(x)$，等等. 这个过程最终必然会结束，并得到一个关系式 $u(x) = c \cdot u_k(x)$，其中 c 是 S 的一个元素而 $u_k(x)$ 是本原多项式. 事实上，我们有以下与引理 G 相关的结果.

引理 H. 唯一因子分解整环 S 上的任何非零多项式 $u(x)$ 可分解为 $u(x) = c \cdot v(x)$，其中 c 属于 S 且 $v(x)$ 是本原多项式. 而且，在下面的意义下这个分解是唯一的：如果 $u = c_1 \cdot v_1(x) = c_2 \cdot v_2(x)$，则 $c_1 = ac_2$ 且 $v_2(x) = av_1(x)$，其中 a 是 S 的一个单位.

证明. 我们已经证明过这样的分解是存在的, 因此只需要证明唯一性. 假设 $c_1 \cdot v_1(x) = c_2 \cdot v_2(x)$, 其中 $v_1(x)$ 和 $v_2(x)$ 是本原多项式. 设 p 是 S 中的一个素元. 如果 p^k 可以整除 c_1, 则也可以整除 c_2. 这是因为 p^k 可以整除多项式 $c_2 \cdot v_2(x)$ 的所有系数, 而如果 p^k 不整除 c_2, 则可推导出 p 可以整除 $v_2(x)$ 的所有系数, 这与 $v_2(x)$ 是本原多项式矛盾. 类似地, 我们可推导出只有当 p^k 整除 c_1 时, p^k 才整除 c_2. 而 S 是唯一因子分解整环, 所以得 $c_1 = ac_2$, 其中 a 是一个单位. 进而有 $0 = ac_2 \cdot v_1(x) - c_2 \cdot v_2(x) = c_2 \cdot (av_1(x) - v_2(x))$, 从而 $av_1(x) - v_2(x) = 0$. ∎

因此, 我们可将任何非零多项式 $u(x)$ 写成

$$u(x) = \mathrm{cont}(u) \cdot \mathrm{pp}(u(x)), \tag{3}$$

其中 $\mathrm{cont}(u)$ 是 S 的元素, 称为 u 的容度, 而 $\mathrm{pp}(u(x))$ 是 S 上的本原多项式, 称为 $u(x)$ 的本原部分. 当 $u(x) = 0$ 时, 定义 $\mathrm{cont}(u) = \mathrm{pp}(u(x)) = 0$ 可以带来一些便利. 将引理 G 和 H 结合起来可得到关系式

$$\begin{aligned} \mathrm{cont}(u \cdot v) &= a\,\mathrm{cont}(u)\,\mathrm{cont}(v), \\ \mathrm{pp}(u(x) \cdot v(x)) &= b\,\mathrm{pp}(u(x))\,\mathrm{pp}(v(x)), \end{aligned} \tag{4}$$

其中 a 和 b 都是单位, 且满足 $ab = 1$. 它们的值与计算多项式的容度的方式有关. 当我们考虑整数集上的多项式时, 只有两个单位 $+1$ 和 -1, 比较方便的处理方法是将 $\mathrm{pp}(u(x))$ 的首项系数取为正数. 此时关系式 (4) 对 $a = b = 1$ 成立. 在考虑域上的多项式时可以取 $\mathrm{cont}(u) = \ell(u)$, 从而 $\mathrm{pp}(u(x))$ 是首一多项式. 此时对所有 $u(x)$ 和 $v(x)$, 关系式 (4) 仍然对 $a = b = 1$ 成立.

例如, 假设我们考虑整数集上的多项式, 令 $u(x) = -26x^2 + 39$, $v(x) = 21x + 14$. 则

$$\begin{aligned} \mathrm{cont}(u) &= -13, & \mathrm{pp}(u(x)) &= 2x^2 - 3, \\ \mathrm{cont}(v) &= +7, & \mathrm{pp}(v(x)) &= 3x + 2, \\ \mathrm{cont}(u \cdot v) &= -91, & \mathrm{pp}(u(x) \cdot v(x)) &= 6x^3 + 4x^2 - 9x - 6. \end{aligned}$$

最大公因子. 如果存在唯一的因子分解, 两个元素的最大公因子就是有意义的. 所谓最大公因子, 就是能被尽可能多的素元整除的公共的因子. (见式 4.5.2-(6).) 然而, 由于唯一因子分解整环中可能有很多单位, 因此最大公因子的定义就变得不明确了. 如果 w 是 u 和 v 的最大公因子, 则对任意的单位 a, $a \cdot w$ 也是 u 和 v 的最大公因子. 反之, 由因子分解的唯一性可推导出, 如果 w_1 和 w_2 都是 u 和 v 的最大公因子, 则存在单位 a 使得 $w_1 = a \cdot w_2$. 换句话说, 所谓 u 和 v 的 "那个" 最大公因子是没有意义的. 最大公因子是一个集合, 其中每个元素都可以写成集合中另一个元素乘以一个单位.

现在我们考虑求定义在代数系统 S 上的任意两个多项式的最大公因子的问题. 这个问题最早是由佩德罗·努涅斯在他的著作 *Libro de Algebra* (Antwerp: 1567) 中提出的. 如果 S 是一个域, 则这个问题相对简单. 我们可以将多项式的除法算法, 即算法 D, 推广为求最大公因子的算法, 就像我们利用整数的除法算法导出求两个给定整数的最大公因数的欧几里得算法 (算法 4.5.2A) 一样:

> 如果 $v(x) = 0$, 则 $\gcd(u(x), v(x)) = u(x)$,
> 否则 $\gcd(u(x), v(x)) = \gcd(v(x), r(x))$,

其中 $r(x)$ 由 (1) 定义. 以上计算过程称为域上的多项式的欧几里得算法. 它首先由斯蒂文在 *L'Arithmetique* (Leiden: 1585) 中使用. 见阿尔贝·吉拉尔, *Les Œuvres Mathématiques de Simon Stevin* **1** (Leiden: 1634), 56.

例如，我们用欧几里得算法求模 13 同余的整数集上的两个多项式 $x^8 + x^6 + 10x^4 + 10x^3 + 8x^2 + 2x + 8$ 和 $3x^6 + 5x^4 + 9x^2 + 4x + 8$ 的模 13 的最大公因子. 首先，将两个多项式的系数按照算法 D 的步骤得到

$$
\begin{array}{r}
9\ 0\ 7 \\
3\ 0\ 5\ 0\ 9\ 4\ 8\ \overline{)\ 1\ 0\ 1\ 0\ 10\ 10\quad 8\ 2\ 8} \\
\underline{1\ 0\ 6\ 0\quad 3\ 10\quad 7} \\
\underline{0\ 8\ 0\quad 7\quad 0\quad 1\ 2\ 8} \\
\underline{8\ 0\ 9\quad 0\ 11\ 2\ 4} \\
0\ 11\quad 0\quad 3\ 0\ 4
\end{array}
\tag{5}
$$

从而 $x^8 + x^6 + 10x^4 + 10x^3 + 8x^2 + 2x + 8$ 等于

$$
(9x^2 + 7)(3x^6 + 5x^4 + 9x^2 + 4x + 8) \ + \ (11x^4 + 3x^2 + 4).
$$

类似地，

$$
\begin{aligned}
3x^6 + 5x^4 + 9x^2 + 4x + 8 &= (5x^2 + 5)(11x^4 + 3x^2 + 4) \ + \ (4x + 1), \\
11x^4 + 3x^2 + 4 &= (6x^3 + 5x^2 + 6x + 5)(4x + 1) \ + \ 12, \\
4x + 1 &= (9x + 12) \cdot 12 \ + \ 0.
\end{aligned}
\tag{6}
$$

（上式中的等号代表模 13 同余，因为对系数的所有运算都是模 13 意义下的.）上面的计算过程表明 12 是最初的两个多项式的最大公因子. 由于域中的任何非零元都是该域上的多项式构成的整环的单位，所以对于域上的多项式，我们通常将以上算法得到的最大公因子除以它的首项系数，所得到的首一多项式作为两个给定多项式唯一的最大公因子. 按照这个约定，由 (6) 计算出的最大公因子是 1 而不是 12. 其实，(6) 中的最后一步是可以省略的，因为如果 $\deg(v) = 0$，则无论 $u(x)$ 是什么样的多项式，都有 $\gcd(u(x), v(x)) = 1$. 习题 4 对随机选取的模 p 多项式给出了欧几里得算法的平均运行时间.

现在我们考虑更一般的情形，即多项式定义在唯一因子分解整环而不是域上. 由式 (4)，我们可以得到以下重要的关系式：

$$
\begin{aligned}
\mathrm{cont}\big(\gcd(u, v)\big) &= a \cdot \gcd\big(\mathrm{cont}(u), \mathrm{cont}(v)\big), \\
\mathrm{pp}\big(\gcd(u(x), v(x))\big) &= b \cdot \gcd\big(\mathrm{pp}(u(x)), \mathrm{pp}(v(x))\big),
\end{aligned}
\tag{7}
$$

其中 a 和 b 是单位. 上式中 $\gcd(u(x), v(x))$ 表示 $u(x)$ 和 $v(x)$ 的某个选定的最大公因子. 式 (7) 将求任意多项式的最大公因子的问题简化为求本原多项式的最大公因子的问题.

我们可将对域上的多项式做除法的算法 D 推广为带单位元的交换环上的多项式的伪除法. 注意到在算法 D 中真正用到除法运算的是以 $\ell(v)$（即 $v(x)$ 的首项系数）为除数的除法，而且步骤 D2 恰好被执行 $m - n + 1$ 次. 因此如果 $u(x)$ 和 $v(x)$ 的系数都是整数，且以有理数来表示计算结果，那么 $q(x)$ 和 $r(x)$ 的系数的分母都是 $\ell(v)^{m-n+1}$ 的因数. 这意味着对任意多项式 $u(x)$ 和 $v(x) \neq 0$，假设 $m \geq n$，我们总是可以找到多项式 $q(x)$ 和 $r(x)$ 满足

$$
\ell(v)^{m-n+1} u(x) = q(x)v(x) + r(x), \qquad \deg(r) < n,
\tag{8}
$$

其中 $m = \deg(u)$，$n = \deg(v)$.

算法 R（多项式的伪除法）. 给定多项式

$$
u(x) = u_m x^m + \cdots + u_1 x + u_0, \qquad v(x) = v_n x^n + \cdots + v_1 x + v_0,
$$

其中 $v_n \neq 0$ 且 $m \geq n \geq 0$, 本算法的目的是求满足 (8) 的多项式 $q(x) = q_{m-n}x^{m-n} + \cdots + q_0$ 和 $r(x) = r_{n-1}x^{n-1} + \cdots + r_0$.

R1. [对 k 迭代.] 对 $k = m - n, \ m - n - 1, \ldots, 0$ 依次执行步骤 R2. 然后结束算法并取 $(r_{n-1}, \ldots, r_0) = (u_{n-1}, \ldots, u_0)$.

R2. [乘法循环.] 置 $q_k \leftarrow u_{n+k}v_n^k$, 且对 $j = n+k-1, n+k-2, \ldots, 0$ 取 $u_j \leftarrow v_n u_j - u_{n+k}v_{j-k}$. (当 $j < k$ 时即取 $u_j \leftarrow v_n u_j$, 这是因为我们认为 $v_{-1}, v_{-2}, \ldots$ 的值都是零. 如果我们在算法最开始时用 $v_n^{m-n-t}u_t$ 代替 u_t, 其中 $0 \leq t < m - n$, 则这些乘法运算都可以避免.) ▮

在下面的 (10) 中给出了一个计算的例子. 我们通过对 $m - n$ 进行归纳, 容易证明算法 R 是正确的, 因为每次执行步骤 R2 时, 其实就是将 $u(x)$ 替换为 $\ell(v)u(x) - \ell(u)x^k v(x)$, 其中 $k = \deg(u) - \deg(v)$. 注意, 在这个算法中完全没有用到除法运算. $q(x)$ 和 $r(x)$ 的系数本身又都是 $u(x)$ 和 $v(x)$ 的系数的某个多项式函数. 如果 $v_n = 1$, 那么这个算法就与算法 D 完全一样了. 如果 $u(x)$ 和 $v(x)$ 是唯一因子分解整环上的多项式, 我们可以像前面那样证明多项式 $q(x)$ 和 $r(x)$ 是唯一的. 因此在唯一因子分解整环上实现伪除法运算的另一个途径是先将 $u(x)$ 乘以 v_n^{m-n+1} 然后使用算法 D, 此时步骤 D2 中的所有商都存在.

算法 R 可通过下面的方式推广为唯一因子分解整环上的本原多项式的"广义欧几里得算法": 设 $u(x)$ 和 $v(x)$ 是本原多项式, 且 $\deg(u) \geq \deg(v)$. 我们利用算法 R 求得满足 (8) 的多项式 $r(x)$. 现在我们可以证明 $\gcd(u(x), v(x)) = \gcd(v(x), r(x))$. 首先, $u(x)$ 和 $v(x)$ 的任何公因子可整除 $v(x)$ 和 $r(x)$. 反之, $v(x)$ 和 $r(x)$ 的任何公因子整除 $\ell(v)^{m-n+1}u(x)$. 又由于该公因子是本原多项式 (因为 $v(x)$ 是本原多项式), 所以它可以整除 $u(x)$. 如果 $r(x) = 0$, 则 $\gcd(u(x), v(x)) = v(x)$. 另一方面, 如果 $r(x) \neq 0$, 则由于 $r(x)$ 是本原多项式, 所以 $\gcd(v(x), r(x)) = \gcd(v(x), \mathrm{pp}(r(x)))$. 于是这个过程可以不断迭代下去.

算法 E (广义欧几里得算法). 给定唯一因子分解整环 S 上的非零多项式 $u(x)$ 和 $v(x)$, 本算法计算 $u(x)$ 和 $v(x)$ 的最大公因子. 假设有辅助算法可以计算 S 的元素的最大公因子, 以及当 $b \neq 0$ 且 a 是 b 的倍数时在 S 中用 a 除以 b.

E1. [归结为本原多项式.] 置 $d \leftarrow \gcd(\mathrm{cont}(u), \mathrm{cont}(v))$, 其中利用假设已有的算法求 S 的元素的最大公因子. (根据定义, $\mathrm{cont}(u)$ 是 $u(x)$ 的所有系数的最大公因子.) 将 $u(x)$ 替换为多项式 $u(x)/\mathrm{cont}(u) = \mathrm{pp}(u(x))$. 类似地, 将 $v(x)$ 替换为 $\mathrm{pp}(v(x))$.

E2. [伪除法.] 利用算法 R 计算 $r(x)$. (没有必要计算商多项式 $q(x)$.) 如果 $r(x) = 0$, 则转向 E4. 如果 $\deg(r) = 0$, 则将 $v(x)$ 替换为常数多项式 "1" 并转向 E4.

E3. [将余多项式变为本原多项式.] 将 $u(x)$ 替换为 $v(x)$, $v(x)$ 替换为 $\mathrm{pp}(r(x))$. 然后转回 E2. (这就是所谓 "欧几里得步骤", 它类似于我们已经见过的欧几里得算法的其他形式.)

E4. [附加容度.] 算法结束, 并以 $d \cdot v(x)$ 作为答案. ▮

作为算法 E 的例子, 我们来计算整数集上的多项式

$$u(x) = x^8 + x^6 - 3x^4 - 3x^3 + 8x^2 + 2x - 5,$$
$$v(x) = 3x^6 + 5x^4 - 4x^2 - 9x + 21, \tag{9}$$

的最大公因子. 这两个多项式都是本原多项式, 因此在步骤 E1 中令 $d \leftarrow 1$. 在步骤 E2 中我们做伪除法

$$
\begin{array}{r}
\ \ 1\quad 0\quad -6 \\[2pt]
3\ 0\ 5\ 0\ -4\ -9\ 21\,\big)\ \overline{1\ 0\quad 1\ 0\ -3\ -3\ \ 8\ \ 2\ \ -5}\\
3\ 0\quad 3\ 0\ -9\ -9\ 24\ \ 6\ -15\\
3\ 0\quad 5\ 0\ -4\ -9\ 21\\
\hline
0\ -2\ 0\ -5\ \ 0\ \ 3\ \ 6\ -15\\
0\ -6\ 0\ -15\ \ 0\ \ 9\ 18\ -45\\
0\ \ 0\ 0\ \ 0\ \ 0\ \ 0\ \ 0\ \ 0\\
\hline
-6\ 0\ -15\ \ 0\ \ 9\ 18\ -45\\
-18\ 0\ -45\ \ 0\ 27\ 54\ -135\\
-18\ 0\ -30\ \ 0\ 24\ 54\ -126\\
\hline
-15\ \ 0\ \ 3\ \ 0\quad -9
\end{array}
\tag{10}
$$

由上式可得商多项式 $q(x)$ 为 $1 \cdot 3^2 x^2 + 0 \cdot 3^1 x + -6 \cdot 3^0$. 于是有

$$
27u(x) = v(x)(9x^2 - 6) + (-15x^4 + 3x^2 - 9). \tag{11}
$$

在步骤 E3 中将 $u(x)$ 替换为 $v(x)$, $v(x)$ 替换为 $\mathrm{pp}\big(r(x)\big) = 5x^4 - x^2 + 3$. 后续的计算步骤见下面的表格, 其中只写出各多项式的系数:

$u(x)$	$v(x)$	$r(x)$
$1, 0, 1, 0, -3, -3, 8, 2, -5$	$3, 0, 5, 0, -4, -9, 21$	$-15, 0, 3, 0, -9$
$3, 0, 5, 0, -4, -9, 21$	$5, 0, -1, 0, 3$	$-585, -1125, 2205$
$5, 0, -1, 0, 3$	$13, 25, -49$	$-233\,150, 307\,500$
$13, 25, -49$	$4663, -6150$	$143\,193\,869$

(12)

利用本节稍早时给出的域上的多项式的欧几里得算法, 我们可以在有理数集而不是整数集上计算同一个最大公因子. 将两者进行比较是有益的. 然而在有理数集上进行运算时, 过程复杂得令人惊讶:

$u(x)$	$v(x)$
$1, 0, 1, 0, -3, -3, 8, 2, -5$	$3, 0, 5, 0, -4, -9, 21$
$3, 0, 5, 0, -4, -9, 21$	$-\frac{5}{9}, 0, \frac{1}{9}, 0, -\frac{1}{3}$
$-\frac{5}{9}, 0, \frac{1}{9}, 0, -\frac{1}{3}$	$-\frac{117}{25}, -9, \frac{441}{25}$
$-\frac{117}{25}, -9, \frac{441}{25}$	$\frac{233\,150}{19\,773}, -\frac{102\,500}{6\,591}$
$\frac{233\,150}{19\,773}, -\frac{102\,500}{6\,591}$	$-\frac{1\,288\,744\,821}{543\,589\,225}$

(13)

为改进上述算法, 我们可在每一步中将 $u(x)$ 和 $v(x)$ 替换为首一多项式, 从而去掉单位因子, 使各个系数都尽可能简单. 实际上这就是有理数集上的算法 E:

$u(x)$	$v(x)$
$1, 0, 1, 0, -3, -3, 8, 2, -5$	$1, 0, \frac{5}{3}, 0, -\frac{4}{3}, -3, 7$
$1, 0, \frac{5}{3}, 0, -\frac{4}{3}, -3, 7$	$1, 0, -\frac{1}{5}, 0, \frac{3}{5}$
$1, 0, -\frac{1}{5}, 0, \frac{3}{5}$	$1, \frac{25}{13}, -\frac{49}{13}$
$1, \frac{25}{13}, -\frac{49}{13}$	$1, -\frac{6150}{4663}$
$1, -\frac{6150}{4663}$	1

(14)

(13) 和 (14) 中的多项式序列与利用整数集上的算法 E 得到的 (12) 的多项式序列基本上是一样的. 唯一的区别是前者乘了特定的有理数. 无论是 $5x^4 - x^2 + 3$ 还是 $-\frac{5}{9}x^4 + \frac{1}{9}x^2 - \frac{1}{3}$ 还是 $x^4 - \frac{1}{5}x^2 + \frac{3}{5}$, 计算过程都是基本相同的. 但两种使用有理数运算的算法都比完全使用整数运算

的算法 E 要慢，这是因为当多项式的次数很大时，有理数集上的算法在每一步通常需要更多的求整数的最大公因子的计算过程.

在前面的 (6) 中，我们用很小的计算代价就对同样的多项式 $u(x)$ 和 $v(x)$ 给出了模 13 的最大公因子，因此将 (12)(13)(14) 和 (6) 进行比较是有益的. 由于 $\ell(u)$ 和 $\ell(v)$ 都不是 13 的倍数，因此由 $\gcd(u(x), v(x)) = 1$ modulo 13 即可证明 $u(x)$ 和 $v(x)$ 在整数集上（进而在有理数集上）互素. 在 4.6.2 节末尾我们还将讨论这个有助于节省计算时间的结果.

子结式算法. 有一个精巧的算法不仅比算法 E 更好，而且可以让我们了解算法 E 的更多特性. 它首先由科林斯发现 [*JACM* **14** (1967), 128–142]，后来又被布朗和特劳布改进 [*JACM* **18** (1971), 505–514. 也见威廉·布朗，*ACM Trans. Math. Software* **4** (1978), 237–249]. 这个算法避免了步骤 E3 中将余多项式变为本原多项式的计算过程，而只需要将 $r(x)$ 除以 S 的某个元素，后者是我们已知的 $r(x)$ 的因子.

算法 C（唯一因子分解整环上的最大公因子）. 本算法的输入和输出与算法 E 相同，但比算法 E 所需的求系数的最大公因子的计算步骤更少.

C1. [归结为本原多项式.] 像算法 E 的步骤 E1 那样置 $d \leftarrow \gcd(\text{cont}(u), \text{cont}(v))$，并将 $(u(x), v(x))$ 替换为 $(\text{pp}(u(x)), \text{pp}(v(x)))$. 置 $g \leftarrow h \leftarrow 1$.

C2. [伪除法.] 置 $\delta \leftarrow \deg(u) - \deg(v)$. 利用算法 R 计算 $r(x)$. 如果 $r(x) = 0$，则转向 C4. 如果 $\deg(r) = 0$，则将 $v(x)$ 替换为常数多项式 "1" 并转向 C4.

C3. [调整余多项式.] 将多项式 $u(x)$ 替换为 $v(x)$，$v(x)$ 替换为 $r(x)/gh^\delta$.（此时 $r(x)$ 的所有系数都是 gh^δ 的倍数.）然后置 $g \leftarrow \ell(u)$，$h \leftarrow h^{1-\delta}g^\delta$ 并转回 C2.（即使 $\delta > 1$，新的 h 值仍然会属于 S. ）

C4. [附加容度.] 输出 $d \cdot \text{pp}(v(x))$ 作为答案. ∎

如果将上面的算法应用于前面考虑过的 (9) 中的多项式，则步骤 C2 会依次给出下面的结果：

$u(x)$	$v(x)$	g	h	
$1, 0, 1, 0, -3, -3, 8, 2, -5$	$3, 0, 5, 0, -4, -9, 21$	1	1	
$3, 0, 5, 0, -4, -9, 21$	$-15, 0, 3, 0, -9$	3	9	
$-15, 0, 3, 0, -9$	$65, 125, -245$	-15	25	
$65, 125, -245$	$-9326, 12\,300$	65	169	(15)

算法结束时 $r(x)/gh^\delta = 260\,708$.

这个多项式序列是由算法 E 给出的序列中的多项式的整数倍组成. 尽管我们并没有将多项式简化为相应的本原多项式，然而由于在步骤 C3 中对 $r(x)$ 做了除法，所以各多项式的系数仍然不会特别大.

为分析算法 C 并证明它的有效性，我们将生成的多项式依次记为 $u_1(x), u_2(x), u_3(x), \ldots$，其中 $u_1(x) = u(x)$，$u_2(x) = v(x)$. 对于 $j \geq 1$，记 $n_j = \deg(u_j)$ 并定义 $\delta_j = n_j - n_{j+1}$. 定义 $g_1 = h_1 = 1$，并对 $j \geq 2$ 定义 $g_j = \ell(u_j)$，$h_j = h_{j-1}^{1-\delta_{j-1}}g_j^{\delta_{j-1}}$. 于是有

$$
\begin{aligned}
g_2^{\delta_1+1}u_1(x) &= u_2(x)q_1(x) + g_1 h_1^{\delta_1}u_3(x), & n_3 < n_2, \\
g_3^{\delta_2+1}u_2(x) &= u_3(x)q_2(x) + g_2 h_2^{\delta_2}u_4(x), & n_4 < n_3, \\
g_4^{\delta_3+1}u_3(x) &= u_4(x)q_3(x) + g_3 h_3^{\delta_3}u_5(x), & n_5 < n_4,
\end{aligned}
\qquad (16)
$$

等等. 当 $n_{k+1} = \deg(u_{k+1}) \le 0$ 时这个过程就结束了. 我们必须证明 $u_3(x), u_4(x), \ldots$ 的系数都属于 S, 即 $g_j h_j^{\delta_j}$ 可以整除余多项式的所有系数. 我们还必须证明所有 h_j 都属于 S. 这些理论结果的证明是非常复杂难懂的, 但具体的算例可以使我们对证明的理解变得容易很多.

以 (15) 中的多项式为例, 则 $n_1 = 8$, $n_2 = 6$, $n_3 = 4$, $n_4 = 2$, $n_5 = 1$, $n_6 = 0$, 从而 $\delta_1 = \delta_2 = \delta_3 = 2$, $\delta_4 = \delta_5 = 1$. 如果我们将这些多项式写成 $u_1(x) = a_8 x^8 + a_7 x^7 + \cdots + a_0$, $u_2(x) = b_6 x^6 + b_5 x^5 + \cdots + b_0$, $\ldots$, $u_5(x) = e_1 x + e_0$, $u_6(x) = f_0$, 则 $h_1 = 1$, $h_2 = b_6^2$, $h_3 = c_4^2/b_6^2$, $h_4 = d_2^2 b_6^2/c_4^2$. 这些记号可以帮助我们理解表 1 中的数据. 为简单起见, 我们假设多项式的系数都是整数. 于是有 $b_6^3 u_1(x) = u_2(x) q_1(x) + u_3(x)$. 所以如果将 A_5 行乘以 b_6^3 然后减去 B_7、B_6 和 B_5 行的适当倍数 (对应于 $q_1(x)$ 的系数) 则可得 C_5 行. 此外, 还可将 A_4 行乘以 b_6^3 然后减去 B_6、B_5 和 B_4 行的适当倍数得 C_4 行. 类似地, 根据 $c_4^3 u_2(x) = u_3(x) q_2(x) + b_6^5 u_4(x)$, 可将 B_3 行乘以 c_4^3 然后减去 C_5、C_4 和 C_3 行的整数倍, 再除以 b_6^5 得 D_3 行.

表 1 算法 C 中出现的系数

行名	行														乘以	替换为行
A_5	a_8	a_7	a_6	a_5	a_4	a_3	a_2	a_1	a_0	0	0	0	0	0	b_6^3	C_5
A_4	0	a_8	a_7	a_6	a_5	a_4	a_3	a_2	a_1	a_0	0	0	0	0	b_6^3	C_4
A_3	0	0	a_8	a_7	a_6	a_5	a_4	a_3	a_2	a_1	a_0	0	0	0	b_6^3	C_3
A_2	0	0	0	a_8	a_7	a_6	a_5	a_4	a_3	a_2	a_1	a_0	0	0	b_6^3	C_2
A_1	0	0	0	0	a_8	a_7	a_6	a_5	a_4	a_3	a_2	a_1	a_0	0	b_6^3	C_1
A_0	0	0	0	0	0	a_8	a_7	a_6	a_5	a_4	a_3	a_2	a_1	a_0	b_6^3	C_0
B_7	b_6	b_5	b_4	b_3	b_2	b_1	b_0	0	0	0	0	0	0	0		
B_6	0	b_6	b_5	b_4	b_3	b_2	b_1	b_0	0	0	0	0	0	0		
B_5	0	0	b_6	b_5	b_4	b_3	b_2	b_1	b_0	0	0	0	0	0		
B_4	0	0	0	b_6	b_5	b_4	b_3	b_2	b_1	b_0	0	0	0	0		
B_3	0	0	0	0	b_6	b_5	b_4	b_3	b_2	b_1	b_0	0	0	0	c_4^3/b_6^5	D_3
B_2	0	0	0	0	0	b_6	b_5	b_4	b_3	b_2	b_1	b_0	0	0	c_4^3/b_6^5	D_2
B_1	0	0	0	0	0	0	b_6	b_5	b_4	b_3	b_2	b_1	b_0	0	c_4^3/b_6^5	D_1
B_0	0	0	0	0	0	0	0	b_6	b_5	b_4	b_3	b_2	b_1	b_0	c_4^3/b_6^5	D_0
C_5	0	0	0	0	c_4	c_3	c_2	c_1	c_0	0	0	0	0	0		
C_4	0	0	0	0	0	c_4	c_3	c_2	c_1	c_0	0	0	0	0		
C_3	0	0	0	0	0	0	c_4	c_3	c_2	c_1	c_0	0	0	0		
C_2	0	0	0	0	0	0	0	c_4	c_3	c_2	c_1	c_0	0	0		
C_1	0	0	0	0	0	0	0	0	c_4	c_3	c_2	c_1	c_0	0	$d_2^2 b_6^4/c_4^5$	E_1
C_0	0	0	0	0	0	0	0	0	0	c_4	c_3	c_2	c_1	c_0	$d_2^2 b_6^4/c_4^5$	E_0
D_3	0	0	0	0	0	0	0	0	d_2	d_1	d_0	0	0	0		
D_2	0	0	0	0	0	0	0	0	0	d_2	d_1	d_0	0	0		
D_1	0	0	0	0	0	0	0	0	0	0	d_2	d_1	d_0	0		
D_0	0	0	0	0	0	0	0	0	0	0	0	d_2	d_1	d_0	$e_2^2 c_4^2/d_2^3 b_6^2$	F_0
E_1	0	0	0	0	0	0	0	0	0	0	0	e_1	e_0	0		
E_0	0	0	0	0	0	0	0	0	0	0	0	0	e_1	e_0		
F_0	0	0	0	0	0	0	0	0	0	0	0	0	0	f_0		

为证明多项式 $u_4(x)$ 的系数都是整数，我们考虑矩阵

$$
\begin{array}{c}
A_2 \\ A_1 \\ A_0 \\ B_4 \\ B_3 \\ B_2 \\ B_1 \\ B_0
\end{array}
\begin{pmatrix}
a_8 & a_7 & a_6 & a_5 & a_4 & a_3 & a_2 & a_1 & a_0 & 0 & 0 \\
0 & a_8 & a_7 & a_6 & a_5 & a_4 & a_3 & a_2 & a_1 & a_0 & 0 \\
0 & 0 & a_8 & a_7 & a_6 & a_5 & a_4 & a_3 & a_2 & a_1 & a_0 \\
b_6 & b_5 & b_4 & b_3 & b_2 & b_1 & b_0 & 0 & 0 & 0 & 0 \\
0 & b_6 & b_5 & b_4 & b_3 & b_2 & b_1 & b_0 & 0 & 0 & 0 \\
0 & 0 & b_6 & b_5 & b_4 & b_3 & b_2 & b_1 & b_0 & 0 & 0 \\
0 & 0 & 0 & b_6 & b_5 & b_4 & b_3 & b_2 & b_1 & b_0 & 0 \\
0 & 0 & 0 & 0 & b_6 & b_5 & b_4 & b_3 & b_2 & b_1 & b_0
\end{pmatrix} = M. \tag{17}
$$

利用表中提到的行运算和行交换，我们可将 M 变为

$$
\begin{array}{c}
B_4 \\ B_3 \\ B_2 \\ B_1 \\ C_2 \\ C_1 \\ C_0 \\ D_0
\end{array}
\begin{pmatrix}
b_6 & b_5 & b_4 & b_3 & b_2 & b_1 & b_0 & 0 & 0 & 0 & 0 & 0 \\
0 & b_6 & b_5 & b_4 & b_3 & b_2 & b_1 & b_0 & 0 & 0 & 0 & 0 \\
0 & 0 & b_6 & b_5 & b_4 & b_3 & b_2 & b_1 & b_0 & 0 & 0 & 0 \\
0 & 0 & 0 & b_6 & b_5 & b_4 & b_3 & b_2 & b_1 & b_0 & 0 & 0 \\
0 & 0 & 0 & 0 & c_4 & c_3 & c_2 & c_1 & c_0 & 0 & 0 & 0 \\
0 & 0 & 0 & 0 & 0 & c_4 & c_3 & c_2 & c_1 & c_0 & 0 & 0 \\
0 & 0 & 0 & 0 & 0 & 0 & c_4 & c_3 & c_2 & c_1 & c_0 & 0 \\
0 & 0 & 0 & 0 & 0 & 0 & 0 & 0 & 0 & d_2 & d_1 & d_0
\end{pmatrix} = M'. \tag{18}
$$

根据由 M 得到 M' 的过程，我们有

$$
b_6^3 \cdot b_6^3 \cdot b_6^3 \cdot (c_4^3 / b_6^5) \cdot \det M_0 = \pm \det M_0',
$$

其中 M_0 和 M_0' 代表任取 M 和 M' 的对应八列得到的方阵. 例如，我们取前面七列以及包含 d_1 的那一列，得

$$
b_6^3 \cdot b_6^3 \cdot b_6^3 \cdot (c_4^3 / b_6^5) \cdot \det
\begin{pmatrix}
a_8 & a_7 & a_6 & a_5 & a_4 & a_3 & a_2 & 0 \\
0 & a_8 & a_7 & a_6 & a_5 & a_4 & a_3 & a_0 \\
0 & 0 & a_8 & a_7 & a_6 & a_5 & a_4 & a_1 \\
b_6 & b_5 & b_4 & b_3 & b_2 & b_1 & b_0 & 0 \\
0 & b_6 & b_5 & b_4 & b_3 & b_2 & b_1 & 0 \\
0 & 0 & b_6 & b_5 & b_4 & b_3 & b_2 & 0 \\
0 & 0 & 0 & b_6 & b_5 & b_4 & b_3 & b_0 \\
0 & 0 & 0 & 0 & b_6 & b_5 & b_4 & b_1
\end{pmatrix} = \pm b_6^4 \cdot c_4^3 \cdot d_1.
$$

由于 $b_6 c_4 \neq 0$，因此由上式可证明 d_1 是整数. 类似地，d_2 和 d_0 也是整数.

　　一般地，可用类似的方式证明 $u_{j+1}(x)$ 的系数都是整数. 如果将矩阵 M 取为包含从 $A_{n_2-n_j}$ 到 A_0 以及从 $B_{n_1-n_j}$ 到 B_0 的行，并按照表 1 中所示做行运算，则可得矩阵 M'，其各行（不一定按列出的顺序）分别为从 $B_{n_1-n_j}$ 到 $B_{n_3-n_j+1}$ 行，从 $C_{n_2-n_j}$ 到 $C_{n_4-n_j+1}$ 行……，从 $P_{n_{j-2}-n_j}$ 到 P_1 行，从 $Q_{n_{j-1}-n_j}$ 到 Q_0 行，最后是 R_0 行（包含 $u_{j+1}(x)$ 的各项系数的行）. 从中取出适当的列可得

$$
(g_2^{\delta_1+1} / g_1 h_1^{\delta_1})^{n_2-n_j+1} (g_3^{\delta_2+1} / g_2 h_2^{\delta_2})^{n_3-n_j+1} \cdots (g_j^{\delta_{j-1}+1} / g_{j-1} h_{j-1}^{\delta_{j-1}})^{n_j-n_j+1}
$$
$$
\times \det M_0 = \pm g_2^{n_1-n_3} g_3^{n_2-n_4} \cdots g_{j-1}^{n_{j-2}-n_j} g_j^{n_{j-1}-n_j+1} r_t, \tag{19}
$$

其中 r_t 是 $u_{j+1}(x)$ 的一个给定的系数，M_0 是 M 的一个子矩阵. 我们可巧妙地选取各 h_j 的值，使得上式简化为

$$\det M_0 = \pm r_t \tag{20}$$

（见习题 24）. 所以 $u_{j+1}(x)$ 的每个系数都可以写成一个其元素都是 $u(x)$ 和 $v(x)$ 的系数的 $(n_1 + n_2 - 2n_j + 2) \times (n_1 + n_2 - 2n_j + 2)$ 阶矩阵的行列式.

接下来只需证明巧妙地选取的各 h_j 都是整数. 我们用的技巧是类似的：例如，考虑矩阵

$$
\begin{array}{c}
A_1 \\
A_0 \\
B_3 \\
B_2 \\
B_1 \\
B_0
\end{array}
\begin{pmatrix}
a_8 & a_7 & a_6 & a_5 & a_4 & a_3 & a_2 & a_1 & a_0 & 0 \\
0 & a_8 & a_7 & a_6 & a_5 & a_4 & a_3 & a_2 & a_1 & a_0 \\
b_6 & b_5 & b_4 & b_3 & b_2 & b_1 & b_0 & 0 & 0 & 0 \\
0 & b_6 & b_5 & b_4 & b_3 & b_2 & b_1 & b_0 & 0 & 0 \\
0 & 0 & b_6 & b_5 & b_4 & b_3 & b_2 & b_1 & b_0 & 0 \\
0 & 0 & 0 & b_6 & b_5 & b_4 & b_3 & b_2 & b_1 & b_0
\end{pmatrix} = M. \tag{21}
$$

利用表 1 中指定的行运算和行交换，我们得到

$$
\begin{array}{c}
B_3 \\
B_2 \\
B_1 \\
B_0 \\
C_1 \\
C_0
\end{array}
\begin{pmatrix}
b_6 & b_5 & b_4 & b_3 & b_2 & b_1 & b_0 & 0 & 0 & 0 \\
0 & b_6 & b_5 & b_4 & b_3 & b_2 & b_1 & b_0 & 0 & 0 \\
0 & 0 & b_6 & b_5 & b_4 & b_3 & b_2 & b_1 & b_0 & 0 \\
0 & 0 & 0 & b_6 & b_5 & b_4 & b_3 & b_2 & b_1 & b_0 \\
0 & 0 & 0 & 0 & c_4 & c_3 & c_2 & c_1 & c_0 & 0 \\
0 & 0 & 0 & 0 & 0 & c_4 & c_3 & c_2 & c_1 & c_0
\end{pmatrix} = M'. \tag{22}
$$

因此，如果记任取 M 和 M' 的对应六列得到的子矩阵为 M_0 和 M_0'，则有 $b_6^3 \cdot b_6^3 \cdot \det M_0 = \pm \det M_0'$. 当我们取 M_0 为 M 的前六列构成的子矩阵时即得 $\det M_0 = \pm c_4^2/b_6^2 = \pm h_3$，从而可知 h_3 是整数.

一般来说，对 $j \geq 3$，要证明 h_j 是整数，我们从包含 $A_{n_2 - n_j - 1}$ 到 A_0 行以及 $B_{n_1 - n_j - 1}$ 到 B_0 行的矩阵 M 出发，进行适当的行变换得到矩阵 M'，其各行分别为从 $B_{n_1 - n_j - 1}$ 到 $B_{n_3 - n_j}$ 行，从 $C_{n_2 + n_j - 1}$ 到 $C_{n_4 - n_j}$ 行……，从 $P_{n_{j-2} - n_j - 1}$ 到 P_0 行，从 $Q_{n_{j-1} - n_j - 1}$ 到 Q_0 行. 设 M_0 为矩阵 M 的前 $n_1 + n_2 - 2n_j$ 列，则

$$(g_2^{\delta_1 + 1}/g_1 h_1^{\delta_1})^{n_2 - n_j} (g_3^{\delta_2 + 1}/g_2 h_2^{\delta_2})^{n_3 - n_j} \cdots (g_j^{\delta_{j-1} + 1}/g_{j-1} h_{j-1}^{\delta_{j-1}})^{n_j - n_j} \det M_0$$
$$= \pm g_2^{n_1 - n_3} g_3^{n_2 - n_4} \cdots g_{j-1}^{n_{j-2} - n_j} g_j^{n_{j-1} - n_j}, \tag{23}$$

这个等式恰好可以简化为

$$\det M_0 = \pm h_j. \tag{24}$$

（尽管这个证明过程是针对整数集给出的，但显然适用于任意的唯一因子分解整环.）

在检验算法 C 的有效性的过程中，我们还知道它所处理的每个 S 的元素都可以表示成一个行列式，其每个元素都是初始的多项式的对应本原多项式的某个系数. 阿达马的一个著名定理（见习题 15）告诉我们

$$|\det(a_{ij})| \leq \prod_{1 \leq i \leq n} \left(\sum_{1 \leq j \leq n} a_{ij}^2 \right)^{1/2}. \tag{25}$$

因此如果给定的多项式 $u(x)$ 和 $v(x)$ 的所有系数的绝对值都不超过 N，则算法 C 所处理的各多项式的所有系数的值都不超过

$$N^{m+n}(m+1)^{n/2}(n+1)^{m/2}. \tag{26}$$

算法 E 执行过程中所计算的多项式 $u(x)$ 和 $v(x)$ 的系数也有同样的上界, 这是因为算法 E 中出现的多项式都是算法 C 中的多项式的因子.

这个关于系数的上界非常令人满意, 因为它比我们所能期望的结果还要好得多. 例如, 考虑不进行步骤 E3 和 C3 中的校正而仅仅将 $v(x)$ 替换为 $r(x)$ 会发生什么情况. 这是最简单的计算最大公因子的算法, 它通常也会作为经典算法出现在代数课本中 (只是作为理论上的需要, 而不是出于实际计算的目的). 如果假设 $\delta_1 = \delta_2 = \cdots = 1$, 则可知 $u_3(x)$ 的系数不超过 N^3, $u_4(x)$ 的系数不超过 N^7, $u_5(x)$ 的系数不超过 N^{17}, $\cdots\cdots$, $u_k(x)$ 的系数不超过 N^{a_k}, 其中 $a_k = 2a_{k-1} + a_{k-2}$. 因此在 (26) 中取 $m = n + 1$ 所得的上界约等于

$$N^{0.5(2.414)^n}, \tag{27}$$

而数值实验表明上面的简单算法确实有这样的性质: 在每一步中多项式系数的位数按指数增长! 而对于算法 E, 多项式系数的位数的增长只比线性快一点.

我们对算法 C 的证明的另一个额外收获是发现多项式的次数几乎每一步都减少 1, 从而当初始的多项式是 "随机选取" 时, 执行步骤 C2 (或 E2) 的次数通常等于 $\deg(v)$. 为了探究为什么会出现这样的现象, 不妨选取 (17) 和 (18) 中的 M 和 M' 的前八列, 从而发现 $u_4(x)$ 的次数小于 3 当且仅当 $d_3 = 0$, 或者说, 当且仅当

$$\det \begin{pmatrix} a_8 & a_7 & a_6 & a_5 & a_4 & a_3 & a_2 & a_1 \\ 0 & a_8 & a_7 & a_6 & a_5 & a_4 & a_3 & a_2 \\ 0 & 0 & a_8 & a_7 & a_6 & a_5 & a_4 & a_3 \\ b_6 & b_5 & b_4 & b_3 & b_2 & b_1 & b_0 & 0 \\ 0 & b_6 & b_5 & b_4 & b_3 & b_2 & b_1 & b_0 \\ 0 & 0 & b_6 & b_5 & b_4 & b_3 & b_2 & b_1 \\ 0 & 0 & 0 & b_6 & b_5 & b_4 & b_3 & b_2 \\ 0 & 0 & 0 & 0 & b_6 & b_5 & b_4 & b_3 \end{pmatrix} = 0.$$

一般地, 对于 $j > 1$, δ_j 的值大于 1 当且仅当由 $u(x)$ 和 $v(x)$ 的系数构成的类似形式的行列式的值为零. 由于这样的行列式是关于多项式系数的非零多元多项式, 因此它的值 "几乎总是" 非零, 或者说非零的 "概率是 1". (见习题 16 中关于这个命题的更精确的描述, 以及习题 4 中与之相关的证明.) 在 (15) 所示的例子中 δ_2 和 δ_3 都等于 2, 确实属于例外情况.

上面的分析可推导出一个著名的结论, 即两个多项式互素当且仅当它们的结式非零. 所谓结式, 是形如表 1 中从 A_5 到 A_0 及从 B_7 到 B_0 的各行构成的行列式. (这就是所谓的 "西尔维斯特行列式". 见习题 12. 关于结式的更多性质的讨论见范德瓦尔登的著作 *Modern Algebra*, 弗雷德·布卢姆译 (New York: Ungar, 1949) 的 27–28 节.) 按照上面讨论中的观点, 我们可以说最大公因子 "几乎总是" 次数为零, 因为西尔维斯特行列式几乎总是不为零. 然而在实际问题中, 如果最大公因子没有足够大的机会是次数为正的多项式, 我们往往不会真正动手去计算它.

假设 $u(x) = w(x)u_1(x)$, $v(x) = w(x)u_2(x)$, 其中 $u_1(x)$ 和 $u_2(x)$ 互素, 而 $w(x)$ 是本原多项式. 此时, 我们可以非常清楚地看到最大公因子不等于 1 时算法 E 和 C 的执行过程. 如果对 $u(x) = u_1(x)$ 和 $v(x) = u_2(x)$ 使用算法 E 得到的多项式依次为 $u_1(x)$, $u_2(x)$, $u_3(x), \ldots$, 则易知对 $u(x) = w(x)u_1(x)$ 和 $v(x) = w(x)u_2(x)$ 使用算法 E 得到的多项式恰好为 $w(x)u_1(x)$, $w(x)u_2(x)$, $w(x)u_3(x)$, $w(x)u_4(x), \ldots$. 而对于算法 C, 情况则有所不同: 如果对 $u(x) = u_1(x)$ 和 $v(x) = u_2(x)$ 使用算法 C 得到的多项式依次为 $u_1(x)$, $u_2(x)$, $u_3(x), \ldots$, 并且假设 $\deg(u_{j+1}) = \deg(u_j) - 1$ (当 $j > 1$ 时这几乎总是成立的), 则对 $u(x) = w(x)u_1(x)$ 和

$v(x) = w(x)u_2(x)$ 使用算法 C 得到的多项式序列为

$$w(x)u_1(x),\ w(x)u_2(x),\ \ell^2 w(x)u_3(x),\ \ell^4 w(x)u_4(x),\ \ell^6 w(x)u_5(x),\ \ldots, \qquad (28)$$

其中 $\ell = \ell(w)$.（见习题 13.）尽管算法 C 导出的多项式序列多了这些含 ℓ 的因子，我们仍然认为算法 C 比算法 E 更好一些，因为与反复求本原多项式相比，处理只是稍大一点的多项式还是更容易一点.

像算法 C 和 E 中出现的这类余多项式序列不仅仅对求最大公因子和结式很有用. 它们的另一个重要应用是根据雅克·斯蒂尔姆的著名定理 [*Mém. Présentés par Divers Savants* **6** (Paris, 1835), 271–318] 对给定区间上的多项式计算实根的数目. 设 $u(x)$ 是有互异复根的实系数多项式. 我们将在下一节中看到它的根互异当且仅当 $\gcd(u(x), u'(x)) = 1$，其中 $u'(x)$ 是 $u(x)$ 的导函数. 相应地，我们可构造余多项式序列以证明 $u(x)$ 与 $u'(x)$ 互素. 令 $u_0(x) = u(x)$，$u_1(x) = u'(x)$，并且（遵照斯蒂尔姆定理）对所有余多项式的符号取反，于是得到

$$
\begin{aligned}
c_1 u_0(x) &= u_1(x)q_1(x) - d_1 u_2(x), \\
c_2 u_1(x) &= u_2(x)q_2(x) - d_2 u_3(x), \\
&\ \ \vdots \\
c_k u_{k-1}(x) &= u_k(x)q_k(x) - d_k u_{k+1}(x),
\end{aligned}
\qquad (29)
$$

其中 c_j 和 d_j 都是正的常数，且 $\deg(u_{k+1}) = 0$. 我们定义 $u(x)$ 在 a 处的变差 $V(u,a)$ 为序列 $u_0(a),\ u_1(a),\ \ldots,\ u_{k+1}(a)$ 中去掉零值以后符号变化的次数. 例如，如果该序列的符号依次为 0, $+$, $-$, $-$, 0, $+$, $+$, $-$，则 $V(u,a) = 3$. 斯蒂尔姆定理断言 $u(x)$ 在区间 $a < x \le b$ 内的根的数目为 $V(u,a) - V(u,b)$. 而且此定理的证明极其简短（见习题 22）.

尽管算法 C 和 E 非常有趣，但我们要说的却不止这么多. 在 4.6.2 节末尾我们将讨论计算整数集上多项式的最大公因子的其他重要方法. 此外，还有一般的基于行列式计算的算法，我们可将算法 C 看作它的一种特殊情形. 见巴雷斯，*Math. Comp.* **22** (1968), 565–578.

我计划在本书的第四版重写这一节，适当加入一些 19 世纪关于行列式研究工作的介绍，以及在沃尔特·哈比希特，*Comm. Math. Helvetici* **21** (1948), 99–116 中提及的研究成果. 关于后者的一个非常好的分析是由吕迪格·洛斯给出的 [*Computing, Supplement 4* (1982), 115–137]. 费利切·基奥在 1853 年发表的、并由查尔斯·道奇森（又称刘易斯·卡罗尔）重新发现的一种计算行列式的有趣方法，也与这些方法紧密相关. 关于子矩阵的行列式的一些恒等式的早期研究工作的综述见高德纳，*Electronic J. Combinatorics* **3**, 2 (1996), paper #R5, §3.

习题

1. [*10*] 对整数集上的多项式 $u(x) = x^6 + x^5 - x^4 + 2x^3 + 3x^2 - x + 2$ 和 $v(x) = 2x^3 + 2x^2 - x + 3$，计算满足 (8) 的伪商 $q(x)$ 和伪余多项式 $r(x)$.

2. [*15*] 多项式 $3x^6 + x^5 + 4x^4 + 4x^3 + 3x^2 + 4x + 2$ 和它的"反序多项式" $2x^6 + 4x^5 + 3x^4 + 4x^3 + 4x^2 + x + 3$ 模 7 的最大公因子是什么？

▶ **3.** [*M25*] 证明域 S 上的多项式的欧几里得算法可推广为寻找 S 上的多项式 $U(x)$ 和 $V(x)$ 使得

$$u(x)V(x) + U(x)v(x) = \gcd(u(x), v(x)).$$

（见算法 4.5.2X.）由这个推广算法计算出的 $U(x)$ 和 $V(x)$ 的次数是多少？如果 S 是有理数域，$u(x) = x^m - 1$，$v(x) = x^n - 1$，证明由此算得到的 $U(x)$ 和 $V(x)$ 的系数都是整数. 请对 $u(x) = x^{21} - 1$ 和 $v(x) = x^{13} - 1$ 找出 $U(x)$ 和 $V(x)$.

▶ **4.** [*M30*] 设 p 是素数,对多项式 $u(x)$ 和 $v(x)$ 用欧几里得算法模 p 运算得到的多项式序列的次数分别为 $m, n, n_1, \ldots, n_t, -\infty$,其中 $m = \deg(u)$,$n = \deg(v)$,且 $n_t \geq 0$。假设 $m \geq n$。如果 $u(x)$ 和 $v(x)$ 都是首一多项式,且在所有 p^{m+n} 个次数分别为 m 和 n 的首一多项式对的集合上独立均匀分布,那么 t、$n_1 + \cdots + n_t$ 和 $(n - n_1)n_1 + \cdots + (n_{t-1} - n_t)n_t$ 这三个量作为 m、n 和 p 的函数的平均值是多少?(这三个量是决定多项式模 p 运算的欧几里得算法的运行时间的基本因素,其中我们假设除法运算用算法 D 实现。)[提示:证明 $u(x) \bmod v(x)$ 均匀分布且独立于 $v(x)$。]

5. [*M22*] 如果 $u(x)$ 和 $v(x)$ 是相互独立且均匀分布的 n 次首一多项式,那么 $u(x)$ 和 $v(x)$ 模 p 互素的概率是多少?

6. [*M23*] 我们已经看到算法 4.5.2A(即欧几里得算法)可以直接改造为求多项式的最大公因子的算法。二进制最大公因数算法,即算法 4.5.2B,是否能以类似的方式改造为适用于多项式的算法?

7. [*M10*] 唯一因子分解整环 S 上的所有多项式构成的整环的单位是什么?

▶ **8.** [*M22*] 证明,如果一个整系数多项式在整数环上不可约,那么将它看作有理数域上的多项式也是不可约的。

9. [*M25*] 设 $u(x)$ 和 $v(x)$ 是唯一因子分解整环 S 上的本原多项式。证明 $u(x)$ 和 $v(x)$ 互素当且仅当存在多项式 $U(x)$ 和 $V(x)$ 使得 $u(x)V(x) + U(x)v(x)$ 是一个零次多项式。[提示:像习题 3 推广算法 4.5.2A 那样推广算法 E。]

10. [*M28*] 证明唯一因子分解整环上的所有多项式构成一个唯一因子分解整环。[提示:利用习题 9 的结论来证明这些多项式最多有一种因子分解方法。]

11. [*M22*] 如果多项式次数的序列不是 8, 6, 4, 2, 1, 0 而是 9, 6, 5, 2, $-\infty$,那么在表 1 中出现的行名会是什么呢?

▶ **12.** [*M24*] 设 $u_1(x)$, $u_2(x)$, $u_3(x)$, $\ldots$ 为运行算法 C 时得到的多项式序列。"西尔维斯特矩阵"是从 A_{n_2-1} 到 A_0 行以及从 B_{n_1-1} 到 B_0 行的各行构成的方阵(按照类似于表 1 中的记号)。证明,如果 $u_1(x)$ 和 $u_2(x)$ 有一个次数为正的公因子,则西尔维斯特矩阵的行列式等于零。反之,假设对某个 k 有 $\deg(u_k) = 0$,请给出用 $\ell(u_j)$ 和 $\deg(u_j)$,$1 \leq j \leq k$ 表示西尔维斯特矩阵的行列式的绝对值的公式,并由此证明西尔维斯特矩阵的行列式不等于零。

13. [*M22*] 证明,当 $\delta_1 = \delta_2 = \cdots = \delta_{k-1} = 1$ 时,$\gcd(u(x), v(x))$ 中的本原多项式部分的首项系数 ℓ 将出现在算法 C 的多项式序列中,如 (28) 所示。对 δ_j 的其他取值,情况会是怎样的呢?

14. [*M29*] 记 $r(x)$ 为 $u(x)$ 被 $v(x)$ 伪除时得到的伪余式。如果 $\deg(u) \geq \deg(v) + 2$ 且 $\deg(v) \geq \deg(r) + 2$,证明 $r(x)$ 是 $\ell(v)$ 的倍数。

15. [*M26*] 证明阿达马不等式 (25)。[提示:考虑矩阵 AA^T。]

▶ **16.** [*M22*] 设 $f(x_1, \ldots, x_n)$ 是不恒为零的多元多项式,记 $r(S_1, \ldots, S_n)$ 为方程 $f(x_1, \ldots, x_n) = 0$ 的根 $(x_1, \ldots, x_n)$ 的集合,其中 $x_1 \in S_1, \ldots, x_n \in S_n$。如果 f 关于变量 x_j 的最高次数 $d_j \leq |S_j|$,证明

$$|r(S_1, \ldots, S_n)| \leq |S_1| \ldots |S_n| - (|S_1| - d_1) \ldots (|S_n| - d_n).$$

所以当集合 S_j 逐渐变大时,找到随机选取的多项式的根的概率,$|r(S_1, \ldots, S_n)|/|S_1| \ldots |S_n|$,将趋于零。[这个不等式在随机算法的设计中有很多应用,因为它提供了一个好办法,可以在不需要展开求和式的所有项的情况下,判断很多乘积的形式很复杂的和式的值是否恒等于零。]

17. [*M32*] (串多项式的除法的保罗·科恩算法)设 A 是一个字母表,即一个符号集合。A 上的一个字符串 α 是由 $n \geq 0$ 个符号构成的序列 $\alpha = a_1 \ldots a_n$,其中每个 a_j 都属于 A。α 的长度,记为 $|\alpha|$,是指其中包含的符号的数目 n。A 上的串多项式是有限和 $U = \sum_k r_k \alpha_k$,其中每个 r_k 都是非零的有理数,而每个 α_k 都是 A 上的字符串。我们假设当 $j \neq k$ 时 $\alpha_j \neq \alpha_k$。如果 $U = 0$(即求和式中不包含任何项),则定义 U 的次数 $\deg(U)$ 为 $-\infty$。否则定义 $\deg(U) = \max |\alpha_k|$。串多项式的和与乘积按常规的方式定义。于是有 $\left(\sum_j r_j \alpha_j\right)\left(\sum_k s_k \beta_k\right) = \sum_{j,k} r_j s_k \alpha_j \beta_k$,其中等式右端求两个字符串的乘积时只需将它们连接起来,最后求和时再合并同类项。例如,如果 $A = \{a, b\}$,$U = ab + ba - 2a - 2b$,$V = a + b - 1$,

则 $\deg(U) = 2$，$\deg(V) = 1$，$V^2 = aa + ab + ba + bb - 2a - 2b + 1$，$V^2 - U = aa + bb + 1$. 显然 $\deg(UV) = \deg(U) + \deg(V)$，且 $\deg(U + V) \le \max(\deg(U), \deg(V))$，如果 $\deg(U) \ne \deg(V)$，后一公式取等号.（串多项式可看作有理数域上的普通的多元多项式，区别仅在于变量的乘法是不可交换的. 用纯数学惯用的语言来说，串多项式的集合以及在这里定义的针对它们的运算一起被称为由 A 生成的有理数集上的"自由结合代数".）

(a) 设 Q_1, Q_2, U 和 V 都是串多项式，且 $\deg(U) \ge \deg(V)$，$\deg(Q_1 U - Q_2 V) < \deg(Q_1 U)$. 设计一个算法以寻找串多项式 Q 满足 $\deg(U - QV) < \deg(U)$.（因此，如果给定 U 和 V 使得对某个 Q_1 和 Q_2 有 $Q_1 U = Q_2 V + R$ 且 $\deg(R) < \deg(Q_1 U)$，则当 $Q_1 = 1$ 时，存在满足这些条件的解.）

(b) 假设 U 和 V 都是串多项式，且存在 Q_1 和 Q_2 使得 $\deg(V) > \deg(Q_1 U - Q_2 V)$. 说明 (a) 的结论可改进为：存在商多项式 Q 使得 $U = QV + R$，且 $\deg(R) < \deg(V)$.（这个公式对于串多项式来说相当于普通多项式的式 (1). 而 (a) 证明了我们可在较弱的条件下使得 $\deg(R) < \deg(U)$ 成立.）

(c) 齐次多项式是指其所有项都具有相同次数（长度）的多项式. 如果 U_1, U_2, V_1, V_2 都是齐次串多项式，并且 $U_1 V_1 = U_2 V_2$，$\deg(V_1) \ge \deg(V_2)$，证明存在齐次串多项式 U 使得 $U_2 = U_1 U$ 并且 $V_1 = U V_2$.

(d) 假设 U 和 V 都是齐次串多项式，且 $UV = VU$. 证明存在齐次串多项式 W 使得 $U = rW^m$，$V = sW^n$ 对某些整数 m, n 和有理数 r, s 成立. 设计一个算法以计算满足条件的次数最高的 W.（这个算法是很有意思的. 例如，如果字符串 $U = \alpha$ 和 $V = \beta$ 满足 $\alpha\beta = \beta\alpha$，那么 W 就是字符串 γ. 如果 $U = x^m$，$V = x^n$，那么次数最高的解为 $W = x^{\gcd(m,n)}$，所以整数的最大公因数算法可以作为这个算法的一个特例.）

▶ **18.** [*M24*]（串多项式的欧几里得算法）设 V_1 和 V_2 都是串多项式，不同时为零，且有公共左倍元.（这意味着存在不同时为零的串多项式 U_1 和 U_2 使得 $U_1 V_1 = U_2 V_2$.）本习题的目的是构造一个算法求它们的最大公共右因子 $\gcd(V_1, V_2)$ 和最小公共左倍元 $\text{lclm}(V_1, V_2)$. 这两个概念按以下方式定义：$\gcd(V_1, V_2)$ 本身是 V_1 和 V_2 的一个公共右因子（即存在 W_1 和 W_2 使得 $V_1 = W_1 \gcd(V_1, V_2)$，$V_2 = W_2 \gcd(V_1, V_2)$），并且 V_1 和 V_2 的任意公共右因子都是 $\gcd(V_1, V_2)$ 的右因子. 类似地，存在 Z_1 和 Z_2 使得 $\text{lclm}(V_1, V_2) = Z_1 V_1 = Z_2 V_2$，并且 V_1 和 V_2 的任意公共左倍元都是 $\text{lclm}(V_1, V_2)$ 的左倍元.

例如，取 $U_1 = abbbab + abbab - bbab + ab - 1$，$V_1 = babab + abab + ab - b$，$U_2 = abb + ab - b$，$V_2 = babbabab + bababab + babab + abab - babb - 1$. 则有 $U_1 V_1 = U_2 V_2 = abbbabbabab + abbabbabab + abbbababab + abbababab - bbabbabab + abbbabab - bbababab + 2abbabab - abbbabb + ababab - abbabb - bbabab - babab + bbabb - abb - ab + b$. 对这些串多项式我们可以证明 $\gcd(V_1, V_2) = ab + 1$，$\text{lclm}(V_1, V_2) = U_1 V_1$.

于是习题 17 中的除法算法可以重新描述为：如果 V_1 和 V_2 都是串多项式，$V_2 \ne 0$，且存在 $U_1 \ne 0$ 和 U_2 满足方程 $U_1 V_1 = U_2 V_2$，则存在串多项式 Q 和 R 使得

$$V_1 = QV_2 + R, \qquad \text{其中 } \deg(R) < \deg(V_2).$$

容易证明 Q 和 R 都是唯一确定的. 它们不依赖于所给的 U_1 和 U_2. 此外，这个结论是左右对称的，即

$$U_2 = U_1 Q + R', \qquad \text{其中 } \deg(R') = \deg(U_1) - \deg(V_2) + \deg(R) < \deg(U_1).$$

证明我们可将这个除法算法推广为求 $\text{lclm}(V_1, V_2)$ 和 $\gcd(V_1, V_2)$ 的算法. 事实上，推广后的算法可以找到串多项式 Z_1 和 Z_2 使得 $Z_1 V_1 + Z_2 V_2 = \gcd(V_1, V_2)$.［提示：利用辅助变量 u_1, u_2, v_1, v_2, w_1, w_2, w_1', w_2', z_1, z_2, z_1', z_2'，它们的取值都是串多项式. 首先令 $u_1 \leftarrow U_1$，$u_2 \leftarrow U_2$，$v_1 \leftarrow V_1$，$v_2 \leftarrow V_2$，然后在算法运行过程中，在第 n 次迭代中保持以下等式成立

$$
\begin{aligned}
U_1 w_1 + U_2 w_2 &= u_1, & z_1 V_1 + z_2 V_2 &= v_1, \\
U_1 w_1' + U_2 w_2' &= u_2, & z_1' V_1 + z_2' V_2 &= v_2, \\
u_1 z_1 - u_2 z_1' &= (-1)^n U_1, & w_1 v_1 - w_1' v_2 &= (-1)^n V_1, \\
-u_1 z_2 + u_2 z_2' &= (-1)^n U_2, & -w_2 v_1 + w_2' v_2 &= (-1)^n V_2.
\end{aligned}
$$

这可能是欧几里得算法的"终极"推广版本.］

19. [*M39*] （方阵的公因子）习题 18 告诉我们当乘法不可交换时，最大公共右因子的概念是有意义的．证明任意两个 $n \times n$ 阶整数矩阵 A 和 B 有最大公共右因子 D．[建议：设计一个算法，其输入为 A 和 B，输出为整数矩阵 D, P, Q, X, Y，其中 $A = PD$，$B = QD$，$D = XA + YB$．] 求矩阵 $\begin{pmatrix} 1 & 2 \\ 3 & 4 \end{pmatrix}$ 和 $\begin{pmatrix} 4 & 3 \\ 2 & 1 \end{pmatrix}$ 的最大公共右因子．

20. [*M40*] 研究多项式的近似最大公因子以及欧几里得算法的精度：对于系数为浮点数的多项式，其最大公因子的计算有什么需要考虑的呢？

21. [*M25*] 证明用算法 C 计算整数集上的两个 n 次多项式的最大公因子所需的时间是 $O(n^4(\log Nn)^2)$，假设这两个多项式的系数的绝对值的上界为 N．

22. [*M23*] 证明斯蒂尔姆定理．[提示：有些符号序列是不可能出现的．]

23. [*M22*] 如果 (29) 中的 $u(x)$ 有 $\deg(u)$ 个实根，证明对于 $0 \le j \le k$ 有 $\deg(u_{j+1}) = \deg(u_j) - 1$．

24. [*M21*] 证明 (19) 可以简化为 (20)，(23) 可以简化为 (24)．

25. [*M24*] （布朗）证明当 $j \ge 3$ 时，(16) 中所有 $u_j(x)$ 都是 $\gcd(\ell(u), \ell(v))$ 的倍数，并说明如何相应改进算法 C．

▶ **26.** [*M26*] 已知用由正整数组成的连分数可以给出实数的最佳逼近（习题 4.5.3–42），而本习题的目的是对多项式给出相似的结论．

设 $u(x)$ 和 $v(x)$ 是域上的多项式，且 $\deg(u) > \deg(v)$．记 $a_1(x), a_2(x), \ldots$ 为对 $u(x)$ 和 $v(x)$ 使用欧几里得算法所得的商多项式．例如，(5) 和 (6) 中的商多项式序列为 $9x^2 + 7$，$5x^2 + 5$，$6x^3 + 5x^2 + 6x + 5$，$9x + 12$．我们希望证明连分数 $/\!/a_1(x), a_2(x), \ldots /\!/$ 的渐近分数 $p_n(x)/q_n(x)$ 是有理函数 $v(x)/u(x)$ 的低次"最佳逼近"，其中根据式 4.5.3-(4) 定义的连续多项式的概念，$p_n(x) = K_{n-1}(a_2(x), \ldots, a_n(x))$，$q_n(x) = K_n(a_1(x), \ldots, a_n(x))$．按照惯例，我们定义 $p_0(x) = q_{-1}(x) = 0$，$p_{-1}(x) = q_0(x) = 1$．

如果多项式 $p(x)$ 和 $q(x)$ 对某个 $n \ge 1$ 满足 $\deg(q) < \deg(q_n)$ 且 $\deg(pu - qv) \le \deg(p_{n-1}u - q_{n-1}v)$，证明存在常数 c 使得 $p(x) = cp_{n-1}(x)$，$q(x) = cq_{n-1}(x)$．特别地，每个 $q_n(x)$ 都是一个"破纪录"多项式，即不存在更低次数的多项式 $q(x)$，使得对任意选取的多项式 $p(x)$，$p(x)u(x) - q(x)v(x)$ 的次数比 $p_n(x)u(x) - q_n(x)v(x)$ 更低．

27. [*M23*] 如果预先知道 $u(x)$ 除以 $v(x)$ 的余式为零，设计一种方法加快除法的计算速度．

*4.6.2　多项式的因子分解

现在我们来考虑如何分解多项式，而不仅仅是求两个或更多个多项式的最大公因子．

模 p 因子分解． 与整数的情形（4.5.2 节和 4.5.4 节）相同，多项式的因子分解问题似乎比求最大公因子更困难．然而多项式模某个素数 p 的因子分解并不如我们想象地那么困难．寻找任意 n 次多项式模 2 的因子远比用任何已知的方法求任意 n 位二进制数的因数来得简单．这个结论虽然令人吃惊，但它的确是埃尔·伯利坎普在 1967 年提出的一个有启发性的因子分解算法 [*Bell System Technical J.* **46** (1967), 1853–1859] 的推论．

设 p 是素数，在下面的讨论中所有关于多项式的运算都是模 p 意义下的．假设有人给我们一个多项式 $u(x)$，其所有系数都属于集合 $\{0, 1, \ldots, p-1\}$．不妨假设 $u(x)$ 是首一多项式．我们的目的是将 $u(x)$ 表示为

$$u(x) = p_1(x)^{e_1} \ldots p_r(x)^{e_r} \tag{1}$$

的形式，其中 $p_1(x), \ldots, p_r(x)$ 是互异的不可约首一多项式．

我们要走的第一步是用一个标准方法来判定各个指数 $e_1, \ldots, e_r$ 是否大于 1．如果

$$u(x) = u_n x^n + \cdots + u_0 = v(x)^2 w(x), \tag{2}$$

则其导数（可按通常求导数的方式得到，但运算都是模 p 的）为

$$u'(x) = nu_nx^{n-1} + \cdots + u_1 = 2v(x)v'(x)w(x) + v(x)^2w'(x), \qquad (3)$$

它是平方因子 $v(x)$ 的倍数. 因此我们分解 $u(x)$ 所要做的第一步是求

$$\gcd\big(u(x), u'(x)\big) = d(x). \qquad (4)$$

如果 $d(x) = 1$，我们知道 $u(x)$ 没有平方因子，从而可以写成互异的素因子的乘积 $p_1(x) \ldots p_r(x)$. 如果 $d(x) \ne 1$ 且 $d(x) \ne u(x)$，则 $d(x)$ 是 $u(x)$ 的真因子. 此时，利用 $d(x)$ 的因子和 $u(x)/d(x)$ 的因子之间的关系可以有效地加速因子分解的过程（见习题 34 和 36）. 最后，如果 $d(x) = u(x)$，则必有 $u'(x) = 0$. 所以 x^k 的系数 u_k 只有当 k 是 p 的倍数时才不为零. 这意味着 $u(x)$ 可以写成 $v(x^p)$ 的形式，此时我们有

$$u(x) = v(x^p) = \big(v(x)\big)^p, \qquad (5)$$

于是只需找到 $v(x)$ 的不可约因子然后求它们的 p 次方，就可以完成因子分解过程了.

读者可能会觉得恒等式 (5) 有点奇怪. 这是一个重要的结论，并且是伯利坎普算法和我们将要讨论的其他几个算法都要用到的基本结论. 可以证明如下：设 $v_1(x)$ 和 $v_2(x)$ 是任意给定的模 p 多项式，则由于二项式系数 $\binom{p}{1}, \ldots, \binom{p}{p-1}$ 都是 p 的倍数，所以

$$\begin{aligned}\big(v_1(x) + v_2(x)\big)^p &= v_1(x)^p + \tbinom{p}{1}v_1(x)^{p-1}v_2(x) + \cdots + \tbinom{p}{p-1}v_1(x)v_2(x)^{p-1} + v_2(x)^p \\ &= v_1(x)^p + v_2(x)^p,\end{aligned}$$

此外，对于任意整数 a，由费马定理我们得 $a^p \equiv a \pmod{p}$. 因此，当 $v(x) = v_mx^m + v_{m-1}x^{m-1} + \cdots + v_0$ 时，有

$$\begin{aligned}v(x)^p &= (v_mx^m)^p + (v_{m-1}x^{m-1})^p + \cdots + (v_0)^p \\ &= v_mx^{mp} + v_{m-1}x^{(m-1)p} + \cdots + v_0 = v(x^p).\end{aligned}$$

由上面的分析可知，多项式的分解问题可归结为无平方因子的多项式分解问题. 因此可假设

$$u(x) = p_1(x)p_2(x) \ldots p_r(x) \qquad (6)$$

是不同素元的乘积. 当我们只知道 $u(x)$ 时，怎样才能又快又好地求出所有 $p_j(x)$ 呢？伯利坎普的想法是利用中国剩余定理，它不仅对整数成立，而且也适用于多项式（见习题 3）. 如果 $(s_1, s_2, \ldots, s_r)$ 是任意模 p 的整数 r 元组，则由中国剩余定理，存在唯一的多项式 $v(x)$ 使得

$$\begin{aligned}v(x) &\equiv s_1 \pmod{p_1(x)}, \quad \ldots, \quad v(x) \equiv s_r \pmod{p_r(x)}, \\ &\deg(v) < \deg(p_1) + \deg(p_2) + \cdots + \deg(p_r) = \deg(u).\end{aligned} \qquad (7)$$

上式中的记号 $g(x) \equiv h(x) \pmod{f(x)}$ 与习题 3.2.2-11 中的 $g(x) \equiv h(x)$ (modulo $f(x)$ 和 p) 表示一样的意思，因为我们做的是模 p 的多项式运算. (7) 中的多项式 $v(x)$ 为我们提供了求 $u(x)$ 的因子的一种方法，因为如果 $r \ge 2$ 且 $s_1 \ne s_2$，则 $\gcd\big(u(x), v(x) - s_1\big)$ 可被 $p_1(x)$ 整除，但不能被 $p_2(x)$ 整除.

根据上面的讨论，我们可由 (7) 的适当的解 $v(x)$ 获取 $u(x)$ 的因子的信息，因此不妨进一步分析一下 (7). 首先，我们发现对于 $1 \le j \le r$，多项式 $v(x)$ 满足条件 $v(x)^p \equiv s_j^p \equiv s_j \equiv v(x)$ (modulo $p_j(x)$)，因此

$$v(x)^p \equiv v(x) \pmod{u(x)}, \qquad \deg(v) < \deg(u). \qquad (8)$$

其次，我们有基本的多项式恒等式

$$x^p - x \equiv (x-0)(x-1)\ldots\big(x-(p-1)\big) \pmod{p} \tag{9}$$

（见习题 6）. 所以当我们做模 p 运算时，恒等式

$$v(x)^p - v(x) = \big(v(x)-0\big)\big(v(x)-1\big)\ldots\big(v(x)-(p-1)\big) \tag{10}$$

对任意多项式 $v(x)$ 成立. 如果 $v(x)$ 满足 (8)，则 $u(x)$ 整除 (10) 左边的多项式，从而 $u(x)$ 的每个不可约因子必然整除 (10) 右端的 p 个互素因子中的一个. 亦即，对于某些 $s_1, s_2, \ldots, s_r$，(8) 的所有解都具有 (7) 的形式. 因此 (8) 刚好有 p^r 个解.

于是，同余式 (8) 的解 $v(x)$ 成为对 $u(x)$ 进行因子分解的关键之处. 初看之下，求 (8) 的所有解似乎会比分解 $u(x)$ 更困难，但其实并非如此，因为 (8) 的解集对加法是封闭的. 设 $\deg(u) = n$，则可构造 $n \times n$ 矩阵

$$Q = \begin{pmatrix} q_{0,0} & q_{0,1} & \cdots & q_{0,n-1} \\ \vdots & \vdots & & \vdots \\ q_{n-1,0} & q_{n-1,1} & \cdots & q_{n-1,n-1} \end{pmatrix}, \tag{11}$$

其中

$$x^{pk} \equiv q_{k,n-1}x^{n-1} + \cdots + q_{k,1}x + q_{k,0} \pmod{u(x)}. \tag{12}$$

则 $v(x) = v_{n-1}x^{n-1} + \cdots + v_1 x + v_0$ 是 (8) 的一个解当且仅当

$$(v_0, v_1, \ldots, v_{n-1})Q = (v_0, v_1, \ldots, v_{n-1}); \tag{13}$$

这是因为后一个等式成立当且仅当

$$v(x) = \sum_j v_j x^j = \sum_j \sum_k v_k q_{k,j} x^j \equiv \sum_k v_k x^{pk} = v(x^p) \equiv v(x)^p \pmod{u(x)}.$$

因此，伯利坎普分解算法的计算步骤如下.

B1. ［删除重复因子.］确保 $u(x)$ 没有平方因子. 换句话说，如果 $\gcd\big(u(x), u'(x)\big) \neq 1$，则按本节前面所述的方法处理 $u(x)$ 的分解问题.

B2. ［构造 Q.］按 (11) 和 (12) 构造矩阵 Q. 根据 p 的值是否很大，我们可选择下面的两种方法之一来完成 Q 的构造.

B3. ［寻找零空间.］"三角化"矩阵 $Q-I$，其中 $I = (\delta_{ij})$ 是 $n\times n$ 阶单位矩阵. 求 $Q-I$ 的秩 $n-r$ 以及 r 个线性无关向量 $v^{[1]}, \ldots, v^{[r]}$，使得对于 $1 \le j \le r$ 有 $v^{[j]}(Q-I) = (0,0,\ldots,0)$. （第一个向量 $v^{[1]}$ 总是可以取为 $(1,0,\ldots,0)$，它对应 (8) 的平凡解 $v^{[1]}(x) = 1$. 具体的计算可利用适当的列操作来完成，如同下面的算法 N 中所说明的那样.）此时，r 就是 $u(x)$ 的不可约因子的数目，因为 (8) 的解就是对应于向量 $t_1 v^{[1]} + \cdots + t_r v^{[r]}$ 的 p^r 个多项式，其中系数是在 $0 \le t_1, \ldots, t_r < p$ 范围内任意选取的整数. 因此如果 $r = 1$，我们就知道 $u(x)$ 不可约，从而结束算法.

B4. ［分解.］对于 $0 \le s < p$ 计算 $\gcd\big(u(x), v^{[2]}(x) - s\big)$，其中 $v^{[2]}(x)$ 是对应于向量 $v^{[2]}$ 的多项式. 由此可得到 $u(x)$ 的非平凡因子分解，因为 $v^{[2]}(x) - s$ 非零且次数小于 $\deg(u)$，且由习题 7 知只要 $v(x)$ 满足 (8)，则

$$u(x) = \prod_{0 \le s < p} \gcd\big(v(x) - s,\, u(x)\big). \tag{14}$$

如果我们利用 $v^{[2]}(x)$ 还不能将 $u(x)$ 分解为 r 个因子，则其他因子可通过依次对 $k = 3$, $4, \ldots$ 计算 $\gcd(v^{[k]}(x) - s, w(x))$ 得到，其中 $0 \le s < p$，而 $w(x)$ 取遍当前已经得到的 $u(x)$ 的因子. 将 r 个因子找齐即可停止这个过程. （如果我们在 (7) 中取 $s_i \ne s_j$，则可得到可区分 $p_i(x)$ 和 $p_j(x)$ 的 (8) 的一个解 $v(x)$. 因此存在 $v^{[k]}(x) - s$ 可被 $p_i(x)$ 整除但不能被 $p_j(x)$ 整除，从而上述计算过程最终可以找到所有的因子. ）

如果 p 等于 2 或 3，则这一步的计算将会非常高效. 但如果 p 的值很大，比如说大于 25，就有其他更好的办法来完成这一步的计算. 稍后我们会介绍这个方法. ∎

历史注记：迈克尔·巴特勒发现对应于有 r 个不可约因子且无平方因子的多项式的矩阵 $Q - I$ 模 p 的秩为 $n - r$ [*Quart. J. Math.* **5** (1954), 102–107]. 其实这个结论可由卡雷尔·彼得的一个更一般的结论 [*Časopis pro Pěstování Matematiky a Fysiky* **66** (1937), 85–94] 推导出来，后者求出了 Q 的特征多项式. 也见斯特凡·施瓦茨，*Quart. J. Math.* **7** (1956), 110–124.

作为算法 B 的一个例子，我们来模 13 因子分解多项式

$$u(x) = x^8 + x^6 + 10x^4 + 10x^3 + 8x^2 + 2x + 8. \tag{15}$$

（这个多项式出现在 4.6.1 节的好几个例子中. ）利用算法 4.6.1E 可以很快计算出 $\gcd(u(x), u'(x)) = 1$. 所以 $u(x)$ 没有平方因子，于是我们转向步骤 B2. 在步骤 B2 中需要计算矩阵 Q，在这个例子中是一个 8×8 矩阵. Q 的第一行总是 $(1, 0, 0, \ldots, 0)$，对应于多项式 $x^0 \bmod u(x) = 1$. 第二行对应 $x^{13} \bmod u(x)$. 一般地，（对于相对小的 k 值）我们容易按下面的方法确定 $x^k \bmod u(x)$: 如果

$$u(x) = x^n + u_{n-1}x^{n-1} + \cdots + u_1 x + u_0$$

且

$$x^k \equiv a_{k,n-1}x^{n-1} + \cdots + a_{k,1}x + a_{k,0} \pmod{u(x)},$$

则

$$\begin{aligned} x^{k+1} &\equiv a_{k,n-1}x^n + \cdots + a_{k,1}x^2 + a_{k,0}x \\ &\equiv a_{k,n-1}(-u_{n-1}x^{n-1} - \cdots - u_1 x - u_0) + a_{k,n-2}x^{n-1} + \cdots + a_{k,0}x \\ &= a_{k+1,n-1}x^{n-1} + \cdots + a_{k+1,1}x + a_{k+1,0}, \end{aligned}$$

其中

$$a_{k+1,j} = a_{k,j-1} - a_{k,n-1}u_j. \tag{16}$$

在上式中我们约定 $a_{k,-1} = 0$，从而 $a_{k+1,0} = -a_{k,n-1}u_0$. (16) 中简单的"平移"递推关系使我们对 $k = 1, 2, 3, \ldots, (n-1)p$ 可以很容易计算 $x^k \bmod u(x)$. 当然，在计算机内部，实现以上计算过程的通常做法是保存一个一维数组 $(a_{n-1}, \ldots, a_1, a_0)$，然后不断取

$$t \leftarrow a_{n-1}, \quad a_{n-1} \leftarrow (a_{n-2} - tu_{n-1}) \bmod p, \quad \ldots, \quad a_1 \leftarrow (a_0 - tu_1) \bmod p,$$

以及 $a_0 \leftarrow (-tu_0) \bmod p$. （在与随机数生成相关的式 3.2.2–(10) 中我们已经看到过类似的计算过程. ）对于 (15) 中定义的例子多项式 $u(x)$，我们使用模 13 的运算得到如下的 $x^k \bmod u(x)$

的系数序列：

k	$a_{k,7}$	$a_{k,6}$	$a_{k,5}$	$a_{k,4}$	$a_{k,3}$	$a_{k,2}$	$a_{k,1}$	$a_{k,0}$
0	0	0	0	0	0	0	0	1
1	0	0	0	0	0	0	1	0
2	0	0	0	0	0	1	0	0
3	0	0	0	0	1	0	0	0
4	0	0	0	1	0	0	0	0
5	0	0	1	0	0	0	0	0
6	0	1	0	0	0	0	0	0
7	1	0	0	0	0	0	0	0
8	0	12	0	3	3	5	11	5
9	12	0	3	3	5	11	5	0
10	0	4	3	2	8	0	2	8
11	4	3	2	8	0	2	8	0
12	3	11	8	12	1	2	5	7
13	11	5	12	10	11	7	1	2

所以 Q 的第二行是 $(2,1,7,11,10,12,5,11)$. 类似地, 我们可依次计算 $x^{26} \bmod u(x)$, ...,
$x^{91} \bmod u(x)$, 从而得到

$$
Q = \begin{pmatrix}
1 & 0 & 0 & 0 & 0 & 0 & 0 & 0 \\
2 & 1 & 7 & 11 & 10 & 12 & 5 & 11 \\
3 & 6 & 4 & 3 & 0 & 4 & 7 & 2 \\
4 & 3 & 6 & 5 & 1 & 6 & 2 & 3 \\
2 & 11 & 8 & 8 & 3 & 1 & 3 & 11 \\
6 & 11 & 8 & 6 & 2 & 7 & 10 & 9 \\
5 & 11 & 7 & 10 & 0 & 11 & 7 & 12 \\
3 & 3 & 12 & 5 & 0 & 11 & 9 & 12
\end{pmatrix},
$$

$$
Q - I = \begin{pmatrix}
0 & 0 & 0 & 0 & 0 & 0 & 0 & 0 \\
2 & 0 & 7 & 11 & 10 & 12 & 5 & 11 \\
3 & 6 & 3 & 3 & 0 & 4 & 7 & 2 \\
4 & 3 & 6 & 4 & 1 & 6 & 2 & 3 \\
2 & 11 & 8 & 8 & 2 & 1 & 3 & 11 \\
6 & 11 & 8 & 6 & 2 & 6 & 10 & 9 \\
5 & 11 & 7 & 10 & 0 & 11 & 6 & 12 \\
3 & 3 & 12 & 5 & 0 & 11 & 9 & 11
\end{pmatrix}.
$$

$$(17)$$

于是我们完成了步骤 B2. 伯利坎普算法的下一步是求 $Q-I$ 的 "零空间". 一般地, 假设 A 是某个域上的 $n \times n$ 矩阵, 它的秩 $n-r$ 待定. 此外, 假设我们还需要确定线性无关向量 $v^{[1]}$, $v^{[2]}, \ldots, v^{[r]}$ 满足 $v^{[1]}A = v^{[2]}A = \cdots = v^{[r]}A = (0, \ldots, 0)$. 注意到将 A 的某一列乘以一个非零的数, 或者将它的某一列的任意倍数加到另一列, 都不会改变它的秩以及向量 $v^{[1]}, \ldots, v^{[r]}$. (这些变换意味着将 A 变成 AB, 其中 B 是某个非奇异矩阵.) 利用这个结论, 我们可以使用下面著名的 "三角化" 过程来解决以上问题.

算法 N (零空间算法). 设 A 是一个 $n \times n$ 矩阵, 其元素 a_{ij} 都属于某个域且下标在 $0 \le i, j < n$ 范围内. 本算法将输出 r 个向量 $v^{[1]}, \ldots, v^{[r]}$, 它们在域上线性无关且满足 $v^{[j]}A = (0, \ldots, 0)$, 其中 $n-r$ 是 A 的秩.

N1. [初始化.] 置 $c_0 \leftarrow c_1 \leftarrow \cdots \leftarrow c_{n-1} \leftarrow -1$, $r \leftarrow 0$. (在计算过程中仅当 $a_{c_j j} = -1$ 且 c_j 所在行其他元素都为零时, 才有 $c_j \ge 0$.)

N2. [对 k 循环.] 依次对 $k = 0, 1, \ldots, n-1$ 执行 N3，然后结束算法.

N3. [扫描各行以检验相关性.] 如果存在满足 $0 \le j < n$ 的 j 使得 $a_{kj} \ne 0$ 且 $c_j < 0$，则进行以下操作：将 A 的第 j 列乘以 $-1/a_{kj}$（从而将 a_{kj} 变为 -1）. 然后对所有 $i \ne j$，将第 j 列乘以 a_{ki} 后加到第 i 列. 最后令 $c_j \leftarrow k$.（由于不难证明对所有 $s < k$，$a_{sj} = 0$，所以这些操作对 A 的第 $0, 1, \ldots, k-1$ 行没有影响.）

另一方面，如果不存在满足 $0 \le j < n$ 的 j 使得 $a_{kj} \ne 0$ 且 $c_j < 0$，则令 $r \leftarrow r+1$ 并输出向量

$$v^{[r]} = (v_0, v_1, \ldots, v_{n-1})$$

其各分量定义为

$$v_j = \begin{cases} a_{ks}, & \text{如果 } c_s = j \ge 0, \\ 1, & \text{如果 } j = k, \\ 0, & \text{其他.} \end{cases} \quad\blacksquare \tag{18}$$

我们可以用一个例子来揭示这个算法的原理. 设 A 是 (17) 中定义在模 13 整数的域上的矩阵 $Q - I$. 当 $k = 0$ 时，我们输出向量 $v^{[1]} = (1, 0, 0, 0, 0, 0, 0, 0)$. 当 $k = 1$ 时，在步骤 N3 中我们可取 j 的值为 0,2,3,4,5,6,7 中的一个. 对 j 值的选取是完全随意的，尽管它会影响到算法输出的具体向量. 做手算时最方便的选法是取 $j = 5$，因为已有 $a_{15} = 12 = -1$. 于是步骤 N3 中的列操作将 A 变为矩阵

$$\begin{pmatrix} 0 & 0 & 0 & 0 & 0 & 0 & 0 & 0 \\ 0 & 0 & 0 & 0 & 0 & ⑫ & 0 & 0 \\ 11 & 6 & 5 & 8 & 1 & 4 & 1 & 7 \\ 3 & 3 & 9 & 5 & 9 & 6 & 6 & 4 \\ 4 & 11 & 2 & 6 & 12 & 1 & 8 & 9 \\ 5 & 11 & 11 & 7 & 10 & 6 & 1 & 10 \\ 1 & 11 & 6 & 1 & 6 & 11 & 9 & 3 \\ 12 & 3 & 11 & 9 & 6 & 11 & 12 & 2 \end{pmatrix}.$$

（在 5 列 1 行的位置上被圈起来的元素表明 $c_5 = 1$. 请注意算法 N 对矩阵的行和列的编号时是从 0 而不是 1 开始的.）当 $k = 2$ 时可取 $j = 4$ 并执行类似的操作. 从而得到下面的矩阵，它们都与 $Q - I$ 有相同的零空间：

<table>
<tr><td align="center">$k = 2$</td><td></td><td align="center">$k = 3$</td></tr>
</table>

$$\begin{pmatrix} 0 & 0 & 0 & 0 & 0 & 0 & 0 & 0 \\ 0 & 0 & 0 & 0 & 0 & ⑫ & 0 & 0 \\ 0 & 0 & 0 & 0 & ⑫ & 0 & 0 & 0 \\ 8 & 1 & 3 & 11 & 4 & 9 & 10 & 6 \\ 2 & 4 & 7 & 1 & 1 & 5 & 9 & 3 \\ 12 & 3 & 0 & 5 & 3 & 5 & 4 & 5 \\ 0 & 1 & 2 & 5 & 7 & 0 & 3 & 0 \\ 11 & 6 & 7 & 0 & 7 & 0 & 6 & 12 \end{pmatrix} \qquad \begin{pmatrix} 0 & 0 & 0 & 0 & 0 & 0 & 0 & 0 \\ 0 & 0 & 0 & 0 & 0 & ⑫ & 0 & 0 \\ 0 & 0 & 0 & 0 & ⑫ & 0 & 0 & 0 \\ 0 & ⑫ & 0 & 0 & 0 & 0 & 0 & 0 \\ 9 & 9 & 8 & 9 & 11 & 8 & 8 & 5 \\ 1 & 10 & 4 & 11 & 4 & 4 & 0 & 0 \\ 5 & 12 & 12 & 7 & 3 & 4 & 6 & 7 \\ 2 & 7 & 2 & 12 & 9 & 11 & 11 & 2 \end{pmatrix}$$

$$k=4$$

$$\begin{pmatrix}
0 & 0 & 0 & 0 & 0 & 0 & 0 & 0 \\
0 & 0 & 0 & 0 & 0 & ⑫ & 0 & 0 \\
0 & 0 & 0 & 0 & ⑫ & 0 & 0 & 0 \\
0 & ⑫ & 0 & 0 & 0 & 0 & 0 & 0 \\
0 & 0 & 0 & 0 & 0 & 0 & 0 & ⑫ \\
1 & 10 & 4 & 11 & 4 & 4 & 0 & 0 \\
8 & 2 & 6 & 10 & 11 & 11 & 0 & 9 \\
1 & 6 & 4 & 11 & 2 & 0 & 0 & 10
\end{pmatrix}$$

$$k=5$$

$$\begin{pmatrix}
0 & 0 & 0 & 0 & 0 & 0 & 0 & 0 \\
0 & 0 & 0 & 0 & 0 & ⑫ & 0 & 0 \\
0 & 0 & 0 & 0 & ⑫ & 0 & 0 & 0 \\
0 & ⑫ & 0 & 0 & 0 & 0 & 0 & 0 \\
0 & 0 & 0 & 0 & 0 & 0 & 0 & ⑫ \\
⑫ & 0 & 0 & 0 & 0 & 0 & 0 & 0 \\
5 & 0 & 0 & 0 & 5 & 5 & 0 & 9 \\
12 & 9 & 0 & 0 & 11 & 9 & 0 & 10
\end{pmatrix}$$

现在凡是不含被圈起来的元素的列都已经全部是零. 因此当 $k=6$ 和 $k=7$ 时算法又输出两个向量, 即

$$v^{[2]} = (0,5,5,0,9,5,1,0), \qquad v^{[3]} = (0,9,11,9,10,12,0,1).$$

根据取 $k=5$ 之后矩阵 A 的形式可以明显看到这两个向量都满足方程 $vA=(0,\dots,0)$. 由于以上计算过程得到了三个线性无关的向量, 所以 $u(x)$ 必定恰好有三个不可约因子.

最后我们可以执行因子分解算法的步骤 B4 了. 对 $0 \le s < 13$ 计算 $\gcd\bigl(u(x), v^{[2]}(x)-s\bigr)$, 其中 $v^{[2]}(x) = x^6+5x^5+9x^4+5x^2+5x$. 当 $s=0$ 时给出 $x^5+5x^4+9x^3+5x+5$ 作为答案, 而当 $s=2$ 时给出 $x^3+8x^2+4x+12$. s 取其他值时最大公因子都是 1. 因此 $v^{[2]}(x)$ 只给出了三个因子中的两个. 现在转而计算 $\gcd\bigl(v^{[3]}(x)-s, x^5+5x^4+9x^3+5x+5\bigr)$, 其中 $v^{[3]}(x) = x^7+12x^5+10x^4+9x^3+11x^2+9x$. 当 $s=6$ 时得到因子 $x^4+2x^3+3x^2+4x+6$, 当 $s=8$ 时得到 $x+3$, 其他 s 的取值最大公因子都是 1. 所以完全的因子分解是

$$u(x) = (x^4+2x^3+3x^2+4x+6)(x^3+8x^2+4x+12)(x+3). \tag{19}$$

现在我们估计用伯利坎普算法模 p 分解一个 n 次多项式的运行时间. 首先假设 p 的值相对比较小, 从而模 p 的四则运算基本上都可以在一个固定长度的时间内完成. (模 p 除法可按习题 9 给出的方法, 即存储一个倒数表, 来转化为乘法. 例如, 如果做的是模 13 的运算, 则 $\frac{1}{2}=7$, $\frac{1}{3}=9$, 等等.) 步骤 B1 的计算需要花费 $O(n^2)$ 个时间单位, 步骤 B2 需要 $O(pn^2)$ 个时间单位. 对步骤 B3 我们使用算法 N, 它最多需要 $O(n^3)$ 个时间单位. 最后, 在步骤 B4 中, 由于用欧几里得算法计算 $\gcd(f(x),g(x))$ 需要 $O(\deg(f)\deg(g))$ 个时间单位, 因此对固定的 j 和 s 以及 $u(x)$ 所有已经找到的因式 $w(x)$ 计算 $\gcd(v^{[j]}(x)-s, w(x))$ 需要 $O(n^2)$ 个时间单位, 从而步骤 B4 最多需要 $O(prn^2)$ 个时间单位. 所以, 当 p 是值比较小的素数时, 用伯利坎普方法可在 $O(n^3+prn^2)$ 步内模 p 分解任意 n 次多项式. 而习题 5 证明了因子的平均个数 r 接近于 $\ln n$. 因此这个算法比所有已知的分解 n 位 p 进制数的方法都快得多.

当然, 如果 n 和 p 的值比较小, 类似于算法 4.5.4A 的试探因子分解的办法甚至比伯利坎普方法还要快. 习题 1 表明当 p 的值比较小时, 即使 n 的值比较大, 在进行更复杂的计算之前, 先把次数较低的因子剔出来是一个好主意.

当 p 的值较大时, 在实现伯利坎普算法的计算过程中会采用另一种方式. 我们不会利用倒数的辅助表来做模 p 除法, 而很可能会使用习题 4.5.2–16 中计算复杂度为 $O\bigl((\log p)^2\bigr)$ 的方法. 此时步骤 B1 需要 $O\bigl(n^2(\log p)^2\bigr)$ 个时间单位. 类似地, 步骤 B3 需要 $O\bigl(n^3(\log p)^2\bigr)$ 个时间单位. 在步骤 B2 中, 当 p 的值较大时, 我们可以使用比 (16) 更高效的方式构造 $x^p \bmod u(x)$: 根据 4.6.3 节的讨论, 基本上可以使用 $O(\log p)$ 次模 $u(x)$ 平方运算由 $x^k \bmod u(x)$ 得到 $x^{2k} \bmod u(x)$, 加上若干次与 x 相乘的运算得到这个结果. 如果对于 $m=n, n+1, \dots$,

$2n-2$，首先造出包含 $x^m \bmod u(x)$ 的辅助表，则平方运算相对容易实现. 事实上，如果 $x^k \bmod u(x) = c_{n-1}x^{n-1} + \cdots + c_1 x + c_0$，则

$$x^{2k} \bmod u(x) = \left(c_{n-1}^2 x^{2n-2} + \cdots + (c_1 c_0 + c_1 c_0)x + c_0^2\right) \bmod u(x),$$

其中 $x^{2n-2}, \ldots, x^n$ 可以替换为辅助表中的多项式. 计算 $x^p \bmod u(x)$ 总共需要 $O(n^2(\log p)^3)$ 个时间单位，由此可得矩阵 Q 的第二行. 为得到 Q 的其他行，我们采用类似于实现模 $u(x)$ 平方的方式，通过不断乘以 $x^p \bmod u(x)$ 来计算 $x^{2p} \bmod u(x)$, $x^{3p} \bmod u(x)$, ... 因此步骤 B2 在另外的 $O(n^3(\log p)^2)$ 个时间单位内完成. 于是步骤 B1、B2 和 B3 总共需要 $O(n^2(\log p)^3 + n^3(\log p)^2)$ 个时间单位. 完成这三个步骤后，我们就能确定 $u(x)$ 的因子个数.

然而，当 p 的值较大时，我们在步骤 B4 需要对 s 的 p 个不同的值计算最大公因子，即使 p 不是非常大，这也是很难做到的. 汉斯·察森豪斯首先克服了这个困难 [*J. Number Theory* **1** (1969), 291–311]，他给出了确定 s 的所有 "有用" 的值的方法（见习题 14）. 察森豪斯和戴维·坎托在 1980 年提出了一种更好的方法. 如果 $v(x)$ 是 (8) 的一个解，则我们知道 $u(x)$ 整除 $v(x)^p - v(x) = v(x) \cdot \left(v(x)^{(p-1)/2} + 1\right) \cdot \left(v(x)^{(p-1)/2} - 1\right)$. 这提示我们计算

$$\gcd\left(u(x), v(x)^{(p-1)/2} - 1\right). \tag{20}$$

如果运气好一点的话，(20) 将会是 $u(x)$ 的一个非平凡因子. 事实上，我们可以通过考虑 (7) 来确定运气有多好. 对于 $1 \le j \le r$，设 $v(x) \equiv s_j$ (modulo $p_j(x)$). 则 $p_j(x)$ 整除 $v(x)^{(p-1)/2} - 1$ 当且仅当 $s_j^{(p-1)/2} \equiv 1$ (modulo p)，我们知道在范围 $0 \le s < p$ 内恰好有 $(p-1)/2$ 个整数 s 满足 $s^{(p-1)/2} \equiv 1$ (modulo p)，因此大约有一半的 $p_j(x)$ 会出现在 (20) 中. 更确切地说，如果 $v(x)$ 是随机选取的 (8) 的解，其中假设所有 p^r 个解是等概率的，则 (20) 中的最大公因子等于 $u(x)$ 的概率恰好是

$$\left((p-1)/2p\right)^r,$$

而它等于 1 的概率则是 $\left((p+1)/2p\right)^r$. 所以对任意 $r \ge 2$ 和 $p \ge 3$，得到一个非平凡因子的概率为

$$1 - \left(\frac{p-1}{2p}\right)^r - \left(\frac{p+1}{2p}\right)^r = 1 - \frac{1}{2^{r-1}}\left(1 + \binom{r}{2}p^{-2} + \binom{r}{4}p^{-4} + \cdots\right) \ge \frac{4}{9}.$$

因此，除非 p 的值非常小，将步骤 B4 替换为以下计算过程是一个好主意：令 $v(x) \leftarrow a_1 v^{[1]}(x) + a_2 v^{[2]}(x) + \cdots + a_r v^{[r]}(x)$，其中系数 a_j 在 $0 \le a_j < p$ 的范围内随机选取. 设 $u(x)$ 当前的部分因子分解为 $u_1(x) \ldots u_t(x)$，其中 t 的初始值为 1. 对所有满足 $\deg(u_i) > 1$ 的 i 计算

$$g_i(x) = \gcd\left(u_i(x), v(x)^{(p-1)/2} - 1\right).$$

一旦找到一个非平凡的最大公因子，则将 $u_i(x)$ 替换为 $g_i(x) \cdot \left(u_i(x)/g_i(x)\right)$ 并将 t 的值加 1. 对不同的 $v(x)$ 重复以上过程，直到 $t = r$.

如果假设（也确实可以如此假设）只需要用到 (8) 的 $O(\log r)$ 个随机选取的解 $v(x)$，则可以给出实现以上替代步骤 B4 的计算过程所需时间的一个上界. 计算 $v(x)$ 需要 $O(rn(\log p)^2)$ 次运算. 而如果 $\deg(u_i) = d$，则需要 $O(d^2(\log p)^3)$ 次运算来计算 $v(x)^{(p-1)/2} \bmod u_i(x)$ 以及另外的 $O(d^2(\log p)^2)$ 次运算计算 $\gcd\left(u_i(x), v(x)^{(p-1)/2} - 1\right)$. 所以总时间为 $O(n^2(\log p)^3 \log r)$.

不同次数的因子分解. 现在我们回过头来讨论寻找模 p 的因子的一个稍微简单一点的方法. 本节到目前为止讨论的各种思路涉及很多对计算代数的本质的理解，所以我不惜笔墨对它们做了介绍. 但事实上解决模 p 因子分解问题的确不需要用到这么多概念.

首先，我们需要利用一个结论，即一个 d 次不可约多项式 $q(x)$ 是 $x^{p^d} - x$ 的因子，而且对 $1 \le c < d$，它不是 $x^{p^c} - x$ 的因子. 见习题 16. 因此我们可以使用下面的策略分别剔除各个次数的不可约因子.

D1. [排除平方因子.] 像伯利坎普方法那样排除平方因子. 然后置 $v(x) \leftarrow u(x)$，$w(x) \leftarrow$ "x"，以及 $d \leftarrow 0$.（这里 $v(x)$ 和 $w(x)$ 是取值为多项式的变量.）

D2. [如果没有结束，取 p 次方.]（此时 $w(x) = x^{p^d} \bmod v(x)$. $v(x)$ 的所有不可约因子都各不相同且次数大于 d.）如果 $d + 1 > \frac{1}{2} \deg(v)$，则结束计算过程，因为要么 $v(x) = 1$，要么 $v(x)$ 不可约. 否则将 d 加 1 并将 $w(x)$ 替换为 $w(x)^p \bmod v(x)$.

D3. [提取因子.] 求 $g_d(x) = \gcd\big(w(x) - x, v(x)\big)$.（这是 $u(x)$ 的所有次数为 d 的不可约因子的乘积.）如果 $g_d(x) \ne 1$，则将 $v(x)$ 替换为 $v(x)/g_d(x)$，将 $w(x)$ 替换为 $w(x) \bmod v(x)$. 如果 $g_d(x)$ 的次数大于 d，则用下面的算法求它的因子. 然后回到步骤 D2. ∎

上述计算过程可以求出每个次数 d 的不可约因子的乘积，因此可以告诉我们各个次数的因子的个数是多少. 由于 (19) 中作为例子的多项式的三个因子次数都不相同，所以无须分解多项式 $g_d(x)$ 就可以全部找到.

为将上述计算过程补充完整，我们需要有一种方法，能在 $\deg(g_d) > d$ 时将 $g_d(x)$ 分解为不可约因子. 拉宾在 1976 年指出，我们可利用包含 p^d 个元素的域中的算术运算来解决这个问题. 坎托和察森豪斯在 1979 年发现，我们可以通过下面的恒等式得到更简单的方法：对任意奇素数 p 及任意多项式 $t(x)$ 有

$$g_d(x) = \gcd\big(g_d(x), t(x)\big) \; \gcd\big(g_d(x),\, t(x)^{(p^d-1)/2} + 1\big) \; \gcd\big(g_d(x),\, t(x)^{(p^d-1)/2} - 1\big), \qquad (21)$$

这是因为 $t(x)^{p^d} - t(x)$ 是所有 d 次不可约多项式的倍元.（我们将 $t(x)$ 看作包含 p^d 个元素的域中的一个元素. 像习题 16 中的定义那样，这个域包含模不可约多项式 $f(x)$ 的所有多项式.）根据习题 29 的结论，当 $t(x)$ 是随机选取的次数不超过 $2d - 1$ 的多项式时，$\gcd\big(g_d(x), t(x)^{(p^d-1)/2} - 1\big)$ 有大约 50% 的机会是 $g_d(x)$ 的非平凡因子. 所以我们不需要做很多次随机的尝试就可以找到所有因子. 不失一般性，我们假设 $t(x)$ 是首一多项式，因为 $t(x)$ 的整数倍与它本身没有什么区别，除了可能将 $t(x)^{(p^d-1)/2}$ 变为相反的符号. 所以当 $d = 1$ 时，我们可取 $t(x) = x + s$，其中 s 随机选取.

事实上，当 $d > 1$ 时，有时只利用线性的多项式 $t(x)$ 就可以完成这个计算过程. 例如，模 3 的三次不可约多项式 $f(x)$ 一共有 8 个，而且它们可以通过对 $0 \le s < 3$ 计算 $\gcd\big(f(x), (x + s)^{13} - 1\big)$ 就全部得到：

	$f(x)$	$s = 0$	$s = 1$	$s = 2$
$x^3 +$	$2x + 1$	1	1	1
$x^3 +$	$2x + 2$	$f(x)$	$f(x)$	$f(x)$
$x^3 + x^2 +$	2	$f(x)$	$f(x)$	1
$x^3 + x^2 + x +$	2	$f(x)$	1	$f(x)$
$x^3 + x^2 + 2x +$	1	1	$f(x)$	$f(x)$
$x^3 + 2x^2 +$	1	1	$f(x)$	1
$x^3 + 2x^2 + x +$	1	1	1	$f(x)$
$x^3 + 2x^2 + 2x +$	2	$f(x)$	1	1

习题 31 部分地解释了线性多项式为什么有这么大的作用. 然而如果有超过 2^p 个 d 次不可约多项式, 就必定存在一些多项式是不能利用线性的 $t(x)$ 得到的.

习题 30 讨论了当 $p = 2$ 时可替代 (21) 的公式. 对于 p 值非常大的不同次数的因子分解, 加滕、维克托·舒普和卡尔特奥芬发现了速度更快的算法. 当 n 的值不是太大时, 他们的算法的运行时间是 $O(n^{2+\epsilon} + n^{1+\epsilon} \log p)$ 次模 p 算术运算, 而当 $n \to \infty$ 时则为 $O(n^{(5+\omega+\epsilon)/4} \log p)$, 其中 ω 是习题 4.6.4–66 中 "快速" 矩阵乘法的指数. [见 *Computational Complexity* **2** (1992), 187–224; *J. Symbolic Comp.* **20** (1995), 363–397; *Math. Comp.* **67** (1998), 1179–1197.]

历史注记: 首先计算 $g(x) = \gcd(x^{p-1} - 1, f(x))$ 然后再对任意 s 计算 $\gcd(g(x), (x + s)^{(p-1)/2} \pm 1)$, 从而得到不含平方因子的多项式 $f(x)$ 模 p 的线性因子的想法, 来自勒让德, *Mémoires Acad. Sci.* (Paris, 1785), 484–490. 他的动机本是求形如 $f(x) = py$ 的丢番图方程的所有整数解, 这个方程也可写成 $f(x) \equiv 0$ (modulo p). 高斯在 1800 年以前就发现了算法 D 中次数分离技术的更一般的形式, 但没有发表出来 [见他的 *Werke* **2** (1876), 237]. 后来, 伽罗瓦在其现在被奉为经典的建立了有限域理论的论文中也得到了同样的结果 [*Bulletin des Sciences Mathématiques, Physiques et Chimiques* **13** (1830), 428–435. 重印于 *J. de Math. Pures et Appliquées* **11** (1846), 398–407]. 然而, 高斯和伽罗瓦的研究工作都超越了他们的时代, 直到塞雷稍后给出了详细的解释 [*Mémoires Acad. Sci.*, series 2, **35** (Paris, 1866), 617–688. 算法 D 出现在第 7 章], 人们才理解了他们的结果. 随后, 多位学者设计了将 $g_d(x)$ 分解为不可约因子的特殊算法, 而适用于很大的 p 的完整的高效方法直到计算机出现, 从而有了对这些算法的需求后才被发现. 首先发表这样的基于随机选取的算法并对其运行时间给出严格分析的是伯利坎普 [*Math. Comp.* **24** (1970), 713–735]. 罗伯特·门克 [*Math. Comp.* **31** (1977), 235–250]、拉宾 [*SICOMP* **9** (1980), 273–280] 和坎托和察森豪斯 [*Math. Comp.* **36** (1981), 587–592] 分别改进和简化了他的方法. 保罗·卡米翁独立发现了对于特定类型的多元多项式的一些推广 [*Comptes Rendus Acad. Sci.* **A291** (Paris, 1980), 479–482; *IEEE Trans.* **IT-29** (1983), 378–385].

关于模 p 分解一个随机选取的多项式所需的平均运算次数的分析见弗拉若莱、古尔登和丹尼尔·帕纳里奥, *Lecture Notes in Comp. Sci.* **1099** (1996), 232–243.

整数集上的因子分解. 当我们不是在模 p 下进行工作时, 要得到整系数多项式的完全的因子分解会比较困难, 但还是有一些不算太慢的方法可用.

艾萨克·牛顿在他的著作 *Arithmetica Universalis* (1707) 中给出了一个求整系数多项式的线性和二次因子的方法. 他的方法由尼古拉·伯努利在 1708 年推广, 并由天文学家弗里德里希·舒伯特在 1793 年更明确地推广, 后者给出了在有限步内求出所有 n 次因子的方法. 见莫里斯·米尼奥特和多鲁·斯特凡内斯库, *Revue d'Hist. Math.* **7** (2001), 67–89. 大约 90 年后, 利奥波德·克罗内克独立地重新发现了他们的方法. 不幸的是, 当 n 大于等于 5 时这个方法的效率非常低. 借助前面介绍的 "模 p" 因子分解方法, 我们可以得到好得多的算法.

假设我们要在整数集上求给定的多项式

$$u(x) = u_n x^n + u_{n-1} x^{n-1} + \cdots + u_0, \qquad u_n \neq 0$$

的不可约因子. 作为第一步, 首先将这个多项式除以其系数的最大公因数, 从而得到一个本原多项式. 此外, 由于我们总是可以像习题 34 那样将 $u(x)$ 除以 $\gcd(u(x), u'(x))$, 所以还可假设 $u(x)$ 是无平方因子的.

现在，如果 $u(x) = v(x)w(x)$，其中各多项式都是整系数的，则显然对所有素数 p 有 $u(x) \equiv v(x)w(x) \pmod{p}$，从而只要 p 不整除 $\ell(u)$，就存在一个非平凡的模 p 因子分解. 所以当我们在整数集上对 $u(x)$ 做因子分解时可以利用模 p 分解的高效算法.

例如，设

$$u(x) = x^8 + x^6 - 3x^4 - 3x^3 + 8x^2 + 2x - 5. \tag{22}$$

我们前面已经在 (19) 中看到

$$u(x) \equiv (x^4 + 2x^3 + 3x^2 + 4x + 6)(x^3 + 8x^2 + 4x + 12)(x + 3) \pmod{13}. \tag{23}$$

而且 $u(x)$ 模 2 的完全的因子分解表明它有一个 6 次因子和一个 2 次因子（见习题 10）. 由 (23) 知 $u(x)$ 没有 2 次因子，所以它在整数集上肯定是不可约的.

这个特殊的例子也许太简单了. 经验告诉我们，可以像上面那样通过求模少数几个素数的因子检验出很多不可约多项式，但不可约性并不总是这么容易检验出来. 例如，存在一些多项式，对所有的素数 p 都可以模 p 分解出多个因子，并且在这些分解中各因子的次数都一样，然而它们在整数集上却是不可约的（见习题 12）.

在习题 38 中给出了一个很大的不可约多项式族，而习题 27 证明了几乎所有多项式在整数集上都是不可约的. 然而，我们通常要分解的都不是随机选取的多项式. 往往是有某些理由让我们相信被分解的多项式有非平凡的因子，否则根本不会开始进行分解. 我们需要的是找出这些确实存在的因子的方法.

一般而言，如果我们想通过模不同的素数分解 $u(x)$ 来求它的因子，要将这些因子合并是不容易的. 例如，如果 $u(x)$ 是四个二次多项式的乘积，要将这些因子模不同的素数的多项式求出来是很麻烦的. 因此我们的做法是，一旦发现模某个素数的因子的次数是对的，就只考虑模这个素数的分解，看还需要怎样做才能完成整个因子分解过程.

一个想法是选取一个非常大的素数 p 作为模数，它大到使得在整数集上的任何真正的因子分解 $u(x) = v(x)w(x)$ 中的系数都严格介于 $-p/2$ 和 $p/2$ 之间. 从而可由我们能够计算出的所有模 p 的因子找到所有可能的整数因子.

习题 20 告诉我们如何确定多项式的因子的系数的非常好的上界. 例如，如果 (22) 中的多项式是可约的，则它会有一个次数不超过 4 的因子 $v(x)$，而且根据这个习题的结论，v 所有的系数的绝对值都不超过 34. 于是，如果我们模任一素数 $p > 68$ 来分解 $u(x)$，就比较容易求出它的所有因子. 事实上，$u(x)$ 模 71 的完全的因子分解是

$$(x + 12)(x + 25)(x^2 - 13x - 7)(x^4 - 24x^3 - 16x^2 + 31x - 12),$$

而且我们马上可以发现这些因子都不会是 $u(x)$ 在整数集上的因子，因为它们的常数项都不能整除 5. 此外，将其中任意两个因子相乘也不会是 $u(x)$ 在整数集上的因子，因为相乘后的多项式的常数项 $12 \times 25, 12 \times (-7), 12 \times (-12)$ 中没有一个是模 71 同余于 ± 1 或者 ± 5 的.

顺便说一下，要得到多项式的因子的系数的精确上界并不容易，因为将多项式相乘时会出现各种各样的抵消. 例如，看起来很平常的多项式 $x^n - 1$，却存在无穷多个 n 使得它的不可约因子的系数的大小超过 $\exp(n^{1/\lg \lg n})$. ［见罗伯特·沃恩，*Michigan Math. J.* **21** (1974), 289–295.］习题 32 讨论了 $x^n - 1$ 的因子分解问题.

在上面采用大素数 p 的策略中，如果 $v(x)$ 的次数很大或者其系数很大，则 p 的值就得取非常大. 而假如 $u(x)$ 模 p 无平方因子的话，我们也可以使用小的 p. 这是因为在这样的前提下，我们可以利用被称为亨泽尔引理的重要的构造方法，对任意大的指数 e 将多项式模 p 的因

子分解唯一地拓展为模 p^e 的因子分解（见习题 22）. 如果我们对 (23) 应用亨泽尔引理，其中取 $p = 13$, $e = 2$, 则可得唯一因子分解

$$u(x) \equiv (x - 36)(x^3 - 18x^2 + 82x - 66)(x^4 + 54x^3 - 10x^2 + 69x + 84) \pmod{169}.$$

把这些因子记为 $v_1(x)v_3(x)v_4(x)$, 通过将其系数求 $(-\frac{169}{2} .. \frac{169}{2})$ 范围内模 169 的同余数，我们知道 $v_1(x)$ 和 $v_3(x)$, 以及它们的乘积 $v_1(x)v_3(x)$, 都不是 $u(x)$ 在整数集上的因子. 所以我们已经考虑了所有的可能性，从而再次证明了 $u(x)$ 在整数集上不可约——这次我们只用到了它模 13 的因子分解.

刚才讨论的例子在一个重要的方面是非典型的：由于我们一直在对 (22) 中的首一多项式 $u(x)$ 进行因子分解，所以可以假设它的所有因子都是首一的. 那么，当 $u_n > 1$ 时我们该怎么办? 此时，除了一个因子以外，其他因子的首项系数几乎都可以模 p^e 随意变动. 我们当然不希望尝试所有的可能性. 可能读者已经注意到这个问题了. 幸运的是，我们有一个简单的解决方案：由因子分解 $u(x) = v(x)w(x)$ 可推导出因子分解 $u_n u(x) = v_1(x)w_1(x)$, 其中 $\ell(v_1) = \ell(w_1) = u_n = \ell(u)$. （"不好意思，你是否介意我在分解你的多项式以前先将它乘以它的首项系数?"）然后就可以基本上按照上面的办法处理，只是要取 $p^e > 2B$, 其中 B 现在是 $u_n u(x)$ 而不是 $u(x)$ 的因子的最大系数的上界. 在习题 40 中讨论了解决首项系数问题的另一种方法.

将上面的分析归纳起来，就得到下面的计算过程.

F1. ［模素数的幂的因子分解.］求出唯一的无平方因子分解

$$u(x) \equiv \ell(u)v_1(x) \ldots v_r(x) \pmod{p^e},$$

其中 p^e 如上所述要取得足够大，且 $v_j(x)$ 是首一多项式. （这对除少数素数 p 以外都是可以做到的. 见习题 23.）并且置 $d \leftarrow 1$.

F2. ［尝试 d 个因子的组合.］对这些因子的任意组合 $v(x) = v_{i_1}(x) \ldots v_{i_d}(x)$, 其中当 $d = \frac{1}{2}r$ 时取 $i_1 = 1$, 构造系数都落在区间 $[-\frac{1}{2}p^e .. \frac{1}{2}p^e)$ 范围内的唯一的多项式 $\bar{v}(x) \equiv \ell(u)v(x)$ $\pmod{p^e}$. 如果 $\bar{v}(x)$ 整除 $\ell(u)u(x)$, 则输出因子 $\mathrm{pp}(\bar{v}(x))$, 将 $u(x)$ 除以这个因子，并将对应的 $v_i(x)$ 从上面的模 p^e 的因子列表中剔除掉. 将 r 减去在上面的过程中剔除掉的因子的个数. 如果 $d > \frac{1}{2}r$ 则结束算法.

F3. ［对 d 循环.］将 d 加 1. 如果 $d \leq \frac{1}{2}r$ 则转回到 F2. ∎

算法结束时的 $u(x)$ 就是最初所给的多项式的最后一个不可约因子. 注意当 $|u_0| < |u_n|$ 时，最好是对反序的多项式 $u_0 x^n + \cdots + u_n$ 进行因子分解，它的因子是 $u(x)$ 的因子的反序多项式.

上面的计算过程要求 $p^e > 2B$, 其中 B 是 $u_n u(x)$ 的任一因子的系数的上界. 然而如果只是求次数不超过 $\frac{1}{2}\deg(u)$ 的因子，我们可以把 B 的值取小很多. 此时在步骤 F2 中，只要 $\deg(v) > \frac{1}{2}\deg(u)$, 则整除性检验应该对 $w(x) = v_1(x) \ldots v_r(x)/v(x)$ 而不是 $v(x)$ 进行.

如果我们只要求 B 是 $u(x)$ 的至少一个真因子的系数的上界，则 B 的值可以取得更小. （例如，当我们分解非素数 N 而不是多项式时，有一些因数可能非常大，但至少有一个因数不超过 $\sqrt{N}$.）习题 21 将讨论这个由贝尔纳·博扎米、维尔马尔·特雷维桑和王士弘提出的想法 [*J. Symbolic Comp.* **15** (1993), 393–413]. 此时步骤 F2 中的整除性检验必须同时对 $v(x)$ 和 $w(x)$ 进行，但由于 p^e 的值往往小得多，所以计算过程会更快.

上述算法有一个明显的瓶颈：我们必须要检验多达 $2^{r-1} - 1$ 个潜在的因子 $v(x)$. 对随机给出的多项式，2^r 的平均值约为 n, 或者可能是 $n^{1.5}$（见习题 5）. 但在非随机的情况下，我们希

望尽可能加快这部分子程序的执行速度. 快速地排除那些似是而非的因子的一个办法是首先计算末项系数 $\bar{v}(0)$, 只有当它整除 $\ell(u)u(0)$ 时才继续往下进行. 只有当这个条件满足时我们才需要考虑前面的段落中提到的复杂性困难, 因为这种检验方法对 $\deg(v) > \frac{1}{2}\deg(u)$ 的情形也是适用的.

　　加快上述计算过程的另一个重要策略是减小 r 的值, 使得它可以反映因子的真实数目. 我们可对各种小素数 p_j 使用上面的不同次数的因子分解算法, 对每个素数求出模 p_j 因子的可能次数的集合 D_j. 见习题 26. 我们将把 D_j 写成 n 个二进制位的串. 接下来, 我们计算交 $\bigcap D_j$, 即对这些串进行逐位逻辑与, 然后只对

$$\deg(v_{i_1}) + \cdots + \deg(v_{i_d}) \in \bigcap D_j$$

执行步骤 F2. 而且, 我们将 p 取为有最小 r 值的 p_j. 这个方法是由马瑟提出的, 他的研究结果建议我们尝试五个素数 p_j [见 *JACM* **25** (1978), 271–282]. 当然, 如果当前的 $\bigcap D_j$ 表明 $u(x)$ 不可约, 就可以马上停止计算.

　　马瑟对类似于上面计算步骤的因子分解方法做了完整的讨论 [*JACM* **22** (1975), 291–308]. 步骤 F1–F3 包含了科林斯在 1978 年提出的改进建议, 即在寻找试探因子时, 每次取 d 个因子的组合, 而不是总次数为 d 的组合. 由于多项式在有理数集上不可约的模 p 因子具有特殊的统计性质 (见习题 37), 因而这个改进具有重要意义.

　　伦斯特拉、小伦斯特拉和洛瓦斯提出了著名的 "LLL 算法", 以得到在整数集上分解一个多项式所需的计算量的最坏情形下的确切下界 [*Math. Annalen* **261** (1982), 515–534]. 他们的方法不需要使用随机数, 且分解 n 次多项式 $u(x)$ 的运算量是 $O\big(n^{12} + n^9(\log \|u\|)^3\big)$ 次位运算, 其中 $\|u\|$ 在习题 20 中定义. 对运行时间的这一估计已经包括了搜寻合适的素数 p 以及用算法 B 寻找模 p 的所有因子的时间. 当然, 利用了随机化的启发式算法在实际运行时明显快一些. 马克·赫杰发现当这些启发式算法失败时应用 LLL 算法的有效方法 [*J. Number Theory* **95** (2002), 167–189], 它的运行时间依赖于 r 而不是 n.

　　最大公因子. 类似的技术可以用来计算多项式的最大公因子: 如果在整数集上 $\gcd\big(u(x), v(x)\big) = d(x)$, 并且 $\gcd\big(u(x), v(x)\big) = q(x)$ (modulo p), 其中 $q(x)$ 是首一多项式, 则 $d(x)$ 是 $u(x)$ 和 $v(x)$ 模 p 的一个公因子, 从而

$$d(x) \text{ 整除 } q(x) \pmod{p}. \tag{24}$$

如果 p 不能同时整除 u 和 v 的首项系数, 则也不能整除 d 的首项系数. 此时 $\deg(d) \le \deg(q)$. 如果对这样的素数 p 有 $q(x) = 1$, 则必有 $\deg(d) = 0$ 且 $d(x) = \gcd(\mathrm{cont}(u), \mathrm{cont}(v))$. 这证实了 4.6.1 节的注释, 即在 4.6.1–(6) 中的 $\gcd\big(u(x), v(x)\big)$ 模 13 的简单计算就足以证明 $u(x)$ 和 $v(x)$ 在整数集上互素. 算法 4.6.1E 或算法 4.6.1C 的相对繁杂的计算并不是必要的. 由于在整数集上两个随机选取的本原多项式几乎总是互素的, 又由习题 4.6.1–5 知它们模 p 互素的概率为 $1 - 1/p$, 所以做模 p 运算在一般情形下是比较好的办法.

　　正如上面提到过的, 我们也需要好的方法来分解那些在应用中出现的而不是随机选取的多项式. 因此希望进一步改进算法, 研究如何只利用进行模素数 p 运算得到的信息, 在整数集上一般地求 $\gcd\big(u(x), v(x)\big)$. 我们可以假设 $u(x)$ 和 $v(x)$ 都是本原多项式.

　　相对于直接计算 $\gcd\big(u(x), v(x)\big)$, 寻找多项式

$$\bar{d}(x) = c \cdot \gcd\big(u(x), v(x)\big) \tag{25}$$

更方便一些，其中常数 c 应满足

$$\ell(\bar{d}) = \gcd(\ell(u), \ell(v)). \tag{26}$$

这个条件肯定会对某个适当的 c 成立，因为 $u(x)$ 和 $v(x)$ 的任意公因子的首项系数必定是 $\gcd(\ell(u), \ell(v))$ 的因子. 一旦找到了满足这些条件的 $\bar{d}(x)$，就马上可以计算 $\mathrm{pp}(\bar{d}(x))$，即 $u(x)$ 和 $v(x)$ 真正的最大公因子.（26）中的条件是方便使用的，因为它避免了将最大公因子乘以一个单位的不确定性. 多项式因子分解的子程序实际上已经使用了类似的思路来控制首项系数.

如果 p 是充分大的素数，我们可对 $\ell(\bar{d})u(x)$ 或 $\ell(\bar{d})v(x)$ 使用习题 20 中关于系数的上界，来计算满足 $\bar{q}(x) \equiv \ell(\bar{d})q(x)$ (modulo p) 且系数都在 $[-\frac{1}{2}p .. \frac{1}{2}p]$ 范围内的唯一多项式. 如果 $\mathrm{pp}(\bar{q}(x))$ 同时整除 $u(x)$ 和 $v(x)$，则由（24），它肯定就是 $\gcd(u(x), v(x))$. 另一方面，如果它不同时整除 $u(x)$ 和 $v(x)$，必然有 $\deg(q) > \deg(d)$. 对算法 4.6.1E 的研究表明，这种情况只有当 p 整除由该算法用精确的整数运算求出的其中一个非零余式的首项系数时才会出现. 否则，模 p 的欧几里得算法与算法 4.6.1E 处理的多项式序列完全相同，顶多只相差一个非零常数的倍数（模 p）. 所以只有少数"不幸"的素数会让我们错过最大公因子，而只要我们不断尝试，就会很快找到一个幸运素数.

如果系数的上界太大，不能使用单精度的素数 p，我们可以模多个素数 p 来计算 $\bar{d}(x)$，直到能够利用 4.3.2 节的中国剩余定理的算法来确定它. 这个做法是威廉·布朗和科林斯提出的，并且由布朗在 *JACM* **18** (1971), 478–504 中做了很详细的介绍. 此外，乔尔·摩西和恽元一建议 [*Proc. ACM Conf.* **28** (1973), 159–166]，对充分大的 e 使用亨泽尔的方法模 p^e 求 $\bar{d}(x)$. 亨泽尔的构造方法似乎在实际计算中比中国剩余定理的算法更好，但它只适用于

$$d(x) \perp u(x)/d(x) \qquad \text{或} \qquad d(x) \perp v(x)/d(x) \tag{27}$$

的情形，因为它其实是将习题 22 的技巧对 $\ell(\bar{d})u(x) \equiv \bar{q}(x)u_1(x)$ 或 $\ell(\bar{d})v(x) \equiv \bar{q}(x)v_1(x)$ (modulo p) 中的一个进行因子分解. 习题 34 和 35 表明我们总可以通过适当的处理使（27）成立.（在（27）中使用的记号

$$u(x) \perp v(x) \tag{28}$$

表示 $u(x)$ 和 $v(x)$ 互素，这与整数之间的互素记号相似. ）

我们刚才简述的最大公因子算法要比 4.6.1 节中的算法快很多，除非余多项式序列非常短. 也许最佳的普适计算方法应当首先模一个很小的素数 p 计算 $\gcd(u(x), v(x))$，其中 p 不是 $\ell(u)$ 和 $\ell(v)$ 的公因数. 如果所得的最大公因子 $q(x) = 1$，则已经解决问题了. 如果是次数很高的多项式，则使用算法 4.6.1C 继续下面的计算. 如果次数不太高，则利用上面的其中一种做法，首先根据 $u(x)$ 和 $v(x)$ 的系数以及 $q(x)$（比较小）的次数估计 $\bar{d}(x)$ 的系数的上界. 就像在多项式的因子分解问题中一样，当末项系数比首项系数更简单时，我们应先反序 $u(x)$ 和 $v(x)$，然后求最大公因子，最后再将计算结果反序.

多元多项式. 我们可利用类似的技巧，构造整系数多元多项式的因子分解算法和最大公因子算法. 在处理多项式 $u(x_1, \ldots, x_t)$ 时，进行模 $x_2 - a_2, \ldots, x_t - a_t$ 的各种运算是比较方便的，这些多项式都不可约，扮演着相当于上面的算法中素数 p 的角色. 因为 $v(x) \bmod (x-a) = v(a)$，所以

$$u(x_1, \ldots, x_t) \bmod \{x_2 - a_2, \ldots, x_t - a_t\}$$

等于一元多项式 $u(x_1, a_2, \ldots, a_t)$. 如果能选取整数 $a_2, \ldots, a_t$ 的值使得 $u(x_1, a_2, \ldots, a_t)$ 与原来的多项式 $u(x_1, x_2, \ldots, x_t)$ 关于 x_1 的次数相同，则可通过适当推广亨泽尔的构造方法，将

这个一元多项式的无平方因子分解"提升"为模 $\{(x_2 - a_2)^{n_2}, \ldots, (x_t - a_t)^{n_t}\}$ 的分解,其中 n_j 是 x_j 在 u 中的次数. 同时我们还可做各种模 p 运算,其中 p 是适当选取的素数. 我们应使尽可能多的 a_j 等于零,使得中间计算结果是稀疏的. 具体细节见王士弘,*Math. Comp.* **32** (1978), 1215–1231,还有前面引用过的马瑟的论文,以及摩西和恽元一的论文.

从上面引用的具有开拓意义的论文发表以来,我们已经积累了大量的计算经验. 更近期的总结见理查德·齐佩尔,*Effective Polynomial Computation* (Boston: Kluwer, 1993). 此外,我们现在已经可以分解由一个"黑盒"计算过程隐式定义的多项式,即使输入和输出多项式的显式表示非常复杂 [见卡尔特奥芬和巴里·特拉格,*J. Symbolic Comp.* **9** (1990), 301–320;亚加蒂·拉克什曼和本杰明·桑德斯,*SICOMP* **24** (1995), 387–397].

> 我们常常发现在渐近意义下最佳的算法
> 在它们能求解的所有问题中表现都是最糟糕的.
> ——坎托和察森豪斯(1981)

习题

▶ **1.** [*M24*] 设 p 是素数,$u(x)$ 是随机选取的 n 次多项式,并且假设 p^n 个首一多项式是等概率选取的. 证明当 $n \geq 2$ 时,$u(x)$ 模 p 有线性因子的概率介于 $(1+p^{-1})/2$ 和 $(2+p^{-2})/3$ 之间,其中上下界都可取到. 当 $n \geq p$ 时,给出这个概率的封闭形式的表达式. 此外,线性因子的数目的平均值是多少?

▶ **2.** [*M25*] (a) 证明唯一因子分解整环上的任意首一多项式 $u(x)$ 可唯一表示成

$$u(x) = v(x)^2 w(x)$$

的形式,其中 $w(x)$ 没有平方因子(没有形如 $d(x)^2$ 的次数为正的因子),且 $v(x)$ 和 $w(x)$ 都是首一多项式. (b)(伯利坎普)当 p 是素数时,有多少个 n 次首一多项式是模 p 无平方因子的?

3. [*M25*] (多项式中国剩余定理)设 $u_1(x)$, ..., $u_r(x)$ 是域 S 上的多项式,且对所有 $j \neq k$ 有 $u_j(x) \perp u_k(x)$. 对 S 上任意给定的多项式 $w_1(x)$, ..., $w_r(x)$,证明存在唯一的 S 上的多项式 $v(x)$ 使得 $\deg(v) < \deg(u_1) + \cdots + \deg(u_r)$ 且对 $1 \leq j \leq r$ 有 $v(x) \equiv w_j(x) \pmod{u_j(x)}$. 当 S 是由所有整数构成的集合时,这个命题仍然成立吗?

4. [*HM28*] 记 a_{np} 为模素数 p 不可约的 n 次首一多项式的数目. 求生成函数 $G_p(z) = \sum_n a_{np} z^n$ 的表达式. [提示:证明下面这个关于幂级数的等价命题:$f(z) = \sum_{j \geq 1} g(z^j)/j^t$ 当且仅当 $g(z) = \sum_{n \geq 1} \mu(n) f(z^n)/n^t$.] $\lim_{p \to \infty} a_{np}/p^n$ 的值是什么?

5. [*HM30*] 记 A_{np} 为一个随机选取的 n 次多项式模素数 p 的不可约因子的平均数目. 证明 $\lim_{p \to \infty} A_{np} = H_n$. 记 r 为不可约因子的数目,那么 2^r 的极限平均值是多少?

6. [*M21*] (拉格朗日,1771)证明同余式 (9). [提示:在 p 元域中分解 $x^p - x$.]

7. [*M22*] 证明等式 (14).

8. [*HM20*] 我们如何确定算法 N 输出的向量是线性无关的?

9. [*20*] 已知 2 是 101 的一个原根,说明如何用简单的方式构造一个模 101 的倒数表.

▶ **10.** [*21*] 用伯利坎普的方法模 2 完全因子分解 (22) 中的多项式 $u(x)$.

11. [*22*] 模 5 完全因子分解 (22) 中的多项式 $u(x)$.

▶ **12.** [*M22*] 对任意素数 p,用伯利坎普的算法确定 $u(x) = x^4 + 1$ 模 p 的因子的数目. [提示:分别考虑 $p = 2$,$p = 8k+1$,$p = 8k+3$,$p = 8k+5$,$p = 8k+7$ 的情形. 矩阵 Q 是什么?你不必具体找出各个因子,只需要确定它们的数目.]

13. [*M25*] 紧接着上一道习题,对任意奇素数 p,利用 $\sqrt{-1}$, $\sqrt{2}$, $\sqrt{-2}$(假设这些模 p 平方根是存在的)写出 $x^4 + 1$ 模 p 的因子的显式表达式.

14. [*M25*] （汉斯·察森豪斯）设 $v(x)$ 是 (8) 的一个解，定义 $w(x) = \prod(x - s)$，其中 s 取 $0 \le s < p$ 范围内所有使得 $\gcd(u(x), v(x) - s) \ne 1$ 的值. 说明如何对给定的 $u(x)$ 和 $v(x)$ 计算 $w(x)$. [提示：由 (14) 可得 $w(x)$ 是使得 $u(x)$ 整除 $w(v(x))$ 的最低次数的多项式.]

▶ **15.** [*M27*] （模素数平方根）设计一个算法，求给定的整数 u 模一个给定素数 p 的平方根，也就是说，找一个整数 v（假设这样的 v 存在）满足 $v^2 \equiv u$ (modulo p). 你的算法应当对非常大的素数 p 也是足够高效的. （当 $p \ne 2$ 时，这个问题的求解需要用到模 p 求解给定二次方程的计算过程，我们可以按通常的方式使用二次求根公式来解方程. ）提示：考虑将本节中的因子分解方法用于多项式 $x^2 - u$ 时会出现什么情况.

16. [*M30*] （有限域）这个习题的目的是证明伽罗瓦在 1830 年提出的域的基本性质. (a) 假设 $f(x)$ 是模素数 p 不可约的 n 次多项式. 请证明所有 p^n 个次数小于 n 的多项式在模 $f(x)$ 和 p 的运算下构成一个域. [注记：在习题 4 中已经证明了每个次数的不可约多项式的存在性. 因此对所有素数 p 和所有 $n \ge 1$，包含 p^n 个元素的域都存在.]

　　(b) 证明任意 p^n 元域中都有一个 "原根" 元素 ξ 使得这个域中的元素可表示为 $\{0, 1, \xi, \xi^2, \dots, \xi^{p^n - 2}\}$. [提示：习题 3.2.1.2–16 对 $n = 1$ 的特殊情形给出了证明.]

　　(c) 如果 $f(x)$ 是模 p 不可约的 n 次多项式，证明 $x^{p^m} - x$ 可被 $f(x)$ 整除当且仅当 m 是 n 的倍数. （于是我们可以非常快速地检测不可约性：一个给定的 n 次多项式 $f(x)$ 模 p 不可约当且仅当 $x^{p^n} - x$ 可被 $f(x)$ 整除并且对所有整除 n 的素数 q 有 $x^{p^{n/q}} - x \perp f(x)$. ）

17. [*M23*] 设 F 是包含 13^2 个元素的域. 对每个在 $1 \le f < 13^2$ 范围内的整数 f，F 中有多少个元素的阶为 f？（元素 a 的阶是指使得 $a^m = 1$ 的最小正整数 m. ）

▶ **18.** [*M25*] 设 $u(x) = u_n x^n + \cdots + u_0$ 是一个整系数本原多项式，其中 $u_n \ne 0$，$v(x)$ 是一个首一多项式，定义为

$$v(x) = u_n^{n-1} \cdot u(x/u_n) = x^n + u_{n-1} x^{n-1} + u_{n-2} u_n x^{n-2} + \cdots + u_0 u_n^{n-1}.$$

(a) 假设 $v(x)$ 在整数集上有完全的因子分解 $p_1(x) \dots p_r(x)$，其中每个 $p_j(x)$ 都是首一多项式，那么 $u(x)$ 在整数集上的完全的因子分解是什么？(b) 如果 $w(x) = x^m + w_{m-1} x^{m-1} + \cdots + w_0$ 是 $v(x)$ 的一个因子，证明对所有 $0 \le k < m$，w_k 是 u_n^{m-1-k} 的倍数.

19. [*M20*] （艾森斯坦准则）整数集上最著名的不可约多项式类可能是特奥多尔·舍内曼引进的 [*Crelle* **32** (1846), 100]，并由费迪南德·艾森斯坦推而广之 [*Crelle* **39** (1850), 166–169]：设 p 是素数，$u(x) = u_n x^n + \cdots + u_0$ 具有以下性质：(i) u_n 不能被 p 整除；(ii) $u_{n-1}, \dots, u_0$ 都可以被 p 整除；(iii) u_0 不能被 p^2 整除. 证明 $u(x)$ 在整数集上不可约.

20. [*HM33*] 设 $u(x) = u_n x^n + \cdots + u_0$ 是复数集上的任一多项式，定义 $\|u\| = (|u_n|^2 + \cdots + |u_0|^2)^{1/2}$.

　　(a) 设 $u(x) = (x - \alpha) w(x)$，$v(x) = (\bar\alpha x - 1) w(x)$，其中 α 是任意复数，$\bar\alpha$ 是它的共轭复数. 证明 $\|u\| = \|v\|$.

　　(b) 设 $u_n(x - \alpha_1) \dots (x - \alpha_n)$ 是 $u(x)$ 在复数集上的完全因子分解，记 $M(u) = |u_n| \prod_{j=1}^{n} \max(1, |\alpha_j|)$. 证明 $M(u) \le \|u\|$.

　　(c) 对 $0 \le j \le n$ 证明 $|u_j| \le \binom{n-1}{j} M(u) + \binom{n-1}{j-1} |u_n|$.

　　(d) 将上面的结论合并起来，证明如果 $u(x) = v(x)w(x)$，$v(x) = v_m x^m + \cdots + v_0$，其中 u, v, w 都是整系数多项式，则 v 的系数有上界：

$$|v_j| \le \binom{m-1}{j} \|u\| + \binom{m-1}{j-1} |u_n|.$$

21. [*HM32*] 紧接着习题 20，我们可以对整数集上的多元多项式因子的系数给出很有用的上界. 为方便起见，我们用粗体字母表示包含 t 个整数的序列. 也就是说，我们不写

$$u(x_1, \dots, x_t) = \sum_{j_1, \dots, j_t} u_{j_1 \dots j_t} x_1^{j_1} \dots x_t^{j_t}$$

而是写成 $u(\mathbf{x}) = \sum_{\mathbf{j}} u_{\mathbf{j}} \mathbf{x}^{\mathbf{j}}$. 注意符号 $\mathbf{x}^{\mathbf{j}}$ 通常表示什么意义. 我们还使用记号 $\mathbf{j}! = j_1! \ldots j_t!$ 和 $\Sigma \mathbf{j} = j_1 + \cdots + j_t$.

(a) 证明恒等式

$$\sum_{\mathbf{j},\mathbf{k}} \frac{1}{\mathbf{j}!\,\mathbf{k}!} \sum_{\mathbf{p},\mathbf{q} \geq 0} [\mathbf{p} - \mathbf{j} = \mathbf{q} - \mathbf{k}]\, a_{\mathbf{p}} b_{\mathbf{q}} \frac{\mathbf{p}!\,\mathbf{q}!}{(\mathbf{p}-\mathbf{j})!} \sum_{\mathbf{r},\mathbf{s} \geq 0} [\mathbf{r} - \mathbf{j} = \mathbf{s} - \mathbf{k}]\, c_{\mathbf{r}} d_{\mathbf{s}} \frac{\mathbf{r}!\,\mathbf{s}!}{(\mathbf{r}-\mathbf{j})!}$$
$$= \sum_{\mathbf{i} \geq 0} \mathbf{i}! \sum_{\mathbf{p},\mathbf{s} \geq 0} [\mathbf{p} + \mathbf{s} = \mathbf{i}]\, a_{\mathbf{p}} d_{\mathbf{s}} \sum_{\mathbf{q},\mathbf{r} \geq 0} [\mathbf{q} + \mathbf{r} = \mathbf{i}]\, b_{\mathbf{q}} c_{\mathbf{r}}.$$

(b) 如果多项式 $u(\mathbf{x}) = \sum_{\mathbf{j}} u_{\mathbf{j}} \mathbf{x}^{\mathbf{j}}$ 的每一项总次数都为 n, 那么我们称它为 n 次的齐次多项式. 所以只要 $u_{\mathbf{j}} \neq 0$, 就有 $\Sigma \mathbf{j} = n$. 考虑系数的加权求和 $B(u) = \sum_{\mathbf{j}} \mathbf{j}! \, |u_{\mathbf{j}}|^2$. 利用 (a) 中的恒等式证明只要 $u(\mathbf{x}) = v(\mathbf{x}) w(\mathbf{x})$ 是齐次多项式, 就有 $B(u) \geq B(v) B(w)$.

(c) 我们定义 n 次齐次多项式 $u(\mathbf{x})$ 的邦别里范数 $[u]$ 为 $\sqrt{B(u)/n!}$. 对非齐次多项式也可以定义邦别里范数, 这是通过引入一个新的变量 x_{t+1}, 并将 u 的每一项乘以 x_{t+1} 的适当的幂, 使之成为齐次多项式, 并且不增加它的最大次数. 例如, 设 $u(x) = 4x^3 + x - 2$, 相应的齐次多项式是 $4x^3 + xy^2 - 2y^3$, 从而 $[u]^2 = (3!\,0!\,4^2 + 1!\,2!\,1^2 + 0!\,3!\,2^2)/3! = 16 + \frac{1}{3} + 4$. 如果 $u(x,y,z) = 3xy^3 - z^2$, 类似地, 我们有 $[u]^2 = (1!\,3!\,0!\,0!\,3^2 + 0!\,0!\,2!\,2!\,1^2)/4! = \frac{9}{4} + \frac{1}{6}$. 当 $u(\mathbf{x}) = v(\mathbf{x}) w(\mathbf{x})$ 时, 关于 $[u]$, $[v]$ 和 $[w]$ 之间的关系, (b) 告诉我们什么?

(d) 如果 $u(x)$ 是一元 n 次可约多项式, 证明它有一个因子, 其各项系数的绝对值都不超过 $n!^{1/4}[u]^{1/2}/(n/4)!$. 对于 t 元齐次多项式, 相应的结论是什么?

(e) 对 $u(x) = (x^2 - 1)^n$ 显式地渐近计算 $[u]$.

(f) 证明 $[u][v] \geq [uv]$.

(g) 证明 $2^{-n/2} M(u) \leq [u] \leq 2^{n/2} M(u)$, 其中 $u(x)$ 是 n 次多项式, $M(u)$ 是习题 20 中定义的量. (因此在 (d) 中给出的上界约为习题 20 中的上界的平方根.)

▶ **22.** [M24] （亨泽尔引理）设 $u(x)$, $v_e(x)$, $w_e(x)$, $a(x)$, $b(x)$ 为整系数多项式, 且满足关系

$$u(x) \equiv v_e(x) w_e(x) \pmod{p^e}, \qquad a(x) v_e(x) + b(x) w_e(x) \equiv 1 \pmod{p},$$

其中 p 是素数, $e \geq 1$, $v_e(x)$ 是首一多项式, $\deg(a) < \deg(w_e)$, $\deg(b) < \deg(v_e)$, 且 $\deg(u) = \deg(v_e) + \deg(w_e)$. 说明当 e 增加 1 时, 如何计算满足同样的条件的多项式 $v_{e+1}(x) \equiv v_e(x)$ 和 $w_{e+1}(x) \equiv w_e(x) \pmod{p^e}$. 进一步证明 $v_{e+1}(x)$ 和 $w_{e+1}(x)$ 模 p^{e+1} 是唯一的.

用你的方法对 $p = 2$ 证明 (22) 中的多项式在整数集上是不可约的, 在证明时首先利用习题 10 中找到的模 2 因子分解. (注意习题 4.6.1–3 中的广义欧几里得算法可以给出 $e = 1$ 情形的证明, 这可以作为整个证明过程的开始.)

23. [HM23] 设 $u(x)$ 是无平方因子的整系数多项式. 证明只存在有限多个素数 p 使得 $u(x)$ 模 p 有平方因子.

24. [M20] 在正文中只谈到了整数集上的因子分解, 而没有考虑有理数域上的因子分解. 说明如何在有理数域上求有理系数多项式的完全的因子分解.

25. [M25] 多项式 $x^5 + x^4 + x^2 + x + 2$ 在有理数域上的完全的因子分解是什么?

26. [20] 设 $d_1, \ldots, d_r$ 为多项式 $u(x)$ 模 p 的各个不可约因子的次数, 各以适当的重数出现, 从而 $d_1 + \cdots + d_r = n = \deg(u)$. 说明如何通过对长度为 n 的二进制位串进行 $O(r)$ 次运算, 计算集合 $\{\deg(v) \mid u(x) \equiv v(x) w(x) \pmod{p}$ 对某个 $v(x), w(x)\}$.

27. [HM30] 证明整数集上一个随机选取的本原多项式在适当的意义下 "几乎总是" 不可约的.

28. [M25] 如果对任意整数 d, 最多只有一个 d 次不可约多项式, 那么不同次数的因子分解过程就是 "幸运" 的. 此时 $g_d(x)$ 不需要进行进一步的因子分解. 如果要模 p 分解一个随机选取的 n 次多项式, 当 n 固定而 $p \to \infty$ 时, 这样的幸运情形出现的概率是多大?

29. [*M22*] 设 $g(x)$ 是两个或更多个不同的 d 次不可约多项式模一个奇素数 p 的乘积. 对给定的 $g(x)$, 证明 $\gcd(g(x), t(x)^{(p^d-1)/2}-1)$ 是 $g(x)$ 的真因子的概率不小于 $1/2-1/(2p^{2d})$, 其中 $t(x)$ 是在 p^{2d} 个次数小于 $2d$ 的模 p 多项式中随机选取.

30. [*M25*] 当 $q(x)$ 是一个 d 次模 p 不可约多项式, 而 $t(x)$ 是任意多项式时, 证明 $(t(x)+t(x)^p+t(x)^{p^2}+\cdots+t(x)^{p^{d-1}}) \bmod q(x)$ 是一个整数 (即次数 ≤ 0 的多项式). 利用这个结论设计一个随机算法, 对 $p=2$ 像 (21) 那样分解 d 次不可约多项式的乘积 $g_d(x)$.

31. [*HM30*] 设 p 是一个奇素数, $d \geq 1$. 证明存在具有以下两个性质的数 $n(p,d)$: (i) 对任意整数 t, 恰好有 $n(p,d)$ 个 d 次模 p 不可约多项式 $q(x)$ 满足 $(x+t)^{(p^d-1)/2} \bmod q(x) = 1$; (ii) 对任意整数 $0 \leq t_1 < t_2 < p$, 恰好有 $n(p,d)$ 个 d 次模 p 不可约多项式 $q(x)$ 满足 $(x+t_1)^{(p^d-1)/2} \bmod q(x) = (x+t_2)^{(p^d-1)/2} \bmod q(x)$.

▶ **32.** [*M30*] （分圆多项式）设 $\Psi_n(x) = \prod_{1 \leq k \leq n,\, k \perp n}(x - \omega^k)$, 其中 $\omega = e^{2\pi i/n}$. 因此, $\Psi_n(x)$ 的根是 n 次复单位根, 而对于任意 $m < n$, 它不是 m 次单位根.

(a) 证明 $\Psi_n(x)$ 是整系数多项式, 并且

$$x^n - 1 = \prod_{d \backslash n} \Psi_d(x), \qquad \Psi_n(x) = \prod_{d \backslash n}(x^d - 1)^{\mu(n/d)}.$$

（见习题 4.5.2–10(b) 和习题 4.5.3–28(c).）

(b) 证明 $\Psi_n(x)$ 在整数集上不可约, 从而上面的等式是 $x^n - 1$ 在整数集上的完全的因子分解. ［提示: 设 $f(x)$ 是 $\Psi_n(x)$ 在整数集上的一个不可约因子, ζ 是满足 $f(\zeta)=0$ 的复数, 证明 $f(\zeta^p)=0$ 对所有不整除 n 的素数 p 成立. 下面的结论对这个证明会有帮助: 对所有这样的素数 p, $x^n - 1$ 模 p 是无平方因子的. ］

(c) 讨论 $\Psi_n(x)$ 的计算, 并对 $n \leq 15$ 将把数值做成一张表.

33. [*M18*] 判断对错: 如果 $u(x) \neq 0$ 且 $u(x)$ 模 p 的完全的因子分解是 $p_1(x)^{e_1} \ldots p_r(x)^{e_r}$, 则 $u(x)/\gcd(u(x), u'(x)) = p_1(x) \ldots p_r(x)$.

▶ **34.** [*M25*] （无平方因子分解）我们已经知道唯一因子分解整环上的任意本原多项式可以表示成 $u(x) = u_1(x) u_2(x)^2 u_3(x)^3 \ldots$ 的形式, 其中各 $u_i(x)$ 都没有平方因子且互素. 在这种表示形式中, $u_j(x)$ 是所有恰好 j 次整除 $u(x)$ 的不可约多项式的乘积, 并且在相差单位的倍数的意义下是唯一的. 在对多项式进行乘法、除法、求最大公因子等运算时, 表示成这种形式是很有帮助的.

记 $\mathrm{GCD}(u(x), v(x))$ 为返回以下三个结果的计算过程:

$$\mathrm{GCD}(u(x), v(x)) = (d(x), u(x)/d(x), v(x)/d(x)), \qquad \text{其中 } d(x) = \gcd(u(x), v(x)).$$

正文中位于式 (25) 之后介绍的模方法总是以试除 $u(x)/d(x)$ 和 $v(x)/d(x)$ 作为结束, 以确定没有使用"不幸的素数". 所以 $u(x)/d(x)$ 和 $v(x)/d(x)$ 是求最大公因子的计算过程的副产品. 因此, 如果我们用的是模方法, 那么计算 $\mathrm{GCD}(u(x), v(x))$ 基本上与计算 $\gcd(u(x), v(x))$ 一样快.

设计一个算法, 对给定的整数集上的本原多项式给出无平方因子的表示 $(u_1(x), u_2(x), \ldots)$. 你的算法应当恰好做 e 次 GCD 运算, 其中 e 是使得 $u_e(x) \neq 1$ 的最大下标. 此外, 每次 GCD 的计算应满足 (27), 从而可以使用亨泽尔的构造方法.

35. [*M22*] （恽元一）设计一个算法, 对给定 $u(x)$ 和 $v(x)$ 的无平方因子的表示 $(u_1(x), u_2(x), \ldots)$ 和 $(v_1(x), v_2(x), \ldots)$, 求 $w(x) = \gcd(u(x), v(x))$ 在整数集上的无平方因子的表示 $(w_1(x), w_2(x), \ldots)$.

36. [*M27*] 推广习题 34 中的算法, 使其可以在模 p 运算下, 求出给定的多项式 $u(x)$ 的无平方因子的表示 $(u_1(x), u_2(x), \ldots)$.

37. [*HM24*] （科林斯）设 $d_1, \ldots, d_r$ 都是正整数, 且它们的和为 n, 又设 p 为素数. 对随机选取的 n 次整系数多项式 $u(x)$ 进行模 p 完全因子分解, 其不可约因子的次数分别为 $d_1, \ldots, d_r$ 的概率是多少? 证明这个概率近似等于随机选取的 n 元排列包含长度分别为 $d_1, \ldots, d_r$ 的循环的概率.

38. [*HM27*] （佩龙准则）设 $u(x) = x^n + u_{n-1}x^{n-1} + \cdots + u_0$ 是整系数多项式，其中 $u_0 \neq 0$，且要么 $|u_{n-1}| > 1 + |u_{n-2}| + \cdots + |u_0|$，要么 $u_{n-1} = 0$ 且 $u_{n-2} > 1 + |u_{n-3}| + \cdots + |u_0|$. 证明 $u(x)$ 在整数集上不可约. [提示：证明 $u(x)$ 的几乎所有的根的绝对值都小于 1.]

39. [*HM42*] （坎托）设 $u(x)$ 是整数集上的不可约多项式，证明我们可以"简明地"证明其不可约性. 具体来说，证明中所包含的二进制位的个数至多是 $\deg(u)$ 和系数长度的多项式的复杂度. （在这里我们要求的只是证明的长度的上界，如习题 4.5.4–17 要求的那样，而不是找到这样的证明所需的时间的上界. ）提示：如果 $v(x)$ 不可约，t 是整数集上的任意多项式，则 $v(t(x))$ 的所有因子的次数都不小于 $\deg(v)$. 佩龙准则为我们提供了大批这样的不可约多项式 $v(x)$.

▶ **40.** [*M20*] （王士弘）如果 u_n 是 $u(x)$ 的首项系数，B 是 u 的某个因子的系数的上界，正文中的因子分解算法要求我们寻找 u 的模 p^e 的因子分解，其中 $p^e > 2|u_n|B$. 然而当我们用习题 21 的方法确定 B 的值时，$|u_n|$ 可能比 B 要大. 证明当 $u(x)$ 可约时，只要 $p^e \geq 2B^2$，我们就有办法利用习题 4.5.3–51 的算法，由 u 的模 p^e 的因子分解得到它的一个真因子.

41. [*M47*] （博扎米、特雷维桑和王士弘）证明或证伪：存在常数 c，只要整系数多项式 $f(x)$ 的所有系数的绝对值都不超过 B，那么它的其中一个不可约因子的系数将以 cB 为界.

4.6.3 幂的计算

在这一节中我们将研究一个有趣的问题，即对给定的 x 和 n 快速地计算 x^n 的值，其中 n 是正整数. 例如，假设要计算 x^{16}，则我们可以从 x 开始，然后将它乘以 x 共 15 次. 但如果我们从 x 开始不断地做平方运算，依次得到 x^2, x^4, x^8, x^{16}，则只需要用 4 次乘法就可以得到相同的答案.

一般地，同样的思想可以用以下方式应用于任意的 n 值：将 n 写成二进制形式（去掉左端的零）. 然后将每个"1"替换为字母对 SX，将每个"0"替换为字母 S，再划掉此时出现在最左边的 SX. 现在得到的就是计算 x^n 的规则，其中 S 表示平方运算，X 表示乘以 x 的运算. 例如，当 $n = 23$ 时，它的二进制表示是 10111. 于是我们得到序列 SX S SX SX SX，然后去掉最左边的 SX 得到 SSXSXSX. 这个规则表示我们应当"平方，平方，乘以 x，平方，乘以 x，平方，乘以 x". 换句话说，应当依次计算得到 x^2, x^4, x^5, x^{10}, x^{11}, x^{22}, x^{23}.

通过考虑计算过程中的指数序列，容易验证以上二进制方法的正确性：如果我们重新定义 S 代表乘以 2 的运算，X 代表加 1 的运算，并从 1 而不是 x 开始，则根据二进制数系的性质，上面的运算规则就是计算 n 的值的过程. 这个算法非常古老，它在公元 400 年之前就出现在阿卡里亚·平加拉印度语写作的经典著作 *Chandaḥśāstra* 中 [见达塔和辛格，*History of Hindu Mathematics* **2** (Lahore: Motilal Banarsi Das, 1935), 76]. 在接下来的几个世纪中，除印度外似乎都没有关于这个方法的文献，但大马士革的乌格利迪西在公元 952 年对如何对任意 n 快速计算 2^n 的值做了很详尽的讨论 [见塞旦，*The Arithmetic of al-Uqlīdisī* (Dordrecht: D. Reidel, 1975), 341–342]，其中以 $n = 51$ 为例展示了这个算法的一般思想. 也见阿布·毕鲁尼的 *Chronology of Ancient Nations*，卡尔·扎豪编译 (London: 1879), 132–136. 这部 11 世纪的阿拉伯著作曾经产生巨大的影响.

上述用于计算 x^n 的 S-X 二进制方法除了要存储 x 和当前的临时结果外，不需要任何其他临时存储空间，因此它非常适合在二进制计算机的硬件上实现. 这个方法也很容易编程实现，它在扫描 n 的二进制表示时是从左到右的. 但计算机程序通常更喜欢反过来扫描，因为现有的除以 2 和求模 2 余数的运算是从右到左给出二进制表示的. 因此下面的基于从右到左扫描二进制表示的算法会更方便一些.

算法 A （求幂的从右到左的二进制算法）. 本算法对任意正整数 n 求 x^n 的值. （这里 x 属于任意代数系统，在该代数系中已经定义了以 1 为单位元、满足结合律的乘法运算. ）

A1. ［初始化.］置 $N \leftarrow n$, $Y \leftarrow 1$, $Z \leftarrow x$.

A2. ［将 N 折半.］（此时 $x^n = YZ^N$.）置 $t \leftarrow N \bmod 2$, $N \leftarrow \lfloor N/2 \rfloor$. 如果 $t = 0$, 则转向 A5.

A3. ［将 Y 乘以 Z.］置 $Y \leftarrow Z \times Y$.

A4. ［$N = 0$ 吗?］如果 $N = 0$, 则结束算法并将 Y 作为答案.

A5. ［将 Z 平方.］置 $Z \leftarrow Z \times Z$, 并返回到 A2. ∎

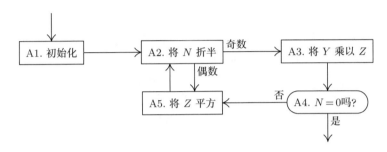

图 13 基于从右到左扫描 n 的二进制表示的计算 x^n 的算法

作为算法 A 的一个例子, 我们考虑计算 x^{23} 时的步骤:

	N	Y	Z
执行步骤 A1 之后	23	1	x
执行步骤 A5 之后	11	x	x^2
执行步骤 A5 之后	5	x^3	x^4
执行步骤 A5 之后	2	x^7	x^8
执行步骤 A5 之后	1	x^7	x^{16}
执行步骤 A4 之后	0	x^{23}	x^{16}

对应于算法 A 的 MIX 程序出现在习题 2 中.

伟大的算术家卡西在 1427 年发表了算法 A ［*Istoriko-Mat. Issledovaniiă* **7** (1954), 256–257］. 这个方法与埃及数学家早在公元前 2000 年使用的乘法的计算方法有很密切的联系. 这是因为如果我们将步骤 A3 改为 $Y \leftarrow Y + Z$, 步骤 A5 改为 $Z \leftarrow Z + Z$, 并在步骤 A1 中将 Y 取为 0 而不是 1, 则算法结束时将给出 $Y = nx$. ［见阿诺德·蔡斯, *The Rhind Mathematical Papyrus* (1927); 瓦西利·斯特鲁韦, *Quellen und Studien zur Geschichte der Mathematik* **A1** (1930). ］这是一种适合于手算做乘法的实用方法, 因为它只需要用到加倍、折半和加法等简单运算. 我们经常称之为乘法的 "俄罗斯农夫方法", 因为 19 世纪时到俄罗斯游览的西方人发现那里到处都在使用这种方法.

算法 A 需要的乘法次数为

$$\lfloor \lg n \rfloor + \nu(n),$$

其中 $\nu(n)$ 是 n 的二进制表示中数字 1 的个数. 这比本节开始时提到的从左到右的二进制方法的乘法次数多一次, 这是因为第一次执行步骤 A3 时执行了一个乘以单位元的运算.

由于这个算法需要花费做记录的时间, 因此这个方法对比较小的 n 值, 例如 $n \le 10$, 通常显得不太重要, 除非做乘法的时间相对比较长. 如果预先知道了 n 的值, 那么我们更愿意选择从左到右的二进制方法. 在某些情形下, 例如 4.6.2 节讨论的计算 $x^n \bmod u(x)$ 的问题, 乘以 x 的运算要比一般的乘法或平方运算容易得多, 此时求幂的二进制方法主要适用于 n 的值特别大的情况. 如果我们要对大于计算机字大小的 x 计算 x^n 的精确的多精度数值, 二进制方法一般不会有很大的帮助, 除非 n 的值大到我们需要用到 4.3.3 节中的高速乘法子程序. 但这种情况是很少出现的. 类似地, 二进制方法通常也不适合计算一般多项式的幂. 关于多项式求幂的相关文献的讨论, 见理查德·费特曼, *SICOMP* **3** (1974), 196–213.

以上分析的要点是, 二进制方法是一种好方法, 但并非万能的灵丹妙药. 它特别适合做乘法 $x^j \cdot x^k$ 的时间基本上与 j 和 k 无关的情况 (例如, 当我们做浮点数乘法或模 m 乘法时). 此时运行时间可从 n 阶降为 $\log n$ 阶.

更少的乘法次数. 有些人发表了一些 (未经证明的) 命题, 认为二进制方法能达到最少的乘法次数. 但这其实是不对的. 最简单的反例是 $n = 15$, 此时二进制方法需要做 6 次乘法, 然而我们可以先用 2 次乘法计算 $y = x^3$, 然后再用 3 次乘法得到 $x^{15} = y^5$, 从而只需要总共做 5 次乘法. 现在我们来讨论计算 x^n 的其他方法, 其中假设 n 的值是预先知道的. 这些方法在某些问题上是有趣的, 例如在优化的编译器生成机器码时.

下面介绍的因子方法是基于 n 的因子分解. 如果 $n = pq$, 其中 p 是 n 的最小素因子且 $q > 1$, 则我们可以先计算 x^p 然后再对它求 q 次方来计算 x^n. 如果 n 是素数, 则先计算 x^{n-1} 然后再将它乘以 x. 当然, 如果 $n = 1$, 我们无须任何计算就可以得到 x^n. 对给定的 n, 反复应用上面的法则就可以得到计算 x^n 的算法. 例如, 如果我们想计算 x^{55}, 可以首先计算 $y = x^5 = x^4 x = (x^2)^2 x$, 然后得到 $y^{11} = y^{10} y = (y^2)^5 y$. 整个计算过程需要 8 次乘法, 而二进制方法需要 9 次. 因子方法的平均表现比二进制方法好, 但也有二进制方法更好的例子 ($n = 33$ 是最简单的例子).

二进制方法可按下面的方式推广为 m 进制方法: 设 $n = d_0 m^t + d_1 m^{t-1} + \cdots + d_t$, 其中对于 $0 \le j \le t$ 有 $0 \le d_j < m$. 我们首先构造 $x, x^2, x^3, \ldots, x^{m-1}$. (事实上, 只有当 d_j 出现在 n 的 m 进制表示中时, 相应的幂 x^{d_j} 才是需要的. 这个发现可以使我们节省一部分工作.) 然后计算 x^{d_0} 的 m 次方并乘以 x^{d_1}, 此时我们已经计算出 $y_1 = x^{d_0 m + d_1}$. 然后再计算 y_1 的 m 次方并乘以 x^{d_2}, 从而得到 $y_2 = x^{d_0 m^2 + d_1 m + d_2}$. 继续这个计算过程直至得到 $y_t = x^n$. 当 $d_j = 0$ 时当然没必要乘以 x^{d_j}. 当 $m = 2$ 时, 这个方法就归结为前面讨论的从左到右的二进制方法. 也有不太典型的从右到左的 m 进制方法, 它需要更多的存储空间而只增加少许计算步骤 (见习题 9). 如果 m 是比较小的素数, 那么利用, 式 4.6.2–(5), m 进制方法在计算一个多项式模另一个多项式的幂时特别高效, 其中我们将系数都看作模 m 意义下的数.

图 14 给出了对于所有不太大的 n 值 (特别地, 对于出现在实际应用问题中的大部分 n 值) 能达到最小乘法次数的系统方法. 在计算 x^n 的值时, 首先在这棵树上找到 n 的位置. 则从根结点到 n 所在位置的路径就标示了将会出现在计算 x^n 的高效算法中的指数序列. 习题 5 给出了生成这个 "幂树" 的规则. 计算机的测试表明对于所有出现在图中的 n 值, 幂树都可以达到最优的效果. 但对充分大的 n 值, 幂树方法并不总是最优的. 最小的几个例子是 $n = 77, 154, 233$. 幂树方法比二进制方法和因子方法表现都要好的第一个例子是 $n = 23$. 因子方法比幂树方法更好的第一个例子是 $n = 19879 = 103 \cdot 193$. 这样的例子非常稀少. (当 $n \le 100\,000$ 时, 幂树方法有 $88\,803$ 次比因子方法好, 两者持平的有 $11\,191$ 次, 只有 6 次是幂树方法更差.)

加法链. 寻找用乘法计算 x^n 的最经济的方法是一个有着非常有趣历史的数学问题. 接下来我们将具体介绍它, 不仅因为这个问题本身很经典而且有趣, 而且因为它是最优计算方法研究中出现的理论问题的一个非常好的例子.

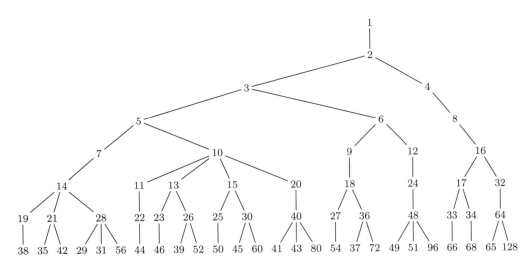

图 14 "幂树"

尽管我们考虑的是 x 的幂之间的乘法，但很容易将它转化为加法，因为指数之间是相加的。由这个性质可导出下面的抽象算法：n 的加法链是指整数序列

$$1 = a_0, \quad a_1, \quad a_2, \quad \ldots, \quad a_r = n. \tag{1}$$

它具有以下性质：对于所有 $i = 1, 2, \ldots, r$,

$$\text{存在 } k \le j < i \text{ 使得} \qquad a_i = a_j + a_k. \tag{2}$$

理解这个定义的一个角度是考虑一台简单的计算机，它带有一个累加器并能够做三种运算 LDA、STA 和 ADD。这台计算机先在累加器中存放数 1，然后不断将已经得到的结果相加以得到数 n。注意 a_1 必须等于 2，a_2 可以是 2, 3 或 4。

记 $l(n)$ 为存在的 n 的加法链的最短长度 r。于是 $l(1) = 0$，$l(2) = 1$，$l(3) = l(4) = 2$，等等。我们在本节余下部分的目标是尽可能多地了解函数 $l(n)$ 的性质。对比较小的 n，$l(n)$ 的值已经以树的形式标示在图 15 中，即对所有 $n \le 100$ 给出如何以最少的乘法次数计算 x^n 的值。

求 $l(n)$ 的值的问题应该是由伊波利特·德拉克在 1894 年首先提出的，而埃内斯特·容凯尔给出的一个部分解提到了因子方法 [见 L'*Intermédiaire des Mathématiciens* **1** (1894), 20, 162–164]。在解答中，容凯尔对所有素数 $p < 200$ 列出了他计算的 $l(p)$ 的值，但他的表格中对 $p = 107, 149, 163, 179, 199$ 的值都大了 1。

由因子方法可知

$$l(mn) \le l(m) + l(n), \tag{3}$$

因为我们可以取加法链 $1, a_1, \ldots, a_r = m$ 和 $1, b_1, \ldots, b_s = n$，并构造加法链 $1, a_1, \ldots, a_r, a_r b_1, \ldots, a_r b_s = mn$。

我们也可以将 m 进制方法加到加法链的术语中去。考虑 $m = 2^k$ 的情形，将 n 写成 m 进制的表示 $n = d_0 m^t + d_1 m^{t-1} + \cdots + d_t$。相应的加法链的形式为

$$
\begin{aligned}
&1, 2, 3, \ldots, m-2, m-1, \\
&\quad 2d_0, 4d_0, \ldots, md_0, md_0 + d_1, \\
&\qquad 2(md_0 + d_1), 4(md_0 + d_1), \ldots, m(md_0 + d_1), m^2 d_0 + md_1 + d_2, \\
&\qquad \ldots, \qquad m^t d_0 + m^{t-1} d_1 + \cdots + d_t.
\end{aligned}
\tag{4}
$$

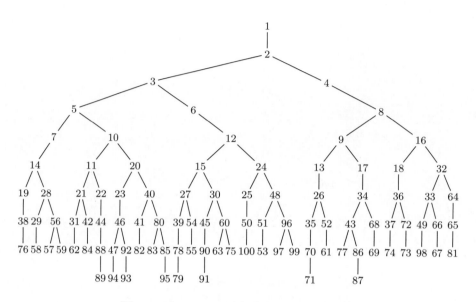

图 15　对 $n \le 100$ 可达到最少乘法次数的树

这条链的长度为 $m - 2 + (k+1)t$. 我们还可以划掉第一行中没有作为系数 d_j 的值的数字以及 $2d_0, 4d_0, \ldots$ 中已经在第一行出现过的数字, 从而简化这条链. 只要某个 d_j 等于零, 则显然其所在行的右端的步骤可以省略. 此外, 如果我们在计算中提早 e 步使用形如 $d_j/2^e$ 的数值, 则可以在第一行中划掉所有 (除了 2 以外的) 偶数. [见埃弗特·瓦泰尔和杰拉尔丁·詹森, *Math. Centrum Report* ZW1968-001 (1968), 第 18 页; 爱德华·瑟伯, *Duke Math. J.* **40** (1973), 907–913.]

　　m 进制方法的最简单情形就是二进制方法 ($m = 2$), 此时一般方案 (4) 简化为本节开头提到的 S 和 X 法则: $2n$ 的二进制加法链是 n 的二进制加法链后面跟着 $2n$, $2n+1$ 的二进制加法链则是 $2n$ 的加法链后面跟着 $2n+1$. 由二进制方法可得

$$l(2^{e_0} + 2^{e_1} + \cdots + 2^{e_t}) \le e_0 + t, \qquad \text{如果 } e_0 > e_1 > \cdots > e_t \ge 0. \tag{5}$$

为方便后面的讨论, 我们定义两个辅助函数:

$$\lambda(n) = \lfloor \lg n \rfloor, \tag{6}$$

$$\nu(n) = n \text{ 的二进制表示中数字 1 的个数}. \tag{7}$$

所以 $\lambda(17) = 4$, $\nu(17) = 2$. 这两个函数可以用以下递推关系定义:

$$\lambda(1) = 0, \qquad \lambda(2n) = \lambda(2n+1) = \lambda(n) + 1, \tag{8}$$

$$\nu(1) = 1, \qquad \nu(2n) = \nu(n), \qquad \nu(2n+1) = \nu(n) + 1. \tag{9}$$

根据这两个函数的性质, n 的二进制加法链恰好需要 $\lambda(n) + \nu(n) - 1$ 步, 且式 (5) 变为

$$l(n) \le \lambda(n) + \nu(n) - 1. \tag{10}$$

　　特殊类型的加法链. 不失一般性, 我们可以假设加法链是递增的,

$$1 = a_0 < a_1 < a_2 < \cdots < a_r = n. \tag{11}$$

因为如果两个 a_j 相等，则可以去掉其中一个. 而且我们还可以将序列 (1) 中的数按从小到大的顺序重新排列，并去掉大于 n 的数，而不破坏加法链的性质 (2). 从现在开始我们只考虑递增的加法链，而不再特别说明.

现在是时候定义几个与加法链有关的特殊概念了. 根据定义，对于 $1 \le i \le r$，存在 j 和 k 满足 $0 \le k \le j < i$，使得

$$a_i = a_j + a_k. \tag{12}$$

如果有多于一对 (j, k) 满足这个性质，则取 j 的值尽可能大. 如果 $j = k = i - 1$，则我们称 (11) 中的步骤 i 是翻倍步. 此时 a_i 的值是可以跟在链 $1, a_1, \dots, a_{i-1}$ 后面的最大的数值 $2a_{i-1}$. 如果 j（但 k 不必须）等于 $i - 1$，则称步骤 i 是星步. 星步的重要性将在后面解释. 最后，如果 $\lambda(a_i) = \lambda(a_{i-1})$，则称步骤 i 是小步. 由于 $a_{i-1} < a_i \le 2a_{i-1}$，所以 $\lambda(a_i)$ 的值要么等于 $\lambda(a_{i-1})$，要么等于 $\lambda(a_{i-1}) + 1$. 所以对任一条链 (11)，其长度 r 等于 $\lambda(n)$ 加上小步的个数.

这些类型的步骤之间有一些基本的关系：步骤 1 必定是翻倍步. 一个翻倍步显然必定是星步，且肯定不是小步. 一个翻倍步后面必定跟着一个星步. 此外，如果步骤 i 不是小步，则步骤 $i + 1$ 要么是小步要么是星步，也可以两者都是. 换一种方式说，如果步骤 $i + 1$ 既不是小步也不是星步，则步骤 i 一定是小步.

一个星链是完全由星步构成的加法链. 这意味着每个 a_i 都是 a_{i-1} 与 a_i 之前的某个 a_k 的和. 在一个星链中，我们前面在式 (2) 后面定义的简单"计算机"只需要使用两种运算 STA 和 ADD（不使用 LDA），因为序列中每个新的项都会用到累加器当前的数值. 到目前为止，我们讨论的大部分加法链都是星链. n 的星链的最短长度记为 $l^*(n)$. 显然

$$l(n) \le l^*(n). \tag{13}$$

我们现在已经准备好给出加法链的一些非平凡的结论了. 首先，我们可以证明如果 r 与 $\lambda(n)$ 相差不大，则存在相当多的翻倍步.

定理 A. 如果加法链 (11) 中包含 d 个翻倍步和 $f = r - d$ 个非翻倍步，则

$$n \le 2^{d-1} F_{f+3}. \tag{14}$$

证明. 对 $r = d + f$ 做归纳，我们首先知道 (14) 对 $r = 1$ 成立. 当 $r > 1$ 时有三种情况：如果步骤 r 是翻倍步，则 $\frac{1}{2} n = a_{r-1} \le 2^{d-2} F_{f+3}$，从而 (14) 成立；如果步骤 r 和 $r-1$ 都不是翻倍步，则 $a_{r-1} \le 2^{d-1} F_{f+2}$ 且 $a_{r-2} \le 2^{d-1} F_{f+1}$，所以由斐波那契序列的定义得 $n = a_r \le a_{r-1} + a_{r-2} \le 2^{d-1}(F_{f+2} + F_{f+1}) = 2^{d-1} F_{f+3}$；最后，如果 r 不是翻倍步而 $r-1$ 是翻倍步，则 $a_{r-2} \le 2^{d-2} F_{f+2}$ 且 $n = a_r \le a_{r-1} + a_{r-2} = 3a_{r-2}$，于是 $2F_{f+3} - 3F_{f+2} = F_{f+1} - F_f \ge 0$. 所以在所有情形下都有 $n \le 2^{d-1} F_{f+3}$. ∎

我们使用的证明方法表明，不等式 (14) 在所给假设下是"可能达到的最佳估计". 加法链

$$1, 2, \dots, 2^{d-1}, 2^{d-1} F_3, 2^{d-1} F_4, \dots, 2^{d-1} F_{f+3} \tag{15}$$

中包含 d 个翻倍步和 f 个非翻倍步.

推论 A. 如果加法链 (11) 中包含 f 个非翻倍步和 s 个小步，则

$$s \le f \le 3.271s. \tag{16}$$

证明. 显然 $s \le f$. 由于 $d + f = \lambda(n) + s$ 且当 $f \ge 0$ 时 $F_{f+3} \le 2\phi^f$，所以 $2^{\lambda(n)} \le n \le 2^{d-1} F_{f+3} \le 2^d \phi^f = 2^{\lambda(n)+s} (\phi/2)^f$. 于是 $0 \le s \ln 2 + f \ln(\phi/2)$，从而由 $\ln 2 / \ln(2/\phi) \approx 3.2706$ 可得 (16). ∎

当 n 取特殊值时 $l(n)$ 的值. 由归纳法容易证明 $a_i \leq 2^i$, 所以对任意加法链 (11) 有 $\lg n \leq r$. 因此

$$l(n) \geq \lceil \lg n \rceil. \tag{17}$$

利用这个下界和二进制方法给出的上界 (10) 可推导出

$$l(2^A) = A, \tag{18}$$

$$l(2^A + 2^B) = A + 1, \qquad \text{如果 } A > B. \tag{19}$$

换句话说, 当 $\nu(n) \leq 2$ 时二进制方法是最优的. 通过进一步的计算, 我们可将这个公式推广到 $\nu(n) = 3$ 的情形.

定理 B. $\qquad\qquad l(2^A + 2^B + 2^C) = A + 2, \qquad \text{如果 } A > B > C. \tag{20}$

证明. 事实上, 我们可以证明一个在本节后续部分用得上的更强的结论: 如果一个加法链恰好包含一个小步, 则它必然属于以下六种类型之一 (其中所有用 "..." 表示的步骤都是指翻倍步):

类型 1. $1, \ldots, 2^A, 2^A + 2^B, \ldots, 2^{A+C} + 2^{B+C}$; $A > B \geq 0$, $C \geq 0$.

类型 2. $1, \ldots, 2^A, 2^A + 2^B, 2^{A+1} + 2^B, \ldots, 2^{A+C+1} + 2^{B+C}$; $A > B \geq 0$, $C \geq 0$.

类型 3. $1, \ldots, 2^A, 2^A + 2^{A-1}, 2^{A+1} + 2^{A-1}, 2^{A+2}, \ldots, 2^{A+C}$; $A > 0$, $C \geq 2$.

类型 4. $1, \ldots, 2^A, 2^A + 2^{A-1}, 2^{A+1} + 2^A, 2^{A+2}, \ldots, 2^{A+C}$; $A > 0$, $C \geq 2$.

类型 5. $1, \ldots, 2^A, 2^A + 2^{A-1}, \ldots, 2^{A+C} + 2^{A+C-1}, 2^{A+C+1} + 2^{A+C-2}, \ldots, 2^{A+C+D+1} + 2^{A+C+D-2}$; $A > 0$, $C > 0$, $D \geq 0$.

类型 6. $1, \ldots, 2^A, 2^A + 2^B, 2^{A+1}, \ldots, 2^{A+C}$; $A > B \geq 0$, $C \geq 1$.

直接用手算可以证明这六种类型涵盖了所有可能性. 由推论 A, 当只有一个小步时最多可以有三个非翻倍步, 这个最大值只在类型 3 的序列中达到. 当 $B < A-1$ 时除了类型 6 以外都是星链.

我们注意到 $l(2^A + 2^B + 2^C) \leq A + 2$, 另一方面, 由于这六种类型都不满足 $\nu(n) > 2$, 所以 $l(2^A + 2^B + 2^C)$ 必定大于 $A + 1$, 从而定理得证. ∎

(容凯尔在 1894 年不加证明地宣布, 当 $\nu(n) > 2$ 时有 $l(n) \geq \lambda(n) + 2$. 第一个对定理 B 的证明由安东尼·焦亚、马图古马里·萨巴劳和曼特里·萨古南姆马发表在 *Duke Math. J.* **29** (1962), 481–487.)

当 $A > B > C > D$ 时, $l(2^A + 2^B + 2^C + 2^D)$ 的计算更加困难一些. 由二进制方法可知它最多等于 $A + 3$, 又由定理 B 的证明可知它至少是 $A + 2$. $A + 2$ 这个数值是有可能达到的, 因为我们知道二进制方法在 $n = 15$ 和 $n = 23$ 时不是最优的. 接下来将看到对 $\nu(n) = 4$ 的完整刻画.

定理 C. 在以下四种情形下 $l(2^A + 2^B + 2^C + 2^D) = A + 2$, 其中 $A > B > C > D$:

情形 1. $A - B = C - D$. (例子: $n = 15$.)

情形 2. $A - B = C - D + 1$. (例子: $n = 23$.)

情形 3. $A - B = 3$, $C - D = 1$. (例子: $n = 39$.)

情形 4. $A - B = 5$, $B - C = C - D = 1$. (例子: $n = 135$.)

对于其他的 n 值, 只要 $\nu(n) \geq 4$ 就有 $l(n) \geq \lambda(n) + 3$.

证明. 当 $l(n) = \lambda(n) + 2$ 时，存在 n 的加法链，其中只包含两个小步. 这样的加法链以定理 B 的证明中所列的六种加法链类型中的一种开始，后面跟着一个小步，再跟着由非小步构成的序列. 我们称 n 是"特殊"的，如果 $n = 2^A + 2^B + 2^C + 2^D$，其中 A, B, C, D 满足本定理所列的四种情形之一. 利用习题 13 中给出的方法，我们可以对每个特殊的 n 找到所需形式的加法链. 因此只需证明，除非 a_i 是特殊的，恰好包含两个小步的加法链都不含使得 $\nu(a_i) \geq 4$ 的元素.

如果一个加法链恰好包含两个小步，使得 $\nu(a_r) \geq 4$ 且 a_r 不是特殊的，则称之为"反例链". 如果存在反例链，则设 $1 = a_0 < a_1 < \cdots < a_r = n$ 为其中长度最短的一个反例链. 则步骤 r 不是小步，因为定理 B 的证明中所列的六种类型的加法链后面都不能跟着使得 $\nu(n) \geq 4$ 的小步，除非 n 是特殊的. 此外，步骤 r 也不会是翻倍步，因为这样一来 $a_0, \ldots, a_{r-1}$ 就会是一个更短的反例链了. 步骤 r 应该是一个星步，否则 $a_0, \ldots, a_{r-2}, a_r$ 就会是一个更短的反例链. 所以

$$a_r = a_{r-1} + a_{r-k}, \qquad k \geq 2; \qquad 且 \ \lambda(a_r) = \lambda(a_{r-1}) + 1. \qquad (21)$$

设 c 是用算法 4.3.1A 在二进制表示下将 a_{r-1} 与 a_{r-k} 相加时进位的次数. 利用基本关系式

$$\nu(a_r) = \nu(a_{r-1}) + \nu(a_{r-k}) - c, \qquad (22)$$

我们可以证明步骤 $r-1$ 不是小步（见习题 14）.

设 $m = \lambda(a_{r-1})$. 由于步骤 r 和 $r-1$ 都不是小步，所以 $c \geq 2$. 而且只有当 $a_{r-1} \geq 2^m + 2^{m-1}$ 时才有 $c = 2$.

现在假设 $r-1$ 不是星步. 则 $r-2$ 是小步，且 $a_0, \ldots, a_{r-3}, a_{r-1}$ 是只包含一个小步的加法链. 所以 $\nu(a_{r-1}) \leq 2$ 且 $\nu(a_{r-2}) \leq 4$. 于是关系式 (22) 只有当 $\nu(a_r) = 4$, $\nu(a_{r-1}) = 2$, $k = 2$, $c = 2$, $\nu(a_{r-2}) = 4$ 时才成立. 由 $c = 2$ 可知 $a_{r-1} = 2^m + 2^{m-1}$. 所以 $a_0, a_1, \ldots, a_{r-3} = 2^{m-1} + 2^{m-2}$ 是只包含一个小步的加法链，从而必定属于类型 1，于是 a_r 属于情形 3. 所以 $r-1$ 是星步.

现在假设对某个 t 有 $a_{r-1} = 2^t a_{r-k}$. 如果 $\nu(a_{r-1}) \leq 3$，则由 (22) 得 $c = 2$, $k = 2$, 于是 a_r 必定属于情形 3. 另一方面，如果 $\nu(a_{r-1}) = 4$ 则 a_{r-1} 是特殊的，于是通过考虑所有可能的情形可以证明 a_r 也属于四种情形之一.（例如当 $a_{r-1} = 90$, $a_{r-k} = 45$ 或 $a_{r-1} = 120$, $a_{r-k} = 15$ 时是情形 4.）所以我们可以得出结论，对任意 t, $a_{r-1} \neq 2^t a_{r-k}$.

我们已经证明了存在 $q \geq 2$ 使得 $a_{r-1} = a_{r-2} + a_{r-q}$. 如果 $k = 2$，则 $q > 2$ 且 $a_0, a_1, \ldots, a_{r-2}, 2a_{r-2}, 2a_{r-2} + a_{r-q} = a_r$ 是一个反例链，其中 $k > 2$. 因此我们可以假设 $k > 2$.

现在我们假设 $\lambda(a_{r-k}) = m - 1$. 按照习题 14 的办法，用类似的推导过程可以排除 $\lambda(a_{r-k}) < m - 1$ 的情形. 如果 $k = 4$，则 $r-2$ 和 $r-3$ 都是小步. 所以 $a_{r-4} = 2^{m-1}$, 且 (22) 不可能成立. 所以 $k = 3$. 于是 $r-2$ 是小步，$\nu(a_{r-3}) = 2$, $c = 2$, $a_{r-1} \geq 2^m + 2^{m-1}$ 且 $\nu(a_{r-1}) = 4$. 将 a_{r-2} 与 $a_{r-1} - a_{r-2}$ 相加时至少会有 2 次进位. 所以 $\nu(a_{r-2}) = 4$, 且 a_{r-2}（是特殊的，且不小于 $\frac{1}{2} a_{r-1}$）可写成 $2^{m-1} + 2^{m-2} + 2^{d+1} + 2^d$ 的形式，其中 d 是某个整数. 综上所述，a_{r-1} 不是 $2^m + 2^{m-1} + 2^{d+1} + 2^d$ 就是 $2^m + 2^{m-1} + 2^{d+2} + 2^{d+1}$ 的形式，在两种情形下都有 $a_{r-3} = 2^{m-1} + 2^{m-2}$, 所以 a_r 属于情形 3. ∎

瑟伯推广了定理 C [*Pacific J. Math.* **49** (1973), 229–242]，他证明了当 $\nu(n) > 8$ 时有 $l(n) \geq \lambda(n) + 4$. 一般地，我们似乎可以合理地猜想 $l(n) \geq \lambda(n) + \lg \nu(n)$，因为舍恩哈格已经非常接近于证明这个结论了（见习题 28）.

*渐近值. 定理 C 表明，当 $\nu(n) > 4$ 时，对比较大的 n 要得到 $l(n)$ 的精确值很可能是非常困难的. 然而，我们可以得到 $n \to \infty$ 时的极限的渐近性质.

定理 D. ［阿尔弗雷德·布劳尔，*Bull. Amer. Math. Soc.* **45** (1939), 736–739. ］

$$\lim_{n\to\infty} l^*(n)/\lambda(n) = \lim_{n\to\infty} l(n)/\lambda(n) = 1. \tag{23}$$

证明. 如果我们将 2^k 进制方法的加法链 (4) 中出现 2 次的元素都划掉第二个，则所得到的加法链是一个星链. 事实上，如果 a_i 是第二行 $2d_0, 4d_0, \ldots$ 的元素中第一个没在第一行出现过的元素，则 $a_i \le 2(m-1)$. 所以存在第一行的某个元素 a_j 使得 $a_i = (m-1) + a_j$. 将各行的长度加起来，可知

$$\lambda(n) \le l(n) \le l^*(n) < (1 + 1/k)\lg n + 2^k \tag{24}$$

对所有 $k \ge 1$ 成立. 如果我们选择，比如说 $k = \lfloor \frac{1}{2}\lg\lambda(n)\rfloor$，即可得定理的结论. ∎

如果对比较大的 n，我们在 (24) 中取 $k = \lambda\lambda(n) - 2\lambda\lambda\lambda(n)$，其中 $\lambda\lambda(n)$ 表示 $\lambda(\lambda(n))$，则可得到更好的渐近上界

$$l(n) \le l^*(n) \le \lambda(n) + \lambda(n)/\lambda\lambda(n) + O\big(\lambda(n)\lambda\lambda\lambda(n)/\lambda\lambda(n)^2\big). \tag{25}$$

第二项 $\lambda(n)/\lambda\lambda(n)$ 基本上是可由 (24) 得到的最佳结果了. 通过对下界进行更深入的分析，我们会发现这个项 $\lambda(n)/\lambda\lambda(n)$ 其实是 (25) 中非常本质的部分. 为了说明这一点，我们考虑下面的结论.

定理 E. ［保罗·爱尔特希，*Acta Arithmetica* **6** (1960), 77–81 ］设 ϵ 是正实数. 存在某个 $\alpha < 2$，使得对所有适当大的 m，具有性质

$$\lambda(n) = m, \qquad r \le m + (1-\epsilon)m/\lambda(m) \tag{26}$$

的加法链 (11) 的个数小于 α^m.（换句话说，对于比较大的 m，短到使得 (26) 成立的加法链的个数明显小于使得 $\lambda(n) = m$ 的 n 的个数.）

证明. 我们需要估计可能的加法链的个数，为此我们的第一个目标是改进定理 A，以便能够更好地处理非翻倍步.

引理 P. 设 $\delta < \sqrt{2} - 1$ 是固定的正实数. 我们称加法链中的步骤 i 为"迷你步"，如果它不是翻倍步且存在 j 满足 $0 \le j < i$ 使得 $a_i < a_j(1+\delta)^{i-j}$. 如果加法链中包含 s 个小步和 t 个迷你步，则

$$t \le s/(1-\theta), \qquad 其中 \ (1+\delta)^2 = 2^\theta. \tag{27}$$

证明. 对每个迷你步 i_k, $1 \le k \le t$，存在 $j_k < i_k$ 使得 $a_{i_k} < a_{j_k}(1+\delta)^{i_k - j_k}$. 记 $I_1, \ldots, I_t$ 为区间 $(j_1 .. i_1], \ldots, (j_t .. i_t]$，其中记号 $(j .. i]$ 表示所有满足 $j < k \le i$ 的整数 k 的集合. 我们可以（见习题 17）找到互不相交的区间 $J_1, \ldots, J_h = (j_1' .. i_1'], \ldots, (j_h' .. i_h']$，使得

$$\begin{aligned} I_1 \cup \cdots \cup I_t &= J_1 \cup \cdots \cup J_h, \\ a_{i_k'} < a_{j_k'}(1+\delta)^{2(i_k' - j_k')}, &\qquad 对于 \ 1 \le k \le h. \end{aligned} \tag{28}$$

于是对所有在区间 $J_1, \ldots, J_h$ 之外的步骤 i 都有 $a_i \le 2a_{i-1}$. 因此，如果取

$$q = (i_1' - j_1') + \cdots + (i_h' - j_h'),$$

则有

$$2^{\lambda(n)} \le n \le 2^{r-q}(1+\delta)^{2q} = 2^{\lambda(n)+s-(1-\theta)q} \le 2^{\lambda(n)+s-(1-\theta)t}. \qquad ∎$$

现在回到定理 E 的证明. 让我们选择 $\delta = 2^{\epsilon/4} - 1$, 并将每个加法链的 r 个步骤分为三类:

$$t \text{ 个迷你步}, \qquad u \text{ 个翻倍步}, \qquad v \text{ 个其他类型的步骤}, \qquad t+u+v = r. \tag{29}$$

如果采用另一种计数方式, 加法链中有 s 个小步, 其中 $s+m=r$. 由假设条件以及定理 A 和引理 P, 我们得到下面的关系式

$$s \le (1-\epsilon)m/\lambda(m), \qquad t+v \le 3.271s, \qquad t \le s/(1-\epsilon/2). \tag{30}$$

给定满足这些关系的 s, t, u, v, 一共有

$$\binom{r}{t, u, v} = \binom{r}{t+v}\binom{t+v}{v} \tag{31}$$

种方式将加法链中的各个步骤设定为指定的类型. 任取其中一种安排好的方式, 我们来考虑如何选择非迷你步: 如果步骤 i 是 (29) 中的 "其他类型" 的步骤之一, 则 $a_i \ge (1+\delta)a_{i-1}$, 从而 $a_i = a_j + a_k$, 其中 $\delta a_{i-1} \le a_k \le a_j \le a_{i-1}$. 另一方面 $a_j \le a_i/(1+\delta)^{i-j} \le 2a_{i-1}/(1+\delta)^{i-j}$, 所以 $\delta \le 2/(1+\delta)^{i-j}$. 从而 j 最多有 β 种选择方式, 其中 β 是仅依赖于 δ 的常数. 此外 k 也最多有 β 种选择方式, 所以对每个非迷你步, 选择 j 和 k 的方式最多为

$$\beta^{2v}. \tag{32}$$

最后, 一旦对每个非迷你步选定了 j 和 k, 我们只有小于

$$\binom{r^2}{t} \tag{33}$$

种对迷你步选择 j 和 k 的方式: 我们有小于 (33) 种方式在 $0 \le k_h \le j_h < r$ 范围内选择 t 对不同的指标 $(j_1, k_1), \ldots, (j_t, k_t)$. 继而, 对每个迷你步 i, 我们选择一对指标 (j_h, k_h) 满足

(a) $j_h < i$.

(b) $a_{j_h} + a_{k_h}$ 在所有的还没为更小的迷你步 i 选择的指标对中是最小的.

(c) $a_i = a_{j_h} + a_{k_h}$ 满足迷你步的定义.

如果不存在这样的指标对 (j_h, k_h), 则得不到任何加法链. 另一方面, 各个迷你步在指定位置上的任一加法链都可以用上面所述的其中一种方式给出, 所以 (33) 是总选择方式的上界.

综上所述, 满足 (26) 的所有加法链的个数的上界等于 (31) 乘以 (32) 乘以 (33) 然后对所有满足条件的 s, t, u, v 求和. 于是利用对这些函数的非常标准的估计 (见习题 18) 就可以完成定理 E 的证明. ∎

推论 E. 对几乎所有 n, $l(n)$ 的值近似于 $\lambda(n) + \lambda(n)/\lambda\lambda(n)$. 更确切地说, 存在一个函数 $f(n)$ 使得当 $n \to \infty$ 时有 $f(n) \to 0$, 并且

$$\Pr\big(\,|l(n) - \lambda(n) - \lambda(n)/\lambda\lambda(n)| \ge f(n)\lambda(n)/\lambda\lambda(n)\,\big) = 0. \tag{34}$$

(概率Pr 的定义见 3.5 节.)

证明. 由 (25) 可知, 将 (34) 中的绝对值符号去掉后所得等式是成立的. 可由定理 E 给出式中的下界, 具体来说, 我们可取 $f(n)$ 使其衰减到零的速度足够慢, 从而当 $f(n) \le \epsilon$ 时, N 的值大到最多有 ϵN 个 $n \le N$ 满足 $l(n) \le \lambda(n) + (1-\epsilon)\lambda(n)/\lambda\lambda(n)$. ∎

*星链. 乐观的人认为, 假设 $l(n) = l^*(n)$ 是合理的. 给定一个具有最短长度 $l(n)$ 的加法链, 很难让人相信无法找到一个具有相同长度且满足 (表面上看起来不是太苛刻的) 星链条件的加法链. 然而在 1958 年, 沃尔特·汉森证明了一个非凡的定理, 表明当 n 大到一定程度时, $l(n)$ 的值会严格小于 $l^*(n)$. 他同时还证明了几个我们接下来要探讨的相关的定理.

汉森的定理开始于对星链的具体结构的研究. 设 $n = 2^{e_0} + 2^{e_1} + \cdots + 2^{e_t}$, 其中 $e_0 > e_1 > \cdots > e_t \geq 0$, 又设 $1 = a_0 < a_1 < \cdots < a_r = n$ 是 n 的一个星链. 如果在此链中有 d 个翻倍步, 则定义辅助序列

$$0 = d_0 \leq d_1 \leq d_2 \leq \cdots \leq d_r = d, \qquad (35)$$

其中 d_i 是前 i 步 $1, 2, \ldots, i$ 中翻倍步的个数. 我们还要定义一个"多重集"的序列 $S_0, S_1, \ldots, S_r$, 用于记录链中 2 的幂. (多重集是一个类似于集合的数学概念, 但是它可以包含重复的元素. 一个对象可以作为元素在多重集中出现多次, 并且其重数也是重要的量. 在习题 19 中有常见的多重集的例子.) 多重集 S_i 按以下规则定义:

(a) $S_0 = \{0\}$.

(b) 如果 $a_{i+1} = 2a_i$, 则 $S_{i+1} = S_i + 1 = \{x+1 \mid x \in S_i\}$.

(c) 如果 $a_{i+1} = a_i + a_k$, $k < i$, 则 $S_{i+1} = S_i \uplus S_k$.

(符号 $\uplus$ 表示将多重集合并, 其元素的重数也将相加.) 由这个定义得

$$a_i = \sum_{x \in S_i} 2^x, \qquad (36)$$

其中求和式中的项不一定是互异的. 特别地,

$$n = 2^{e_0} + 2^{e_1} + \cdots + 2^{e_t} = \sum_{x \in S_r} 2^x. \qquad (37)$$

后一个求和式中的项数不超过 2^f, 其中 $f = r - d$ 是非翻倍步的数目.

由于在 (37) 中 n 有两个不同的二进制表示, 我们可以将多重集 S_r 进一步拆分为多重集 $M_0, M_1, \ldots, M_t$, 使得

$$2^{e_j} = \sum_{x \in M_j} 2^x, \qquad 0 \leq j \leq t. \qquad (38)$$

具体来说, 我们可将 S_r 的元素按非减的顺序排列为 $x_1 \leq x_2 \leq \cdots$, 然后令 $M_t = \{x_1, x_2, \ldots, x_k\}$, 其中 $2^{x_1} + \cdots + 2^{x_k} = 2^{e_t}$. 这肯定是可以做到的, 因为 e_t 是所有 e_i 中最小的. 类似地, 令 $M_{t-1} = \{x_{k+1}, x_{k+2}, \ldots, x_{k'}\}$, 等等. 这个过程很容易用二进制记号演示出来. 下面是一个例子.

设 M_j 包含 m_j 个元素(计算重数). 由于 S_r 最多有 2^f 个元素, 并被拆分为 $t+1$ 个非空多重集, 所以 $m_j \leq 2^f - t$. 由等式 (38) 可知

$$e_j \geq x > e_j - m_j, \qquad \text{所有 } x \in M_j. \qquad (39)$$

最后, 我们通过构造记录 M_j 的变化过程的多重集 M_{ij} 来完成对星链的结构的分析. 多重集 S_i 按以下方式拆分成 $t+1$ 个多重集:

(a) $M_{rj} = M_j$.

(b) 如果 $a_{i+1} = 2a_i$, 则 $M_{ij} = M_{(i+1)j} - 1 = \{x-1 \mid x \in M_{(i+1)j}\}$.

(c) 如果 $a_{i+1} = a_i + a_k$, $k < i$, 则(由于 $S_{i+1} = S_i \uplus S_k$)定义 M_{ij} 为 $M_{(i+1)j}$ 减去 S_k, 也就是将 S_k 的元素从 $M_{(i+1)j}$ 中去掉后得到的集合. 如果 S_k 的某个元素在几个不同的多重集 $M_{(i+1)j}$ 中都出现了, 则从下标 j 最大的那个集合中去掉. 对固定的 i, 以上规则可对每个 j 唯一地定义 M_{ij}.

由以上定义得

$$e_j + d_i - d \geq x > e_j + d_i - d - m_j, \qquad \text{对于所有 } x \in M_{ij}. \tag{40}$$

作为这一具体构造方式的一个例子, 我们考虑星链 $1, 2, 3, 5, 10, 20, 23$, 其中 $t = 3$, $r = 6$, $d = 3$, $f = 3$. 我们得到下面的多重集阵列:

$(d_0, d_1, \ldots, d_6):$	0	1	1	1	2	3	3
$(a_0, a_1, \ldots, a_6):$	1	2	3	5	10	20	23
$(M_{03}, M_{13}, \ldots, M_{63}):$							0
$(M_{02}, M_{12}, \ldots, M_{62}):$							1
$(M_{01}, M_{11}, \ldots, M_{61}):$			0	0	1	2	2
$(M_{00}, M_{10}, \ldots, M_{60}):$	0	1	1	1	2	3	3
			1		2	3	3

$M_3 \quad e_3 = 0, \quad m_3 = 1$
$M_2 \quad e_2 = 1, \quad m_2 = 1$
$M_1 \quad e_1 = 2, \quad m_1 = 1$
$M_0 \quad e_0 = 4, \quad m_0 = 2$

$S_0 \quad S_1 \quad S_2 \quad S_3 \quad S_4 \quad S_5 \quad S_6$

于是 $M_{40} = \{2, 2\}$, 等等. 由构造方式可知 d_i 是 S_i 的最大元素, 所以

$$d_i \in M_{i0}. \tag{41}$$

这个结构的最重要的部分来自等式 (40). 它的直接结论之一如下.

引理 K. 如果 M_{ij} 和 M_{uv} 都包含整数 x, 则

$$-m_v < (e_j - e_v) - (d_u - d_i) < m_j. \qquad \blacksquare \tag{42}$$

尽管引理 K 的结论看起来不是那么强, 然而它告诉我们 (当 m_j 和 m_v 都不是太大且 M_{ij} 和 M_{uv} 有公共元素时) 在 u 步和 i 步之间的翻倍步的个数约等于指数 e_v 和 e_j 的差. 这在一定程度上刻画了加法链的性质, 而且启发我们去证明一个类似于前面定理 B 的结论, 即当各个指数 e_j 之间相距足够远时, 有 $l^*(n) = e_0 + t$. 下面这个定理表明这确实是可以证明的.

定理 H. [汉森, *Crelle* **202** (1959), 129–136] 设 $n = 2^{e_0} + 2^{e_1} + \cdots + 2^{e_t}$, $e_0 > e_1 > \cdots > e_t \geq 0$. 如果

$$e_0 > 2e_1 + 2.271(t-1) \qquad \text{且} \qquad e_{i-1} \geq e_i + 2m \quad 1 \leq i \leq t, \tag{43}$$

其中 $m = 2^{\lfloor 3.271(t-1) \rfloor} - t$, 则 $l^*(n) = e_0 + t$.

证明. 我们可以假设 $t > 2$, 这是因为当 $t \leq 2$ 时, 定理的结论不需要对 e_i 作任何限制就成立. 假设存在 n 的星链 $1 = a_0 < a_1 < \cdots < a_r = n$, 其中 $r \leq e_0 + t - 1$. 假设按照上面所定义的记号, 整数 $d, f, d_0, \ldots, d_r$ 以及多重集 M_j, S_i, M_{ij} 刻画了这个链的结构. 根据推论 A, 我们知道 $f \leq \lfloor 3.271(t-1) \rfloor$. 所以 m 的值是每个多重集 M_j 的元素数目 m_j 的名副其实的上界.

在和式

$$a_i = \left(\sum_{x \in M_{i0}} 2^x \right) + \left(\sum_{x \in M_{i1}} 2^x \right) + \cdots + \left(\sum_{x \in M_{it}} 2^x \right),$$

中, 由于各个 e_i 之间相隔很远, 所以如果设想求和过程是在二进制数系中进行, 则在求和时肯定不会发生从对应于 M_{ij} 的项到对应于 $M_{i(j-1)}$ 的项的进位. (见式 (40).) 特别地, 对 $j \neq 0$ 的项的求和不会发生进位从而影响到 $j = 0$ 的项. 所以

$$a_i \geq \sum_{x \in M_{i0}} 2^x \geq 2^{\lambda(a_i)}, \qquad 0 \leq i \leq r. \tag{44}$$

为证明定理 H, 我们将证明在某种意义上 n 的 t 个额外的幂必须"每次一个"地放进来, 从而需要找到一种方式去了解这些项中的每一个是在哪一步进入加法链的.

设 j 为介于 1 和 t 之间的数. 由于 M_{0j} 是空集而 $M_{rj} = M_j$ 不是空集, 所以我们可以搜寻到使 M_{ij} 不是空集的第一个步骤 i.

根据 M_{ij} 的定义方式, 我们知道步骤 i 不是翻倍步: 因为存在某个 $u < i-1$ 使得 $a_i = a_{i-1} + a_u$. 我们还知道 M_{ij} 的所有元素都是 S_u 的元素. 我们将要证明 a_u 相对于 a_i 肯定是比较小的.

设 x_j 是 M_{ij} 的一个元素. 则由于 $x_j \in S_u$, 所以存在某个 v 使得 $x_j \in M_{uv}$. 从而

$$d_i - d_u > m, \tag{45}$$

即在步骤 u 和 i 之间至少有 $m+1$ 个翻倍步. 事实上, 如果 $d_i - d_u \le m$, 则引理 K 告诉我们 $|e_j - e_v| < 2m$. 因此 $v = j$. 但这是不可能的, 因为按照我们选择步骤 i 的方式, M_{uj} 应该是空集.

S_u 的所有元素都不大于 $e_1 + d_i - d$. 这是因为如果 $x \in S_u \subseteq S_i$ 且 $x > e_1 + d_i - d$, 则由 (40) 得 $x \in M_{u0}$ 且 $x \in M_{i0}$. 所以由引理 K 推导出 $|d_i - d_u| < m$, 与 (45) 矛盾. 事实上, 刚才的推导证明了 M_{i0} 与 S_u 没有公共元素, 所以 $M_{(i-1)0} = M_{i0}$. 由 (44) 知 $a_{i-1} \ge 2^{\lambda(a_i)}$, 所以步骤 i 是小步.

现在我们可以推导出可能在整个证明中是最关键的结论了: S_u 的所有元素都属于 M_{u0}. 如果不是这样的话, 则设 x 是 S_u 的一个元素且 $x \notin M_{u0}$. 由于 $x \ge 0$, 由 (40) 可得 $e_1 \ge d - d_u$, 所以

$$e_0 = f + d - s \le 2.271s + d \le 2.271(t-1) + e_1 + d_u.$$

于是由假设条件 (43) 推导出 $d_u > e_1$. 然而由 (41) 得 $d_u \in S_u$, 所以它不可能属于 M_{i0}, 所以 $d_u \le e_1 + d_i - d \le e_1$, 矛盾.

回过头来看 M_{ij} 的元素 x_j. 已知 $x_j \in M_{uv}$, 而且我们已经证明了 $v = 0$. 所以, 再次利用 (40) 得

$$e_0 + d_u - d \ge x_j > e_0 + d_u - d - m_0. \tag{46}$$

对每个 $j = 1, 2, \ldots, t$, 我们已经找到了对应的 x_j 满足 (46), 而且确定了一个小步 i 使得项 2^{e_j} 已经进入了加法链. 当 $j \ne j'$ 时, 我们所找到的步骤 i 不会与 j 或 j' 相同. 这是因为由 (46) 知 $|x_j - x_{j'}| < m$, 而由于 e_j 和 $e_{j'}$ 相隔很远, 所以 M_{ij} 和 $M_{ij'}$ 的元素至少有多于 m 个是不同的. 所以我们被迫得出加法链至少包含 t 个小步的结论, 而这又导致矛盾. ∎

定理 F (汉森).

$$l(2^A + xy) \le A + \nu(x) + \nu(y) - 1, \qquad \text{如果 } \lambda(x) + \lambda(y) \le A. \tag{47}$$

证明. 我们可以将二进制方法和因子方法相结合以构造加法链 (它通常不会是星链). 设 $x = 2^{x_1} + \cdots + 2^{x_u}$, $y = 2^{y_1} + \cdots + 2^{y_v}$, 其中 $x_1 > \cdots > x_u \ge 0$ 且 $y_1 > \cdots > y_v \ge 0$.

这个加法链的最开始几个步骤是 2 的相继的幂, 一直到 2^{A-y_1} 为止. 我们将 $2^{x_{u-1}} + 2^{x_u}$, $2^{x_{u-2}} + 2^{x_{u-1}} + 2^{x_u}$, ..., 以及 x 插入适当的位置, 以构成以 $2^{A-y_i} + x(2^{y_1-y_i} + \cdots + 2^{y_{i-1}-y_i})$ 作为结尾的链. 接着我们再加上 x 并将所得的结果翻倍, 如此反复 $y_i - y_{i+1}$ 次, 得到

$$2^{A-y_{i+1}} + x(2^{y_1-y_{i+1}} + \cdots + 2^{y_i-y_{i+1}}).$$

如果我们对 $i = 1, 2, \ldots, v$ 完成以上构造过程, 为方便起见设 $y_{v+1} = 0$, 则可得到所期望的 $2^A + xy$ 的加法链. ∎

　　　由于定理 H 对某些情形给出了 $l^*(n)$ 的确切的值，因此我们可以利用定理 F 找到满足 $l(n) < l^*(n)$ 的 n 的值. 例如，设 $x = 2^{1016} + 1$，$y = 2^{2032} + 1$，

$$n = 2^{6103} + xy = 2^{6103} + 2^{3048} + 2^{2032} + 2^{1016} + 1.$$

根据定理 F，我们有 $l(n) \le 6106$. 另一方面，在定理 H 中取 $m = 508$，可以证明 $l^*(n) = 6107$.

　　　通过大量的计算机计算，我们知道 $n = 12\,509$ 是最小的满足 $l(n) < l^*(n)$ 的数. 对于这个 n 值，我们找不到和序列 1, 2, 4, 8, 16, 17, 32, 64, 128, 256, 512, 1024, 1041, 2082, 4164, 8328, 8345, 12\,509 一样短的星链. 满足 $\nu(n) = 5$ 且 $l(n) \ne l^*(n)$ 的最小的 n 是 $16\,537 = 2^{14} + 9 \cdot 17$ （见习题 15）.

　　　扬 · 莱文推广了定理 H [*Crelle* **295** (1977), 202–207]. 他证明了当指数 $e_0 > \cdots > e_t$ 相距足够远时，对任意给定的 $k \ge 1$，有

$$l^*(k2^{e_0}) + t \le l^*(kn) \le l^*(k2^{e_t}) + e_0 - e_t + t.$$

　　　若干猜想. 尽管最初看起来猜想 $l(n) = l^*(n)$ 是合理的，然而我们现在已经知道这是错误的. 另一个貌似成立的猜想是 $l(2n) = l(n) + 1$ [这个猜想首先由阿希尔 · 古拉尔给出，而且据说由容凯尔在 L'*Interméd. des Math.* **2** (1895)，125–126 中"证明"]. 由于翻倍步是非常有效的，因此似乎不太可能存在比在 n 的最短的加法链后加上一个翻倍步所得的链更短的 $2n$ 的加法链了. 然而计算机的计算告诉我们这个猜想仍然是错误的，因为 $l(191) = l(382) = 11$. （我们不难找到 382 的长度为 11 的星链，例如，1, 2, 4, 5, 9, 14, 23, 46, 92, 184, 198, 382. 满足 $l(n) = 11$ 的最小的数是 191，不过手工证明 $l(191) > 10$ 似乎不是一件容易的事. 我利用计算机生成的证明中包括了对 102 种不同情形的详细检验，并且用到了一种回溯技巧，我们将在 7.2.2 节简单介绍这种技巧. ）满足 $l(2n) = l(n)$ 的四个最小的数值是 $n = 191, 701, 743, 1111$. 瑟伯在 *Pacific J. Math.* **49** (1973)，229–242 中证明了其中的第三个数属于一个无穷数族，其中的数都可以写成 $23 \cdot 2^k + 7$，$k \ge 5$ 的形式. 尼尔 · 克利夫特在 2007 年发现当 $n = 30\,958\,077$ 时 $l(n) = l(2n) = l(4n) = 31$. 而在 2008 年，他又令人震惊地发现当 $n = 375\,494\,703$ 时 $l(n) > l(2n) = 34$. 凯文 · 赫布证明了对任意给定的不是 2 的幂次的 m，$l(n) - l(mn)$ 可以任意地大 [*Notices Amer. Math. Soc.* **21** (1974)，A–294]. 满足 $l(n) > l(mn)$ 的最小的例子是 $l((2^{13} + 1)/3) = 15$.

　　　记 $c(r)$ 为满足 $l(n) = r$ 的最小的 n 值. 对于以下面的数值作为开头的 n 的序列，求 $l(n)$ 的数值似乎是最困难的：

r	$c(r)$	r	$c(r)$	r	$c(r)$	r	$c(r)$
1	2	11	191	21	65\,131	31	25\,450\,463
2	3	12	379	22	110\,591	32	46\,444\,543
3	5	13	607	23	196\,591	33	89\,209\,343
4	7	14	1\,087	24	357\,887	34	155\,691\,199
5	11	15	1\,903	25	685\,951	35	298\,695\,487
6	19	16	3\,583	26	1\,176\,431	36	550\,040\,063
7	29	17	6\,271	27	2\,211\,837	37	994\,660\,991
8	47	18	11\,231	28	4\,169\,527	38	1\,886\,023\,151
9	71	19	18\,287	29	7\,624\,319	39	3\,502\,562\,143
10	127	20	34\,303	30	14\,143\,037		

当 $r \le 11$ 时，$c(r)$ 的值近似等于 $c(r-1) + c(r-2)$，这引发不少人推测 $c(r)$ 会像函数 ϕ^r 那样增长. 然而我们由定理 D 的结论（取 $n = c(r)$）可推导出当 $r \to \infty$ 时 $r/\lg c(r) \to 1$. 对于

$r > 18$，这里列出的数值都是由阿基姆·弗拉门坎普计算得到的，除了其中 $c(24)$ 是首先由丹尼尔·布莱肯巴切给出，$c(29)$ 到 $c(39)$ 则由克利夫特给出. 弗拉门坎普注意到当 $10 \le r \le 39$ 时，$c(r)$ 的值可由公式 $2^r \exp(-\theta r / \lg r)$ 很好地近似，其中 θ 的值很接近 $\ln 2$. 这与 (25) 给出的上界吻合得很好. 曾经有好些人根据因子方法猜测 $c(r)$ 的值肯定是素数. 然而 $c(15)$, $c(18)$ 和 $c(21)$ 都可以被 11 整除. 也许没有哪个关于加法链的猜想是安全的！

如果将 $l(n)$ 的值列成表格，就会发现这个函数极其光滑. 例如，对 $1125 \le n \le 1148$ 范围内的 n 都有 $l(n) = 13$. 计算机的计算告诉我们，当 $2 \le n \le 1000$ 时，$l(n)$ 的值可以利用公式

$$l(n) = \min(l(n-1) + 1, l_n) - \delta_n \tag{48}$$

给出，其中当 n 是素数时 $l_n = \infty$，否则 $l_n = l(p) + l(n/p)$，其中 p 是可以整除 n 的最小素数. 当 n 取表 1 中的值时 $\delta_n = 1$，否则 $\delta_n = 0$.

表 1 有特殊加法链的 n 值

23	163	229	319	371	413	453	553	599	645	707	741	813	849	903
43	165	233	323	373	419	455	557	611	659	709	749	825	863	905
59	179	281	347	377	421	457	561	619	667	711	759	835	869	923
77	203	283	349	381	423	479	569	623	669	713	779	837	887	941
83	211	293	355	382	429	503	571	631	677	715	787	839	893	947
107	213	311	359	395	437	509	573	637	683	717	803	841	899	955
149	227	317	367	403	451	551	581	643	691	739	809	845	901	983

记 $d(r)$ 为方程 $l(n) = r$ 的解 n 的个数. 下面的表格列出了弗拉门坎普和克利夫特给出的这个函数的开头的一些数值：

r	$d(r)$	r	$d(r)$	r	$d(r)$	r	$d(r)$	r	$d(r)$	r	$d(r)$
1	1	6	15	11	246	16	4 490	21	90 371	26	1 896 704
2	2	7	26	12	432	17	8 170	22	165 432	27	3 501 029
3	3	8	44	13	772	18	14 866	23	303 475	28	6 465 774
4	5	9	78	14	1 382	19	27 128	24	558 275	29	11 947 258
5	9	10	136	15	2 481	20	49 544	25	1 028 508	30	22 087 489

$d(r)$ 无疑是关于 r 的递增函数，但这个看起来极其简单的结论却无法找到一个简明的方法去证明，更不用说对比较大的 r 值给出 $d(r)$ 的渐近增长形态了.

关于加法链，仍未解决的最著名的问题是肖尔茨-布劳尔猜想，它断言

$$l(2^n - 1) \le n - 1 + l(n). \tag{49}$$

注意 $2^n - 1$ 是二进制方法表现最差的情形，因为 $\nu(2^n - 1) = n$. 瑟伯说明了这种情形下的一些值，包括 $n = 32$，实际上可以手算验证 [*Discrete Math.* **16** (1976), 279–289]. 克利夫特 [*Computing* **91** (2011), 265–284] 用计算机所做的计算表明，对于 $1 \le n \le 64$，$l(2^n - 1)$ 恰好等于 $n - 1 + l(n)$. 阿诺尔德·肖尔茨在 1937 年（用德语）创造了"加法链"这个名称并把 (49) 作为一个问题提出来 [*Jahresbericht der Deutschen Mathematiker-Vereinigung,* Abteilung II, **47** (1937), 41–42]. 布劳尔在 1939 年证明了

$$l^*(2^n - 1) \le n - 1 + l^*(n). \tag{50}$$

由汉森定理可知 $l(n)$ 有可能小于 $l^*(n)$，因此为证明或证伪 (49)，进行更多的研究工作是完全必要的. 作为这个研究方向上的一个阶段，汉森定义了 l^0-链的概念，它介于 l-链和 l^*-链

"之间". 在 l^0-链中有些元素加了下划线. 它要满足的条件是 $a_i = a_j + a_k$, 其中 a_j 是小于 a_i 的最大的带下划线的元素.

作为 l^0-链的一个例子 (当然不是最简单的一个), 我们考虑

$$\underline{1}, \underline{2}, \underline{4}, 5, \underline{8}, 10, 12, \underline{18}. \tag{51}$$

容易验证其中任意一个元素与在它之前的最大的带下划线的元素之差也在链中. 我们记 $l^0(n)$ 为 n 的 l^0-链的最短长度. 显然有 $l(n) \le l^0(n) \le l^*(n)$.

汉森指出在定理 F 中构造的链是一个 l^0-链 (见习题 22). 他还给出了下面的对不等式 (50) 的改进结果.

定理 G. $l^0(2^n - 1) \le n - 1 + l^0(n)$.

证明. 设 $1 = a_0, a_1, \ldots, a_r = n$ 是 n 的最短 l^0-链, 而 $1 = b_0, b_1, \ldots, b_t = n$ 是其中的带下划线元素构成的子序列. (我们不妨假设 n 本身是带下划线的.) 则可按下面的步骤得到 $2^n - 1$ 的一个 l^0-链:

(a) 加入 $l^0(n) + 1$ 个数 $2^{a_i} - 1$, $0 \le i \le r$, 这些数带下划线当且仅当 a_i 带下划线.

(b) 加入 $2^i(2^{b_j} - 1)$, $0 \le j < t$, $0 < i \le b_{j+1} - b_j$, 这些数都带下划线. (总共 $b_1 - b_0 + \cdots + b_t - b_{t-1} = n - 1$ 个数.)

(c) 将 (a) 和 (b) 中的数按增序排列.

我们容易验证所得到的是一个 l^0-链: (b) 中的数都是 (a) 或 (b) 中的另一个数的两倍, 而且这个数就是前一个带下划线的数. 事实上, 如果 $a_i = b_j + a_k$, 其中 b_j 是小于 a_i 的最大的带下划线的元素, 则 $a_k = a_i - b_j \le b_{j+1} - b_j$, 所以 $2^{a_k}(2^{b_j} - 1) = 2^{a_i} - 2^{a_k}$ 出现在链中, 而且是 $2^{a_i} - 1$ 前面最后一个带下划线的数. 由于 $2^{a_i} - 1$ 可写成 $(2^{a_i} - 2^{a_k}) + (2^{a_k} - 1)$, 而这两个数都出现在链中, 所以我们得到的是一个 l^0-链. ∎

在定理 G 中得到的对应于 (51) 的链是

$\underline{1}, \underline{2}, \underline{3}, \underline{6}, \underline{12}, \underline{15}, \underline{30}, 31, \underline{60}, \underline{120}, \underline{240}, \underline{255}, \underline{510}, \underline{1020}, 1023, \underline{2040},$
$\underline{4080}, 4095, \underline{8160}, \underline{16320}, \underline{32640}, \underline{65280}, \underline{130560}, \underline{261120}, 262143.$

克利夫特进行的计算表明, 当 $n = 5\,784\,689$ 时 $l(n) < l^0(n)$ (见习题 42). 这是可能推翻不等式 (49) 的最小的数.

图表示. 加法链 (1) 以一种自然的方式与有向图相对应, 其中对于 $0 \le i \le r$, 顶点标记为 a_i. 为表示 (2) 中的每个步骤 $a_i = a_j + a_k$, 我们画弧从 a_j 指向 a_i 以及从 a_k 指向 a_i. 例如, 在图 15 中出现的加法链 1, 2, 3, 6, 12, 15, 27, 39, 78, 79 对应于有向图

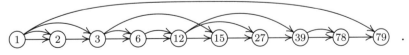

如果 $a_i = a_j + a_k$ 对于多个下标对 (j, k) 成立, 在构造有向图时我们固定取其中一对 j 和 k.

一般而言, 在这样的有向图中, 除了第一个顶点外, 其他的顶点都恰好被两条弧指向. 然而这实际上不是这种图真正重要的性质, 因为它掩盖了一个事实, 即很多不同的加法链可能实质上是等价的. 如果某个顶点的出度为 1, 我们只会在后面的一个步骤中用到它, 于是后面的这个步骤其实是三个步骤之和 $a_j + a_k + a_m$, 而这个和式可按不同的相加方式写成 $(a_j + a_k) + a_m$ 或 $a_j + (a_k + a_m)$ 或 $a_k + (a_j + a_m)$. 这三种方式本来是没有区别的, 但按照加法链的相关规

定, 我们不得不将它们区分开来. 为避免出现这样的冗余, 我们只需去掉所有出度为 1 的顶点, 然后将来自它的前驱的弧附加到它的后继. 例如, 上面的有向图经过这样的处理后将变为

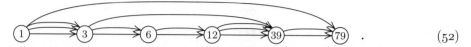

$$(52)$$

我们也可以去掉那些出度为 0 的顶点, 因为这样的顶点对应于加法链中没有用处的步骤. 当然, 最后一个顶点 a_r 是不能去掉的.

通过这种处理方式, 每个加法链都可以导出一个有向图, 其中包含一个"源"顶点(标记为 1)和一个"汇"顶点(标记为 n). 除了源顶点外所有顶点的入度都不小于 2, 除了汇顶点外, 所有顶点的出度都不小于 2. 反之, 任何这样不含有向环的有向图都对应着至少一个加法链, 因为我们可以对顶点进行拓扑排序, 为每个入度 $d > 0$ 的顶点写出 $d - 1$ 个加法步骤. 去掉无用的步骤后的加法链的长度可以通过约简后的有向图重新构造出来. 它是

$$(\text{弧的数目}) - (\text{顶点的数目}) + 1,\qquad (53)$$

因为去掉一个出度为 1 的顶点的同时也会删掉一条弧.

我们称两个加法链等价, 如果它们导出的约简后的有向图相同. 例如, 加法链 1, 2, 3, 6, 12, 15, 24, 39, 40, 79 等价于我们这个子节开始时给出的加法链, 因为它也导出 (52). 这个例子表明一个非星链可以与一个星链等价. 一个加法链等价于一个星链当且仅当其约简后的有向图只能用一种方式进行拓扑排序.

这种图表示的一个重要性质是由尼古拉斯·皮彭格尔指出的: 每个顶点的标记恰好等于由源顶点到该顶点的有向路径的数目. 所以, 求 n 的最优加法链的问题等价于, 对所有有一个源顶点和一个汇顶点, 且从源顶点到汇顶点有 n 条有向路径的有向图, 求 (53) 的最小值.

利用有向图的对称性, 我们可得到上面刻画的一个令人吃惊的推论. 如果我们改变所有弧的方向, 则源顶点和汇顶点正好互换位置, 所得到的有向图对应于关于同一个 n 的加法链构成的集合. 这些加法链与初始的加法链有相同的长度 (53). 例如, 如果我们将 (52) 中的箭头改为从右向左, 并且根据从最右边的顶点出发的路径的数目重新标记各个顶点, 则得到

$$(54)$$

对应于这个约简后的有向图的一个星链为

$$1, 2, 4, 6, 12, 24, 26, 52, 78, 79.$$

我们称之为初始加法链的对偶.

习题 39 和 40 讨论了这种图表示的重要性质以及对偶原理.

习题

1. [15] 当算法 A 结束时 Z 的值是多少?

2. [24] 为算法 A 写一个 MIX 程序, 对给定的整数 n 和 x 计算 $x^n \bmod w$, 其中 w 是字大小. 假设 MIX 计算机中有 4.5.2 节中提到的 SRB、JAE 等二进制运算指令. 再写一个程序, 用串行方式(即不断乘以 x)计算 $x^n \bmod w$, 并比较这两个程序的运行时间.

▶ **3.** [22] 如何用下列方法计算 x^{975}? (a) 二进制方法. (b) 三进制方法. (c) 四进制方法. (d) 因子方法.

4. [M20] 找一个 n 的值, 使得八进制(2^3-进制)方法比二进制方法所用的乘法次数少 10 次.

▶ **5.** [*24*] 图 14 给出了"幂树"的前八层. 假设幂树的前 k 层已经构造好, 则它的第 $k+1$ 层按下面的方式定义: 在第 k 层中从左到右依次取每一个结点 n, 然后在它下方增加以下结点

$$n+1, \, n+a_1, \, n+a_2, \, \ldots, \, n+a_{k-1}=2n$$

（按照上面列举的顺序）, 其中 $1, a_1, a_2, \ldots, a_{k-1}$ 是从树的根节结点到 n 的路径. 但在上面列举的新增结点中还要去掉前面已经出现过的数.

设计一个高效算法以构造幂树的前 $r+1$ 层结点. [提示: 利用两个结点集合 LINKU[j], LINKR[j], $0 \leq j \leq 2^r$. 如果 j 是出现在树中的数, 这两个结点集分别是从 j 出发向上和向右伸展的结点.]

6. [*M26*] 如果我们稍微修改一下习题 5 中对幂树的定义, 使得在 n 下方的结点不是按递增顺序, 而是按递减顺序排列, 即

$$n+a_{k-1}, \, \ldots, \, n+a_2, \, n+a_1, \, n+1,$$

则我们得到的树的前 5 层为

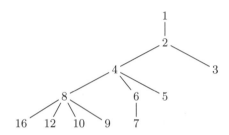

说明这个树给出了一个计算 x^n 的方法, 其所需的乘法次数恰好与二进制方法相同. 由此可知它不如幂树好, 尽管它们所用的构造方法是几乎完全一样的.

7. [*M21*] 证明存在无穷多个 n 值

a) 使得因子方法比二进制方法好.

b) 使得二进制方法比因子方法好.

c) 使得幂树方法比二进制方法和因子方法都要好.

（这里的"更好"的方法在计算 x^n 时使用更少次数的乘法.）

8. [*M21*] 证明在计算 x^n 时, 幂树方法（习题 5）所用的乘法次数一定不会比二进制方法多.

▶ **9.** [*25*] 设计一个类似于算法 A 但以 $m=2^e$ 为基数的求幂算法. 你的方法应当使用大约 $\lg n + \nu + m$ 次乘法, 其中 ν 是 n 的 m 进制表示中非零数字的个数.

10. [*10*] 图 15 中的树对所有 $n \leq 100$ 给出了一种以最少的乘法次数计算 x^n 的方法. 怎样在计算机中只用 100 个内存位置方便地存储这个树?

▶ **11.** [*M26*] 图 15 中的树描述了加法链 $a_0, a_1, \ldots, a_r$, 其中对所有在链中出现的 a_i 有 $l(a_i) = i$. 请对 $n = 43$ 和 $n = 77$ 找出 n 的所有满足这个性质的加法链. 证明所有像图 15 中那样的树要么包含路径 1, 2, 4, 8, 9, 17, 34, 43, 77, 要么包含路径 1, 2, 4, 8, 9, 17, 34, 68, 77.

12. [*M10*] 是否有可能将图 15 中所示的树扩展为无穷大的树, 可以对所有正整数 n 给出计算 x^n 的最少乘法次数的方法?

13. [*M21*] 对定理 C 中所列的四种情形各找一个长度为 $A+2$ 的星链的例子. （从而在定理 C 中将 l 改为 l^*, 其结论仍然成立. ）

14. [*M29*] 通过证明下面两个结论以完成定理 C 的证明: (a) 步骤 $r-1$ 不是小步. (b) 当 $m = \lambda(a_{r-1})$ 时 $\lambda(a_{r-k})$ 不能小于 $m-1$.

15. [*M43*] 写一个计算机程序推广定理 C, 刻画所有满足 $l(n) = \lambda(n) + 3$ 的 n, 以及所有满足 $l^*(n) = \lambda(n) + 3$ 的 n.

16. [*HM15*] 说明不能简单地由二进制方法就推出定理 D 成立. 如果记 $l^B(n)$ 为由二进制 S-X 方法生成的 n 的加法链的长度，则当 $n \to \infty$ 时比值 $l^B(n)/\lambda(n)$ 没有极限.

17. [*M25*] 说明如何寻找引理 P 的证明中所需的区间 $J_1, \ldots, J_h$.

18. [*HM24*] 设 β 为正的常数. 证明存在 $\alpha < 2$ 使得对充分大的 m 有

$$\sum \binom{m+s}{t+v}\binom{t+v}{v}\beta^{2v}\binom{(m+s)^2}{t} < \alpha^m,$$

其中求和是对所有满足 (30) 的 s, t, v 进行.

19. [*M23*] "多重集"与普通的集合很像，只不过同一个元素可以在多重集中出现有限多次. 如果 A 和 B 都是多重集，我们按以下方式定义新的多重集 $A \uplus B$、$A \cup B$ 和 $A \cap B$：如果一个元素在 A 中出现 a 次，在 B 中出现 b 次，那么它在 $A \uplus B$ 中将出现 $a+b$ 次，在 $A \cup B$ 中将出现 $\max(a,b)$ 次，在 $A \cap B$ 中将出现 $\min(a,b)$ 次.（普通的"集合"可以看作其元素最多出现一次的多重集. 如果 A 和 B 都是普通的集合，那么 $A \cup B$ 和 $A \cap B$ 也都是普通的集合，而本习题中的定义与普通的集合的并运算和交运算是相同的.）

(a) 正整数 n 的素因数分解可看作一个多重集 N，其元素都是素数，且 $\prod_{p \in N} p = n$. 由于所有正整数都可以唯一分解为素数的乘积，所以在全体正整数与元素为素数的全体有限多重集之间可以建立一一对应关系. 例如，如果 $n = 2^2 \cdot 3^3 \cdot 17$，则对应的多重集为 $N = \{2,2,3,3,3,17\}$. 如果 M 和 N 分别为对应于 m 和 n 的多重集，那么对应于 $\gcd(m,n)$、$\text{lcm}(m,n)$ 和 mn 的多重集分别是什么？

(b) 复数域上的每个首一多项式 $f(z)$ 自然地对应于由它的"根"构成的多重集 F. 显然有 $f(z) = \prod_{\zeta \in F}(z - \zeta)$. 如果 $f(z)$ 和 $g(z)$ 是分别对应于复数的有限多重集 F 和 G 的多项式，那么对应于 $F \uplus G$、$F \cup G$ 和 $F \cap G$ 的多项式分别是什么？

(c) 尽你所能找出多重集关于三种运算 $\uplus$、$\cup$ 和 $\cap$ 的各种有趣的恒等式.

20. [*M20*] 对于 (a) 类型 3, (b) 类型 5 的星链，在汉森的结构分解中出现的序列 S_i 和 M_{ij}（$0 \le i \le r$, $0 \le j \le t$）分别是什么？（在定理 B 的证明中定义了六种"类型".）

▶ **21.** [*M26*]（汉森）设 q 为任意正整数. 找出满足 $l(n) \le l^*(n) - q$ 的一个 n 值.

22. [*M20*] 证明在定理 F 的证明中构造的加法链是一个 l^0-链.

23. [*M20*] 证明布劳尔不等式 (50).

▶ **24.** [*M22*] 推广定理 G 的证明以证明 $l^0((B^n-1)/(B-1)) \le (n-1)l^0(B) + l^0(n)$ 对所有整数 $B > 1$ 成立. 证明 $l(2^{mn}-1) \le l(2^m-1) + mn - m + l^0(n)$.

25. [*20*] 设分数 y（$0 < y < 1$）在二进制数系中的表示为 $y = (0.d_1 \ldots d_k)_2$. 设计一个算法，可以利用乘法和平方根运算来求 x^y 的值.

▶ **26.** [*M25*] 设计一个高效的算法，对很大的整数 n 和 m，模 m 计算第 n 个斐波那契数 F_n.

27. [*M23*]（弗拉门坎普）使得 n 的所有加法链都包含至少八个小步的最小的 n 是多少？

28. [*HM33*]（舍恩哈格）本习题的目的是对不等式 $l(n) \ge \lambda(n) + \lg \nu(n) - O(\log\log(\nu(n)+1))$ 给出一个很短的证明.

(a) 设 $x = (x_k \ldots x_0.x_{-1} \ldots)_2$ 和 $y = (y_k \ldots y_0.y_{-1} \ldots)_2$ 是以二进制表示的实数. 如果对所有 j 都有 $x_j \le y_j$，则记为 $x \subseteq y$. 请给出一个简单的法则用以构造具有以下性质的最小的数 z：只要 $x' \subseteq x$ 且 $y' \subseteq y$，就有 $x' + y' \subseteq z$. 记这个数 z 为 $x \nabla y$. 证明 $\nu(x \nabla y) \le \nu(x) + \nu(y)$.

(b) 给定加法链 (11)，其中 $r = l(n)$. 按照 (35) 定义序列 $d_0, d_1, \ldots, d_r$，并且按以下规则定义序列 $A_0, A_1, \ldots, A_r$：$A_0 = 1$. 如果 $a_i = 2a_{i-1}$，则 $A_i = 2A_{i-1}$. 否则，应该存在 $0 \le k \le j < i$ 使得 $a_i = a_j + a_k$，则令 $A_i = A_{i-1}\nabla(A_{i-1}/2^{d_j-d_k})$. 证明这个序列"覆盖"了给定的链，即对任意 $0 \le i \le r$，$a_i \subseteq A_i$.

(c) 设 δ 为正整数（后面再对它取值）. 如果 $d_j - d_k \ge \delta$，则称非翻倍步 $a_i = a_j + a_k$ 为"婴儿步"，否则称为"密步". 令 $B_0 = 1$. 如果 $a_i = 2a_{i-1}$，则 $B_i = 2B_{i-1}$. 如果 $a_i = a_j + a_k$ 是婴儿步，则令

$B_i = B_{i-1} \nabla (B_{i-1}/2^{d_j - d_k})$. 在其余情形下令 $B_i = \rho(2B_{i-1})$. 其中 $\rho(x)$ 的值是取使得 $x/2^e \subseteq y$ 对所有 $0 \le e \le \delta$ 成立的最小的 y. 证明对任意 $0 \le i \le r$, $A_i \subseteq B_i$ 且 $\nu(B_i) \le (1 + \delta c_i)2^{b_i}$, 其中 b_i 和 c_i 分别为 $\le i$ 的婴儿步和密步的个数. [提示: 证明 B_i 中的 1 依次构成长度 $\ge 1 + \delta c_i$ 的块.]

(d) 我们现在已经得到 $l(n) = r + b_r + c_r + d_r$ 和 $\nu(n) \le \nu(B_r) \le (1 + \delta c_r)2^{b_r}$. 说明如何选择 δ 的值以推导出本习题开始时所列的不等式. [提示: 见 (16), 并注意到 $n \le 2^r \alpha^{b_r}$ 对依赖于 δ 的某个 $\alpha < 1$ 成立.]

29. [M49] (肯尼思·斯托尔斯基, 1969) $\nu(n) \le 2^{l(n) - \lambda(n)}$ 对所有正整数 n 都成立吗? (如果这是对的, 那么就有下界 $l(2^n - 1) \ge n - 1 + \lceil \lg n \rceil$. 见 (17) 和 (49).)

30. [20] 设一个加减法链以规则 $a_i = a_j \pm a_k$ 代替 (2). 此时正文中提到的虚拟计算机多了一个新的操作码 SUB. (在实际应用中, 这对应于用乘法和除法求 x^n 的值.) 找出某个 n 的加减法链, 它包含的步数少于 $l(n)$.

31. [M46] (莱默) 考虑对给定的小的正 "权" ϵ 在加法链 (1) 中极小化 $\epsilon q + (r - q)$ 的问题, 其中 q 是满足 $a_i = a_{i-1} + 1$ 的 "简单" 步骤的数目. (如果与 x 相乘的运算比一般的乘法运算更容易实现, 那么本习题所叙述的问题在对 x^n 求值的很多计算中更有实用意义. 见 4.6.2 节中的应用.)

32. [M30] (姚期智、姚储枫和葛立恒) 将加法链 (1) 中的每个步骤 $a_i = a_j + a_k$ 与 "成本" $a_j a_k$ 相关联. 证明对任意正整数 n, 左至右的二进制方法可以给出总成本最低的链.

33. [15] 有多少个长度为 9 的加法链, 约简后的有向图是 (52)?

34. [M23] $n = 2^{e_0} + \cdots + 2^{e_t}$ 的二进制加法链为 $1, 2, \ldots, 2^{e_0 - e_1}, 2^{e_0 - e_1} + 1, \ldots, 2^{e_0 - e_2} + 2^{e_1 - e_2}$, $2^{e_0 - e_2} + 2^{e_1 - e_2} + 1, \ldots, n$, 其中 $e_0 > \cdots > e_t \ge 0$. 这对应于本节开始时介绍的 S-X 方法, 而算法 A 对应于将两个序列 $(1, 2, 4, \ldots, 2^{e_0})$ 和 $(2^{e_{t-1}} + 2^{e_t}, 2^{e_{t-2}} + 2^{e_{t-1}} + 2^{e_t}, \ldots, n)$ 按增序排列所得到的加法链. 证明或证伪: 这些加法链中每个都是另一个的对偶.

35. [M27] 当 $e_0 > e_1 + 1$ 时, 对习题 34 所讨论的每个加法链, 有多少个不包含无用的步骤的加法链与之等价?

▶ **36.** [25] (斯特劳斯) 找出一种方法, 用不超过 $2\lambda(\max(n_1, n_2, \ldots, n_m)) + 2^m - m - 1$ 次乘法来计算一般单项式 $x_1^{n_1} x_2^{n_2} \ldots x_m^{n_m}$ 的值.

37. [HM30] (姚期智) 记 $l(n_1, \ldots, n_m)$ 为包含 m 个给定的数 $n_1 < \cdots < n_m$ 的最短加法链的长度. 证明 $l(n_1, \ldots, n_m) \le \lambda(n_m) + m\lambda(n_m)/\lambda\lambda(n_m) + O(\lambda(n_m)\lambda\lambda\lambda(n_m)/\lambda\lambda(n_m)^2)$, 从而推广 (25).

38. [M47] 若沿用习题 37 的记号, 当 $m \to \infty$ 时, $l(1, 4, 9, \ldots, m^2) - m$ 的渐近值是多少?

▶ **39.** [M25] (豪尔赫·奥利沃斯, 1979) 记 $l([n_1, n_2, \ldots, n_m])$ 为在习题 36 意义下对单项式 $x_1^{n_1} x_2^{n_2} \ldots x_m^{n_m}$ 求值所需的最少的乘法次数, 其中每个 n_i 都是正整数. 证明 $l([n_1, n_2, \ldots, n_m]) = l(n_1, n_2, \ldots, n_m) + m - 11$, 从而说明这个问题等价于习题 37 的问题. [提示: 考虑像 (52) 那样的有超过一个源顶点的有向图.]

▶ **40.** [M21] (奥利沃斯) 推广因子方法和定理 F, 证明

$$l(m_1 n_1 + \cdots + m_t n_t) \le l(m_1, \ldots, m_t) + l(n_1, \ldots, n_t) + t - 1,$$

其中记号 $l(n_1, \ldots, n_t)$ 已在习题 37 中定义.

41. [M40] (彼得·唐尼、梁捷安和拉维·塞西) 设 G 是由 n 个顶点 $\{1, \ldots, n\}$ 和 m 条边构成的连通图, 其中对所有 $1 \le j \le m$, 这些边连接 u_j 和 v_j. 证明对所有充分大的 A, 有 $l(1, 2, \ldots, 2^{An}, 2^{Au_1} + 2^{Av_1} + 1, \ldots, 2^{Au_m} + 2^{Av_m} + 1) = An + m + k$, 其中 k 是 G 的顶点覆盖 (顶点覆盖是 G 的顶点集的子集, 使得对 $1 \le j \le m$, u_j 和 v_j 其中之一属于该子集) 中顶点数的最小值.

42. [22] (克利夫特, 2005) 证明加法链 1, 2, 4, 8, 16, 32, 64, 65, 97, 128, 256, 353, 706, 1412, 2824, 5648, 11 296, 22 592, 45 184, 90 368, 180 736, 361 472, 361 537, 723 074, 1 446 148, 2 892 296, 5 784 592, 5 784 689 和它的对偶都不是 l^0-链.

43. [M50] $l(2^n - 1) \le n - 1 + l(n)$ 是否对所有整数 $n > 0$ 成立? 其中等号总是能成立吗?

4.6.4 多项式求值

由于我们已经掌握了对特殊的多项式 x^n 求值的有效方法，现在可以考虑对给定的 x 值计算 n 次多项式

$$u(x) = u_n x^n + u_{n-1} x^{n-1} + \cdots + u_1 x + u_0, \qquad u_n \neq 0, \tag{1}$$

的一般问题. 这是在实际应用中经常出现的问题.

在下面的讨论中，我们主要考虑如何使利用计算机进行多项式求值所需运算次数达到最小的问题，并大胆地假定所有的算术运算都是精确的. 对求多项式求值时通常使用不精确的浮点运算，而在计算中使用不同的计算步骤一般会给出不同的答案. 对计算可达到的精度的数值分析与所考虑的特定多项式的系数有关，这超出了本书的讨论范围. 读者在分析使用浮点运算进行任何计算过程的精度时都要非常小心. 在大多数情况下，我们介绍的方法从数值计算的角度看都是足够令人满意的，但还是可以找到表现比较糟糕的例子. ［见韦布·米勒，*SICOMP* **4** (1975), 97–107，其中包括了关于多项式快速求值的稳定性的文献综述，以及说明某些类型的快速算法不能保证某些类型的数值稳定性.］

在这一节中，我们都将变量 x 当作单个的数看待. 然而需要铭记在心的是，我们将要讨论的大部分方法对变量为多精度数、多项式、矩阵等大型数学对象同样是成立的. 在这些情况下，高效的公式甚至有更大的回报，特别是当我们能够减少乘法的次数时.

初学编程的人往往会直接按照多项式在教科书上的表示形式来求 (1) 的值：首先计算 $u_n x^n$，然后是 $u_{n-1} x^{n-1}, \ldots, u_1 x$，最后将 (1) 中的所有项加在一起. 然而如此一来，即使用上 4.6.3 节中求 x 的幂的快速算法，这个计算过程仍然会不必要地缓慢，除非几乎所有系数 u_k 都等于零. 如果所有系数都非零，则另一种方法是从右到左对 (1) 求值，即对 $k = 1, \ldots, n$ 先计算 x^k 的值然后计算 $u_k x^k + \cdots + u_0$. 这个计算过程包含 $2n-1$ 次乘法和 n 次加法，当然还需要其他一些指令用于存储和从内存中提取中间计算结果.

霍纳算法. 刚开始学习编程时，我们所学的内容中通常包括下面这个通过重新排序以对多项式 $u(x)$ 求值的优美方法：

$$u(x) = (\ldots (u_n x + u_{n-1}) x + \cdots) x + u_0. \tag{2}$$

从 u_n 开始，乘以 x，加上 u_{n-1}，再乘以 $x, \ldots$，乘以 x，再加上 u_0. 这种计算方式通常称为"霍纳算法". 我们在 4.4 节已经看到它如何应用于进制转换. 整个计算过程需要做 n 次乘法和 n 次加法，并且有多少个等于零的系数，就可以减少多少次加法. 此外，我们不需要存储中间结果，因为在计算过程中得到的数值总是马上就用来进行下一步计算.

威廉·霍纳在 19 世纪早期研究多项式求根问题时提出了这个算法［*Philosophical Transactions*, Royal Society of London **109** (1819), 308–335］. 由于他的求根算法非常有名［见朱利安·库利奇，*Mathematics of Great Amateurs* (Oxford, 1949)，第 15 章］，因而使得霍纳的名字与 (2) 联系在了一起. 但实际上，牛顿早在 150 多年前就使用了相同的思想. 例如，在他写作于 1669 年的名为 *De Analysi per Æquationes Infinitas* 的著名文章里，牛顿在描述后来被称为多项式求根的牛顿法的算法时，将多项式 $y^4 - 4y^3 + 5y^2 - 12y + 17$ 写成

$$\overline{\overline{y - 4 \times y : + 5 \times y : - 12 \times y : + 17}}$$

的形式. 这非常清晰地表达了 (2) 的思想，因为牛顿常常用横线和冒号来表达括号的意义. 在好几年的时间里，牛顿在他没有发表的手稿中都用到了这个思想.［见德里克·怀特赛德编辑的 *The Mathematical Papers of Isaac Newton*, **1** (1967), 490, 531; **2** (1968), 222.］事实上，早

在 13 世纪的中国，秦九韶就使用了与霍纳算法等价的方法［见三上义夫，*The Development of Mathematics in China and Japan* (1913), 73–77］.

人们已经提出了霍纳算法的几种推广形式. 我们首先考虑当 z 是复数而系数 u_k 是实数时计算 $u(z)$ 的值的问题. 特别地，设 $z = e^{i\theta} = \cos\theta + i\sin\theta$，则多项式 $u(z)$ 可用两个傅里叶级数来表示

$$(u_0 + u_1\cos\theta + \cdots + u_n\cos n\theta) + i(u_1\sin\theta + \cdots + u_n\sin n\theta).$$

复数的加法和乘法显然可以表示为一系列针对实数的标准运算：

实数 + 复数	需要	1 次加法
复数 + 复数	需要	2 次加法
实数 × 复数	需要	2 次乘法
复数 × 复数	需要	4 次乘法，2 次加法
	或者	3 次乘法，5 次加法

（见习题 41. 在这里减法也被认为是加法.）所以当 $z = x + iy$ 是复数时，用霍纳算法计算 $u(z)$ 的值需要 $4n - 2$ 次乘法和 $3n - 2$ 次加法，或者 $3n - 1$ 次乘法和 $6n - 5$ 次加法. 其实在这里我们可以节省 $2n - 4$ 次加法，因为每次都是乘以同一个数 z. 计算 $u(x + iy)$ 的另一个办法是令

$$a_1 = u_n, \qquad b_1 = u_{n-1}, \qquad r = x + x, \quad s = x^2 + y^2;$$
$$a_j = b_{j-1} + ra_{j-1}, \quad b_j = u_{n-j} - sa_{j-1}, \qquad 1 < j \le n. \tag{3}$$

则容易用归纳法证明 $u(z) = za_n + b_n$. 这个方案［*BIT* **5** (1965), 142. 也见杰拉尔德·戈策尔，*AMM* **65** (1958), 34–35］只需要 $2n + 2$ 次乘法和 $2n + 1$ 次加法，所以当 $n \ge 3$ 时它比霍纳算法更好. 对于傅里叶级数，即 $z = e^{i\theta}$，我们取 $s = 1$，所以乘法次数减少为 $n + 1$. 这个故事告诉我们，好的程序员不会不加分析地使用高级编程语言的内置复数运算功能.

下面考虑用算法 4.6.1D 将 $u(x)$ 除以 $x - x_0$ 以得到 $u(x) = (x - x_0)q(x) + r(x)$ 的计算过程. 在这里 $\deg(r) < 1$，所以 $r(x)$ 是与 x 无关的常数，且 $u(x_0) = 0 \cdot q(x_0) + r = r$. 如果查看这个做除法的过程，我们发现它与用霍纳算法计算 $u(x_0)$ 的过程基本上一样. 类似地，如果我们用 $u(z)$ 除以 $(z - z_0)(z - \bar z_0) = z^2 - 2x_0 z + x_0^2 + y_0^2$，相应的计算过程与 (3) 一样. 计算结果为 $u(z) = (z - z_0)(z - \bar z_0)q(z) + a_n z + b_n$，所以 $u(z_0) = a_n z_0 + b_n$.

一般地，如果我们用 $u(x)$ 除以 $f(x)$ 得到 $u(x) = f(x)q(x) + r(x)$，且 $f(x_0) = 0$，则 $u(x_0) = r(x_0)$. 这个发现可以导出对霍纳算法的进一步推广. 例如，我们可以取 $f(x) = x^2 - x_0^2$，从而得到"二阶"霍纳算法

$$u(x) = (\ldots (u_{2\lfloor n/2 \rfloor} x^2 + u_{2\lfloor n/2 \rfloor - 2}) x^2 + \cdots) x^2 + u_0$$
$$+ ((\ldots (u_{2\lceil n/2 \rceil - 1} x^2 + u_{2\lceil n/2 \rceil - 3}) x^2 + \cdots) x^2 + u_1) x. \tag{4}$$

二阶算法需要 $n + 1$ 次乘法和 n 次加法（见习题 5）. 所以，从计算复杂度的角度看它并不比霍纳算法更好. 然而至少在两种情形下 (4) 是有用的：如果我们要同时求 $u(x)$ 和 $u(-x)$，这个方法只需要再做一次加法就可以得到 $u(-x)$ 的值. 也就是说，计算两个数值的代价与一个数几乎一样. 此外，如果我们有能够做并行计算的计算机，则 (4) 中的两行可以分别独立计算，从而节省大约一半的时间.

如果我们的计算机允许一次在 k 个运算单元上做并行计算，则应使用"k 阶"霍纳算法（用 $f(x) = x^k - x_0^k$ 以类似的方式导出）. 另一个针对并行计算的引人注目的方法是由杰拉尔德·埃

斯特林提出的［*Proc. Western Joint Computing Conf.* **17** (1960), 33–40］. 对 $n = 7$, 埃斯特林的方法为

处理器 1	处理器 2	处理器 3	处理器 4	处理器 5
$a_1 = u_7 x + u_6$	$b_1 = u_5 x + u_4$	$c_1 = u_3 x + u_2$	$d_1 = u_1 x + u_0$	x^2
$a_2 = a_1 x^2 + b_1$		$c_2 = c_1 x^2 + d_1$		x^4
$a_3 = a_2 x^4 + c_2$				

这里 $a_3 = u(x)$. 然而, 威廉·多恩做的一个有趣的分析指出［*IBM J. Res. and Devel.* **6** (1962), 239–245］, 如果各个运算单元访问的内存每次只能与一个处理器通信, 则这些方法未必比二阶算法更好.

多项式值列表. 如果我们期望通过一系列的运算求一个 n 次多项式在很多个点上的值（即如果我们想计算 $u(x_0)$, $u(x_0 + h)$, $u(x_0 + 2h)$, ... 的值）, 则除了最开始的几步运算, 后面都只需要做加法. 事实上, 如果我们任取一组数 $(\alpha_0, \alpha_1, \ldots, \alpha_n)$, 然后做变换

$$\alpha_0 \leftarrow \alpha_0 + \alpha_1, \quad \alpha_1 \leftarrow \alpha_1 + \alpha_2, \quad \ldots, \quad \alpha_{n-1} \leftarrow \alpha_{n-1} + \alpha_n, \tag{5}$$

则如此反复 k 次后得到

$$\alpha_j^{(k)} = \binom{k}{0} \beta_j + \binom{k}{1} \beta_{j+1} + \binom{k}{2} \beta_{j+2} + \cdots, \qquad 0 \le j \le n,$$

其中 β_j 是 α_j 的初值, 对 $j > n$ 我们取 $\beta_j = 0$. 显然

$$\alpha_0^{(k)} = \binom{k}{0} \beta_0 + \binom{k}{1} \beta_1 + \cdots + \binom{k}{n} \beta_n \tag{6}$$

是关于 k 的 n 次多项式. 如果像习题 7 那样适当选择 β_j 的值, 那么对任意 k, $\alpha_0^{(k)}$ 恰好是所期望的 $u(x_0 + kh)$ 的值. 换句话说, 利用 (5) 每做 n 次加法, 就可以得到给定多项式在下一个位置的函数值.

警告: 在多次重复执行 (5) 后舍入误差会逐渐积累起来. α_j 的误差会导致计算的多项式的项 $x^0, \ldots, x^j$ 的系数的误差. 所以在多次迭代后应当 "刷新" α_j 的值.

导数与变量替换. 有时候我们需要在已知 $u(x)$ 的系数时, 对给定的常数 x_0 求多项式 $u(x + x_0)$ 的各项系数. 例如, 如果 $u(x) = 3x^2 + 2x - 1$, 则 $u(x - 2) = 3x^2 - 10x + 7$. 这相当于一个进制转换问题, 即将基数从 x 变为 $x + 2$. 根据泰勒定理, 新的系数可由 $u(x)$ 在 $x = x_0$ 的导数值表示, 即

$$u(x + x_0) = u(x_0) + u'(x_0)x + (u''(x_0)/2!) x^2 + \cdots + (u^{(n)}(x_0)/n!) x^n, \tag{7}$$

所以这个问题等价于求 $u(x)$ 和它的各阶导数的值.

如果我们将 $u(x)$ 写成 $u(x) = q(x)(x - x_0) + r$, 则 $u(x + x_0) = q(x + x_0)x + r$, 所以 r 是 $u(x + x_0)$ 的常数项系数, 于是问题归结为求 $q(x + x_0)$ 的各项系数, 而 $q(x)$ 是一个已知的 $n - 1$ 次多项式. 由此得到下面的算法.

H1. 对于 $0 \le j \le n$, 置 $v_j \leftarrow u_j$.

H2. 对于 $k = 0, 1, \ldots, n - 1$（按这个顺序）, 对于 $j = n - 1, \ldots, k + 1, k$（按这个顺序）, 置 $v_j \leftarrow v_j + x_0 v_{j+1}$. ▮

在完成步骤 H2 后我们得到 $u(x + x_0) = v_n x^n + \cdots + v_1 x + v_0$. 这个计算过程是霍纳的求根方法的主要部分，并且当 $k = 0$ 时恰好就是计算 $u(x_0)$ 的值的算法 (2).

霍纳算法需要 $(n^2 + n)/2$ 次乘法和 $(n^2 + n)/2$ 次加法. 但需要注意的是如果 $x_0 = 1$, 则完全不需要做乘法. 幸运的是，我们可以通过次数相对少一些的乘法和除法运算，将一般问题归结为 $x_0 = 1$ 的情形.

S1. 计算并保存数值 $x_0^2, \ldots, x_0^n$.

S2. 对于 $0 \leq j \leq n$, 置 $v_j \leftarrow u_j x_0^j$. （此时 $v(x) = u(x_0 x)$.）

S3. 执行 H2, 其中设定 $x_0 = 1$. （此时 $v(x) = u\big(x_0(x+1)\big) = u(x_0 x + x_0)$.）

S4. 对于 $0 < j \leq n$, 置 $v_j \leftarrow v_j / x_0^j$. （此时 $v(x) = u(x + x_0)$, 这正是我们所期望的结果.）∎

这个由马里·肖和特劳布提出的想法 [*JACM* **21** (1974), 161–167] 与霍纳算法有相同的加法次数和数值稳定性. 而由于 $v_n = u_n$, 它只需要做 $2n - 1$ 次乘法和 $n - 1$ 次除法. 其中还有大约 $\frac{1}{2}n$ 次乘法是可以省略的（见习题 6）.

如果我们只求前面几个或者后面几个导数，肖和特劳布发现还有办法进一步节省时间. 例如，如果我们只求 $u(x)$ 和 $u'(x)$ 的值，则可按下面的方法用 $2n - 1$ 次加法和 $n + \sqrt{2n}$ 次乘法/除法来完成计算.

D1. 计算并保存数值 $x^2, x^3 \ldots, x^t, x^{2t}$, 其中 $t = \lceil \sqrt{n/2} \rceil$.

D2. 对于 $0 \leq j \leq n$, 置 $v_j \leftarrow u_j x^{f(j)}$, 其中对于 $0 \leq j < n$, $f(j) = t - 1 - \big((n-1-j) \bmod 2t\big)$, 且 $f(n) = t$.

D3. 对于 $j = n-1, \ldots, 1, 0$, 置 $v_j \leftarrow v_j + v_{j+1} x^{g(j)}$. 其中当 $n - 1 - j$ 是 $2t$ 的正的倍数时 $g(j) = 2t$, 否则 $g(j) = 0$ 且与 $x^{g(j)}$ 相乘的运算可以省去.

D4. 对于 $j = n-1, \ldots, 2, 1$, 置 $v_j \leftarrow v_j + v_{j+1} x^{g(j)}$. 此时 $v_0 / x^{f(0)} = u(x)$ 且 $v_1 / x^{f(1)} = u'(x)$. ∎

系数的调整. 现在我们回到最开始的问题，即对"随机"选取的 x 的值尽可能快地求出 $u(x)$ 的值. 这个问题之所以重要，其中一个原因是 $\sin x, \cos x, e^x$ 等标准函数通常都是利用对特定多项式求值的子程序来计算的. 因为需要非常频繁地进行多项式求值，所以期望找到最快的方法完成计算.

对于任意次数大于等于 5 的多项式，如果我们先对系数 $u_0, u_1, \ldots, u_n$ 进行"调整"或"预处理"，则可用比霍纳算法次数更少的运算完成求值. 这个调整过程可能包括很多要做的工作，具体会在下面介绍. 但这些计算都不会浪费，因为它们只需要做一次，而进行预处理的多项式会被计算很多次. 要了解这些用于标准函数计算的"被调整"的多项式，见帕恩，*USSR Computational Math. and Math. Physics* **2** (1963), 137–146.

调整系数的办法起作用的最简单例子是下面的四次多项式

$$u(x) = u_4 x^4 + u_3 x^3 + u_2 x^2 + u_1 x + u_0, \qquad u_4 \neq 0. \tag{8}$$

这个等式可以按照最初由西奥多·莫茨金提出的形式写成

$$y = (x + \alpha_0)x + \alpha_1, \qquad u(x) = \big((y + x + \alpha_2)y + \alpha_3\big)\alpha_4, \tag{9}$$

其中 $\alpha_0, \alpha_1, \alpha_2, \alpha_3, \alpha_4$ 是适当"调整"后的系数. 以上计算过程包括 3 次乘法、5 次加法以及（在像 MIX 这种带有一个累加器的计算机上）一个将中间结果 y 保存到临时存储空间的指令. 与霍纳算法相比，我们将一次乘法换成了一次加法以及一个可能需要的存储指令．如果需要对多项式频繁地求值，即使是这样小的时间改变也是有价值的．（当然，如果做乘法和加法的时间相差不大，那么 (9) 没有改进效果．我们将看到一般四次多项式的求值至少需要 8 次算术运算．）

通过对比 (8) 和 (9) 中的系数，我们得到用各个 u_k 表示 α_j 的公式：

$$\alpha_0 = \tfrac{1}{2}(u_3/u_4 - 1), \qquad \beta = u_2/u_4 - \alpha_0(\alpha_0 + 1), \qquad \alpha_1 = u_1/u_4 - \alpha_0\beta,$$
$$\alpha_2 = \beta - 2\alpha_1, \qquad \alpha_3 = u_0/u_4 - \alpha_1(\alpha_1 + \alpha_2), \qquad \alpha_4 = u_4. \tag{10}$$

在习题 18 中给出了与 (9) 的计算次数相同的对四次多项式求值的类似方案．在某些情形下，这个方案比 (9) 的数值精度要高，但在其他情形下精度较差．

在实际应用中遇到的多项式的首项系数往往很小，从而在 (10) 中除以 u_4 的运算会导致不稳定性．此时一个更好的处理办法是在第一步将 x 替换为 $|u_4|^{1/4}x$，从而将 (8) 变为首项系数为 ± 1 的多项式．对于更高次数的多项式可以采用类似的做法．这个想法是由查尔斯·菲克提出的 [*CACM* **10** (1967), 175–178]，他还给出了几个有趣的例子．

任给五次多项式 $u(x)$，我们可以将它写成 $u(x) = U(x)x + u_0$，其中 $U(x) = u_5x^4 + u_4x^3 + u_3x^2 + u_2x + u_1$ 按照 (9) 的方法求值．这个计算过程需要 4 次乘法、6 次加法以及一个存储指令．或者，我们也可按照下面的方式计算，使用 4 次乘法、5 次加法以及 3 个存储指令：

$$y = (x + \alpha_0)^2, \qquad u(x) = \big(((y + \alpha_1)y + \alpha_2)(x + \alpha_3) + \alpha_4\big)\alpha_5. \tag{11}$$

在这里确定各 α 的值时需要求解一个三次方程（见习题 19）．

在很多计算机上，(11) 的计算所用到的"存储"指令少于 3 个．例如，我们在计算 $(x + \alpha_0)^2$ 时可以不存储 $x + \alpha_0$．事实上，现在很多计算机都有不止一个做浮点运算的算术运算寄存器，所以我们不必存储所有中间结果．由于在不同的计算机上进行算术运算的特性很不相同，因此在本节中我们只统计算术运算的次数，而不包括读写累加器的运算．这些方案通常都可以直接用于任意类型的计算机，所以只需要增加很少量的辅助操作．另一方面，也必须记住这些间接成本可能比我们节省一两次乘法的影响更大，特别是当机器码是由未经过优化的编译器生成时．

任意六次多项式 $u(x) = u_6x^6 + \cdots + u_1x + u_0$ 肯定可以用 4 次乘法和 7 次加法来完成求值计算，计算方案为

$$z = (x + \alpha_0)x + \alpha_1, \qquad w = (x + \alpha_2)z + \alpha_3,$$
$$u(x) = ((w + z + \alpha_4)w + \alpha_5)\alpha_6. \tag{12}$$

[见高德纳，*CACM* **5** (1962), 595–599.] 这就节省了霍纳算法所要求的 6 次乘法中的 2 次．在这里我们又要解一个三次方程：由于 $\alpha_6 = u_6$，所以我们可假设 $u_6 = 1$．在这个假设之下，令

$$\beta_1 = (u_5 - 1)/2, \qquad \beta_2 = u_4 - \beta_1(\beta_1 + 1),$$
$$\beta_3 = u_3 - \beta_1\beta_2, \qquad \beta_4 = \beta_1 - \beta_2, \qquad \beta_5 = u_2 - \beta_1\beta_3.$$

设 β_6 为三次方程

$$2y^3 + (2\beta_4 - \beta_2 + 1)y^2 + (2\beta_5 - \beta_2\beta_4 - \beta_3)y + (u_1 - \beta_2\beta_5) = 0 \tag{13}$$

的一个实根．（这个方程一定有一个实根，因为等式左边的多项式当 y 取很大的正值时趋向于 $+\infty$，而当 y 取很大的负值时趋向于 $-\infty$，所以必定在中间的某个位置上取零值．）如果定义

$$\beta_7 = \beta_6^2 + \beta_4\beta_6 + \beta_5, \qquad \beta_8 = \beta_3 - \beta_6 - \beta_7,$$

则最终得到

$$\alpha_0 = \beta_2 - 2\beta_6, \qquad \alpha_2 = \beta_1 - \alpha_0, \qquad \alpha_1 = \beta_6 - \alpha_0\alpha_2,$$
$$\alpha_3 = \beta_7 - \alpha_1\alpha_2, \qquad \alpha_4 = \beta_8 - \beta_7 - \alpha_1, \qquad \alpha_5 = u_0 - \beta_7\beta_8. \tag{14}$$

我们可以设计一个例子来演示这个计算过程：假设要对 $x^6 + 13x^5 + 49x^4 + 33x^3 - 61x^2 - 37x + 3$ 进行求值，我们得到 $\alpha_6 = 1$，$\beta_1 = 6$，$\beta_2 = 7$，$\beta_3 = -9$，$\beta_4 = -1$，$\beta_5 = -7$，所以需要求解三次方程

$$2y^3 - 8y^2 + 2y + 12 = 0. \tag{15}$$

这个方程有一个根 $\beta_6 = 2$，于是进而得到

$$\beta_7 = -5, \qquad \beta_8 = -6,$$
$$\alpha_0 = 3, \quad \alpha_2 = 3, \quad \alpha_1 = -7, \quad \alpha_3 = 16, \quad \alpha_4 = 6, \quad \alpha_5 = -27.$$

所以我们的方案为

$$z = (x+3)x - 7, \qquad w = (x+3)z + 16, \qquad u(x) = (w + z + 6)w - 27.$$

非常巧合的是 $x + 3$ 在这里出现了 2 次，所以我们找到了一个只需要 3 次乘法和 6 次加法的方案.

对六次多项式求值的另一个方法是由帕恩提出的 [*Problemy Kibernetiki* **5** (1961), 17–29]. 他的方法需要多做一次加法运算，但在预处理阶段只用到有理数运算，而且不需要求解三次方程. 我们可按下面的方案进行计算：

$$z = (x + \alpha_0)x + \alpha_1, \qquad w = z + x + \alpha_2,$$
$$u(x) = \big(((z - x + \alpha_3)w + \alpha_4)z + \alpha_5\big)\alpha_6. \tag{16}$$

为了求其中的系数 α_j 的值，我们再次将多项式除以 $u_6 = \alpha_6$，从而将 $u(x)$ 变为首一多项式. 然后可以验证 $\alpha_0 = u_5/3$ 以及

$$\alpha_1 = (u_1 - \alpha_0 u_2 + \alpha_0^2 u_3 - \alpha_0^3 u_4 + 2\alpha_0^5)/(u_3 - 2\alpha_0 u_4 + 5\alpha_0^3). \tag{17}$$

请注意帕恩的方法要求 (17) 中的分母不能为零. 换句话说，只有当

$$27u_3 u_6^2 - 18u_6 u_5 u_4 + 5u_5^3 \neq 0 \tag{18}$$

时我们才能使用 (16). 事实上，(18) 中的数值不仅不能为零，而且也不能太小，以免 α_1 的值太大. 一旦求出了 α_1 的值，其他的 α_j 可由下列方程给出：

$$\beta_1 = 2\alpha_0, \qquad\qquad\qquad \beta_2 = u_4 - \alpha_0\beta_1 - \alpha_1,$$
$$\beta_3 = u_3 - \alpha_0\beta_2 - \alpha_1\beta_1, \qquad\qquad \beta_4 = u_2 - \alpha_0\beta_3 - \alpha_1\beta_2,$$
$$\alpha_3 = \tfrac{1}{2}\big(\beta_3 - (\alpha_0 - 1)\beta_2 + (\alpha_0 - 1)(\alpha_0^2 - 1)\big) - \alpha_1,$$
$$\alpha_2 = \beta_2 - (\alpha_0^2 - 1) - \alpha_3 - 2\alpha_1, \qquad \alpha_4 = \beta_4 - (\alpha_2 + \alpha_1)(\alpha_3 + \alpha_1),$$
$$\alpha_5 = u_0 - \alpha_1\beta_4. \tag{19}$$

刚才我们已经详细地讨论了 $n = 4, 5, 6$ 的情形，这是因为比较小的 n 在应用中出现得特别频繁. 现在我们考虑一个对 n 次多项式求值的一般计算方案，它最多需要 $\lfloor n/2 \rfloor + 2$ 次乘法和 n 次加法.

定理 E.   对 $n \geq 3$, 每个实系数 n 次多项式 (1) 可通过以下方案求值

$$y = x + c, \qquad w = y^2; \qquad z = \begin{cases} (u_n y + \alpha_0) y + \beta_0, & n \text{ 为偶数}, \\ u_n y + \beta_0, & n \text{ 为奇数}, \end{cases}$$
$$u(x) = \big(\ldots((z(w - \alpha_1) + \beta_1)(w - \alpha_2) + \beta_2)\ldots\big)(w - \alpha_m) + \beta_m, \tag{20}$$

其中 c, α_k 和 β_k 是适当的实参数, 且 $m = \lceil n/2 \rceil - 1$. 事实上, 如果参数选取适当, 可以使得 $\beta_m = 0$.

证明.   我们首先来看一下, 对固定的 c, 在什么情况下我们可以在 (20) 中选择 α_k 和 β_k. 设

$$p(x) = u(x - c) = a_n x^n + a_{n-1} x^{n-1} + \cdots + a_1 x + a_0. \tag{21}$$

我们将证明存在多项式 $p_1(x)$ 和常数 α_m, β_m, 使得 $p(x)$ 可以写成 $p_1(x)(x^2 - \alpha_m) + \beta_m$ 的形式. 如果用 $p(x)$ 除以 $x^2 - \alpha_m$, 就会发现只有当由 $p(x)$ 的所有奇次项系数构成的辅助多项式

$$q(x) = a_{2m+1} x^m + a_{2m-1} x^{m-1} + \cdots + a_1 \tag{22}$$

是 $x - \alpha_m$ 的倍数时, $p(x)$ 除以 $x^2 - \alpha_m$ 的余式 β_m 才是一个常数. 反之, 如果 $x - \alpha_m$ 是 $q(x)$ 的因子, 则 $p(x) = p_1(x)(x^2 - \alpha_m) + \beta_m$, 其中 β_m 是由除法运算确定的常数.

类似地, 我们希望 $p_1(x)$ 具有 $p_2(x)(x^2 - \alpha_{m-1}) + \beta_{m-1}$ 的形式, 而这相当于要求 $q(x)/(x - \alpha_m)$ 是 $x - \alpha_{m-1}$ 的倍数, 因为如果 $q_1(x)$ 是对应于 $p_1(x)$ 的多项式, 就像 $q(x)$ 对应于 $p(x)$ 一样, 那么就有 $q_1(x) = q(x)/(x - \alpha_m)$. 用同样的方式进行下去, 我们发现参数 α_1, $\beta_1, \ldots, \alpha_m, \beta_m$ 存在当且仅当

$$q(x) = a_{2m+1}(x - \alpha_1) \ldots (x - \alpha_m). \tag{23}$$

也就是说, $q(x)$ 要么恒等于零 (这只有当 n 为偶数时才会发生), 要么是所有根都为实根的 m 次多项式.

现在我们得到了一个由詹姆斯 · 伊夫发现的令人吃惊的结果 [*Numer. Math.* **6** (1964), 17–21]: 如果 $p(x)$ 至少有 $n - 1$ 个复根, 它们的实部要么都非负, 要么都非正, 则对应的多项式 $q(x)$ 恒等于零或只有实根. (见习题 23.) 由于 $u(x) = 0$ 当且仅当 $p(x + c) = 0$, 我们可将参数 c 取得足够大, 使得 $u(x) = 0$ 的根中至少有 $n - 1$ 个的实部不小于 $-c$, 从而只要 $a_{n-1} = u_{n-1} - ncu_n \neq 0$, 就可以使用 (20).

我们也可以适当选取 c 的值, 使得这些条件都满足且 $\beta_m = 0$. 我们首先求 $u(x) = 0$ 的 n 个根. 设 $a + bi$ 是实部最小或最大的根, 并且 $b \neq 0$, 令 $c = -a$, $\alpha_m = -b^2$, 则 $x^2 - \alpha_m$ 是 $u(x - c)$ 的因子. 如果实部最小或最大的根是实根, 但实部第二小 (或第二大) 的根不是实根, 则使用相同的变换. 如果这两个根都是实根, 则它们可分别写成 $a - b$ 和 $a + b$. 令 $c = -a$, $\alpha_m = b^2$, 则 $x^2 - \alpha_m$ 还是 $u(x - c)$ 的因子. (在很多情形下 c 还可以取其他的值. 见习题 24.) 除非 $q(x)$ 恒为零, 否则在这几种情形中, 至少在其中一种情况下系数 a_{n-1} 是非零的.   ▌

需要注意的是, 这种证明方法通常可以得到至少两个 c 的值, 而且我们可以有 $(m - 1)!$ 种方式来排列 $\alpha_1, \ldots, \alpha_{m-1}$ 的值. 在所有这些可能的参数选取方式中, 其中一些方式的数值精度会比其他的更好.

当然, 如果我们进行的是模 m 的整数运算而不是实数运算, 就不存在数值精度的问题了. 当 $n = 4$ 时, 对与 $2u_4$ 互素的 m 可使用方案 (9). 当 $n = 6$ 时, 对与 $6u_6$ 和 (17) 的分母都互素的 m 可用方案 (16). 习题 44 告诉我们, 对任意 m, 任意 n 次首一多项式的模 m 求值最多需要 $n/2 + O(\log n)$ 次乘法和 $O(n)$ 次加法.

*多项式链. 现在我们来考虑优化的问题. 用最少的算术运算次数对不同次数的多项式求值, 可能的最佳方案是什么? 关于这个问题的分析, 对不允许预先调整系数的情形首先是由亚历山大·奥斯特洛夫斯基给出 [*Studies in Mathematics and Mechanics Presented to R. von Mises* (New York: Academic Press, 1954), 40–48], 对允许预先调整系数的情形则首先是由莫茨金给出 [见 *Bull. Amer. Math. Soc.* **61** (1955), 163].

为了研究这个问题, 我们将 4.6.3 节中加法链的概念推广为多项式链. 一个多项式链是形如

$$x = \lambda_0, \quad \lambda_1, \quad \ldots, \quad \lambda_r = u(x) \tag{24}$$

的序列, 其中 $u(x)$ 是某个关于 x 的多项式, 而且对于 $1 \le i \le r$,

$$\begin{aligned} &\text{要么 } \lambda_i = (\pm\lambda_j) \circ \lambda_k, &&0 \le j, k < i, \\ &\text{要么 } \lambda_i = \alpha_j \circ \lambda_k, &&0 \le k < i. \end{aligned} \tag{25}$$

在上式中 $\circ$ 表示 $+$、$-$ 或 $\times$ 这三种运算中的任意一种, 而 α_j 则是所谓的参数. 式 (25) 中的第一类步骤称为链步, 第二类步骤称为参数步. 我们假设每个参数步中使用的参数 α_j 都是不同的. 如果有 s 个参数步, 它们所使用的参数依次记为 $\alpha_1, \alpha_2, \ldots, \alpha_s$.

多项式链中的最后一个多项式 $u(x)$ 的形式为

$$u(x) = q_n x^n + \cdots + q_1 x + q_0, \tag{26}$$

其中 $q_n, \ldots, q_1, q_0$ 是关于 $\alpha_1, \alpha_2, \ldots, \alpha_s$ 的整系数多项式. 由于将 $\alpha_1, \alpha_2, \ldots, \alpha_s$ 解释为实数, 所以考虑的问题限定在对实系数多项式求值. 一个多项式链的映像集 R 定义为 $\alpha_1, \alpha_2, \ldots, \alpha_s$ 取遍所有的实数值所得实数向量 $(q_n, \ldots, q_1, q_0)$ 的集合.

如果对于 $t+1$ 个不同整数 $j_0, \ldots, j_t \in \{0, 1, \ldots, n\}$ 的每种选择, 都存在非零的整系数多元多项式 $f_{j_0 \ldots j_t}$, 使得对所有 $(q_n, \ldots, q_1, q_0) \in R$ 有 $f_{j_0 \ldots j_t}(q_{j_0}, \ldots, q_{j_t}) = 0$, 则称映像集 R 最多有 t 个自由度, 且称多项式链 (24) 最多有 t 个自由度. 此外, 如果 $(u_n, \ldots, u_1, u_0)$ 属于 R, 我们还称多项式链 (24) 计算给定的多项式 $u(x) = u_n x^n + \cdots + u_1 x + u_0$. 可以证明, 最多有 n 个自由度的多项式链不能计算所有的 n 次多项式 (见习题 27).

作为多项式链的例子, 考虑下面对应于定理 E 的多项式链, 其中 n 是奇数:

$$\begin{aligned} \lambda_0 &= x \\ \lambda_1 &= \alpha_1 + \lambda_0 \\ \lambda_2 &= \lambda_1 \times \lambda_1 \\ \lambda_3 &= \alpha_2 \times \lambda_1 \\ \left. \begin{aligned} \lambda_{1+3i} &= \alpha_{1+2i} + \lambda_{3i} \\ \lambda_{2+3i} &= \alpha_{2+2i} + \lambda_2 \\ \lambda_{3+3i} &= \lambda_{1+3i} \times \lambda_{2+3i} \end{aligned} \right\} &\quad 1 \le i < n/2. \end{aligned} \tag{27}$$

这包含 $\lfloor n/2 \rfloor + 2$ 次乘法和 n 次加法, $\lfloor n/2 \rfloor + 1$ 个链步和 $n+1$ 个参数步. 根据定理 E, 映像集 R 包含了所有满足 $u_n \ne 0$ 的向量 $(u_n, \ldots, u_1, u_0)$, 所以多项式链 (27) 可以计算所有 n 次多项式. 我们无法证明 R 最多有 n 个自由度, 因为它的元素有 $n+1$ 个相互独立的分量.

一个包含 s 个参数步的多项式链最多有 s 个自由度. 在一定程度上这是显然的: 我们不能用少于 t 个任意变化的参数来计算有 t 个自由度的函数. 然而这个直觉上成立的结论却不容易给出严格证明. 例如, 存在连续函数 ("空间填充曲线") 将实轴映为平面. 这样的函数会将单个的参数映成两个相互独立的参数. 对于所研究的问题, 我们需要证明不存在具有这一性质的整系数多项式. 习题 28 给出了一个证明.

我们接下来可以利用这个结论来证明所要寻找的结果了.

定理 M（莫茨金, 1954）. 包含 $m > 0$ 次乘法的多项式链最多有 $2m$ 个自由度.

证明. 设 $\mu_1, \mu_2, \ldots, \mu_m$ 是多项式链中满足乘法关系的那些 λ_i. 则

$$\mu_i = S_{2i-1} \times S_{2i} \quad \text{对于 } 1 \le i \le m \qquad \text{且} \qquad u(x) = S_{2m+1}, \tag{28}$$

其中每个 S_j 都是各个 μ_k、各个 x_k、各个 α_k 的某种形式的和. 我们写 $S_j = T_j + \beta_j$, 其中 T_j 是各个 μ_k、各个 x_k 的和, 而 β_k 是各个 α_k 的和.

于是 $u(x)$ 可表示为关于 $x, \beta_1, \ldots, \beta_{2m+1}$ 的整系数多项式. 由于各个 β_k 都可以表示为关于 $\alpha_1, \ldots, \alpha_s$ 的线性函数, 因此由 $\beta_1, \ldots, \beta_{2m+1}$ 的所有实数值表示的向量所构成的集合包含了多项式链的映像集. 所以多项式链最多有 $2m+1$ 个自由度. 当 $m > 0$ 时, 可按习题 30 的方法将 $2m+1$ 改进为 $2m$. ∎

习题 25 给出了定理 M 的证明中构造过程的一个例子. 对加法我们可证明类似的结论.

定理 A（爱德华·贝拉加, 1958）. 包含 q 个加减法的多项式链最多有 $q+1$ 个自由度.

证明. [*Problemy Kibernetiki* **5** (1961), 7–15.] 设 $\kappa_1, \ldots, \kappa_q$ 是多项式链中那些对应于加法或减法的 λ_i. 则

$$\kappa_i = \pm T_{2i-1} \pm T_{2i} \quad \text{对于 } 1 \le i \le q \qquad \text{且} \qquad u(x) = T_{2q+1}, \tag{29}$$

其中每个 T_j 都是各个 κ_k、各个 x_k、各个 α_k 的乘积. 我们可以写 $T_j = A_j B_j$, 其中 A_j 是各 α_k 的乘积, 而 B_j 是各个 κ_k、各个 x_k 的乘积. 对于 $i = 1, 2, \ldots, q$, 我们依次对多项式链做下面的变换: 令 $\beta_i = A_{2i}/A_{2i-1}$, 则 $\kappa_i = A_{2i-1}(\pm B_{2i-1} \pm \beta_i B_{2i})$. 将 κ_i 的值改为 $\pm B_{2i-1} \pm \beta_i B_{2i}$, 并在其后的 $T_{2i+1}, T_{2i+2}, \ldots, T_{2q+1}$ 的公式中将 κ_i 都替换成 $A_{2i-1}\kappa_i$. (这个替换操作可能会影响 $A_{2i+1}, A_{2i+2}, \ldots, A_{2q+1}$ 的值.)

对所有 i 都做完变换后, 令 $\beta_{q+1} = A_{2q+1}$. 则 $u(x)$ 可表示为关于 $\beta_1, \ldots, \beta_{q+1}$ 和 x 的整系数多项式. 我们已经接近完成证明了, 但需要小心的是, 当 $\beta_1, \ldots, \beta_{q+1}$ 取遍所有实数值所得到的多项式不一定涵盖了所有可以被初始的链表示的多项式 (见习题 26). 对 α_k 的某些取值可能有 $A_{2i-1} = 0$, 而这会使得 β_i 无定义.

为完成证明, 我们注意到初始的链的映像集 R 可以写成 $R = R_1 \cup R_2 \cup \cdots \cup R_q \cup R'$, 其中 R_i 是当 $A_{2i-1} = 0$ 时 R 中的元素构成的集合, 而 R' 是当所有 α_k 都非零时 R 中的元素构成的集合. 上面的讨论证明了 R' 最多有 $q+1$ 个自由度. 如果 $A_{2i-1} = 0$, 则 $T_{2i-1} = 0$, 从而我们可以去掉加法步 κ_i 以得到另一个以 R_i 为映像集的链. 利用归纳法可证明每个 R_i 最多有 q 个自由度. 因此根据习题 29, R 最多有 $q+1$ 个自由度. ∎

定理 C. 如果对某个 $n \ge 2$, 多项式链 (24) 可以计算所有的 n 次多项式 $u(x) = u_n x^n + \cdots + u_0$, 则它包含至少 $\lfloor n/2 \rfloor + 1$ 次乘法和至少 n 次加减法.

证明. 假设有 m 个乘法步骤. 由定理 M, 多项式链最多有 $2m$ 个自由度, 所以 $2m \ge n + 1$. 类似地, 由定理 A, 多项式链至少包含 n 次加减法. ∎

这个定理告诉我们, 没有单个方法能够用少于 $\lfloor n/2 \rfloor + 1$ 次乘法或少于 n 次加法计算出任意 n 次多项式. 习题 29 给出了比这更强的结论, 告诉我们有限多个这样的多项式链加在一起也不能计算给定次数的所有多项式. 当然, 某些特殊的多项式可以更高效地计算. 我们刚才证明的其实是具有代数无关的系数的多项式 (即不满足任意非平凡的多项式方程的多项式) 的计算需要 $\lfloor n/2 \rfloor + 1$ 次乘法和 n 次加法. 不幸的是, 我们在计算机中处理的系数总是有理数, 所以不能使

用上面的定理. 事实上, 习题 42 表明我们用 $O(\sqrt{n})$ 次乘法(以及可能大量的加法)就可以达成目标. 从实用的角度看, 定理 C 给出的下界对"几乎所有"系数都是成立的, 而且似乎适用于所有对多项式求值的合理的计算方案. 此外, 对于系数是有理数的情形, 我们也有可能得到与定理 C 对应的下界: 通过强化上面给出的定理 C 的证明, 施特拉森指出, 比如说, 多项式

$$u(x) = \sum_{k=0}^{n} 2^{2^{kn^3}} x^k \tag{30}$$

不能被任何长度小于 $n^2/\lg n$ 的多项链计算, 除非这个链中至少有 $\frac{1}{2}n - 2$ 个乘法和 $n - 4$ 个加法 [*SICOMP* **3** (1974), 128–149]. (30) 中的多项式的系数很大. 然而, 即使允许参数 α_j 取任意复数值, 对所有充分大的 n, 我们还是可以找到系数只取 0 或者 1 的多项式, 使得每个可计算它的多项式链都包含至少 $\sqrt{n}/(4\lg n)$ 次乘法. [见理查德·利普顿, *SICOMP* **7** (1978), 61–69; 施诺尔, *Lecture Notes in Comp. Sci.* **53** (1977), 135–147.] 让-保罗·维勒证明了存在 $c > 0$, 使得对特定的 0–1 多项式(即系数不是 0 就是 1 的多项式)总共需要至少 $cn/\log n$ 次算术运算 [*FOCS* **19** (1978), 159–165].

除了平凡的情形 $n = 2$ 以外, 在定理 C 给出的下界和我们已知可以达到的运算次数之间还存在着差距. 定理 E 给出的乘法次数是 $\lfloor n/2 \rfloor + 2$ 而不是 $\lfloor n/2 \rfloor + 1$, 尽管它的加法次数达到了最少. 我们对 $n = 4$ 和 $n = 6$ 使用的特殊方法达到了最少次数的乘法, 但加法数多一次. 当 n 为奇数时, 不难证明定理 C 中给出的乘法和加法的下界不能同时达到. 见习题 33. 对 $n = 3$, 5, 7, 可以证明至少需要 $\lfloor n/2 \rfloor + 2$ 次乘法. 习题 35 和 36 表明对 $n = 4$ 和 $n = 6$, 定理 C 的两个下界不能同时达到. 所以当 $n < 8$ 时, 我们所讨论过的方法已经达到最佳. 当 n 为偶数时, 莫茨金证明了 $\lfloor n/2 \rfloor + 1$ 次乘法是足够的, 但他给出的构造中包含了无法确定数量的加法(见习题 39). 对 $n = 8$, 帕恩发现了最佳的计算方案, 他证明了在使用 $\lfloor n/2 \rfloor + 1$ 次乘法时, $n + 1$ 次加法是必要且充分的. 他还证明了对所有的偶数 $n \geq 10$, $\lfloor n/2 \rfloor + 1$ 次乘法和 $n + 2$ 次加法是足够的. 帕恩的论文 [*STOC* **10** (1978), 162–172] 还对所有的 n 在假设整个计算过程都对复数而不是对实数进行的前提下给出了乘法和加法的确切的最少次数. 习题 40 讨论了 $n \geq 9$ 的奇数值时出现的有趣情况.

显然, 我们针对一元多项式的链得到的结论可以毫无困难地推广到多元多项式. 例如, 若要在不进行系数调整的前提下寻找多项式求值的最佳方案, 可将 $u(x)$ 看作关于 $n + 2$ 个变量 x, $u_n, \ldots, u_1, u_0$ 的多项式. 习题 38 表明对这种情形, n 次乘法和 n 次加法是必要的. 其实, 艾伦·博罗金已经证明了霍纳算法 (2) 实际上是在不进行预处理的前提下用 $2n$ 次运算对 $u(x)$ 求值的唯一途径 [*Theory of Machines and Computations*, 兹维·科哈韦和阿扎里亚·帕斯编辑, (New York: Academic Press, 1971), 45–58].

稍事修改后, 上面的方法可应用于包含除法的链, 即不仅对多项式适用, 而且也适用于有理函数. 奇怪的是, 即使在允许做预处理的前提下, 霍纳算法的连分数形式从计算次数的角度来看也是最佳的, 其中假设乘法和除法的执行速度相同(见习题 37).

有时候除法对于多项式求值也是有用的, 尽管多项式是用乘法和加法定义的. 在求多项式导数值的肖-特劳布算法中我们已经看到了这样的例子. 另一个例子是多项式

$$x^n + \cdots + x + 1,$$

由于这个多项式可以写成 $(x^{n+1} - 1)/(x - 1)$, 因此可以用 $l(n+1)$ 次乘法(见 4.6.3 节)、2 次减法和 1 次除法对它求值, 而不使用除法的计算方案则需要大约三倍的运算次数(见习题 43).

特殊的多元多项式. 一个 $n \times n$ 矩阵的行列式可以看作一个关于 n^2 个变量 x_{ij}, $1 \leq i, j \leq n$ 的多项式. 如果 $x_{11} \neq 0$, 则

$$\det \begin{pmatrix} x_{11}\ x_{12} \ldots x_{1n} \\ x_{21}\ x_{22} \ldots x_{2n} \\ x_{31}\ x_{32} \ldots x_{3n} \\ \vdots \quad \vdots \qquad \vdots \\ x_{n1}\ x_{n2} \ldots x_{nn} \end{pmatrix} = x_{11} \det \begin{pmatrix} x_{22} - (x_{21}/x_{11})x_{12} \ldots x_{2n} - (x_{21}/x_{11})x_{1n} \\ x_{32} - (x_{31}/x_{11})x_{12} \ldots x_{3n} - (x_{31}/x_{11})x_{1n} \\ \vdots \qquad\qquad\qquad \vdots \\ x_{n2} - (x_{n1}/x_{11})x_{12} \ldots x_{nn} - (x_{n1}/x_{11})x_{1n} \end{pmatrix}. \tag{31}$$

因此, 一个 $n \times n$ 矩阵的行列式计算可通过计算一个 $(n-1) \times (n-1)$ 矩阵的行列式以及 $(n-1)^2 + 1$ 次乘法、$(n-1)^2$ 次加法和 $n-1$ 次除法来完成. 由于 2×2 的行列式可以通过 2 次乘法和 1 次加法来计算, 所以几乎所有行列式 (即那些不需要进行除以零的运算的行列式) 可以用不超过 $(2n^3 - 3n^2 + 7n - 6)/6$ 次乘法、$(2n^3 - 3n^2 + n)/6$ 次加法和 $(n^2 - n - 2)/2$ 次除法来计算.

如果出现了零, 则行列式的计算就更简单了. 例如, 如果 $x_{11} = 0$ 而 $x_{21} \neq 0$, 则

$$\det \begin{pmatrix} 0\quad x_{12} \ldots x_{1n} \\ x_{21}\ x_{22} \ldots x_{2n} \\ x_{31}\ x_{32} \ldots x_{3n} \\ \vdots \quad \vdots \qquad \vdots \\ x_{n1}\ x_{n2} \ldots x_{nn} \end{pmatrix} = -x_{21} \det \begin{pmatrix} x_{12} \qquad\quad \ldots \qquad\quad x_{1n} \\ x_{32} - (x_{31}/x_{21})x_{22} \ldots x_{3n} - (x_{31}/x_{21})x_{2n} \\ \vdots \qquad\qquad\qquad \vdots \\ x_{n2} - (x_{n1}/x_{21})x_{22} \ldots x_{nn} - (x_{n1}/x_{21})x_{2n} \end{pmatrix}. \tag{32}$$

与 (31) 相比, 上式在转化为 $(n-1) \times (n-1)$ 的行列式时节省了 $n-1$ 次乘法和 $n-1$ 次加法, 但需要额外增加一个记录指令以标记这个情形. 所以任意行列式可大约用 $\frac{2}{3}n^3$ 次算术运算 (包括除法) 来计算. 这是非常好的结果了, 因为每个 $n \times n$ 的行列式是一个包含 $n!$ 项、每项中有 n 个变量的多项式.

如果我们要计算元素都是整数的矩阵的行列式, 则 (31) 和 (32) 的计算方法就不那么有吸引力了, 因为它们都用到了有理数运算. 然而, 我们可以用这个方法模 p (对任意素数 p) 求行列式的值, 此时除法就看作模 p 除法 (习题 4.5.2–16). 当我们对足够多的素数进行了上述计算后, 就可以按照 4.3.2 节的办法得到行列式的精确值了, 因为阿达马不等式 4.6.1–(25) 给出了这个数值的一个上界.

我们也可以用不超过 $O(n^3)$ 次运算求出一个 $n \times n$ 矩阵 X 的特征多项式 $\det(xI - X)$ 的系数. 见詹姆斯·威尔金森, *The Algebraic Eigenvalue Problem* (Oxford: Clarendon Press, 1965), 353–355, 410–411. 习题 70 讨论了一种包含 $O(n^4)$ 次运算且不使用除法的有趣方法.

矩阵的积和式是一个非常类似于行列式的多项式. 唯一的区别是积和式的所有非零系数都是 $+1$. 所以

$$\mathrm{per} \begin{pmatrix} x_{11} & \ldots & x_{1n} \\ \vdots & & \vdots \\ x_{n1} & \ldots & x_{nn} \end{pmatrix} = \sum x_{1j_1} x_{2j_2} \ldots x_{nj_n}, \tag{33}$$

其中的求和是对 $\{1, 2, \ldots, n\}$ 的所有排列 $j_1 j_2 \ldots j_n$ 进行的. 从表面上看, 这个函数应该比看来更复杂的行列式更容易计算, 但我们却没有能与计算行列式的算法一样高效的计算积和式的方法. 习题 9 和 10 表明, 对比较大的 n 值, 用远少于 $n!$ 次运算就可以计算积和式, 但随着矩阵规模的增长, 现有的计算方法的运行时间还是会以指数增长. 事实上, 莱斯利·瓦利安特已经证明了 0–1 矩阵的积和式的计算量与非确定型多项式时间图灵机的可接受的计算量一样大, 其中忽略了运行时间中的多项式部分. 所以, 如果存在计算积和式的多项式时间的算法, 那么其他难以求解的著名问题也可以在多项式时间内解出来. 另一方面, 瓦利安特证明了

对所有 $k \geq 2$，我们可用 $O(n^{4k-3})$ 次运算求出一个 $n \times n$ 的整数矩阵的模 2^k 积和式. ［见 *Theoretical Comp. Sci.* **8** (1979), 189–201. ］

另一个与矩阵相关的基本运算当然是矩阵乘法：如果 $X = (x_{ij})$ 是 $m \times n$ 矩阵，$Y = (y_{jk})$ 是 $n \times s$ 矩阵，$Z = (z_{ik})$ 是 $m \times s$ 矩阵，则公式 $Z = XY$ 意味着

$$z_{ik} = \sum_{j=1}^{n} x_{ij} y_{jk}, \qquad 1 \leq i \leq m, \qquad 1 \leq k \leq s. \tag{34}$$

我们可将这个等式看作计算 ms 个同时出现的 $mn + ns$ 元多项式，且每个多项式都是两个 n 维向量的 "内积". 如果直接按照公式计算，则需要做 mns 次乘法和 $ms(n-1)$ 次加法. 但威诺格拉德在 1967 年发现有一个办法可以将大约一半的乘法转换为加法：

$$z_{ik} = \sum_{1 \leq j \leq n/2} (x_{i,2j} + y_{2j-1,k})(x_{i,2j-1} + y_{2j,k}) - a_i - b_k + x_{in} y_{nk}[n\text{是奇数}];$$

$$a_i = \sum_{1 \leq j \leq n/2} x_{i,2j} x_{i,2j-1}; \qquad b_k = \sum_{1 \leq j \leq n/2} y_{2j-1,k} y_{2j,k}. \tag{35}$$

这个方案使用 $\lceil n/2 \rceil ms + \lfloor n/2 \rfloor (m+s)$ 次乘法和 $(n+2)ms + (\lfloor n/2 \rfloor - 1)(ms + m + s)$ 次加法或减法. 总的运算次数虽然略微增加了一点，但乘法的次数大约减少了一半. ［见 *IEEE Trans.* **C-17** (1968), 693–694. ］威诺格拉德的这个令人吃惊的构造方法引领人们对矩阵乘法问题做更深入的了解，并引发了一个普遍认同的猜想，即将两个 $n \times n$ 矩阵相乘至少需要 $n^3/2$ 次乘法，因为我们已知对一元多项式存在类似的下界.

对于比较大的 n，施特拉森在 1968 年发现了一个更好的计算方案. 他找到了一种方法，只用 7 次乘法就可以将两个 2×2 的矩阵相乘，而不像 (35) 那样依赖于乘法的可交换性. 由于任意 $2n \times 2n$ 矩阵可划分为四个 $n \times n$ 矩阵，所以我们可以递归地运用他的想法，用 7^k 次而不是 $(2^k)^3 = 8^k$ 次乘法得到 $2^k \times 2^k$ 矩阵的乘积. 加法的次数也以 7^k 的阶增长. 施特拉森针对 2×2 矩阵的方法包含了 7 次乘法和 18 次加法 ［*Numer. Math.* **13** (1969), 354–356 ］. 什穆埃尔 · 威诺格拉德后来发现了下面的更经济的公式：

$$\begin{pmatrix} a & b \\ c & d \end{pmatrix} \begin{pmatrix} A & C \\ B & D \end{pmatrix} = \begin{pmatrix} aA+bB & w+v+(a+b-c-d)D \\ w+u+d(B+C-A-D) & w+u+v \end{pmatrix}, \tag{36}$$

其中 $u = (c-a)(C-D)$，$v = (c+d)(C-A)$，$w = aA + (c+d-a)(A+D-C)$. 如果适当地保留中间结果，这个方法只需要 7 次乘法和 15 次加法. 通过对 k 做归纳，我们可以用 7^k 次乘法和 $5(7^k - 4^k)$ 次加法将两个 $2^k \times 2^k$ 矩阵相乘. 因此，将两个 $n \times n$ 矩阵相乘的总运算次数可以从 n^3 阶降低到 $O(n^{\lg 7}) = O(n^{2.8074})$. 对于行列式的计算和矩阵求逆，也可用类似的方式减少计算量. 见詹姆斯 · 邦奇和约翰 · 霍普克罗夫特，*Math. Comp.* **28** (1974), 231–236.

很多人尝试改进施特拉森的指数 $\lg 7$，然而直到 1978 年才由帕恩发现，它可以降低到 $\log_{70} 143640 \approx 2.795$（见习题 60）. 这个新的突破引发了对这个问题的进一步研究热潮. 达里奥 · 比尼、米尔韦欧 · 卡波瓦尼、科珀史密斯、格拉齐亚 · 洛蒂、弗朗切斯科 · 罗马尼、舍恩哈格、帕恩和威诺格拉德都做出了贡献，他们的研究成果大大降低了矩阵乘法的渐近运行时间. 习题 60–67 讨论了给出这些上界的一些有趣的技巧. 特别地，习题 66 给出了矩阵相乘只需 $O(n^{2.55})$ 次乘法的一个相当简单的证明. 到 1997 年为止，我们所知的最佳上界是由科珀史密斯和威诺格拉德给出的 $O(n^{2.376})$ ［*J. Symbolic Comp.* **9** (1990), 251–280 ］. 相应地，目前最佳的下界是 $2n^2 - 1$（见习题 12）.

这些理论结果固然都非常漂亮，但从实际应用的角度看却没什么用处，因为 n 的值必须要很大才能克服额外的簿记代价带来的影响. 布伦特发现 ［Stanford Computer Science report

CS157 (1970 年 3 月), 也见 *Numer. Math.* **16** (1970), 145–156], 即使非常小心地实现威诺格拉德的计算方案 (35), 其中包括对数值稳定性的适当调整, 其运行时间也要在 $n \geq 40$ 时才比常规方法更好, 而在 $n = 100$ 时才节省了 7% 的运行时间. 对于复数运算, 情况则有点不同. 此时 (35) 在 $n > 20$ 时就超越常规方案了, 而在 $n = 100$ 时可以节省 18% 的运行时间. 他估计, 施特拉森的计算方案 (36) 在 $n \approx 250$ 时才开始超越 (35). 然而这么大规模的矩阵在实际应用中很少出现, 除非是非常稀疏的矩阵, 但此时又有其他专门针对稀疏矩阵的方法可用. 此外, 当 $\omega < 2.7$ 时, 已知的 n^{ω} 阶方法的比例常数都很大, 当它们战胜方案 (36) 时, 实际所需的乘法次数都已经超过 10^{23} 了.

与前面的方法相比, 我们下面将要讨论的方法特别实用, 而且已经运用得很广泛. 对于 n 元复值函数 F, 若 n 个变量所在的定义域分别有 $m_1, \ldots, m_n$ 个元素, 则其离散傅里叶变换 f 定义为

$$f(s_1, \ldots, s_n) = \sum_{\substack{0 \leq t_1 < m_1 \\ \cdots \\ 0 \leq t_n < m_n}} \exp\left(2\pi i \left(\frac{s_1 t_1}{m_1} + \cdots + \frac{s_n t_n}{m_n}\right)\right) F(t_1, \ldots, t_n), \qquad (37)$$

其中 $0 \leq s_1 < m_1, \ldots, 0 \leq s_n < m_n$. 我们使用 "变换" 这个词是合理的, 因为可利用 $f(s_1, \ldots, s_n)$ 的值恢复 $F(t_1, \ldots, t_n)$ 的值, 如习题 13 所示. 对于所有 $m_j = 2$ 这一重要的特殊情形, 则有

$$f(s_1, \ldots, s_n) = \sum_{0 \leq t_1, \ldots, t_n \leq 1} (-1)^{s_1 t_1 + \cdots + s_n t_n} F(t_1, \ldots, t_n), \qquad (38)$$

其中 $0 \leq s_1, \ldots, s_n \leq 1$. 上式可以看作对 2^n 个 2^n 元线性多项式 $F(t_1, \ldots, t_n)$ 联立求值. 由耶茨给出的一个著名算法 [*The Design and Analysis of Factorial Experiments* (Harpenden: Imperial Bureau of Soil Sciences, 1937)] 可将 (38) 中的加法次数由 $2^n(2^n - 1)$ 减少到 $n2^n$. 我们可通过 $n = 3$ 的情形来理解耶茨的方法: 令 $X_{t_1 t_2 t_3} = F(t_1, t_2, t_3)$.

给定	第一步	第二步	第三步
X_{000}	$X_{000}+X_{001}$	$X_{000}+X_{001}+X_{010}+X_{011}$	$X_{000}+X_{001}+X_{010}+X_{011}+X_{100}+X_{101}+X_{110}+X_{111}$
X_{001}	$X_{010}+X_{011}$	$X_{100}+X_{101}+X_{110}+X_{111}$	$X_{000}-X_{001}+X_{010}-X_{011}+X_{100}-X_{101}+X_{110}-X_{111}$
X_{010}	$X_{100}+X_{101}$	$X_{000}-X_{001}+X_{010}-X_{011}$	$X_{000}+X_{001}-X_{010}-X_{011}+X_{100}+X_{101}-X_{110}-X_{111}$
X_{011}	$X_{110}+X_{111}$	$X_{100}-X_{101}+X_{110}-X_{111}$	$X_{000}-X_{001}-X_{010}+X_{011}+X_{100}-X_{101}-X_{110}+X_{111}$
X_{100}	$X_{000}-X_{001}$	$X_{000}+X_{001}-X_{010}-X_{011}$	$X_{000}+X_{001}+X_{010}+X_{011}-X_{100}-X_{101}-X_{110}-X_{111}$
X_{101}	$X_{010}-X_{011}$	$X_{100}+X_{101}-X_{110}-X_{111}$	$X_{000}-X_{001}+X_{010}-X_{011}-X_{100}+X_{101}-X_{110}+X_{111}$
X_{110}	$X_{100}-X_{101}$	$X_{000}-X_{001}-X_{010}+X_{011}$	$X_{000}+X_{001}-X_{010}-X_{011}-X_{100}-X_{101}+X_{110}+X_{111}$
X_{111}	$X_{110}-X_{111}$	$X_{100}-X_{101}-X_{110}+X_{111}$	$X_{000}-X_{001}-X_{010}+X_{011}-X_{100}+X_{101}+X_{110}-X_{111}$

从 "给定" 到 "第一步" 需要 4 次加法和 4 次减法. 而耶茨方法的有趣特性是, 从 "给定" 到 "第一步" 所使用的变换也可用于从 "第一步" 到 "第二步" 以及从 "第二步" 到 "第三步". 在每种情况下, 我们做 4 次加法, 然后 4 次减法. 而且经过三步以后就神奇得到了所期望的傅里叶变换 $f(s_1, s_2, s_3)$, 其数值存储在原先存放 $F(s_1, s_2, s_3)$ 的位置.

这种特殊情形常常被称为 2^n 个数据元素的阿达马变换或沃尔什变换, 这是因为相应的符号模式先后被阿达马 [*Bull. Sci. Math.* (2) **17** (1893), 240–246] 和约瑟夫·沃尔什 [*Amer. J. Math.* **45** (1923), 5–24] 研究过. 注意, 在上边的 "第三步" 中, 从左到右符号变化的次数分别为

$$0, 7, 3, 4, 1, 6, 2, 5,$$

这是数 $\{0,1,2,3,4,5,6,7\}$ 的一个排列. 沃尔什发现, 如果适当交换被变换数据的位置, 在一般情形下恰好会出现 $0, 1, \ldots, 2^n - 1$ 次符号变化, 所以这些系数给出了不同频率的正弦波的离散逼近. (见 7.2.1.1 节对阿达马-沃尔什系数的进一步讨论.)

耶茨的方法可以推广到任意离散傅里叶变换的计算, 而且事实上可以推广到能写成一般形式

$$f(s_1, s_2, \ldots, s_n) = \sum_{\substack{0 \le t_1 < m_1 \\ \cdots \\ 0 \le t_n < m_n}} g_1(s_1, s_2, \ldots, s_n, t_1) g_2(s_2, \ldots, s_n, t_2) \ldots g_n(s_n, t_n) F(t_1, t_2, \ldots, t_n) \quad (39)$$

的任何和集的求值, 其中 $0 \le s_j < m_j$, 且函数 $g_j(s_j, \ldots, s_n, t_j)$ 是给定的. 我们按下面的方式进行计算.

$$f_0(t_1, t_2, t_3, \ldots, t_n) = F(t_1, t_2, t_3, \ldots, t_n);$$

$$f_1(s_n, t_1, t_2, \ldots, t_{n-1}) = \sum_{0 \le t_n < m_n} g_n(s_n, t_n) f_0(t_1, t_2, \ldots, t_n);$$

$$f_2(s_{n-1}, s_n, t_1, \ldots, t_{n-2}) = \sum_{0 \le t_{n-1} < m_{n-1}} g_{n-1}(s_{n-1}, s_n, t_{n-1}) f_1(s_n, t_1, \ldots, t_{n-1});$$

$$\vdots$$

$$f_n(s_1, s_2, s_3, \ldots, s_n) = \sum_{0 \le t_1 < m_1} g_1(s_1, \ldots, s_n, t_1) f_{n-1}(s_2, s_3, \ldots, s_n, t_1);$$

$$f(s_1, s_2, s_3, \ldots, s_n) = f_n(s_1, s_2, s_3, \ldots, s_n). \quad (40)$$

对于前面给出的较特殊的耶茨方法, $g_j(s_j, \ldots, s_n, t_j) = (-1)^{s_j t_j}$. $f_0(t_1, t_2, t_3)$ 表示 "给定", $f_1(s_3, t_1, t_2)$ 表示 "第一步", 等等. 只要所求的和集可以写成 (39) 的形式, 其中函数 $g_j(s_j, \ldots, s_n, t_j)$ 都比较简单, 则计算方案 (40) 就可以将计算量从 N^2 阶降低到 $N \log N$ 阶或差不多的计算量, 其中 $N = m_1 \ldots m_n$ 是数据点的数目. 而且, 这个计算方案特别适用于做并行计算. 在习题 14 和 53 中讨论了一维傅里叶变换这一重要的特例. 在 4.3.3C 小节中我们也考虑了一维傅里叶变换.

我们再来考虑多项式求值的另一种特殊情形. n 阶拉格朗日插值多项式, 通常写成

$$u_{[n]}(x) = y_0 \frac{(x-x_1)(x-x_2)\ldots(x-x_n)}{(x_0-x_1)(x_0-x_2)\ldots(x_0-x_n)} + y_1 \frac{(x-x_0)(x-x_2)\ldots(x-x_n)}{(x_1-x_0)(x_1-x_2)\ldots(x_1-x_n)}$$
$$+ \cdots + y_n \frac{(x-x_0)(x-x_1)\ldots(x-x_{n-1})}{(x_n-x_0)(x_n-x_1)\ldots(x_n-x_{n-1})}, \quad (41)$$

是唯一的在 $n+1$ 个不同的点 $x = x_0, x_1, \ldots, x_n$ 处取值分别为 $y_0, y_1, \ldots, y_n$ 的次数不超过 n 的多项式. (因为根据 (41), 对于 $0 \le k \le n$ 显然有 $u_{[n]}(x_k) = y_k$. 如果 $f(x)$ 是满足这些条件的次数不超过 n 的任一多项式, 则 $g(x) = f(x) - u_{[n]}(x)$ 的次数也不超过 n, 且 $g(x)$ 在 $x = x_0, x_1, \ldots, x_n$ 处的取值都为零. 所以 $g(x)$ 必定是多项式 $(x-x_0)(x-x_1)\ldots(x-x_n)$ 的倍数. 而后者的次数大于 n, 所以 $g(x) = 0$.) 假设根据一个函数列在表格中的函数值, 可以找到一个多项式很好地近似这个函数, 则可以利用 (41) 对这个函数没有出现在表格中的点 x 处的函数值进行 "插值". 拉格朗日于 1795 年在巴黎高等师范学院的课堂上给出了式 (41) [见 Œuvres **7** (Paris: 1877), 286]. 但剑桥大学的爱德华·韦林其实也应该分享这一荣誉, 因为他在 Philosophical Transactions **69** (1779), 59–67 中已经非常明确地给出了同样的公式.

在韦林和拉格朗日的公式中似乎有相当多的加法、减法、乘法和除法. 确切地说, 其中包括了 n 次加法、$2n^2 + 2n$ 次减法、$2n^2 + n - 1$ 次乘法和 $n+1$ 次除法. 不过幸运的是 (正如我们已经习惯于猜测的), 这是可以改进的.

简化 (41) 的基本想法是利用关系式

$$u_{[n]}(x) - u_{[n-1]}(x) = 0 \qquad \text{对于 } x = x_0, \ldots, x_{n-1}.$$

于是 $u_{[n]}(x) - u_{[n-1]}(x)$ 是次数不超过 n 的多项式, 而且是 $(x - x_0) \ldots (x - x_{n-1})$ 的倍数. 所以有 $u_{[n]}(x) = \alpha_n(x - x_0) \ldots (x - x_{n-1}) + u_{[n-1]}(x)$, 其中 α_n 是常数. 这最终导出牛顿插值公式

$$u_{[n]}(x) = \alpha_n(x - x_0)(x - x_1) \ldots (x - x_{n-1}) + \cdots$$
$$+ \alpha_2(x - x_0)(x - x_1) + \alpha_1(x - x_0) + \alpha_0, \qquad (42)$$

其中各 α_j 是我们要从给定的数 $x_0, x_1, \ldots, x_n, y_0, y_1, \ldots, y_n$ 确定的系数. 注意这个公式对所有 n 都是成立的. 系数 α_k 既不依赖于 $x_{k+1}, \ldots, x_n$, 也不依赖于 $y_{k+1}, \ldots, y_n$. 只要知道了这些 α_j 的值, 就可以很方便地使用牛顿插值公式进行计算, 因为我们可以再次推广霍纳算法得到

$$u_{[n]}(x) = ((\ldots(\alpha_n(x - x_{n-1}) + \alpha_{n-1})(x - x_{n-2}) + \cdots)(x - x_0) + \alpha_0). \qquad (43)$$

这个计算公式需要 n 次乘法和 $2n$ 次加法. 或者, 我们可以从右到左依次计算 (42) 中的每一项, 这只需要 $2n - 1$ 次乘法和 $2n$ 次加法就可以计算出所有的 $u_{[0]}(x), u_{[1]}(x), \ldots, u_{[n]}(x)$ 的数值, 并且由这个序列可以看出插值过程是否收敛.

我们可以通过计算下表 (这里给出 $n = 3$ 的情况) 中的均差来求牛顿公式中的系数 α_k:

$$
\begin{array}{l}
y_0 \\
\quad\quad (y_1 - y_0)/(x_1 - x_0) = y_1' \\
y_1 \\
\quad\quad\quad\quad\quad\quad\quad\quad\quad (y_2' - y_1')/(x_2 - x_0) = y_2'' \\
\quad\quad (y_2 - y_1)/(x_2 - x_1) = y_2' \\
y_2 \quad\quad\quad\quad\quad\quad\quad\quad\quad\quad\quad\quad\quad\quad\quad\quad\quad (y_3'' - y_2'')/(x_3 - x_0) = y_3''' \\
\quad\quad\quad\quad\quad\quad\quad\quad\quad (y_3' - y_2')/(x_3 - x_1) = y_3'' \\
\quad\quad (y_3 - y_2)/(x_3 - x_2) = y_3' \\
y_3
\end{array} \qquad (44)
$$

我们可以证明 $\alpha_0 = y_0$, $\alpha_1 = y_1'$, $\alpha_2 = y_2''$, 等等, 以及均差与被插函数的导数之间有重要的联系. 见习题 15. 所以 (对应于 (44)) 下面的计算过程可用于求各个 α_j 的值:

首先令 $(\alpha_0, \alpha_1, \ldots, \alpha_n) \leftarrow (y_0, y_1, \ldots, y_n)$.
然后, 对于 $k = 1, 2, \ldots, n$ (按这个顺序),
对于 $j = n, n-1, \ldots, k$ (按这个顺序), 令 $\alpha_j \leftarrow (\alpha_j - \alpha_{j-1})/(x_j - x_{j-k})$.

这个计算过程需要做 $\frac{1}{2}(n^2 + n)$ 次除法和 $n^2 + n$ 次减法, 所以 (41) 中的运算大约有四分之三可以节省下来.

例如, 假设我们要用一个三次多项式, 通过 0!, 1!, 2!, 3! 的值估计 1.5! 的值. 均差是

x	y	y'	y''	y'''
0	1			
		0		
1	1		$\frac{1}{2}$	
		1		$\frac{1}{3}$
2	2		$\frac{3}{2}$	
		4		
3	6			

所以 $u_{[0]}(x) = u_{[1]}(x) = 1$，$u_{[2]}(x) = \frac{1}{2}x(x-1) + 1$，$u_{[3]}(x) = \frac{1}{3}x(x-1)(x-2) + \frac{1}{2}x(x-1) + 1$. 在 $u_{[3]}(x)$ 中取 $x = 1.5$ 得 $-0.125 + 0.375 + 1 = 1.25$. "正确" 的值很可能是 $\Gamma(2.5) = \frac{3}{4}\sqrt{\pi} \approx$ 1.33. （当然，还有很多其他序列也是以 1,1,2,6 开头的.）

如果我们要对若干个多项式进行插值，这些多项式有相同插值点 $x_0, x_1, \ldots, x_n$，但是有不同的值 $y_0, y_1, \ldots, y_n$，则最好将 (41) 改写为威廉·泰勒提出的形式 [*J. Research Nat. Bur. Standards* **35** (1945), 151–155]：

$$u_{[n]}(x) = \left(\frac{y_0 w_0}{x - x_0} + \cdots + \frac{y_n w_n}{x - x_n} \right) \bigg/ \left(\frac{w_0}{x - x_0} + \cdots + \frac{w_n}{x - x_n} \right), \tag{45}$$

其中 $x \notin \{x_0, x_1, \ldots, x_n\}$，而

$$w_k = 1/(x_k - x_0)\ldots(x_k - x_{k-1})(x_k - x_{k+1})\ldots(x_k - x_n). \tag{46}$$

这种形式的另一个好处是它的数值稳定性 [见亨里齐，*Essentials of Numerical Analysis* (New York: Wiley, 1982), 237–243]. (45) 中的分母是 $1/(x - x_0)(x - x_1)\ldots(x - x_n)$ 的部分分数展开.

沙米尔发现了多项式插值的一个有点让人吃惊的重要应用 [*CACM* **22** (1979), 612–613]. 他发现模 p 多项式可用于 "分享秘密". 具体来说，我们可以设计一个秘密密钥或口令系统，其中可以利用任意 $n + 1$ 个密钥的信息有效地计算出一个幻数 N 的值，比方说，它能够打开一扇门，但任意 n 个密钥的信息却不能给出 N 的哪怕一点点信息. 沙米尔对这个问题给出了极其简单的解答. 他随机选择一个多项式 $u(x) = u_n x^n + \cdots + u_1 x + u_0$，其中 $0 \leq u_i < p$，且 p 是一个很大的素数. 秘密的每一部分是 $0 < x < p$ 范围内的一个整数 x，以及对应的函数值 $u(x) \bmod p$. 而超级神秘数 N 则是常数项 u_0. 任给 $n + 1$ 个函数值 $u(x_i)$，我们可以通过多项式插值推导出 N 的值. 但如果只知道 n 个 $u(x_i)$ 的值，则加上我们随意指定的常数项都可以唯一确定一个多项式 $u(x)$，但它在 $x_1, \ldots, x_n$ 处有同样的值. 所以仅有这 n 个值，我们无法知道哪个特定的 N 值比任何其他值更有可能性.

注意到下面的关系是很有启发意义的，即插值多项式的计算只是 4.3.2 节和习题 4.6.2–3 中的中国剩余算法的一个特例，因为我们知道 $u_{[n]}(x)$ 模各个互素的多项式 $x - x_0, \ldots, x - x_n$ 的值. （正如我们在 4.6.2 节以及 (3) 后面的讨论中所见，$f(x) \bmod (x - x_0) = f(x_0)$.）按照这样的理解，牛顿公式 (42) 其实是式 4.3.2–(25) 的 "混合进制表示". 而根据 4.3.2–(24)，我们可得到与 (44) 所用运算次数相同的计算 $\alpha_0, \ldots, \alpha_n$ 的另一种方法.

利用快速傅里叶变换，我们可以将多项式插值的运行时间减少到 $O(n(\log n)^2)$，而且对相关的其他算法，如中国剩余问题或者计算 n 个不同的点处 n 次多项式的值，也可用类似的方法减少计算量. [见埃利斯·霍罗威茨，*Inf. Proc. Letters* **1** (1972), 157–163；博罗金和门克，*J. Comp. Syst. Sci.* **8** (1974), 336–385；艾伦·博罗金，*Complexity of Sequential and Parallel Numerical Algorithms*，特劳布编辑 (New York: Academic Press, 1973), 149–180；比尼和帕恩，*Polynomial and Matrix Computations* **1** (Boston: Birkhäuser, 1994), 第 1 章.] 然而，这些结论主要是在理论上比较有意义，因为已有算法的常数因子都很大，所以只有对很大的 n 它们才会有吸引力.

托瓦尔·蒂勒在 1909 年给出了均差方法的一个引人注目的推广，既适用于多项式又适用于多项式的商. 路易斯·米尔恩-汤普森在 *Calculus of Finite Differences* (London: MacMillan, 1933) 的第 5 章讨论了蒂勒的这个 "倒数差分" 方法. 也见弗洛伊德，*CACM* **3** (1960), 508.

*双线性形式. 在这一节里我们考虑的问题中有好几个是对一组双线性形式

$$z_k = \sum_{i=1}^{m} \sum_{j=1}^{n} t_{ijk} x_i y_j, \qquad 1 \le k \le s \tag{47}$$

求值的一般问题的特例, 其中 t_{ijk} 是属于某个给定的域的特定系数. 我们称三维数组 (t_{ijk}) 为一个 $m \times n \times s$ 张量, 并且可以用 s 个 $m \times n$ 矩阵来表示它, 其中每个 k 值对应一个矩阵. 例如, 复数乘法问题, 即计算

$$z_1 + iz_2 = (x_1 + ix_2)(y_1 + iy_2) = (x_1y_1 - x_2y_2) + i(x_1y_2 + x_2y_1) \tag{48}$$

的问题, 可以看作由 $2 \times 2 \times 2$ 的张量

$$\begin{pmatrix} 1 & 0 \\ 0 & -1 \end{pmatrix} \begin{pmatrix} 0 & 1 \\ 1 & 0 \end{pmatrix}$$

确定的双线性形式的计算问题. 由 (34) 定义的矩阵乘法可看作计算对应于一个特定的 $mn \times ns \times ms$ 张量的双线性形式的问题. 傅里叶变换 (37) 也可按这种模式理解, 只不过此时我们将各个 x_i 取为常数值而不是变量, 因而双线性形式就变为线性形式了.

在双线性形式的求值中, 所谓的正规求值方案是非常简单的. 在这种方案中, 所有链的乘法都是对各个 x_j 的一个线性组合和各个 y_j 的一个线性组合进行. 所以, 我们先求 r 个乘积

$$w_l = (a_{1l}x_1 + \cdots + a_{ml}x_m)(b_{1l}y_1 + \cdots + b_{nl}y_n), \qquad 1 \le l \le r, \tag{49}$$

然后对这些乘积做线性组合得到各个 z_k 的值,

$$z_k = c_{k1}w_1 + \cdots + c_{kr}w_r, \qquad 1 \le k \le s. \tag{50}$$

这里所有系数 a_{ij}、b_{ij} 和 c_{ij} 都属于一个给定的域. 比较 (50) 和 (47) 可知, 一个正规求值方案对应于张量 (t_{ijk}) 当且仅当对于 $1 \le i \le m$, $1 \le j \le n$ 和 $1 \le k \le s$,

$$t_{ijk} = a_{i1}b_{j1}c_{k1} + \cdots + a_{ir}b_{jr}c_{kr}. \tag{51}$$

如果存在 3 个向量 $(a_1, \ldots, a_m)$, $(b_1, \ldots, b_n)$, $(c_1, \ldots, c_s)$ 使得对所有 i, j, k 有 $t_{ijk} = a_i b_j c_k$, 则我们说非零张量 (t_{ijk}) 的秩为 1. 我们可以推广这个定义, 称任意张量 (t_{ijk}) 的秩是使得 (t_{ijk}) 在给定的域上可以表示为 r 个秩为 1 的张量之和的最小的 r. 将这个定义与式 (51) 对比, 可见一个张量的秩是计算对应的双线性形式的正规求值方案中乘法的最少次数. 顺带说一句, 当 $s = 1$ 时张量 (t_{ijk}) 就是一个普通的矩阵, 而 (t_{ij1}) 作为张量的秩则等于它作为一个矩阵的秩 (见习题 49). 张量秩的概念是弗兰克·希契科克在 *J. Math. and Physics* **6** (1927), 164–189 中引进的. 这个概念在多项式求值的复杂性分析中的应用是施特拉森在他的一篇重要文章 *Crelle* **264** (1973), 184–202 中指出的.

关于矩阵乘法的威诺格拉德方案 (35) 是 "非正规" 的, 因为在做乘法之前, 它把各个 x_i 和各个 y_j 混合起来了. 另一方面, 施特拉森-威诺格拉德方案 (36) 不依赖于乘法的可交换性, 所以是正规的. 事实上, (36) 相当于对于 2×2 矩阵乘法, 用下列方式把 $4 \times 4 \times 4$ 张量表示为 7

个秩为 1 的张量之和:

$$
\begin{pmatrix}1000\\0100\\0000\\0000\end{pmatrix}\begin{pmatrix}0000\\0000\\1000\\0100\end{pmatrix}\begin{pmatrix}0010\\0001\\0000\\0000\end{pmatrix}\begin{pmatrix}0000\\0000\\0010\\0001\end{pmatrix}=\begin{pmatrix}1000\\0000\\0000\\0000\end{pmatrix}\begin{pmatrix}1000\\0000\\0000\\0000\end{pmatrix}\begin{pmatrix}1000\\0000\\0000\\0000\end{pmatrix}\begin{pmatrix}1000\\0000\\0000\\0000\end{pmatrix}
$$

$$
+\begin{pmatrix}0000\\0100\\0000\\0000\end{pmatrix}\begin{pmatrix}0000\\0000\\0000\\0000\end{pmatrix}\begin{pmatrix}0000\\0000\\0000\\0000\end{pmatrix}\begin{pmatrix}0000\\0000\\0000\\0000\end{pmatrix}+\begin{pmatrix}0000\\0000\\0000\\0000\end{pmatrix}\begin{pmatrix}00\bar{1}1\\0000\\001\bar{1}\\0000\end{pmatrix}\begin{pmatrix}0000\\0000\\0000\\0000\end{pmatrix}\begin{pmatrix}00\bar{1}1\\0000\\001\bar{1}\\0000\end{pmatrix}
$$

$$
+\begin{pmatrix}0000\\0000\\0000\\\bar{1}111\bar{1}\end{pmatrix}\begin{pmatrix}0000\\0000\\0000\\0000\end{pmatrix}\begin{pmatrix}0000\\0000\\0000\\0000\end{pmatrix}\begin{pmatrix}0000\\0000\\0000\\0000\end{pmatrix}+\begin{pmatrix}0000\\0000\\0000\\0000\end{pmatrix}\begin{pmatrix}0000\\0000\\\bar{1}010\\\bar{1}010\end{pmatrix}\begin{pmatrix}0000\\0000\\\bar{1}010\\\bar{1}010\end{pmatrix}\begin{pmatrix}0000\\0000\\\bar{1}010\\\bar{1}010\end{pmatrix}
$$

$$
+\begin{pmatrix}0000\\0000\\0000\\0000\end{pmatrix}\begin{pmatrix}0001\\0000\\000\bar{1}\\000\bar{1}\end{pmatrix}\begin{pmatrix}0001\\0000\\000\bar{1}\\000\bar{1}\end{pmatrix}\begin{pmatrix}0000\\0000\\0000\\0000\end{pmatrix}+\begin{pmatrix}\bar{1}01\bar{1}\\0000\\10\bar{1}1\\10\bar{1}1\end{pmatrix}\begin{pmatrix}\bar{1}01\bar{1}\\0000\\10\bar{1}1\\10\bar{1}1\end{pmatrix}\begin{pmatrix}\bar{1}01\bar{1}\\0000\\10\bar{1}1\\10\bar{1}1\end{pmatrix}.\tag{52}
$$

（这里 $\bar{1}$ 表示 -1. ）

由于 (51) 关于 i, j, k 对称并且在很多种变换下保持不变，所以我们很容易用数学方法来研究张量秩，而且还可以导出关于双线性形式的一些令人吃惊的结果. 我们可以重新排列下标 i, j, k，以得到"转置的"双线性形式，而转置后的张量显然有相同的秩. 但对应的双线性形式在概念上十分不同. 例如，由将 $(m \times n)$ 矩阵与 $(n \times s)$ 矩阵相乘的正规计算方案可知，存在将 $(n \times s)$ 矩阵与 $(s \times m)$ 矩阵相乘的正规计算方案，且两者所用的乘法次数相同. 用矩阵的眼光来看，这两个问题几乎毫无联系——它们分别在不同维数的向量上进行不同数目的内积运算，但在张量的术语下它们是等价的. [见帕恩，*Uspekhi Mat. Nauk* **27**,5 (1972 年 9 月 – 10 月)，249–250；约翰·霍普克罗夫特和琼·穆辛斯基，*SICOMP* **2** (1973), 159–173.]

如果张量 (t_{ijk}) 可以表示为 (51) 中那样的 r 个秩为 1 的张量之和，令 A, B, C 分别表示矩阵 (a_{il}), (b_{jl}), (c_{kl})，其维数分别为 $m \times r$, $n \times r$, $s \times r$. 我们称 (A, B, C) 为张量 (t_{ijk}) 的实现. 例如，(52) 中的 2×2 矩阵乘法的实现可以由以下矩阵确定:

$$
A=\begin{pmatrix}10\bar{1}001\bar{1}\\0100010\\0010 1\bar{1}1\\00011 1\bar{1}\end{pmatrix},\quad B=\begin{pmatrix}100\bar{1}\bar{1}01\\0101000\\001110\bar{1}\\00\bar{1}\bar{1}011\end{pmatrix},\quad C=\begin{pmatrix}1100000\\1011001\\1000111\\1010101\end{pmatrix}.\tag{53}
$$

对 $m \times n \times s$ 阶张量 (t_{ijk})，我们可通过下标分组的方式将它表示为矩阵. 用记号 $(t_{(ij)k})$ 表示 $mn \times s$ 矩阵，它的行用下标对 $\langle i, j \rangle$ 来标记，而列则用下标 k 来标记. 类似地，符号 $(t_{k(ij)})$ 表示 $s \times mn$ 矩阵，其元素 t_{ijk} 位于行 k 和列 $\langle i, j \rangle$. 记号 $(t_{(ik)j})$ 表示 $ms \times n$ 矩阵，等等. 数组的下标不一定是整数，而这里是用有序对作为下标. 我们可用这些记号给出下面的关于张量的秩的下界估计，虽然简单但很有用.

引理 T. 设 (A, B, C) 是 $m \times n \times s$ 阶张量 (t_{ijk}) 的实现. 则 $\mathrm{rank}(A) \geq \mathrm{rank}(t_{i(jk)})$, $\mathrm{rank}(B) \geq \mathrm{rank}(t_{j(ik)})$, $\mathrm{rank}(C) \geq \mathrm{rank}(t_{k(ij)})$. 因此

$$
\mathrm{rank}(t_{ijk}) \geq \max\big(\mathrm{rank}(t_{i(jk)}), \mathrm{rank}(t_{j(ik)}), \mathrm{rank}(t_{k(ij)})\big).
$$

证明. 根据对称性，我们只需证明 $r \geq \mathrm{rank}(A) \geq \mathrm{rank}(t_{i(jk)})$. 由于 A 是 $m \times r$ 矩阵，所以它的秩显然不可能大于 r. 此外，根据 (51)，矩阵 $(t_{i(jk)})$ 等于 AQ，其中 $r \times ns$ 矩阵 Q 定义为 $Q_{l(j,k)} = b_{jl}c_{kl}$. 设 x 是使得 $xA = 0$ 的任一行向量，则 $xAQ = 0$，所以 A 的所有线性相关性都会出现在 AQ 中. 于是有 $\mathrm{rank}(AQ) \leq \mathrm{rank}(A)$. ∎

作为使用引理 T 的一个例子, 我们来考虑多项式乘法的问题. 假设我们将一个二次多项式与一个三次多项式相乘, 得到乘积:

$$(x_0 + x_1 u + x_2 u^2)(y_0 + y_1 u + y_2 u^2 + y_3 u^3) = z_0 + z_1 u + z_2 u^2 + z_3 u^3 + z_4 u^4 + z_5 u^5. \quad (54)$$

这需要计算 6 个双线性形式, 它对应于 $3 \times 4 \times 6$ 阶张量

$$\begin{pmatrix} 1000 \\ 0000 \\ 0000 \end{pmatrix} \begin{pmatrix} 0100 \\ 1000 \\ 0000 \end{pmatrix} \begin{pmatrix} 0010 \\ 0100 \\ 1000 \end{pmatrix} \begin{pmatrix} 0001 \\ 0010 \\ 0100 \end{pmatrix} \begin{pmatrix} 0000 \\ 0001 \\ 0010 \end{pmatrix} \begin{pmatrix} 0000 \\ 0000 \\ 0001 \end{pmatrix}. \quad (55)$$

简要地说, 我们可将 (54) 写成 $x(u)y(u) = z(u)$, 其中 $x(u)$ 表示多项式 $x_0 + x_1 u + x_2 u^2$, 等等. (我们在这里的做法与本节开始时的方式正好掉了个个儿, 因为在 (1) 中用的是 $u(x)$, 而不是 $x(u)$. 我们改变记号是因为现在多项式的系数才是我们感兴趣的对象.)

如果我们将 (55) 中 6 个矩阵的每一个都看作一个以 $\langle i, j \rangle$ 作为下标的 12 维向量, 则显然这些向量是线性无关的, 因为它们的非零元在不同的位置上. 所以由引理 T 可知 (55) 的秩至少是 6. 反之, 我们可以只用 6 次乘法运算, 例如

$$x(0)y(0), \ x(1)y(1), \ \ldots, \ x(5)y(5) \quad (56)$$

就可以得到系数 $z_0, z_1, \ldots, z_5$. 事实上, 由 (56) 可得到 $z(0), z(1), \ldots, z(5)$, 然后利用前面给出的插值公式就可以求出 $z(u)$ 的系数. 我们只需用加法和/或参数乘法就可以求出 $x(j)$ 和 $y(j)$ 的值, 而插值公式只是将这些数值进行线性组合. 所以, 所有要用到的乘法都在 (56) 中了, 从而 (55) 的秩就是 6. (在算法 4.3.3T 中做高精度数的乘法时我们用的基本上是相同的技巧.)

在上一段中讨论的 (55) 的实现 (A, B, C) 应该是

$$\begin{pmatrix} 1 & 1 & 1 & 1 & 1 & 1 \\ 0 & 1 & 2 & 3 & 4 & 5 \\ 0 & 1 & 4 & 9 & 16 & 25 \end{pmatrix}, \ \begin{pmatrix} 1 & 1 & 1 & 1 & 1 & 1 \\ 0 & 1 & 2 & 3 & 4 & 5 \\ 0 & 1 & 4 & 9 & 16 & 25 \\ 0 & 1 & 8 & 27 & 64 & 125 \end{pmatrix}, \ \begin{pmatrix} 120 & 0 & 0 & 0 & 0 & 0 \\ -274 & 600 & -600 & 400 & -150 & 24 \\ 225 & -770 & 1070 & -780 & 305 & -50 \\ -85 & 355 & -590 & 490 & -205 & 35 \\ 15 & -70 & 130 & -120 & 55 & -10 \\ -1 & 5 & -10 & 10 & -5 & 1 \end{pmatrix} \times \frac{1}{120}. \quad (57)$$

所以这个计算方案的确达到了乘法的最少次数, 但它却是完全不实用的, 因为它需要如此多的加法和参数乘法. 下面我们介绍由威诺格拉德给出的一种生成更高效计算方案的实用方法.

首先, 为计算 $x(u)y(u)$ 的系数, 其中 $\deg(x) = m$, $\deg(y) = n$, 我们可以使用恒等式

$$x(u)y(u) = (x(u)y(u) \bmod p(u)) + x_m y_n p(u), \quad (58)$$

其中 $p(u)$ 是任意 $m + n$ 次首一多项式. 多项式 $p(u)$ 的选取应该以容易计算 $x(u)y(u) \bmod p(u)$ 的系数为原则.

其次, 为计算 $x(u)y(u) \bmod p(u)$ 的系数, 其中多项式 $p(u)$ 可以分解为 $q(u)r(u)$ 且 $\gcd(q(u), r(u)) = 1$, 我们可使用恒等式

$$x(u)y(u) \bmod q(u)r(u) = (a(u)r(u)(x(u)y(u) \bmod q(u)) \\ + b(u)q(u)(x(u)y(u) \bmod r(u))) \bmod q(u)r(u), \quad (59)$$

其中 $a(u)r(u) + b(u)q(u) = 1$. 这其实是关于多项式的中国剩余定理.

再次, 我们总是可以使用平凡的恒等式

$$x(u)y(u) \bmod p(u) = (x(u) \bmod p(u))(y(u) \bmod p(u)) \bmod p(u) \quad (60)$$

来计算 $x(u)y(u) \bmod p(u)$ 的系数. 我们将看到, 反复应用 (58) (59) (60) 可以生成高效的计算方案.

对于 (54) 这个例子, 我们取 $p(u) = u^5 - u$ 并使用 (58). 接着往下做就会明白为什么这样选取 $p(u)$. 将 $p(u)$ 写成 $p(u) = u(u^4 - 1)$, 则由 (59) 得

$$x(u)y(u) \bmod u(u^4 - 1) = \left(-(u^4 - 1)x_0 y_0 + u^4(x(u)y(u) \bmod (u^4 - 1))\right) \bmod (u^5 - u). \quad (61)$$

这里我们用到了等式 $x(u)y(u) \bmod u = x_0 y_0$. 一般来说, 选取 $p(u)$ 使得 $p(0) = 0$ 是一个好主意, 因为可以使用这个简化方法. 如果现在我们能确定多项式 $x(u)y(u) \bmod (u^4 - 1) = w_0 + w_1 u + w_2 u^2 + w_3 u^3$ 的系数 w_0, w_1, w_2, w_3, 问题就可以完全解决了, 这是因为

$$u^4(x(u)y(u) \bmod (u^4 - 1)) \bmod (u^5 - u) = w_0 u^4 + w_1 u + w_2 u^2 + w_3 u^3,$$

且由 (58) 和 (61) 可得

$$x(u)y(u) = x_0 y_0 + (w_1 - x_2 y_3)u + w_2 u^2 + w_3 u^3 + (w_0 - x_0 y_0)u^4 + x_2 y_3 u^5. \quad (62)$$

（当然, 我们可以直接验证这个公式的正确性.）

现在来计算 $x(u)y(u) \bmod (u^4 - 1)$ 以完成问题的求解. 这个子问题本身也是很有趣的. 我们暂时将 $x(u)$ 当作三次而不是二次多项式. 则 $x(u)y(u) \bmod (u^4 - 1)$ 的系数分别为

$$x_0 y_0 + x_1 y_3 + x_2 y_2 + x_3 y_1, \quad x_0 y_1 + x_1 y_0 + x_2 y_3 + x_3 y_2,$$

$$x_0 y_2 + x_1 y_1 + x_2 y_0 + x_3 y_3, \quad x_0 y_3 + x_1 y_2 + x_2 y_1 + x_3 y_0,$$

相应的张量则为

$$\begin{pmatrix} 1 & 0 & 0 & 0 \\ 0 & 0 & 0 & 1 \\ 0 & 0 & 1 & 0 \\ 0 & 1 & 0 & 0 \end{pmatrix} \begin{pmatrix} 0 & 1 & 0 & 0 \\ 1 & 0 & 0 & 0 \\ 0 & 0 & 0 & 1 \\ 0 & 0 & 1 & 0 \end{pmatrix} \begin{pmatrix} 0 & 0 & 1 & 0 \\ 0 & 1 & 0 & 0 \\ 1 & 0 & 0 & 0 \\ 0 & 0 & 0 & 1 \end{pmatrix} \begin{pmatrix} 0 & 0 & 0 & 1 \\ 0 & 0 & 1 & 0 \\ 0 & 1 & 0 & 0 \\ 1 & 0 & 0 & 0 \end{pmatrix}. \quad (63)$$

一般地, 当 $\deg(x) = \deg(y) = n - 1$ 时, $x(u)y(u) \bmod (u^n - 1)$ 的系数称为 $(x_0, x_1, \ldots, x_{n-1})$ 和 $(y_0, y_1, \ldots, y_{n-1})$ 的循环卷积. 第 k 个系数 w_k 是双线性形式 $\sum x_i y_j$, 其中求和对所有满足 $i + j \equiv k \pmod{n}$ 的 i 和 j 进行.

我们可利用 (59) 得到这个四次循环卷积. 第一步是求 $u^4 - 1$ 的因子, 即 $(u - 1)(u + 1)(u^2 + 1)$. 我们先把它写成 $(u^2 - 1)(u^2 + 1)$, 对它使用 (59), 然后再对模 $(u^2 - 1) = (u - 1)(u + 1)$ 的部分使用一次 (59). 但更简单的办法是将中国剩余规则 (59) 推广到直接使用多个互素因子的情形. 例如, 我们有

$$x(u)y(u) \bmod q_1(u)q_2(u)q_3(u)$$
$$= \left(a_1(u)q_2(u)q_3(u)\left(x(u)y(u) \bmod q_1(u)\right) + a_2(u)q_1(u)q_3(u)\left(x(u)y(u) \bmod q_2(u)\right)\right.$$
$$\left. + a_3(u)q_1(u)q_2(u)\left(x(u)y(u) \bmod q_3(u)\right)\right) \bmod q_1(u)q_2(u)q_3(u), \quad (64)$$

其中 $a_1(u)q_2(u)q_3(u) + a_2(u)q_1(u)q_3(u) + a_3(u)q_1(u)q_2(u) = 1$. （注意到 $1/q_1(u)q_2(u)q_3(u)$ 的部分分式展开为 $a_1(u)/q_1(u) + a_2(u)/q_2(u) + a_3(u)/q_3(u)$, 这为我们理解这个等式提供了另一个角度.）由 (64) 可得

$$x(u)y(u) \bmod (u^4 - 1) = \left(\tfrac{1}{4}(u^3 + u^2 + u + 1)x(1)y(1) - \tfrac{1}{4}(u^3 - u^2 + u - 1)x(-1)y(-1)\right.$$
$$\left. - \tfrac{1}{2}(u^2 - 1)\left(x(u)y(u) \bmod (u^2 + 1)\right)\right) \bmod (u^4 - 1). \quad (65)$$

剩下的问题是计算 $x(u)y(u) \bmod (u^2 + 1)$, 也到了使用 (60) 的时候了. 我们首先求出 $x(u)$ and $y(u) \bmod (u^2 + 1)$, 得到 $X(u) = (x_0 - x_2) + (x_1 - x_3)u$, $Y(u) = (y_0 - y_2) + (y_1 - y_3)u$. 然后按照 (60) 的要求计算 $X(u)Y(u) = Z_0 + Z_1 u + Z_2 u^2$, 再求所得的多项式模 $(u^2 + 1)$ 的多项式

$(Z_0 - Z_2) + Z_1 u$. 求 $X(u)Y(u)$ 的计算是简单的. 我们可以利用 (58), 其中取 $p(u) = u(u+1)$, 得到

$$Z_0 = X_0 Y_0, \quad Z_1 = X_0 Y_0 - (X_0 - X_1)(Y_0 - Y_1) + X_1 Y_1, \quad Z_2 = X_1 Y_1.$$

（由此我们以更系统的方式重新发现了等式 4.3.3–(2)的技巧.）将以上过程综合起来, 就得到了下面的四次循环卷积的实现 (A, B, C):

$$\begin{pmatrix} 1 & 1 & 1 & 0 & 1 \\ 1 & \bar{1} & 0 & 1 & \bar{1} \\ 1 & 1 & \bar{1} & 0 & \bar{1} \\ 1 & \bar{1} & 0 & \bar{1} & 1 \end{pmatrix}, \quad \begin{pmatrix} 1 & 1 & 1 & 0 & 1 \\ 1 & \bar{1} & 0 & 1 & \bar{1} \\ 1 & 1 & \bar{1} & 0 & \bar{1} \\ 1 & \bar{1} & 0 & \bar{1} & 1 \end{pmatrix}, \quad \begin{pmatrix} 1 & 1 & 2 & \bar{2} & 0 \\ 1 & \bar{1} & 2 & 2 & \bar{2} \\ 1 & 1 & \bar{2} & 2 & 0 \\ 1 & \bar{1} & \bar{2} & \bar{2} & 2 \end{pmatrix} \times \frac{1}{4}. \tag{66}$$

上式中 $\bar{1}$ 表示 -1, 而 $\bar{2}$ 表示 -2.

由于 $t_{ijk} = 1$ 当且仅当 $i + j \equiv k \pmod{n}$, 所以 n 次循环卷积的张量满足

$$t_{i,j,k} = t_{k,-j,i}, \tag{67}$$

其中下标都按照模 n 意义来理解. 所以, 如果 $(a_{il}), (b_{jl}), (c_{kl})$ 是某个循环卷积的实现, 那么 $(c_{kl}), (b_{-j,l}), (a_{il})$ 也是这个循环卷积的实现. 特别地, 通过将 (66) 转换为

$$\begin{pmatrix} 1 & 1 & 2 & \bar{2} & 0 \\ 1 & \bar{1} & 2 & 2 & \bar{2} \\ 1 & 1 & \bar{2} & 2 & 0 \\ 1 & \bar{1} & \bar{2} & \bar{2} & 2 \end{pmatrix} \times \frac{1}{4}, \quad \begin{pmatrix} 1 & 1 & 1 & 0 & 1 \\ 1 & \bar{1} & 0 & \bar{1} & 1 \\ 1 & 1 & \bar{1} & 0 & \bar{1} \\ 1 & \bar{1} & 0 & 1 & \bar{1} \end{pmatrix}, \quad \begin{pmatrix} 1 & 1 & 1 & 0 & 1 \\ 1 & \bar{1} & 0 & 1 & \bar{1} \\ 1 & 1 & \bar{1} & 0 & \bar{1} \\ 1 & \bar{1} & 0 & \bar{1} & 1 \end{pmatrix}, \tag{68}$$

我们能够实现 (63). 现在所有复杂的数字都集中在矩阵 A 了. 在应用上这是非常重要的, 因为在计算卷积时, 常常要代入 y_0, y_1, y_2, y_3 的很多不同的值, 而 x_0, x_1, x_2, x_3 的值则是固定的. 在这种情况下, 对各个 x_i 的运算只要进行一次就可用于整个计算过程, 所以我们无需考虑这部分计算量. 如果 x_0, x_1, x_2, x_3 的值已经预先知道, 那么可由 (68) 得到下面的计算卷积 w_0, w_1, w_2, w_3 的方案:

$$s_1 = y_0 + y_2, \quad s_2 = y_1 + y_3, \quad s_3 = s_1 + s_2, \quad s_4 = s_1 - s_2,$$

$$s_5 = y_0 - y_2, \quad s_6 = y_3 - y_1, \quad s_7 = s_5 - s_6;$$

$$m_1 = \tfrac{1}{4}(x_0 + x_1 + x_2 + x_3) \cdot s_3, \quad m_2 = \tfrac{1}{4}(x_0 - x_1 + x_2 - x_3) \cdot s_4,$$

$$m_3 = \tfrac{1}{2}(x_0 + x_1 - x_2 - x_3) \cdot s_5, \quad m_4 = \tfrac{1}{2}(-x_0 + x_1 + x_2 - x_3) \cdot s_6, \quad m_5 = \tfrac{1}{2}(x_3 - x_1) \cdot s_7;$$

$$t_1 = m_1 + m_2, \quad t_2 = m_3 + m_5, \quad t_3 = m_1 - m_2, \quad t_4 = m_4 - m_5;$$

$$w_0 = t_1 + t_2, \quad w_1 = t_3 + t_4, \quad w_2 = t_1 - t_2, \quad w_3 = t_3 - t_4. \tag{69}$$

上式包含 5 次乘法和 15 次加法, 而循环卷积的定义需要用 16 次乘法和 12 次加法. 我们稍后将证明 5 次乘法是必要的.

回到初始的乘法问题 (54). 我们已经利用 (62) 得到了下面的实现

$$\begin{pmatrix} 4 & 0 & 1 & 1 & 2 & \bar{2} & 0 \\ 0 & 0 & 1 & \bar{1} & 2 & 2 & \bar{2} \\ 0 & 4 & 1 & 1 & \bar{2} & 2 & 0 \end{pmatrix} \times \frac{1}{4}, \quad \begin{pmatrix} 1 & 0 & 1 & 1 & 1 & 0 & 1 \\ 0 & 0 & 1 & \bar{1} & 0 & 1 & 1 \\ 0 & 0 & 1 & 1 & \bar{1} & 0 & \bar{1} \\ 0 & 1 & 1 & \bar{1} & 0 & 1 & \bar{1} \end{pmatrix}, \quad \begin{pmatrix} 1 & 0 & 0 & 0 & 0 & 0 & 0 \\ 0 & \bar{1} & 1 & \bar{1} & 0 & 1 & \bar{1} \\ 0 & 0 & 1 & 1 & \bar{1} & 0 & \bar{1} \\ 0 & 0 & 1 & \bar{1} & 0 & \bar{1} & 1 \\ \bar{1} & 0 & 1 & 1 & 1 & 0 & 1 \\ 0 & 1 & 0 & 0 & 0 & 0 & 0 \end{pmatrix}. \tag{70}$$

这个计算方案所用的乘法次数比最小值多了一次，但它比 (57) 所用的参数乘法少得多. 当然，我们必须承认这个方案仍然非常复杂：如果我们的目标只是求两个给定的多项式的乘积 $(x_0 + x_1u + x_2u^2)(y_0 + y_1u + y_2u^2 + y_3u^3)$ 的系数 $z_0, z_1, \ldots, z_5$，解决这种一次性问题的最好办法，应该是利用包含 12 次乘法和 6 次加法的普通方法，除非（比如说）x_i 和 y_i 是矩阵. 在习题 58(b) 中给出了另一个比较有吸引力的方案，它需要 8 次乘法和 18 次加法. 需要注意的是，如果固定 x_i 而让 y_i 变化，则 (70) 的计算需要 7 次乘法和 17 次加法. 尽管这个方案不像它看起来那么有用，然而上面的推导却展示了对其他很多情形都有效的重要技巧. 例如，威诺格拉德就用了这种方法来计算傅里叶变换，其所用的乘法次数比快速傅里叶变换还少得多（见习题 53）.

在这一节的最后部分，我们将考虑如何精确求出对应于将两个多项式模第三个多项式相乘的 $n \times n \times n$ 张量的秩，

$$z_0 + z_1u + \cdots + z_{n-1}u^{n-1}$$
$$= (x_0 + x_1u + \cdots + x_{n-1}u^{n-1})(y_0 + y_1u + \cdots + y_{n-1}u^{n-1}) \bmod p(u). \quad (71)$$

其中 $p(u)$ 表示任意给定的 n 次首一多项式. 特别地，如果我们取 $p(u) = u^n - 1$，则所研究的问题就是求对应于 n 次循环卷积的张量的秩. 我们可将 $p(u)$ 写成

$$p(u) = u^n - p_{n-1}u^{n-1} - \cdots - p_1u - p_0, \quad (72)$$

于是 $u^n \equiv p_0 + p_1u + \cdots + p_{n-1}u^{n-1} \pmod{p(u)}$.

张量中的元素 t_{ijk} 是多项式 $u^{i+j} \bmod p(u)$ 中 u^k 的系数. 它同时也是矩阵 P^j 中第 i 行第 k 列的元素，其中

$$P = \begin{pmatrix} 0 & 1 & 0 & \ldots & 0 \\ 0 & 0 & 1 & \ldots & 0 \\ \vdots & \vdots & \vdots & & \vdots \\ 0 & 0 & 0 & \ldots & 1 \\ p_0 & p_1 & p_2 & \ldots & p_{n-1} \end{pmatrix} \quad (73)$$

称为 $p(u)$ 的友矩阵.（在我们的讨论中下标 i, j, k 的变化范围是从 0 到 $n-1$，而不是从 1 到 n.）对张量做一下转置会给我们带来一些方便，因为对于 $T_{ijk} = t_{ikj}$，(T_{ijk}) 对应于 $k = 0, 1, 2, \ldots, n-1$ 的各个层恰好是由以下矩阵给出

$$I \qquad P \qquad P^2 \qquad \ldots \qquad P^{n-1}. \quad (74)$$

(74) 中各个矩阵的第一行分别是单位向量 $(1, 0, 0, \ldots, 0)$, $(0, 1, 0, \ldots, 0)$, $(0, 0, 1, \ldots, 0)$, $\ldots$, $(0, 0, 0, \ldots, 1)$，所以线性组合 $\sum_{k=0}^{n-1} v_k P^k$ 是零矩阵当且仅当所有系数 v_k 都是零. 此外，大部分这样的线性组合都表示非奇异矩阵，这是因为

$$(w_0, w_1, \ldots, w_{n-1}) \sum_{k=0}^{n-1} v_k P^k = (0, 0, \ldots, 0) \quad \text{当且仅当} \quad v(u)w(u) \equiv 0 \pmod{p(u)},$$

其中 $v(u) = v_0 + v_1u + \cdots + v_{n-1}u^{n-1}$，$w(u) = w_0 + w_1u + \cdots + w_{n-1}u^{n-1}$. 因此，$\sum_{k=0}^{n-1} v_k P^k$ 是奇异矩阵当且仅当多项式 $v(u)$ 是 $p(u)$ 的某个因子的倍数. 我们现在已经准备好证明下面这个期待已久的结论.

定理 W（威诺格拉德，1975）. 设 $p(u)$ 是 n 次首一多项式，且在给定的无限域上的完全因子分解为

$$p(u) = p_1(u)^{e_1} \ldots p_q(u)^{e_q}. \quad (75)$$

则在这个域上，对应于双线性形式 (71) 的张量 (74) 的秩是 $2n - q$.

证明. 我们可按适当的方式组合使用 (58) (59) (60)，只用 $2n - q$ 次乘法就求出双线性形式的值，所以只需再证明秩 $r \geq 2n - q$. 由前面的讨论可推导出 $\mathrm{rank}(T_{(ij)k}) = n$，所以由引理 T 可知，对 (T_{ijk}) 的任意 $n \times r$ 实现 (A, B, C) 有 $\mathrm{rank}(C) = n$. 接下来的证明策略是再次利用引理 T，寻找满足下面两个性质的向量 $(v_0, v_1, \ldots, v_{n-1})$：

(i) 向量 $(v_0, v_1, \ldots, v_{n-1})C$ 最多有 $q + r - n$ 个非零分量；

(ii) 矩阵 $v(P) = \sum_{k=0}^{n-1} v_k P^k$ 非奇异.

利用这两个性质以及引理 T 就可以证明 $q + r - n \geq n$，因为恒等式

$$\sum_{l=1}^{r} a_{il} b_{jl} \left(\sum_{k=0}^{n-1} v_k c_{kl} \right) = v(P)_{ij}$$

已经告诉我们如何用 $q + r - n$ 次乘法来实现秩为 n 的 $n \times n \times 1$ 张量 $v(P)$.

为方便起见，我们不妨假设 C 的前 n 列线性无关. 设 D 为 $n \times n$ 矩阵，使得 DC 的前 n 列构成单位矩阵. 如果可以证明存在包含 D 的最多 q 行的线性组合 $(v_0, v_1, \ldots, v_{n-1})$ 使得 $v(P)$ 非奇异，我们的目标就实现了. 显然这样的向量满足条件 (i) 和 (ii).

由于 D 的各行线性无关，所以不存在可以整除对应于每一行的多项式的不可约因子 $p_\lambda(u)$. 给定向量 $w = (w_0, w_1, \ldots, w_{n-1})$，记 $\mathrm{covered}(w)$ 为所有使得 $w(u)$ 不是 $p_\lambda(u)$ 的倍数的 λ 所构成的集合. 对向量 v 和 w，我们可以找到域中某个 α，使线性组合 $v + \alpha w$ 满足

$$\mathrm{covered}(v + \alpha w) = \mathrm{covered}(v) \cup \mathrm{covered}(w). \tag{76}$$

这是因为如果 λ 被 v 或 w 覆盖但不同时被它们覆盖，则对所有非零的 α，λ 都可以被 $v + \alpha w$ 覆盖. 如果 λ 同时被 v 和 w 覆盖但不能被 $v + \alpha w$ 覆盖，则对所有 $\beta \neq \alpha$，λ 可以被 $v + \beta w$ 覆盖. 只要尝试 α 的 $q + 1$ 个不同的值，其中至少会有一个满足 (76). 用这种方式，我们可以系统地构造出包含 D 的最多 q 行的线性组合以覆盖满足 $1 \leq \lambda \leq q$ 的所有 λ. ∎

定理 W 有很多重要的推论，其中之一是张量的秩与实现 (A, B, C) 的元素所在的域有关. 例如，考虑对应于 5 次循环卷积的张量. 它等价于多项式模 $p(u) = u^5 - 1$ 的乘法. 在有理数域上，根据习题 4.6.2-32，$p(u)$ 的完全因子分解为 $(u - 1)(u^4 + u^3 + u^2 + u + 1)$，所以张量的秩为 $10 - 2 = 8$. 另一方面，它在实数域上的完全因子分解为 $(u - 1)(u^2 + \phi u + 1)(u^2 - \phi^{-1} u + 1)$，其中 $\phi = \frac{1}{2}(1 + \sqrt{5})$. 所以当我们允许 A, B, C 的元素取任意实数时，张量的秩只有 7. 而在复数域上张量的秩为 5. 这个现象在二维张量（矩阵）中不会出现，因为矩阵的秩可以通过判断子矩阵的行列式是否为 0 来确定. 当矩阵元素所在的域嵌入到一个更大的域中时，矩阵的秩不会改变，但张量的秩可能会随着域的扩大而减小.

在给出定理 W 的论文 [*Math. Systems Theory* **10** (1977), 169–180] 中，威诺格拉德还证明了当 $q > 1$ 时，(71) 的所有 $2n - q$ 次乘法的实现都相当于使用 (59). 而且，他还证明了能用 $\deg(x) + \deg(y) + 1$ 次乘法求出 $x(u)y(u)$ 的系数的唯一途径是利用插值或者 (58)，其中多项式可以在域上分解为不同的线性因子. 最后，他还证明了当 $q = 1$ 时，能用 $2n - 1$ 次乘法求出 $x(u)y(u) \bmod p(u)$ 的系数的唯一途径基本上就是利用 (60). 这些结论对所有多项式链都成立，而不仅仅是"正规"的多项式链. 他还在 *SICOMP* **9** (1980), 225–229 中将这些结果推广到多元多项式.

优素福 · 贾贾在 *SICOMP* **8** (1979), 443–462 和 *JACM* **27** (1980), 822–830 中，给出了在适当大小的域中任意 $m \times n \times 2$ 张量的秩. 也见他在 *SICOMP* **9** (1980), 713–728 中对可交换

的双线性形式的有趣的讨论. 然而, 计算任一有限域上的任意 $n \times n \times n$ 张量的秩的问题是一个NP 完全问题 [霍斯塔德, *Journal of Algorithms* **11** (1990), 644–654].

进一步的阅读. 在这一节中我们已经掠过了一个非常大的研究课题的表面, 其中包含了很多优美的理论. 我们可以在下面这些书中发现非常多的很全面的处理方法: 博罗金和詹姆斯 · 芒罗, *Computational Complexity of Algebraic and Numeric Problems* (New York: American Elsevier, 1975); 比尼和帕恩, *Polynomial and Matrix Computations* **1** (Boston: Birkhäuser, 1994); 彼得 · 比吉塞尔、迈克尔 · 克劳森和穆罕默德 · 肖克罗拉西, *Algebraic Complexity Theory* (Heidelberg: Springer, 1997).

习题

1. [*15*] 有什么好办法对"奇次"多项式 $u(x) = u_{2n+1}x^{2n+1} + u_{2n-1}x^{2n-1} + \cdots + u_1 x$ 求值?

▶ **2.** [*M20*] 讨论如何使用霍纳算法 (2) 进行多项式求值, 但不要用正文中的步骤 H1 和 H2 来计算 $u(x + x_0)$, 请使用针对多式的乘法和加法运算, 而不是系数所在的整环中的运算.

3. [*20*] 设计一个类似于霍纳算法的方法, 可以对二元多项式 $\sum_{i+j\leq n} u_{ij}x^i y^j$ 求值.（这个多项式有 $(n+1)(n+2)/2$ 个系数, 其"总次数"为 n.）统计一下你所用的加法和乘法的次数.

4. [*M20*] 正文告诉我们, 在计算实系数多项式在一个复数 z 处的值时, 计算方案 (3) 比霍纳算法更好. 当系数和变量 z 的值都是复数时, 比较 (3) 和霍纳算法的优劣. 这两种方法分别用了多少次（实数）乘法和加减法?

5. [*M15*] 统计二阶霍纳算法 (4) 所需的乘法和加法次数.

6. [*22*] （利尤韦 · 容和莱文）说明如何改进肖-特劳布算法的步骤 S1, ..., S4, 使得只需要计算大约 $\frac{1}{2}n$ 个 x_0 的幂.

7. [*M25*] 如何计算 $\beta_0, \ldots, \beta_n$ 的值, 使得 (6) 中对所有整数 k 可以给出 $u(x_0 + kh)$ 的值.

8. [*M20*] 定义阶乘幂 $x^{\underline{k}}$ 为 $k!\binom{x}{k} = x(x-1)\ldots(x-k+1)$. 请说明, 如何从给定的 x 和 $n+3$ 个常数 $u_n, \ldots, u_0, 1, n-1$ 出发, 用不超过 n 次乘法和 $2n-1$ 次加法计算 $u_n x^{\underline{n}} + \cdots + u_1 x^{\underline{1}} + u_0$ 的值.

9. [*M25*] （赫伯特 · 赖瑟）如果 $X = (x_{ij})$ 是 $n \times n$ 矩阵, 证明

$$\text{per}(X) = \sum (-1)^{n-\epsilon_1-\cdots-\epsilon_n} \prod_{1\leq i\leq n} \sum_{1\leq j\leq n} \epsilon_j x_{ij},$$

其中求和是对变量 $\epsilon_1, \ldots, \epsilon_n$ 进行, 每个 ϵ_i 可以独立取 0 或 1, 一共有 2^n 种取法. 统计一下用这个公式计算 $\text{per}(X)$ 需要用多少次加法和乘法.

10. [*M21*] 一个 $n \times n$ 矩阵 $X = (x_{ij})$ 的积和式可按下面的方式计算: 从 n 个数值 $x_{11}, x_{12}, \ldots, x_{1n}$ 出发. 对于 $1 \leq k < n$, 假设已经对 $\{1,2,\ldots,n\}$ 的所有 k 元子集 S 求出了数值 A_{kS}（一共有 $\binom{n}{k}$ 个）, 其中 $A_{kS} = \sum x_{1j_1}\ldots x_{kj_k}$, 求和是对 S 的元素的 $k!$ 个排列 $j_1\ldots j_k$ 进行. 然后形成所有的和式

$$A_{(k+1)S} = \sum_{j\in S} A_{k(S\setminus\{j\})} x_{(k+1)j}.$$

我们有 $\text{per}(X) = A_{n\{1,\ldots,n\}}$. 这种计算方法一共需要做多少次加法和乘法? 需要多少临时存储空间?

11. [*M46*] 是否存在一种方法, 可以用少于 2^n 次算术运算求出任意 $n \times n$ 矩阵的积和式的值?

12. [*M50*] 将两个 $n \times n$ 矩阵相乘最少需要做多少次乘法? 如果所需的乘法次数为 $O(n^{\omega+\epsilon})$, 其中 $\epsilon > 0$ 可以任取, 那么指数 ω 最小可取多少?（请对小的 n 和大的 n 都给出好的上下界.）

13. [*M23*] 给出一般的离散傅里叶变换 (37) 的逆变换公式, 即用 $f(s_1,\ldots,s_n)$ 的值来表示 $F(t_1,\ldots,t_n)$. [提示: 见式 1.2.9–(13).]

▶ **14.** [*HM28*] （快速傅里叶变换）证明：使用复数的算术运算，我们可以用方案 (40) 来计算一维离散傅里叶变换

$$f(s) = \sum_{0 \le t < 2^n} F(t)\,\omega^{st}, \qquad \omega = e^{2\pi i/2^n}, \qquad 0 \le s < 2^n.$$

估计所用的算术运算的次数.

▶ **15.** [*HM28*] 对任意 $n > 0$, 函数 $f(x)$ 在 $n+1$ 个不同的点 $x_0, x_1, \ldots, x_n$ 处的 n 阶均差 $f(x_0, x_1, \ldots, x_n)$ 定义为

$$f(x_0, x_1, \ldots, x_n) = (f(x_0, x_1, \ldots, x_{n-1}) - f(x_1, \ldots, x_{n-1}, x_n))/(x_0 - x_n).$$

于是 $f(x_0, x_1, \ldots, x_n) = \sum_{k=0}^{n} f(x_k) / \prod_{0 \le j \le n, \, j \ne k} (x_k - x_j)$ 是关于 $n+1$ 个变量对称的函数. (a) 如果 n 阶导数 $f^{(n)}(x)$ 存在且连续, 证明 $f(x_0, \ldots, x_n) = f^{(n)}(\theta)/n!$ 对某个介于 $\min(x_0, \ldots, x_n)$ 和 $\max(x_0, \ldots, x_n)$ 之间的 θ 成立. [提示: 证明恒等式

$$f(x_0, x_1, \ldots, x_n) = \int_0^1 dt_1 \int_0^{t_1} dt_2 \ldots \int_0^{t_{n-1}} dt_n f^{(n)}\big(x_0(1 - t_1) + x_1(t_1 - t_2) + \cdots$$
$$+ x_{n-1}(t_{n-1} - t_n) + x_n(t_n - 0)\big).$$

这个公式在各个 x_j 不一定互异时对 $f(x_0, x_1, \ldots, x_n)$ 给出了很有用的定义方式.] (b) 如果 $y_j = f(x_j)$, 证明牛顿插值多项式 (42)中的 $\alpha_j = f(x_0, \ldots, x_j)$.

16. [*M22*] 如果已经给出牛顿插值多项式 (42) 中 $x_0, x_1, \ldots, x_{n-1}, \alpha_0, \alpha_1, \ldots, \alpha_n$ 的值, 怎样计算 $u_{[n]}(x) = u_n x^n + \cdots + u_0$ 的系数比较方便?

17. [*M20*] 证明对于 $0 \le k \le n$, 当 $x_k = x_0 + kh$ 时, 插值公式 (45) 可简化为用二项式系数表示的非常简单的表达式. [提示: 见习题 1.2.6–48.]

18. [*M20*] 如果我们将四次多项式的计算方案 (9) 改为

$$y = (x + \alpha_0)x + \alpha_1, \qquad u(x) = ((y - x + \alpha_2)y + \alpha_3)\alpha_4,$$

为了用各个 u_k 来计算各个 α_j, 应该用什么公式取代 (10)?

▶ **19.** [*M24*] 说明如何由 $u(x)$ 的系数 $u_5, \ldots, u_1, u_0$ 确定 (11) 中的调整系数 $\alpha_0, \alpha_1, \ldots, \alpha_5$, 并据此对具体的多项式 $u(x) = x^5 + 5x^4 - 10x^3 - 50x^2 + 13x + 60$ 算出各个 α_j 的值.

▶ **20.** [*21*] 写一个 MIX 程序, 利用方案 (11) 对五次多项式求值. 对 (11) 做微调以使程序尽可能高效. 使用 4.2.1 节的 MIX 的浮点运算指令 FADD 和 FMUL.

21. [*20*] 利用正文中没有考虑的 (15) 的两个根, 给出另外两种通过方案 (12) 对多项式 $x^6 + 13x^5 + 49x^4 + 33x^3 - 61x^2 - 37x + 3$ 求值的方法.

22. [*18*] 利用帕恩的方法 (16) 对 $x^6 - 3x^5 + x^4 - 2x^3 + x^2 - 3x - 1$ 求值的方案是什么?

23. [*HM30*] （詹姆斯·伊夫）设 $f(z) = a_n z^n + a_{n-1} z^{n-1} + \cdots + a_0$ 是 n 次实系数多项式, 且至少有 $n - 1$ 个实部非负的根. 令

$$g(z) = a_n z^n + a_{n-2} z^{n-2} + \cdots + a_{n \bmod 2} z^{n \bmod 2},$$
$$h(z) = a_{n-1} z^{n-1} + a_{n-3} z^{n-3} + \cdots + a_{(n-1) \bmod 2} z^{(n-1) \bmod 2}.$$

假设 $h(z)$ 不恒等于零.

(a) 证明 $g(z)$ 至少有 $n - 2$ 个虚根（即实部为零的根）, 而 $h(x)$ 至少有 $n - 3$ 个虚根. [提示: 对充分大的半径 R, 考虑当 z 沿着图 16 所示的路径环绕一圈时 $f(z)$ 的轨迹环绕原点的次数.]

(b) 证明 $g(z) = 0$ 和 $h(z) = 0$ 的根的平方都是实数.

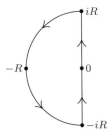

图 16 伊夫定理的证明

▶ **24.** [*M24*] 对多项式 $u(x) = (x + 7)(x^2 + 6x + 10)(x^2 + 4x + 5)(x + 1)$, 找出满足定理 E 的条件的 c 和 α_k, β_k 的值. 选择这些值使得 $\beta_2 = 0$. 给出两个不同的解.

25. [*M20*] 当我们将定理 M 证明中的构造方法用于（低效的）多项式链

$$\lambda_1 = \alpha_1 + \lambda_0, \qquad \lambda_2 = -\lambda_0 - \lambda_0, \qquad \lambda_3 = \lambda_1 + \lambda_1, \qquad \lambda_4 = \alpha_2 \times \lambda_3,$$
$$\lambda_5 = \lambda_0 - \lambda_0, \qquad \lambda_6 = \alpha_6 - \lambda_5, \qquad \lambda_7 = \alpha_7 \times \lambda_6, \qquad \lambda_8 = \lambda_7 \times \lambda_7,$$
$$\lambda_9 = \lambda_1 \times \lambda_4, \qquad \lambda_{10} = \alpha_8 - \lambda_9, \qquad \lambda_{11} = \lambda_3 - \lambda_{10}$$

时, 应如何用 $\alpha_1, \ldots, \alpha_8$ 来表示 $\beta_1, \beta_2, \ldots, \beta_9$?

▶ **26.** [*M21*] (a) 给出对应于计算次数 $n = 3$ 的多项式的霍纳算法的多项式链. (b) 利用正文中定理 A 的证明的构造方法, 用 $\beta_1, \beta_2, \beta_3, \beta_4$ 和 x 表示 $\kappa_1, \kappa_2, \kappa_3$ 和结果多项式 $u(x)$. (c) 证明当 $\beta_1, \beta_2, \beta_3, \beta_4$ 独立地取任意实数值时, (b) 中所得的映像集比 (a) 的映像集缺少某些特殊的向量.

27. [*M22*] 设 R 为满足 $q_n \neq 0$ 的所有实数 $n + 1$ 元组 $(q_n, \ldots, q_1, q_0)$ 构成的集合. 证明 R 的自由度大于 n.

28. [*HM20*] 如果 $f_0(\alpha_1, \ldots, \alpha_s), \ldots, f_s(\alpha_1, \ldots, \alpha_s)$ 是整系数多元多项式, 证明存在整系数非零多项式 $g(x_0, \ldots, x_s)$ 使得对所有实数 $\alpha_1, \ldots, \alpha_s$ 有 $g(f_0(\alpha_1, \ldots, \alpha_s), \ldots, f_s(\alpha_1, \ldots, \alpha_s)) = 0$. （从而任意含 s 个参数的多项式链最多有 s 个自由度.）[提示: 利用关于"代数相关性"的定理. 这些定理可以在很多文献中找到, 例如范德瓦尔登, *Modern Algebra*, 布卢姆译 (New York: Ungar, 1949), 第 64 节.]

▶ **29.** [*M20*] 设 $R_1, R_2, \ldots, R_m$ 是实数 $n + 1$ 元组的集合, 且自由度不超过 t. 证明它们的并集 $R_1 \cup R_2 \cup \cdots \cup R_m$ 的自由度也不超过 t.

▶ **30.** [*M28*] 证明包含 m_c 个链乘法和 m_p 个参数乘法的多项式链, 其自由度不超过 $2m_c + m_p + \delta_{0m_c}$. [提示: 推广定理 M, 证明第一个链乘法和每个参数乘法实质上都只能在映像集中增加一个新的参数.]

31. [*M23*] 证明可计算所有 n 次首一多项式的多项式链至少包含 $\lfloor n/2 \rfloor$ 个乘法和 n 个加减法.

32. [*M24*] 给出一个可以计算所有形如 $u_4 x^4 + u_2 x^2 + u_0$ 的多项式的长度最短的多项式链, 并证明它的长度的确是最短的.

▶ **33.** [*M25*] 设 $n \geq 3$ 是奇数. 证明包含 $\lfloor n/2 \rfloor + 1$ 个乘法步且能够计算所有 n 次多项式的多项式链至少应包含 $n + 2$ 个加减法步. [提示: 见习题 30.]

34. [*M26*] 设 $\lambda_0, \lambda_1, \ldots, \lambda_r$ 是一个多项式链, 其中所有加法步和减法步都是参数步, 且至少包含一个参数乘法. 假设其中包含 m 个乘法和 $k = r - m$ 个加减法, 并且可以被这个链计算的多项式次数不超过 n. 证明: 所有可被这个链计算的 x^n 项系数非零的多项式, 也可被另一个乘法个数不超过 m、加法个数不超过 k 且不包含减法的多项式链计算. 而且, 后者的最后一步是该链中唯一的参数乘法.

▶ **35.** [*M25*] 证明任意可计算所有 4 次多项式且包含 3 个乘法的多项式链至少包含 5 个加减法. [提示: 假设只包含 4 个加减法, 并利用习题 34 的结论. 证明多项式链应具有某种特殊的形式, 但这种形式不能表示出所有四次多项式.]

36. [*M27*] 继续上一道习题, 证明任意可计算所有六次多项式且包含 4 个乘法的多项式链至少包含 7 个加减法.

37. [*M21*] （莫茨金）证明"几乎所有"形如

$$(u_n x^n + u_{n-1} x^{n-1} + \cdots + u_1 x + u_0)/(x^n + v_{n-1} x^{n-1} + \cdots + v_1 x + v_0)$$

且系数在域 S 中的有理函数可以用方案

$$\alpha_1 + \beta_1/(x + \alpha_2 + \beta_2/(x + \cdots + \beta_n/(x + \alpha_{n+1}) \ldots))$$

计算, 其中 α_j, β_j 是 S 中适当的元素.（这个连分数方案包含 n 个除法和 $2n$ 个加法. 所谓"几乎所有", 是指排除那些系数满足某个非平凡的多项式方程的有理函数.）对有理函数 $(x^2 + 10x + 29)/(x^2 + 8x + 19)$ 给出各个 α_j 和各个 β_j 的值.

▶ **38.** [*HM32*] （帕恩, 1962）本习题的目的是证明在不预先调整系数的前提下霍纳算法的确是最优的. 给定变量 $u_n, \ldots, u_1, u_0, x$ 和任意常数的值, 我们需要 n 次乘法和 n 次加法来计算 $u_n x^n + \cdots + u_1 x + u_0$. 像前面那样考虑多项式链, 但要将 $u_n, \ldots, u_1, u_0, x$ 当作变量看待. 例如, 取 $\lambda_{-j-1} = u_j$, $\lambda_0 = x$. 为证明霍纳算法是最优的, 我们来证明一个更一般的结论: 设 $A = (a_{ij})$, $0 \le i \le m$, $0 \le j \le n$ 是一个 $(m+1) \times (n+1)$ 实矩阵, 其秩为 $n+1$. 又设 $B = (b_0, \ldots, b_m)$ 是一个实向量. 证明任意可计算的多项式链

$$P(x; u_0, \ldots, u_n) = \sum_{i=0}^{m} (a_{i0} u_0 + \cdots + a_{in} u_n + b_i) x^i$$

至少包含 n 个链乘法.（注意, 这不是说我们考虑的是某个固定的链, 其中的各个参数 α_j 都预先取好跟 A 和 B 有关的值. 实际上, 多项式链以及其中的各个参数 α_j 的值可能都依赖于给定的矩阵 A 和向量 B. 无论我们如何选取 A, B 以及各个 α_j 的值, 如果不进行 n 次"链步"乘法, 都不可能算出 $P(x; u_0, \ldots, u_n)$.）由 A 的秩为 $n+1$ 可知 $m \ge n$. [提示: 证明由任意一个这样的方案出发, 我们可导出另一个关于 $n-1$ 的方案, 其中包含更少的链乘法.]

39. [*M29*] （莫茨金, 1954）证明形如

$$w_1 = x(x + \alpha_1) + \beta_1, \qquad w_k = w_{k-1}(w_1 + \gamma_k x + \alpha_k) + \delta_k x + \beta_k \quad \text{对于 } 1 < k \le m$$

的方案可计算实数集上的所有 $2m$ 次首一多项式, 其中 α_k, β_k 是实数, 而 γ_k, δ_k 是整数.（对不同的多项式, $\alpha_k, \beta_k, \gamma_k$ 和 δ_k 的取值可能是不同的.）请尽可能取 $\delta_k = 0$.

40. [*M41*] 在定理 C 中, 乘法次数的下界能从 $\lfloor n/2 \rfloor + 1$ 提高到 $\lceil n/2 \rceil + 1$ 吗?（见习题 33.）

41. [*22*] 证明用 3 次实数乘法和 5 次实数加法可求出 $(a+bi)(c+di)$ 的实部和虚部, 而且其中有 2 个加法只对 a 和 b 进行.

42. [*36*] （佩特森和斯托克迈耶）(a) 证明包含 $m \ge 2$ 个链乘法的多项式链的自由度不超过 $m^2 + 1$. (b) 假设多项式链中的所有参数 α_j 都是整数, 证明对于所有 $n \ge 2$, 存在不能被任意包含少于 $\lfloor \sqrt{n} \rfloor$ 个乘法的多项式链计算的系数为 0 或 1 的 n 次多项式. (c) 如果我们不限制做加法的次数, 则存在乘法次数不超过 $2\lfloor \sqrt{n} \rfloor$ 的纯整数算法, 它可以计算任意 n 次整系数多项式.

43. [*22*] 说明如何用 $2l(n+1) - 2$ 次乘法和 $l(n+1)$ 次加法（没有除法和减法）计算多项式 $x^n + \cdots + x + 1$, 其中 $l(n)$ 是 4.6.3 节中定义的函数.

▶ **44.** [*M25*] 证明任意首一多项式 $u(x) = x^n + u_{n-1} x^{n-1} + \cdots + u_0$ 可用 $\frac{1}{2} n + O(\log n)$ 次乘法和不超过 $\frac{5}{4} n$ 次加法计算, 其中所用的参数 $\alpha_1, \alpha_2, \ldots$ 可表示为关于 $u_{n-1}, u_{n-2}, \ldots$ 的整系数多项式. [提示: 首先考虑 $n = 2^l$ 的情形.]

▶ **45.** [*HM22*] 设 (t_{ijk}) 为 $m \times n \times s$ 阶张量, F, G, H 是维数分别为 $m \times m, n \times n, s \times s$ 的非奇异矩阵. 如果对所有 i, j, k 有

$$T_{ijk} = \sum_{i'=1}^{m} \sum_{j'=1}^{n} \sum_{k'=1}^{s} F_{ii'} G_{jj'} H_{kk'} t_{i'j'k'},$$

证明张量 (T_{ijk}) 与 (t_{ijk}) 有相同的秩. [提示: 用同样的方式将 F^{-1}, G^{-1}, H^{-1} 作用于张量 (T_{ijk}), 看会得到什么结果.]

46. [*M28*] 证明任意一对关于 (x_1, x_2) 和 (y_1, y_2) 的双线性形式 (z_1, z_2) 可以用不超过 3 次乘法计算. 换句话说, 要证明所有 $2 \times 2 \times 2$ 阶张量的秩不超过 3.

47. [*M25*] 证明对于所有 m, n, s, 存在秩不小于 $\lceil mns/(m+n+s) \rceil$ 的 $m \times n \times s$ 阶张量. 另一方面, 证明所有 $m \times n \times s$ 阶张量的秩不超过 $mns/\max(m, n, s)$.

48. [*M21*] 设 (t_{ijk}) 和 (t'_{ijk}) 分别为 $m \times n \times s$ 和 $m' \times n' \times s'$ 阶张量. 它们的直和 $(t_{ijk}) \oplus (t'_{ijk}) = (t''_{ijk})$ 是 $(m+m') \times (n+n') \times (s+s')$ 阶张量, 按以下方式定义: 如果 $i > m$, $j > n$, $k > s$, 则 $t''_{ijk} = t_{ijk}$; 如果 $i \le m$, $j \le n$, $k \le s$, 则 $t''_{ijk} = t'_{i-m,j-n,k-s}$; 其他情形下 $t''_{ijk} = 0$. 它们的直积 $(t_{ijk}) \otimes (t'_{ijk}) = (t'''_{ijk})$ 是 $mm' \times nn' \times ss'$ 阶张量, 定义为 $t_{\langle ii' \rangle \langle jj' \rangle \langle kk' \rangle} = t_{ijk} t'_{i'j'k'}$. 证明不等式 $\operatorname{rank}(t''_{ijk}) \le \operatorname{rank}(t_{ijk}) + \operatorname{rank}(t'_{ijk})$ 和 $\operatorname{rank}(t'''_{ijk}) \le \operatorname{rank}(t_{ijk}) \cdot \operatorname{rank}(t'_{ijk})$.

▶ **49.** [*HM25*] 证明 $m \times n \times 1$ 阶张量 (t_{ijk}) 的秩等于把它作为 $m \times n$ 矩阵 (t_{ij1}) 的秩, 其中矩阵的秩按照传统方式定义, 即线性无关的行的最大个数.

50. [*HM20*] （威诺格拉德）设 (t_{ijk}) 为 $mn \times n \times m$ 阶张量, 对应于将一个 $m \times n$ 矩阵与一个 $n \times 1$ 列向量的乘法. 证明 (t_{ijk}) 的秩为 mn.

▶ **51.** [*M24*] （威诺格拉德）设计一个算法, 用 2 次乘法和 4 次加法计算二次循环卷积, 其中对 x_i 的运算不算在运算次数内. 类似地, 设计一个算法用 4 次乘法和 11 次加法计算三次循环卷积. （见关于四次循环卷积计算的类似问题的 (69). ）

52. [*M25*] （威诺格拉德）设 $n = n'n''$, 其中 $n' \perp n''$. 给定计算 n' 和 n'' 次循环卷积的正规方案, 分别使用 (m', m'') 次链乘法、(p', p'') 次参数乘法和 (a', a'') 次加法. 说明如何构造计算 n 次循环卷积的正规方案, 使用 $m'm''$ 次链乘法、$p'n'' + m'p''$ 次参数乘法和 $a'n'' + m'a''$ 次加法.

53. [*HM40*] （威诺格拉德）设 ω 是 m 次复单位根, 并考虑一维离散傅里叶变换

$$f(s) = \sum_{t=1}^{m} F(t)\, \omega^{st}, \qquad 1 \le s \le m.$$

(a) 当 $m = p^e$ 是奇素数的幂时, 证明由次数分别为 $(p-1)p^k$, $0 \le k < e$ 的循环卷积的高效正规方案可导出计算 m 个复数的傅里叶变换的高效算法. 请对 $p = 2$ 给出类似的构造方法.

(b) 如果 $m = m'm''$ 且 $m' \perp m''$, 证明我们可以把 m' 和 m'' 个元素的傅里叶变换算法合并, 以得到 m 个元素的傅里叶变换算法.

54. [*M23*] 定理 W 的结论是针对无限域. 一个有限域应当包含多少个元素才能使定理 W 的证明对该域成立?

55. [*HM22*] 对任意 $n \times n$ 矩阵 P 求张量 (74) 的秩.

56. [*M32*] （施特拉森）证明用于计算一组二次型 $\sum_{i=1}^{n} \sum_{j=1}^{n} \tau_{ijk} x_i x_j$, $1 \le k \le s$ 的多项式链, 总共至少需要使用 $\frac{1}{2}\operatorname{rank}(\tau_{ijk} + \tau_{jik})$ 个链乘法. [提示: 证明所用乘法次数的最小值等于满足以下条件的所有张量 (t_{ijk}) 的最小秩: $t_{ijk} + t_{jik} = \tau_{ijk} + \tau_{jik}$ 对所有 i, j, k 成立.] 由此推导出: 如果要用多项式链计算一组对应于正规或非正规张量 (t_{ijk}) 的双线性形式 (47), 则其中至少包含 $\frac{1}{2}\operatorname{rank}(t_{ijk})$ 个链乘法.

57. [*M20*] 证明由快速傅里叶变换可用 $O(n \log n)$ 次复数的（精确）加法和乘法计算两个给定的 n 次多项式的乘积 $x(u)y(u)$ 的系数. [提示: 考虑这些系数的傅里叶变换的乘积.]

58. [*HM28*] (a) 证明多项式乘法的张量 (55) 的任意实现 (A, B, C) 必须具备以下性质: A 的三行的任意非零线性组合至少有四个非零元素, 而 B 的四行的任意非零线性组合至少有三个非零元素. (b) 给出 (55) 的一个实现 (A, B, C), 其元素都是 $0, +1$ 和 -1, 其中 $r = 8$. 请取尽可能多的元素值为 0.

▶ **59.** [*M40*] （努斯鲍默, 1980）在正文中我们将两个序列 $(x_0, x_1, \ldots, x_{n-1})$ 和 $(y_0, y_1, \ldots, y_{n-1})$ 的循环卷积定义为序列 $(z_0, z_1, \ldots, z_{n-1})$, 其中 $z_k = x_0 y_k + \cdots + x_k y_0 + x_{k+1} y_{n-1} + \cdots + x_{n-1} y_{k+1}$. 类似地, 我们可以定义负循环卷积, 其中 $z_k = x_0 y_k + \cdots + x_k y_0 - (x_{k+1} y_{n-1} + \cdots + x_{n-1} y_{k+1})$. 当 n 是 2 的幂时, 请构造计算整数集上的循环卷积和负循环卷积的高效算法. 你的算法应当只涉及关于整数的运算, 并

且最多包含 $O(n \log n)$ 次乘法和 $O(n \log n \log \log n)$ 次加法或减法或将偶数除以 2 的除法. [提示: 利用 (59), 我们可以将 $2n$ 次循环卷积转化为 n 次循环卷积和负循环卷积.]

60. [*M27*] (帕恩) $(m \times n)$ 矩阵与 $(n \times s)$ 矩阵相乘的问题对应于一个 $mn \times ns \times sm$ 阶张量 $(t_{\langle i,j'\rangle \langle j,k'\rangle \langle k,i'\rangle})$, 其中 $t_{\langle i,j'\rangle \langle j,k'\rangle \langle k,i'\rangle} = 1$ 当且仅当 $i' = i$, $j' = j$, $k' = k$. 这个张量 $T(m,n,s)$ 的秩等于使得满足

$$\sum_{\substack{1 \leq i \leq m \\ 1 \leq j \leq n \\ 1 \leq k \leq s}} x_{ij} y_{jk} z_{ki} = \sum_{1 \leq l \leq r} \Big(\sum_{\substack{1 \leq i \leq m \\ 1 \leq j' \leq n}} a_{ij'l} x_{ij'} \Big) \Big(\sum_{\substack{1 \leq j \leq n \\ 1 \leq k' \leq s}} b_{jk'l} y_{jk'} \Big) \Big(\sum_{\substack{1 \leq k \leq s \\ 1 \leq i' \leq m}} c_{ki'l} z_{ki'} \Big)$$

的 $a_{ij'l}$, $b_{jk'l}$, $c_{ki'l}$ 存在的最小的 r. 记 $M(n)$ 为 $T(n,n,n)$ 的秩. 本习题的目的是探讨这个三线性形式的对称性, 并且在 $m = n = s = 2\nu$ 时能快速实现整数矩阵的乘法运算. 为方便起见, 我们将指标集 $\{1, \ldots, n\}$ 划分为两个子集 $O = \{1, 3, \ldots, n-1\}$ 和 $E = \{2, 4, \ldots, n\}$, 其中每个子集都包含 ν 个元素, 并且按照以下规则建立 O 和 E 之间的一一对应关系: 当 $i \in O$ 时 $\tilde{i} = i + 1$, 当 $i \in E$ 时 $\tilde{i} = i - 1$. 于是对所有指标 i 有 $\tilde{\tilde{i}} = i$.

(a) 由恒等式

$$abc + ABC = (a + A)(b + B)(c + C) - (a + A)bC - A(b + B)c - aB(c + C)$$

可得

$$\sum_{1 \leq i,j,k \leq n} x_{ij} y_{jk} z_{ki} = \sum_{(i,j,k) \in S} (x_{ij} + x_{\tilde{k}\tilde{i}})(y_{jk} + y_{\tilde{i}\tilde{j}})(z_{ki} + z_{\tilde{j}\tilde{k}}) - \Sigma_1 - \Sigma_2 - \Sigma_3,$$

其中 $S = E \times E \times E \cup E \times E \times O \cup E \times O \times E \cup O \times E \times E$ 是指标的三元组的集合, 使每个三元组最多包含一个奇数指标. Σ_1 是所有形如 $(x_{ij} + x_{\tilde{k}\tilde{i}}) y_{jk} z_{\tilde{j}\tilde{k}}$, $(i,j,k) \in S$ 的项之和. 类似地, Σ_2 和 Σ_3 分别是 $x_{\tilde{k}\tilde{i}}(y_{jk} + y_{\tilde{i}\tilde{j}}) z_{ki}$ 和 $x_{ij} y_{\tilde{i}\tilde{j}}(z_{ki} + z_{\tilde{j}\tilde{k}})$ 的和. 显然 S 有 $4\nu^3 = \frac{1}{2}n^3$ 个元素. 证明 Σ_1、Σ_2 和 Σ_3 都可以表示为 $3\nu^2$ 个三线性形式的和. 并且, 如果将形如 $(i,i,\tilde{i})$、$(i,\tilde{i},i)$ 和 $(\tilde{i},i,i)$ 的 3ν 个三元组从 S 中去掉, 我们可以相应修改 Σ_1、Σ_2 和 Σ_3 的定义使得不需要增加新的三线性形式就仍然可以保持上面的等式成立. 于是当 n 为偶数时有 $M(n) \leq \frac{1}{2}n^3 + \frac{9}{4}n^2 - \frac{3}{2}n$.

(b) 利用 (a) 中的方法证明: 可用 $mns + mn + ns + sm$ 次不可交换的乘法, 完成两个独立的维数分别为 $m \times n \times s$ 和 $s \times m \times n$ 的矩阵相乘问题.

61. [*M26*] 设 (t_{ijk}) 是任意域上的张量. 我们定义 $\mathrm{rank}_d(t_{ijk})$ 是使得形如

$$\sum_{l=1}^{r} a_{il}(u) b_{jl}(u) c_{kl}(u) = t_{ijk} u^d + O(u^{d+1})$$

的实现存在的最小的 r, 其中 $a_{il}(u)$, $b_{jl}(u)$, $c_{kl}(u)$ 是该域上关于 u 的多项式. 因此 rank_0 就是通常所说的张量的秩. 证明:

(a) $\mathrm{rank}_{d+1}(t_{ijk}) \leq \mathrm{rank}_d(t_{ijk})$.

(b) $\mathrm{rank}(t_{ijk}) \leq \binom{d+2}{2} \mathrm{rank}_d(t_{ijk})$.

(c) $\mathrm{rank}_d\big((t_{ijk}) \oplus (t'_{ijk})\big) \leq \mathrm{rank}_d(t_{ijk}) + \mathrm{rank}_d(t'_{ijk})$, 其中张量的运算按习题 48 的定义来理解.

(d) $\mathrm{rank}_{d+d'}\big((t_{ijk}) \otimes (t'_{ijk})\big) \leq \mathrm{rank}_d(t_{ijk}) \cdot \mathrm{rank}_{d'}(t'_{ijk})$.

(e) $\mathrm{rank}_{d+d'}\big((t_{ijk}) \otimes (t'_{ijk})\big) \leq \mathrm{rank}_{d'}\big(r(t'_{ijk})\big)$, 其中 $r = \mathrm{rank}_d(t_{ijk})$, 而 rT 表示 r 个 T 的直和 $T \oplus \cdots \oplus T$.

62. [*M24*] (t_{ijk}) 的边界秩, 记为 $\underline{\mathrm{rank}}(t_{ijk})$, 定义为 $\min_{d \geq 0} \mathrm{rank}_d(t_{ijk})$, 其中 rank_d 已在习题 61 中定义. 证明张量 $\begin{pmatrix} 1 & 0 \\ 0 & 1 \end{pmatrix} \begin{pmatrix} 0 & 1 \\ 0 & 0 \end{pmatrix}$ 在任意域上的秩为 3, 而边界秩为 2.

63. [*HM30*] 设 $T(m,n,s)$ 是如习题 60 中所述的关于矩阵乘法的张量. 记 $M(N)$ 为 $T(N,N,N)$ 的秩.

(a) 证明 $T(m,n,s) \otimes T(M,N,S) = T(mM, nN, sS)$.

(b) 证明 $\mathrm{rank}_d\big(T(mN, nN, sN)\big) \leq \mathrm{rank}_d\big(M(N) T(m,n,s)\big)$ (见习题 61(e)).

(c) 如果 $T(m, n, s)$ 的秩不超过 r, 证明当 $N \to \infty$ 时 $M(N) = O(N^{\omega(m,n,s,r)})$, 其中 $\omega(m, n, s, r) = 3 \log r / \log mns$.

(d) 如果 $T(m, n, s)$ 的边界秩不超过 r, 证明 $M(N) = O(N^{\omega(m,n,s,r)}(\log N)^2)$.

64. [*M30*]（舍恩哈格）证明 $\operatorname{rank}_2(T(3,3,3)) \leq 21$, 从而 $M(N) = O(N^{2.78})$.

▶ **65.** [*M27*]（舍恩哈格）证明 $\operatorname{rank}_2(T(m,1,n) \oplus T(1,(m-1)(n-1),1)) = mn+1$. 提示: 考虑三线性形式

$$\sum_{i=1}^{m}\sum_{j=1}^{n}(x_i + uX_{ij})(y_j + uY_{ij})(Z + u^2 z_{ij}) - (x_1 + \cdots + x_m)(y_1 + \cdots + y_n)Z,$$

其中 $\sum_{i=1}^{m} X_{ij} = \sum_{j=1}^{n} Y_{ij} = 0$.

66. [*HM33*] 我们现在可以利用习题 65 的结论来改进习题 63 中给出的渐近上界了.

(a) 证明极限 $\omega = \lim_{n \to \infty} \log M(n)/\log n$ 存在.

(b) 证明 $(mns)^{\omega/3} \leq \underline{\operatorname{rank}}(T(m,n,s))$.

(c) 记 t 为张量 $T(m,n,s) \oplus T(M,N,S)$. 证明 $(mns)^{\omega/3} + (MNS)^{\omega/3} \leq \underline{\operatorname{rank}}(t)$. 提示: 考虑 t 与它本身的直积.

(d) 因此有 $16^{\omega/3} + 9^{\omega/3} \leq 17$, 从而 $\omega < 2.55$.

67. [*HM40*]（科珀史密斯和威诺格拉德）我们可以通过推广习题 65 和 66 的结论来得到关于 ω 的更好的上界.

(a) 我们称张量 (t_{ijk}) 是非退化的, 如果按照引理 T 的记号有 $\operatorname{rank}(t_{i(jk)}) = m$, $\operatorname{rank}(t_{j(ki)}) = n$ 且 $\operatorname{rank}(t_{k(ij)}) = s$. 证明对应于 $mn \times ns$ 矩阵乘法的张量 $T(m,n,s)$ 是非退化的.

(b) 证明非退化张量的直和仍然是非退化的.

(c) 设 $m \times n \times s$ 阶张量 t 的实现 (A, B, C) 的长度为 r. 我们称 t 是可改进的, 如果 t 非退化且存在非零元素 $d_1, \ldots, d_r$ 使得对任意 $1 \leq i \leq m$ 和 $1 \leq j \leq n$ 有 $\sum_{l=1}^{r} a_{il}b_{jl}d_l = 0$. 证明当 t 可改进时, $t \oplus T(1, q, 1)$ 的边界秩不超过 r, 其中 $q = r - m - n$. 提示: 存在 $q \times r$ 矩阵 V 和 W 使得对所有相关的 i 和 j 有 $\sum_{l=1}^{r} v_{il}b_{jl}d_l = \sum_{l=1}^{r} a_{il}w_{jl}d_l = 0$ 和 $\sum_{l=1}^{r} v_{il}w_{jl}d_l = \delta_{ij}$.

(d) 解释一下为什么习题 65 的结论是 (c) 的特例.

(e) 证明由 $\operatorname{rank}(T(m,n,s)) \leq r$ 可推导出 $\operatorname{rank}_2(T(m,n,s) \oplus T(1, r-n(m+s-1), 1)) \leq r + n$.
(f) 于是, 对所有 $n > 1$, ω 严格小于 $\log M(n)/\log n$.

(g) 将 (c) 的结论推广到 (A, B, C) 仅在习题 61 所述的较弱意义下实现 t 的情形.

(h) 由 (d) 可知 $\underline{\operatorname{rank}}(T(3,1,3) \oplus T(1,4,1)) \leq 10$. 因此由习题 61(d) 得 $\underline{\operatorname{rank}}(T(9,1,9) \oplus 2T(3,4,3) \oplus T(1,16,1)) \leq 100$. 证明只要去掉 A 和 B 的对应于 $T(1,16,1)$ 的 $16+16$ 个变量的各行就可以得到可改进的张量 $T(9,1,9) \oplus 2T(3,4,3)$ 的实现. 因此, 我们事实上可以推导出 $\underline{\operatorname{rank}}(T(9,1,9) \oplus 2T(3,4,3) \oplus T(1,34,1)) \leq 100$.

(i) 推广习题 66(c), 证明

$$\sum_{p=1}^{t}(m_p n_p s_p)^{\omega/3} \leq \underline{\operatorname{rank}}\left(\bigoplus_{p=1}^{t} T(m_p, n_p, s_p)\right).$$

(j) 因此 $\omega < 2.5$.

68. [*M45*] 是否存在一种方法, 可用不超过 $n-1$ 次乘法和 $2n-4$ 次加法求多项式

$$\sum_{1 \leq i < j \leq n} x_i x_j = x_1 x_2 + \cdots + x_{n-1} x_n$$

的值?（上式包含 $\binom{n}{2}$ 项.）

▶ **69.** [*HM27*]（施特拉森, 1973）证明我们可以用 $O(n^5)$ 次乘法和 $O(n^5)$ 次加法或减法, 不需要做除法, 来计算一个 $n \times n$ 矩阵的行列式 (31). [提示: 考虑计算 $\det(I + Y)$, 其中 $Y = X - I$.]

▶ **70.** [*HM25*] 定义矩阵 X 的特征多项式 $f_X(\lambda)$ 为 $\det(\lambda I - X)$. 如果 $X = \begin{pmatrix} x & u \\ v & Y \end{pmatrix}$, 其中 X、u、v 和 Y 的维数分别为 $n \times n$、$1 \times (n-1)$、$(n-1) \times 1$ 和 $(n-1) \times (n-1)$, 证明

$$f_X(\lambda) = f_Y(\lambda)\left(\lambda - x - \frac{uv}{\lambda} - \frac{uYv}{\lambda^2} - \frac{uY^2v}{\lambda^3} - \cdots\right).$$

利用这个关系式, 证明可以用大约 $\frac{1}{4}n^4$ 次乘法、$\frac{1}{4}n^4$ 次加减法, 不需要做除法, 来计算 f_X 的系数. 提示: 利用恒等式

$$\begin{pmatrix} A & B \\ C & D \end{pmatrix} = \begin{pmatrix} I & 0 \\ 0 & D \end{pmatrix} \begin{pmatrix} A - BD^{-1}C & B \\ 0 & I \end{pmatrix} \begin{pmatrix} I & 0 \\ D^{-1}C & I \end{pmatrix},$$

其中 A、B、C 和 D 是维数分别为 $l \times l$、$l \times m$、$m \times l$ 和 $m \times m$ 的任意矩阵, 并且 D 非奇异.

▶ **71.** [*HM30*] 一个商项式链类似于多项式链, 只是在加法、减法和乘法外, 还允许做除法. 如果 $f(x_1, \ldots, x_n)$ 可被一个包含 m 个链乘法和 d 个除法的商项式链计算, 证明 $f(x_1, \ldots, x_n)$ 以及它的 n 个偏导数 $\partial f(x_1, \ldots, x_n)/\partial x_k$ $(1 \le k \le n)$ 都可以被某个包含不超过 $3m + d$ 个链乘法和 $2d$ 个除法的商项式链计算. (类似地, 例如, 由计算矩阵行列式的任一高效算法, 可以得到计算其所有余子式的高效算法, 以及计算其逆矩阵的高效算法.)

72. [*M48*] 是否可能在有限步内确定 (比如说) 有理数域上的任意给定的张量 (t_{ijk}) 的秩?

73. [*HM25*] (雅克·摩根斯顿, 1973) 设离散傅里叶变换 (37) 的多项式链中不包含链乘法, 并且其中的参数乘法所乘的复数常量 α_j 满足 $|\alpha_j| \le 1$. 证明它至少包含 $\frac{1}{2}m_1 \ldots m_n \lg m_1 \ldots m_n$ 次加减法. 提示: 考虑在前 k 步中所做的线性变换的矩阵. 这些矩阵的行列式能有多大呢?

74. [*HM35*] (野崎昭弘, 1978) 大部分关于多项式求值的理论关注的都是链乘法的界, 然而, 与非整数常数的乘法也是很重要的. 本习题的目的是给出一些关于常数的理论结果. 如果存在整数 $(k_1, \ldots, k_s)$ 使得 $\gcd(k_1, \ldots, k_s) = 1$ 且 $k_1 v_1 + \cdots + k_s v_s$ 的分量都是整数, 我们称实向量 $v_1, \ldots, v_s$ 是 Z 相关的. 如果不存在满足这些条件的 $(k_1, \ldots, k_s)$, 则称 $v_1, \ldots, v_s$ 是 Z 独立的.

(a) 如果 $r \times s$ 矩阵 V 的各列是 Z 独立的, 证明对任意 $s \times s$ 幺模矩阵 (其元素都是整数且行列式等于 ± 1 的矩阵) U, VU 的各列也是 Z 独立的.

(b) 设 $r \times s$ 矩阵 V 的各列 Z 独立. 对于输入 $x_1, \ldots, x_s$, 令 $x = (x_1, \ldots, x_s)^T$. 证明计算 Vx 的元素的多项式链至少应包含 s 个乘法.

(c) 设 V 为 $r \times t$ 矩阵且其中有 s 列是 Z 独立的. 对于输入 $x_1, \ldots, x_t$, 令 $x = (x_1, \ldots, x_t)^T$. 证明计算 Vx 的元素的多项式链至少应包含 s 个乘法.

(d) 对给定的 x 和 y 的值, 要计算一对数 $\{x/2 + y, x + y/2\}$ 的值需要两次乘法. 说明如何用一次乘法就计算出一对数 $\{x/2 + y, x + y/3\}$ 的值.

*4.7 对幂级数的操作

如果给定两个幂级数

$$U(z) = U_0 + U_1 z + U_2 z^2 + \cdots, \qquad V(z) = V_0 + V_1 z + V_2 z^2 + \cdots, \qquad (1)$$

其系数属于某个域，则我们可以求它们的和、乘积，有时也求它们的商，以得到新的幂级数. 显然多项式是幂级数的特例，它们是只包含有限项的幂级数.

当然，在计算机中我们只能存储和表示有限多项，因此了解在计算机上能否进行幂级数运算是有意义的. 如果可以，那么与多项式运算的区别是什么? 答案是在计算中我们只用到幂级数的前 N 个系数，其中 N 是原则上可以任意大的参数. 与通常的多项式运算不同的是，我们主要是做模 z^N 的多项式运算，而这往往会导致稍微不同的讨论角度. 此外，像"反演"这样的特殊运算可以对幂级数但不能对多项式进行，因为多项式对这些运算不是封闭的.

幂级数的操作在数值分析上有很多应用，但其中最大的作用可能是确定渐近展开式（正如我们在 1.2.11.3 节中已经看到的那样），或者计算由某些生成函数定义的量. 在后一种应用中，我们需要精确地求出系数的值，而不是用浮点运算求近似值. 这一节中的所有算法除了明显的例外情形，都可以只用有理运算来实现，所以在需要时，我们可以用 4.5.1 节的方法得到精确的计算结果.

计算 $W(z) = U(z) \pm V(z)$ 显然是平凡的，因为对 $n = 0, 1, 2, \ldots$，有 $W_n = [z^n] W(z) = U_n \pm V_n$. 计算 $W(z) = U(z)V(z)$ 的系数也是简单的，我们只需利用熟悉的卷积公式

$$W_n = \sum_{k=0}^{n} U_k V_{n-k} = U_0 V_n + U_1 V_{n-1} + \cdots + U_n V_0. \qquad (2)$$

当 $V_0 \neq 0$ 时，我们可通过在 (2) 中交换 U 和 W 的位置以得到商 $W(z) = U(z)/V(z)$. 计算公式为

$$W_n = \left(U_n - \sum_{k=0}^{n-1} W_k V_{n-k} \right) \Big/ V_0 = (U_n - W_0 V_n - W_1 V_{n-1} - \cdots - W_{n-1} V_1)/V_0. \qquad (3)$$

这个关于 W_j 的递推关系使我们很容易就能依次求出 $W_0, W_1, W_2, \ldots$ 的值，而且只有在求出 W_{n-1} 后才需要输入 U_n 和 V_n. 具有这一性质的对幂级数进行运算的算法惯例上称为在线算法. 利用在线算法，可在不需要预先知道 N 的值的前提下求出幂级数的 N 个系数 $W_0, W_1, \ldots, W_{N-1}$. 所以原则上，可将算法不断执行下去以求出整个幂级数. 我们也可以运行一个在线算法直到满足任意所期望的条件为止.（"在线"的反面是"离线".）

如果 U_k 和 V_k 都是整数而 W_k 不是整数，则递推关系式 (3) 中会出现分数的运算. 但我们可利用习题 2 中介绍的全整数方法来避免进行分数运算.

现在我们考虑求 $W(z) = V(z)^\alpha$ 的运算，其中 α 是"任意"的幂指数. 例如，我们可取 $\alpha = \frac{1}{2}$ 以计算 $V(z)$ 的平方根，我们也可求 $V(z)^{-10}$ 甚至 $V(z)^\pi$. 如果 V_m 是 $V(z)$ 的第一个非零系数，则

$$\begin{aligned} V(z) &= V_m z^m \big(1 + (V_{m+1}/V_m)z + (V_{m+2}/V_m)z^2 + \cdots \big), \\ V(z)^\alpha &= V_m^\alpha z^{\alpha m} \big(1 + (V_{m+1}/V_m)z + (V_{m+2}/V_m)z^2 + \cdots \big)^\alpha. \end{aligned} \qquad (4)$$

这是一个幂级数当且仅当 αm 是非负整数. 如果 α 自身不是整数，这里的 $V_m^\alpha z^{\alpha m}$ 的值就不止一种.

由 (4) 可知求幂的一般问题可以归结为 $V_0 = 1$ 的情形. 于是我们要解决的问题是求

$$W(z) = (1 + V_1 z + V_2 z^2 + V_3 z^3 + \cdots)^\alpha \qquad (5)$$

的系数. 显然 $W_0 = 1^\alpha = 1$.

求 (5) 的系数的明显方法是使用二项式定理，即式 1.2.9–(19)，或者（如果 α 是正整数）像 4.6.3 节那样不断地进行平方. 但欧拉发现了一种简单和高效得多的方法来求幂级数的幂 [*Introductio in Analysin Infinitorum* **1** (1748), §76]：如果 $W(z) = V(z)^\alpha$，则求导后得

$$W_1 + 2W_2 z + 3W_3 z^2 + \cdots = W'(z) = \alpha V(z)^{\alpha-1} V'(z). \tag{6}$$

所以

$$W'(z)V(z) = \alpha W(z)V'(z). \tag{7}$$

比较 (7) 两边 z^{n-1} 的系数，我们发现

$$\sum_{k=0}^{n} k W_k V_{n-k} = \alpha \sum_{k=0}^{n} (n-k) W_k V_{n-k}, \tag{8}$$

这给我们提供了对所有 $n \geq 1$ 都成立的计算公式:

$$
\begin{aligned}
W_n &= \sum_{k=1}^{n} \left(\left(\frac{\alpha+1}{n} \right) k - 1 \right) V_k W_{n-k} \\
&= ((\alpha+1-n)V_1 W_{n-1} + (2\alpha+2-n)V_2 W_{n-2} + \cdots + n\alpha V_n W_0)/n.
\end{aligned} \tag{9}
$$

式 (9) 导出了一个简单的在线算法，我们可以用这个算法依次求出 $W_1, W_2, \ldots$，其中求第 n 个系数大约需要做 $2n$ 次乘法. 对于 $\alpha = -1$ 的特例，(9) 变成 (3) 的 $U(z) = V_0 = 1$ 的特例.

类似的技巧可用于求 $f(V(z))$，其中 f 是满足一个简单的微分方程的任意函数.（例如，见习题 4.）我们常使用一种相对直接的"幂级数方法"来求解微分方程. 这种方法在几乎所有关于微分方程的教科书中都会介绍.

级数的反演. 在幂级数的变换中，最让人感兴趣的可能是"级数的反演". 我们要解决的问题是由方程

$$z = t + V_2 t^2 + V_3 t^3 + V_4 t^4 + \cdots \tag{10}$$

解出 t，得到幂级数

$$t = z + W_2 z^2 + W_3 z^3 + W_4 z^4 + \cdots \tag{11}$$

的系数.

目前已知有几种有趣的方法可以实现这样的反演. 所谓"经典"方法一般是指基于拉格朗日的著名的反演公式 [*Mémoires Acad. Royale des Sciences et Belles-Lettres de Berlin* **24** (1768), 251–326] 得到的算法，即

$$W_n = \frac{1}{n} [t^{n-1}] (1 + V_2 t + V_3 t^2 + \cdots)^{-n}. \tag{12}$$

例如，已知 $(1-t)^{-5} = \binom{4}{4} + \binom{5}{4}t + \binom{6}{4}t^2 + \cdots$. 所以，$z = t - t^2$ 的反演中第 5 个系数 W_5 等于 $\binom{8}{4}/5 = 14$. 这与 2.3.4.4 节中枚举二叉树的公式是一致的.

关系式 (12) 有一个简单的算法证明（见习题 16）. 它告诉我们，只要对 $n = 1, 2, 3, \ldots$ 依次计算负次幂 $(1 + V_2 t + V_3 t^2 + \cdots)^{-n}$ 就可以反演级数 (10). 直接应用这个想法可得到一个用大约 $N^3/2$ 次乘法求 N 个系数的在线反演算法，而式 (9) 则可导出一个只需要做大约 $N^3/6$ 次乘法的在线算法，其中只用到 $(1 + V_2 t + V_3 t^2 + \cdots)^{-n}$ 的前 n 个系数.

算法 L（拉格朗日幂级数反演）. 这个在线算法输入 (10) 中 V_n 的值，输出 (11) 中 W_n 的值，其中 $n = 2, 3, 4, \ldots, N$.（N 的值不需要预先指定，可根据需要制定终止规则.）

L1. ［初始化.］置 $n \leftarrow 1$, $U_0 \leftarrow 1$.（在算法的执行过程中始终保持关系式

$$(1 + V_2 t + V_3 t^2 + \cdots)^{-n} = U_0 + U_1 t + \cdots + U_{n-1} t^{n-1} + O(t^n) \tag{13}$$

成立.）

L2. ［输入 V_n.］将 n 加 1. 如果 $n > N$, 则算法结束, 否则输入下一个系数 V_n.

L3. ［做除法.］对于 $k = 1, 2, \ldots, n-2$（按这个顺序）, 置 $U_k \leftarrow U_k - U_{k-1} V_2 - \cdots - U_1 V_k - U_0 V_{k+1}$. 然后置

$$U_{n-1} \leftarrow -2U_{n-2} V_2 - 3U_{n-3} V_3 - \cdots - (n-1)U_1 V_{n-1} - nU_0 V_n.$$

（由此得 $U(z)$ 除以 $V(z)/z$ 的结果. 见式 (3) 和 (9).）

L4. ［输出 W_n.］输出 U_{n-1}/n（也就是 W_n）并回到 L2. ∎

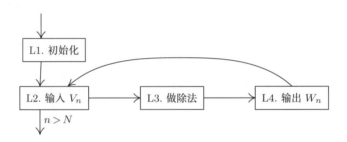

图 17 用算法 L 进行幂级数反演

将算法 L 用于 $z = t - t^2$, 可得

n	V_n	U_0	U_1	U_2	U_3	U_4	W_n
1	1	1					1
2	−1	1	2				1
3	0	1	3	6			2
4	0	1	4	10	20		5
5	0	1	5	15	35	70	14

习题 8 表明, 如果对算法 L 稍加修改, 则只需增加很少的工作量就可以求解更为一般的问题.

我们现在考虑如何由方程

$$U_1 z + U_2 z^2 + U_3 z^3 + \cdots = t + V_2 t^2 + V_3 t^3 + \cdots \tag{14}$$

解出 t, 即计算幂级数

$$t = W_1 z + W_2 z^2 + W_3 z^3 + W_4 z^4 + \cdots \tag{15}$$

的系数. 方程 (10) 是上式取 $U_1 = 1$, $U_2 = U_3 = \cdots = 0$ 的特例. 如果 $U_1 \neq 0$, 则可假设 $U_1 = 1$, 因为我们总是可以将 z 替换为 $(U_1 z)$. 但在下面的讨论中我们还是会考虑一般的方程 (14), 因为 U_1 有可能等于零.

算法 T（一般幂级数反演）. 这个在线算法输入 (14) 中 U_n 和 V_n 的值，输出 (15) 中 W_n 的值，其中 $n = 1, 2, 3, \ldots, N$. 在计算中利用了一个辅助矩阵 $T_{mn}, 1 \le m \le n \le N$.

T1.［初始化.］置 $n \leftarrow 1$. 设最开始的两个输入（即 U_1 和 V_1）分别存储在 T_{11} 和 V_1 中.（我们必定有 $V_1 = 1$.）

T2.［输出 W_n.］输出 T_{1n}（也就是 W_n）的值.

T3.［输入 U_n 和 V_n.］将 n 加 1. 如果 $n > N$, 则结束算法；否则将接下来的两个输入（即 U_n 和 V_n）存储在 T_{1n} 和 V_n 中.

T4.［相乘.］置

$$T_{mn} \leftarrow T_{11}T_{m-1,n-1} + T_{12}T_{m-1,n-2} + \cdots + T_{1,n-m+1}T_{m-1,m-1}$$

且对于 $2 \le m \le n$, 令 $T_{1n} \leftarrow T_{1n} - V_m T_{mn}$.（执行完这一步后, 对于 $1 \le m \le n$ 有

$$t^m = T_{mm}z^m + T_{m,m+1}z^{m+1} + \cdots + T_{mn}z^n + O(z^{n+1}). \tag{16}$$

容易用归纳法对 $m \ge 2$ 验证 (16), 且当 $m = 1$ 时, 由 (14) 和 (16) 式可推导出 $U_n = T_{1n} + V_2 T_{2n} + \cdots + V_n T_{nn}$.）转回到 T2. ∎

式 (16) 是由亨利·撒切尔（小）给出的［*CACM* **9** (1966), 10–11］, 它解释了这个算法的基本原理. 这个算法的运行时间与算法 L 差不多, 但需要多得多的存储空间. 习题 9 给出了这个算法的一个例子.

布伦特和孔祥重还提出了将幂级数反演的另一个方法［*JACM* **25** (1978), 581–595］. 这个方法的出发点是, 用于求方程的实根的标准迭代过程也可用于幂级数的方程的求解. 特别地, 我们考虑求满足 $f(t) = 0$ 的实数 t 的近似值的牛顿法, 其中 f 是一个在 t 附近性质很好的函数: 如果 x 是 t 的一个很好的近似值, 则 $\phi(x) = x - f(x)/f'(x)$ 将是一个更好的近似值, 因为如果 $x = t + \epsilon$, 则 $f(x) = f(t) + \epsilon f'(t) + O(\epsilon^2)$, $f'(x) = f'(t) + O(\epsilon)$. 所以 $\phi(x) = t + \epsilon - \big(0 + \epsilon f'(t) + O(\epsilon^2)\big) / \big(f'(t) + O(\epsilon)\big) = t + O(\epsilon^2)$. 将这个想法用于幂级数, 令 $f(x) = V(x) - U(z)$, 其中 U 和 V 是方程 (14) 中的幂级数. 我们希望求关于 z 的幂级数 t 使得 $f(t) = 0$. 设 $x = W_1 z + \cdots + W_{n-1}z^{n-1} = t + O(z^n)$ 是 t 的一个 n 阶"逼近", 则 $\phi(x) = x - f(x)/f'(x)$ 会是一个 $2n$ 阶逼近, 因为牛顿法的假设条件对这个 f 和 t 仍然成立.

也就是说, 我们可以使用下面的计算过程.

算法 N（牛顿法导出的一般幂级数反演）. 这个"半在线"算法输入 (14) 中的 U_n 和 V_n 的值, 其中 $2^k \le n < 2^{k+1}$, 然后输出 (15) 中的 W_n 的值, 其中 $2^k \le n < 2^{k+1}$. 也就是说, 对于 $k = 0, 1, 2, \ldots, K$, 它成批地产生答案, 每批 2^k 个.

N1.［初始化.］置 $N \leftarrow 1$.（在算法中总保持 $N = 2^k$.）输入开头的系数 U_1 和 V_1（其中 $V_1 = 1$）, 置 $W_1 \leftarrow U_1$.

N2.［输出.］输出一组数值 W_n, 其中 $N \le n < 2N$.

N3.［输入.］置 $N \leftarrow 2N$. 如果 $N > 2^K$, 则结束算法；否则输入数值 U_n 和 V_n, 其中 $N \le n < 2N$.

N4.［牛顿迭代.］使用一个幂级数复合算法（见习题 11）求幂级数

$$U_1 z + \cdots + U_{2N-1}z^{2N-1} - V(W_1 z + \cdots + W_{N-1}z^{N-1})$$

$$= R_0 z^N + R_1 z^{N+1} + \cdots + R_{N-1}z^{2N-1} + O(z^{2N}),$$

$$V'(W_1 z + \cdots + W_{N-1}z^{N-1}) = Q_0 + Q_1 z + \cdots + Q_{N-1}z^{N-1} + O(z^N)$$

的系数 Q_j 和 R_j（$0 \le j < N$），其中 $V(x) = x + V_2 x^2 + \cdots$，$V'(x) = 1 + 2V_2 x + \cdots$. 将 $W_N, \ldots, W_{2N-1}$ 取为幂级数

$$\frac{R_0 + R_1 z + \cdots + R_{N-1} z^{N-1}}{Q_0 + Q_1 z + \cdots + Q_{N-1} z^{N-1}} = W_N + \cdots + W_{2N-1} z^{N-1} + O(z^N)$$

的各项系数值，然后转回 N2. ∎

记这个算法求出直到 $N = 2^K$ 的系数的运行时间为 $T(N)$，则

$$T(2N) = T(N) + （执行步骤 N4 的时间） + O(N). \tag{17}$$

在步骤 N4 中，如果直接做复合运算和除法，所需的运算次数为 N^3 阶. 如此一来，算法 N 就比算法 T 更慢. 不过，布伦特和孔祥重找到了一个方法，可以用 $O(N \log N)^{3/2}$ 次算术运算完成所需的幂级数复合运算，而习题 6 给出了做除法的一个更快的算法. 所以由 (17) 可知，当 $N \to \infty$ 时，只需要 $O(N \log N)^{3/2}$ 次运算就可以完成幂级数的反演.（另一方面，这里的比例系数太大，以致于 N 的值必须取得很大，才能使算法 L 和 T 比这个"高速"算法更差.）

历史注记：珍妮特·布拉姆霍尔和米尔顿·查普尔在 *CACM* **4** (1961), 317–318, 503 发表了幂级数反演的第一个 $O(N^3)$ 阶算法. 这是一个离线算法，基本上与习题 16 中的方法等价，其运行时间与算法 L 和 T 差不多.

级数的迭代. 如果想了解一个迭代过程 $x_n \leftarrow f(x_{n-1})$ 的性质，我们首先要研究给定的函数 f 与其自身的 n 次复合，即 $x_n = f(f(\ldots f(x_0) \ldots))$. 定义 $f^{[0]}(x) = x$，$f^{[n]}(x) = f(f^{[n-1]}(x))$，则对所有整数 $m, n \ge 0$ 有

$$f^{[m+n]}(x) = f^{[m]}(f^{[n]}(x)). \tag{18}$$

很多时候，当 n 是负整数时记号 $f^{[n]}(x)$ 也是有意义的，即认为 $f^{[n]}$ 和 $f^{[-n]}$ 互为逆函数，从而 $x = f^{[n]}(f^{[-n]}(x))$. 如果逆函数唯一，那么 (18) 对所有整数 m 和 n 都是成立的. 幂级数的反演基本上就是求逆幂级数 $f^{[-1]}(x)$ 的运算. 例如，由方程 (10) 和 (11) 可知 $z = V(W(z))$ 以及 $t = W(V(t))$，所以 $W = V^{[-1]}$.

给定两个幂级数 $V(z) = z + V_2 z^2 + \cdots$ 和 $W(z) = z + W_2 z^2 + \cdots$ 使得 $W = V^{[-1]}$. 设 u 为任意非零常数，并考虑函数

$$U(z) = W(uV(z)). \tag{19}$$

容易发现 $U(U(z)) = W(u^2 V(z))$，而且一般地，对所有整数 n 有

$$U^{[n]}(z) = W(u^n V(z)). \tag{20}$$

于是得到 n 次迭代函数 $U^{[n]}$ 的一个简单的表达式，并且对所有的 n，求 $U^{[n]}$ 的工作量都是差不多的. 此外，我们还可以利用 (20) 对非整数的 n 定义 $U^{[n]}$. 例如，"半次迭代函数" $U^{[1/2]}$ 是满足 $U^{[1/2]}(U^{[1/2]}(z)) = U(z)$ 的函数.（存在两个这样的函数 $U^{[1/2]}$，它们是在 (20) 中分别取 $\sqrt{u}$ 和 $-\sqrt{u}$ 作为 $u^{1/2}$ 的值对应得到的.）

刚才我们是将 V 和 u 代入 (20) 进行计算，然后定义 U. 但在实际应用中一般采用另一种方式：给定某个函数 U，求 V 和 u 使得 (19) 成立，即

$$V(U(z)) = uV(z). \tag{21}$$

这样的函数 V 称为 U 的*施罗德函数*，因为它是由弗里德里希·施罗德在 *Math. Annalen* **3** (1871), 296–322 中定义的. 现在考虑如何对给定的幂级数 $U(z) = U_1 z + U_2 z^2 + \cdots$ 求相应的施罗德函数 $V(z) = z + V_2 z^2 + \cdots$. 显然，要使 (21) 成立，则应有 $u = U_1$.

在 (21) 中取 $u = U_1$ 并做级数展开. 比较等号两边关于 z 的各项系数可得一组方程, 其中最开始的几个方程为

$$U_1^2 V_2 + U_2 = U_1 V_2,$$
$$U_1^3 V_3 + 2U_1 U_2 V_2 + U_3 = U_1 V_3,$$
$$U_1^4 V_4 + 3U_1^2 U_2 V_3 + 2U_1 U_3 V_2 + U_2^2 V_2 + U_4 = U_1 V_4,$$

显然当 $U_1 = 0$ 时这组方程无解 (除非是平凡的情形 $U_2 = U_3 = \cdots = 0$). 当 $U_1 \neq 0$ 时, 只要 U_1 不是单位根, 这组方程就有唯一解. 如果 $U_1^n = 1$, 由于方程 (20) 告诉我们只要此时存在施罗德函数, 则 $U^{[n]}(z) = z$, 所以我们期望会得到一些有趣的结果. 现在还是假设 U_1 非零且不是单位根. 此时必定存在施罗德函数, 接下来要考虑的就是在不花费太大工夫的前提下如何计算这个函数.

下面的计算过程是由布伦特和特劳布提出的. 由于方程 (21) 会导出一个类似的具有更复杂形式的子问题, 所以我们考虑一个更一般的问题, 其子问题具有相同的形式: 给定 $U(z)$、$W(z)$、$S(z)$ 和 n, 其中 n 是 2 的幂, $U(0) = 0$, 我们尝试寻找 $V(z) = V_0 + V_1 z + \cdots + V_{n-1} z^{n-1}$ 使得

$$V\big(U(z)\big) = W(z)V(z) + S(z) + O(z^n). \tag{22}$$

如果 $n = 1$, 我们只需令 $V_0 = S(0)/\big(1 - W(0)\big)$, 其中当 $S(0) = 0$ 且 $W(0) = 1$ 时定义 $V_0 = 1$. 我们还可以从 n 过渡到 $2n$: 首先求 $R(z)$ 使得

$$V\big(U(z)\big) = W(z)V(z) + S(z) - z^n R(z) + O(z^{2n}). \tag{23}$$

然后计算

$$\hat{W}(z) = W(z)\big(z/U(z)\big)^n + O(z^n), \qquad \hat{S}(z) = R(z)\big(z/U(z)\big)^n + O(z^n), \tag{24}$$

并求 $\hat{V}(z) = V_n + V_{n+1} z + \cdots + V_{2n-1} z^{n-1}$ 满足

$$\hat{V}\big(U(z)\big) = \hat{W}(z)\hat{V}(z) + \hat{S}(z) + O(z^n). \tag{25}$$

所以函数 $V^*(z) = V(z) + z^n \hat{V}(z)$ 满足

$$V^*\big(U(z)\big) = W(z)V^*(z) + S(z) + O(z^{2n}),$$

就是我们所期望的函数.

这个计算方法的运行时间 $T(n)$ 满足

$$T(2n) = 2T(n) + C(n), \tag{26}$$

其中 $C(n)$ 是计算 $R(z)$、$\hat{W}(z)$ 和 $\hat{S}(z)$ 的时间. 函数 $C(n)$ 的主要部分是模 z^{2n} 计算 $V(U(z))$ 的时间, 且已知 $C(n)$ 比 $n^{1+\epsilon}$ 增长更快. 所以 (26) 的解 $T(n)$ 与 $C(n)$ 同阶增长. 例如, 如果 $C(n) = cn^3$, 则 $T(n) \approx \frac{4}{3} cn^3$. 而如果使用了 "快速" 复合过程, 此时 $C(n) = O(n \log n)^{3/2}$, 则 $T(n) = O(n \log n)^{3/2}$.

当 $W(0) = 1$ 且 $S(0) \neq 0$ 时不能使用上面的计算过程, 所以我们需要了解一下什么时候会出现这样的情况. 对 n 做归纳容易证明, 用布伦特-特劳布方法求解 (22) 会导出恰好 n 个子问题, 其中等号右侧的 $V(z)$ 的系数按某个顺序对 $0 \leq j < n$ 分别取 $W(z)\big(z/U(z)\big)^j + O(z^n)$ 的值. 如果 $W(0) = U_1$ 且 U_1 不是单位根, 则只有当 $j = 1$ 时 $W(0) = 1$. 此时只有当 (22) 对 $n = 2$ 无解时以上算法才会失败.

所以, 只要 U_1 非零且不是单位根, 我们就可以在 (22) 中取 $W(z) = U_1$ 和 $S(z) = 0$, 并对 $n = 2, 4, 8, 16, \ldots$ 求解 (22) 来求 U 的施罗德函数.

如果 $U_1 = 1$, 则只有当 $U(z) = z$ 时有施罗德函数. 然而布伦特和特劳布找到了一种方法, 即使在 $U_1 = 1$ 时也可以快速计算 $U^{[n]}(z)$, 其中利用了一个满足

$$V\big(U(z)\big) = U'(z)V(z) \tag{27}$$

的函数 $V(z)$. 如果有两个函数 $U(z)$ 和 $\hat{U}(z)$ 都对同一个 V 满足 (27), 则容易验证它们的复合函数 $U(\hat{U}(z))$ 也对同一个 V 满足 (27). 所以, $U(z)$ 的任意次复合都是 (27) 的解. 设 $U(z) = z + U_k z^k + U_{k+1}z^{k+1} + \cdots$, 其中 $k \geq 2$ 且 $U_k \neq 0$. 我们可以证明存在唯一的形如 $V(z) = z^k + V_{k+1}z^{k+1} + V_{k+2}z^{k+2} + \cdots$ 的幂级数满足 (27). 反之, 如果给定这样的函数 $V(z)$, 且对所有 $k \geq 2$ 给出 U_k 的值, 则存在唯一的形如 $U(z) = z + U_k z^k + U_{k+1}z^{k+1} + \cdots$ 的幂级数满足 (27). 我们要求的复合函数 $U^{[n]}(z)$ 是满足

$$V\big(P(z)\big) = P'(z)V(z) \tag{28}$$

且具有形式 $P(z) = z + nU_k z^k + \cdots$ 的唯一幂级数 $P(z)$. $V(z)$ 和 $P(z)$ 都可以用适当的算法求出 (见习题 14).

如果 U_1 是一个 k 次单位根但不等于 1, 我们可将同一个方法用于函数 $U^{[k]}(z) = z + \cdots$, 由 $U(z)$ 通过 $l(k)$ 次复合运算求得 $U^{[k]}(z)$ (见 4.6.3 节). 我们还可以处理 $U_1 = 0$ 的情形: 如果 $U(z) = U_k z^k + U_{k+1}z^{k+1} + \cdots$, 其中 $k \geq 2$ 且 $U_k \neq 0$, 我们的想法是求方程 $V\big(U(z)\big) = U_k V(z)^k$ 的一个解. 于是

$$U^{[n]}(z) = V^{[-1]}\big(U_k^{[(k^n-1)/(k-1)]}V(z)^{k^n}\big). \tag{29}$$

最后, 如果 $U(z) = U_0 + U_1 z + \cdots$, 其中 $U_0 \neq 0$, 则令 α 为满足 $U(\alpha) = \alpha$ 的 "不动点", 且定义

$$\hat{U}(z) = U(\alpha + z) - \alpha = zU'(\alpha) + z^2 U''(\alpha)/2! + \cdots, \tag{30}$$

则 $U^{[n]}(z) = \hat{U}^{[n]}(z - \alpha) + \alpha$. 上述讨论的更多细节在布伦特和特劳布的论文 [*SICOMP* **9** (1980), 54–66] 中可以找到. (27) 中的函数 V 以前曾在马雷克·库奇马, *Functional Equations in a Single Variable* (Warsaw: PWN–Polish Scientific, 1968) 的引理 9.4 中考虑过, 也被惠里·亚博京斯基在更早几年时间接考虑过 (见习题 23).

代数函数. 如果幂级数 $W(z)$ 满足形如

$$A_n(z)W(z)^n + \cdots + A_1(z)W(z) + A_0(z) = 0 \tag{31}$$

的一般方程, 其中每个 $A_i(z)$ 都是多项式, 则 $W(z)$ 的系数可由孔祥重和特劳布提出的方法快速地计算. 见 *JACM* **25** (1978), 245–260. 也见达维德·楚德诺夫斯基和格雷戈里·楚德诺夫斯基, *J. Complexity* **2** (1986), 271–294; **3** (1987), 1–25.

习题

1. [*M10*] 正文中已经说明了当 $V_0 \neq 0$ 时如何将 $U(z)$ 除以 $V(z)$. 那么当 $V_0 = 0$ 时应如何做除法?

2. [*20*] 如果 $U(z)$ 和 $V(z)$ 的系数都是整数且 $V_0 \neq 0$, 请给出整数 $V_0^{n+1}W_n$ 之间的递推关系, 其中 W_n 由 (3) 定义. 我们应该如何利用这个公式做幂级数的除法?

3. [*M15*] 当 $\alpha = 0$ 时式 (9) 能否给出正确的结果? 当 $\alpha = 1$ 时呢?

▶ **4.** [*HM23*] 说明只要将 (9) 做很简单的修改，就可以用来计算 $e^{V(z)}$（其中 $V_0 = 0$）和 $\ln V(z)$（其中 $V_0 = 1$）．

5. [*M00*] 如果将一个幂级数反演两次（即将算法 L 或者 T 的输出再反演一次）会发生什么情况？

▶ **6.** [*M21*]（孔祥重）当 $V(0) \neq 0$ 时，将牛顿法用于计算 $W(z) = 1/V(z)$．令 $f(x) = x^{-1} - V(z)$，求 $f(x) = 0$ 的以幂级数表示的根．

7. [*M23*] 利用拉格朗日反演公式 (12) 给出 $z = t - t^m$ 的反演幂级数的系数 W_n 的简单表达式．

▶ **8.** [*M25*] 设 $W(z) = W_1 z + W_2 z^2 + W_3 z^3 + \cdots = G_1 t + G_2 t^2 + G_3 t^3 + \cdots = G(t)$，其中 $z = V_1 t + V_2 t^2 + V_3 t^3 + \cdots$ 且 $V_1 \neq 0$，拉格朗日证明了

$$W_n = \frac{1}{n}[t^{n-1}]\, G'(t)/(V_1 + V_2 t + V_3 t^2 + \cdots)^n.$$

（式 (12) 是上式的 $G_1 = V_1 = 1$，$G_2 = G_3 = \cdots = 0$ 的特殊情形．）请推广算法 L，以在不显著增加运行时间的前提下对这种更一般的情形求系数 $W_1, W_2, \ldots$ 的值．

9. [*11*] 用算法 T 求 $z = t - t^2$ 的反演级数的前五个系数，并给出算法中 T_{mn} 的值．

10. [*M20*] 假设 $y = x^{\alpha} + a_1 x^{\alpha+1} + a_2 x^{\alpha+2} + \cdots$，其中 $\alpha \neq 0$，说明如何计算展开式 $x = y^{1/\alpha} + b_2 y^{2/\alpha} + b_3 y^{3/\alpha} + \cdots$ 中的系数．

▶ **11.** [*M25*]（幂级数的复合）设

$$U(z) = U_0 + U_1 z + U_2 z^2 + \cdots \quad \text{且} \quad V(z) = V_1 z + V_2 z^2 + V_3 z^3 + \cdots.$$

设计一个算法求 $U(V(z))$ 的前 N 个系数．

12. [*M20*] 找出多项式除法和幂级数的除法之间的联系：给定某域上的多项式 $u(x)$ 和 $v(x)$，其次数分别为 m 和 n，说明如何只用幂级数的运算，找到多项式 $q(x)$ 和 $r(x)$，使得 $u(x) = q(x)v(x) + r(x)$ 且 $\deg(r) < n$．

13. [*M27*]（有理函数逼近）我们常常需要寻找一对多项式，它们的商的前几项与给定的幂级数相同．例如，对 $W(z) = 1 + z + 3z^2 + 7z^3 + \cdots$，我们有 4 种不同的方式可以将 $W(z)$ 写成 $w_1(z)/w_2(z) + O(z^4)$ 的形式，其中 $w_1(z)$ 和 $w_2(z)$ 都是多项式且 $\deg(w_1) + \deg(w_2) < 4$：

$$(1 + z + 3z^2 + 7z^3)\,/\,1 = 1 + z + 3z^2 + 7z^3 + 0z^4 + \cdots,$$
$$(3 - 4z + 2z^2)\,/\,(3 - 7z) = 1 + z + 3z^2 + 7z^3 + \tfrac{49}{3}z^4 + \cdots,$$
$$(1 - z)\,/\,(1 - 2z - z^2) = 1 + z + 3z^2 + 7z^3 + 17z^4 + \cdots,$$
$$1/(1 - 2z - 2z^2 - 2z^3) = 1 + z + 3z^2 + 7z^3 + 15z^4 + \cdots.$$

这种类型的有理函数通常称为帕德逼近，这是因为亨利·帕德对它们做了广泛的研究 [*Annales Scient. de l'École Normale Supérieure* (3) **9** (1892), S1–S93; (3) **16** (1899), 395–426]．

证明所有的帕德逼近 $W(z) = w_1(z)/w_2(z) + O(z^N)$，$\deg(w_1) + \deg(w_2) < N$ 都可以通过对多项式 z^N 和 $W_0 + W_1 z + \cdots + W_{N-1} z^{N-1}$ 应用广义欧几里得算法得到．当所有 W_i 都是整数时，相应设计一个全整数算法．[提示：见习题 4.6.1–26．]

▶ **14.** [*HM30*] 将用布伦特和特劳布的方法计算 $U^{[n]}(z)$ 的细节补充完整，其中 $U(z) = z + U_k z^k + \cdots$ 且用到 (27) 和 (28)．

15. [*HM20*] 在 (27) 中，对什么样的函数 $U(z)$，$V(z)$ 可简单地取为 z^k？关于 $U(z)$ 的迭代你可以得到什么结论？

▶ **16.** [*HM21*] 像习题 8 那样令 $W(z) = G(t)$．下面是求系数 $W_1, W_2, W_3, \ldots$ 的一种"显然"的方法：令 $n \leftarrow 1$，$R_1(t) \leftarrow G(t)$．然后反复赋值 $W_n \leftarrow [t]\, R_n(t)/V_1$，$R_{n+1}(t) \leftarrow R_n(t)/V(t) - W_n$，$n \leftarrow n+1$ 以保持关系式 $W_n V(t) + W_{n+1} V(t)^2 + \cdots = R_n(t)$ 成立．

通过验证下面的等式来证明习题 8 中的拉格朗日公式

$$\frac{1}{n}[t^{n-1}]\,R'_{k+1}(t)\,t^n/V(t)^n = \frac{1}{n+1}[t^n]\,R'_k(t)\,t^{n+1}/V(t)^{n+1}, \quad \text{对于所有 } n \ge 1 \text{ 且 } k \ge 1.$$

▶ **17.** [*M20*] 给定幂级数 $V(z) = V_1 z + V_2 z^2 + V_3 z^3 + \cdots$,我们定义 V 的幂矩阵为由系数 $v_{nk} = \frac{n!}{k!}[z^n]V(z)^k$ 构成的无穷阶矩阵. 进而可以定义 V 的 n 次幂多项式为 $V_n(x) = v_{n0} + v_{n1}x + \cdots + v_{nn}x^n$. 证明幂多项式满足卷积关系

$$V_n(x+y) = \sum_k \binom{n}{k} V_k(x) V_{n-k}(y).$$

(例如,当 $V(z) = z$ 时有 $V_n(x) = x^n$,则上式为二项式定理. 当 $V(z) = \ln(1/(1-z))$ 时,利用式 1.2.9–(26) 可得 $v_{nk} = \begin{bmatrix} n \\ k \end{bmatrix}$. 所以 $V_n(x)$ 等于 $x^{\overline{n}}$,而上式恰好是习题 1.2.6–33 的结论. 当 $V(z) = e^z - 1$ 时有 $V_n(x) = \sum_k \begin{Bmatrix} n \\ k \end{Bmatrix} x^k$,此时上式等价于

$$\binom{l+m}{m}\begin{Bmatrix} n \\ l+m \end{Bmatrix} = \sum_k \binom{n}{k}\begin{Bmatrix} k \\ l \end{Bmatrix}\begin{Bmatrix} n-k \\ m \end{Bmatrix},$$

这个恒等式我们以前没见过. 我们还可以验证,组合数学和算法分析中另外一些由系数构成的三角矩阵,其实是某些幂级数的幂矩阵.)

18. [*HM22*] 继续习题 17,证明幂多项式也满足

$$xV_n(x+y) = (x+y)\sum_k \binom{n-1}{k-1} V_k(x) V_{n-k}(y).$$

[提示:考虑 $e^{xV(z)}$ 的导数.]

19. [*M25*] 继续习题 17,将所有数 v_{nk} 都用第一列的数 $v_n = v_{n1} = n!\,V_n$ 表示出来,并给出一个简单的递推关系,使得所有列都可以通过序列 $v_1, v_2, \ldots$ 计算出来. 特别地,证明当所有 v_n 都是整数时,所有的 v_{nk} 也都是整数.

20. [*HM20*] 继续习题 17,假设 $W(z) = U(V(z))$ 且 $U_0 = 0$. 证明 W 的幂矩阵是 V 和 U 的幂矩阵的乘积:$w_{nk} = \sum_j v_{nj} u_{jk}$.

▶ **21.** [*HM27*] 继续前一道习题. 假设 $V_1 \ne 0$,令 $W(z) = -V^{[-1]}(-z)$. 本习题的目的是证明 V 和 W 的幂矩阵互为"对偶". 例如,当 $V(z) = \ln(1/(1-z))$ 时有 $V^{[-1]}(z) = 1 - e^{-z}$,$W(z) = e^z - 1$,于是对应的幂矩阵为著名的斯特林三角 $v_{nk} = \begin{bmatrix} n \\ k \end{bmatrix}$,$w_{nk} = \begin{Bmatrix} n \\ k \end{Bmatrix}$.

(a) 证明斯特林数的反演公式 1.2.6–(47) 有更一般的形式:

$$\sum_k v_{nk} w_{km}(-1)^{n-k} = \sum_k w_{nk} v_{km}(-1)^{n-k} = \delta_{mn}.$$

(b) 由关系式 $v_{n(n-k)} = n^{\underline{k}}[z^k]\big(V(z)/z\big)^{n-k}$ 可知,对固定的 k,$v_{n(n-k)}/V_1^n$ 是关于 n 的次数不超过 $2k$ 的多项式. 因此,当 k 是非负整数时,可以对任意 α 的定义

$$v_{\alpha(\alpha-k)} = \alpha^{\underline{k}}[z^k]\big(V(z)/z\big)^{\alpha-k},$$

正如我们在 1.2.6 节对斯特林数所做的那样. 证明 $v_{(-k)(-n)} = w_{nk}$. (这个等式推广了等式 1.2.6–(58).)

▶ **22.** [*HM27*] 给定 $U(z) = U_0 + U_1 z + U_2 z^2 + \cdots$,其中 $U_0 \ne 0$,则 α 阶导出函数 $U^{\{\alpha\}}(z)$ 是由方程

$$V(z) = U(zV(z)^\alpha)$$

隐式定义的幂级数 $V(z)$.

(a) 证明 $U^{\{0\}}(z) = U(z)$ 和 $U^{\{\alpha\}\{\beta\}}(z) = U^{\{\alpha+\beta\}}(z)$.

(b) 令 $B(z)$ 为简单二项级数 $1 + z$. 我们以前在哪里见过 $B^{\{2\}}(z)$?

(c) 证明 $[z^n]U^{\{\alpha\}}(z)^x = \frac{x}{x+n\alpha}[z^n]U(z)^{x+n\alpha}$. 提示:如果 $W(z) = z/U(z)^\alpha$,则有 $U^{\{\alpha\}}(z) = (W^{[-1]}(z)/z)^{1/\alpha}$.

(d) 因此，任意幂多项式 $V_n(x)$ 不仅满足习题 17 和 18 中的恒等式，而且还满足

$$\frac{(x+y)V_n(x+y+n\alpha)}{x+y+n\alpha} = \sum_k \binom{n}{k} \frac{xV_k(x+k\alpha)}{x+k\alpha} \frac{yV_{n-k}\big(y+(n-k)\alpha\big)}{y+(n-k)\alpha},$$

$$\frac{V_n(x+y)}{y-n\alpha} = (x+y)\sum_k \binom{n-1}{k-1} \frac{V_k(x+k\alpha)}{x+k\alpha} \frac{V_{n-k}(y-k\alpha)}{y-k\alpha}.$$

［阿贝尔二项式定理（式 1.2.6-(16)），罗特恒等式（式 1.2.6-(26) 和 1.2.6-(30)），托雷利和（习题 1.2.6-34）都是其特例.］

23. [HM35] （亚博京斯基）类似于前面的习题，假设 $U = (u_{nk})$ 是 $U(z) = z + U_2 z^2 + \cdots$ 的幂矩阵. 令 $u_n = u_{n1} = n!\,U_n$.

(a) 说明如何寻找矩阵 $\ln U$ 使得 $U^{[\alpha]}(z)$ 的幂矩阵是 $\exp(\alpha \ln U) = I + \alpha \ln U + (\alpha \ln U)^2/2! + \cdots$.

(b) 设 l_{nk} 为矩阵 $\ln U$ 的第 n 行第 k 列的元素，并且

$$l_n = l_{n1}, \qquad L(z) = l_2 \frac{z^2}{2!} + l_3 \frac{z^3}{3!} + l_4 \frac{z^4}{4!} + \cdots.$$

证明：对于 $1 \le k \le n$, $l_{nk} = \binom{n}{k-1} l_{n+1-k}$. ［提示：$U^{[\epsilon]}(z) = z + \epsilon L(z) + O(\epsilon^2)$.］

(c) 将 $U^{[\alpha]}(z)$ 看作 α 和 z 的函数，证明

$$\frac{\partial}{\partial \alpha} U^{[\alpha]}(z) = L(z) \frac{\partial}{\partial z} U^{[\alpha]}(z) = L(U^{[\alpha]}(z)).$$

（从而 $L(z) = (l_k/k!)V(z)$，其中 $V(z)$ 是 (27) 和 (28) 中的函数.）

(d) 如果 $u_2 \ne 0$，证明可以使用递推式

$$l_2 = u_2, \qquad \sum_{k=2}^{n} \binom{n}{k} l_k u_{n+1-k} = \sum_{k=2}^{n} l_k u_{nk}.$$

计算 l_n. 当 $u_2 = 0$ 时，如何使用这个递推式?

(e) 证明恒等式

$$u_n = \sum_{m=0}^{n-1} \frac{n!}{m!} \sum_{\substack{k_1 + \cdots + k_m = n+m-1 \\ k_1, \ldots, k_m \ge 2}} \frac{n_0}{k_1!} \frac{n_1}{k_2!} \cdots \frac{n_{m-1}}{k_m!} l_{k_1} l_{k_2} \ldots l_{k_m},$$

其中 $n_j = 1 + k_1 + \cdots + k_j - j$.

24. [HM25] 给定幂级数 $U(z) = U_1 z + U_2 z^2 + \cdots$，其中 U_1 不是单位根. 设 $U = (u_{nk})$ 是 $U(z)$ 的幂矩阵.

(a) 说明如何求矩阵 $\ln U$，使得 $U^{[\alpha]}(z)$ 的幂矩阵等于 $\exp(\alpha \ln U) = I + \alpha \ln U + (\alpha \ln U)^2/2! + \cdots$.

(b) 如果 $W(z)$ 不恒等于零且 $U(W(z)) = W(U(z))$，证明存在某个复数 α 使得 $W(z) = U^{[\alpha]}(z)$.

25. [M24] 如果 $U(z) = z + U_k z^k + U_{k+1} z^{k+1} + \cdots$, $V(z) = z + V_l z^l + V_{l+1} z^{l+1} + \cdots$，其中 $k \ge 2$, $l \ge 2$, $U_k \ne 0$, $V_l \ne 0$, 且 $U(V(z)) = V(U(z))$. 证明必定有 $k = l$ 且 $V(z) = U^{[\alpha]}(z)$，其中 $\alpha = V_k/U_k$.

26. [M22] 如果 $U(z) = U_0 + U_1 z + U_2 z^2 + \cdots$ 和 $V(z) = V_1 z + V_2 z^2 + \cdots$ 都是系数为 0 或 1 的幂级数. 证明对任意 $\epsilon > 0$，我们可在 $O(N^{1+\epsilon})$ 步内求出 $U(V(z)) \bmod 2$ 的前 N 个系数.

27. [M22] （多伦·蔡伯格）给定 q、m，以及 $V(z) = 1 + V_1 z + V_2 z^2 + \cdots$ 的系数，给出一个类似于 (9) 的递推关系，用于计算 $W(z) = V(z)V(qz)\ldots V(q^{m-1}z)$ 的系数. 不妨假设 q 不是单位根.

▶ **28.** [HM26] 狄利克雷级数是指形如 $V(z) = V_1/1^z + V_2/2^z + V_3/3^z + \cdots$ 的和式. 两个狄利克雷级数的乘积 $U(z)V(z)$ 仍然是狄利克雷级数 $W(z)$，其中

$$W_n = \sum_{d \backslash n} U_d V_{n/d}.$$

普通的幂级数可看作狄利克雷级数的特例, 这是因为当 $z = 2^{-s}$ 时有 $V_0 + V_1 z + V_2 z^2 + V_3 z^3 + \cdots =$ $V_0/1^s + V_1/2^s + V_2/4^s + V_3/8^s + \cdots$. 事实上, 狄利克雷级数基本上等价于无穷多个变量的幂级数 $V(z_1, z_2, \dots)$, 其中 $z_k = p_k^{-s}$, 而 p_k 是第 k 个素数.

对给定的狄利克雷级数 $V(z)$, 需要计算 (a) $W(z) = V(z)^\alpha$, 其中 $V_1 = 1$. (b) $W(z) = \exp V(z)$, 其中 $V_1 = 0$. (c) $W(z) = \ln V(z)$, 其中 $V_1 = 1$. 请给出一个推广 (9) 和习题 4 中的公式的递推关系式以解决上述问题. [提示: 记 $t(n)$ 为 n 的素因数的总数, 其中重数也计算. 令 $\delta \sum_n V_n/n^z = \sum_n t(n) V_n/n^z$. 证明 δ 相当于导数运算. 例如, $\delta e^{V(z)} = e^{V(z)} \delta V(z)$.]

如果没有当初产生它们的相同力量,
任何事情似乎都不可能真正改变事物的序列.
——爱德华·斯蒂林弗利特, *Origines Sacræ*, 2:3:2（1662）

级数, 这个数学中最令人讨厌的东西, 也不过就是个英文游戏.
斯特林的书, 棣莫弗的书, 就是证明.
——皮埃尔-路易·莫佩尔蒂, 写给德梅朗的信（1730 年 10 月 30 日）

这连绵不绝的台阶[1]令他困惑和气馁.
——吉尔伯特·切斯特顿, *The Man Who Was Thursday*（1907）

---

① "连绵不绝的台阶" 的英文是 infinite series, 作者在这里使用了双关语. ——编者注

习题答案

习题说明

1. 对喜欢数学的读者，这是个普通问题.

3. （1987 年，罗杰·弗莱在一台 Connection 机器上经过 110 小时计算得到的解）$95800^4 + 217519^4 + 414560^4 = 422481^4$，（因此）$191600^4 + 435038^4 + 829120^4 = 844962^4$.

4. （本书初稿的一位读者说，他发现了一个非常出色的证明，可是很遗憾，书的页边距太小，无法容纳这个证明.）

3.1 节

1. (a) 这通常不合适，因为在选择电话号码时，用户往往会尽量"凑整"（round）. 在某些社区，电话号码也许是随机分配的. 但是，在任何情况下，试图由同一页连续得到若干随机数都是错误的，因为相同的电话号码常常在一行出现多次.

(b) 你准备使用左手页还是右手页？比如说，使用左手页码，除以 2 再取个位数字. 总页数应该是 20 的倍数；但是，即便如此，该方法也有些偏倚.

(c) 面上的记号使得骰子稍有偏倚，但对实际应用而言，这种方法相当令人满意（我在准备这套丛书的例子时，就多次使用该方法）. 关于二十面体骰子的进一步讨论，见 *Math. Comp.* **15** (1961), 94–95.

(d) （这是一道为引起惊奇而故意抛出的难题.）该数并非均匀随机的. 如果每分钟的平均放射数量为 m，计数器记下 k 的概率为 $e^{-m}m^k/k!$（泊松分布）；因此，选中数字 0 的概率为 $e^{-m}\sum_{k\geq 0} m^{10k}/(10k)!$，等等. 特别地，个位数字为偶数的概率是 $e^{-m}\cosh m = \frac{1}{2} + \frac{1}{2}e^{-2m}$，并且绝对不等于 $\frac{1}{2}$（尽管当 m 很大时，这一误差小到可以忽略）.

然而，下面的做法是合理的：取 10 个读数 $(m_0,\ldots,m_9)$，然后对于所有的 $i \neq j$，如果 m_j 严格小于 m_i，则输出 j；如果最小值出现多次，则重试.（见 (h).）然而在现实世界，参数 m 实际上不是常量.

(e) 可以，只要自从用这种方法选择上一个数字以来的时间是随机的. 然而，在边界情况可能存在偏倚.

(f,g) 否. 人们通常以较高的概率想到某些数字（如 7）.

(h) 可以；你对马编号时，把任一数字指派给获胜马匹的概率均为 $\frac{1}{10}$（除非你虽然不认识参赛马匹，却认识参赛骑手）.

2. 这种序列的个数是多项式系数 $1000000!/(100000!)^{10}$；概率为该数除以 100 万个数字的序列总数 $10^{1000000}$. 由斯特林近似公式，我们发现这个概率近似等于 $1/(16\pi^4 10^{22}\sqrt{2\pi}) \approx 2.56 \times 10^{-26}$，约为 4×10^{25} 分之一.

3. 3040504030.

4. (a) 步骤 K11 只能从步骤 K10 或 K2 进入，简单推理可知，在这两种情况下，X 都不可能为零. 如果 X 在该处可能为零，算法将不会终止.

(b) 如果 X 初始化为 3830951656，则除了到达步骤 K11 时 $Y = 3$ 而不是 $Y = 5$ 外，计算很像表 1 中的步骤；因此，3830951656 → 5870802097. 类似地，5870802097 → 1226919902 → 3172562687 → 3319967479 → 6065038420 → 6065038420 → $\cdots$.

5. 因为十位数只有 10^{10} 个, 所以在前 $10^{10}+1$ 步, X 的某个值必然重复出现; 一旦一个值重复出现, 该序列就继续重复它以前的行为.

6. (a) 与上一题的论证一样, 序列最终必然重复某个值. 设第一次重复出现在 $\mu+\lambda$ 步, $X_{\mu+\lambda}=X_\mu$. (这个条件定义 μ 和 λ.) 我们有 $0\le\mu<m$, $0<\lambda\le m$, $\mu+\lambda\le m$. 取到值 $\mu=0$ 和 $\lambda=m$ 当且仅当 f 是循环排列. 另外, $\mu=m-1$ 和 $\lambda=1$ 出现, 例如, 如果 $X_0=0$, 对于 $x<m-1$, $f(x)=x+1$, 并且 $f(m-1)=m-1$.

(b) 对于 $r>n$, 我们有 $X_r=X_n$ 当且仅当 $r-n$ 是 λ 的倍数, 并且 $n\ge\mu$. 因此 $X_{2n}=X_n$ 当且仅当 n 是 λ 的倍数, 并且 $n\ge\mu$. 所求结果由此立即可得. [注记: 等价地, 有限半群元素的幂包含唯一的幂等元, 相当于取 $X_1=a$, $f(x)=ax$. 见费迪南德 · 弗罗贝纽斯, *Sitzungsberichte preußische Akademie der Wissenschaften* (1895), 82–83.]

(c) 一旦找到 n, 对于 $i\ge0$, 生成 X_i 和 X_{n+i} 直到第一次发现 $X_i=X_{n+i}$; 于是 $\mu=i$. 如果对于 $0<i<\mu$, 没有 X_{n+i} 的值等于 X_n, 则 $\lambda=n$, 否则 λ 是最小的这样的 i.

7. (a) 使得 $n-(\ell(n)-1)$ 为 λ 的倍数并且 $\ell(n)-1\ge\mu$ 的最小的 $n>0$ 是 $n=2^{\lceil\lg\max(\mu+1,\lambda)\rceil}-1+\lambda$. [可以把它与使得 $X_{2n}=X_n$ 的最小 $n>0$ 比较, 即与 $\lambda(\lceil\mu/\lambda\rceil+\delta_{\mu 0})$ 比较.]

(b) 以 $X=Y=X_0$, $k=m=1$ 开始. (在这个算法的关键处, 我们将有 $X=X_{2m-k-1}$, $Y=X_{m-1}$, $m=\ell(2m-k)$.) 为了产生下一个随机数, 执行如下步骤: 置 $X\leftarrow f(X)$, $k\leftarrow k-1$. 如果 $X=Y$, 则停止 (周期长度 λ 等于 $m-k$). 否则, 如果 $k=0$, 则置 $Y\leftarrow X$, $m\leftarrow2m$, $k\leftarrow m$. 输出 X.

注记: 布伦特还考虑过更一般的方法, 即 $Y=X_{n_i}$ 的相继值满足 $n_1=0$, $n_{i+1}=1+\lfloor pn_i\rfloor$, 其中 p 是大于 1 的任意数. 他证明, p 的最佳选择大约为 2.4771, 与 $p=2$ 相比, 大约节省了 3% 的迭代 (见习题 4.5.4–4).

然而, (b) 中的方法有严重缺陷, 因为它可能生成大量非随机数之后才停止. 例如, 像 $\lambda=1$, $\mu=2^k$ 这样的情况就特别糟糕. 一种基于弗洛伊德的思想的方法体现在习题 6(b) 中, 即对于 $n=0,1,2,\ldots$, 维持 $Y=X_{2n}$, $X=X_n$. 这需要比布伦特的方法稍多几次函数计算, 但是在它停止之前, 任意数都不会输出两次.

另一方面, 如果 f 未知 (例如从外部数据源联机接收值 $X_0, X_1, \ldots$) 或者如果 f 很难用, 则下面来自拉尔夫 · 高斯珀 (小) 的环检测算法更可取: 维持一个辅助表 $T_0, T_1, \ldots, T_m$, 其中在接收 X_n 时, $m=\lfloor\lg n\rfloor$. 初始, 置 $T_0\leftarrow X_0$; 对于 $n=1,2,\ldots$, 把 X_n 与 $T_0,\ldots,T_{\lfloor\lg n\rfloor}$ 比较; 如果找不到匹配, 则置 $T_{e(n)}\leftarrow X_n$, 其中 $e(n)=\rho(n+1)=\max\{e\mid 2^e$ 整除 $n+1\}$. 如果找到一个匹配 $X_n=T_k$, 则 $\lambda=n-\max\{l\mid l<n$ 且 $e(l)=k\}$. X_n 存放到 $T_{e(n)}$ 之后, 随后与 $X_{n+1}, X_{n+2}, \ldots, X_{n+2^{e(n)}+1}$ 比较. 因此, 该过程在生成 $X_{\mu+\lambda+j}$ 之后立即停止, 其中 $j\ge0$ 是满足 $e(\mu+j)\ge\lceil\lg\lambda\rceil-1$ 的最小值. 使用这种方法, 所有 X 值都不会生成两次以上, 并且最多 $\max(1,2^{\lceil\lg\lambda\rceil-1})$ 个值生成一次以上. [MIT AI 实验室备忘录 239 (29 February 1972), Hack 132.]

罗伯特 · 塞奇威克, 托马斯 · 希曼斯基和姚期智分析了一个基于参数 $m\ge2$, $g\ge1$ 的更复杂的算法: 在计算 X_n 时, 一个长度为 m 的辅助表包含 $X_0, X_b, \ldots, X_{qb}$, 其中 $b=2^{\lceil\lg n/m\rceil}$, $q=\lceil n/b\rceil-1$. 如果 $n\bmod gb<b$, 则 X_n 与表中的元素进行比较; 最终出现相等, 最多 $(g+1)2^{\lceil\lg(\mu+\lambda)\rceil+1}$ 次计算 f 之后, 即可重新构造 μ 和 λ. 如果 f 的计算需要 τ 个时间单位, 检查 X_n 是否是表的成员需要 σ 个时间单位, 则可以选取 g, 使得整个运行时间为 $(\mu+\lambda)(\tau+O(\frac{\sigma\tau}{m})^{1/2})$. 如果 $\sigma/\tau=O(m)$, 则这是最优的. 此外, 除非 $\mu+\lambda>mn/(m+4g+2)$, 否则不计算 X_n, 因此我们可以使用这种方法 "联机" 输出确保互不相同的元素, 每个输出只用 $2+O(m^{-1/2})$ 次函数计算. [*SICOMP* **11** (1982), 376–390.]

8. (a,b) $00,00,\ldots$ [62 个初值]; $10,10,\ldots$ [19]; $60,60,\ldots$ [15]; $50,50,\ldots$ [1]; $24,57,24,57,\ldots$ [3]. (c) 42 或 69; 它们都导致 15 个不同值的集合, 即 (42 或 69), 76, 77, 92, 46, 11, 12, 14, 19, 36, 29, 84, 05, 02, 00.

9. 由于 $X<b^n$, 我们有 $X^2<b^{2n}$, 平方取中为 $\lfloor X^2/b^n\rfloor\le X^2/b^n$. 如果 $X>0$, 则 $X^2/b^n<Xb^n/b^n=X$.

10. 如果 $X = ab^n$，则该序列的下一个数具有相同的形式，它等于 $(a^2 \bmod b^n)b^n$. 如果 a 是 b 的所有素因子的倍数，则该序列很快退化为零；如果不是，则该序列将退化为与 X 具有相同一般形式的数的循环.

关于平方取中方法的更多事实由伯格·扬松发现 [*Random Number Generators* (Stockholm: Almqvist & Wiksell, 1966), Section 3A]. 数字命理学家将对如下事实肯定很感兴趣：3792 这个数在 4 位数字平方取中法中是自复制的，因为 $3792^2 = 14379264$；此外扬松指出，它在另一种意义下也是自复制的，因为它的素因子分解为 $3 \cdot 79 \cdot 2^4$!

11. $\mu = 0$ 并且 $\lambda = 1$ 的概率是 $X_1 = X_0$ 的概率，即 $1/m$. $(\mu, \lambda) = (1, 1)$ 或 $(\mu, \lambda) = (0, 2)$ 的概率是 $X_1 \neq X_0$，并且 X_2 具有确定值的概率，因此它是 $(1 - 1/m)(1/m)$. 类似地，序列具有任意给定的 μ 和 λ 的概率是 $\mu + \lambda$ 的函数，即

$$P(\mu, \lambda) = \frac{1}{m} \prod_{1 \le k < \mu + \lambda} \left(1 - \frac{k}{m}\right).$$

对于 $\lambda = 1$ 的概率，我们有

$$\sum_{\mu \ge 0} \frac{1}{m} \prod_{k=1}^{\mu} \left(1 - \frac{k}{m}\right) = \frac{1}{m} Q(m),$$

其中 $Q(m)$ 在 1.2.11.3 节的式 (2) 中定义. 根据那一节的式 (25)，该概率近似为 $\sqrt{\pi/2m} \approx 1.25/\sqrt{m}$. 算法 K 这样收敛的概率仅有八万分之一；我实在不幸运. 关于"超巧合"的进一步评述，见习题 15.

12. $\displaystyle\sum_{\substack{1 \le \lambda \le m \\ 0 \le \mu < m}} \lambda P(\mu, \lambda) = \frac{1}{m}\left(1 + 3\left(1 - \frac{1}{m}\right) + 6\left(1 - \frac{1}{m}\right)\left(1 - \frac{2}{m}\right) + \cdots\right) = \frac{1 + Q(m)}{2}.$

（见上一题答案. 一般地，如果 $f(a_0, a_1, \ldots) = \sum_{n \ge 0} a_n \prod_{k=1}^{n}(1 - k/m)$，则 $f(a_0, a_1, \ldots) = a_0 + f(a_1, a_2, \ldots) - f(a_1, 2a_2, \ldots))/m$；令 $a_n = (n+1)/2$，使用这个等式.）因此，λ 的平均值（由 $P(\mu, \lambda)$ 的对称性，也是 $\mu + 1$ 的平均值）约为 $\sqrt{\pi m/8} + \frac{1}{3}$. $\mu + \lambda$ 的平均值恰为 $Q(m)$，约为 $\sqrt{\pi m/2} - \frac{1}{3}$. [关于其他推导和进一步结果，包括矩的渐近值，见阿纳托·拉普伯特，*Bull. Math. Biophysics* **10** (1948), 145–157；伯纳德·哈里斯，*Annals Math. Stat.* **31** (1960), 1045–1062；又见伊利亚·索博尔，*Theory of Probability and Its Applications* **9** (1964), 333–338. 索博尔讨论了如下更一般的序列的渐近周期长度：如果 $n \not\equiv 0 \pmod{m}$，则 $X_{n+1} = f(X_n)$；如果 $n \equiv 0 \pmod{m}$，则 $X_{n+1} = g(X_n)$，其中 f 和 g 都是随机的.]

13. [保罗·珀德姆（小）和约翰·威廉斯，*Trans. Amer. Math. Soc.* **133** (1968), 547–551.] 令 T_{mn} 为具有 n 个一元循环但没有长度大于 1 的循环的函数个数. 于是

$$T_{mn} = \binom{m-1}{n-1} m^{m-n}.$$

（这是习题 2.3.4.4–25 中的 $\binom{m}{n} r(m, m-n)$. ）任何函数都是对这种函数的 n 个一元循环元素的一个排列. 因此 $\sum_{n \ge 1} T_{mn} n! = m^m$.

令 P_{nk} 为其最长循环的长度为 k 的 n 元排列个数. 于是，长度为 k 的最大循环的函数个数为 $\sum_{n \ge 1} T_{mn} P_{nk}$. 为了得到 k 的平均值，我们计算 $\sum_{k \ge 1} \sum_{n \ge 1} k T_{mn} P_{nk}$. 由习题 1.3.3–23 的结果，它为 $\sum_{n \ge 1} T_{mn} n! (cn + \frac{1}{2}c + O(n^{-1}))$，其中 $c \approx 0.62433$. 求和，得到平均值 $cQ(m) + \frac{1}{2}c + O(m^{1/2})$. （这并不显著大于 X_0 随机选择时的平均值. $\max \mu$ 的平均值逼近 $Q(m) \ln 4$，而 $\max(\mu + \lambda)$ 的平均值逼近 $1.9268Q(m)$. 见弗拉若莱和安德鲁·奥德里兹科，*Lecture Notes in Comp. Sci.* **434** (1990), 329–354. ）

14. 令 $c_r(m)$ 为恰有 r 个不同最终循环的函数的个数. 通过统计函数的像中最多包含 $m - k$ 个元素的函数个数，得到递推式 $c_1(m) = (m-1)! - \sum_{k>0} \binom{m}{k}(-1)^k(m-k)^k c_1(m-k)$，由此解得 $c_1(m) = m^{m-1}Q(m)$. （见习题 1.2.11.3–16. ）另一种得到 $c_1(m)$ 的值的方法或许更漂亮，更具有启发性，在习题 2.3.4.4–17 中给出. $c_r(m)$ 的值可以像习题 13 中那样确定：

$$c_r(m) = \sum_{n \ge 1} T_{mn} \begin{bmatrix} n \\ r \end{bmatrix} = m^{m-1}\left(\frac{1}{0!}\begin{bmatrix} 1 \\ r \end{bmatrix} + \frac{1}{1!}\begin{bmatrix} 2 \\ r \end{bmatrix}\frac{m-1}{m} + \frac{1}{2!}\begin{bmatrix} 3 \\ r \end{bmatrix}\frac{m-1}{m}\frac{m-2}{m} + \cdots\right).$$

现在，可以计算期望的平均值；它是（见习题 12 ）

$$E_m = \frac{1}{m}\left(H_1 + 2H_2\frac{m-1}{m} + 3H_3\frac{m-1}{m}\frac{m-2}{m} + \cdots\right)$$
$$= 1 + \frac{1}{2}\frac{m-1}{m} + \frac{1}{3}\frac{m-1}{m}\frac{m-2}{m} + \cdots.$$

后一个公式由马丁·克鲁斯卡尔用完全不同的方法得到 [*AMM* **61** (1954), 392–397]. 使用积分表示

$$E_m = \int_0^\infty \left(\left(1+\frac{x}{m}\right)^m - 1\right)e^{-x}\frac{dx}{x}.$$

他证明了渐近关系 $\lim_{m\to\infty}(E_m - \frac{1}{2}\ln m) = \frac{1}{2}(\gamma + \ln 2)$. 关于更多的结果和参考文献，见约翰·赖尔登，*Annals Math. Stat.* **33** (1962), 178–185.

15. 对于所有的 x, $f(x) \neq x$ 的概率为 $(m-1)^m/m^m$, 它约等于 $1/e$. 这样，像算法 K 这样的算法中，存在自重复值根本不是"超巧合"——它出现的概率为 $1 - 1/e \approx 0.63212$. 唯一"超巧合"的事，是当我随机选取 X_0 的值时碰巧遇上这种值（见习题 11 ）.

16. 当一对相继元素第二次出现时，序列将重复. 最大周期为 m^2. （见下一题. ）

17. 在任意选择 $X_0, \ldots, X_{k-1}$ 之后，令 $X_{n+1} = f(X_n, \ldots, X_{n-k+1})$, 其中 $0 \leq x_1, \ldots, x_k < m$ 蕴涵 $0 \leq f(x_1, \ldots, x_k) < m$. 最大周期是 m^k. 这是一个显然的上界，但是能够达到它并不显然. 关于对于合适的 f, 能够达到这一上界的构造性证明，见习题 3.2.2–17 和 3.2.2–21；而关于达到它的方法数，见习题 2.3.4.2–23.

18. 与习题 7 一样，但使用元素的 k 元组 $(X_n, \ldots, X_{n-k+1})$ 代替单个元素 X_n.

19. 显然，$\Pr$(没有长度为 1 的最终循环) $= (m-1)^m/m^m$. 罗宾·佩曼特利 [*J. Algorithms* **54** (2005), 72–84] 已经证明 $\Pr(\lambda = 1) = \Theta(m^{k/2})$, 并且当 $x > 0$, $0 < y < 1$, $m \to \infty$ 时，$\Pr((\mu+\lambda)^2 > 2m^k x)$ 并且 $\lambda/(\mu+\lambda) \leq y$ 快速趋向于 ye^{-x}. 习题 13 和 14 的类似 k 维问题尚未解决.

20. 只要考虑步骤 K2–K13 定义的较简单映射 $g(X)$ 就足够了. 由 6065038420 逆向处理，我们得到总共 597 个解. 最小的解为 0009612809, 最大的为 9995371004.

21. 我们可以像上一题那样用 $g(X)$, 但是这次要正向而不是逆向运行该函数. 在时间和空间之间存在耐人寻味的折中. 注意，步骤 K1 的机制往往使周期长度短. 如果存在具有大入度的 X, 也会如此；例如，步骤 K2 中 $X = *6********$ 的 512 种取值都将以 $X \leftarrow 0500000000$ 转到 K10.

斯科特·弗勒尔发现了算法 K 的另一个不动点，即 5008502835(!). 他还发现 3 元循环 0225923640 $\to$ 2811514413 $\to$ 0590051662 $\to$ 0225923640, 因此总共有 7 个循环. 只有 128 个初值导致重复值 5008502835. 算法 K 是一个极糟糕的随机数生成器.

22. 假如 f 是真正随机的，这将是理想的；但我们如何构造这样的 f? 在这种方案下，算法 K 定义的函数应该运行得更好，尽管它确实具有明显的非随机性质（见上一题的答案）.

23. 函数 f 排列它的循环元素. 令 $(x_0, \ldots, x_{k-1})$ 是该排列的逆的"不寻常"表示. 然后像习题 2.3.4.4–18 那样继续定义 $x_k, \ldots, x_{m-1}$. [见 *J. Combinatorial Theory* **8** (1970), 361–375.]

例如，如果 $m = 10$, $(f(0), \ldots, f(9)) = (3, 1, 4, 1, 5, 9, 2, 6, 5, 4)$, 则我们有 $(x_0, \ldots, x_9) = (4, 9, 5, 1, 1, 3, 4, 2, 6, 5)$；如果 $(x_0, \ldots, x_9) = (3, 1, 4, 1, 5, 9, 2, 6, 5, 4)$, 则我们有 $(f(0), \ldots, f(9)) = (6, 4, 9, 3, 1, 1, 2, 5, 4, 5)$.

3.2.1 节

1. 取 X_0 为偶数，a 为偶数，c 为奇数. 于是，对于所有的 $n > 0$, X_n 为奇数.

2. 令 X_r 为序列的第一个重复值. 如果对于某个 k ($0 < k < r$), X_r 等于 X_k, 则我们可以证明 $X_{r-1} = X_{k-1}$, 因为当 a 与 m 互素时，X_n 唯一地确定 X_{n-1}. 因此，$k = 0$.

3. 如果 d 是 a 和 m 的最大公约数，则量 aX_n 最多可以取 m/d 个值. 情况可能更糟糕. 例如，如果 $m = 2^e$ 并且 a 为偶数，则式 (6) 表明序列最终为常数.

4. 对 k 归纳.

5. 如果 a 与 m 互素, 则存在一个数 a', 使得 $aa' \equiv 1$ (modulo m). 于是, $X_{n-1} = (a'X_n - a'c) \bmod m$; 一般地, 如果 $b = a-1$, 则当 $k \geq 0$, $n-k \geq 0$ 时,

$$X_{n-k} = ((a')^k X_n - c(a' + \cdots + (a')^k)) \bmod m$$
$$= \big((a')^k X_n + ((a')^k - 1)c/b\big) \bmod m.$$

如果 a 不与 m 互素, 则当 X_n 给定时不可能确定 X_{n-1}, 因为把 $m/\gcd(a, m)$ 的倍数加到 X_{n-1} 上并不改变 X_n. (又见习题 3.2.1.3–7.)

3.2.1.1 节

1. 令 c' 为同余方程 $ac' \equiv c$ (modulo m) 的解. (这样, 如果 a' 是习题 3.2.1–5 答案中的数, 则 $c' = a'c \bmod m$.) 于是, 我们有

```
LDA X;  ADD CPRIME;  MUL A.
```

该加法操作可能上溢. (由本章后面导出的结果, 最好取 $c = a$ 并用 `INCA 1` 取代 `ADD` 指令, 以节省一个单位时间. 于是, 如果 $X_0 = 0$, 则在周期结束之前不会发生上溢, 因此实践中不会出现上溢.)

2.

RANDM	STJ	1F		1H	JNOV *
	LDA	XRAND			JMP *-1
	MUL	2F		XRAND	CON X_0
	SLAX	5		2H	CON a
	ADD	3F	(或 INCA c, 如果 c 小)	3H	CON c
	STA	XRAND			

3. 令 $a' = aw \bmod m$, m' 使得 $mm' \equiv 1$ (modulo w). 置 $y \leftarrow \text{lomult}(a', x)$, $z \leftarrow \text{himult}(a', x)$, $t \leftarrow \text{lomult}(m', y)$, $u \leftarrow \text{himult}(m, t)$. 于是, 我们有 $mt \equiv a'x$ (modulo w), 因此 $a'x - mt = (z-u)w$, 因此 $ax \equiv z-u$ (modulo m); 由此, $ax \bmod m = z - u + [z < u]m$.

4. 定义操作 $x \underline{\bmod} 2^e = y$, 当且仅当 $x \equiv y$ (modulo 2^e) 并且 $-2^{e-1} \leq y < 2^{e-1}$. 由

$$Y_0 = X_0 \underline{\bmod} 2^{32}, \qquad Y_{n+1} = (aY_n + c) \underline{\bmod} 2^{32}$$

定义的同余序列 $\langle Y_n \rangle$, 容易在 IBM 370 类型的计算机上计算, 因为对于所有的补码数 y 和 z, 两者乘积的后半部分是 $(yz) \underline{\bmod} 2^{32}$, 而忽略上溢的加法结果也是 $\underline{\bmod} 2^{32}$. 这个序列具有标准的线性同余序列 $\langle X_n \rangle$ 的所有随机性质, 因为 $Y_n \equiv X_n$ (modulo 2^{32}). 事实上, 对于所有的 n, Y_n 的补码表示等价于 X_n 的二进制表示. [马尔萨利亚和布雷首次指出这一点, 见 *CACM* **11** (1968), 757–759.]

5. (a) 减法: `LDA X; SUB Y; JANN *+2; ADD M.`

(b) 加法: `LDA X; SUB M; ADD Y; JANN *+2; ADD M.` (注意, 如果 m 大于字大小的一半, 则指令 `SUB M` 必须先于指令 `ADD Y`.)

6. 这些序列并无本质不同, 因为加上常数 $(m-c)$ 与减去常数 c 具有相同的效果. 该操作必须与乘法结合, 因此除了避免影响上溢开关时需要外, 与加法相比, 减法过程没有多少优点 (至少对 MIX 如此).

7. $z^k - 1$ 的素因子都出现在 $z^{kr} - 1$ 的因式分解式中. 如果 r 是奇数, 则 $z^k + 1$ 的素因子出现在 $z^{kr} + 1$ 的因式分解式中. 而 $z^{2k} - 1$ 等于 $(z^k - 1)(z^k + 1)$.

8.

```
JOV  *+1    (确保上溢关闭. )
LDA  X
MUL  A
STX  TEMP
ADD  TEMP   把下半部加到上半部上.
JNOV *+2    如果 ≥ w, 则减去 w-1.
INCA 1      (此步不可能上溢. )
```

注记： 由于在 e 位反码二进制计算机上的加法是 $\mathrm{mod}\ (2^e-1)$，因此可以结合习题 4 和 8 的技术，对于所有反码数 y 和 z，不论符号如何，通过把乘积 yz 的前后两个 e 位片段相加，产生 $(yz)\,\mathrm{mod}\,(2^e-1)$.

9. (a) 两端都等于 $aq\lfloor x/q\rfloor$.

(b) 置 $t\leftarrow a(x\bmod q)-r\lfloor x/q\rfloor$，其中 $r=m\bmod a$；常量 q 和 r 可以预计算. 于是，$ax\bmod m=t+[t<0]m$，因为可以证明 $t>-m$：显然，$a(x\bmod q)\leq a(q-1)<m$. 如果 $0<r\leq q$，还有 $r\lfloor x/q\rfloor\leq r\lfloor(m-1)/q\rfloor=r\lfloor a+(r-1)/q\rfloor=ra\leq qa<m$；并且 $a^2\leq m$ 蕴涵 $r<a\leq q$. [这种技术体现在布莱恩·维克曼和伊恩·希尔发表的一个程序中，见 *Applied Stat.* **31** (1982), 190.]

10. 如果 $r>q$ 并且 $x=m-1$，则有 $r\lfloor x/q\rfloor\geq(q+1)(a+1)>m$. 因此，条件 $r\leq q$ 是方法 9(b) 正确的必要和充分条件，而这意味 $\frac{m}{q}-1\leq a\leq\frac{m}{q}$. 令 $t=\lfloor\sqrt{m}\rfloor$. 对于 $1\leq q\leq t$，区间 $[\frac{m}{q}-1\mathinner{\ldotp\ldotp}\frac{m}{q}]$ 是不相交的；如果 q 是 m 的因子，这样的区间恰含包含 2 个整数，否则恰包含 1 个整数. 这些区间包含所有满足 $a>\sqrt{m}$ 的解；如果 $(\sqrt{m}\bmod 1)<\frac{1}{2}$，则它们也包括 $a=t$ 的情形；如果 $m=t^2$，则也包括 $a=t-1$ 的情形. 这样，"幸运"乘数的总数恰为 $2\lfloor\sqrt{m}\rfloor+\lfloor d(m)/2\rfloor-[(\sqrt{m}\bmod 1)<\frac{1}{2}]-1$，其中 $d(m)$ 是 m 的因子的个数.

11. 可以假定 $a\leq\frac{1}{2}m$；否则，可以由 $(m-a)x\bmod m$ 得到 $ax\bmod m$. 于是，a 可以表示为 $a=a'a''-a'''$，其中 a', a'', a''' 都小于 $\sqrt{m}$，例如取 $a'\approx\sqrt{m}-1$, $a''=\lceil a/a'\rceil$. 由此，$ax\bmod m$ 是 $(a'(a''x\bmod m)\bmod m-(a'''x\bmod m))\bmod m$，内层的 3 个运算都可以用习题 9 的方法处理.

当 $m=2^{31}-1$ 时，我们可以借助 $m-1$ 有 192 个因子这一事实，找出 $m=q'a'+1$ 的情况，利用 $r'=1$ 简化一般方法. 结果是当 $a=62089911$ 时，有 86 个因子导致幸运的 a'' 和 a'''；最佳的情况可能是 $a'=3641$, $a''=17053$, $a'''=62$，因为 3641 和 62 都整除 $m-1$. 这个分解产生方案

$$t\leftarrow 17053(x\bmod 125929)-16410\lfloor x/125929\rfloor,$$
$$t\leftarrow 3641(t\bmod 589806)-\lfloor t/589806\rfloor,$$
$$t\leftarrow t-(62(x\bmod 34636833)-\lfloor x/34636833\rfloor),$$

其中，"$-$"表示模 m 减法. 取模操作相当于一次乘法和一次减法，因为 $x\bmod q=x-q\lfloor x/q\rfloor$，并且 $\lfloor x/q\rfloor$ 已经计算. 这样，我们做了 7 次乘法、3 次除法和 7 次减法. 但是，还应当注意到 62089911 本身有 24 个因子，由此可得到 5 个适当的因式分解满足 $a'''=0$. 例如，当 $a'=883$ 并且 $a''=70317$ 时，我们只需要 6 次乘法、2 次除法和 4 次减法：

$$t\leftarrow 883(x\bmod 2432031)-274\lfloor x/2432031\rfloor,$$
$$t\leftarrow 70317(t\bmod 30540)-2467\lfloor t/30540\rfloor.$$

[对于所有的 a 和 m，最坏情况的乘法、除法次数之和可以减少到最多 11 次吗？12 是最好的上界吗？另一种达到 12 次的方法出现在习题 4.3.3–19 中.]

12. (a) 令 $m=9999998999=10^{10}-10^3-1$. 为了 $(x_9x_8\ldots x_0)_{10}$ 乘 10 模 m，使用 $10^{10}x_9\equiv 10^3x_9+x_9$ 这一事实：把 $(x_9000)_{10}$ 加到 $(x_8x_7\ldots x_0x_9)_{10}$ 上. 为了避免循环移位，想象把这些数字安排在轮盘上：只需把最高数字 x_9 加到往左数 3 个位置的数字 x_2 上，并且令新的最高位数字指向 x_8. 如果 $x_9+x_2\geq 10$，则进位向左传播. 如果进位一直传播到 x_8 的左边，则它不仅传播到 x_9，而且也传播到 x_2；它可能继续由 x_9 和 x_2 向左传播，直到最终停止进位. (该数也可能变得略大于 m. 例如，0999999900 变成 9999999000 $=m+1$，后者变成 9999999009 $=m+10$. 但是，冗余表示不一定是有害的.)

(b) 这是除以 10 的操作，因此我们执行 (a) 的相反操作：循环左移最高位数字指针，并把新的最高位数字从它左边第 3 位数字中减去. 如果减法的结果为负，则按通常方式"借位"（算法 4.3.1S），即前一位数字减 1. 借位可像 (a) 中那样传播，但是不会越过最高位数字. 这个操作保持数非负并且小于 m. (这样，除以 10 比乘以 10 容易计算.)

(c) 我们可以记住借位，而不是传播它，因为它可以并入下一步的减法中. 这样，如果我们用递推式

$$x_n=(x_{n-10}-x_{n-3}-b_n)\bmod 10=x_{n-10}-x_{n-3}-b_n+10b_{n+1}$$

定义数字 x_n 和借位 b_n，则对 n 归纳，只要设置初始条件使得 $X_0 = 1$，我们就有 $999999900^n \bmod 9999998999 = X_n$，其中

$$X_n = (x_{n-1}x_{n-2}x_{n-3}x_{n-4}x_{n-5}x_{n-6}x_{n-7}x_{n+2}x_{n+1}x_n)_{10} - 1000b_{n+3}$$

$$= (x_{n-1}x_{n-2}\ldots x_{n-10})_{10} - (x_{n-1}x_{n-2}x_{n-3})_{10} - b_n.$$

注意到 $10X_{n+1} = (x_nx_{n-1}x_{n-2}x_{n-3}x_{n-4}x_{n-5}x_{n-6}x_{n+3}x_{n+2}x_{n+1}0)_{10} - 10000b_{n+4} = mx_n + X_n$；由此，对于所有的 $n \geq 0$，$0 \leq X_n < m$.

(d) 如果 $0 \leq U < m$，则 U/m 的十进制表示的第一位数字为 $\lfloor 10U/m \rfloor$，并且其后的数字是 $(10U \bmod m)/m$ 的十进制表示. 例如，见 4.4 节的方法 2a . 这样，如果我们置 $U_0 = U$，$U_n = 10U_{n-1} \bmod m = 10U_{n-1} - mu_n$，则 $U/m = (0.u_1u_2\ldots)_{10}$. 非正式地，$1/m$ 的各位数字是各个 $10^n \bmod m$（$n = 1, 2, \ldots$）的第一位数字，而这个序列最终呈现周期性；这些数字逆序排列，就是 $10^{-n} \bmod m$ 的首位数字，因此我们在 (c) 中已经计算了它们.

当然，给出严格的证明更好. 设 λ 是满足 $10^\lambda \equiv 1$ (modulo m) 的最小正整数，对于所有整数 $n < 0$，定义 $x_n = x_{n \bmod \lambda}$，$b_n = b_{n \bmod \lambda}$，$X_n = X_{n \bmod \lambda}$. 于是，对于所有的整数 n，(c) 中关于 x_n，b_n，X_n 的递推式都是正确的. 如果 $U_0 = 1$，则由此得到 $U_n = X_{-n}$，$u_n = x_{-n}$；因此

$$\frac{999999900^n \bmod 9999998999}{9999998999} = (0.x_{n-1}x_{n-2}x_{n-3}\ldots)_{10}.$$

(e) 设 w 为计算机的字大小，并使用递推式

$$x_n = (x_{n-k} - x_{n-l} - b_n) \bmod w = x_{n-k} - x_{n-l} - b_n + wb_{n+1},$$

其中 $0 < l < k$ 并且 k 很大. 于是 $(0.x_{n-1}x_{n-2}x_{n-3}\ldots)_w = X_n/m$，其中 $m = w^k - w^l - 1$，并且 $X_{n+1} = (w^{k-1} - w^{l-1})X_n \bmod m$. 对于 $n \geq 0$，关系

$$X_n = (x_{n-1}\ldots x_{n-k})_w - (x_{n-1}\ldots x_{n-l})_w - b_n$$

成立；$x_{-1}, \ldots, x_{-k}$ 和 b_0 的值应当使 $0 \leq X_0 < m$.

这种随机数生成器和下一题中的类似生成器由马尔萨利亚和扎曼提出 [*Annals of Applied Probability* **1** (1991), 462–480]，他们称之为借位减法（substract-with-borrow），出发点是分母为 m 的分数的 w 进制表示. 手塚集注意到它们与线性同余序列之间的关系，他与皮埃尔·勒屈耶和雷蒙德·库蒂尔详细分析了这一关系 [*ACM Trans. Modeling and Computer Simulation* **3** (1993), 315–331]. 周期长度在习题 3.2.1.2–22 中讨论.

13. 现在，乘 10 需要对加上的数字取反. 为方便起见，用后 3 位数字取反表示数. 例如，$9876543210 = (9876544\bar{7}\bar{9}\bar{0})_{10}$. 于是，10 乘 $(x_9\ldots x_3\bar{x}_2\bar{x}_1\bar{x}_0)_{10}$ 是 $(x_8\ldots x_3x'\bar{x}_1\bar{x}_0\bar{x}_9)_{10}$，其中 $x' = x_9 - x_2$. 类似地，$(x_9\ldots x_3\bar{x}_2\bar{x}_1\bar{x}_0)_{10}$ 除以 10 是 $(x_0x_9\ldots x_4\bar{x}''\bar{x}_2\bar{x}_1)_{10}$，其中 $x'' = x_0 - x_3$. 根据递推式

$$x_n = (x_{n-3} - x_{n-10} - b_n) \bmod 10 = x_{n-3} - x_{n-10} - b_n + 10b_{n+1},$$

$8999999101^n \bmod 9999999001 = X_n$，其中

$$X_n = (x_{n-1}x_{n-2}x_{n-3}x_{n-4}x_{n-5}x_{n-6}x_{n-7}\bar{x}_{n+2}\bar{x}_{n+1}\bar{x}_n)_{10} + 1000b_{n+3}$$

$$= (x_{n-1}x_{n-2}\ldots x_{n-10})_{10} - (x_{n-1}x_{n-2}x_{n-3})_{10} + b_n.$$

当基数从 10 推广到 w 时，我们发现 w 模 $w^k - w^l + 1$ 的反幂由下式产生：

$$x_n = (x_{n-l} - x_{n-k} - b_n) \bmod w = x_{n-l} - x_{n-k} - b_n + wb_{n+1}.$$

（与习题 12 相同，但 k 与 l 互换.）

14. 适度推广：对于小于或等于字大小 w 的任意 b，我们可以有效地除以 b 模 $b^k - b^l \pm 1$，因为 x_n 的递归式在 $b < w$ 时几乎与 $b = w$ 时一样有效率.

强推广：递推式

$$x_n = (a_1x_{n-1} + \cdots + a_kx_{n-k} + c_n) \bmod b, \quad c_{n+1} = \left\lfloor \frac{a_1x_{n-1} + \cdots + a_kx_{n-k} + c_n}{b} \right\rfloor$$

等价于 $X_n = b^{-1} X_{n-1} \bmod |m|$，意指如果我们定义

$$m = a_k b^k + \cdots + a_1 b - 1 \qquad \text{和} \qquad X_n = \left(\sum_{j=1}^{k} a_j (x_{n-1} \ldots x_{n-j})_b + c_n \right)(\operatorname{sign} m),$$

则 $X_n/|m| = (0.x_{n-1}x_{n-2}\ldots)_b$. 应该选择初值 $x_{-1} \ldots x_{-k}$ 和 c_0，使得 $0 \le X_0 < |m|$. 于是，对于所有 $n \ge 0$，我们有 $x_n = (bX_{n+1} - X_n)/|m|$. 在公式 $X_n/|m| = (0.x_{n-1}x_{n-2}\ldots)_b$ 中，$j < 0$ 的值 x_j 完全看作 $x_{j \bmod \lambda}$，其中 λ 是满足 $b^\lambda \equiv 1 \pmod{m}$ 的最小正整数；这些值可能不同于初始化提供的 $x_{-1}, \ldots, x_{-k}$. 进位数字 c_n 满足

$$\sum_{j=1}^{k} \min(0, a_j) \le c_n < \sum_{j=1}^{k} \max(0, a_j),$$

如果初始进位 c_0 也在这个范围内.

特殊情况 $m = b^k + b^l - 1$，$a_j = \delta_{jl} + \delta_{jk}$，特别值得注意，因为它很容易计算. 马尔萨利亚和扎曼称它为进位加法（add-with-borrow）生成器：

$$x_n = (x_{n-l} + x_{n-k} + c_n) \bmod b = x_{n-l} + x_{n-k} + c_n - b c_{n+1}.$$

另一种有潜在吸引力的方法是，比如在 $b = 2^{31}$，$m = 65430b^2 + b - 1$ 的生成器中，使用 $k = 2$. 这个模 m 是素数，而周期长度为 $(m-1)/2$. 3.3.4 节的谱检验表明，平面之间的间距很好（很大的 ν 值），尽管对于这个特定的模数 m，乘数 b^{-1} 与其他乘数相比并不好.

习题 3.2.1.2–22 继续分析有很长周期的借位减法和进位加法生成器.

3.2.1.2 节

1. 由定理 A，周期长度为 m.（见习题 3.）

2. 是，这些条件蕴涵定理 A 的条件，因为 2^e 唯一素因子是 2，任何奇数都与 2^e 互素.（事实上，本题的条件是必要和充分的.）

3. 由定理 A，我们需要 $a \equiv 1 \pmod{4}$ 和 $a \equiv 1 \pmod{5}$. 由 1.2.4 节定律 D，这等价于 $a \equiv 1 \pmod{20}$.

4. 对 $m = 2^{e-1}$ 使用定理 A，我们知道 $X_{2^{e-1}} \equiv 0 \pmod{2^{e-1}}$. 同样，对 $m = 2^e$ 使用定理 A，我们知道 $X_{2^{e-1}} \not\equiv 0 \pmod{2^e}$. 由此，$X_{2^{e-1}} = 2^{e-1}$. 更一般地，我们可以使用式 3.2.1–(6) 证明，周期的后半部基本上像前半部一样，因为 $X_{n+2^{e-1}} = (X_n + 2^{e-1}) \bmod 2^e$.（周期的四分之一也类似，见习题 21.）

5. 对于 $p = 3, 11, 43, 281, 86171$，我们需要 $a \equiv 1 \pmod{p}$. 由 1.2.4 节的定律 D，这等价于 $a \equiv 1 \pmod{3 \cdot 11 \cdot 43 \cdot 281 \cdot 86171}$，因此唯一解是很糟糕的乘数 $a = 1$.

6.（见上一题.）根据同余式 $a \equiv 1 \pmod{3 \cdot 7 \cdot 11 \cdot 13 \cdot 37}$ 推出，对于 $0 \le k \le 8$，解为 $a = 1 + 111111k$.

7. 使用引理 Q 证明的记号，μ 是使得 $X_{\mu+\lambda} = X_\mu$ 的最小值；因此，它是使得 $Y_{\mu+\lambda} = Y_\mu$ 并且 $Z_{\mu+\lambda} = Z_\mu$ 的最小值. 这表明 $\mu = \max(\mu_1, \ldots, \mu_t)$. 能够达到的最大 μ 是 $\max(e_1, \ldots, e_t)$，但是没有人真正想达到它.

8. 由于 $a^2 \equiv 1 \pmod{8}$，因此 $a^4 \equiv 1 \pmod{16}$，$a^8 \equiv 1 \pmod{32}$，等等. 如果 $a \bmod 4 = 3$，则 $a - 1$ 是一个奇数的二倍，因此 $(a^{2^{e-1}} - 1)/(a - 1) \equiv 0 \pmod{2^e}$ 当且仅当 $(a^{2^{e-1}} - 1)/2 \equiv 0 \pmod{2^{e+1}/2}$，而后者成立.

9. 用 Y_n 替换 X_n 并化简. 如果 $X_0 \bmod 4 = 3$，则不能使用习题中的公式. 但是它们确实可以用于序列 $Z_n = (-X_n) \bmod 2^e$，因为它本质上具有相同的行为.

10. 仅当 $m = 1, 2, 4, p^e, 2p^e$ 时满足条件，其中 p 是奇素数. 在所有其他情况下，定理 B 的结果是对欧拉定理（习题 1.2.4–28）的改进.

11. (a) $x+1$ 和 $x-1$ 中恰有一个是 4 的倍数，因此 $x \mp 1 = q2^f$，其中 q 是奇数，而 f 大于 1. (b) 在给定的情况下，$f < e$，因此 $e \geq 3$. 我们有 $\pm x \equiv 1$ (modulo 2^f)，$\pm x \not\equiv 1$ (modulo 2^{f+1}) 并且 $f > 1$. 因此，通过使用引理 P，我们发现 $(\pm x)^{2^{e-f-1}} \not\equiv 1$ (modulo 2^e)，而 $x^{2^{e-f}} = (\pm x)^{2^{e-f}} \equiv 1$ (modulo 2^e). 因此，阶是 2^{e-f} 的因子，但不是 2^{e-f-1} 的因子. (c) 1 具有阶 1，$2^e - 1$ 具有阶 2. 因此，当 $e \geq 3$ 时，最大周期为 2^{e-2}，并且对于 $e \geq 4$，$f = 2$ 是必要的，即 $x \equiv 4 \pm 1$ (modulo 8).

12. 如果 k 是 $p-1$ 的真因子，并且 $a^k \equiv 1$ (modulo p)，则由引理 P，我们有 $a^{kp^{e-1}} \equiv 1$ (modulo p^e). 类似地，如果 $a^{p-1} \equiv 1$ (modulo p^2)，则我们发现 $a^{(p-1)p^{e-2}} \equiv 1$ (modulo p^e). 因此，在这些情况下，a 不是本原的. 反之，如果 $a^{p-1} \not\equiv 1$ (modulo p^2)，则定理 1.2.4F 和引理 P 表明，$a^{(p-1)p^{e-2}} \not\equiv 1$ (modulo p^e)，但是 $a^{(p-1)p^{e-1}} \equiv 1$ (modulo p^e). 因此，阶是 $(p-1)p^{e-1}$ 的因子，但不是 $(p-1)p^{e-2}$ 的因子，于是它具有 kp^{e-1} 这种形式，其中 k 整除 $p-1$. 但是，如果 a 是模 p 本原的，则同余式 $a^{kp^{e-1}} \equiv a^k \equiv 1$ (modulo p) 蕴涵 $k = p-1$.

13. 假设 $a \bmod p \neq 0$，并令 λ 为 a 模 p 的阶. 由定理 1.2.4F，λ 是 $p-1$ 的因子. 如果 $\lambda < p-1$，则 $(p-1)/\lambda$ 具有一个素因子 q.

14. 令 $0 < k < p$. 如果 $a^{p-1} \equiv 1$ (modulo p^2)，则 $(a+kp)^{p-1} \equiv a^{p-1} + (p-1)a^{p-2}kp$ (modulo p^2)，并且该式 $\not\equiv 1$，因为 $(p-1)a^{p-2}k$ 不是 p 的倍数. 由习题 12，$a + kp$ 是模 p^e 本原的.

15. (a) 如果 $\lambda_1 = p_1^{e_1} \ldots p_t^{e_t}$，$\lambda_2 = p_1^{f_1} \ldots p_t^{f_t}$，则令 $\kappa_1 = p_1^{g_1} \ldots p_t^{g_t}$，$\kappa_2 = p_1^{h_1} \ldots p_t^{h_t}$，其中

$$g_j = e_j \quad 且 \quad h_j = 0, \qquad 如果 \quad e_j < f_j,$$
$$g_j = 0 \quad 且 \quad h_j = f_j, \qquad 如果 \quad e_j \geq f_j.$$

现在，$a_1^{\kappa_1}$ 和 $a_2^{\kappa_2}$ 的周期分别是 λ_1/κ_1 和 λ_2/κ_2，两个周期互素. 此外，$(\lambda_1/\kappa_1)(\lambda_2/\kappa_2) = \lambda$，因此，只需要考虑 λ_1 与 λ_2 互素，即 $\lambda = \lambda_1\lambda_2$ 的情况. 现在，令 λ' 是 a_1a_2 的阶. 由于 $(a_1a_2)^{\lambda'} \equiv 1$，我们有 $1 \equiv (a_1a_2)^{\lambda'\lambda_1} \equiv a_2^{\lambda'\lambda_1}$，因此 $\lambda'\lambda_1$ 是 λ_2 的倍数. 这蕴涵 λ' 是 λ_2 的倍数，因为 λ_1 与 λ_2 互素. 类似地，λ' 是 λ_1 的倍数. 因此 λ' 是 $\lambda_1\lambda_2$ 的倍数. 但是，显然 $(a_1a_2)^{\lambda_1\lambda_2} \equiv 1$，因此 $\lambda' = \lambda_1\lambda_2$.

(b) 如果 a_1 具有阶 $\lambda(m)$，a_2 具有阶 λ，则由 (a) 可知，$\lambda(m)$ 一定是 λ 的倍数，否则我们可以找到一个更高阶的元素，它的阶是 $\text{lcm}(\lambda, \lambda(m))$.

16. (a) $f(x) = (x-a)(x^{n-1} + (a+c_1)x^{n-2} + \cdots + (a^{n-1} + \cdots + c_{n-1})) + f(a)$.

(b) 当 $n = 0$ 时是显然的. 如果 a 是一个根，则 $f(x) \equiv (x-a)q(x)$；因而，如果 a' 是任一个不等于 a 的根，则

$$0 \equiv f(a') \equiv (a' - a)q(a'),$$

并且由于 $a' - a$ 不是 p 的倍数，因此 a' 一定是 $q(x)$ 的根. 于是，如果 $f(x)$ 有 n 个以上不同的根，则 $q(x)$ 有 $n-1$ 个以上不同的根. [拉格朗日，*Mém. Acad. Roy. Sci. Berlin* **24** (1768), 181–250, §10.]

(c) $\lambda(p) \geq p-1$，为了有这么多根，$f(x)$ 的次数必须大于或等于 $p-1$. 但是，由定理 1.2.4F，$\lambda(p) \leq p-1$.

17. 由引理 P，$11^5 \equiv 1$ (modulo 25)，$11^5 \not\equiv 1$ (modulo 125)，等等；因此 11 的阶为 5^{e-1} (modulo 5^e)，而不是最大值 $\lambda(5^e) = 4 \cdot 5^{e-1}$. 但是，由引理 Q，总周期长度是该周期模 2^e（即 2^{e-2}）和该周期模 5^e（即 5^{e-1}）的最小公倍数，而这是 $2^{e-2}5^{e-1} = \lambda(10^e)$. 该周期模 5^e 可以是 5^{e-1} 或 $2 \cdot 5^{e-1}$ 或 $4 \cdot 5^{e-1}$，而不影响周期模 10^e 的长度，因为取最小公倍数. 模 5^e 本原的值就是模 25 与 2, 3, 8, 12, 13, 17, 22, 23 同余的那些值（见习题 12），即 3, 13, 27, 37, 53, 67, 77, 83, 117, 123, 133, 147, 163, 173, 187, 197.

18. 由定理 C，$a \bmod 8$ 必须是 3 或 5. 知道 a 模 5 和模 25 的周期，使得我们可以应用引理 P 来确定 $a \bmod 25$ 的允许值. 周期 $= 4 \cdot 5^{e-1}$: 2, 3, 8, 12, 13, 17, 22, 23; 周期 $= 2 \cdot 5^{e-1}$: 4, 9, 14, 19; 周期 $= 5^{e-1}$: 6, 11, 16, 21. 这 16 个值，每个都产生两个 a 值（$0 \leq a < 200$），一个满足 $a \bmod 8 = 3$，另一个满足 $a \bmod 8 = 5$.

19. 一些例子见表 3.3.4–1 的 17–20 行.

20. (a) 当且仅当 $Y_n \equiv Y_{n+k}$ (modulo m') 时，有 $AY_n + X_0 \equiv AY_{n+k} + X_0$ (modulo m). (b)(i) 显然. (ii) 定理 A. (iii) 当且仅当 $a^n \equiv 1$ (modulo 2^{e+1}) 时，$(a^n - 1)/(a-1) \equiv 0$ (modulo 2^e)；如果 $a \not\equiv -1$，则 a 模 2^{e+1} 的阶是它模 2^e 的阶的二倍. (iv) 当且仅当 $a^n \equiv 1$ 时，$(a^n - 1)/(a-1) \equiv 0$ (modulo p^e).

21. 由式 3.2.1–(6)，$X_{n+s} \equiv X_n + X_s$，并且 s 是 m 的因子，因为当 m 是 p 的幂时，s 是 p 的幂. 因此，一个给定的整数 q 是 m/s 的倍数，当且仅当 $X_{qs} \equiv 0$，当且仅当 q 是 $m/\gcd(X_s, m)$ 的倍数.

22. 比如说，当 $b \approx 2^{32}$，$l < k \approx 100$ 时，算法 4.5.4P 可以在合理的时间内检验形如 $m = b^k \pm b^l \pm 1$ 的数是否为素数. 计算应该在 b 进制下进行，从而利用 m 的特定形式，加快平方模 m 操作的速度.（例如，考虑十进制下的平方模 9999998999.）当然，算法 4.5.4P 只能在已知 m 没有小因子时使用.

马尔萨利亚和扎曼证明 [*Annals of Applied Probability* **1** (1991), 474–475]，当 b 是素数 $2^{32} - 5$ 时，$m = b^{43} - b^{22} + 1$ 是素数，具有原根 b. 为得到 b 的本原性，因式分解必须为 $m - 1 = b^{22}(b-1)(b^6 + b^5 + b^4 + b^3 + b^2 + b + 1)(b^{14} + b^7 + 1)$. $m - 1$ 的 17 个素因子之一具有 99 位十进制数字. 因此，我们可以确保当 $c_0 = 0$ 时，对于每组非零的种子值 $0 \leq x_{-1}, \ldots, x_{-43} < b$，序列 $x_n = (x_{n-22} - x_{n-43} - c_n) \bmod b = x_{n-22} - x_{n-43} - c_n + bc_{n+1}$ 具有周期长度 $m - 1 \approx 10^{414}$.

然而，从生日间隔检验角度来看（见 3.3.2J 节），43 仍然是相当小的 k 值，而 22 非常接近 43/2. 讨论"混合"表明，我们更希望 k 和 l 值能使得连分数 l/k 的前面几个部分商较小. 为了避免这个生成器的可能问题，参考吕舍尔的建议（见 3.2.2 节），丢弃某些数不失为一种好想法.

当 $b = 2^{32}$，$50 < k \leq 100$ 时，有一些形如 $b^k \pm b^l \pm 1$ 的素数满足混合约束：对于借位减法，$b^{57} - b^{17} - 1$，$b^{73} - b^{17} - 1$，$b^{86} - b^{62} - 1$，$b^{88} - b^{52} - 1$，$b^{95} - b^{61} - 1$；$b^{58} - b^{33} + 1$，$b^{62} - b^{17} + 1$，$b^{69} - b^{24} + 1$，$b^{70} - b^{57} + 1$，$b^{87} - b^{24} + 1$. 对于进位加法，$b^{56} + b^{22} - 1$，$b^{61} + b^{44} - 1$，$b^{74} + b^{27} - 1$，$b^{90} + b^{65} - 1$.（从混合角度，稍逊一筹的素数是 $b^{56} - b^5 - 1$，$b^{56} - b^{32} - 1$，$b^{66} - b^{57} - 1$，$b^{76} - b^{15} - 1$，$b^{84} - b^{26} - 1$，$b^{90} - b^{42} - 1$，$b^{93} - b^{18} - 1$；$b^{52} - b^8 + 1$，$b^{60} - b^{12} + 1$，$b^{67} - b^8 + 1$，$b^{67} - b^{63} + 1$，$b^{83} - b^{14} + 1$；$b^{65} + b^2 - 1$，$b^{76} + b^{11} - 1$，$b^{88} + b^{30} - 1$，$b^{92} + b^{48} - 1$.）

为了计算结果序列的周期，我们需要知道 $m - 1$ 的因子；但是，对于这么大的数，除非非常幸运，否则是不可行的. 假设我们成功地找出素因子 $q_1, \ldots, q_t$，那么 $b^{(m-1)/q} \bmod m = 1$ 的概率仅有 $1/q$，于是除非 q 是很小的素数，否则这个概率非常小. 因此，我们可以相当确信 $b^n \bmod m$ 的周期相当长，尽管我们不可能因子分解 $m - 1$.

事实上，即便 m 不是素数，该周期也几乎肯定非常长. 例如，考虑 $k = 10$，$l = 3$，$b = 10$ 这种情况（这些值太小，不适合用来生成随机数，但是只有足够小才容易计算准确的结果）. 在这种情况下，当 $m = 9999998999 = 439 \cdot 22779041$ 时，$\langle 10^n \bmod m \rangle$ 的周期长度为 $\mathrm{lcm}(219, 11389520) = 2494304880$；当 $m = 9999999001$ 时为 4999999500；当 $m = 10000000999$ 时为 5000000499；当 $m = 10000001001 = 3 \cdot 17 \cdot 2687 \cdot 72973$ 时为 $\mathrm{lcm}(1, 16, 2686, 12162) = 130668528$. 当 m 不是素数时，种子值的极个别取值可能缩短周期. 但是，如果我们选择 $k = 1000$，$l = 619$，$b = 2^{16}$ 之类的值，则基本不会出问题.

3.2.1.3 节

1. $c = 1$ 总是与 B^5 互素. 每个整除 $m = B^5$ 的素数都是 B 的因子，因此它的二次幂至少可以整除 $b = B^2$.

2. 只有 3，因此不推荐这个生成器，尽管它有长周期.

3. 在两种情况下，势均为 18（见下一题）.

4. 由于 $a \bmod 4 = 1$，必然有 $a \bmod 8 = 1$ 或 5，因此 $b \bmod 8 = 0$ 或 4. 如果 b 是 4 的奇数倍，并且 b_1 是 8 的倍数，则显然 $b^s \equiv 0$ (modulo 2^e) 蕴涵 $b_1^s \equiv 0$ (modulo 2^e)，因此 b_1 不可能具有比 b 更高的势.

5. 势为对于所有 j 都满足 $f_j s \geq e_j$ 的最小的 s 值.

6. 为了有高达 4 的势，模数必须能被 2^7 或 p^4（p 为奇素数）整除. 满足条件的值仅有 $m = 2^{27} + 1$ 和 $10^9 - 1$.

7. $a' = (1 - b + b^2 - \cdots) \bmod m$，其中 b^s, b^{s+1} 等项丢弃（s 为势）.

8. 由于 X_n 总是奇数，因而

$$X_{n+2} = (2^{34} + 3 \cdot 2^{18} + 9)X_n \bmod 2^{35} = (2^{34} + 6X_{n+1} - 9X_n) \bmod 2^{35}.$$

给定 Y_n 和 Y_{n+1}，

$$Y_{n+2} = (10 + 6(Y_{n+1} + \epsilon_1) - 9(Y_n + \epsilon_2)) \bmod 20$$

（$0 \le \epsilon_1 < 1, 0 \le \epsilon_2 < 1$）的可能性是有限的并且非随机的.

注记：如果习题 3 中建议使用其他乘数，比如说 $2^{33} + 2^{18} + 2^2 + 1$ 而不是 $2^{23} + 2^{13} + 2^2 + 1$，则我们将类似地发现 $X_{n+2} - 10X_{n+1} + 25X_n \equiv$ 常数 (modulo 2^{35}). 一般地，当 δ 很小时，我们不希望 $a \pm \delta$ 被 2 的高次幂整除，否则我们得到"二阶低势"（second-order impotency）. 更详细的讨论见 3.3.4 节.

麦克拉伦和马尔萨利亚讨论了本题的生成器 [*JACM* **12** (1965), 83–89]. 格林伯格最先揭示了这种生成器的缺陷 [*CACM* **8** (1965), 177–179]. 可惜，这类生成器在其后十余年仍然被广泛使用（见 3.3.4 节关于 RANDU 的讨论）.

3.2.2 节

1. 该方法有用，但是必须非常小心才行. 首先，aU_n 有可能很大，使得其后对 c/m 做加法时，将几乎失去所有的有效位，"mod 1" 操作将几乎毁掉所有剩下的有效位. 我们的结论是，双精度浮点算术运算是必要的. 即便使用双精度，无论如何，我们也必须确保没有舍入等影响序列中的数，因为那将毁掉序列好特性的理论基础.（但是，见习题 23.）

2. X_{n+1} 或者等于 $X_{n-1} + X_n$，或者等于 $X_{n-1} + X_n - m$. 如果 $X_{n+1} < X_n$，则我们一定有 $X_{n+1} = X_{n-1} + X_n - m$，因此 $X_{n+1} < X_{n-1}$.

3. (a) 加下横线的数是步骤 M3 之后的 $V[j]$.

输出: 初值	0 4 5 6 2 0 3 (2 7 4 1 6 3 0 5) 并重复
$V[0]$: 0	4̲ 7 7 7 7 7 7 7 4̲ 7 7 7 7 7 7 7 4̲ 7 ...
$V[1]$: 3	3 3 3 3 3 3 2̲ 5 5 5 5 5 5 5 2̲ 5 5 5 ...
$V[2]$: 2	2 2 2 2 0̲ 3 3 3 3 3 3 3 0̲ 3 3 3 3 3 ...
$V[3]$: 5	5 5 6̲ 1 1 1 1 1 1 6̲ 1 1 1 1 1 1 1 1 ...
X:	4 7 6 1 0 3 2 5 4 7 6 1 0 3 2 5 4 7 ...
Y:	0 1 6 7 4 5 2 3 0 1 6 7 4 5 2 3 0 1 ...

因此，势降低为 1!（详细评述见习题 15 的答案.）

(b) 加下横线的数是步骤 B2 之后的 $V[j]$.

输出: 初值	2 3 6 5 7 0 0 5 3 ... 4 6(3 0 ... 4 7) ...
$V[0]$: 0	0 0 0 0 0 0 5̲ 4̲ 4 ... 1 1 1 1 ... 1 1 ...
$V[1]$: 3	3 6̲ 1̲ 1 1 1 1 1 1 ... 0 0 0 4̲ ... 0 0 ...
$V[2]$: 2	7̲ 7 7 7 3̲ 3 3 3 7̲ ... 6 2̲ 2̲ 2 ... 7 2̲ ...
$V[3]$: 5	5 5 5 0̲ 0 2̲ 2 2 2 ... 3̲ 3̲ 5̲ 5 ... 3̲ 3 ...
X: 4	7 6 1 0 3 2 5 4 7 ... 3 2 5 4 ... 3 2 ...

在这种情况下，输出显著好于输入. 它在 46 步之后进入长度为 40 的循环: 236570 05314 72632 40110 37564 76025 12541 73625 03746 (30175 24061 52317 46203 74531 60425 16753 02647). 将习题 3.1–7 的方法用于上面的数组，直到一列重复为止，可以很容易地找出这个循环.

4. 许多随机序列（例如，m 等于字大小的线性同余序列）的低位字节都远不如高位字节随机. 见 3.2.1.1 节.

5. 随机化的效果将被极小化，因为 $V[j]$ 包含的数总是落在某区间中，实质上是 $j/k \le V[j]/m < (j+1)/k$. 然而，可以使用类似的方法: 我们可以取 $Y_n = X_{n-1}$，或者可以通过从 X_n 中间而不是从最左边抽取几位

数字来选取 j. 这些建议方案都不会像算法 B 那样延长周期.（其实，习题 27 证明算法 B 并不一定增加周期长度.）

6. 例如，如果 $\mathtt{X}_n/m < \frac{1}{2}$，则 $\mathtt{X}_{n+1} = 2\mathtt{X}_n$.

7. ［威廉·曼特尔，*Nieuw Archief voor Wiskunde* (2) **1** (1897), 172–184.］

X 值的子序列:
```
        00...01                    00...01
        00...10                    00...10
         ...           变为:         ...
        10...00                    10...00
    CONTENTS(A)                    00...00
                                CONTENTS(A)
```

8. 像定理 3.2.1.2A 的证明一样，我们可以假定 $X_0 = 0$，$m = p^e$. 首先假设序列的周期长度为 p^e；由此，对于 $1 \le f \le e$，序列模 p^f 具有周期长度 p^f，否则某些模 p^f 余数一定不出现. 显然，c 不是 p 的倍数，否则的话，每个 X_n 都是 p 的倍数. 如果 $p \le 3$，则通过试错法容易得到条件 (iii) 和 (iv) 的必要性，因此我们假定 $p \ge 5$. 如果 $d \not\equiv 0 \pmod{p}$，则对于某整数 a_1、c_1 和所有整数 x，$dx^2 + ax + c \equiv d(x + a_1)^2 + c_1 \pmod{p^e}$. 这个二次式在点 x 和 $-x - 2a_1$ 取相同的值，因此它不可能取到所有的模 p^e 余数. 因此，$d \equiv 0 \pmod{p}$. 如果 $a \not\equiv 1$，则必然存在 x，使得 $dx^2 + ax + c \equiv x \pmod{p}$，与序列模 p 的周期长度为 p 矛盾.

为了证明这些条件的充分性，由定理 3.2.1.2A，单独考虑某些平凡情况之后，我们可以假定 $m = p^e$，其中 $e \ge 2$. 如果 $p = 2$，则通过试验可知，$X_{n+2} \equiv X_n + 2 \pmod{4}$；如果 $p = 3$，则使用 (i) 和 (ii) 可知，$X_{n+3} \equiv X_n - d + 3c \pmod{9}$. 对于 $p \ge 5$，我们可以证明 $X_{n+p} \equiv X_n + pc \pmod{p^2}$：令 $d = pr$，$a = 1 + ps$. 于是，如果 $X_n \equiv cn + pY_n \pmod{p^2}$，则我们必然有 $Y_{n+1} \equiv n^2 c^2 r + ncs + Y_n \pmod{p}$. 因此，$Y_n \equiv \binom{n}{3} 2c^2 r + \binom{n}{2}(c^2 r + cs) \pmod{p}$. 于是，$Y_p \bmod p = 0$，所求关系得证.

现在，我们可以证明，存在 t 满足 $t \bmod p \ne 0$，对于所有的 $f \ge 1$，"提示"中定义的整数序列 $\langle X_n \rangle$ 满足关系

$$X_{n+p^f} \equiv X_n + tp^f \pmod{p^{f+1}}, \qquad n \ge 0.$$

这足以证明序列 $\langle X_n \bmod p^e \rangle$ 的周期长度为 p^e，因为该周期长度是 p^e 的因子，但不是 p^{e-1} 的因子. 对于 $f = 1$，上面的关系已经证明. 而对于 $f > 1$，可以用如下方法归纳地证明：令

$$X_{n+p^f} \equiv X_n + tp^f + Z_n p^{f+1} \pmod{p^{f+2}},$$

于是，当 $d = pr$，$a = 1 + ps$ 时，生成序列的二次律产生 $Z_{n+1} \equiv 2rtnc + st + Z_n \pmod{p}$. 由此得到，$Z_{n+p} \equiv Z_n \pmod{p}$. 因此，对于 $k = 1, 2, 3, \ldots$，

$$X_{n+kp^f} \equiv X_n + k(tp^f + Z_n p^{f+1}) \pmod{p^{f+2}},$$

令 $k = p$，完成证明.

注记：如果 $f(x)$ 是次数高于二次的多项式，并且 $X_{n+1} = f(X_n)$，则分析更复杂. 不过，我们可以使用 $f(m + p^k) = f(m) + p^k f'(m) + p^{2k} f''(m)/2! + \cdots$，证明许多多项式递推式都产生最大周期. 例如，科维尤已经证明，如果 $f(0)$ 为奇数，并且对于 $j = 0, 1, 2, 3$，$f'(j) \equiv 1$，$f''(j) \equiv 0$，$f(j+1) \equiv f(j) + 1 \pmod{4}$，则周期为 $m = 2^e$. ［*Studies in Applied Math.* **3** (Philadelphia: SIAM, 1969), 70–111.］

9. 令 $X_n = 4Y_n + 2$，于是序列 Y_n 满足二次递推式 $Y_{n+1} = (4Y_n^2 + 5Y_n + 1) \bmod 2^{e-2}$.

10. 情况 1：$X_0 = 0$，$X_1 = 1$，因此 $X_n \equiv F_n$. 我们寻找使得 $F_n \equiv 0$ 并且 $F_{n+1} \equiv 1 \pmod{2^e}$ 的最小整数 n. 由于 $F_{2n} = F_n(F_{n-1} + F_{n+1})$，$F_{2n+1} = F_n^2 + F_{n+1}^2$，对 e 归纳可知，对于 $e > 1$，$F_{3 \cdot 2^{e-1}} \equiv 0$ 并且 $F_{3 \cdot 2^{e-1}+1} \equiv 2^e + 1 \pmod{2^{e+1}}$. 这意味周期是 $3 \cdot 2^{e-1}$ 的因子，而不是 $3 \cdot 2^{e-2}$ 的因子，因此它为 $3 \cdot 2^{e-1}$ 或 2^{e-1}. 但是 $F_{2^{e-1}}$ 总是奇数（因为只有 F_{3n} 为偶）.

情况 2：$X_0 = a$，$X_1 = b$. 于是 $X_n \equiv aF_{n-1} + bF_n$，我们需要找出满足 $a(F_{n+1} - F_n) + bF_n \equiv a$ 并且 $aF_n + bF_{n+1} \equiv b$ 的最小正数 n. 这意味 $(b^2 - ab - a^2)F_n \equiv 0$，$(b^2 - ab - a^2)(F_{n+1} - 1) \equiv 0$. 而 $b^2 - ab - a^2$ 为奇数（即与 m 互素），因而该条件等价于 $F_n \equiv 0$，$F_{n+1} \equiv 1$.

对于任意模数确定 $\langle F_n \rangle$ 周期的方法, 出现在唐纳德·沃尔的一篇文章中 [*AMM* **67** (1960), 525–532]. 关于斐波纳契模 2^e 序列的更多事实, 扬松已经推导得出 [*Random Number Generators* (Stockholm: Almqvist & Wiksell, 1966), Section 3C1].

11. (a) 存在 $u(z)$ 和 $v(z)$, 使得 $z^\lambda = 1 + f(z)u(z) + p^e v(z)$, 其中 $v(z) \not\equiv 0$ (modulo $f(z)$ and p). 由二项式定理,

$$z^{\lambda p} = 1 + p^{e+1}v(z) + p^{2e+1}v(z)^2(p-1)/2$$

加上更多 (modulo $f(z)$ and p^{e+2}) 与 0 同余的项. 由于 $p^e > 2$, 我们有 $z^{\lambda p} \equiv 1 + p^{e+1}v(z)$ (modulo $f(z)$ and p^{e+2}). 如果 $p^{e+1}v(z) \equiv 0$ (modulo $f(z)$ and p^{e+2}), 则一定存在多项式 $a(z)$ 和 $b(z)$ 使得 $p^{e+1}(v(z) + pa(z)) = f(z)b(z)$. 由于 $f(0) = 1$, 这意味 $b(z)$ 是 p^{e+1} 的倍数 (由高斯引理 4.6.1G), 因此 $v(z) \equiv 0$ (modulo $f(z)$ and p), 推出矛盾.

(b) 如果 $z^\lambda - 1 = f(z)u(z) + p^e v(z)$, 则

$$G(z) = u(z)/(z^\lambda - 1) + p^e v(z)/f(z)(z^\lambda - 1);$$

因此对于大的 n, $A_{n+\lambda} \equiv A_n$ (modulo p^e). 反之, 如果 $\langle A_n \rangle$ 具有这一性质, 则存在整系数多项式 $u(z)$、$v(z)$ 和整系数幂级数 $H(z)$, 满足 $G(z) = u(z) + v(z)/(1 - z^\lambda) + p^e H(z)$. 由此推出等式 $1 - z^\lambda = u(z)f(z)(1 - z^\lambda) + v(z)f(z) + p^e H(z)f(z)(1 - z^\lambda)$, 因此 $H(z)f(z)(1 - z^\lambda)$ 是多项式, 因为等式中的其他项都是多项式.

(c) 只要证明 $\lambda(p^e) \neq \lambda(p^{e+1})$ 蕴涵 $\lambda(p^{e+1}) = p\lambda(p^e) \neq \lambda(p^{e+2})$ 就足够了. 使用 (a) 和 (b), 我们知道 $\lambda(p^{e+2}) \neq p\lambda(p^e)$, 并且 $\lambda(p^{e+1})$ 是 $p\lambda(p^e)$ 的因子, 但不是 $\lambda(p^e)$ 的因子. 因此, 如果 $\lambda(p^e) = p^f q$, 其中 $q \bmod p \neq 0$, 则 $\lambda(p^{e+1})$ 一定是 $p^{f+1}d$, 其中 d 是 q 的因子. 但是, 由于 $X_{n+p^{f+1}d} \equiv X_n$ (modulo p^e), 因此 $p^{f+1}d$ 是 $p^f q$ 的倍数, 因此 $d = q$. [注意: 假设 $p^e > 2$ 是必要的. 例如, 令 $a_1 = 4$, $a_2 = -1$, $k = 2$, 于是 $\langle A_n \rangle = 1, 4, 15, 56, 209, 780, \dots$; $\lambda(2) = 2$, $\lambda(4) = 4$, $\lambda(8) = 4$.]

(d) $g(z) = X_0 + (X_1 - a_1 X_0)z + \dots + (X_{k-1} - a_1 X_{k-2} - a_2 X_{k-3} - \dots - a_{k-1}X_0)z^{k-1}$.

(e) (b) 的推导可以推广到 $G(z) = g(z)/f(z)$ 的情况. 于是, 周期长度为 λ 的假定蕴涵 $g(z)(1-z^\lambda) \equiv 0$ (modulo $f(z)$ and p^e). 我们在上面只处理了特殊情况 $g(z) = 1$. 这个同余式的两端都可以乘以亨泽尔的 $b(z)$, 得到 $1 - z^\lambda \equiv 0$ (modulo $f(z)$ and p^e).

注记: (c) 的结果有更 "初等的" 证明方法, 可以不用生成式函数, 而使用习题 8 解答的类似方法: 如果对于 $n = r, r+1, \dots, r+k-1$ 和某些整数 B_n, $A_{\lambda+n} = A_n + p^e B_n$, 那么若我们用给定的递推关系定义 $B_{r+k}, B_{r+k+1}, \dots$, 则这个关系对于所有的 $n \geq r$ 都成立. 由于得到的 B 序列是 A 序列的移位的线性组合, 因此对于充分大的 n 值, 我们有 $B_{\lambda+n} \equiv B_n$ (modulo p^e). 现在, $\lambda(p^{e+1})$ 一定是 $\lambda = \lambda(p^e)$ 的倍数; 对于所有足够大的 n, 对于 $j = 1, 2, 3, \dots$, 我们有 $A_{n+j\lambda} = A_n + p^e(B_n + B_{n+\lambda} + B_{n+2\lambda} + \dots + B_{n+(j-1)\lambda}) \equiv A_n + jp^e B_n$ (modulo p^{2e}). 没有 k 个相继的 B 都是 p 的倍数, 因此当 $e \geq 2$ 时立即得到 $\lambda(p^{e+1}) = p\lambda(p^e) \neq \lambda(p^{e+2})$. 我们还必须证明, 当 p 是奇数并且 $e = 1$ 时, $\lambda(p^{e+2}) \neq p\lambda(p^e)$, 证法是 $B_{\lambda+n} = B_n + pC_n$, 注意到当 n 足够大时, $C_{n+\lambda} \equiv C_n$ (modulo p). 于是, $A_{n+p} \equiv A_n + p^2 \left(B_n + \binom{p}{2}C_n \right)$ (modulo p^3), 而定理证明容易完成.

关于本问题的历史见摩根·沃德, *Trans. Amer. Math. Soc.* **35** (1933), 600–628; 又见唐纳德·罗宾逊, *AMM* **73** (1966), 619–621.

12. 模 2 周期长度最多为 4; 而由上一题的考虑, 模 2^{e+1} 的周期长度最多为模 2^e 最大周期长度的 2 倍. 因此可能的最大周期长度为 2^{e+1}. 这是可达到的, 例如, 在平凡情况 $a = 0$, $b = c = 1$ 下就可以达到.

13, 14. 显然 $Z_{n+\lambda} = Z_n$, 因而 λ' 一定是 λ 的因子. 令 λ' 和 λ_1 的最小公倍数为 λ_1', 并类似地定义 λ_2'. 我们有 $X_n + Y_n \equiv Z_n \equiv Z_{n+\lambda_1'} \equiv X_n + Y_{n+\lambda_1'}$, 因此 λ_1' 是 λ_2 的倍数. 类似地, λ_2' 是 λ_1 的倍数. 这产生所求结果. (这一结果在如下意义下是 "最好的": 可以构造 $\lambda' = \lambda_0$ 的序列以及 $\lambda' = \lambda$ 的序列.)

15. 对于所有充分大的 n, 算法 M 在步骤 M1 生成 (X_{n+k}, Y_n), 并在步骤 M3 输出 $Z_n = X_{n+k-q_n}$. 于是, $\langle Z_n \rangle$ 的周期长度为 λ', 其中 λ' 是使得对于所有大的 n, $X_{n+k-q_n} = X_{n+\lambda'+k-q_{n+\lambda'}}$ 的最小正整数. 由于 λ 是 λ_1 和 λ_2 的倍数, 因此 λ' 是 λ 的因子. (这些推导归功于沃特曼.)

由于诸 X 不同，因此对于所有大的 n，我们还有 $n+k-q_n \equiv n+\lambda'+k-q_{n+\lambda'}$ (modulo λ_1). $\langle q_n \rangle$ 的有界性蕴涵，对于所有大的 n，$q_{n+\lambda'} = q_n + c$，其中 $c \equiv \lambda'$ (modulo λ_1) 并且 $|c| < \frac{1}{2}\lambda_1$. 但是，$c$ 必须为 0，因为 $\langle q_n \rangle$ 是有界的. 因此，$\lambda' \equiv 0$ (modulo λ_1)，并且对于所有大的 n，$q_{n+\lambda'} = q_n$；由此，λ' 是 λ_2 和 λ_1 的倍数，因而 $\lambda' = \lambda$.

注记： 根据习题 3.2.1.2-4 的答案可推出，当 $\langle Y_n \rangle$ 是模 $m = 2^e$ 最大周期线性同余序列时，如果 k 是 2 的幂，则周期长度 λ_2 最多为 2^{e-2}.

16. 存在多种证明方法.

(1) 使用有限域理论. 在具有 2^k 个元素的有限域中，令 ξ 满足 $\xi^k = a_1\xi^{k-1} + \cdots + a_k$. 令 $f(b_1\xi^{k-1} + \cdots + b_k) = b_k$，其中每个 b_j 或者为 0，或者为 1. 这是一个线性函数. 如果 (10) 执行前，生成算法中的字 X 为 $(b_1b_2\ldots b_k)_2$，并且 $b_1\xi^{k-1} + \cdots + b_k\xi^0 = \xi^n$，则 (10) 执行后，字 X 表示 ξ^{n+1}. 因此，该序列是 $f(\xi^n)$, $f(\xi^{n+1})$, $f(\xi^{n+2})$, $\ldots$，并且 $f(\xi^{n+k}) = f(\xi^n\xi^k) = f(a_1\xi^{n+k-1} + \cdots + a_k\xi^n) = a_1 f(\xi^{n+k-1}) + \cdots + a_k f(\xi^n)$.

(2) 使用穷举方法或初等技巧. 给定序列 X_{nj}, $n \ge 0$, $1 \le j \le k$，满足

$$X_{(n+1)j} \equiv X_{n(j+1)} + a_j X_{n1}, \quad 1 \le j < k; \qquad X_{(n+1)k} \equiv a_k X_{n1} \pmod{2}.$$

我们必须证明这意味着对于 $n \ge k$，有 $X_{nk} \equiv a_1 X_{(n-1)k} + \cdots + a_k X_{(n-k)k}$. 事实上，可以由该式证明，当 $1 \le j \le k \le n$ 时，$X_{nj} \equiv a_1 X_{(n-1)j} + \cdots + a_k X_{(n-k)j}$. 对于 $j = 1$，这是显然的，因为 $X_{n1} \equiv a_1 X_{(n-1)1} + X_{(n-1)2} \equiv a_1 X_{(n-1)1} + a_2 X_{(n-2)1} + X_{(n-2)3}$，等等. 对于 $j > 1$，由归纳法，我们有

$$
\begin{aligned}
X_{nj} &\equiv X_{(n+1)(j-1)} - a_{j-1}X_{n1} \\
&\equiv \sum_{1 \le i \le k} a_i X_{(n+1-i)(j-1)} - a_{j-1}\sum_{1 \le i \le k} a_i X_{(n-i)1} \\
&\equiv \sum_{1 \le i \le k} a_i \left(X_{(n+1-i)(j-1)} - a_{j-1}X_{(n-i)1} \right) \\
&\equiv a_1 X_{(n-1)j} + \cdots + a_k X_{(n-k)j}.
\end{aligned}
$$

这个证明不依赖操作对 2 取模还是对任意素数取模.

17. (a) 当该序列终止时，$k-1$ 元组 $(X_{n+1},\ldots,X_{n+k-1})$ 第 $m+1$ 次出现. 一个给定的 $k-1$ 元组 $(X_{r+1},\ldots,X_{r+k-1})$ 只可能有 m 个不同的前驱 X_r，因此其中必然有一个对应 $r = 0$. (b) 由于 $(k-1)$ 元组 $(0,\ldots,0)$ 出现 $m+1$ 次，因此每个可能的前驱都出现，因而对于所有满足 $0 \le a_1 < m$ 的 a_1，k 元组 $(a_1,0,\ldots,0)$ 都出现. 令 $1 \le s < k$，并假设我们已经证明当 $a_s \ne 0$ 时，所有 k 元组 $(a_1,\ldots,a_s,0,\ldots,0)$ 都出现在该序列中. 由该构造，这个 k 元组不会出现在序列中，除非对于所有 $1 \le y < m$，$(a_1,\ldots,a_s,0,\ldots,0,y)$ 已经先出现. 因此，$k-1$ 元组 $(a_1,\ldots,a_s,0,\ldots,0)$ 已经出现了 m 次，并且所有 m 个可能的前驱都已经出现. 这意味对于 $0 \le a < m$，$(a,a_1,\ldots,a_s,0,\ldots,0)$ 出现. 由归纳法原理，证明完成.

使用习题 2.3.4.2-23 的有向图，根据定理 2.3.4.2D，也能得到这一结论. 从 $(x_1,\ldots,x_j,0,\ldots,0)$ 到 $(x_2,\ldots,x_j,0,0,\ldots,0)$ 的弧的集合（其中 $x_j \ne 0$ 并且 $1 \le j \le k$）形成与杜威十进制表示相关的定向子树.

18. 由习题 16，U_{n+1} 的最高有效位完全由 U_n 的第一位和第三位确定，因此 64 个可能的对偶 $(\lfloor 8U_n \rfloor, \lfloor 8U_{n+1} \rfloor)$ 只有 32 个出现. [注记：如果只使用 11 位二进制数 $U_n = (0.X_{11n}X_{11n+1}\ldots X_{11n+10})_2$，则对于许多应用而言，该序列是令人满意的. 如果 A 中出现另一个常数，具有更多为 1 的位，则广义谱检验可能指出它是否适宜使用. 见习题 3.3.4-24. 我们可以在 $t = 36, 37, 38, \ldots$ 维中考察 ν_t.]

20. 对于 $k = 64$，可以使用 CONTENTS(A) = $(243F6A8885A308D3)_{16}$（$\pi!$ 的二进制位）.

21. [*J. London Math. Soc.* **21** (1946), 169–172.] 在适当的位置插入一个 0，任何没有 k 个连续 0 的周期长度为 $m^k - 1$ 的序列，都可得到一个周期长度为 m^k 的序列，如习题 7 所示. 反之，我们可以从一个周期长度为 m^k 的序列开始，从周期的适当位置删除一个 0，形成一个满足前述条件的序列. 我们把这两种序列分别称为 A 类和 B 类的"(m,k) 序列". 这种假设确保对于所有的素数 p 和所有的 $k \ge 1$，A 类 (p,k) 序列存在. 因此，对于所有这样的 p 和 k，B 类 (p,k) 序列也都存在.

为了得到一个 B 类 (p^e, k) 序列，令 $e = qr$，其中 q 是 p 的幂，而 r 不是 p 的倍数. 从一个 A 类 (p, qrk) 序列 $X_0, X_1, X_2, \ldots$ 开始，使用 p 进制数系，分组的数字 $(X_0 \ldots X_{q-1})_p, (X_q \ldots X_{2q-1})_p, \ldots$ 形成一个 A 类 (p^q, rk) 序列，因为 q 与 $p^{qrk} - 1$ 互素，因而序列的周期长度为 $p^{qrk} - 1$. 由此可得一个 B 类 (p^q, rk) 序列 $\langle Y_n \rangle$. 根据类似的推理，$(Y_0 Y_1 \ldots Y_{r-1})_{p^q}, (Y_r Y_{r+1} \ldots Y_{2r-1})_{p^q}, \ldots$ 是一个 B 类 (p^{qr}, k) 序列，因为 r 与 p^{qk} 互素.

对于任意 m，为了得到 B 类 (m, k) 序列，我们可以使用中国剩余定理，对 m 的每个素数幂因子，组合 (p^e, k) 序列. 但是，还有更简单的方法可用. 令 $\langle X_n \rangle$ 是一个 B 类 (r, k) 序列，并令 $\langle Y_n \rangle$ 是一个 B 类 (s, k) 序列，其中 r 与 s 互素. 于是，由习题 13，$\langle (X_n + Y_n) \bmod rs \rangle$ 是一个 B 类 (rs, k) 序列.

一种对任意 k 产生 $(2, k)$ 序列的简单一致的构造已经被亚伯拉罕·伦佩尔发现 [*IEEE Trans.* **C-19** (1970), 1204–1209].

22. 由中国剩余定理，我们可以找到常数 $a_1, \ldots, a_k$，它们对 m 的每个素因子取模具有期望的余数. 如果 $m = p_1 p_2 \ldots p_t$，则周期长度为 $\mathrm{lcm}(p_1^k - 1, \ldots, p_t^k - 1)$. 事实上，对于任意 m（不一定是无平方因子的），我们都可以得到相当长的周期，正如习题 11 所示.

23. 减法可能比加法快，见习题 3.2.1.1–5. 由习题 30，周期长度仍然为 $2^{e-1}(2^{55} - 1)$. 布伦特指出，这些计算可以在 $[0..1)$ 中的浮点数上精确地进行，见习题 3.6–11.

24. 逆向处理该序列. 换言之，如果 $Z_n = Y_{-n}$，则我们有 $Z_n = (Z_{n-k+l} - Z_{n-k}) \bmod 2 = (Z_{n-k+l} + Z_{n-k}) \bmod 2$.

25. 这种想法节省了大量子程序调用开销. 例如，假设程序 A 被 `JMP RANDM` 调用，其中，

```
RANDM STJ   1F
      LDA   Y,6      ⎫
       ⋮             ⎬ 程序 A
      ENT6  55       ⎭
1H    JMP   *
```

那么，每个随机数的开销为 $14 + \frac{2}{55}$. 但是，假设我们使用子程序

```
RNGEN STJ   1F          ENT6  31
      ENT6  24          LDA   Y,6
      LDA   Y+31,6      ADD   Y+24,6
      ADD   Y,6        STA   Y,6
      STA   Y+31,6     DEC6  1
      DEC6  1          J6P   *-4
      J6P   *-4        ENT6  55
                   1H  JMP   *
```

通过指令 `DEC6 1; J6Z RNGEN; LDA Y,6` 来生成随机数，则开销为 $(12 + \frac{6}{55})u$ 个单位时间. [用C语言表达的类似实现，见《斯坦福图形库》(*The Stanford GraphBase*, New York: ACM Press, 1994), GB_FLIP.] 确实，许多应用都希望一次不止生成一个随机数，而是生成一个数组. 此外，当我们使用吕舍尔方法增强随机性时，后一种方法实质上是必须的，见 3.6 节的 C 和 FORTRAN 子程序.

27. 令 $J_n = \lfloor k X_n / m \rfloor$. **引理.** 在 $(k^2 + 7k - 2)/2$ 个相继值

$$0^{k+2} \, 1 \, 0^{k+1} \, 2 \, 0^k \, \ldots \, (k-1) \, 0^3$$

出现在序列 $\langle J_n \rangle$ 中之后，对于 $0 \le j < k$，算法 B 将有 $V[j] < m/k$，并且还有 $Y < m/k$. 证明. 令 S_n 为在 X_n 产生之前得到 $V[j] < m/k$ 的位置 j 的集合，并令 j_n 为使得 $V[j_n] \leftarrow X_n$ 的下标. 如果 $j_n \notin S_n$ 并且 $J_n = 0$，则 $S_{n+1} = S_n \cup \{j_n\}$ 并且 $j_{n+1} > 0$；如果 $j_n \in S_n$ 并且 $J_n = 0$，则 $S_{n+1} = S_n$ 并且 $j_{n+1} = 0$. 因此，在 $k + 2$ 个相继的 0 之后，我们必然有 $0 \in S_n$ 并且 $j_{n+1} = 0$. 于是，在 "$1 \, 0^{k+1}$" 之后，我们必然有 $\{0, 1\} \subseteq S_n$ 并且 $j_{n+1} = 0$；在 "$2 \, 0^k$" 之后，我们必然有 $\{0, 1, 2\} \subseteq S_n$ 并且 $j_{n+1} = 0$；以此类推.

推论. 令 $l = (k^2 + 7k - 2)/2$. 如果 $\lambda \geq lk^l$, 则或者算法 B 产生长度为 λ 的周期, 或者序列 $\langle X_n \rangle$ 的分布很差. 证明. 任意给定长度为 l 的 J 的模式, 它不在长度为 λ 的随机序列中出现的概率小于 $(1 - k^{-l})^{\lambda/l} < \exp(-k^{-l}\lambda/l) \leq e^{-1}$, 因此所述模式应该出现. 在它出现之后, 算法 B 每次到达周期的该部分时, 行为都相同. (当 $k > 4$ 时, 我们要求 $\lambda > 10^{21}$, 因此这一结果是纯理论性的. 但是, 较小的界是可能的.)

29. 下面的算法在最坏情况下大约执行 k^2 次操作, 但是它的平均运行时间快得多, 或许为 $O(\log k)$, 甚至为 $O(1)$.

X1. 置 $(a_0, a_1, \ldots, a_k) \leftarrow (x_1, \ldots, x_k, m-1)$.

X2. 置 i 为 $a_i > 0$ 并且 $i > 0$ 的最小整数. 对于 $j = i+1, \ldots, k$, 当 $a_k > 0$ 时执行子程序 Y.

X3. 如果 $a_0 > a_k$, 则 $f(x_1, \ldots, x_k) = a_0$; 否则, 如果 $a_0 > 0$, 则 $f(x_1, \ldots, x_k) = a_0 - 1$, 否则 $f(x_1, \ldots, x_k) = a_k$. ∎

Y1. 置 $l \leftarrow 0$. (Y1-Y3 的子程序实质上是检验字典序关系 $(a_i, \ldots, a_{i+k-1}) \geq (a_j, \ldots, a_{j+k-1})$, 必要时减小 a_k 使该不等式成立. 我们假定 $a_{k+1} = a_1$, $a_{k+2} = a_2$, 等等.)

Y2. 如果 $a_{i+l} > a_{j+l}$, 则退出该子程序. 否则, 如果 $j + l = k$, 则置 $a_k \leftarrow a_{i+l}$. 否则, 如果 $a_{i+l} = a_{j+l}$, 则转到 Y3. 否则, 如果 $j + l > k$, 则 a_k 减 1 并退出子程序. 否则, 置 $a_k \leftarrow 0$ 并退出.

Y3. l 增值 1, 并且如果 $l < k$, 则返回 Y2. ∎

当 $m = 2$ 时, 该问题首先被哈罗德 · 弗雷德里克森解决 [*J. Combinatorial Theory* **9** (1970), 1–5; **A12** (1972), 153–154]. 在那种特殊情况下, 该算法更简单, 可以用 k 个二进制位的寄存器实现. 又见弗雷德里克森和詹姆斯 · 马约拉纳, *Discrete Math.* **23** (1978), 207–210, 他们实质上发现了算法 7.2.1.1F.

30. (a) 由习题 11, 只要证明周期长度模 8 等于 $4(2^k-1)$ 就足够了; 这为真当且仅当 $x^{2(2^k-1)} \not\equiv 1$ (modulo 8 and $f(x)$), 而后者成立当且仅当 $x^{2^k-1} \not\equiv 1$ (modulo 4 and $f(x)$). 记 $f(x) = f_e(x^2) + x f_o(x^2)$, 其中 $f_e(x^2) = \frac{1}{2}(f(x) + f(-x))$. 于是, $f(x)^2 + f(-x)^2 \equiv 2f(x^2)$ (modulo 8), 当且仅当 $f_e(x)^2 + x f_o(x)^2 \equiv f(x)$ (modulo 4); 后者成立当且仅当 $f_e(x)^2 \equiv -x f_o(x)^2$ (modulo 4 and $f(x)$), 因为 $f_e(x)^2 + x f_o(x)^2 \equiv f(x) + O(x^{k-1})$. 此外, 对 2 和 $f(x)$ 取模, 我们有 $f_e(x)^2 \equiv f_e(x^2) \equiv x f_o(x^2) \equiv x^{2^k} f_o(x)^2$, 因此 $f_e(x) \equiv x^{2^{k-1}} f_o(x)$. 因此, $f_e(x)^2 \equiv x^{2^k} f_o(x)^2$ (modulo 4 and $f(x)$), 并由此得到提示. 类似的推理证明 $x^{2^k} \equiv x$ (modulo 4 and $f(x)$), 当且仅当 $f(x)^2 + f(-x)^2 \equiv 2(-1)^k f(-x^2)$ (modulo 8).

(b) 该条件仅当 l 为奇数并且 $k = 2l$ 时成立. 但是, 仅当 $k = 2$ 时, $f(x)$ 才是模 2 本原的. [*Math. Comp.* **63** (1994), 389–401.]

31. 由定理 3.2.1.2C, 存在 Y_n 和 Z_n, 使得 $X_n \equiv (-1)^{Y_n} 3^{Z_n} \bmod 2^e$. 因此 $Y_n = (Y_{n-24} + Y_{n-55}) \bmod 2$, $Z_n = (Z_{n-24} + Z_{n-55}) \bmod 2^{e-2}$. 由于 Z_k 为奇数当且仅当 $X_k \bmod 8 = 3$ 或 5, 因此由上一题, 周期长度为 $2^{e-3}(2^{55} - 1)$.

32. 我们可以暂时忽略 $\bmod m$, 把它放到后面处理. 生成函数 $g(z) = \sum_n X_n z^n$ 是 $1/(1 - z^{24} - z^{55})$ 的多项式倍, 因此 $\sum_n X_{2n} z^{2n} = \frac{1}{2}(g(z) + g(-z))$ 是可以被 $(1 - z^{24} - z^{55})(1 - z^{24} + z^{55}) = 1 - 2z^{24} + z^{48} - z^{110}$ 整除的多项式. 因此, 第一个期望的递推式为 $X_{2n} = (2X_{2(n-12)} - X_{2(n-24)} + X_{2(n-55)}) \bmod m$. 同理, $\sum_n X_{3n} z^{3n} = \frac{1}{3}(g(z) + g(\omega z) + g(\omega^2 z))$, 其中 $\omega = e^{2\pi i/3}$, 由此推出 $X_{3n} = (3X_{3(n-8)} - 3X_{3(n-16)} + X_{3(n-24)} + X_{3(n-55)}) \bmod m$.

33. (a) 对 t 归纳, $g_{n+t}(z) \equiv z^t g_n(z)$ (modulo m and $1 + z^{31} - z^{55}$). (b) 由于 $z^{500} \bmod (1 + z^{31} - z^{55}) = 792z^2 + z^5 + 17z^6 + 715z^9 + 36z^{12} + z^{13} + 364z^{16} + 210z^{19} + 105z^{23} + 462z^{26} + 16z^{30} + 1287z^{33} + 9z^{36} + 18z^{37} + 1001z^{40} + 120z^{43} + z^{44} + 455z^{47} + 462z^{50} + 120z^{54}$ (见算法 4.6.1D), 我们有 $X_{500} = (792X_2 + X_5 + \cdots + 120X_{54}) \bmod m$.

[把类似的公式 $X_{165} = (X_0 + 3X_7 + X_{14} + 3X_{31} + 4X_{38} + X_{45}) \bmod m$ 与前一题中较稀疏的 $\langle X_{3n} \rangle$ 递推式加以比较是有意义的. 产生 165 个数, 仅使用前 55 个数的吕舍尔方法显然优于产生 165 个数并使用 $X_3, X_6, \ldots, X_{165}$.]

34. 令 $q_0 = 0$, $q_1 = 1$, $q_{n+1} = cq_n + aq_{n-1}$. 于是, 我们有 $\left(\begin{smallmatrix} 0 & 1 \\ a & c \end{smallmatrix}\right)^n = \left(\begin{smallmatrix} aq_{n-1} & q_n \\ aq_n & q_{n+1} \end{smallmatrix}\right)$, $X_n = (q_{n+1}X_0 + aq_n)/(q_n X_0 + aq_{n-1})$, 并且对于 $n \geq 1$, $x^n \bmod f(x) \equiv q_n x + aq_{n-1}$. 因此, 如果 $X_0 = 0$, 则当且仅当 $x^n \bmod f(x)$ 为非零常数时, 我们有 $X_n = 0$.

35. 条件 (i) 和 (ii) 蕴涵 $f(x)$ 是不可约的. 因为, 如果 $f(x) = (x - r_1)(x - r_2)$ 并且 $r_1 r_2 \neq 0$, 则如果 $r_1 \neq r_2$ 就有 $x^{p-1} \equiv 1$, 如果 $r_1 = r_2$ 就有 $x^p \equiv r_1$.

令 ξ 是包含 p^2 个元素的域的原根, 并假设 $\xi^{2k} = c_k \xi^k + a_k$. 我们寻找的二次多项式恰为多项式 $f_k(x) = x^2 - c_k x - a_k$, 其中 $1 \leq k < p^2 - 1$ 并且 $k \perp p + 1$. (见习题 4.6.2–16.) 这里, 每个多项式都对应于 k 的两个值, 因此解的个数为 $\frac{1}{2}(p^2 - 1) \prod_{q \backslash p+1,\, q \text{ prime}} (1 - 1/q)$.

36. 在这种情况下, X_n 总为奇数, 因此 X_n^{-1} 模 2^e 存在. 习题 34 答案中定义的序列 $\langle q_n \rangle$ 模 4 为 0, 1, 2, 1, 0, 1, 2, 1, ... 我们还有 $q_{2n} = q_n(q_{n+1} + aq_{n-1})$ 并且 $q_{2n-1} = aq_{n-1}^2 + q_n^2$, 因而 $q_{2n+1} - aq_{2n-1} = (q_{n+1} - aq_{n-1})(q_{n+1} + aq_{n+1})$. 由于当 n 为偶数时, $q_{n+1} + aq_{n+1} \equiv 2 \pmod 4$, 因此我们推出, 对于所有的 $e \geq 0$, q_{2^e} 是 2^e 的奇数倍, 并且 $q_{2^e+1} - aq_{2^e-1}$ 是 2^{e+1} 的奇数倍. 因此

$$q_{2^e} + aq_{2^e-1} \equiv q_{2^e+1} + aq_{2^e} + 2^{e+1} \pmod{2^{e+2}}.$$

并且 $X_{2^e-2} \equiv (q_{2^e-2+1} + aq_{2^e-2})/(q_{2^e-2} + aq_{2^e-2-1}) \not\equiv 1 \pmod{2^e}$, 而 $X_{2^e-1} \equiv 1$. 反之, 我们需要 $a \bmod 4 = 1$, $c \bmod 4 = 2$; 否则 $X_{2n} \equiv 1 \pmod 8$. [艾歇瑙尔-赫尔曼、莱恩和阿莱夫·托普兹奥卢, *Math. Comp.* **51** (1988), 757–759.] 该序列的低阶位具有较短的周期, 因此使用素数模的反演生成器更可取.

37. 我们可以假定 $b_1 = 0$. 由习题 34, V 中的一个典型向量是

$$(x, (s_2' x + as_2)/(s_2 x + as_2''), \ldots, (s_d' x + as_d)/(s_d x + as_d'')),$$

其中 $s_j = q_{b_j}$, $s_j' = q_{b_j+1}$, $s_j'' = q_{b_j-1}$. 这个向量属于超平面 H 当且仅当

$$r_1 x + \frac{r_2 t_2}{x + u_2} + \cdots + \frac{r_d t_d}{x + u_d} \equiv r_0 - r_2 s_2' s_2^{-1} - \cdots - r_d s_d' s_d^{-1} \pmod p,$$

其中 $t_j = a - as_j' s_j'' s_j^{-2} = -(-a)^{b_j} s_j^{-2}$, $u_j = as_j'' s_j^{-1}$. 但是, 这个关系等价于次数 $\leq d$ 的多项式同余式; 因此, 它不可能对 $d+1$ 个 x 值成立, 除非它对所有的 x 成立, 包括 $x = u_2, \ldots, x = u_d$. 因此, $r_2 = \cdots = r_d \equiv 0$, 并且 $r_1 \equiv 0$. [见艾歇瑙尔-赫尔曼, *Math. Comp.* **56** (1991), 297–301.]

注记: 如果我们考虑具有行 $\{(1, v_1, \ldots, v_d) \mid (v_1, \ldots, v_d) \in V\}$ 的 $(p+1-d) \times (d+1)$ 矩阵 M, 则本题等价于断言 M 的任意 $d+1$ 行是模 p 线性无关的. 对于 $p \approx 1000$, $0 \leq n \leq p$, 绘出点 (X_n, X_{n+1}) 是有意义的——你会发现, 轨迹是圆形, 而不是直线.

3.3.1 节

1. 有 $k = 11$ 个范畴, 因此应该使用 $\nu = 10$.

2. $\frac{2}{49}, \frac{3}{49}, \frac{4}{49}, \frac{5}{49}, \frac{6}{49}, \frac{9}{49}, \frac{6}{49}, \frac{5}{49}, \frac{4}{49}, \frac{3}{49}, \frac{2}{49}$.

3. $V = 7\frac{173}{240}$, 只比由好骰子得到的值稍微高一点! 未检测出问题的原因有两个: (a) 新概率 (见习题 2) 实际上与式 (1) 中的旧值差别不大. 两个骰子之和往往使这些概率值更加平滑. 如果我们代之以统计 36 种值对的话, 则也许能够快速检测出差别 (假定两个骰子是可区分的). (b) 更重要的原因是, n 太小, 不容易检测出明显的差别. 如果对足够大的 n 做相同的实验, 则有问题的骰子将被发现 (见习题 12).

4. 对于 $2 \leq s \leq 12$ 并且 $s \neq 7$, 有 $p_s = \frac{1}{12}$; 此外 $p_7 = \frac{1}{6}$. V 的值为 $16\frac{1}{2}$, 它落在表 1 的 75% 和 95% 表项之间, 因此它是合理的, 尽管实际没有太多的 7 出现.

5. $K_{20}^+ = 1.15$, $K_{20}^- = 0.215$. 这些值与随机行为并无显著不同 (在大约 94% 和 86% 水平), 但是它们非常接近. (本题数据值来自附录 A 表 1.)

6. $X_j \le x$ 的概率为 $F(x)$,因此我们有 1.2.10 节讨论的二项式分布: $F_n(x) = s/n$ 的概率为 $\binom{n}{s} F(x)^s (1 - F(x))^{n-s}$,均值为 $F(x)$,标准差为 $\sqrt{F(x)(1 - F(x))/n}$.〔见式 1.2.10–(19). 这表明,可以定义稍好一点的统计量

$$K_n^+ = \sqrt{n} \max_{-\infty < x < \infty} (F_n(x) - F(x))/\sqrt{F(x)(1 - F(x))},$$

见习题 22. 对于 $x < y$,我们可以计算 $F_n(y) - F_n(x)$ 的均值和标准差,并得到 $F_n(x)$ 和 $F_n(y)$ 的协方差. 使用这些事实,可以证明对于大的 n 值,函数 $F_n(x)$ 表现得像“布朗运动”,可以使用这方面的概率论方法研究它. 约瑟夫·杜布和门罗·汤斯凯就充分利用了这一点,见 *Annals Math. Stat.* **20** (1949),393–403 and **23** (1952),277–281,他们的方法被公认为研究 KS 检验最具有启发性的方法.〕

7. 在式 (13) 中,置 $j = n$,可知 K_n^+ 一定不为负,并且它最大可以取到 $\sqrt{n}$;类似地,置 $j = 1$,以便对 K_n^- 得出同样的结论.

8. 对 20 个观测计算新的 KS 统计量. 当计算该 KS 统计量时,K_{10}^+ 的分布用作 $F(x)$.

9. 这种想法是错误的,因为所有的观测必须是独立的. 在相同的数据上,统计量 K_n^+ 和 K_n^- 之间存在联系,因此每个检验应该分别评判.(一个值大往往导致另一个值小.)类似地,图 2 和图 5 中的项显示每个生成器的 15 种检验,并不显示 15 个独立的观测,因为 5 中最大检验并不独立于 4 中最大检验. 每行中的 3 个检验是独立的(因为它们是在序列的不同部分上进行的),但是每列中的 5 个检验有些相关. 其影响是 95% 概率水平等,可以用于单个检验,但是不能合法地用于相同数据上的一整组检验. 启示:在检验一个随机数生成器时,我们可以期望它“通过”多种检验的每一个,如频率检验、最大检验和游程检验;但是,由若干不同检验得到的数据数组不应该视为一个单元,因为这些检验本身可能不是独立的. K_n^+ 和 K_n^- 统计量应该看作两个分别的检验,一个好的随机数源将通过这两个检验.

10. 每个 Y_s 加倍,每个 np_s 也加倍,因此式 (6) 的分子变为原来的 4 倍,而分母只是加倍. 因此,新 V 值是旧 V 值的二倍.

11. 经验分布函数仍然相同. K_n^+ 和 K_n^- 的值都乘以 $\sqrt{2}$.

12. 令 $Z_s = (Y_s - nq_s)/\sqrt{nq_s}$. V 的值是 n 倍的

$$\sum_{s=1}^{k} (q_s - p_s + \sqrt{q_s/n} Z_s)^2 / p_s,$$

n 增加时,上式保持有界远离 0(因为 $Z_s n^{-1/4}$ 以概率 1 是有界的). 因此,V 的值将会增加到在 p_s 假定下完全不可能的值.

对于 KS 检验,令 $F(x)$ 为假设分布,$G(x)$ 为实际分布,而 $h = \max|G(x) - F(x)|$. 取 n 足够大,使得 $|F_n(x) - G(x)| > h/2$ 以很小的概率出现. 于是在假定分布 $F(x)$ 下,$|F_n(x) - F(x)|$ 将会高到完全不可能的值.

13.(符号“max”实际上应该用符号“sup”取代,因为它意指上确界. 然而,正文中使用“max”,旨在避免许多读者因不熟悉“sup”符号而困惑.)为方便起见,令 $X_0 = -\infty$,$X_{n+1} = +\infty$. 当 $X_j \le x < X_{j+1}$ 时,我们有 $F_n(x) = j/n$;因此,在此区间,$\max(F_n(x) - F(x)) = j/n - F(X_j)$,并且 $\max(F(x) - F_n(x)) = F(X_{j+1}) - j/n$. 随着 j 从 0 变化到 n,x 的所有实数值都被考虑到. 这证明

$$K_n^+ = \sqrt{n} \max_{0 \le j \le n} \left(\frac{j}{n} - F(X_j) \right),$$
$$K_n^- = \sqrt{n} \max_{1 \le j \le n+1} \left(F(X_j) - \frac{j-1}{n} \right).$$

这些等式等价于式 (13),因为最大值符号下的附加项是非正的,由习题 7 它们一定是冗余的.

14. 左边的对数简化为

$$-\sum_{s=1}^{k} Y_s \ln\left(1 + \frac{Z_s}{\sqrt{np_s}}\right) + \frac{1-k}{2} \ln(2\pi n) - \frac{1}{2}\sum_{s=1}^{k} \ln p_s - \frac{1}{2}\sum_{s=1}^{k} \ln\left(1 + \frac{Z_s}{\sqrt{np_s}}\right) + O\left(\frac{1}{n}\right),$$

展开 $\ln(1 + Z_s/\sqrt{np_s})$，并注意 $\sum_{s=1}^{k} Z_s \sqrt{np_s} = 0$，则这个量进一步简化为

$$-\frac{1}{2} \sum_{s=1}^{k} Z_s^2 + \frac{1-k}{2} \ln(2\pi n) - \frac{1}{2} \ln(p_1 \ldots p_k) + O\left(\frac{1}{\sqrt{n}}\right).$$

15. 通过以下步骤，对应的雅可比行列式容易计算：(i) 从行列式中提取因子 r^{n-1}，(ii) 按照 "$\cos\theta_1 - \sin\theta_1 \ 0 \ldots 0$" 行的余子式展开前一步得到的行列式（每个余子式行列式可以归纳地计算），(iii) 利用 $\sin^2\theta_1 + \cos^2\theta_1 = 1$.

16. $\int_0^{z\sqrt{2x}+y} \exp\left(-\frac{u^2}{2x} + \cdots\right) du = ye^{-z^2} + O\left(\frac{1}{\sqrt{x}}\right) + \int_0^{z\sqrt{2x}} \exp\left(-\frac{u^2}{2x} + \cdots\right) du.$

后一个积分为

$$\int_0^{z\sqrt{2x}} e^{-u^2/2x} du + \frac{1}{3x^2} \int_0^{z\sqrt{2x}} e^{-u^2/2x} u^3 du + O\left(\frac{1}{\sqrt{x}}\right).$$

综上，最终的结果为

$$\frac{\gamma(x+1, x+z\sqrt{2x}+y)}{\Gamma(x+1)} = \frac{1}{\sqrt{2\pi}} \int_{-\infty}^{z\sqrt{2}} e^{-u^2/2} du + \frac{e^{-z^2}}{\sqrt{2\pi x}}(y - \tfrac{2}{3} - \tfrac{2}{3}z^2) + O\left(\frac{1}{x}\right).$$

如果置 $z\sqrt{2} = x_p$ 并且记

$$\frac{1}{\sqrt{2\pi}} \int_{-\infty}^{z\sqrt{2}} e^{-u^2/2} du = p, \qquad x+1 = \frac{\nu}{2}, \qquad \gamma\left(\frac{\nu}{2}, \frac{t}{2}\right) \Big/ \Gamma\left(\frac{\nu}{2}\right) = p,$$

其中 $t/2 = x + z\sqrt{2x} + y$，则可以求解 y，得到 $y = \frac{2}{3}(1 + z^2) + O(1/\sqrt{x})$，与上面的分析一致．因此，解为 $t = \nu + 2\sqrt{\nu}z + \frac{4}{3}z^2 - \frac{2}{3} + O(1/\sqrt{\nu})$.

17. (a) 代换变量，$x_j \leftarrow x_j + t$.

(b) 对 n 归纳．由定义，$P_{n0}(x - t) = \int_n^x P_{(n-1)0}(x_n - t) \, dx_n$

(c) 左端为

$$\int_n^{x+t} dx_n \ldots \int_{k+1}^{x_{k+2}} dx_{k+1} \quad 乘以 \quad \int_t^k dx_k \int_t^{x_k} dx_{k-1} \ldots \int_t^{x_2} dx_1.$$

(d) 由 (b) 和 (c)，我们有 $P_{nk}(x) = \sum_{r=0}^{k} \frac{(r-t)^r}{r!} \frac{(x+t-r)^{n-r-1}}{(n-r)!}(x+t-n)$. 式 (24) 的分子为 $P_{n\lfloor t\rfloor}(n)$.

18. 如正文式 (24) 的推导所述，我们可以假定对于 $0 \le x \le 1$，$F(x) = x$．如果 $0 \le X_1 \le \cdots \le X_n \le 1$，则令 $Z_j = 1 - X_{n+1-j}$．我们有 $0 \le Z_1 \le \cdots \le Z_n \le 1$，并且对 $X_1, \ldots, X_n$ 计算的 K_n^+ 等于对 $Z_1, \ldots, Z_n$ 计算的 K_n^-．根据这个对称关系，K_n^+ 和 K_n^- 落入给定区间的集合是等体积的，且具有一一对应．

20. 例如，项 $O(1/n)$ 是 $-(\frac{4}{9}s^4 - \frac{2}{3}s^2)/n + O(n^{-3/2})$．昂德里克·劳威尔得到了完全展开式．[*Zeitschrift für Wahrscheinlichkeitstheorie und verwandte Gebiete* **2** (1963), 61–68.]

23. 设 m 为 $\ge n$ 的任意数．(a) 如果 $\lfloor mF(X_i)\rfloor = \lfloor mF(X_j)\rfloor$ 并且 $i > j$，则 $i/n - F(X_i) > j/n - F(X_j)$．(b) 以 $a_k = 1.0$，$b_k = 0.0$，$c_k = 0$ $(0 \le k < m)$ 开始．然后，对每个观测 X_j 执行如下操作：置 $Y \leftarrow F(X_j)$，$k \leftarrow \lfloor mY \rfloor$，$a_k \leftarrow \min(a_k, Y)$，$b_k \leftarrow \max(b_k, Y)$，$c_k \leftarrow c_k + 1$．（假定 $F(X_j) < 1$，使得 $k < m$．）然后，置 $j \leftarrow 0$，$r^+ \leftarrow r^- \leftarrow 0$，并且对于 $k = 0, 1, \ldots, m-1$（按此次序），当 $c_k > 0$ 时执行如下操作：置 $r^- \leftarrow \max(r^-, a_k - j/n)$，$j \leftarrow j + c_k$，$r^+ \leftarrow \max(r^+, j/n - b_k)$．最后，置 $K_n^+ \leftarrow \sqrt{n}\, r^+$，$K_n^- \leftarrow \sqrt{n}\, r^-$．所需时间为 $O(m + n)$，而 n 的准确值不必预先知道．（如果 a_k 和 b_k 使用估计值 $(k + \frac{1}{2})/m$，只对每个 k 实际计算 c_k 的值，则即便 $m < n$，我们也可以得到 K_n^+ 和 K_n^- 的估计值，误差在 $\frac{1}{2}\sqrt{n}/m$ 之内．）[*ACM Trans. Math. Software* **3** (1977), 60–64.]

25. (a) 由于 $c_{ij} = \mathrm{E}(\sum_{k=1}^{n} a_{ik} X_k \sum_{l=1}^{n} a_{jl} X_l) = \sum_{k=1}^{n} a_{ik} a_{jk}$，我们有 $C = AA^T$.

(b) 考虑奇异值分解 $A = UDV^T$，其中 U 和 V 是正交的 $m \times m$ 和 $n \times n$ 矩阵，D 是 $m \times n$ 矩阵，其元素为 $d_{ij} = [i = j]\sigma_j$；奇异值 σ_j 均为正. [例如，见赫内·戈吕布和查尔斯·范劳恩的《矩阵计算》(*Matrix Computations*) (1996)，§2.5.3.] 如果 $C\bar{C}C = C$，则我们有 $SBS = S$，其中 $S = DD^T$，$B = U^T\bar{C}U$. 因此，$s_{ij} = [i = j]\sigma_i^2$，其中令 $\sigma_{n+1} = \cdots = \sigma_m = 0$，$s_{ij} = \sum_{k,l} s_{ik} b_{kl} s_{lj} = \sigma_i^2 \sigma_j^2 b_{ij}$. 因此，如果 $i, j \le n$，则 $b_{ij} = [i = j]/\sigma_j^2$，并推出 $D^T BD$ 是 $n \times n$ 单位矩阵. 令 $Y = (Y_1 - \mu_1, \ldots, Y_m - \mu_m)^T$，$X = (X_1, \ldots, X_n)^T$；由此，$W = Y^T\bar{C}Y = X^T A^T \bar{C} AX = X^T VD^T BDV^T X = X^T X$.

3.3.2 节

1. 卡方检验的观测必须是独立的. 在第二个序列中，相继的观测明显是相关的，因为一个二元组的第二个分量等于下一个二元组的第一个分量.

2. 对于 $0 \le j < n$，形成 t 元组 $(Y_{jt}, \ldots, Y_{jt+t-1})$，并统计它们之中分别有多少个等于每个可能的取值. 以 $k = d^t$，每个范畴的概率为 $1/d^t$，运用卡方检验. 观测数 n 至少应当为 $5d^t$.

3. 首先计算恰好考察 j 值的概率，即 U_{j-1} 为落入区间 $\alpha \le U_{j-1} < \beta$ 的第 n 个元素的概率. 枚举前面 $n - 1$ 个这样的元素可能出现的位置，计算具有这样的模式的概率，容易看出所求概率为

$$\binom{j-1}{n-1} p^n (1-p)^{j-n},$$

生成函数为 $G(z) = (pz/(1-(1-p)z))^n$，这是有意义的，因为给定的分布是 $n = 1$ 的相同事物的 n 折卷积. 因此，均值和方差正比于 n. 容易看出，要考察的诸 U 的个数具有特征（最小值 n，平均值 n/p，最大值 ∞，标准差 $\sqrt{n(1-p)}/p$）. 当 $n = 1$ 时，这种概率分布的更详细的讨论见习题 3.4.1–17 的答案；又见习题 2.3.4.2–26 的更一般结果.

4. 间隔长度大于或等于 r 的概率是 r 个相继的 U 落在给定区间之外的概率，即 $(1-p)^r$. 间隙长度恰为 r 的概率是长度大于或等于 r 的概率减去长度大于或等于 $(r+1)$ 的概率.

5. 随着 N 趋于无穷大，n 也（以概率 1）趋于无穷大，因此除最后一个间隔长度外，这种检验与正文中介绍的间隔检验完全一样. 正文中的间隔检验肯定逼近卡方分布，因为每个间隔的长度都独立于其他间隔的长度. [注记：伊芙·博芬格和维克多·博芬格给出了一个相当复杂的证明，见 *Annals Math. Stat.* **32** (1961), 524–534. 这篇论文值得关注，因为该文讨论了间隔检验的一些有趣的变形. 例如，他们证明，量

$$\sum_{0 \le r \le t} \frac{(Y_r - (Np)p_r)^2}{(Np)p_r}$$

并不趋向于卡方分布，尽管由于 Np 是 n 的期望值，此前有人建议用这个统计量作为"更强的"检验.]

7. 5, 3, 5, 6, 5, 5, 4.

8. 见习题 10，取 $w = d$.

9. （把步骤 C1 和 C4 中的 d 改变为 w. ）我们有

$$p_r = \frac{d(d-1)\ldots(d-w+1)}{d^r} \left\{ \begin{matrix} r-1 \\ w-1 \end{matrix} \right\}, \qquad w \le r < t;$$

$$p_t = 1 - \frac{d!}{d^{t-1}} \left(\frac{1}{0!} \left\{ \begin{matrix} t-1 \\ d \end{matrix} \right\} + \cdots + \frac{1}{(d-w)!} \left\{ \begin{matrix} t-1 \\ w \end{matrix} \right\} \right).$$

10. 像习题 3 一样，我们实际上只需要考虑 $n = 1$ 的情况. 由上一题和式 1.2.9–(28)，优惠券集合长度为 r 的概率的生成函数为

$$G(z) = \frac{d!}{(d-w)!} \sum_{r>0} \left\{ \begin{matrix} r-1 \\ w-1 \end{matrix} \right\} \left(\frac{z}{d} \right)^r = z^w \left(\frac{d-1}{d-z} \right) \cdots \left(\frac{d-w+1}{d-(w-1)z} \right),$$

利用定理 1.2.10A 和习题 3.4.1–17，容易计算均值和方差. 我们得到

$$\operatorname{mean}(G) = w + \left(\frac{d}{d-1} - 1\right) + \cdots + \left(\frac{d}{d-w+1} - 1\right) = d(H_d - H_{d-w}) = \mu;$$

$$\operatorname{var}(G) = d^2(H_d^{(2)} - H_{d-w}^{(2)}) - d(H_d - H_{d-w}) = \sigma^2.$$

由于优惠券集的搜索重复 n 次，因而被考察的 U 的数目具有特征（最小值 wn，平均值 μn，最大值 ∞，标准差 $\sigma\sqrt{n}$）.

11. $\big|1\big|2\big|9\ 8\ 5\ 3\big|6\big|7\ 0\big|4\big|$.

12. 算法 R (游程检验的数据).

R1. [初始化.] 置 $j \leftarrow -1$，并置 COUNT$[1] \leftarrow$ COUNT$[2] \leftarrow \cdots \leftarrow$ COUNT$[6] \leftarrow 0$. 还置 $U_n \leftarrow U_{n-1}$，以便终止算法.

R2. [置 r 为 0.] 置 $r \leftarrow 0$.

R3. [$U_j < U_{j+1}$?] r 和 j 增加 1. 如果 $U_j < U_{j+1}$，则重复此步骤.

R4. [记录长度.] 如果 $r \geq 6$，则 COUNT$[6]$ 增加 1，否则 COUNT$[r]$ 增加 1.

R5. [完成?] 如果 $j < n-1$，则返回 R2. ∎

13. 存在 $(p+q+1)\binom{p+q}{p}$ 种方法使得 $U_{i-1} \geq U_i < \cdots < U_{i+p-1} \geq U_{i+p} < \cdots < U_{i+p+q-1}$；减去其中 $\binom{p+q+1}{p+1}$ 种 $U_{i-1} < U_i$ 的方法，减去其中 $\binom{p+q+1}{1}$ 种 $U_{i+p-1} < U_{i+p}$ 的方法；然后加上 1 种 $U_{i-1} < U_i$ 和 $U_{i+p-1} < U_{i+p}$ 都成立的方法，因为这种情况被减去两次.（这是容斥原理的特殊情况，详细解释见 1.3.3 节.）

14. 假定诸 U 不同，长度为 r 的游程出现的概率为 $1/r! - 1/(r+1)!$. 因此，对于 $r < t$，我们用 $p_r = 1/r! - 1/(r+1)!$，而对于游程长度大于或等于 t，我们用 $p_t = 1/t!$.

15. 当 F 连续并且 X 具有分布 F 时，该假设对 $F(X)$ 必然成立，见式 3.3.1–(23) 下面的评述.

16. (a) $Z_{jt} = \max(Z_{j(t-1)}, Z_{(j+1)(t-1)})$. 因此，如果 $Z_{j(t-1)}$ 存放在内存中，则很容易把该数组转换成 Z_{jt} 的集合，无需附加内存. (b) 使用他的"改进"，V 的每个值应该确实具有所述分布，但是观测不再是独立的. 事实上，当 U_j 的值相对较大时，$Z_{jt}, Z_{(j-1)t}, \ldots, Z_{(j-t+1)t}$ 都将等于 U_j. 因此效果几乎相当于相同的数据重复 t 次（像习题 3.3.1–10 中那样，将 V 乘以 t）.

17. (b) 由比内等式，差为 $\sum_{0 \leq k < j < n}(U_k'V_j' - U_j'V_k')^2$，这一定非负. (c) 因此，如果 $D^2 = N^2$，则对于所有 j, k 对，一定有 $U_k'V_j' - U_j'V_k' = 0$. 这意味矩阵

$$\begin{pmatrix} U_0' & U_1' & \cdots & U_{n-1}' \\ V_0' & V_1' & \cdots & V_{n-1}' \end{pmatrix}$$

的秩小于 2，因此它的行是线性相关的.（使用如下事实可以给出更初等的证明：只要 U_0' 和 V_0' 不全为 0，$U_0'V_j' - U_j'V_0' = 0$，$1 \leq j < n$，蕴涵存在常量 α 和 β，使得对于所有的 j，$\alpha U_j' + \beta V_j' = 0$；如果不满足 U_0' 和 V_0' 不全为 0，重新适当编号，则可避免这种情形.）

18. (a) 分子为 $-(U_0 - U_1)^2$，分母为 $(U_0 - U_1)^2$. (b) 在这种情况下，分子为 $-(U_0^2 + U_1^2 + U_2^2 - U_0U_1 - U_1U_2 - U_2U_0)$，分母为 $2(U_0^2 + \cdots - U_2U_0)$. (c) 由习题 1.2.3–30 或 1.2.3–31，分母总是等于 $\sum_{0 \leq j < k < n}(U_j - U_k)^2$.

19. 事实上，只要 $U_0, \ldots, U_{n-1}$ 的联合分布是对称的（在排列下不变），则所述结果就成立. 令 $S_1 = U_0 + \cdots + U_{n-1}$，$S_2 = U_0^2 + \cdots + U_{n-1}^2$，$X = U_0U_1 + \cdots + U_{n-2}U_{n-1} + U_{n-1}U_0$，$D = nS_2 - S_1^2$. 又令 $\operatorname{E} f(U_0, \ldots, U_{n-1})$ 表示满足条件 $D \neq 0$ 的 $f(U_0, \ldots, U_{n-1})$ 的期望值. 由于 D 是对称函数，于是对于 $\{0, \ldots, n-1\}$ 的所有排列 p，我们有 $\operatorname{E} f(U_0, \ldots, U_{n-1}) = \operatorname{E} f(U_{p(0)}, \ldots, U_{p(n-1)})$. 因此，$\operatorname{E} S_2/D = n\operatorname{E} U_0^2/D$，$\operatorname{E} S_1^2/D = n(n-1)\operatorname{E}(U_0U_1/D) + n\operatorname{E} U_0^2/D$，并且 $\operatorname{E} X/D = n\operatorname{E}(U_0U_1/D)$. 由此得到，$1 = \operatorname{E}(nS_2 - S_1^2)/D = -(n-1)\operatorname{E}(nX - S_1^2)/D$.（严格地说，$\operatorname{E} S_2/D$ 和 $\operatorname{E} S_1^2/D$ 可能是无穷的，因此我们应该小心，只处理已知期望值存在的线性组合.）

20. 令 E_{1111}, E_{211}, E_{22}, E_{31}, E_4 分别表示值 $\mathrm{E}(U_0U_1U_2U_3/D^2)$, $\mathrm{E}(U_0^2U_1U_2/D^2)$, $\mathrm{E}(U_0^2U_1^2/D^2)$, $\mathrm{E}(U_0^3U_1/D^2)$, $\mathrm{E}(U_0^4/D^2)$. 于是, 我们有 $\mathrm{E}\,S_2^2/D^2 = n(n-1)E_{22} + nE_4$, $\mathrm{E}(S_2S_1^2/D^2) = n(n-1)(n-2)E_{211} + n(n-1)E_{22} + 2n(n-1)E_{31} + nE_4$, $\mathrm{E}\,S_1^4/D^2 = n(n-1)(n-2)(n-3)E_{1111} + 6n(n-1)(n-2)E_{211} + 3n(n-1)E_{22} + 4n(n-1)E_{31} + nE_4$, $\mathrm{E}\,X^2/D^2 = n(n-3)E_{1111} + 2nE_{211} + nE_{22}$, $\mathrm{E}(XS_1^2/D^2) = n(n-2)(n-3)E_{1111} + 5n(n-2)E_{211} + 2nE_{22} + 2nE_{31}$, $\mathrm{E}((U_0-U_1)^4/D^2) = 6E_{22} - 8E_{31} + 2E_4$, 由此得到第一个结果.

令 $\delta = \alpha((\ln n)/n)^{1/3}$, $M = \alpha^3/2 + 1/3$, $m = \lceil 1/\delta \rceil$. 如果把分布的区间划分成 m 个等可能的部分, 则使用尾部不等式 1.2.10—(24) 和 (25), 我们可以证明每部分包含的点数在 $n\delta(1-\delta)$ 和 $n\delta(1+\delta)$ 之间的概率大于或等于 $1 - O(n^{-M})$. 因此, 如果分布是均匀的, 则 D 至少以这一概率等于 $\frac{1}{12}n^2(1+O(\delta))$. 如果 D 不在这一区间, 则我们有 $0 \le (U_0-U_1)^4/D^2 \le 1$. 由于 $\mathrm{E}((U_0-U_1)^4) = \int_0^1\int_0^1 (x-y)^4\,dx\,dy = \frac{1}{15}$, 我们可以断言 $\mathrm{E}((U_0-U_1)^4/D^2) = \frac{48}{5}n^{-4}(1+O(\delta)) + O(n^{-M})$.

注记: 设 N 为式 (23) 的分母. 当所有的变量均为正态分布时, 威尔弗里德·狄克逊证明, $e^{(wN+zD)/n}$ 的期望值为

$$(1-2z-2w)^{1/2}\left(1-2z+\sqrt{(1-2z)^2-4w^2}\,\right)^{-n/2} + O(w^n).$$

先关于 w 求导, 再关于 z 积分, 他发现当 $n > 2k$ 时, 矩 $\mathrm{E}(N/D)^{2k-1} = (-\frac{1}{2})^{\overline{k}}/(n-\frac{1}{2})^{\overline{k}}$, $\mathrm{E}(N/D)^{2k} = (+\frac{1}{2})^{\overline{k}}/(n+\frac{1}{2})^{\overline{k}}$. 特殊地, 这时的方差恰为 $1/(n+1) - 1/(n-1)^2$. [*Annals of Math. Stat.* **15** (1944), 119–144.]

21. 在步骤 P2 中, $c_{r-1} = s-1$ 的相继值为 2, 3, 7, 6, 4, 2, 2, 1, 0; 因此 $f = 886862$.

22. $1024 = 6! + 2\cdot5! + 2\cdot4! + 2\cdot3! + 2\cdot2! + 0\cdot1!$, 因而我们希望 $s-1$ 在步骤 P2 中的相继值为 0, 0, 0, 1, 2, 2, 2, 2, 0; 逆向处理, 排列为 (9,6,5,2,3,4,0,1,7,8).

23. 令 $P'(x_1,\dots,x_t) = \frac{1}{\lambda'}\sum_{n=0}^{\lambda'-1}[(Y'_n,\dots,Y'_{n+t-1}) = (x_1,\dots,x_t)]$. 于是, 我们有

$$Q(x_1,\dots,x_t) = \sum_{(y_1,\dots,y_t)} P'(y_1,\dots,y_t)P((x_1-y_1)\bmod d,\dots,(x_t-y_t)\bmod d);$$

写成更紧凑的形式, $Q(x) = \sum_y P'(y)P(x-y)$. 因此, 使用一般的不等式 $(\mathrm{E}\,X)^2 \le \mathrm{E}\,X^2$, 我们有 $\sum_x(Q(x)-d^{-t})^2 = \sum_x(\sum_y P'(y)(P(x-y)-d^{-t}))^2 \le \sum_x\sum_y P'(y)(P(x-y)-d^{-t})^2 = \sum_y P'(y)\sum_x(P(x)-d^{-t})^2 = \sum_x(P(x)-d^{-t})^2$. [见马尔萨利亚, *Comp. Sci. and Statistics: Symp. on the Interface* **16** (1984), 5–6. 这一结果仅当 $d^t \le 2\lambda$ 时有意义, 因为每个 $P(x)$ 都是 $1/\lambda$ 的倍数.]

24. 记 $k:\alpha$ 和 $\alpha:k$ 分别为串 α 的前 k 个和后 k 个元素. 令 $K(\alpha,\beta) = [\alpha=\beta]/P(\alpha)$, $\bar{C}$ 为 $d^t \times d^t$ 矩阵, 其元素为 $\bar{c}_{\alpha\beta} = K(\alpha,\beta) - K(t-1:\alpha, t-1:\beta)$. 对于 $|\alpha| = t$, 令 C 为随机变量 $N(\alpha)$ 的协方差矩阵, 除以 n. 共有 d^{t-1} 个串 α. 对于每一个 α, 这些变量满足约束条件 $\sum_{a=0}^{d-1} N(\alpha a) = \sum_{a=0}^{d-1} N(a\alpha)$, 并且我们还有 $\sum_{|\alpha|=t} N(\alpha) = n$. 所有其他线性约束都可以从这些约束导出 (见定理 2.3.4.2G). 因此, C 的秩为 $d^t - d^{t-1}$, 而由习题 3.3.1—25, 我们只需要证明 $C\bar{C}C = C$ 即可.

不难验证 $c_{\alpha\beta} = P(\alpha\beta)\sum_{|k|<t} T_k(\alpha,\beta)$, 其中项 $T_k(\alpha,\beta)$ 对应于我们把 β 放到 α 上并向右滑动 k 个位置时可能出现的重叠:

$$T_k(\alpha,\beta) = \begin{cases} K(t+k:\alpha,\ \beta:t+k) - 1, & \text{如果 } k \le 0; \\ K(\alpha:t-k,\ t-k:\beta) - 1, & \text{如果 } k \ge 0. \end{cases}$$

例如, 如果 $d=2$, $t=5$, $\alpha = 01101$, $\beta = 10101$, 则我们有 $c_{\alpha\beta} = P(0)^4 P(1)^6(P(01)^{-1} + P(101)^{-1} + P(1)^{-1} - 9)$. 因此, $C\bar{C}C$ 的 $\alpha\beta$ 项为 $P(\alpha\beta)$ 乘以

$$\sum_{|\gamma|=t-1}\sum_{a,b=0}^{d-1} P(\gamma ab)\sum_{|k|<t}\sum_{|l|<t} T_k(\alpha,\gamma a)(K(a,b)-1)T_l(\gamma b,\beta).$$

给定 k 和 l, 乘积 $T_k(\alpha,\gamma a)(K(a,b)-1)T_l(\gamma b,\beta)$ 展开到 8 项, 每一项乘以 $P(\gamma ab)$ 并在所有的 γab 上求和时, 其和通常为 ±1. 例如, 当 $\alpha = a_1\dots a_t$, $\beta = b_1\dots b_t$, $\gamma = c_1\dots c_{t-1}$, 并且 $t \ge 5$ 时, $P(\gamma ab)K(2:\alpha,\gamma a:2)K(a,b)K(3:\gamma b,\beta:3)$ 的和是 $P(c_4\dots c_{t-2})$ 的和, 它等于 1. 如果 $t=4$, 则这个

和是 $K(a_1, b_4)$，但是它将与 $P(\gamma ab)K(2 : \alpha, \gamma a : 2)(-1)K(3 : \gamma b, \beta : 3)$ 的和相抵消. 因此，净结果为 0，除非 $k \leq 0 \leq l$；否则其结果为 $K(i : (\alpha : i-k), i : (\beta : i+l)) - K(i-1 : (\alpha : i-k), i-1 : (\beta : i+l))$，其中 $i = \min(t+k, t-l)$. k 和 l 上的和缩写为 $c_{\alpha\beta}$.

25. 事实上，经验检验表明，如果把式 (22) 推广到任意的 t，则当 $t \geq 5$ 时，C_1^{-1} 与 $C_1^{-1}C_2C_1^{-1}$ 的对应元素的比非常接近于 $-t$. 例如，当 $t = 6$ 时，它们都落在 -6.039 与 -6.111 之间；当 $t = 20$ 时，它们都落在 -20.039 与 -20.045 之间. 这种现象需要解释.

26. (a) 向量 $(S_1, \ldots, S_n)$ 是超平面 $S_1 + \cdots + S_n = 1$ 内由不等式 $S_1 \geq 0, \ldots, S_n \geq 0$ 定义的 $(n-1)$ 维多面体中均匀分布的点. 简单归纳，即可证明

$$\int_{s_1}^{\infty} dt_1 \int_{s_2}^{\infty} dt_2 \cdots \int_{s_{n-1}}^{\infty} dt_{n-1} [1 - t_1 - \cdots - t_{n-1} \geq s_n] = \frac{(1 - s_1 - s_2 - \cdots - s_n)_+^{n-1}}{(n-1)!}.$$

为了得到概率，用该积分在特殊情况 $s_1 = \cdots = s_n = 0$ 时的值除以该积分. [布鲁诺 · 德 · 菲内蒂，*Giornale Istituto Italiano degli Attuari* **27** (1964), 151–173.]

(b) $S_{(1)} \geq s$ 的概率是 $S_1 \geq s, \ldots, S_n \geq s$ 的概率.

(c) $S_{(k)} \geq s$ 的概率是最多有 $k-1$ 个 S_j 小于 s 的概率. 因此 $1 - F_k(s) = G_1(s) + \cdots + G_{k-1}(s)$，其中 $G_j(s)$ 是恰有 j 个间隔小于 s 的概率. 由对称性，$G_j(s)$ 是 $\binom{n}{j}$ 乘以 $S_1 < s, \ldots, S_j < s, S_{j+1} \geq s, \ldots, S_n \geq s$ 的概率，而后者为 $\Pr(S_1 < s, \ldots, S_{j-1} < s, S_j \geq 0, S_{j+1} \geq s, \ldots, S_n \geq s) - \Pr(S_1 < s, \ldots, S_{j-1} < s, S_j \geq s, \ldots, S_n \geq s)$. 反复利用 (a)，证明 $G_j(s) = \binom{n}{j} \sum_l \binom{j}{l}(-1)^{j-l}(1 - (n-l)s)_+^{n-1}$，因此

$$1 - F_k(s) = \sum_l \binom{n}{l}\binom{n-l-1}{k-l-1}(-1)^{k-l-1}(1 - (n-l)s)_+^{n-1}.$$

特殊地，最大间隔 $S_{(n)}$ 具有分布

$$F_n(s) = 1 - \sum_l \binom{n}{l}\binom{n-l-1}{n-l-1}(-1)^{n-l-1}(1 - (n-l)s)_+^{n-1} = \sum_l \binom{n}{l}(-1)^l(1 - ls)_+^{n-1}.$$

[顺便一提，类似的量 $x^{n-1}(n-1)!^{-1}F_n(x^{-1})$ 是均匀偏差之和 $U_1 + \cdots + U_n$ 的密度函数.]

(d) 由公式 $\mathrm{E}\,s^r = r\int_0^1 (1 - F(s))s^{r-1}\,ds$ 和 $\int_0^1 s^r(1 - ks)_+^{n-1}\,ds = k^{-r-1}n^{-1}\binom{n+r}{r}^{-1}$，我们发现 $\mathrm{E}\,S_{(k)} = n^{-1}(H_n - H_{n-k})$；使用一点代数运算，求得 $\mathrm{E}\,S_{(k)}^2 = n^{-1}(n+1)^{-1}(H_n^{(2)} - H_{n-k}^{(2)} + (H_n - H_{n-k})^2)$. 于是，$S_{(k)}$ 的方差等于 $n^{-1}(n+1)^{-1}(H_n^{(2)} - H_{n-k}^{(2)} - (H_n - H_{n-k})^2/n)$.

[$F_k(s)$ 的分布首先被威廉 · 惠特沃思发现，见 *DCC Exercises in Choice and Chance* (Cambridge, 1897)，习题 667. 惠特沃思还发现了一种优雅的方法，可以计算函数 $G_k(s) = F_k(s) - F_{k+1}(s)$ 中任意多项式的期望值，这一结果发表在题为 "分部的期望" 的小册子中 [*The Expectation of Parts* (Cambridge, 1898)]，并被编入《选择与机会》的第 5 版中 [*Choice and Chance* (1901)]. 关于均值和方差，以及各种更一般的间隔统计量，巴顿和戴维发现了它们的简化表达式 [*J. Royal Stat. Soc.* **B18** (1956), 79–94]. 统计学家把间隙作为数据偏倚的线索，这类传统分析方法的综述，见罗纳德 · 派克，*J. Royal Stat. Soc.* **B27** (1965), 395–449.]

27. 考虑由不等式 $S_1 \geq 0, \ldots, S_n \geq 0$ 定义的超平面 $S_1 + \cdots + S_n = 1$ 内的多面体. 这个多面体由 $n!$ 个由诸 S 的次序定义的全等子多面体组成（假定诸 S 互不相同），排序操作就是从大多面体到满足 $S_1 \leq \cdots \leq S_n$ 的子多面体的 $n!$ 到 1 折叠. $(S_{(1)}, \ldots, S_{(n)})$ 到 $(S_1', \ldots, S_n')$ 的变换是一一映射，把微分体积扩大了 $n!$ 倍. 它把子多面体的顶点 $(\frac{1}{n}, \ldots, \frac{1}{n})$，$(0, \frac{1}{n-1}, \ldots, \frac{1}{n-1})$，$\ldots$，$(0, \ldots, 0, 1)$ 分别映射到顶点 $(1, 0, \ldots, 0)$，$(0, 1, 0, \ldots, 0)$，$\ldots$，$(0, \ldots, 0, 1)$，在这一过程中线性地拉伸和扭曲总体形状.（子多面体中顶点 $(0, \ldots, 0, \frac{1}{j}, \ldots, \frac{1}{j})$ 与 $(0, \ldots, 0, \frac{1}{k}, \ldots, \frac{1}{k})$ 的欧氏距离为 $|j^{-1} - k^{-1}|^{1/2}$；该变换产生一个正则单形，其中所有的 n 个顶点都相距 $\sqrt{2}$.）

要想理解迭代间隔的行为，最简单的方式就是通过图解仔细观察当 $n = 3$ 时的细节. 在这种情况下，多面体其实就是一个等边三角形，它的点用重心坐标 (x, y, z) 表示，$x + y + z = 1$. 附图显示了该三角形的前两层递归分解. 6^2 个子三角形都用两个数字 pq 编码，其中 p 表示当 $(x, y, z) = (S_1, S_2, S_3)$ 排序为

$(S_{(1)}, S_{(2)}, S_{(3)})$ 时可用的排列, q 表示下一阶段 S'_1, S'_2, S'_3 排序时的排列, 编码规则如下:

0: $x<y<z$,   1: $x<z<y$,   2: $y<x<z$,

3: $y<z<x$,   4: $z<x<y$,   5: $z<y<x$.

例如, 子三角形 34 中的点有 $S_2 < S_3 < S_1$ 和 $S'_3 < S'_1 < S'_2$. 我们可以继续这一过程, 重复无穷多层, 因此, 具有无理数重心坐标的三角形的所有点获得唯一的 6 进制无穷展开表示. 四面体可以类似地划分成 24, 24^2, 24^3, ... 个子四面体. 一般地, 这一过程为任意 $(n-1)$ 维单形的点构造 $n!$ 进制展开.

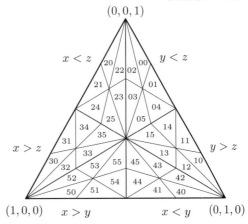

当 $n = 2$ 时, 该过程特别简单: 如果 $x \notin \{0, \frac{1}{2}, 1\}$, 则对应于 $x < y$ 或 $x > y$, 变换把间隔 $(x, 1-x) = (x, y)$ 变换到 $(2x \bmod 1, 2y \bmod 1)$ 或 $(2y \bmod 1, 2x \bmod 1)$. 因此, 重复检验本质上是将二进制表示左移一位, 可能对结果取补. 在 e 位数上最多 $e+1$ 次迭代之后, 该过程必然收敛于不动点 $(0, 1)$. $n = 2$ 时排列编码简单地对应于折叠和拉伸一条直线; 子划分的前 4 层具有如下 4 位编码:

(0,1) |———| (1,0)
        0000 0001 0011 0010 0110 0111 0101 0100 1100 1101 1111 1110 1010 1011 1001 1000

这个序列恰为 7.2.1 节研究的二进制格雷码. 一般地, n 单形的 $n!$ 进制排列编码具有如下性质: 相邻的区域除一个数字位置外, 具有相同的编码. 间隔变换每迭代一次, 就移去各个点的表示的最左数字. 注意, 相等的生日间隔是靠近第一层分解边界的点.

由 $(S_1, \ldots, S_n)$ 到 $(S'_1, \ldots, S'_n)$ 的基本变换隐含在惠特沃思对《选择与机会》(*Choice and Chance*) 第 5 版命题 LVI 的证明中 (见答案 26 引用文献). 首先明确研究它的人是杜宾 [*Biometrika* **48** (1961), 41–55], 其灵感来自彭杜朗格·苏哈特米的类似构造 [*Annals of Eugenics* **8** (1937), 52–56]. 迭代间隔的排列编码由亨利·丹尼尔斯发明 [*Biometrika* **49** (1962), 139–149].

28. (a) 由习题 5.1.1–16, 把 m 划分成 n 个不同的正部分的划分数为 $p_n(m - \binom{n+1}{2})$. 这些划分可以用 $n!$ 种方法排列, 产生的 n 元组 $(y_1, \ldots, y_n)$ 满足 $0 = y_1 < y_2 < \cdots < y_n < m$, 并且每个 n 元组可推出 $(n-1)!$ 个满足 $y_1 = 0$ 且 $0 < y_2, \ldots, y_n < m$ 的 n 元组. 现在, 对每个 y_j 加上一个常量模 m, 这保持间隔. 因此, $b_{n00}(m) = mn!(n-1)! \, p_n(m - \binom{n+1}{2})$.

(b) 零间隔对应于落入相同瓮的球, 它们对相等间隔计数贡献 $s-1$. 因此, $b_{nrs}(m) = \left\{ {n \atop n-s} \right\} b_{(n-s)(r+1-s)0}(m)$.

(c) 由于 $\left\{ {n \atop n-1} \right\} = \binom{n}{2}$, 因此该概率为

$$n!(n-1)! m^{1-n} \left(p_n\left(m - \binom{n+1}{2}\right) - \frac{1}{2} p_{n-1}\left(m - \binom{n}{2}\right) \right).$$

29. 由上一题的答案和习题 5.1.1–15, 我们有 $b_{n0}(z) = n!(n-1)! \, z^{\binom{n+1}{2}}/(1-z)\ldots(1-z^n)$. 当 $r = 1$ 时, 前面推导中的 $n!$ 变成 $n!/2$, 满足 $s_1 + \cdots + s_n = m$ 和 $0 < s_1 < \cdots < s_k \le s_{k+1} < \cdots < s_n$ 的解的个数等于满足 $(s_1 - 1) + \cdots + (s_k - k) + (s_{k+1} - k) + \cdots + (s_n - n + 1) = m - \binom{n}{2} - k$ 和 $0 \le s_1 - 1 \le \cdots \le s_k - k \le s_{k+1} - k \le \cdots \le s_n - n + 1$ 的解的个数. 因此, $b_{n1}(z) = \frac{1}{2} n!(n-1)! \sum_{k=1}^{n} (z^k - z^n) z^{\binom{n}{2}}/(1-z)\ldots(1-z^n)$. 类似的推导表明

$$\frac{b_{n2}(z)}{n!(n-1)!} = \left(\frac{1}{2!\,2!} \sum_{1 \le j < k < n} (z^j - z^n)(z^k - z^{n-1}) + \frac{1}{3!} \sum_{1 \le k < n} (z^k - z^n)(z^k - z^{n-1}) \right)$$

$$\times \frac{z^{\binom{n-1}{2}}}{(1-z)\ldots(1-z^n)}.$$

对于一般的 r, 我们可以由下面的公式得到 $b_{nr}(z)$:

$$\sum_r \frac{b_{nr}(z)w^r}{n!\,(n-1)!\,z^n} = \sum_{0 \le b_1,\dots,b_{n-1} \le 1} \frac{(z-b_1 z^n)\dots(z^{n-1}-b_{n-1}z^n)}{c_1\dots c_{n-1}(1-z)\dots(1-z^n)}\left(\frac{w}{z^{n-1}}\right)^{b_1}\dots\left(\frac{w}{z^1}\right)^{b_{n-1}},$$

其中, $c_k = 1 + b_k + b_k b_{k-1} + \dots + b_k\dots b_2 b_1 = 1 + b_k c_{k-1}$. (特殊情况 $w=1$ 值得注意, 因为在此情况下, 左端的和等于 $(1-z)^{-n}/n!$.)

30. 对于鞍点方法, 这是一个好问题 [尼古拉斯 · 德布鲁因, *Asymptotic Methods in Analysis* (North-Holland, 1961), 第 5 章]. 我们有 $p_n(m) = \frac{1}{2\pi i}\oint e^{f(z)}\frac{dz}{z}$, 其中 $f(z) = -m\ln z - \sum_{k=1}^n \ln(1-z^k)$. 令 $\rho = n/m$, $\delta = \sqrt{n}/m$. 在路径 $z = e^{-\rho+it\delta}$ 上积分, 得到 $p_n(m) = \frac{\delta}{2\pi}\int_{-\pi/\delta}^{\pi/\delta}\exp\big(f(e^{-\rho+it\delta})\big)\,dt$. 使用等式

$$g(se^t) = \sum_{j=0}^n \frac{t^j}{j!}\vartheta^j g(s) + \int_0^t \frac{u^n}{n!}\vartheta^{n+1}g(se^{t-u})\,du$$

是方便的, 其中 $g = g(z)$ 是任意解析函数, ϑ 是算子 $z\frac{d}{dz}$. 在 e^z 处计算函数 $\vartheta^j g$ 时, 结果与 $g(e^z)$ 关于 z 求 j 次微分相同. 根据这一原理, 借助方便的等式

$$\vartheta^j f(e^{-\rho}) = -m[j=1] + \frac{j!\,n}{\rho^j} + (-1)^j\sum_{k=1}^n\sum_{l\ge j}\frac{l^j\,B_l}{l\cdot l!}k^l\rho^{l-j},$$

得到公式

$$\ln\left(\frac{1-e^{-z}}{z}\right) = \sum_{n\ge 1}\frac{B_n z^n}{n\cdot n!}.$$

因此, 我们得到该积分的渐近展开

$$\exp f(e^{-\rho+it\delta}) = \exp\left(\sum_{j\ge 0}\frac{i^j\delta^j t^j}{j!}\vartheta^j f(e^{-\rho})\right) = e^{-t^2/2+f(e^{-\rho})}\exp(ic_1 t - c_2 t^2 - ic_3 t^3 + \cdots),$$

其中 $c_1 = \big(\frac{n(n+1)}{2}B_1 + \frac{n(n+1/2)(n+1)}{6}B_2\rho\big)\delta + O(n^{-3})$, 等等; 并且对于 $j \ge 3$, $c_j = O(n^{-3})$. 分解常数项的因子,

$$\frac{\delta}{2\pi}e^{f(e^{-\rho})} = \frac{\delta}{2\pi\,n!\,\rho^n e^{-m\rho}}\exp\left(-\sum_{k=1}^n\sum_{l\ge 1}\frac{B_l}{l\cdot l!}k^l\rho^l\right)$$

$$= \frac{\sqrt{n}\,m^{n-1}e^{n+\alpha/4}}{2\pi\,n!\,n^n}\left(1 + \frac{18\alpha-\alpha^2}{72n} + \frac{108\alpha^2-36\alpha^3+\alpha^4}{10368n^2} + O(n^{-3})\right)$$

当 $|t| \ge n^\epsilon$ 时, 积分中的被积函数非常小 (指数级). 我们可以忽略较大的 t 值, 因为部分分式展开表明该被积函数为 $O((m/n)^{n/2})$; 其他单位根都不会作为分母的极点出现 $n/2$ 次以上. 因此, 我们可以 "交换尾部" [《具体数学》, §9.4], 在所有的 t 上积分. 使用公式 $\int_{-\infty}^\infty e^{-t^2/2}t^j\,dt = (j-1)(j-3)\dots(1)\sqrt{2\pi}$ [j 为偶数] 和 $n! = (n/e)^n\sqrt{2\pi n}\exp(\frac{1}{12}n^{-1} + O(n^{-3}))$, 足以完成该计算.

以 $q_n(m) = p_n\big(m - \binom{n+1}{2}\big)$ 取代 $p_n(m)$, 按相同的方式进行计算, 但 c_1 增加 $\frac{1}{2}\alpha(n^{1/2} - n^{-1/2})$, 用到一个附加的因子 $\exp(-\rho\binom{n+1}{2})$. 我们得到

$$q_n(m) = \frac{m^{n-1}e^{-\alpha/4}}{n!\,(n-1)!}\left(1 - \frac{13\alpha^2}{288n} + \frac{169\alpha^4 - 2016\alpha^3 - 1728\alpha^2 + 41472\alpha}{165888n^2} + O(n^{-3})\right);$$

这与 $p_n(m)$ 的公式一致, 只是 α 变成 $-\alpha$. (事实上, 如果我们定义 $p_n(m) = r_n(2m + \binom{n+1}{2})$, $q_n(m) = r_n(2m - \binom{n+1}{2})$, 则生成函数 $R_n(z) = \sum_m r_n(z^m) = \prod_{k=1}^n (z^{-k} - z^k)^{-1}$, 满足 $R_n(1/z) = (-1)^n R_n(z)$. 这蕴涵对偶公式 $r_n(-m) = (-1)^{n-1}r_n(m)$, 亦即当我们把 $r_n(m)$ 表示成 m 和单位根的多项式时, 这个等式恒为真. 因此, 我们可以说 $q_n(m) = p_n(-m)$. 关于这种对偶的一般处理, 见波利亚, *Math. Zeitschrift* **29** (1928), 549–640, §44. 更多的信息见哲尔吉 · 塞凯赖什, *Quarterly J. Math. Oxford* **2** (1951), 85–108; **4** (1953), 96–111.

当 $m = 2^{25}$, $n = 512$ 时, $q_n(m)$ 的准确值是 $7.08069\,34695\,90264\,094\dots\times 10^{1514}$; 我们的近似值给出估计 $7.080693501\times 10^{1514}$.

由习题 28，生日间隔检验发现 $R = 0$ 间隔的概率为 $b_{n00}(m)/m^n = n!\,(n-1)!\,m^{1-n}q_n(m) = e^{-\alpha/4} + O(n^{-1})$，因为来自 $b_{n01}(m)$ 的贡献约等于 $\frac{\alpha}{2n}e^{-\alpha/4} = O(n^{-1})$. 把因子 $g_n(z) = \sum_{k=1}^{n-1}(z^{-k} - 1)$ 插入 $q_n(m)$ 的被积函数的效果相当于用 $\frac{\alpha}{2} + O(n^{-1})$ 乘以结果，因为 $g_n(e^{-\rho+it\delta}) = \binom{n}{2}\rho + O(n^3\rho^2) + itO(n^2\delta) - \frac{1}{2}t^2O(n^3\delta^2) + \cdots$. 类似地，附加的因子 $\sum_{1 \le j < k < n}(z^{-j} - 1)(z^{-k} - 1)$ 本质上是乘以 $\frac{1}{8}n^4\rho^2 = \frac{1}{8}\alpha^2$，加上 $O(n^{-1})$；对 $R = 2$ 的概率的其他贡献为 $O(n^{-1})$. 用这种方法，我们发现 r 个相等间隔的概率为 $e^{-\alpha/4}(\alpha/4)^r/r! + O(n^{-1})$，为泊松分布. 如果我们展开到 $O(n^{-2})$，则出现更复杂的项.

31. 总共 79 位，由 24 个 3 位集合 $\{Y_n, Y_{n+31}, Y_{n+55}\}$，$\{Y_{n+1}, Y_{n+32}, Y_{n+56}\}$，$\ldots$，$\{Y_{n+23}, Y_{n+54}, Y_{n+78}\}$，加上另外 7 位 $Y_{n+24}, \ldots, Y_{n+30}$ 组成. 后面的 7 位取 0 或 1 是等可能的，前面的每个 3 位的集合取 $\{0, 0, 0\}$ 的概率为 $\frac{1}{4}$，取 $\{0, 1, 1\}$ 的概率为 $\frac{3}{4}$. 因此，诸位之和的概率生成函数为 $f(z) = \left(\frac{1+z}{2}\right)^7\left(\frac{1+3z^2}{4}\right)^{24}$ 是一个 55 次多项式. （唔，严格来说，不完全如此，应该是 $(2^{55}f(z) - 1)/(2^{55} - 1)$，因为排除了全为 0 的情况.）$2^{55}f(z)$ 的系数容易用计算机计算，最终我们发现，1 比 0 多的概率为 $18509401282464000/(2^{55} - 1) \approx 0.51374$.

注记：本题基于瓦图莱宁、阿拉-尼西莱和坎卡拉的发现 [*Physical Review Letters* **73** (1994)，2513–2516]. 他们发现一种滞后斐波那契生成器不能通过更复杂的二维随机游程检验. 注意，序列 Y_{2n}，Y_{2n+2}，$\ldots$ 也不能通过该检验，因为它满足相同的递推关系. 偏向 1 的偏倚也被带入由 $X_n = (X_{n-55} \pm X_{n-24}) \bmod 2^e$ 生成的偶数值元素组成的子序列，在二进制表示下，序列中的 $(\ldots 10)_2$ 比 $(\ldots 00)_2$ 多.

在这个检验中，数 79 并无任何神奇之处. 实验表明，1 占多数的显著偏倚也出现在长度为 101 或 1001 或 10001 的随机游走中. 但是，形式化证明看来很难. 86 步之后，生成函数是 $\left(\frac{1+3z^2}{4}\right)^{17}\left(\frac{1+2z^2+4z^3+z^4}{8}\right)^7$，然后因子是 $(1 + 2z^2 + 5z^3 + 5z^4 + 10z^5 + 8z^6 + z^7)/32$，然后是 $(1 + 2z^2 + 7z^3 + 7z^4 + 15z^5 + 25z^6 + 29z^7 + 28z^8 + 13z^9 + z^{10})/128$，等等. 随着游走变长，分析变得越来越复杂.

直观来看，只要其后的数在 0 和 1 之间保持合理的平衡，那么前 79 步出现的 1 的优势将会持续. 附图显示了更小情况下的结果，即生成器 $Y_n = (Y_{n-2} + Y_{n-11}) \bmod 2$，容易对它穷举分析. 在这种情况下，长度为 445 的随机游走有 64% 的可能性在开始点右边结束；仅当游走的长度增加到周期长度的一半时，这种偏倚才会消失（当然，之后 0 的可能性更大，尽管整个周期其实少一个 0）.

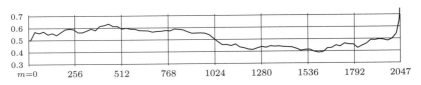

当 $Y_n = Y_{n-2} \oplus Y_{n-11}$ 时，随机 m 元组中 1 的个数超过 0 的个数的概率

可以使用吕舍尔的丢弃方法来避免偏向 1 的偏倚（见 3.2.2 节末尾）. 例如，使用滞后 55 和 24，当每批生产 165 个数时，如果仅使用每批的前 55 个数的话，则对于长度为 1001 的随机游走，观测不到任何随机性偏差.

32. 比如说，如果 X 和 Y 分别以概率 $(m/(m+n), n/(m+n))$ 取值 $(-n, m)$，其中 $m < n < (1+\sqrt{2})m$，那么该命题为假. [假设打一轮高尔夫球之后，两位选手相差 X. 于是，根据平均成绩，可以认为他俩实力相同，但是有可能出现一位更可能赢得一轮联赛，而另一位更可能在两轮联赛获胜的现象. 关于类似现象的讨论，见托马斯·科弗，*Amer. Statistician* **43** (1989)，277–278.]

33. 我们实质上希望 $[z^{(k+l-1)/2}]\left(\frac{1+z}{2}\right)^{k-2l}\left(\frac{1+3z^2}{4}\right)^l/(1-z)$. 令 $m = k - 2l$，$n = l$，所期望的系数为 $\frac{1}{2\pi i}\oint e^{g(z)}\frac{dz}{z(1-z)}$，其中 $g(z) = m\ln\left(\frac{1+z}{2}\right) + n\ln\left(\frac{1+3z^2}{4}\right) - \left(\frac{m+3n-1}{2}\right)\ln z$. 沿着路径 $z = e^{\epsilon u}$ 积分是方便的，其中 $\epsilon^2 = 4/(m+3n)$，并且对于 $-\infty < t < \infty$，有 $u = -1 + it$. 我们有 $g(e^{\epsilon u}) = -\epsilon u/2 + u^2/2 + c_3\epsilon u^3 + c_4\epsilon^2 u^4 + \cdots$，其中 $c_k = \epsilon^2\vartheta^k g(1)/k! = O(1)$. 还有 $1/(1 - e^{\epsilon u}) = \frac{-1}{\epsilon u} + \frac{1}{2} - B_2\epsilon u/2! - \cdots$. 乘出被积函数，并利用事实 $\frac{1}{2\pi i}\int_{1-i\infty}^{1+i\infty} e^{u^2/2}\frac{du}{u} = \frac{1}{2}$ 和 $\frac{1}{2\pi i}\int_{a-i\infty}^{a+i\infty} e^{u^2/2}u^{2k}\,du = (-1)^k(2k-1)(2k-3)\ldots(1)\sqrt{2\pi}$，产生近似公式 $\frac{1}{2} + (2\pi)^{-1/2}n(m+3n)^{-3/2} + O((m+3n)^{-3/2})$. 如果 $m + 3n$ 是偶数，则相同的近似公式成立，只要我们把 $z^{(m+3n)/2}$ 的系数一半给诸 1，一半给诸 0.（这个系数是 $\left(\frac{2}{\pi(m+3n)}\right)^{1/2} + O((m - 3n)^{-3/2})$.）

34. 在长度为 n、不包含给定的双字母子串或子串对的串中，其串的个数为适当的生成函数中 z^n 的系数，可以写成 $ce^{n\tau}m^n+O(1)$，其中 c 和 τ 又可写成 $\epsilon=1/m$ 的幂级数展开式：

情况	排除	生成函数	c	τ
1	aa	$(1+z)/p(z)$	$1+\epsilon^2-2\epsilon^3+\cdots$	$-\epsilon^2+\epsilon^3-\frac{5}{2}\epsilon^4+\cdots$
2	ab	$1/(1-mz+z^2)$	$1+\epsilon^2+3\epsilon^4+\cdots$	$-\epsilon^2-\frac{3}{2}\epsilon^4+\cdots$
3	aa,bb	$(1+z)/(p(z)+z^2)$	$1+2\epsilon^2-4\epsilon^3+\cdots$	$-2\epsilon^2+2\epsilon^3-8\epsilon^4+\cdots$
4	aa,bc	$(1+z)/(p(z)+z^2+z^3)$	$1+2\epsilon^2-2\epsilon^3+\cdots$	$-2\epsilon^2+\epsilon^3-7\epsilon^4+\cdots$
5	ab,bc	$(1+z)/(1-mz+2z^2-z^3)$	$1+2\epsilon^2-2\epsilon^3+\cdots$	$-2\epsilon^2+\epsilon^3-6\epsilon^4+\cdots$
6	ab,cd	$1/(1-mz+2z^2)$	$1+2\epsilon^2+12\epsilon^4+\cdots$	$-2\epsilon^2-6\epsilon^4+\cdots$

（这里，a,b,c,d 表示不同的字母，$p(z)=1-(m-1)(z+z^2)$. 结果是，排除 $\{ab,ba\}$ 或 $\{aa,ab\}$ 的效果等价于排除 $\{aa,bb\}$，排除 $\{ab,ac\}$ 等价于排除 $\{ab,cd\}$.）令 $S_n^{(j)}$ 为情况 j 下 z^n 的系数，X 为不出现的两字母组合总数. 于是，$\mathrm{E}\,X=(mS_n^{(1)}+m^2S_n^{(2)})/m^n$，

$$\mathrm{E}\,X^2=(mS_n^{(1)}+m^2(S_n^{(2)}+6S_n^{(3)})+2m^3(S_n^{(4)}+S_n^{(5)}+S_n^{(6)})+m^4S_n^{(6)})/m^n.$$

35. (a) $\mathrm{E}\,S_m=N^{-1}\sum_{n=0}^{N-1}\sum_{j=0}^{m-1}Z_{n+j}=N^{-1}\sum_{j=0}^{m-1}\sum_{n=0}^{N-1}Z_{n+j}=m/N$，因为 $\sum_{n=0}^{N-1}Z_{n+j}=2^{k-1}-(2^{k-1}-1)=1$.

(b) 令 $\xi^k=a_1\xi^{k-1}+\cdots+a_k$，像习题 3.2.2–16 的第一种解法那样定义线性函数 f. 于是，$Y_n=f(\xi^n)$，由此得到 $Y_{n+i}+Y_{n+j}=f(\xi^{n+i})+f(\xi^{n+j})\equiv f(\xi^{n+i}+\xi^{n+j})=f(\xi^n\alpha)$ (modulo 2)，其中，当 $i\not\equiv j$ (modulo N) 时 α 非零. 因此 $\mathrm{E}\,S_m^2=N^{-1}\sum_{i=0}^{m-1}\sum_{j=0}^{m-1}\sum_{n=0}^{N-1}Z_{n+i}Z_{n+j}=N^{-1}(\sum_{i=0}^{m-1}\sum_{n=0}^{N-1}Z_{n+i}^2-2\sum_{0\le i<j<m}\sum_{n=0}^{N-1}Z_n)=m-m(m-1)/N$.

(c) 如果每个 Z_n 都是真正随机的，那么 $\mathrm{E}\sum_{j=0}^{m-1}Z_{n+j}=\sum_{j=0}^{m-1}\mathrm{E}\,Z_{n+j}=0$，并且 $\mathrm{E}(\sum_{j=0}^{m-1}Z_{n+j})^2=\sum_{j=0}^{m-1}\mathrm{E}\,Z_{n+j}^2+\sum_{0\le i<j<m}(\mathrm{E}\,Z_{n+i})(\mathrm{E}\,Z_{n+j})=m$. 因此，当 $m\ll N$ 时，S_m 的均值与方差非常接近正确的值.

(d) $\mathrm{E}\,S_m^3=N^{-1}\sum_{h=0}^{m-1}\sum_{i=0}^{m-1}\sum_{j=0}^{m-1}\sum_{n=0}^{N-1}Z_{n+h}Z_{n+i}Z_{n+j}$. 如果任何 h,i 或 j 相等，则 n 上的和为 1. 因此

$$\mathrm{E}\,S_m^3=\frac{1}{N}\left(m^3-m^3+6\sum_{0\le h<i<j<m}\sum_{n=0}^{N-1}Z_{n+h}Z_{n+i}Z_{n+j}\right).$$

仿照 (b) 的论证，我们发现，如果 $\xi^h+\xi^i+\xi^j\neq 0$，则 n 上的和为 1；否则为 $-N$. 因此，$\mathrm{E}\,S_m^3=m^3-6B(N+1)/N$，其中 $B=\sum_{0\le h<i<j<m}[\xi^h+\xi^i+\xi^j=0]=\sum_{0<i<j<m}[1+\xi^i+\xi^j=0]\,(m-j)$. 最后，假定 $0<i<j<N$，该域中 $1+\xi^i=\xi^j$，当且仅当对于 $0<l<k$，$f(\xi^{i+l})=f(\xi^{j+l})$.

(e) 当 $i=31$，$j=55$ 时，唯一的非零项出现，因此 $B=79-55=24$.（当 $i=62$，$j=110$ 时，下一个非零项出现.）在真正随机的情况下，$\mathrm{E}\,S_m^3$ 应该为零，因此这个值 $\mathrm{E}\,S_{79}^3\approx-144$ 显然非随机. 很奇怪，它为负，而习题 31 表明 S_{79} 通常为正. 这是因为，当 S_{79} 的值偶尔降到 0 以下时，它往往是绝对值更大的负数.

参考文献：*IEEE Trans.* **IT-14** (1968), 569–576. 松本真和栗田良春的实验证实 [*ACM Trans. Modeling and Comp. Simul.* **2** (1992), 179–194; **4** (1994), 254–266]，即便滞后相当大，基于三次多项式的生成器都通不过这种分布检验. 他们还展示了低密度的指数级长度的子序列，见 *ACM Trans. Modeling and Comp. Simul.* **6** (1996), 99–106.

3.3.3 节

1. $y((x/y))+\frac{1}{2}y-\frac{1}{2}y\delta(x/y)$.

2. $((x))=-\sum_{n\ge 1}\frac{1}{n\pi}\sin 2\pi nx$，对于所有的 x，它都收敛.（对于 x 为有理数的情况，式 (24) 中的表示可以看作"有穷"傅里叶级数.）

3. 该和为 $((2^n x))-((x))$. [见 *Trans. Amer. Math. Soc.* **65** (1949), 401.]

4. $d_{\max} = 2^{10} \cdot 5$. 注意，$X_{n+1} < X_n$ 的概率为 $\frac{1}{2} + \epsilon$，其中

$$|\epsilon| < d/(2 \cdot 10^{10}) \le 1/(2 \cdot 5^9).$$

因此，从定理 P 的角度来看，每个势为 10 的生成器的质量都是不错的.

5. 中间结果:

$$\sum_{0 \le x < m} \frac{x}{m} \frac{s(x)}{m} = \frac{1}{12}\sigma(a, m, c) + \frac{m}{4} - \frac{c}{2m} - \frac{x'}{2m}.$$

6. (a) 使用归纳法和公式

$$\left(\!\!\left(\frac{hj+c}{k}\right)\!\!\right) - \left(\!\!\left(\frac{hj+c-1}{k}\right)\!\!\right) = \frac{1}{k} - \frac{1}{2}\delta\left(\frac{hj+c}{k}\right) - \frac{1}{2}\delta\left(\frac{hj+c-1}{k}\right).$$

(b) 利用事实 $-\left(\!\!\left(\frac{h'j}{k}\right)\!\!\right) = -\left(\!\!\left(\frac{j}{hk} - \frac{k'j}{h}\right)\!\!\right) = \left(\!\!\left(\frac{k'j}{h}\right)\!\!\right) - \frac{j}{hk} + \frac{1}{2}\delta\left(\frac{k'j}{h}\right)$.

7. 在习题 1.2.4–45 的第二个公式中，取 $m = h$, $n = k$, $k = 2$:

$$\sum_{0 < j < k} \left(\frac{hj}{k} - \left(\!\!\left(\frac{hj}{k}\right)\!\!\right) + \frac{1}{2}\right)\left(\frac{hj}{k} - \left(\!\!\left(\frac{hj}{k}\right)\!\!\right) - \frac{1}{2}\right) + 2\sum_{0 < j < h}\left(\frac{kj}{h} - \left(\!\!\left(\frac{kj}{h}\right)\!\!\right) + \frac{1}{2}\right)j = kh(h-1).$$

左部的和化简，并按标准操作，我们得到

$$h^2 k - hk - \frac{h}{2} + \frac{h^2}{6k} + \frac{k}{12} + \frac{1}{4} - \frac{h}{6}\sigma(h,k,0) - \frac{h}{6}\sigma(k,h,0) + \frac{1}{12}\sigma(1,k,0) = h^2 k - hk.$$

由于 $\sigma(1,k,0) = (k-1)(k-2)/k$, 这归约为互反律.

8. 见 *Duke Math. J.* **21** (1954), 391–397.

9. 首先，使用有趣的等式 $\sum_{k=0}^{r-1}\lfloor kp/r \rfloor \lfloor kq/r \rfloor + \sum_{k=0}^{p-1}\lfloor kq/p \rfloor \lfloor kr/p \rfloor + \sum_{k=0}^{q-1}\lfloor kr/q \rfloor \lfloor kp/q \rfloor = (p-1)(q-1)(r-1)$. 假定 $p \perp q$, $q \perp r$, $r \perp p$, 该等式可以简单地用几何方法证明. [迪特尔, *Abh. Math. Sem. Univ. Hamburg* **21** (1957), 109–125.]

10. 由式 (8), 显然 $\sigma(k-h, k, c) = -\sigma(h, k, -c)$. 在定义 (16) 中用 $k - j$ 替换 j, 推出 $\sigma(h,k,c) = \sigma(h, k, -c)$.

11. (a) $\displaystyle\sum_{0 \le j < dk}\left(\!\!\left(\frac{j}{dk}\right)\!\!\right)\left(\!\!\left(\frac{hj+c}{k}\right)\!\!\right) = \sum_{\substack{0 \le i < d \\ 0 \le j < k}}\left(\!\!\left(\frac{ik+j}{dk}\right)\!\!\right)\left(\!\!\left(\frac{hj+c}{k}\right)\!\!\right)$; 使用式 (10) 在 i 上求和.

(b) $\left(\!\!\left(\frac{hj+c+\theta}{k}\right)\!\!\right) = \left(\!\!\left(\frac{hj+c}{k}\right)\!\!\right) + \frac{\theta}{k} - \frac{1}{2}\delta\left(\frac{hj+c}{k}\right)$; 现在求和.

12. 由于 $\left(\!\!\left(\frac{hj+c}{k}\right)\!\!\right)$ 以某种次序取遍 $\left(\!\!\left(\frac{j}{k}\right)\!\!\right)$ 的所有取值, 柯西不等式蕴涵 $\sigma(h,k,c)^2 \le \sigma(h,k,0)^2$, 并且 $\sigma(1,k,0)$ 可以直接求和, 见习题 7.

13. 如果 $hh' \equiv 1 \pmod{k}$, 则 $\sigma(h,k,c) + \frac{3(k-1)}{k} = \frac{12}{k}\sum_{0 < j < k}\frac{\omega^{-cj}}{(\omega^{-hj}-1)(\omega^j - 1)} + \frac{6}{k}(c \bmod k) - 6\left(\!\!\left(\frac{h'c}{k}\right)\!\!\right)$.

14. $(2^{38} - 3 \cdot 2^{20} + 5)/(2^{70} - 1) \approx 2^{-32}$. 全局值极其令人满意, 尽管存在局部非随机性!

15. 用 $\lfloor c \rfloor \lceil c \rceil$ 替换式 (19) 中的 c^2.

16. 提示的等式等价于 $m_1 = p_r m_{r+1} + p_{r-1} m_{r+2}$, 其中 $1 \le r \le t$, 这由归纳得到 (又见习题 4.5.3–32). 现在, 用 $\sum_{j \le r \le t} b_r m_{r+1}$ 替换 c_j, 比较待证等式两端 $b_i b_j$ 的系数.

注记: 对于所有的指数 $e \ge 1$, 类似的论证给出

$$\sum_{1 \le j \le t}(-1)^{j+1}\frac{c_j^e}{m_j m_{j+1}} = \frac{1}{m_1}\sum_{1 \le j \le t}(-1)^{j+1}b_j \frac{c_j^e - c_{j+1}^e}{c_j - c_{j+1}}p_{j-1}.$$

17. 在这个算法运行期间, 对于 $j = 1, 2, \ldots, t+1$, 我们将有 $k = m_j$, $h = m_{j+1}$, $c = c_j$, $p = p_{j-1}$, $p' = p_{j-2}$, $s = (-1)^{j+1}$.

D1. [初始化.] 置 $A \leftarrow 0$, $B \leftarrow h$, $p \leftarrow 1$, $p' \leftarrow 0$, $s \leftarrow 1$.

D2. [除.] 置 $a \leftarrow \lfloor k/h \rfloor$, $b \leftarrow \lfloor c/h \rfloor$, $r \leftarrow c \bmod h$. （现在, $a = a_j$, $b = b_j$, $r = c_{j+1}$.）

D3. [累加.] 置 $A \leftarrow A+(a-6b)s$, $B \leftarrow B+6bp(c+r)s$. 如果 $r \neq 0$ 或 $c = 0$, 则置 $A \leftarrow A-3s$. 如果 $h = 1$, 则置 $B \leftarrow B+ps$. （这减去 $3e(m_{j+1},c_j)$ 并且处理 $\sum(-1)^{j+1}/m_j m_{j+1}$ 项.）

D4. [准备下一次迭代.] 置 $c \leftarrow r$, $s \leftarrow -s$; 置 $r \leftarrow k-ah$, $k \leftarrow h$, $h \leftarrow r$; 置 $r \leftarrow ap+p'$, $p' \leftarrow p$, $p \leftarrow r$. 如果 $h > 0$, 则返回 D2. ∎

该算法结束时, p 将等于 k 的初值 k_0, 因此所求的解为 $A+B/p$. 如果 $s < 0$, 则 p' 的终值为 h', 否则为 k_0-h'. 通过适当地调整 A, 可以保持 B 在区间 $0 \leq B < k_0$, 从而如果 k_0 是单精度数的话, 就只需要单精度运算（乘积和被除数都是双精度的）.

18. 稍加思考就会明白, 公式

$$S(h,k,c,z) = \sum_{0 \leq j < k} \left(\lfloor j/k \rfloor - \lfloor (j-z)/k \rfloor \right) \left(\left((hj+c)/k \right) \right)$$

事实上对于所有的 $z \geq 0$ 都成立, 而不仅是当 $k \geq z$ 时成立. 记 $\lfloor j/k \rfloor - \lfloor (j-z)/k \rfloor = \frac{z}{k} + \left(\left(\frac{j-z}{k} \right) \right) - \left(\left(\frac{j}{k} \right) \right) + \frac{1}{2}\delta_{j0} - \frac{1}{2}\delta\left(\frac{j-z}{k} \right)$, 计算和式得到

$$S(h,k,c,z) = \frac{zd}{k}\left(\left(\frac{c}{d} \right) \right) + \frac{1}{12}\sigma(h,k,hz+c) - \frac{1}{12}\sigma(h,k,c) + \frac{1}{2}\left(\left(\frac{c}{k} \right) \right) - \frac{1}{2}\left(\left(\frac{hz+c}{k} \right) \right),$$

其中 $d = \gcd(h,k)$. [给定 α, 这个公式允许我们用广义戴德金和表示 $X_{n+1} < X_n < \alpha$ 的概率.]

19. 所求的概率为

$$m^{-1} \sum_{x=0}^{m-1} \left(\left\lfloor \frac{x-\alpha}{m} \right\rfloor - \left\lfloor \frac{x-\beta}{m} \right\rfloor \right) \left(\left\lfloor \frac{s(x)-\alpha'}{m} \right\rfloor - \left\lfloor \frac{s(x)-\beta'}{m} \right\rfloor \right)$$

$$= m^{-1} \sum_{x=0}^{m-1} \left(\frac{\beta-\alpha}{m} + \left(\left(\frac{x-\beta}{m} \right) \right) - \left(\left(\frac{x-\alpha}{m} \right) \right) + \frac{1}{2}\delta\left(\frac{x-\alpha}{m} \right) - \frac{1}{2}\delta\left(\frac{x-\beta}{m} \right) \right)$$

$$\times \left(\frac{\beta'-\alpha'}{m} + \left(\left(\frac{s(x)-\beta'}{m} \right) \right) - \left(\left(\frac{s(x)-\alpha'}{m} \right) \right) + \frac{1}{2}\delta\left(\frac{s(x)-\alpha'}{m} \right) - \frac{1}{2}\delta\left(\frac{s(x)-\beta'}{m} \right) \right)$$

$$= \frac{\beta-\alpha}{m}\frac{\beta'-\alpha'}{m} + \frac{1}{12m}\Big(\sigma(a,m,c+a\alpha-\alpha') - \sigma(a,m,c+a\alpha-\beta')$$

$$+ \sigma(a,m,c+a\beta-\beta') - \sigma(a,m,c+a\beta-\alpha') \Big) + \epsilon,$$

其中, $|\epsilon| \leq 2.5/m$.

[这种方法由迪特尔提出. 由定理 K, 真实概率与理想值 $\frac{\beta-\alpha}{m}\frac{\beta'-\alpha'}{m}$ 之间的偏差有上界 $\sum_{j=1}^{t} a_j/4m$. 反之, 适当地选择 α, β, α', β', 当存在大的部分商时, 我们将得到不小于这个界的一半的偏差, 这是因为定理 K 是"能达到的最好情形". 注意, 当 $a \approx \sqrt{m}$ 时, 偏差不可能超过 $O(1/\sqrt{m})$, 因此即便是习题 14 中具有局部非随机性的生成器, 在满周期上的序列检验也会看上去很好. 看来我们应该坚持要求偏差极其小.]

20. $\sum_{0 \leq x < m} \lceil (x-s(x))/m \rceil \lceil (s(x)-s(s(x)))/m \rceil /m = \sum_{0 \leq x < m} ((x-s(x))/m + (((bx+c)/m)) + \frac{1}{2})((s(x)-s(s(x)))/m + ((a(bx+c)/m)) + \frac{1}{2})/m$, 并且 $x/m = ((x/m)) + \frac{1}{2} - \frac{1}{2}\delta(x/m)$, $s(x)/m = (((ax+c)/m)) + \frac{1}{2} - \frac{1}{2}\delta((ax+c)/m)$, $s(s(x))/m = (((a^2 x+ac+c)/m)) + \frac{1}{2} - \frac{1}{2}\delta((a^2 x+ac+c)/m)$. 令 $s(x') = s(s(x'')) = 0$, $d = \gcd(b,m)$. 该和式归约为

$$\frac{1}{4} + \frac{1}{12m}(S_1 - S_2 + S_3 - S_4 + S_5 - S_6 + S_7 - S_8 + S_9) + \frac{d}{m}\left(\left(\frac{c}{d} \right) \right)$$

$$+ \frac{1}{2m}\left(\left(\left(\frac{x'-x''}{m} \right) \right) - \left(\left(\frac{x'}{m} \right) \right) + \left(\left(\frac{x''}{m} \right) \right) + \left(\left(\frac{ac+c}{m} \right) \right) - \left(\left(\frac{ac}{m} \right) \right) - \left(\left(\frac{c}{m} \right) \right) - \frac{1}{2} \right),$$

其中, 如果 $a'a \equiv 1 \pmod{m}$, 则 $S_1 = \sigma(a,m,c)$, $S_2 = \sigma(a^2,m,ac+c)$, $S_3 = \sigma(ab,m,ac)$, $S_4 = \sigma(1,m,0) = (m-1)(m-2)/m$, $S_5 = \sigma(a,m,c)$, $S_6 = \sigma(b,m,c)$, $S_7 = -\sigma(a'-1,m,a'c)$,

$S_8 = -\sigma(a'(a'-1), m, (a')^2 c)$，最后

$$S_9 = 12 \sum_{0 \le x < m} \left(\left(\frac{bx+c}{m} \right) \right) \left(\left(\frac{a(bx+c)}{m} \right) \right)$$

$$= 12d \sum_{0 \le x < m/d} \left(\left(\frac{x+c_0/d}{m/d} \right) \right) \left(\left(\frac{a(x+c_0/d)}{m/d} \right) \right)$$

$$= 12d \sum_{0 \le x < m/d} \left(\left(\left(\frac{x}{m/d} \right) \right) + \frac{c_0}{m} - \frac{1}{2}\delta_{x0} \right) \left(\left(\frac{a(x+c_0/d)}{m/d} \right) \right)$$

$$= d \left(\sigma(ad, m, ac_0) + 12\frac{c_0}{m} \left(\left(\frac{ac_0}{d} \right) \right) - 6 \left(\left(\frac{ac_0}{m} \right) \right) \right),$$

其中 $c_0 = c \bmod d$. 当 d 很小，并且 a/m, $(a^2 \bmod m)/m$, $(ab \bmod m)/m$, b/m, $(a'-1)/m$, $(a'(a'-1) \bmod m)/m$, $((ad) \bmod m)/m$ 这些分数都具有很小的部分商时，总和将接近于 $\frac{1}{6}$. (注意，同习题 3.2.1.3–7 中一样，$a'-1 \equiv -b + b^2 - \cdots$.)

21. 首先注意，主积分很好地分解为

$$s_n = \int_{x_n}^{x_{n+1}} x\{ax+\theta\}\, dx = \frac{1}{a^2} \left(\frac{1}{3} - \frac{\theta}{2} + \frac{n}{2} \right), \qquad x_n = \frac{n-\theta}{a};$$

$$s = \int_0^1 x\{ax+\theta\}\, dx = s_0 + s_1 + \cdots + s_{a-1} + \int_{-\theta/a}^0 (ax+\theta)\, dx = \frac{1}{3a} - \frac{\theta}{2a} + \frac{a-1}{4a} + \frac{\theta^2}{2a}.$$

因此，$C = (s - (\frac{1}{2})^2)/(\frac{1}{3} - (\frac{1}{2})^2) = (1 - 6\theta + 6\theta^2)/a.$

22. 在不相交的区间 $\left[\frac{1-\theta}{a} \mathrel{..} \frac{1-\theta}{a-1}\right)$, $\left[\frac{2-\theta}{a} \mathrel{..} \frac{2-\theta}{a-1}\right)$, $\ldots$, $\left[\frac{a-\theta}{a} \mathrel{..} 1\right)$, 我们有 $s(x) < x$, 这些区间的总长度为

$$1 + \sum_{0 < j \le a-1} \left(\frac{j-\theta}{a-1} \right) - \sum_{0 < j \le a} \left(\frac{j-\theta}{a} \right) = 1 + \frac{a}{2} - \theta - \frac{a+1}{2} + \theta = \frac{1}{2}.$$

23. 当 x 在 $\left[\frac{k-\theta}{a} \mathrel{..} \frac{k-\theta}{a-1}\right)$ 中并且 $ax+\theta-k$ 在 $\left[\frac{j-\theta}{a} \mathrel{..} \frac{j-\theta}{a-1}\right)$ 中 ($0 < j \le k < a$) 时，或者当 x 在 $\left[\frac{a-\theta}{a} \mathrel{..} 1\right)$ 中并且 $ax+\theta-a$ 在 $\left[\frac{j-\theta}{a} \mathrel{..} \frac{j-\theta}{a-1}\right)$ 中 ($0 < j \le \lfloor a\theta \rfloor$) 或在 $\left[\frac{\lfloor a\theta \rfloor+1-\theta}{a} \mathrel{..} \theta\right)$ 中时，我们有 $s(s(x)) < s(x) < x$. 所求概率为

$$\sum_{0 < j \le k < a} \frac{j-\theta}{a^2(a-1)} + \sum_{0 < j \le \lfloor a\theta \rfloor} \frac{j-\theta}{a^2(a-1)} + \frac{1}{a^2}\max(0, \{a\theta\} + \theta - 1)$$

$$= \frac{1}{6} + \frac{1}{6a} - \frac{\theta}{2a} + \frac{1}{a^2} \left(\frac{\lfloor a\theta \rfloor (\lfloor a\theta \rfloor + 1 - 2\theta)}{2(a-1)} + \max(0, \{a\theta\} + \theta - 1) \right).$$

对于大的 a, 它为 $\frac{1}{6} + (1 - 3\theta + 3\theta^2)/6a + O(1/a^2)$. 注意，$1 - 3\theta + 3\theta^2 \ge \frac{1}{4}$, 因此无法选择合适的 θ 使该概率正确.

24. 像上题一样处理，区间长度的和为

$$\sum_{0 < j_1 \le \cdots \le j_{t-1} < a} \frac{j_1}{a^{t-1}(a-1)} = \frac{1}{a^{t-1}(a-1)} \binom{a+t-2}{t}.$$

为计算平均长度，令 p_k 为游程长度大于或等于 k 的概率，平均值为

$$\sum_{k \ge 1} p_k = \sum_{k \ge 1} \binom{a+k-2}{k} \frac{1}{a^{k-1}(a-1)} = \left(\frac{a}{a-1} \right)^a - \frac{a}{a-1}.$$

对于真正随机的序列，该值为 $e-1$, 而我们的值为 $e-1+(e/2-1)/a+O(1/a^2)$. [注记: 相同的结果对于升游程成立，因为 $U_n > U_{n+1}$ 当且仅当 $1-U_n < 1-U_{n+1}$. 这让我们怀疑线性同余序列的游程可能比正常情况稍长，因此游程检验应当用于这种生成器.]

25. 对于某个 k, x 一定在区间 $[(k+\alpha'-\theta)/a \mathrel{..} (k+\beta'-\theta)/a)$ 中，并且还在区间 $[\alpha \mathrel{..} \beta)$ 中. 令 $k_0 = \lceil a\alpha + \theta - \beta' \rceil$, $k_1 = \lceil a\beta + \theta - \beta' \rceil$. 由于边界条件，我们得到概率

$$(k_1 - k_0)(\beta' - \alpha')/a + \max(0, \beta - (k_1 + \alpha' - \theta)/a) - \max(0, \alpha - (k_0 + \alpha' - \theta)/a).$$

这是 $(\beta-\alpha)(\beta'-\alpha')+\epsilon$, 其中 $|\epsilon|<2(\beta'-\alpha')/a$.

26. 见图 A-1. $U_1<U_3<U_2$ 和 $U_2<U_3<U_1$ 这两种序是不可能的; 其他 4 种序的概率均为 $\frac{1}{4}$.

27. $U_n=\{F_{n-1}U_0+F_nU_1\}$. 我们需要有 $F_{k-1}U_0+F_kU_1<1$ 和 $F_kU_0+F_{k+1}U_1>1$. $U_0>U_1$ 的半个单位正方形被划分的情况如图 A-2 所示, 图中标明了不同的 k 值. 游程长度为 k 的概率, 如果 $k=1$, 为 $\frac{1}{2}$; 如果 $k>1$, 为 $1/F_{k-1}F_{k+1}-1/F_kF_{k+2}$. 对于一个随机序列, 对应的概率为 $2k/(k+1)!-2(k+1)/(k+2)!$. 下表比较前几个值.

k:	1	2	3	4	5
斐波那契情况下的概率:	$\frac{1}{2}$	$\frac{1}{3}$	$\frac{1}{10}$	$\frac{1}{24}$	$\frac{1}{65}$
随机情况下的概率:	$\frac{1}{3}$	$\frac{5}{12}$	$\frac{11}{60}$	$\frac{19}{360}$	$\frac{29}{2520}$

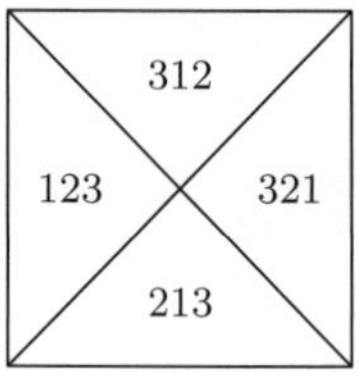

图 A-1 斐波那契生成器的排列区域

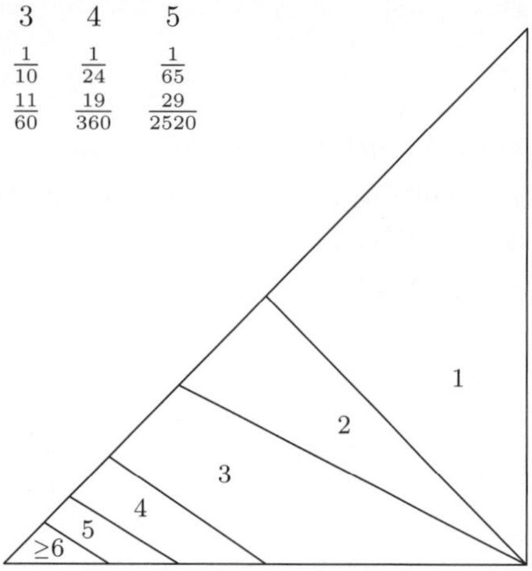

图 A-2 斐波那契生成器的游程长度区域

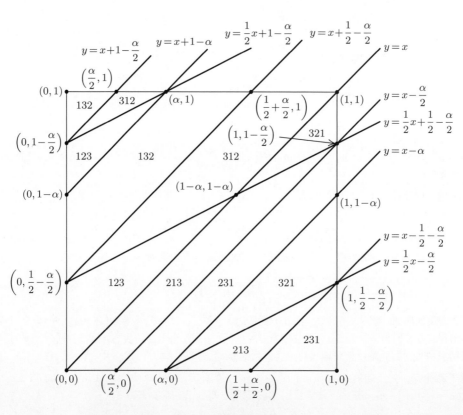

图 A-3 势为 2 的生成器的排列区域, $\alpha=(a-1)c/m$

28. 图 A–3 显示一般情况下的各种区域. 213 区域表示 U_1 和 U_2 随机选择时，$U_2 < U_1 < U_3$；321 区域表示 $U_3 < U_2 < U_1$，等等. 区域 123 和 321 的概率为 $\frac{1}{4} - \alpha/2 + \alpha^2/2$；其他所有情况的概率都为 $\frac{1}{8} + \alpha/4 - \alpha^2/4$. 为了使两者都等于 $\frac{1}{6}$，必须有 $1 - 6\alpha + 6\alpha^2 = 0$. [此题建立了乔尔·富兰克林提出的一则定理，见 *Math. Comp.* **17** (1963), 28–59, 定理 13. 该论文的其他结果与习题 22 和 23 相关.]

3.3.4 节

1. 对于最大周期生成器，一维精度 ν_1 总是等于 m，并且 $\mu_1 = 2$.

2. 令 V 是各行为 $V_1, \ldots, V_t$ 的矩阵. 在 $Y \neq (0, \ldots, 0)$ 并且 VY 是整数列向量 X 的条件下最小化 $Y \cdot Y$，等价于在 X 是非零整数列向量的条件下最小化 $(V^{-1}X) \cdot (V^{-1}X)$. V^{-1} 的列是 $U_1, \ldots, U_t$.

3. $a^2 \equiv 2a - 1$ 和 $a^3 \equiv 3a - 2 \pmod{m}$. 考虑式 (15) 的所有短解，我们发现，对于向量 $(1, -2, 1)$ 和 $(1, -1, -1, 1)$，$\nu_3^2 = 6$ 并且 $\nu_4^2 = 4$，但以下情况例外：

$$m = 9, \quad a = 4 \text{ 或 } 7, \quad \nu_2^2 = \nu_3^2 = 5;$$
$$m = 9q, \quad a = 3q + 1 \text{ 或 } 6q + 1, \quad \nu_4^2 = 2.$$

4. (a) (x_1, x_2) 的唯一取值是 $\frac{1}{m}(y_1 u_{22} - y_2 u_{21}, -y_1 u_{12} + y_2 u_{11})$，该式 $\equiv \frac{1}{m}(y_1 u_{22} + y_2 a u_{22}, -y_1 u_{12} - y_2 a u_{12}) \equiv (0, 0) \pmod{1}$，即 x_1 和 x_2 都是整数. (b) 当 $(x_1, x_2) \neq (0, 0)$ 时，我们有 $(x_1 u_{11} + x_2 u_{21})^2 + (x_1 u_{12} + x_2 u_{22})^2 = x_1^2(u_{11}^2 + u_{12}^2) + x_2^2(u_{21}^2 + u_{22}^2) + 2x_1 x_2(u_{11}u_{21} + u_{12}u_{22})$. 由假设，这 $\geq (x_1^2 + x_2^2 - |x_1 x_2|)(u_{11}^2 + u_{12}^2) \geq u_{11}^2 + u_{12}^2$.

[注意，这个结果比引理 A 更强. 引理 A 只告诉我们 $x_1^2 \leq (u_{11}^2 + u_{12}^2)(u_{21}^2 + u_{22}^2)/m^2$，$x_2^2 \leq (u_{11}^2 + u_{12}^2)^2/m^2$，而且后者可能大于或等于 1. 本题的思想本质上是高斯化简二元二次型的思想，见 *Disquisitiones Arithmeticæ* (Leipzig: 1801), §171.]

5. 条件 (30) 仍然不变，因此当 a 与 m 互素时，h 在步骤 S2 不可能为 0. 由于 h 在步骤 S2 总是递减的，因此 S2 最终将以 $u^2 + v^2 \leq s$ 终止. 注意，在整个计算中，$pp' \leq 0$.

第一次到达步骤 S2 时，提示的不等式肯定成立. 由式 (24)，最小化 $(h' - q'h)^2 + (p' - q'p)^2$ 的整数 q' 是 $q' = \text{round}((h'h + p'p)/(h^2 + p^2))$. 如果 $(h' - q'h)^2 + (p' - q'p)^2 < h^2 + p^2$，则我们必然有 $q' \neq 0$，$q' \neq -1$，因此 $(p' - q'p)^2 \geq p^2$，因此 $(h' - q'h)^2 < h^2$，即 $|h' - q'h| < h$，即 q' 为 q 或 $q + 1$. 由于 $hu + pv \geq h(h' - q'h) + p(p' - q'p) \geq -\frac{1}{2}(h^2 + p^2)$，因此，如果 $u^2 + v^2 < s$，则步骤 S2 的下一次迭代将保持提示中的假定. 如果 $u^2 + v^2 \geq s > (u-h)^2 + (v-p)^2$，则 $2|h(u-h) + p(v-p)| = 2(h(h-u) + p(p-v)) = (u-h)^2 + (v-p)^2 + h^2 + p^2 - (u^2 + v^2) \leq (u-h)^2 + (v-p)^2 \leq h^2 + p^2$，因此由习题 4，$(u-h)^2 + (v-p)^2$ 是最小的. 最后，如果 $u^2 + v^2$ 和 $(u-h)^2 + (v-p)^2$ 都大于或等于 s，则令 $u' = h' - q'h$，$v' = p' - q'p$，于是，$2|hu' + pv'| \leq h^2 + p^2 \leq u'^2 + v'^2$，由习题 4，$h^2 + p^2$ 是最小的.

[该结论可推广到关于其他度量，找最短的 2 维向量，讨论见迈克尔·凯伯和施诺尔，*J. Algorithms* **21** (1996), 565–578.]

6. 如果在上一题的答案中，$u^2 + v^2 \geq s > (u-h)^2 + (v-p)^2$，则我们有 $(v-p)^2 > v^2$，因而 $(u-h)^2 < u^2$；并且如果 $q = a_j$ 使得 $h' = a_j h + u$，则一定有 $a_{j+1} = 1$. 由此，用习题 3.3.3–16 的记号，$\nu_2^2 = \min_{0 \leq j < t}(m_j^2 + p_{j-1}^2)$.

现在，我们有 $m_0 = m_j p_j + m_{j+1} p_{j-1} = a_j m_j p_{j-1} + m_j p_{j-2} + m_{j+1} p_{j-1} < (a_j + 1 + 1/a_j) m_j p_{j-1} \leq (A + 1 + 1/A) m_j p_{j-1}$，并且 $m_j^2 + p_{j-1}^2 \geq 2 m_j p_{j-1}$，因而结果成立.

7. 使用条件 (19)，我们将证明：对于所有 $k \neq j$ 都有 $U_j \cdot U_k = 0$，当且仅当对于所有 $k \neq j$ 都有 $V_j \cdot V_k = 0$. 假定对于所有 $k \neq j$ 都有 $U_j \cdot U_k = 0$，并令 $U_j = \alpha_1 V_1 + \cdots + \alpha_t V_t$. 于是，对于所有的 k，$U_j \cdot U_k = \alpha_k$，因而 $U_j = \alpha_j V_j$，并且对于所有 $k \neq j$，$V_j \cdot V_k = \alpha_j^{-1}(U_j \cdot V_k) = 0$. 对称的论证将证明其逆命题.

8. 显然，$\nu_{t+1} \leq \nu_t$（算法 S 隐含地使用了该事实，因为当 t 增加时，s 不变）. 对于 $t = 2$，这等价于 $(m\mu_2/\pi)^{1/2} \geq (\frac{3}{4} m\mu_3/\pi)^{1/3}$，即 $\mu_3 \leq \frac{4}{3}\sqrt{m/\pi}\,\mu_2^{3/2}$. 对于给定的参数，这个界归约为 $\frac{4}{3}10^{-4}/\sqrt{\pi}$，但是对于大 m 和固定的 μ_2，上界 (40) 更好.

9. 令 $f(y_1, \ldots, y_t) = \theta$, 于是 $\gcd(y_1, \ldots, y_t) = 1$, 因而存在一个行列式为 1 的整数矩阵 W 以 $(y_1, \ldots, y_t)$ 为它的第一行. (通过对该行最小非零项的大小归纳, 可证明后一事实.) 现在, 如果 $X = (x_1, \ldots, x_t)$ 是行向量, 则我们有 $XW = X'$, 当且仅当 $X = X'W^{-1}$, 并且 W^{-1} 是行列式为 1 的整数矩阵, 因此被 WU 定义的二次型 g 满足 $g(x_1, \ldots, x_t) = f(x'_1, \ldots, x'_t)$, 且 $g(1, 0, \ldots, 0) = \theta$.

不失一般性, 假定 $f = g$. 如果 S 是任意正交矩阵, 则矩阵 US 与 U 定义相同的二次型, 因为 $(XUS)(XUS)^T = (XU)(XU)^T$. 选择 S 使得它的第一列是 U_1^T 的倍数, 而其他列是任意合适的向量, 则存在 $\alpha_1, \alpha_2, \ldots, \alpha_t$ 和某 $(t-1) \times (t-1)$ 矩阵 U', 使得

$$US = \begin{pmatrix} \alpha_1 & 0 & \ldots & 0 \\ \alpha_2 & & & \\ \vdots & & U' & \\ \alpha_t & & & \end{pmatrix}.$$

因此, $f(x_1, \ldots, x_t) = (\alpha_1 x_1 + \cdots + \alpha_t x_t)^2 + h(x_2, \ldots, x_t)$. 由此, $\alpha_1 = \sqrt{\theta}$ (事实上, 对于 $1 \le j \le t$, $\alpha_j = (U_1 \cdot U_j)/\sqrt{\theta}$), h 是由 U' 定义的正定二次型, 其中 $\det U' = (\det U)/\sqrt{\theta}$. 对 t 归纳可证明, 存在整数 $(x_2, \ldots, x_t)$ 满足

$$h(x_2, \ldots, x_t) \le \left(\tfrac{4}{3}\right)^{(t-2)/2} |\det U|^{2/(t-1)}/\theta^{1/(t-1)}.$$

对于这些整数值, 我们可以选择 x_1 使得 $|x_1 + (\alpha_2 x_2 + \cdots + \alpha_t x_t)/\alpha_1| \le \tfrac{1}{2}$, 这等价于 $(\alpha_1 x_1 + \cdots + \alpha_t x_t)^2 \le \tfrac{1}{4}\theta$. 因此

$$\theta \le f(x_1, \ldots, x_t) \le \tfrac{1}{4}\theta + \left(\tfrac{4}{3}\right)^{(t-2)/2} |\det U|^{2/(t-1)}/\theta^{1/(t-1)},$$

所求不等式由此立即得到.

[注记: 对于 $t = 2$, 该结果是最佳的. 对于一般的 t, 埃尔米特定理蕴涵 $\mu_t \le \pi^{t/2}(4/3)^{t(t-1)/4}/(t/2)!$. 闵可夫斯基提出一则基本定理 ("每个关于原点对称、体积 $\ge 2^t$ 的 t 维凸集都包含一个非零整数点"), 给出 $\mu_t \le 2^t$; 对于 $t \ge 9$, 这个结果比埃尔米特定理强. 更强的结果也已发现, 见式 (41).]

10. 由于 y_1 与 y_2 互素, 我们可以求解 $u_1 y_2 - u_2 y_1 = m$. 此外, 对于所有的 q, 有 $(u_1 + qy_1)y_2 - (u_2 + qy_2)y_1 = m$, 因此通过选择适当的 q, 我们可以确保 $2|u_1 y_1 + u_2 y_2| \le y_1^2 + y_2^2$. 于是, $y_2(u_1 + au_2) \equiv y_2 u_1 - y_1 u_2 \equiv 0 \pmod{m}$, 并且 y_2 一定与 m 互素, 因此 $u_1 + au_2 \equiv 0$. 最后, 令 $|u_1 y_1 + u_2 y_2| = \alpha m$, $u_1^2 + u_2^2 = \beta m$, $y_1^2 + y_2^2 = \gamma m$, 由于 $0 \le \alpha \le \tfrac{1}{2}\gamma$, 只剩下证明 $\alpha \le \tfrac{1}{2}\beta$ 和 $\beta\gamma \ge 1$. 等式 $(u_1 y_2 - u_2 y_1)^2 + (u_1 y_1 + u_2 y_2)^2 = (u_1^2 + u_2^2)(y_1^2 + y_2^2)$ 蕴涵 $1 + \alpha^2 = \beta\gamma$. 如果 $\alpha > \tfrac{1}{2}\beta$, 则我们有 $2\alpha\gamma > 1 + \alpha^2$, 即 $\gamma - \sqrt{\gamma^2 - 1} < \alpha \le \tfrac{1}{2}\gamma$. 但是 $\tfrac{1}{2}\gamma < \sqrt{\gamma^2 - 1}$ 意味 $\gamma^2 > \tfrac{4}{3}$, 矛盾.

11. 由于 a 为奇数, 所以 $y_1 + y_2$ 必定为偶数. 为了避免 y_1 和 y_2 均为偶数的解, 令 $y_1 = x_1 + x_2$, $y_2 = x_1 - x_2$, 以 $x_1 \perp x_2$ 并且 x_1 为偶数为条件, 解 $x_1^2 + x_2^2 = m/\sqrt{3} - \epsilon$; 对应的乘数 a 将是 $(x_2 - x_1)a \equiv x_2 + x_1 \pmod{2^e}$ 的解. 不难证明, $a \equiv 1 \pmod{2^{k+1}}$ 当且仅当 $x_1 \equiv 0 \pmod{2^k}$, 因此, 当 $x_1 \bmod 4 = 2$ 时, 我们得到最好的势. 该问题归结为找 $x_1^2 + x_2^2 = N$ 的互素解, 其中 N 是一个形如 $4k + 1$ 的大整数. 通过在高斯整数上对 N 分解因子, 我们可以看出, 当且仅当 N 的每个素因子 (在通常的整数上) 都形如 $4k + 1$ 时, 解存在.

由著名的费马素数定理, 每个形如 $4k + 1$ 的素数 p 都可以写成 $p = u^2 + v^2 = (u + iv)(u - iv)$, 其中 v 是偶数; 除 u 和 v 的符号外, 这种表示是唯一的. 数 u 和 v 可以高效地计算, 做法是解 $x^2 \equiv -1 \pmod{p}$, 然后用欧几里得算法在高斯整数上计算 $u + iv = \gcd(x + i, p)$. [我们可以对几乎一半的整数 n 取 $x = n^{(p-1)/4} \bmod p$. 欧几里得算法的这种应用本质上等于找出满足 $u \pm xv \equiv 0 \pmod{p}$ 的最小非零 $u^2 + v^2$. 当整数的欧几里得算法以一般的方式用于 p 和 x 时, u 和 v 的值也出现, 见约瑟夫·塞雷和埃尔米特, *J. de Math. Pures et Appl.* **13** (1848), 12–15.] 如果 N 的素因子分解是 $p_1^{e_1} \ldots p_r^{e_r} = (u_1 + iv_1)^{e_1}(u_1 - iv_1)^{e_1} \ldots (u_r + iv_r)^{e_r}(u_r - iv_r)^{e_r}$, 则通过令 $|x_2| + i|x_1| = (u_1 + iv_1)^{e_1}(u_2 \pm iv_2)^{e_2} \ldots (u_r \pm iv_r)^{e_r}$, 我们得到满足 $x_1^2 + x_2^2 = N$, $x_1 \perp x_2$ 并且 x_1 为偶数的 2^{r-1} 个不同解, 并且这些正是所有这样的解.

注记: 当 $m = 10^e$ 时,可以使用类似的过程,但工作量为五倍,因为我们必须一直尝试,直到找到一个满足 $x_1 \equiv 0 \pmod{10}$ 的解为止. 例如,当 $m = 10^{10}$ 时,我们有 $\lfloor m/\sqrt{3} \rfloor = 5773502691$,并且 $5773502689 = 53 \cdot 108934013 = (7 + 2i)(7 - 2i)(2203 + 10202i)(2203 - 10202i)$. 两个解分别是 $|x_2| + i|x_1| = (7 + 2i)(2203 + 10202i)$ 或 $(7 + 2i)(2203 - 10202i)$,前者给出 $|x_1| = 67008$(不好),而后者给出 $|x_1| = 75820$,$|x_2| = 4983$(可用). 表 1 的第 9 行通过取 $x_1 = 75820$,$x_2 = -4983$ 得到.

表的第 14 行按以下方法得到:$\lfloor 2^{32}/\sqrt{3} \rfloor = 2479700524$,递减尝试到 $N = 2479700521$,这等于 $37 \cdot 797 \cdot 84089$,有 4 个解 $N = 4364^2 + 49605^2 = 26364^2 + 42245^2 = 38640^2 + 31411^2 = 11960^2 + 48339^2$. 对应的乘数分别为 2974037721,2254986297,4246248609,956772177. 我们也试了 $N - 4$,但是它不符合要求,因为它能被 3 整除. 接下来,素数 $N - 8 = 45088^2 + 21137^2$ 导致乘数 3825140801. 类似地,我们从 $N - 20$,$N - 44$,$N - 48$ 等得到其他乘数. 第 14 行中的乘数是该过程找到的前 16 个乘数中最好的,它是从 $N - 68$ 得到的 4 个乘数中的一个.

12. $U_j{}' \cdot U_j{}' = U_j \cdot U_j + 2\sum_{i \neq j} q_i(U_i \cdot U_j) + \sum_{i \neq j}\sum_{k \neq j} q_i q_k(U_i \cdot U_k)$. 关于 q_k 的偏导数为式 (26) 左部的二倍. 如果可以达到最小值,则这些偏导数必须全部消失.

13. $u_{11} = 1$,$u_{21} =$ 无理数,$u_{12} = u_{22} = 0$.

14. 三次欧几里得步骤之后,我们发现 $\nu_2^2 = 5^2 + 5^2$,于是 S4 产生

$$U = \begin{pmatrix} -5 & 5 & 0 \\ -18 & -2 & 0 \\ 1 & -2 & 1 \end{pmatrix}, \qquad V = \begin{pmatrix} -2 & 18 & 38 \\ -5 & -5 & -5 \\ 0 & 0 & 100 \end{pmatrix}.$$

变换 $(j, q_1, q_2, q_3) = (1, *, 0, 2), (2, -4, *, 1), (3, 0, 0, *), (1, *, 0, 0)$,导致

$$U = \begin{pmatrix} -3 & 1 & 2 \\ -5 & -8 & -7 \\ 1 & -2 & 1 \end{pmatrix}, \qquad V = \begin{pmatrix} -22 & -2 & 18 \\ -5 & -5 & -5 \\ 9 & -31 & 29 \end{pmatrix}, \qquad Z = (0 \quad 0 \quad 1).$$

这样,正如我们从习题 3 已经知道的,$\nu_3 = \sqrt{6}$.

15. 式 (11) 中 q 可达到的最大值减去可达到的最小值加上 1 为 $|u_1| + \cdots + |u_t| - \delta$,其中如果存在 i 和 j 使得 $u_i u_j < 0$,则 $\delta = 1$;否则 $\delta = 0$. 例如,如果 $t = 5$,$u_1 > 0$,$u_2 > 0$,$u_3 > 0$,$u_4 = 0$,$u_5 < 0$,则可以达到的最大值为 $q = u_1 + u_2 + u_3 - 1$,最小值为 $q = u_5 + 1 = -|u_5| + 1$.

[注意,c 变化时,超平面的个数不变,因此覆盖 L 而非 L_0 的问题也可以如此解答. 然而,对于覆盖 L_0 的问题,所述公式并非总是准确的,因为与单位超立方体相交的超平面可能不都包含 L_0 的点. 在上面的例子中,如果 $u_1 + u_2 + u_3 > m$,则 L_0 中的值不可能达到 $q = u_1 + u_2 + u_3 - 1$;它是可达到的,当且仅当 $m - u_1 - u_2 - u_3 = x_1 u_1 + x_2 u_2 + x_3 u_3 + x_4|u_5|$ 存在非负整数解 (x_1, x_2, x_3, x_4). 当 $|u_1| + \cdots + |u_t|$ 为最小时,所述极限可能总是可达到的,但是这看来不是显而易见的.]

16. 只需要确定 (15) 的所有解,它们具有最小值 $|u_1| + \cdots + |u_t|$,如果其中有一个解的分量具有相反符号,则减 1.

取代正定二次型,我们使用颇为类似的函数 $f(x_1, \ldots, x_t) = |x_1 U_1 + \cdots + x_t U_t|$,定义 $|Y| = |y_1| + \cdots + |y_t|$. 不等式 (21) 可以用 $|x_k| \leq f(y_1, \ldots, y_t)\left(\max_{1 \leq j \leq t} |v_{kj}|\right)$ 取代.

这样可以得到如下的可运行算法. 步骤 S1 到 S3 改为 "置 $U \leftarrow (m)$,$V \leftarrow (1)$,$r \leftarrow 1$,$s \leftarrow m$,$t \leftarrow 1$".(这里,U 和 V 是 1×1 矩阵,从而二维情况将用一般方法处理. 当然,可以专门为 $t = 2$ 使用一个特殊过程,见习题 5 答案下面的参考文献.) 在步骤 S4 和 S7 中,置 $s \leftarrow \min(s, |U_k|)$. 在步骤 S7 中,置 $z_k \leftarrow \lfloor \max_{1 \leq j \leq t} |v_{kj}| s/m \rfloor$. 在步骤 S9 中,置 $s \leftarrow \min(s, |Y| - \delta)$. 在步骤 S10 中,输出 $s = N_t$. 原算法的其他部分不做改动,因为它产生向量已经足够短. [*Math. Comp.* **29** (1975), 827–833.]

17. 当 S9 中 $k > t$ 并且 $Y \cdot Y \leq s$ 时,输出 Y 和 $-Y$;此外,如果 $Y \cdot Y < s$,则收回先前对该 t 的向量输出. [在我计算表 1 数据的实验中,对于每个 ν_t,恰有一个向量(和它的反)输出,当 $y_1 = 0$ 或 $y_t = 0$ 时除外.]

18. (a) 令 $x = m$, $y = (1 - m)/3$, $v_{ij} = y + x\delta_{ij}$, $u_{ij} = -y + \delta_{ij}$. 于是, 对于 $j \neq k$, $V_j \cdot V_k = \frac{1}{3}(m^2 - 1)$, $V_k \cdot V_k = \frac{2}{3}(m^2 + \frac{1}{2})$, $U_j \cdot U_j = \frac{1}{3}(m^2 + 2)$, $z_k \approx \sqrt{\frac{2}{9}}\, m$. (这个例子满足 $a = 1$ 时的式 (28), 并且对于所有的 $m \equiv 1$ (modulo 3) 有效.)

(b) 在步骤 S5 中, 交换 U 和 V. 对所有改变的 U_i 还置 $s \leftarrow \min(s, U_i \cdot U_i)$. 例如, 当 $m = 64$ 时, 以 $j = 1$ 把该变换用于 (a) 的矩阵, 把

$$V = \begin{pmatrix} 43 & -21 & -21 \\ -21 & 43 & -21 \\ -21 & -21 & 43 \end{pmatrix}, \quad U = \begin{pmatrix} 22 & 21 & 21 \\ 21 & 22 & 21 \\ 21 & 21 & 22 \end{pmatrix}$$

化简为

$$V = \begin{pmatrix} 1 & 1 & 1 \\ -21 & 43 & -21 \\ -21 & -21 & 43 \end{pmatrix}, \quad U = \begin{pmatrix} 22 & 21 & 21 \\ -1 & 1 & 0 \\ -1 & 0 & 1 \end{pmatrix}.$$

[由于该变换可能增加 V_j 的长度, 结合使用这两种变换的算法必须小心避免无限循环. 又见习题 23.]

19. 否, 因为所有非对角线元素非负、所有对角线元素为 1 的非单位矩阵之积不可能是单位矩阵.

[然而, 如果当 $-2V_i \cdot V_j = V_j \cdot V_j$ 时以 $q = -1$ 进行子序列变换, 则循环是可能的. 如果允许非缩短的变换, 则舍入规则必须是关于符号非对称的.]

20. $a \bmod 8 = 5$ 时, 对于周期中的 x, 诸点 $2^{-e}(x, s(x), \ldots, s^{[t-1]}(x))$ 与诸点 $2^{2-e}(y, \sigma(y), \ldots, \sigma^{t-1}(y))$ $(0 \leq y < 2^{e-2})$ 加上 $2^{-e}(t, \ldots, t)$ 相同, 其中 $\sigma(y) = (ay + \lfloor a/4 \rfloor t) \bmod 2^{e-2}$, $t = X_0 \bmod 4$. 因此, 在这种情况下, 我们应该以 $m = 2^{e-2}$ 使用算法 S.

$a \bmod 8 = 3$ 时, 覆盖诸点 $2^{-e}(x, s(x), \ldots, s^{[t-1]}(x))$ 的平行超平面之间的最大距离与覆盖诸点 $2^{-e}(x, -s(x), \ldots, (-1)^{t-1}s^{[t-1]}(x))$ 的平行超平面之间的最大距离相同, 因为对坐标取相反数不改变距离. 上述第二组点也就是 $2^{2-e}(y, \sigma(y), \ldots, \sigma^{t-1}(y))$ 加上一个常数偏移量, 其中 $\sigma(y) = (-ay - \lceil a/4 \rceil t) \bmod 2^{e-2}$. 我们再次以 $m = 2^{e-2}$ 使用算法 S; 把 a 改变成 $m - a$ 对结果没有影响.

21. $X_{4n+4} \equiv X_{4n}$ (modulo 4), 因此现在令 $V_1 = (4, 4a^2, 4a^3)/m$, $V_2 = (0, 1, 0)$, $V_3 = (0, 0, 1)$ 来定义对应的格 L_0 是合适的.

24. 令 $m = p$, 可以给出类似于正文的分析. 例如, 当 $t = 4$ 时, 我们有 $X_{n+3} = ((a^2 + b)X_{n+1} + abX_n) \bmod m$, 并且希望最小化 $u_1^2 + u_2^2 + u_3^2 + u_4^2 \neq 0$ 使得 $u_1 + bu_3 + abu_4 \equiv u_2 + au_3 + (a^2 + b)u_4 \equiv 0$ (modulo m).

把步骤 S1 到 S3 改为如下操作:

$$U \leftarrow \begin{pmatrix} m & 0 \\ 0 & m \end{pmatrix}, \quad V \leftarrow \begin{pmatrix} 1 & 0 \\ 0 & 1 \end{pmatrix}, \quad R \leftarrow \begin{pmatrix} 1 & 0 \\ 0 & 1 \end{pmatrix}, \quad s \leftarrow m^2, \quad t \leftarrow 2,$$

并输出 $\nu_2 = m$. 步骤 S4 改为下面的步骤.

S4'. [推进 t.] 如果 $t = T$, 则算法终止. 否则, 置 $t \leftarrow t + 1$, $R \leftarrow R\begin{pmatrix} 0 & b \\ 1 & a \end{pmatrix} \bmod m$. 置 U_t 为 t 个元素的新行 $(-r_{12}, -r_{22}, 0, \ldots, 0, 1)$, 并且对于 $1 \leq i < t$, 置 $u_{it} \leftarrow 0$. 置 V_t 为新行 $(0, \ldots, 0, m)$. 对于 $1 \leq i < t$, 置 $q \leftarrow \text{round}((v_{i1}r_{12} + v_{i2}r_{22})/m)$, $v_{it} \leftarrow v_{i1}r_{12} + v_{i2}r_{22} - qm$, $U_t \leftarrow U_t + qU_i$. 最后, 置 $s \leftarrow \min(s, U_t \cdot U_t)$, $k \leftarrow t$, $j \leftarrow 1$.

[类似推广适用于满足线性递推式 3.2.2-(8)、长度为 $p^k - 1$ 的所有序列. 其他数值示例见安德里亚斯·格鲁贝, *Zeitschrift für angewandte Math. und Mechanik* **53** (1973), T223–T225; 勒屈耶、弗朗索瓦·布劳因和库蒂尔, *ACM Trans. Modeling and Comp. Simul.* **3** (1993), 87–98.]

25. 给定的和最多是量 $\sum_{0 \leq k \leq m/(2d)} r(dk) = 1 + \frac{1}{d}f(m/d)$ 的二倍, 其中

$$f(m) = \frac{1}{m} \sum_{1 \leq k \leq m/2} \csc(\pi k/m)$$

$$= \frac{1}{m} \int_1^{m/2} \csc(\pi x/m)\, dx + O\left(\frac{1}{m}\right) = \frac{1}{\pi} \ln \tan\left(\frac{\pi}{2m}x\right)\Big|_1^{m/2} + O\left(\frac{1}{m}\right).$$

[当 $d = 1$ 时, 我们有 $\sum_{0 \le k < m} r(k) = (2/\pi) \ln m + 1 + (2/\pi) \ln(2e/\pi) + O(1/m)$.]

26. 如果 $\gcd(q, m) = d$, 则用 m/d 替代 m 可以做同样的推导. 假设我们有 $m = p_1^{e_1} \ldots p_r^{e_r}$, $\gcd(a - 1, m) = p_1^{f_1} \ldots p_r^{f_r}$, $d = p_1^{d_1} \ldots p_r^{d_r}$. 如果 m 被 m/d 替换, 则 s 被 $p_1^{\max(0, e_1 - f_1 - d_1)} \ldots p_r^{\max(0, e_r - f_r - d_r)}$ 替换. 由于 $m/d > 1$, 因而我们也可以用 $N \bmod (m/d)$ 替换 N.

27. 使用如下函数是方便的: 如果 $x = 0$ 则 $\rho(x) = 1$, 如果 $0 < x \le m/2$ 则 $\rho(x) = x$, 如果 $m/2 < x < m$ 则 $\rho(x) = m - x$; 如果 $0 \le x \le m/2$ 则 $\mathrm{trunc}(x) = \lfloor x/2 \rfloor$, 如果 $m/2 < x < m$ 则 $\mathrm{trunc}(x) = m - \lfloor (m-x)/2 \rfloor$; 如果 $x = 0$ 则 $L(x) = 0$, 如果 $0 < x \le m/2$ 则 $L(x) = \lfloor \lg x \rfloor + 1$, 如果 $m/2 < x < m$ 则 $L(x) = -(\lfloor \lg(m-x) \rfloor + 1)$; $l(x) = \max(1, 2^{|x|-1})$. 注意, 对于 $0 < x < m$, $l(L(x)) \le \rho(x) < 2l(L(x))$, 并且 $2\rho(x) \le 1/r(x) = m \sin(\pi x/m) < \pi \rho(x)$.

如果向量 $(u_1, \ldots, u_t)$ 是非零向量并满足式 (15), 则我们说它是坏的. 令 $\rho_{\min}$ 为所有坏的 $(u_1, \ldots, u_t)$ 上的 $\rho(u_1) \ldots \rho(u_t)$ 的最小值. 向量 $(u_1, \ldots, u_t)$ 称作在类 $(L(u_1), \ldots, L(u_t))$ 中. 这样, 最多有 $(2\lg m + 1)^t$ 个类, 类 $(L_1, \ldots, L_t)$ 最多包含 $l(L_1) \ldots l(L_t)$ 个向量. 我们的证法是, 证明每个固定类中的坏向量最多对 $\sum r(u_1, \ldots, u_t)$ 贡献 $2/\rho_{\min}$, 由此可得到所求证的界, 因为 $1/\rho_{\min} < \pi^t r_{\max}$.

令 $\mu = \lfloor \lg \rho_{\min} \rfloor$. 向量上的 μ 重截断操作定义为如下操作重复 μ 次: "令 j 为使得 $\rho(u_j) > 1$ 的最小值, 并用 $\mathrm{trunc}(u_j)$ 替代 u_j; 如果对于所有的 j 都有 $\rho(u_j) = 1$, 则什么也不做." (这个操作本质上就是丢弃关于 $(u_1, \ldots, u_t)$ 的一位信息. 如果 $(u_1', \ldots, u_t')$ 和 $(u_1'', \ldots, u_t'')$ 是具有相同 μ 重截断的同类向量, 则我们说它们是相似的. 在这种情况下, $\rho(u_1' - u_1'') \ldots \rho(u_t' - u_t'') < 2^\mu \le \rho_{\min}$. 例如, 当 m 很大并且 $\mu = 5$ 时, 任何两个形如 $((1x_2x_1)_2, 0, m - (1x_3)_2, (101x_5x_4)_2, (1101)_2)$ 的向量都是相似的, 因为 μ 重截断操作依次移掉 x_1, x_2, x_3, x_4, x_5. 由于两个坏向量之差满足式 (15), 因此两个不等的坏向量不可能相似. 因此, 类 $(L_1, \ldots, L_t)$ 最多可能包含 $\max(1, l(L_1) \ldots l(L_t)/2^\mu)$ 个坏向量. 如果类 $(L_1, \ldots, L_t)$ 恰包含一个坏向量 $(u_1, \ldots, u_t)$, 则我们有 $r(u_1, \ldots, u_t) \le r_{\max} \le 1/\rho_{\min}$; 如果它包含小于或等于 $l(L_1) \ldots l(L_t)/2^\mu$ 个坏向量, 则它们每个都满足 $r(u_1, \ldots, u_t) \le 1/\rho(u_1) \ldots \rho(u_t) \le 1/l(L_1) \ldots l(L_t)$, 于是 $1/2^\mu < 2/\rho_{\min}$.

28. 令 $\zeta = e^{2\pi i/(m-1)}$, $S_{kl} = \sum_{0 \le j < m-1} \omega^{x_{j+l}} \zeta^{jk}$. 式 (51) 的类似公式为 $|S_{k0}| = \sqrt{m}$, 因此式 (53) 的类似公式为

$$\left| N^{-1} \sum_{0 \le n < N} \omega^{x_n} \right| = O((\sqrt{m} \log m)/N).$$

现在, 类似的定理表述为

$$D_N^{(t)} = O\left(\frac{\sqrt{m}\,(\log m)^{t+1}}{N} \right) + O\left((\log m)^t r_{\max} \right), \qquad D_{m-1}^{(t)} = O((\log m)^t r_{\max}).$$

事实上, $D_{m-1}^{(t)} \le \frac{m-2}{m-1} \sum r(u_1, \ldots, u_t)$ [在式 (15) 的非零解上求和] $+ \frac{1}{m-1} \sum r(u_1, \ldots, u_t)$ [在所有的非零的 $(u_1, \ldots, u_t)$ 上求和]. 在习题 25 中取 $d = 1$, 后一个和为 $O(\log m)^t$, 而前一个和可按照习题 27 做法处理.

现在, 让我们考量量 $R(a) = \sum r(u_1, \ldots, u_t)$, 在式 (15) 的非零解上求和. 由于 m 是素, 因此每个 $(u_1, \ldots, u_t)$ 至多对于 a 的 $t-1$ 个值可能是式 (15) 的解, 因此 $\sum_{0 < a < m} R(a) \le (t-1) \sum r(u_1, \ldots, u_t) = O(t(\log m)^t)$. 由此, 取遍所有 $\varphi(m-1)$ 个原根, $R(a)$ 的平均值为 $O(t(\log m)^t/\varphi(m-1))$.

注记: 一般地, $1/\varphi(n) = O(\log \log n/n)$. 因此, 我们证明了对于所有的素数 m 和所有的 T, 存在一个模 m 原根 a, 使得对于 $1 \le t \le T$, 线性同余序列 $(1, a, 0, m)$ 具有偏差 $D_{m-1}^{(t)} = O(m^{-1} T (\log m)^T \log \log m)$. 对于周期为 2^e 的模 2^e 线性同余序列, 不能扩展这种证明方法, 得到类似结果, 因为以向量 $(1, -3, 3, -1)$ 为例, 它对于大约 $2^{2e/3}$ 个 a 值都是式 (15) 的解.

29. 为了得到一个上界, 允许 $u = (u_1, \ldots, u_t)$ 的非零分量为任意实数 $1 \le |u_j| \le \frac{1}{2}m$. 如果 k 个分量非零, 则用习题 27 答案的记号, 我们有 $r(u) \le 1/(2^k \rho(u))$. 而如果 $u_1^2 + \cdots + u_t^2$ 具有给定值 ν^2, 则取 $u_1 = \cdots = u_{k-1} = 1$, $u_k^2 = \nu^2 - k + 1$, 可以最小化 $\rho(u)$. 因此, $r(u) \le 1/(2^k \sqrt{\nu^2 - k + 1})$. 但是, $2^k \sqrt{\nu^2 - k + 1} \ge \sqrt{8}\nu$, 因为 $\nu \ge k \ge 2$.

30. 首先, 让我们对于 $1 \leq q < m$ 和 $0 \leq p < a$, 最小化 $q|aq - mp|$. 使用习题 4.5.3–42 的记号, 对于 $0 \leq n \leq s$, 我们有 $aq_n - mp_n = (-1)^n K_{s-n-1}(a_{n+2}, \ldots, a_s)$. 在区间 $q_{n-1} \leq q < q_n$, 我们有 $|aq - mp| \geq |aq_{n-1} - mp_{n-1}|$, 从而 $q|aq - mp| \geq q_{n-1}|aq_{n-1} - mp_{n-1}|$, 最小值是 $\min_{0 \leq n < s} q_n|aq_n - mp_n| = \min_{0 \leq n < s} K_n(a_1, \ldots, a_n) K_{s-n-1}(a_{n+2}, \ldots, a_s)$. 由习题 4.5.3–32, 我们有 $m = K_n(a_1, \ldots, a_n) a_{n+1} K_{s-n-1}(a_{n+2}, \ldots, a_s) + K_n(a_1, \ldots, a_n) K_{s-n-2}(a_{n+3}, \ldots, a_s) + K_{n-1}(a_1, \ldots, a_{n-1}) K_{s-n-1}(a_{n+2}, \ldots, a_s)$. 问题本质上是对量 $m/K_n(a_1, \ldots, a_n) K_{s-n-1}(a_{n+2}, \ldots, a_s)$ 最大化, 它落在 a_{n+1} 和 $a_{n+1} + 2$ 之间.

现在, 令 $A = \max(a_1, \ldots, a_s)$. 由于 $r(m - u) = r(u)$, 因此对于 $1 \leq u \leq \frac{1}{2}m$, 我们可以假定 $r_{\max} = r(u)r(au \bmod m)$. 令 $u' = \min(au \bmod m, (-au) \bmod m)$, 我们有 $r_{\max} = r(u)r(u')$. 由前一段我们知道 $uu' \geq qq'$, 其中 $A/m \leq 1/qq' \leq (A+2)/m$. 此外, 对于 $0 < u \leq \frac{1}{2}m$, $2u \leq r(u)^{-1} \leq \pi u$, 因而 $r_{\max} \leq 1/(4uu')$. 因此, 我们有 $r_{\max} \leq (A+2)/(4m)$. (存在一个类似的下界, 即 $r_{\max} > A/(\pi^2 m)$.)

31. 该猜想等价于: 对于所有的大 m, 都存在 n 和 $a_i \in \{1, 2, 3\}$, 使之可表示成 $m = K_n(a_1, \ldots, a_n)$. 对于固定的 n, 3^n 个数 $K_n(a_1, \ldots, a_n)$ 的平均值的阶为 $(1 + \sqrt{2})^n$, 标准差的阶为 $(2.51527)^n$, 因此该猜想几乎肯定为真. 1972 年, 扎伦巴猜测所有的 m 都可以用 $a_i \leq 5$ 表示; 后来, 托马斯·卡西克取得了进一步进展 [*Mathematika* **24** (1977), 166–172]. 之后的工作已经由亚历克斯·孔托罗维奇拟定 [*Bull. Amer. Math. Soc.* **50** (2013), 187–228]. 看来, 只有 $m = 54$ 和 $m = 150$ 需要 $a_i = 5$, 而需要 4 的最大几个 m 值为 2052, 2370, 5052, 6234. 至少, 对于小于 2000000 的所有其他整数, 作者已经发现如何用 $a_i \leq 3$ 表示. 当我们需要 $a_i \leq 2$ 时, $K_n(a_1, \ldots, a_n)$ 的平均值为 $\frac{4}{5}2^n + \frac{1}{5}(-2)^{-n}$, 而标准差随 $(2.04033)^n$ 而增长. 在我的实验中 (对于 $m \leq 2^{20}$, 考虑 2^6 个块, 每块有 2^{14} 个数), 这种数的密度看来是在 0.50 和 0.65 之间变化.

[关于求具有小部分商的乘数的计算方法, 见博罗沙和尼德赖特, *BIT* **23** (1983), 65–74. 他们已经对于 $25 \leq e \leq 35$, 找出了 $m = 2^e$ 的 2-有界解.]

32. (a) $U_n - Z_n/m_1 \equiv (m_2 - m_1)Y_n/m_1 m_2$ (modulo 1), 并且 $(m_1 - m_2)/m_1 m_2 \approx 2^{-54}$. (因此, 我们可以通过分析 U_n 来分析 Z_n 的高阶位. 低阶位也可能是随机的, 但是这个论证对它们并不适用.)
(b) 对于所有的 n, 我们有 $U_n = W_n/m$. 中国剩余定理表明, 我们只需要验证同余式 $W_n \equiv X_n m_2$ (modulo m_1) 和 $W_n \equiv -Y_n m_1$ (modulo m_2), 因为 $m_1 \perp m_2$. [勒屈耶和手塚集, *Math. Comp.* **57** (1991), 735–746.]

3.4.1 节

1. $\alpha + (\beta - \alpha)U$.

2. 令 $U = X/m$, 于是 $\lfloor kU \rfloor = r \iff r \leq kX/m < r + 1 \iff mr/k \leq X < m(r+1)/k \iff \lceil mr/k \rceil \leq X < \lceil m(r+1)/k \rceil$. 准确的概率由公式 $(1/m)(\lceil m(r+1)/k \rceil - \lceil mr/k \rceil) = 1/k + \epsilon$ 给出, 其中 $|\epsilon| < 1/m$.

3. 如果给定全字随机数, 则像习题 2 中那样, 结果最多偏离正确分布的 $1/m$, 但是所有的超出都赋予最小的结果. 因此, 如果 $k \approx m/3$, 则结果小于 $k/2$ 的可能性约为 $\frac{2}{3}$. 得到完全均匀分布的更好方法是, 如果 $U \geq k\lfloor m/k \rfloor$ 则拒绝 U. 见高德纳, *The Stanford GraphBase* (New York: ACM Press, 1994), 221.

另一方面, 如果使用线性同余序列, 则由 3.2.1.1 节的结果, k 必须与模数 m 互素, 以免随机数具有很短的周期. 例如, 如果 $k = 2$ 而 m 为偶数, 则在最好情况下, 诸数为交替的 0 和 1. 几乎在每种情况下, 该方法都比 (1) 慢, 因此并不推荐它.

然而, 不幸的是, 许多高级程序设计语言都不支持式 (1) 中的 himult 操作, 见习题 3.2.1.1–3. 当没有 himult 操作可用时, 除以 m/k 可能是最好的操作.

4. $\max(X_1, X_2) \leq x$, 当且仅当 $X_1 \leq x$ 并且 $X_2 \leq x$; $\min(X_1, X_2) \geq x$, 当且仅当 $X_1 \geq x$ 并且 $X_2 \geq x$. 两个独立事件都发生的概率是单个事件发生概率的乘积.

5. 得到独立的均匀偏差 U_1 和 U_2. 置 $X \leftarrow U_2$. 如果 $U_1 \geq p$, 则置 $X \leftarrow \max(X, U_3)$, 其中 U_3 是第三个均匀偏差. 如果 $U_1 \geq p + q$, 则还置 $X \leftarrow \max(X, U_4)$, 其中 U_4 是第四个均匀偏差. 这种方法显然可以推广到任意多项式, 甚至可以推广到无穷幂级数 (如算法 S 所示, 那里使用最小化而不是最大化).

我们还可以按如下步骤处理（由麦克拉伦建议）：如果 $U_1 < p$，则 $X \leftarrow U_1/p$；否则，如果 $U_1 < p+q$，则置 $X \leftarrow \max((U_1-p)/q, U_2)$；否则置 $X \leftarrow \max((U_1-p-q)/r, U_2, U_3)$. 这种方法得到均匀偏差的时间比前面的方法短，不过它涉及更多的算术操作并且数值稳定性稍差.

6. $F(x) = A_1/(A_1+A_2)$，其中 A_1 和 A_2 是如图 A–4 所示的面积. 因此，

$$F(x) = \frac{\int_0^x \sqrt{1-y^2}\,dy}{\int_0^1 \sqrt{1-y^2}\,dy} = \frac{2}{\pi}\arcsin x + \frac{2}{\pi}x\sqrt{1-x^2}.$$

每次遇到步骤 2，在步骤 2 终止的概率为 $p = \pi/4$，因此步骤 2 的执行次数服从几何分布. 由习题 17，该数的特征是（最小值 1，平均值 $4/\pi$，最大值 ∞，标准差 $(4/\pi)\sqrt{1-\pi/4}$）.

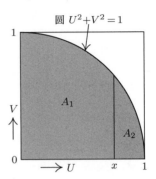

图 A–4 习题 6 的算法的"接受"区域

7. 如果 $k=1$，则 $n_1 = n$，该问题是平凡的. 否则，总能找到 $i \neq j$ 使得 $n_i \leq n \leq n_j$. 用 n_i 个 C_i 颜色和 $n-n_i$ 个 C_j 颜色的立方体填充 B_i，然后 n_j 减去 $n-n_i$ 并删除颜色 C_i. 新问题和原问题具有相同类型，但 k 减少了 1. 由归纳法，这是能做到的.

下面的算法也可以用来计算 P 表和 Y 表：构造对偶 $(p_1, 1)\ldots(p_k, k)$ 的列表，按第一个分量排序，得到列表 $(q_1, a_1)\ldots(q_k, a_k)$，其中 $q_1 \leq \cdots \leq q_k$. 置 $n \leftarrow k$，然后重复如下操作，直到 $n=0$：置 $P[a_1-1] \leftarrow kq_1$，$Y[a_1-1] \leftarrow x_{a_n}$；删除 (q_1, a_1) 和 (q_n, a_n)，然后插入一个新表目 $(q_n - (1/k - q_1), a_n)$ 到该列表的适当位置，并把 n 减 1.

[如果 $p_j < 1/k$，则该算法永远不会把 x_j 放入 Y 表. 这一事实也被算法 M 暗中使用. 该算法总是对剩余元素"劫富济贫"，试图最大化式 (3) 中 $V < P_K$ 的概率. 然而，很难确定这个概率的绝对最大值，因为这一任务的难度不亚于"装箱问题"（bin-packing problem），见 7.9 节.]

8. 对于 $0 \leq j < k$，用 $(j+P_j)/k$ 替换 P_j.

9. 考虑 $f''(x) = \sqrt{2/\pi}\,(x^2-1)e^{-x^2/2}$ 的符号.

10. 对于 $1 \leq j \leq 16$，令 $S_j = (j-1)/5$，并且对于 $1 \leq j \leq 15$，令 $p_{j+15} = F(S_{j+1}) - F(S_j) - p_j$，还令 $p_{31} = 1 - F(3)$，$p_{32} = 0$. （式 (15) 定义 $p_1, \ldots, p_{15}$.）现在，取 $k = 32$，可以使用习题 7 的算法来计算 P_j 和 Y_j；之后，对于 $1 \leq j \leq 32$，我们有 $1 \leq Y_j \leq 15$. 置 $P_0 \leftarrow P_{32}$（它为 0），$Y_0 \leftarrow Y_{32}$. 然后，对于 $0 \leq j < 32$，置 $Z_j \leftarrow 1/(5-5P_j)$，$Y_j \leftarrow \frac{1}{5}Y_j - Z_j$；对于 $1 \leq j \leq 15$，置 $Q_j \leftarrow 1/(5P_j)$.

令 $h = \frac{1}{5}$. 对于 $S_j \leq x \leq S_j + h$，令 $f_{j+15}(x) = \sqrt{2/\pi}(e^{-x^2/2} - e^{-j^2/50})/p_{j+15}$. 然后，对于 $1 \leq j \leq 5$，令 $a_j = f_{j+15}(S_j)$；对于 $6 \leq j \leq 15$，令 $b_j = f_{j+15}(S_j)$；对于 $1 \leq j \leq 5$，令 $b_j = -hf'_{j+15}(S_j+h)$；对于 $6 \leq j \leq 15$，令 $a_j = f_{j+15}(x_j) + (x_j - S_j)b_j/h$，其中 x_j 是方程 $f'_{j+15}(x_j) = -b_j/h$ 的根. 最后，对于 $1 \leq j \leq 15$，置 $D_{j+15} \leftarrow a_j/b_j$j；对于 $1 \leq j \leq 5$，置 $E_{j+15} \leftarrow 25/j$；对于 $6 \leq j \leq 15$，置 $E_{j+15} \leftarrow 1/(e^{(2j-1)/50} - 1)$.

使用如下中间值计算表 1：$(p_1, \ldots, p_{31}) = (0.156, 0.147, 0.133, 0.116, 0.097, 0.078, 0.060, 0.044, 0.032, 0.022, 0.014, 0.009, 0.005, 0.003, 0.002, 0.002, 0.005, 0.007, 0.009, 0.010, 0.009, 0.009, 0.008, 0.006, 0.005, 0.004, 0.002, 0.002, 0.001, 0.001, 0.003)$；$(x_6, \ldots, x_{15}) = (1.115, 1.304, 1.502, 1.700, 1.899, 2.099, 2.298, 2.497, 2.697, 2.896)$；$(a_1, \ldots, a_{15}) = (7.5, 9.1, 9.5, 9.8, 9.9, 10.0, 10.0, 10.1, 10.1, 10.1, 10.1, 10.2, 10.2, 10.2, 10.2)$；$(b_1, \ldots, b_{15}) = (14.9, 11.7, 10.9, 10.4, 10.1, 10.1, 10.2, 10.3, 10.4, 10.5, 10.6, 10.7, 10.7, 10.8, 10.9)$.

11. 对于 $t \geq 3$, 令 $g(t) = e^{9/2} t e^{-t^2/2}$. 由于 $G(x) = \int_3^x g(t)\,dt = 1 - e^{-(x^2-9)/2}$, 具有密度 g 的随机变量 X 可以通过置 $X \leftarrow G^{[-1]}(1-V) = \sqrt{9 - 2\ln V}$ 来计算. 现在, 对于 $t \geq 3$ 有 $e^{-t^2/2} \leq (t/3) e^{-t^2/2}$. 因而, 以概率 $f(X)/cg(X) = 3/X$ 接受 X, 便得到正确的拒绝方法.

12. 对于 $x \geq 0$, 我们有 $f'(x) = x f(x) - 1 < 0$, 因为对于 $x > 0$, $f(x) = x^{-1} - e^{x^2/2} \int_x^\infty e^{-t^2/2}\,dt/t^2$. 令 $x = a_{j-1}$, $y^2 = x^2 + 2\ln 2$, 于是

$$\sqrt{2/\pi} \int_y^\infty e^{-t^2/2}\,dt = \tfrac{1}{2}\sqrt{2/\pi}\, e^{-x^2/2} f(y) < \tfrac{1}{2}\sqrt{2/\pi}\, e^{-x^2/2} f(x) = 2^{-j},$$

因此 $y > a_j$.

13. 取 $b_j = \mu_j$. 现在对于每个 j, 取 $\mu_j = 0$ 考虑该问题. 使用矩阵记号, 如果 $Y = AX$, 其中 $A = (a_{ij})$, 则我们需要 $AA^T = C = (c_{ij})$. (使用另一种记号表示, 如果 $Y_j = \sum a_{jk} X_k$, 则 $Y_i Y_j$ 的平均值为 $\sum a_{ik} a_{jk}$.) 如果可以求解这个矩阵方程, 解出 A, 则可以解出三角矩阵 A, 因为对于某正交矩阵 U 和某三角矩阵 B, $BB^T = C$, 有 $A = BU$. 为求得所期望的三角矩阵解, 可以相继对 a_{11}, a_{21}, a_{22}, a_{31}, a_{32} 等, 解方程 $a_{11}^2 = c_{11}$, $a_{11} a_{21} = c_{12}$, $a_{21}^2 + a_{22}^2 = c_{22}$, $a_{11} a_{31} = c_{13}$, $a_{21} a_{31} + a_{22} a_{32} = c_{23}$, $\ldots$. [注记: 协方差矩阵必然是半正定的, 因为 $\left(\sum y_j Y_j\right)^2$ 的平均值为 $\sum c_{ij} y_i y_j$, 必然非负. 当 C 是半正定矩阵时, 总存在一个解, 因为 $C = U^{-1} \mathrm{diag}(\lambda_1, \ldots, \lambda_n) U$, 其中本征值 λ_j 非负, 而 $U^{-1} \mathrm{diag}(\sqrt{\lambda_1}, \ldots, \sqrt{\lambda_n}) U$ 是一个解.]

14. 如果 $c > 0$, 则 $F(x/c)$; 如果 $c = 0$, 则阶梯函数 $[x \geq 0]$; 如果 $c < 0$, 则 $1 - F(x/c)$.

15. 分布 $\int_{-\infty}^\infty F_1(x - t)\,dF_2(t)$. 密度 $\int_{-\infty}^\infty f_1(x - t) f_2(t)\,dt$. 这称为给定分布的卷积.

16. 显然, 对于所有的 t, $f(t) \leq cg(t)$, 满足要求. 由于 $\int_0^\infty g(t)\,dt = 1$, 因此对于 $0 \leq t < 1$, 我们有 $g(t) = C t^{a-1}$; 对于 $t \geq 1$, $g(t) = C e^{-t}$; 其中 $C = ae/(a+e)$. 具有密度 g 的随机变量容易得到, 只需结合如下两个分布: $G_1(x) = x^a$, $0 \leq x < 1$; $G_2(x) = 1 - e^{1-x}$, $x \geq 1$.

> **G1.** [初始化.] 置 $p \leftarrow e/(a+e)$. (这是用到 G_1 的概率.)
>
> **G2.** [生成 G 偏差.] 生成独立的均匀偏差 U 和 V, 其中 $V \neq 0$. 如果 $U < p$, 则置 $X \leftarrow V^{1/a}$, $q \leftarrow e^{-X}$; 否则置 $X \leftarrow 1 - \ln V$, $q \leftarrow X^{a-1}$. (现在, X 具有密度 g, 并且 $q = f(X)/cg(X)$.)
>
> **G3.** [拒绝?] 生成一个新的均匀偏差 U. 如果 $U \geq q$, 则返回 G2. ∎

平均迭代次数为 $c = (a+e)/(e\Gamma(a+1)) < 1.4$.

可以用多种方法精简这一过程. 比如说, 首先, 我们可以用算法 S 生成均值为 1 的指数偏差 Y 来取代 V, 然后在这两种情况下, 分别置 $X \leftarrow e^{-Y/a}$ 或 $X \leftarrow 1 + Y$. 如果我们在第一种情况下置 $q \leftarrow p e^{-X}$, 而在第二种情况下置 $q \leftarrow p + (1-p)X^{a-1}$, 则可以使用原来的 U, 不用在步骤 G3 中新生成 U. 最后, 如果 $U < p/e$, 则我们可以立即接受 $V^{1/a}$, 从而在大约占到 30% 的情况下, 不必计算 q.

17. (a) 对于 $x \geq 0$, $F(x) = 1 - (1-p)^{\lfloor x \rfloor}$. (b) $G(z) = pz/(1 - (1-p)z)$. (c) 均值 $1/p$, 标准差 $\sqrt{1-p}/p$. 为了计算后者, 注意如果 $H(z) = q + (1-q)z$, 则 $H'(1) = 1 - q$, 并且 $H''(1) + H'(1) - (H'(1))^2 = q(1-q)$; 因而 $1/H(z)$ 的均值和方差分别为 $q - 1$ 和 $q(q-1)$. (见 1.2.10 节.) 在这种情况下, $q = 1/p$; $G(z)$ 的分母中的额外因子 z 使均值加 1.

18. 置 $N \leftarrow N_1 + N_2 - 1$, 其中 N_1 和 N_2 是独立的, 具有概率为 p 的几何分布. (考虑生成函数.)

19. 置 $N \leftarrow N_1 + \cdots + N_t - t$, 其中 N_j 具有概率为 p 的几何分布. (当进行一系列独立的试验, 每个试验成功的概率为 p 时, 这是第 t 次成功之前的失败次数.)

对于 $t = p = \tfrac{1}{2}$ 的特殊情形, 以及分布的均值 (即 $t(1-p)/p$) 很小的一般情形, 我们只需用下面的算法, 对于 $n = 0, 1, 2, \ldots$, 相继计算概率 $p_n = \binom{t-1+n}{n} p^t (1-p)^n$.

> **N1.** [初始化.] 置 $N \leftarrow 0$, $q \leftarrow p^t$, $r \leftarrow q$, 并生成一个随机的均匀偏差 U. (在算法执行期间, 我们将有 $q = p_N$ 和 $r = p_0 + \cdots + p_N$. $U < r$ 时算法立即停止.)
>
> **N2.** [迭代.] 如果 $U \geq r$, 则置 $N \leftarrow N + 1$, $q \leftarrow q(1-p)(t-1+N)/N$, $r \leftarrow r + q$, 并重复此步骤. 否则, 返回 N 并终止. ∎

[对于负二项分布, 罗格·莱热提出了一种有趣的方法, 适用于任意大的实数值 t: 首先生成一个 t 阶的随机 Γ 偏差 X, 然后令 N 为均值为 $X(1-p)/p$ 的随机泊松偏差.]

20. $R1 = 1 + (1 - A/R) \cdot R1$. 当 R2 执行时, 算法以概率 I/R 终止; 当 R3 执行时, 算法以概率 E/R 转到 R1. 我们有

R1	R/A	R/A	R/A	R/A
R2	0	R/A	0	R/A
R3	0	0	R/A	$R/A - I/A$
R4	R/A	$R/A - I/A$	$R/A - E/A$	$R/A - I/A - E/A$

21. $R = \sqrt{8/e} \approx 1.71553$; $A = \sqrt{2}\,\Gamma(3/2) = \sqrt{\pi/2} \approx 1.25331$. 由于

$$\int u\sqrt{a-bu}\,du = (a-bu)^{3/2}\left(\tfrac{2}{5}(a-bu) - \tfrac{2}{3}a\right)/b^2,$$

我们有 $I = 2\int_0^{a/b} u\sqrt{a-bu}\,du = \tfrac{8}{15}a^{5/2}/b^2$, 其中 $a = 4(1+\ln c)$, $b = 4c$; 当 $c = e^{1/4}$ 时, I 取到最大值 $\tfrac{5}{6}\sqrt{5/e} \approx 1.13020$. 最后, 对于 E, 需要如下积分公式:

$$\int\sqrt{bu-au^2}\,du = \tfrac{1}{8}b^2 a^{-3/2}\arcsin(2ua/b - 1) + \tfrac{1}{4}ba^{-1}\sqrt{bu-au^2}\,(2ua/b - 1),$$

$$\int\sqrt{bu+au^2}\,du = -\tfrac{1}{8}b^2 a^{-3/2}\ln(\sqrt{bu+au^2} + u\sqrt{a} + b/2\sqrt{a}) + \tfrac{1}{4}ba^{-1}\sqrt{bu+au^2}\,(2ua/b + 1),$$

其中 $a, b > 0$. 令步骤 R3 的测试为 "$X^2 \geq 4e^{x-1}/U - 4x$"; 于是, 当 $u = r(x) = (e^x - \sqrt{e^{2x} - 2ex})/2ex$ 时, 外部区域碰到矩形的顶部. (顺便一提, $r(x)$ 在 $x = 1/2$ 达到最大值, 但是它在这个点是不可微的!) 我们有 $E = 2\int_0^{r(x)}(\sqrt{2/e} - \sqrt{bu-au^2})\,du$, 其中 $b = 4e^{x-1}$, $a = 4x$. E 的最大值大约在 $x = -0.35$ 处, 此时 $E \approx 0.29410$.

22. (马尔萨利亚提供解法) 考虑由 $G(x) = \int_\mu^\infty e^{-t} t^{x-1}\,dt / \Gamma(x)$ ($x > 0$) 定义的 "连续泊松分布". 如果 X 具有该分布, 则 $\lfloor X \rfloor$ 服从泊松分布, 因为 $G(x+1) - G(x) = e^{-\mu}\mu^x/x!$. 如果 μ 很大, 则 G 是近似正态的, 因此 $G^{[-1]}(F_\mu(x))$ 是近似线性的, 其中 $F_\mu(x)$ 是具有均值和方差 μ 的正态偏差的分布函数; 即 $F_\mu(x) = F((x-\mu)/\sqrt{\mu})$, 其中 $F(x)$ 是正态分布函数 (10). 令 $g(x)$ 是一个可高效计算的函数, 使得对于 $-\infty < x < \infty$, $|G^{[-1]}(F_\mu(x)) - g(x)| < \epsilon$. 现在, 我们可以按如下方法高效地生成泊松偏差: 生成一个正态偏差 X, 并置 $Y \leftarrow g(\mu + \sqrt{\mu}\,X)$, $N \leftarrow \lfloor Y \rfloor$, $M \leftarrow \lfloor Y + \tfrac{1}{2} \rfloor$. 然后, 如果 $|Y - M| > \epsilon$, 则输出 N; 否则输出 $M - [G^{[-1]}(F(X)) < M]$.

使用

$$G(x) = \int_p^1 u^{x-1}(1-u)^{n-x}\,du\;\frac{\Gamma(t+1)}{\Gamma(x)\,\Gamma(t+1-x)},$$

该方法也可以用于二项分布, 因为 $\lfloor G^{[-1]}(U) \rfloor$ 是以 (t, p) 为参数的二项分布, 而 G 是近似正态的.

[又见阿伦斯和迪特尔在 *Computing* **25** (1980), 193–208 上提出的其他方法.]

23. 是. 第二种方法计算 $|\cos 2\theta|$, 其中 θ 在 0 和 $\pi/2$ 之间均匀分布. (令 $U = r\cos\theta$, $V = r\sin\theta$.)

25. $\tfrac{21}{32} = (0.10101)_2$. 一般地, 自左向右用 1 表示 |, 用 0 表示 &, 然后加后缀 1, 形成二进制表示. 这种技术 [见基思·托赫尔, *J. Roy. Stat. Soc.* **B16** (1954), 49] 可以用来有效率地生成具有给定概率 p 的独立位, 也可以用于几何和二项分布.

26. (a) 真: $\sum_k \Pr(N_1 = k)\Pr(N_2 = n-k) = e^{-\mu_1 - \mu_2}(\mu_1 + \mu_2)^n/n!$. (b) 假, 除非 $\mu_2 = 0$; 否则 $N_1 - N_2$ 可能为负.

27. 令 p 的二进制表示为 $(0.b_1 b_2 b_3 \dots)_2$, 并按如下规则处理.

B1. [初始化.] 置 $m \leftarrow t$, $N \leftarrow 0$, $j \leftarrow 1$. (在该算法执行期间, m 表示模拟的均匀偏差个数, 它们与 p 的关系还是未知的, 因为它们与 p 在前 $j - 1$ 位匹配; N 是已知小于 p 的模拟的偏差个数.)

B2. [考察诸位的下一列.] 生成一个具有二项分布 $(m, \tfrac{1}{2})$ 的随机整数 M. (现在, M 表示不与 b_j 匹配的未知偏差的个数.) 置 $m \leftarrow m - M$, 并且如果 $b_j = 1$, 则置 $N \leftarrow N + M$.

B3. [完成否?] 如果 $m = 0$ 或者如果 p 的剩余位 $(0.b_{j+1}b_{j+2}\ldots)_2$ 均为 0,则算法终止. 否则,置 $j \leftarrow j+1$,并返回步骤 B2. ∎

[当对于无穷多个 j 有 $b_j = 1$ 时,迭代的平均次数 A_t 满足

$$A_0 = 0; \qquad A_n = 1 + \frac{1}{2^n}\sum_k \binom{n}{k} A_k, \quad n \geq 1.$$

令 $A(z) = \sum A_n z^n/n!$,则我们有 $A(z) = e^z - 1 + A(\frac{1}{2}z)e^{z/2}$. 因此,$A(z)e^{-z} = 1 - e^{-z} + A(\frac{1}{2}z)e^{-z/2} = \sum_{k\geq 0}(1 - e^{-z/2^k}) = 1 - e^{-z} - \sum_{n\geq 1}(-z)^n/(n!(2^n-1))$. 用习题 5.2.2–48 的记号表示,

$$A_m = 1 + \sum_{k\geq 1}\binom{n}{k}\frac{(-1)^{k+1}}{2^k-1} = 1 + \frac{V_{n+1}}{n+1} = \lg n + \frac{\gamma}{\ln 2} + \frac{1}{2} + f_0(n) + O(n^{-1}).$$

28. 在单位球上生成一个随机点 $(y_1,\ldots,y_n)$,并且令 $\rho = \sqrt{\sum a_k y_k^2}$. 生成一个独立的均匀偏差 U,如果 $\rho^{n+1}U < K\sqrt{\sum a_k^2 y_k^2}$,则输出点 $(y_1/\rho,\ldots,y_n/\rho)$;否则重新开始. 这里,如果 $na_n \geq a_1$,则 $K^2 = \min\{(\sum a_k y_k^2)^{n+1}/(\sum a_k^2 y_k^2) \mid \sum y_k^2 = 1\} = a_n^{n-1}$,否则等于 $((n+1)/(a_1+a_n))^{n+1}(a_1 a_n/n)^n$.

29. 令 $X_{n+1} = 1$,然后对于 $k = n, n-1, \ldots, 1$,置 $X_k \leftarrow X_{k+1}U_k^{1/k}$ 或 $X_k \leftarrow X_{k+1}e^{-Y_k/k}$,其中 U_k 是均匀的或 Y_k 是指数的. [*ACM Trans. Math. Software* **6** (1980), 359–364. 这一技术由戴维 · 塞内斯查尔于 20 世纪 60 年代发明,见 *Amer. Statistician* **26**, 4 (1972 年 10 月), 56–57. 还有另一种方法,即生成 n 个均匀的数并把它们排序. 如果有合适的排序方法,新方法可能更快,但是如果只想要最大或最小的几个 X,这里建议的方法特别有价值. 注意,$(F^{[-1]}(X_1),\ldots,F^{[-1]}(X_n))$ 将是具有分布 F 的已排序的偏差.]

30. 生成随机数 $Z_1 = -\mu^{-1}\ln U_1$, $Z_2 = Z_1 - \mu^{-1}\ln U_2$, $\ldots$,直到 $Z_{m+1} \geq 1$. 对于 $1 \leq j \leq m$,输出 $(X_j, Y_j) = f(Z_j)$,其中 $f((0.b_1 b_2 \ldots b_{2r})_2) = ((0.b_1 b_2 \ldots b_r)_2, (0.b_{r+1}b_{r+2}\ldots b_{2r})_2)$. 如果低位显著不如高位随机,比较安全 (但较慢) 的方法是令 $f((0.b_1 b_2 \ldots b_{2r})_2) = ((0.b_1 b_3 \ldots b_{2r-1})_2, (0.b_2 b_4 \ldots b_{2r})_2)$.

31. (a) 只要考虑 $k = 2$ 的情况就足够了,因为当 $X = X_1$,$\cos\theta = a_1$,$Y = (a_2 X_2 + \cdots + a_k X_k)/\sin\theta$ 时,$a_1 X_1 + \cdots + a_k X_k = X\cos\theta + Y\sin\theta$. 做替换 $u = s\cos\theta + t\sin\theta$,$v = -s\sin\theta + t\cos\theta$,有

$$\Pr(X\cos\theta + Y\sin\theta \leq x) = \frac{1}{2\pi}\int_{s,t} e^{-s^2/2 - t^2/2}ds\,dt\,[s\cos\theta + t\sin\theta \leq x]$$

$$= \frac{1}{2\pi}\int_{u,v} e^{-u^2/2 - v^2/2}du\,dv\,[u \leq x] = (10).$$

(b) 存在数 $\alpha > 1$ 和 $\beta > 1$ 使得 $(\alpha^{-24} + \alpha^{-55})/\sqrt{2} = 1$,$\frac{3}{5}\beta^{-24} + \frac{4}{5}\beta^{-55} = 1$;因此,根据线性递推式的性质,数 X_n 将随 n 指数增长.

如果我们打破线性递推模式,比如说使用递推式 $X_n = X_{n-24}\cos\theta_n + X_{n-55}\sin\theta_n$,其中 θ_n 在 $[0..2\pi)$ 中均匀选取,则我们可能会得到相当好的结果. 但是这种方法将涉及更多的计算.

(c) 比如说,以 2048 个正态偏差 $X_0, \ldots, X_{1023}, Y_0, \ldots, Y_{1023}$ 开始. 在使用其中大约 1/3 之后,按如下方法再生成 2048 个:在 $[0..1024)$ 中均匀地选择 a, b, c, d,其中 a 和 c 为奇数;然后,对于 $0 \leq j < 1024$,置

$$X_j' \leftarrow X_{(aj+b)\bmod 1024}\cos\theta + Y_{(cj+d)\bmod 1024}\sin\theta,$$

$$Y_j' \leftarrow -X_{(aj+b)\bmod 1024}\sin\theta + Y_{(cj+d)\bmod 1024}\cos\theta,$$

其中 $\cos\theta$ 和 $\sin\theta$ 是随机比率 $(U^2 - V^2)/(U^2 + V^2)$ 和 $2UV/(U^2 + V^2)$,像习题 23 那样选取. 除非 $|\cos\theta| \geq \frac{1}{2}$ 并且 $|\sin\theta| \geq \frac{1}{2}$,否则我们可以拒绝 U 和 V. 现在,我们得到 2048 个新偏差,替换掉原有偏差. 注意,每个新偏差只需要少量操作.

这种方法不像 (b) 中的序列那样发散,因为除少许截断误差外,平方和 $\sum(X_j^2 + Y_j^2) = \sum((X_j')^2 + (Y_j')^2)$ 保持常量值 $S \approx 2048$. 另一方面,S 为常量其实是该方法的一个缺点,因为平方和本来应该是自由度为 2048 的卡方分布. 为了解决这一问题,实际上提供给用户的正态偏差不应该是 X_j,而是 αX_j,其中 $\alpha^2 = \frac{1}{2}(Y_{1023} + \sqrt{4095})^2/S$ 是一个预计算的标量因子. (量 $\frac{1}{2}(Y_{1023} + \sqrt{4095})^2$ 是所求 χ^2 偏差的合理近似.)

参考文献：华莱士 [*ACM Trans. on Math. Software* **22** (1996), 119–127]；布伦特 [*Lecture Notes in Comp. Sci.* **1470** (1998), 1–20].

32. (a) 这个映射 $(X', Y') = f(X, Y)$ 是从集合 $\{x, y \geq 0\}$ 到自身的一一对应, 满足 $x' + y' = x + y$, 并且 $dx'\, dy' = dx\, dy$. 我们有

$$\frac{X'}{X' + Y'} = \left(\frac{X}{X + Y} - \lambda\right) \bmod 1, \qquad \frac{Y'}{X' + Y'} = \left(\frac{Y}{X + Y} + \lambda\right) \bmod 1.$$

(b) 这个映射是一个二到一的对应, 满足 $x' + y' = x + y$, 并且 $dx'\, dy' = 2\, dx\, dy$.

(c) 只要对某个固定的整数 j, 考虑 "j 翻转"（j-flip）变换

$$X' = (\ldots x_{j+2} x_{j+1} x_j y_{j-1} y_{j-2} y_{j-3} \ldots)_2,$$
$$Y' = (\ldots y_{j+2} y_{j+1} y_j x_{j-1} x_{j-2} x_{j-3} \ldots)_2,$$

然后, 对于 $j = 0, 1, -1, 2, -2, \ldots$ 复合 j 翻转, 注意 X' 和 Y' 的联合概率随 $|j| \to \infty$ 收敛. 每个 j 翻转都是一一对应, 满足 $x' + y' = x + y$, 并且 $dx'\, dy' = dx\, dy$.

33. 使用 U_1 作为另一个随机数生成器（也许是一个具有不同乘数的线性同余生成器）的种子, 从那个生成器取 $U_2, U_3, \ldots$.

3.4.2 节

1. 从最后的 $N - t$ 个记录中选择 $n - m$ 个记录的方法有 $\binom{N-t}{n-m}$ 种, 而在选择第 $(t+1)$ 项后, 从 $N - t - 1$ 个记录选择 $n - m - 1$ 个的方法有 $\binom{N-t-1}{n-m-1}$ 种.

2. 当剩下的待考察的记录数等于 $n - m$ 时, 步骤 S3 一定不会转到步骤 S5.

3. 我们不要混淆条件概率和无条件概率. 量 m 随机依赖于发生于前 t 个元素的选择. 如果我们对前面元素的所有可能的选择取平均值, 则可求出 $(n - m)/(N - t)$ 的平均值恰为 n/N. 例如, 考虑第二个元素. 如果样本中选择了第一个元素（这发生的概率为 n/N）, 则第二个元素以概率 $(n-1)/(N-1)$ 被选择; 如果第一个元素未被选中, 则第二个元素以概率 $n/(N-1)$ 被选择. 选择第二个元素的总体概率为 $(n/N)((n-1)/(N-1)) + (1 - n/N)(n/(N-1)) = n/N$.

4. 由该算法,

$$p(m, t+1) = \left(1 - \frac{n - m}{N - t}\right) p(m, t) + \frac{n - (m-1)}{N - t} p(m-1, t).$$

对 t 归纳, 可以证明所求证的公式. 特殊地, $p(n, N) = 1$.

5. 用习题 4 的记号, 终止时 $t = k$ 的概率是 $q_k = p(n, k) - p(n, k-1) = \binom{k-1}{n-1} / \binom{N}{n}$. 平均值为 $\sum_{k=0}^{N} k q_k = (N+1)n/(n+1)$.

6. 同理, $\sum_{k=0}^{N} k(k+1) q_k = (N+2)(N+1)n/(n+2)$, 因此方差为 $(N+1)(N-n)n/(n+2)(n+1)^2$.

7. 假设选择为 $1 \leq x_1 < x_2 < \cdots < x_n \leq N$. 令 $x_0 = 0$, $x_{n+1} = N + 1$. 该选择以概率 $p = \prod_{1 \leq t \leq N} p_t$ 得到, 其中

$$p_t = \begin{cases} (N - (t-1) - n + m)/(N - (t-1)), & \text{如果 } x_m < t < x_{m+1}, \\ (n - m)/(N - (t-1)), & \text{如果 } t = x_{m+1}. \end{cases}$$

乘积 p 的分母是 $N!$. 若 t 不等于诸 x, 分子包含项 $N - n, N - n - 1, \ldots, 1$; 若 t 是某个 x, 分子包含项 $n, n - 1, \ldots, 1$. 因此, $p = (N - n)! n!/N!$.

例子: $n = 3$, $N = 8$, $(x_1, x_2, x_3) = (2, 3, 7)$; $p = \frac{5}{8}\frac{3}{7}\frac{2}{6}\frac{4}{5}\frac{3}{4}\frac{2}{3}\frac{1}{2}\frac{1}{1}$.

8. (a) $p(0, k) = \binom{N-k}{n} / \binom{N}{n}$ 等于 $\binom{N}{n}$ 个样本的忽略前 k 个记录的 $\binom{N-n}{k} / \binom{N}{k}$.

(b) 置 $X \leftarrow k - 1$, 其中 k 是满足 $U \geq \Pr(X \geq k)$ 的最小值. 这样, 首先置 $X \leftarrow 0$, $p \leftarrow N - n$, $q \leftarrow N$, $R \leftarrow p/q$, 然后当 $U < R$ 时置 $X \leftarrow X + 1$, $p \leftarrow p - 1$, $q \leftarrow q - 1$, $R \leftarrow Rp/q$.（这种方法有时很好, 比如说当 $n/N \geq 1/5$ 时. 我们可以假定 $n/N \leq 1/2$; 否则, 最好选择 $N - n$ 个未被抽取的项.）

(c) $\Pr(\min(Y_N, \ldots, Y_{N-n+1}) \geq k) = \prod_{j=0}^{n-1} \Pr(Y_{N-j} \geq k) = \prod_{j=0}^{n-1}((N-j-k)/(N-j))$.（这种方法有时很好, 比如说 $n \leq 5$ 时.）

(d)（见习题 3.4.1–29.）值 $X \leftarrow \lfloor N(1-U^{1/n}) \rfloor$ 被拒绝的概率应当仅为 $O(n/N)$. 详尽精确的细节见 *CACM* **27** (1984), 703–718, 而实际实现见 *ACM Trans. Math. Software* **13** (1987), 58–67.（这种方法有时很好, 比如说当 $5 < n < \frac{1}{5}N$ 时.）

　　跳过 X 个记录并选择下一个记录之后, 我们置 $n \leftarrow n-1$, $N \leftarrow N-X-1$, 并且重复该过程直到 $n = 0$. 一种类似的方法可加快水库方法, 见 *ACM Trans. Math. Software* **11** (1985), 37–57.

9. 水库得到 7 个记录: 2, 3, 5, 9, 13, 16. 最终的样本包括记录 2, 5, 16.

10. 删除步骤 R6 和变量 m. 用关于记录项的表替换表 I, 该表初始化为步骤 R1 中的前 n 个记录, 并在步骤 R4 用新记录置换第 M 个表目.

11. 与 1.2.10 节的论述一样, 考虑特殊情况 $n = 1$, 我们看到生成函数为

$$G(z) = z^n \left(\frac{1}{n+1} + \frac{n}{n+1}z \right) \left(\frac{2}{n+2} + \frac{n}{n+2}z \right) \cdots \left(\frac{N-n}{N} + \frac{n}{N}z \right).$$

均值是 $n + \sum_{n < t \le N}(n/t) = n(1 + H_N - H_n)$, 而方差为 $n(H_N - H_n) - n^2(H_N^{(2)} - H_n^{(2)})$.

12.（注意 $\pi^{-1} = (b_t t) \ldots (b_3 3)(b_2 2)$, 因此我们寻求一个算法, 从 π 的表示得到 π^{-1} 的表示.）对于 $1 \le j \le t$, 置 $b_j \leftarrow j$. 然后, 对于 $j = 2, 3, \ldots, t$（按此次序）, 交换 $b_j \leftrightarrow b_{a_j}$. 最后, 对于 $j = t, \ldots,$ 3, 2（按此次序）, 置 $b_{a_j} \leftarrow b_j$.（这个算法基于事实 $(a_t t)\pi_1 = \pi_1(b_t t)$.）

13. 重新把这叠纸牌编号为 $0, 1, \ldots, 2n-2$. 我们发现 s 把牌号 x 变成牌号 $(2x) \bmod (2n-1)$, 而 c 把牌 x 变成 $(x-1) \bmod (2n-1)$. 我们有 $(c$ 后为 $s) = cs = sc^2$. 因此, 只由 c 和 s 组成的积都可以表示成 $s^i c^k$ 这种形式. 还有 $2^{\varphi(2n-1)} \equiv 1$ modulo $(2n-1)$, 这是由于 $s^{\varphi(2n-1)}$ 和 c^{2n-1} 是恒等排列, 最多有 $(2n-1)\varphi(2n-1)$ 种可能的安排.（精确的不同安排数为 $(2n-1)k$, 其中 k 是 2 的模 $(2n-1)$ 阶. 因为如果 $s^k = c^j$ 则 c^j 固定牌 0, 因此 $s^k = c^j =$ 恒等.）关于更多的细节, 见 *SIAM Review* **3** (1961), 293–297.

14. (a) $\substack{6 \\ \heartsuit}$. 除非把它放到前三个或后两个位置之一, 否则不管把它移动到哪里, 我们都可以推出这一点.
(b) $\substack{5 \\ \diamondsuit}$. 三次切洗牌最多产生八个周期递增的子序列 $a_{x_j} a_{(x_j+1) \bmod n} \ldots a_{(x_{j+1}-1) \bmod n}$ 的混合, 因此子序列 $\substack{6 \\ \heartsuit}$ $\substack{5 \\ \diamondsuit}$ $\substack{4 \\ \clubsuit}$ 完全泄露了秘密.［一些魔术戏法的基础都是三次切洗牌高度非随机这一事实, 见加德纳, 《数学魔术表演》(*Mathematical Magic Show*) (Knopf, 1977), 第 7 章.］

15. 对于 $t - n < j \le t$, 置 $Y_j \leftarrow j$. 然后, 对于 $j = t, t-1, \ldots, t-n+1$, 执行如下操作: 置 $k \leftarrow \lfloor jU \rfloor + 1$. 如果 $k > t-n$, 则置 $X_j \leftarrow Y_k$, $Y_k \leftarrow Y_j$; 否则, 如果对于某个 $i > j$ 有 $k = X_i$（可以使用符号表算法）, 则置 $X_j \leftarrow Y_i$, $Y_i \leftarrow Y_j$; 否则置 $X_j \leftarrow k$.（思路是在算法 P 的执行期间, 让 $Y_{t-n+1}, \ldots, Y_j$ 代表 $X_{t-n+1}, \ldots, X_j$, 并且如果 $i > j$, $X_i \le t-n$, 也让 Y_i 代表 X_{X_i}. 证明达尔算法的正确性很有意义. 一个基本结论是, 在步骤 P2, $X_k \ne k$ 蕴涵对于 $1 \le k \le j$, $X_k > j$.）

16. 我们可以假定 $n \le \frac{1}{2}N$, 否则只需要找出 $N-n$ 个不在样本中的元素就足够了. 思路是使用一个大小为 $2n$ 的散列表, 生成 1 和 N 之间的随机数, 把它们在表中排序并丢弃重复元素, 直到生成 n 个不同的数. 由习题 3.3.2–10, 生成的随机数的平均个数为 $N/N + N/(N-1) + \cdots + N/(N-n+1) < 2n$, 处理每个数的平均时间为 $O(1)$. 我们想以递增序输出结果, 可行做法如下: 使用一个线性探查的有序的散列表（习题 6.4–66）, 散列表中的值仿佛是以递增序插入的, 平均探查总数小于 $\frac{5}{2}n$. 这样, 如果我们对键 k 使用像 $\lfloor 2n(k-1)/N \rfloor$ 这样的单调散列地址, 则对该表最多扫描两遍, 即可轻松输出有序的诸键值.［见 *CACM* **29** (1986), 366–367.］

17. 归纳地证明, 在步骤 j 之前, 集合 S 是取自 $\{1, \ldots, j-1\}$ 的 $j-N-1+n$ 个整数的随机样本.［*CACM* **30** (1987), 754–757. 可以使用弗洛伊德方法来加快习题 16 的解法的速度. 它本质上与习题 15 中的达尔算法有对偶关系, 后者对递减的 j 值操作, 见习题 12.］

18. (a) 本质上是把 $(1, 2, \ldots)$ 与 $(n, n-1, \ldots)$ 合并的定向树, 如

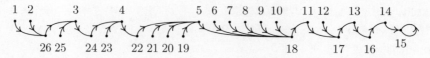

(b) 1-环和 2-环的集合. (c) 键 $(1, 2, \ldots, n)$ 上的二叉搜索树, 其中 k_j 是 j 的父母（若 j 为根则 k_j 就是 j）; 见 6.2.2 节. 在每种情况下, $(k_1, \ldots, k_n)$ 的个数为: (a) 2^{n-1}; (b) $t_n \geq \sqrt{n!}$, 见 5.1.4–(40); (c) $\binom{2n}{n} \frac{1}{n+1}$. [情况 (a) 代表最小公共排列; 当 $n \geq 18$ 时, 情况 (b) 代表最大公共排列. 见戴维·罗宾斯和伊桑·博尔克, _Æquationes Mathematicæ_ **22** (1981), 268–292; 丹尼尔·戈德斯坦和戴维·默夫斯, _Æquationes Mathematicæ_ **65** (2003), 3–30.]

19. 见尼古拉斯·达菲尔德、卡斯滕·伦德和米克尔·托鲁普, _JACM_ **54** (2007), 32:1–32:37.

3.5 节

1. b 进制序列是（见习题 2）; $[0 . . 1)$ 序列不是（由于诸元素仅取有限多个值）.

2. 它是 1 分布和 2 分布的, 但不是 3 分布的（二进制数 111 不会出现）.

3. 重复习题 3.2.2–17 中的序列, 周期为长度 27.

4. 如果 $\nu_1(n), \nu_2(n), \nu_3(n), \nu_4(n)$ 是 4 个概率的计数, 则对于所有的 n, 我们有 $\nu_1(n) + \nu_2(n) = \nu_3(n) + \nu_4(n)$. 因而, 所求结果通过极限相加得到.

5. 序列前几项为 $\frac{1}{3}, \frac{2}{3}, \frac{2}{3}, \frac{1}{3}, \frac{1}{3}, \frac{1}{3}, \frac{1}{3}, \frac{2}{3}, \frac{2}{3}, \frac{2}{3}, \frac{2}{3}, \frac{2}{3}, \frac{2}{3}, \frac{2}{3}$, 等等. 当 $n = 1, 3, 7, 15, \ldots$ 时, 我们有 $\nu(n) = 1, 1, 5, 5, \ldots$ 使得 $\nu(2^{2k-1} - 1) = \nu(2^{2k} - 1) = (2^{2k} - 1)/3$, 因此 $\nu(n)/n$ 在 $\frac{1}{3}$ 和大约 $\frac{2}{3}$ 之间振荡, 从而不存在极限. 概率无定义.（然而, 4.2.4 节的方法表明, 对于 $\Pr(U_n < \frac{1}{2}) = \Pr(\, n+1$ 的 4 进制表示的首位数字为 1) 这个概率, 可以赋予有意义的数值, 即 $\log_4 2 = \frac{1}{2}$. ）

6. 由习题 4 和归纳法, $\Pr(\, 对于某个 j, \ 1 \leq j \leq k, \ 有 S_j(n)) = \sum_{j=1}^{k} \Pr(S_j(n))$. $k \to \infty$ 时, 上式右边是一个以 1 为界的单调序列, 因而它收敛. 对于所有 k, $\underline{\Pr}(\, 存在 j \geq 1 满足 S_j(n)) \geq \sum_{j=1}^{k} \Pr(S_j(n))$. 至于相等的反例, 不难安排, 使得 $S_j(n)$ 总是对于某个 j 为真, 但对于所有 j, $\Pr(S_j(n)) = 0$.

7. 令 $p_i = \sum_{j \geq 1} \Pr(S_{ij}(n))$. 上一题的结果可以推广到对于任何不相交的陈述 $S_j(n)$, $\underline{\Pr}(\, 存在 j \geq 1 满足 S_j(n)) \geq \sum_{j \geq 1} \underline{\Pr}(S_j(n))$. 因此, 我们有 $1 = \Pr(\, 存在 i, j \geq 1 满足 S_{ij}(n)) \geq \sum_{i \geq 1} \underline{\Pr}(\, 存在 j \geq 1 满足 S_{ij}(n)) \geq \sum_{i \geq 1} p_i = 1$, 因而 $\underline{\Pr}(\, 存在 j \geq 1 满足 S_{ij}(n)) = p_i$. 给定 $\epsilon > 0$, 令 I 足够大, 使得 $\sum_{i=1}^{I} p_i \geq 1 - \epsilon$. 令

$$\phi_i(N) = (存在 \ j \geq 1 \ 使得 \ S_{ij}(n) \ 为真的 \ n < N \ 的个数)/N.$$

显然, $\sum_{i=1}^{I} \phi_i(N) \leq 1$, 并且对于所有足够大的 N, 我们有 $\sum_{i=2}^{I} \phi_i(N) \geq \sum_{i=2}^{I} p_i - \epsilon$, 因此 $\phi_1(N) \leq 1 - \phi_2(N) - \cdots - \phi_I(N) \leq 1 - p_2 - \cdots - p_I + \epsilon \leq 1 - (1 - \epsilon - p_1) + \epsilon = p_1 + 2\epsilon$. 这证明 $\overline{\Pr}(\, 存在 j \geq 1 满足 S_{1j}(n)) \leq p_1 + 2\epsilon$, 因此 $\Pr(\, 存在 j \geq 1 满足 S_{1j}(n)) = p_1$, 于是所求证的结果对 $i = 1$ 成立. 由假设的对称性, 它对任意 i 值成立.

8. 把定义 E 中关于 $j, j + d, j + 2d, \ldots, m + j - d$ 的概率加到一起.

9. $\limsup_{n \to \infty}(a_n + b_n) \leq \limsup_{n \to \infty} a_n + \limsup_{n \to \infty} b_n$; 因而, 我们发现

$$\limsup_{n \to \infty}((y_{1n} - \alpha)^2 + \cdots + (y_{mn} - \alpha)^2) \leq m\alpha^2 - 2m\alpha^2 + m\alpha^2 = 0,$$

仅当每个 $(y_{jn} - \alpha)$ 都趋向于 0 时, 这才可能发生.

10. 在式 (22) 的求和计算中.

11. 如果 $\langle U_n \rangle$ 是 $(2, 2k - 1)$ 分布的, 则 $\langle U_{2n} \rangle$ 是 k 分布的.

12. 以 $f(x_1, \ldots, x_k) = [u \leq \max(x_1, \ldots, x_k) < v]$ 使用定理 B.

13. 令

$$p_k = \Pr(U_n \ 是长度为 k - 1 \ 的间隙的起点)$$
$$= \Pr(U_{n-1} \in [\alpha . . \beta], \ U_n \notin [\alpha . . \beta], \ \ldots, \ U_{n+k-2} \notin [\alpha . . \beta], \ U_{n+k-1} \in [\alpha . . \beta])$$
$$= p^2 (1 - p)^{k-1}.$$

只需把它转换成 $f(n) - f(n-1) = k$ 的概率. 令 $\nu_k(n) = ($ 满足 $f(j) - f(j-1) = k$ 的 $j \le n$ 的个数$)$; 令 $\mu_k(n) = (U_j$ 是一个长度为 $k-1$ 的间隙开始的 $j \le n$ 的个数$)$; 与之类似, 令 $\mu(n)$ 为满足 $U_j \in [\alpha \mathinner{.\,.} \beta]$ 的 $1 \le j \le n$ 的个数. 我们有 $\mu_k(f(n)) = \nu_k(n)$, $\mu(f(n)) = n$. 随着 $n \to \infty$, 必然有 $f(n) \to \infty$, 因此

$$\nu_k(n)/n = \big(\mu_k(f(n))/f(n)\big) \cdot \big(f(n)/\mu(f(n))\big) \to p_k/p = p(1-p)^{k-1}.$$

［我们仅使用了该序列是 $(k+1)$ 分布的这一事实.］

14. 令

$$p_k = \Pr(U_n \text{ 是长度为} k \text{ 的游程的起点})$$
$$= \Pr(U_{n-1} > U_n < \cdots < U_{n+k-1} > U_{n+k})$$
$$= \frac{1}{(k+2)!}\left(\binom{k+2}{1}\binom{k+1}{1} - \binom{k+2}{1} - \binom{k+2}{1} + 1\right) = \frac{k}{(k+1)!} - \frac{k+1}{(k+2)!}$$

（见习题 3.3.2–13）. 现在, 像上一题那样处理, 把它转换成 $\Pr(f(n) - f(n-1) = k)$. ［我们只假定该序列是 $(k+2)$ 分布的.］

15. 对于 $s, t \ge 0$, 令

$$p_{st} = \Pr(X_{n-2t-3} = X_{n-2t-2} \ne X_{n-2t-1} \ne \cdots \ne X_{n-1} \text{ 且 } X_n = \cdots = X_{n+s} \ne X_{n+s+1})$$
$$= 2^{-s-2t-3};$$

对于 $t \ge 0$, 令 $q_t = \Pr(X_{n-2t-2} = X_{n-2t-1} \ne \cdots \ne X_{n-1}) = 2^{-2t-1}$. 由习题 7,

$$\Pr(X_n \text{ 不是一个奖券集合的开始}) = \textstyle\sum_{t \ge 0} q_t = \frac{2}{3};$$
$$\Pr(X_n \text{ 是一个长度为} s+2 \text{ 的奖券集合的开始}) = \textstyle\sum_{t \ge 0} p_{st} = \frac{1}{3} \cdot 2^{-s-1}.$$

现在, 像习题 13 一样处理.

16. （理查德·斯坦利提供解法）只要子序列 $S = (b-1), (b-2), \ldots, 1, 0, 0, 1, \ldots, (b-2), (b-1)$ 出现, 必然有一个奖券集合在 S 的右边终止, 因为 S 的前半部完成了某个奖券集合. 现在, 像习题 15 一样, 处理 S 前一次出现在位置 $n-1$, $n-2$ 等处终止的概率, 从而计算一个奖券集合在位置 n 开始的概率.

18. 像定理 A 的证明那样处理, 计算 $\underline{\Pr}$ 和 $\overline{\Pr}$.

19. （赫尔佐格提供解法）存在. 例如, 当 $\langle U_n \rangle$ 满足 R4（甚至它的较弱版本）时, 对序列 $\langle U_{\lfloor n/2 \rfloor} \rangle$ 应用习题 33.

20. (a) 2 和 $\frac{1}{2}$. （n 增加时, 我们把 $l_n^{(1)}$ 分为两半.）

(b) 每新增一个点, 都把一个区间划分成两部分. 令 ρ 等于 $\max_{k=0}^{n-1}((n+k)l_{n+k}^{(1)})$. 于是, $1 = \sum_{k=1}^{n} l_n^{(k)} \le \sum_{k=0}^{n-1} l_{n+k}^{(1)} \le \sum_{k=0}^{n-1} \rho/(n+k) = \rho \ln 2 + O(1/n)$. 因此, 有无穷多个 m 满足 $m l_m^{(1)} \ge 1/\ln 2 + O(1/m)$.

(c) 为了验证提示, 令 $l_{2n}^{(k)}$ 所在区间的端点为 U_m 和 $U_{m'}$, 并令 $a_k = \max(m-n, m'-n, 1)$. 于是, $\rho = \min_{m=n+1}^{2n} m l_m^{(m)}$ 蕴涵 $1 = \sum_{k=1}^{2n} l_{2n}^{(k)} \ge \sum_{k=1}^{2n} \rho/(n+a_k) \ge 2\rho \sum_{k=1}^{n} 1/(n+k)$; 因此, $2\rho \le 1/(H_{2n} - H_n) = 1/\ln 2 + O(1/n)$.

(d) 我们有 $(l_n^{(1)}, \ldots, l_n^{(n)}) = (\lg \frac{n+1}{n}, \lg \frac{n+2}{n+1}, \ldots, \lg \frac{2n}{2n-1})$, 因为第 $(n+1)$ 个点总是把最大的区间划分成长度为 $\lg \frac{2n+1}{2n}$ 和 $\lg \frac{2n+2}{2n+1}$ 的区间. ［*Indagationes Math.* **11** (1949), 14–17.］

21. (a) 否! 我们有 $\overline{\Pr}(W_n < \frac{1}{2}) \ge \limsup_{n \to \infty} \nu(\lceil 2^{n-1/2} \rceil)/\lceil 2^{n-1/2} \rceil = 2 - \sqrt{2}$, $\underline{\Pr}(W_n < \frac{1}{2}) \le \liminf_{n \to \infty} \nu(2^n)/2^n = \sqrt{2} - 1$, 因为 $\nu(\lceil 2^{n-1/2} \rceil) = \nu(2^n) = \frac{1}{2} \sum_{k=0}^{n}(2^{k+1/2} - 2^k) + O(n)$.

(b, c) 见 *Indagationes Math.* **40** (1978), 527–541.

22. 如果该序列是 k 分布的, 则由积分和定理 B, 该极限为 0. 反之, 注意, 如果 $f(x_1, \ldots, x_k)$ 有绝对收敛的傅里叶级数

$$f(x_1, \ldots, x_k) = \sum_{-\infty < c_1, \ldots, c_k < \infty} a(c_1, \ldots, c_k) \exp(2\pi i(c_1 x_1 + \cdots + c_k x_k)),$$

则我们有 $\lim_{N\to\infty} \frac{1}{N} \sum_{0 \le n < N} f(U_n, \ldots, U_{n+k-1}) = a(0, \ldots, 0) + \epsilon_r$，其中

$$|\epsilon_r| \le \sum_{\max\{|c_1|, \ldots, |c_k|\} > r} |a(c_1, \ldots, c_k)|,$$

从而 ϵ_r 可以任意小. 因此，这个极限等于

$$a(0, \ldots, 0) = \int_0^1 \cdots \int_0^1 f(x_1, \ldots, x_k)\, dx_1 \ldots dx_k,$$

并且式 (8) 对于充分光滑的函数 f 都成立. 接下来只剩下证明式 (9) 中的函数可以被光滑函数逼近到任意精度.

23. (a) 这可以由习题 22 立即得到. (b) 用类似的方法使用离散傅里叶变换；见高德纳，*AMM* **75** (1968)，260–264.

24. (a) 令 c 是任意非零整数. 由习题 22，我们必须证明

$$\frac{1}{N} \sum_{n=0}^{N-1} e^{2\pi i c U_n} \to 0 \qquad \text{当} N \to \infty \text{时}.$$

这是必然的，因为如果 K 是任意正整数，则有 $\sum_{k=0}^{K-1} \sum_{n=0}^{N-1} e^{2\pi i c U_{n+k}} = K \sum_{n=0}^{N-1} e^{2\pi i c U_n} + O(K^2)$. 因此，由柯西不等式，

$$\frac{1}{N^2} \left| \sum_{n=0}^{N-1} e^{2\pi i c U_n} \right|^2 = \frac{1}{K^2 N^2} \left| \sum_{n=0}^{N-1} \sum_{k=0}^{K-1} e^{2\pi i c U_{n+k}} \right|^2 + O\left(\frac{K}{N}\right)$$

$$\le \frac{1}{K^2 N} \sum_{n=0}^{N-1} \left| \sum_{k=0}^{K-1} e^{2\pi i c U_{n+k}} \right|^2 + O\left(\frac{K}{N}\right)$$

$$= \frac{1}{K} + \frac{2}{K^2 N} \Re\left(\sum_{0 \le j < k < K} \sum_{n=0}^{N-1} e^{2\pi i c (U_{n+k} - U_{n+j})} \right) + O\left(\frac{K}{N}\right) \to \frac{1}{K}.$$

(b) 当 $d = 1$ 时，习题 22 告诉我们，$\langle (\alpha_1 n + \alpha_0) \bmod 1 \rangle$ 是等分布的，当且仅当 α_1 是无理数. 当 $d > 1$ 时，我们可以使用 (a) 并对 d 归纳. [*Acta Math.* **56** (1931), 373–456. (b) 中的结果以前曾有更复杂的证明方法，见外尔，*Nachr. Gesellschaft der Wiss. Göttingen*, Math.-Phys. Kl. (1914), 234–244. 用类似方式论述可证明，多项式序列是等分布的，如果其系数 $\alpha_d, \ldots, \alpha_1$ 至少有一个是无理数.]

25. 如果该序列是等分布的，则推论 S 的分母趋向于 $\frac{1}{12}$，而其分子趋向于本题中的量.

26. 见 *Math. Comp.* **17** (1963), 50–54. [此外，考虑沃特曼提供的下例：令 $\langle U_n \rangle$ 是等分布的 $[0..1)$ 序列，而 $\langle X_n \rangle$ 是 ∞ 分布的二进制序列. 令 $V_n = U_{\lceil \sqrt{n} \rceil}$ 或 $1 - U_{\lceil \sqrt{n} \rceil}$，取决于 X_n 为 0 还是 1. 于是，$\langle V_n \rangle$ 是等分布的并且是白的，但是 $\Pr(V_n = V_{n+1}) = \frac{1}{2}$. 令 $W_n = (V_n - \epsilon_n) \bmod 1$，其中 $\langle \epsilon_n \rangle$ 是单调递减至 0 的任意序列. 于是，$\langle W_n \rangle$ 是等分布的并且是白的，但是 $\Pr(W_n < W_{n+1}) = \frac{3}{4}$.]

28. 令 $\langle U_n \rangle$ 是 ∞ 分布的，并考虑序列 $\langle \frac{1}{2}(X_n + U_n) \rangle$. 利用 $\langle U_n \rangle$ 是 $(16, 3)$ 分布的事实可知，这是 3 分布的.

29. 如果 $x = x_1 x_2 \ldots x_t$ 是任意二进制数，则我们可以考虑 $X_p \ldots X_{p+t-1} = x$ 的次数 $\nu_x^E(n)$，其中 $1 \le p \le n$ 并且 p 为偶数. 类似地，令 $\nu_x^O(n)$ 是 p 为奇数的次数. 令 $\nu_x^E(n) + \nu_x^O(n) = \nu_x(n)$. 现在，

$$\nu_0^E(n) = \sum \nu_{0**\ldots*}^E(n) \approx \sum \nu_{*0*\ldots*}^O(n) \approx \sum \nu_{**0\ldots*}^E(n) \approx \cdots \approx \sum \nu_{***\ldots0}^O(n)$$

这些和式中的诸 ν 具有 $2k$ 个下标，其中 $2k - 1$ 个为星号 "*"（意指它们被求和——每个和都取遍 2^{2k-1} 个 0 和 1 的组合），而 "$\approx$" 表示约等于（因终止条件而产生的误差最多为 $2k$）. 因此，我们发现

$$\frac{1}{n} 2k \nu_0^E(n) = \frac{1}{n} \left(\sum \nu_{*0*\ldots*}(n) + \cdots + \sum \nu_{***\ldots0}(n) \right) \frac{1}{n} \sum_x (r(x) - s(x)) \nu_x^E(n) + O\left(\frac{1}{n}\right),$$

其中 $x = x_1 \ldots x_{2k}$ 在奇数位置上包含 $r(x)$ 个 0，在偶数位置上包含 $s(x)$ 个 0. 由 $(2k)$ 分布可知，括号中的量趋向于 $k(2^{2k-1})/2^{2k} = k/2$. 显然，当 $r(x) > s(x)$ 时，如果 $\nu_x^E(n) = \nu_x(n)$，剩下的和式取到最大值；而当 $r(x) < s(x)$ 时，则在 $\nu_x^E(n) = 0$ 处取到最大值. 因此，右端的最大值变成

$$\frac{k}{2} + \sum_{0 \le s < r \le k} (r-s)\binom{k}{r}\binom{k}{s} \Big/ 2^{2k} = \frac{k}{2} + k\binom{2k-1}{k} \Big/ 2^{2k}.$$

现在，$\overline{\Pr}(X_{2n} = 0) \le \limsup_{n \to \infty} \nu_0^E(2n)/n$，因而证明完成. 注意，我们有

$$\sum_{r,s} \binom{n}{r}\binom{n}{s} \max(r,s) = 2n2^{2n-2} + n\binom{2n-1}{n};$$

$$\sum_{r,s} \binom{n}{r}\binom{n}{s} \min(r,s) = 2n2^{2n-2} - n\binom{2n-1}{n}.$$

30. 构造一个具有 2^{2k} 个结点的有向图，用 $(Ex_1 \ldots x_{2k-1})$ 和 $(Ox_1 \ldots x_{2k-1})$ 标记这些结点，其中每个 x_j 是 0 或 1. 令图中有 $1 + f(x_1, x_2, \ldots, x_{2k})$ 条从 $(Ex_1 \ldots x_{2k-1})$ 到 $(Ox_2 \ldots x_{2k})$ 的有向边，$1 - f(x_1, x_2, \ldots, x_{2k})$ 条从 $(Ox_1 \ldots x_{2k-1})$ 到 $(Ex_2 \ldots x_{2k})$ 的有向边，其中 $f(x_1, x_2, \ldots, x_{2k}) = \text{sign}(x_1 - x_2 + x_3 - x_4 + \cdots - x_{2k})$. 我们发现每个结点的入边数量等于出边数量. 例如，$(Ex_1 \ldots x_{2k-1})$ 有 $1 - f(0, x_1, \ldots, x_{2k-1}) + 1 - f(1, x_1, \ldots, x_{2k-1})$ 条入边和 $1 + f(x_1, \ldots, x_{2k-1}, 0) + 1 + f(x_1, \ldots, x_{2k-1}, 1)$ 条出边，并且 $f(x, x_1, \ldots, x_{2k-1}) = -f(x_1, \ldots, x_{2k-1}, x)$. 去掉没有入边和出边的结点，即如果 $f(0, x_1, \ldots, x_{2k-1}) = +1$ 则去掉 $(Ex_1 \ldots x_{2k-1})$，如果 $f(1, x_1, \ldots, x_{2k-1}) = -1$ 则去掉 $(Ox_1 \ldots x_{2k-1})$. 这样得到的有向图看来是连通的，因为我们可以从任意结点到达 $(E1010 \ldots 1)$，从它也可以到达任意目标结点. 由定理 2.3.4.2G，存在一个遍历所有有向边的回路. 这条路径的长度为 2^{2k+1}，不妨假定它从 $(E00 \ldots 0)$ 开始. 构造一个循环序列，满足 $X_1 = \cdots = X_{2k-1} = 0$，并且如果该路径的第 n 条有向边是从 $(Ex_1 \ldots x_{2k-1})$ 到 $(Ox_2 \ldots x_{2k})$ 或从 $(Ox_1 \ldots x_{2k-1})$ 到 $(Ex_2 \ldots x_{2k})$，则 $X_{n+2k-1} = x_{2k}$. 例如，$k = 2$ 对应图 A–5. 回路中的边从 1 到 32 编号，循环序列为

$$(00001000110010101001101110111110)(00001\ldots).$$

注意，在该序列中，$\Pr(X_{2n} = 0) = \frac{11}{16}$. 该序列显然是 $(2k)$ 分布的，因为每个 $(2k)$ 元组 $x_1 x_2 \ldots x_{2k}$ 在回路中出现的次数为

$$1 + f(x_1, \ldots, x_{2k}) + 1 - f(x_1, \ldots, x_{2k}) = 2$$

$\Pr(X_{2n} = 0)$ 具有期望值，是因为这一构造能够取到上一题证明中等式右端的最大值.

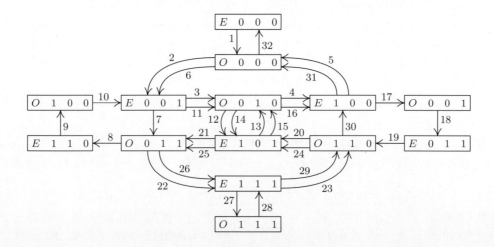

图 A–5 习题 30 中构造的有向图

31. 使用规则 $\mathcal{R}_1$ 选择整个序列, 使用算法 W. [关于这类非随机行为在 R5 序列中的推广, 见让·安德烈·维尔, *Étude Critique de la Notion de Collectif* (Paris: 1939), 55–62. 从这一观点来看, 或许 R6 也太弱, 但是目前还不知道这种反例.]

32. 如果 $\mathcal{R}\mathcal{R}'$ 是可计算的子序列规则, 则被如下函数定义的 $\mathcal{R}'' = \mathcal{R}\mathcal{R}'$ 也是: $f''_n(x_0, \dots, x_{n-1}) = 1$ 当且仅当 $\mathcal{R}$ 定义 $x_0, \dots, x_{n-1}$ 的子序列 $x_{r_1}, \dots, x_{r_k}$, 其中 $k \geq 0$, $0 \leq r_1 < \cdots < r_k < n$, 并且 $f'_k(x_{r_1}, \dots, x_{r_k}) = 1$.

现在, $\langle X_n \rangle \mathcal{R}\mathcal{R}'$ 是 $(\langle X_n \rangle \mathcal{R})\mathcal{R}'$. 由此立即得到结果.

33. 给定 $\epsilon > 0$, 找出 N_0 使得 $N > N_0$ 蕴涵 $|\nu_r(N)/N - p| < \epsilon$ 并且 $|\nu_s(N)/N - p| < \epsilon$. 然后, 找出 N_1 使得 $N > N_1$ 蕴涵存在 $M > N_0$ 使得 t_N 是 r_M 或 s_M. 于是, $N > N_1$ 蕴涵

$$\left| \frac{\nu_t(N)}{N} - p \right| = \left| \frac{\nu_r(N_r) + \nu_s(N_s)}{N} - p \right| = \left| \frac{\nu_r(N_r) - pN_r + \nu_s(N_s) - pN_s}{N_r + N_s} \right| < \epsilon.$$

34. 例如, 如果 t 的二进制表示是 $(1\, 0^{b-2}\, 1\, 0^{a_1}\, 1\, 1\, 0^{a_2}\, 1 \dots 1\, 0^{a_k})_2$, 其中 0^a 表示 a 个相继的 0 的序列, 令规则 $\mathcal{R}_t$ 接受 U_n, 当且仅当 $\lfloor bU_{n-k} \rfloor = a_1, \dots, \lfloor bU_{n-1} \rfloor = a_k$.

35. 令 $a_0 = s_0$, $a_{m+1} = \max\{s_k \mid 0 \leq k < 2^{a_m}\}$. 构造一个子序列规则, 它选择元素 X_n, 当且仅当 n 在区间 $a_m \leq n < a_{m+1}$ 时, 对于某个 $k < 2^{a_m}$ 有 $n = s_k$. 于是, $\lim_{m \to \infty} \nu(a_m)/a_m = \frac{1}{2}$.

36. 令 b 和 k 是任意确定的大于 1 的整数. 令 $Y_n = \lfloor bU_n \rfloor$. 像定理 M 的证明那样, 由算法 $\mathcal{S}$ 和 $\mathcal{R}$ 确定任意的无穷子序列 $\langle Z_n \rangle = \langle Y_{s_n} \rangle \mathcal{R}$, 该序列直接 (但无法用记号表示) 对应于算法 $\mathcal{S}'$ 和 $\mathcal{R}'$, 后两种算法考察 $\langle X_n \rangle$ 的 $X_t, X_{t+1}, \dots, X_{t+s}$ 且/或选择 $X_t, X_{t+1}, \dots, X_{t+\min(k-1,s)}$, 当且仅当 $\mathcal{S}$ 和 $\mathcal{R}$ 考察且/或选择 Y_s, 其中 $U_s = (0.X_t X_{t+1} \dots X_{t+s})_2$. 算法 $\mathcal{S}'$ 和 $\mathcal{R}'$ 确定了 $\langle X_n \rangle$ 的一个 1 分布的无穷子序列, (和习题 32 一样) 这个子序列其实是 ∞ 分布的, 因而是 $(k, 1)$ 分布的. 因此, 我们发现 $\underline{\Pr}(Z_n = a)$ 和 $\overline{\Pr}(Z_n = a)$ 偏离 $1/b$ 的值少于 $1/2^k$.

[如果把 "R6" 全都换成 "R4" 或 "R5", 则本题结论为真; 但是如果换成 "R1", 则为假, 因为 $X_{\binom{n}{2}}$ 可能恒等于 0.]

37. 对于 $n \geq 2$, 用 $\frac{1}{2}(U_{n^2} + \delta_n)$ 替换 U_{n^2}, 其中 $\delta_n = 0$ 或 1, 取决于集合 $\{U_{(n-1)^2+1}, \dots, U_{n^2-1}\}$ 包含偶数个还是奇数个小于 $\frac{1}{2}$ 的元素. [*Advances in Math.* **14** (1974), 333–334; 又见赫尔佐格的博士论文, 马里兰大学 (1975).]

39. 见 *Acta Arithmetica* **21** (1972), 45–50. c 的最佳值未知.

40. 由于 F_k 仅依赖于 $B_1 \dots B_k$, 我们有 $P(A_k^P, \$_N) = \frac{1}{2}$. 令 $q(B_1 \dots B_k) = \Pr(B_{k+1} = 1 \mid B_1 \dots B_k)$, 其中概率计算范围是 S 中前 k 位为 $B_1 \dots B_k$ 的所有元素. 类似地, 令 $q_b(B_1 \dots B_k) = \Pr(F_k = 1$ 和 $B'_{k+1} = b \mid B_1 \dots B_k)$. 于是, 我们有 $\Pr(A_k^P = 1 \mid B_1 \dots B_k) = \Pr((F_k + B_{k+1} + B'_{k+1}) \bmod 2 = 1 \mid B_1 \dots B_k) = q \cdot (\frac{1}{2} - q_0 + q_1) + (1-q) \cdot (q_0 + \frac{1}{2} - q_1) = \frac{1}{2} - (q_0 + q_1) + 2(q q_1 + (1-q) q_0) = \frac{1}{2} - \Pr(F_k = 1 \mid B_1 \dots B_k) + 2 \Pr(F_k = 1$ 和 $B'_{k+1} = B_{k+1} \mid B_1 \dots B_k)$. 因此, $\Pr(A_k^P = 1) = \sum_{B_1 \dots B_k} \Pr(B_1 \dots B_k) \Pr(A_k^P = 1 \mid B_1 \dots B_k) = \frac{1}{2} - \Pr(F_k = 1) + \Pr(F_{k+1} = 1)$. [可见戈德赖希、莎菲·戈德瓦塞尔和米卡利发表在 *JACM* **33** (1986), 792–807 上的定理 4.]

41. 从 $\{0, \dots, N-1\}$ 中均匀地选取 k, 并使用引理 P1 证明中的构造. 于是, P1 的证明表明 A' 应该以概率 $\sum_{k=0}^{N-1} (\frac{1}{2} - p_k + p_{k+1})/N$ 等于 1.

42. (a) 令 $X = X_1 + \cdots + X_n$. 显然, $E(X) = n\mu$, 并且 $E((X - n\mu)^2) = EX^2 - n^2\mu^2 = nEX_j^2 + 2\sum_{1 \leq i < j \leq n} (EX_i)(EX_j) - n^2\mu^2 = nEX_j^2 - n\mu^2 = n\sigma^2$. 同时, $E((X - n\mu)^2) = \sum_{x \geq 0} x \Pr((X - n\mu)^2 = x) \geq \sum_{x \geq tn\sigma^2} x \Pr((X - n\mu)^2 = x) \geq \sum_{x \geq tn\sigma^2} tn\sigma^2 \Pr((X - n\mu)^2 = x) = tn\sigma^2 \Pr((X - n\mu)^2 \geq tn\sigma^2)$.

(b) 存在位置 i, 使得 $c_i \neq c'_i$, 比如说 $c_i = 0$, $c'_i = 1$. 于是, 存在位置 j, 使得 $c_j = 1$. 对于除 i 行和 j 行外, B 在其余 $k - 2$ 行的任意固定设置, 我们有 $(cB, c'B) = (d, d')$ 当且仅当 i 行和 j 行具有特定的值, 其出现概率为 $1/2^{2R}$.

(c) 用算法 L 的记号, 取 $n = 2^k - 1$, $X_c = (-1)^{G(cB + e_i)}$; 于是, $\mu = s$, $\sigma^2 = 1 - s^2$. $X = \sum_{c \neq 0} X_c$, X 为负的概率最多等于 $(X - n\mu)^2 \geq n^2\mu^2$ 的概率. 由 (a), 这最多为 $\sigma^2/(n\mu^2)$.

43. 关于固定的 M, 结论没什么意思, 因为显然存在把任意固定的 M 分解因子的算法 (即存在一种知道因子的算法). 该定理的适用范围是所有运行时间较短的算法, 而不仅是可以有效发现的算法.

44. 如果对随机表每改变一位数字, 得到的表仍然是随机表, 则所有的表都是随机的 (或都不随机). 如果我们不承认随机性的程度, 则答案一定是 "并非总是".

3.6 节

1.

```
   RANDI  STJ  9F              保存出口地址.
          STA  8F              保存 k 的值.
          LDA  XRAND           rA ← X.
          MUL  7F              rAX ← aX.
          INCX 1009            rX ← (aX + c) mod m.
          JOV  *+1             确保上溢关闭.
          SLAX 5               rA ← (aX + c) mod m.
          STA  XRAND           保存 X.
          MUL  8F              rA ← ⌊kX/m⌋.
          INCA 1               加 1, 使得 1 ≤ Y ≤ k.
   9H     JMP  *               返回.
   XRAND  CON  1               X 的值; X₀ = 1.
   8H     CON  0               k 的临时存储.
   7H     CON  3141592621      乘数 a.   ∎
```

2. 把一个随机数生成器放入程序中, 则程序员本质上无法预知结果. 假如在每个问题上, 机器的行为都是预知的, 那么就不会有多少程序可写了. 正如图灵所说的, 计算机的动作确实常常使程序员吃惊, 特别是程序调试的时候.

因此, 小心为妙.

7. 事实上, 只需要两位值 $\lfloor X_n/2^{16} \rfloor \bmod 4$; 见高德纳, *IEEE Trans.* **IT-31** (1985), 49–52. 相关问题的研究始于詹姆斯·雷德斯, *Cryptologia* **1** (1977), 20–26, **3** (1979), 83–95. 又见琼·博雅尔, *J. Cryptology* **1** (1989), 177–184. 艾伦·弗里兹、哈斯塔德、拉温德兰·卡纳安、拉加里亚斯和沙米尔讨论了对于这类问题有用的一般技术, 见 *SICOMP* **17** (1988), 262–280.

8. 比如说, 我们可以执行一百万次相继调用, 生成 $X_{1000000}$, 并把它与正确的值 $(a^{1000000}X_0 + (a^{1000000} - 1)c/(a-1)) \bmod m$ 进行比较, 该值也可以表示成 $((a^{1000000}(X_0(a-1) + c) - c) \bmod (a-1)m)/(a-1)$. 后者可以用独立的方法快速计算 (见算法 4.6.3A). 例如, $48271^{1000000} \bmod 2147483647 = 1263606197$. 大部分错误能够检测出, 因为递推式 (1) 不是自纠错的.

9. (a) $X_0, X_1, \dots, X_{99}$ 的值并非都是偶数. 多项式 $z^{100} + z^{37} + 1$ 是本原的 (见 3.2.2 节), 因此存在一个数 $h(s)$ 使得 $P_0(z) \equiv z^{h(s)}$ (modulo 2 和 $z^{100} + z^{37} + 1$). 现在, $zP_{n+1}(z) = P_n(z) - X_n z^{37} - X_{n+63} + X_{n+63} z^{100} + X_{n+100} z^{37} \equiv P_n(z) + X_{n+63}(z^{100} + z^{37} + 1)$ (modulo 2), 因而归纳可证, 结果成立.

(b) *ran_start* 的 "平方" 和 "乘以 z" 操作分别把 $p(z) = x_{99} z^{99} + \cdots + x_1 z + x_0$ 变成 $p(z)^2$ 和 $zp(z)$, 模 2 和模 $z^{100} + z^{37} + 1$, 因为 $p(z)^2 \equiv p(z^2)$. (这里, 我们只考虑低位. 其他应用特别方法处理, 尽量保持甚至加强它们原本的无序程度.) 因此, 如果 $s = (1s_j \dots s_1 s_0)_2$, 则我们有 $h(s) = (1s_0 s_1 \dots s_j 1)_2 \cdot 2^{69}$.

(c) $z^{h(s)-n} \equiv z^{h(s')-n'}$ (modulo 2 和 $z^{100} + z^{37} + 1$) 蕴涵 $h(s) - n \equiv h(s') - n'$ (modulo $2^{100} - 1$). 由于 $2^{69} \le h(s) < 2^{100} - 2^{69}$, 我们有 $|n - n'| \ge |h(s) - h(s')| \ge 2^{70}$.

[这种初始化方法受布伦特的启发, *Proc. Australian Supercomputer Conf.* **5** (1992), 95–104, 尽管布伦特的算法完全不同. 一般地, 如果滞后是 $k > l$, $0 \le s < 2^e$, 并且分隔参数 t 满足 $t + e \le k$, 则这种证明方法表明 $|n - n'| \ge 2^t - 1$, 并且仅当 $\{s, s'\} = \{0, 2^e - 1\}$ 时才取等号.

10. 除了为加强可读性使用 PARAMETER 语句外，下面的程序属于美国国家标准局定义的简化语言——FORTRAN 的子集 FORTRAN 77 .

```
        SUBROUTINE RNARRY(AA,N)
        IMPLICIT INTEGER (A-Z)
        DIMENSION AA(*)
        PARAMETER (KK=100)
        PARAMETER (LL=37)
        PARAMETER (MM=2**30)
        COMMON /RSTATE/ RANX(KK)
        SAVE /RSTATE/
        DO 1 J=1,KK
1         AA(J)=RANX(J)
        DO 2 J=KK+1,N
          AA(J)=AA(J-KK)-AA(J-LL)
          IF (AA(J) .LT. 0) AA(J)=AA(J)+MM
2       CONTINUE
        DO 3 J=1,LL
          RANX(J)=AA(N+J-KK)-AA(N+J-LL)
          IF (RANX(J) .LT. 0) RANX(J)=RANX(J)+MM
3       CONTINUE
        DO 4 J=LL+1,KK
          RANX(J)=AA(N+J-KK)-RANX(J-LL)
          IF (RANX(J) .LT. 0) RANX(J)=RANX(J)+MM
4       CONTINUE
        END

        SUBROUTINE RNSTRT(SEED)
        IMPLICIT INTEGER (A-Z)
        PARAMETER (KK=100)
        PARAMETER (LL=37)
        PARAMETER (MM=2**30)
        PARAMETER (TT=70)
        PARAMETER (KKK=KK+KK-1)
        DIMENSION X(KKK)
        COMMON /RSTATE/ RANX(KK)
        SAVE /RSTATE/
        IF (SEED .LT. 0) THEN
          SSEED=MM-1-MOD(-1-SEED,MM)
        ELSE
          SSEED=MOD(SEED,MM)
        END IF
        SS=SSEED-MOD(SSEED,2)+2
        DO 1 J=1,KK
          X(J)=SS
          SS=SS+SS
          IF (SS .GE. MM) SS=SS-MM+2
```

```
  1     CONTINUE
        X(2)=X(2)+1

        SS=SSEED

        T=TT-1

 10     DO 12 J=KK,2,-1
            X(J+J-1)=X(J)

 12         X(J+J-2)=0

        DO 14 J=KKK,KK+1,-1
            X(J-(KK-LL))=X(J-(KK-LL))-X(J)
            IF (X(J-(KK-LL)) .LT. 0) X(J-(KK-LL))=X(J-(KK-LL))+MM
            X(J-KK)=X(J-KK)-X(J)
            IF (X(J-KK) .LT. 0) X(J-KK)=X(J-KK)+MM

 14     CONTINUE

        IF (MOD(SS,2) .EQ. 1) THEN
            DO 16 J=KK,1,-1

 16             X(J+1)=X(J)

            X(1)=X(KK+1)

            X(LL+1)=X(LL+1)-X(KK+1)

            IF (X(LL+1) .LT. 0) X(LL+1)=X(LL+1)+MM

        END IF

        IF (SS .NE. 0) THEN

            SS=SS/2

        ELSE

            T=T-1

        END IF

        IF (T .GT. 0) GO TO 10

        DO 20 J=1,LL

 20         RANX(J+KK-LL)=X(J)

        DO 21 J=LL+1,KK

 21         RANX(J-LL)=X(J)

        DO 22 J=1,10

 22         CALL RNARRY(X,KKK)

        END
```

11. 采用符合ANSI/IEEE 标准的 64 位浮点算术运算, 可以对 2^{-53} 的整数倍的小数 U_n, 完全精确计算 $U_n = (U_{n-100} - U_{n-37}) \bmod 1$. 然而, 下面的程序却是对 2^{-52} 的整数倍使用加法递推式 $U_n = (U_{n-100} + U_{n-37}) \bmod 1$, 因为使用流水线式计算机时, 与根据中间结果的符号进行分支转移相比, 减去整数部分的操作速度更快. 习题 9 的理论同样非常适用于该序列.

类似于习题 10 的 FORTRAN 版本与这个 C 程序生成完全相同的数.

```
#define KK 100                                /* 长滞后 */
#define LL  37                                /* 短滞后 */
#define mod_sum(x,y) (((x)+(y))-(int)((x)+(y)))   /* (x+y) mod 1.0 */

double ran_u[KK];                        /* 生成器状态 */

void ranf_array(double aa[],int n) { /* aa 得到 n 个随机小数 */
  register int i,j;
```

```
  for (j=0;j<KK;j++) aa[j]=ran_u[j];
  for (;j<n;j++) aa[j]=mod_sum(aa[j-KK],aa[j-LL]);
  for (i=0;i<LL;i++,j++) ran_u[i]=mod_sum(aa[j-KK],aa[j-LL]);
  for (;i<KK;i++,j++) ran_u[i]=mod_sum(aa[j-KK],ran_u[i-LL]);
}
#define TT  70                 /* 保证流间分离 */
#define is_odd(s) ((s)&1)
void ranf_start(long seed) {      /* 在使用 ranf_array 之前执行 */
  register int t,s,j;
  double u[KK+KK-1];
  double ulp=(1.0/(1L<<30))/(1L<<22);             /* 2 到 -52 */
  double ss=2.0*ulp*((seed&0x3fffffff)+2);
  for (j=0;j<KK;j++) {
    u[j]=ss;                               /* 缓冲区自举 */
    ss+=ss;
    if (ss>=1.0) ss-=1.0-2*ulp;          /* 循环移 51 位 */
  }
  u[1]+=ulp;                  /* 使 u[1] （并且仅使 u[1]）为"奇数" */
  for (s=seed&0x3fffffff,t=TT-1; t; ) {
    for (j=KK-1;j>0;j--)
      u[j+j]=u[j],u[j+j-1]=0.0;                   /* "平方" */
    for (j=KK+KK-2;j>=KK;j--) {
      u[j-(KK-LL)]=mod_sum(u[j-(KK-LL)],u[j]);
      u[j-KK]=mod_sum(u[j-KK],u[j]);
    }
    if (is_odd(s)) {                    /* "乘以 z" */
      for (j=KK;j>0;j--) u[j]=u[j-1];
      u[0]=u[KK];                  /* 循环移动缓冲区 */
      u[LL]=mod_sum(u[LL],u[KK]);
    }
    if (s) s>>=1; else t--;
  }
  for (j=0;j<LL;j++) ran_u[j+KK-LL]=u[j];
  for (;j<KK;j++) ran_u[j-LL]=u[j];
  for (j=0;j<10;j++) ranf_array(u,KK+KK-1);    /* 预热 */
}
int main() {                               /* 基本检验 */
  register int m;
  double a[2009];
  ranf_start(310952);
  for (m=0;m<2009;m++)
    ranf_array(a,1009);
  printf("%.20f\n", ran_u[0]);        /* 0.36410514377569680455 */
  ranf_start(310952);
  for (m=0;m<1009;m++)
    ranf_array(a,2009);
```

```
     printf("%.20f\n", ran_u[0]);              /* 0.36410514377569680455 */
     return 0;
}
```

12. 像式 (1) 那样的简单的线性同余生成器不行, 因为 m 太小. 按照勒屈耶的建议 [*CACM* **31** (1988), 747–748], 组合三个 (而不是两个) 这种生成器, 乘数和模分别为 $(157, 32363)$, $(146, 31727)$, $(142, 31657)$, 可以得到好的结果. 然而, 最好的方法大概是使用 C 程序 *ran_array* 和 *ran_start*, 并做如下改变, 使得所有的数都在值域内: "long" 变为 "int"; "MM" 定义为 "(1U<<15)"; 而变量 *ss* 的类型应该为 unsigned int. 这将生成 15 位的整数, 其所有位都可用. 现在, 种子限制在区间 $[0 .. 32765]$ 内. 给定种子 12509, "基本检验子程序" 将打印 $X_{1009 \times 2009} = 24130$.

13. 借位减法的程序非常类似于 *ran_array*, 但是因为要记录进位位而较慢. 像习题 11 一样, 可以完全精确使用浮点算术运算. 用以下方法可确保不同种子 s 产生的序列是不相交的: 以该序列的第 $(-n)$ 个元素初始化该生成器, 其中 $n = 2^{70s}$, 这需要计算 $b^n \bmod (b^k - b^l \pm 1)$. 然而, 求一个 b 进制数的平方模 $b^k - b^l \pm 1$ 的值, 明显比程序 *ran_start* 中的类似操作复杂得多. 对于常见取值范围的 k, 前者所需操作次数是 $k^{1.6}$, 而后者是 $O(k)$.

实践中, 在具有大致相同的 k 值时, 两种方法可能生成相同质量的序列. 二者之间的唯一显著区别是, 借位减法方法有较好的理论保证, 并具有可证明的很长的周期; 滞后斐波纳契生成器的分析则不太完备. 经验表明, 我们不能仅因为这些理论优点, 就降低借位减法中的 k 值. 说到底, 从实践角度来看, 滞后斐波纳契生成器更可取, 而借位减法方法的价值, 主要在于它能帮助我们透彻理解另一种简单方法的卓越效果.

14. 我们有 $X_{n+200} \equiv (X_n + X_{n+126}) \pmod 2$, 见习题 3.2.2–32. 因此, 当 $n \bmod 100 > 73$ 时, $Y_{n+100} \equiv Y_n + Y_{n+26}$. 同理, $X_{n+200} \equiv X_n + X_{n+26} + X_{n+89}$. 因此, 当 $n \bmod 100 < 11$ 时, $Y_{n+100} \equiv Y_n + Y_{n+26} + Y_{n+89}$. 因此, Y_{n+100} 可能仅为 $\{Y_n, \dots, Y_{n+99}\}$ 中两三个元素的和, 这种情况占到 $26\% + 11\%$ 的比例. 如果其中有许多元素是 0, 那么常常导致 $Y_{n+100} = 0$.

更精确地说, 考虑序列 $\langle u_1, u_2, \dots \rangle = \langle 126, 89, 152, 115, 78, \dots, 100, 63, 126, \dots \rangle$, 其中 $u_{n+1} = u_n - 37 + 100[u_n < 100]$. 于是, 我们有

$$X_{n+200} = (X_n + X_{n+v_1} + \dots + X_{n+v_{k-2}} + X_{u_{k-1}}) \bmod 2,$$

其中 $v_j = u_j + (-1)^{[u_j \geq 100]} 100$. 例如, $X_{n+200} \equiv X_n + X_{n+26} + X_{n+189} + X_{n+152} \equiv X_n + X_{n+26} + X_{n+189} + X_{n+52} + X_{n+115}$. 当 $n \bmod 100 = 100 - t$ ($1 \leq t \leq 100$) 时, 如果这些下标都 $< n + t$ 或 $\geq n + 100 + t$, 则得到 Y_{n+100} 的一个 k 项表达式. $t = 63$ 是特例, 因为 $X_n + X_{n+1} + \dots + X_{n+62} + X_{n+163} + X_{n+164} + \dots + X_{n+199} \equiv 0$, 此时 Y_{n+100} 独立于 $\{Y_n, \dots, Y_{n+99}\}$. $t = 64$ 的情形值得注意, 因为它产生 99 项关系 $Y_{n+100} \equiv Y_{n+1} + Y_{n+2} + \dots + Y_{n+99}$, 尽管项数很多, 但它常常为 0, 因为大部分具有不超过 40 个 1 的 100 元组的奇偶性都为偶.

当存在 k 项关系时, $Y_{n+100} = 1$ 的概率为

$$p_k = \sum_{l=0}^{40} \sum_{j=1}^{k} \binom{100-k}{l-j} \binom{k}{j} [j \, \text{odd}] \Big/ \sum_{l=0}^{40} \binom{100}{l}.$$

打印各位时, 量 t 取值 $100, 99, \dots, 1, 100, 99, \dots, 1, \dots$. 因此, 我们发现, 打印出的数字中, 1 的个数的期望为 $10^6 (26p_2 + 11p_3 + 26p_4 + 11p_6 + 11p_9 + 4p_{12} + 4p_{20} + 3p_{28} + p_{47} + p_{74} + p_{99} + 1/2)/100 \approx 14043$. 所有打印数字个数的期望为 $10^6 \sum_{l=0}^{40} \binom{100}{l}/2^{100} \approx 28444$, 因而 0 的个数的期望 ≈ 14401.

如果丢弃更多的元素, 则原本可检测的偏倚将消失. 例如, 如果我们仅使用 *ran_array*$(a, 300)$ 的 100 个元素, 可以证明该概率为 $(26p_5 + 22p_6 + 19p_{10} + \cdots)/100$; 用 *ran_array*$(a, 400)$ 更糟糕, 为 $(15p_3 + 37p_6 + 15p_9 + \cdots)/100$, 因为 $X_{n+400} \equiv X_n + X_{n+252}$. 用正文中推荐的 *ran_array*$(a, 1009)$, 则为 $(17p_7 + 10p_{11} + 2p_{12} + \cdots)/100$, 要想在实验中检测出这样的偏倚, 阈值需要提高, 比如说从 60 提高到 75, 但是这样的话, 输出次数的期望很低, 每百万次实验大约只有 0.28.

[本题思想来自栗田良春、汉斯·莱布和松本真于 1997 年与我的通信.]

15. 使用下面的程序,一旦调用 ran_start 初始化后,我们可通过 $ran\_arr\_next()$,快速得到一个新的随机整数:

```
#define QUALITY 1009    /* 高精度应用的推荐量级 */
#define KK 100                              /* 长滞后 */
long ran_arr_buf[QUALITY];
long ran_arr_sentinel=-1;
long *ran_arr_ptr=&ran_arr_sentinel; /* 下一个随机数或 -1 */

#define ran_arr_next() (*ran_arr_ptr>=0? *ran_arr_ptr++: ran_arr_cycle())
long ran_arr_cycle()
{
  ran_array(ran_arr_buf,QUALITY);
  ran_arr_buf[KK]=-1; ran_arr_ptr=ran_arr_buf+1;
  return ran_arr_buf[0];
}
```

如果再次使用 ran_start,则重新置 $ran\_arr\_ptr = \&ran\_arr\_sentinel$.

4.1 节

1. $(1010)_{-2}, (1011)_{-2}, (1000)_{-2}, \ldots, (11000)_{-2}, (11001)_{-2}, (11110)_{-2}$.

2. (a) $-(110001)_2, -(11.001001001001\ldots)_2, (11.0010010000111111011 0101\ldots)_2$.

    (b) $(11010011)_{-2}, (1101.001011001011\ldots)_{-2}, (111.0110010001000000101\ldots)_{-2}$.

    (c) $(\bar{1}11\bar{1}\bar{1})_3, (\bar{1}0.0\bar{1}\bar{1}0110\bar{1}\bar{1}011\ldots)_3, (10.011\bar{1}\bar{1}111\bar{1}000\bar{1}011\bar{1}\bar{1}101\bar{1}\bar{1}111110\ldots)_3$.

    (d) $-(9.4)_{1/10}, -(\ldots 7582417582413)_{1/10}, (\ldots 346264832397985 3562951413)_{1/10}$.

3. $(1010113.2)_{2i}$.

4. (a) 在 rA 和 rX 之间. (b) rX 中存储的余数的小数点位于第 3 和第 4 字节之间,rA 中存储的商的小数点在寄存器的最低有效位的右边.

5. 因为我们是用 $999\ldots 9 = 10^p - 1$ 而不是用 $1000\ldots 0 = 10^p$ 来减这个数.

6. (a,c) $2^{p-1} - 1$, $-(2^{p-1} - 1)$. (b) $2^{p-1} - 1$, -2^{p-1}.

7. 对于负数 x,可在 $10^n + x$(n 应取足够大的值以使这个数成为正的)左侧加无穷多个 9,以得到 x 的对 10 求补的表示方式. x 的全 9 序列求补表示方式可按常规做法得到. (对于无穷长度的十进制数,这两种表示方式完全一样. 对于有限长度的十进制数,全 9 序列求补的表示方式为 $\ldots(a)99999\ldots$,而对 10 求补的表示方式为 $\ldots(a+1)0000\ldots$.)为使这些表示方式合乎情理,我们应将无穷和式 $N = 9 + 90 + 900 + 9000 + \cdots$ 的值定义为 -1,因为 $N - 10N = 9$.

也见习题 31 对 p 进数所构成的记数系统的讨论. 具有有限长度的 p 进制表示的数,其 p 进数的表示形式与这里考虑的对 p 求补的表示方式相同,但在 p 进数构成的数域与实数域之间不存在简单的对应关系.

8. $\sum_j a_j b^j = \sum_j (a_{kj+k-1} b^{k-1} + \cdots + a_{kj}) b^{kj}$.

9. A BAD ADOBE FACADE FADED. [注记:其他可能的"数的句子"包括 DO A DEED A DECADE; A CAD FED A BABE BEEF, COCOA, COFFEE; BOB FACED A DEAD DODO.]

10. $\begin{bmatrix} \ldots, a_3, a_2, a_1, a_0; a_{-1}, a_{-2}, \ldots \\ \ldots, b_3, b_2, b_1, b_0; b_{-1}, b_{-2}, \ldots \end{bmatrix} = \begin{bmatrix} \ldots, A_3, A_2, A_1, A_0; A_{-1}, A_{-2}, \ldots \\ \ldots, B_3, B_2, B_1, B_0; B_{-1}, B_{-2}, \ldots \end{bmatrix}$, 如果

$$A_j = \begin{bmatrix} a_{k_{j+1}-1}, a_{k_{j+1}-2}, \ldots, a_{k_j} \\ b_{k_{j+1}-2}, \ldots, b_{k_j} \end{bmatrix}, \qquad B_j = b_{k_{j+1}-1} \ldots b_{k_j},$$

其中 $\langle k_n \rangle$ 是满足 $k_{j+1} > k_j$ 且 $k_0 = 0$ 的任意的无限整数序列.

11. （下面的算法对加法和减法都适用, 只要我们相应选择加号或者减号. ）

首先令 $k \leftarrow a_{n+1} \leftarrow a_{n+2} \leftarrow b_{n+1} \leftarrow b_{n+2} \leftarrow 0$. 然后对 $m = 0, 1, \ldots, n+2$ 执行下面的步骤: 令 $c_m \leftarrow a_m \pm b_m + k$. 如果 $c_m \geq 2$ 则令 $k \leftarrow -1$, $c_m \leftarrow c_m - 2$. 当 $c_m < 0$ 时, 令 $k \leftarrow 1$, $c_m \leftarrow c_m + 2$. 对其他情形（即当 $0 \leq c_m \leq 1$ 时）则令 $k \leftarrow 0$.

12. (a) 在 -2 进制数系中用 $\pm(\ldots a_4 0 a_2 0 a_0)_{-2}$ 减去 $\pm(\ldots a_3 0 a_1 0)_{-2}$. （习题 7.1.3–7 的解答用到了针对整个字的按位运算, 更有技巧性一些. ）(b) 在二进制数系中用 $(\ldots b_4 0 b_2 0 b_0)_2$ 减去 $(\ldots b_3 0 b_1 0)_2$.

13. $(1.909090\ldots)_{-10} = (0.090909\ldots)_{-10} = \frac{1}{11}$.

14.

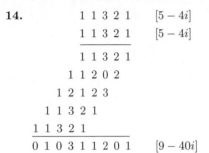

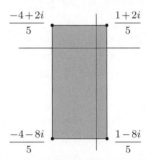

$$\begin{array}{r} 1\ 1\ 3\ 2\ 1 \quad [5-4i] \\ 1\ 1\ 3\ 2\ 1 \quad [5-4i] \\ \hline 1\ 1\ 3\ 2\ 1 \\ 1\ 1\ 2\ 0\ 2 \\ 1\ 2\ 1\ 2\ 3 \\ 1\ 1\ 3\ 2\ 1 \\ 1\ 1\ 3\ 2\ 1 \\ \hline 0\ 1\ 0\ 3\ 1\ 1\ 2\ 0\ 1 \quad [9-40i] \end{array}$$

图 A-6 虚四进制数的基本区域

15. $\left[-\frac{10}{11} .. \frac{1}{11}\right]$, 以及右边的矩形.

16. 我们往往会通过一种非常简单的途径来实现这个操作, 其中用到 $2 = (1100)_{i-1}$ 的规则来处理进位. 但这种计算方式可能会导致一直停不下来的运算过程, 例如将 1 与 $(11101)_{i-1} = -1$ 相加.

下面我们利用四个相关的操作（分别为: 加上或减去 1 或者 i）来实现这个运算. 设 α 是由 0 和 1 构成的串, 定义 α^P 为满足 $(\alpha^P)_{i-1} = (\alpha)_{i-1} + 1$ 的由 0 和 1 构成的串. 在上面的等式中将 $+1$ 分别替换为 $-1, +i, -i$ 以定义 $\alpha^{-P}, \alpha^Q, \alpha^{-Q}$. 则有

$$(\alpha 0)^P = \alpha 1; \qquad (\alpha x 1)^P = \alpha^Q x 0. \qquad (\alpha 0)^Q = \alpha^P 1; \qquad (\alpha 1)^Q = \alpha^{-Q} 0.$$

$$(\alpha x 0)^{-P} = \alpha^{-Q} x 1; \qquad (\alpha 1)^{-P} = \alpha 0. \qquad (\alpha 0)^{-Q} = \alpha^Q 1; \qquad (\alpha 1)^{-Q} = \alpha^{-P} 0.$$

在这些等式中 x 代表 0 或者 1, 并且在必要的时候各个字符串可以通过在左侧加 0 来扩展位数. 显然这个运算过程一定会结束. 从而每个形如 $a + bi$ 的数, 其中 a 和 b 都是整数, 都可以表示为 $i-1$ 进制数.

17. 不是（尽管有习题 28 的结论）. -1 就不能这样表示. 我们可以通过构造一个像图 1 那样的集合 S 来证明这个结论. 事实上, 我们有 $-i = (0.1111\ldots)_{1+i}$, $i = (100.1111\ldots)_{1+i}$.

18. 设 S_0 为由点 $(a_7 a_6 a_5 a_4 a_3 a_2 a_1 a_0)_{i-1}$ 构成的集合, 其中每个 a_k 取 0 或 1. （所以, 如果将图 1 放大 16 倍, 则 S_0 是由图 1 中的 256 个内点组成. ）我们首先证明 S 是闭集: 如果 $\{y_1, y_2, \ldots\}$ 是 S 的一个无穷子集, 则 $y_n = \sum_{k=1}^{\infty} a_{nk} 16^{-k}$, 其中每个 a_{nk} 都属于 S_0. 构造一棵树, 其结点为 $(a_{n1}, \ldots, a_{nr})$, $1 \leq r \leq n$, 并且如果一个结点是另一个结点的初始子序列（即从序列最左端开始的子序列）, 则前者为后者的先辈结点. 根据无限性引理（定理 2.3.4.3K）, 这棵树包含一个无穷路径 $(a_1, a_2, a_3, \ldots)$, 从而 $\sum_{k \geq 1} a_k 16^{-k}$ 是 $\{y_1, y_2, \ldots\}$ 在 S 中的极限点.

根据习题 16 的解答, 对于整数 a 和 b, 所有形如 $(a + bi)/16^k$ 的数都是可表示的. 因此对任意实数 x, y 和整数 $k \geq 1$, $z_k = (\lfloor 16^k x \rfloor + \lfloor 16^k y \rfloor i)/16^k$ 属于集合 $S + m + ni$, 其中 m 和 n 是整数. 可以证明存在原点的某个邻域, 使得当 $(m, n) \neq (0, 0)$ 时, $S + m + ni$ 与它不相交. 所以对充分小的 $|x|$ 和 $|y|$, 以及充分大的 k, 有 $z_k \in S$, 以及 $\lim_{k \to \infty} z_k = x + yi$ 属于 S.

［伯努瓦·曼德尔布罗称 S 为 "双龙", 因为他发现将两条 "龙曲线" 相对着拼在一起就可以得到 S. 见他的著作 *Fractals: Form, Chance, and Dimension* (San Francisco: Freeman, 1977), 313–314, 在书中他还指出 S 的边界的维数是 $2 \lg x \approx 1.523627$, 其中 $x = 1 + 2x^{-2} \approx 1.69562$. 钱德勒·戴维斯和高德纳在 *J. Recr. Math.* **3** (1970), 66–81, 133–149 中介绍了龙曲线的其他性质. 丹尼尔·戈菲内则在 *AMM* **98** (1991), 249–255 中列举并分析了以其他复数为基数的使用数字 $\{0, 1\}$ 的集合 S. ］

伊姆雷·卡陶伊和约瑟夫·绍博证明了以 $-d+i$ 为基数的记数系统使用数字 $\{0,1,\ldots,d^2\}$. 见 *Acta Scient. Math.* **37** (1975), 255–260. 威廉·吉尔伯特研究了这种记数系统的各种性质 [*Canadian J. Math.* **34** (1982), 1335–1348 和 *Math. Magazine* **57** (1984), 77–81]. 另一个有趣的例子是由维克托·诺顿提出的以 $2+i$ 为基数且使用数字 $\{0,1,i,-1,-i\}$ 的记数系统 [*Math. Magazine* **57** (1984), 250–251]. 关于使用更一般的代数整数的记数系统的研究工作, 见伊姆雷·卡陶伊和贝洛·科瓦奇, *Acta Math. Acad. Sci. Hung.* **37** (1981), 159–164, 405–407; 科瓦奇, *Acta Math. Hung.* **58** (1991), 113–120; 科瓦奇和奥蒂洛·派特, *Studia Scient. Math. Hung.* **27** (1992), 169–172.

19. 如果 $m > u$ 或者 $m < l$, 则寻找 $a \in D$ 使得 $m \equiv a$ (modulo b). 所求的表示方式可以由在 $m' = (m-a)/b$ 的表示形式后面加上 a 得到. 请注意由 $m > u$ 可推导出 $l < m' < m$, 而由 $m < l$ 可得到 $m < m' < u$. 于是算法结束.

[当 $b = 2$ 时是无解的. 表示形式唯一当且仅当 $0 \in D$. 在某些情形下表示方式不唯一, 例如 $D = \{-3, -1, 7\}$, $b = 3$, 此时 $(\alpha)_3 = (\overline{3}77\overline{3}\alpha)_3$. 当 $b \geq 3$ 时不难证明恰好有 2^{b-3} 个解集 D 使得对所有 $a \in D$ 有 $|a| < b$. 此外, 集合 $D = \{0, 1, 2 - \epsilon_2 b^n, 3 - \epsilon_3 b^n, \ldots, b - 2 - \epsilon_{b-2} b^n, b - 1 - b^n\}$ 对所有 $b \geq 3$ 和 $n \geq 1$ 可给出唯一的表示方式, 其中每个 ϵ_j 是 0 或 1. 参考文献: *Proc. IEEE Symp. Comp. Arith.* **4** (1978), 1–9; *JACM* **29** (1982), 1131–1143.]

20. (a) $0.\overline{1}\overline{1}\overline{1}\ldots = \overline{1}.888\ldots = \overline{1}8.\frac{111}{777}\ldots = \overline{1}8\frac{1}{7}.\frac{222}{666}\ldots = \cdots = \overline{1}8\frac{123456}{765432}.\frac{777}{111}\ldots$ 有 9 种表示方式. (b) 任意 "D-小数" $0.a_1 a_2 \ldots$ 必定介于 $-1/9$ 和 $+71/9$ 之间. 假设 x 有 10 种甚至更多的使用 D-数字的十进制表示方式. 则对充分大的 k, $10^k x$ 有 10 种表示方式, 其小数点左侧的部分各不相同: $10^k x = n_1 + f_1 = \cdots = n_{10} + f_{10}$, 其中每个 f_j 都是 D-小数. 由整数表示的唯一性, 各个 n_j 互不相等, 于是不妨排列为 $n_1 < \cdots < n_{10}$, 从而 $n_{10} - n_1 \geq 9$. 然而由此可推导出 $f_1 - f_{10} \geq 9 > 71/9 - (-1/9)$, 矛盾. (c) 任意形如 $0.a_1 a_2 \ldots$ 的数可写成 $\overline{1}.a_1' a_2' \ldots$, 其中每个 a_j 取 -1 或 8, 而 $a_j' = a_j + 9$ (我们甚至还可以写出另外 6 种表示形式, 如 $\overline{1}8.a_1'' a_2'' \ldots$, 等等).

21. 我们可以使用类似于正文中转换为平衡三进制表示的方法, 将任意实数转为平衡十进制表示.

与习题 20 中的记数系统不同, 在这里零可以用无穷多种方式来表示, 这些表示方式都可以写成 $\frac{1}{2} + \sum_{k \geq 1} (-4\frac{1}{2}) \cdot 10^{-k}$ (或者它的相反数) 乘以 10 的某个幂次. 单位元的表示方式有 $1\frac{1}{2} - \frac{1}{2}^*$, $\frac{1}{2} + \frac{1}{2}^*$, $5 - 3\frac{1}{2} - \frac{1}{2}^*$, $5 - 4\frac{1}{2} + \frac{1}{2}^*$, $50 - 45 - 3\frac{1}{2} - \frac{1}{2}^*$, $50 - 45 - 4\frac{1}{2} + \frac{1}{2}^*$, 等等, 其中 $\pm\frac{1}{2}^* = (\pm 4\frac{1}{2})(10^{-1} + 10^{-2} + \cdots)$. [*AMM* **57** (1950), 90–93.]

22. 给定某个误差为 $\sum_{k=0}^{n} b_k 10^k - x > 10^{-t}$ 的近似表示 $b_n \ldots b_1 b_0$, 其中 $t > 0$, 我们将说明如何减小大约 10^{-t} 的误差. (我们首先找一个适当的 $\sum_{k=0}^{n} b_k 10^k > x$, 然后进行有限多次同种方式的减小误差的过程以使得误差最终小于 ϵ.) 只需取足够大的 $m > n$, 使得 $-10^m \alpha$ 的十进制表示在 10^{-t} 的位置上的数字是 1, 而在 $10^{-t+1}, 10^{-t+2}, \ldots, 10^n$ 等位置上的数字都不是 1. 于是 $10^m \alpha + $ (介于 10^m 和 10^n 之间的各个幂次的适当的和) $+ \sum_{k=0}^{n} b_k 10^k \approx \sum_{k=0}^{n} b_k 10^k - 10^{-t}$.

23. 与习题 18 一样, 集合 $S = \{\sum_{k \geq 1} a_k b^{-k} \mid a_k \in D\}$ 是闭集, 从而是可测的. 事实上, 它的测度为正. 由于 $bS = \bigcup_{a \in D}(a + S)$, 因此 $b\mu(S) = \mu(bS) \leq \sum_{a \in D} \mu(a + S) = \sum_{a \in D} \mu(S) = b\mu(S)$, 所以当 $a \neq a' \in D$ 时必有 $\mu((a + S) \cap (a' + S)) = 0$. 而由于 T 是有限个形如 $b^k(n + ((a + S) \cap (a' + S)))$, $a \neq a'$ 的零集的并集, 所以当 $0 \in D$ 时 T 的测度为零. 另一方面, 正如肯尼思·布拉克指出的, 每个实数在习题 21 的记数系统中都有无穷多种表示方式.

[集合 T 不可能是空集, 因为实数不能表示为可数多个互不相交的有界闭集的并. 更详细的分析见 *AMM* **84** (1977), 827–828; 马尔科·佩特科夫塞克, *AMM* **97** (1990), 408–411. 如果 D 的元素个数少于 b, 则在基数为 b 使用 D 的元素作为数字的记数系统中可表示的数的集合的测度为零. 如果 D 的元素多于 b 个且可表示出所有实数, 则 T 的测度为无穷大.]

24. $\{2a \cdot 10^k + a' \mid 0 \leq a < 5, 0 \leq a' < 2\}$ 或者 $\{5a' \cdot 10^k + a \mid 0 \leq a < 5, 0 \leq a' < 2\}$, 其中 $k \geq 0$. [葛立恒已经证明, 没有其他整数数字的集合具有这样的性质. 奥德里兹科则证明了, 要求数字为整数是多余的, 因为如果 D 的最小的两个元素为 0 和 1, 则所有的数字都必须为整数. 证明: 设 $S = \{\sum_{k<0} a_k b^k \mid a_k \in D\}$ 为 "小数" 的集合, 而 $X = \{(a_n \ldots a_0)_b \mid a_k \in D\}$ 为 "整数" 的集合. 则 $[0 .. \infty) = \bigcup_{x \in X}(x + S)$, 且

对于 $x \ne x' \in X$, $(x+S) \cap (x'+S)$ 的测度为零. 我们可推导出 $(0..1) \subseteq S$, 且通过对 m 做归纳可证明存在 $x_m \in X$ 使得 $(m..m+1) \subseteq x_m + S$. 设 $x_m \in X$ 使得 $(m..m+\epsilon) \cap (x_m + S)$ 对所有 $\epsilon > 0$ 有正的测度. 则 $x_m \le m$, 且 x_m 必定是整数, 否则的话, $x_{\lfloor x_m \rfloor} + S$ 与 $x_m + S$ 就会相交得太多了. 如果 $x_m > 0$, 则由 $(m - x_m .. m - x_m + 1) \cap S$ 的测度为正可归纳证明此测度为 1, 并且由 S 是闭集可推导出 $(m..m+1) \subseteq x_m + S$. 如果 $x_m = 0$ 且 $(m..m+1) \not\subseteq S$, 则存在 $x'_m \in X$ 使得 $m < x'_m < m+1$, 其中 $(m..x'_m) \subseteq S$. 然而如此一来 $1 + S$ 就与 $x'_m + S$ 相交了. 见 *Proc. London Math. Soc.* (3) **18** (1978), 581–595.]

注记: 如果去掉 $0 \in D$ 的限制条件, 则可以举出更多的例子, 而且其中一些是非常有趣的, 特别是 $\{1,2,3,4,5,6,7,8,9,10\}$, $\{1,2,3,4,5,51,52,53,54,55\}$, $\{2,3,4,5,6,52,53,54,55,56\}$. 而如果允许使用负的数字, 则可利用习题 19 中的方法得到其他的一些数字集, 以及像 $\{-1,0,1,2,3,4,5,6,7,18\}$ 这种不符合习题 19 条件的集合. 我们似乎完全没有希望找到一种好的方式来刻画允许使用负的数字的所有数字集.

25. 如果在一个正数的 b 进制表示中, 其小数点右侧连续出现 m 个 $b-1$, 则一定能将它写成 $c/b^n + (b^m - \theta)/b^{n+m}$ 的形式, 其中 c 和 n 都是非负整数且 $0 < \theta \le 1$. 所以, 如果 u/v 具有这种形式, 则 $b^{m+n}u = b^m c v + b^m v - \theta v$. 于是 θv 是一个整数, 而且是 b^m 的倍数. 然而 $0 < \theta v \le v < b^m$. [对于满足 $0 \le a < b-1$ 的数字 a, 存在任意长度的连续多个 a, 例如在 $a/(b-1)$ 的 b 进制表示中.]

26. 对 "充分性" 的证明是关于基数 b 的常规证明方法的直接推广, 只需依次构造出所需的表示方式. 对 "必要性" 的证明分为两部分: 如果对某个 n, β_{n+1} 大于 $\sum_{k \le n} c_k \beta_k$, 则当 ϵ 比较小时, $\beta_{n+1} - \epsilon$ 不可表示. 如果对所有的 n 有 $\beta_{n+1} \le \sum_{k \le n} c_k \beta_k$, 并且其中一些不等式是严格的, 则可证明存在某个 x 有两种表示方式. [见 *Transactions of the Royal Society of Canada, series III*, **46** (1952), 45–55.]

27. 对 $|n|$ 使用数学归纳法: 若 n 为偶数, 则必须取 $e_0 > 0$, 此时由归纳法可证得结论, 因为 $n/2$ 有唯一的这种表示方式. 若 n 为奇数, 则必有 $e_0 = 0$, 而问题转化为如何表示 $-(n-1)/2$. 如果后者等于 0 或 1, 则显然只有唯一的表示方式, 对其他情形可用归纳法证明它有唯一的表示形式. [安德鲁·布思将这个结论用于对 2 求补表示方式下的乘法的讨论, *Quarterly J. Mechanics and Applied Math.* **4** (1951), 236–240.]

[由此可证明任意正整数恰好有两种这样的表示方式, 其中各个位上的指数递减, 即 $e_0 > e_1 > \cdots > e_t$. 在这两种方式中, 其中一种 t 为偶数, 另一种 t 为奇数.]

28. 我们可给出类似习题 27 的证明. 请注意 $a + bi$ 是 $1+i$ 的复整数倍当且仅当 $a + b$ 是偶数. 这种表示方式与习题 18 的解答中的龙曲线有很紧密的联系.

29. 只需证明满足性质 B 的任意集合 $\{T_0, T_1, T_2, \ldots\}$ 可通过分拆某个集合 $\{S_0, S_1, S_2, \ldots\}$ 得到, 其中 $S_0 = \{0, 1, \ldots, b-1\}$, 而 $S_1, S_2, \ldots$ 的所有元素都是 b 的倍数.

为证明后一命题, 可假设 $1 \in T_0$ 且 $b > 1$ 是满足 $b \notin T_0$ 的最小元素. 我们将对 n 归纳证明, 如果 $nb \notin T_0$, 则 $nb+1$, $nb+2$, $\ldots$, $nb+b-1$ 不属于任意一个 T_j. 但如果 $nb \in T_0$, 则 $nb+1$, $\ldots$, $nb+b-1$ 也是如此. 于是可证得命题, 其中取 $S_1 = \{nb \mid nb \in T_0\}$, $S_2 = T_1$, $S_3 = T_2$, 等等.

如果 $nb \notin T_0$, 则 $nb = t_0 + t_1 + \cdots$, 其中 $t_1, t_2, \ldots$ 都是 b 的倍数. 所以 $t_0 < nb$ 是 b 的倍数. 我们可用归纳法证明对于 $0 < k < b$, $(t_0 + k) + t_1 + t_2 + \cdots$ 是 $nb+k$ 的表示方式. 因此对任意 j, $nb + k \notin T_j$.

如果 $nb \in T_0$ 且 $0 < k < b$, 设 $nb+k$ 的表示方式为 $t_0 + t_1 + \cdots$. 此时, 除非 $nb+b$ 有两种表示方式 $(b-k) + \cdots + (nb+k) + \cdots = (nb) + \cdots + b + \cdots$, 否则对任意 $j \ge 1$, 不可能有 $t_j = nb + k$. 于是可归纳证明 $t_0 \bmod b = k$, 从而由 $nb = (t_0 - k) + t_1 + \cdots$ 可推导出 $t_0 = nb + k$.

[参考文献: *Nieuw Archief voor Wiskunde* (3) **4** (1956), 15–17. 而珀西·麦克马洪对有限多个集合的情形证明了这个命题, *Combinatory Analysis* **1** (1915), 217–223.]

30. (a) 记 A_j 为所有其表示方式中不出现 b_j 的数 n 构成的集合. 则根据唯一性, $n \in A_j$ 当且仅当 $n + b_j \notin A_j$. 所以 $n \in A_j$ 当且仅当 $n + 2b_j \in A_j$. 于是对于 $j \ne k$, $n \in A_j \cap A_k$ 当且仅当 $n + 2b_j b_k \in A_j \cap A_k$. 记 m 为满足 $0 \le n < 2b_j b_k$ 的整数 $n \in A_j \cap A_k$ 的个数. 于是这个区间中包含 m 个属于 A_j 而不属于 A_k 的整数, m 个属于 A_k 而不属于 A_j 的整数, 以及 m 个既不属于 A_j 也不属于

A_k 的整数. 所以 $4m = 2b_j b_k$. 由此可知 b_j 和 b_k 不能都是奇数. 然而至少有一个 b_j 是奇数, 因为奇数是可表示的.

(b) 根据 (a) 中的分析, 我们可对这些 b_j 重新编号, 使得 b_0 是奇数而 b_1, b_2, ... 都是偶数. 因此 $\frac{1}{2}b_1$, $\frac{1}{2}b_2$, ... 也是一个二进制基底, 从而上述过程可反复进行.

(c) 如果 $\langle b_n \rangle$ 是二进制基底, 为了能对大的 n 值表示 $\pm 2^n$, 我们必须要求对任意大的 k 都存在正的和负的 d_k. 反之, 我们可使用下面的算法.

S1. [初始化.] 置 $k \leftarrow 0$.

S2. [是否结束?] 如果 $n = 0$ 则结束程序.

S3. [选取.] 如果 n 是偶数则置 $n \leftarrow n/2$. 否则在表示方式中加入 $2^k d_k$, 并置 $n \leftarrow (n - d_k)/2$.

S4. [推进 k.] 将 k 加 1 并转回到 S2. ∎

k 每次加 1 次都要进行选取. 而且除非 $n = -d_k$, 否则步骤 S3 总会使 $|n|$ 减小, 所以此算法肯定会结束.

(d) 在上面的算法中将从 S2 到 S4 的步骤执行两次可使得 $4m \to m$, $4m+1 \to m+5$, $4m+2 \to m+7$, $4m+3 \to m-1$. 按照习题 19 中的推导, 我们只需证明当 $-2 \le n \le 8$ 时算法可结束, 而 n 的其他值都可变动到这个区间内. 在此区间内 $3 \to -1 \to -2 \to 6 \to 8 \to 2 \to 7 \to 0$ 且 $4 \to 1 \to 5 \to 6$. 所以 $1 = 7 \cdot 2^0 - 13 \cdot 2^1 + 7 \cdot 2^2 - 13 \cdot 2^3 - 13 \cdot 2^5 - 13 \cdot 2^9 + 7 \cdot 2^{10}$.

注记: 如果选取 $d_0, d_1, d_2, \ldots = 5, -3, 3, 5, -3, 3, \ldots$, 也可得到一个二进制基底. 更多细节内容可见 *Math. Comp.* **18** (1964), 537–546; 阿瑟·桑兹, *Acta Math. Acad. Sci. Hung.* **8** (1957), 65–86.

31. (也见相关的习题, 如习题 3.2.2–11、4.3.2–13 和 4.6.2–22.)

(a) 由于可将分子和分母都乘以 2 的适当的幂, 所以我们可以假设 $u = (\ldots u_2 u_1 u_0)_2$ 和 $v = (\ldots v_2 v_1 v_0)_2$ 都是二进整数, 其中 $v_0 = 1$. 下面的计算过程可用于求 w 的值, 其中对 $n > 0$ 用记号 $u^{(n)}$ 表示整数 $(u_{n-1} \ldots u_0)_2 = u \bmod 2^n$.

令 $w_0 = u_0$, $w^{(1)} = w_0$. 对 $n = 1, 2, \ldots$, 假设我们已经找到满足 $u^{(n)} \equiv v^{(n)} w^{(n)}$ (modulo 2^n) 的整数 $w^{(n)} = (w_{n-1} \ldots w_0)_2$. 则 $u^{(n+1)} \equiv v^{(n+1)} w^{(n)}$ (modulo 2^n), 所以当 $(u^{(n+1)} - v^{(n+1)} w^{(n)}) \bmod 2^{n+1} = 0$ 或 2^n 时, w_n 的值分别为 0 或 1.

(b) 求满足 $2^k \equiv 1$ (modulo $2n + 1$) 的最小整数 k. 则存在整数 m, $1 \le m < 2^{k-1}$, 使得 $1/(2n+1) = m/(2^k - 1)$. 设 α 为 m 的 k 位二进制表示, 则在二进制数系中将 $(0.\alpha\alpha\alpha\ldots)_2$ 与 $2n+1$ 相乘得 $(0.111\ldots)_2 = 1$, 而在二进系统中将 $(\ldots \alpha\alpha\alpha)_2$ 与 $2n+1$ 相乘得 $(\ldots 111)_2 = -1$.

(c) 如果 u 是有理数, 例如 $u = m/(2^e n)$, 其中 n 是正奇数, 则 u 的二进表示是周期序列, 这是因为具有周期展开的数构成的集合包含了 $-1/n$, 且对求相反数、除以 2 的运算以及加法封闭. 反之, 如果对所有充分大的 n 有 $u_{N+\lambda} = u_N$, 则对所有充分大的 r, 二进数 $(2^\lambda - 1)2^r u$ 是整数.

(d) 任意形如 $(\ldots u_2 u_1 1)_2$ 的数的平方具有形式 $(\ldots 001)_2$, 所以条件是必要的. 为证明充分性, 我们可利用下面的计算过程求 $v = \sqrt{n}$, 其中 $n \bmod 8 = 1$:

H1. [初始化.] 置 $m \leftarrow (n-1)/8$, $k \leftarrow 2$, $v_0 \leftarrow 1$, $v_1 \leftarrow 0$, $v \leftarrow 1$. (在算法执行过程中始终有 $v = (v_{k-1} \ldots v_1 v_0)_2$ 和 $v^2 = n - 2^{k+1} m$.)

H2. [变换.] 如果 m 是偶数, 则置 $v_k \leftarrow 0$, $m \leftarrow m/2$. 否则置 $v_k \leftarrow 1$, $m \leftarrow (m - v - 2^{k-1})/2$, $v \leftarrow v + 2^k$.

H3. [推进 k.] 将 k 加 1 并转回到 H2. ∎

32. 更一般的结论见 *Math. Comp.* **29** (1975), 84–86.

33. 记 K_n 为所有这样的 n 位数构成的集合, 从而 $k_n = |K_n|$. 设 S 和 T 是任意由整数构成的有限集合, 我们称 $S \sim T$, 如果存在整数 x 使得 $S = T + x$, 于是可记 $k_n(S) = |\mathcal{K}_n(S)|$, 其中 $\mathcal{K}_n(S)$ 是 K_n 的所有 $\sim S$ 的子集构成的集合. 如果 $n = 0$, 则 $k_n(S) = 0$, 除非 $|S| \le 1$, 因为 0 是唯一的 "0 位" 数.

当 $n \geq 1$ 且 $S = \{s_1, \ldots, s_r\}$ 时，我们有

$$\mathcal{K}_n(S) = \bigcup_{0 \leq j < b} \bigcup_{(a_1, \ldots, a_r)} \{\{t_1 b + a_1, \ldots, t_r b + a_r\} \mid$$

$$\{t_1, \ldots, t_r\} \in K_{n-1}(\{(s_i + j - a_i)/b \mid 1 \leq i \leq r\})\},$$

其中内层的求并运算是对所有满足条件 $a_i \equiv s_i + j \pmod{b}$, $1 \leq i \leq r$ 的数字序列 $(a_1, \ldots, a_r)$ 进行. 在这个公式中，我们要求 $t_i - t_{i'} = (s_i - a_i)/b - (s_{i'} - a_{i'})/b$, $1 \leq i < i' \leq r$, 从而对下标的标注方式是唯一的. 于是根据容斥原理，有 $k_n(S) = \sum_{0 \leq j < b} \sum_{m \geq 1} (-1)^{m-1} f(S, m, j)$, 其中 $f(S, m, j)$ 是在上面规定的意义下对 m 个不同的序列 $(a_1, \ldots, a_r)$ 可写成 $\{t_1 b + a_1, \ldots, t_r b + a_r\}$ 的形式的整数集合的数目，而求和是对 m 个不同序列 $(a_1, \ldots, a_r)$ 的所有选取方法进行. 给定 m 个不同的序列 $(a_1^{(l)}, \ldots, a_r^{(l)})$, $1 \leq l \leq m$, 这种类型的集合的数目为 $k_{n-1}(\{(s_i + j - a_i^{(l)})/b \mid 1 \leq i \leq r, 1 \leq l \leq m\})$. 所以存在集合族 $\mathcal{T}(S)$ 使得

$$k_n(S) = \sum_{T \in \mathcal{T}(S)} c_T \, k_{n-1}(T),$$

其中所有 c_T 都是整数. 而且，如果 $T \in \mathcal{T}(S)$, 则其元素跟 S 的元素很接近. 我们可以推导出 $\min T \geq (\min S - \max D)/b$ 以及 $\max T \leq (\max S + b - 1 - \min D)/b$. 于是我们得到了序列 $\langle k_n(S) \rangle$ 满足的递推关系，其中按照习题 19 的记号，S 取遍 $[l \,..\, u + 1]$ 的所有非空整数子集. 由于对任意一元集 S 有 $k_n = k_n(S)$, 所以序列 $\langle k_n \rangle$ 会出现在递推式中. 由于所有系数 c_T 都可根据 $k_n(S)$ 的前几个值算出来，所以我们可得到一个线性方程组来定义生成函数 $k_S(z) = \sum k_n(S) z^n = [|S| \leq 1] + z \sum_{T \in \mathcal{T}(S)} c_T k_T(z)$. [见 *J. Algorithms* **2** (1981), 31–43.]

例如，当 $D = \{-1, 0, 3\}$ 且 $b = 3$ 时，我们有 $l = -\frac{3}{2}$ 且 $u = \frac{1}{2}$, 所以相关的集合 S 是 $\{0\}$, $\{0, 1\}$, $\{-1, 1\}$ 和 $\{-1, 0, 1\}$. 对于 $n \leq 3$, 相应的序列为 $\langle 1, 3, 8, 21 \rangle$, $\langle 0, 1, 3, 8 \rangle$, $\langle 0, 0, 1, 4 \rangle$ 和 $\langle 0, 0, 0, 0 \rangle$. 所以

$$k_0(z) = 1 + z(3k_0(z) - k_{01}(z)), \qquad\qquad k_{02}(z) = z(k_{01}(z) + k_{02}(z)),$$

$$k_{01}(z) = z k_0(z), \qquad\qquad k_{012}(z) = 0,$$

$k(z) = 1/(1 - 3z + z^2)$. 此时 $k_n = F_{2n+2}$ 且 $k_n(\{0, 2\}) = F_{2n-1} - 1$.

34. 恰好有一个关于字符集 $\{\bar{1}, 0, 1\}$ 的串 α_n 满足 $n = (\alpha_n)_2$, 且 α_n 的首位不是 0, 也没有相连的非零字符：α_0 是空串，在其他情形下满足 $\alpha_{2n} = \alpha_n 0$, $\alpha_{4n+1} = \alpha_n 01$, $\alpha_{4n-1} = \alpha_n 0\bar{1}$. 我们可通过转换规则 $1\bar{1} \to 01$, $\bar{1}1 \to 0\bar{1}$, $01\ldots11 \to 10\ldots0\bar{1}$, $0\bar{1}\ldots\bar{1}\bar{1} \to \bar{1}0\ldots01$, 以及在最前面加 0 或者去掉前面的 0, 将表示 n 的任一字符串都转换为这个"规范的带符号的二进制位表示". 由于上述操作都不会增加非零字符的数目，所以 α_n 的非零字符是最少的. [*Advances in Computers* **1** (1960), 244–260.] α_n 中包含的非零字符的数目，记为 $\bar{\nu}(n)$, 就是常规表示方式中前面是 0 或者对于某个 $k \geq 0$, 子串 $00(10)^k 1$ 的 1 的数目. （见习题 7.1.3–35. ）

约阿希姆·加藤将上述结论推广到基数 $b > 2$, *Computational Complexity* **1** (1991), 360–394.

4.2.1 节

1. $N = (62, +0.60\,22\,14\,00)$, $h = (37, +0.66\,26\,10\,00)$. 注意 $10h$ 应表示为 $(38, +0.06\,62\,61\,00)$.

2. $b^{E-q}(1 - b^{-p})$, b^{-q-p}; $b^{E-q}(1 - b^{-p})$, b^{-q-1}.

3. 当指数 e 不是取最小值时，最高位的二进制数字"1"（在所有这样的规范化数中都会包含这一位）不需要包含在计算机字中.

4. $(51, +0.102\,098\,77)$, $(50, +0.123\,460\,00)$, $(53, +0.999\,999\,99)$. 在第三个问题中，如果第一个操作数是 $(45, -0.500\,000\,00)$, 则答案为 $(54, +0.100\,000\,00)$, 这是因为 $b/2$ 是奇数.

5. 如果 $x \sim y$ 且 m 是整数，则 $mb + x \sim mb + y$. 而且，通过考虑所有可能的情形，可由 $x \sim y$ 推导出 $x/b \sim y/b$. 另一个重要的性质是只要 $bx \sim by$, 则 x 和 y 会舍入到同一个整数.

如果 $b^{-p-2} F_v \neq f_v$, 则必有 $(b^{p+2} f_v) \bmod b \neq 0$. 所以除非 $e_u - e_v \geq 2$, 否则在变换过程中 f_v 将保持不变. 由于 u 是规范化数，所以 u 非零且 $|f_u + f_v| > b^{-1} - b^{-2} \geq b^{-2}$. 因此 $f_u + f_v$ 的首

位非零数字位于小数点右侧第一或第二位, 且当 $j \leq 1$ 时, $b^{p+j}(f_u + f_v)$ 会被舍入为整数. 所以我们只需证明 $b^{p+j+1}(f_u + f_v) \sim b^{p+j+1}(f_u + b^{-p-2}F_v)$ 即可完成整个证明过程. 由上一段的推导可得 $b^{p+2}(f_u + f_v) \sim b^{p+2}f_u + F_v = b^{p+2}(f_u + b^{-p-2}F_v)$, 从而可对所有 $j \leq 1$ 得到所需结论. 以上分析也适用于算法 M 的步骤 M2.

需要指出的是, 当 $b > 2$ 是偶数时, 这样的整数 F_v 总是存在的. 但是当 $b = 2$ 时我们需要 $p + 3$ 位 (设 $2F_v$ 为整数). 当 b 为奇数时, F_v 除了一种情形外都存在, 即在算法 M 中做除法时 $\frac{1}{2}b$ 会有余数.

6. (考虑程序 A 中 $e_u = e_v$, $f_u = -f_v$ 的情形.) 像 ADD 运算那样, 寄存器 A 的符号不变.

7. 一个规范化数要么为零, 要么其小数部分落在 $\frac{1}{b} < |f| < \frac{1}{2}$ 范围内. 要实现加法和减法只需使用 $p+1$ 位的累加器. 舍入操作 (除了在做除法时) 的效果相当于将尾数截断. 这确实是一个非常好的系统! 当指数的超量为 0 时, 我们将指数插入小数部分的第一个数字和后续数字之间, 并且在小数部分为负时对它求补, 从而不改变定点数的顺序.

8. (a) $(06, +0.123\,456\,79) \oplus (06, -0.123\,456\,78)$, $(01, +0.103\,456\,78) \oplus (00, -0.940\,000\,00)$.

(b) $(99, +0.876\,543\,21) \oplus$ 它自己, $(99, +0.999\,999\,99) \oplus (91, +0.500\,000\,00)$.

9. $a = c = (-50, +0.100\,000\,00)$, $b = (-41, +0.200\,000\,00)$,
$d = (-41, +0.800\,000\,00)$, $y = (11, +0.100\,000\,00)$.

10. $(50, +0.999\,990\,00) \oplus (55, +0.999\,990\,00)$.

11. $(50, +0.100\,000\,01) \otimes (50, +0.999\,999\,90)$.

12. 如果 $0 < |f_u| < |f_v|$, 那么 $|f_u| \leq |f_v| - b^{-p}$, 所以 $1/b < |f_u/f_v| \leq 1 - b^{-p}/|f_v| < 1 - b^{-p}$. 如果 $0 < |f_v| \leq |f_u|$, 我们有 $1/b \leq |f_u/f_v|/b \leq ((1 - b^{-p})/(1/b))/b = 1 - b^{-p}$.

13. 见詹姆斯·约埃, *IEEE Trans.* **C-22** (1973), 577–586. 也见习题 4.2.2–24.

14.
```
FIX STJ  9F          浮点转定点子程序:
    STA  TEMP
    LD1  TEMP(EXP)    rI1 ← e.
    SLA  1            rA ← ±ffff0.
    JAZ  9F           输入为零吗?
    DEC1 1
    CMPA =0=(1:1)     如果首字节为零,
    JE   *-4              则再左移一次.
    ENN1 -Q-4,1
    J1N  FIXOVFLO     数值是否过大?
    ENTX 0
    SRAX 0,1
    CMPX =1//2=
    JL   9F
    JG   *+2
    JAO  9F           不明确的情形转变为奇数情形, 因为 b/2 是偶数.
    STA  *+1(0:0)     如有必要, 则舍入.
    INCA 1            加上 ±1 (不会发生溢出).
9H  JMP  *            从子程序退出.  ▮
```

15.
```
FP  STJ  EXITF       小数部分子程序:
    JOV  OFLO         确保溢出标志已关闭.
    STA  TEMP         TEMP ← u.
    ENTX 0
    SLA  1            rA ← f_u.
```

```
        LD2   TEMP(EXP)        rI2 ← e_u.
        DEC2  Q
        J2NP  *+3
        SLA   0,2              减掉 u 的整数部分.
        ENT2  0
        JANN  1F
        ENN2  0,2              小数部分为负:
        SRAX  0,2                求它的补.
        ENT2  0
        JXNZ  *+3
        JAZ   *+2
        INCA  1
        ADD   WM1              加上字大小减 1.
    1H  INC2  Q                准备规范化答案.
        JMP   NORM             规范化、舍入并退出.
    8H  EQU   1(1:1)
    WM1 CON   8B-1,8B-1(1:4)   字大小减 1  ∎
```

16. 如果若 $|c| \geq |d|$, 则令 $r \leftarrow d \oslash c$, $s \leftarrow c \oplus (r \otimes d)$; $x \leftarrow (a \oplus (b \otimes r)) \oslash s$, $y \leftarrow (b \ominus (a \otimes r)) \oslash s$. 否则令 $r \leftarrow c \oslash d$, $s \leftarrow d \oplus (r \otimes c)$; $x \leftarrow ((a \otimes r) \oplus b) \oslash s$, $y \leftarrow ((b \otimes r) \ominus a) \oslash s$. 从而 $x + iy$ 是所需的 $(a+bi)/(c+di)$ 的近似值. 计算 $s' \leftarrow 1 \oslash s$ 并且乘以 s' 两次, 可能比除以 s 两次更好. 由于 (11), 除非有专门的预防措施, 建议使用渐下溢方法来计算 r. [*CACM* **5** (1962), 435. 彼得 · 温在 *BIT* **2** (1962), 232–255 中给出了关于复数运算与函数求值的其他算法. 关于 $|a+bi|$, 见保罗 · 弗里德兰, *CACM* **10** (1967), 665.]

17. 见罗伯特 · 莫里斯, *IEEE Trans.* **C-20** (1971), 1578–1579. 这类系统的误差分析更加困难, 因此我们更倾向于使用区间运算.

18. 对正数: 将小数部分左移直至 $f_1 = 1$, 然后做舍入操作, 如果此时小数部分为零 (舍入上溢) 则再右移. 对负数: 将小数部分左移直至 $f_1 = 0$, 然后做舍入操作, 如果此时小数部分为零 (舍入下溢) 则再右移.

19. $(73 - (5 - [被舍入的数字为 \frac{b}{2} 0 \ldots 0]))(6 - [对数值作舍入]) + [e_v < e_u] + [第一个被舍入的数字为 \frac{b}{2}] - [小数部分溢出] - 10[计算结果为零] + 7[舍入溢出] + 7N + (3 + (16 + [计算结果为负])[符号相反])X)u$, 其中 N 是做规范化时所做左移操作的次数, X 是 rX 接收非零数字且不发生小数部分溢出的条件. 达到最长计算时间 $84u$ 的情形之一为

$$u = -50\ 01\ 00\ 00\ 00, \quad v = +45\ 49\ 99\ 99\ 99, \quad b = 100.$$

[对于 4.2.4 节中的数据, 平均计算时间会少于 $47u$.]

4.2.2 节

1. $u \ominus v = u \oplus -v = -v \oplus u = -(v \oplus -u) = -(v \ominus u)$.

2. 由式 (8) (2) (6) 得 $u \oplus x \geq u \oplus 0 = u$. 进而再由 (8) 得 $(u \oplus x) \oplus v \geq u \oplus v$. 类似地, 由 (8) 和 (6) 加上 (2) 可推导出 $(u \oplus x) \oplus (v \oplus y) \geq (u \oplus x) \oplus v$.

3. $u = 8.000\,000\,1$, $v = 1.250\,000\,8$, $w = 8.000\,000\,8$. $(u \otimes v) \otimes w = 80.000\,064$, 然而 $u \otimes (v \otimes w) = 80.000\,057$.

4. 有可能. 只需取 $1/u \approx v = w$, 其中 v 取较大的数值.

5. 并不总是成立. 不妨对 $u = v = 9$ 做十进制运算.

6. (a) 是的. (b) 仅对 $b + p \leq 4$ 成立 (试取 $u = 1 - b^{-p}$). 见习题 27.

7. 如果 u 和 v 是两个前后相继的二进制浮点数, 则 $u \oplus v = 2u$ 或 $2v$. 当 $u \oplus v = 2v$ 时一般有 $u^{②} \oplus v^{②} < 2v^{②}$. 例如, 当 $u = (0.10\ldots001)_2$, $v = (0.10\ldots010)_2$ 时, $u \oplus v = 2v$ 且 $u^{②} + v^{②} = (0.10\ldots011)_2$.

8. (a) $\sim$, $\approx$. (b) $\sim$, $\approx$. (c) $\sim$, $\approx$. (d) $\sim$. (e) $\sim$.

9. $|u - w| \le |u - v| + |v - w| \le \epsilon_1 \min(b^{e_u - q}, b^{e_v - q}) + \epsilon_2 \min(b^{e_v - q}, b^{e_w - q}) \le \epsilon_1 b^{e_u - q} + \epsilon_2 b^{e_w - q} \le (\epsilon_1 + \epsilon_2) \max(b^{e_u - q}, b^{e_w - q})$. 上述结论在一般情形下不能再加强了, 因为可取 e_u 比 e_v 和 e_w 都小很多, 此时 $u - w$ 的值将非常大.

10. 如果 $a_p \ge 1$ 且 $a_1 \ge \frac{b}{2}$, 则 $(0.a_1 \ldots a_{p-1} a_p)_b \otimes (0.9 \ldots 99)_b = (0.a_1 \ldots a_{p-1}(a_p - 1))_b$, 这里 "9" 代表 $b - 1$. 此外还有 $(0.a_1 \ldots a_{p-1} a_p)_b \otimes (1.0 \ldots 0)_b = (0.a_1 \ldots a_{p-1} 0)_b$, 因此当 $b > 2$ 且 $a_p \ge 1 + [a_1 \ge \frac{b}{2}]$ 时乘法运算不是单调的. 然而当 $b = 2$ 时, 我们可用上面的推导过程证明乘法是单调的. 显然对 "特定的计算机" 有 $b > 2$.

11. 不失一般性, 设 x 是整数且 $0 \le x < b^p$. 当 $e \le 0$ 时 $t = 0$, 当 $0 < e \le p$ 时 $x - t$ 最多有 $p + 1$ 位且最低有效位的数字为 0. 当 $e > p$ 时 $x - t = 0$. [这个结论在更弱的假设条件 $|t| < b^e$ 下仍然成立, 其中当 $e > p$ 时有 $x - t = b^e$.]

12. 假设 $e_u = p$, $e_v \le 0$, $u > 0$. 情形 1, $u > b^{p-1}$. 情形 (1a), $w = u + 1$, $v \ge \frac{1}{2}$, $e_v = 0$. 此时 $u' = u$ 或者 $u + 1$, $v' = 1$, $u'' = u$, $v'' = 1$ 或 0. 情形 (1b), $w = u$, $|v| \le \frac{1}{2}$. 此时 $u' = u$, $v' = 0$, $u'' = u$, $v'' = 0$. 如果 $|v| = \frac{1}{2}$ 且允许做更一般的舍入操作, 则有 $u' = u \pm 1$, $v'' = \mp 1$. 情形 (1c), $w = u - 1$, $v \le -\frac{1}{2}$, $e_v = 0$. 此时 $u' = u$ 或者 $u - 1$, $v' = -1$, $u'' = u$, $v'' = -1$ 或 0. 情形 2, $u = b^{p-1}$. 情形 (2a), $w = u + 1$, $v \ge \frac{1}{2}$, $e_v = 0$. 此情形类似于 (1a). 情形 (2b), $w = u$, $|v| \le \frac{1}{2}$, $u' \ge u$. 此情形类似于 (1b). 情形 (2c), $w = u$, $|v| \le \frac{1}{2}$, $u' < u$. 此时存在某个正整数 $j \le \frac{1}{2} b$ 使得 $u' = u - j/b$ 且 $v = j/b + v_1$, $|v_1| \le \frac{1}{2} b^{-1}$. 于是有 $v' = 0$, $u'' = u$, $v'' = j/b$. 情形 (2d), $w < u$. 此时存在某个正整数 $j \le b$ 使得 $w = u - j/b$ 且 $v = -j/b + v_1$, $|v_1| \le \frac{1}{2} b^{-1}$. 因此 $(v', u'') = (-j/b, u)$, 且 $(u', v'') = (u, -j/b)$ 或者 $(u - 1/b, (1 - j)/b)$, 其中后者仅对应于 $v_1 = \frac{1}{2} b^{-1}$ 的情形. 对以上所有情形都有 $u \ominus u' = u - u'$, $v \ominus v' = v - v'$, $u \ominus u'' = u - u''$, $v \ominus v'' = v - v''$, $\text{round}(w - u - v) = w - u - v$.

13. 由于 $\text{round}(x) = 0$ 当且仅当 $x = 0$, 因此我们想找一个由整数对构成的很大的集合, 集合中的数对 (m, n) 满足 $m \oslash n$ 是整数当且仅当 m/n 是整数. 假设 $|m|, |n| < b^p$. 如果 m/n 是整数, 则 $m \oslash n = m/n$ 也是整数. 反之, 如果 m/n 不是整数, 但 $m \oslash n$ 是整数, 则 $1/|n| \le |m \oslash n - m/n| < \frac{1}{2} |m/n| b^{1-p}$, 从而 $|m| > 2b^{p-1}$. 因此我们应当要求 $|m| \le 2b^{p-1}$ 且 $0 < |n| < b^p$. (此条件也可减弱一点.)

14. $|(u \otimes v) \otimes w - uvw| \le |(u \otimes v) \otimes w - (u \otimes v)w| + |w| |u \otimes v - uv| \le \delta_{(u \otimes v) \otimes w} + b^{e_w - q - l_w} \delta_{u \otimes v} \le (1 + b)\delta_{(u \otimes v) \otimes w}$. 由于 $|e_{(u \otimes v) \otimes w} - e_{u \otimes (v \otimes w)}| \le 2$, 所以我们可取 $\epsilon = \frac{1}{2}(1 + b)(1 + b^2)b^{-p}$.

15. 由 $u \le v$ 可推导出 $(u \oplus u) \oslash 2 \le (u \oplus v) \oslash 2 \le (v \oplus v) \oslash 2$, 所以习题的结论对所有 u 和 v 成立当且仅当它对 $u = v$ 成立. 由此可知结论对基数 $b = 2$ 总是成立 (除非发生了溢出), 然而当 $b > 2$ 时, 存在 $v \ne w$ 使得 $v \oplus v = w \oplus w$, 所以结论不成立. [另一方面, 公式 $u \oplus ((v \ominus u) \oslash 2)$ 可以给出位于正确范围内的中点. 证明: 只需证明 $u + (v \ominus u) \oslash 2 \le v$, 即 $(v \ominus u) \oslash 2 \le v - u$. 此外, 容易证明对所有 $x \ge 0$ 有 $\text{round}(\frac{1}{2}\text{round}(x)) \le x$.]

16. (a) 当 $\sum_{10} = 11.111\,111$, $\sum_{91} = 101.111\,10$, $\sum_{901} = 1001.1102$, $\sum_{9001} = 10\,001.020$, $\sum_{90\,009} = 100\,000.91$, $\sum_{900\,819} = 1\,000\,000.0$ 时指数依次发生变化, 因此 $\sum_{1\,000\,000} = 1\,109\,099.1$.

(b) 式 (14) 首先计算 $\sum_{k=1}^{n} 1.234\,567\,9 = 122\,478\,2.1$, 然后计算 $-0.005\,318\,705\,3$ 的平方根. 而式 (15) 和 (16) 的计算是精确的. [然而, 如果 $x_k = 1 + \lfloor (k-1)/2 \rfloor 10^{-7}$, 则式 (15) 和 (16) 的计算会造成 n 阶大小的误差. 关于标准差的计算精度的更多结论可见陈繁昌和约翰·刘易斯, *CACM* **22** (1979), 526–531.]

(c) 只需证明 $u \oplus ((v \ominus u) \oslash k)$ 位于 u 和 v 之间. 见习题 15.

17.
```
FCMP STJ  9F        比较浮点数大小的子程序:
     JOV  OFLO      确保溢出标志关闭.
```

```
          STA   TEMP
          LDAN  TEMP              v ← −v.
```

（将程序 4.2.1A 的 07–20 行复制到这里.）

```
          LDX   FV(0:0)          将 rX 的值设为零并取 f_v 的符号.
          DEC1  5
          J1N   *+2
          ENT1  0                将指数的大的差
          SRAX  5,1                  替换为较小的差.
          ADD   FU               rA ← 操作数的差.
          JOV   7F               小数部分溢出: 非 ∼.
          CMPA  EPSILON(1:5)
          JG    8F               如果非 ∼, 则跳转.
          JL    6F               如果 ∼, 则跳转.
          JXZ   9F               如果 ∼, 则跳转.
          JXP   1F               如果 |rA| = ε, 则检查 rA × rX 的符号.
          JAP   9F               如果 ∼, 则跳转. (rA ≠ 0)
          JMP   8F
7H        ENTX  1
          SRC   1                将 rA 的值置为非零, 符号不变.
          JMP   8F
1H        JAP   8F               如果非 ∼, 则跳转. (rA ≠ 0)
6H        ENTA  0
8H        CMPA  =0=              设置比较标志.
9H        JMP   *                从子程序中退出.    ∎
```

19. 对 $k > n$ 取 $\gamma_k = \delta_k = \eta_k = \sigma_k = 0$. 我们只需求 x_1 的系数, 因为 x_k 的系数可以通过将 x_1 的系数的下标增加 $k - 1$ 得到. 记 (f_k, g_k) 为 x_1 在 $(s_k - c_k, c_k)$ 中的系数. 则 $f_1 = (1 + \eta_1)(1 - \gamma_1 - \gamma_1 \delta_1 - \gamma_1 \sigma_1 - \delta_1 \sigma_1 - \gamma_1 \delta_1 \sigma_1)$, $g_1 = (1 + \delta_1)(1 + \eta_1)(\gamma_1 + \sigma_1 + \gamma_1 \sigma_1)$, 且对于 $1 < k \le n$ 有 $f_k = (1 - \gamma_k \sigma_k - \delta_k \sigma_k - \gamma_k \delta_k \sigma_k) f_{k-1} + (\gamma_k - \eta_k + \gamma_k \delta_k + \gamma_k \eta_k + \gamma_k \delta_k \eta_k + \gamma_k \eta_k \sigma_k + \delta_k \eta_k \sigma_k + \gamma_k \delta_k \eta_k \sigma_k) g_{k-1}$, $g_k = \sigma_k (1 + \gamma_k)(1 + \delta_k) f_{k-1} - (1 + \delta_k)(\gamma_k + \gamma_k \eta_k + \eta_k \sigma_k + \gamma_k \eta_k \sigma_k) g_{k-1}$. 所以 $f_n = 1 + \eta_1 - \gamma_1 + (4n$ 个二阶项$) + ($更高阶项$) = 1 + \eta_1 - \gamma_1 + O(n\epsilon^2)$ 充分小. [卡亨求和公式首先发表在 *CACM* **8** (1965), 40. 也可见 *Proc. IFIP Congress* (1971), **2**, 1232, 以及小泽一文, *J. Information Proc.* **6** (1983), 226–230 给出的进一步的改进. 卡亨发现 $s_n \ominus c_n = \sum_{k=1}^{n}(1 + \phi_k)x_k$, 其中 $|\phi_k| \le 2\epsilon + O((n + 1 - k)\epsilon^2)$. 其他精确求和的方法可见于理查德·汉森, *CACM* **18** (1975), 57–58. 当一部分 x_k 为负而其余为正时, 我们可以像泰耶·埃斯皮利德, *SIAM Review* **37** (1995), 603–607 所述那样, 将它们做适当的搭配. 还见格尔德·博伦德, *IEEE Trans.* **C-26** (1977), 621–632, 了解对给定的 $\{x_1, \ldots, x_n\}$ 精确计算 $\mathrm{round}(x_1 + \cdots + x_n)$ 和 $\mathrm{round}(x_1 \ldots x_n)$ 的一些算法.]

20. 根据定理 C 的证明, (47) 仅当 $|v| + \frac{1}{2} \ge |w - u| \ge b^{p-1} + b^{-1}$ 时对 $e_w = p$ 不成立. 因此 $|f_u| \ge |f_v| \ge 1 - (\frac{1}{2}b - 1)b^{-p}$. 于是 (47) 不成立的一个充要条件是我们在规范化过程中将 $|f_w|$ 舍入到 2 (确切地说是舍入到 $2/b$, 因为小数部分溢出时要右移). 这实在是一个很罕见的情形!

21. （由格哈德·维尔特卡姆给出的解答）令 $c = 2^{\lceil p/2 \rceil} + 1$. 不妨设 $p \ge 2$, 则 c 是可表示的. 首先计算 $u' = u \otimes c$, $u_1 = (u \ominus u') \oplus u'$, $u_2 = u \ominus u_1$. 类似地, $v' = v \otimes c$, $v_1 = (v \ominus v') \oplus v'$, $v_2 = v \ominus v_1$. 然后令 $w \leftarrow u \otimes v$, $w' = ((((u_1 \otimes v_1 \ominus w) \oplus (u_1 \otimes v_2)) \oplus (u_2 \otimes v_1)) \oplus (u_2 \otimes v_2)$.

我们只需对 $u, v > 0$ 以及 $e_u = e_v = p$ 证明上述运算过程实现了精确相乘, 此时 u 和 v 都是 $[2^{p-1} .. 2^p]$ 范围内的整数. 于是 $u = u_1 + u_2$, 其中 $2^{p-1} \le u_1 \le 2^p$, $u_1 \bmod 2^{\lceil p/2 \rceil} = 0$, $|u_2| \le 2^{\lceil p/2 \rceil - 1}$. 类似地, $v = v_1 + v_2$. w' 的计算过程是精确的, 这是因为 $w - u_1 v_1$ 是 2^{p-1}

的倍数, 从而 $|w - u_1v_1| \le |w - uv| + |u_2v_1 + u_1v_2 + u_2v_2| \le 2^{p-1} + 2^{p+\lceil p/2 \rceil} + 2^{p-1}$. 类似地, $|w - u_1v_1 - u_1v_2| \le |w - uv| + |u_2v| < 2^{p-1} + 2^{\lceil p/2 \rceil -1+p}$, 其中 $w - u_1v_1 - u_1v_2$ 是 $2^{\lceil p/2 \rceil}$ 的倍数.

22. 不妨假设 $b^{p-1} \le u, v < b^p$. 如果 $uv \le b^{2p-1}$, 则 $x_1 = uv - r$, 其中 $|r| \le \frac{1}{2}b^{p-1}$, 所以 $x_2 = \text{round}(u - r/v) = x_0$ (这是因为 $|r/v| \le \frac{1}{2}b^{p-1}/b^{p-1} \le \frac{1}{2}$, 而且相等性推导出 $v = b^{p-1}$, 从而 $r = 0$). 如果 $uv > b^{2p-1}$, 则 $x_1 = uv - r$, 其中 $|r| \le \frac{1}{2}b^p$, 因此 $x_1/v = u - r/v < b^p + \frac{1}{2}b$, $x_2 \le b^p$. 如果 $x_2 = b^p$, 那么 $x_3 = x_1$ (因为由条件 $(b^p - \frac{1}{2})v \le x_1$ 可推导出 x_1 是 b^p 的倍数, 且 $x_1 < b^p(v+\frac{1}{2})$). 如果 $x_2 < b^p$ 且 $x_1 > b^{2p-1}$, 则令 $x_2 = x_1/v + q$, 其中 $|q| \le \frac{1}{2}$. 因此 $x_3 = \text{round}(x_1 + qv) = x_1$. 最后, 如果 $x_2 < b^p$, $x_1 = b^{2p-1}$ 且 $x_3 < b^{2p-1}$, 则由上面的第一种情形得 $x_4 = x_2$. 例如, 如果取 $b = 10$, $p = 2$, $u = 19$, $v = 55$, $x_1 = 1000$, $x_2 = 18$, $x_3 = 990$, 则会出现这种情形.

23. 如果 $u \ge 0$ 或者 $u \le -1$, 则 $u \;\text{(mod)}\; 1 = u \bmod 1$, 从而恒等式成立. 如果 $-1 < u < 0$, 那么 $u \;\text{(mod)}\; 1 = u \oplus 1 = u + 1 + r$, 其中 $|r| \le \frac{1}{2}b^{-p}$. 恒等式成立当且仅当 $\text{round}(1 + r) = 1$, 所以只要我们舍入到偶数, 恒等式就必定成立. 根据正文中的舍入规则, 恒等式不成立当且仅当 b 是 4 的倍数且 $-1 < u < 0$ 且 $u \bmod 2b^{-p} = \frac{3}{2}b^{-p}$ (例如, $p = 3$, $b = 8$, $u = -(.0124)_8$).

24. 设 $u = [u_l .. u_r]$, $v = [v_l .. v_r]$. 则 $u \oplus v = [u_l \;\triangledown\; v_l .. u_r \;\triangle\; v_r]$, 其中 $x \triangle y = y \triangle x$, 且 $x \triangle +0 = x$ 对所有 x 成立, $x \triangle -0 = x$ 对所有 $x \ne +0$ 成立, $x \triangle +\infty = +\infty$ 对所有 $x \ne -\infty$ 成立, 而 $x \triangle -\infty$ 不必定义. 此外 $x \triangledown y = -((-x) \triangle (-y))$. 如果由于 $x+y$ 太大而造成 $x \oplus y$ 在通常定义的浮点数运算中溢出, 则 $x \triangle y$ 等于 $+\infty$ 而 $x \triangledown y$ 是最大的可表示数.

对于减法, 我们定义 $u \ominus v = u \oplus (-v)$, 其中 $-v = [-v_r .. -v_l]$.

乘法稍微复杂一些. 正确的做法是定义 $u \otimes v = [\min(u_l \;\triangledown\; v_l, u_l \;\triangledown\; v_r, u_r \;\triangledown\; v_l, u_r \;\triangledown\; v_r) .. \max(u_l \;\triangle\; v_l, u_l \;\triangle\; v_r, u_r \;\triangle\; v_l, u_r \;\triangle\; v_r)]$, 其中 $x \triangle y = y \triangle x$, $x \triangle (-y) = -(x \triangledown y) = (-x) \triangle y$; $x \triangle +0 = (+0$ 对于 $x > 0$, -0 对于 $x < 0)$; $x \triangle -0 = -(x \triangle +0)$; $x \triangle +\infty = (+\infty$ 对于 $x > +0$, $-\infty$ 对于 $x < -0)$. (我们只需根据 u_l, u_r, v_l 和 v_r 的符号就可以确定 min 和 max, 因此除了 $u_l < 0 < u_r$ 且 $v_l < 0 < v_r$ 的情形外我们只需计算 8 个乘积中的 2 个. 在后一情形, 我们需要计算 4 个乘积, 从而给出答案 $[\min(u_l \;\triangledown\; v_r, u_r \;\triangledown\; v_l) .. \max(u_l \;\triangle\; v_l, u_r \;\triangle\; v_r)]$.

最后, 当 $v_l < 0 < v_r$ 时我们不能定义 $u \oslash v$. 在其他情形下可用定义乘法的公式来定义除法, 只不过其中分别以 v_r^{-1} 和 v_l^{-1} 来代替 v_l 和 v_r, 其中 $x \triangle y^{-1} = x \triangle y$, $x \triangledown y^{-1} = x \triangledown y$, $(\pm 0)^{-1} = \pm\infty$, $(\pm\infty)^{-1} = \pm 0$.

[见埃尔登·汉森, *Math. Comp.* **22** (1968), 374–384. 卡亨制订了另一种运算规则, 其中规定被 0 除时不会给出错误提示, 而是将区间取为 ∞ 的邻域. 根据卡亨的运算规则, 例如, $[-1..+1]$ 的倒数是 $[+1..-1]$, 而将一个包含 0 的区间与一个包含 ∞ 的区间相乘将得到 $[-\infty..+\infty]$, 即所有数的集合. 见 *Numerical Analysis*, Univ. Michigan Engineering Summer Conf. Notes No. 6818 (1968).]

25. 发生了抵消说明前面计算 u 和 v 的值时产生了误差. 例如, 如果 ϵ 很小, 则计算 $f(x+\epsilon) \ominus f(x)$ 的精度一般很低, 因为对 $f(x+\epsilon)$ 的值进行舍入操作时会破坏很多与 ϵ 相关的信息. 计算 $f(x+\epsilon) \ominus f(x)$ 的一个合适的公式是 $\epsilon \otimes g(x, \epsilon)$, 其中 $g(x, \epsilon) = (f(x+\epsilon) - f(x))/\epsilon$ 预先通过符号计算得到. 如果 $f(x) = x^2$ 则 $g(x, \epsilon) = 2x + \epsilon$. 如果 $f(x) = \sqrt{x}$ 则 $g(x, \epsilon) = 1/(\sqrt{x+\epsilon} + \sqrt{x})$.

26. 令 $e = \max(e_u, e_{u'})$, $e' = \max(e_v, e_{v'})$, $e'' = \max(e_{u \oplus v}, e_{u' \oplus v'})$, 并假设 $q = 0$. 则 $(u \oplus v) - (u' \oplus v') \le u + v + \frac{1}{2}b^{e''-p} - u' - v' + \frac{1}{2}b^{e''-p} \le \epsilon b^e + \epsilon b^{e'} + b^{e''-p}$ 且 $e'' \ge \max(e, e')$. 所以 $u \oplus v \sim u' \oplus v' \; (2\epsilon + b^{-p})$.

当 $b = 2$ 时这个上界估计可改进为 $1.5\epsilon + b^{-p}$. 这是因为当 $u - u'$ 和 $v - v'$ 反号时 $\epsilon + b^{-p}$ 是一个上界, 而它们同号时不可能有 $e = e' = e''$.

27. 我们只需证明当 $b^{-1} \le f_u \le b^{-1/2}$ 时 $1 \oslash (1 \oslash u) = u$, 即可推出本习题要证明的恒等式. 如果后者不成立, 则存在整数 x 和 y 使得 $b^{p-1} < x < b^{p-1/2}$, 且要么 $y - \frac{1}{2} \le b^{2p-1}/x < b^{2p-1}/(x - \frac{1}{2}) \le y$, 要么 $y \le b^{2p-1}/(x + \frac{1}{2}) < b^{2p-1}/x \le y + \frac{1}{2}$. 但这显然不可能, 除非 $x(x + \frac{1}{2}) > b^{2p-1}$, 而由后者可推导出 $y = \lfloor b^{p-1/2} \rfloor = x$.

28. 见 *Math. Comp.* **32** (1978), 227–232.

29. 如果 $b = 2$ 且 $p = 1$ 且 $x > 0$，则 $\text{round}(x) = 2^{e(x)}$，其中 $e(x) = \lfloor \lg \frac{4}{3} x \rfloor$. 令 $f(x) = x^{\alpha}$，$t(n) = \lfloor \lfloor \alpha n + \lg \frac{4}{3} \rfloor / \alpha + \lg \frac{4}{3} \rfloor$. 则 $\hat{h}(2^e) = 2^{t(e)}$. 当 $\alpha = 0.99$ 时，对 $41 < e \le 58$ 有 $\hat{h}(2^e) = 2^{e-1}$.

31. 根据 4.5.3 节中的理论，连分数 $\sqrt{3} = 1 + /\!/1, 2, 1, 2, \ldots /\!/$ 的渐近分数为 $p_n / q_n = K_{n+1}(1, 1, 2, 1, 2, \ldots)$ $/ K_n(1, 2, 1, 2, \ldots)$. 这些渐近分数都是 $\sqrt{3}$ 的很好的近似值，所以 $3q_n^2 \approx p_n^2$. 事实上有 $3q_n^2 - p_n^2 = 2 - 3(n \bmod 2)$. 习题中的例子是 $2p_{31}^2 + (3q_{31}^2 - p_{31}^2)(3q_{31}^2 + p_{31}^2) = 2p_{31}^2 - (p_{31}^2 - 1 + p_{31}^2) = 1$. 将 $3q_{31}^2$ 与 p_{31}^2 做浮点减法将得到零，除非我们可以近乎精确地表示出 $3q_{31}^2$. 将 $9q_{31}^4$ 与 p_{31}^4 相减的舍入误差通常比 $2p_{31}^2$ 更大. 利用任意代数数的连分数逼近可构造类似的例子.

32. （齐格勒·亨特斯，2014）$a = 1/2$，$b \bmod 1 = 1/4$.

4.2.3 节

1. 首先，$(w_m, w_l) = (0.573, 0.248)$. 因此 $w_m v_l / v_m = 0.290$，所以答案是 $(0.572, 0.958)$. 事实上，这是精确到 6 位十进制数的计算结果.

2. 这对答案不会有影响，因为规范化程序会将每个数截断为 8 位，所以不可能处理这个特殊的字节位.（由于输入的数是已经规范化了的，所以在规范化过程中左移操作最多进行一次. ）

3. 在 09 行我们将两字节的数相加，在 22 行则是将四字节的数相加，显然都不可能发生溢出. 在 30 行我们计算三个四字节数的和，也不可能溢出. 最后，在 32 行溢出也不可能发生，因为乘积 $f_u f_v$ 肯定小于 1.

4. 在 03 行与 04 行之间插入 JOV OFLO; ENT1 0. 将 21-22 行替换为 ADD TEMP(ABS); JNOV *+2; INC1 1，并将 28-31 行改为 SLAX 5; ADD TEMP; JNOV *+2; INC1 1; ENTX 0,1; SRC 5. 这样的修改会增加 5 行代码以及 1、2 或 3 单位的运行时间.

5. 在 06 行后面插入 JOV OFLO. 分别将 23, 31, 39 行改为 SRAX 0,1, SLAX 5, ADD ACC. 在 40 和 41 行之间插入 DEC2 1; JNOV DNORM; INC2 1; INCX 1; SRC 1.（去掉 DEC2 1 指令而代之以 STZ EXPO 似乎是个好办法，但这样一来，指令 INC2 1 可能会使 rI2 溢出！）这会增加 6 行代码. 运行时间将减少 $3u$，但发生小数部分溢出时会增加 $7u$.

6.
```
  DOUBLE STJ  EXITDF        转换为双精度:
         ENTX 0             清除 rX.
         STA  TEMP
         LD2  TEMP(EXP)     rI2 ← e.
         INC2 QQ-Q          对超量的差进行校正.
         STZ  EXPO          EXPO ← 0.
         SLAX 1             去掉指数.
         JMP  DNORM         规范化并退出.
  SINGLE STJ  EXITF         转换为单精度:
         JOV  OFLO          确保溢出标志关闭.
         STA  TEMP
         LD2  TEMP(EXPD)    rI2 ← e.
         DEC2 QQ-Q          对超量的差进行校正.
         SLAX 2             去掉指数.
         JMP  NORM          规范化、舍入并退出.  ▌
```

7. 三个程序都输出 0 当且仅当精确的计算结果为 0，所以我们不必担心相对误差的表达式中出现零分母. 加法程序最坏的情形是非常糟糕的：在十进制表示下，当输入为 $1.000\,000\,0$ 和 $-0.999\,999\,99$ 时，给出的计算结果是 b^{-7} 而不是 b^{-8}. 所以最大相对误差 δ_1 为 $b - 1$，其中 b 为字节大小.

对于乘法和除法，我们可假设两个操作数都是正数且有相同的指数 QQ. 由图 4 可知乘法的最大误差有界：当 $uv \ge 1/b$ 时有 $0 \le uv - u \otimes v < 3b^{-9} + (b-1)b^{-9}$，所以相对误差不超过 $(b+2)b^{-8}$. 当 $1/b^2 \le uv < 1/b$ 时有 $0 \le uv - u \otimes v < 3b^{-9}$，此时相对误差不超过 $3b^{-9}/uv \le 3b^{-7}$. 我们取 δ_2 为这两个上界中较大的一个，即 $3b^{-7}$.

对于除法, 我们需要更小心地分析程序 D. 在子程序中实际计算的数值是 $\alpha - \delta - b\epsilon((\alpha - \delta'')(\beta - \delta') - \delta''') - \delta_n$, 其中 $\alpha = (u_m + \epsilon u_l)/bv_m$, $\beta = v_l/bv_m$, 且四个非负截断误差 $(\delta, \delta', \delta'', \delta''')$ 分别小于 $(b^{-10}, b^{-5}, b^{-5}, b^{-6})$. 最后, δ_n (规范化过程中的截断误差) 非负, 且根据是否做了平移操作, 小于 b^{-9} 或者 b^{-8}. 商的精确值为 $\alpha/(1 + b\epsilon\beta) = \alpha - b\epsilon\alpha\beta + b^2\alpha\beta^2\delta''''$, 其中 δ'''' 是对无穷级数 (2) 进行截断造成的非负误差. 由于 (2) 是交错级数, 所以 $\delta'''' < \epsilon^2 = b^{-10}$. 因此相对误差是 $(b\epsilon\delta' + b\epsilon\delta''\beta/\alpha + b\epsilon\delta'''/\alpha) - (\delta/\alpha + b\epsilon\delta'\delta''/\alpha + b^2\beta^2\delta''''/\alpha + \delta_n/\alpha)$ 的绝对值乘以 $(1 + b\epsilon\beta)$. 此表达式中的正项小于 $b^{-9} + b^{-8} + b^{-8}$, 而负项小于 $b^{-8} + b^{-12} + b^{-8}$ 加上规范化过程中的误差, 其中后者的大小约为 b^{-7}. 由上面的分析可以清楚地看到, 相对误差中最大的部分很可能发生在做规范化的阶段, 且相对误差肯定小于 $\delta_3 = (b+2)b^{-8}$.

8. 加法: 当 $e_u \le e_v + 1$ 时, 相对误差全部来自规范化过程, 因此小于 b^{-7}. 当 $e_u \ge e_v + 2$ 时, 如果它们同号, 所有的误差也是来自规范化过程. 如果它们反号, 在平移过程中将一些数字移出寄存器造成的误差与其后由规范化造成的误差符号相反. 由于两者都小于 b^{-7}, 所以 $\delta_1 = b^{-7}$. (这个结论明显比习题 7 的结果要好.)

乘法: 采用与习题 7 类似的分析可推导出 $\delta_2 = (b+2)b^{-8}$.

4.2.4 节

1. 由于只有当两个数同号时才会发生小数部分溢出, 所以这个概率等于小数部分溢出的概率除以两个数同号的概率, 即 $7\%/(\frac{1}{2}(91\%)) \approx 15\%$.

3. $\log_{10} 2.4 - \log_{10} 2.3 \approx 1.848\,34\%$.

4. 各页使用的频率差不多高.

5. $10 f_U \le r$ 的概率为 $(r-1)/10 + (r-1)/100 + \cdots = (r-1)/9$. 所以在这种情况下首位数字的取值是均匀分布的. 例如, 首位数字为 1 的概率为 $\frac{1}{9}$.

6. 前三个二进制位都为 0 的概率是 $\log_{16} 2 = \frac{1}{4}$, 前两个二进制位为 0 的概率是 $\log_{16} 4 - \log_{16} 2 = \frac{1}{4}$. 其他两种情形的概率可类似得到. 前几个二进制位为 0 的 "平均" 数是 $1\frac{1}{2}$, 所以 "有效二进制位" 的 "平均" 数为 $p + \frac{1}{2}$. 然而, 最坏的情况, 即只有 $p-1$ 个二进制位有效位的情形, 出现的概率很高. 在实际计算中, 我们有必要基于最坏的情况进行误差估计, 因为一连串的计算过程的强度等于它最弱的一环. 在 4.2.2 节的误差分析中, 十六进制浮点数的相对舍入误差的上界为 2^{1-p}. 所有规范化后的二进制浮点数都有 $p+1$ 个有效位 (见习题 4.2.1–3), 且相对舍入误差的上界为 2^{-1-p}. 大量的实际计算告诉我们, 二进制浮点数比对应的十六进制数的计算结果精确得多, 即使二进制数的表示精度为 p 位而不是 $p+1$ 位.

表 1 和表 2 告诉我们, 十六进制数的算术运算稍微快一些, 这是因为在进行向右对齐或向左规范化的操作时所需的循环数更少. 但这个好处相对于 $b=2$、相对于其他基数的巨大优势就不值一提了 (见定理 4.2.2C 以及习题 4.2.2–13, 15, 21), 特别是考虑到我们只需要付出多一丁点儿的处理器代价就可以使二进制运算和十六进制一样快.

7. 例如, 假设 $\sum_m \left(F(10^{km} \cdot 5^k) - F(10^{km}) \right) = \log 5^k / \log 10^k$ 且 $\sum_m \left(F(10^{km} \cdot 4^k) - F(10^{km}) \right) = \log 4^k / \log 10^k$, 则

$$\sum_m \left(F(10^{km} \cdot 5^k) - F(10^{km} \cdot 4^k) \right) = \log_{10} \frac{5}{4}$$

对所有 k 成立. 令 ϵ 为一个小正数, 并取 $\delta > 0$ 使得 $F(x) < \epsilon$, $0 < x < \delta$, 以及 $M > 0$ 使得 $F(x) > 1-\epsilon$, $x > M$. 于是可取 k 足够大, 使得 $10^{-k} \cdot 5^k < \delta$ 以及 $4^k > M$. 则由 F 的单调性可得

$$\sum_m \left(F(10^{km} \cdot 5^k) - F(10^{km} \cdot 4^k) \right)$$
$$\le \sum_{m<0} \left(F(10^{km} \cdot 5^k) - F(10^{k(m-1)} \cdot 5^k) \right) + \sum_{m \ge 0} \left(F(10^{k(m+1)} \cdot 4^k) - F(10^{km} \cdot 4^k) \right)$$
$$= F(10^{-k} \cdot 5^k) + 1 - F(4^k) < 2\epsilon.$$

8. 如果 $s > r$, 则对值较小的 n, $P_0(10^n s) = 1$, 而当 $\lfloor 10^n s \rfloor > \lfloor 10^n r \rfloor$ 时 $P_0(10^n s) = 0$. 使得 $\lfloor 10^n s \rfloor > \lfloor 10^n r \rfloor$ 成立的最小的 n 可以达到任意大, 因此我们无法给出 $N_0(\epsilon)$ 的与 s 无关的一致上界. (一般地, 在微积分教科书中已经证明这样的一致上界如果存在, 则其极限函数 $S_0(s)$ 连续, 然而 $S_0(s)$ 并不连续.)

9. 设 q_1, q_2, $\dots$ 使得 $P_0(n) = q_1\binom{n-1}{0} + q_2\binom{n-1}{1} + \cdots$ 对所有 n 成立. 因此对所有 m 和 n 有 $P_m(n) = 1^{-m} q_1 \binom{n-1}{0} + 2^{-m} q_2 \binom{n-1}{1} + \cdots$.

10. 当 $1 < r < 10$ 时生成函数 $C(z)$ 有单极点 $1 + w_n$, 其中 $w_n = 2\pi n i/\ln 10$, 所以

$$C(z) = \frac{\log_{10} r - 1}{1 - z} + \sum_{n \neq 0} \frac{1 + w_n}{w_n} \frac{e^{-w_n \ln r} - 1}{(\ln 10)(z - 1 - w_n)} + E(z),$$

其中 $E(z)$ 在整个复平面上解析. 如果 $\theta = \arctan(2\pi/\ln 10)$, 则

$$c_m = \log_{10} r - 1 - \frac{2}{\ln 10} \sum_{n > 0} \Re\left(\frac{e^{-w_n \ln r} - 1}{w_n (1 + w_n)^m} \right) + e_m$$

$$= \log_{10} r - 1 + \frac{\sin(m\theta + 2\pi \log_{10} r) - \sin(m\theta)}{\pi (1 + 4\pi^2/(\ln 10)^2)^{m/2}} + O\left(\frac{1}{(1 + 16\pi^2/(\ln 10)^2)^{m/2}} \right).$$

11. 当 $(\log_b U) \bmod 1$ 在 $[0..1)$ 中均匀分布时, $(\log_b 1/U) \bmod 1 = (1 - \log_b U) \bmod 1$ 也是如此.

12. 因为

$$h(z) = \int_{1/b}^{z} f(x)\, dx\, g(z/bx)/bx + \int_{z}^{1} f(x)\, dx\, g(z/x)/x,$$

所以

$$\frac{h(z) - l(z)}{l(z)} = \int_{1/b}^{z} f(x)\, dx\, \frac{g(z/bx) - l(z/bx)}{l(z/bx)} + \int_{z}^{1} f(x)\, dx\, \frac{g(z/x) - l(z/x)}{l(z/x)}.$$

由于 $f(x) \geq 0$, 且 $|(h(z) - l(z))/l(z)| \leq \int_{1/b}^{z} f(x)\, dx\, A(g) + \int_{z}^{1} f(x)\, dx\, A(g)$ 对所有 z 成立, 所以 $A(h) \leq A(g)$. 由对称性, $A(h) \leq A(f)$. [*Bell System Tech. J.* **49** (1970), 1609–1625.]

13. 令 $X = (\log_b U) \bmod 1$, $Y = (\log_b V) \bmod 1$, 则 X 和 Y 相互独立且在 $[0..1)$ 中均匀分布. 我们不需要做左移操作当且仅当 $X + Y \geq 1$, 而后者成立的概率为 $1/2$.

　　(类似地, 算法 4.2.1M 中的浮点数除法不需要做规范化平移的概率也是 $1/2$. 这个结论在更弱的条件——两个操作数独立同分布——下即可成立.)

14. 为方便起见, 这里的计算仅针对 $b = 10$. 如果 $k = 0$, 则发生进位的概率为

$$\left(\frac{1}{\ln 10} \right)^2 \int_{\substack{1 \leq x, y \leq 10 \\ x + y \geq 10}} \frac{dx}{x} \frac{dy}{y}.$$

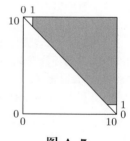

图 A–7

(见图 A–7.) 此积分的值为

$$\int_0^{10} \frac{dy}{y} \int_{10-y}^{10} \frac{dx}{x} - 2 \int_0^{1} \frac{dy}{y} \int_{10-y}^{10} \frac{dx}{x},$$

且

$$\int_0^{t} \frac{dy}{y} \ln\left(\frac{1}{1 - y/10} \right) = \int_0^{t} \left(\frac{1}{10} + \frac{y}{200} + \frac{y^2}{3000} + \cdots \right) dy = \frac{t}{10} + \frac{t^2}{400} + \frac{t^3}{9000} + \cdots.$$

(后一个积分本质上是一个"二重对数".) 因此当 $k = 0$ 时发生进位的概率为 $(1/\ln 10)^2 (\pi^2/6 - 2 \sum_{n \geq 1} 1/n^2 10^n) \approx 0.27154$. [注记: 当 $b = 2$ 且 $k = 0$ 时, 必定会发生小数部分溢出, 因此上述推演证明了 $\sum_{n \geq 1} 1/n^2 2^n = \pi^2/12 - (\ln 2)^2/2$.]

　　如果 $k > 0$, 则发生进位的概率为

$$\left(\frac{1}{\ln 10} \right)^2 \int_{10^{-k}}^{10^{1-k}} \frac{dy}{y} \int_{10-y}^{10} \frac{dx}{x} = \left(\frac{1}{\ln 10} \right)^2 \left(\sum_{n \geq 1} \frac{1}{n^2 10^{nk}} - \sum_{n \geq 1} \frac{1}{n^2 10^{n(k+1)}} \right).$$

因此当 $b = 10$ 时, 小数部分溢出的概率近似为 $0.272p_0 + 0.017p_1 + 0.002p_2 + \cdots$. 如果 $b = 2$, 则概率约等于 $p_0 + 0.655p_1 + 0.288p_2 + 0.137p_3 + 0.067p_4 + 0.033p_5 + 0.016p_6 + 0.008p_7 + 0.004p_8 + 0.002p_9 + 0.001p_{10} + \cdots$.

如果我们用表 1 中的概率值除以 0.91 以排除操作数为 0 的情形, 并假设概率值与操作数的符号无关, 则当 $b = 10$ 时得到的概率值为 14% 左右, 而不是习题 1 给出的 15%. 对于 $b = 2$, 我们得到的概率值为 48% 左右, 而表中的值为 44%. 这些数值当然还是在实验误差允许的范围之内的.

15. 当 $k = 0$ 时, 首位数字为 1 当且仅当计算过程会发生进位. (当 $b \geq 4$ 时, 有可能会发生小数部分溢出, 因此需要进行舍入而导致首位数字为 2, 但在本习题中我们不考虑舍入.) 上一道题告诉我们, 小数部分溢出的概率大约为 0.272, 而 $0.272 < \log_{10} 2$.

如果 $k > 0$, 则首位数字为 1 的概率为

$$\left(\frac{1}{\ln 10}\right)^2 \left(\int_{10^{-k}}^{10^{1-k}} \frac{dy}{y} \int_{\substack{1 \leq x < 2-y \\ \text{or } 10-y \leq x < 10}} \frac{dx}{x}\right) < \left(\frac{1}{\ln 10}\right)^2 \left(\int_{10^{-k}}^{10^{1-k}} \frac{dy}{y} \int_{1 \leq x \leq 2} \frac{dx}{x}\right) = \log_{10} 2.$$

16. 为证明提示中给出的命题 [源于埃德蒙 · 兰道, *Prace Matematyczno-Fizyczne* **21** (1910), 103–113], 我们首先假定 $\limsup a_n = \lambda > 0$. 令 $\epsilon = \lambda/(\lambda + 4M)$ 并取 N 使得 $|a_1 + \cdots + a_n| < \frac{1}{10}\epsilon\lambda n$ 对所有 $n > N$ 成立. 取 $n > N/(1-\epsilon)$, $n > 5/\epsilon$ 使得 $a_n > \frac{1}{2}\lambda$. 于是可以归纳证明 $a_{n-k} \geq a_n - kM/(n - \epsilon n) > \frac{1}{4}\lambda$ 对所有 $0 \leq k < \epsilon n$ 成立, 且 $\sum_{n-\epsilon n < k \leq n} a_k \geq \frac{1}{4}\lambda(\epsilon n - 1) > \frac{1}{5}\lambda\epsilon n$. 然而, 由于 $n - \epsilon n > N$, 所以

$$\left|\sum_{n-\epsilon n < k \leq n} a_k\right| = \left|\sum_{1 \leq k \leq n} a_k - \sum_{1 \leq k \leq n-\epsilon n} a_k\right| \leq \frac{1}{5}\epsilon\lambda n.$$

矛盾! 当 $\liminf a_n < 0$ 时可用类似方法导出矛盾.

假设当 $n \to \infty$ 时 $P_{m+1}(n) \to \lambda$, 并取 $a_k = P_m(k) - \lambda$. 当 $m > 0$ 时, 由于 $0 \leq P_m(k) \leq 1$, 所以此 a_k 满足提示中的假设条件 (见式 4.2.2-(15)). 于是 $P_m(n) \to \lambda$.

17. 见 *J. Math. Soc. Japan* **4** (1952), 313–322. (埃内斯托 · 切萨罗给出的一个定理告诉我们, 调和概率是通常的概率定义的推广 [*Atti della Reale Accademia dei Lincei, Rendiconti* (4) **4** (1888), 452–457]. 迪亚科尼斯证明了在以下确切的意义下, 通过反复求平均得到的概率比调和概率要弱 [Ph.D. thesis, Harvard University, 1974]: 如果 $\lim_{m \to \infty} \liminf_{n \to \infty} P_m(n) = \lim_{m \to \infty} \limsup_{n \to \infty} P_m(n) = \lambda$, 则调和概率也等于 λ. 另一方面, "存在整数 $k > 0$ 使得 $10^{k^2} \leq n < 10^{k^2+k}$" 的调和概率为 $\frac{1}{2}$, 而用反复求平均的办法不能给出任何确定的概率值.)

18. 令 $p(a) = P(L_a)$, $p(a,b) = \sum_{a \leq k < b} p(k)$, $1 \leq a < b$. 因为对任意 a 有 $L_a = L_{10a} \cup L_{10a+1} \cup \cdots \cup L_{10a+9}$, 所以由 (i) 得 $p(a) = p(10a, 10(a+1))$. 此外, 由 (i) (ii) (iii) 得 $P(S) = P(2S) + P(2S+1)$, 所以 $p(a) = p(2a, 2(a+1))$. 因此对所有 $m, n \geq 0$ 有 $p(a,b) = p(2^m 10^n a, 2^m 10^n b)$.

如果 $1 < b/a < b'/a'$, 则 $p(a,b) \leq p(a',b')$. 这是因为由 $\log 2/\log 10$ 是无理数可推导出存在整数 m, n, m', n' 使得 $2^{m'} 10^{n'} a' \leq 2^m 10^n a < 2^m 10^n b \leq 2^{m'} 10^{n'} b'$, 从而我们可应用公理 (v). (见习题 3.5-22, 其中取 $k = 1$, $U_n = n \log 2/\log 10$.) 特别地, $p(a) \geq p(a+1)$, 于是得 $p(a,b)/p(a,b+1) \geq (b-a)/(b+1-a)$. (见式 4.2.2-(15).)

现在我们可以来证明只要 $b/a = b'/a'$, 就有 $p(a,b) = p(a',b')$. 这是因为 $p(a,b) = p(10^n a, 10^n b) \leq c_n p(10^n a, 10^n b - 1) \leq c_n p(a', b')$ 对任意大的 n 值成立, 其中 $c_n = 10^n(b-a)/(10^n(b-a) - 1) = 1 + O(10^{-n})$.

对任意正整数 n 有 $p(a^n, b^n) = p(a^n, ba^{n-1}) + p(ba^{n-1}, b^2 a^{n-2}) + \cdots + p(b^{n-1}a, b^n) = np(a,b)$. 如果 $10^m \leq a^n \leq 10^{m+1}$ 并且 $10^{m'} \leq b^n \leq 10^{m'+1}$, 则由公理 (v) 得 $p(10^{m+1}, 10^{m'}) \leq p(a^n, b^n) \leq p(10^m, 10^{m'+1})$. 然而由公理 (iv) 得 $p(1, 10) = 1$, 因此对所有 $m' \geq m$, $p(10^m, 10^{m'}) = m' - m$. 所以 $\lfloor \log_{10} b^n \rfloor - \lfloor \log_{10} a^n \rfloor - 1 \leq np(a,b) \leq \lfloor \log_{10} b^n \rfloor + \lfloor \log_{10} a^n \rfloor + 1$ 对所有 n 成立, 即 $p(a,b) = \log_{10}(b/a)$.

[这道习题是丹尼尔 · 科恩提出来的, 他在 *J. Combinatorial Theory* **A20** (1976), 367–370 中证明了稍微弱一些的结果.]

19. 等价地, $\langle (\log_{10} F_n) \bmod 1 \rangle$ 在定义 3.5B 的意义下是均匀分布的. 由式 1.2.8-(14)得 $\log_{10} F_n = n \log_{10} \phi - \log_{10} \sqrt{5} + O(\phi^{-2n})$, 所以由习题 3.5-22, 这等价于 $\langle n \log_{10} \phi \rangle$ 是均匀分布的. [*Fibonacci*

Quarterly **5** (1967), 137–140.] 用同样地方法可以证明, 对所有不是 10 的幂的整数 $b > 1$, 序列 $\langle b^n \rangle$ 遵循对数法则 [阿基瓦·亚格洛姆和伊萨克·亚格洛姆, *Challenging Problems with Elementary Solutions* (Moscow: 1954; 英文版, 1964), 问题 91b].

注记: 很多整数序列都具有这样的性质. 例如, 迪亚科尼斯证明了 $\langle n! \rangle$ 是这样的序列 [*Annals of Probability* **5** (1977), 72–81], 他还证明了二项式系数也遵循对数法则, 即

$$\lim_{n \to \infty} \frac{1}{n+1} \sum_{k=0}^{n} [10 f\binom{n}{k} < r] = \log_{10} r.$$

沙特证明了只要部分商像习题 4.5.3–16 那样具有反复出现的模式 [*Math. Nachrichten* **148** (1990), 137–144], 其中允许多项式的项有所不同, 则连分数逼近的分母就有对数型的小数部分. 一个有趣的争议性问题是, 序列 $\langle 2!, (2!)!, ((2!)!)!, \dots \rangle$ 是否有对数型的小数部分. 见约翰·康威和迈克尔·盖伊, *Eureka* **25** (1962), 18–19.

4.3.1 节

2. 假设要加的第 i 个数为 $u_i = (u_{i(n-1)} \dots u_{i1} u_{i0})_b$, 则可将算法 A 的步骤 A2 改为以下的:

A2′. [将数字按位相加.] 置

$$w_j \leftarrow (u_{1j} + \dots + u_{mj} + k) \bmod b \quad \text{和} \quad k \leftarrow \lfloor (u_{1j} + \dots + u_{mj} + k)/b \rfloor.$$

(由于 k 的最大值为 $m-1$, 所以 $m > b$ 时我们需要修改步骤 A3.)

3.

	ENN1 N	1	
	JOV OFLO	1	确保溢出标志关闭.
	ENTX 0	1	$k \leftarrow 0$.
2H	SLAX 5	N	(rX $\equiv k$ 的下一个值)
	ENT3 M*N,1	N	($\mathtt{LOC}(u_{ij}) \equiv \mathtt{U} + n(i-1) + j$)
3H	ADD U,3	MN	rA $\leftarrow$ rA $+ u_{ij}$.
	JNOV *+2	MN	
	INCX 1	K	向前进 1 位.
	DEC3 N	MN	依次对 $m \geq i \geq 1$ 执行.
	J3NN 3B	MN	(rI3 $\equiv n(i-1) + j$)
	STA W+N,1	N	$w_j \leftarrow$ rA.
	INC1 1	N	
	J1N 2B	N	依次对 $0 \leq j < n$ 执行.
	STX W+N	1	将最后的进位值储存在 w_n 中. ∎

假设 $K = \frac{1}{2}MN$, 则运行时间为 $5.5MN + 7N + 4$ 个周期.

4. 在执行步骤 A1 之前可断言: "$n \geq 1$, 且对 $0 \leq i < n$ 有 $0 \leq u_i, v_i < b$." 在执行步骤 A2 之前可断言: "$0 \leq j < n$, 对 $0 \leq i < n$ 有 $0 \leq u_i, v_i < b$, 对 $0 \leq i < j$ 有 $0 \leq w_i < b$, $0 \leq k \leq 1$, 以及 $(u_{j-1} \dots u_0)_b + (v_{j-1} \dots v_0)_b = (kw_{j-1} \dots w_0)_b$." 更确切地说, 最后这个等式的意义是

$$\sum_{0 \leq l < j} u_l b^l + \sum_{0 \leq l < j} v_l b^l = k b^j + \sum_{0 \leq l < j} w_l b^l.$$

在执行步骤 A3 之前可断言: "$0 \leq j < n$, 对 $0 \leq i < n$ 有 $0 \leq u_i, v_i < b$, 对 $0 \leq i \leq j$ 有 $0 \leq w_i < b$, $0 \leq k \leq 1$, 以及 $(u_j \dots u_0)_b + (v_j \dots v_0)_b = (kw_j \dots w_0)_b$." 在执行步骤 A3 后可断言, 对 $0 \leq i < n$ 有 $0 \leq w_i < b$, $0 \leq w_n \leq 1$, 并且 $(u_{n-1} \dots u_0)_b + (v_{n-1} \dots v_0)_b = (w_n \dots w_0)_b$.

只要证明上述各结论, 以及证明算法必定结束, 就可以完成证明.

5. B1. 置 $j \leftarrow n-1$, $w_n \leftarrow 0$.

B2. 置 $t \leftarrow u_j + v_j$, $w_j \leftarrow t \bmod b$, $i \leftarrow j$.

B3. 如果 $t \geq b$, 置 $i \leftarrow i+1$, $t \leftarrow w_i + 1$, $w_i \leftarrow t \bmod b$, 并重复上述操作直至 $t < b$.

B4. 将 j 自减 1. 如果 $j \geq 0$, 则转回到 B2. ∎

6. C1. 置 $j \leftarrow n-1$, $i \leftarrow n$, $r \leftarrow 0$.

C2. 置 $t \leftarrow u_j + v_j$. 如果 $t \geq b$, 置 $w_i \leftarrow r+1$ 以及 $w_k \leftarrow 0$, $i > k > j$. 然后置 $i \leftarrow j$, $r \leftarrow t \bmod b$. 如果 $t < b-1$, 置 $w_i \leftarrow r$ 以及 $w_k \leftarrow b-1$ for $i > k > j$. 然后置 $i \leftarrow j$, $r \leftarrow t$.

C3. 将 j 自减 1. 如果 $j \geq 0$, 则转回到 C2. 否则令 $w_i \leftarrow r$ 以及 $w_k \leftarrow b-1$, $i > k \geq 0$. ∎

7. 以 $j = n-3$ 为例. 当 $k = 0$ 时概率为 $(b+1)/2b$, 当 $k = 1$ 时概率为 $((b-1)/2b)(1-1/b)$——这是发生进位且前一位数字不等于 $b-1$ 的概率, 当 $k = 2$ 时概率为 $((b-1)/2b)(1/b)(1-1/b)$, 当 $k = 3$ 时概率为 $((b-1)/2b)(1/b)(1/b)(1)$. 对固定的 k, 我们可将 j 从 $n-1$ 到 0 的各概率值相加, 得出向前进 k 位的平均次数为

$$m_k = \frac{b-1}{2b^k}\left((n+1-k)\left(1-\frac{1}{b}\right)+\frac{1}{b}\right).$$

作为对上述结论的检验, 我们由上式推出进位的平均次数为

$$m_1 + 2m_2 + \cdots + nm_n = \frac{1}{2}\left(n - \frac{1}{b-1}\left(1-\left(\frac{1}{b}\right)^n\right)\right),$$

这与式 (6) 是一致的.

8.

```
    ENT1  N-1     1        3H LDA   W,2    K
    JOV   OFLO    1           INCA  1      K
    STZ   W+N     1           STA   W,2    K
 2H LDA   U,1     N           INC2  1      K
    ADD   V,1     N           JOV   3B     K
    STA   W,1     N        4H DEC1  1      N
    JNOV  4F      N           J1NN  2B     N  ∎
    ENT2  1,1     L
```

运行时间依赖于 L——使 $u_j + v_j \geq b$ 成立的位数, 以及 K——进位的总次数. 不难发现 K 与程序 A 中的取值相同. 由正文中的分析可知 L 的平均值为 $N((b-1)/2b)$, K 的平均值为 $\frac{1}{2}(N - b^{-1} - b^{-2} - \cdots - b^{-n})$. 因此, 如果略去 $1/b$ 阶的项, 可得运行时间为 $9N + L + 7K + 3 \approx 13N + 3$ 个周期.

9. 将步骤 A2 中所有 b_j 都替换为 b.

10. 如果将 06 与 07 行互换, 则基本上肯定会发生溢出, 而在 08 行寄存器 A 的值可能为负, 因此程序不能正确运行. 如果将 05 行和 06 行的指令互换, 在某些情况下程序中发生溢出的状况可能略有不同, 但程序仍可正确运行.

11. 这等价于对字符串进行字典比较: (i) 令 $j \leftarrow n-1$. (ii) 如果 $u_j < v_j$, 则判定 $[u < v]$. 如果 $u_j = v_j$ 且 $j = 0$, 则判定 $[u = v]$. 如果 $u_j = v_j$ 且 $j > 0$, 则令 $j \leftarrow j-1$ 并从头开始执行步骤 (ii). 如果 $u_j > v_j$, 则判定 $[u > v]$. 这个算法应该可以执行得很快, 因为 j 自减很多次才遇到 $u_j \neq v_j$ 的可能性一般很小.

12. 可使用算法 S, 其中取 $u_j = 0$, $v_j = w_j$. 另一次借位发生在算法结尾处, 但我们应忽略这个借位.

13.

```
    ENN1  N       1        MUL   V      N        STA   W+N,1  N
    JOV   OFLO    1        SLC   5      N        INC1  1      N
    ENTX  0       1        ADD   CARRY  N        J1N   2B     N
 2H STX   CARRY   N        JNOV  *+2    N        STX   W+N    1  ∎
    LDA   U+N,1   N        INCX  1      K
```

运行时间为 $23N + K + 5$ 个周期, 而 K 的值约为 $\frac{1}{2}N$.

14. 在归纳证明中需要证实的一个关键结论是步骤 M4 开始时的状态, 其他结论都可由此进一步得到. 步骤 M4 开始时的状态为: $0 \le i < m$, $0 \le j < n$, 对 $0 \le l < m$ 有 $0 \le u_l < b$, 对 $0 \le l < n$ 有 $0 \le v_l < b$, 对 $0 \le l < j + m$ 有 $0 \le w_l < b$, $0 \le k < b$. 以及按照习题 4 的解答中的记号, 有

$$(w_{j+m-1}\dots w_0)_b + kb^{i+j} = u \times (v_{j-1}\dots v_0)_b + (u_{i-1}\dots u_0)_b \times v_j b^j.$$

15. 误差非负且小于 $(n-2)b^{-n-1}$. [类似地, 如果我们不计算 $i + j > n + 3$ 时的乘积, 则误差小于 $(n-3)b^{-n-2}$, 等等. 然而在某些情况下, 我们必须计算所有乘积以得到正确的舍入结果. 进一步的分析显示, 在绝大多数情况下, 我们只需用计算两倍长度的乘积的大约一半的工作量, 就可以得到多精度浮点数的小数部分的正确舍入结果. 而且, 我们有简单的方法来判定是否需要完全的工作量. 见沃纳 · 克兰迪克和杰里米 · 约翰逊, *Proc. IEEE Symp. Computer Arithmetic* **11** (1993), 228–233.]

16. Q1. 置 $r \leftarrow 0$, $j \leftarrow n-1$.

　　Q2. 置 $w_j \leftarrow \lfloor(rb + u_j)/v\rfloor$, $r \leftarrow (rb + u_j) \bmod v$.

　　Q3. 将 j 自减 1, 如果 $j \ge 0$ 则转回 Q2. ∎

17. $u/v > u_n b^n/(v_{n-1}+1)b^{n-1} = b(1 - 1/(v_{n-1}+1)) > b(1 - 1/(b/2)) = b - 2.$

18. $(u_n b + u_{n-1})/(v_{n-1}+1) \le u/(v_{n-1}+1)b^{n-1} < u/v.$

19. $u - \hat{q}v \le u - \hat{q}v_{n-1}b^{n-1} - \hat{q}v_{n-2}b^{n-2} = u_{n-2}b^{n-2} + \dots + u_0 + \hat{r}b^{n-1} - \hat{q}v_{n-2}b^{n-2} < b^{n-2}(u_{n-2} + 1 + \hat{r}b - \hat{q}v_{n-2}) \le 0$. 由于 $u - \hat{q}v < 0$, 所以 $q < \hat{q}$.

20. 如果 $q \le \hat{q} - 2$, 则 $u < (\hat{q}-1)v < \hat{q}(v_{n-1}b^{n-1} + (v_{n-2}+1)b^{n-2}) - v < \hat{q}v_{n-1}b^{n-1} + \hat{q}v_{n-2}b^{n-2} + b^{n-1} - v \le \hat{q}v_{n-1}b^{n-1} + (b\hat{r} + u_{n-2})b^{n-2} + b^{n-1} - v = u_n b^n + u_{n-1}b^{n-1} + u_{n-2}b^{n-2} + b^{n-1} - v \le u_n b^n + u_{n-1}b^{n-1} + u_{n-2}b^{n-2} \le u$. 也就是 $u < u$, 这显然是个矛盾.

21. (吉里什 · 戈亚尔给出的解答) 由不等式 $\hat{q}v_{n-2} \le b\hat{r} + u_{n-2}$ 可得 $\hat{q} \le (u_n b^2 + u_{n-1}b + u_{n-2})/(v_{n-1}b + v_{n-2}) \le u/((v_{n-1}+v_{n-2})b^{n-2})$. 于是 $u \bmod v = u - qv = v(1 - \alpha)$, 其中 $0 < \alpha = 1 + q - u/v \le \hat{q} - u/v \le u(1/((v_{n-1}+v_{n-2})b^{n-2}) - 1/v) = u(v_{n-3}b^{n-3} + \dots)/((v_{n-1}+v_{n-2})b^{n-2}v) < u/(v_{n-1}bv) \le \hat{q}/(v_{n-1}b) \le (b-1)/(v_{n-1}b)$. 而 $v_{n-1} \ge \frac{1}{2}(b-1)$, 所以 $u \bmod v$ 不会大于 $2/b$.

22. 取 $u = 4100$, $v = 588$. 首先试取 $\hat{q} = \lfloor\frac{41}{5}\rfloor = 8$, 然而此时 $8 \cdot 8 > 10(41 - 40) + 0$. 继而取 $\hat{q} = 7$, 此时有 $7 \cdot 8 < 10(41 - 35) + 0$. 然而 7 乘以 588 等于 4116, 所以正确的商值为 $q = 6$. (顺便说一下, 这个例子告诉我们, 当 $b = 10$ 时, 定理 B 在所给的假设条件下不能再改进了. 类似地, 当 $b = 2^{16}$ 时我们可取 $u = (\mathtt{7fff800100000000})_{16}$, $v = (\mathtt{800080020005})_{16}$.)

23. 显然有 $v\lfloor b/(v+1)\rfloor < (v+1)\lfloor b/(v+1)\rfloor \le b$. 至于下界, 当 $v \ge b/2$ 时也是显然成立的, 而如果 $v < b/2$, 则有 $v\lfloor b/(v+1)\rfloor \ge v(b-v)/(v+1) \ge (b-1)/2 > \lfloor b/2\rfloor - 1$.

24. 近似概率仅为 $\log_b 2$, 而不是 $\frac{1}{2}$. (例如, 当 $b = 2^{32}$ 时 $v_{n-1} \ge 2^{31}$ 的概率约为 $\frac{1}{32}$. 这个数值对于确保步骤 D1 和 D8 在 $d = 1$ 时不会出问题已经足够大了.)

25.

002		ENTA 1	1	
003		ADD V+N-1	1	
004		STA TEMP	1	
005		ENTA 1	1	
006		JOV 1F	1	如果 $v_{n-1} = b - 1$ 则跳转.
007		ENTX 0	1	
008		DIV TEMP	1	否则计算 $\lfloor b/(v_{n-1}+1)\rfloor$.
009		JOV DIVBYZERO	1	如果 $v_{n-1} = 0$ 则跳转.
010	1H	STA D	1	
011		DECA 1	1	
012		JANZ *+3	1	如果 $d \ne 1$ 则跳转.
013		STZ U+M+N	$1-A$	令 $u_{m+n} \leftarrow 0$.
014		JMP D2	$1-A$	

015	ENN1 N		A	将 v 与 d 相乘.
016	ENTX 0		A	
017	2H STX	CARRY	AN	
018	LDA	V+N,1	AN	
019	MUL	D	AN	
...				（像习题 13 那样）
026	J1N	2B	AN	
027	ENN1 M+N		A	（现在 rX = 0.）
028	2H STX	CARRY	$A(M+N)$	将 u 与 d 相乘.
029	LDA	U+M+N,1	$A(M+N)$	
...				（像习题 13 那样）
037	J1N	2B	$A(M+N)$	
038	STX	U+M+N	A	∎

26. （见习题 16 中的算法.）

101	D8 LDA	D	1	（余数将存放在
102	DECA	1	1	从 U 到 U+N-1 的存储位置上）
103	JAZ	DONE	1	如果 $d=1$ 则终止程序.
104	ENT1	N-1	A	rI1 ≡ j; $j \leftarrow n-1$.
105	ENTA	0	A	$r \leftarrow 0$.
106	1H LDX	U,1	AN	rAX $\leftarrow rb + u_j$.
107	DIV	D	AN	
108	STA	U,1	AN	
109	SLAX	5	AN	$(u_j, r) \leftarrow (\lfloor \mathrm{rAX}/d \rfloor, \mathrm{rAX} \bmod d)$.
110	DEC1	1	AN	$j \leftarrow j-1$.
111	J1NN	1B	AN	对 $n > j \geq 0$ 反复执行. ∎

到此为止，除法程序就算完成了. 而根据下一道习题的结论，rAX = 0.

27. 这是因为 $du \bmod dv = d(u \bmod v)$.

28. 为方便起见，我们假设 v 的小数点在左侧，即 $v = (v_n.v_{n-1}v_{n-2}\ldots)_b$. 执行完步骤 N1 后有 $\frac{1}{2} \leq v < 1 + 1/b$：因为

$$v \left\lfloor \frac{b+1}{v_{n-1}+1} \right\rfloor \leq \frac{v(b+1)}{v_{n-1}+1} = \frac{v(1+1/b)}{(1/b)(v_{n-1}+1)} < 1 + \frac{1}{b},$$

并且

$$v \left\lfloor \frac{b+1}{v_{n-1}+1} \right\rfloor \geq \frac{v(b+1-v_{n-1})}{v_{n-1}+1} \geq \frac{1}{b} \frac{v_{n-1}(b+1-v_{n-1})}{v_{n-1}+1}.$$

后一个数值在 $v_{n-1} = 1$ 时达到极小，因为它是凹函数且另一个极值较大.

步骤 N2 中的公式可写成 $v \leftarrow \left\lfloor \frac{b(b+1)}{v_{n-1}+1} \right\rfloor \frac{v}{b}$，因此像上一段那样可推知 v 必定小于 $1 + 1/b$.

如果 $t = v_{n-1} + 1$，则执行完一次步骤 N2 后 v 的最小值不小于

$$\left(\frac{b(b+1) - v_{n-1}}{v_{n-1}+1} \right) \frac{v}{b} \geq \left(\frac{b(b+1) - v_{n-1}}{v_{n-1}+1} \right) \frac{v_{n-1}}{b^2} = \left(\frac{b(b+1)+1-t}{t} \right) \left(\frac{t-1}{b^2} \right)$$

$$= 1 + \frac{1}{b} + \frac{2}{b^2} - \frac{1}{b^2} \left(t + \frac{b(b+1)+1}{t} \right).$$

当 $t = b/2 + 1$ 时这个量达到最小值，其下界为 $1 - 3/2b$. 所以执行完一次步骤 N2 后 $v_{n-1} \geq b - 2$. 最后，当 $b \geq 5$ 时有 $(1 - 3/2b)(1 + 1/b)^2 > 1$，所以最多再执行两次步骤 N2 即可. 当 $b < 5$ 时结论是容易验证的.

29. 命题为真，因为 $(u_{j+n} \ldots u_j)_b < v$.

30. 对算法 A 和 S 稍作修改是可以实现这种交叠的. 例如, 在算法 A 中我们可将步骤 A2 改写为: "令 $t \leftarrow u_j + v_j + k$, $w_j \leftarrow t \bmod b$, $k \leftarrow \lfloor t/b \rfloor$."

在算法 M 中, v_j 可与 w_{j+n} 存放在同一位置. 对算法 D, 将 $r_{n-1} \ldots r_0$ 与 $u_{n-1} \ldots u_0$ 存放在同一位置是最方便的 (如程序 D, 习题 26). 假如在步骤 D6 中没有修改 u_{j+n} 的值, 我们也可将 $q_m \ldots q_0$ 与 $u_{m+n} \ldots u_n$ 存放在同一位置. (将程序 D 的 098 行修改为 "J1N 2B" 是没问题的, 因为在后续的计算中不需要用到 u_{j+n}.)

31. 考虑图 6 对应于算法 D 中 $u = (u_{j+n} \ldots u_{j+1} u_j)_3$ 的情形. 如果 u 和 v 的首位非零数字符号相同, 则令 $r \leftarrow u-v$, $q \leftarrow 1$, 否则令 $r \leftarrow u+v$, $q \leftarrow -1$. 此时, 如果 $|r| > |u|$, 或者 $|r| = |u|$ 且 $u_{j-1} \ldots u_0$ 的首位非零数字与 r 的首位非零数字符号相同, 则令 $q \leftarrow 0$, 否则取 $u_{j+n} \ldots u_j$ 与 r 的各位数字相等.

32. 见莫顿 · 纳德勒, *CACM* **4** (1961), 192–193; 帕夫拉克和韦古里茨, *Bull. de l'Acad. Polonaise des Sciences*, Classe III, **5** (1957), 233–236 (以及 803–804 页). 以及习题 4.1–15.

34. 例如, 见罗曼 · 梅德, *The Mathematica Journal* **6**, 2 (1996 年春季), 32–40; **6**, 3 (1996 年夏季), 37–43.

36. 给定精度为 $\pm 2^{-2n}$ 的 ϕ 值, 我们可利用减法依次求出 ϕ^{-1}, ϕ^{-2}, $\ldots$, 直到 $\phi^{-k} < 2^{-n}$. 以上计算过程的累计误差不会超过 2^{1-n}. 然后就可以计算级数 $\ln \phi = \ln((1+\phi^{-3})/(1-\phi^{-3})) = 2(\phi^{-3} + \frac{1}{3}\phi^{-9} + \frac{1}{5}\phi^{-15} + \cdots)$. [见 *Napier Tercentenary Memorial* (London: Longmans, 1915) 中威廉 · 斯库林的文章, 卡吉尔 · 诺特编辑, 337–344.] 小伦奇在 1965 年给出的一种更好的计算方法是求 $\ln \phi = \frac{1}{2} \ln((1+5^{-1/2})/(1-5^{-1/2})) = (2\phi-1)(5^{-1} + \frac{1}{3}5^{-2} + \frac{1}{5}5^{-3} + \cdots)$.

37. 令 $d = 2^e$, 从而 $b > dv_{n-1} \geq b/2$. 在步骤 D1 中我们不是规范化 u 和 v, 而只是通过左移 e 个二进制位求出 $2^e(v_{n-1}v_{n-2}v_{n-3})_b$ 的前两位数字 $v'v''$. 在步骤 D3 中将 (v_{n-1}, v_{n-2}) 替换为 (v', v''), 将 $(u_{j+n}, u_{j+n-1}, u_{j+n-2})$ 替换为 (u', u'', u'''), 其中数字 $u'u''u'''$ 可通过将 $(u_{j+n} \ldots u_{j+n-3})_b$ 左移 e 个二进制位得到. 在步骤 D8 中去掉除以 d 的运算. (实质上, u 和 v 被 "虚拟" 地平移了. 当 m 的值相对 n 较小时, 这种方法可以节省运算量.)

38. 令 $k \leftarrow n$, $r \leftarrow 0$, $s \leftarrow 1$, $t \leftarrow 0$, $w \leftarrow u$. 我们将始终保持等式 $uv = 2^{2k}(r + s^2 - s) + 2^{2k-n}t + 2^{2k-2n}vw$ 成立, 其中 $0 \leq t, w < 2^n$, 以及 $0 < r \leq 2s$ 除非 $(r, s) = (0, 1)$. 当 $k > 0$ 时, 令 $4w = 2^n w' + w''$ 且 $4t + w'v = 2^n t' + t''$, 其中 $0 \leq w'', t'' < 2^n$ 且 $0 \leq t' \leq 6$. 然后令 $t \leftarrow t''$, $w \leftarrow w''$, $s \leftarrow 2s$, $r \leftarrow 4r + t' - s$, $k \leftarrow k-1$. 如果 $r \leq 0$, 则令 $s \leftarrow s-1$, $r \leftarrow r+2s$. 否则, 当 $r > 2s$ 时令 $r \leftarrow r-2s$, $s \leftarrow s+1$ (这个赋值操作可能要做两次). 重复以上操作直至 $k = 0$. 此时有 $uv = r + s^2 - s$, 因为 w 必定是 2^{2n-2k} 的倍数. 因此 $r = 0$ 当且仅当 $uv = 0$, 否则答案为 s, 因为 $uv - s \leq s^2 < uv + s$.

39. 令 $S_j = \sum_{k \geq 0} 16^{-k}/(8k+j)$. 我们想知道 $2^{n-1}\pi \bmod 1 < \frac{1}{2}$ 是否成立. 由于 $\pi = 4S_1 - 2S_4 - S_5 - S_6$, 所以只需得到 $2^{n-1}S_j \bmod 1$ 的一个好的估计. 而 $2^{n-1}S_j (\text{modulo } 1)$ 同余于 $\sum_{0 \leq k < n/4} a_{njk}/(8k+j) + \sum_{k \geq n/4} 2^{n-1-4k}/(8k+j)$, 其中 $a_{njk} = 2^{n-1-4k} \bmod (8k+j)$. 在上面的和式中, 对第一个和式的每一项, 可首先用 $O(\log n)$ 次运算 (4.6.3 节) 求出 a_{njk}, 然后求商 $\lfloor 2^m a_{njk}/(8k+j) \rfloor$ 的值, 以得到其精度为 2^{-m} 的近似值. 对于第二个和式, 我们可计算其前 $m/4$ 项 2^m 次, 以得到其精度为 2^{-m} 的近似值. 如果 $m \approx 2\lg n$, 则误差范围约为 $1/n$, 所以计算结果基本上都是足够精确的. [*Math. Comp.* **66** (1997), 903–913.]

注记: 设 $\zeta = e^{\pi i/4} = (1+i)/\sqrt{2}$ 为 8 次单位根, 并求 $l_j = \ln(1 - \zeta^j/\sqrt{2})$ 的值, 可得 $l_0 = \ln(1 - 1/\sqrt{2})$, $l_1 = \bar{l}_7 = \frac{1}{2} \ln \frac{1}{2} - i \arctan 1$, $l_2 = \bar{l}_6 = \frac{1}{2} \ln \frac{3}{2} - i \arctan(1/\sqrt{2})$, $l_3 = \bar{l}_5 = \frac{1}{2} \ln \frac{5}{2} - i \arctan(1/3)$, $l_4 = \ln(1 + 1/\sqrt{2})$. 此外, 由式 1.2.9–(13) 可知 $-S_j/2^{j/2} = \frac{1}{8}(l_0 + \zeta^{-j}l_1 + \cdots + \zeta^{-7j}l_7)$, $1 \leq j \leq 8$.

因此 $4S_1 - 2S_4 - S_5 - S_6 = 2l_0 - (2-2i)2l_1 + 2l_4 + (2+2i)l_7 = \pi$. 其他值得关注的恒等式为:

$$\ln 2 = S_2 + \tfrac{1}{2}S_4 + \tfrac{1}{4}S_6 + \tfrac{1}{8}S_8;$$

$$\ln 3 = 2S_2 + \tfrac{1}{2}S_6;$$

$$\ln 5 = 2S_2 + 2S_4 + \tfrac{1}{2}S_6;$$

$$\sqrt{2}\ln(\sqrt{2}+1) = S_1 + \tfrac{1}{2}S_3 + \tfrac{1}{4}S_5 + \tfrac{1}{8}S_7;$$

$$\sqrt{2}\arctan(1/\sqrt{2}) = S_1 - \tfrac{1}{2}S_3 + \tfrac{1}{4}S_5 - \tfrac{1}{8}S_7;$$

$$\arctan(1/3) = S_1 - S_2 - \tfrac{1}{2}S_4 - \tfrac{1}{4}S_5;$$

$$0 = 8S_1 - 8S_2 - 4S_3 - 8S_4 - 2S_5 - 2S_6 + S_7.$$

一般地, 我们有

$$\sum_{k\geq0}\frac{z^{8k+1}}{8k+1} = A+B+C+D, \qquad \sum_{k\geq0}\frac{z^{8k+5}}{8k+5} = A-B+C-D,$$

$$\sum_{k\geq0}\frac{z^{8k+3}}{8k+3} = A-B-C+D, \qquad \sum_{k\geq0}\frac{z^{8k+7}}{8k+7} = A+B-C-D,$$

其中

$$A = \frac{1}{8}\ln\frac{1+z}{1-z}, \qquad B = \frac{1}{2^{7/2}}\ln\frac{1+\sqrt{2}z+z^2}{1-\sqrt{2}z+z^2},$$

$$C = \frac{1}{4}\arctan z, \qquad D = \frac{1}{2^{5/2}}\arctan\frac{\sqrt{2}z}{1-z^2}.$$

且

$$\sum_{k\geq0}\frac{z^{mk+a}}{mk+a} = -\frac{1}{m}\Big(\ln(1-z) + (-1)^a[m\text{ 是偶数}]\ln(1+z) + f_{am}(z)\Big),$$

$$f_{am}(z) = \sum_{k=1}^{\lfloor(m-1)/2\rfloor}\left(\cos\frac{2\pi ka}{m}\ln\Big(1-2z\cos\frac{2\pi k}{m}+z^2\Big) - 2\sin\frac{2\pi ka}{m}\arctan\frac{z\sin(2\pi k/m)}{1-z\cos(2\pi k/m)}\right).$$

40. 为计算前 $n/2$ 位数字, 我们需要大约 $\sum_{k=1}^{n/2} \approx \frac{1}{8}n^2$ 次基本运算 (见习题 15). 对后 $n/2$ 位数字可使用 b 进方法, 其中 b 为 2 的幂 (见习题 4.1-31): 这个问题可归结为 v 是奇数的情形. 设 $u = (\ldots u_2u_1u_0)_b$, $v = (\ldots v_2v_1v_0)_b$, $w = (\ldots w_2w_1w_0)_b$, 而我们要求 $u = vw$ (modulo $b^{n/2}$). 求满足条件 $v'v \bmod b = 1$ 的 v' (见习题 4.5.2-17). 则 $w_0 = v'u_0 \bmod b$, 进而可计算 $u' = u - w_0v$, $w_1 = v'u'_0 \bmod b$, 等等. 后 $n/2$ 位数字可用大约 $\frac{1}{8}n^2$ 次基本运算求出. 所以总运算次数为 $\frac{1}{4}n^2 + O(n)$, 而算法 D 需要大约 $n^2 + O(n)$ 次运算. 如果对所有 n 位数字都使用右至左方法来计算, 则需要 $\frac{1}{2}n^2 + O(n)$ 次运算. [见阿诺德·舍恩哈格和赫伯特·维特尔, *Lecture Notes in Comp. Sci.* **855** (1994), 448–459; 克兰迪克和图尔多·热贝莱安, *J. Symbolic Computation* **21** (1996), 441–455.]

41. (a) 如果 $m = 0$, 则取 $v = u$. 否则用 $(u_{m+n-1}\ldots u_1u_0)_b$ 减去 xw, 其中 $x = u_0w' \bmod b$. 这样的处理可使数字 1 变为 0, 从而实现将 m 减 1 的目的. (上述操作与用 b 进运算求 u/w 的计算有很紧密的联系, 因为存在整数 q 使得 $u/w = q + b^m v/w$. 见习题 4.1-31. 这种处理方式比通常的除法要好, 因为肯定不用做试除. 当 b 是 2 的幂时, 注意到如果 $w_0w' \equiv 1$ (modulo 2^e) 则 $w_0w'' \equiv 1$ (modulo 2^{2e}), 其中 $w'' = (2 - w_0w')w'$, 则通过 "牛顿法" 的 2 进类比可计算 w'.)

(b) 对乘积 uv 应用 (a) 的方法. 按以下方式交替使用乘法和模算术可节省存储空间: 令 $k \leftarrow 0$, $t \leftarrow 0$. 当 $k < n$ 时, 令 $t \leftarrow t + u_kv$, $t \leftarrow (t - xw)/b$, $k \leftarrow k+1$, 以使关系式 $b^k t \equiv (u_{k-1}\ldots u_0)v$ (modulo w) 始终成立, 其中我们取 $x = t_0w' \bmod b$, 以使 $t - xw$ 是 b 的倍数. 这里我们假设 t, u 和 v 都是使用带符号数的表示. 在马克·尚德和让·维耶曼的文章, 以及彼得·科内鲁普的文章中 [*IEEE*

Symp. Computer Arithmetic **11** (1993), 252–259, 277–283], 对小于 $2w$ 或者用求补方式表示的非负数进行了讨论. 如果 n 的值很大, 我们用 4.3.3 节介绍的方法可以加快乘法运算的速度.

(c) 一个中间值 $r(u)$ 来代表所有模 w 同余于 u 的数, 其中 $r(u) \equiv b^n u$. 加法和减法可按通常的方式处理, 而乘法定义为 $r(uv) = \mathrm{bmult}(r(u), r(v))$, 其中 bmult 就是 (b) 所做的运算. 在计算开始时将每个操作数 u 先替换成 $r(u) = \mathrm{bmult}(u, a)$, 其中 $a = b^{2n} \bmod w$ 是预先算好的常数. 在计算结束时, 再将每个 $r(u)$ 替换为 $u = \mathrm{bmult}(r(u), 1)$. [在 4.5.4 节应用于 RSA 密码时, 我们可重新定义编码方案以使得预计算和后计算不必执行.]

42. 根据约翰·霍尔特在 *AMM* **104** (1997), 138–149 中给出的一个有趣的分析, 我们得到下面的精确公式

$$P_{nk} = \frac{1}{m!} \sum_j \begin{bmatrix} m \\ m-j \end{bmatrix} b^{-jn} \sum_{r=0}^{k} \binom{m+1}{r} (k+1-r)^{m-j}.$$

当 $j = 0$ 时, 上式中的内层和为 $\sum_{r=0}^{k} (-1)^r \binom{m+1}{r} (k+1-r)^m = \left\langle \begin{matrix} m \\ k \end{matrix} \right\rangle$. (习题 5.1.3–25 会告诉我们在此式中为何会出现欧拉数.)

43. 由习题 1.2.4–35 可推导出 $w = \lfloor W/2^{16} \rfloor$, 其中 $W = (2^8 + 1)t = (2^8 + 1)(uv + 2^7)$. 所以当 $uv/255 > c + \frac{1}{2}$ 时有 $c < 2^8$, 从而 $w \geq \lfloor (2^{16}(c+1) + 2^8 - c)/2^{16} \rfloor \geq c + 1$. 如果 $uv/255 < c + \frac{1}{2}$, 则有 $w \leq \lfloor (2^{16}(c+1) - c - 1)/2^{16} \rfloor = c$. [见詹姆斯·布林, *IEEE Computer Graphics and Applic.* **14**, 6 (November 1994), 78–82.]

4.3.2 节

1. 由于 $7 \cdot 11 \cdot 13 = 1001$, 所以解唯一. 根据定理 C 的构造性证明可得到解为 $((11 \cdot 13)^6 + 6 \cdot (7 \cdot 13)^{10} + 5 \cdot (7 \cdot 11)^{12}) \bmod 1001$. 但这个答案还是不够简单! 由 (24) 得 $v_1 = 1$, $v_2 = (6-1) \cdot 8 \bmod 11 = 7$, $v_3 = ((5-1) \cdot 2 - 7) \cdot 6 \bmod 13 = 6$, 所以 $u = 6 \cdot 7 \cdot 11 + 7 \cdot 7 + 1 = 512$.

2. 不成立. 最多存在一个这样的 u. 条件 $u_1 \equiv \cdots \equiv u_r \pmod{1}$ 是充分必要的, 由此可知这样的推广并不是非常有趣.

3. 由 $u \equiv u_i \pmod{m_i}$ 可推导出 $u \equiv u_i \pmod{\gcd(m_i, m_j)}$, 所以有解时同余式 $u_i \equiv u_j \pmod{\gcd(m_i, m_j)}$ 必然成立. 此外, 如果对所有 j 都有 $u \equiv v \pmod{m_j}$, 则 $u - v$ 是 $\mathrm{lcm}(m_1, \ldots, m_r) = m$ 的倍数. 因此最多有一个解.

我们可用一种非构造性的方式完成证明. 我们将统计满足条件 $0 \leq u_j < m_j$ 和 $u_i \equiv u_j \pmod{\gcd(m_i, m_j)}$ 的 r 元组 $(u_1, \ldots, u_r)$ 的数目. 如果数目为 m 就必定有解, 因为当 u 从 a 变动到 $a + m - 1$ 时, $(u \bmod m_1, \ldots, u \bmod m_r)$ 会取 m 个不同的值. 假设我们已经选取了满足给定条件的 $u_1, \ldots, u_{r-1}$, 则应取 u_r 满足 $u_r \equiv u_j \pmod{\gcd(m_j, m_r)}$, $1 \leq j < r$. 根据关于 $r-1$ 个数的广义中国剩余定理, 共有

$$m_r / \mathrm{lcm}(\gcd(m_1, m_r), \ldots, \gcd(m_{r-1}, m_r)) = m_r / \gcd(\mathrm{lcm}(m_1, \ldots, m_{r-1}), m_r)$$

$$= \mathrm{lcm}(m_1, \ldots, m_r) / \mathrm{lcm}(m_1, \ldots, m_{r-1})$$

种选取方法. [此证明利用了 4.5.2 节的恒等式 (10) (11) (12) (14).]

一种推广了 (25) 的构造性证明 [弗伦克尔, *Proc. Amer. Math. Soc.* **14** (1963), 790–791] 如下. 令 $M_j = \mathrm{lcm}(m_1, \ldots, m_j)$. 我们要求 $u = v_r M_{r-1} + \cdots + v_2 M_1 + v_1$, 其中 $0 \leq v_j < M_j / M_{j-1}$. 假设 $v_1, \ldots, v_{j-1}$ 已经求出, 则接下来要求解同余式

$$v_j M_{j-1} + v_{j-1} M_{j-2} + \cdots + v_1 \equiv u_j \pmod{m_j}.$$

由假设条件可知, 对于 $i < j$, 我们有 $v_{j-1} M_{j-2} + \cdots + v_1 \equiv u_i \equiv u_j \pmod{\gcd(m_i, m_j)}$. 从而 $c = u_j - (v_{j-1} M_{j-2} + \cdots + v_1)$ 是

$$\mathrm{lcm}(\gcd(m_1, m_j), \ldots, \gcd(m_{j-1}, m_j)) = \gcd(M_{j-1}, m_j) = d_j$$

的倍数. 所以, 我们必须求解 $v_j M_{j-1} \equiv c \pmod{m_j}$. 根据欧几里得算法, 存在 c_j 使得 $c_j M_{j-1} \equiv d_j$ (modulo m_j), 因此可取

$$v_j = (c_j\, c)/d_j \bmod (m_j/d_j).$$

与非构造性证明一样, 我们有 $m_j/d_j = M_j/M_{j-1}$.

4. (到 $m_4 = 91 = 7 \cdot 13$ 为止, 我们已经用完所有小于 100 且可写成两个或多个奇素数的乘积的数, 所以 $m_5, \ldots$ 必定都是素数.) 我们可求出

$$
\begin{array}{lllll}
m_7 = 79, & m_8 = 73, & m_9 = 71, & m_{10} = 67, & m_{11} = 61, \\
m_{12} = 59, & m_{13} = 53, & m_{14} = 47, & m_{15} = 43, & m_{16} = 41, \\
m_{17} = 37, & m_{18} = 31, & m_{19} = 29, & m_{20} = 23, & m_{21} = 17,
\end{array}
$$

然后就得停下来了 ($m_{22} = 1$ 没用).

5. (a) 不能. 如果取 $m_1 = 3^4$, $m_2 = 5^2$, 等等, 则容易得到上界

$$3^4 5^2 7^2 11^1 \ldots = \prod_{\substack{p \text{ odd} \\ p \text{ prime}}} p^{\lfloor \log_p 100 \rfloor}.$$

(然而, 如果要对固定的 r 求 $m_1 \ldots m_r$ 的最大值, 或者求 $e_1 + \cdots + e_r$ 模 $2^{e_j} - 1$ 的最大值, 其中各 e_j 互素, 就不是那么简单了.) (b) 将 100 替换为 256, 并且允许模数为偶, 即可得到 $2^8 3^5 5^3 \ldots 251^1 \approx 1.67 \cdot 10^{109}$.

6. (a) 如果 $e = f + kg$, 则 $2^e = 2^f (2^g)^k \equiv 2^f \cdot 1^k \pmod{2^g - 1}$. 所以由 $2^e \equiv 2^f \pmod{2^g - 1}$ 可得 $2^{e \bmod g} \equiv 2^{f \bmod g} \pmod{2^g - 1}$. 又由于后一个数值介于 0 和 $2^g - 1$ 之间, 所以必有 $e \bmod g = f \bmod g$. (b) 由 (a) 的结论得 $(1 + 2^d + \cdots + 2^{(c-1)d}) \cdot (2^e - 1) \equiv (1 + 2^d + \cdots + 2^{(c-1)d}) \cdot (2^d - 1) = 2^{cd} - 1 \equiv 2^{ce} - 1 \equiv 2^1 - 1 = 1 \pmod{2^f - 1}$.

7. 根据 (23) (25) (26), 可得 $v_j m_{j-1} \ldots m_1 \equiv u_j - (v_{j-1} m_{j-2} \ldots m_1 + \cdots + v_1)$ 以及 $C_j m_{j-1} \ldots m_1 \equiv 1$ (modulo m_j). 见保罗·普里查德, *CACM* **27** (1984), 57.

通过改写公式, 这种方法在所做的算术运算次数相同的情况下, 使用的常数较少. 然而, 只有将模数按 $m_1 < m_2 < \cdots < m_r$ 排序时, 所使用的常数才会较少, 否则的话, 我们需要使用由 $m_i \bmod m_j$ 的值构成的表. 相对于 $m_1 > m_2 > \cdots > m_r$ 的排序方式, 上述排序方式所需的计算量更大. 这是因为模 m_r 的运算所需计算量比模 m_1 的计算要多得多. 但由于 v_j 的值跟 $m_j - 1$ 差不多大, 所以在 (24) 中取 $m_1 < m_2 < \cdots < m_r$ 是比较明智的. 综上所述, 这种做法比正文中的公式更好, 尽管 4.3.3B 小节告诉我们, 当模数按 (14) 取值时使用正文中的公式比较好.

8. 模 m_j: $m_{j-1} \ldots m_1 v_j \equiv m_{j-1} \ldots m_1 (\ldots ((u_j - v_1) c_{1j} - v_2) c_{2j} - \cdots - v_{j-1}) c_{(j-1)j} \equiv m_{j-2} \ldots m_1 \times (\ldots (u_j - v_1) c_{1j} - \cdots - v_{j-2}) c_{(j-2)j} - v_{j-1} m_{j-2} \ldots m_1 \equiv \cdots \equiv u_j - v_1 - v_2 m_1 - \cdots - v_{j-1} m_{j-2} \ldots m_1$.

9. $u_r \leftarrow ((\ldots (v_r m_{r-1} + v_{r-1}) m_{r-2} + \cdots) m_1 + v_1) \bmod m_r, \ldots,$

$$u_2 \leftarrow (v_2 m_1 + v_1) \bmod m_2, \quad u_1 \leftarrow v_1 \bmod m_1.$$

(如果我们希望像 (24) 那样, 让 u_j 和 v_j 共享同一个内存位置, 就必须按这个顺序计算.)

10. 如果重新定义 "mod" 运算, 使其可在对称区间内求余数, 则关于算术运算的基本公式 (2) (3) (4) 和做转换的公式 (24) (25) 保持不变, 且 (25) 中的数 u 仍落在我们期望的区间 (10) 内. (在这里, (25) 给出了一种平衡混合进制表示, 它推广了平衡三进制表示.) 在比较两个数时, 我们仍按正文中描述的简单方式从左到右进行比较. 而且, 即使 m_j 的值接近两个计算机字大小的表示范围, 但只要使用带符号数的表示方式, 则仍可用一个计算机字来保存 u_j 的值. 但要做类似于 (11) 和 (12) 的算术运算将会更困难一些, 所以在大部分计算机上, 这种计算方法的运算时间会稍长一些.

11. 与 $\frac{1}{2}(m+1) = (\frac{1}{2}(m_1+1), \ldots, \frac{1}{2}(m_r+1))$ 相乘. 注意到 $2t \cdot \frac{m+1}{2} \equiv t \pmod{m}$. 一般来说, 如果 v 与 m 互素, 则可 (利用欧几里得算法) 求一个数 $v' = (v_1', \ldots, v_r')$ 使得 $vv' \equiv 1 \pmod{m}$. 于是, 当 u 是 v 的倍数时, 有 $u/v = uv'$, 其中后者可利用同余乘法来计算. 当 v 不与 m 互素时, 做除法则要困难得多.

12. 在 (11) 中用 m 替换 m_j. [当 m 为奇数时, 做溢出检测的另一个办法是使用额外的二进制位 $u_0 = u \bmod 2$ 和 $v_0 = v \bmod 2$. 则发生溢出当且仅当 $u_0 + v_0 \not\equiv w_1 + \cdots + w_r \pmod{2}$, 其中 $(w_1, \ldots, w_r)$ 是 $u+v$ 的混合进制表示中的各位数字.]

13. (a) 当 $p = 2$ 和 5 时, $x^2 - x = (x-1)x \equiv 0 \pmod{10^n}$ 等价于 $(x-1)x \equiv 0 \pmod{p^n}$. 由于 x 和 $x-1$ 中必有一个是 p 的倍数, 所以另一个与 p^n 互素. 因此 x 和 $x-1$ 中必有一个是 p^n 的倍数. 当 $x \bmod 2^n = x \bmod 5^n = 0$ 或 1 时, 可得 $x \bmod 10^n = 0$ 或 1. 所以由自守性得 $x \bmod 2^n \neq x \bmod 5^n$.
(b) 如果 $x = qp^n + r$, 其中 $r = 0$ 或 1, 则 $r \equiv r^2 \equiv r^3$, 所以 $3x^2 - 2x^3 \equiv (6qp^n r + 3r) - (6qp^n r + 2r) \equiv r$ $\pmod{p^{2n}}$. (c) 取 c' 的值为 $(3(cx)^2 - 2(cx)^3)/x^2 = 3c^2 - 2c^3 x$.

注记: 由于一个 n 位自守数的后 k 位数字又构成一个 k 位自守数, 所以考虑两个无穷位的 10 进表示 (见习题 4.1-31) 的自守数 x 和 $1-x$ 是合理的. 在模算术下, 10 进数的集合等价于有序对 (u_1, u_2) 构成的集合, 其中 u_1 是 2 进数, u_2 是 5 进数.

14. 求 $(a_0 u_0, a_1 u_1, \ldots, a_{n-1} u_{n-1})$ 和 $(a_0 v_0, a_1 v_1, \ldots, a_{n-1} v_{n-1})$ 的近似浮点数表示的循环卷积 $(z_0, z_1, \ldots, z_{n-1})$, 其中常数 $a_k = 2^{-(kq \bmod n)/n}$ 的值已经预先求出. 由恒等式 $u = \sum_{k=0}^{n-1} u_k a_k 2^{kq/n}$ 和 $v = \sum_{k=0}^{n-1} v_k a_k 2^{kq/n}$ 可推导出 $w = \sum_{k=0}^{n-1} t_k a_k 2^{kq/n}$, 其中 $t_k \approx z_k / a_k$. 如果我们能确保足够的精度, 则每个 t_k 的值都将非常接近整数. 由这些整数的值很容易得到 w 的表示. [理查德·克兰德尔和巴里·费金, *Math. Comp.* **62** (1994), 305–324. 科林·珀西瓦尔给出了改进的误差界, 并考虑了更一般的形如 $k \cdot 2^n \pm 1$ 的模数 *Math. Comp.* **72** (2002), 387–395.]

4.3.3 节

1.

12×23:	34×41:	22×18:	1234×2341:
02	12	02	0276
02	12	02	0276
-01	$+03$	$+00$	-0396
06	04	16	1394
06	04	16	1394
$\overline{0276}$	$\overline{1394}$	$\overline{0396}$	$\overline{2888794}$

2. $\sqrt{Q + \lfloor\sqrt{Q}\rfloor} \le \sqrt{Q + \sqrt{Q}} < \sqrt{Q + 2\sqrt{Q} + 1} = \sqrt{Q} + 1$, 因此 $\lfloor\sqrt{Q+R}\rfloor \le \lfloor\sqrt{Q}\rfloor + 1$.

3. 当 $k \le 2$ 时结论显然成立, 因此下面假设 $k > 2$. 令 $q_k = 2^{Q_k}$, $r_k = 2^{R_k}$, 从而 $R_k = \lfloor\sqrt{Q_k}\rfloor$ 且 $Q_k = Q_{k-1} + R_{k-1}$. 我们要证明 $1 + (R_k + 1)2^{R_k} \le 2^{Q_{k-1}}$. 这个不等式完全不是封闭形式的. 证明它的一个办法是利用当 $k > 2$ 时 $1 + (R_k + 1)2^{R_k} \le 1 + 2^{2R_k}$ 和 $2R_k < Q_{k-1}$. (由于 $R_{k+1} - R_k \le 1$ 并且 $Q_k - Q_{k-1} \ge 2$, 所以用归纳法容易证明 $2R_k < Q_{k-1}$.)

4. 对 $j = 1, \ldots, r$ 计算 $U_e(j^2)$, $j U_o(j^2)$, $V_e(j^2)$, $j V_o(j^2)$. 然后反复调用乘法算法来计算

$$W(j) = (U_e(j^2) + j U_o(j^2))(V_e(j^2) + j V_o(j^2)),$$
$$W(-j) = (U_e(j^2) - j U_o(j^2))(V_e(j^2) - j V_o(j^2)).$$

进而得 $W_e(j^2) = (W(j) + W(-j))/2$, $W_o(j^2) = (W(j) - W(-j))/(2j)$. 此外, 也计算 $W_e(0) = U(0)V(0)$. 现在我们对 W_e 和 W_o 构造差值表, 它们分别是次数为 r 和 $r-1$ 的多项式.

这种方法可以使所处理的数的值减小, 并减少加法和乘法运算的次数. 它唯一的缺点是程序段较长 (因为控制部分会稍微复杂一点, 且有部分计算涉及带符号数).

另一种做法是求 W_e 和 W_o 在 $1^2, 2^2, 4^2, \ldots, (2^r)^2$ 处的值. 尽管要计算的数更大, 但计算速度更快, 因为所有乘法都可用平移操作代替, 而所有除法的除数都是形如 $2^j(2^k - 1)$ 的二进制数. (以这样的数作为除数的除法运算有一些简单的实现方法.)

5. 从 q 和 r 序列开始, 其中 q_0 和 q_1 的值足够大以使习题 3 中的不等式成立. 则由类似于定理 B 前面的那些公式可推导出 $\eta_1 \to 0$ 及 $\eta_2 = (1 + 1/(2r_k))2^{1 + \sqrt{2Q_k} - \sqrt{2Q_{k+1}}}(Q_k/Q_{k+1})$. 当 $k \to \infty$ 时 $Q_k/Q_{k+1} \to 1$, 所以在证明 $\eta_2 < 1 - \epsilon$ 对所有大的 k 成立时可忽略掉这个项. 由

于 $\sqrt{2Q_{k+1}} = \sqrt{2Q_k + 2\lceil\sqrt{2Q_k}\rceil + 2} \geq \sqrt{(2Q_k + 2\sqrt{2Q_k} + 1) + 1} \geq \sqrt{2Q_k} + 1 + 1/(3R_k)$, 所以 $\eta_2 \leq (1 + 1/(2r_k))2^{-1/(3R_k)}$, 且对足够大的 k 有 $\lg\eta_2 < 0$.

注记: 我们也可修改算法 T 以定义类似的关于 n 的序列 $q_0, q_1, \ldots$, 使得步骤 T1 执行完毕后有 $n \approx q_k + q_{k+1}$. 相应地可得到估计式 (21).

6. $6q + d_1$ 和 $6q + d_2$ 的任意公因数必定也整除 $d_2 - d_1$. 总共有 $\binom{6}{2}$ 个这样的差, 分别为 2, 3, 4, 6, 8, 1, 2, 4, 6, 1, 3, 5, 2, 4, 2, 所以我们只需证明素数 2, 3, 5 分别最多整除其中一个数. 显然只有 $6q + 2$ 是偶数, 也只有 $6q + 3$ 是 3 的倍数. 此外, 由于 $q_k \not\equiv 3 \pmod 5$, 所以 5 的倍数也最多只有一个.

7. 设 $p_{k-1} < n \leq p_k$. 由于存在常数 c 使得 $t_k \leq 6t_{k-1} + ck3^k$, 所以 $t_k/6^k \leq t_{k-1}/6^{k-1} + ck/2^k \leq t_0 + c\sum_{j\geq 1} j/2^j = M$. 从而 $t_k \leq M \cdot 6^k = O(p_k^{\log_3 6})$.

8. 错. 只需取 $k = 2$ 就可以看出谬误了.

9. $\tilde{u}_s = \hat{u}_{(qs) \bmod K}$. 特别地, 当 $q = -1$ 时可得到 $\hat{u}_{(-r) \bmod K}$, 从而在做逆变换时不需要做数据反序的操作.

10. $A^{[j]}(s_{k-1}, \ldots, s_{k-j}, t_{k-j-1}, \ldots, t_0)$ 可写成

$$\sum_{0 \leq t_{k-1}, \ldots, t_{k-j} \leq 1} \omega^{2^{k-j}(s_{k-j}\ldots s_{k-1})_2 \cdot (t_{k-1}\ldots t_{k-j})_2} \left(\sum_{0 \leq p < K} \omega^{tp} u_p\right)\left(\sum_{0 \leq q < K} \omega^{tq} v_q\right),$$

或者 $\sum_{p,q} u_p v_q S(p,q)$, 其中 $|S(p,q)| = 0$ 或 2^j. 恰好有 $2^{2k}/2^j$ 个 p 和 q 的值使得 $|S(p,q)| = 2^j$.

11. 对任意自动机, 只有 $c \geq 2$ 时才可能有 $z_2 = 1$, 而在自动机 M_j 中这种状态第一次出现的时点是 $3j - 1$. 所以 M_j 直到时点 $3(j-1)$ 才会出现 $z_2 z_1 z_0 \neq 000$. 此外, 如果 M_j 在时点 t 时 $z_0 \neq 0$, 则我们无法将它改成 $z_0 = 0$ 而不改变输出. 但 z_0 的这个值在时点 $t + j - 1$ 以前都不会对输出造成影响, 所以 $t + j - 1 \leq 2n$. 前面的分析已经告诉我们 $3(j-1) \leq t$, 所以 $4(j-1) \leq 2n$, 即 $j - 1 \leq n/2$, 或者 $j \leq \lfloor n/2 \rfloor + 1$. 这是我们可能得到的最佳上界, 因为当输入为 $u = v = 2^n - 1$ 时需要用到所有 M_j, $j \leq \lfloor n/2 \rfloor + 1$. (例如, 表 2 告诉我们在时点 3 需要使用 M_2 对两位二进制数做乘法.)

12. 我们可 "遍历" K 个 "类 MIX" 的指令列表, 并按下面的步骤在 $O(K + (N \log N)^2)$ 步内执行完每个列表中的第一个指令: (i) 利用基数列表排序 (5.2.5 节), 可在 $O(K + N)$ 时间内将所有相同的指令集中在一起. (ii) 每个由 j 个相同指令构成的集合可在 $O(\log N)^2 + O(j)$ 步内执行完毕, 一共有 $O(N^2)$ 个这样的指令集. 处理完所有列表所需的搜寻次数是有界的. 余下的细节问题都是简单明了的. 例如, 将 p 和 q 转换为二进制数即可实现各种算术运算. [*SICOMP* **9** (1980), 490–508.]

13. 如果将两个 n 位二进制数相乘需要 $T(n)$ 步运算, 则将一个 m 位二进制数与一个 n 位二进制数相乘时, 可将 n 位二进制数看作 $\lceil n/m \rceil$ 个 m 位二进制数的集合, 因此需要做 $\lceil n/m \rceil T(m) + O(n + m)$ 步运算. 所以, 根据正文中引用的结论, 图灵机应该需要 $O(n \log m \log\log m)$ 的运算时间, 对于可随机存取给定大小的机器字的计算机, 运算时间为 $O(n \log m)$, 而对指针机器则为 $O(n)$.

15. 迈克尔 · 费希尔和拉里 · 斯托克迈耶告诉我们, 最佳上界为 $O(n(\log n)^2 \log\log n)$ [*J. Comp. and Syst. Sci.* **9** (1974), 317–331]. 他们所用的构造方法适用于多带图灵机, 而对于指针机器, 最佳上界为 $O(n \log n)$. 对于多带图灵机, 迈克尔 · 佩特森、费希尔和艾伯特 · 迈耶给出的最佳下界为 $n \log n/\log\log n$, 但这个下界不适用于指针机器 [*SIAM/AMS Proceedings* **7** (1974), 97–111].

16. 设 2^k 为大于 $2K$ 的最小的 2 的幂次. 令 $a_t \leftarrow \omega^{-t^2/2} u_t$ 以及 $b_t \leftarrow \omega^{(2K-2-t)^2/2}$, 其中当 $t \geq K$ 时 $u_t = 0$. 对 $0 \leq s < K$, 我们要计算卷积 $c_r = \sum_{j=0}^r a_j b_{r-j}$, 其中 $r = 2K - 2 - s$. 像正文中的乘法算法那样, 这些卷积可通过三个 2^k 阶的快速傅里叶变换求得. [这种运算, 有时也称为 "线性调频变换", 适用于任意复数 ω 而不局限于单位根. 见利奥 · 布卢斯坦, *Northeast Electronics Res. and Eng. Meeting Record* **10** (1968), 218–219; 贝利和保罗 · 斯沃茨特劳博, *SIAM Review* **33** (1991), 389–404.]

17. $D_n = K_{n+1} - K_n$ 满足条件 $D_1 = 2$, $D_{2n} = 2D_n$ 以及 $D_{2n+1} = D_n$. 因此当 n 具有习题中所述形式时 $D_n = 2^{e_1-t+2}$. 于是对 n 归纳证明可推导出 $K_n = 3^{e_1} + \sum_{l=2}^t 3^{e_l} 2^{e_1-e_l-l+3}$.

顺带说一下，K_n 是奇数，且我们可用 $(K_n + K_{n+1})/2$ 次一位数的乘法将 n 位整数和 $n+1$ 位整数相乘. 由于生成函数 $K(z) = \sum_{n \geq 1} K_n z^n$ 满足 $zK(z) + z^2 = K(z^2)(z+1)(z+2)$，所以 $K(-1) = 1$，$K(1) = \frac{1}{5}$.

18. 下面的计算方案使用 $3N + S_N$ 位工作空间，其中 $S_1 = 0$，$S_{2n} = S_n$，$S_{2n-1} = S_n + 1$，从而按照前一道习题的记号，$S_n = e_1 - e_t - t + 2 - [t=1]$. 记 $N = 2n - \epsilon$，其中 ϵ 等于 0 或 1，并假设 $N > 1$. 给定 N 位数 $u = 2^n U_1 + U_0$ 及 $v = 2^n V_1 + V_0$，我们首先求 $|U_0 - U_1|$ 和 $|V_0 - V_1|$，并将它们存储在 $(3N + S_N)$ 位工作空间中分别从第 0 位和第 n 位开始的位置. 然后将它们的乘积放在从第 $3n + S_n$ 位开始的工作空间中. 下一步是求 $2(n - \epsilon)$ 位的乘积 $U_1 V_1$，并存放在第 0 位开始的空间. 利用这个乘积，我们在从第 $3n + S_n$ 位开始的 $3n - 2\epsilon$ 位空间中存放 $U_1 V_1 - (U_0 - U_1)(V_0 - V_1) + 2^n U_1 V_1$ 的值.（注意，$3n - 2\epsilon + 3n + S_n = 3N + S_N$.）最后，我们求 $2n$ 位的乘积 $U_0 V_0$ 并从第 0 位开始存放它，然后将它分别与以第 $2n + S_n$ 位和第 $3n + S_n$ 位作为起始存放位置的中间结果相加. 最后，我们还得将 $2N$ 位的最终计算结果向后移 $2n + S_n$ 位以放置在我们规划好的位置.

如果我们采取另一种更有技巧性的处理方法，即在设定好的工作空间中将输出按给定的位数作周期性反序，则上述计算过程的最后一步就可以省掉. 如果不允许 $2N$ 位的乘积紧挨着辅助工作空间，我们就需要再增加 N 位存储空间（也就是说，一共是大约 $6N$ 位，而不是 $5N$ 位的空间，用来存放输入、输出和做临时存储）. 见梅德，*Lecture Notes in Comp. Sci.* **722** (1993), 59–65.

19. 设 $m = s^2 + r$，其中 $-s < r \leq s$. 我们可以利用 (2)，其中取 $U_1 = \lfloor u/s \rfloor$，$U_0 = u \bmod s$，$V_1 = \lfloor v/s \rfloor$，$V_0 = v \bmod s$，并将 2^n 换成 s. 如果已知 $U_1 - U_0$ 和 $V_1 - V_0$ 的符号，我们就知道怎样计算乘积 $|U_1 - U_0||V_1 - V_0|$（其值小于 m），以及是加还是减这个乘积. 接下来要与 s 以及 $s^2 \equiv -r$ 相乘. 由习题 3.2.1.1–9 可知，其中每一步都可用四次乘法/除法完成. 不过，我们其实总共只需要做 7 次运算，因为其中一个用来计算 $sx \bmod m$ 的乘法是与 r 或者 $r+s$ 相乘. 所以总共做 14 次乘法/除法就够了（如果 $u = v$ 或者 u 是常数，则只需要 12 次）. 如果不能对操作数做比较，我们只需要增加一次乘法，将 $U_0 V_1$ 和 $U_1 V_0$ 分开计算.

4.4 节

1. 利用 B_J 进制的加法和乘法计算 $(\ldots (a_m b_{m-1} + a_{m-1}) b_{m-2} + \cdots + a_1) b_0 + a_0$.

	长吨	= 20(英担	= 8(英石	= 14(磅	= 16 盎司)))
从 0 开始	0	0	0	0	0
加 3	0	0	0	0	3
乘以 24	0	0	0	4	8
加 9	0	0	0	5	1
乘以 60	0	2	5	9	12
加 12	0	2	5	10	8
乘以 60	8	3	1	0	0
加 37	8	3	1	2	5

（在混合进制数系中，利用通常的进位规则的一种简单推广即可很容易实现加法和乘法. 见习题 4.3.1–9.）

2. 我们可以计算 $\lfloor u/B_0 \rfloor$，$\lfloor \lfloor u/B_0 \rfloor / B_1 \rfloor$，等等，余数分别为 A_0，A_1，等等. 除法用 b_j 进制运算实现.

	天	= 24(小时	= 60(分	= 60 秒))	
从 u 开始	3	9	12	37	
除以 16	0	5	4	32	余数 = 5
除以 14	0	0	21	45	余数 = 2
除以 8	0	0	2	43	余数 = 1
除以 20	0	0	0	8	余数 = 3
除以 ∞	0	0	0	0	余数 = 8

答案: 8 长吨 3 英担 1 英石 2 磅 5 盎司.

3. 下面的计算过程由盖伊·斯蒂尔 (小) 和乔恩·怀特给出, 它推广了塔兰托最初发表在 *CACM* **2**, 7 (July 1959), 27 的针对 $B = 2$ 的算法.

A1. [初始化.] 置 $M \leftarrow 0$, $U_0 \leftarrow 0$.

A2. [完成了吗?] 如果 $u < \epsilon$ 或者 $u > 1 - \epsilon$, 则转向 A4. (在其他情形下不存在满足给定条件的 M 位小数.)

A3. [变换.] 置 $M \leftarrow M + 1$, $U_{-M} \leftarrow \lfloor Bu \rfloor$, $u \leftarrow Bu \bmod 1$, $\epsilon \leftarrow B\epsilon$, 并转回到 A2. (经过这一系列变换, 我们基本上回到跟之前一样的状态. 接下来只需将 u 转换为满足 $|U - u| < \epsilon$ 且具有最少 B 进制位的数 U. 然而, 需要注意的是, 此时可能有 $\epsilon \geq 1$. 如果是这样的话, 我们可以直接转向 A4 而无需保存 ϵ 的最新值.)

A4. [舍入.] 如果 $u \geq \frac{1}{2}$, 则将 U_{-M} 加 1. (如果 u 刚好等于 $\frac{1}{2}$, 那么使用 "只有当 U_{-M} 为奇数时才它加 1" 之类的舍入规则会更好. 见 4.2.2 节.) ∎

步骤 A4 肯定不会将 U_{-M} 从 $B - 1$ 变为 B. 这是因为, 如果 $U_{-M} = B - 1$, 那么肯定有 $M > 0$, 但此时不存在精度足够高的 $M - 1$ 位小数. 小斯蒂尔和怀特进一步考虑了浮点数的转换 [*SIGPLAN Notices* **25**, 6 (1990 年 6 月), 112–126]. 也见高德纳, *Beauty is Our Business*, 威廉默斯·费延等编辑 (New York: Springer, 1990), 233–242.

4. (a) $1/2^k = 5^k/10^k$. (b) b 的所有素因数都整除 B.

5. 当且仅当 $10^n - 1 \leq c < w$. 见等式 (3).

7. $\alpha u \leq ux \leq \alpha u + u/w \leq \alpha u + 1$, 所以 $\lfloor \alpha u \rfloor \leq \lfloor ux \rfloor \leq \lfloor \alpha u + 1 \rfloor$. 并且, 对于所提到的特殊情形, 有 $ux < \alpha u + \alpha$, 且对 $0 < \epsilon \leq \alpha$ 有 $\lfloor \alpha u \rfloor = \lfloor \alpha u + \alpha - \epsilon \rfloor$.

8.

```
    ENT1 0              LDA  TEMP      (根据习题 7,
    LDA  U              DECA 1          只会在第一次
1H  MUL  =1//10=        JMP  3B         迭代时执行.)
3H  STA  TEMP       2H  STA  ANSWER,1  (可能为负零.)
    MUL  =-10=          LDA  TEMP
    SLAX 5              INC1 1
    ADD  U             JAP  1B         ∎
    JANN 2F
```

9. 令 $p_k = 2^{2^{k+2}}$. 我们可对 k 归纳证明 $v_k(u) \leq \frac{16}{5}(1 - 1/p_k)(\lfloor u/2 \rfloor + 1)$, 所以 $\lfloor v_k(u)/16 \rfloor \leq \lfloor \lfloor u/2 \rfloor/5 \rfloor = \lfloor u/10 \rfloor$ 对所有整数 $u \geq 0$ 成立. 并且, 由于 $v_k(u+1) \geq v_k(u)$, 所以在 $\lfloor v_k(u)/16 \rfloor = \lfloor u/10 \rfloor$ 的最小反例中, u 必定是 10 的倍数.

现在取定 $u = 10m$, 并假设 $v_k(u) \bmod p_k = r_k$, 从而 $v_{k+1}(u) = v_k(u) + (v_k(u) - r_k)/p_k$. 由 $p_k^2 = p_{k+1}$ 可知存在整数 $m_0, m_1, m_2, \ldots$ 满足 $m_0 = m$, $v_k(u) = (p_k - 1)m_k + x_k$, 以及 $m_k = m_{k+1}p_k + x_k - r_k$, 其中 $x_{k+1} = (p_k + 1)x_k - p_k r_k$. 展开上述递推公式得

$$v_k(u) = (p_k - 1)m_k + c_k - \sum_{j=0}^{k-1} p_j r_j \prod_{i=j+1}^{k-1}(p_i + 1), \qquad c_k = 3\frac{p_k - 1}{p_0 - 1}.$$

并且, $v_k(u) + m_k = v_{k+1}(u) + m_{k+1}$ 与 k 无关, 因此 $v_k(u)/16 = m + (3 - m_k)/16$. 所以当 $0 \leq k \leq 4$ 时, 我们在公式 $y_k = \frac{1}{16}(v_k + m_k - c_0)$ 中取 $m_k = 4$ 及 $r_j = p_j - 1$ 可以得到最小的反例 $u = 10y_k$. 在十六进制表示下, y_k 其实是 434243414342434 的最后 2^k 位数字.

由于 $v_4(10y_4)$ 小于 2^{64}, 所以对所有 $k > 4$ 上述反例也是最小的. 处理更大操作数的一种做法是修改上述方法, 首先取 $v_0(u) = 6\lfloor u/2 \rfloor + 6$, 并取 $c_k = 6(p_k - 1)/(p_0 - 1)$, $m_0 = 2m$. (在实际操作上, 我们比以前的截断位置向右移了一个二进制位.) 则对 $1 \leq k \leq 7$, 当 u 小于 $10z_k$ 时 $\lfloor v_k(u)/32 \rfloor = \lfloor u/10 \rfloor$, 其中当 $m_k = 7$, $r_0 = 14$ 以及 $r_j = p_j - 1$, $j > 0$ 时 $z_k = \frac{1}{32}(v_k + m_k - 6)$. 例如 $z_4 = \text{1c342c3424342c34}$. [这道习题是源于罗宾·沃韦尔斯的一些思路, *Australian Comp. J.* **24** (1992), 81–85.]

10. (i) 右移一位. (ii) 将每组最左边的位去掉. (iii) 将 (ii) 所得计算结果右移两位. (iv) 将 (iii) 所得计算结果右移一位，再与 (iii) 所得计算结果相加. (v) 用 (i) 的计算结果减去 (iv) 的计算结果.

11.
$$
\begin{array}{r}
5.\,7\,7\,2\,1 \\
-\ 1\,0 \\ \hline
4\,7.\,7\,2\,1 \\
-\ \ 9\,4 \\ \hline
3\,8\,3.\,2\,1 \\
-\ \ 7\,6\,6 \\ \hline
3\,0\,6\,6.\,1 \\
-\ \ 6\,1\,3\,2 \\ \hline
2\,4\,5\,2\,9
\end{array}
\qquad 答案：(24\,529)_{10}.
$$

12. 首先将三进制数转换为九进制表示（以 9 为基数），然后进行类似八进制到十进制的转换，只不过不做加倍操作. 从十进制到九进制的转换是类似的. 对于习题中所给的例子，我们有

$$
\begin{array}{r}
1.\,7\,6\,4\,7\,2\,3 \\
-\ \ 1 \\ \hline
1\,6.\,6\,4\,7\,2\,3 \\
-\ \ 1\,6 \\ \hline
1\,5\,0.\,4\,7\,2\,3 \\
-\ \ 1\,5\,0 \\ \hline
1\,3\,5\,4.\,7\,2\,3 \\
-\ \ 1\,3\,5\,4 \\ \hline
1\,2\,1\,9\,3.\,2\,3 \\
-\ \ 1\,2\,1\,9\,3 \\ \hline
1\,0\,9\,7\,3\,9.\,3 \\
-\ \ 1\,0\,9\,7\,3\,9 \\ \hline
9\,8\,7\,6\,5\,4
\end{array}
\qquad 答案：(987\,654)_{10}.
$$

$$
\begin{array}{r}
9.\,8\,7\,6\,5\,4 \\
+\ \ 9 \\ \hline
1\,1\,8.\,7\,6\,5\,4 \\
+\ \ 1\,1\,8 \\ \hline
1\,3\,1\,6.\,6\,5\,4 \\
+\ \ 1\,3\,1\,6 \\ \hline
1\,4\,4\,8\,3.\,5\,4 \\
+\ \ 1\,4\,4\,8\,3 \\ \hline
1\,6\,0\,4\,2\,8.\,4 \\
+\ \ 1\,6\,0\,4\,2\,8 \\ \hline
1\,7\,6\,4\,7\,2\,3
\end{array}
\qquad 答案：(1\,764\,723)_{9}.
$$

13.

```
BUF    ALF  .␣␣␣␣            （小数点在第一行）
       ORIG *+39
START  JOV  OFLO             确保溢出标志关闭.
       ENT2 -40              设置缓冲区指针.
8H     ENT3 10               设置循环计数器.
1H     ENT1 m                开始进入乘法子程序.
       ENTX 0
2H     STX  CARRY
       ...                   （见习题 4.3.1–13，其中取
       J1P  2B                  v = 10^9 且 W = U.）
       SLAX 5               rA ← 下面 9 位数字.
       CHAR
       STA  BUF+40,2(2:5)    存储下面 9 位数字.
       STX  BUF+41,2
       INC2 2                增大缓冲区指针.
       DEC3 1
       J3P  1B               重复做 10 次.
       OUT  BUF+20,2(PRINTER)
       J2N  8B               反复执行直到两行都打印出来. ▮
```

14. 记 $K(n)$ 为将一个 n 位十进制数转换为二进制表示，并且求 10^n 的二进制表示的运算次数. 则 $K(2n) \le 2K(n) + O(M(n))$. 证明：给定 $U = (u_{2n-1}\ldots u_0)_{10}$，我们首先用 $2K(n)$ 步运算求出

$U_1 = (u_{2n-1} \dots u_n)_{10}$, $U_0 = (u_{n-1} \dots u_0)_{10}$ 以及 10^n, 然后用 $O(M(n))$ 步运算求出 $U = 10^n U_1 + U_0$ 和 $10^{2n} = 10^n \cdot 10^n$. 由此可推导出 $K(2^n) = O(M(2^n) + 2M(2^{n-1}) + 4M(2^{n-2}) + \cdots) = O(nM(2^n))$.

[类似地, 舍恩哈格发现, 我们可以用 $O(nM(2^n))$ 次运算将一个 $(2^n \lg 10)$ 位的二进制数 U 转换为十进制表示. 首先用 $O(M(2^{n-1}) + M(2^{n-2}) + \cdots) = O(M(2^n))$ 次运算求出 $V = 10^{2^{n-1}}$, 然后再用 $O(M(2^n))$ 次运算求 $U_0 = (U \bmod V)$ 和 $U_1 = \lfloor U/V \rfloor$, 最后对 U_0 和 U_1 做进制转换.]

17. 见威廉·克林杰, *SIGPLAN Notices* **25**, 6 (1990 年 6 月), 92–101 以及习题 3 的答案中引用的小斯蒂尔和怀特的论文.

18. 记 $U = \mathrm{round}_B(u, P)$, $v = \mathrm{round}_b(U, p)$. 我们可假设 $u > 0$, 从而 $U > 0$ 且 $v > 0$. 情形 1: $v < u$. 求 e 和 E 满足 $b^{e-1} < u \le b^e$, $B^{E-1} \le U < B^E$. 则 $u \le U + \frac{1}{2}B^{E-P}$, $U \le u - \frac{1}{2}b^{e-p}$. 所以 $B^{P-1} \le B^{P-E}U < B^{P-E}u \le b^{p-e}u \le b^p$. 情形 2: $v > u$. 求 e 和 E 满足 $b^{e-1} \le u < b^e$, $B^{E-1} < U \le B^E$. 则 $u \ge U - \frac{1}{2}B^{E-P}$, $U \ge u + \frac{1}{2}b^{e-p}$. 从而 $B^{P-1} \le B^{P-E}(U - B^{E-P}) < B^{P-E}u \le b^{p-e}u < b^p$. 所以我们证明了只要 $v \ne u$ 就有 $B^{P-1} < b^p$.

反之, 当 $B^{P-1} < b^p$ 时, 上面的证明告诉我们, 最可能使得 $u \ne v$ 的例子是取 u 为 b 的幂且很接近 B 的某个幂. 由于 $B^{P-1}b^p < B^{P-1}b^p + \frac{1}{2}b^p - \frac{1}{2}B^{P-1} - \frac{1}{4} = (B^{P-1} + \frac{1}{2})(b^p - \frac{1}{2})$, 所以 $1 < \alpha = 1/(1 - \frac{1}{2}b^{-p}) < 1 + \frac{1}{2}B^{1-P} = \beta$. 由习题 4.5.3–50, 存在整数 e 和 E 使得 $\log_B \alpha < e \log_B b - E < \log_B \beta$. 所以 $\alpha < b^e/B^E < \beta$ 对某个 e 和 E 成立. 综上所述, $\mathrm{round}_B(b^e, P) = B^E$, 并且 $\mathrm{round}_b(B^E, p) < b^e$.
[*CACM* **11** (1968), 47–50; *Proc. Amer. Math. Soc.* **19** (1968), 716–723.]

例如, 当 $b^p = 2^{10}$, $B^P = 10^4$ 时, 我们将 $u = 2^{6408} \approx 0.100049 \cdot 10^{1930}$ 舍入为 $U = 0.1 \cdot 10^{1930} \approx (0.111\,111\,111\,101\,111\,111\,111)_2 \cdot 2^{6408}$, 进而舍入到 $2^{6408} - 2^{6398}$. (最小的例子是 $\mathrm{round}((0.111\,111\,100\,1)_2 \cdot 2^{784}) = 0.1011 \cdot 10^{236}$, $\mathrm{round}(0.1011 \cdot 10^{235}) = (0.111\,111\,100\,10)_2 \cdot 2^{784}$, 这是弗雷德里克·泰德曼发现的.)

19. 取 $m_1 = (\mathrm{F0F0F0F0})_{16}$, $c_1 = 1 - 10/16$ 得 $U = ((u_7 u_6)_{10} \dots (u_1 u_0)_{10})_{256}$. 再取 $m_2 = (\mathrm{FF00FF00})_{16}$, $c_2 = 1 - 10^2/16^2$ 得 $U = ((u_7 u_6 u_5 u_4)_{10}(u_3 u_2 u_1 u_0)_{10})_{65536}$. 最后取 $m_3 = (\mathrm{FFFF0000})_{16}$, $c_3 = 1 - 10^4/16^4$ 完成整个计算. [请与习题 14 中舍恩哈格的算法做比较. 这个技巧是由基尔在 1958 年前后发现的.]

4.5.1 节

1. 由于分母都是正数, 只需判定 $uv' < u'v$ 是否成立. (也见习题 4.5.3–39 的解答.)

2. 如果 $c > 1$ 可同时整除 u/d 和 v/d, 则 cd 可同时整除 u 和 v.

3. 设 p 为素数. 如果 p^e 是 uv 和 $u'v'$ 的因数, 其中 $e \ge 1$, 则要么 $p^e \backslash u$ 且 $p^e \backslash v'$, 要么 $p^e \backslash u'$ 且 $p^e \backslash v$. 因此 $p^e \backslash \gcd(u, v') \gcd(u', v)$. 将上述推导过程反过来即可得逆命题.

4. 设 $d_1 = \gcd(u, v)$, $d_2 = \gcd(u', v)$, 则答案是 $w = (u/d_1)(v'/d_2)\mathrm{sign}(v)$, $w' = |(u'/d_2)(v/d_1)|$, 并且当 $v = 0$ 时给出 "除以零" 的错误提示信息.

5. $d_1 = 10$, $t = 17 \cdot 7 - 27 \cdot 12 = -205$, $d_2 = 5$, $w = -41$, $w' = 168$.

6. 设 $u'' = u'/d_1$, $v'' = v'/d_1$. 我们的目标是证明 $\gcd(uv'' + u''v, d_1) = \gcd(uv'' + u''v, d_1 u''v'')$. 如果 p 是可以整除 u'' 的素数, 则 p 不能整除 u 和 v'' 中任意一个, 从而不能整除 $uv'' + u''v$. 对 v'' 的素因数可类似讨论, 从而上述最大公因数中不含 $u''v''$ 的素因数.

7. $(N-1)^2 + (N-2)^2 = 2N^2 - (6N - 5)$. 当输入数据为 n 位二进制数时, 我们需要用 $2n + 1$ 个二进制位来表示 t.

8. 乘法和除法遵守以下运算规则: $x/0 = \mathrm{sign}(x)\infty$, $(\pm\infty) \times x = x \times (\pm\infty) = (\pm\infty)/x = \pm\mathrm{sign}(x)\infty$, $x/(\pm\infty) = 0$, 其中 x 非零且有限, 不随我们所描述的算法改变. 而且, 我们还可以很方便地修改算法使得 $0/0 = 0 \times (\pm\infty) = (\pm\infty) \times 0 = \text{``}(0/0)\text{''}$, 其中后者表示 "未定义". 如果两个操作数都是未定义的, 则应规定运算结果也是未定义.

由于乘法和除法子程序都满足推广后的运算的这些很自然的运算规则, 因此值得考虑修改加法和减法运算以满足规则 $x \pm \infty = \pm\infty$, $x \pm (-\infty) = \mp\infty$, 其中 x 有限, $(\pm\infty) + (\pm\infty) = \pm\infty - (\mp\infty) = \pm\infty$,

以及 $(\pm\infty) + (\mp\infty) = (\pm\infty) - (\pm\infty) = (0/0)$. 如果至少有一个操作数为 $(0/0)$, 那么计算结果也应该是 $(0/0)$. 在判定两个数相等以及做比较运算时, 做法是类似的.

以上论述都与"溢出"指示无关. 如果用 ∞ 来表示发生溢出, 则 $1/\infty$ 不能等于 0, 否则就会把不精确的计算结果当作准确的答案. 如果用 $(0/0)$ 来表示溢出就好得多, 同时规定只要有一个操作数是未定义的, 则任何运算的计算结果都是未定义. 这种溢出表示的好处是, 推广后的运算的最终计算结果可以非常确切地告诉我们哪些是有定义的, 哪些是未定义的.

9. 如果 $u/u' \neq v/v'$, 那么 $1 \leq |uv' - u'v| = u'v'|u/u' - v/v'| < |2^{2n}u/u' - 2^{2n}v/v'|$. 而两个相差超过 1 的数"向下取整"后不可能相等. (换句话说, 当分母为 n 位二进制数时, 二进制分数的小数点右边的前 $2n$ 位就足以表征分数的值. 这个结论不能改进为 $2n - 1$ 位, 例如 $n = 4$ 时, 我们有 $\frac{1}{13} = (0.000\,100\,11\ldots)_2$, $\frac{1}{14} = (0.000\,100\,10\ldots)_2$.)

11. 为与 $(v + v'\sqrt{5})/v''$ 相除, 当 v 和 v' 不同时为零时, 只需乘以它的倒数 $(v - v'\sqrt{5})v''/(v^2 - 5v'^2)$, 然后化到最简形式.

12. $((2^{q-1} - 1)/1)$. $\mathrm{round}(x) = (0/1)$ 当且仅当 $|x| \leq 2^{1-q}$. 类似地, $\mathrm{round}(x) = (1/0)$ 当且仅当 $x \geq 2^{q-1}$.

13. 一种做法是将分子和分母的总位数限制在 27 个二进制位, 而我们只需用 26 个二进制位来存储它们 (因为分母的首位肯定是 1, 除非分母的长度为 0). 这样的话, 我们还可以有一个二进制位表示符号以及 5 个二进制位指出分母的大小. 另一种做法是用 28 个二进制位来表示分子和分母, 它们可用于表示不超过 7 个十六进制数字, 此外还有一个符号位以及另外 3 个二进制位来指出分母中十六进制数字的个数.

[利用下一道习题中的公式可知第一种做法共可表示 2 140 040 119 个数, 而第二种做法可表示 1 830 986 459 个数. 我们认为第一种做法更好, 不仅因为它能表示更多的数, 而且还因为它所用的表示方式更清晰, 以及在不同的表示范围之间转换更顺畅. 对于 64 个二进制位的机器字, 我们类似地可将表示分子和分母的总位数限制为 $64 - 6 = 58$ 个二进制位.]

14. 在区间 $(a\,..\,b]$ 内 n 的倍数的个数为 $\lfloor b/n \rfloor - \lfloor a/n \rfloor$. 因此, 由容斥原理, 本习题的答案为 $S_0 - S_1 + S_2 - \cdots$, 其中 S_k 等于 $\sum (\lfloor M_2/P \rfloor - \lfloor M_1/P \rfloor)(\lfloor N_2/P \rfloor - \lfloor N_1/P \rfloor)$, P 为 k 个互异素数的乘积, 而求和是对所有可能的 P 进行. 我们也可以把这个和数表示为

$$\sum_{n=1}^{\min(M_2, N_2)} \mu(n)\left(\lfloor M_2/n \rfloor - \lfloor M_1/n \rfloor\right)\left(\lfloor N_2/n \rfloor - \lfloor N_1/n \rfloor\right).$$

4.5.2 节

1. 只需将 gcd, lcm, $\times$ 分别替换为 min, max, $+$ (要确保其中有变量值为零时这些恒等式仍然正确).

2. 对素数 p, 记 u_p, v_{1p}, $\ldots$, v_{np} 分别为 u, v_1, $\ldots$, v_n 的标准分解式中 p 的指数. 根据假设, $u_p \leq v_{1p} + \cdots + v_{np}$. 我们要证明的是 $u_p \leq \min(u_p, v_{1p}) + \cdots + \min(u_p, v_{np})$, 而当 u_p 大于等于所有 v_{jp} 或者 u_p 小于某个 v_{jp} 时这个不等式显然是成立的.

3. 解法 1: 设 $n = p_1^{e_1} \ldots p_r^{e_r}$, 则有序对个数以及 n^2 的因数个数都是 $(2e_1 + 1) \ldots (2e_r + 1)$. 解法 2: 按以下方式建立一一对应: 对 n^2 的任一因数 d, 令 $u = \gcd(d, n)$, $v = n^2/\mathrm{lcm}(d, n)$. [切萨罗, *Annali di Matematica Pura ed Applicata* (2) **13** (1885), 235–250, §12.]

4. 见习题 3.2.1.2–15(a).

5. 将 u 和 v 做右移直至它们都不是 3 的倍数, 相应地在最大公因数中将会出现 3 的幂. 在接下来的迭代中取 $t \leftarrow u + v$ 或 $t \leftarrow u - v$ (取其中为 3 的倍数那个来赋值), 然后将 t 右移直至它不是 3 的倍数,

并用所得的数值来替换 $\max(u, v)$.

u	v	t
13 634	24 140	10 506, 3 502.
13 634	3 502	17 136, 5 712, 1 904.
1 904	3 502	5 406, 1 802.
1 904	1 802	102, 34.
34	1 802	1 836, 612, 204, 68.
34	68	102, 34.
34	34	0.

于是可以非常肯定地知道 $\gcd(40\,902, 24\,140) = 34$.

6. u 和 v 都是偶数的概率是 $\frac{1}{4}$. u 和 v 都是 4 的倍数的概率是 $\frac{1}{16}$. 等等. 于是 A 的分布由生成函数

$$\frac{3}{4} + \frac{3}{16}z + \frac{3}{64}z^2 + \cdots = \frac{3/4}{1 - z/4}$$

给出. 其均值为 $\frac{1}{3}$, 标准差为 $\sqrt{\frac{2}{9} + \frac{1}{3} - \frac{1}{9}} = \frac{2}{3}$. 如果 u 和 v 独立均匀分布且 $1 \leq u, v < 2^N$, 则需要增加一些小的校正项, 此时均值为

$$(2^N - 1)^{-2} \sum_{k=1}^{N} (2^{N-k} - 1)^2 = \frac{1}{3} - \frac{4}{3}(2^N - 1)^{-1} + N(2^N - 1)^{-2}.$$

7. 当 u 和 v 不同时为偶数时, 三种情形 (偶数, 奇数)、(奇数, 偶数)、(奇数, 奇数) 等概率出现, 其对应的 B 值为 1、0、0. 因此 B 的平均值是 $\frac{1}{3}$. 事实上, 像习题 6 那样, 当 $1 \leq u, v < 2^N$ 时, 在严格精确的意义下我们应增加小的校正项. $B = 1$ 的概率应等于

$$(2^N - 1)^{-2} \sum_{k=1}^{N} (2^{N-k} - 1)2^{N-k} = \frac{1}{3} - \frac{1}{3}(2^N - 1)^{-1}.$$

8. 记 F 为 $u > v$ 情形下的所有减法步骤的数目, 于是 $E = F + B$. 当我们将输入 (u, v) 改为 (v, u) 时, C 的值保持不变, 但 F 的值变为 $C - 1 - F$. 因此 $E_{\text{ave}} = \frac{1}{2}(C_{\text{ave}} - 1) + B_{\text{ave}}$.

9. 按照算法进行到 B6 步得到 $u = 1963$, $v = 1359$, 然后得 $t \leftarrow 604, 302, 151$, 等等. 所以最大公因数为 302. 由算法 X 得 $2 \cdot 31408 - 23 \cdot 2718 = 302$.

10. (a) 两个整数互素当且仅当它们不能同时被任一素数同时整除. (b) 将 (a) 中的和式重新排列, 其中分母 $k = p_1 \ldots p_r$. ((a) 和 (b) 中的和都是有限的.) (c) 由于 $(n/k)^2 - \lfloor n/k \rfloor^2 = O(n/k)$, 所以 $q_n - \sum_{k=1}^{n} \mu(k)(n/k)^2 = \sum_{k=1}^{n} O(n/k) = O(nH_n)$. 并且 $\sum_{k>n}(n/k)^2 = O(n)$. (d) $\sum_{d\backslash n} \mu(d) = \delta_{1n}$. [事实上, 像 (b) 部分一样, 我们有更一般的关系式

$$\sum_{d\backslash n} \mu(d) \left(\frac{n}{d}\right)^s = n^s - \sum \left(\frac{n}{p}\right)^s + \sum \left(\frac{n}{pq}\right)^s - \cdots,$$

其中等号右端的和式是对 n 的所有素因数求和. 如果 $n = p_1^{e_1} \ldots p_r^{e_r}$, 则求和结果为 $n^s(1 - 1/p_1^s) \ldots (1 - 1/p_r^s)$.]

注记: 类似地, 我们知道 k 个整数互素的概率为 $1/\zeta(k) = 1/(\sum_{n \geq 1} 1/n^k)$. 定理 D 的这个证明源于弗朗兹·默滕斯, *Crelle* **77** (1874), 289–291. 利用这个技巧, 我们可证明得多的结论, 即 $6\pi^{-2}mn + O(n \log m)$ 对整数 $u \in [f(m) .. f(m) + m)$, $v \in [g(n) .. g(n) + n)$ 互素, 其中 $m \leq n$, $f(m) = O(m)$, $g(n) = O(n)$.

11. (a) 将 $6/\pi^2$ 与 $1 + \frac{1}{4} + \frac{1}{9}$ 相乘, 得 $49/(6\pi^2) \approx 0.827\,46$. (b) 将 $6/\pi^2$ 与 $1/1 + 2/4 + 3/9 + \cdots$ 相乘, 得 ∞. (这个结论与习题 12 和 14 的结果并不矛盾.)

12. [*Annali di Mat.* (2) **13** (1885), 235–250, §3.] 记 $\sigma(n)$ 为 n 的正因数的个数. 答案为

$$\sum_{k \geq 1} \sigma(k) \cdot \frac{6}{\pi^2 k^2} = \frac{6}{\pi^2}\left(\sum_{k \geq 1} \frac{1}{k^2}\right)^2 = \frac{\pi^2}{6}.$$

[所以平均值小于 2, 尽管 u 和 v 只要不互素就至少有两个公因数.]

13. $1 + \frac{1}{9} + \frac{1}{25} + \cdots = 1 + \frac{1}{4} + \frac{1}{9} + \cdots - \frac{1}{4}(1 + \frac{1}{4} + \frac{1}{9} + \cdots).$

14. (a) $L = (6/\pi^2)\sum_{d \geq 1} d^{-2}\ln d = -\zeta'(2)/\zeta(2) = \sum_{p \text{ prime}}(\ln p)/(p^2 - 1) \approx 0.569\,96.$
(b) $(8/\pi^2)\sum_{d \geq 1}[d \text{ 是奇数}]\, d^{-2}\ln d = L - \frac{1}{3}\ln 2 \approx 0.338\,91.$

15. $v_1 = \pm v/u_3$, $v_2 = \mp u/u_3$（根据迭代次数为偶数还是奇数来确定符号）. 根据（在算法运行的整个过程中）v_1 和 v_2 互素且 $v_1 u = -v_2 v$ 可推导出上述结论. [因此在算法结束时 $v_1 u = \mathrm{lcm}(u, v)$, 但这并不是计算最小公倍数的特别有效的办法. 习题 4.6.1–18 是这个方法的一种推广.]

更多的具体内容见习题 4.5.3–48.

16. 以 v 和 m 作为算法 X 的输入可得到满足 $xv \equiv 1 \pmod{m}$ 的一个 x 值.（我们可以用简化的算法 X 完成上述计算, 在简化后的算法 X 中不需计算 u_2、v_2 和 t_2, 因为它们的值没有出现在答案中.）然后取 $w \leftarrow ux \bmod m$. [像习题 4.5.3–45 那样, 对于很大的 n 位二进制数, 这个计算过程需要 $O(n^2)$ 个时间单位. 关于算法 X 的其他形式见习题 17 和 39.]

17. 我们可像牛顿法（见 4.3.1 节结尾部分）那样取 $u' = (2u - vu^2)\bmod 2^{2e}$. 相应地, 当 $uv \equiv 1 + 2^e w \pmod{2^{2e}}$ 时, 取 $u' = u + 2^e((-uw)\bmod 2^e)$.

18. 假设除 u 和 v 以外, u_1, u_2, u_3, v_1, v_2, v_3 也是多精度变量. 在推广的算法中, 对 u_3 和 v_3 的运算与算法 L 对 u 和 v 所做的一样. 新增加的多精度运算是在步骤 L4 中对所有 j 做赋值 $t \leftarrow Au_j$, $t \leftarrow t + Bv_j$, $w \leftarrow Cu_j$, $w \leftarrow w + Dv_j$, $u_j \leftarrow t$, $v_j \leftarrow w$. 此外, 如果在此步骤中 $B = 0$, 则对所有 j 和 $q = \lfloor u_3/v_3 \rfloor$ 计算 $t \leftarrow u_j - qv_j$, $u_j \leftarrow v_j$, $v_j \leftarrow t$. 如果 v_3 的值比较小, 对步骤 L1 中也应做类似的修改. 内循环（步骤 L2 和 L3）则保持不变.

19. (a) 令 $t_1 = x + 2y + 3z$, 则 $3t_1 + y + 2z = 1$, $5t_1 - 3y - 20z = 3$. 从中消去 y 得 $14t_1 - 14z = 6$. 所以无解. (b) 对这个方程组我们得到 $14t_1 - 14z = 0$. 除以 14, 消去 t_1, 得通解 $x = 8z - 2$, $y = 1 - 5z$, z 的值任意.

20. 我们可假设 $m \geq n$. 如果 $m > n = 0$, 对于 $1 \leq t < m$, 我们得到 $(m - t, 0)$ 的概率为 2^{-t}, 得到 $(0, 0)$ 的概率为 2^{1-m}. 正确地说, 对于 $n > 0$, 下列的值都可以得到.

情形 1: $m = n$. 对于 $2 \leq t < n$, 由 (n, n) 得到 $(n - t, n)$ 的概率为 $t/2^t - 5/2^{t+1} + 3/2^{2t}$.（这些概率值分别为 $\frac{1}{16}$, $\frac{7}{64}$, $\frac{27}{256}$, $\ldots$.）得到 $(0, n)$ 的概率为 $n/2^{n-1} - 1/2^{n-2} + 1/2^{2n-2}$. 得到 (n, k) 的概率与得到 (k, n) 的概率相同. 算法终止的概率为 $1/2^{n-1}$.

情形 2: $m = n + 1$. 当 $n > 1$ 时, 由 $(n + 1, n)$ 得到 (n, n) 的概率为 $\frac{1}{8}$, 而 $n = 1$ 时概率则为 0. 对于 $1 \leq t < n - 1$, 得到 $(n - t, n)$ 的概率为 $11/2^{t+3} - 3/2^{2t+1}$.（这些概率值分别为 $\frac{5}{16}$, $\frac{1}{4}$, $\frac{19}{128}$, $\ldots$.）得到 $(1, n)$ 的概率为 $5/2^{n+1} - 3/2^{2n-1}$, 其中 $n > 1$. 得到 $(0, n)$ 的概率为 $3/2^n - 1/2^{2n-1}$.

情形 3: $m \geq n + 2$. 概率值在下表中列出:

$$
\begin{array}{ll}
(m - 1, n): & 1/2 - 3/2^{m-n+2} - \delta_{n1}/2^{m+1}; \\
(m - t, n): & 1/2^t + 3/2^{m-n+t+1}, \qquad 1 < t < n; \\
(m - n, n): & 1/2^n + 1/2^m, \qquad n > 1; \\
(m - n - t, n): & 1/2^{n+t} + \delta_{t1}/2^{m-1}, \qquad 1 \leq t < m - n; \\
(0, n): & 1/2^{m-1}.
\end{array}
$$

关于这些概率值, 我们注意到的唯一有趣的现象是它们很混乱, 而这又使得它们很无趣.

21. 对固定的 v 和 $2^m < u < 2^{m+1}$, 当 m 的值很大时, 证明算法中每个相减-平移循环将 $\lfloor \lg u \rfloor$ 的值平均减少 2.

22. 在 $1 \le u < 2^N$ 范围内，恰好有 $(N-m)2^{m-1+\delta_{m0}}$ 个整数 u 的值使得将 u 右移直至其为奇数后满足 $\lfloor \lg u \rfloor = m$. 所以

$$(2^N - 1)^2 C = N^2 C_{00} + 2N \sum_{1 \le n \le N} (N-n)2^{n-1} C_{n0}$$

$$+ 2 \sum_{1 \le n < m \le N} (N-m)(N-n)2^{m+n-2} C_{mn} + \sum_{1 \le n \le N} (N-n)^2 2^{2n-2} C_{nn}.$$

（我们可用相同的公式将 D 用 D_{mn} 表示.）

上式右端中间的和为 $2^{2N-2} \sum_{0 \le m < n < N} mn2^{-m-n}((\alpha+\beta)N + \gamma - \alpha m - \beta n)$. 由于

$$\sum_{0 \le m < n} m2^{-m} = 2 - (n+1)2^{1-n} \quad \text{且} \quad \sum_{0 \le m < n} m(m-1)2^{-m} = 4 - (n^2+n+2)2^{1-n},$$

因此将和式中的项对 m 求和得

$$2^{2N-2} \sum_{0 \le n < N} n2^{-n} \Big((\gamma - \alpha - \beta n + (\alpha+\beta)N)(2 - (n+1)2^{1-n}) - \alpha(4 - (n^2+n+2)2^{1-n}) \Big)$$

$$= 2^{2N-2} \Big((\alpha+\beta)N \sum_{n \ge 0} n2^{-n}(2 - (n+1)2^{1-n}) + O(1) \Big).$$

所以答案中 $(\alpha+\beta)N$ 的系数为 $2^{-2}(4 - (\frac{4}{3})^3) = \frac{11}{27}$. 对其他和式的推导是类似的.

注记：利用通用的分部求和公式

$$\sum_{0 \le k < n} k^{\underline{m}} z^k = \frac{m!\, z^m}{(1-z)^{m+1}} - \sum_{k=0}^{m} \frac{m^{\underline{k}} n^{\underline{m-k}} z^{n+k}}{(1-z)^{k+1}},$$

我们可得到这些和式的精确的值，但计算过程是冗长而乏味的.

23. 当 $x \le 1$ 时概率值为 $\Pr(u \ge v$ 且 $v/u \le x) = \frac{1}{2}(1 - G_n(x))$. 而当 $x \ge 1$ 时为 $\frac{1}{2} + \Pr(u \le v$ 且 $v/u \ge 1/x) = \frac{1}{2} + \frac{1}{2}G_n(1/x)$, 根据 (40), 这也等于 $\frac{1}{2}(1 - G_n(x))$.

24. $\sum_{k \ge 1} 2^{-k} G(1/(2^k+1)) = S(1)$. 这个数值约为 $0.543\,258\,295\,9$, 与其他经典常数之间没有明显的联系.

25. 布伦特已经指出 $G(e^{-y})$ 是对 y 的所有实数值都解析的奇函数. 如果设 $G(e^{-y}) = \lambda_1 y + \lambda_3 y^3 + \lambda_5 y^5 + \cdots = \rho(e^{-y} - 1)$, 则有 $-\rho_1 = \lambda_1 = \lambda$, $\rho_2 = \frac{1}{2}\lambda$, $-\rho_3 = \frac{1}{3}\lambda + \lambda_3$, $\rho_4 = \frac{1}{4}\lambda + \frac{3}{2}\lambda_3$, $-\rho_5 = \frac{1}{5}\lambda + \frac{7}{4}\lambda_3 + \lambda_5$,

$$(-1)^n \rho_n = \sum_k \begin{bmatrix} n \\ k \end{bmatrix} \frac{k!}{n!} \lambda_k; \qquad \lambda_n = -\sum_k \begin{Bmatrix} n \\ k \end{Bmatrix} \frac{k!}{n!} \rho_k.$$

前几个值是 $\lambda_1 \approx 0.397\,922\,681\,2$, $\lambda_3 \approx -0.021\,009\,640\,0$, $\lambda_5 \approx 0.001\,374\,984\,1$, $\lambda_7 \approx -0.000\,096\,035\,1$. 自然的猜想：$\lim_{k \to \infty} (-\lambda_{2k+1}/\lambda_{2k-1}) = 1/\pi^2$.

26. 根据 (39), 等式左端等于 $2S(1/x) - 5S(1/2x) + 2S(1/4x) - 2S(x) + 5S(2x) - 2S(4x)$. 又根据 (44), 右端等于 $S(2x) - 2S(4x) + 2S(1/x) - S(1/2x) - 2S(x) + 4S(2x) - 4S(1/2x) + 2S(1/4x)$. $x = 1$, $x = 1/\sqrt{2}$ 和 $x = \phi$ 可能是几个最有意思的情形. 例如, 当 $x = \phi$ 时有 $2G(4\phi) - 5G(2\phi) + G(\phi^2/2) - G(\phi^3) = 2G(2\phi^2)$.

27. 由习题 1.2.11.2–4, 当 $n > 1$ 时, 我们有 $2\psi_n = [z^n] z \sum_{k \ge 0} 2^{-2k} \sum_{j=0}^{2^k-1} \sum_{l \ge 0} (jz/2^k)^l = \sum_{k \ge 1} 2^{-k(n+1)} \sum_{j=0}^{2^k-1} j^{n-1} = \sum_{k \ge 1} 2^{-k(n+1)} \sum_{l=0}^{n-1} \binom{n}{l} B_l 2^{k(n-l)}/n$, 其中 $\sum_{k \ge 1} 2^{-k(l+1)} = 1/(2^{l+1} - 1)$.

28. 如习题 6.3–34(b), 令 $S_n(m) = \sum_{k=1}^{m-1} (1 - k/m)^n$, $T_n(m) = 1/(e^{n/m} - 1)$, 则 $S_n(m) = T_n(m) + O(e^{-n/m} n/m^2)$ 且 $2\psi_{n+1} = \sum_{j \ge 1} 2^{-2j} S_n(2^j) = \tau_n + O(n^{-3})$, 其中 $\tau_n = \sum_{j \ge 1} 2^{-2j} T_n(2^j)$. 由于 $\tau_{n+1} < \tau_n$, 而 $4\tau_{2n} - \tau_n = 1/(e^n - 1)$ 是依指数衰减的正数, 所以 $\tau_n = \Theta(n^{-2})$. 为得到更多详细的信息, 我们利用

$$\sum_{j \ge 1} \frac{1}{2^{2j}} \frac{1}{e^{n/2^j} - 1} = \frac{1}{2\pi i} \sum_{j \ge 1} \int_{3/2 - i\infty}^{3/2 + i\infty} \frac{\zeta(z)\Gamma(z)n^{-z}}{2^{j(2-z)}} \, dz = \frac{1}{2\pi i} \int_{3/2 - i\infty}^{3/2 + i\infty} \frac{\zeta(z)\Gamma(z)n^{-z}}{2^{2-z} - 1} \, dz.$$

上式中的积分等于极点 $2 + 2\pi i k/\ln 2$ 处的留数之和, 即 n^{-2} 乘以 $\pi^2/(6\ln 2) + f(n)$, 其中

$$f(n) = 2 \sum_{k \geq 1} \Re(\zeta(2 + 2\pi i k/\ln 2)\Gamma(2 + 2\pi i k/\ln 2)\exp(-2\pi i k \lg n)/\ln 2)$$

是 $\lg n$ 的周期函数, 且其"平均"值为 0.

29. (弗拉若莱和瓦莱给出的解答) 如果 $f(x) = \sum_{k\geq 1} 2^{-k}g(2^k x)$ 且 $g^*(s) = \int_0^\infty g(x)x^{s-1}dx$, 则 $f^*(s) = \sum_{k\geq 1} 2^{-k(s+1)}g^*(s) = g^*(s)/(2^{s+1}-1)$, 且在适当的条件下 $f(x) = \frac{1}{2\pi i}\int_{c-i\infty}^{c+i\infty} f^*(s)x^{-s}ds$. 令 $g(x) = 1/(1+x)$, 此时变换为 $g^*(s) = \pi/\sin \pi s$, 其中 $0 < \Re s < 1$. 所以

$$f(x) = \sum_{k=1}^\infty \frac{1}{2^k}\frac{1}{1+2^k x} = \frac{1}{2\pi i}\int_{1/2-i\infty}^{1/2+i\infty} \frac{\pi x^{-s}\, ds}{(2^{s+1}-1)\sin \pi s}.$$

由此可推导出 $f(x)$ 是 $\frac{\pi}{\sin \pi s}x^{-s}/(2^{s+1}-1)$, $\Re s \leq 0$ 的留数的和, 即 $1 + x\lg x + \frac{1}{2}x + xP(\lg x) - \frac{2}{1}x^2 + \frac{4}{3}x^3 - \frac{8}{7}x^4 + \cdots$, 其中

$$P(t) = \frac{2\pi}{\ln 2}\sum_{m=1}^\infty \frac{\sin 2\pi mt}{\sinh(2m\pi^2/\ln 2)}$$

是周期函数, 且其绝对值肯定不会超过 8×10^{-12}. (由于 $P(t)$ 的值非常小, 所以布伦特在他的原始文章里直接将它忽略了.)

　　$f(1/x)$ 的梅林变换为 $f^*(-s) = \pi/((1 - 2^{1-s})\sin \pi s)$, 其中 $-1 < \Re s < 0$, 所以 $f(1/x) = \frac{1}{2\pi i}\int_{-1/2-i\infty}^{-1/2+i\infty} \frac{\pi}{\sin \pi s}x^{-s}ds/(1 - 2^{1-s})$. 现在我们需要求 $\Re s \leq -1$ 时被积函数的留数: $f(1/x) = \frac{1}{3}x - \frac{1}{7}x^2 + \cdots$. [这个公式也可用直接的方式推导出来.] 于是 $S_1(x) = 1 - f(x)$, 从而

$$G_1(x) = f(x) - f(1/x) = x\lg x + \frac{1}{2}x + xP(\lg x) - \frac{x^2}{1+x} + (1-x^2)\phi(x),$$

其中 $\phi(x) = \sum_{k=0}^\infty (-1)^k x^k/(2^{k+1}-1)$.

30. 我们有 $G_2(x) = \Sigma_1(x) - \Sigma_1(1/x) + \Sigma_2(x) - \Sigma_2(1/x)$, 其中

$$\Sigma_1(x) = \sum_{k,l\geq 1} \frac{1}{2^{k+l}}\frac{1}{1+2^l(1+2^k x)}, \qquad \Sigma_2(x) = \sum_{k,l\geq 1}\frac{1}{2^k}\frac{1}{1+2^l+2^k x}.$$

它们的梅林变换为 $\Sigma_1^*(s) = \frac{\pi}{\sin \pi s}a(s)/(2^{s+1}-1)$, $\Sigma_2^*(s) = \frac{\pi}{\sin \pi s}b(s)/(2^{s+1}-1)$, 其中

$$a(s) = \sum_{l\geq 1}\frac{(1+2^{-l})^{s-1}}{2^{2l}} = \sum_{k\geq 0}\binom{s-1}{k}\frac{1}{2^{k+2}-1},$$
$$b(s) = \sum_{l\geq 1}(2^l+1)^{s-1} = \sum_{k\geq 0}\binom{s-1}{k}\frac{1}{2^{k+1-s}-1}.$$

所以对于 $0 \leq x \leq 1$, 我们有下面的展开式:

$$\Sigma_1(x) = a(0) + a(-1)x(\lg x + \tfrac{1}{2}) - a'(1)x/\ln 2 + xA(\lg x) - \sum_{k\geq 2}\frac{2^{k-1}}{2^{k-1}-1}a(-k)(-x)^k,$$

$$\Sigma_2(x) = b(0) + b(-1)x(\lg x + \tfrac{1}{2}) - b'(1)x/\ln 2 + xB(\lg x) - \sum_{k\geq 2}\frac{2^{k-1}}{2^{k-1}-1}b(-k)(-x)^k,$$

$$\Sigma_1(1/x) = \sum_{k \geq 1} \frac{-a(k)(-x)^k}{2^{k+1}-1},$$

$$\Sigma_2(1/x) = \sum_{k \geq 1} \frac{(-x)^k}{2^{k+1}-1}\left(\lg x - \hat{b}(k) - \frac{1}{2} - \frac{1}{2^{k+1}-1} + \frac{H_{k-1}}{\ln 2} + P_k(\lg x)\right),$$

$$\hat{b}(s) = \sum_{k=0}^{s-2}\binom{s-1}{k}\frac{1}{2^{k+1-s}-1};$$

$$A(t) = \frac{1}{\ln 2}\sum_{m \geq 1}\Re\left(\frac{2\pi i}{\sinh(2m\pi^2/\ln 2)}a(-1+2m\pi i/\ln 2)e^{-2m\pi it}\right),$$

$$B(t) = \frac{1}{\ln 2}\sum_{m \geq 1}\Re\left(\frac{2\pi i}{\sinh(2m\pi^2/\ln 2)}b(-1+2m\pi i/\ln 2)e^{-2m\pi it}\right),$$

$$P_k(t) = \frac{1}{\ln 2}\sum_{m \geq 1}\Re\left(\frac{2\pi i}{\sinh(2m\pi^2/\ln 2)}\binom{k-1-2m\pi i/\ln 2}{k-1}e^{-2m\pi it}\right).$$

32. 是的. 见热拉尔·马兹, *J. Discrete Algorithms* **5** (2007), 176–186.

34. 瓦莱找到了算法 B 的一种优美的严格分析 [*Algorithmica* **22** (1998), 660–685], 且她的方法与布伦特很不相同. 的确, 她的方法与布伦特的启发式模型有足够大的差别, 以致我们无法想像它们竟能预测到相同的行为. 现在我们终于可以严格解决二进制最大公因数算法的分析问题, 并由此引发高等数学中更有趣的问题.

35. 由归纳法可证明, 当 $m \geq n$ 时长度为 $m + \lfloor n/2 \rfloor + 1 - [m=n=1]$. 但由习题 37 可知算法不会运行得这么慢.

36. 令 $a_n = (2^n - (-1)^n)/3$, 则 $a_0, a_1, a_2, \ldots = 0, 1, 1, 3, 5, 11, 21, \ldots$. (这个数列中的数的二进制表示中 0 和 1 的分布模式非常有意思. 请注意 $a_n = a_{n-1} + 2a_{n-2}$ 并且 $a_n + a_{n+1} = 2^n$.) 当 $m > n$ 时, 令 $u = 2^{m+1} - a_{n+2}$, $v = a_{n+2}$. 当 $m = n > 0$ 时, 令 $u = a_{n+2}$, $v = u + (-1)^n$. 当 $m = n > 0$ 时的另一个例子是 $u = 2^{n+1} - 2$, $v = 2^{n+1} - 1$, 此时需要做更多的平移操作, 相应地 $B = 1$, $C = n+1$, $D = 2n$, $E = n$, 这也是程序 B 最糟糕的情况.

37. (沙历特提供的解答) 对于这个问题, 我们有必要证明比它所要求的结论更强的结果. 记 $S(u, v)$ 为算法 B 对输入 u 和 v 执行的减法步骤的数目. 我们将证明 $S(u, v) \leq \lg(u+v)$, 由此可推导出 $S(u, v) \leq \lfloor \lg(u+v) \rfloor \leq \lfloor \lg 2\max(u, v) \rfloor = 1 + \lfloor \lg \max(u, v) \rfloor$, 即习题所需结论.

注意到 $S(u, v) = S(v, u)$, 且 u 为偶数时 $S(u, v) = S(u/2, v)$. 因此可以假设 u 和 v 都是奇数. 我们还可以假设 $u > v$, 因为 $S(u, u) = 1$. 于是由归纳法可得 $S(u, v) = 1 + S((u-v)/2, v) \leq 1 + \lg((u-v)/2 + v) = \lg(u+v)$.

顺带说一下, 我们可推导出需要做 n 个减法步骤的最小输入为 $u = 2^{n-1} + 1$, $v = 2^{n-1} - 1$.

38. 观察做运算的数的最高位字和最低位字 (最高位用于预测 t 的符号, 而最低位用于估算右移的次数), 同时构造由单精度整数构成的 2×2 矩阵 A 使得 $A\binom{u}{v} = \binom{u'w}{v'w}$, 其中 w 是计算机的字大小, u' 和 v' 比 u 和 v 小. (与算法 B 将偶数的输入数值除以 2 不同, 我们将另一个数与 2 相乘, 直到在恰好 $\lg w$ 次移位后得到 w 的倍数为止.) 实验表明, 至少在一台计算机上, 这个算法的运算速度是算法 L 的四倍. 如果采用类似习题 40 的算法, 则不需要利用最高位字.

可能比上述算法更快的二进制算法可见: 乔纳森·索伦森, *J. Algorithms* **16** (1994), 110–144; 沙历特和索伦森, *Lecture Notes in Comp. Sci.* **877** (1994), 169–183.

39. (迈克尔·彭克提供的解答) 假设 u 和 v 是正数.

Y1. [求 2 的幂.] 与步骤 B1 相同.

Y2. [初始化.] 置 $(u_1, u_2, u_3) \leftarrow (1, 0, u)$, $(v_1, v_2, v_3) \leftarrow (v, 1-u, v)$. 如果 u 是奇数, 则置 $(t_1, t_2, t_3) \leftarrow (0, -1, -v)$ 并转向 Y4, 否则置 $(t_1, t_2, t_3) \leftarrow (1, 0, u)$.

Y3. [将 t_3 折半.] 如果 t_1 和 t_2 都是偶数, 则置 $(t_1, t_2, t_3) \leftarrow (t_1, t_2, t_3)/2$, 否则置 $(t_1, t_2, t_3) \leftarrow (t_1 + v, t_2 - u, t_3)/2$. (在后一种情形下 $t_1 + v$ 和 $t_2 - u$ 都将是偶数.)

Y4. [t_3 是偶数吗?] 如果 t_3 是偶数, 则转回到 Y3.

Y5. [恢复 $\max(u_3, v_3)$.] 如果 t_3 是正数, 则置 $(u_1, u_2, u_3) \leftarrow (t_1, t_2, t_3)$, 否则置 $(v_1, v_2, v_3) \leftarrow (v - t_1, -u - t_2, -t_3)$.

Y6. [相减.] 置 $(t_1, t_2, t_3) \leftarrow (u_1, u_2, u_3) - (v_1, v_2, v_3)$. 如果 $t_1 \leq 0$, 则置 $(t_1, t_2) \leftarrow (t_1 + v, t_2 - u)$. 如果 $t_3 \neq 0$, 则转回到 Y3. 否则结束算法并输出 $(u_1, u_2, u_3 \cdot 2^k)$. ∎

不难发现 (16) 中的关系始终成立, 并且在 Y2–Y6 的每个步骤完成后都有 $0 \leq u_1, v_1, t_1 \leq v$, $0 \geq u_2, v_2, t_2 \geq -u$, $0 < u_3 \leq u$, $0 < v_3 \leq v$. 如果步骤 Y2 完成后 u 是奇数, 则步骤 Y3 可以简化, 因为 t_1 和 t_2 都是偶数当且仅当 t_2 是偶数. 类似地, 如果 v 是奇数, 则 t_1 和 t_2 都是偶数当且仅当 t_1 是偶数. 于是, 像算法 X 那样, 如果步骤 Y2 完成后 v 是奇数, 我们可以不需要做所有涉及 u_2、v_2 和 t_2 的运算. 这个条件一般都可以提前判定 (例如, v 是素数而我们要计算 u^{-1} modulo v).

也见亚当·博杰恩兹克和布伦特对习题 40 的算法所做的类似推广, *Computers and Mathematics with Applications* **14** (1987), 233–238.

40. 设 $m = \lg \max(|u|, |v|)$. 在执行步骤 K3 中的操作 $c \leftarrow c + 1$ 共 s 次后, 我们可归纳证明 $|u| \leq 2^{m-(s-c)/2}$, $|v| \leq 2^{m-(s+c)/2}$. 所以 $s \leq 2m$. 执行步骤 K2 共 t 次得 $t \leq s + 2$, 因为除了第一次和最后一次外 s 的值都会变大. [见 *VLSI '83* (North-Holland, 1983), 145–154.]

注记: 当 $u = 1$, $v = 3 \cdot 2^k - 1$, $k \geq 2$ 时, $m = k+2$, $s = 2k$, $t = k+4$. 定义序列 $u_0 = 3$, $u_1 = 1$, $u_{j+1} = \min(|3u_j - 16u_{j-1}|, |5u_j - 16u_{j-1}|)$. 当 $u = u_j$, $v = 2u_{j-1}$ 时, 有 $s = 2j+2$, $t = 2j+3$, 且 (经验地) $m \approx \phi j$. t 可以渐近地大于 $2m/\phi$ 吗?

41. 一般地, 由于 $(a^u - 1) \bmod (a^v - 1) = a^{u \bmod v} - 1$ (见式 4.3.2-(20)), 因此对所有正整数 a 有 $\gcd(a^m - 1, a^n - 1) = a^{\gcd(m,n)} - 1$.

42. 对 $k = 1, 2, 3, \ldots$, 将第 $2k, 3k, 4k$ 等列减去第 k 列. 所得矩阵为 x_k 在第 k 列对角线上的三角阵, 其中 $m = \sum_{d \backslash m} x_d$. 可求得 $x_m = \varphi(m)$, 因此行列式为 $\varphi(1)\varphi(2)\ldots\varphi(n)$.

[一般地, 对任意函数 f, 其 "史密斯行列式" 的第 (i, j) 元素定义为 $f(\gcd(i, j))$. 利用相同的推导过程可得到史密斯行列式等于 $\prod_{m=1}^{n} \sum_{d \backslash m} \mu(m/d) f(d)$. 见迪克森, *History of the Theory of Numbers* **1** (Carnegie Inst. of Washington, 1919), 122–123.]

4.5.3 节

1. 运行时间约为 $19.02T + 6$, 仅比程序 4.5.2A 慢一点.

2. $\begin{pmatrix} K_n(x_1, x_2, \ldots, x_{n-1}, x_n) & K_{n-1}(x_1, x_2, \ldots, x_{n-1}) \\ K_{n-1}(x_2, \ldots, x_{n-1}, x_n) & K_{n-2}(x_2, \ldots, x_{n-1}) \end{pmatrix}$.

3. $K_n(x_1, \ldots, x_n)$.

4. 利用归纳法, 或对习题 2 中的矩阵乘积求行列式.

5. 当各个 x_i 都是正数时, (9) 中的各个 q_i 也都是正数, 并且 $q_{n+1} > q_{n-1}$. 因此 (9) 是由递减项构成的交错级数, 此级数收敛当且仅当 $q_n q_{n+1} \to \infty$. 利用归纳法, 当各个 x_i 都大于 ϵ 时有 $q_n \geq (1 + \epsilon/2)^n c$, 其中我们取 c 的值足够小以使上述不等式对 $n = 1$ 和 2 成立. 如果 $x_n = 1/2^n$, 则 $q_n \leq 2 - 1/2^n$.

6. 只需证明 $A_1 = B_1$. 已知只要 $x_1, \ldots, x_n$ 都是正整数, 则 $0 \leq /\!/x_1, \ldots, x_n/\!/ < 1$, 所以 $B_1 = \lfloor 1/X \rfloor = A_1$.

7. 只有 $12 \ldots n$ 和 $n \ldots 21$ 两种. (变量 x_k 恰好出现在 $F_k F_{n+1-k}$ 项中, 因此 x_1 和 x_n 只能被置换为 x_n 和 x_1. 当 x_1 和 x_n 在排列中的位置固定下来后, 由归纳法可将 $x_2, \ldots, x_{n-1}$ 的位置也确定下来.)

8. 这等价于

$$\frac{K_{n-2}(A_{n-1}, \ldots, A_2) - X K_{n-1}(A_{n-1}, \ldots, A_1)}{K_{n-1}(A_n, \ldots, A_2) - X K_n(A_n, \ldots, A_1)} = -\frac{1}{X_n},$$

再由 (6) 可知等价于

$$X = \frac{K_{n-1}(A_2, \ldots, A_n) + X_n K_{n-2}(A_2, \ldots, A_{n-1})}{K_n(A_1, \ldots, A_n) + X_n K_{n-1}(A_1, \ldots, A_{n-1})}.$$

9. (a) 由定义. (b,d) 先对 $n = 1$ 证明, 然后利用 (a) 的结论证明对一般的 n 成立. (c) 先对 $n = k+1$ 证明, 然后利用 (a).

10. 如果 $A_0 > 0$, 则 $B_0 = 0$, $B_1 = A_0$, $B_2 = A_1$, $B_3 = A_2$, $B_4 = A_3$, $B_5 = A_4$, $m = 5$. 如果 $A_0 = 0$, 则 $B_0 = A_1$, $B_1 = A_2$, $B_2 = A_3$, $B_3 = A_4$, $m = 3$. 如果 $A_0 = -1$ 且 $A_1 = 1$, 则 $B_0 = -(A_2+2)$, $B_1 = 1$, $B_2 = A_3 - 1$, $B_3 = A_4$, $m = 3$. 如果 $A_0 = -1$ 且 $A_1 > 1$, 则 $B_0 = -2$, $B_1 = 1$, $B_2 = A_1 - 2$, $B_3 = A_2$, $B_4 = A_3$, $B_5 = A_4$, $m = 5$. 如果 $A_0 < -1$, 则 $B_0 = -1$, $B_1 = 1$, $B_2 = -A_0 - 2$, $B_3 = 1$, $B_4 = A_1 - 1$, $B_5 = A_2$, $B_6 = A_3$, $B_7 = A_4$, $m = 7$. [事实上, 最后三种情形包含了 8 种子情形. 如果各个 B_i 中有一个值取为 0, 则利用习题 9(c) 的等式可将它们的值 "叠加起来". 例如, 当 $A_0 = -1$ 且 $A_1 = A_3 = 1$ 时, 有 $B_0 = -(A_2 + 2)$, $B_1 = A_4 + 1$, $m = 1$. 当 $A_0 = -2$ 且 $A_1 = 1$ 时会发生双重叠加.]

11. 设 $q_n = K_n(A_1, \ldots, A_n)$, $q'_n = K_n(B_1, \ldots, B_n)$, $p_n = K_{n+1}(A_0, \ldots, A_n)$, $p'_n = K_{n+1}(B_0, \ldots, B_n)$. 由 (5) 和 (11) 可得 $X = (p_m + p_{m-1}X_m)/(q_m + q_{m-1}X_m)$, $Y = (p'_n + p'_{n-1}Y_n)/(q'_n + q'_{n-1}Y_n)$. 因此当 $X_m = Y_n$ 时, 由 (8) 可推知所列 X 和 Y 的关系式成立. 反之, 如果 $X = (qY+r)/(sY+t)$ 且 $|qt - rs| = 1$, 则可假设 $s \geq 0$, 并通过对 s 做归纳证明 X 和 Y 的部分商终归一致. 由习题 9(d) 易知 $s = 0$ 时结论成立. 如果 $s > 0$, 则令 $q = as + s'$, 其中 $0 \leq s' < s$. 于是 $X = a + 1/((sY+t)/(s'Y + r - at))$. 由于 $s(r - at) - ts' = sr - tq$, $s' < s$, 因此利用习题 10 可归纳证明 X 和 Y 的部分商终归一致. [*J. de Math. Pures et Appl.* **15** (1850), 153–155. 注意到在习题 10 中 m 必定是奇数, 仔细检查上述证明可发现, $X_m = Y_n$ 当且仅当 $X = (qY+r)/(sY+t)$, 其中 $qt - rs = (-1)^{m-n}$.]

12. (a) 因为 $V_n V_{n+1} = D - U_n^2$, 所以 $D - U_{n+1}^2$ 是 V_{n+1} 的倍数. 由归纳法得 $X_n = (\sqrt{D} - U_n)/V_n$, 其中 U_n 和 V_n 都是整数. [注记: 上述计算过程定义的算法在关于整数的二次方程的求解上有很多应用, 例如, 哈罗德·达文波特, *The Higher Arithmetic* (London: Hutchinson, 1952); 威廉·莱维格, *Topics in Number Theory* (Reading, Mass.: Addison–Wesley, 1956). 也见 4.5.4 节. 由习题 1.2.4–35 得

$$A_{n+1} = \begin{cases} \lfloor (\lfloor \sqrt{D} \rfloor + U_n)/V_{n+1} \rfloor, & \text{如果 } V_{n+1} > 0, \\ \lfloor (\lfloor \sqrt{D} \rfloor + 1 + U_n)/V_{n+1} \rfloor, & \text{如果 } V_{n+1} < 0. \end{cases}$$

所以这个算法只需对正整数 $\lfloor \sqrt{D} \rfloor$ 做运算. 而且, 根据恒等式 $V_{n+1} = A_n(U_{n-1} - U_n) + V_{n-1}$, 我们在求 V_{n+1} 时不必做除法.]

(b) 令 $Y = (-\sqrt{D} - U)/V$, $Y_n = (-\sqrt{D} - U_n)/V_n$. 在 (a) 的证明中将 $\sqrt{D}$ 替换为 $-\sqrt{D}$ 时相应恒等式仍成立. 我们有

$$Y = (p_n/Y_n + p_{n-1})/(q_n/Y_n + q_{n-1}),$$

其中 p_n 和 q_n 已在本习题的 (c) 部分定义. 因此

$$Y_n = (-q_n/q_{n-1})(Y - p_n/q_n)/(Y - p_{n-1}/q_{n-1}).$$

然而由 (12), p_{n-1}/q_{n-1} 和 p_n/q_n 都非常接近 X. 因为 $X \neq Y$, 所以当 n 的值很大时, $Y - p_n/q_n$ 和 $Y - p_{n-1}/q_{n-1}$ 的符号与 $Y - X$ 相同. 因此当 n 的值很大时 $Y_n < 0$. 于是 $0 < X_n < X_n - Y_n = 2\sqrt{D}/V_n$, 从而 V_n 肯定是正数. 此外, 由于 $X_n > 0$, 所以 $U_n < \sqrt{D}$. 又因为 $V_n \leq A_n V_n < \sqrt{D} + U_{n-1}$, 所以 $V_n < 2\sqrt{D}$.

最后, 我们要证明 $U_n > 0$. 由于 $X_n < 1$, 所以 $U_n > \sqrt{D} - V_n$. 因此只需考虑 $V_n > \sqrt{D}$ 的情形. 此时 $U_n = A_n V_n - U_{n-1} \geq V_n - U_{n-1} > \sqrt{D} - U_{n-1}$, 而且如同我们已经观察过的那样, 它是正的.

注记: 在循环部分 $\sqrt{D} + U_n = A_n V_n + (\sqrt{D} - U_{n-1}) > V_n$, 所以 $\lfloor (\sqrt{D} + U_{n+1})/V_{n+1} \rfloor = \lfloor A_{n+1} + V_n/(\sqrt{D} + U_n) \rfloor = A_{n+1} = \lfloor (\sqrt{D} + U_n)/V_{n+1} \rfloor$. 换句话说, A_{n+1} 由 U_{n+1} 和 V_{n+1} 的值确定. 在这个周期中, 我们可由后续的 (U_{n+1}, V_{n+1}) 得到 (U_n, V_n) 的值. 事实上, 当 $0 < V_n < \sqrt{D} + U_n$ 和 $0 < U_n < \sqrt{D}$ 时, 由上述推导可证明 $0 < V_{n+1} < \sqrt{D} + U_{n+1}$ 和 $0 < U_{n+1} < \sqrt{D}$. 进而, 如果

(U_{n+1}, V_{n+1}) 是 (U', V') 的后继，且 $0 < V' < \sqrt{D} + U'$，$0 < U' < \sqrt{D}$，则 $U' = U_n$，$V' = V_n$. 所以 (U_n, V_n) 是循环的一部分当且仅当 $0 < V_n < \sqrt{D} + U_n$ 且 $0 < U_n < \sqrt{D}$.

(c) $\dfrac{-V_{n+1}}{V_n} = X_n Y_n = \dfrac{(q_n X - p_n)(q_n Y - p_n)}{(q_{n-1} X - p_{n-1})(q_{n-1} Y - p_{n-1})}$.

还有一个与之相关的恒等式，即

$$V p_n p_{n-1} + U(p_n q_{n-1} + p_{n-1} q_n) + ((U^2 - D)/V) q_n q_{n-1} = (-1)^n U_n.$$

(d) 如果存在 $n \neq m$ 使得 $X_n = X_m$，则 X 是满足二次方程 $(q_n X - p_n)/(q_{n-1} X - p_{n-1}) = (q_m X - p_m)/(q_{m-1} X - p_{m-1})$ 的无理数.

奠定本习题基础的思想至少可以追溯到 1073 年之前印度的阿查里亚·贾亚德瓦. 见克里帕·舒克拉，*Gaṇita* **5** (1954), 1–20；克拉斯-奥洛夫·塞勒纽斯，*Historia Math.* **2** (1975), 167–184. 其中一部分也被日本学者在早于 1750 年时发现. 见三上义夫，*The Development of Mathematics in China and Japan* (1913), 223–229. 然而，与二次方程相关的连分数理论的主要结论大部分都是由欧拉 [*Novi Comment. Acad. Sci. Petrop.* **11** (1765), 28–66] 和拉格朗日 [*Hist. Acad. Sci.* **24** (Berlin: 1768), 111–180] 给出的.

14. 如习题 9 那样，只需设 c 为最后的部分商以验证这些恒等式，而这样的验证是平凡的. 于是由赫维茨规则推导出 $2/e = //1, 2, 1, 2, 0, 1, 1, 1, 1, 1, 0, 2, 3, 2, 0, 1, 1, 3, 1, 1, 0, 2, 5, \ldots //$. 取倒数并像习题 9 那样去掉零，观察所得形式的特别之处，可知（见习题 16）$e/2 = 1 + // \,2, \overline{2m+1,\ 3,\ 1},\ \overline{2m+1,\ 1,\ 3} //$，$m \geq 0$. [*Schriften der phys.-ökon. Gesellschaft zu Königsberg* **32** (1891), 59–62. 赫维茨还在 *Vierteljahrsschrift der Naturforschenden Gesellschaft in Zürich* **41** (1896), Jubelband II, 34–64, §2 中解释了如何与任意正整数相乘.]

15. （在计算过程中不断调整四个整数 (A, B, C, D) 的值，使得"接下来要对即将输入的 y 值输出 $(Ay + B)/(Cy + D)$ 的连分数".）首先令 $j \leftarrow k \leftarrow 0$，$(A, B, C, D) \leftarrow (a, b, c, d)$. 然后输入 x_j 并令 $(A, B, C, D) \leftarrow (Ax_j + B, A, Cx_j + D, C)$，$j \leftarrow j + 1$，如此反复直至 $C + D$ 与 C 的符号相同. （当 $j \geq 1$ 且输入过程未停止时，有 $1 < y < \infty$. 而如果 $C + D$ 与 C 的符号相同，则 $(Ay + B)/(Cy + D)$ 介于 $(A + B)/(C + D)$ 与 A/C 之间. ）下面开始进入通用步骤：如果没有整数介于 $(A + B)/(C + D)$ 与 A/C 之间，则输出 $X_k \leftarrow \min(\lfloor A/C \rfloor, \lfloor (A + B)/(C + D) \rfloor)$，并令 $(A, B, C, D) \leftarrow (C, D, A - X_k C, B - X_k D)$，$k \leftarrow k + 1$，否则输入 x_j 并令 $(A, B, C, D) \leftarrow (Ax_j + B, A, Cx_j + D, C)$，$j \leftarrow j + 1$. 通用步骤可反复不停地执行. 然而，一旦输入最后一个 x_j 后，算法就马上转向以下步骤：利用欧几里得算法求出 $(Ax_j + B)/(Cx_j + D)$ 的连分数并输出，然后结束算法.

我们可用下表求解题中所给的算例，其中矩阵 $\begin{pmatrix} B & A \\ D & C \end{pmatrix}$ 从左上角开始，一个数据输入后向右移一格，输出一次后向下移一格：

x_j	-1	5	1	1	1	2	1	2	∞
X_k	39	97	-58	-193					
-2	-25	-62	37	123					
2			16	53					
3			5	17	22				
7			1	2	3	5			
1				3	1	4	5	14	
1					2	1	3	7	
1							2	7	9	25
12							1	0	1	2
2									1
∞									0

米歇尔·孟戴斯已经证明，每输入一个商值所输出的商的数目有渐近上下界 $1/r$ 和 r，其中 $r = 2\lfloor L(|ad - bc|)/2 \rfloor + 1$，而 L 是习题 38 中定义的函数. 这两个界是我们可以得到的最佳值. [*Topics in Number Theory*, 图兰编辑，*Colloquia Math. Soc. János Bolyai* **13** (1976), 183–194.]

　　小高斯珀还证明上面的算法可推广为由 x 和 y 的连分数计算 $(axy+bx+cy+d)/(Axy+Bx+Cy+D)$ 的连分数（特别地，可计算和以及乘积）. ［MIT 人工智能实验室备忘录 239（1972 年 2 月 29 日），Hack 101.］更多的研究进展情况见维耶曼，*ACM Conf. LISP and Functional Programming* **5** (1988), 14–27.

16. 不难归纳证明 $f_n(z) = z/(2n+1) + O(z^3)$ 是奇函数，在原点的邻域内有收敛的幂级数，且满足给定的微分方程. 所以

$$f_0(z) = /\!/z^{-1} + f_1(z)/\!/ = \cdots = /\!/z^{-1}, 3z^{-1}, \ldots, (2n+1)z^{-1} + f_{n+1}(z)/\!/.$$

接下来只需证明 $\lim_{n\to\infty} /\!/z^{-1}, 3z^{-1}, \ldots, (2n+1)z^{-1}/\!/ = f_0(z)$. ［事实上，欧拉在 24 岁时就对形式一般得多的微分方程 $f_n'(z) = az^m + bf_n(z)z^{m-1} + cf_n(z)^2$ 得到了连分数展开，但他没有费心去证明收敛性，因为在 18 世纪，形式运算和直觉就已经足够得到认可.］

　　有几种不同的方法可证明所要求的极限等式. 首先，令 $f_n(z) = \sum_k a_{nk}z^k$，则由等式

$$(2n+1)a_{n1} + (2n+3)a_{n3}z^2 + (2n+5)a_{n5}z^4 + \cdots = 1 - (a_{n1}z + a_{n3}z^3 + a_{n5}z^5 + \cdots)^2$$

可推断 $(-1)^k a_{n(2k+1)}$ 是形如 $c_k/(2n+1)^{k+1}(2n+b_{k1})\ldots(2n+b_{kk})$ 的项之和，其中 c_k 和 b_{km} 是与 n 无关的正整数. 例如，$-a_{n7} = 4/(2n+1)^4(2n+3)(2n+5)(2n+7) + 1/(2n+1)^4(2n+3)^2(2n+7)$. 所以 $|a_{(n+1)k}| \le |a_{nk}|$，而且对于 $|z| < \pi/2$，$|f_n(z)| \le \tan|z|$. 这个关于 $f_n(z)$ 的一致上界使得收敛性证明变得非常简单. 如果仔细检查一下上述推导过程，我们会发现 $f_n(z)$ 的幂级数对 $|z| < \pi\sqrt{2n+1}/2$ 都是收敛的. 因此，随着 n 值的增大，$f_n(z)$ 的奇点会离原点越来越远，从而这个连分数能在整个复平面上表示 $\tanh z$.

　　另一种证明方法提供了更多不同类型的信息：如果设

$$A_n(z) = n!\sum_{k=0}^{n}\binom{2n-k}{n}\frac{z^k}{k!} = \sum_{k\ge 0}\frac{(n+k)!\, z^{n-k}}{k!\,(n-k)!} = z^n\,{}_2F_0(n+1,-n;;-1/z),$$

则

$$A_{n+1}(z) = \sum_{k\ge 0}\frac{(n+k-1)!\left((4n+2)k+(n+1-k)(n-k)\right)}{k!\,(n+1-k)!}z^{n+1-k}$$
$$= (4n+2)A_n(z) + z^2 A_{n-1}(z).$$

由归纳法可推出

$$K_n\left(\frac{1}{z}, \frac{3}{z}, \ldots, \frac{2n-1}{z}\right) = \frac{A_n(2z) + A_n(-2z)}{2^{n+1}z^n},$$
$$K_{n-1}\left(\frac{3}{z}, \ldots, \frac{2n-1}{z}\right) = \frac{A_n(2z) - A_n(-2z)}{2^{n+1}z^n}.$$

所以

$$/\!/z^{-1}, 3z^{-1}, \ldots, (2n-1)z^{-1}/\!/ = \frac{A_n(2z) - A_n(-2z)}{A_n(2z) + A_n(-2z)},$$

而我们想证明这个比值趋近于 $\tanh z$. 由式 1.2.9–(11) 和 1.2.6–(24) 得

$$e^z A_n(-z) = n!\sum_{m\ge 0}\frac{z^m}{m!}\left(\sum_{k=0}^{n}\binom{m}{k}\binom{2n-k}{n}(-1)^k\right) = \sum_{m\ge 0}\binom{2n-m}{n}z^m\frac{n!}{m!}.$$

所以

$$e^z A_n(-z) - A_n(z) = R_n(z) = (-1)^n z^{2n+1}\sum_{k\ge 0}\frac{(n+k)!\, z^k}{(2n+k+1)!\,k!}.$$

进而 $(e^{2z} - 1)(A_n(2z) + A_n(-2z)) - (e^{2z} + 1)(A_n(2z) - A_n(-2z)) = 2R_n(2z)$，所以

$$\tanh z - /\!/z^{-1}, 3z^{-1}, \ldots, (2n-1)z^{-1}/\!/ = \frac{2R_n(2z)}{(A_n(2z) + A_n(-2z))(e^{2z} + 1)},$$

我们得到了两者之差的精确公式. 当 $|2z| \le 1$ 时，因子 $e^{2z} + 1$ 与 0 的距离有界 $|R_n(2z)| \le e\, n!/(2n+1)!$，而且

$$\frac{1}{2}|A_n(2z) + A_n(-2z)| \ge n! \left(\binom{2n}{n} - \binom{2n-2}{n} - \binom{2n-4}{n} - \binom{2n-6}{n} - \cdots \right)$$
$$\ge \frac{(2n)!}{n!}\left(1 - \frac{1}{4} - \frac{1}{16} - \frac{1}{64} - \cdots \right) = \frac{2}{3}\frac{(2n)!}{n!}.$$

所以即使当 z 取复数值时收敛也是非常快的.

为了由这个连分数得到 e^z 的连分数，注意到 $\tanh z = 1 - 2/(e^{2z} + 1)$，所以，我们只需用简单的操作就可以得到 $(e^{2z} + 1)/2$ 的连分数表示. 由赫维茨规则可得到 $e^{2z} + 1$ 的展开式，然后再将它减去 1. 对奇数 n 有

$$e^{-2/n} = /\!/\overline{1, 3mn + \lfloor n/2 \rfloor, (12m+6)n, (3m+2)n + \lfloor n/2 \rfloor, 1}/\!/, \qquad m \ge 0.$$

另一种推导方法来自克莱夫·戴维斯, *J. London Math. Soc.* **20** (1945), 194–198. 罗杰·科茨第一次经验地给出了 e 的连分数, *Philosophical Transactions* **29** (1714), 5–45, 命题 1 的批注 3. 1731 年 11 月 25 日，欧拉在给哥德巴赫的信中通报了他得到的结果 [*Correspondance Mathématique et Physique*, 保罗·菲斯编辑, **1** (St. Petersburg: 1843), 56–60]，而更完整的阐述则最终发表在 *Commentarii Acad. Sci. Petropolitanæ* **9** (1737), 98–137; **11** (1739), 32–81.

17. (b) $/\!/x_1 - 1, 1, x_2 - 2, 1, x_3 - 2, 1, \ldots, 1, x_{2n-1} - 2, 1, x_{2n} - 1/\!/$. [注记：我们可利用恒等式

$$K_{m+n+1}(x_1, \ldots, x_m, -x, y_n, \ldots, y_1)$$
$$= (-1)^{n-1} K_{m+n+2}(x_1, \ldots, x_{m-1}, x_m - 1, 1, x - 1, -y_n, \ldots, -y_1),$$

从连续多项式中去掉负的参数，连续操作两次后得

$$K_{m+n+1}(x_1, \ldots, x_m, -x, y_n, \ldots, y_1)$$
$$= -K_{m+n+3}(x_1, \ldots, x_{m-1}, x_m - 1, 1, x - 2, 1, y_n - 1, y_{n-1}, \ldots, y_1).$$

在习题 41 中将出现类似的恒等式.]

(c) $1 + /\!/1, 1, 3, 1, 5, 1, \ldots /\!/ = 1 + /\!/\overline{2m+1, 1}/\!/$, $m \ge 0$.

18. 由等式 (5) 和 (8)，我们可推导出 $K_m(a_1, a_2, \ldots, a_m) /\!/a_1, a_2, \ldots, a_m, x/\!/ = K_{m-1}(a_2, \ldots, a_m) + (-1)^m/(K_{m-1}(a_1, \ldots, a_{m-1}) + K_m(a_1, a_2, \ldots, a_m)x)$，进而也有 $K_m(a_1, a_2, \ldots, a_m) /\!/a_1, a_2, \ldots, a_m, x_1, a_1, a_2, \ldots, a_m, x_2, a_1, a_2, \ldots, a_m, x_3, a_1, \ldots /\!/ = K_{m-1}(a_2, \ldots, a_m) + /\!/(-1)^m(C + Ax_1), C + Ax_2, (-1)^m(C+Ax_3), \ldots /\!/$，其中 $A = K_m(a_1, a_2, \ldots, a_m)$, $C = K_{m-1}(a_2, \ldots, a_m) + K_{m-1}(a_1, \ldots, a_{m-1})$. 因此由 (6) 推导出习题中的差等于 $(K_{m-1}(a_2, \ldots, a_m) - K_{m-1}(a_1, \ldots, a_{m-1}))/K_m(a_1, a_2, \ldots, a_m)$. [欧拉讨论了 $m = 2$ 的情形, *Commentarii Acad. Sci. Petropolitanæ* **9** (1737), 98–137, §24–26.]

19. 对 $1 \le k \le N$ 求和得 $\log_b((1+x)(N+1)/(N+1+x))$.

20. 令 $H = SG$, $g(x) = (1+x)G'(x)$, $h(x) = (1+x)H'(x)$. 则由 (37) 推导出 $h(x+1)/(x+2) - h(x)/(x+1) = -(1+x)^{-2}g(1/(1+x))/(1 + 1/(1+x))$.

21. $\varphi(x) = c/(cx+1)^2 + (2-c)/((c-1)x+1)^2$, $U\varphi(x) = 1/(x+c)^2$. 如果 $c \le 1$，则 $\varphi(x)/U\varphi(x)$ 在 $x = 0$ 达到最小值 $2c^2 \le 2$. 当 $c \ge \phi$ 时，最小值位于 $x = 1$ 处，且该最小值不大于 ϕ^2. 当 $c \approx 1.312\,66$ 时，$x = 0$ 和 $x = 1$ 的函数值几乎相等，且最小值大于 3.2. 于是有上下界 $(0.29)^n \varphi \le U^n \varphi \le (0.31)^n \varphi$. 如果更恰当地选择形如 $Tg(x) = \sum a_j/(x + c_j)$ 的线性组合，则可得到更精确的上下界.

23. 在习题 4.6.4–15 关于 $x_0 = 0$, $x_1 = x$, $x_2 = x + \epsilon$ 的插值公式中，令 $\epsilon \to 0$，可知只要 R_n 是具有二阶连续导数的函数，恒等式 $R_n'(x) = (R_n(x) - R_n(0))/x + \frac{1}{2}xR_n''(\theta_n(x))$ 就对某个介于 0 和 x 之间的 $\theta_n(x)$ 成立. 由此推导出 $R_n'(x) = O(2^{-n})$.

24. ∞. [辛钦证明了对几乎所有实数 X, X 的前 n 个部分商之和 $A_1 + \cdots + A_n$ 渐近趋向于 $n \lg n$, 见 *Compos. Math.* **1** (1935), 361–382. 习题 35 告诉我们当 X 为有理数时结论是不一样的.]

25. 由任意区间构成的并集都可写成不相交区间的并, 这是因为 $\bigcup_{k\geq 1} I_k = \bigcup_{k\geq 1}(I_k \setminus \bigcup_{1\leq j<k} I_j)$, 而这是不相交的并, 其中 $I_k \setminus \bigcup_{1\leq j<k} I_j$ 又可表示成不相交区间的有限的并. 因此, 利用有理数的某种枚举方法, 我们可以取 $\mathcal{I} = \bigcup I_k$, 其中 I_k 是长度为 $\epsilon/2^k$ 且包含 $[0\mathinner{.\,.}1]$ 区间中第 k 个有理数的区间. 在这种情况下, $\mu(\mathcal{I}) \leq \epsilon$, 然而对所有 n 都有 $|\mathcal{I} \cap P_n| = n$.

26. 我们会遇到的连分数 $/\!/A_1, \ldots, A_t /\!/$ 都满足 $A_1 > 1$, $A_t > 1$, 且 $K_t(A_1, A_2, \ldots, A_t)$ 是 n 的因数. 于是利用 (6) 可证明此命题. [注记: 如果 $m_1/n = /\!/A_1, \ldots, A_t/\!/$ 且 $m_2/n = /\!/A_t, \ldots, A_1/\!/$, 其中 m_1 和 m_2 与 n 互素, 则 $m_1 m_2 \equiv \pm 1 \pmod{n}$. 我们可利用这个结论来定义对应关系. 根据 (46), 当 $A_1 = 1$ 时类似的对称性也是存在的.]

27. 先对 $n = p^e$ 证明结论, 然后证明 $n = rs$ 的情形, 其中 r 和 s 互素. 也可使用下一道习题中的公式.

28. (a) 等号左侧是乘性的 (见习题 1.2.4–31), 且当 n 是素数的幂时很容易求值. (c) 由 (a) 可得莫比乌斯反演公式: 如果 $f(n) = \sum_{d\backslash n} g(d)$, 则 $g(n) = \sum_{d\backslash n} \mu(n/d) f(d)$.

29. 根据欧拉求和公式 (见习题 1.2.11.2–7), 我们有 $\sum_{n=1}^{N} n \ln n = \frac{1}{2} N^2 \ln N + O(N^2)$. 此外也有 $\sum_{n=1}^{N} n \sum_{d\backslash n} \Lambda(d)/d = \sum_{d=1}^{N} \Lambda(d) \sum_{1\leq k\leq N/d} k$, 而这是 $O(\sum_{d=1}^{N} \Lambda(d) N^2/d^2) = O(N^2)$. 事实上, $\sum_{d\geq 1} \Lambda(d)/d^2 = -\zeta'(2)/\zeta(2)$.

30. 算法的修改对计算有影响, 当且仅当未修改的算法中后续的除法计算所得的商为 1, 此时我们可省略这个除法步骤. 可以省略所给的除法步骤的概率就是 $A_k = 1$ 以及在此之前有偶数个等于 1 的商的概率. 由对称性条件, 这也是 $A_k = 1$ 以及此后有偶数个等于 1 的商的概率. 后一种情况会发生当且仅当 $X_{k-1} > \phi - 1 = 0.618\ldots$, 其中 ϕ 是黄金分割比: 因为 $A_k = 1$ 且 $A_{k+1} > 1$ 当且仅当 $\frac{2}{3} \leq X_{k-1} < 1$, $A_k = A_{k+1} = A_{k+2} = 1$ 且 $A_{k+3} > 1$ 当且仅当 $\frac{5}{8} \leq X_{k-1} < \frac{2}{3}$, 等等. 所以我们节省了大约 $F_{k-1}(1) - F_{k-1}(\phi - 1) \approx 1 - \lg\phi \approx 0.306$ 的除法步骤. 当 $v = n$ 且 u 与 n 互素时, 除法步骤的平均数为 $((12\ln\phi)/\pi^2)\ln n$.

卡尔·瓦伦考虑了在每一次迭代中对 $u \bmod v \neq 0$ 将 (u, v) 替换为 $(v, (\pm u) \bmod v)$ 的所有算法 [*Crelle* **115** (1895), 221–233]. 如果 $u \perp v$, 则恰好有 v 个这样的算法, 且它们可用一个有 v 个叶子结点的二叉树来表示. 最浅层的叶子是在每一次除法中取最小的余数, 代表着在所有这样的最大公因数算法中达到最少的迭代次数. 最深层的叶子则是在每次除法中取最大的余数. [拉格朗日表达过类似的想法, 见 *Hist. Acad. Sci.* **23** (Berlin: 1768), 111–180, §58.] 更多的结果见德布鲁因和威尔逊·扎林, *Nieuw Archief voor Wiskunde* (3) **1** (1953), 105–112; 格奥尔格·里格尔, *Math. Nachr.* **82** (1978), 157–180.

在许多计算机上, 修改后的算法使得每个除法步骤都变长. 习题 1 的处理方法可以将所有商为 1 的除法步骤都省掉, 所以特别适于处理这种情况.

31. 设 $a_0 = 0$, $a_1 = 1$, $a_{n+1} = 2a_n + a_{n-1}$. 则 $a_n = ((1+\sqrt{2})^n - (1-\sqrt{2})^n)/2\sqrt{2}$, 因此 $u = a_n + a_{n-1}$, $v = a_n$, $n \geq 2$ 是 (定理 F 意义下) 最糟糕的情形. 这个结论是由阿塔纳斯·迪普雷给出的 [*J. de Math.* **11** (1846), 41–64], 他还研究了由雅克·比内提出的更一般的 "向前看" 的过程.

32. (b) $K_{m-1}(x_1, \ldots, x_{m-1}) K_{n-1}(x_{m+2}, \ldots, x_{m+n})$ 对应于那些长度为 $m + n$ 且第 m 和 $m + 1$ 位为短线的摩尔斯码序列. 另一项则对应相反的情形. (也可以利用习题 2. 更一般的恒等式

$$K_{m+n}(x_1, \ldots, x_{m+n}) K_k(x_{m+1}, \ldots, x_{m+k}) =$$
$$K_{m+k}(x_1, \ldots, x_{m+k}) K_n(x_{m+1}, \ldots, x_{m+n})$$
$$+ (-1)^k K_{m-1}(x_1, \ldots, x_{m-1}) K_{n-k-1}(x_{m+k+2}, \ldots, x_{m+n})$$

出现在欧拉的论文中. 顺带说一下, "摩尔斯码" 其实是弗里德里希·格克在 1848 年发明的, 而摩尔斯最初提出的形式与我们现在所知的很不一样.)

33. (a) 对于 $\frac{1}{2} n < m < n$, 新的表示方式为 $x = m/d$, $y = (n-m)/d$, $x' = y' = d = \gcd(m, n-m)$. (b) 由关系式 $(n/x') - y \leq x < n/x'$ 可定义 x. (c) 统计满足 (b) 的 x' 的数目. (d) 满足 $x \perp y$ 的一对

整数 $x > y > 0$ 可唯一表示成 $x = K_m(x_1, \ldots, x_m)$, $y = K_{m-1}(x_1, \ldots, x_{m-1})$ 的形式, 其中 $x_1 \geq 2$, $m \geq 1$. 这里 $y/x = //x_m, \ldots, x_1//$. (e) 只需证明 $\sum_{1 \leq k \leq n/2} T(k, n) = 2\lfloor n/2 \rfloor + h(n)$, 而此式可由习题 26 推导出来.

34. (a) 将 x 和 y 除以 $\gcd(x, y)$ 可得 $g(n) = \sum_{d\backslash n} h(n/d)$. 并利用习题 28(c) 以及素数和非素数之间的对称性. (b) 对固定的 y 和 t, 如果某种表示方式满足 $xd \geq x'$, 则 $x' < \sqrt{nd}$. 所以总共有 $O(\sqrt{nd}/y)$ 种这样的表示. 现在对 $0 < t \leq y < \sqrt{n/d}$ 求和. (c) 如果 $s(y)$ 是所给的和, 则比如说 $\sum_{d\backslash y} s(d) = y(H_{2y} - H_y) = k(y)$. 所以 $s(y) = \sum_{d\backslash y} \mu(d)k(y/d)$. 现在 $k(y) = y\ln 2 - 1/4 + O(1/y)$. (d) $\sum_{y=1}^n \varphi(y)/y^2 = \sum_{y=1}^n \sum_{d\backslash y} \mu(d)/yd = \sum_{cd \leq n} \mu(d)/cd^2$. (类似地, $\sum_{y=1}^n \sigma_{-1}(y)/y^2 = O(1)$.) (e) $\sum_{k=1}^n \mu(k)/k^2 = 6/\pi^2 + O(1/n)$ (见习题 4.5.2-10(d)), 并且 $\sum_{k=1}^n \mu(k)\log k/k^2 = O(1)$. 所以对于 $d \geq 1$, $h_d(n) = n((3\ln 2)/\pi^2)\ln(n/d) + O(n)$. 最终可以推导出 $h(n) = 2\sum_{cd\backslash n} \mu(d)h_c(n/cd) = ((6\ln 2)/\pi^2)n(\ln n - \sum - \sum') + O(n\sigma_{-1}(n)^2)$, 其中余下的和为 $\sum = \sum_{cd\backslash n} \mu(d)\ln(cd)/cd = 0$ 以及 $\sum' = \sum_{cd\backslash n} \mu(d)\ln c/cd = \sum_{d\backslash n} \Lambda(d)/d$. [众所周知, $\sigma_{-1}(n) = O(\log\log n)$. 见哈代和赖特, *An Introduction to the Theory of Numbers*, §22.9.]

35. 见 *Proc. Nat. Acad. Sci.* **72** (1975), 4720–4722. 迈克尔·皮特威和克莱夫·卡斯尔找到了非常具有说服力的经验数据 [*Bull. Inst. Math. and Its Applications* **24** (1988), 17–20], 表明所有部分商的和为

$$\frac{\pi^2}{24(\ln 2)^2}\left(T_n + \frac{1}{2} - \frac{18(\ln 2)^2}{\pi^2}\right)^2 + \frac{6}{\pi^2}\sum_{\substack{p \text{ prime} \\ p^r\backslash n}}\left(\frac{4r}{p^r} - \frac{p+1}{p^{2r}}\frac{p^r-1}{p-1}\right)(\ln p)^2$$
$$- 2.542\,875 + O(n^{-1/2}).$$

36. 将算法反向执行, 假设对给定的 k 值, 在步骤 C2 中做了 $t_k - 1$ 次除法, 则当 $\gcd(u_{k+1}, \ldots, u_n) = F_{t_1} \ldots F_{t_k}$ 且 $u_k \equiv F_{t_1} \ldots F_{t_{k-1}}F_{t_k-1} \pmod{\gcd(u_{k+1}, \ldots, u_n)}$ 时可以得到最小的 u_n. 这里所有的 $t_k \geq 2$ 且 $t_1 \geq 3$, 并且 $t_1 + \cdots + t_{n-1} = N + n - 1$. 在这些条件下, 可以得到最小的 $u_n = F_{t_1} \ldots F_{t_{n-1}}$ 的一种方法是取 $t_1 = 3$, $t_2 = \cdots = t_{n-2} = 2$, $u_n = 2F_{N-n+2}$. 如果进一步规定 $u_1 \geq u_2 \geq \cdots \geq u_n$, 则解 $u_1 = 2F_{N-n+3} + 1$, $u_2 = \cdots = u_{n-1} = 2F_{N-n+3}$, $u_n = 2F_{N-n+2}$ 将给出最小的 u_1. [见 *CACM* **13** (1970), 433–436, 447–448.]

37. 见 *Proc. Amer. Math. Soc.* **7** (1956), 1014–1021. 也见习题 6.1–18.

38. 令 $m = \lceil n/\phi \rceil$, 从而 $m/n = \phi^{-1} + \epsilon = //a_1, a_2, \ldots //$, 其中 $0 < \epsilon < 1/n$. 记 k 为满足 $a_k \geq 2$ 的最小下标. 则 $(\phi^{1-k} + (-1)^k F_{k-1}\epsilon)/(\phi^{-k} - (-1)^k F_k\epsilon) \geq 2$, 从而 k 是偶数并且 $\phi^{-2} = 2 - \phi \leq \phi^k F_{k+2}\epsilon = (\phi^{2k+2} - \phi^{-2})\epsilon/\sqrt{5}$. [*Ann. Polon. Math.* **1** (1954), 203–206.]

39. 至少 287 次. $//2, 1, 95// = 96/287 \approx 0.334\,494\,77$, 而在区间

$$[0.3335 \mathinner{.\,.} 0.3345] = [//2, 1, 666// \mathinner{.\,.} //2, 1, 94, 1, 1, 3//]$$

内不存在分母小于 287 的分数.

对于 $0 < a < b < 1$, 我们来考虑区间 $[a \mathinner{.\,.} b]$ 内分母最小的分数的一般问题. 在正规连分数表示下, $//x_1, x_2, \ldots // < //y_1, y_2, \ldots //$ 当且仅当对满足 $x_j \neq y_j$ 的最小的 j 有 $(-1)^j x_j < (-1)^j y_j$, 其中我们在有理数的部分商序列最后再加一个 "∞". 因此, 如果 $a = //x_1, x_2, \ldots //$, $b = //y_1, y_2, \ldots //$, 且 j 是满足 $x_j \neq y_j$ 的最小下标, 则 $[a \mathinner{.\,.} b]$ 内的分数可表示为 $c = //x_1, \ldots, x_{j-1}, z_j, \ldots, z_m//$, 其中 $//z_j, \ldots, z_m//$ 位于 $//x_j, x_{j+1}, \ldots //$ 和 $//y_j, y_{j+1}, \ldots //$ 之间 (包含左右端点). 令 $K_{-1} = 0$, 则 c 的分母

$$K_{j-1}(x_1, \ldots, x_{j-1})K_{m-j+1}(z_j, \ldots, z_m) + K_{j-2}(x_1, \ldots, x_{j-2})K_{m-j}(z_{j+1}, \ldots, z_m)$$

在 $m = j$ 且 $z_j = (j \text{ 是奇数} \Rightarrow y_j + [y_{j+1} \neq \infty]; x_j + [x_{j+1} \neq \infty])$ 时达到极小. [在下一个习题中给出了导出这种方法的另一种途径.]

40. 我们可归纳证明在每个结点处有 $p_r q_l - p_l q_r = 1$, 因此 p_l 和 q_l 互素. 如果 $p/q < p'/q'$, 则 $p/q < (p+p')/(q+q') < p'/q'$. 所以 p/q 所标记的结点左侧的所有子结点的标记都小于 p/q, 而右侧的则大于 p/q. 因此, 每个有理数在树中最多出现一次.

下面只需证所有有理数都会出现. 设 $p/q = //a_1,\ldots,a_r,1//$, 其中每个 a_i 都是正整数, 则可归纳证明, 如果我们向左走 a_1 次, 然后向右走 a_2 次, 再向左走 a_3 次, 等等, 即可达到 p/q 所标记的结点.

[对这种树的各个层进行标记所得的序列首先是由莫里茨·施特恩讨论, 见 *Crelle* **55** (1858), 193–220, 不过他的论文中没有直接将序列与二叉树联系起来. 不断对相邻的分数 p/q 和 p'/q' 进行插值得到 $(p+p')/(q+q')$ 的做法则要追溯到更早时候: 其基本思想是丹尼尔·施文特发表的 [*Deliciæ Physico-Mathematicæ* (Nürnberg: 1636), 第 1 部分, 问题 87; *Geometria Practica*, 3rd edition (1641), 68; 见莫里茨·康托尔, *Geschichte der Math.* **2** (1900), 763–765], 沃利斯在他的 *Treatise of Algebra* (1685) 第 10–11 章中也进行了阐述. 克里斯蒂安·惠更斯在他的天象馆的齿轮设计中非常巧妙地使用了这个思想 [见 *Descriptio Automati Planetarii* (1703), 这本书在他去世后才出版]. 拉格朗日在 *Hist. Acad. Sci.* **23** (Berlin: 1767), 311–352, §24 以及他对欧拉的《代数》(1774), §18–§20 的法语译本的备注中都对此给出了完整的表述. 此外见: 习题 1.3.2–19; 阿希尔·布罗科特, *Revue Chronométrique* **3** (1861), 186–194; 莱默, *AMM* **36** (1929), 59–67.]

41. 事实上, 对具有一般形式

$$\frac{1}{l_1} + \frac{(-1)^{e_1}}{l_1^2 l_2} + \frac{(-1)^{e_2}}{l_1^4 l_2^2 l_3} + \cdots$$

的数, 根据连续恒等式

$$K_{m+n+1}(x_1,\ldots,x_{m-1},x_m-1,1,y_n-1,y_{n-1},\ldots,y_1) =$$
$$x_m K_{m-1}(x_1,\ldots,x_{m-1})K_n(y_n,\ldots,y_1) + (-1)^n K_{m+n}(x_1,\ldots,x_{m-1},0,-y_n,-y_{n-1},\ldots,-y_1),$$

可推知其正规连分数具有非常有趣的特性. 当 $y_n = x_{m-1}, y_{n-1} = x_{m-2}, \ldots$ 时, 这个恒等式是最有趣的, 因为

$$K_{n+1}(z_1,\ldots,z_k,0,z_{k+1},\ldots,z_n) = K_{n-1}(z_1,\ldots,z_{k-1},z_k+z_{k+1},z_{k+2},\ldots,z_n).$$

特别地, 如果 $p_n/q_n = K_{n-1}(x_2,\ldots,x_n)/K_n(x_1,\ldots,x_n) = //x_1,\ldots,x_n//$, 则 $p_n/q_n + (-1)^n/q_n^2 r = //x_1,\ldots,x_n,r-1,1,x_n-1,x_{n-1},\ldots,x_1//$. 通过将 $//x_1,\ldots,x_n//$ 转换为 $//x_1,\ldots,x_{n-1},x_n-1,1//$, 我们可以随意控制符号 $(-1)^n$.

例如, 第一个级数的部分和可写成下面的偶数长度的连分数形式: $//1,1//$, $//1,1,1,1,0,1// = //1,1,1,2//$, $//1,1,1,2,1,1,1,1,1//$, $//1,1,1,2,1,1,1,1,1,1,1,1,0,1,1,1,1,2,1,1,1// = //1,1,1,2,1,1,1,1,1,1,1,2,1,1,1,1,2,1,1,1//$. 从这里开始, 序列平稳下来并且具有简单的对称性质. 我们发现, 当 $n-1 = 20q+r$ 且 $0 \le r < 20$ 时, 第 n 个部分商 a_n 可按以下方法快速计算出来:

$$a_n = \begin{cases} 1, & \text{如果 } r = 0,2,4,5,6,7,9,10,12,13,14,15,17 \text{ 或 } 19, \\ 2, & \text{如果 } r = 3 \text{ 或 } 16, \\ 1+(q+r)\bmod 2, & \text{如果 } r = 8 \text{ 或 } 11, \\ 2-d_q, & \text{如果 } r = 1, \\ 1+d_{q+1}, & \text{如果 } r = 18. \end{cases}$$

这里 d_n 是"龙序列", 其定义规则为 $d_0 = 1$, $d_{2n} = d_n$, $d_{4n+1} = 0$, $d_{4n+3} = 1$. 雅可比符号 $\left(\frac{-1}{n}\right)$ 的值为 $1-2d_n$. 在习题 4.1–18 中讨论的龙曲线在第 n 步右转当且仅当 $d_n = 1$.

$l \ge 3$ 时的刘维尔数等于 $//l-1,l+1,l^2-1,1,l,l-1,l^{12}-1,1,l-2,l,1,l^2-1,l+1,l-1,l^{72}-1,\ldots//$. 第 n 个部分商 a_n 依赖于 $n \bmod 4$ 的龙序列如下: 当 $n\bmod 4 = 1$ 时等于 $l-2+d_{n-1}+(\lfloor n/2\rfloor \bmod 4)$, 当 $n\bmod 4 = 2$ 时等于 $l+2-d_{n+2}-(\lfloor n/2\rfloor \bmod 4)$. 如果 $n\bmod 4 = 0$, 当 $d_n = 0$ 和 1 时分别等于 1 和 $l^{k!(k-1)}-1$, 其中 k 是可整除 n 的 2 的最大的幂. 如果 $n\bmod 4 = 3$, 当 $d_{n+1} = 0$ 和 1 时分别等于 $l^{k!(k-1)}-1$ 和 1, 其中 k 是可整除 $n+1$ 的 2 的最大的幂. 对 $l=2$ 有同样的规则, 只是其中的 0 要去掉, 因此与 $n\bmod 24$ 的关系更复杂一些.

[参考文献: 沙历特, *J. Number Theory* **11** (1979), 209–217; 让-保罗·阿卢什、安娜·卢比、米歇尔·孟戴斯、阿尔弗雷德·波尔滕和沙历特, *Acta Arithmetica* **77** (1996), 77–96.]

42. 记 $\|qX\| = |qX - p|$. 由于 $q_n p_{n-1} - q_{n-1} p_n = \pm 1$, 因此我们总是可以找到整数 u 和 v 满足 $q = uq_{n-1} + vq_n$ 和 $p = up_{n-1} + vp_n$, 其中 $p_n = K_{n-1}(A_2, \ldots, A_n)$. 当 $v = 0$ 时结论是显然的. 其他情形下必有 $uv < 0$, 因此 $u(q_{n-1}X - p_{n-1})$ 和 $v(q_n X - p_n)$ 的符号相同, 且 $|qX - p|$ 等于 $|u||q_{n-1}X - p_{n-1}| + |v||q_n X - p_n|$. 而 $u \neq 0$, 因此结论得证. 更一般的结论见定理 6.4S.

43. 如果 x 可表示, 则 x 在习题 40 中的施特恩-布罗科特树的父结点也可表示. 因此, 此二叉树的所有可表示的数构成了一个子树. 设 (u/u') 和 (v/v') 是两个相邻的可表示的数, 则其中一个是另一个的先辈结点. 不妨设 (u/u') 是 (v/v') 的先辈结点, 因为另一种情形可类似讨论. 此时 (u/u') 是离 (v/v') 最近的左先辈, 因此介于 u/u' 和 v/v' 之间的所有数都是 (v/v') 的左后代, 而中间值 $((u+v)/(u'+v'))$ 是它的左子结点. 根据正规连分数与二叉树之间的关系, (u/u') 就是中间值及其所有左后代的最后一个可表示的 p_i/q_i, 而 (v/v') 是中间值的所有左后代的其中一个 p_i/q_i. (数 p_i/q_i 标记了 x 的路径上所有 "转折点" 结点的父结点.)

44. $M = N = 100$ 时的一个反例是 $(u/u') = \frac{1}{3}$, $(v/v') = \frac{67}{99}$. 然而由 (12) 可知, 这个恒等式几乎总是成立的. 只有当 $u/u' + v/v'$ 非常接近于一个比 (u/u') 简单的分数时它才不成立.

45. 为求满足 $u = Av + r$, $0 \le r < v$ 的 A 和 r, 使用通常的长除法需要 $O((1 + \log A)(\log u))$ 个时间单位. 设算法执行过程中求得的商为 $A_1, A_2, \ldots, A_m$, 则 $A_1 A_2 \ldots A_m \le u$, 从而 $\log A_1 + \cdots + \log A_m \le \log u$. 此外, 由推论 L 知 $m = O(\log u)$.

46. 是的, 即使我们需要像欧几里得算法那样求部分商的序列, 也可以降低到 $O(n(\log n)^2(\log \log n))$. 见舍恩哈格, *Acta Informatica* **1** (1971), 139–144. 而且, 舍恩哈格的算法相对于它所使用的乘法和除法来说, 在连分数展开的计算上是渐近最优的 [施特拉森, *SICOMP* **12** (1983), 1–27]. 算法 4.5.2L 对于不是极其大的 n 值表现更好, 而在舍恩哈格、安德烈亚斯·格罗特菲尔德和维特尔合著的书 *Fast Algorithms* (Heidelberg: Spektrum Akademischer Verlag, 1994) 的 7.2 节中概述了这个算法针对超过约 1800 位的二进制数的一种高效实现方法.

48. $T_j = \big(K_{j-2}(-a_2, \ldots, -a_{j-1}), K_{j-1}(-a_1, \ldots, -a_{j-1}), K_{n-j}(a_{j+1}, \ldots, a_n)d\big) = \big((-1)^j K_{j-2}(a_2, \ldots, a_{j-1}), (-1)^{j-1} K_{j-1}(a_1, \ldots, a_{j-1}), K_{n-j}(a_{j+1}, \ldots, a_n)d\big)$.

49. 由于 $\lambda x_1 + \mu z_1 = \mu v$ 且 $\lambda x_{n+1} + \mu z_{n+1} = -\lambda v/d$, 因此存在 j 的一个奇数值使得 $\lambda x_j + \mu z_j \ge 0$ 且 $\lambda x_{j+2} + \mu z_{j+2} \le 0$. 如果 $\lambda x_j + \mu z_j > \theta$ 且 $\lambda x_{j+2} + \mu z_{j+2} < -\theta$, 则 $\mu > \theta/z_j$ 且 $\lambda > -\theta/x_{j+2}$. 于是得出 $0 < \lambda x_{j+1} + \mu z_{j+1} < \lambda \mu x_{j+1} z_j/\theta - \lambda \mu z_{j+1} x_{j+2}/\theta \le 2\lambda \mu v/\theta = 2\theta$, 这是因为对任意 k 有 $|x_{k+1} z_k| = K_{k-1}(a_2, \ldots, a_k) K_{n-k}(a_{k+1}, \ldots, a_n) \le K_{n-1}(a_2, \ldots, a_n) = v/d$. [小伦斯特拉, *Math. Comp.* **42** (1984), 331–340.]

50. 令 $k = \lceil \beta/\alpha \rceil$. 如果 $k\alpha < \gamma$, 则答案就是 k, 否则为

$$k - 1 + \left\lceil \frac{f((1/\alpha) \bmod 1, k - \gamma/\alpha, k - \beta/\alpha)}{\alpha} \right\rceil.$$

51. 如果 $ax - mz = y$ 且 $x \perp y$, 则 $x \perp mz$. 考虑习题 40 中的施特恩-布罗科特树, 但多增加一个用 0/1 标记的结点. 对每个结点标签 z/x 给一个标签值 $y = ax - mz$. 我们要找出所有这样的标签 z/x, 其标签值 y 的绝对值不超过 $\theta = \sqrt{m/2}$, 且分母 x 不超过 θ. 对于这样的结点, 连接它的唯一路径的左侧标签值为正, 右侧标签值为负. 以上规则可帮助我们确定出唯一的路径, 即当标签值为正时向右移动, 为负时向左移动, 等于 0 时则停止. 当我们执行算法 4.5.2X 并取 $u = m$, $v = a$ 时, 其实也是隐式地沿着这条路径前进, 只不过会跳过一些步骤——它只会访问那些正好在标签值变号前的结点 (即习题 43 中的 "转折点" 的父结点).

设 z/x 为路径中标签值 y 满足 $|y| \le \theta$ 的第一个结点. 如果 $x > \theta$ 则无解, 因为路径上后续的标签值会有更大的分母. 否则, 当 $x \perp y$ 时 $(\pm x, \mp y)$ 是一个解.

不难发现当 $y = 0$ 时无解, 而当 $y \neq 0$ 时, 路径上的下一个结点的标签值与 y 的符号不同. 所以算法 4.5.2X 会访问结点 z/x, 并且存在 j 使得 $x = x_j = K_{j-1}(a_1, \ldots, a_{j-1})$, $y = y_j = (-1)^{(j-1)} K_{n-j}(a_{j+1}, \ldots, a_n)d$, $z = z_j = K_{j-2}(a_2, \ldots, a_{j-1})$ (见习题 48). 另一个可能成为解的结点的标签为 $z'/x' = (z_{j-1} + kz_j)/(x_{j-1} + kx_j)$, 标签值为 $y' = y_{j-1} + ky_j$, 其中 k 是满足 $|y'| \le \theta$ 的尽

可能小的数. 此时 $y'y < 0$. 然而, 这样一来 x' 就大于 θ 了, 否则就可推导出 $m = K_n(a_1, \ldots, a_n)d = x'|y| + x|y'| \le \theta^2 + \theta^2 = m$, 并且其中的等号不能成立.

以上分析证明了这个问题可通过对 $u = m$, $v = a$ 应用算法 4.5.2X 高效地解决. 不过步骤 X2 应修改为: "如果 $v_3 \le \sqrt{m/2}$, 则算法结束. 此时如果 $x \perp y$ 且 $x \le \sqrt{m/2}$, 则数对 $(x, y) = (|v_2|, v_3 \operatorname{sign}(v_2))$ 是唯一解. 否则无解." [王士弘, *Lecture Notes in Comp. Sci.* **162** (1983), 225–235; 科内鲁普和罗伯特·格雷戈里, *BIT* **23** (1983), 9–20.]

如果我们要求 $0 < x \le \theta_1$ 且 $|y| \le \theta_2$, 其中 $2\theta_1\theta_2 \le m$, 则一个类似的方法也有效.

4.5.4 节

1. 因为如果 d_k 不是素数, 那么在用到 d_k 以前, 它的素因数就已经被解出了.

2. 不可以. 因为这样一来, 当 $p_{t-1} = p_t$ 时算法会出错, 给出 "1" 这个错误的素因数.

3. 取 P 为前 168 个素数的乘积. [注记: 尽管 $P = 19590\ldots5910$ 包含 416 位, 但如果只是想检验 n 是否素数, 那么计算这个最大公因数的时间远比做 168 次除法要少.]

4. 按照习题 3.1–11 的记号,

$$\sum_{\mu,\lambda} 2^{\lceil \lg \max(\mu+1,\lambda) \rceil} P(\mu, \lambda) = \frac{1}{m} \sum_{l \ge 1} f(l) \prod_{k=1}^{l-1} \left(1 - \frac{k}{m}\right),$$

其中 $f(l) = \sum_{1 \le \lambda \le l} 2^{\lceil \lg \max(l+1-\lambda,\lambda) \rceil}$. 如果 $l = 2^{k+\theta}$, 其中 $0 < \theta \le 1$, 则

$$f(l) = l^2 (3 \cdot 2^{-\theta} - 2 \cdot 2^{-2\theta}),$$

其中函数 $3 \cdot 2^{-\theta} - 2 \cdot 2^{-2\theta}$ 在 $\theta = \lg(4/3)$ 时达到极大值 $\frac{9}{8}$, 在 $\theta = 0$ 和 1 时达到极小值 1. 因此 $2^{\lceil \lg \max(\mu+1,\lambda) \rceil}$ 的平均值介于 $\mu + \lambda$ 的平均值的 1.0 倍和 1.125 倍之间, 从而结论得证.

注记: 布伦特已经发现当 $m \to \infty$ 时, 密度 $\prod_{k=1}^{l-1}(1 - k/m) = \exp(-l(l-1)/2m + O(l^3/m^2))$ 趋向于一个正态分布, 且可假设 θ 是均匀分布的. 因此 $3 \cdot 2^{-\theta} - 2 \cdot 2^{-2\theta}$ 的平均值为 $3/(4 \ln 2)$, 而算法 B 所需的迭代次数近似为 $(3/(4 \ln 2) + \frac{1}{2})\sqrt{\pi m/2} \approx 1.982\,77\sqrt{m}$. 对在习题 3.1–7 的解答中给出的更一般的算法, 我们可做类似的分析得到近似值 $1.926\,00\sqrt{m}$, 其中 "理想地" 取 p 为 $(p^2 - 1) \ln p = p^2 - p + 1$ 的根 $p \approx 2.477\,136\,6$. 见 *BIT* **20** (1980), 176–184.

算法 B 是波拉德的原始算法的进一步细化, 它源于习题 3.1–6(b) 而不是当时还未被发现的习题 3.1–7 的结论. 他证明了使得 $X_{2n} = X_n$ 最小的 n 的近似平均值为 $(\pi^2/12)Q(m) \approx 1.0308\sqrt{m}$. 式 4.5.3–(21) 解释了常数 $\pi^2/12$ 的来由. 因此他的原始算法的平均工作量约为 $1.030\,81\sqrt{m}$ 次求最大公因数 (或模 m 乘法) 加上 $3.092\,43\sqrt{m}$ 次平方运算. 当求最大公因数的代价比平方运算多大约 1.17 倍时 (对于非常大的数一般就会出现这种情况) 这个算法的表现比算法 B 更好.

然而, 布伦特注意到, 我们可以通过对 $k > l/2$ 的情形不检查最大公因数来改进算法 B. 如果反复执行步骤 B4 直至 $k \le l/2$, 则再进行 $\lambda\lfloor \ell(\mu)/\lambda \rfloor = \ell(\mu) - (\ell(\mu) \bmod \lambda)$ 次迭代后仍可检测到循环. 此时平均工作量为求平方时不求最大公因数的约 $(3/(4 \ln 2))\sqrt{\pi m/2} \approx 1.356\,11\sqrt{m}$ 次迭代加上求平方时也求最大公因数的 $((\ln \pi - \gamma)/(4 \ln 2) + \frac{1}{2})\sqrt{\pi m/2} \approx .883\,19\sqrt{m}$ 次迭代. [见科昂的分析, *A Course in Computational Algebraic Number Theory* (Berlin: Springer, 1993), §8.5.]

5. 易知 $11\,111 \equiv 8\,616\,460\,799 \pmod{3 \cdot 7 \cdot 8 \cdot 11}$, 所以 (14) 对 $N = 11\,111$ 除了模 5 以外都是成立的. 因为余数 $(x^2 - N) \bmod 5$ 是 4, 0, 3, 3, 0, 所以 $x \bmod 5 = 0, 1$ 或 4. 第一个满足所有条件的 $x \ge \lceil \sqrt{N} \rceil = 106$ 是 $x = 144$, 但 $144^2 - 11\,111 = 9625$ 的平方根不是整数. 下一个满足条件的数给出 $156^2 - 11\,111 = 13\,225 = 115^2$, 从而 $11\,111 = (156 - 115) \cdot (156 + 115) = 41 \cdot 271$.

6. 我们来统计一下同余式 $N \equiv (x - y)(x + y) \pmod{p}$ 的满足 $0 \le x, y < p$ 的解 (x, y) 的数目. 由于 $N \not\equiv 0$ 且 p 是素数, 所以 $x + y \not\equiv 0$. 对任一 $v \not\equiv 0$, 存在唯一的 $u \pmod{p}$ 使得 $N \equiv uv$. 由于 p 是奇数, 因此由同余式 $x - y \equiv u$ 和 $x + y \equiv v$ 可唯一确定 $x \bmod p$ 和 $y \bmod p$. 所以题中所述的同余式恰有 $p - 1$ 个解 (x, y). 如果 (x, y) 是解, 那么当 $y \neq 0$ 时 $(x, p-y)$ 也是解, 因为有 $(p-y)^2 \equiv y^2$. 此

外，如果 (x, y_1) 和 (x, y_2) 都是解，$y_1 \neq y_2$，则 $y_1^2 \equiv y_2^2$. 于是有 $y_1 = p - y_2$. 综上所述，当 $N \equiv x^2$ 无解时，在所有解 (x, y) 中 x 的不同值的数目为 $(p-1)/2$，而 $N \equiv x^2$ 有解时数目为 $(p+1)/2$.

7. 一个解决办法是对每个模数设立两个索引，分别用于指示当前字的位置和当前位的位置. 从表中读取两个字，利用索引指示进行平移操作可将表中数值进行正确的对齐. （很多计算机对这种位操作都设立了专门的指令. ）

8. （可假设 $N = 2M$ 为偶数. ）下面的算法使用了辅助表 $X[1], X[2], \ldots, X[M-1]$，其中 $X[k]$ 用于标记 $2k+1$ 是否为素数.

S1. 对 $1 \leq k < M$，置 $X[k] \leftarrow 1$，并且置 $j \leftarrow 1$, $k \leftarrow 1$, $p \leftarrow 3$, $q \leftarrow 4$. （在此算法执行期间 $p = 2j+1$, $q = 2j + 2j^2$. ）

S2. 如果 $X[j] = 0$，则转向 S4. 否则输出 p（它是素数），并且置 $k \leftarrow q$.

S3. 如果 $k < M$，则置 $X[k] \leftarrow 0, k \leftarrow k+p$，并重复执行这一步骤.

S4. 置 $j \leftarrow j+1$, $p \leftarrow p+2$, $q \leftarrow q + 2p - 2$. 如果 $j < M$，则回到 S2. ∎

如果在步骤 S4 中比较 q（而不是 j）和 M 的大小，并且增加一个循环对所有剩下的等于 1 的 $X[j]$ 输出 $2j+1$，以减少对 p 和 q 的操作次数，则此计算过程的主要部分的执行速度可明显提高.

注记：尼科马彻斯在其著作中介绍了埃拉托色尼的原始筛法 [*Introduction to Arithmetic*，卷 1，第 13 章]. 众所周知 $\sum_{p\,\mathrm{prime}} [p \leq N]/p = \ln \ln N + M + O((\log N)^{-10\,000})$，其中 $M = \gamma + \sum_{k \geq 2} \mu(k) \ln \zeta(k)/k$ 是默滕斯常数 $0.26149\,72128\,47642\,78375\,54268\,38608\,69585\,90516-$. 见默滕斯，*Crelle* **76** (1874), 46–62; 丹尼尔·格林和高德纳，*Mathematics for the Analysis of Algorithms* (Boston: Birkhäuser, 1981), §4.2.3. 特别地，尼科马彻斯所描述的原始算法的运算次数为 $N \ln \ln N + O(N)$. 在习题 5.2.3–15 和 7.1.3 节中讨论了用于生成素数的筛法的效率方面的改进.

9. 如果存在素数 p 使得 p^2 是 n 的因数，则 p 是 $\lambda(n)$ 的因数，但不是 $n-1$ 的因数. 如果 $n = p_1 p_2$，其中 $p_1 < p_2$ 都是素数，则 $p_2 - 1$ 是 $\lambda(n)$ 的因数，从而 $p_1 p_2 - 1 \equiv 0 \pmod{p_2 - 1}$. 由于 $p_2 \equiv 1$，因此这表明 $p_1 - 1$ 是 $p_2 - 1$ 的倍数. 这与 $p_1 < p_2$ 的假设矛盾. [使得 $\lambda(n)$ 是 $n-1$ 的真因数的 n 的值称为卡迈克尔数. 例如，下面是具有不超过 6 个素因数的一些小的卡迈克尔数：$3 \cdot 11 \cdot 17$, $5 \cdot 13 \cdot 17$, $7 \cdot 11 \cdot 13 \cdot 41$, $5 \cdot 7 \cdot 17 \cdot 19 \cdot 73$, $5 \cdot 7 \cdot 17 \cdot 73 \cdot 89 \cdot 107$. 小于 10^{12} 的卡迈克尔数共有 8241 个，而且小于 N 的卡迈克尔数至少有 $\Omega(N^{2/7})$ 个. 见威廉·奥尔福德、格兰维尔和波默朗斯，*Annals of Math.* (2) **139** (1994), 703–722.]

10. 记 k_p 为 x_p 模 n 的阶，而 λ 为所有 k_p 的最小公倍数. 则 λ 是 $n-1$ 的因数，但不是任意一个 $(n-1)/p$ 的因数，所以 $\lambda = n-1$. 由于对所有的 p, $x_p^{\varphi(n)} \bmod n = 1$，因此 $\varphi(n)$ 是 k_p 的倍数，所以 $\varphi(n) \geq \lambda$. 然而当 n 不是素数时 $\varphi(n) < n-1$. （证明本题结论的另一个途径是利用习题 3.2.1.2–15 的方法，由 x_p 出发构造一个阶为 $n-1$ 的数 x. ）

11.

U	V	A	P	S	T	输出
1984	1	0	992	0	—	
1981	1981	1	992	1	1981	
1983	4	495	993	0	1	$993^2 \equiv +2^2$
1983	991	2	98\,109	1	991	
1981	4	495	2	0	1	$2^2 \equiv +2^2$
1984	1981	1	99\,099	1	1981	
1984	1	1984	99\,101	0	1	$99\,101^2 \equiv +2^0$

由第一个或最后一个输出都容易看出因数分解 $199 \cdot 991$. 循环如此之短，以及不那么让人喜欢的数 1984 的出现，都应该只是巧合.

12. 下面的算法用到了一个由整数 E_{jk}, $0 \leq j, k \leq m$ 构成的 $(m+1) \times (m+1)$ 阶辅助矩阵，一个单精度向量 $(b_0, b_1, \ldots, b_m)$，以及一个多精度向量 $(x_0, x_1, \ldots, x_m)$，其中 $0 \leq x_k < N$.

F1. [初始化.] 对 $0 \leq i \leq m$ 置 $b_i \leftarrow -1$，然后置 $j \leftarrow 0$.

F2. [下一个解.] 调用算法 E 得到下一个输出 $(x, e_0, e_1, \ldots, e_m)$. （将算法 E 和 F 看作协同例程是方便的.）置 $k \leftarrow m$.

F3. [寻找奇数.] 如果 $k < 0$, 则转向 F5. 否则当 e_k 为偶数时, 置 $k \leftarrow k - 1$, 并重复此步骤.

F4. [线性相关?] 如果 $b_k \geq 0$, 则对 $0 \leq r \leq m$ 置 $i \leftarrow b_k$, $x \leftarrow (x_i x) \bmod N$, $e_r \leftarrow e_r + E_{ir}$. 然后置 $k \leftarrow k - 1$ 并转回 F3. 否则, 对 $0 \leq r \leq m$ 置 $b_k \leftarrow j$, $x_j \leftarrow x$, $E_{jr} \leftarrow e_r$. 然后置 $j \leftarrow j + 1$ 并转回 F2. （对后一种情形我们可得到一个新的模 2 线性无关的解, 它的第一个奇分量是 e_k. 我们不能保证 E_{jr} 的值保持在单精度范围内, 然而莫里森和布里尔哈特指出, 当 k 从 m 减小到 0 时, 它们趋向于保持小的值.）

F5. [尝试分解因数.] （现在 $e_0, e_1, \ldots, e_m$ 都是偶数.）置

$$y \leftarrow ((-1)^{e_0/2} p_1^{e_1/2} \ldots p_m^{e_m/2}) \bmod N.$$

如果 $x = y$ 或者 $x + y = N$, 则转回 F2. 否则计算 $\gcd(x - y, N)$, 它是 N 的真因数, 并结束算法. ∎

只要能够从算法 E 给定的输出导出一个因数, 这个算法就能够找到一个因数. [证明: 设对于 $1 \leq i \leq t$, 算法 E 的输出是 $(X_i, E_{i0}, \ldots, E_{im})$, 并假设当 $x \equiv X_1^{a_1} \ldots X_t^{a_t}$ 和 $y \equiv (-1)^{e_0/2} p_1^{e_1/2} \ldots p_m^{e_m/2}$ (modulo N) 时, 我们可以找到一个因数分解 $N = N_1 N_2$, 其中对所有的 j, $e_j = a_1 E_{1j} + \cdots + a_t E_{tj}$ 是偶数. 则 $x \equiv \pm y$ (modulo N_1) 且 $x \equiv \mp y$ (modulo N_2). 不难看出, 这个解可以变换为在步骤 F5 中出现的一对 (x, y). 方法是通过系统地将 (x, y) 替换为 (xx', yy') 的一系列步骤, 其中 $x' \equiv \pm y'$ (modulo N).]

13. 共有 2^d 个 x 有相同的指数 $(e_0, \ldots, e_m)$, 因为当 $N = q_1^{f_1} \ldots q_d^{f_d}$ 时我们可随意指定 x 模 $q_i^{f_i}$ 的符号. 在这 2^d 个 x 值中恰好有两个是不能分解的.

14. 由于对 V 的所有素因数 p 有 $P^2 \equiv kNQ^2$ (modulo p), 所以当 $P \not\equiv 0$ 时有 $1 \equiv P^{2(p-1)/2} \equiv (kNQ^2)^{(p-1)/2} \equiv (kN)^{(p-1)/2}$ (modulo p).

15. $U_n = (a^n - b^n)/\sqrt{D}$, 其中 $a = \frac{1}{2}(P + \sqrt{D})$, $b = \frac{1}{2}(P - \sqrt{D})$, $D = P^2 - 4Q$. 所以 $2^{n-1}U_n = \sum_k \binom{n}{2k+1} P^{n-2k-1} D^k$. 从而当 p 是奇素数时 $U_p \equiv D^{(p-1)/2}$ (modulo p). 类似地, 如果 $V_n = a^n + b^n = U_{n+1} - QU_{n-1}$, 则 $2^{n-1}V_n = \sum_k \binom{n}{2k} P^{n-2k} D^k$, 且 $V_p \equiv P^p \equiv P$. 因此, 如果 $U_p \equiv -1$, 则我们得到 $U_{p+1} \bmod p = 0$. 如果 $U_p \equiv 1$, 则得到 $(QU_{p-1}) \bmod p = 0$. 这里如果 Q 是 p 的倍数, 则对于 $n > 0$ 有 $U_n \equiv P^{n-1}$ (modulo p), 所以 U_n 绝对不可能是 p 的倍数. 如果 Q 不是 p 的倍数, 则 $U_{p-1} \bmod p = 0$. 于是像在定理 L 中那样, 如果 $N = p_1^{e_1} \ldots p_r^{e_r}$, $N \perp Q$, $t = \text{lcm}_{1 \leq j \leq r}(p_j^{e_j-1}(p_j + \epsilon_j))$, 则 $U_t \bmod N = 0$. 在本习题的假设下, N 的幻秩为 $N + 1$. 因此 N 与 Q 互素, 且 t 是 $N + 1$ 的倍数. 此外, 由假设条件也可推导出每个 p_j 都是奇数, 每个 ϵ_j 都等于 ± 1, 所以 $t \leq 2^{1-r} \prod p_j^{e_j-1}(p_j + \frac{1}{3}p_j)' = 2(\frac{2}{3})^r N$. 于是 $r = 1$, $t = p_1^{e_1} + \epsilon_1 p_1^{e_1-1}$. 最后, 因此得到 $e_1 = 1$ 和 $\epsilon_1 = 1$.

注记: 如果要使这种素性检测方法发挥出它的优势, 我们必须选取能使它最大可能有效的 P 和 Q 的值. 莱默建议取 $P = 1$, 从而 $D = 1 - 4Q$, 并取 Q 满足 $N \perp QD$. （如果后一个条件不成立, 则我们已经知道 N 不是素数, 除非 $|QD| \geq N$.）此外, 根据上一段中的推导, 我们应希望 $\epsilon_1 = 1$, 即 $D^{(N-1)/2} \equiv -1$ (modulo N). 这是另一个选取 Q 值的条件. 进而, 如果 D 满足这个条件, 并且 $U_{N+1} \bmod N \neq 0$, 则我们知道 N 不是素数.

例: 如果 $P = 1$, $Q = -1$, 则得到斐波那契序列, 且 $D = 5$. 由于 $5^{11} \equiv -1$ (modulo 23), 我们可以利用斐波那契序列

$$\langle F_n \bmod 23 \rangle = 0, 1, 1, 2, 3, 5, 8, 13, 21, 11, 9, 20, 6, 3, 9, 12, 21, 10, 8, 18, 3, 21, 1, 22, 0, \ldots$$

来证明 23 是素数. 所以 24 是 23 的幻秩, 从而此检测方法成功. 然而, 我们不能用这个办法由斐波那契序列证明 13 和 17 的素性, 因为 $F_7 \bmod 13 = 0$ 和 $F_9 \bmod 17 = 0$. 当 $p \equiv \pm 1$ (modulo 10) 时, 我们有 $5^{(p-1)/2} \bmod p = 1$, 所以 F_{p-1} (而不是 F_{p+1}) 可以被 p 整除.

17. 设 $f(q) = 2\lg q - 1$. 当 $q = 2$ 或 3 时, 树最多有 $f(q)$ 个结点. 当 $q > 3$ 是素数时, 设 $q = 1 + q_1 \ldots q_t$, 其中 $t \geq 2$, q_1 且 $\ldots$, q_t 是素数. 树的大小最多是 $1 + \sum f(q_k) = 2 + f(q-1) - t < f(q)$. [*SICOMP* **4** (1975), 214–220.]

18. $x(G(\alpha) - F(\alpha))$ 是满足以下条件的 n 的个数: $n \leq x$, n 的第二大的素因数不大于 x^α, n 的最大的素因数大于 x^α. 所以

$$xG'(t)\, dt = (\pi(x^{t+dt}) - \pi(x^t)) \cdot x^{1-t} (G(t/(1-t)) - F(t/(1-t))).$$

$p_{t-1} \leq \sqrt{p_t}$ 的概率为 $\int_0^1 F(t/2(1-t)) t^{-1}\, dt$. [奇怪的是, 我们可证明此概率值也等于 $\int_0^1 F(t/(1-t))\, dt$, 即 $\log p_t / \log x$ 的平均值, 它也等于习题 1.3.3–23 和 3.1–13 中的迪克曼-戈洛姆常数 0.624 33. 我们可以证明导数 $G'(0)$ 等于

$$\int_0^1 F(t/(1-t)) t^{-2}\, dt = F(1) + 2F(\tfrac{1}{2}) + 3F(\tfrac{1}{3}) + \cdots = e^\gamma.$$

对第三大的素因子有 $H(\alpha) = \int_0^\alpha (H(t/(1-t)) - G(t/(1-t))) t^{-1}\, dt$, 且 $H'(0) = \infty$. 见帕特里克·比林斯利, *Period. Math. Hungar.* **2** (1972), 283–289; 亚诺什·高隆博什, *Acta Arith.* **31** (1976), 213–218; 高德纳和路易斯·帕多, *Theoretical Comp. Sci.* **3** (1976), 321–348; 詹姆斯·哈夫纳和凯文·麦柯利, *J. Algorithms* **10** (1989), 531–556.]

19. 设 $M = 2^D - 1$, 则当 2 模 p 的阶整除 D 时, M 是 p 的倍数. 为推广这个结论, 我们取 $a_1 = 2$, $a_{j+1} = a_j^{q_j} \bmod N$, 其中 $q_j = p_j^{e_j}$, p_j 是第 j 个素数, $e_j = \lfloor \log 1000 / \log p_j \rfloor$. 设 $A = a_{169}$, 下面对所有介于 10^3 和 10^5 之间的素数 q 计算 $b_q = \gcd(A^q - 1, N)$. 实现这一计算目标的一个途径是首先计算 $A^{1009} \bmod N$, 然后交替地乘以 $A^4 \bmod N$ 和 $A^2 \bmod N$. (莱默在 20 世纪 20 年代使用了类似的方法, 但他没有正式发表出来.) 和算法 B 一样, 我们可通过批处理的方式减少大部分的求最大公因数的计算. 例如, 由于 $b_{30r-k} = \gcd(A^{30r} - A^k, N)$, 我们可同时处理 8 项, 即先计算 $c_r = (A^{30r} - A^{29})(A^{30r} - A^{23}) \ldots (A^{30r} - A) \bmod N$, 然后对所有 $33 < r \leq 3334$ 计算 $\gcd(c_r, N)$.

20. 见威廉斯, *Math. Comp.* **39** (1982), 225–234.

21. 巴赫给出了与这个猜想相关的有趣的理论, 见 *Information and Computation* **90** (1991), 139–155.

22. 只有当随机选取的 x 值不能判定 n 是非素数时, 算法 P 才会失败. 我们称 x 是坏的, 如果 $x^q \bmod n = 1$, 或者对 $0 \leq j < k$, $x^{2^j q} \equiv -1 \pmod{n}$ 至少有一个成立. 由于 1 是坏的, 因此 $p_n = [n \text{ 不是素数}] (b_n - 1)/(n-2) < [n \text{ 不是素数}] b_n/(n-1)$, 其中 b_n 是满足 $1 \leq x < n$ 的坏的 x 的数目.

每个坏的 x 都满足 $x^{n-1} \equiv 1 \pmod{n}$. 当 p 是素数时, 对于 $1 \leq x < p^e$, 同余式 $x^q \equiv 1 \pmod{p^e}$ 的解的数目, 等于对于 $0 \leq y < p^{e-1}(p-1)$, 同余式 $qy \equiv 0 \pmod{p^{e-1}(p-1)}$ 的解的数目, 即 $\gcd(q, p^{e-1}(p-1))$. 这是因为我们可将 x 替换为 a^y, 其中 a 是一个原根.

令 $n = n_1^{e_1} \ldots n_r^{e_r}$, 其中 n_i 是互异的素数. 根据中国剩余定理, 同余式 $x^{n-1} \equiv 1 \pmod{n}$ 的解的数目是 $\prod_{i=1}^r \gcd(n-1, n_i^{e_i-1}(n_i-1))$, 而这至多是 $\prod_{i=1}^r (n_i - 1)$, 因为 n_i 与 $n-1$ 互素. 如果有某个 $e_i > 1$, 则 $n_i - 1 \leq \frac{2}{9} n_i^{e_i}$, 从而解的数目至多是 $\frac{2}{9} n$, 此时 $b_n \leq \frac{2}{9} n \leq \frac{1}{4}(n-1)$, 因为 $n \geq 9$.

因此, 我们可假设 n 是不同素数的乘积 $n_1 \ldots n_r$. 设 $n_i = 1 + 2^{k_i} q_i$, 其中 $k_1 \leq \cdots \leq k_r$. 则 $\gcd(n-1, n_i-1) = 2^{k_i'} q_i'$, 其中 $k_i' = \min(k, k_i)$ 且 $q_i' = \gcd(q, q_i)$. 按模 n_i 计算, 满足 $x^q \equiv 1$ 的 x 的数目是 q_i'. 当 $0 \leq j < k_i'$ 时, 满足 $x^{2^j q} \equiv -1$ 的 x 的数目是 $2^j q_i'$, 否则为 0. 因为 $k \geq k_1$, 所以 $b_n = q_1' \ldots q_r' (1 + \sum_{0 \leq j < k_1} 2^{jr})$.

注意到 $\varphi(n) < n - 1$, 所以只需证明 $b_n \leq \frac{1}{4} q_1 \ldots q_r 2^{k_1 + \cdots + k_r} = \frac{1}{4} \varphi(n)$ 即可完成证明. 我们有

$$(1 + \textstyle\sum_{0 \leq j < k_1} 2^{jr})/2^{k_1 + \cdots + k_r} \leq (1 + \textstyle\sum_{0 \leq j < k_1} 2^{jr})/2^{k_1 r}$$

$$= 1/(2^r - 1) + (2^r - 2)/(2^{k_1 r}(2^r - 1)) \leq 1/2^{r-1},$$

因此除 $r = 2$ 且 $k_1 = k_2$ 的情形外, 我们都可证得结论. 如果 $r = 2$, 则习题 9 告诉我们, $n - 1$ 不可能同时是 $n_1 - 1$ 和 $n_2 - 1$ 的倍数. 因此当 $k_1 = k_2$ 时 $q_1' = q_1$ 和 $q_2' = q_2$ 不能同时成立. 此时有 $q_1' q_2' \leq \frac{1}{3} q_1 q_2$ 且 $b_n \leq \frac{1}{6} \varphi(n)$.

[参考文献: *J. Number Theory* **12** (1980), 128–138.] 上述证明告诉我们，p_n 只在两种情形下很接近 $\frac{1}{4}$，即 n 是 $(1+2q_1)(1+4q_1)$，或者是具有特殊形式 $(1+2q_1)(1+2q_2)(1+2q_3)$ 的卡迈克尔数. 例如，对于 $n = 49\,939 \cdot 99\,877$，我们有 $b_n = \frac{1}{4}(49\,938 \cdot 99\,876)$ 和 $p_n \approx 0.249\,99$. 对于 $n = 1667 \cdot 2143 \cdot 4523$，我们有 $b_n = \frac{1}{4}(1666 \cdot 2142 \cdot 4522)$, $p_n \approx 0.249\,68$. 下一道习题的解答中有更多相关评论.

23. (a) 也许除了互反律外，证明都是简单的. 设 $p = p_1 \ldots p_s$，$q = q_1 \ldots q_r$，其中 p_i 和 q_j 都是素数. 则

$$\left(\frac{p}{q}\right) = \prod_{i,j}\left(\frac{p_i}{q_j}\right) = \prod_{i,j}(-1)^{(p_i-1)(q_j-1)/4}\left(\frac{q_j}{p_i}\right) = (-1)^{\sum_{i,j}(p_i-1)(q_j-1)/4}\left(\frac{q}{p}\right),$$

所以只需验证 $\sum_{i,j}(p_i-1)(q_j-1)/4 \equiv (p-1)(q-1)/4$ (modulo 2). 然而 $\sum_{i,j}(p_i-1)(q_j-1)/4 = \left(\sum_i(p_i-1)/2\right)\left(\sum_j(q_j-1)/2\right)$ 是奇数当且仅当有奇数个 p_i 和奇数个 q_j 模 4 同余于 3，而这成立当且仅当 $(p-1)(q-1)/4$ 是奇数. [卡尔·雅可比, *Bericht Königl. Preuß. Akad. Wiss. Berlin* **2** (1837), 127–136; 勒贝格, *J. Math. Pures Appl.* **12** (1847), 497–520 讨论了其有效性.]

(b) 像在习题 22 中那样，我们可以假设 $n = n_1 \ldots n_r$，其中 $n_i = 1 + 2^{k_i}q_i$ 是互异的素数，且 $k_1 \leq \cdots \leq k_r$. 设 $\gcd(n-1, n_i-1) = 2^{k_i'}q_i'$. 我们称 x 是坏的，如果 x 错误地使 n 看起来像素数. 记 $\Pi_n = \prod_{i=1}^r q_i' 2^{\min(k_i,k-1)}$ 为 $x^{(n-1)/2} \equiv 1$ 的解的数目. 使得 $\left(\frac{x}{n}\right) = 1$ 的坏 x 的数目等于 Π_n，当 $k_1 < k$ 时还要乘以一个额外的因子 $\frac{1}{2}$. (我们需要 $\frac{1}{2}$ 这个因子以确保有偶数个满足 $k_i < k$ 的 n_i 使得 $\left(\frac{x}{n_i}\right) = -1$.) 如果 $k_1 = k$，使得 $\left(\frac{x}{n}\right) = -1$ 的坏 x 的数目等于 Π_n，否则等于 0. [如果 $x^{(n-1)/2} \equiv -1$ (modulo n_i)，则当 $k_i = k$ 时 $\left(\frac{x}{n_i}\right) = -1$，当 $k_i > k$ 时 $\left(\frac{x}{n_i}\right) = +1$，而当 $k_i < k$ 时矛盾. 如果 $k_1 = k$，则有奇数个 k_i 等于 k.]

注记: 只有当 n 是卡迈克尔数且 $k_r < k$ 时，猜错的概率才会大于 $\frac{1}{4}$. 例如，$n = 7 \cdot 13 \cdot 19 = 1729$，这是在另一个场合因为拉马努金而变得著名的数. 路易斯·莫尼尔推广了上一段的分析，得到了以下封闭形式的关于坏 x 的数目的一般公式:

$$b_n = \left(1 + \frac{2^{rk_1}-1}{2^r-1}\right)\prod_{i=1}^r q_i', \qquad b_n' = \delta_n\prod_{i=1}^r \gcd\left(\frac{n-1}{2}, n_i-1\right).$$

这里 b_n' 是本习题中坏 x 的数目，而 δ_n 的值要么是 2 (当 $k_1 = k$ 时)，要么是 $\frac{1}{2}$ (当 $k_i < k$ 且存在某个 i 使得 e_i 是奇数时)，要么是 1 (其他情形).

(c) 如果 $x^q \bmod n = 1$，则 $1 = \left(\frac{x^q}{n}\right) = \left(\frac{x}{n}\right)^q = \left(\frac{x}{n}\right)$. 如果 $x^{2^j q} \equiv -1$ (modulo n)，则对 n 的任意素因数 n_i，x 模 n_i 的阶必定是 2^{j+1} 的奇数倍. 设 $n = n_1^{e_1} \ldots n_r^{e_r}$ 且 $n_i = 1 + 2^{j+1}q_i''$，则 $\left(\frac{x}{n_i}\right) = (-1)^{q_i''}$，所以当 $\sum e_i q_i''$ 为偶数或奇数时，$\left(\frac{x}{n}\right) = +1$ 或 -1. 由于 $n \equiv (1 + 2^{j+1}\sum e_i q_i'')$ (modulo 2^{j+2})，所以和数 $\sum e_i q_i''$ 为奇数当且仅当 $j+1 = k$. [*Theoretical Comp. Sci.* **12** (1980), 97–108.]

24. 设 M_1 是一个矩阵，对于 $1 \leq n \leq N$ 范围内的每个非素奇数 n，它对应有一行元素，并且有编号从 2 到 N 的 $N-1$ 个列. 如果 n 未能通过算法 P 的 x 检测，则第 n 行第 x 列的元素值为 1，否则为 0. 如果 $N = qn + r$，其中 $0 \leq r < n$，则第 n 行最多包含 $-1 + q(b_n+1) + \min(b_n+1, r) < q(\frac{1}{4}(n-1)+1) + \min(b_n+1, r) \leq \frac{1}{3}qn + \min(\frac{1}{4}n, r) = \frac{1}{3}N + \min(\frac{1}{4}n - \frac{1}{3}r, \frac{2}{3}r) \leq \frac{1}{3}N + \frac{1}{6}n \leq \frac{1}{2}N$ 个元素等于 0，所以矩阵中至少有一半元素的值等于 1. 于是，存在 M_1 的某个列 x_1 有至少一半的元素等于 1. 从 M_1 中去掉列 x_1 以及列中等于 1 的元素所在的行，我们得到具有类似性质的矩阵 M_2. 不断重复上述过程可得到矩阵 M_r，其包含 $N - r$ 列以及少于 $N/2^r$ 行，且每行中至少有 $\frac{1}{2}(N-1)$ 个元素的值等于 1. [见 *FOCS* **19** (1978), 78.]

[利用类似的证明可以推导出: 存在一个单一的无穷序列 $x_1 < x_2 < \cdots$，使得 $n > 1$ 是素数当且仅当对于 $x = x_1, \ldots, x = x_m$，n 可以通过算法 P 的 x 测试，其中 $m = \frac{1}{2}\lfloor\lg n\rfloor(\lfloor\lg n\rfloor - 1)$. 是否存在具有这种性质的序列 $x_1 < x_2 < \cdots$，但 $m = O(\log n)$?]

25. 这个定理首先是由汉斯·曼戈尔特给出严格证明的 [*Crelle* **114** (1895), 255–305]，他事实上证明了 $O(1)$ 项是 $C + \int_x^\infty dt/((t^2-1)t\ln t)$，如果 x 是一个素数的 k 次幂，则还要减去 $1/2k$. 常数 C 等于 $\mathrm{li}\,2 - \ln 2 = \gamma + \ln\ln 2 + \sum_{n\geq 2}(\ln 2)^n/nn! = 0.35201\,65995\,57547\,47542\,73567\,67736\,43656\,84471+$.

[卡拉特萨巴对曼戈尔特的论文发表后 100 年中的研究进展做了综述，*Complex Analysis in Number Theory* (CRC Press, 1995). 巴赫和沙历特对黎曼假设和关于整数的具体问题之间的联系做了很好的介绍，*Algorithmic Number Theory* **1** (MIT Press, 1996)，第 8 章.]

26. 如果 N 不是素数，则它有素因数 $q \le \sqrt{N}$. 根据假设，对 f 的任一素因数 p，存在整数 x_p 使得 x_p 模 q 的阶是 $N-1$ 的因数但不是 $(N-1)/p$ 的因数. 所以当 p^k 整除 f 时，x_p 模 q 的阶是 p^k 的倍数. 此时由习题 3.2.1.2–15，存在一个模 q 的阶为 f 的元素 x. 但这是不可能的，因为由此可推导出 $q^2 \ge (f+1)^2 \ge (f+1)\, r \ge N$，从而等式不成立. [*Proc. Camb. Phil. Soc.* **18** (1914), 29–30.]

27. 如果 k 不能被 3 整除且 $k \le 2^n+1$，则 $k \cdot 2^n+1$ 是素数当且仅当 $3^{2^{n-1}k} \equiv -1$ (modulo $k \cdot 2^n+1$). 因为如果这个条件成立，则由习题 26 可推导出 $k \cdot 2^n+1$ 是素数. 反之，如果 $k \cdot 2^n+1$ 是素数，则因为 $(k \cdot 2^n+1) \bmod 12 = 5$，所以由二次互反律，数 3 是模 $k \cdot 2^n+1$ 的二次非剩余. [弗朗索瓦·普罗思未加证明地提出了这种检验方法，*Comptes Rendus Acad. Sci.* **87** (Paris, 1878), 926.]

为了能以足够高的效率实现普罗思的检验方法，我们希望计算 $x^2 \bmod (k \cdot 2^n+1)$ 的速度能够与 $x^2 \bmod (2^n-1)$ 差不多. 设 $x^2 = A \cdot 2^n+B$，则 $x^2 \equiv B - \lfloor A/k \rfloor + 2^n(A \bmod k)$，从而当 k 很小时可以很容易求出余数. （也见习题 4.3.2–14. ）

[检验形如 $3 \cdot 2^n+1$ 的数是否素数只是稍微困难一点. 首先，我们根据二次互反律，随机选取单精度数直至找到一个模 $3 \cdot 2^n+1$ 二次非剩余的数，然后在上面的检验方法中将"3"替换成这个数. 如果 $n \bmod 4 \ne 0$，则可以使用 5 这个数. 可以验证，在所有的 $n \le 300\,000$ 中，只有当 $n = 1, 2, 5, 6, 8, 12, 18, 30, 36, 41, 66, 189, 201, 209, 276, 353, 408, 438, 534, 2208, 2816, 3168, 3189, 3912, 20\,909, 34\,350, 42\,294, 42\,665, 44\,685, 48\,150, 55\,182, 59\,973, 80\,190, 157\,169, 213\,321$ 时，$3 \cdot 2^n+1$ 才是素数. 而在所有的 $n \le 300\,000$ 中，只有当 $n = 1, 3, 7, 13, 15, 25, 39, 55, 75, 85, 127, 1947, 3313, 4687, 5947, 13\,165, 23\,473, 26\,607, 125\,413, 209\,787, 240\,937$ 时，$5 \cdot 2^n+1$ 才是素数. 见拉斐尔·鲁宾逊，*Proc. Amer. Math. Soc.* **9** (1958), 673–681；戈登·科马克和见威廉斯，*Math. Comp.* **35** (1980), 1419–1421；哈维·达布纳和威尔弗里德·凯勒，*Math. Comp.* **64** (1995), 397–405；杰弗里·扬，*Math. Comp.* **67** (1998), 1735–1738.]

28. 由于 A 是 p 的倍数的概率为 $1/(p+1)$，所以 $f(p, p^2 d) = 2/(p+1) + f(p, d)/p$. 当 $d \bmod p \ne 0$ 时 $f(p, pd) = 1/(p+1)$. 由于 $A^2 - (4k+3)B^2$ 不可能是 4 的倍数，所以 $f(2, 4k+3) = \frac{1}{3}$. 由于 $A^2 - (8k+5)B^2$ 不可能是 8 的倍数，所以 $f(2, 8k+5) = \frac{2}{3}$. $f(2, 8k+1) = \frac{1}{3} + \frac{1}{3} + \frac{1}{3} + \frac{1}{6} + \frac{1}{12} + \cdots = \frac{4}{3}$. 如果 $d^{(p-1)/2} \bmod p = (1, p-1)$ 对奇数 p 成立，则 $f(p, d) = (2p/(p^2-1), 0)$.

29. 关于非负整数 x_i 的不等式 $x_1 + \cdots + x_m \le r$ 的解的数目是 $\binom{m+r}{r} \ge m^r/r!$，且每个解各自对应唯一确定的整数 $p_1^{x_1} \ldots p_m^{x_m} \le n$. [在对于所有的 j，p_j 是第 j 个素数的特殊情形下，可推导出更强的估计结果，见德布鲁因，*Indag. Math.* **28** (1966), 240–247；海尼·哈伯斯塔姆，*Proc. London Math. Soc.* (3) **21** (1970), 102–107.]

30. 如果 $p_1^{e_1} \ldots p_m^{e_m} \equiv x_i^2$ (modulo q_i)，则可找到 y_i 满足 $p_1^{e_1} \ldots p_m^{e_m} \equiv (\pm y_i)^2$ (modulo $q_i^{d_i}$). 因此由中国剩余定理，我们可找到 X 的 2^d 个值满足 $X^2 \equiv p_1^{e_1} \ldots p_m^{e_m}$ (modulo N). 上式中的 $(e_1, \ldots, e_m)$ 对应于不超过 $\binom{r}{r/2}$ 对具有提示中所述性质的向量 $(e_1', \ldots, e_m'; e_1'', \ldots, e_m'')$. 对 2^d 个二进制数中的任意一个 $a = (a_1 \ldots a_d)_2$，记 n_a 为满足 $(p_1^{e_1'} \ldots p_m^{e_m'})^{(q_i-1)/2} \equiv (-1)^{a_i}$ (modulo q_i) 的指数 $(e_1', \ldots, e_m')$ 的个数. 我们已经证明了所需要的整数 X 的数目至少是 $2^d(\sum_a n_a^2)/\binom{r}{r/2}$. 由于 $\sum_a n_a$ 是从 m 元集中选取最多 $r/2$ 个元素且允许重复选取的选取方式数，即 $\binom{m+r/2}{r/2}$，所以 $\sum_a n_a^2 \ge \binom{m+r/2}{r/2}^2/2^d \ge m^r/(2^d(r/2)!^2)$. [见 *J. Algorithms* **3** (1982), 101–127，施诺尔在文中给出了定理 D 的很多进一步的细化分析.]

31. 取 $n = M$，$pM = 4m$ 及 $\epsilon M = 2m$ 并证明 $\Pr(X \le 2m) \le e^{-m/2}$.

32. 设 $M = \lfloor \sqrt[3]{N} \rfloor$，且每个消息的位置 x_i 限制在 $0 \le x < M^3 - M^2$ 范围内. 如果 $x \ge M$，则像以前那样用 $x^3 \bmod N$ 来加密，但 $x < M$ 时改为用 $(x+yM)^3 \bmod N$ 来加密，其中 y 是在 $M^2 - M \le y < M^2$ 范围内随机选取的数. 解密时首先开三次方. 如果所得的数不小于 $M^3 - M^2$，则取其模 M 的余数.

34. 设 P 为 $x^m \bmod p = 1$ 的概率，Q 为 $x^m \bmod q = 1$ 的概率. 则 $\gcd(x^m-1, N) = p$ 或 q 的概率为 $P(1-Q) + Q(1-P) = P + Q - 2PQ$. 如果 $P \le \frac{1}{2}$ 或者 $Q \le \frac{1}{2}$，这个概率至少是 $2(10^{-6} - 10^{-12})$，

于是我们很有机会在大约 $10^6 \log m$ 次模 N 的算术运算后找到一个因数. 另一方面, 如果 $P > \frac{1}{2}$ 且 $Q > \frac{1}{2}$, 则 $P \approx Q \approx 1$, 因为一般地有 $P = \gcd(m, p-1)/p$. 此时 m 是 $\text{lcm}(p-1, q-1)$ 的倍数. 设 $m = 2^k r$, 其中 r 是奇数, 并构造序列 $x^r \bmod N$, $x^{2r} \bmod N$, $\ldots$, $x^{2^k r} \bmod N$. 像算法 P 那样, 在第一次出现 1 以前除了出现 $N-1$ 外还会有其他数值 y 的概率至少是 $\frac{1}{2}$, 因此 $\gcd(y-1, N) = p$ 或 q.

35. 设 $f = (p^{q-1} - q^{p-1}) \bmod N$. 由于 $p \bmod 4 = q \bmod 4 = 3$, 所以 $\left(\frac{-1}{p}\right) = \left(\frac{-1}{q}\right) = \left(\frac{f}{p}\right) = -\left(\frac{f}{q}\right) = -1$, 并且 $\left(\frac{2}{p}\right) = -\left(\frac{2}{q}\right) = -1$. 给定 $0 \le x \le \frac{1}{8}(N-5)$ 范围内的消息 x, 令 $\bar{x} = 4x+2$ 或 $8x+4$, 它们都满足 $\left(\frac{\bar{x}}{N}\right) \ge 0$, 然后发送消息 $\bar{x}^2 \bmod N$.

为解码这个消息, 我们首先使用 SQRT 盒子求出唯一的偶数 y 满足 $y^2 \equiv \bar{x}^2 \bmod N$ 和 $\left(\frac{y}{N}\right) \ge 0$. 则 $y = \bar{x}$, 因为 $\bar{x}^2$ 的其他平方根是 $N - \bar{x}$ 和 $(\pm f\bar{x}) \bmod N$. 这里第一个根是奇数, 另两个根要么有负的雅可比符号, 要么分别为 $\bar{x}$ 和 $N - \bar{x}$. 于是, 当 $y \bmod 4 = 2$ 时取 $x \leftarrow \lfloor y/4 \rfloor$, 否则取 $x \leftarrow \lfloor y/8 \rfloor$, 解码就完成了.

我们只要能对这些编码过的消息进行解码, 就能求出 N 的因数, 因为当 $\left(\frac{\bar{x}}{N}\right) = -1$ 时, 解码一个假消息 $\bar{x}^2 \bmod N$ 就能求出 $(\pm f) \bmod N$, 而 $((\pm f) \bmod N) - 1$ 与 N 的最大公因数是非平凡的. [参考文献: *IEEE Transactions* **IT-26** (1980), 726–729.]

36. 第 m 个素数等于 $m \ln m + m \ln \ln m - m + m \ln \ln m / \ln m - 2m/\ln m + O\big(m (\log \log m)^2 (\log m)^{-2}\big)$, 这是由 (4) 得到的. 不过对这个问题我们只需要使用稍弱一些的估计 $p_m = m \ln m + O(m \log \log m)$. (我们假设 p_m 是第 m 个素数, 因为这对应于 V 是均匀分布的假设.) 如果取 $\ln m = \frac{1}{2} c \sqrt{\ln N \ln \ln N}$, 其中 $c = O(1)$, 则可推导出 $r = c^{-1} \sqrt{\ln N / \ln \ln N} - c^{-2} - c^{-2} (\ln \ln \ln N / \ln \ln N) - 2c^{-2}(\ln \frac{1}{2} c)/\ln \ln N + O(\sqrt{\ln \ln N / \ln N})$. 于是运行时间的估计式 (22) 有点令人吃惊地简化为 $\exp(f(c, N)\sqrt{\ln N \ln \ln N} + O(\log \log N))$, 其中 $f(c, N) = c + (1 - (1 + \ln 2)/\ln \ln N)c^{-1}$. 使 $f(c, N)$ 达到极小的 c 的值为 $\sqrt{1 - (1 + \ln 2)/\ln \ln N}$, 因此得估计式

$$\exp\big(2\sqrt{\ln N \ln \ln N}\sqrt{1 - (1 + \ln 2)/\ln \ln N} + O(\log \log N)\big).$$

当 $N = 10^{50}$ 时由此式可推导出 $\epsilon(N) \approx 0.33$, 这仍比我们观察到的数值大很多.

注记: $\sqrt{D}$ 的部分商应该随 4.5.3 节对随机选取的实数所得的分布而变化. 例如, 当 A_n 分别为 $(1, 2, 3, 4)$ 时, 数 $10^{18} + 314159$ 的平方根的前一百万个部分商恰好有 $(415\,236, 169\,719, 93\,180, 58\,606)$ 种不同情形. 而且, 由习题 4.5.3–12(c) 和式 4.5.3–(12) 可得 $V_{n+1} = |p_n^2 - Dq_n^2| = 2\sqrt{D} q_n |p_n - \sqrt{D} q_n| + O(q_n^{-2})$. 因此, 我们可以期望 $V_n/2\sqrt{D}$ 与 $\theta_n(x) = q_n |p_n - x q_n|$ 的值基本上差不多, 其中 x 是随机选取的实数. 我们已经知道, 对于 $0 \le \theta \le 1$, 随机变量 θ_n 的近似密度为 $\min(1, \theta^{-1} - 1)/\ln 2$ [见威伯伦·博斯马、亨德里克·亚赫和弗雷德里克·威迪克, *Indag. Math.* **45** (1983), 281–299], 而当 $\theta \le 1/2$ 时它是均匀的. 所以应该是隐藏在 V_n 的大小背后的某些因素导致了算法 E 的无法解释清楚的好处.

37. 对 $\sqrt{D} + R$ 应用习题 4.5.3–12 的结论, 可知一开始就进入周期循环部分, 然后将循环部分反向以验证回文性质. [可推知周期的后半部分与前半部分构造的 V 相同, 因此如果在步骤 E5 中当 $U = U'$ 或 $V = V'$ 时就结束算法, 则可使算法 E 更快完成. 然而, 由于周期通常都很长, 我们甚至无法检验它一半的长度, 所以没必要把算法变得更复杂.]

38. 设 $r = (10^{50} - 1)/9$. 则 $P_0 = 10^{49} + 9$, $P_1 = r + 3 \cdot 10^{46}$, $P_2 = 2r + 3 \cdot 10^{47} + 7$, $P_3 = 3r + 2 \cdot 10^{49}$, $P_4 = 4r + 2 \cdot 10^{49} - 3$, $P_5 = 5r + 3 \cdot 10^{49} + 4$, $P_6 = 6r + 2 \cdot 10^{48} + 3$, $P_7 = 7r + 2 \cdot 10^{25}$ (非常漂亮), $P_8 = 8r + 10^{38} - 7$, $P_9 = 9r - 8000$.

39. 当 $q - 1$ 的素因数只有 2 和 p 时, q 的素性是容易讨论的. 2 的后继都是费马素数, 而是否存在第六个费马素数的问题是数论中未解决的最著名的问题之一. 因此我们很可能无法知道如何判定一个整数是否有后继. 然而, 在某些情况下这是可以做到的. 例如, 继瓦茨瓦夫·谢尔平斯基证明了存在无穷多个没有后继的奇数 [*Elemente der Math.* **15** (1960), 73–74] 后, 塞尔弗里奇在 1962 年证明了 78 557 和 271 129 没有任何后继 [见 *AMM* **70** (1963), 101–102]. 78 557 可能是没有后继的数中最小的一个, 尽管耶哈德·耶施克和凯勒在 1983 年又发现了另外 69 个具有这种特性的数 [*Math. Comp.* **40** (1983), 381–384, 661–673; **45** (1985), 637].

对于更传统的"坎宁安"型素数链, 其中转换关系为 $p \to 2p \pm 1$, 其相关内容见金特·勒, *Math. Comp.* **53** (1989), 751–759. 特别地, 勒发现对于 $0 \le k < 12$, $554\,688\,278\,430 \cdot 2^k - 1$ 都是素数.

40. [*Inf. Proc. Letters* **8** (1979), 28–31.] 注意到在这样一台机器上可以很容易计算 $x \bmod y = x - y \lfloor x/y \rfloor$, 而且可以得到像 $0 = x - x$, $1 = \lfloor x/x \rfloor$, $2 = 1 + 1$ 这样一些简单的常数. 我们可通过检测是 $x = 1$ 还是 $\lfloor x/(x-1) \rfloor \ne 0$ 来判定是否 $x > 0$.

(a) 将 n 不断除以 2, 可在 $O(\log n)$ 步内求出 $l = \lfloor \lg n \rfloor$. 另一方面, 反复取 $k \leftarrow 2k$, $A \leftarrow A^2$, 则可在 $O(\log n)$ 步内求出 $k = 2^l$ 和 $A = 2^{2^{l+1}}$. 对于主计算过程, 假设已有 $t = A^m$, $u = (A+1)^m$, $v = m!$, 则通过取 $m \leftarrow m+1$, $t \leftarrow At$, $u \leftarrow (A+1)u$, $v \leftarrow vm$, 可以将 m 的值加 1. 而当 A 充分大时, 通过取 $m \leftarrow 2m$, $u \leftarrow u^2$, $v \leftarrow (\lfloor u/t \rfloor \bmod A)v^2$, $t \leftarrow t^2$, 可以将 m 的值加倍. (考虑 A 进制表示的数 u. A 必须大于 $\binom{2m}{m}$.) 现在如果 $n = (a_l \dots a_0)_2$, 则记 $n_j = (a_l \dots a_j)_2$. 如果 $m = n_j$, $k = 2^j$, $j > 0$, 通过取 $k \leftarrow \lfloor k/2 \rfloor$, $m \leftarrow 2m + (\lfloor n/k \rfloor \bmod 2)$, 可以将 j 减 1. 因此对于 $j = l, l-1, \dots, 0$, 我们可以在 $O(\log n)$ 步内计算 $n_j!$ 的值. [朱利亚·鲁宾逊给出的另一种解法是计算 $n! = \lfloor B^n / \binom{B}{n} \rfloor$, 其中 $B > (2n)^{n+1}$. 见 *AMM* **80** (1973), 250–251, 266.]

(b) 首先像 (a) 那样计算 $A = 2^{2^{l+2}}$, 然后求满足 $2^{k+1}! \bmod n = 0$ 的最小的 $k \ge 0$. 如果 $\gcd(n, 2^k!) \ne 1$, 则令 $f(n)$ 的值为这个最大公因数, 其数值可用欧几里得算法在 $O(\log n)$ 步内求得. 否则求满足 $\binom{m}{\lfloor m/2 \rfloor} \bmod n = 0$ 的最小整数 m, 并取 $f(n) = \gcd(m, n)$. (注意在此情形下 $2^k < m \le 2^{k+1}$, 因此 $\lceil m/2 \rceil \le 2^k$, 且 $\lceil m/2 \rceil!$ 与 n 互素. 所以 $\binom{m}{\lfloor m/2 \rfloor} \bmod n = 0$ 当且仅当 $m! \bmod n = 0$. 而且 $n \ne 4$.)

为了使用有限多个寄存器计算 m 的值, 我们可以利用斐波那契契数 (见算法 6.2.1F). 假设已知 $s = F_j$, $s' = F_{j+1}$, $t = A^{F_j}$, $t' = A^{F_{j+1}}$, $u = (A+1)^{2F_j}$, $u' = (A+1)^{2F_{j+1}}$, $v = A^m$, $w = (A+1)^{2m}$, $\binom{2m}{m} \bmod n \ne 0$, 以及 $\binom{2(m+s)}{m+s} \bmod n = 0$. 对适当大小的 j, 不难在 $O(\log n)$ 步内求出当 $m = F_{j+1}$ 时的这些数值, 且 A 会大于 $2^{2(m+s)}$. 如果 $s = 1$, 则取 $f(n) = \gcd(2m+1, n)$ 或 $\gcd(2m+2, n)$ (两者都不等于 1), 并结束算法. 否则按下列步骤将 j 减 1: 令 $r \leftarrow s$, $s \leftarrow s' - s$, $s' \leftarrow r$, $r \leftarrow t$, $t \leftarrow \lfloor t'/t \rfloor$, $t' \leftarrow r$, $r \leftarrow u$, $u \leftarrow \lfloor u'/u \rfloor$, $u' \leftarrow r$. 如果 $(\lfloor wu/vt \rfloor \bmod A) \bmod n \ne 0$, 则令 $m \leftarrow m+s$, $w \leftarrow wu$, $v \leftarrow vt$.

[这个问题是否可以用少于 $O(\log n)$ 次运算解决? 是否可以用 $O(\log n)$ 次运算求出 n 的最大或最小素因数?]

41. (a) 当 $1 \le m \le x$ 时显然有 $\pi(x) = \pi(m) + f_1(x, m) = \pi(m) + f(x, m) - f_0(x, m) - f_2(x, m) - f_3(x, m) - \cdots$. 取 $x = N^3$, $m = N$. 并且注意对于 $k > 2$, $f_k(N^3, N) = 0$.

(b) $f_2(N^3, N) = \sum_{N < p \le q}[pq \le N^3] = \sum_{N < p \le N^{3/2}}(\pi(N^3/p) - \pi(p) + 1) = \sum_{N < p \le N^{3/2}} \pi(N^3/p) - \binom{\pi(N^{3/2})}{2} + \binom{\pi(N)}{2}$, 其中 p 和 q 取素数值. 因此 $f_2(1000, 10) = \pi(\frac{1000}{11}) + \pi(\frac{1000}{13}) + \pi(\frac{1000}{17}) + \pi(\frac{1000}{19}) + \pi(\frac{1000}{23}) + \pi(\frac{1000}{29}) + \pi(\frac{1000}{31}) - \binom{\pi(31)}{2} + \binom{\pi(10)}{2} = 24 + 21 + 16 + 15 + 14 + 11 + 11 - 55 + 6 = 63$.

(c) 提示中给出的恒等式告诉我们, 一个 p_j-存活数是 p_{j-1}-存活数且不是 p_j 的倍数. 显然 $f(N^3, N) = f(N^3, p_{\pi(N)})$. 不断应用这个恒等式直至得到 $f(x, p_j)$, 其中 $j = 0$ 或者 $x \le N^2$. 计算结果为

$$f(N^3, N) = \sum_{k=1}^{N-1} \mu(k) f\left(\frac{N^3}{k}, 1\right) - \sum_{j=1}^{\pi(N)} \sum_{N/p_j \le k < N} \mu(k) f\left(\frac{N^3}{kp_j}, p_{j-1}\right)[k \text{ 是一个 } p_j\text{-存活数}].$$

于是 $f(x, 1) = \lfloor x \rfloor$, 所以当 $N = 10$ 时第一个和是 $1000 - 500 - 333 - 200 + 166 - 142 = -9$. 第二个和是 $-f(\frac{1000}{10}, 1) - f(\frac{1000}{14}, 1) - f(\frac{1000}{15}, 2) - f(\frac{1000}{21}, 2) - f(\frac{1000}{35}, 3) = -100 - 71 - 33 - 24 - 9 = -237$. 于是 $f(1000, 10) = -9 + 237 = 228$, 并且 $\pi(1000) = 4 + 228 - 1 - 63 = 168$.

(d) 如果 $N^2 \le 2^m$, 则可构造一个数组, 其中 $1 \le n \le N^2$, $a_{2^m - 1 + n} = [n+1 \text{ 是一个 } p_j\text{-存活数}]$ 表示 j 次筛选后的筛, 而且对于 $1 \le n < 2^m$, $a_n = a_{2n} + a_{2n+1}$. 当 $x \le N^2$ 时不难在 $O(m)$ 步内计算 $f(x, p_j)$ 的值, 并在 $O(N^2 m/p)$ 步内将 p 的倍数从筛中去掉. 计算 $f(N^3, N)$ 的值的总运行时间将会是 $O(N^2 \log N \log \log N)$, 因为 $\sum_{j=1}^{\pi(N)} 1/p_j = O(\log \log N)$.

如果我们将筛分解为大小为 N 的 N 个部分，并在每个部分中独立运算，则可将存储需求从 $2N^2m$ 降低到 $2Nm$. 在主计算过程开始之前，对于 $1 \le j \le \pi(N)$，由 p_j 构成的辅助表，以及对于 $1 \le k \le N$，由 $\mu(k)$ 和 k 的最小素因数构成的辅助表，是很有帮助和容易构造的.

[见 *Math. Comp.* **44** (1985), 537–560. 一个类似的方法是由丹尼尔·迈塞尔首先提出的，见 *Math. Annalen* **2** (1870), 636–642; **3** (1871), 523–525; **21** (1883), 304; **25** (1885), 251–257. 莱默在 *Illinois J. Math.* **3** (1959), 381–388 中对迈塞尔的方法做了几处改进. 然而，迈塞尔和莱默都没有给出像上面所描述的方法那样高效的循环过程的停止规则. 马克·德莱格利斯、若埃尔·里瓦和古尔登又做了进一步的改进，而奥利韦拉则利用这些方法得到了 $\pi(10^{23}) = 1\,925\,320\,391\,606\,803\,968\,923$. 见 *Revista do DETUA* **4** (2006), 759–768. 杰弗里·拉加里亚斯和奥德里兹科还提出了一种完全不同的方法，利用解析数论的一些理论结果在 $O(N^{1/2+\epsilon})$ 步内计算 $\pi(N)$ 的值. 见 *J. Algorithms* **8** (1987), 173–191. 然而在 O 中包含的常数巨大无比.]

42. **L1.** [初始化.] 求 $\bar{r}$ 满足 $r\bar{r} \equiv 1 \pmod{s}$. 然后置 $r' \leftarrow n\bar{r} \bmod s$，$u \leftarrow r'\bar{r} \bmod s$，$v \leftarrow s$，$w \leftarrow (n - rr')\bar{r}/s \bmod s$，$\theta \leftarrow \lfloor\sqrt{N/s}\rfloor$，$(u_1, u_3) \leftarrow (1, u)$，$(v_1, v_3) \leftarrow (0, v)$. （我们要求出所有满足 $(\lambda s + r)(\mu s + r') = N$ 的整数对 (λ, μ). 可知它们满足 $\lambda u + \mu \equiv w \pmod{s}$ 和 $\sqrt{\lambda\mu v} \le \theta$. 我们将执行算法 4.5.2X，但在执行过程中不计算 t_2, u_2, v_2. 以下关系式

$$\lambda t_3 + \mu t_1 \equiv wt_1, \qquad \lambda u_3 + \mu u_1 \equiv wu_1, \qquad \lambda v_3 + \mu v_1 \equiv wv_1 \pmod{s}$$

将始终成立. ）

L2. [尝试求因数.] 如果 $v_1 = 0$，则只要 $\lambda s + r$ 整除 N 且 $0 \le \lambda \le \theta/s$ 就输出 $\lambda s + r$. 如果 $v_3 = 0$，则只要 $\mu s + r'$ 整除 N 且 $0 \le \mu \le \theta/s$ 就输出 $N/(\mu s + r')$. 否则，对 $v_1 < 0$ 时所有满足 $|wv_1 + ks| \le \theta$ 的 k，或者 $v_1 > 0$ 时所有满足 $0 < wv_1 + ks \le 2\theta$ 的 k，以及对于 $\sigma = +1$ 和 -1，如果 $d = (wv_1 s + ks^2 + v_3 r + v_1 r')^2 - 4v_1 v_3 N$ 是完全平方数，并且

$$\lambda = \frac{wv_1 s + ks^2 - v_3 r + v_1 r' + \sigma\sqrt{d}}{2v_3 s}, \qquad \mu = \frac{wv_1 s + ks^2 + v_3 r - v_1 r' - \sigma\sqrt{d}}{2v_3 s}$$

都是正整数，就输出 $\lambda s + r$. （这些都是 $\lambda v_3 + \mu v_1 = wv_1 + ks$，$(\lambda s + r)(\mu s + r') = N$ 的解. ）

L3. [完成了吗?] 如果 $v_3 = 0$，则算法结束.

L4. [做除法及减法.] 置 $q \leftarrow \lfloor u_3/v_3 \rfloor$. 如果 $u_3 = qv_3$ 且 $v_1 < 0$，则将 q 减 1. 然后置

$$(t_1, t_3) \leftarrow (u_1, u_3) - (v_1, v_3)q, \qquad (u_1, u_3) \leftarrow (v_1, v_3), \qquad (v_1, v_3) \leftarrow (t_1, t_3)$$

并转回到 L2. ∎

[见 *Math. Comp.* **42** (1984), 331–340. 我们可将步骤 L2 中的界取得更精确，比如确保 $d \ge 0$. 有些因数可能会输出多次.]

43. (a) 首先确认雅可比符号 $\left(\frac{y}{m}\right)$ 为 $+1$. （如果为 0，则任务很容易完成. 如果为 -1，则 $y \notin Q_m$. ）然后在 $[0 \mathinner{.\,.} m)$ 中随机选取整数 $x_1, \ldots, x_n$ 并设 $X_j = [G(y^2 x_j^4 \bmod m) = (y x_j^2 \bmod m) \bmod 2]$. 如果 $y \in Q_m$，则 $\mathrm{E}\,X_j \ge \frac{1}{2} + \epsilon$. 否则 $m - y \in Q_m$ 且 $\mathrm{E}\,X_j \le \frac{1}{2} - \epsilon$. 如果 $X_1 + \cdots + X_n \ge \frac{1}{2}n$ 则判定 $y \in Q_m$. 根据习题 1.2.10–21，算法失败的概率不会超过 $e^{-2\epsilon^2 n}$. 所以可取 $n = \lceil \frac{1}{2}\epsilon^{-2} \ln \delta^{-1} \rceil$.

(b) 找一个 x 使雅可比符号 $\left(\frac{x}{m}\right) = -1$，并取 $y \leftarrow x^2 \bmod m$. 则 m 的素因数为 $\gcd(x + \sqrt{y}, m)$ 和 $\gcd(x - \sqrt{y}, m)$. 我们的任务是对给定的 $y \in Q_m$ 求 $\pm\sqrt{y}$. 如果能对任意非零的 v 求出 τv，则任务已达成，因为 $\sqrt{y} = (v^{-1}\tau v) \bmod m$，除非 $\gcd(v, m)$ 是 m 的因数.

假设对某个 $e \ge 1$ 有 $\epsilon = 2^{-e}$. 在 $[0 \mathinner{.\,.} m)$ 内随机选取整数 a 和 b，并假设已找到二进制分数 α_0 和 β_0 满足

$$\left|\frac{\tau a}{m} - \alpha_0\right| < \frac{\epsilon}{64}, \qquad \left|\frac{\tau b}{m} - \beta_0\right| < \frac{\epsilon^3}{64}.$$

这里 α_0 是 $\epsilon/64$ 的奇数倍，而 β_0 是 $\epsilon^3/64$ 的奇数倍. 又假设已知 λa 和 λb. 当然，我们其实并不知道 $\alpha_0, \beta_0, \lambda a$ 以及 λb 的数值，但我们会测试所有 $32\epsilon^{-1} \times 32\epsilon^{-3} \times 2 \times 2$ 种可能性. 程序在不正确的假设下执行的错误代码段并不会造成任何损失.

定义 $u_{tj} = 2^{-t}(a + (j + \frac{1}{2})b) \bmod m$, $v_{tj} = 2^{-t-1}(a + jb) \bmod m$. 由于 a 和 b 是随机选取的, 所以 u_{tj} 和 v_{tj} 都在 $[0 \mathbin{..} m)$ 内均匀分布. 而且对固定的 t, 只要 l 不大于 m 的最小素因数, 则对于 $j_0 \le j < j_0 + l$, u_{tj} 两两相互独立, 从而对于 $j_0 \le j < j_0 + l$, v_{tj} 也两两相互独立. 我们只会用到 $-2r\epsilon^{-2} \le j < 2r\epsilon^{-2}$ 范围内的 u_{tj} 和 v_{tj}. 如果这些数中有一个与 m 有公共的非零因数, 则任务完成.

对任意 $v \perp m$, 如果 $v \in Q_m$, 则定义 $\chi v = +1$. 如果 $-v \in Q_m$, 则定义 $\chi v = -1$. 而如果 $\left(\frac{v}{m}\right) = -1$, 则定义 $\chi v = 0$. 由于 $u_{tj} = (2^2 u_{(t+2)j}) \bmod m$, 所以 $\chi u_{(t+2)j} = \chi u_{tj}$. 因此, 对于 $0 \le t \le 1$ 和 $-2r\epsilon^{-2} \le j < 2r\epsilon^{-2}$, 我们可以将算法 A 应用于 u_{tj} 和 v_{tj}, 以求出 χu_{tj} 和 χv_{tj} 对于所有 t 和 j 的值. 在算法中取 $\delta = \frac{1}{1440} \epsilon^2 r^{-1}$ 可确保所有 χ 值正确的概率不小于 $1 - \frac{1}{90}$.

算法最多分为 r 个阶段. 对于 $0 \le t < r$, 在阶段 t 的开头, 假设已知 $\lambda 2^{-t}a$, $\lambda 2^{-t}b$, 以及分数 α_t, β_t 满足

$$\left| \frac{\tau 2^{-t}a}{m} - \alpha_t \right| < \frac{\epsilon}{2^{t+6}}, \qquad \left| \frac{\tau 2^{-t}b}{m} - \beta_t \right| < \frac{\epsilon^3}{2^{t+6}}.$$

定义 $\alpha_{t+1} = \frac{1}{2}(\alpha_t + \lambda 2^{-t}a)$ 及 $\beta_{t+1} = \frac{1}{2}(\beta_t + \lambda 2^{-t}b)$. 它们的值满足上述不等式. 下一步是求满足

$$\lambda u_{tj} + \lambda 2^{-t}a + j\lambda 2^{-t}b + \lambda 2^{-t-1}b + \left\lfloor \frac{\tau 2^{-t}a + j\tau 2^{-t}b + \tau 2^{-t-1}b}{m} \right\rfloor \equiv 0 \quad (\text{modulo } 2)$$

的 $\lambda 2^{-t-1}b$. 取 $n = 4\min(r, 2^t)\epsilon^{-2}$, 则当 $|j| \le \frac{n}{2}$ 时, 我们有

$$\left| \frac{\tau 2^{-t}a}{m} + j\frac{\tau 2^{-t}b}{m} + \frac{\tau 2^{-t-1}b}{m} - (\alpha_t + j\beta_t + \beta_{t+1}) \right| < \frac{\epsilon}{16}.$$

因此当 $\chi u_{tj} = 1$ 时, $\lambda 2^{-t-1}b = G_j$ 很可能成立, 其中 $G_j = (G(u_{tj}^2 y \bmod m) + \lambda 2^{-t}a + j\lambda 2^{-t}b + \lfloor \alpha_t j\beta_t + \beta_{t+1} \rfloor) \bmod 2$. 更确切地, 除非 $\tau u_{tj} < \frac{\epsilon}{16}m$ 或者 $\tau u_{tj} > (1 - \frac{\epsilon}{16})m$, 否则我们有

$$\lfloor (\tau 2^{-t}a + j\tau 2^{-t}b + \tau 2^{-t-1}b)/m \rfloor = \lfloor \alpha_t + j\beta_t + \beta_{t+1} \rfloor.$$

记 $Y_j = (2G_j - 1)\chi u_{tj}$. 如果 $Y_j = +1$, 则取 $\lambda 2^{-t-1}b = 1$. 如果 $Y_j = -1$, 则取 $\lambda 2^{-t-1}b = 0$. 如果 $Y_j = 0$, 则不作判定. 综合各种情况, 我们取 $\lambda 2^{-t-1}b = [\sum_{j=-n/2}^{n/2-1} Y_j \ge 0]$.

$\lambda 2^{-t-1}b$ 的值正确的概率是多少? 如果 $\chi u_{tj} \ne 0$ 且 ($\tau u_{tj} < \frac{\epsilon}{16}m$ 或者 $\tau u_{tj} > (1 - \frac{\epsilon}{16})m$ 或者 $G(u_{tj}^2 y \bmod m) \ne \lambda u_{tj}$), 则取 $Z_j = -1$, 否则取 $Z_j = |\chi u_{tj}|$. 由于 Z_j 是 u_{tj} 的函数, 所以各 Z_j 两两独立且具有相同的分布. 记 $Z = \sum_{j=-n/2}^{n/2-1} Z_j$. 如果 $Z > 0$, 则 $\lambda 2^{-t-1}b$ 的值是正确的. $Z_j = 0$ 的概率是 $\frac{1}{2}$, 而 $Z_j = +1$ 的概率至少是 $\frac{1}{4} + \frac{\epsilon}{2} - \frac{\epsilon}{8}$. 所以 $\mathrm{E}\, Z_j \ge \frac{3}{4}\epsilon$. 显然 $\mathrm{var}(Z_j) \le \frac{1}{2}$. 因此由切比雪夫不等式 (习题 3.5-42), 在正确的前提假设下, 程序段发生错误的机会至多是 $\Pr(Z \le 0) \le \Pr((Z - n\mathrm{E}\,Z_j)^2 \ge \frac{9}{16}n^2\epsilon^2) \le \frac{8}{9}n^{-1}\epsilon^2 = \frac{2}{9}\min(r, 2^t)^{-1}$.

将 u_{tj} 替换为 v_{tj} 所得的类似方法可以用来确定 $\lambda 2^{-t-1}a$ 的值, 且误差不超过 $\frac{2}{9}\min(r, 2^t)^{-1}$. 最终可推导出 $\epsilon^3/2^{t+6} < 1/(2m)$, 因此 $\tau 2^{-t}b$ 会是最接近 $m\beta_t$ 的整数. 于是可以计算 $\sqrt{y} = (2^t b^{-1}\tau 2^{-t}b) \bmod m$, 再取平方就可以知道我们的方法是否正确.

在阶段 $t < \lg n$ 发生任何错误的机会不超过 $\frac{4}{9}\sum_{t \ge 1} 2^{-t} = \frac{4}{9}$, 而在其后各阶段出错的机会不超过 $\frac{4}{9}\sum_{t \le r} r^{-1} = \frac{4}{9}$. 因此, 所有可能错误出现的机会, 其中包括 χ 的值不全对的可能性, 不会超过 $\frac{4}{9} + \frac{4}{9} + \frac{1}{90} = \frac{9}{10}$. 如果反复运行程序, 则其中至少有 $\frac{1}{10}$ 能成功求出 $\sqrt{y}$. 于是在平均意义下, 最多做 10 次计算就可以找到 m 的因数.

在总体运行时间中, 主要部分为计算 χ 值的时间 $O(r\epsilon^{-4}\log(r\epsilon^{-2})T(G))$, 其后作猜测的时间 $O(r^2\epsilon^{-2}T(G))$, 以及在各程序段计算 $\alpha_t, \beta_t, \lambda 2^{-t}a$ 和 $\lambda 2^{-t}b$ 的时间 $O(r^2\epsilon^{-6})$.

上述计算过程很好地展示了随机算法的许多基本模式. 它是由罗格·菲施林和施诺尔 [*J. Cryptology* **13** (2000), 221–244] 在沃纳·亚历克西、本尼·科尔、奥代德·戈德赖希和施诺尔 [*SICOMP* **17** (1988), 194–209] 以及迈克尔·本-欧、本尼·科尔和沙米尔 [*STOC* **15** (1983), 421–430] 更早时给出的方法基础上提出的. 将它与引理 3.5P4 相结合, 可得到类似于定理 3.5P 的一个定理, 只是将序列 3.2.2–(17) 替换为 3.2.2–(16). 菲施林和施诺尔告诉我们应如何把这些计算流水线化使得因数分解算法花费 $O(r\epsilon^{-4}\log(r\epsilon^{-1})T(G))$ 步. 用他们的办法 "击破" 3.2.2–(16) 中的序列的时间上界为 $T(F) = O(RN^4\epsilon^{-4}\log(RN\epsilon^{-1})(T(G) + R^2))$. 在 O 中隐藏的常数因子相当大, 但还不算非常巨大. 如

果我们可以用不小于 $\frac{1}{2}+\epsilon$ 的概率猜出 $y^{1/a} \bmod 2$，则用另一个类似的方法可由 RSA 函数 $y = x^a \bmod m$ 求出 x 的值，其中 $a \perp \varphi(m)$.

44. 假设对于 $1 \le i \le k = d(d-1)/2+1$，$\sum_{j=0}^{d-1} a_{ij}x^j \equiv 0 \ (\text{modulo } m_i)$，$\gcd(a_{i0}, a_{i1}, \dots, a_{i(d-1)}, m_i) = 1$，且 $|x| < m_i$，其中 $m_i \perp m_j$，$1 \le i < j \le k$. 又假设 $m = \min\{m_1, \dots, m_k\} > n^{n/2}2^{n^2/2}d^d$，其中 $n = d + k$. 首先求 $u_1, \dots, u_k$ 满足 $u_j \bmod m_i = \delta_{ij}$，然后构造 $n \times n$ 矩阵

$$L = \begin{pmatrix} M & & & & & & & \\ 0 & mM & & & & & & \\ \vdots & \vdots & \ddots & & & & & \\ 0 & 0 & \dots & m^{d-1}M & & & & \\ a_{10}u_1 & ma_{11}u_1 & \dots & m^{d-1}a_{1(d-1)}u_1 & M/m_1d & & & \\ a_{20}u_2 & ma_{21}u_2 & \dots & m^{d-1}a_{2(d-1)}u_2 & 0 & M/m_2d & & \\ \vdots & \vdots & & \vdots & \vdots & \vdots & \ddots & \\ a_{k0}u_k & ma_{k1}u_k & \dots & m^{d-1}a_{k(d-1)}u_k & 0 & 0 & \dots & M/m_kd \end{pmatrix},$$

其中 $M = m_1m_2\dots m_k$. 由于对角线上方的所有元素都等于零，所以 $\det L = M^{n-1}m^{k-1}d^{-k}$. 设 $v = (t_0, \dots, t_{d-1}, v_1, \dots, v_k)$ 为非零整数向量，使得 $\text{length}(vL) \le \sqrt{n2^n}M^{(n-1)/n}m^{(k-1)/n}d^{-k/n}$. 由于 $M^{(n-1)/n} < M/m^{k/n}$，所以 $\text{length}(vL) < M/d$. 令 $c_j = t_jM + \sum_{i=1}^k a_{ij}u_iv_i$，$P(x) = c_0 + c_1x + \dots + c_{d-1}x^{d-1}$. 则对于 $1 \le i \le k$，$P(x) \equiv v_i(a_{i0} + a_{i1}x + \dots + a_{i(d-1)}x^{d-1}) \equiv 0 \ (\text{modulo } m_i)$. 因此 $P(x) \equiv 0 \ (\text{modulo } M)$. 又知 $|m^jc_j| < M/d$，所以 $P(x) = 0$. 但 $P(x)$ 不会恒等于零，这是因为由条件 $v_ia_{ij} \equiv 0 \ (\text{modulo } m_i)$ 及 $\gcd(a_{i0}, \dots, a_{i(d-1)}, m_i) = 1$ 可推导出 $v_i \equiv 0 \ (\text{modulo } m_i)$，又由 $|v_iM/m_id| < M/d$ 可推导出 $|v_i| < m_i$. 因此不可能有 $v_1 = \dots = v_k = 0$. 所以，我们总是可以找到这样的 x（确切地说，最多 $d-1$ 个 x 值），且总的运行时间是关于 $\lg M$ 的多项式. [*Lecture Notes in Comp. Sci.* **218** (1985), 403–408.]

45. 论据 1. 此同余式肯定是有解的. 首先假设 n 是素数. 如果 $\left(\frac{b}{n}\right) = 1$，则存在解使得 $y = 0$. 如果 $\left(\frac{b}{n}\right) = -1$，则设 $j > 0$ 是满足 $\left(\frac{-ja}{n}\right) = -1$ 的最小值. 于是存在 x_0 和 y_0 使得 $x_0^2 - a \equiv -ja$ 且 $b \equiv -ja(y_0)^2 (\text{modulo } n)$. 所以 $(x_0y_0)^2 - ay_0^2 \equiv b$. 其次，假设已经找到一个解 $x^2 - ay^2 \equiv b \ (\text{modulo } n)$，需要进一步求模 n^2 的解. 我们总是可以找到 c 和 d 使得 $(x+cn)^2 - a(y+dn)^2 \equiv b \ (\text{modulo } n^2)$，因为 $(x+cn)^2 - a(y+dn)^2 \equiv x^2 - ay^2 + (2cx - 2ayd)n$ 且 $\gcd(2x, 2ay) \perp n$. 因此当 n 是某个奇素数的幂时，必定存在一个解.（我们需要假设 n 是奇数，例如，因为 $x^2 \pm y^2 \equiv 3 \ (\text{modulo } 8)$ 就是无解的.）最后，根据中国剩余定理，对所有奇数 n 解都存在.

论据 2. 给定满足 $a \perp n$ 的 a 和 n，对所有 $b \perp n$ 解的数目都是相同的. 这个结论由提示中所给的恒等式以及论据 1 就可推导出，因为如果 $x_1^2 - ay_1^2 \equiv b$，当 (x_2, y_2) 取遍 $x^2 - ay^2 \equiv 1$ 的所有解，$(x_1x_2 - ay_1y_2, x_1y_2 + x_2y_1)$ 就取遍 $x^2 - ay^2 \equiv b$ 的所有解. 换句话说，当 $x_1^2 - ay_1^2 \perp n$ 时，(x_2, y_2) 由 (x_1, y_1) 以及 (x, y) 唯一确定.

论据 3. 给定满足 $z^2 \equiv a \ (\text{modulo } s)$ 的整数 (a, s, z)，我们可以找到整数 (x, y, m, t) 满足 $x^2 - ay^2 = m^2st$，其中 $(x, y) \ne (0, 0)$ 且 $t^2 \le \frac{4}{3}|a|$. 事实上，如果 $z^2 = a + ms$，可令 (u, v) 为使得 $(zu + mv)^2 + |a|u^2$ 达到最小值的非零整数对. 利用 3.3.4 节中的方法可以很快求出 (u, v)，并且由习题 3.3.4–9 可推导出 $(zu + mv)^2 + |a|u^2 \le \left(\frac{4}{3}|a|\right)^{1/2}$. 因此 $(zu + mv)^2 - au^2 = mt$，其中 $t^2 \le \frac{4}{3}|a|$. 于是提示中的恒等式给出 $x^2 - ay^2 = (ms)(mt)$ 的解.

论据 4. 容易求解 $x^2 - y^2 \equiv b \ (\text{modulo } n)$，因为可取 $x = (b+1)/2$，$y = (b-1)/2$.

论据 5. 不难求解 $x^2 + y^2 \equiv b \ (\text{modulo } n)$，因为当 p 是素数且 $p \bmod 4 = 1$ 时，利用习题 3.3.4–11 中的方法可以求解 $x^2 + y^2 = p$. 在 $b, b+n, b+2n, \dots$ 中可以找到符合条件的 p 值.

当 $|a| > 1$ 时，我们可按以下步骤求解所列问题. 在 1 和 $n-1$ 之间随机选取 u 和 v 的值，然后计算 $w = (u^2 - av^2) \bmod n$ 和 $d = \gcd(w, n)$. 如果 $1 < d < n$ 或者 $\gcd(v, n) > 1$，我们可将 n 的值减小，因为利用证明论据 1 的方法可将关于 n 的因数的解转换为关于 n 本身的解. 如果 $d = n$ 且 $v \perp n$，则

$(u/v)^2 \equiv a$ (modulo n)，从而可将 a 的值变为 1. 否则就有 $d = 1$，则记 $s = bw \bmod n$. 根据论据 2，s 以同等概率取与 n 互素的各个值. 如果 $\left(\frac{a}{s}\right) = 1$，则假设 s 是素数并试解 $z^2 \equiv a$ (modulo s)（习题 4.6.2–15）. 如果求解不成功，则再随机选取 u 和 v 的其他值. 如果求解成功，则设 $z^2 = a + ms$ 并计算 $d = \gcd(ms, n)$. 如果 $d > 1$，则按前面的办法降低各个参数的值. 否则利用论据 3 求满足 $x^2 - ay^2 = m^2 st$ 且 $t^2 \leq \frac{4}{3}|a|$ 的整数，它们也满足 $(x/m)^2 - a(y/m)^2 \equiv st$ (modulo n). 如果 $t = 0$，则将 a 的值取为 1. 否则递归地应用这个算法来求解 $X^2 - tY^2 \equiv a$ (modulo n).（由于 t 的值远小于 a，所以只需要用到 $O(\log\log n)$ 层递归.）如果 $\gcd(Y, n) > 1$，我们可以减小 n 或者 a 的值. 否则就有 $(X/Y)^2 - a(1/Y)^2 \equiv t$ (modulo n). 最终，由提示中的恒等式可得到 $x'^2 - ay'^2 \equiv s$ 的一个解（见论据 2），进而给出我们所需的解，因为 $u^2 - av^2 \equiv s/b$.

在实际计算中，只需要做 $O(\log n)$ 次随机选取即可使算法中所做的假设成立. 然而严格的证明需要用到广义黎曼假设 [*IEEE Trans.* **IT-33** (1987), 702–709]. 而阿德尔曼、丹尼斯·埃斯蒂斯和麦柯利则设计了一个更慢且更复杂的算法 [*Math. Comp.* **48** (1987), 17–28]，但其优点是不依赖于任何未被证明的假设.

46. [*FOCS* **20** (1979), 55–60.] 通过对足够多个 n_i 求出 $a^{n_i} \bmod p = \prod_{j=1}^{m} p_j^{e_{ij}}$，我们可得到 $\sum_i x_{ijk} e_{ij} + (p-1) t_{jk} = \delta_{jk}$ 的整数解 $x_{ijk}, t_{jk}, 1 \leq j, k \leq m$（例如，像 4.5.2–(23) 那样），进而求出 $a^{N_j} \bmod p = p_j$ 的解 $N_j = (\sum_i x_{ijk} e_{jk}) \bmod (p-1)$. 于是，如果 $ban' \bmod p = \prod_{j=1}^{m} p_j^{e'_j}$，则 $n + n' \equiv \sum_{j=1}^{m} e'_j N_j$ (modulo $p-1$). [目前已经存在一些改进的算法，例如，见唐·科珀史密斯、奥德里兹科和施罗皮尔，*Algorithmica* **1** (1986), 1–15.]

47. 在本书的前几次印刷中，这道题目中的 N 只有 211 位十进制数字，从而在 2012 年被詹姆斯·奇尔德斯以及大约 500 名志愿者使用椭圆曲线法和广义数域法所破解.

4.6 节

1. $9x^2 + 7x + 7$, $5x^3 + 7x^2 + 2x + 6$.

2. (a) 对. (b) 如果代数系统 S 中含有零因子则命题错误，如同习题 1 中那样. 否则就是正确的. 所谓零因子，即本身非零但乘积为零. (c) 当 $m \neq n$ 时是正确的，但 $m = n$ 时一般是错误的，因为首项系数可能会抵消掉.

3. 假设 $r \leq s$. 当 $0 \leq k \leq r$ 时最大值为 $m_1 m_2 (k+1)$. 当 $r \leq k \leq s$ 时最大值为 $m_1 m_2 (r+1)$. 当 $s \leq k \leq r+s$ 时最大值为 $m_1 m_2 (r+s+1-k)$. 对所有 k 都成立的最小上界为 $m_1 m_2 (r+1)$.（这道习题的解答可以帮助我们分解多项式 $x^7 + 2x^6 + 3x^5 + 3x^4 + 3x^3 + 3x^2 + 2x + 1$.）

4. 如果其中有一个多项式的非零系数少于 2^t 个，则可按下列步骤将它们相乘：在每两个系数之间插入 $t-1$ 个零，然后在二进制数系做乘法运算，最后利用逐位逻辑与指令（大多数二进制计算机都提供这个指令，见算法 4.5.4D）将多余的二进制位去掉. 例如，设 $t = 3$，则正文中的乘法运算给出 $(1001000001)_2 \times (1000001001)_2 = (1001001011001001001)_2$，将此计算结果与 $(1001001 \ldots 1001)_2$ 做逻辑与运算即可得所需答案. 在将系数非负且值不会很大的多项式相乘时也可使用类似的技巧.

5. 次数不超过 $2n$ 的多项式都可写成 $U_1(x) x^n + U_0(x)$，其中 $\deg(U_1) \leq n$, $\deg(U_0) \leq n$. 并且 $(U_1(x) x^n + U_0(x))(V_1(x) x^n + V_0(x)) = U_1(x) V_1(x) (x^{2n} + x^n) + (U_1(x) + U_0(x))(V_1(x) + V_0(x)) x^n + U_0(x) V_0(x) (x^n + 1)$.（在上式中假设运算是模 2 的.）因此等式 4.3.3–(3) 和 4.3.3–(5) 成立.

注记：库克证明了算法 4.3.3T 可用类似的方式推广. 舍恩哈格说明了如何只用 $O(n \log n \log \log n)$ 次位运算将多项式模 2 相乘 [*Acta Informatica* **7** (1977), 395–398]. 事实上，在任意环 S 上，我们都可以只用 $O(n \log n \log \log n)$ 次代数运算将多项式相乘. 甚至当 S 是乘法运算不满足交换律或者结合律的代数系统时这个结论也是对的 [坎托和卡尔特奥芬，*Acta Informatica* **28** (1991), 693–701]. 也见习题 4.6.4–57 和 4.6.4–58. 但这些结论对稀疏多项式（有非常多的系数为零的多项式）没有什么用处.

4.6.1 节

1. $q(x) = 1 \cdot 2^3 x^3 + 0 \cdot 2^2 x^2 - 2 \cdot 2x + 8 = 8x^3 - 4x + 8$, $r(x) = 28x^2 + 4x + 8$.

2. 在欧几里得算法中生成的首一多项式序列的系数为 $(1, 5, 6, 6, 1, 6, 3)$, $(1, 2, 5, 2, 2, 4, 5)$, $(1, 5, 6, 2, 3, 4)$, $(1, 3, 4, 6)$, 0. 因此最大公因子为 $x^3 + 3x^2 + 4x + 6$. （一个多项式与其反序多项式的最大公因子一定是对称的, 所谓对称指的是多项式等于其反序多项式乘以一个单位元. ）

3. 算法 4.5.2X 的计算过程对域 S 上变量取整数值的多项式是正确的. 算法结束时 $U(x) = u_2(x)$, $V(x) = u_1(x)$. 设 $m = \deg(u)$, $n = \deg(v)$. 如果 $m \geq n$, 则由归纳法容易证明, 在算法的整个运行过程中, 执行完步骤 X3 后都有 $\deg(u_3) + \deg(v_1) = n$, $\deg(u_3) + \deg(v_2) = m$. 因此, 如果 m 和 n 大于 $d = \deg(\gcd(u, v))$, 则 $\deg(U) < m - d$, $\deg(V) < n - d$. 多项式确切的次数为 $m - d_1$ 和 $n - d_1$, 其中 d_1 是倒数第二个非零余多项式的次数. 如果 $d = \min(m, n)$, 比如说 $d = n$, 则我们有 $U(x) = 0$, $V(x) = 1$.

　　当 $u(x) = x^m - 1$, $v(x) = x^n - 1$ 时, 由恒等式 $(x^m - 1) \bmod (x^n - 1) = x^{m \bmod n} - 1$ 可知, 在计算过程中出现的所有多项式都是整系数的首一多项式. 当 $u(x) = x^{21} - 1$, $v(x) = x^{13} - 1$ 时, 我们有 $V(x) = x^{11} + x^8 + x^6 + x^3 + 1$, $U(x) = -(x^{19} + x^{16} + x^{14} + x^{11} + x^8 + x^6 + x^3 + x)$. ［也见等式 3.3.3–(29), 它给出了 $U(x)$ 和 $V(x)$ 的另一个计算公式. 此外, 见习题 4.3.2–6, 将其中的 2 换成 x. ］

4. 由于商多项式 $q(x)$ 只依赖于 $v(x)$ 以及 $u(x)$ 的前 $m - n$ 个系数, 因此余多项式 $r(x) = u(x) - q(x)v(x)$ 均匀分布且与 $v(x)$ 无关. 所以算法的每个步骤都可以认为是独立于其他步骤的. 这个算法比针对整数的欧几里得算法表现好得多.

　　$n_1 = n - k$ 的概率是 $p^{1-k}(1 - 1/p)$, 而 $t = 0$ 的概率是 p^{-n}. 成功步骤的计算过程都是非常类似的. 因此任意形如 $n, n_1, \ldots, n_t, -\infty$ 的多项式次数的序列的出现概率都是 $(p - 1)^t / p^n$. 为求 $f(n_1, \ldots, n_t)$ 的平均值, 对任意给定的 t 值, 我们记 S_t 为 $f(n_1, \ldots, n_t)$ 关于所有序列 $n > n_1 > \cdots > n_t \geq 0$ 的和, 则平均值是 $\sum_t S_t (p-1)^t / p^n$.

　　设 $f(n_1, \ldots, n_t) = t$, 则 $S_t = \binom{n}{t} t$, 因此平均值为 $n(1 - 1/p)$. 类似地, 如果 $f(n_1, \ldots, n_t) = n_1 + \cdots + n_t$, 则 $S_t = \binom{n}{2}\binom{n-1}{t-1}$, 平均值为 $\binom{n}{2}(1 - 1/p)$. 最后, 如果 $f(n_1, \ldots, n_t) = (n - n_1)n_1 + \cdots + (n_{t-1} - n_t)n_t$, 则

$$S_t = \binom{n+2}{t+2} - (n+1)\binom{n+1}{t+1} + \binom{n+1}{2}\binom{n}{t},$$

因此平均值是 $\binom{n+1}{2} - (n+1)p/(p-1) + (p/(p-1))^2(1 - 1/p^{n+1})$.

　　（如果取 $S_t = [t = n]$, 可推导出 $n_{j+1} = n_j - 1$ 对 $1 \leq j \leq t = n$ 成立的概率是 $(1 - 1/p)^n$. 这个概率值当 $p \to \infty$ 时趋于 1. 这是正文中关于算法 C 几乎总是出现 $\delta_2 = \delta_3 = \cdots = 1$ 的论断的另一种解释: 如果多项式不满足后一个条件, 则对所有 p 也不能模 p 满足前一个条件. ）

5. 利用习题 4 得到的公式, 其中 $f(n_1, \ldots, n_t) = [n_t = 0]$, 可以得到当 $n > 0$ 时的概率是 $1 - 1/p$, 当 $n = 0$ 时的概率是 1.

6. 假设常数项 $u(0)$ 和 $v(0)$ 都是非零的数, 并想象有一个计算 $u(x) = v(x)q(x) + x^{m-n}r(x)$ 的"自右至左"除法算法, 其中 $\deg(r) < \deg(v)$. 这是一个类似于算法 4.5.2B 的求最大公因子的算法. 它其实是首先将欧几里得算法应用于算法输入的"反序"多项式（见习题 2）, 然后将所得结果再反序并乘以 x 的适当的幂.

　　还有一个类似的算法与习题 4.5.2–40 中的方法非常类似. 这两个算法的平均迭代次数已经在诺顿, *SICOMP* **18** (1989), 608–624, 以及马柯驹和加滕, *J. Symbolic Comp.* **9** (1990), 429–455 中给出.

7. 就是 S 的单位（看作次数为 0 的多项式）.

8. 如果 $u(x) = v(x)w(x)$, 其中 $u(x)$ 的系数是整数, 而 $v(x)$ 和 $w(x)$ 的系数为有理数, 则存在非零整数 m 和 n 使得 $m \cdot v(x)$ 和 $n \cdot w(x)$ 的系数是整数. 由于 $u(x)$ 是本原多项式, 因此由等式 (4) 推导出

$$u(x) = \text{pp}((m \cdot v(x))(n \cdot w(x))) = \pm\, \text{pp}(m \cdot v(x))\, \text{pp}(n \cdot w(x)).$$

9. 我们可以按以下方式推广算法 E: 设 $(u_1(x), u_2(x), u_3, u_4(x))$ 和 $(v_1(x), v_2(x), v_3, v_4(x))$ 为四元组, 且满足 $u_1(x)u(x) + u_2(x)v(x) = u_3 u_4(x)$ 和 $v_1(x)u(x) + v_2(x)v(x) = v_3 v_4(x)$. 推广的算法从四元组 $(1, 0, \text{cont}(u), \text{pp}(u(x)))$ 和 $(0, 1, \text{cont}(v), \text{pp}(v(x)))$ 出发, 并且使它们在变化过程中始终满足上述关系式, 其中 $u_4(x)$ 和 $v_4(x)$ 相当于 $u(x)$ 和 $v(x)$ 在算法 E 中的角色. 如果 $au_4(x) = q(x)v_4(x) + br(x)$,

则 $av_3(u_1(x), u_2(x)) - q(x)u_3(v_1(x), v_2(x)) = (r_1(x), r_2(x))$，其中 $r_1(x)u(x) + r_2(x)v(x) = bu_3v_3r(x)$，因此推广算法可保持上述关系式成立. 当 $u(x)$ 和 $v(x)$ 互素时，推广算法将最终得到次数为零的 $r(x)$，从而如愿得到 $U(x) = r_2(x)$，$V(x) = r_1(x)$. （在实际操作中我们会将 $r_1(x)$、$r_2(x)$ 和 bu_3v_3 除以 $\gcd(\text{cont}(r_1), \text{cont}(r_2))$）. 反之，如果具有这种性质的 $U(x)$ 和 $V(x)$ 存在，则 $u(x)$ 和 $v(x)$ 没有公共的素因子，因为它们都是本原多项式且没有次数为正的公因子.

10. 只要将可约多项式逐次分解为次数更低的多项式，则任意多项式都可分解为有限多个不可约多项式的乘积. 容度部分的因子分解是唯一的. 为证明本原部分的因子分解唯一，关键是证明如果 $u(x)$ 不可约且是 $v(x)w(x)$ 的因子，但又不等于 $v(x)$ 乘以某个单位，则 $u(x)$ 是 $w(x)$ 的因子. 利用习题 9 的结论，我们可证明 $u(x)$ 是 $v(x)w(x)U(x) = rw(x) - w(x)u(x)V(x)$ 的因子，其中 r 是非零常数，从而证明上述命题.

11. 我们所用到行的编号只有 A_1，A_0，B_4，B_3，B_2，B_1，B_0，C_1，C_0，D_0. 一般地，设 $u_{j+2}(x) = 0$，则证明中需要用到行的编号从 $A_{n_2-n_j}$ 到 A_0，从 $B_{n_1-n_j}$ 到 B_0，从 $C_{n_2-n_j}$ 到 C_0，从 $D_{n_3-n_j}$ 到 D_0，等等.

12. 当 $n_k = 0$ 时，由正文中对 (24) 的证明推导出行列式的值为 $\pm h_k$，即 $\pm\ell_k^{n_{k-1}}/\prod_{1<j<k}\ell_j^{\delta_{j-1}(\delta_j-1)}$. 如果这些多项式有次数为正的因子，则可人为设定零多项式的次数为零，并利用同一个公式做推导，其中 $\ell_k = 0$.

注记：西尔维斯特行列式的值 $R(u, v)$ 称为 u 和 v 的结式，而 $(-1)^{\deg(u)(\deg(u)-1)/2}\ell(u)^{-1}R(u, u')$ 的值称为 u 的判别式，其中 u' 是 u 的导函数. 如果 $u(x)$ 可分解为 $a(x-\alpha_1)\ldots(x-\alpha_m)$，而且如果 $v(x) = b(x-\beta_1)\ldots(x-\beta_n)$，则结式 $R(u, v)$ 是 $a^n v(\alpha_1)\ldots v(\alpha_m) = (-1)^{mn}b^m u(\beta_1)\ldots u(\beta_n) = a^n b^m \prod_{i=1}^m \prod_{j=1}^n (\alpha_i - \beta_j)$. 因此这些次数为 mn 的关于 y 的多项式，分别作为 $u(y-x)$, $u(y+x)$, $x^m u(y/x)$ 及 $u(yx)$ 的 $v(x)$ 的结式，它们的根分别是和 $\alpha_i + \beta_j$，差 $\alpha_i - \beta_j$，积 $\alpha_i\beta_j$ 及商 α_i/β_j（当 $v(0) \neq 0$ 时）. 吕迪格·洛斯使用这种方法来构造针对代数数运算的算法 [*Computing*, Supplement **4** (1982), 173–187].

如果将西尔维斯特矩阵的第 A_i 行替换为

$$(b_0 A_i + b_1 A_{i+1} + \cdots + b_{n_2-1-i}A_{n_2-1}) - (a_0 B_i + a_1 B_{i+1} + \cdots + a_{n_2-1-i}B_{n_2-1}),$$

然后去掉从 B_{n_2-1} 到 B_0 的各行以及最后 n_2 列，则可以得到 $n_1 \times n_1$ 阶行列式的值作为结式，而不是原来的 $(n_1+n_2) \times (n_1+n_2)$ 阶行列式. 在某些情形下可使用这个行列式快速求出结式的值. 见 *CACM* **12** (1969), 23–30, 302–303.

雅各布·施瓦茨证明了当 $n \to \infty$ 时，可以用 $O(n(\log n)^2)$ 次算术运算求出 n 次多项式的结式和斯蒂尔姆序列. [见 *JACM* **27** (1980), 701–717.]

13. 我们可对 $j \geq 2$ 归纳证明 $(u_{j+1}(x), g_{j+1}, h_j)$ 的值分别替换为 $(\ell^{1+p_j}w(x)u_j(x), \ell^{2+p_j}g_j, \ell^{p_j}h_j)$，其中 $p_j = n_1 + n_2 - 2n_j$.（在这样的增长趋势下，上界 (26) 仍是成立的.）

14. 设 p 为整环中的一个素数，j, k 为满足 $p^k\backslash v_n = \ell(v)$ 和 $p^j\backslash v_{n-1}$ 的最大的数. 令 $P = p^k$. 根据算法 R，我们可以写 $q(x) = a_0 + Pa_1 x + \cdots + P^s a_s x^s$，其中 $s = m - n \geq 2$. 现在来看一下 $v(x)q(x)$ 中 x^{n+1}、x^n 和 x^{n-1} 的系数，即 $Pa_1 v_n + P^2 a_2 v_{n-1} + \cdots$、$a_0 v_n + Pa_1 v_{n-1} + \cdots$ 和 $a_0 v_{n-1} + Pa_1 v_{n-2} + \cdots$. 它们都是 P^3 的倍数. 由第一个推知 $p^j\backslash a_1$，由第二个推知 $p^{\min(k,2j)}\backslash a_0$，最后由第三个推知 $P\backslash a_0$. 因此 $P\backslash r(x)$. [如果 m 仅是 $n+1$，我们可证明的最好结果为 $p^{\lceil k/2\rceil}$ 整除 $r(x)$. 例如，考虑 $u(x) = x^3 + 1$，$v(x) = 4x^2 + 2x + 1$，$r(x) = 18$. 另一方面，利用形如 (21) 和 (22) 中的矩阵的行列式可推知 $\ell(r)^{\deg(v)-\deg(r)-1}r(x)$ 必定是 $\ell(v)^{(\deg(u)-\deg(v))(\deg(v)-\deg(r)-1)}$ 的倍元.]

15. 设 $c_{ij} = a_{i1}a_{j1} + \cdots + a_{in}a_{jn}$. 我们可假设对所有 i 有 $c_{ii} > 0$. 如果对于某个 $i \neq j$ 有 $c_{ij} \neq 0$，则我们可以将第 i 行和第 i 列都替换为 $(c_{i1} - tc_{j1}, \ldots, c_{in} - tc_{jn})$，其中 $t = c_{ij}/c_{jj}$. 这种替换操作并不改变 $\det C$ 的值，但却能降低我们要证明的上界的值，因为 c_{ii} 会被替换为 $c_{ii} - c_{ij}^2/c_{jj}$. 我们可以系统地对越来越大的 i 以及 $j < i$ 进行上述替换操作，直到对所有 $i \neq j$ 有 $c_{ij} = 0$ 为止. [后一个算法称为格拉姆-施密特正交化过程. 见 *Crelle* **94** (1883), 41–73; *Math. Annalen* **63** (1907), 442.] 于是 $\det(A)^2 = \det(AA^T) = c_{11}\ldots c_{nn}$.

16. 任一唯一因子分解整环上的 d 次一元多项式最多有 d 个根（见习题 3.2.1.2–16(b)）. 所以当 $n = 1$ 时显然有 $|r(S_1)| \leq d_1$. 如果 $n > 1$, 则 $f(x_1, \ldots, x_n) = g_0(x_2, \ldots, x_n) + x_1 g_1(x_2, \ldots, x_n) + \cdots + x_1^{d_1} g_{d_1}(x_2, \ldots, x_n)$, 其中至少有一个 g_k 非零. 给定 $(x_2, \ldots, x_n)$, 除非 $g_k(x_2, \ldots, x_n) = 0$, 否则最多有 d_1 个 x_1 的值使得 $f(x_1, \ldots, x_n) = 0$. 所以 $|r(S_1, \ldots, S_n)| \leq d_1(|S_2| - d_2) \ldots (|S_n| - d_n) + |S_1|(|S_2| \ldots |S_n| - (|S_2| - d_2) \ldots (|S_n| - d_n))$. ［理查德·德米洛和理查德·利普顿, *Inf. Proc. Letters* **7** (1978), 193–195. ］

注记: 这个上界是最优的, 因为对多项式 $f(x_1, \ldots, x_n) = \prod\{x_j - s_k \mid s_k \in S_j, 1 \leq k \leq d_j, 1 \leq j \leq n\}$, 不等式的等号成立. 然而在另一个意义下, 这个上界可以大大改进: 记 $f_1(x_1, \ldots, x_n) = f(x_1, \ldots, x_n)$, 且 $f_{j+1}(x_{j+1}, \ldots, x_n)$ 是 $f_j(x_j, \ldots, x_n)$ 中 x_j 的任意一个幂的非零系数. 于是记 d_j 为 f_j 中 x_j 的次数, 而不是 x_j 在 f 中的（往往大得多的）次数. 例如, 对多项式 $x_1^3 x_2^9 - 3x_1^2 x_2 + x_2^{100} + 5$ 可取 $d_1 = 3$ 和 $d_2 = 1$. 这种定义方式可以保证当 f 中所有项的总次数都不超过 d 时 $d_1 + \cdots + d_n \leq d$. 因此当所有集合 S_j 都相同时, 概率为

$$\frac{|r(S, \ldots, S)|}{|S|} \leq 1 - \left(1 - \frac{d_1}{|S|}\right) \cdots \left(1 - \frac{d_n}{|S|}\right) \leq \frac{d_1 + \cdots + d_n}{|S|} \leq \frac{d}{|S|}.$$

如果此概率值不超过 $\frac{1}{2}$, 且对 50 个随机选取的向量 $(x_1, \ldots, x_n)$ 都有 $f(x_1, \ldots, x_n) = 0$, 则 $f(x_1, \ldots, x_n)$ 恒为零的概率至少是 $1 - 2^{-50}$.

进而, 如果 $f_j(x_j, \ldots, x_n)$ 具有特殊形式 $x_j^{e_j} f_{j+1}(x_{j+1}, \ldots, x_n)$, 其中 $e_j > 0$, 则可取 $d_j = 1$, 因为当 $f_{j+1}(x_{j+1}, \ldots, x_n) \neq 0$ 时 x_j 必定为 0. 对于只有 m 个非零项的稀疏多项式, 至少有 $n - \lg m$ 个 j 使得 $d_j \leq 1$.

这个不等式可用于求多元稀疏多项式的最大公因子以及其他运算, 是由齐佩尔首先提出的 ［*Lecture Notes in Comp. Sci.* **72** (1979), 216–226 ］. 施瓦茨给出了进一步的推广 ［*JACM* **27** (1980), 701–717 ］, 其中包括了如何利用模算术避免出现很大的数: 如果 f 的系数都是整数, P 是由不小于 q 的素数构成的集合, 而且如果对于每个 $x_j \in S_j$ 都有 $|f(x_1, \ldots, x_n)| \leq L$, 则对于任意 $p \in P$, $f(x_1, \ldots, x_n) \equiv 0$ (modulo p) 的解的数目至多是

$$|S_1| \ldots |S_n| |P| - (|S_1| - d_1) \ldots (|S_n| - d_n)(|P| - \log_q L).$$

17. (a) 为方便起见, 我们只对 $A = \{a, b\}$ 描述算法. 由假设可推导出 $\deg(Q_1 U) = \deg(Q_2 V) \geq 0$, $\deg(Q_1) \leq \deg(Q_2)$. 如果 $\deg(Q_1) = 0$, 则 Q_1 就是一个非零有理数, 于是可令 $Q = Q_2/Q_1$. 否则设 $Q_1 = aQ_{11} + bQ_{12} + r_1$, $Q_2 = aQ_{21} + bQ_{22} + r_2$, 其中 r_1 和 r_2 是有理数. 于是

$$Q_1 U - Q_2 V = a(Q_{11} U - Q_{21} V) + b(Q_{12} U - Q_{22} V) + r_1 U - r_2 V.$$

因此要么 $\deg(Q_{11}) = \deg(Q_1) - 1$, 要么 $\deg(Q_{12}) = \deg(Q_1) - 1$. 对前一种情形, 考虑以 a 开头的最高次数的项, 可得 $\deg(Q_{11} U - Q_{21} V) < \deg(Q_{11} U)$. 于是可将 Q_1 替换为 Q_{11}, 将 Q_2 替换为 Q_{21}, 并重复上述过程. 类似地, 对后一种情形, 我们将 (Q_1, Q_2) 替换为 (Q_{12}, Q_{22}), 并重复这个过程.

(b) 我们可以假设 $\deg(U) \geq \deg(V)$. 如果 $\deg(R) \geq \deg(V)$, 则注意到 $Q_1 U - Q_2 V = Q_1 R - (Q_2 - Q_1 Q)V$ 的次数小于 $\deg(V) \leq \deg(Q_1 R)$, 所以可将 U 替换为 R 并重复此过程. 由于 $R = Q'V + R'$, $U = (Q + Q')V + R'$, 其中 $\deg(R') < \deg(R)$, 因此我们最终会得到一个解.

(c) 由 (b) 中的算法得 $V_1 = UV_2 + R$, $\deg(R) < \deg(V_2)$. 根据齐次性, $R = 0$ 且 U 是齐次的.

(d) 我们可以假设 $\deg(V) \leq \deg(U)$. 如果 $\deg(V) = 0$, 则取 $W \leftarrow U$, 否则利用 (c) 求 $U = QV$, 从而 $QVV = VQV$, $(QV - VQ)V = 0$. 由此可推导出 $QV = VQ$, 因此我们可以取 $U \leftarrow V$, $V \leftarrow Q$, 并重复此过程.

关于这道习题的研究主题的更多细节内容, 见科恩, *Proc. Cambridge Phil. Soc.* **57** (1961), 18–30. 乔治·伯格曼解决了比本习题困难得多的问题, 即刻画所有使得 $UV = VU$ 成立的串多项式 ［Ph.D. thesis, Harvard University, 1967 ］.

18. ［科恩, *Transactions of the Amer. Math. Soc.* **109** (1963), 332–356. ］

S1. 置 $u_1 \leftarrow U_1$, $u_2 \leftarrow U_2$, $v_1 \leftarrow V_1$, $v_2 \leftarrow V_2$, $z_1 \leftarrow z_2' \leftarrow w_1 \leftarrow w_2' \leftarrow 1$, $z_1' \leftarrow z_2 \leftarrow w_1' \leftarrow w_2 \leftarrow 0$, $n \leftarrow 0$.

S2. （在当前位置习题中所列的恒等式成立，且 $u_1v_1 = u_2v_2$. $v_2 = 0$ 当且仅当 $u_1 = 0$. ）如果 $v_2 = 0$，则算法结束并给出 $\gcrd(V_1, V_2) = v_1$, $\lclm(V_1, V_2) = z_1'V_1 = -z_2'V_2$. （同时，由对称性，我们有 $\gcld(U_1, U_2) = u_2$ 和 $\lcrm(U_1, U_2) = U_1w_1 = -U_2w_2$. ）

S3. 求 Q 和 R 满足 $v_1 = Qv_2 + R$，其中 $\deg(R) < \deg(v_2)$. （此时 $u_1(Qv_2 + R) = u_2v_2$，所以 $u_1R = (u_2 - u_1Q)v_2 = R'v_2$. ）

S4. 置 $(w_1, w_2, w_1', w_2', z_1, z_2, z_1', z_2', u_1, u_2, v_1, v_2) \leftarrow (w_1' - w_1Q, w_2' - w_2Q, w_1, w_2, z_1', z_2', z_1 - Qz_1', z_2 - Qz_2', u_2 - u_1Q, u_1, v_2, v_1 - Qv_2)$ 及 $n \leftarrow n + 1$，并转回 S2. ∎

对欧几里得算法的这种推广方式，在一个算法里同时包含了我们已经在前面看到过的各种推广的大部分特性，从而为我们提供了认识各种特殊情形的新的角度. 为证明其正确性，首先注意到在步骤 S4 中 $\deg(v_2)$ 是递减的，所以算法肯定会结束. 在算法的输出部分，v_1 是 V_1 和 V_2 的公共右因子，因为 $w_1v_1 = (-1)^nV_1$ 且 $-w_2v_1 = (-1)^nV_2$. 此外，如果 d 是 V_1 和 V_2 的任意公共右因子，则它也是 $z_1V_1 + z_2V_2 = v_1$ 的右因子. 所以 $v_1 = \gcrd(V_1, V_2)$. 而当 m 是 V_1 和 V_2 的任意公共左倍元时，我们可不失一般性地假设 $m = U_1V_1 = U_2V_2$，因为 Q 的值的序列不依赖于 U_1 和 U_2. 所以 $m = (-1)^n(-u_2z_1')V_1 = (-1)^n(u_2z_2')V_2$ 是 $z_1'V_1$ 的倍元.

在实际计算中，如果只需计算 $\gcrd(V_1, V_2)$，则可以不做与 n, w_1, w_2, w_1', w_2', z_1, z_2, z_1', z_2' 相关的计算. 这些数值只是为了使算法的正确性更容易得到认可.

注记：我们可利用

$$\begin{pmatrix} a & 1 \\ 1 & 0 \end{pmatrix}\begin{pmatrix} b & 1 \\ 1 & 0 \end{pmatrix}\begin{pmatrix} c & 1 \\ 1 & 0 \end{pmatrix}\begin{pmatrix} 0 & 1 \\ 1 & -c \end{pmatrix}\begin{pmatrix} 0 & 1 \\ 1 & -b \end{pmatrix}\begin{pmatrix} 0 & 1 \\ 1 & -a \end{pmatrix} = \begin{pmatrix} 1 & 0 \\ 0 & 1 \end{pmatrix}$$

这种矩阵恒等式求出串多项式的非平凡因子分解，例如本习题所给的例子，因为即使乘法不可交换时这些恒等式也是成立的. 例如

$$(abc + a + c)(1 + ba) = (ab + 1)(cba + a + c).$$

（将上式和 4.5.3 节的连续多项式做一下比较. ）

19. ［见欧仁·卡昂, *Théorie des Nombres 1* (Paris: 1914), 336–338. ］如果存在这样一种算法，则根据习题 18 的推导，D 是一个最大公共右因子. 我们将 A 和 B 合起来看作一个 $2n \times n$ 阶矩阵 C，其前 n 行为 A 的各行，而后 n 行为 B 的各行. 类似地，P 和 Q 可合并为一个 $2n \times n$ 阶矩阵 R，而 X 和 Y 可合并为一个 $n \times 2n$ 阶矩阵 Z. 此时我们需要的条件转换为两个等式 $C = RD$ 和 $D = ZC$. 如果能找到行列式为 ± 1 的 $2n \times 2n$ 阶整数矩阵 U，使得 $U^{-1}C$ 的最后 n 行全部为零，则 $R = (U$ 的前 n 列$)$, $D = (U^{-1}C$ 的前 n 行$)$, $Z = (U^{-1}$ 的前 n 行$)$ 就是所需的条件. 因此，例如，我们可以使用下面的算法（其中 $m = 2n$).

算法 T（三角化）. 设 C 是 $m \times n$ 阶整数矩阵. 本算法求 $m \times m$ 阶整数矩阵 U 和 V 使得 $UV = I$ 并且 VC 是上三角矩阵. （也就是说，如果 $i > j$，则 VC 的第 i 行第 j 列元素等于零. ）

T1. ［初始化. ］置 $U \leftarrow V \leftarrow I$，即 $m \times m$ 阶单位矩阵. 又置 $T \leftarrow C$. （在算法的整个运行过程中都保持 $T = VC$ 和 $UV = I$ 成立. ）

T2. ［对 j 做迭代. ］对 $j = 1, 2, \ldots, \min(m, n)$ 执行 T3，然后结束算法.

T3. ［将第 j 列变为零. ］执行以下操作零次或多次直至对所有 $i > j$, T_{ij} 为零：设 T_{kj} 是 $\{T_{ij}, T_{(i+1)j}, \ldots, T_{mj}\}$ 中绝对值最小的非零元素. 将 T 和 V 的第 k 行和第 j 行都互换. 将 U 的第 k 列和第 j 列也互换. 然后在矩阵 T 和 V 中，将第 i 行减去 $\lfloor T_{ij}/T_{jj} \rfloor$ 与第 j 行的乘积，并且对 $j < i \leq m$，将矩阵 U 的第 i 列的同样的倍数加到第 j 列. ∎

对于所给的例子，由算法可得 $\begin{pmatrix} 1 & 2 \\ 3 & 4 \end{pmatrix} = \begin{pmatrix} 1 & 0 \\ 3 & 2 \end{pmatrix}\begin{pmatrix} 1 & 2 \\ 0 & -1 \end{pmatrix}$, $\begin{pmatrix} 4 & 3 \\ 2 & 1 \end{pmatrix} = \begin{pmatrix} 4 & 5 \\ 2 & 3 \end{pmatrix}\begin{pmatrix} 1 & 2 \\ 0 & -1 \end{pmatrix}$, $\begin{pmatrix} 1 & 2 \\ 0 & -1 \end{pmatrix} = \begin{pmatrix} 1 & 0 \\ 2 & -2 \end{pmatrix}\begin{pmatrix} 1 & 2 \\ 3 & 4 \end{pmatrix} + \begin{pmatrix} 0 & 0 \\ 0 & 1 \end{pmatrix}\begin{pmatrix} 4 & 3 \\ 2 & 1 \end{pmatrix}$. （事实上，在这个特例中，行列式等于 ± 1 的任意矩阵都是一个最大公共右因子. ）

20. 见维克托·帕恩, *Information and Computation* **167** (2001), 71–85.

21. 为求出上界, 我们假设算法 R 只用于当 $m - n \le 1$ 时. 此外, 系数都不超过 (26) 中的值, 其中取 $m = n$. [其实, 习题中所给的式子不仅是一个上界, 而且还是在实际计算中观察到的运行时间. 更多具体内容见科林斯, *Proc. 1968 Summer Inst. on Symbolic Mathematical Computation*, 罗伯特·托比编辑 (IBM Federal Systems Center: 1969 年 6 月), 195–231.]

22. 符号序列中不可能包含两个相连的零, 因为 $u_{k+1}(x)$ 是 (29) 中的非零常数. 并且, 序列中也不可能出现 "+, 0, +" 或者 "−, 0, −" 这样的情况. 当 $b = a$ 时式 $V(u, a) - V(u, b)$ 显然是正确的, 所以我们要验证 b 变大时的情形. 多项式 $u_j(x)$ 只有有限多个根, 而 $V(u, b)$ 的值只有当 b 遇到或经过这些根时才会发生变化. 设 x 为某个 (也可能是某些) u_j 的根. 当 b 从 $x - \epsilon$ 增大到 x 时, 如果 $j > 0$, 那么在 j 附近的符号序列将从 "+, ±, −" 变为 "+, 0, −", 或者从 "−, ±, +" 变为 "−, 0, +". 如果 $j = 0$, 则从 "+, −" 变为 "0, −", 或者从 "−, +" 变为 "0, +". (由于 $u'(x)$ 是导函数, 所以当 $u(x)$ 递减时 $u'(x)$ 的值是负的.) 因此 V 的净变化为 $-\delta_{j0}$. 当 b 从 x 增大到 $x + \epsilon$ 时, 由类似的分析可知 V 的值不变.

[李·海因德尔将这些想法用于构造分离多项式 $u(x)$ 的实根的算法, 其运行时间不超过关于 $\deg(u)$ 和 $\log N$ 的多项式复杂度, 其中所有 y_j 都是整数且 $|u_j| \le N$, 并假设所有运算都是精确的, *JACM* **18** (1971), 533–548.]

23. 如果 v 在 u 的 n 个实根之间有 $n - 1$ 个实根, 则 (通过考虑符号变化) $u(x) \bmod v(x)$ 有 $n - 2$ 个实根介于 v 的 $n - 1$ 个实根之间.

24. 首先证明 $h_j = g_j^{\delta_{j-1}} g_{j-1}^{\delta_{j-2}(1-\delta_{j-1})} \cdots g_2^{\delta_1(1-\delta_2)\dots(1-\delta_{j-1})}$, 然后证明 (18) 左侧的 g_2 的指数具有 $\delta_2 + \delta_1 x$ 的形式, 其中 $x = \delta_2 + \cdots + \delta_{j-1} + 1 - \delta_2(\delta_3 + \cdots + \delta_{j-1} + 1) - \delta_3(1 - \delta_2)(\delta_4 + \cdots + \delta_{j-1} + 1) - \cdots - \delta_{j-1}(1 - \delta_2)\dots(1 - \delta_{j-2})(1)$. 然而, 因为 x 与 δ_{j-1} 无关且我们可设 $\delta_{j-1} = 0$, 等等, 所以 $x = 1$. 对 $g_3, g_4, \dots$ 可类似分析, 而对 (23) 可采用更简单的推导.

25. $u_j(x)$ 的每个系数都可表示成一个行列式, 而行列式中有一列只包含 $\ell(u)$、$\ell(v)$ 和零. 为利用这个结论, 我们按以下方式修改算法 C: 在步骤 C1 中, 令 $g = \gcd(\ell(u), \ell(v))$, $h \leftarrow 0$. 在步骤 C3 中, 如果 $h = 0$, 则令 $u(x) \leftarrow v(x)$, $v(x) \leftarrow r(x)/g$, $h \leftarrow \ell(u)^\delta/g$, $g \leftarrow \ell(u)$, 然后转回到步骤 C2. 否则就按原来的算法执行. 上述新的初始化过程的影响仅仅是对所有 $j \ge 3$ 将 $u_j(x)$ 替换为 $u_j(x)/\gcd(\ell(u), \ell(v))$. 所以, 在 (28) 中 ℓ^{2j-4} 将变为 ℓ^{2j-5}.

26. 事实上, 我们可证明更多的结论. 注意, 对于 $n \ge -1$, 习题 3 中的算法可计算 $\pm p_n(x)$ 和 $\mp q_n(x)$. 记 $e_n = \deg(q_n)$, $d_n = \deg(p_n u - q_n v)$. 由习题 3 可知, 对于 $n \ge 0$, $d_{n-1} + e_n = \deg(u)$. 我们将证明, 由 $\deg(q) < e_n$ 以及 $\deg(pu - qv) < d_{n-2}$ 可推导出 $p(x) = c(x)p_{n-1}(x)$ 且 $q(x) = c(x)q_{n-1}(x)$. 给定这样的 p 和 q, 由于 $p_{n-1}(x)q_n(x) - p_n(x)q_{n-1}(x) = \pm 1$, 因此可找到 $c(x)$ 和 $d(x)$ 使得 $p(x) = c(x)p_{n-1}(x) + d(x)p_n(x)$ 且 $q(x) = c(x)q_{n-1}(x) + d(x)q_n(x)$. 所以 $pu - qv = c(p_{n-1}u - q_{n-1}v) + d(p_n u - q_n v)$. 如果 $d(x) \ne 0$, 由于 $\deg(q) < \deg(q_n)$, 所以必有 $\deg(c) + e_{n-1} = \deg(d) + e_n$. 于是可推导出 $\deg(c) + d_{n-1} > \deg(d) + d_n$. 事实上, 如果 $d_n = -\infty$ 则此不等式显然成立, 否则有 $d_{n-1} + e_n = d_n + e_{n+1} > d_n + e_{n-1}$, 从而 $\deg(pu - qv) = \deg(c) + d_{n-1}$. 然而我们已经假设 $\deg(pu - qv) < d_{n-2} = d_{n-1} + e_n - e_{n-1}$, 所以 $\deg(c) < e_n - e_{n-1}$ 且 $\deg(d) < 0$, 矛盾.

[这个结论来自克罗内克, *Monatsberichte Königl. preuß. Akad. Wiss.* (Berlin: 1881), 535–600. 由此可得下面的定理: "设 $u(x)$ 和 $v(x)$ 是某个域上的两个互素多项式, 并假设 $d \le \deg(v) < \deg(u)$. 如果 $q(x)$ 是次数最低的多项式, 使得存在 $p(x)$ 和 $r(x)$ 满足 $p(x)u(x) - q(x)v(x) = r(x)$ 且 $\deg(r) = d$, 则存在 n 使得 $p(x)/q(x) = p_n(x)/q_n(x)$." 事实上, 当 $d_{n-2} > d \ge d_{n-1}$ 时, 存在满足 $\deg(q) = e_{n-1} + d - d_{n-1} < e_n$ 的解 $q(x)$, 且我们已证明所有具有这么低次数的解都具有所述的性质.]

27. 我们可利用习题 4.3.1–40 的解答中的思路, 形式甚至更简单, 因为多项式运算不存在进位问题. 此外, 可利用式 4.7–(3) 实现右至左的除法. 对于值很大的 n, 我们可利用与习题 4.6.4–57 相反的计算过程, 除以系数的傅里叶变换.

4.6.2 节

1. 对任意选取的 $k \le n$ 个不同的根, 存在 p^{n-k} 个首一多项式以其中至少一个为根. 所以根据容斥原理（1.3.3 节）, 没有一次因子的多项式的个数是 $\sum_{k \le n} \binom{p}{k} p^{n-k} (-1)^k$, 这个数值交替地小于等于和大于等于这个级数的部分和. 习题中所给的上下界分别对应于 $k \le 2$ 和 $k \le 3$ 的情形. 当 $n \ge p$ 时, 多项式至少有一个线性因子的概率是 $1 - (1 - 1/p)^p$. 线性因子的平均数目等于 p 乘以 x 可整除 $u(x)$ 的次数, 即 $1 + p^{-1} + \cdots + p^{1-n} = \frac{p}{p-1}(1 - p^{-n})$.

［通过类似的方式可推导出存在一个不可约二次因子的概率是 $\sum_{k \le n/2} \binom{p(p-1)/2}{k} (-1)^k p^{-2k}$. 当 $n \ge 2$ 时这个概率值介于 $\frac{3}{8} - \frac{1}{4}p^{-1}$ 和 $\frac{1}{2} - \frac{1}{2}p^{-1}$ 之间, 并且当 $n \to \infty$ 时趋向于 $1 - e^{-1/2}(1 + \frac{1}{2}p^{-1}) + O(p^{-2})$. 这样的因子的平均数目为 $\frac{1}{2} - \frac{1}{2}p^{-2\lfloor n/2 \rfloor}$. ］

注记: 任取固定的整系数多项式 $u(x)$. 温伯格发现, 如果 $u(x)$ 在整数集上不可约, 则 $u(x)$ 模 p 的线性因子的平均数目当 $p \to \infty$ 时趋向于 1. 这是因为 $u(x)$ 的伽罗瓦群是可传递的, 并且在任意可传递的置换群中随机选取的元素的 1-循环的平均数目为 1. 由此可知, 当 $p \to \infty$ 时, $u(x)$ 模 p 的线性因子的平均数目等于 $u(x)$ 在整数集上的不可约因子的数目. ［见习题 37 的答案中的说明, 以及 *Proc. Symp. Pure Math.* **24** (Amer. Math. Soc., 1972), 321–332. ］

2. (a) 我们知道 $u(x)$ 可表示为不可约多项式的乘积, 且这些多项式的首项系数都是单位, 因为它们都整除 $u(x)$ 的首项系数. 于是可假设 $u(x)$ 可表示为不可约的首一多项式的乘积 $p_1(x)^{e_1} \ldots p_r(x)^{e_r}$, 其中 $p_1(x), \ldots, p_r(x)$ 互不相同. 这种表示方式在不考虑因子的排列顺序的意义下是唯一的, 所以关于 $u(x)$, $v(x)$, $w(x)$ 的条件可得到满足当且仅当

$$v(x) = p_1(x)^{\lfloor e_1/2 \rfloor} \ldots p_r(x)^{\lfloor e_r/2 \rfloor}, \qquad w(x) = p_1(x)^{e_1 \bmod 2} \ldots p_r(x)^{e_r \bmod 2}.$$

(b) 关于 n 次首一多项式的个数的生成函数是 $1 + pz + p^2 z^2 + \cdots = 1/(1 - pz)$. 关于形如 $v(x)^2$ 的 n 次多项式的个数的生成函数是 $1 + pz^2 + p^2 z^4 + \cdots = 1/(1 - pz^2)$, 其中 $v(x)$ 是首一多项式. 设关于无平方因子的 n 次首一多项式的个数的生成函数是 $g(z)$, 则由 (a) 部分的结论可知 $1/(1 - pz) = g(z)/(1 - pz^2)$. 所以 $g(z) = (1 - pz^2)/(1 - pz) = 1 + pz + (p^2 - p)z^2 + (p^3 - p^2)z^3 + \cdots$. 当 $n \ge 2$ 时答案是 $p^n - p^{n-1}$. ［说来奇怪, 我们由此可证明 $u(x) \perp u'(x)$ 的概率是 $1 - 1/p$. 根据习题 4.6.1–5, 这个概率值等于 $u(x) \perp v(x)$ 的概率, 其中 $u(x)$ 和 $v(x)$ 相互独立. ］

注记: 利用类似的推导过程可证明任意 $u(x)$ 可唯一表示为 $v(x)w(x)^r$, 其中 $v(x)$ 不能被任意不可约多项式的 r 次幂整除. 当 $n \ge r$ 时, 这样的首一多项式 $v(x)$ 的个数是 $p^n - p^{n-r+1}$.

3. 设 $u(x) = u_1(x) \ldots u_r(x)$. 由定理 4.3.2C 的推导, 最多有一个这样的 $v(x)$. 如果对每个 j, 我们能够以 $w_j(x) = 1$, $w_k(x) = 0$, $k \neq j$ 解同余方程组, 则至少有一个这样的 $v(x)$. 而此方程组的解是 $v_1(x) \prod_{k \neq j} u_k(x)$, 其中 $v_1(x)$ 和 $v_2(x)$ 可由广义欧几里得算法（习题 4.6.1–3）求得, 且满足

$$v_1(x) \prod_{k \neq j} u_k(x) + v_2(x) u_j(x) = 1, \qquad \deg(v_1) < \deg(u_j).$$

在整数集上, 当 $\deg(v) < 2$ 时不可能存在 $v(x)$ 满足 $v(x) \equiv 1 \pmod{x}$ 且 $v(x) \equiv 0 \pmod{x-2}$.

4. 根据唯一因子分解, 可得 $(1 - pz)^{-1} = \prod_{n \ge 1} (1 - z^n)^{-a_{np}}$. 对两边取对数, 这可以重写成

$$\ln(1/(1 - pz)) = \sum_{k,j \ge 1} a_{kp} z^{kj}/j = \sum_{j \ge 1} G_p(z^j)/j.$$

因此由提示中的恒等式得 $G_p(z) = \sum_{m \ge 1} \mu(m) m^{-1} \ln(1/(1 - pz^m))$, 进而推导出 $a_{np} = \sum_{d \backslash n} \mu(n/d) p^d / n$. 所以 $\lim_{p \to \infty} a_{np}/p^n = 1/n$.

为证明这个恒等式, 只需注意到

$$\sum_{n,j \ge 1} \mu(n) g(z^{nj}) n^{-t} j^{-t} = \sum_{m \ge 1} g(z^m) m^{-t} \sum_{n \backslash m} \mu(n) = g(z).$$

［a_{np} 的值首先是由高斯在他的著作 *Werke* **2**, 219–222 中给出的. ］

5. 设 a_{npr} 为模 p 意义下恰有 r 个不可约因子的 n 次首一多项式的个数，则 $\mathcal{G}_p(z,w) = \sum_{n,r\geq 0} a_{npr} z^n w^r = \exp(\sum_{k\geq 1} G_p(z^k) w^k / k) = \exp(\sum_{m\geq 1} a_{mw} \ln(1/(1-pz^{-m})))$. 见式 1.2.9–(38). 我们有

$$\sum_{n\geq 0} A_{np} z^n = d\mathcal{G}_p(z/p, w)/dw\,|_{w=1} = \big(\sum_{k\geq 1} G_p(z^k/p^k)\big) \mathcal{G}_p(z/p, 1)$$
$$= \big(\sum_{n\geq 1} \ln(1/(1-p^{1-n}z^n))\big)\varphi(n)/n\big)/(1-z),$$

所以当 $n \geq 2$ 时 $A_{np} = H_n + 1/2p + O(p^{-2})$. 2^r 的平均值是 $[z^n]\mathcal{G}_p(z/p, 2) = n + 1 + (n-1)/p + O(np^{-2})$.（然而方差为 n^3 阶——取 $w = 4$.）

6. 当 $0 \leq s < p$ 时，根据费马定理，$x - s$ 是 $x^p - x \pmod{p}$ 的因子. 所以 $x^p - x$ 是 $\operatorname{lcm}(x-0, x-1, \ldots, x-(p-1)) = x^{\underline{p}}$ 的倍元.［注记：因此，除了 $k = 1$ 和 $k = p$ 的情形外，斯特林数 $\begin{bmatrix} p \\ k \end{bmatrix}$ 都是 p 的倍数. 由式 1.2.6–(45)，对另一类斯特林数 $\begin{Bmatrix} p \\ k \end{Bmatrix}$ 也有同样的结论.］

7. 等号右端的因子互素，且都是 $u(x)$ 的因子，所以它们的乘积可整除 $u(x)$. 另一方面，$u(x)$ 整除

$$v(x)^p - v(x) = \prod_{0\leq s<p}(v(x) - s),$$

从而由习题 4.5.2–2 可知 $u(x)$ 整除 (14) 右端的多项式.

8. 向量 (18) 是唯一的第 k 个分量非零的输出.

9. 例如，首先令 $x \leftarrow 1$，$y \leftarrow 1$，然后反复做赋值 $R[x] \leftarrow y$，$x \leftarrow 2x \bmod 101$，$y \leftarrow 51y \bmod 101$，共 100 次.

10. 下面的矩阵 $Q - I$ 的零空间由两个向量 $v^{[1]} = (1,0,0,0,0,0,0,0)$，$v^{[2]} = (0,1,1,0,0,1,1,1)$ 张成. 因子分解是

$$(x^6 + x^5 + x^4 + x + 1)(x^2 + x + 1).$$

$$
p = 2 \qquad\qquad\qquad\qquad\qquad\qquad p = 5
$$

$$
\begin{pmatrix}
0 & 0 & 0 & 0 & 0 & 0 & 0 & 0 \\
0 & 1 & 1 & 0 & 0 & 0 & 0 & 0 \\
0 & 0 & 1 & 0 & 1 & 0 & 0 & 0 \\
0 & 0 & 0 & 1 & 0 & 0 & 1 & 0 \\
1 & 0 & 0 & 1 & 0 & 0 & 1 & 0 \\
1 & 0 & 1 & 1 & 1 & 0 & 0 & 0 \\
0 & 0 & 1 & 0 & 1 & 1 & 0 & 1 \\
1 & 1 & 0 & 1 & 1 & 1 & 0 & 1
\end{pmatrix}
\qquad
\begin{pmatrix}
0 & 0 & 0 & 0 & 0 & 0 & 0 \\
0 & 4 & 0 & 0 & 0 & 1 & 0 \\
0 & 2 & 2 & 0 & 4 & 3 & 4 \\
0 & 1 & 4 & 4 & 4 & 2 & 1 \\
2 & 2 & 2 & 3 & 4 & 3 & 2 \\
0 & 0 & 4 & 0 & 1 & 3 & 2 \\
3 & 0 & 2 & 1 & 4 & 2 & 1
\end{pmatrix}
$$

11. 如果去掉平凡因子 x，上面的矩阵 $Q - I$ 的零空间可由 $(1,0,0,0,0,0,0,0)$ 和 $(0,3,1,4,1,2,1)$ 张成. 因子分解是

$$x(x^2 + 3x + 4)(x^5 + 2x^4 + x^3 + 4x^2 + x + 3).$$

12. 当 $p = 2$ 时，$(x+1)^4 = x^4 + 1$. 当 $p = 8k + 1$ 时，$Q - I$ 是零矩阵，所以有四个因子. 对 p 的其他值，我们有

$$
p = 8k+3 \qquad\qquad p = 8k+5 \qquad\qquad p = 8k+7
$$

$$
Q - I =
\begin{pmatrix}
0 & 0 & 0 & 0 \\
0 & -1 & 0 & 1 \\
0 & 0 & -2 & 0 \\
0 & 1 & 0 & -1
\end{pmatrix}
\begin{pmatrix}
0 & 0 & 0 & 0 \\
0 & -2 & 0 & 0 \\
0 & 0 & 0 & 0 \\
0 & 0 & 0 & -2
\end{pmatrix}
\begin{pmatrix}
0 & 0 & 0 & 0 \\
0 & -1 & 0 & -1 \\
0 & 0 & -2 & 0 \\
0 & -1 & 0 & -1
\end{pmatrix}.
$$

这里 $Q - I$ 的秩为 2，所以有 $4 - 2 = 2$ 个因子.［然而容易证明 $x^4 + 1$ 在整数集上不可约，因为由习题 20 知它没有线性因子且所有二次因子中 x 的系数的绝对值都不大于 2.（也见习题 32，因为 $x^4 + 1 = \Psi_8(x)$.）对于所有 $k \geq 2$，亨利·斯温纳顿-戴尔构造了在整数集上不可约、但可模所有素数完全分解为线性和二次因子的 2^k 次多项式. 他构造的 8 次多项式的例子是 $x^8 - 16x^6 + 88x^4 + 192x^2 + 144$，其根为 $\pm\sqrt{2} \pm \sqrt{3} \pm i$［见 *Math. Comp.* **24** (1970), 733–734］. 根据习题 37 中引用的弗罗贝纽斯定理，任意 n 次不可约多项式，如果其伽罗瓦群不包含 n-循环，则它模几乎所有素数都有因子.］

13. $p = 8k+1$ 情形：

$$(x+(1+\sqrt{-1})/\sqrt{2})(x+(1-\sqrt{-1})/\sqrt{2})(x-(1+\sqrt{-1})/\sqrt{2})(x-(1-\sqrt{-1})/\sqrt{2}).$$

$p = 8k+3$ 情形：$(x^2+\sqrt{-2}x-1)(x^2-\sqrt{-2}x-1)$. $p = 8k+5$ 情形：$(x^2+\sqrt{-1})(x^2-\sqrt{-1})$. $p = 8k+7$ 情形：$(x^2+\sqrt{2}x+1)(x^2-\sqrt{2}x+1)$. $p = 8k+7$ 时的因子分解在实数域上也成立.

14. 可以把算法 N 修改成求 w 的系数：设 A 为 $(r+1) \times n$ 阶矩阵，且对于 $0 \le k \le r$，其第 k 行包含 $v(x)^k \bmod u(x)$ 的系数. 对矩阵 A 使用算法 N 直至在步骤 N3 中找到第一个相关性，然后结束算法并输出 $w(x) = v_0 + v_1 x + \cdots + v_k x^k$，其中 v_j 由 (18) 定义. 此时 $2 \le k \le r$. 我们不必预先知道 r 的值，因为可以逐一生成 A 的行然后检测相关性.

15. 可假设 $u \ne 0$ 且 p 是奇数. 对多项式 $x^2 - u$ 使用伯利坎普的算法，可知存在平方根当且仅当 $Q - I = O$ 当且仅当 $u^{(p-1)/2} \bmod p = 1$. 不过这是我们已经知道的结论. 由坎托和察森豪斯的方法知，$\gcd(x^2 - u, (sx+t)^{(p-1)/2} - 1)$ 通常是非平凡因子. 确实能证明通过取 $(p-1)/2 + (0, 1$ 或 $2)$ 个 s 的值可以找到非平凡因子. 实际计算中，按顺序取值和随机取值的效果差别不大，因此我们给出以下算法："依次求 $\gcd(x^2 - u, x^{(p-1)/2} - 1)$, $\gcd(x^2 - u, (x+1)^{(p-1)/2} - 1)$, $\gcd(x^2 - u, (x+2)^{(p-1)/2} - 1), \ldots$，直到找到第一个形如 $x + v$ 的最大公因子. 则 $\sqrt{u} = \pm v$." 当 p 的值很大时，（对随机选取的 s）预期的运行时间是 $O(\log p)^3$.

进一步的观察发现，这个算法的第一步就能成功当且仅当 $p \bmod 4 = 3$. 这是因为当 q 为奇数且 $p = 2q+1$ 时，我们有 $x^q \bmod (x^2 - u) = u^{(q-1)/2} x$ 且 $\gcd(x^2 - u, x^q - 1) \equiv x - u^{(q+1)/2}$，因为 $u^q \equiv 1$ (modulo p). 事实上，我们发现只要 $p \bmod 4 = 3$，就可由 $\sqrt{u} = \pm u^{(p+1)/4} \bmod p$ 直接得到平方根.

然而当 $p \bmod 4 = 1$ 时，我们有 $x^{(p-1)/2} \bmod (x^2 - u) = u^{(p-1)/4}$，而且最大公因子是 1. 所以只有当 $x^{(p-1)/2} \bmod (x^2 - u) = u^{(p-1)/4}$ 时才应该使用上面的算法，并且应该省略第一个最大公因子.

当 $p \bmod 8 = 5$ 时，阿瑟·阿特金在 20 世纪 90 年代发现了一种效果非常好的直接方法. 这种方法利用了在这种情况下 $2^{(p-1)/2} \equiv -1$ 的结论：令 $v \leftarrow (2u)^{(p-5)/8} \bmod p$, $i \leftarrow (2uv^2) \bmod p$，则 $\sqrt{u} = \pm(uv(i-1)) \bmod p$，而且我们还有 $\sqrt{-1} = \pm i$. [*Computational Perspectives on Number Theory* (Cambridge, Mass.: International Press, 1998), 1–11. 也见波克林顿，*Proc. Camb. Phil. Soc.* **19** (1917), 57–59.]

当 $p \bmod 8 = 1$ 时，似乎必须使用试错法. 下面这个由丹尼尔·尚克斯提出的计算方法对这种情形通常比其他所有已知的方法都要好：设 $p = 2^e q + 1$，其中 $e \ge 3$.

S1. 在 $1 < x < p$ 中随机选取一个 x 的值，然后置 $z = x^q \bmod p$. 如果 $z^{2^{e-1}} \bmod p = 1$，则重复执行这一步. （重复的平均次数应该小于 2. 在步骤 S2 和 S3 不需要用到随机数. 在实际计算时，为节省时间，我们可以选取小的奇素数 x，并且只要发现 $p^{(x-1)/2} \bmod x = x - 1$ 就可以停下来并取 $z = x^q \bmod p$. 见习题 1.2.4–47. ）

S2. 置 $y \leftarrow z$, $r \leftarrow e$, $x \leftarrow u^{(q-1)/2} \bmod p$, $v \leftarrow ux \bmod p$, $w \leftarrow ux^2 \bmod p$.

S3. 如果 $w = 1$ 则结束算法. 此时 v 就是答案. 否则求得使得 $w^{2^k} \bmod p$ 等于 1 的最小的 k. 如果 $k = r$ 则结束算法（此时无解）. 否则置 $(y, r, v, w) \leftarrow (y^{2^{r-k}}, k, vy^{2^{r-k-1}}, wy^{2^{r-k}})$ 并重复执行 S3. ∎

由于同余式 $uw \equiv v^2$, $y^{2^{r-1}} \equiv -1$, $w^{2^{r-1}} \equiv 1$ (modulo p) 始终成立，所以这个算法是正确的. 当 $w \ne 1$ 时，在步骤 S3 中将执行 $r + 2$ 次模 p 乘法，所以此步骤中所做乘法的最大次数小于 $\binom{e+3}{2}$，而平均次数则小于 $\frac{1}{2}\binom{e+4}{2}$. 所以总的运行时间是步骤 S1 和 S2 的 $O(\log p)^3$ 加上步骤 S3 的 $e^2(\log p)^2$. 而利用 (21) 设计的随机性方法运行时间为 $O(\log p)^3$. 不过丹尼尔·尚克斯的方法中的常数因子比较小. [*Congressus Numerantium* **7** (1972), 58–62. 一个效率稍差的相关的算法发表在阿尔贝托·托内利，*Göttinger Nachrichten* (1891), 344–346. 米凯莱·奇波拉是第一个设计出达到 $O(\log p)^3$ 的预期运行时间的平方根算法的人，见 *Rendiconti Accad. Sci. Fis. Mat. Napoli* **9** (1903), 154–163.]

16. (a) 在 $n = 1$ 的证明中将整数换成模 p 多项式. (b) 对 $n = 1$ 的证明可推广到任意有限域上. (c) 由于存在 k 使得 $x = \xi^k$, 所以在由 $f(x)$ 定义的域中有 $x^{p^n} = x$. 并且, 在这个域中所有满足等式 $y^{p^m} = y$ 的元素 y 对加法封闭, 而且对乘法也封闭. 所以当 $x^{p^m} = x$ 时 ξ (是关于 x 的整系数多项式) 满足 $\xi^{p^m} = \xi$.

17. 如果 ξ 是一个原根, 则每个非零元素都是 ξ 的某个幂. 所以阶必定是 $13^2 - 1 = 2^3 \cdot 3 \cdot 7$ 的因数, 且有 $\varphi(f)$ 个元素的阶为 f.

f	$\varphi(f)$	f	$\varphi(f)$	f	$\varphi(f)$	f	$\varphi(f)$
1	1	3	2	7	6	21	12
2	1	6	2	14	6	42	12
4	2	12	4	28	12	84	24
8	4	24	8	56	24	168	48

18. (a) 由高斯引理得 $\mathrm{pp}(p_1(u_n x)) \dots \mathrm{pp}(p_r(u_n x))$. 例如, 取

$$u(x) = 6x^3 - 3x^2 + 2x - 1, \qquad v(x) = x^3 - 3x^2 + 12x - 36 = (x^2 + 12)(x - 3),$$

则 $\mathrm{pp}(36x^2 + 12) = 3x^2 + 1$, $\mathrm{pp}(6x - 3) = 2x - 1$. (这是一个在代数方程求解中沿用多年的 14 世纪的技巧的现代版本.)

(b) 设 $\mathrm{pp}(w(u_n x)) = \bar{w}_m x^m + \dots + \bar{w}_0 = w(u_n x)/c$, 其中 c 是 $w(u_n x)$ 作为 x 的多项式的容度. 则 $w(x) = (c\bar{w}/u_n^m)x^m + \dots + c\bar{w}_0$, 所以 $c\bar{w}_m = u_n^m$. 由于 $\bar{w}_m$ 是 u_n 的因数, 所以 c 是 u_n^{m-1} 的倍数.

19. 如果 $u(x) = v(x)w(x)$ 且 $\deg(v)\deg(w) \geq 1$, 则 $u_n x^n \equiv v(x)w(x)$ (modulo p). 根据模 p 因子分解的唯一性, 除了 v 和 w 的首项系数外, 其他系数都是 p 的倍数, 且 p^2 整除 $v_0 w_0 = u_0$.

20. (a) $\sum(\alpha u_j - u_{j-1})(\bar{\alpha}\bar{u}_j - \bar{u}_{j-1}) = \sum(u_j - \bar{\alpha}u_{j-1})(\bar{u}_j - \alpha \bar{u}_{j-1})$. (b) 我们可以假设 $u_0 \neq 0$. 记 $m(u) = \prod_{j=1}^{n} \min(1, |\alpha_j|) = |u_0|/M(u)$. 在 $u(x)$ 中只要 $|\alpha_j| < 1$, 就将因子 $x - \alpha_j$ 替换为 $\bar{\alpha}_j x - 1$. 这样的替换操作对 $\|u\|$ 不会有影响, 但 $|u_0|$ 会变为 $M(u)$. (c) $u_j = \pm u_n \sum \alpha_{i_1} \dots \alpha_{i_{n-j}}$ 是一个初等对称函数, $|u_j| \leq |u_n| \sum \beta_{i_1} \dots \beta_{i_{n-j}}$, $\beta_i = \max(1, |\alpha_i|)$. 为完成证明, 只需证明当 $x_1 \geq 1$, $\dots$, $x_n \geq 1$ 以及 $x_1 \dots x_n = M$ 时, 初等对称函数 $\sigma_{nk} = \sum x_{i_1} \dots x_{i_k} \leq \binom{n-1}{k-1}M + \binom{n-1}{k}$, 其中上界是 $x_1 = \dots = x_{n-1} = 1$ 且 $x_n = M$ 时函数的值. (这是因为当 $x_1 \leq \dots \leq x_n < M$ 时, 做变换 $x_n \leftarrow x_{n-1}x_n$, $x_{n-1} \leftarrow 1$ 可将 σ_{nk} 的值增大 $\sigma_{(n-2)(k-1)}(x_n - 1)(x_{n-1} - 1)$, 而后者是一个正数.) (d) 由于 $M(v) \leq M(u)$ 且 $|v_m| \leq |u_n|$, 所以 $|v_j| \leq \binom{m-1}{j}M(v) + \binom{m-1}{j-1}|v_m| \leq \binom{m-1}{j}M(u) + \binom{m-1}{j-1}|u_n|$. [米尼奥特, *Math. Comp.* **28** (1974), 1153–1157.]

注记: 上述解答表明 $\binom{m-1}{j}M(u) + \binom{m-1}{j-1}|u_n|$ 是一个上界, 所以我们期望对 $M(u)$ 给出更好的估计. 我们已经知道有好几种方法 [威廉·施佩希特, *Math. Zeit.* **53** (1950), 357–363; 路易吉·切利恩科、米尼奥特和弗朗切斯科·皮拉斯, *J. Symbolic Comp.* **4** (1987), 21–33], 其中最简单并且最快收敛的可能应该是下面这个方法 [见卡尔·格拉费, *Die Auflösung der höheren numerischen Gleichungen* (Zürich: 1837)]: 假设 $u(x) = u_n(x - \alpha_1) \dots (x - \alpha_n)$, 并记 $\hat{u}(x) = u(\sqrt{x})u(-\sqrt{x}) = (-1)^n u_n^2(x - \alpha_1^2) \dots (x - \alpha_n^2)$. 则 $M(u)^2 = M(\hat{u}) \leq \|\hat{u}\|$. 因此可取 $c \leftarrow \|u\|$, $v \leftarrow u/c$, $t \leftarrow 0$, 然后反复做赋值 $t \leftarrow t + 1$, $c \leftarrow \|\hat{v}\|^{1/2^t}c$, $v \leftarrow \hat{v}/\|\hat{v}\|$. 由于关系式 $M(u) = cM(v)^{1/2^t}$ 和 $\|v\| = 1$ 保持不变, 所以在迭代的每一步中都有 $M(u) \leq c$. 由于当 $v(x) = v_0(x^2) + xv_1(x^2)$ 时, 我们有 $\hat{v}(x) = v_0(x)^2 - xv_1(x)^2$, 因此可证明如果每个 $|\alpha_j|$ 都 $\leq \rho$ 或 $\geq 1/\rho$, 则 $M(u) = \|u\|(1 + O(\rho))$. 所以经过 t 步后 c 将是 $M(u)(1 + O(\rho^{2^t}))$.

例如, 如果 $u(x)$ 是 (22) 中的多项式, 则当 $t = 0, 1, 2, \dots$ 时, c 的值依次为 10.63, 12.42, 6.85, 6.64, 6.65, 6.6228, 6.62246, 6.62246, $\dots$. 在这个例子中 $\rho \approx 0.90982$. 注意收敛过程并不是单调的. 假设对所有 j, $|\alpha_j| \neq 1$, 则 $v(x)$ 将最终收敛到单项式 x^m, 其中 m 是 $|\alpha_j| < 1$ 时根的数目. 一般而言, 如果 $|\alpha_j| = 1$ 时有 k 个根, 那么 x^m 和 x^{m+k} 的系数将不会收敛到 0, 而 x 的较高和较低次数的幂的系数则会收敛到 0.

由约翰·詹森给出的一个著名公式 [*Acta Math.* **22** (1899), 359–364] 可推导出 $M(u)$ 是 $|u(x)|$ 在单位圆上的几何平均, 即 $\exp\left(\frac{1}{2\pi}\int_0^{2\pi} \ln|f(e^{i\theta})|\, d\theta\right)$. 类似地, 由习题 21(a) 可推导出 $\|u\|$ 是 $|u(x)|$ 在单位圆上的均方根. 于是, 不等式 $M(u) \leq \|u\|$ 可看作不同平均值之间的大小关系. 这个不等式可

追溯到兰道 [*Bull. Soc. Math. de France* **33** (1905), 251–261]. $M(u)$ 的值通常称为多项式的马勒测度, 因为马勒在 *Mathematika* **7** (1960), 98–100 中用到了它. 顺便说一句, 詹森还证明了当 $m > 0$ 时 $\frac{1}{2\pi}\int_0^{2\pi} e^{im\theta}\ln|f(e^{i\theta})|\,d\theta = -\sum_{j=1}^n \alpha_j^m/(2m\max(|\alpha_j|,1)^{2m})$.

21. (a) 除非 $\mathbf{p}+\mathbf{s}=\mathbf{q}+\mathbf{r}$, 否则 $a_{\mathbf{p}}b_{\mathbf{q}}c_{\mathbf{r}}d_{\mathbf{s}}$ 在等式两边的系数都等于 0. 而当这个条件成立时, 右边的系数是 $(\mathbf{p}+\mathbf{s})!$, 左边的系数是

$$\sum_{\mathbf{j}} \binom{\mathbf{p}}{\mathbf{j}}\binom{\mathbf{s}}{\mathbf{r}-\mathbf{j}} \mathbf{q}!\,\mathbf{r}! = \binom{\mathbf{p}+\mathbf{s}}{\mathbf{r}} \mathbf{q}!\,\mathbf{r}! = (\mathbf{q}+\mathbf{r})!\,.$$

[贝尔纳·博扎米和热罗姆·德戈, *Trans. Amer. Math. Soc.* **345** (1995), 2607–2619; 多伦·蔡伯格, *AMM* **101** (1994), 894–896.]

(b) 令 $a_{\mathbf{p}}=v_{\mathbf{p}}$, $b_{\mathbf{q}}=w_{\mathbf{q}}$, $c_{\mathbf{r}}=\bar{v}_{\mathbf{r}}$, $d_{\mathbf{s}}=\bar{w}_{\mathbf{s}}$. 则 (a) 中的等式右端为 $B(u)$, 而左端是对于每一个 j 和 k 的非负项之和. 如果我们只考虑其中 $\Sigma\mathbf{j}$ 等于 v 的次数的那些项, 则除非 $\mathbf{p}=\mathbf{j}$, 否则项 $v_{\mathbf{p}}/(\mathbf{p}-\mathbf{j})!$ 就等于 0. 那些项因此归结为

$$\sum_{\mathbf{j},\mathbf{k}} \frac{1}{\mathbf{j}!\,\mathbf{k}!}\,|v_{\mathbf{j}}w_{\mathbf{k}}\,\mathbf{j}!\,\mathbf{k}!|^2 = B(v)B(w)\,.$$

[博扎米、恩里科·邦别里、佩尔·恩弗洛和休·蒙哥马利, *J. Number Theory* **36** (1990), 219–245.]

(c) 在必要时加一个新的变量以保持所有项齐次, 且不会破坏关系式 $u=vw$. 因此, 如果 v 和 w 的总次数分别为 m 和 n, 则 $(m+n)!\,[u]^2 \geq m!\,[v]^2\,n!\,[w]^2$. 换句话说, $[v][w] \leq \binom{m+n}{m}^{1/2}[u]$.

顺便说一下, 理解邦别里范数的一个好办法是想象这些变量是非交换的. 例如, 我们将 $3xy^3 - z^2w^2$ 写作 $\frac{3}{4}xyyy + \frac{3}{4}yxyy + \frac{3}{4}yyxy + \frac{3}{4}yyyx - \frac{1}{6}zzww - \frac{1}{6}zwzw - \frac{1}{6}zwwz - \frac{1}{6}wzzw - \frac{1}{6}wzwz - \frac{1}{6}wwzz$, 则邦别里范数就是关于这些新系数的 $\|\ \|$ 范数. 当 u 是 n 次齐次多项式时, 另一个有趣的公式是

$$[u]^2 = \frac{1}{n!\,\pi^n}\int_{\mathbf{x}}\int_{\mathbf{y}} e^{-x_1^2-\cdots-x_t^2-y_1^2-\cdots-y_t^2}\,|u(\mathbf{x}+i\mathbf{y})|^2\,d\mathbf{x}\,d\mathbf{y}\,.$$

(d) 一元多项式对应于 $t=2$. 假设 $u=vw$, 其中 v 是关于 t 个变量的 m 次齐次多项式. 则 $|v_{\mathbf{k}}|^2\,\mathbf{k}!/m! \leq [v]^2$ 对所有 k 成立. 另一方面, 由于 $x>0$ 时 $\log\Gamma(x)$ 是凸的, 因此 $\mathbf{k}! \geq (m/t)!^t$. 所以 $|v_{\mathbf{k}}|^2 \leq m!\,[v]^2/(m/t)!^t$. 我们可假设 $m!\,[v]^2/(m/t)!^t \leq m'!\,[w]^2/(m'/t)!^t$, 其中 $m'=n-m$ 是 w 的次数, 则

$$|v_{\mathbf{k}}|^2 \leq m!\,[v]^2/(m/t)!^t \leq m!^{1/2}m'!^{1/2}[v][w]/(m/t)!^{t/2}(m'/t)!^{t/2} \leq n!^{1/2}[u]/(n/2t)!^t\,.$$

(如果我们使倒数第二个表达式对那些还不能排除有因子的次数 m 取到最大值, 则可得到更好的上界.) $n!^{1/4}/(n/2t)!^{t/2}$ 的大小为 $c_t(2t)^{n/4}n^{-(2t-1)/8}(1+O(\frac{1}{n}))$, 其中当 $t=2$ 时, $c_t=2^{1/8}\pi^{-(2t-1)/8}t^{t/4} \approx 1.004$.

注意我们并没有证明具有这样小的系数的不可约因子的存在性. 这可能需要做进一步的分解. 见习题 41.

(e) $[u]^2 = \sum_k \binom{n}{k}^2/\binom{2n}{2k} = \sum_k \binom{2k}{k}\binom{2n-2k}{n-k}/\binom{2n}{n} = 4^n/\binom{2n}{n} = \sqrt{\pi n}+O(n^{-1/2})$. 当 $v(x)=(x-1)^n$, $w(x)=(x+1)^n$ 时, 我们有 $[v]^2=[w]^2=2^n$. 所以 (c) 中的不等式在这种情形下等号成立.

(f) 设 u 和 v 为 m 次和 n 次齐次多项式. 则由柯西不等式得

$$[uv]^2 \leq \sum_{\mathbf{k}} \frac{\left(\sum_{\mathbf{j}}|u_{\mathbf{j}}v_{\mathbf{k}-\mathbf{j}}|\right)^2}{\binom{m+n}{\mathbf{k}}} \leq \sum_{\mathbf{k}}\left(\sum_{\mathbf{j}} \frac{|u_{\mathbf{j}}|^2}{\binom{m}{\mathbf{j}}}\frac{|v_{\mathbf{k}-\mathbf{j}}|^2}{\binom{n}{\mathbf{k}-\mathbf{j}}}\right)\left(\sum_{\mathbf{j}}\frac{\binom{m}{\mathbf{j}}\binom{n}{\mathbf{k}-\mathbf{j}}}{\binom{m+n}{\mathbf{k}}}\right) = [u]^2[v]^2\,.$$

[博扎米, *J. Symbolic Comp.* **13** (1992), 465–472, Proposition 5.]

(g) 由习题 20, $\binom{n}{\lfloor n/2\rfloor}^{-1}M(u)^2 \leq \binom{n}{\lfloor n/2\rfloor}^{-1}\|u\|^2 = \binom{n}{\lfloor n/2\rfloor}^{-1}\sum_j|u_j|^2 \leq [u]^2 = \sum_j\binom{n}{j}^{-1}|u_j|^2 \leq \sum_j\binom{n}{j}M(u)^2 = 2^nM(u)^2$. 最后一个不等式也可由 (f) 的结论推导出来, 因为当 $u(x)=u_n\prod_{j=1}^n(x-\alpha_j)$ 时, 我们有 $[u]^2 \leq |u_n|^2\prod_{j=1}^n[x-\alpha_j]^2 = |u_n|^2\prod_{j=1}^n(1+|\alpha_j|^2) \leq |u_n|^2\prod_{j=1}^n(2\max(1,|\alpha_j|)^2) = 2^nM(u)^2$.

22. 更一般地，假设 $u(x) \equiv v(x)w(x) \pmod{q}$，$a(x)v(x) + b(x)w(x) \equiv 1 \pmod{p}$，$c \cdot \ell(v) \equiv 1 \pmod{r}$，$\deg(a) < \deg(w)$，$\deg(b) < \deg(v)$，$\deg(u) = \deg(v) + \deg(w)$，其中 $r = \gcd(p, q)$ 且 p, q 不一定是素数. 我们将构造多项式 $V(x) \equiv v(x)$ 以及 $W(x) \equiv w(x) \pmod{q}$ 满足 $u(x) \equiv V(x)W(x) \pmod{qr}$，$\ell(V) = \ell(v)$，$\deg(V) = \deg(v)$，$\deg(W) = \deg(w)$. 并且，当 r 为素数时答案在模 qr 意义下是唯一的.

这个问题要求我们寻找 $\bar{v}(x)$ 和 $\bar{w}(x)$ 满足条件 $V(x) = v(x) + q\bar{v}(x)$，$W(x) = w(x) + q\bar{w}(x)$，$\deg(\bar{v}) < \deg(v)$，$\deg(\bar{w}) \leq \deg(w)$. 另一个条件

$$(v(x) + q\bar{v}(x))(w(x) + q\bar{w}(x)) \equiv u(x) \pmod{qr}$$

等价于 $\bar{w}(x)v(x) + \bar{v}(x)w(x) \equiv f(x) \pmod{r}$，其中 $f(x)$ 满足 $u(x) \equiv v(x)w(x) + qf(x) \pmod{qr}$. 对所有 $t(x)$，我们有

$$(a(x)f(x) + t(x)w(x))v(x) + (b(x)f(x) - t(x)v(x))w(x) \equiv f(x) \pmod{r}.$$

由于 $\ell(v)$ 模 r 可逆，因此利用算法 4.6.1D 可找到商多项式 $t(x)$ 满足 $\deg(bf - tv) < \deg(v)$. 对于这个 $t(x)$，由于我们有 $\deg(f) \leq \deg(u) = \deg(v) + \deg(w)$，所以 $\deg(af + tw) \leq \deg(w)$. 于是所期望的解是 $\bar{v}(x) = b(x)f(x) - t(x)v(x) = b(x)f(x) \bmod v(x)$，$\bar{w}(x) = a(x)f(x) + t(x)w(x)$. 假设 $(\bar{\bar{v}}(x), \bar{\bar{w}}(x))$ 是另一个解，则我们有 $(\bar{w}(x) - \bar{\bar{w}}(x))v(x) \equiv (\bar{\bar{v}}(x) - \bar{v}(x))w(x) \pmod{r}$. 因此当 r 为素数时 $v(x)$ 必定整除 $\bar{\bar{v}}(x) - \bar{v}(x)$. 然而 $\deg(\bar{\bar{v}} - \bar{v}) < \deg(v)$，所以 $\bar{\bar{v}}(x) = \bar{v}(x)$，$\bar{\bar{w}}(x) = \bar{w}(x)$.

如果 p 整除 q，从而 $r = p$，则我们所选的 $V(x)$ 和 $W(x)$ 也满足 $a(x)V(x) + b(x)W(x) \equiv 1 \pmod{p}$，符合亨泽尔引理引理的要求.

当 $p = 2$ 时，按以下方式做因子分解（只写出系数，并在数字上加一杠表示负值）：习题 10 告诉我们，按照一位的对 2 求补的表示方式，$v_1(x) = (1\bar{1}\bar{1})$，$w_1(x) = (1\bar{1}\bar{1}00\bar{1}\bar{1})$. 由广义欧几里得算法可得 $a(x) = (100001)$，$b(x) = (10)$. 由习题 20 可知因子 $v(x) = x^2 + c_1 x + c_0$ 必定有 $|c_1| \leq \lfloor 1 + \sqrt{113} \rfloor = 11$，$|c_0| \leq 10$. 将亨泽尔引理应用三次可得 $v_4(x) = (13\bar{1})$，$w_4(x) = (1\bar{3}\bar{5}\bar{4}4\bar{3}5)$. 所以 $c_1 \equiv 3$，$c_0 \equiv -1 \pmod{16}$. $u(x)$ 唯一可能的二次因子是 $x^2 + 3x - 1$. 由于无法做除法，所以 $u(x)$ 不可约.（由于我们已经用四种不同的方法分别独立证明了这个可爱的多项式的不可约性，所以它不太可能有任何因子.）

察森豪斯发现，往往可以通过增大 p 和 q 的值来达到加速计算的效果：按照上面的记号，当 $r = p$ 时，我们可求 $A(x)$, $B(x)$ 满足 $A(x)V(x) + B(x)W(x) \equiv 1 \pmod{p^2}$. 具体来说，取 $A(x) = a(x) + p\bar{a}(x)$，$B(x) = b(x) + p\bar{b}(x)$，其中 $\bar{a}(x)V(x) + \bar{b}(x)W(x) \equiv g(x) \pmod{p}$，$a(x)V(x) + b(x)W(x) \equiv 1 - pg(x) \pmod{p^2}$. 还可求 C 满足 $\ell(V)C \equiv 1 \pmod{p^2}$. 遵循这样的方式，我们可将无平方因子分解 $u(x) \equiv v(x)w(x) \pmod{p}$ 提升到模 p^2, p^4, p^8, p^{16}, $\dots$ 的唯一因子分解. 然而，在实际计算中，当模数的大小达到需要用双精度表示的程度时，这一"加速"计算的技巧能够获得的回报会逐渐减小，因为与多精度表示的数相乘的时间代价已经超过了将模数直接取平方所带来的好处. 如果只是为了获得计算上的好处，最理想的做法是将模数依次取为 p, p^2, p^4, p^8, $\dots$, p^E, p^{E+e}, p^{E+2e}, p^{E+3e}, $\dots$，其中 E 是使 p^E 超出单精度表示范围的 2 的最小的幂，而 e 是使 p^e 可用单精度表示的最大整数.

"亨泽尔引理"其实是高斯在 1799 年前后发明的，并写在他未能最终完成的书稿 *Analysis Residuorum*，§373–374 中. 高斯将这一手稿中的大部分内容都收入了他的著作 *Disquisitiones Arithmeticæ*（1801）中，但他关于多项式因子分解的一些想法直到他死后才发表 [见他的著作 *Werke* **2** (Göttingen, 1863), 238]. 与此同时，舍内曼独立地发现了这个引理，并且证明了唯一性 [*Crelle* **32** (1846), 93–105, §59]. 这个方法用亨泽尔的名字来命名，是因为它是 p 进数理论的基础（见习题 4.1–31）. 我们可用几种方式来推广这个引理. 首先，如果有更多的因子，比如说 $u(x) \equiv v_1(x)v_2(x)v_3(x) \pmod{p}$，则可求 $a_1(x)$, $a_2(x)$, $a_3(x)$ 满足 $a_1(x)v_2(x)v_3(x) + a_2(x)v_1(x)v_3(x) + a_3(x)v_1(x)v_2(x) \equiv 1 \pmod{p}$ 且 $\deg(a_i) < \deg(v_i)$.（实际上，我们可将 $1/u(x)$ 作部分分式展开为 $\sum a_i(x)/v_i(x)$.）此时，采用完全类似的方法就可将因子分解进行提升而无需改变 v_1 和 v_2 的首项系数. 事实上，我们可取 $\bar{v}_1(x) = a_1(x)f(x) \bmod v_1(x)$，$\bar{v}_2(x) = a_2(x)f(x) \bmod v_2(x)$，等等. 另一条重要的推广路径是在对多元多项式求最大公因子和做因子分

解时同时取形式分别为 $p^e, (x_2 - a_2)^{n_2}, \ldots, (x_t - a_t)^{n_t}$ 的多个模数. 见恽元一, Ph.D. Thesis (M.I.T., 1974).

23. $pp(u(x))$ 的判别式是非零整数（见习题 4.6.1–12），它有多个模 p 因子当且仅当 p 可整除此判别式. [（22）的模 3 因子分解是 $(x+1)(x^2 - x - 1)^2(x^3 + x^2 - x + 1)$. 只有 $p = 3, 23, 233, 121\,702\,457$ 时这个多项式才有平方因子. 不难证明最小的幸运素数不会超过 $O(n \log Nn)$, 其中 $n = \deg(u)$, N 是 $u(x)$ 的系数的上界.]

24. 将一个有理系数首一多项式与适当的非零整数相乘, 以得到一个整数集上的本原多项式. 将这个多项式在整数集上进行分解, 然后再将每个因子都转换成首一多项式.（这种做法不会漏掉任意一种分解方式. 见习题 4.6.1–8. ）

25. 通过观察常数项可以发现不存在一次因子, 所以当多项式可约时, 应该有一个二次因子和一个三次因子. 模 2 的分解式是 $x(x+1)^2(x^2 + x + 1)$, 这对我们帮助不大. 模 3 的分解式是 $(x+2)^2(x^3 + 2x + 2)$, 模 5 的分解式是 $(x^2 + x + 1)(x^3 + 4x + 2)$. 所以答案是 $(x^2 + x + 1)(x^3 - x + 2)$.

26. 首先令 $D \leftarrow (0 \ldots 01)$, 代表集合 $\{0\}$. 接着, 对 $1 \le j \le r$, 我们令 $D \leftarrow D \mid (D \ll d_j)$, 其中 $\mid$ 代表逐位逻辑或运算, $D \ll d$ 表示将 D 左移 d 个二进制位.（实际上, 我们只需要使用一个长度为 $\lceil(n+1)/2\rceil$ 的二进制位向量, 因为 $n - m$ 在集合中当且仅当 m 在集合中. ）

27. 习题 4 告诉我们, 一个随机选取的 n 次多项式模 p 不可约的概率非常低, 只有大约 $1/n$. 然而根据中国剩余定理, 一个随机选取的整数集上的 n 次首一多项式模 k 个互异素数都可约的概率约为 $(1 - 1/n)^k$, 而这个概率值当 $k \to \infty$ 时趋向于 0. 所以几乎所有整数集上的多项式模无穷多个素数都是不可约的, 且几乎所有整数集上的本原多项式都是不可约的. [另一个证明由布朗给出的, *AMM* **70** (1963), 965–969.]

28. 见习题 4. 概率是 $[z^n](1 + a_{1p}z/p)(1 + a_{2p}z^2/p^2)(1 + a_{3p}z^3/p^3)\ldots$, 其极限值是 $g(z) = (1 + z) \times (1 + \frac{1}{2}z^2)(1 + \frac{1}{3}z^3)\ldots$. 当 $1 \le n \le 10$ 时, 答案分别是 $1, \frac{1}{2}, \frac{5}{6}, \frac{7}{12}, \frac{37}{60}, \frac{79}{120}, \frac{173}{280}, \frac{101}{168}, \frac{127}{210}, \frac{1033}{1680}$. [令 $f(y) = \ln(1 + y) - y = O(y^2)$. 则

$$g(z) = \exp\left(\sum_{n \ge 1} z^n/n + \sum_{n \ge 1} f(z^n/n)\right) = h(z)/(1 - z),$$

并且可证明当 $n \to \infty$ 时极限概率是 $h(1) = \exp\left(\sum_{n \ge 1} f(1/n)\right) = e^{-\gamma} \approx 0.561\,46$. 实际上, 德布鲁因已经给出了渐近公式 $\lim_{p \to \infty} a_{np} = e^{-\gamma} + e^{-\gamma}/n + O(n^{-2} \log n)$. [见莱默, *Acta Arith.* **21** (1972), 379–388; 丹尼尔·格林和高德纳, *Math. for the Analysis of Algorithms* (Boston: Birkhäuser, 1981), §4.1.6.] 另一方面, 对 $p = 2$, $1 \le n \le 10$ 时的答案稍小一些: $1, \frac{1}{4}, \frac{1}{2}, \frac{7}{16}, \frac{7}{16}, \frac{7}{16}, \frac{27}{64}, \frac{111}{256}, \frac{109}{256}, \frac{109}{256}$. 阿诺德·诺普夫梅切和理查德·瓦尔利蒙特 [*Trans. Amer. Soc.* **347** (1995), 2235–2243] 证明了对给定的 p, 概率是 $c_p + O(1/n)$, 其中 $c_p = \prod_{m \ge 1} e^{-1/m}(1 + a_{mp}/p^m)$, $c_2 \approx 0.397$.]

29. 设 $q_1(x)$ 和 $q_2(x)$ 是 $g(x)$ 的任意两个不可约因子. 根据中国剩余定理（习题 3）, 随机选取一个次数小于 $2d$ 的多项式 $t(x)$ 等价于随机选取两个次数小于 d 的多项式 $t_1(x)$ 和 $t_2(x)$, 其中 $t_i(x) = t(x) \bmod q_i(x)$. 当 $t_1(x)^{(p^d-1)/2} \bmod q_1(x) = 1$ 且 $t_2(x)^{(p^d-1)/2} \bmod q_1(x) \ne 1$ 时最大公因子就是真因子, 反之亦然, 而上述条件对 $t_1(x)$ 和 $t_2(x)$ 的 $2((p^d - 1)/2)((p^d + 1)/2) = (p^{2d} - 1)/2$ 种选取方式是成立的.

注记: 在这里我们考虑的仅仅是涉及两个不可约因子的状况, 然而实际的状况很可能会好得多. 假设对每个 $t(x)$, 任一不可约因子 $q_i(x)$ 整除 $t(x)^{(p^d-1)/2} - 1$ 的概率为 $\frac{1}{2}$, 且与其他 $q_j(x)$ 和 $t(x)$ 的状况无关. 又假设 $g(x)$ 共有 r 个不可约因子. 如果依次选取测试函数 t, 将每个因子 $q_i(x)$ 都按照它是否整除 $t(x)^{(p^d-1)/2} - 1$ 相应得到用 0 和 1 构成的序列作为 $q_i(x)$ 的编码, 则可得到一个包含 r 片叶子的随机二叉检索树（见 6.3 节）. 这个检索树中一个有 m 片叶子作为子孙的内结点的成本为 $O(m^2(\log p))$. 又根据习题 5.2.2–36, 递推式 $A_n = \binom{n}{2} + 2^{1-n} \sum \binom{n}{k} A_k$ 的解为 $A_n = 2\binom{n}{2}$. 因此, 在上述具有一定合理性的假设下, 这个随机检索树的成本总和——代表完全分解 $g(x)$ 的预期时间——为 $O(r^2(\log p)^3)$. 如果随机选取 $t(x)$ 时要求其次数小于 rd 而不是 $2d$, 则上述假设就是严格成立的.

30. 定义 $T(x) = x + x^p + \cdots + x^{p^{d-1}}$ 为 x 的迹, 并记 $v(x) = T(t(x)) \bmod q(x)$. 由于多项式模 $q(x)$ 的余式的域中有 $t(x)^{p^d} = t(x)$, 所以在这个域中 $v(x)^p = v(x)$. 换句话说, $v(x)$ 是方程 $y^p - y = 0$ 的 p 个根之一, 因此 $v(x)$ 是一个整数.

由此得出 $\prod_{s=0}^{p-1} \gcd(g_d(x), T(t(x)) - s) = g_d(x)$. 特别地，当 $p = 2$ 时可以像习题 29 那样证明，当 $g_d(x)$ 至少有两个不可约因子且 $t(x)$ 是随机选取的次数小于 $2d$ 的二进制多项式时，$\gcd(g_d(x), T(t(x)))$ 是 $g_d(x)$ 的真因子的概率至少是 $\frac{1}{2}$.

[注意，为求 $T(t(x)) \bmod g(x)$，我们可首先令 $u(x) \leftarrow t(x)$，然后反复做 $d-1$ 次赋值 $u(x) \leftarrow (t(x) + u(x)^p) \bmod g(x)$. 本习题所用的方法是利用对所有 p 值都成立的多项式因子分解 $x^{p^d} - x = \prod_{s=0}^{p-1}(T(x) - s)$，而式 (21) 是利用对奇数 p 成立的多项式因子分解 $x^{p^d} - x = x(x^{(p^d-1)/2} + 1)(x^{(p^d-1)/2} - 1)$.]

迹的概念是戴德金引入的 [*Abhandlungen der Königl. Gesellschaft der Wissenschaften zu Göttingen* **29** (1882), 1–56]. 通过计算 $\gcd(f(x), T(x) - s)$ 来求 $f(x)$ 的因子的方法可追溯到阿克塞尔·阿尔温，*Arkiv för Mat., Astr. och Fys.* **14**, 7 (1918), 1–46. 但他的方法并没有考虑当 $t(x) \neq x$ 时的 $T(t(x))$，所以是不完整的. 利用迹的完整的因子分解算法是后来由罗伯特·麦克利斯设计的，见 *Math. Comp.* **23** (1969), 861–867. 关于渐近的快的结果，也见加滕和维克托·舒普，*Computational Complexity* **2** (1992), 187–224，算法 3.6.

科昂发现对 $p = 2$ 应用这个方法时，只需测试至多 d 个特殊情形 $t(x) = x, x^3, \ldots, x^{2d-1}$ 就足够了. 只要 $g_d(x)$ 是可约的，上面一定有一个 $t(x)$ 能分解 $g_d(x)$. 事实上，利用 $T(t(x)^p) \equiv T(t(x))$ 以及 $T(u(x) + t(x)) \equiv T(u(x)) + T(t(x))$ (modulo $g_d(x)$)，我们可由这些特殊情形得到所有次数小于 $2d$ 的多项式 $t(x)$ 的效果. [*A Course in Computational Algebraic Number Theory* (Springer, 1993)，算法 3.4.8.]

31. 对 p^d 个元素构成的域中的任一元素 α，记 $d(\alpha)$ 为 α 的次数，即满足 $\alpha^{p^e} = \alpha$ 的最小指数 e. 然后考虑多项式

$$P_\alpha(x) = (x - \alpha)(x - \alpha^p) \ldots (x - \alpha^{p^{d-1}}) = q_\alpha(x)^{d/d(\alpha)},$$

其中 $q_\alpha(x)$ 是次数为 $d(\alpha)$ 的不可约多项式. 当 α 取遍域中所有元素值时，相应的 $q_\alpha(x)$ 则取遍所有次数 e 整除 d 的不可约多项式，其中每个这样的不可约多项式恰好出现 e 次. 可以证明 $(x+t)^{(p^d-1)/2} \bmod q_\alpha(x) = 1$ 当且仅当在域中 $(\alpha + t)^{(p^d-1)/2} = 1$. 当 t 为整数时 $d(\alpha + t) = d(\alpha)$，所以 $n(p, d)$ 等于 d^{-1} 乘以次数为 d 且满足 $\alpha^{(p^d-1)/2} = 1$ 的元素 α 的个数. 类似地，如果 $t_1 \neq t_2$，则应统计次数为 d 且满足 $(\alpha + t_1)^{(p^d-1)/2} = (\alpha + t_2)^{(p^d-1)/2}$ 或与之等价的 $((\alpha + t_1)/(\alpha + t_2))^{(p^d-1)/2} = 1$ 的元素数目. 当 α 取遍所有次数为 d 的元素时，$(\alpha + t_1)/(\alpha + t_2) = 1 + (t_1 - t_2)/(\alpha + t_2)$ 同样也取遍所有次数为 d 的元素.

[我们有 $n(p, d) = \frac{1}{4} d^{-1} \sum_{c \backslash d} (3 + (-1)^c) \mu(c)(p^{d/c} - 1)$，这个数值约为所有不可约多项式的数目的一半——事实上，当 d 为奇数时恰好是一半. 由此可证明，当 t 固定而 $g_d(x)$ 随机选取时，$\gcd(g_d(x), (x+t)^{(p^d-1)/2} - 1)$ 有很大可能帮助我们找到 $g_d(x)$ 的因子. 然而，如习题 29 那样，我们通常期望一个随机性算法对固定的 $g_d(x)$ 和随机选取的 t 肯定能以一定的概率成功.]

32. (a) 显然有 $x^n - 1 = \prod_{d \backslash n} \Psi_d(x)$，因为对每个 n 次复单位根存在唯一的 $d \backslash n$，使得它也是 d 次原根. 第二个恒等式可由第一个推导出来. 并且由于 $\Psi_n(x)$ 可以表示为整系数首一多项式的乘积和商，所以其系数也是整数.

因为由提示中的条件足以证明 $f(x) = \Psi_n(x)$，所以我们只需对提示进行讨论. 当 p 不能整除 n 时，$x^n - 1 \perp nx^{n-1}$ modulo p，所以 $x^n - 1$ 模 p 无平方因子. 对提示中所述的 $f(x)$ 和 ζ，设 $g(x)$ 为 $\Psi_n(x)$ 的满足 $g(\zeta^p) = 0$ 的不可约因子. 当 $g(x) \neq f(x)$ 时，$f(x)$ 和 $g(x)$ 是 $\Psi_n(x)$ 的不同因子，从而也是 $x^n - 1$ 的不同因子，所以它们模 p 没有共同的不可约因子. 然而，由于 ζ 是 $g(x^p)$ 的根，所以在整数集上 $\gcd(f(x), g(x^p)) \neq 1$，从而 $f(x)$ 是 $g(x^p)$ 的因子. 由 (5) 可推导出 $f(x)$ 是 $g(x)^p$ 模 p 的因子，这与 $f(x)$ 和 $g(x)$ 没有共同的不可约因子的假设矛盾. 所以 $f(x) = g(x)$. [$\Psi_n(x)$ 的不可约性首先是由高斯在 *Disquisitiones Arithmeticæ* (Leipzig: 1801), Art. 341 中对素数 n 证明的，而对一般的 n 则由克罗内克在 *J. de Math. Pures et Appliquées* **19** (1854), 177–192 中证明的.]

(c) $\Psi_1(x) = x - 1$，且当 p 为素数时，$\Psi_p(x) = 1 + x + \cdots + x^{p-1}$. 如果 $n > 1$ 为奇数，则不难证明 $\Psi_{2n}(x) = \Psi_n(-x)$. 如果 p 可整除 n，则由 (a) 中的第二个恒等式可推导出 $\Psi_{pn}(x) = \Psi_n(x^p)$. 如果 p 不能整除 n，则 $\Psi_{pn}(x) = \Psi_n(x^p)/\Psi_n(x)$. 对非素数 $n \leq 15$，有 $\Psi_4(x) = x^2 + 1$，$\Psi_6(x) = x^2 - x + 1$，$\Psi_8(x) = x^4 + 1$，$\Psi_9(x) = x^6 + x^3 + 1$，$\Psi_{10}(x) = x^4 - x^3 + x^2 - x + 1$，$\Psi_{12}(x) = x^4 - x^2 + 1$，

$\Psi_{14}(x) = x^6 - x^5 + x^4 - x^3 + x^2 - x + 1$, $\Psi_{15}(x) = x^8 - x^7 + x^5 - x^4 + x^3 - x + 1$. [当 p 和 q 都是素数时, 我们可利用式 $\Psi_{pq}(x) = (1 + x^p + \cdots + x^{(q-1)p})(x-1)/(x^q-1)$ 证明 $\Psi_{pq}(x)$ 的所有系数都是 ± 1 或 0. 然而 $\Psi_{pqr}(x)$ 的系数却可以任意大.]

33. 这是错的. 这里漏掉了所有被 p 整除的 e_j 对应的 p_j. 当 $p > \deg(u)$ 时是对的. [见习题 36.]

34. [恽元一, *Proc. ACM Symp. Symbolic and Algebraic Comp.* (1976), 26–35.]

令 $(t(x), v_1(x), w_1(x)) \leftarrow \mathrm{GCD}(u(x), u'(x))$. 如果 $t(x) = 1$, 则令 $e \leftarrow 1$, 否则对于 $i = 1, 2, \ldots,$ $e-1$ 令 $(u_i(x), v_{i+1}(x), w_{i+1}(x)) \leftarrow \mathrm{GCD}(v_i(x), w_i(x) - v_i'(x))$, 直至 $w_e(x) - v_e'(x) = 0$ 成立. 最后令 $u_e(x) \leftarrow v_e(x)$.

下面证明算法是正确的. 这个算法计算了多项式 $t(x) = u_2(x) u_3(x)^2 u_4(x)^3 \ldots$, $v_i(x) = u_i(x) u_{i+1}(x) u_{i+2}(x) \ldots$ 和

$$w_i(x) = u_i'(x) u_{i+1}(x) u_{i+2}(x) \ldots + 2 u_i(x) u_{i+1}'(x) u_{i+2}(x) \ldots + 3 u_i(x) u_{i+1}(x) u_{i+2}'(x) \ldots + \cdots.$$

由于 $u_i(x)$ 的任意不可约因子整除 $w_1(x)$ 除第 i 项以外的其他项, 且与第 i 项互素, 所以 $t(x) \perp w_1(x)$. 并且 $u_i(x) \perp v_{i+1}(x)$.

[尽管习题 2(b) 证明了有许多多项式都没有平方因子, 但在实际问题中有平方因子的多项式是经常出现的. 所以这个算法是非常重要的. 王士弘和特拉格在 *SICOMP* **8** (1979), 300–305 中对如何改进算法效率提出了一些建议. 巴赫和沙历特讨论了如何对无平方因子的多项式作模 p 分解, 见 *Algorithmic Number Theory* **1** (MIT Press, 1996), 习题 7.27 的解答.]

35. 我们可以证明 $w_j(x) = \gcd(u_j(x), v_j^*(x)) \cdot \gcd(u_{j+1}^*(x), v_j(x))$, 其中

$$u_j^*(x) = u_j(x) u_{j+1}(x) \ldots \qquad 且 \qquad v_j^*(x) = v_j(x) v_{j+1}(x) \ldots.$$

[恽元一指出, 如果用习题 34 中的方法得到无平方因子分解, 其运行时间最多是计算 $\gcd(u(x), u'(x))$ 的两倍. 并且, 对任意一种求无平方因子分解的方法, 利用本习题的做法都可导出一种求最大公因子的算法. (如果 $u(x)$ 和 $v(x)$ 都没有平方因子, 则它们的最大公因子就是 $w_2(x)$, 其中 $w(x) = u(x) v(x) = w_1(x) w_2(x)^2$. 多项式 $u_j(x)$, $v_j(x)$, $u_j^*(x)$ 和 $v_j^*(x)$ 都没有平方因子.) 因此, 如果我们关注渐近运行时间的最坏情形, 那么 n 次本原多项式的无平方因子分解问题在计算上等价于求两个 n 次多项式的最大公因子.]

36. 设 $U_j(x)$ 为利用习题 34 中的计算过程求出的 "$u_j(x)$" 的值. 如果 $\deg(U_1) + 2\deg(U_2) + \cdots = \deg(u)$, 那么对所有 j 有 $u_j(x) = U_j(x)$. 然而一般而言, 我们有 $e < p$, 而且对于 $1 \le j < p$ 有 $U_j(x) = \prod_{k \ge 0} u_{j+pk}(x)$. 为进一步分解这些因子, 我们可计算 $t(x)/(U_2(x) U_3(x)^2 \ldots U_{p-1}(x)^{p-2}) = \prod_{j \ge p} u_j(x)^{p\lfloor j/p \rfloor} = z(x^p)$. 通过递归求 $z(x) = (z_1(x), z_2(x), \ldots)$ 的无平方因子分解可得 $z_k(x) = \prod_{0 \le j < p} u_{j+pk}(x)$, 所以对于 $1 \le j < p$, 可利用式 $\gcd(U_j(x), z_k(x)) = u_{j+pk}(x)$ 分别计算每个 $u_i(x)$. 当我们去掉 $z_k(x)$ 的其他因子后就可留下多项式 $u_{pk}(x)$.

注记: 这个算法相当简单, 但程序却相当冗长. 如果目标只是给出模 p 完整因子分解的简短程序而不是要得到一个非常高效的程序, 最容易实现的办法应该是修改不同次数的因子分解子程序, 让它对同一个 d 值输出 $\gcd(x^{p^d} - x, u(x))$ 好几次, 直至最大公因子为 1. 由于在这里 $x^{p^d} - x$ 没有平方因子, 所以我们没必要按照正文所说的那样, 先求 $\gcd(u(x), u'(x))$ 再去掉多重因子.

37. 精确的概率是 $\prod_{j \ge 1} (a_{jp}/p^j)^{k_j}/k_j!$, 其中 k_j 是值等于 j 的 d_i 的数目. 由习题 4 可知 $a_{jp}/p^j \approx 1/j$, 进而得到习题 1.3.3–21 的公式.

注记: 本习题告诉我们, 如果取定素数 p 的值并随机选取多项式 $u(x)$, 那么每种模 p 因子分解方法的成功概率都是确定的. 如果取定 $u(x)$ 而 "随机" 选取 p, 问题就困难得多. 我们可以证明, 对几乎所有 $u(x)$ 都有相同的渐近估计. 弗罗贝纽斯在 1880 年证明了, 当 p 是一个随机选取的很大的素数时, 将整系数多项式 $u(x)$ 模 p 分解为次数为 $d_1, \ldots, d_r$ 的因子的概率等于 $u(x)$ 的伽罗瓦群 G 中具有循环长度 $\{d_1, \ldots, d_r\}$ 的排列的个数除以 G 中排列的总数目. [如果 $u(x)$ 是有理系数多项式且有互异的复数根 $\xi_1, \ldots, \xi_n$, 则其伽罗瓦群就是由使得 $\prod_{p(1)\ldots p(n) \in G}(z + \xi_{p(1)} y_1 + \cdots + \xi_{p(n)} y_n) = U(z, y_1, \ldots, y_n)$ 是有理系数多项式且在有理数集上不可约的排列构成的 (唯一的) 群 G. 见弗罗贝纽斯, *Sitzungsberichte*

Königl. preuß. Akad. Wiss. (Berlin: 1896), 689–703. 正是由于这篇著名的文章, 我们通常称线性映射 $x \mapsto x^p$ 为弗罗贝纽斯自同构.] 进而, 范德瓦尔登在 1934 年证明了几乎所有 n 次多项式的伽罗瓦群中包含了所有 $n!$ 个排列 [*Math. Annalen* **109** (1934), 13–16]. 因此, 如果我们取定不可约多项式 $u(x)$ 而随机选取很大的素数 p, 则几乎所有 $u(x)$ 都会按我们期望的结果被分解. 尼古拉·切博塔廖夫, *Math. Annalen* **95** (1926) 将弗罗贝纽斯定理推广到伽罗瓦群的共轭类.

38. 由假设条件可推导出, 当 $|z| = 1$ 时, 要么 $|u_{n-2}z^{n-2} + \cdots + u_0| < |u_{n-1}| - 1 \leq |z^n + u_{n-1}z^{n-1}|$, 要么 $|u_{n-3}z^{n-3} + \cdots + u_0| < u_{n-2} - 1 \leq |z^n + u_{n-2}z^{n-2}|$. 所以根据鲁谢定理 [*J. École Polytechnique* **21**, 37 (1858), 1–34], $u(z)$ 在圆 $|z| = 1$ 内至少有 $n - 1$ 或 $n - 2$ 个根. 如果 $u(z)$ 可约, 则可写成 $v(z)w(z)$ 的形式, 其中 v 和 w 都是整系数首一多项式. 由于 v 和 w 的根的乘积都是非零整数, 所以每个因子都有一个根的绝对值不小于 1. 因此, 唯一的可能性是 v 和 w 都恰有一个这样的根且 $u_{n-1} = 0$. 因为这些根的共轭复数也是根, 所以它们肯定都是实数. 从而 $u(z)$ 有一个实根 z_0 满足 $|z_0| \geq 1$. 然而这是不可能的, 因为如果 $r = 1/z_0$, 我们就会有 $0 = |1 + u_{n-2}r^2 + \cdots + u_0 r^n| \geq 1 + u_{n-2}r^2 - |u_{n-3}|r^3 - \cdots - |u_0|r^n > 1$. [佩龙, *Crelle* **132** (1907), 288–307. 关于其推广见阿尔弗雷德·布劳尔, *Amer. J. Math.* **70** (1948), 423–432, **73** (1951), 717–720.]

39. 我们首先证明提示中给出的结论: 设 $u(x) = a(x - \alpha_1)\ldots(x - \alpha_n)$ 是整系数多项式. $u(x)$ 和多项式 $y - t(x)$ 的结式是一个行列式, 所以它是一个整系数多项式 $r_t(y) = a^{\deg(t)}(y - t(\alpha_1))\ldots(y - t(\alpha_n))$ (见习题 4.6.1–12). 如果 $u(x)$ 整除 $v(t(x))$ 则 $v(t(\alpha_1)) = 0$, 所以 $r_t(y)$ 和 $v(y)$ 有一个公共因子. 因此, 如果 v 是不可约的, 则我们有 $\deg(u) = \deg(r_t) \geq \deg(v)$.

给定不可约多项式 $u(x)$, 为给出其不可约性的简短证明, 可以假设 $u(x)$ 是首一多项式 (根据习题 18) 且 $\deg(u) \geq 3$. 根据习题 38 给出的判别标准, 我们只需证明存在多项式 $t(x)$ 使得 $v(y) = r_t(y)$ 不可约, 从而 $u(x)$ 的所有因子都整除多项式 $v(t(x))$, 进而推出 $u(x)$ 不可约. 当 $t(x)$ 的系数都不太大时这个证明是很简明的.

如果 $n \geq 3$ 且 $\beta_1 \ldots \beta_n \neq 0$, 则可以证明多项式 $v(y) = (y - \beta_1)\ldots(y - \beta_n)$ 在以下 "小性条件" 下满足习题 38 的判别标准: 除了 $j = n$, 或者 $\beta_j = \overline{\beta_n}$ 且 $|\Re\beta_j| \leq 1/(4n)$ 的情形外, 都有 $|\beta_j| \leq 1/(4n)$. 利用 $|v_0| + \cdots + |v_n| \leq (1 + |\beta_1|)\ldots(1 + |\beta_n|)$ 可直接验证这些不等式.

设 $\alpha_1, \ldots, \alpha_r$ 为实数, $\alpha_{r+1}, \ldots, \alpha_{r+s}$ 为复数, 其中 $n = r + 2s$ 且对于 $1 \leq j \leq s$ 有 $\alpha_{r+s+j} = \overline{\alpha_{r+j}}$. 考虑线性表达式 $S_j(a_0, \ldots, a_{n-1})$, 当 $1 \leq j \leq r + s$ 时定义为 $\Re(\sum_{i=0}^{n-1} a_i \alpha_j^i)$, 而当 $r + s < j \leq n$ 时则定义为 $\Im(\sum_{i=0}^{n-1} a_i \alpha_j^i)$. 如果 $0 \leq a_i < b$ 且 $B = \lceil \max_{j=1}^{n-1} \sum_{i=0}^{n-1} |\alpha_i|^j \rceil$, 则 $|S_j(a_1, \ldots, a_{n-1})| < bB$. 所以如果我们取 $b > (16nB)^{n-1}$, 则必存在不同的向量 $(a_0, \ldots, a_{n-1})$ 和 $(a'_0, \ldots, a'_{n-1})$, 使得对于 $1 \leq j < n$ 有 $\lfloor 8nS_j(a_0, \ldots, a_{n-1}) \rfloor = \lfloor 8nS_j(a'_0, \ldots, a'_{n-1}) \rfloor$. 这是因为一共有 b^n 个向量, 但最多只有 $(16nbB)^{n-1} < b^n$ 个不同的 $n - 1$ 元组. 设 $t(x) = (a_0 - a'_0) + \cdots + (a_{n-1} - a'_{n-1})x^{n-1}$ 且 $\beta_j = t(\alpha_j)$, 则小性条件成立. 我们还可以推导出 $\beta_j \neq 0$, 否则的话 $t(x)$ 就会整除 $u(x)$. [*J. Algorithms* **2** (1981), 385–392.]

40. 对候选因子 $v(x) = x^d + a_{d-1}x^{d-1} + \cdots + a_0$, 我们将每个 a_j 都换成有理分数 (模 p^e), 其中分子和分母都不大于 B. 然后乘以最小公分母, 看所得的多项式是否在整数集上整除 $u(x)$. 如果不, 则不存在 $u(x)$ 的因子, 其系数上界为 B 且模 p^e 同余于 $v(x)$ 的某个倍元.

41. 戴维·博伊德指出 $4x^8 + 4x^6 + x^4 + 4x^2 + 4 = (2x^4 + 4x^3 + 5x^2 + 4x + 2)(2x^4 - 4x^3 + 5x^2 - 4x + 2)$, 他还发现了更高次的例子来证明如果 c 存在, 则必有 $c > 2$.

4.6.3 节

1. x^m, 其中 $m = 2^{\lfloor \lg n \rfloor}$ 是不大于 n 的 2 的最高次幂.

2. 假设 x 存放在寄存器 A 中, n 在内存位置 NN 上, 输出放在寄存器 X 中.

01	A1	ENTX	1	1	*A1. 初始化.*
02		STX	Y	1	$Y \leftarrow 1$.
03		STA	Z	1	$Z \leftarrow x$.

04		LDA	NN	1	$N \leftarrow n$.
05		JAP	2F	1	转向步骤 A2.
06		JMP	DONE	0	否则答案是 1.
07	5H	SRB	1	$L+1-K$	
08		STA	N	$L+1-K$	$N \leftarrow \lfloor N/2 \rfloor$.
09	A5	LDA	Z	L	<u>A5. 将 Z 平方.</u>
10		MUL	Z	L	
11		STX	Z	L	$Z \leftarrow Z \times Z \bmod w$.
12	A2	LDA	N	L	<u>A2. 将 N 折半.</u>
13	2H	JAE	5B	$L+1$	如果 N 是偶数则转向步骤 A5.
14		SRB	1	K	
15	A4	JAZ	4F	K	如果 $N=1$ 则跳转.
16		STA	N	$K-1$	$N \leftarrow \lfloor N/2 \rfloor$.
17	A3	LDA	Z	$K-1$	<u>A3. 将 Y 乘以 Z.</u>
18		MUL	Y	$K-1$	
19		STX	Y	$K-1$	$Y \leftarrow Z \times Y \bmod w$.
20		JMP	A5	$K-1$	转向步骤 A5.
21	4H	LDA	Z	1	
22		MUL	Y	1	做最后的乘法. ∎

运行时间为 $21L+16K+8$, 其中 $L=\lambda(n)=\lfloor \lg n \rfloor$ 比 n 的二进制表示的位数少 1, 而 $K=\nu n$ 是二进制表示中数字 1 的个数.

对于串行程序我们可以假设 n 足够小, 从而可存放在变址寄存器中. 否则的话指数运算就无法进行. 下面的程序将输出存放在寄存器 A 中:

01	S1	LD1	NN	1	rI1 $\leftarrow n$.
02		STA	X	1	$X \leftarrow x$.
03		JMP	2F	1	
04	1H	MUL	X	$N-1$	rA $\times X \bmod w$
05		SLAX	5	$N-1$	$\rightarrow$ rA.
06	2H	DEC1	1	N	rI1 $\leftarrow$ rI1 -1.
07		J1P	1B	N	如果 rI1 > 0 则再做一次乘法. ∎

这个程序的运行时间是 $14N-7$. 当 $n \le 7$ 时它比上一个程序要快, 而 $n \ge 8$ 时则更慢.

3. 指数序列为: (a) 1, 2, 3, 6, 7, 14, 15, 30, 60, 120, 121, 242, 243, 486, 487, 974, 975 [16 次乘法]. (b) 1, 2, 3, 4, 8, 12, 24, 36, 72, 108, 216, 324, 325, 650, 975 [14 次乘法]. (c) 1, 2, 3, 6, 12, 15, 30, 60, 120, 240, 243, 486, 972, 975 [13 次乘法]. (d) 1, 2, 3, 6, 12, 15, 30, 60, 75, 150, 300, 600, 900, 975 [13 次乘法]. [可以达到的最少乘法次数为 12 次. 由于 $975 = 15 \cdot (2^6+1)$, 所以可将因子方法和二进制方法相结合以达到这个最少次数.]

4. $(777777)_8 = 2^{18}-1$.

5. **T1.** [初始化.] 对于 $0 \le j \le 2^r$ 置 LINKU$[j] \leftarrow 0$, 以及 $k \leftarrow 0$, LINKR$[0] \leftarrow 1$, LINKR$[1] \leftarrow 0$.

T2. [转到下一层.](此时树的第 k 层已经以 LINKR$[0]$ 为起点, 从左到右联接起来.) 如果 $k=r$ 则算法结束. 否则置 $n \leftarrow$ LINKR$[0]$, $m \leftarrow 0$.

T3. [为结点 n 作准备.](此时 n 是第 k 层的一个结点, 并且 m 指向第 $k+1$ 层当前最右侧的结点.) 置 $q \leftarrow 0$, $s \leftarrow n$.

T4. [已经在树中了吗?](此时 s 是从根结点到 n 的路径上的一个结点.) 如果 LINKU$[n+s] \ne 0$, 则转向 T6 (值 $n+s$ 已经在树中了).

T5. [在 n 下方插入.] 如果 $q = 0$, 则置 $m' \leftarrow n+s$. 然后置 $\mathrm{LINKR}[n+s] \leftarrow q$, $\mathrm{LINKU}[n+s] \leftarrow n$, $q \leftarrow n+s$.

T6. [向上移动.] 置 $s \leftarrow \mathrm{LINKU}[s]$. 如果 $s \neq 0$, 则转回到 T4.

T7. [放入组中.] 如果 $q \neq 0$, 则置 $\mathrm{LINKR}[m] \leftarrow q$, $m \leftarrow m'$.

T8. [移动 n.] 置 $n \leftarrow \mathrm{LINKR}[n]$. 如果 $n \neq 0$, 则转回到 T3.

T9. [此层结束.] 置 $\mathrm{LINKR}[m] \leftarrow 0$, $k \leftarrow k+1$, 并转回到 T2. ∎

6. 用归纳法证明, 当 $e_0 > e_1 > \cdots > e_t \geq 0$ 时, 通向数 $2^{e_0} + 2^{e_1} + \cdots + 2^{e_t}$ 的路径为 $1, 2, 2^2, \ldots,$ $2^{e_0}, 2^{e_0} + 2^{e_1}, \ldots, 2^{e_0} + 2^{e_1} + \cdots + 2^{e_t}$. 并且, 在每一层上的指数按降字典序排列.

7. 用二进制方法和因子方法计算 x^{2n} 时, 需要比计算 x^n 多出一步. 用幂树方法则最多多一步. 所以 (a) $15 \cdot 2^k$. (b) $33 \cdot 2^k$. (c) $23 \cdot 2^k$. $k = 0, 1, 2, 3, \ldots$.

8. 幂树总是在结点 m 的下一层包含结点 $2m$, 除非它出现在同层或更早的层. 类似地, 它总是在结点 $2m$ 的下一层包含结点 $2m+1$, 除非它出现在同层或更早的层. [结点 $2m$ 并不一定是结点 m 的子结点. 使得 $2m$ 不是 m 的子结点的最小的 $m = 2138$, 此时 m 位于第 15 层, 而 4276 位于第 16 层的其他位置. 事实上, $2m$ 有时跟 m 位于同一层. 最小的例子是 $m = 6029$.]

9. 首先令 $N \leftarrow n$, $Z \leftarrow x$, 以及 $Y_q \leftarrow 1$, 其中 $1 \leq q < m$ 且 q 为奇数. 一般而言, 在算法执行过程中可得 $x^n = Y_1 Y_3^3 Y_5^5 \ldots Y_{m-1}^{m-1} Z^N$. 假设 $N > 0$. 令 $k \leftarrow N \bmod m$, $N \leftarrow \lfloor N/m \rfloor$. 如果 $k = 0$, 则令 $Z \leftarrow Z^m$, 并再从头执行. 否则, 则当 $k = 2^p q$, q 为奇数时令 $Z \leftarrow Z^{2^p}$, $Y_q \leftarrow Y_q \cdot Z$, 当 $N > 0$ 时令 $Z \leftarrow Z^{2^{e-p}}$ 并再从头执行. 最后对于 $k = m-3, m-5, \ldots, 1$ 令 $Y_k \leftarrow Y_k \cdot Y_{k+2}$. 则答案为 $Y_1(Y_3 Y_5 \ldots Y_{m-1})^2$. (约有 $m/2$ 次乘法都是与 1 相乘.)

10. 利用 2.3.3 节中讨论的 PARENT 表示方式: 利用数据表 $p[j]$, $1 \leq j \leq 100$, 其中 $p[1] = 0$, 而当 $j \geq 2$ 时 $p[j]$ 的值是 j 上方的结点数目. (虽然这个树上的所有结点的度都不超过 2, 但这不会影响这种表示方式的效率, 而只会使它的形式看起来更漂亮.)

11. $1, 2, 3, 5, 10, 20, (23 \text{ 或 } 40), 43$; $1, 2, 4, 8, 9, 17, (26 \text{ 或 } 34), 43$; $1, 2, 4, 8, 9, 17, 34, (43 \text{ 或 } 68), 77$; $1, 2, 4, 5, 9, 18, 36, (41 \text{ 或 } 72), 77$. 如果树中包含了最后两条路径中的一条, 就不可能有 $n = 43$, 因为此时树中要么包含了 1,2,3,5, 要么包含了 1,2,4,8,9.

12. 因为存在 n 使得 $l(n) \neq l^*(n)$, 所以不存在这样的无穷树.

13. 对情形 1, 使用在类型 1 的链后面添加 $2^{A+C} + 2^{B+C} + 2^A + 2^B$ 所得的链, 或利用因子方法. 对情形 2, 使用在类型 2 的链后面添加 $2^{A+C+1} + 2^{B+C} + 2^A + 2^B$ 所得的链. 对情形 3, 使用在类型 5 的链后面添加 $2^A + 2^{A-1}$ 的加法所得的链, 或利用因子方法. 对情形 4 有 $n = 135 \cdot 2^D$, 所以可使用因子方法.

14. (a) 容易验证 $r-1$ 步和 $r-2$ 步不会都是小步, 所以不妨假设 $r-1$ 是小步, $r-2$ 不是小步. 如果 $c = 1$, 则 $\lambda(a_{r-1}) = \lambda(a_{r-k})$, 所以 $k = 2$. 又因为 $4 \leq \nu(a_r) = \nu(a_{r-1}) + \nu(a_{r-k}) - 1 \leq \nu(a_{r-1}) + 1$, 所以 $\nu(a_{r-1}) \geq 3$, 从而 $r-1$ 是星步 (否则 $a_0, a_1, \ldots, a_{r-3}, a_{r-1}$ 中只有一个小步). 因此存在 q 满足 $a_{r-1} = a_{r-2} + a_{r-q}$. 而如果将 a_{r-2}, a_{r-1}, a_r 分别替换为 $a_{r-2}, 2a_{r-2}, 2a_{r-2} + a_{r-q} = a_r$, 则可得另一个使得第 r 步是小步的反例. 然而这是不可能的. 另一方面, 如果 $c \geq 2$, 则 $4 \leq \nu(a_r) \leq \nu(a_{r-1}) + \nu(a_{r-k}) - 2 \leq \nu(a_{r-1})$. 所以 $\nu(a_{r-1}) = 4$, $\nu(a_{r-k}) = 2$, 且 $c = 2$. 通过考虑定理 B 中所列的六种类型的链, 容易推出不可能发生的状况.

(b) 如果 $\lambda(a_{r-k}) < m-1$, 则 $c \geq 3$, 所以由 (22) 得 $\nu(a_{r-k}) + \nu(a_{r-1}) \geq 7$. 从而 $\nu(a_{r-k})$ 和 $\nu(a_{r-1})$ 都不小于 3. 所有的小步都必定不大于 $r-k$, 且 $\lambda(a_{r-k}) = m-k+1$. 如果 $k \geq 4$, 则必有 $c = 4$, $k = 4$, $\nu(a_{r-1}) = \nu(a_{r-4}) = 4$. 所以 $a_{r-1} \geq 2^m + 2^{m-1} + 2^{m-2}$, 从而 a_{r-1} 只能等于 $2^m + 2^{m-1} + 2^{m-2} + 2^{m-3}$. 然而由 $a_{r-4} \geq \frac{1}{8} a_{r-1}$ 可推导出 $a_{r-1} = 8 a_{r-4}$, 所以 $k = 3$ 且 $a_{r-1} > 2^m + 2^{m-1}$. 由于 $a_{r-2} < 2^m$, $a_{r-3} < 2^{m-1}$, 所以第 $r-1$ 步必定是翻倍步. 但因为 $a_{r-1} \neq 4a_{r-3}$, 所以第 $r-2$ 步不是翻倍步. 此外, 由于 $\nu(a_{r-3}) \geq 3$, 所以第 $r-3$ 步是星步. 又由 $a_{r-2} = a_{r-3} + a_{r-5}$ 可推导出 $a_{r-5} = 2^{m-2}$, 所以必有 $a_{r-2} = a_{r-3} + a_{r-4}$. 像正文中讨论的类似例子那样, 唯一的可能性似

乎只能是 $a_{r-4} = 2^{m-2} + 2^{m-3}$, $a_{r-3} = 2^{m-2} + 2^{m-3} + 2^{d+1} + 2^d$, $a_{r-1} = 2^m + 2^{m-1} + 2^{d+2} + 2^{d+1}$, 然而这种情况也是不可能发生的.

15. 弗拉门坎普 [Diplomarbeit in Mathematics (Bielefeld University, 1991),第 1 部分] 证明了所有满足 $\lambda(n) + 3 = l(n) < l^*(n)$ 的 n 都具有 $2^A + 2^B + 2^C + 2^D + 2^E$ 的形式,其中 $A > B > C > D > E$ 且 $B + E = C + D$. 而且,我们还能确切地知道它们不是以下八种模式,其中 $|\epsilon| \le 1$: $2^A + 2^{A-3} + 2^C + 2^{C-1} + 2^{2C+2-A}$, $2^A + 2^{A-1} + 2^C + 2^D + 2^{C+D+1-A}$, $2^A + 2^B + 2^{2B-A+3} + 2^{2B+2-A} + 2^{3B+5-2A}$, $2^A + 2^B + 2^{2B-A+\epsilon} + 2^D + 2^{B+D+\epsilon-A}$, $2^A + 2^B + 2^{B-1} + 2^D + 2^{D-1}$, $2^A + 2^B + 2^{B-2} + 2^D + 2^{D-2}$ $(A > B + 1)$, $2^A + 2^B + 2^C + 2^{2B+\epsilon-A} + 2^{B+C+\epsilon-A}$, $2^A + 2^B + 2^C + 2^{B+C+\epsilon-A} + 2^{2C+\epsilon-A}$.

16. $l^B(n) = \lambda(n) + \nu(n) - 1$,所以如果 $n = 2^k$,则 $l^B(n)/\lambda(n) = 1$,但如果 $n = 2^{k+1} - 1$,则 $l^B(n)/\lambda(n) = 2$.

17. 设 $i_1 < \cdots < i_t$. 在并集 $I_1 \cup \cdots \cup I_t$ 中去掉那些不会影响并的结果的区间 I_k.(当 $j_{k+1} \le j_k$,或 $j_1 < j_2 < \cdots$ 且 $j_{k+1} \le i_{k-1}$ 时,即可去掉区间 $(j_k ..i_k]$.)现在将交叠的区间 $(j_1 ..i_1]$, ..., $(j_d ..i_d]$ 合并成一个区间 $(j' ..i'] = (j_1 ..i_d]$. 此时

$$a_{i'} < a_{j'}(1+\delta)^{i_1-j_1+\cdots+i_d-j_d} \le a_{j'}(1+\delta)^{2(i'-j')},$$

因为 $(j' ..i']$ 中每个点最多被 $(j_1 ..i_1] \cup \cdots \cup (j_d ..i_d]$ 覆盖两次.

18. 如果 $m \to \infty$ 时 $(\log f(m))/m \to 0$,则称 $f(m)$ 为 "好" 函数. 关于 m 的多项式就是好函数. 好函数的乘积也是好函数. 如果 $g(m) \to 0$,c 是正的常数,则 $c^{mg(m)}$ 是好函数. $\binom{2m}{mg(m)}$ 也是好函数,因为根据斯特林近似公式,这等价于要求 $g(m) \log(1/g(m)) \to 0$.

现在将求和式中的每一项换成关于 s, t, v 的最大值. 求和项的总数是好函数. 由于 $(t+v)/m \to 0$,所以 $\binom{m+s}{t+v}$,$\binom{t+v}{t} \le 2^{t+v}$ 和 β^{2v} 也是好函数. 最后,$\left(\binom{(m+s)}{t}^2\right) \le (2m)^{2t}/t! < (4em^2/t)^t$,其中 $(4e)^t$ 是好函数. 将 t 替换为其上界 $(1 - \epsilon/2)m/\lambda(m)$ 可推导出 $(m^2/t)^t \le 2^{m(1-\epsilon/2)}f(m)$,其中 $f(m)$ 是好函数. 所以当 $\alpha = 2^{1-\eta}$,$0 < \eta < \frac{1}{2}\epsilon$ 时,对值很大的 m,整个和小于 α^m.

19. (a) 分别为 $M \cap N$,$M \cup N$,$M \uplus N$. 见式 4.5.2–(6) 和 4.5.2–(7).

(b) $f(z)g(z)$,$\mathrm{lcm}(f(z), g(z))$,$\gcd(f(z), g(z))$.(与 (a) 部分的理由一样,因为复数集上的不可约首一多项式其实就是多项式 $z - \varsigma$.)

(c) 交换律 $A \uplus B = B \uplus A$,$A \cup B = B \cup A$,$A \cap B = B \cap A$. 结合律 $A \uplus (B \uplus C) = (A \uplus B) \uplus C$,$A \cup (B \cup C) = (A \cup B) \cup C$,$A \cap (B \cap C) = (A \cap B) \cap C$. 分配律 $A \cup (B \cap C) = (A \cup B) \cap (A \cup C)$,$A \cap (B \cup C) = (A \cap B) \cup (A \cap C)$,$A \uplus (B \cup C) = (A \uplus B) \cup (A \uplus C)$,$A \uplus (B \cap C) = (A \uplus B) \cap (A \uplus C)$. 幂等律 $A \cup A = A$,$A \cap A = A$. 吸收律 $A \cup (A \cap B) = A$,$A \cap (A \cup B) = A$,$A \cap (A \uplus B) = A$,$A \cup (A \uplus B) = A \uplus B$. 恒等律和零元律 $\emptyset \uplus A = A$,$\emptyset \cup A = A$,$\emptyset \cap A = \emptyset$,其中 $\emptyset$ 为空多重集. 计数律 $A \uplus B = (A \cup B) \uplus (A \cap B)$. 其他与普通集合相似的性质可由规则 $A \subseteq B$ 当且仅当 $A \cap B = A$(当且仅当 $A \cup B = B$)所定义的偏序导出.

注记:多重集的其他一些常见应用包括亚纯函数的零点和极点,矩阵的标准形的不变性,有限阿贝尔群的不变性,等等. 多重集在组合计数的分析以及测度论的发展中也发挥了很大作用. 一个非循环的上下文无关文法的所有终结串构成一个多重集,这个多重集是一个集合当且仅当这个文法是非二义性的. 我在 *Theoretical Studies in Computer Science*,杰弗里·厄尔曼编辑 (Academic Press, 1992),1–13 中讨论了多重集在上下文无关文法中的更多应用,并且引入了操作 $A \cap B$,使得在 A 中出现 a 次且在 B 中出现 b 次的元素会在 $A \cap B$ 中出现 ab 次.

尽管多重集在数学理论和分析中出现得很频繁,但我们在处理多重集时往往很笨拙,因为目前还没有处理包含重复元素的集合的标准做法. 已经有好几位数学家宣告说,他们认为关于多重集的术语和记号的缺乏已经严重阻碍了数学的发展.(固然,一个多重集在形式上等价于从一个集合映到非负整数的映射,然而这种形式上的等价性对于有创意的数学推理来说几乎没什么实用价值.)我在 20 世纪 60 年代时与许多人讨论过这个问题,尝试寻找一个好的补救办法. 下面这些词都曾被提议作为这个概念的名字:列表,束,包,堆,样本,加权集,册,套. 但它们要么与现有的术语冲突,要么内涵不恰当,要么难以方便地读

写. 最后大家越来越感觉到这样一个重要的概念应该有属于它自己的名字, 而"多重集"这个单词则是由德布鲁因创造的. 他的提议从 20 世纪 70 年代起就被广泛采纳, 并且现在已成为一个标准术语.

我选择使用记号 $A \uplus B$, 是为了避免与已有记号的冲突, 以及强调与集合并运算的相似性. 如果使用 $A + B$ 这个记号就没这么好, 因为代数学家认为 $A + B$ 更适合表示多重集 $\{\alpha + \beta \mid \alpha \in A \text{ 且 } \beta \in B\}$. 如果 A 是由非负整数构成的多重集, 我们记 $G(z) = \sum_{n \in A} z^n$ 为对应于 A 的生成函数. (具有非负整数系数的生成函数显然与非负整数构成的多重集一一对应.) 如果 $G(z)$ 对应于 A, $H(z)$ 对应于 B, 则 $G(z) + H(z)$ 对应于 $A \uplus B$, $G(z)H(z)$ 对应于 $A + B$. 如果使用"狄利克雷"生成函数 $g(z) = \sum_{n \in A} 1/n^z$, $h(z) = \sum_{n \in B} 1/n^z$, 则乘积 $g(z)h(z)$ 对应于多重集的乘积 AB.

20. 类型 3: $(S_0, \ldots, S_r) = (M_{00}, \ldots, M_{r0}) = (\{0\}, \ldots, \{A\}, \{A-1, A\}, \{A-1, A, A\}, \{A-1, A-1, A, A, A\}, \ldots, \{A+C-3, A+C-3, A+C-2, A+C-2, A+C-2\})$. 类型 5: $(M_{00}, \ldots, M_{r0}) = (\{0\}, \ldots, \{A\}, \{A-1, A\}, \ldots, \{A+C-1, A+C\}, \{A+C-1, A+C-1, A+C\}, \ldots, \{A+C+D-1, A+C+D-1, A+C+D\})$; $(M_{01}, \ldots, M_{r1}) = (\emptyset, \ldots, \emptyset, \emptyset, \ldots, \emptyset, \{A+C-2\}, \ldots, \{A+C+D-2\})$, $S_i = M_{i0} \uplus M_{i1}$.

21. 例如, 设 $u = 2^{8q+5}$, $x = (2^{(q+1)u} - 1)/(2^u - 1) = 2^{qu} + \cdots + 2^u + 1$, $y = 2^{(q+1)u} + 1$. 则 $xy = (2^{2(q+1)u} - 1)/(2^u - 1)$. 如果 $n = 2^{4(q+1)u} + xy$, 则由定理 F 得 $l(n) \leq 4(q+1)u + q + 2$, 然而由定理 H 得 $l^*(n) = 4(q+1)u + 2q + 2$.

22. 除了用于计算 x 的 $u-1$ 次插外, 对其余部分都画下划线.

23. 定理 G (全部都画下划线).

24. 利用数 $(B^{a_i} - 1)/(B - 1)$, $0 \leq i \leq r$, 当 a_i 加下划线时这些数也加下划线. 以及对于 $0 \leq j < t$, $0 < i \leq b_{j+1} - b_j$, $1 \leq k \leq l^0(B)$, 当 c_k 加下划线时, 数 $c_k B^{i-1}(B^{b_j} - 1)/(B - 1)$ 也加下划线. 其中 $c_0, c_1, \ldots$ 是 B 的一个最短长度的 l^0-链. 为了证明第二个不等式, 可令 $B = 2^m$ 并利用 (3). (第二个不等式对定理 G 有极小的改进, 如果有改进的话.)

25. 我们可以假设 $d_k = 1$. 利用规则 R $A_{k-1} \ldots A_1$, 其中当 $d_j = 1$ 时 $A_j =$ "XR", 否则 $A_j =$ "R", 这里 "R" 表示取平方根, "X" 表示与 x 相乘. 例如, 当 $y = (0.110\,110\,1)_2$ 时规则为 R R XR XR R XR XR. (有一些与计算机硬件相适应的二进制平方根算法, 其运行时间与做除法差不多. 因此, 那些带有这种硬件的计算机就可以用本习题中的方法来计算更一般的分数次幂.)

26. 如果已知数对 (F_k, F_{k-1}), 则可得 $(F_{k+1}, F_k) = (F_k + F_{k-1}, F_k)$ 以及 $(F_{2k}, F_{2k-1}) = (F_k^2 + 2F_k F_{k-1}, F_k^2 + F_{k-1}^2)$. 因此我们可用二进制方法在 $O(\log n)$ 次算术运算内求出 (F_n, F_{n-1}). 一个可能更好的办法是利用数对 (F_k, L_k), 其中 $L_k = F_{k-1} + F_{k+1}$ (见习题 4.5.4–15), 得 $(F_{k+1}, L_{k+1}) = (\frac{1}{2}(F_k + L_k), \frac{1}{2}(5F_k + L_k))$, $(F_{2k}, L_{2k}) = (F_k L_k, L_k^2 - 2(-1)^k)$.

对于一般的线性递推式 $x_n = a_1 x_{n-1} + \cdots + a_d x_{n-d}$, 可通过计算一个适当的 $d \times d$ 矩阵的 n 次幂, 在 $O(d^3 \log n)$ 次算术运算内求出 x_n. [这个方法是杰弗里·米勒和戴维·布朗发现的, 见 *Comp. J.* **9** (1966), 188–190.] 事实上, 布伦特发现, 利用习题 4.7–6, 先计算 $x^n \bmod (x^d - a_1 x^{d-1} - \cdots - a_d)$, 然后将 x^j 替换为 x_j, 可以将运算次数降低到 $O(d^2 \log n)$ 甚至 $O(d \log d \log n)$.

27. 需要 s 个小步的最小的 n 必定是对于某个 r 的 $c(r)$. 因为如果 $c(r) < n < c(r+1)$, 则 $l(n) - \lambda(n) \leq r - \lambda(c(r)) = l(c(r)) - \lambda(c(r))$. 所以, 当 $1 \leq s \leq 8$ 时答案分别是 3, 7, 29, 127, 1903, 65\,131, 4\,169\,527, 994\,660\,991.

28. (a) $x \nabla y = x \mid y \mid (x + y)$, 其中 "$\mid$" 是逐位逻辑或运算, 见习题 4.6.2–26. 显然 $\nu(x \nabla y) \leq \nu(x \mid y) + \nu(x \,\&\, y) = \nu(x) + \nu(y)$. (b) 首先注意对于 $1 \leq i \leq r$, $A_{i-1}/2^{d_{i-1}} \subseteq A_i/2^{d_i}$. 其次, 在非翻倍步中 $d_j = d_{i-1}$, 因为否则的话 $a_{i-1} \geq 2a_j \geq a_j + a_k = a_i$. 所以 $A_j \subseteq A_{i-1}$ 且 $A_k \subseteq A_{i-1}/2^{d_j - d_k}$. (c) 容易对 i 做归纳证明, 只要对密步多留点心. 我们称 m 具有性质 $P(\alpha)$, 如果其二进制表示中数字 1 都出现在一行中不小于 α 的连续分布的块中. 如果 m 和 m' 都具有性质 $P(\alpha)$, 那么 $m \nabla m'$ 也具有性质 $P(\alpha)$. 如果 m 具有性质 $P(\alpha)$, 那么 $\rho(m)$ 具有性质 $P(\alpha + \delta)$. 所以 B_i 具有性质 $P(1 + \delta c_i)$. 最后, 如果 m 具有性质 $P(\alpha)$, 那么 $\nu(\rho(m)) \leq (\alpha + \delta)\nu(m)/\alpha$. 这是因为 $\nu(m) = \nu_1 + \cdots + \nu_q$, 其中

每个块的大小 $\nu_j \geq \alpha$，所以 $\nu(\rho(m)) \leq (\nu_1 + \delta) + \cdots + (\nu_q + \delta) \leq (1 + \delta/\alpha)\nu_1 + \cdots + (1 + \delta/\alpha)\nu_q$.
(d) 记 $f = b_r + c_r$ 为非翻倍步的数目，s 为小步的数目. 如果 $f \geq 3.271 \lg \nu(n)$，则由 (16) 可以如
愿证得 $s \geq \lg \nu(n)$. 否则对于 $0 \leq i \leq r$ 有 $a_i \leq (1 + 2^{-\delta})^{b_i} 2^{c_i + d_i}$，从而 $n \leq ((1 + 2^{-\delta})/2)^{b_r} 2^r$ 且
$r \geq \lg n + b_r - b_r \lg(1 + 2^{-\delta}) \geq \lg n + \lg \nu(n) - \lg(1 + \delta c_r) - b_r \lg(1 + 2^{-\delta})$. 记 $\delta = \lceil \lg(f+1) \rceil$，则
$\ln(1 + 2^{-\delta}) \leq \ln(1 + 1/(f+1)) \leq 1/(f+1) \leq \delta/(1 + \delta f)$，于是对所有 $0 \leq x \leq f$ 有 $\lg(1 + \delta x) + (f - x)\lg(1 + 2^{-\delta}) \leq \lg(1 + \delta f)$. 最终推导出 $l(n) \geq \lg n + \lg \nu(n) - \lg(1 + (3.271 \lg \nu(n))\lceil \lg(1 + 3.271 \lg \nu(n)) \rceil)$.
[*Theoretical Comp. Sci.* **1** (1975), 1–12.]

29. [*Canadian J. Math.* **21** (1969), 675–683. 舍恩哈格改进了习题 28 的方法，证明了 $l(n) \geq \lg n + \lg \nu(n) - 2.13$. 剩下的缺口能够弥合吗？]

30. $n = 31$ 是最小的例子. $l(31) = 7$，但是 1, 2, 4, 8, 16, 32, 31 是长度为 6 的加减法链. [在证明了定理 E 后，保罗·爱尔特希宣称同样的结论对加减法链也成立. 舍恩哈格将习题 28 中的下界扩展到加减法链，只是将 $\nu(n)$ 替换为习题 4.1–34 中定义的 $\overline{\nu}(n)$. 给定 x 和 x^{-1}，用 $\lambda(n) + \overline{\nu}(n) - 1$ 次乘法做求幂运算的广义从右至左二进制方法可建立在那道习题中的表示方式 α_n 之上.]

32. 见 *Discrete Math.* **23** (1978), 115–119. [这个成本模型对应于用类似于算法 4.3.1M 这样的经典算法将很大的数相乘. 丹尼尔·麦卡锡在 *Math. Comp.* **46** (1986), 603–608 中给出了成本为 $(a_j a_k)^{\beta/2}$ 的更一般的模型的经验结果. 这个模型更接近于 4.3.3 节的"快速乘法"，后者可在 $O(n^\beta)$ 步内将两个 n 位二进制数相乘，同时其成本函数 $a_j a_k^{\beta-1}$ 更适当（见习题 4.3.3–13）. 汉兹杰·赞特马对第 i 步的成本为 $a_j + a_k$ 而不是 $a_j a_k$ 的类似问题做了分析. 见 *J. Algorithms* **12** (1991), 281–307. 对这类问题，最优链的总成本为 $\frac{5}{2}n + O(n^{1/2})$. 并且，当 n 为奇数时最优的加法成本至少是 $\frac{5}{2}(n-1)$，且等号成立当且仅当 n 可写成形如 $2^k + 1$ 的数的乘积.]

33. 共有八条链. 有四种方法计算 $39 = 12 + 12 + 12 + 3$，两种方法计算 $79 = 39 + 39 + 1$.

34. 命题成立. 由二进制链导出的图的标签为 $\lfloor n/2^k \rfloor$，$k = e_0, \ldots, 0$. 在对偶图中标签为 1, 2, ..., 2^{e_0}, n. [类似地，习题 9 中的从右至左 m 进制方法是从左至右方法的对偶.]

35. 有 2^t 个加法链等价于二进制链. 当 $e_0 = e_1 + 1$ 时则有 2^{t-1} 个. 等价于算法 A 的计算方案的链的数目等于求其中有两个数相等的 $t + 2$ 个数的和的方式数，即 $\frac{1}{2}f_{t+1} + \frac{1}{2}f_t$，其中 f_m 是对 $m + 1$ 个互异的数求和的方式数. 如果把交换性考虑进来，可知 f_m 等于 2^{-m} 乘以 $(m+1)!$ 乘以包含 m 个结点的二叉树的数目，即 $f_m = (2m-1)(2m-3)\ldots 1$.

36. 首先对所有满足 $0 \leq e_k \leq 1$ 且 $e_1 + \cdots + e_m \geq 2$ 的指数序列求出 $2^m - m - 1$ 个乘积 $x_1^{e_1} \ldots x_m^{e_m}$. 设 $n_k = (d_{k\lambda} \ldots d_{k1} d_{k0})_2$. 要完成计算过程，只需求 $x_1^{d_{1\lambda}} \ldots x_m^{d_{m\lambda}}$，然后取平方，并对于 $i = \lambda - 1, \ldots, 1, 0$ 乘以 $x_1^{d_{1i}} \ldots x_m^{d_{mi}}$. [斯特劳斯在 *AMM* **71** (1964), 807–808 中像定理 D 那样将二进制方法推广为 2^k 进制方法，从而证明 $2\lambda(n)$ 可替换为 $(1 + \epsilon)\lambda(n)$，其中 $\epsilon > 0$ 为任意常数.]

37. （伯恩斯坦提供的解答）令 $n = n_m$. 首先对于 $1 \leq e \leq \lambda(n)$ 计算 2^e，然后利用下面这个 2^k 进制方法的变形形式在接下来的 $\lambda(n)/\lambda\lambda(n) + O(\lambda(n)\lambda\lambda\lambda(n)/\lambda\lambda(n)^2)$ 步中计算 n_j，其中 $k = \lfloor \lg \lg n - 2 \lg \lg \lg n \rfloor$：用不多于 $\lfloor \frac{1}{k} \lg n \rfloor$ 步的计算，对所有奇数 $q < 2^k$ 计算 $y_q = \sum \{2^{kt+e} \mid d_t = 2^e q\}$，其中 $n_j = (\ldots d_1 d_0)_{2^k}$. 然后用不多于 $2^k - 1$ 次加法，利用习题 9 的解答中最后部分的方法计算 $n_j = \sum q y_q$.
　　[将定理 E 推广后可给出相应的下界. 参考文献：*SICOMP* **5** (1976), 100–103.]

38. 下面这个由唐纳德·纽曼给出的构造达到了目前所知的最佳上界：记 $k = p_1 \ldots p_r$ 为前 r 个素数的乘积. 用 $O(2^{-r} k \log k)$ 步运算求 k 以及所有模 k 的二次剩余（因为大约有 $2^{-r}k$ 个二次剩余）. 在接下来的大约 m^2/k 步运算中求出 k 的所有不超过 m^2 的倍数. 最后用 m 次加法即可求出 $1^2, 2^2, \ldots, m^2$. 我们有 $k = \exp(p_r + O(p_r/(\log p_r)^{1000}))$，其中 p_r 由习题 4.5.4–36 的解答中的公式给出. 例如，见丹尼尔·格林和高德纳，*Math. for the Analysis of Algorithms* (Boston: Birkhäuser, 1981)，§4.1.6. 于是通过选择

$$r = \lfloor (1 + \tfrac{1}{2} \ln 2/\lg \lg m) \ln m/\ln \ln m \rfloor$$

即可得出 $l(1^2, \ldots, m^2) = m + O(m \cdot \exp(-(\tfrac{1}{2} \ln 2 - \epsilon) \ln m/\ln \ln m))$.

另一方面，戴维·多布金和理查德·利普顿已经证明了，当 m 充分大时，对任意 $\epsilon > 0$，$l(1^2, \ldots, m^2) > m + m^{2/3-\epsilon}$ [*SICOMP* **9** (1980), 121–125].

39. 量 $l([n_1, n_2, \ldots, n_m])$ 是所有具有以下性质的有向图的"弧数 − 顶点数 + m"的最小值：在图中有 m 个顶点 s_j 的入度为 0，有一个顶点 t 的出度为 0，并且对于 $1 \le j \le m$，恰有 n_j 条从 s_j 指向 t 的有向路径. 量 $l(n_1, n_2, \ldots, n_m)$ 是所有具有以下性质的有向图的"弧数 − 顶点数 + 1"的最小值：在图中有一个顶点 s 的入度为 0，m 个顶点 t_j 的出度为 0，并且对于 $1 \le j \le m$，恰有 n_j 条从 s 指向 t_j 的有向路径. 这两个问题互为对偶，因为我们将所有弧的方向反向即可将一个问题转变为另一个问题. [见 *J. Algorithms* **2** (1981), 13–21.]

注记：赫里斯托斯·帕帕季米特里乌注意到这是一个具有更一般结论的定理的特殊情形. 设 $N = (n_{ij})$ 是由非负整数构成的 $m \times p$ 阶矩阵，且不存在全零的行或列. 我们可以定义 $l(N)$ 为计算单项式集合 $\{x_1^{n_{1j}} \ldots x_m^{n_{mj}} \mid 1 \le j \le p\}$ 所需的最少乘法次数. 则 $l(N)$ 就是所有具有以下性质的有向图的弧数 − 顶点数 + m 的最小值：在图中有 m 个顶点 s_j 的入度为 0，有 p 个顶点 t_j 的出度为 0，并且对任意 i 和 j 恰有 n_{ij} 条从 s_i 指向 t_j 的有向路径. 由对偶性可得 $l(N) = l(N^T) + m - p$. [*Bulletin of the EATCS* **13** (1981 年 2 月), 2–3.]

皮彭格尔极大地拓宽了习题 36 和 37 的结论. 例如，假设 $L(m, p, n)$ 是 $l(N)$ 对所有由非负整数 $n_{ij} \le n$ 构成的 $m \times p$ 阶矩阵 N 取的最大值，他证明了 $L(m, p, n) = \min(m, p) \lg n + H/\lg H + O(m + p + H(\log \log H)^{1/2}(\log H)^{-3/2})$，其中 $H = mp \lg(n+1)$. [见 *SICOMP* **9** (1980), 230–250.]

40. 由习题 39，我们只需证明 $l(m_1 n_1 + \cdots + m_t n_t) \le l(m_1, \ldots, m_t) + l([n_1, \ldots, n_t])$. 而这是显然的，因为可以首先构造 $\{x^{m_1}, \ldots, x^{m_t}\}$，然后计算单项式 $(x^{m_1})^{n_1} \ldots (x^{m_t})^{n_t}$.

注记：奥利沃斯定理的一种较强的表述方式为：如果 $a_0, \ldots, a_r$ 和 $b_0, \ldots, b_s$ 是任意的加法链，则对任意由非负整数 c_{ij} 构成的 $(r+1) \times (s+1)$ 阶矩阵有 $l(\sum c_{ij} a_i b_j) \le r + s + \sum c_{ij} - 1$.

41. [*SICOMP* **10** (1981), 638–646.] 我们可对所有 $A \ge 9m^2$ 证明这个公式. 由于这是一个关于 m 的多项式，且求最小顶点覆盖的问题是 NP-困难的（见 7.9 节），所以计算 $l(n_1, \ldots, n_m)$ 的问题是 NP 完全的. [我们还不确定计算 $l(n)$ 的问题是否是 NP 完全的. 不过当 A 充分大时，对于比如说 $\sum_{k=0}^{m-1} n_{k+1} 2^{Ak^2}$ 的最优链，应该要求对于 $\{n_1, \ldots, n_m\}$ 的最优链.]

42. 条件对 128 不成立（对于对偶链 1, 2, …, 16 384, 16 385, 16 401, 32 768, … 则是对 32 768 不成立）. 在导出的有向图中只有两个图的成本是 27. 所以 $l^0(5\,784\,689) = 28$. 此外，利用克利夫特的程序可以证明 $l^0(n) = l(n)$ 对所有值不大的 n 成立.

4.6.4 节

1. 令 $y \leftarrow x^2$，然后计算 $((\ldots(u_{2n+1}y + u_{2n-1})y + \cdots)y + u_1)x$.

2. 在 (2) 中将 x 替换为多项式 $x + x_0$，从而得到下面的计算过程.

G1. 对 $k = n, n-1, \ldots, 0$（按这个顺序）执行 G2，然后结束算法.

G2. 置 $v_k \leftarrow u_k$，然后对 $j = k, k+1, \ldots, n-1$，置 $v_j \leftarrow v_j + x_0 v_{j+1}$.（当 $k = n$ 时，这一步其实就是做赋值 $v_n \leftarrow u_n$.）∎

可以证明上述计算与步骤 H1 和 H2 中的完全一样，只不过运算次序不同.（这个计算过程是牛顿使用计算方案 (2) 的最初动机.）

3. x^k 的系数是关于 y 的多项式，可以用霍纳算法求值：$(\ldots(u_{n,0}x + (u_{n-1,1}y + u_{n-1,0}))x + \cdots)x + ((\ldots(u_{0,n}y + u_{0,n-1})y + \cdots)y + u_{0,0})$. [对于"齐次"多项式，例如 $u_n x^n + u_{n-1} x^{n-1} y + \cdots + u_1 x y^{n-1} + u_0 y^n$，另一个计算方案更高效一些：当 $0 < |x| \le |y|$ 时，首先用 x 除以 y，然后求关于 x/y 的多项式的值，最后乘以 y^n.]

4. 在计算方案 (2) 中包含了 $4n$ 或 $3n$ 次实数乘法以及 $4n$ 或 $7n$ 次实数加法. 方案 (3) 则稍差一些，需要用 $4n+2$ 或 $4n+1$ 次乘法以及 $4n+2$ 或 $4n+5$ 次加法.

5. 用一次乘法计算 x^2，用 $\lfloor n/2 \rfloor$ 次乘法和 $\lfloor n/2 \rfloor$ 次加法计算第一行，用 $\lceil n/2 \rceil$ 次乘法和 $\lceil n/2 \rceil - 1$ 次加法计算第二行，最后用一次加法将两行相加. 合计：$n+1$ 次乘法和 n 次加法.

6. J1. 计算并存储 $x_0^2, x_0^3, \ldots, x_0^{\lceil n/2 \rceil}$ 的值.

J2. 对于 $0 \le j \le n$，置 $v_j \leftarrow u_j x_0^{j-\lfloor n/2 \rfloor}$.

J3. 对于 $k = 0, 1, \ldots, n-1$，置 $v_j \leftarrow v_j + v_{j+1}$，$j = n-1, \ldots, k+1, k$.

J4. 对于 $0 \le j \le n$，置 $v_j \leftarrow v_j x_0^{\lfloor n/2 \rfloor - j}$. ∎

上述计算过程共包含 $(n^2+n)/2$ 次加法，$n + \lceil n/2 \rceil - 1$ 次乘法和 n 次除法. 如果将 v_n 和 v_0 作为特殊情形来处理，则可节省一次乘法和除法. 参考文献：*SIGACT News* **7**, 3 (1975 年夏天), 32–34.

7. 记 $x_j = x_0 + jh$，并考虑 (42) 和 (44). 对于 $0 \le j \le n$ 令 $y_j \leftarrow u(x_j)$. 对于 $k = 1, 2, \ldots, n$（按这个顺序），对于 $j = n, n-1, \ldots, k$（按这个顺序），令 $y_j \leftarrow y_j - y_{j-1}$. 现在对所有 j 令 $\beta_j \leftarrow y_j$.

然而如正文中指出的，即使 (5) 中的运算精度很高，舍入误差也会累积起来. 当我们用定点数运算来实现 (5) 的计算过程时，一种更好的做初始化的办法是选取 $\beta_0, \ldots, \beta_n$ 满足

$$\begin{pmatrix} \binom{0}{0} & \binom{0}{1} & \cdots & \binom{0}{n} \\ \binom{d}{0} & \binom{d}{1} & \cdots & \binom{d}{n} \\ \vdots & \vdots & & \vdots \\ \binom{nd}{0} & \binom{nd}{1} & \cdots & \binom{nd}{n} \end{pmatrix} \begin{pmatrix} \beta_0 \\ \beta_1 \\ \vdots \\ \beta_n \end{pmatrix} = \begin{pmatrix} u(x_0) \\ u(x_d) \\ \vdots \\ u(x_{nd}) \end{pmatrix} + \begin{pmatrix} \epsilon_0 \\ \epsilon_1 \\ \vdots \\ \epsilon_n \end{pmatrix},$$

其中 $|\epsilon_0|, |\epsilon_1|, \ldots, |\epsilon_n|$ 尽可能地小. [汉内斯·哈斯勒，*Proc. 12th Spring Conf. Computer Graphics* (Bratislava: Comenius University, 1996), 55–66.]

8. 见 (43).

9. [*Combinatorial Mathematics* (Buffalo: Math. Assoc. of America, 1963), 26–28.] 这个公式可以看作是容斥原理（见 1.3.3 节）的一个应用，因为所有与 $n - \epsilon_1 - \cdots - \epsilon_n = k$ 相关的项之和等于所有那些有 k 个 j_i 的值不出现的 $x_{1j_1} x_{2j_2} \ldots x_{nj_n}$ 之和. 一种直接的证明方法是利用 $x_{1j_1} \ldots x_{nj_n}$ 的系数是

$$\sum (-1)^{n - \epsilon_1 - \cdots - \epsilon_n} \epsilon_{j_1} \ldots \epsilon_{j_n}.$$

如果上式中各 j_i 互异，则上式的值为 1. 然而当 $j_1, \ldots, j_n \ne k$ 时，上式的值为 0，因为 $\epsilon_k = 0$ 的项会抵消 $\epsilon_k = 1$ 的项.

为实现快速求和，我们首先取 $\epsilon_1 = 1$，$\epsilon_2 = \cdots = \epsilon_n = 0$，然后以下列方式遍历各个 ϵ_k 的所有可能的组合，即从一项前进到下一项时，仅有一个 ϵ_k 发生变化.（见 7.2.1.1 节的“二进制格雷码”.）第一项需要 $n-1$ 次乘法，接下来的 $2^n - 2$ 项，每项的计算首先是 n 次加法，然后是 $n-1$ 次乘法，最后再来一次加法. 合计为：$(2^n - 1)(n-1)$ 次乘法，$(2^n - 2)(n+1)$ 次加法. 我们只需要使用 $n+1$ 个临时存储空间，其中一个用来存储当前的部分和，而当前计算的乘积的每个因子都需要一个临时存储空间.

10. $\sum_{1 \le k < n}(k+1)\binom{n}{k+1} = n(2^{n-1} - 1)$ 次乘法和 $\sum_{1 \le k < n} k\binom{n}{k+1} = n2^{n-1} - 2^n + 1$ 次加法. 这大约是习题 9 的算法所需运算次数的一半，但是需要用更复杂的程序来控制执行顺序. 我们必须使用大约 $\binom{n}{\lceil n/2 \rceil} + \binom{n}{\lceil n/2 \rceil - 1}$ 个临时存储空间，这个量是指数增长的（$2^n/\sqrt{n}$ 阶）.

本习题的方法等价于沃尔夫冈·尤尔卡特和赫伯特·赖瑟在 *J. Algebra* **3** (1966), 1–27 中给出的针对积和式的独特的矩阵分解方法. 它也可在一定意义下看作 (39) 和 (40) 的一个应用.

11. 当矩阵足够稠密时，我们知道有一些高效方法可以求出近似值. 见阿利斯泰尔·辛克莱，*Algorithms for Random Generation and Counting* (Boston: Birkhäuser, 1993). 但这个问题要求的是精确值. 可能存在用 $O(c^n)$ 次运算对积和式求值的方法，其中 $c < 2$.

12. 下面是对这个著名的研究问题的进展的简短回顾：约翰·霍普克罗夫特和莱斯利·克尔证明了将 2×2 矩阵模 2 相乘至少需要 7 次乘法，以及其他结论 [*SIAM J. Appl. Math.* **20** (1971), 30–36]. 罗伯特·普罗伯特证明了所有使用 7 次乘法的计算方案至少需要用 15 次加法，其中每次乘法都是将一个矩阵的元素的线性组合与另一个矩阵的元素的线性组合相乘 [*SICOMP* **5** (1976), 187–203]. 2×2 矩

阵乘法的张量秩在所有域上都是 7 ［帕恩, *J. Algorithms* **2** (1981), 301–310 ］. 对应于将 2×3 矩阵和 3×2 矩阵相乘的张量 $T(2,3,2)$ 的秩是 11 ［瓦列里·阿列克谢耶夫, *J. Algorithms* **6** (1985), 71–85 ］. 对于 $n \times n$ 矩阵的乘法, 当 $n = 3$ 时已知的最佳上界是朱利安·拉德曼给出的 ［*Bull. Amer. Math. Soc.* **82** (1976), 126–128 ］, 他证明了 23 次非交换乘法是足够的. 翁德雷·西科拉推广了他的构造, 设计了一种使用 $n^3 - (n-1)^2$ 次非交换乘法和 $n^3 - n^2 + 11(n-1)^2$ 次加法的算法. 他的结论在 $n = 2$ 时归结为 (36) ［*Lecture Notes in Comp. Sci.* **53** (1977), 504–512 ］. 当 $n = 5$ 时, 目前最好的结果是 100 次非交换乘法 ［奥列格·马卡罗夫, *USSR Comp. Math. and Math. Phys.* **27**, 1 (1987), 205–207 ］. 目前已知的最佳下界是马库斯·布莱泽给出的, 他证明了对 $n \ge 2$ 至少需要 $2n^2 + n - 3$ 次非标量乘法, 而当 $n \ge 2$ 且 $s \ge 2$ 时, $m \times n \times s$ 阶张量的计算则至少需要 $mn + ns + m - n + s - 3$ 次乘法 ［*Computational Complexity* **8** (1999), 203–226 ］. 当要求计算过程中不能用除法, 纳迪尔·毕肖蒂得到了稍好一点的下界 ［*SICOMP* **18** (1989), 759–765 ］, 他证明了将 $m \times n$ 矩阵和 $n \times s$ 矩阵模 2 相乘至少需要 $\sum_{k=0}^{j-1} \lfloor ms/2^k \rfloor + \frac{1}{2}(n + (n \bmod j))(n - (n \bmod j) - j) + n \bmod j$ 次乘法, 其中 $n \ge s \ge j \ge 1$. 取 $m = n = s$ 及 $j \approx \lg n$ 得 $2.5n^2 - \frac{1}{2}n \lg n + O(n)$.

正文中 (36) 后面的部分讨论了当 n 的值很大时已知的最佳上界.

13. 对几何级数求和可得 $F(t_1, \ldots, t_n)$ 等于

$$\sum_{0 \le s_1 < m_1, \ldots, 0 \le s_n < m_n} \exp(-2\pi i (s_1 t_1 / m_1 + \cdots + s_n t_n / m_n) f(s_1, \ldots, s_n)) / m_1 \ldots m_n.$$

要将逆变换与 $m_1 \ldots m_n$ 相乘, 只需做一次正规变换并且当 $t_j \ne 0$ 时交换 t_j 和 $m_j - t_j$. 见习题 4.3.3–9.

［如果将 $F(t_1, \ldots, t_n)$ 看作多元多项式中 $x_1^{t_1} \ldots x_n^{t_n}$ 项的系数, 则离散傅里叶变换将给出这个多项式在单位根处的值, 而逆变换则得到插值多项式. ］

14. 记 $m_1 = \cdots = m_n = 2$, $F(t_1, t_2, \ldots, t_n) = F(2^{n-1} t_n + \cdots + 2t_2 + t_1)$, 以及 $f(s_1, s_2, \ldots, s_n) = f(2^{n-1} s_1 + 2^{n-2} s_2 + \cdots + s_n)$. 注意各个 t_j 和各个 s_j 的排序是相反的. 又记 $g_k(s_k, \ldots, s_n, t_k)$ 为 ω 的 $2^{k-1} t_k (s_n + 2s_{n-1} + \cdots + 2^{n-k} s_k)$ 次幂. 如果更愿意用原来的顺序, 则可在 (40) 中将 $f_k(s_{n-k+1}, \ldots, s_n, t_1, \ldots, t_{n-k})$ 替换为 $f_k(t_1, \ldots, t_{n-k}, s_{n-k+1}, \ldots, s_n)$.

在每次迭代中我们实际上取 2^{n-1} 对复数 (α, β) 并将它们替换为 $(\alpha + \zeta\beta, \alpha - \zeta\beta)$, 其中 ζ 是 ω 的某个适当的幂, 从而存在 θ 使得 $\zeta = \cos\theta + i\sin\theta$. 当 $\zeta = \pm 1$ 或 $\pm i$ 时, 如果利用化简后的特殊性质, 总工作量将变为 $((n-3) \cdot 2^{n-1} + 2)$ 次复数乘法加上 $n \cdot 2^n$ 次复数加法. 我们可利用习题 41 中的方法以减少实现这些复数运算时所需的实数乘法和加法次数.

如果我们对 $k = 1, 3, \ldots,$ 将通道 k 和 $k+1$ 合并, 则可在不改变加法次数的情况下减少大约 25% 的复数乘法次数. 这意味着将 2^{n-2} 个四元组 $(\alpha, \beta, \gamma, \delta)$ 替换为

$$(\alpha + \zeta\beta + \zeta^2\gamma + \zeta^3\delta, \, \alpha + i\zeta\beta - \zeta^2\gamma - i\zeta^3\delta, \, \alpha - \zeta\beta + \zeta^2\gamma - \zeta^3\delta, \, \alpha - i\zeta\beta - \zeta^2\gamma + i\zeta^3\delta).$$

因此当 n 为偶数时, 复数乘法的总次数将减到 $(3n-2)2^{n-3} - 5\lfloor 2^{n-1}/3 \rfloor$.

在上面的计算中假设所给的 $F(t)$ 是复数. 如果 $F(t)$ 是实数, 那么 $f(s)$ 是 $f(2^n - s)$ 的复共轭, 从而可避免在计算 2^n 个相互独立的实数 $f(0), \Re f(1), \ldots, \Re f(2^{n-1} - 1), f(2^{n-1}), \Im f(1), \ldots, \Im f(2^{n-1} - 1)$ 时的重复计算. 对此特殊情形, 如果我们利用当 $(s_1 \ldots s_n)_2 + (s_1' \ldots s_n')_2 \equiv 0 \pmod{2^n}$ 时 $f_k(s_{n-k+1}, \ldots, s_n, t_1, \ldots, t_{n-k})$ 是 $f_k(s_{n-k+1}', \ldots, s_n', t_1, \ldots, t_{n-k})$ 的复共轭的性质, 则整个计算过程只需对 2^n 个实数值进行. 大约需要在复数情况下的乘法和加法次数的一半.

［快速傅里叶变换是高斯在 1805 年发现的, 此后又多次被独立地重新发现, 尤其值得一提的文献是詹姆斯·库利和约翰·图基, *Math. Comp.* **19** (1965), 297–301. 这段有趣的历史已经由库利、彼得·刘易斯和彼得·韦尔奇, *Proc. IEEE* **55** (1967), 1675–1677 以及迈克尔·海德曼、唐·约翰逊和查尔斯·伯勒斯, *IEEE ASSP Magazine* **1**, 4 (1984 年 10 月), 14–21 做了回顾. 几百位作者对它的使用的各种细节问题进行了讨论, 范劳恩, *Computational Frameworks for the Fast Fourier Transform* (Philadelphia: SIAM, 1992) 对这些讨论做了很好的总结. 关于有限群上的快速傅里叶变换的综述, 见迈克尔·克劳森和乌尔里克·鲍姆, *Fast Fourier Transforms* (Mannheim: Bibliographisches Institut Wissenschaftsverlag, 1993). ］

15. (a) 利用积分及归纳法可证明提示中的结论. 设当 θ 从 $\min(x_0,\dots,x_n)$ 变化到 $\max(x_0,\dots,x_n)$ 时, $f^{(n)}(\theta)$ 取遍介于 A 和 B 之间（含）的所有值. 将 $f^{(n)}$ 换成所给积分的上下界即得 $A/n! \le f(x_0,\dots,x_n) \le B/n!$. (b) 只需对 $j=n$ 证明结论. 设 f 是牛顿插值多项式, 则 $f^{(n)}$ 为常数 $n!\,\alpha_n$. [见 *The Mathematical Papers of Isaac Newton*, 怀特赛德编辑, **4** (1971), 36–51, 70–73.]

16. 将 (43) 中的乘法和加法当作针对多项式的运算来执行.（习题 2 考虑了 $x_0 = x_1 = \cdots = x_n$ 的特殊情形. 我们在算法 4.3.3T 的步骤 T8 中已经用过这种方法.）

17. 例如, 当 $n=5$ 时, 我们有

$$u_{[5]}(x) = \cfrac{\dfrac{y_0}{x-x_0} - \dfrac{5y_1}{x-x_1} + \dfrac{10y_2}{x-x_2} - \dfrac{10y_3}{x-x_3} + \dfrac{5y_4}{x-x_4} - \dfrac{y_5}{x-x_5}}{\dfrac{1}{x-x_0} - \dfrac{5}{x-x_1} + \dfrac{10}{x-x_2} - \dfrac{10}{x-x_3} + \dfrac{5}{x-x_4} - \dfrac{1}{x-x_5}},$$

与 h 的值无关.

18. $\alpha_0 = \frac{1}{2}(u_3/u_4 + 1)$, $\beta = u_2/u_4 - \alpha_0(\alpha_0-1)$, $\alpha_1 = \alpha_0\beta - u_1/u_4$, $\alpha_2 = \beta - 2\alpha_1$, $\alpha_3 = u_0/u_4 - \alpha_1(\alpha_1+\alpha_2)$, $\alpha_4 = u_4$.

19. 因为 α_5 是首项系数, 所以可不失一般性地假设 $u(x)$ 是首一多项式（即 $u_5 = 1$）. 此时 α_0 是方程 $40z^3 - 24u_4 z^2 + (4u_4^2 + 2u_3)z + (u_2 - u_3u_4) = 0$ 的一个根. 这个方程必定至少有一个实根, 并且可能有三个实根. 一旦求出 α_0, 则可进一步推导出 $\alpha_3 = u_4 - 4\alpha_0$, $\alpha_1 = u_3 - 4\alpha_0\alpha_3 - 6\alpha_0^2$, $\alpha_2 = u_1 - \alpha_0(\alpha_0\alpha_1 + 4\alpha_0^2\alpha_3 + 2\alpha_1\alpha_3 + \alpha_0^3)$, $\alpha_4 = u_0 - \alpha_3(\alpha_0^4 + \alpha_1\alpha_0^2 + \alpha_2)$.

对所给的多项式, 我们要求解三次方程 $40z^3 - 120z^2 + 80z = 0$. 一共可得到三个解 $(\alpha_0, \alpha_1, \alpha_2, \alpha_3, \alpha_4, \alpha_5) = (0, -10, 13, 5, -5, 1)$, $(1, -20, 68, 1, 11, 1)$, $(2, -10, 13, -3, 27, 1)$.

20.

```
LDA   X          STA   TEMP2       FADD  =α₁=      FMUL  TEMP1
FADD  =α₃=       FMUL  TEMP2       FMUL  TEMP2      FADD  =α₄=
STA   TEMP1      STA   TEMP2       FADD  =α₂=       FMUL  =α₅=  ▮
FADD  =α₀-α₃=
```

21. $z = (x+1)x - 2$, $w = (x+5)z + 9$, $u(x) = (w+z-8)w - 8$. 或者 $z = (x+9)x + 26$, $w = (x-3)z + 73$, $u(x) = (w+z-24)w - 12$.

22. $\alpha_6 = 1$, $\alpha_0 = -1$, $\alpha_1 = 1$, $\beta_1 = -2$, $\beta_2 = -2$, $\beta_3 = -2$, $\beta_4 = 1$, $\alpha_3 = -4$, $\alpha_2 = 0$, $\alpha_4 = 4$, $\alpha_5 = -2$. 依次计算 $z = (x-1)x + 1$, $w = z + x$, $u(x) = ((z-x-4)w + 4)z - 2$. 如果利用 $w = x^2 + 1$, $z = w - x$, 则可以节省上面的 7 次加法之中的一次.

23. (a) 可对 n 做归纳. 当 $n < 2$ 时结论是平凡的. 如果 $f(0) = 0$, 则结论对多项式 $f(z)/z$ 成立, 从而对 $f(z)$ 也成立. 如果对某个实数 $y \neq 0$, $f(iy) = 0$, 则 $g(\pm iy) = h(\pm iy) = 0$. 此时, 由于结论对 $f(z)/(z^2 + y^2)$ 成立, 所以对 $f(z)$ 也成立. 于是可以假设 $f(z)$ 没有实部为零的根. 此时所给的路径环绕原点的次数就是 $f(z)$ 在区域内的根的数目, 而后者最多为 1. 当 R 的值很大时, 对于 $\pi/2 \le t \le 3\pi/2$ 路径 $f(Re^{it})$ 将顺时针环绕原点大约 $n/2$ 次. 所以对于 $-R \le t \le R$ 路径 $f(it)$ 必然逆时针环绕原点至少 $n/2 - 1$ 次. 当 n 为偶数时, 这意味着 $f(it)$ 至少 $n-2$ 次跨越虚轴, 至少 $n-3$ 次跨越实轴. 当 n 为奇数时, $f(it)$ 至少 $n-2$ 次跨越实轴, 至少 $n-3$ 次跨越虚轴. 这些交点分别是 $g(it) = 0$ 和 $h(it) = 0$ 的根.

(b) 如果不是这样, 则 g 或 h 会有形如 $a + bi$, $a \neq 0$, $b \neq 0$ 的根. 然而由此可推出至少还有其他三个根, 即 $a - bi$ 和 $-a \pm bi$, 而 $g(z)$ 和 $h(z)$ 最多有 n 个根.

24. u 的根为 -7, $-3 \pm i$, $-2 \pm i$ 和 -1. c 可取的值为 2 和 4（但不能取 3, 因为 $c = 3$ 时所有根的和等于 0）. 情形 1: $c = 2$. 则 $p(x) = (x+5)(x^2+2x+2)(x^2+1)(x-1) = x^6 + 6x^5 + 6x^4 + 4x^3 - 5x^2 - 2x - 10$, $q(x) = 6x^2 + 4x - 2 = 6(x+1)(x-\frac{1}{3})$. 取 $\alpha_2 = -1$, $\alpha_1 = \frac{1}{3}$; $p_1(x) = x^4 + 6x^3 + 5x^2 - 2x - 10 = (x^2 + 6x + \frac{16}{3})(x^2 - \frac{1}{3}) - \frac{74}{9}$; $\alpha_0 = 6$, $\beta_0 = \frac{16}{3}$, $\beta_1 = -\frac{74}{9}$. 情形 2: $c = 4$. 采用类似的分析可推导出 $\alpha_2 = 9$, $\alpha_1 = -3$, $\alpha_0 = -6$, $\beta_0 = 12$, $\beta_1 = -26$.

25. $\beta_1 = \alpha_2$, $\beta_2 = 2\alpha_1$, $\beta_3 = \alpha_7$, $\beta_4 = \alpha_6$, $\beta_5 = \beta_6 = 0$, $\beta_7 = \alpha_1$, $\beta_8 = 0$, $\beta_9 = 2\alpha_1 - \alpha_8$.

26. (a) $\lambda_1 = \alpha_1 \times \lambda_0$, $\lambda_2 = \alpha_2 + \lambda_1$, $\lambda_3 = \lambda_2 \times \lambda_0$, $\lambda_4 = \alpha_3 + \lambda_3$, $\lambda_5 = \lambda_4 \times \lambda_0$, $\lambda_6 = \alpha_4 + \lambda_5$.
(b) $\kappa_1 = 1 + \beta_1 x$, $\kappa_2 = 1 + \beta_2 \kappa_1 x$, $\kappa_3 = 1 + \beta_3 \kappa_2 x$, $u(x) = \beta_4 \kappa_3 = \beta_1 \beta_2 \beta_3 \beta_4 x^3 + \beta_2 \beta_3 \beta_4 x^2 + \beta_3 \beta_4 x + \beta_4$.
(c) 如果存在等于 0 的系数, 则由 (b) 可推导出 x^3 的系数也必然为 0, 然而在 (a) 中次数不大于 3 的任意多项式 $\alpha_1 x^3 + \alpha_2 x^2 + \alpha_3 x + \alpha_4$ 都是允许的.

27. 否则, 存在整系数非零多项式 $f(q_n, \ldots, q_1, q_0)$ 使得 $q_n \cdot f(q_n, \ldots, q_1, q_0) = 0$ 对所有实数集合 $(q_n, \ldots, q_0)$ 成立. 但这是不可能的, 因为对 n 归纳容易证明, 任意非零多项式总会取一些非零的值. (见习题 4.6.1–16. 然而, 如果将实数域换成有限域, 则这个结论是错误的.)

28. 未定元 $\alpha_1, \ldots, \alpha_s$ 构成多项式整环 $Q[\alpha_1, \ldots, \alpha_s]$ 的一个代数基底, 其中 Q 是有理数域. 由于 $s+1$ 大于一个基底中的元素数目, 所以多项式 $f_j(\alpha_1, \ldots, \alpha_s)$ 是代数相关的. 这意味着存在有理系数非零多项式 g 使得 $g(f_0(\alpha_1, \ldots, \alpha_s), \ldots, f_s(\alpha_1, \ldots, \alpha_s))$ 恒等于 0.

29. 给定 $j_0, \ldots, j_t \in \{0, 1, \ldots, n\}$, 存在整系数非零多项式使得 $g_j(q_{j_0}, \ldots, q_{j_t}) = 0$ 对 R_j, $1 \leq j \leq m$ 中所有 $(q_n, \ldots, q_0)$ 成立. 从而对 $R_1 \cup \cdots \cup R_m$ 中所有 $(q_n, \ldots, q_0)$, 乘积 $g_1 g_2 \ldots g_m$ 等于零.

30. 从定理 M 的构造开始, 我们将证明有 $m_p + (1 - \delta_{0m_c})$ 个 β_j 可以很快被消去: 如果 μ_i 对应于一个参数乘法, 则 $\mu_i = \beta_{2i-1} \times (T_{2i} + \beta_{2i})$. 将使得 $c\mu_i$ 出现在 T_j 中的每个 β_j 都加上 $c\beta_{2i-1}\beta_{2i}$, 并将 β_{2i} 变为零. 上述操作在每个参数乘法中都去掉一个参数. 如果 μ_i 是第一个链乘法, 则 $\mu_i = (\gamma_1 x + \theta_1 + \beta_{2i-1}) \times (\gamma_2 x + \theta_2 + \beta_{2i})$, 其中 $\gamma_1, \gamma_2, \theta_1, \theta_2$ 是关于 $\beta_1, \ldots, \beta_{2i-2}$ 的整系数多项式. 这里 θ_1 和 θ_2 可分别被 "吸收" 到 β_{2i-1} 和 β_{2i} 中, 所以可假设 $\theta_1 = \theta_2 = 0$. 此时将使得 $c\mu_i$ 出现在 T_j 中的每个 β_j 都加上 $c\beta_{2i-1}\beta_{2i}$, 然后将 $\beta_{2i-1}\gamma_2/\gamma_1$ 加到 β_{2i}, 并取 β_{2i-1} 的值为 0. 除了那些使得 γ_1 为 0 的 $\alpha_1, \ldots, \alpha_s$ 的值以外, 消去 β_{2i-1} 不会影响其他计算结果. [这个证明是帕恩在 *Uspekhi Mat. Nauk* **21**, 1 (1966 年 1 月 – 2 月), 103–134 中给出的.] 后一种情形可以像定理 A 的证明那样处理, 因为 $\gamma_1 = 0$ 的那些多项式可通过消去 β_{2i} 来求值 (像 μ_i 对应于一个参数乘法的第一个构造那样).

31. 否则我们可以增加一个参数乘法作为最后一步, 从而使定理 C 的结论不成立. (在此特殊情形下, 本习题是定理 A 的改进, 因为一个 n 次首一多项式的系数只有 n 个自由度.)

32. $\lambda_1 = \lambda_0 \times \lambda_0$, $\lambda_2 = \alpha_1 \times \lambda_1$, $\lambda_3 = \alpha_2 + \lambda_2$, $\lambda_4 = \lambda_3 \times \lambda_1$, $\lambda_5 = \alpha_3 + \lambda_4$. 我们至少要用 3 次乘法来计算 $u_4 x^4$ (见 4.6.3 节), 又由定理 A, 至少需要 2 次加法.

33. 我们必须有 $n + 1 \leq 2m_c + m_p + \delta_{0m_c}$ 以及 $m_c + m_p = (n+1)/2$. 由此可知多项式链中不包含参数乘法. 因此, 第一个其首项系数 (作为关于 x 的多项式) 不是整数的 λ_i 必定是通过链加法得到的. 此外, 多项式链至少包含 $n+1$ 个参数, 所以至少有 $n+1$ 个参数加法.

34. 将所给的链一步一步地转换, 并按下面的方式定义 λ_i 的 "容度" c_i: (直观上看, c_i 是 λ_i 的首项系数.) 定义 $c_0 = 1$. (a) 如果此步具有形式 $\lambda_i = \alpha_j + \lambda_k$, 则将它替换为 $\lambda_i = \beta_j + \lambda_k$, 其中 $\beta_j = \alpha_j/c_k$, 并定义 $c_i = c_k$. (b) 如果此步具有形式 $\lambda_i = \alpha_j - \lambda_k$, 则将它替换为 $\lambda_i = \beta_j + \lambda_k$, 其中 $\beta_j = -\alpha_j/c_k$, 并定义 $c_i = -c_k$. (c) 如果此步具有形式 $\lambda_i = \alpha_j \times \lambda_k$, 则将它替换为 $\lambda_i = \lambda_k$ (此步稍后会被去掉), 并定义 $c_i = \alpha_j c_k$. (d) 如果此步具有形式 $\lambda_i = \lambda_j \times \lambda_k$, 则对它不作修改, 并定义 $c_i = c_j c_k$.

在完成上述过程后, 去掉所有形如 $\lambda_i = \lambda_k$ 的步, 并在以后每个用到 λ_i 的步中将 λ_i 替换为 λ_k. 然后加入最后一步 $\lambda_{r+1} = \beta \times \lambda_r$, 其中 $\beta = c_r$. 这就是我们想要的方案, 因为容易验证新的 λ_i 正好是原来的 λ_i 除以 c_i. 各个 β_j 是关于各个 α_j 的函数. 不必担心除以 0 的问题, 因为如果存在 $c_k = 0$, 则必有 $c_r = 0$ (所以 x^n 的系数为 0), 否则的话 λ_k 就不会影响到最终的计算结果.

35. 由于至少有 5 个参数步, 所以只有当至少有 1 个参数乘法时结论才是非平凡的. 在那些用 3 次乘法来计算 $u_4 x^4$ 的方案中, 至少需要 1 个参数乘法和 2 个链乘法. 所以 4 个加减法必然都是参数步, 从而可以利用习题 34. 现在假设只用到加法, 并且有一条多项式链可用 *2* 个链乘法和 4 个参数加法来计算任意四次首一多项式. 唯一可能的计算四次多项式的这类方案具有以下形式

$$\begin{aligned}
\lambda_1 &= \alpha_1 + \lambda_0 & \lambda_5 &= \alpha_4 + \lambda_3 \\
\lambda_2 &= \alpha_2 + \lambda_0 & \lambda_6 &= \lambda_4 \times \lambda_5 \\
\lambda_3 &= \lambda_1 \times \lambda_2 & \lambda_7 &= \lambda_5 + \lambda_6. \\
\lambda_4 &= \alpha_3 + \lambda_3
\end{aligned}$$

其实这条链多用了一次加法，但如果我们要求一些 α_j 是另一些 α_j 的函数，那么所有正确的计算方案都可以写成这种形式．现在 λ_7 具有形式 $(x^2+Ax+B)(x^2+Ax+C)+D = x^4+2Ax^3+(E+A^2)x^2+EAx+F$，其中 $A = \alpha_1+\alpha_2$，$B = \alpha_1\alpha_2+\alpha_3$，$C = \alpha_1\alpha_2+\alpha_4$，$D = \alpha_6$，$E = B+C$，$F = BC+D$．由于上面的表示中只包含 3 个独立参数，所以不能表示所有四次首一多项式．

36. 像习题 35 的解答那样，可假设多项式链只用 3 个链乘法和 6 个参数加法就可计算任意六次首一多项式．计算过程必须是以下两种形式之一

$$\lambda_1 = \alpha_1 + \lambda_0 \qquad\qquad \lambda_1 = \alpha_1 + \lambda_0$$
$$\lambda_2 = \alpha_2 + \lambda_0 \qquad\qquad \lambda_2 = \alpha_2 + \lambda_0$$
$$\lambda_3 = \lambda_1 \times \lambda_2 \qquad\qquad \lambda_3 = \lambda_1 \times \lambda_2$$
$$\lambda_4 = \alpha_3 + \lambda_0 \qquad\qquad \lambda_4 = \alpha_3 + \lambda_3$$
$$\lambda_5 = \alpha_4 + \lambda_3 \qquad\qquad \lambda_5 = \alpha_4 + \lambda_3$$
$$\lambda_6 = \lambda_4 \times \lambda_5 \qquad\qquad \lambda_6 = \lambda_4 \times \lambda_5$$
$$\lambda_7 = \alpha_5 + \lambda_6 \qquad\qquad \lambda_7 = \alpha_5 + \lambda_3$$
$$\lambda_8 = \alpha_6 + \lambda_6 \qquad\qquad \lambda_8 = \alpha_6 + \lambda_6$$
$$\lambda_9 = \lambda_7 \times \lambda_8 \qquad\qquad \lambda_9 = \lambda_7 \times \lambda_8$$
$$\lambda_{10} = \alpha_7 + \lambda_9 \qquad\qquad \lambda_{10} = \alpha_7 + \lambda_9$$

其中，像习题 35 那样，我们多用了一个加法以包含更一般的情形．然而，这两个方案都不能计算任意六次首一多项式，因为第一种情形是形如

$$(x^3+Ax^2+Bx+C)(x^3+Ax^2+Bx+D)+E$$

的多项式，而第二种情形是形如

$$(x^4+2Ax^3+(E+A^2)x^2+EAx+F)(x^2+Ax+G)+H$$

的多项式．这两个表达式都只包含 5 个独立参数．

37. 设 $p_0(x) = u_nx^n+u_{n-1}x^{n-1}+\cdots+u_0$，$q_0(x) = x^n+v_{n-1}x^{n-1}+\cdots+v_0$．对于 $1\le j\le n$，将 $p_{j-1}(x)$ 除以首一多项式 $q_{j-1}(x)$，得 $p_{j-1}(x) = \alpha_jq_{j-1}(x)+\beta_jq_j(x)$．假设存在 $n-j$ 次首一多项式 $q_j(x)$ 满足这个关系式．对几乎所有有理函数这个假设都是对的．设 $p_j(x) = q_{j-1}(x)-xvq_j(x)$．由上述定义可推导出 $\deg(p_n) < 1$，所以可以假设 $\alpha_{n+1} = p_n(x)$．

对于所给的有理函数，我们有

j	α_j	β_j	$q_j(x)$	$p_j(x)$
0			$x^2+8x+19$	$x^2+10x+29$
1	1	2	$x+5$	$3x+19$
2	3	4	1	5

所以 $u(x)/v(x) = p_0(x)/q_0(x) = 1+2/(x+3+4/(x+5))$．

注记：任意具有所给形式的有理函数有 $2n+1$ 个"自由度"，即有 $2n+1$ 个相互独立的参数．如果将多项式链推广为商项式链，即在加法、减法和乘法外还允许做除法运算（见习题 71），则可稍微修改定理 A 和 M 的证明以得到以下结论：包含 q 个加减法步的商项式链最多有 $q+1$ 个自由度．包含 m 个乘除法步的商项式链最多有 $2m+1$ 个自由度．所以，可以计算几乎所有具有所给形式的有理函数的商项式链至少包含 $2n$ 个加减法步和 n 个乘除法步．本习题的方法是最优的．

38. 当 $n = 0$ 时定理显然成立．现在假设 n 为正数，并已给定计算 $P(x; u_0,\dots,u_n)$ 的多项式链，其中每个参数 α_j 都已替换为一个实数．记 $\lambda_i = \lambda_j\times\lambda_k$ 为包含了 $u_0,\dots,u_n$ 的其中一个数的第一个链乘法步．由于 A 的秩数，所以这样的步骤肯定存在．不失一般性，可假设 λ_j 包含 u_n．于是 λ_j 具有 $h_0u_0+\cdots+h_nu_n+f(x)$ 的形式，其中 $h_0,\dots,h_n$ 是实数，$h_n\ne 0$，且 $f(x)$ 是实系数多项式．（由我们对各个 α_j 的赋值可求出各个 h_i 和 $f(x)$ 的系数值．）

现在将步骤 i 改为 $\lambda_i = \alpha \times \lambda_k$,其中 α 为任意实数.(可取 $\alpha = 0$. 在这里用一个一般的 α,只是为了表明在证明中具有一定的灵活性.)增加更多的步骤以计算

$$\lambda = (\alpha - f(x) - h_0 u_0 - \cdots - h_{n-1} u_{n-1})/h_n,$$

在这些新的步骤中只包含加法和(包含适当的新参数的)参数乘法. 最后,在整条链中用这个新的值 λ 来替换 $\lambda_{-n-1} = u_n$. 所得的链是用于计算

$$Q(x; u_0, \ldots, u_{n-1}) = P(x; u_0, \ldots, u_{n-1}, (\alpha - f(x) - h_0 u_0 - \cdots - h_{n-1} u_{n-1})/h_n),$$

且这条链少一个乘法. 如果能验证 Q 满足假设条件,即可完成证明. 量 $(\alpha - f(x))/h_n$ 可能使 m 的值增加,还导致新的向量 B'. 设 A 的各列为 $A_0, A_1, \ldots, A_n$(这些向量在实数集上线性无关),则对应于 Q 的新矩阵 A' 的列向量是

$$A_0 - (h_0/h_n)A_n, \qquad \ldots, \qquad A_{n-1} - (h_{n-1}/h_n)A_n,$$

也许还要增加一些零行,以说明 m 的值变大的原因. 这些列显然也是线性无关的. 由归纳法,计算 Q 的链至少包含 $n-1$ 个链乘法,所以原来的链至少包含 n 个链乘法.

[帕恩还证明了即使使用除法也不会带来任何改进. 见 *Problemy Kibernetiki* **7** (1962), 21–30. 威诺格拉德将问题推广到计算若干个多元多项式的情形,包括带和不带各种类型的先决条件在内,*Comm. Pure and Applied Math.* **23** (1970), 165–179.]

39. 对 m 做归纳. 设 $w_m(x) = x^{2m} + u_{2m-1}x^{2m-1} + \cdots + u_0$,$w_{m-1}(x) = x^{2m-2} + v_{2m-3}x^{2m-3} + \cdots + v_0$,$a = \alpha_1 + \gamma_m$,$b = \alpha_m$,并且设

$$f(r) = \sum_{i,j \geq 0} (-1)^{i+j} \binom{i+j}{j} u_{r+i+2j} a^i b^j.$$

由此得出,对于 $r \geq 0$,$v_r = f(r+2)$,而且 $\delta_m = f(1)$. 如果 $\delta_m = 0$ 且取定 a 的值,则存在关于 b 的 $m-1$ 次多项式,其首项系数为 $\pm(u_{2m-1} - ma) = \pm(\gamma_2 + \cdots + \gamma_m - m\gamma_m)$.

在莫茨金未正式发表的笔记中,他通过适当选取各个 γ_i 的值,使得当 m 为偶数时首项系数不等于 0,m 为奇数时首项系数等于 0,从而几乎总是可以使得 $\delta_k = 0$. 于是我们几乎总是可以使得 b 是一个奇次多项式的一个(实)根.

40. 不可以. 威诺格拉德找到了一种方法,可以用 7 次(可能是复数)乘法计算 13 次多项式 [*Comm. Pure and Applied Math.* **25** (1972), 455–457]. 卢德米拉·勒瓦设计了可以用 $\lfloor n/2 \rfloor + 1$ 次(可能是复数)乘法计算几乎所有 $n \geq 9$ 次多项式的方案 [*SICOMP* **4** (1975), 381–392]. 她还证明了当 $n = 9$ 时用不少于 $n + 3$ 次加法以及 $\lfloor n/2 \rfloor + 1$ 次乘法即可. 如果增加足够多的加法(见习题 39),即可去掉结论中的"几乎所有"和"可能是复数"的字眼. 帕恩对所有奇数 $n \geq 9$ 给出了使用 $\lfloor n/2 \rfloor + 1$ 次(复数)乘法和最低 $n + 2 + \delta_{n9}$ 次(复数)加法的计算方案 [*STOC* **10** (1978), 162–172; IBM Research Report RC7754 (1979)]. 当 $n = 9$ 时他的方法为

$$v(x) = ((x+\alpha)^2 + \beta)(x+\gamma), \qquad w(x) = v(x) + x,$$
$$t_1(x) = (v(x) + \delta_1)(w(x) + \epsilon_1), \qquad t_2(x) = (v(x) + \delta_2)(w(x) + \epsilon_2),$$
$$u(x) = (t_1(x) + \zeta)(t_2(x) - t_1(x) + \eta) + \kappa.$$

对 $n \geq 9$,在达到最少次数的(实数)乘法时,必须使用的实数加法的最少次数还不能确定.

41. $a(c+d) - (a+b)d + i(a(c+d) + (b-a)c)$. [要注意数值稳定性. 3 次乘法是必需的,因为复数乘法是 (71) 中取 $p(u) = u^2 + 1$ 的特殊情形. 如果没有对加法的限制条件,则还有其他可选的处理办法. 例如,彼得·昂加尔在 1963 年建议使用对称公式 $ac - bd + i((a+b)(c+d) - ac - bd)$. 式 4.3.3–(2) 是类似的公式,其中 2^n 相当于 i 的角色. 见芒罗,*STOC* **3** (1971),40–44 以及什穆埃尔·威诺格拉德,*Linear Algebra and Its Applications* **4** (1971),381–388.]

类似地, 当 $a^2 + b^2 = 1$, $t = (1-a)/b = b/(1+a)$ 时, 奥斯卡·邦尼曼提出了计算乘积 $(a+bi)(c+di) = u+iv$ 的算法 "$w = c - td$, $v = d + bw$, $u = w - tv$" [*J. Comp. Phys.* **12** (1973), 127–128]. 在这个算法中如果 $a = \cos\theta$, $b = \sin\theta$, 则 $t = \tan(\theta/2)$.

赫尔穆特·阿尔特和莱文证明了计算 $1/(a+bi)$ 至少需要 4 次实数乘法或除法 [*Computing* **27** (1981), 205–215]. 此外, 要计算

$$\frac{a}{b+ci} = \frac{a}{b+c(c/b)} - i\frac{(c/b)a}{b+c(c/b)},$$

4 次就足够的. 要计算 $(a+bi)/(c+di)$, 6 次乘除法和 3 次加减法是必要和充分的. [托马斯·利克特格, *SICOMP* **16** (1987), 278–311].

尽管有这些关于下界的理论结果, 但我们应当记得复数运算不一定要通过实数运算来实现. 例如, 利用快速傅里叶变换, 将两个 n 位复数相乘所需的时间, 渐近趋向于将两个 n 位实数相乘的时间的仅仅大约两倍.

42. (a) 设 $\pi_1, \ldots, \pi_m$ 为对应于链乘法的那些 λ_i. 则 $\pi_i = P_{2i-1} \times P_{2i}$ 且 $u(x) = P_{2m+1}$, 其中每个 P_j 可写成 $\beta_j + \beta_{j0}x + \beta_{j1}\pi_1 + \cdots + \beta_{jr(j)}\pi_{r(j)}$ 的形式, 此式中 $r(j) \leq \lceil j/2 \rceil - 1$ 且每个 β_j 和 β_{jk} 都是关于各个 α_i 的整系数多项式. 我们可以用系统的方法来修改多项式链 (见习题 30), 使得对于 $1 \leq j \leq 2m$, $\beta_j = 0$ 且 $\beta_{jr(j)} = 1$. 而且还可假设 $\beta_{30} = 0$. 于是满足条件的多项式链最多有 $m+1+\sum_{j=1}^{2m}(\lceil j/2 \rceil - 1) = m^2 + 1$ 个自由度.

(b) 最多包含 m 个链乘法的任意多项式链都可以用具有 (a) 中考虑的形式的某个多项式链来模拟, 只是对于 $1 \leq j \leq 2m+1$, 此时我们得取 $r(j) = \lceil j/2 \rceil - 1$, 且不能假设 $\beta_{30} = 0$ 或者对于 $j \geq 3$ 有 $\beta_{jr(j)} = 1$. 这样的标准形式包含 $m^2 + 2m$ 个参数. 当各个 α_i 取遍所有整数值且我们尝试完所有多项式链时, 各个 β_j 的值则取遍至多 2^{m^2+2m} 个模 2 的不同数集. 因此题中所述的多项式链也取遍这些数集. 为得到所有系数为 0 或 1 的 2^n 个 n 次多项式, 我们得要求 $m^2 + 2m \geq n$.

(c) 令 $m \leftarrow \lfloor\sqrt{n}\rfloor$ 并计算 $x^2, x^3, \ldots, x^m$. 设 $u(x) = u_{m+1}(x)x^{(m+1)m} + \cdots + u_1(x)x^m + u_0(x)$, 其中每个 $u_j(x)$ 是次数不超过 m 的整系数多项式 (因此不需要更多的乘法来计算它). 现在我们利用计算方案 (2), 将 $u(x)$ 作为系数已知的关于 x^m 的多项式来计算. (所用的加法次数约为系数的绝对值之和, 所以这个算法对系数为 0 或 1 的多项式是非常高效的. 佩特森和斯托克迈耶还给出了另一种包含大约 $\sqrt{2n}$ 次乘法的算法.)

参考文献: *SICOMP* **2** (1973), 60–66. 也见约翰·萨维奇, *SICOMP* **3** (1974), 150–158; 于尔格·甘茨, *SICOMP* **24** (1995), 473–483. 关于加法的类似结论可参考博罗金和库克, *SICOMP* **5** (1976), 146–157; 李维斯特和维勒, *Inf. Proc. Letters* **8** (1979), 178–180.

43. 设 $a_i = a_j + a_k$ 是 $n+1$ 的某个最优加法链的其中一步, 则计算 $x^i = x^j x^k$ 以及 $p_i = p_k x^j + p_j$, 其中 $p_i = x^{i-1} + \cdots + x + 1$. 省略最后一步对 x^{n+1} 的计算. 只要 $a_k = 1$, 特别是 $i = 1$ 时, 就可以节省一次乘法. (见习题 4.6.3–31, 其中取 $\epsilon = \frac{1}{2}$.)

44. 设 $l = \lfloor\lg n\rfloor$, 并假设 $x, x^2, x^4, \ldots, x^{2^l}$ 已经预先算出来了. 当 $u(x)$ 是次数为 $n = 2m+1$ 的首一多项式时, 可将它写成 $u(x) = (x^{m+1} + \alpha)v(x) + w(x)$, 其中 $v(x)$ 和 $w(x)$ 都是 m 次首一多项式. 由此可得到关于 $n = 2^{l+1} - 1 \geq 3$ 的需要多用 $2l - 1$ 次乘法及包含 $2^{l+1} + 2^{l-1} - 2$ 次加法的算法. 当 $n = 2^l$ 时可利用霍纳算法将 n 减少 1. 如果 $m = 2^l < n < 2^{l+1} - 1$, 可将 $u(x)$ 写成 $u(x) = x^m v(x) + w(x)$, 其中 v 和 w 分别是次数为 $n - m$ 和 m 的首一多项式. 通过对 l 做归纳可证明, 除预先计算的部分外, 我们需要不超过 $\frac{1}{2}n + l - 1$ 次乘法和 $\frac{5}{4}n$ 次加法. [见威诺格拉德, *IBM Tech. Disclosure Bull.* **13** (1970), 1133–1135.]

注记: 如果我们的目标是达到最少次数的乘法 + 加法, 那么在相同的基本假设下, 还可以用 $\frac{1}{2}n + O(\sqrt{n})$ 次乘法和 $n + O(\sqrt{n})$ 次加法来计算 $u(x)$. 通用多项式

$$p_{jkm}(x) = \Bigg(\Big(\ldots(((x^m + \alpha_0)(x^{j+1} + \beta_1) + \alpha_1)(x^{j+2} + \beta_2)$$
$$+ \alpha_2)\cdots\Big)(x^k + \beta_{k-j}) + \alpha_{k-j}\Bigg)(x^j + \beta_0)$$

"覆盖" 了对应于指数 $\{j, j+k, j+k+(k-1), \ldots, j+k+(k-1)+\cdots+(j+1), m'-k, m'-k+1, \ldots, m'-j\}$ 的系数, 其中

$$m' = m + j + (j+1) + \cdots + k = m + \binom{k+1}{2} - \binom{j}{2}.$$

对于 $m_j = \binom{j+1}{2} + \binom{k-j+2}{2}$, 通过将这些多项式 $p_{1km_1}(x), p_{2km_2}(x), \ldots, p_{kkm_k}(x)$ 相加, 我们可以得到任意的 $k^2 + k + 1$ 次首一多项式. [拉宾和什穆埃尔·威诺格拉德, *Comm. on Pure and Applied Math.* **25** (1972), 433–458, §2. 这篇论文还证明了对足够大的 n, 我们可以给出包含 $\frac{1}{2}n + O(\log n)$ 次乘法和至多 $(1+\epsilon)n$ 次加法的计算方案, 其中 $\epsilon > 0$ 的值可任意小.]

45. 只需证明 (T_{ijk}) 的秩最多等于 (t_{ijk}) 的秩, 因为我们可通过 F^{-1}, G^{-1}, H^{-1} 用同样的方式将 (T_{ijk}) 变换回 (t_{ijk}). 如果 $t_{ijk} = \sum_{l=1}^r a_{il} b_{jl} c_{kl}$, 则立即可以推导出

$$T_{ijk} = \sum_{1 \le l \le r} \left(\sum_{i'=1}^m F_{ii'} a_{i'l}\right)\left(\sum_{j'=1}^n G_{jj'} b_{j'l}\right)\left(\sum_{k'=1}^s H_{kk'} c_{k'l}\right).$$

[汉斯·格罗特证明了用 7 次链乘法得到 2×2 阶矩阵的乘积的所有正规方案都是等价的, 即它们可以像本习题那样利用非奇异矩阵的乘法从一种方案推导出另一种方案. 在此意义下施特拉森的算法是唯一的. 见 *Theor. Comp. Sci.* **7** (1978), 127–148.]

46. 根据习题 45, 我们可以将一行、一列、一个平面的倍数加到另一行、一列、一个平面而不改变秩的大小. 也可将一行、一列、一个平面乘以一个非零常数, 或将张量转置. 通过一系列上述操作, 我们总是可以将给定的 $2 \times 2 \times 2$ 阶张量归结为下列形式之一: $\binom{0\,0}{0\,0}\binom{0\,0}{0\,0}$, $\binom{1\,0}{0\,0}\binom{0\,0}{0\,0}$, $\binom{1\,0}{0\,1}\binom{0\,0}{0\,0}$, $\binom{1\,0}{0\,0}\binom{0\,1}{0\,1}$, $\binom{1\,0}{0\,1}\binom{0\,1}{q\,r}$. 根据定理 W (见 (74)), 当多项式 $u^2 - ru - q$ 在所给域上有一个或两个不可约因子时, 最后一个张量的秩为 3 或 2.

47. 一般的 $m \times n \times s$ 阶张量有 mns 个自由度. 根据习题 28, 我们不可能用实现 (A, B, C) 中的 $(m+n+s)r$ 个元素表示所有的 $m \times n \times s$ 阶张量, 除非 $(m+n+s)r \ge mns$. 另一方面, 假设 $m \ge n \ge s$. 由于 $m \times n$ 阶矩阵的秩最多是 n, 所以可通过分别实现每个矩阵平面, 从而用 ns 个链乘法实现任意一个张量. [习题 46 告诉我们, 这个关于最大张量秩的下界不是最佳的, 上界也同样不是最佳. 托马斯·豪厄尔证明了在复数域上存在秩不小于 $\lceil mns/(m+n+s-2) \rceil$ 的张量, Ph.D. thesis, Cornell Univ., 1976.]

48. 设 (A, B, C) 和 (A', B', C') 是长度分别为 r 和 r' 的张量 (t_{ijk}) 和 (t'_{ijk}) 的实现, 则 $A'' = A \oplus A'$, $B'' = B \oplus B'$, $C'' = C \oplus C'$, 以及 $A''' = A \otimes A'$, $B''' = B \otimes B'$, $C''' = C \otimes C'$ 分别是长度为 $r + r'$ 和 $r \cdot r'$ 的张量 (t''_{ijk}) 和 (t'''_{ijk}) 的实现.

注记: 许多人都会自然而然地猜想 $\mathrm{rank}((t_{ijk}) \oplus (t'_{ijk})) = \mathrm{rank}(t_{ijk}) + \mathrm{rank}(t'_{ijk})$, 然而习题 60(b) 和习题 65 中的构造使得这个等式的合理性比它表面上看起来低了很多.

49. 由引理 T 得 $\mathrm{rank}(t_{ijk}) \ge \mathrm{rank}(t_{i(jk)})$. 反之, 如果 M 是秩为 r 的矩阵, 则可通过行变换和列变换找到非奇异矩阵 F 和 G, 使得 FMG 除了 r 个等于 1 的对角元素外, 其他元素都为 0. 见算法 4.6.2N. 所以 FMG 的张量秩不大于 r. 并且根据习题 45, 它等于 M 的张量秩.

50. 设 $i = \langle i', i'' \rangle$, 其中 $1 \le i' \le m$ 且 $1 \le i'' \le n$, 则 $t_{\langle i', i'' \rangle jk} = \delta_{i'' j} \delta_{i' k}$, 且因为 $(t_{i(jk)})$ 是一个置换矩阵, 所以 $\mathrm{rank}(t_{i(jk)}) = mn$. 由引理 L 得 $\mathrm{rank}(t_{ijk}) \ge mn$. 反之, 由于 (t_{ijk}) 只有 mn 个非零元, 所以它的秩显然不超过 mn. (因此, 不存在包含少于 mn 个明显乘法的正规方案. 同样地, 也不存在这样的非正规方案 [*Comm. Pure and Appl. Math.* **3** (1970), 165–179]. 然而, 如果将同一个矩阵与 $s > 1$ 个不同的列向量相乘, 则可以节省一些计算量, 因为这等价于将 $(m \times n)$ 阶矩阵与 $(n \times s)$ 阶矩阵相乘.)

51. (a) $s_1 = y_0 + y_1$, $s_2 = y_0 - y_1$; $m_1 = \frac{1}{2}(x_0 + x_1)s_1$, $m_2 = \frac{1}{2}(x_0 - x_1)s_2$; $w_0 = m_1 + m_2$, $w_1 = m_1 - m_2$. (b) 下面是利用正文中给出的方法得到的一些中间步骤: $((x_0 - x_2) + (x_1 - x_2)u)((y_0 - y_2) + (y_1 - y_2)u) \bmod (u^2 + u + 1) = ((x_0 - x_2)(y_0 - y_2) - (x_1 - x_2)(y_1 - y_2)) + ((x_0 - x_2)(y_0 - y_2) - (x_1 - x_0)(y_1 - y_0))u$. 第一个实现是

$$\begin{pmatrix} 1 & 1 & \bar{1} & 0 \\ 1 & 0 & 1 & 1 \\ 1 & \bar{1} & 0 & \bar{1} \end{pmatrix}, \qquad \begin{pmatrix} 1 & 1 & \bar{1} & 0 \\ 1 & 0 & 1 & 1 \\ 1 & \bar{1} & 0 & \bar{1} \end{pmatrix}, \qquad \begin{pmatrix} 1 & 1 & 1 & \bar{2} \\ 1 & 1 & \bar{2} & 1 \\ 1 & \bar{2} & 1 & 1 \end{pmatrix} \times \frac{1}{3}.$$

习题答案4.6.4

第二个实现是

$$\begin{pmatrix} 1 & 1 & 1 & \bar{2} \\ 1 & 1 & \bar{2} & 1 \\ 1 & \bar{2} & 1 & 1 \end{pmatrix} \times \frac{1}{3}, \qquad \begin{pmatrix} 1 & 1 & \bar{1} & 0 \\ 1 & \bar{1} & 0 & \bar{1} \\ 1 & 0 & 1 & 1 \end{pmatrix}, \qquad \begin{pmatrix} 1 & 1 & \bar{1} & 0 \\ 1 & 0 & 1 & 1 \\ 1 & \bar{1} & 0 & \bar{1} \end{pmatrix}.$$

对应的算法可以计算 $s_1 = y_0 + y_1$, $s_2 = y_0 - y_1$, $s_3 = y_2 - y_0$, $s_4 = y_2 - y_1$, $s_5 = s_1 + y_2$; $m_1 = \frac{1}{3}(x_0 + x_1 + x_2)s_5$, $m_2 = \frac{1}{3}(x_0 + x_1 - 2x_2)s_2$, $m_3 = \frac{1}{3}(x_0 - 2x_1 + x_2)s_3$, $m_4 = \frac{1}{3}(-2x_0 + x_1 + x_2)s_4$; $t_1 = m_1 + m_2$, $t_2 = m_1 - m_2$, $t_3 = m_1 + m_3$, $w_0 = t_1 - m_3$, $w_1 = t_3 + m_4$, $w_2 = t_2 - m_4$.

52. 设 $k = \langle k', k'' \rangle$, 其中 $k \bmod n' = k'$, $k \bmod n'' = k''$. 我们希望计算 $w_{\langle k', k'' \rangle} = \sum x_{\langle i', i'' \rangle} y_{\langle j', j'' \rangle}$, 其中求和式是对 $i' + j' \equiv k'$ (modulo n') 和 $i'' + j'' \equiv k''$ (modulo n'') 求和. 通过把 n' 算法应用于 $2n'$ 个长度为 n'' 的向量 $X_{i'}$ 和 $Y_{j'}$, 得到 n' 个向量 $W_{k'}$, 即可完成计算. 此时, 每个向量加法相当于 n'' 个加法, 每个参数乘法相当于 n'' 个参数乘法, 每个针对向量的链乘法要转换为次数为 n'' 的循环卷积. [如果这些子算法在有理数集上使用的链乘法次数达到最少, 则根据习题 4.6.2–32 和定理 W, 整个算法的链乘法次数将比最少次数多 $2(n' - d(n'))(n'' - d(n''))$, 其中 $d(n)$ 是 n 的因数个数.]

53. (a) 当 $0 \le k < e$ 时令 $n(k) = (p-1)p^{e-k-1} = \varphi(p^{e-k})$, 而当 $k \ge e$ 时令 $n(k) = 1$. 将数字 $\{1, \dots, m\}$ 表示成 $a^i p^k$ (modulo m) 的形式, 其中 $0 \le k \le e$, $0 \le i < n(k)$, a 是一个取定的模 p^e 的本原元. 例如当 $m = 9$ 时可取 $a = 2$, 此时这些数可表示为 $\{2^0 3^0, 2^1 3^0, 2^0 3^1, 2^2 3^0, 2^5 3^0, 2^1 3^1, 2^4 3^0, 2^3 3^0, 2^0 3^2\}$. 于是 $f(a^i p^k) = \sum_{0 \le l \le e} \sum_{0 \le j < n(l)} \omega^{g(i,j,k,l)} F(a^j p^l)$, 其中 $g(i,j,k,l) = a^{i+j} p^{k+l}$.

我们将对 $0 \le i < n(k)$ 以及 k 和 l 的每个值计算 $f_{ikl} = \sum_{0 \le j < n(l)} \omega^{g(i,j,k,l)} F(a^j p^l)$. 注意到 f_{ikl} 是 $\sum x_r y_s$ 对所有满足 $r + s \equiv i$ (modulo $n(k+l)$) 的 r 和 s 求和, 所以是关于 $x_i = \omega^{a^i p^{k+l}}$ 和 $y_s = \sum_{0 \le j < n(l)} [s + j \equiv 0 \pmod{n(k+l)}] F(a^j p^l)$ 的 $n(k+l)$ 次循环卷积. 通过选取适当的 f_{ikl} 相加即可实现傅里叶变换. [注记: 如果我们像 (69) 那样做 x_i 的线性组合, 那么当循环卷积算法是利用 (59) 中取 $u^{n(k)} - 1 = (u^{n(k)/2} - 1)(u^{n(k)/2} + 1)$ 作为构造规则时, 计算结果将会是纯实数或纯虚数. 原因在于模 $(u^{n(k)/2} - 1)$ 的化简将得到一个具有实系数 $\omega^j + \omega^{-j}$ 的多项式, 而模 $(u^{n(k)/2} + 1)$ 的化简则得到一个具有纯虚系数 $\omega^j - \omega^{-j}$ 的多项式.]

当 $p = 2$ 时, 利用 $(-1)^i a^j 2^k$ (modulo m) 的表示形式, 其中 $0 \le k \le e$, $0 \le i \le \min(e-k, 1)$, $0 \le j < 2^{e-k-2}$, 则可进行类似的构造. 对这种情形我们使用习题 52 中的构造, 其中 $n' = 2$, $n'' = 2^{e-k-2}$. 尽管这些数并不互素, 但我们的确得到了所期望的循环卷积的直积.

(b) 设 $a'm' + a''m'' = 1$, 并且设 $\omega' = \omega^{a''m''}$, $\omega'' = \omega^{a'm'}$. 定义 $s' = s \bmod m'$, $s'' = s \bmod m''$, $t' = t \bmod m'$, $t'' = t \bmod m''$, 从而 $\omega^{st} = (\omega')^{s't'}(\omega'')^{s''t''}$. 于是可推导出 $f(s', s'') = \sum_{t'=0}^{m'-1} \sum_{t''=0}^{m''-1} (\omega')^{s't'}(\omega'')^{s''t''} F(t', t'')$. 换句话说, m 元一维傅里叶变换可看作 $m' \times m''$ 元二维傅里叶变换的另一种形式.

我们将讨论依次包含下列操作的 "标准" 算法: (i) 关于各个 $F(l)$ 和各个 s_l 的一些和 s_i. (ii) 一些乘积 m_j, 每个乘积都是用一个实数或纯虚数 α_j 与一个 $F(l)$ 或 s_l 相乘得到. (iii) 对各个 m_l 或各个 t_l (而不是各个 $F(l)$ 或各个 s_l) 求和所得的一些 t_k 的值. 最终的计算结果是 m_j 或 t_k 的一些值. 例如, 当 $m = 5$ 时, 由 (69) 和 (a) 部分中的方法导出的 "标准" 傅里叶变换算法如下: $s_1 = F(1) + F(4)$, $s_2 = F(3) + F(2)$, $s_3 = s_1 + s_2$, $s_4 = s_1 - s_2$, $s_5 = F(1) - F(4)$, $s_6 = F(2) - F(3)$, $s_7 = s_5 - s_6$; $m_1 = \frac{1}{4}(\omega + \omega^2 + \omega^4 + \omega^3)s_3$, $m_2 = \frac{1}{4}(\omega - \omega^2 + \omega^4 - \omega^3)s_4$, $m_3 = \frac{1}{2}(\omega + \omega^2 - \omega^4 - \omega^3)s_5$, $m_4 = \frac{1}{2}(-\omega + \omega^2 + \omega^4 - \omega^3)s_6$, $m_5 = \frac{1}{2}(\omega^3 - \omega^2)s_7$, $m_6 = 1 \cdot F(5)$, $m_7 = 1 \cdot s_3$; $t_0 = m_1 + m_6$, $t_1 = t_0 + m_2$, $t_2 = m_3 + m_5$, $t_3 = t_0 - m_2$, $t_4 = m_4 - m_5$, $t_5 = t_1 + t_2$, $t_6 = t_3 + t_4$, $t_7 = t_1 - t_2$, $t_8 = t_3 - t_4$, $t_9 = m_6 + m_7$. 注意 m_6 和 m_7 都是某个数与 1 相乘得到. 这样做是为了遵循我们的约定, 并且这样的处理是递归构造中一个重要组成部分 (尽管这些乘法不必真的执行). 在上面的算法中 $m_6 = f_{001}$, $m_7 = f_{010}$, $t_5 = f_{000} + f_{001} = f(2^0)$, $t_6 = f_{100} + f_{101} = f(2^1)$, 等等. 为改进上面的算法, 我们可定义 $s_8 = s_3 + F(5)$, 将 m_1 替换为 $(\frac{1}{4}(\omega + \omega^2 + \omega^4 + \omega^3) - 1)s_3$ [即 $-\frac{5}{4}s_3$], 将 m_6 替换为 $1 \cdot s_8$, 并去掉 m_7 和 t_9. 这样的修改可以节省一次与 1 相乘的平凡乘法, 并且在针对更大的 m 的计算中更有优势. 在改进的算法中, $f(5) = m_6$, $f(1) = t_5$, $f(2) = t_6$, $f(3) = t_8$, $f(4) = t_7$.

现在假设已经有关于 m' 和 m'' 的一维标准计算方案，其中分别用到 (a', a'') 次复数加法、(t', t'') 次与 ± 1 或 $\pm i$ 相乘的平凡乘法，以及总共 (c', c'') 次包含平凡乘法在内的复数乘法.（这些非平凡乘法都是"简单的"，因为它们每个都仅包含两个实数乘法而无需做实数加法.）我们可通过对长度为 m'' 的向量 $F(t', *)$ 应用一维 m' 计算方案而得到二维的 $m' \times m''$ 阶计算方案. 每个计算 s_i 的步骤包含 m'' 次加法. 每个对 m_j 求值的操作是关于 m'' 个变量的傅里叶变换，不过其中的每个 α_i 还要再乘以 α_j. 此外，计算每个 t_k 都需要 m'' 次加法. 因此，新的算法中包含 $(a'm'' + c'a'')$ 次复数加法、$t't''$ 次平凡乘法，以及总共 $c'c''$ 次复数乘法.

利用上面的技巧，威诺格拉德对下面这些小的 m 值得到了一维标准算法的成本 (a, t, c):

$m = 2$	$(\ 2, 2, 2)$	$m = 7$	$(36, 1,\ \ 9)$
$m = 3$	$(\ 6, 1, 3)$	$m = 8$	$(26, 6,\ \ 8)$
$m = 4$	$(\ 8, 4, 4)$	$m = 9$	$(46, 1, 12)$
$m = 5$	$(17, 1, 6)$	$m = 16$	$(74, 8, 18)$

按上一段的做法合并这些计算方案，可得到比习题 14 中讨论的"快速傅里叶变换"（FFT）的运算次数更少的计算方法. 例如，当 $m = 1008 = 7 \cdot 9 \cdot 16$ 时成本为 $(17\,946, 8, 1944)$，即我们可用 3872 次实数乘法和 35\,892 次实数加法完成关于 1008 个复数的傅里叶变换. 我们还可以利用努斯鲍默和菲利普·匡特尔定义的多维卷积将互素的模数合并 [*IBM J. Res. and Devel.* **22** (1978), 134–144]，以改进什穆埃尔·威诺格拉德的算法. 他们这种神奇的算法将 1008 个复数的傅里叶变换的计算量降低到了 3084 次实数乘法和 34\,668 次实数加法. 与之形成对照的是，1024 个复数的快速傅里叶变换需要 14\,344 次实数乘法和 27\,652 次实数加法. 然而，如果用上习题 14 的解答中的"每次处理两个通道"的改进技术，则 1024 个复数的快速傅里叶变换只需 10\,936 次实数乘法和 25\,948 次加法，并且便于用程序实现. 由上面的数据可知，我们刚介绍的算法只是在那些做乘法远比加法慢的计算机上运行得更快.

[参考文献: *Proc. Nat. Acad. Sci. USA* **73** (1976), 1005–1006; *Math. Comp.* **32** (1978), 175–199; *Advances in Math.* **32** (1979), 83–117; *IEEE Trans.* **ASSP-27** (1979), 169–181.]

54. $\max(2e_1\deg(p_1) - 1, \ldots, 2e_q\deg(p_q) - 1, q + 1)$.

55. $2n' - q'$，其中 n' 是 P 的极小多项式（即使得 $\mu(P)$ 为零矩阵的次数最低的首一多项式 μ）的次数，q' 是 P 不同的不可约因子的数目.（可利用相似变换来化简 P.）

56. 设对任意 i, j, k 有 $t_{ijk} + t_{jik} = \tau_{ijk} + \tau_{jik}$. 如果 (A, B, C) 为 (t_{ijk}) 的秩为 r 的实现，则 $\sum_{l=1}^{r} c_{kl}(\sum_i a_{il} x_i)(\sum_j b_{jl} x_j) = \sum_{i,j} t_{ijk} x_i x_j = \sum_{i,j} \tau_{ijk} x_i x_j$ 对所有 k 成立. 反之，对于 $1 \le l \le r$，设多项式链的第 l 个链乘法为乘积 $(\alpha_l + \sum_i \alpha_{il} x_i)(\beta_l + \sum_j \beta_{jl} x_j)$，其中 α_l 和 β_l 表示可能存在的常数项和/或非线性项. 在任一步中出现的次数为 2 的项都可以表示为线性组合 $\sum_{l=1}^{r} c_l(\sum_i a_{il} x_i)(\sum_j b_{jl} x_j)$. 所以多项式链定义了一个满足 $t_{ijk} + t_{jik} = \tau_{ijk} + \tau_{jik}$ 的次数不大于 r 的张量 (t_{ijk}). 于是提示中的结论得证. 于是 $\mathrm{rank}(\tau_{ijk} + \tau_{jik}) = \mathrm{rank}(t_{ijk} + t_{jik}) \le \mathrm{rank}(t_{ijk}) + \mathrm{rank}(t_{jik}) = 2\,\mathrm{rank}(t_{ijk})$.

关于 $x_1, \ldots, x_m, y_1, \ldots, y_n$ 的双线性形式是 $m + n$ 个变量的二次型，其中当 $i \le m$ 且 $j > m$ 时 $\tau_{ijk} = t_{i,j-m,k}$，否则 $\tau_{ijk} = 0$. 而我们可以利用 $(\tau_{ijk} + \tau_{jik})$ 的实现 (A, B, C) 中 A 的最后 n 行和 B 的前 m 行得到 (t_{ijk}) 的实现，所以 $\mathrm{rank}(\tau_{ijk}) + \mathrm{rank}(\tau_{jik}) \ge \mathrm{rank}(t_{ijk})$.

57. 设 N 为 2 的大于 $2n$ 的最小的幂，且 $u_{n+1} = \cdots = u_{N-1} = v_{n+1} = \cdots = v_{N-1} = 0$. 如果对于 $0 \le s < N$, $U_s = \sum_{t=0}^{N-1} \omega^{st} u_t$, $V_s = \sum_{t=0}^{N-1} \omega^{st} v_t$，其中 $\omega = e^{2\pi i/N}$，则 $\sum_{s=0}^{N-1} \omega^{-st} U_s V_s = N \sum u_{t_1} v_{t_2}$，其中后一个和式对所有满足 $0 \le t_1, t_2 < N$, $t_1 + t_2 \equiv t \pmod{N}$ 的 t_1 和 t_2 求和. 这些项只有当 $t_1 \le n$ 且 $t_2 \le n$ 时才非零，所以 $t_1 + t_2 < N$. 于是和数为乘积 $u(z)v(z)$ 中 z^t 项的系数. 如果使用习题 14 的方法来计算傅里叶变换和逆变换，则复数运算的次数为 $O(N \log N) + O(N \log N) + O(N) + O(N \log N)$. 并且 $N \le 4n$. [见 4.3.3C 节以及波拉德的论文 *Math. Comp.* **25** (1971), 365–374.]

与整数多项式相乘时，可利用一个模某个素数 p 的阶为 2^t 的整数 ω 来得到模非常多的素数的乘积. 上述方法中可以使用的素数，以及它们的最小原根 r（r 由下式定义：$\omega = r^{(p-1)/2^t} \bmod p$，其中 $p \bmod 2^t = 1$），可用 4.5.4 节中的办法求得. 当 $t = 9$ 时，可以使用的小于 2^{35} 的十个最大素数为 $p = 2^{35} - 512a + 1$，

其中 $(a,r) = (28,7), (31,10), (34,13), (56,3), (58,10), (76,5), (80,3), (85,11), (91,5), (101,3)$，小于 2^{31} 的十个最大素数为 $p = 2^{31} - 512a + 1$，其中 $(a,r) = (1,10), (11,3), (19,11), (20,3), (29,3), (35,3), (55,19), (65,6), (95,3), (121,10)$. 对更大的 t，所有满足 $2^{24} < p < 2^{36}$ 且形如 $2^t q + 1$（$q < 32$ 是奇数）的素数 p 可列为 $(p-1, r) = (11 \cdot 2^{21}, 3), (25 \cdot 2^{20}, 3), (27 \cdot 2^{20}, 5), (25 \cdot 2^{22}, 3), (27 \cdot 2^{22}, 7), (5 \cdot 2^{25}, 3), (7 \cdot 2^{26}, 3), (27 \cdot 2^{26}, 13), (15 \cdot 2^{27}, 31), (17 \cdot 2^{27}, 3), (3 \cdot 2^{30}, 5), (13 \cdot 2^{28}, 3), (29 \cdot 2^{27}, 3), (23 \cdot 2^{29}, 5)$. 这些素数中有些可与 $\omega = 2^e$ 一起使用，其中 e 是适当的小的数. 关于这些素数的讨论见：鲁宾逊，*Proc. Amer. Math. Soc.* **9** (1958), 673–681；所罗门·戈洛姆，*Math. Comp.* **30** (1976), 657–663. 习题 4.6–5 的解答中引用了其他一些纯整数方法.

不过在实际计算中，我们基本上都会使用习题 59 的方法.

58. (a) 一般地，如果 (A, B, C) 是 (t_{ijk}) 的实现，则 $((x_1, \ldots, x_m)A, B, C)$ 是第 j 行第 k 列的元素为 $\sum x_i t_{ijk}$ 的 $1 \times n \times s$ 阶矩阵的实现. 所以 $(x_1, \ldots, x_m)A$ 中非零元素的数目不会少于这个矩阵的秩. 对于对应于将次数为 $m-1$ 和 $n-1$ 的多项式相乘的 $m \times n \times (m+n-1)$ 阶张量，只要 $(x_1, \ldots, x_m) \neq (0, \ldots, 0)$，相应的矩阵的秩就是 n. 当 $A \leftrightarrow B$ 且 $m \leftrightarrow n$ 时类似的结论也成立.

注记：特别地，在二元域中上述结论表明，只要 (A, B, C) 是完全由整数构成的实现，则 A 的各行模 2 构成 m 个距离不小于 n 的向量的"线性码". 这个由罗杰·布罗克特和戴维·多布金给出的结论 [*Linear Algebra and Its Applications* **19** (1978), 207–235, 定理 14. 也见：亚伯拉罕·伦佩尔和威诺格拉德，*IEEE Trans.* **IT-23** (1977), 503–508；伦佩尔、加迪尔·塞鲁西和威诺格拉德，*Theoretical Comp. Sci.* **22** (1983), 285–296] 可用于得到整数集上的秩的非平凡下界. 例如，马克·布朗和多布金 [*IEEE Trans.* **C-29** (1980), 337–340] 利用它证明了对所有充分大的 n，整数集上的 $n \times n$ 阶多项式乘法的实现的秩不小于 αn，其中 α 是小于

$$\alpha_{\min} = 3.5276268026324074806154754081280751270182+$$

的任意实数. 上面的 $\alpha_{\min} = 1/H(\sin^2 \theta, \cos^2 \theta)$，其中 $H(p, q) = p \lg(1/p) + q \lg(1/q)$ 是二进制熵函数，$\theta \approx 1.34686$ 是方程 $\sin^2(\theta - \pi/4) = H(\sin^2 \theta, \cos^2 \theta)$ 的根. 迈克尔·卡明斯基 [*J. Algorithms* **9** (1988), 137–147] 利用割圆多项式构造了秩为 $O(n \log n)$ 的纯整数实现.

(b) $\begin{pmatrix} 1 & 0 & 0 & 0 & 0 & 1 & 1 & 1 \\ 0 & 1 & 0 & 0 & 1 & 1 & 0 & 1 \\ 0 & 0 & 1 & 1 & 0 & 0 & 1 & 1 \end{pmatrix}$, $\begin{pmatrix} 1 & 0 & 0 & 0 & 0 & 1 & 1 & 1 \\ 0 & 1 & 0 & 0 & 0 & 1 & 0 & 1 \\ 0 & 0 & 1 & 0 & 0 & 0 & 1 & 1 \\ 0 & 0 & 0 & 1 & 1 & 0 & 0 & 1 \end{pmatrix}$, $\begin{pmatrix} 1 & 0 & 0 & 0 & 0 & 0 & 0 & 0 \\ \bar{1} & \bar{1} & 0 & 0 & 0 & 1 & 0 & 0 \\ \bar{1} & 1 & \bar{1} & 0 & 0 & 0 & 1 & 0 \\ 1 & 0 & 0 & \bar{1} & \bar{1} & \bar{1} & \bar{1} & 1 \\ 0 & 0 & 1 & 0 & 1 & 0 & 0 & 0 \\ 0 & 0 & 0 & 1 & 0 & 0 & 0 & 0 \end{pmatrix}$.

科昂和伦斯特拉 [见 *Math. Comp.* **48** (1987), S1–S2] 给出了下面将次数为 2、3 和 4 的一般多项式相乘的非常经济的方式：

$\begin{pmatrix} 1 & 0 & 0 & 1 & 1 & 0 \\ 0 & 1 & 0 & 1 & 0 & 1 \\ 0 & 0 & 1 & 0 & 1 & 1 \end{pmatrix}$, 跟左边一样的矩阵, $\begin{pmatrix} 1 & 0 & 0 & 0 & 0 & 0 \\ \bar{1} & \bar{1} & 0 & 1 & 0 & 0 \\ \bar{1} & 1 & \bar{1} & 0 & 1 & 0 \\ 0 & \bar{1} & \bar{1} & 0 & 0 & 1 \\ 0 & 0 & 1 & 0 & 0 & 0 \end{pmatrix}$;

$\begin{pmatrix} 1 & 0 & 0 & 0 & 1 & 1 & 0 & 0 & 1 \\ 0 & 1 & 0 & 0 & 1 & 0 & 0 & 1 & 1 \\ 0 & 0 & 1 & 0 & 0 & 1 & 1 & 0 & 1 \\ 0 & 0 & 0 & 1 & 0 & 0 & 1 & 1 & 1 \end{pmatrix}$, 跟左边一样的矩阵, $\begin{pmatrix} 1 & 0 & 0 & 0 & 0 & 0 & 0 & 0 & 0 \\ \bar{1} & \bar{1} & 0 & 0 & 1 & 0 & 0 & 0 & 0 \\ \bar{1} & 1 & \bar{1} & 0 & 0 & 1 & 0 & 0 & 0 \\ 1 & 1 & 1 & 1 & \bar{1} & \bar{1} & \bar{1} & \bar{1} & 1 \\ 0 & \bar{1} & 1 & \bar{1} & 0 & 0 & 0 & 1 & 0 \\ 0 & 0 & \bar{1} & \bar{1} & 0 & 0 & 1 & 0 & 0 \\ 0 & 0 & 0 & 1 & 0 & 0 & 0 & 0 & 0 \end{pmatrix}$;

$$
\begin{pmatrix}
1\,0\,0\,1\,1\,0\,1\,0\,1\,1\,0\,0\,0\,0 \\
0\,1\,0\,1\,0\,1\,0\,1\,1\,0\,1\,0\,0\,0 \\
0\,0\,1\,0\,1\,1\,0\,0\,0\,1\,1\,0\,0\,0 \\
0\,0\,0\,0\,0\,0\,1\,0\,1\,1\,0\,1\,0\,1 \\
0\,0\,0\,0\,0\,0\,1\,1\,0\,1\,0\,1\,1
\end{pmatrix},
\quad \text{跟左边一样的矩阵,} \quad
\begin{pmatrix}
1\,0\,0\,0\,0\,0\,0\,0\,0\,0\,0\,0\,0\,0 \\
\bar1\,\bar1\,0\,1\,0\,0\,0\,0\,0\,0\,0\,0\,0\,0 \\
\bar1\,1\,\bar1\,0\,1\,0\,0\,0\,0\,0\,0\,0\,0\,0 \\
\bar1\,\bar1\,\bar1\,0\,0\,1\,1\,0\,0\,0\,0\,\bar1\,0\,0 \\
1\,1\,1\,\bar1\,0\,0\,\bar1\,\bar1\,1\,0\,0\,1\,1\,\bar1 \\
1\,\bar1\,0\,0\,\bar1\,0\,\bar1\,1\,0\,1\,0\,0\,\bar1\,0 \\
0\,1\,0\,0\,0\,\bar1\,0\,\bar1\,0\,0\,1\,1\,0\,0 \\
0\,0\,0\,0\,0\,0\,0\,0\,0\,0\,0\,\bar1\,\bar1\,1 \\
0\,0\,0\,0\,0\,0\,0\,0\,0\,0\,0\,0\,1\,0
\end{pmatrix}.
$$

在所有情形下矩阵 A 和 B 都相同.

59. [*IEEE Trans.* **ASSP-28** (1980), 205–215.] 循环卷积是模 $u^n - 1$ 的多项式乘法, 负循环卷积是模 $u^n + 1$ 的多项式乘法. 现在我们改变记号, 将 n 替换成 2^n. 我们将考虑 $(x_0, \dots, x_{2^n-1})$ 和 $(y_0, \dots, y_{2^n-1})$ 的循环及负循环卷积 $(z_0, \dots, z_{2^n-1})$ 的递归算法. 出于叙述的简明考虑, 这些算法都是以非优化形式表述. 需要实现这些算法的读者应注意很多部分都可以简化. 例如, 步骤 N5 中 $Z_{2m-1}(w)$ 的最终数值必定是零.

C1. [检测简单的情形.] 如果 $n = 1$, 则置

$$z_0 \leftarrow x_0 y_0 + x_1 y_1, \qquad z_1 \leftarrow (x_0 + x_1)(y_0 + y_1) - z_0,$$

并结束算法. 否则置 $m \leftarrow 2^{n-1}$.

C2. [求余式.] 对于 $0 \le k < m$, 置 $(x_k, x_{m+k}) \leftarrow (x_k + x_{m+k}, x_k - x_{m+k})$ 以及 $(y_k, y_{m+k}) \leftarrow (y_k + y_{m+k}, y_k - y_{m+k})$. (于是 $x(u) \bmod (u^m - 1) = x_0 + \cdots + x_{m-1} u^{m-1}$ 且 $x(u) \bmod (u^m + 1) = x_m + \cdots + x_{2m-1} u^{m-1}$. 我们将计算 $x(u)y(u) \bmod (u^m - 1)$ 和 $x(u)y(u) \bmod (u^m + 1)$, 然后利用 (59) 将计算结果合并.)

C3. [递归.] 取 $(z_0, \dots, z_{m-1})$ 为 $(x_0, \dots, x_{m-1})$ 和 $(y_0, \dots, y_{m-1})$ 的循环卷积, 取 $(z_m, \dots, z_{2m-1})$ 为 $(x_m, \dots, x_{2m-1})$ 和 $(y_m, \dots, y_{2m-1})$ 的负循环卷积.

C4. [从余式中恢复.] 对于 $0 \le k < m$, 置 $(z_k, z_{m+k}) \leftarrow \frac{1}{2}(z_k + z_{m+k}, z_k - z_{m+k})$. 此时 $(z_0, \dots, z_{2m-1})$ 就是所期望的答案. ▮

N1. [检测简单的情形.] 如果 $n = 1$, 则 $t \leftarrow x_0(y_0 + y_1)$, $z_0 \leftarrow t - (x_0 + x_1)y_1$, $z_1 \leftarrow t + (x_1 - x_0)y_0$ 并结束算法. 否则置 $m \leftarrow 2^{\lfloor n/2 \rfloor}$, $r \leftarrow 2^{\lceil n/2 \rceil}$. (后面的步骤利用 2^{n+1} 个辅助变量 X_{ij} ($0 \le i < 2m$, $0 \le j < r$) 来表示 $2m$ 个多项式 $X_i(w) = X_{i0} + X_{i1}w + \cdots + X_{i(r-1)}w^{r-1}$. 类似地, 我们还用到 2^{n+1} 个辅助变量 Y_{ij}.)

N2. [初始化辅助多项式.] 对于 $0 \le i < m$, $0 \le j < r$, 置 $X_{ij} \leftarrow X_{(i+m)j} \leftarrow x_{mj+i}$, $Y_{ij} \leftarrow Y_{(i+m)j} \leftarrow y_{mj+i}$. (此时有 $x(u) = X_0(u^m) + uX_1(u^m) + \cdots + u^{m-1}X_{m-1}(u^m)$, 对于 $y(u)$ 也有类似的公式. 我们的策略是通过对多项式 $X(w)$ 和 $Y(w)$ 做模 $(w^r + 1)$ 的运算, 求它们长度为 $2m$ 的循环卷积以得到 $x(u)y(u) \equiv Z_0(u^m) + uZ_1(u^m) + \cdots + u^{2m-1}Z_{2m-1}(u^m)$, 从而实现这些多项式模 $(u^{mr} + 1) = (u^{2^n} + 1)$ 的乘法.)

N3. [变换.] (现在我们要利用 $2m$ 次单位根 $w^{r/m}$ 实现对多项式 $(X_0, \dots, X_{m-1}, 0, \dots, 0)$ 和 $(Y_0, \dots, Y_{m-1}, 0, \dots, 0)$ 的快速傅里叶变换. 上述计算过程将会是高效的, 因为与 w 的幂相乘其实根本不能算是乘法.) 对于 $j = \lfloor n/2 \rfloor - 1, \dots, 1, 0$ (按这个顺序), 对所有 m 个二进制数 $s + t = (s_{\lfloor n/2 \rfloor} \dots s_{j+1} 0 \dots 0)_2 + (0 \dots 0 t_{j-1} \dots t_0)_2$ 进行以下操作: 将 $(X_{s+t}(w), X_{s+t+2^j}(w))$ 替换为多项式对 $(X_{s+t}(w) + w^{(r/m)s'}X_{s+t+2^j}(w), X_{s+t}(w) - w^{(r/m)s'}X_{s+t+2^j}(w))$, 其中 $s' = 2^j(s_{j+1} \dots s_{\lfloor n/2 \rfloor})_2$. (我们其实是在计算 4.3.3-(39), 其中 $K = 2m$, $\omega = w^{r/m}$. 注意 s' 中的二进制位翻转. 更确切地说, 多项式操作 $X_i(w) \leftarrow X_i(w) + w^k X_l(w)$ 意味着对于 $k \le j < r$

取 $X_{ij} \leftarrow X_{ij} + X_{l(j-k)}$, 以及对于 $0 \le j < k$ 取 $X_{ij} \leftarrow X_{ij} - X_{l(j-k+r)}$. 可以建立 $X_l(w)$ 的一个副本而不会浪费很多空间.) 对各个 Y_{ij} 做同样的变换.

N4. [递归.] 对于 $0 \le i < 2m$, 取 $(Z_{i0}, \ldots, Z_{i(r-1)})$ 为 $(X_{i0}, \ldots, X_{i(r-1)})$ 和 $(Y_{i0}, \ldots, Y_{i(r-1)})$ 的负循环卷积.

N5. [反变换.] 对于 $j = 0, 1, \ldots, \lfloor n/2 \rfloor$ (按这个顺序) 以及 s 和 t 的在 N3 中的所有 m 种取值, 取 $(Z_{s+t}(w), Z_{s+t+2^j}(w))$ 为

$$\tfrac{1}{2}(Z_{s+t}(w) + Z_{s+t+2^j}(w),\ w^{-(r/m)s'}(Z_{s+t}(w) - Z_{s+t+2^j}(w))).$$

N6. [重新组合.] (现在我们已经实现了 N2 末尾所述的目标, 因为容易证明各个 Z_i 的变换是各个 X_i 和各个 Y_i 的变换的乘积.) 对于 $0 \le i < m$, 置 $z_i \leftarrow Z_{i0} - Z_{(m+i)(r-1)}$ 并且对于 $0 < j < r$, 置 $z_{mj+i} \leftarrow Z_{ij} + Z_{(m+i)(j-1)}$. ▮

容易验证, 在上述计算过程中最多只需要额外的 n 个二进制位精度来表示中间结果. 例如, 如果在算法开头对于 $0 \le i < 2^n$ 有 $|x_i| \le M$, 则在整个计算过程中所有 x 和 X 的值都不会超过 $2^n M$. 而所有 z 和 Z 的值都不会超过 $(2^n M)^2$, 这比最后表示卷积的存储位数多 n 个二进制位.

在算法 N 中共执行了 A_n 次加减法, D_n 次折半操作以及 M_n 次乘法, 其中 $A_1 = 5$, $D_1 = 0$, $M_1 = 3$. 当 $n > 1$ 时, 我们有 $A_n = \lfloor n/2 \rfloor 2^{n+2} + 2^{\lfloor n/2 \rfloor + 1} A_{\lceil n/2 \rceil} + (\lfloor n/2 \rfloor + 1) 2^{n+1} + 2^n$, $D_n = 2^{\lfloor n/2 \rfloor + 1} D_{\lceil n/2 \rceil} + (\lfloor n/2 \rfloor + 1) 2^{n+1}$, $M_n = 2^{\lfloor n/2 \rfloor + 1} M_{\lceil n/2 \rceil}$. 于是可解出 $A_n = 11 \cdot 2^{n-1+\lceil \lg n \rceil} - 3 \cdot 2^n + 6 \cdot 2^n S_n$, $D_n = 4 \cdot 2^{n-1+\lceil \lg n \rceil} - 2 \cdot 2^n + 2 \cdot 2^n S_n$, $M_n = 3 \cdot 2^{n-1+\lceil \lg n \rceil}$, 其中 S_n 满足递推关系式 $S_1 = 0$, $S_n = 2S_{\lceil n/2 \rceil} + \lfloor n/2 \rfloor$, 且不难证明不等式 $\tfrac{1}{2}n\lceil \lg n \rceil \le S_n \le S_{n+1} \le \tfrac{1}{2}n\lg n + n$ 对所有 $n \ge 1$ 成立. 算法 C 的工作量与算法 N 基本差不多.

60. (a) 例如, 在 Σ_1 中可将 j 和 k 值相同的所有项组合成一个三线性项. 当 $(j, k) \in E \times E$ 时得到 ν^2 个三线性项, 当 $(j, k) \in E \times O$ 时加上 ν^2 个三线性项, 当 $(j, k) \in O \times E$ 时再加上 ν^2 个三线性项. 当 $\tilde{j} = k$ 时可额外将 $-x_{jj}y_{j\tilde{j}}z_{\tilde{j}j}$ 加入 Σ_1 中. [当 $n = 10$ 时, 这种方法使用 710 次非交换乘法将 10×10 阶矩阵相乘. 这与利用习题 12 的解答中引用的奥列格·马卡罗夫方法, 用 7 次 5×5 阶矩阵的乘法来实现的方法几乎一样好了. 而如果允许交换, 威诺格拉德的计算方案 (35) 只需要用 600 次乘法. 利用一种类似的计算方案, 帕恩首次证明了对于所有值很大的 n 有 $M(n) < n^{2.8}$, 并引发了大家对这个问题的强烈兴趣. 见 *SICOMP* **9** (1980), 321–342.]

(b) 在这个问题中只需令 S 为一个问题中所有指标 (i, j, k) 的集合, $\tilde{S}$ 为另一个问题中所有指标 $[k, i, j]$ 的集合, 并利用 $(mn+sm) \times (ns+mn) \times (sm+ns)$ 阶张量. [当 $m = n = s = 10$ 时, 结论是非常令人震惊的: 我们可以用 1300 次非交换乘法来乘两个分开的 10×10 阶矩阵, 但却没有一种已知的计算方法可以用 650 次非交换乘法来分别乘它们中的每一个.]

61. (a) 将 $a_{il}(u)$ 替换为 $ua_{il}(u)$. (b) 在长度为 $r = \mathrm{rank}_d(t_{ijk})$ 的多项式实现中, 设 $a_{il}(u) = \sum_\mu a_{il\mu} u^\mu$, 等等. 则 $t_{ijk} = \sum_{\mu+\nu+\sigma=d} \sum_{l=1}^r a_{il\mu} b_{jl\nu} c_{kl\sigma}$. [这个结论在无穷域中可改进为 $\mathrm{rank}(t_{ijk}) \le (2d+1)\,\mathrm{rank}_d(t_{ijk})$, 因为如比尼和帕恩指出的, 三线性形式 $\sum_{\mu+\nu+\sigma=d} a_\mu b_\nu c_\sigma$ 对应于多项式的模 u^{d+1} 乘法. 见 *Calcolo* **17** (1980), 87–97.] (c,d) 由习题 48 中的实现易推出结论.

(e) 假设有 t 和 rt' 的实现满足 $\sum_{l=1}^r a_{il} b_{jl} c_{kl} = t_{ijk} u^d + O(u^{d+1})$ 以及 $\sum_{L=1}^R A_{\langle ii' \rangle L} B_{\langle jj' \rangle L} C_{\langle kk' \rangle L} = [i=j=k] t'_{i'j'k'} u^{d'} + O(u^{d'+1})$. 则

$$\sum_{L=1}^R \sum_{l=1}^r a_{il} A_{\langle li' \rangle L} \sum_{m=1}^r b_{jm} B_{\langle mj' \rangle L} \sum_{n=1}^r c_{kn} C_{\langle nk' \rangle L} = t_{ijk} t'_{i'j'k'} u^{d+d'} + O(u^{d+d'+1}).$$

62. 在定理 W 的证明方法中取 $P = \begin{pmatrix} 0 & 0 \\ 0 & 1 \end{pmatrix}$, 可推导出秩为 3. 因为不可能有 $a_1(u) b_1(u) c_1(u) \equiv a_1(u) b_2(u) c_2(u) \equiv u^d$ 以及 $a_1(u) b_2(u) c_1(u) \equiv a_1(u) b_1(u) c_2(u) \equiv 0 \pmod{u^{d+1}}$, 所以边界秩不会是 1. 根据实现 $\begin{pmatrix} 1 & 1 \\ u & 0 \end{pmatrix}$, $\begin{pmatrix} u & 0 \\ 1 & 1 \end{pmatrix}$, $\begin{pmatrix} 1 & -1 \\ 0 & u \end{pmatrix}$ 可知边界秩为 2.

边界秩的概念是比尼、米尔韦欧·卡波瓦尼、格拉齐亚·洛蒂和弗朗切斯科·罗马尼在 *Information Processing Letters* **8** (1979), 234–235 中引入的.

63. (a) 将 $T(m,n,s)$ 和 $T(M,N,S)$ 的元素分别记为 $t_{\langle i,j'\rangle\langle j,k'\rangle\langle k,i'\rangle}$ 和 $T_{\langle I,J'\rangle\langle J,K'\rangle\langle K,I'\rangle}$. 根据定义, 直积的每个元素 $\mathcal{T}_{\langle\mathcal{I},\mathcal{J}'\rangle\langle\mathcal{J},\mathcal{K}'\rangle\langle\mathcal{K},\mathcal{I}'\rangle}$ (其中 $\mathcal{I}=\langle i,I\rangle$, $\mathcal{J}=\langle j,J\rangle$, $\mathcal{K}=\langle k,K\rangle$) 等于 $t_{\langle i,j'\rangle\langle j,k'\rangle\langle k,i'\rangle}\times T_{\langle I,J'\rangle\langle J,K'\rangle\langle K,I'\rangle}$, 也就是 $[\mathcal{I}'=\mathcal{I}$ 且 $\mathcal{J}'=\mathcal{J}$ 且 $\mathcal{K}'=\mathcal{K}]$.

(b) 利用习题 61(e), 其中取 $M(N)=\underline{\mathrm{rank}}_0(T(N,N,N))$.

(c) 因为 $T(mns,mns,mns)=T(m,n,s)\otimes T(n,s,m)\otimes T(s,m,n)$, 所以 $M(mns)\le r^3$. 如果 $M(n)\le R$, 则 $M(n^h)\le R^h$ 对所有 h 成立, 从而 $M(N)\le M(n^{\lceil\log_n N\rceil})\le R^{\lceil\log_n N\rceil}\le RN^{\log R/\log n}$. [这个结论来自帕恩在 1972 年发表的论文.]

(d) 存在 d 使得 $M_d(mns)\le r^3$, 其中 $M_d(n)=\mathrm{rank}_d(T(n,n,n))$. 如果 $M_d(n)\le R$, 则 $M_{hd}(n^h)\le R^h$ 对所有 h 成立. 由习题 61(b) 得 $M(n^h)\le\binom{hd+2}{2}R^h$, 进而可推导出所列公式. 在无穷域中会少一个 $\log N$ 的因子. [这个结论是比尼和舍恩哈格在 1979 年得到的.]

64. 当 $f_k(u)=(x_{k1}+u^2x_{k2})(y_{2k}+u^2y_{1k})z_{kk}+(x_{k1}+u^2x_{k3})y_{3k}((1+u)z_{kk}-u(z_{1k}+z_{2k}+z_{3k}))-x_{k1}(y_{2k}+y_{3k})(z_{k1}+z_{k2}+z_{k3})$, $g_{jk}(u)=(x_{k1}+u^2x_{j3})(y_{3k}+uy_{1j})(z_{kj}+uz_{jk})+(x_{k1}+u^2x_{j2})(y_{2k}-uy_{1j})z_{kj}$ 时, 我们有 $\sum_k(f_k(u)+\sum_{j\ne k}g_{j,k}(u))=u^2\sum_{1\le i,j,k\le 3}x_{ij}y_{jk}z_{ki}+O(u^3)$. [$\mathrm{rank}(T(3,3,3))$ 已知的最佳上界估计为 23, 见习题 12 的解答. $T(2,2,2)$ 的边界秩还不清楚.]

65. 提示中的多项式为 $u^2\sum_{i=1}^m\sum_{j=1}^n(x_iy_jz_{ij}+X_{ij}Y_{ij}Z)+O(u^3)$. 对于 $1\le i<m$, $1\le j<n$, 设 X_{ij},Y_{ij} 为未知量. 又取 $X_{in}=Y_{mj}=0$, $X_{mj}=-\sum_{i=1}^{m-1}X_{ij}$, $Y_{in}=-\sum_{j=1}^{n-1}Y_{ij}$. 于是用 $mn+1$ 次针对关于这些未知量的多项式的乘法, 对于每个 i 和 j, 我们可以计算 x_iy_j 以及 $\sum_{i=1}^m\sum_{j=1}^n X_{ij}Y_{ij}=\sum_{i=1}^{m-1}\sum_{j=1}^{n-1}X_{ij}Y_{ij}$. [*SICOMP* **10** (1981), 434–455. 在这篇经典论文中, 舍恩哈格还证明了习题 64、66 和 67(i) 的结论以及其他一些结果.]

66. (a) 设 $\omega=\liminf_{n\to\infty}\log M(n)/\log n$, 则由引理 T 得 $\omega\ge 2$. 对任意 $\epsilon>0$, 存在 N 使得 $M(N)<N^{\omega+\epsilon}$. 于是由习题 63(c) 的推导可得 $\log M(n)/\log n<\omega+2\epsilon$ 对所有充分大的 N 成立.

(b) 这是习题 63(c) 的直接推论.

(c) 记 $r=\underline{\mathrm{rank}}(t)$, $q=(mns)^{\omega/3}$, $Q=(MNS)^{\omega/3}$. 任给 $\epsilon>0$, 存在整数常数 c_ϵ 使得 $M(p)\le c_\epsilon p^{\omega+\epsilon}$ 对所有正整数 p 成立. 对任意整数 $h>0$, 我们有 $t^h=\bigoplus_k\binom{h}{k}T(m^kM^{h-k},n^kN^{h-k},s^kS^{h-k})$ 以及 $\underline{\mathrm{rank}}(t^h)\le r^h$. 任给 h 和 k, 令 $p=\lfloor\binom{h}{k}^{1/(\omega+\epsilon)}\rfloor$. 则根据习题 63(b),

$$\underline{\mathrm{rank}}(T(pm^kM^{h-k},pn^kN^{h-k},ps^kS^{h-k}))\le\underline{\mathrm{rank}}(M(p)T(m^kM^{h-k},n^kN^{h-k},s^kS^{h-k}))$$
$$\le\underline{\mathrm{rank}}(c_\epsilon\binom{h}{k}T(m^kM^{h-k},n^kN^{h-k},s^kS^{h-k}))$$
$$\le c_\epsilon r^h,$$

且由 (b) 部分结论得

$$p^\omega q^kQ^{h-k}=(pm^kM^{h-k}pn^kN^{h-k}ps^kS^{h-k})^{\omega/3}\le c_\epsilon r^h.$$

因为 $p\ge\binom{h}{k}^{1/(\omega+\epsilon)}/2$, 所以

$$\binom{h}{k}q^kQ^{h-k}\le\binom{h}{k}^{\epsilon/(\omega+\epsilon)}(2p)^\omega q^kQ^{h-k}\le 2^{\epsilon h/(\omega+\epsilon)}2^\omega c_\epsilon r^h.$$

从而 $(q+Q)^h\le(h+1)2^{\epsilon h/(\omega+\epsilon)}2^\omega c_\epsilon r^h$ 对所有 h 成立. 因此 $q+Q\le 2^{\epsilon/(\omega+\epsilon)}r$ 对所有 $\epsilon>0$ 成立.

(d) 在习题 65 中取 $m=n=4$, 并利用 $16^{0.85}+9^{0.85}>17$.

67. (a) $mn\times mns^2$ 阶矩阵 $(t_{\langle ij'\rangle\langle\langle jk'\rangle\langle ki'\rangle\rangle})$ 的秩为 mn, 因为它的满足 $k=k'=1$ 的 mn 行构成的矩阵是置换矩阵.

(b) $((t\oplus t')_{i(jk)})$ 其实是 $(t_{i(jk)})\oplus(t'_{i(jk)})$ 加上另外 $n's+sn'$ 列零. [类似地, 对直积有 $((t\otimes t')_{i(jk)})=(t_{i(jk)})\otimes(t'_{i(jk)})$.]

(c) 设 D 为对角矩阵 $\mathrm{diag}(d_1,\ldots,d_r)$, 从而 $ADB^T=O$. 由引理 T 可知 $\mathrm{rank}(A)=m$, $\mathrm{rank}(B)=n$. 所以 $\mathrm{rank}(AD)=m$, $\mathrm{rank}(DB^T)=n$. 我们可不失一般性地假设 A 的前 m 列线性无关. 由于 B^T 的各列都在 AD 的零空间内, 所以可以假设 B 的最后 n 列线性无关. 将 A 按列分割为 $(A_1\ A_2\ A_3)$, 其中 A_1 是 $m\times m$ 阶 (非奇异) 矩阵, A_2 是 $m\times q$ 阶, A_3 是 $m\times n$ 阶. 将 D 也分割为 $AD=(A_1D_1\ A_2D_2\ A_3D_3)$.

于是存在 $q \times r$ 阶矩阵 $W = (W_1\, I\, O)$ 使得 $ADW^T = O$, 其中 $W_1 = -D_2 A_2^T A_1^{-T} D_1^{-1}$. 类似地, 可将 B 写成 $B = (B_1\, B_2\, B_3)$, 进而推导出 $VDB^T = O$, 其中 $V = (O\, I\, V_3)$ 是 $q \times r$ 阶矩阵且 $V_3 = -D_2 B_2^T B_3^{-T} D_3^{-1}$. 由于 $UDV^T = D_2$, 所以提示中的结论成立 (多多少少, 这归根结底只是个提示而已).

现在, 设 $A_{il}(u) = a_{il}$, $1 \le i \le m$, $A_{(m+i)l}(u) = uv_{il}/d_{m+i}$. $B_{jl}(u) = b_{jl}$, $1 \le j \le n$, $B_{(n+j)l}(u) = w_{jl}u$. $C_{kl}(u) = u^2 c_{kl}$, $1 \le k \le s$, $C_{(s+1)l}(u) = d_l$. 由此得出, 当 $k \le s$ 时 $\sum_{l=1}^r A_{il}(u)B_{jl}(u)C_{kl}(u)$ 等于 $u^2 t_{ijk} + O(u^3)$, 当 $k = s+1$ 时等于 $u^2[i>m][j>n]$. [在此证明中无需假设 t 关于 C 非退化.]

(d) 考虑 $T(m,1,n)$ 的如下实现, 其中 $r = mn + 1$: 当 $l \le mn$ 时, $a_{il} = [\lfloor l/n \rfloor = i-1]$, $b_{jl} = [l \bmod n = j]$, $b_{\langle ij \rangle l} = [l = (i-1)n + j]$. 此外, $a_{ir} = 1$, $b_{jr} = -1$, $c_{\langle ij \rangle r} = 0$. 当 $d_l = 1$, $1 \le l \le r$ 时这是可改进的.

(e) 我们的想法是求 $T(m,n,s)$ 的一个可改进的实现. 设 (A,B,C) 是一个长度为 r 的实现. 任给整数 $\alpha_1, \ldots, \alpha_m, \beta_1, \ldots, \beta_s$, 我们可通过定义

$$A_{\langle ij' \rangle(r+p)} = \alpha_i[j' = p], \quad B_{\langle jk' \rangle(r+p)} = \beta_{k'}[j = p], \quad C_{\langle ki' \rangle(r+p)} = 0, \quad \text{对于 } 1 \le p \le n$$

来扩展 A、B 和 C. 如果当 $l \le r$ 时 $d_l = \sum_{i'=1}^m \sum_{k=1}^s \alpha_{i'} \beta_k c_{\langle ki' \rangle l}$, 其他情形下 $d_l = -1$, 则

$$\sum_{l=1}^{r+n} A_{\langle ij' \rangle l} B_{\langle jk' \rangle l} d_l = \sum_{i'=1}^m \sum_{k=1}^s \alpha_{i'} \beta_k \sum_{l=1}^r A_{\langle ij' \rangle l} B_{\langle jk' \rangle l} C_{\langle ki' \rangle l} - \sum_{p=1}^n \alpha_i[j' = p] \beta_{k'}[j = p]$$
$$= [j = j'] \alpha_i \beta_{k'} - [j = j'] \alpha_i \beta_{k'} = 0.$$

所以当 $d_1 \ldots d_r \ne 0$ 时这是可改进的. 而由于我们可不失一般性地假设 C 不包含全零的列, 所以 $d_1 \ldots d_r$ 是关于 $(\alpha_1, \ldots, \alpha_m, \beta_1, \ldots, \beta_s)$ 的非恒零多项式, 从而存在 α_j 和 β_j 的某些值使得这成立.

(f) 当 $M(n) = n^\omega$ 时 $M(n^h) = n^{h\omega}$, 所以

$$\underline{\text{rank}}(T(n^h, n^h, n^h) \oplus T(1, n^{h\omega} - n^h(2n^h - 1), 1)) \le n^{h\omega} + n^h.$$

于是由习题 66(c) 推导出 $n^{h\omega} + (n^{h\omega} - 2n^{2h} + n^h)^{\omega/3} \le n^{h\omega} + n^h$ 对所有 h 成立. 所以 $\omega = 2$. 然而这与下界为 $2n^2 - 1$ 矛盾 (见习题 12 的解答).

(g) 多项式 $f(u), g(u)$ 使得 $Vf(u)$ 和 $Wg(u)$ 的元素都是多项式. 我们重新定义

$$A_{(i+m)l} = u^{d+1} v_{il} f(u)/d_{i+m}, \quad B_{(j+n)l} = u^{d+1} w_{jl} g(u)/p, \quad C_{kl} = u^{d+e+2} c_{kl},$$

其中 $f(u)g(u) = pu^e + O(u^{e+1})$. 于是可推导出, 当 $k \le s$ 时 $\sum_{l=1}^r A_{il}(u)B_{jl}(u)C_{kl}(u)$ 等于 $u^{d+e+2} t_{ijk} + O(u^{d+e+3})$, 而当 $k = s+1$ 时等于 $u^{d+e+2}[i>m][j>n]$. [注记: 于是将 $\underline{\text{rank}}_2$ 替换为 $\underline{\text{rank}}$, (e) 的结论在任意域上都成立, 因为我们可取 α_j 和 β_j 为形如 $1 + O(u)$ 的多项式.]

(h) 令 C 的第 p 行指向分量 $T(1,16,1)$. 关键点是对于那些在删除行后保留下来的 i 和 j, $\sum_{l=1}^r a_{il}(u) b_{jl}(u) c_{pl}(u)$ 等于 0 (而不仅是 $O(u^{d+1})$). 并且对所有 l, $c_{pl}(u) \ne 0$. 在 (c) 和 (g) 部分的构造中这些性质都是成立的, 并且取直积后仍然成立.

(i) 对二项系数的证明可直接推广到多项系数.

(j) 由 (h) 部分得 $81^{\omega/3} + 2(36^{\omega/3}) + 34^{\omega/3} \le 100$, 所以 $\omega < 2.52$. 再求一次平方得 $\underline{\text{rank}}(T(81,1,81) \oplus 4T(27,4,27) \oplus 2T(9,34,9) \oplus 4T(9,16,9) \oplus 4T(3,136,3) \oplus T(1,3334,1)) \le 10\,000$. 于是推导出 $\omega < 2.4999$. 成功! 继续不断求平方可得到越来越好的上界, 并且这些上界很快地收敛到 $2.497\,723\,729\,083\ldots$. 如果我们从 $T(4,1,4) \oplus T(1,9,1)$ 而不是 $T(3,1,3) \oplus T(1,4,1)$ 开始, 则上界的极限将是 $2.510\,963\,09\ldots$.

[见 *SICOMP* **11** (1982), 472–492. 更复杂的改进得出 $\omega < 2.3729$. 然而, 这种方法不能推广, 以证明 $\omega < 2.3078$, 见安德里斯·安拜尼斯、尤瓦尔·菲尔穆斯和弗朗索瓦·勒加勒, "On the Coppersmith-Winograd method", arXiv:1411.5414 [*cs.CC*] (2014), 38 页.]

68. 托马斯·瓦里证明了 n 次乘法对计算 $x_1^2 + \cdots + x_n^2$ 是必需的, 从而推导出习题中的多项式计算至少需要 $n-1$ 次乘法 [Cornell Computer Science Report 120 (1972)]. 在计算形如 $L_1 R_1 + \cdots + L_{n-1} R_{n-1}$

的多项式时, 其中每个 L_j 和 R_j 都是 x_i 的线性组合, 钱德拉塞克兰·兰根证明了至少需要 $n-2$ 次加法来计算这些 L_j 和 R_j [*J. Algorithms* **4** (1983), 282–285]. 但他给出的下界显然不适用于所有多项式链.

69. 令 $y_{ij} = x_{ij} - [i=j]$, 并将递归构造 (31) 应用于矩阵 $I+Y$, 计算关于 n^2 个变量 y_{ij} 的幂级数中总次数不超过 n 的项. 数组中每个元素 h 都可表示为 $h_0 + h_1 + \cdots + h_n$ 的形式, 其中 h_k 是一个 k 次齐次多项式的值. 于是每个加法步包含 $n+1$ 个加法, 每个乘法步包含大约 $\frac{1}{2}n^2$ 个乘法和大约 $\frac{1}{2}n^2$ 个加法. 此外, 每个除法中的除数具有 $1 + h_1 + \cdots + h_n$ 的形式, 因为在递归构造中当 y_{ij} 全为 0 时所有除法的除数都是 1. 因此除法比乘法稍微简单一点 (见式 4.7-(3) 中取 $V_0=1$ 的情形). 由于在得到 2×2 阶行列式后就会停下来, 所以当 $j > n-2$ 时不必将 y_{jj} 减去 1. 在尽可能去掉多余的计算步骤后, 这个算法需要做 $20\binom{n}{5} + 8\binom{n}{4} + 12\binom{n}{3} - 4\binom{n}{2} + 5n - 4$ 次乘法和 $20\binom{n}{5} + 8\binom{n}{4} + 4\binom{n}{3} + 24\binom{n}{2} - n$ 次加法, 所以这两种运算的次数都是 $\frac{1}{6}n^5 - O(n^4)$. 在其他很多情况下我们可用类似的办法来避免使用除法. 见 *Crelle* **264** (1973), 184–202. (然而下一道习题构造了比这种方法更快的不使用除法的计算行列式的方案.)

70. 在提示所给的恒等式中取 $A = \lambda - x$, $B = -u$, $C = -v$, $D = \lambda I - Y$, 然后在两边取行列式, 并注意到 $I/\lambda + Y/\lambda^2 + Y^2/\lambda^3 + \cdots$ 作为 $1/\lambda$ 的形式幂级数是 D 的逆. 我们只需对 $0 \le k \le n-2$ 计算 $uY^k v$, 因为已知 $f_X(\lambda)$ 是 n 次多项式. 因此, 从 $n-1$ 次多项式推进到 n 次多项式只需增加 $n^3 + O(n^2)$ 次乘法和 $n^3 + O(n^2)$ 次加法. 用递归的方式, 我们可用 $6\binom{n}{4} + 7\binom{n}{3} + 2\binom{n}{2}$ 次乘法和 $6\binom{n}{4} + 5\binom{n}{3} + 2\binom{n}{2}$ 次加减法从 X 的元素求出 f_X 的系数.

如果只需要计算 $\det X = (-1)^n f_X(0)$, 则可节省 $3\binom{n}{2} - n + 1$ 次乘法和 $\binom{n}{2}$ 次加法. 事实上, 对适当大小的 n, 这种不需要使用除法来计算行列式的方法是相当划算的. 当 $n > 4$ 时, 它比采用显而易见的余子式展开的计算方案更好.

设 ω 为习题 66 中矩阵乘法的指数, 则上述算法包含 $O(n^{\omega+1+\epsilon})$ 步运算且无需做除法, 因为我们可以用 $O(M(n) \log n)$ 步来计算向量 uY^k ($0 \le k < n$): 取一个前 2^l 行是 uY^k ($0 \le k < 2^l$) 的矩阵, 并将它与 Y^{2^l} 相乘, 则所得乘积的前 2^l 行就是 uY^k ($2^l \le k < 2^{l+1}$). [见斯图尔特·伯科威茨, *Inf. Processing Letters* **18** (1984), 147–150.] 当然, 这种渐近 "快速" 的矩阵乘法完全是出于理论的兴趣. 卡尔特奥芬告诉我们如何只用 $O(n^{2+\epsilon}\sqrt{M(n)})$ 次加法、减法和乘法来求行列式的值 [*Proc. Int. Symp. Symb. Alg. Comp.* **17** (1992), 342–349]. 即使当 $M(n) = n^3$ 时他的方法也是有意思的.

71. 假设 $g_1 = u_1 \circ v_1, \ldots, g_r = u_r \circ v_r$ 以及 $f = \alpha_1 g_1 + \cdots + \alpha_r g_r + p_0$, 其中 $u_k = \beta_{k1} g_1 + \cdots + \beta_{k(k-1)} g_{k-1} + p_k$, $v_k = \gamma_{k1} g_1 + \cdots + \gamma_{k(k-1)} g_{k-1} + q_k$, 且每个 $\circ$ 是 "$\times$" 或者 "$/$", 每个 p_j 或 q_j 是关于 $x_1, \ldots, x_n$ 的次数不大于 1 的多项式. 对于 $k = r, r-1, \ldots, 1$, 按以下方式计算辅助量 w_k, y_k, z_k: $w_k = \alpha_k + \beta_{(k+1)k} y_{k+1} + \gamma_{(k+1)k} z_{k+1} + \cdots + \beta_{rk} y_r + \gamma_{rk} z_r$, 且

$$y_k = w_k \times v_k, \qquad z_k = w_k \times u_k, \qquad 如果\ g_k = u_k \times v_k.$$
$$y_k = w_k / v_k, \qquad z_k = -y_k \times g_k, \qquad 如果\ g_k = u_k/v_k.$$

则 $f' = p_0' + p_1' y_r + q_1' z_1 + \cdots + p_r' y_r + q_r' z_r$, 其中 ${}'$ 表示对 $x_1, \ldots, x_n$ 中任一个求导. [沃尔特·鲍尔和施特拉森, *Theoretical Comp. Sci.* **22** (1983), 317–330. 一个相关的方法发表在塞波·林纳因马, *BIT* **16** (1976), 146–160, 用于分析舍入误差.] 当 $g_r = u_r \times v_r$ 时, 由于 $w_r = \alpha_r$, 所以可节省两次链乘法. 反复使用这种构造方式, 可用不超过 $9m + 3d$ 次链乘法和 $4d$ 次除法求出所有二阶偏导数.

72. 存在在类似复数域这种代数封闭的域上求张量秩的算法, 这其实是艾尔弗雷德·塔斯基, *A Decision Method for Elementary Algebra and Geometry*, 第 2 版 (Berkeley, California: Univ. of California Press, 1951) 中的结论的一个特殊情形. 然而除了对非常小的张量外, 并没有已知的真正可行的方法能够实现这样的计算过程. 在有理数域上, 我们甚至不知道这个问题能否在有限时间内解决.

73. 在这样一个关于 N 个变量的多项式链中, 在 l 次加减法步骤后得到的线性形式中任取 N 个所得 $N \times N$ 阶矩阵的行列式不会超过 2^l. 在离散傅里叶变换中, 最后 $N = m_1 \ldots m_n$ 个线性形式的矩阵的行列式为 $N^{N/2}$, 因为根据习题 13, 这个矩阵的平方等于 N 乘以一个置换矩阵. [*JACM* **20** (1973), 305–306.]

74. (a) 设 $k = (k_1, \ldots, k_s)^T$ 为由互素的整数构成的向量, 则 Uk 的各个分量也互素, 因为 Uk 的各个分量的公因数必定整除 $k = U^{-1} Uk$ 的所有分量. 所以 VUk 的分量不可能都是整数.

(b) 假设存在 Vx 的包含 t 个乘法的多项式链. 如果 $t=0$, 则 V 的元素必定都是整数, 所以 $s=0$. 否则, 设 $\lambda_i = \alpha \times \lambda_k$ 或 $\lambda_i = \lambda_j \times \lambda_k$ 为第一个乘法步. 我们可以假设 $\lambda_k = n_1 x_1 + \cdots + n_s x_s + \beta$, 其中 $n_1, \ldots, n_s$ 是不全为零的整数, β 是常数. 找一个幺模矩阵 U 满足 $(n_1, \ldots, n_s)U = (0, \ldots, 0, d)$, 其中 $d = \gcd(n_1, \ldots, n_s)$. (在式 4.5.2-(14) 前面讨论的算法隐式地定义了这样的 U.) 按以下方式构造输入为 $y_1, \ldots, y_{s-1}$ 的新的多项式链: 首先计算 $x = (x_1, \ldots, x_s)^T = U(y_1, \ldots, y_{s-1}, -\beta/d)^T$, 然后使用最开始时假设的 Vx 的多项式链. 如果可以执行到多项式链的第 i 步, 则应有 $\lambda_k = (n_1, \ldots, n_s)x + \beta = 0$, 因此我们可直接取 $\lambda_i = 0$ 而不必做乘法. 求出 Vx 后, 再与常向量 $w\beta/d$ 相加, 其中 w 是 VU 最右边的列, 并记 W 为 VU 的其他 $s-1$ 列. 新的多项式链用 $t-1$ 次乘法算出 $Vx + w\beta/d = VU(y_1, \ldots, y_{s-1}, -\beta/d)^T + w\beta/d = W(y_1, \ldots, y_{s-1})^T$. 然而由 (a) 部分的结论, W 的各列是 Z 独立的. 所以对 s 做归纳可证明 $t-1 \geq s-1$, 从而 $t \geq s$.

(c) 对不在 Z 独立的列集合的那 $t-s$ 个列标 j, 令 $x_j = 0$. 则 Vx 的任一多项式链可计算 $V'x'$, 其中 V' 是适用 (b) 部分结论的矩阵.

(d) $\lambda_1 = x - y$, $\lambda_2 = \lambda_1 + \lambda_1$, $\lambda_3 = \lambda_2 + x$, $\lambda_4 = (1/6) \times \lambda_3$, $\lambda_5 = \lambda_4 + \lambda_4$, $\lambda_6 = \lambda_5 + y$ ($= x + y/3$), $\lambda_7 = \lambda_6 - \lambda_1$, $\lambda_8 = \lambda_7 + \lambda_4$ ($= x/2 + y$). 然而 $\{x/2 + y, x + y/2\}$ 需要用两次乘法来计算, 因为 $\left(\begin{smallmatrix} 1/2 & 1 \\ 1 & 1/2 \end{smallmatrix}\right)$ 的各列是 Z 独立的. [*Journal of Information Processing* **1** (1978), 125–129.]

4.7 节

1. 求 (4) 中的第一个非零系数 V_m, 然后将 $U(z)$ 和 $V(z)$ 都除以 z^m (将每个系数都向左移 m 位). 商为幂级数当且仅当 $U_0 = \cdots = U_{m-1} = 0$.

2. 由于 $V_0^{n+1} W_n = V_0^n U_n - (V_0^1 W_0)(V_0^{n-1} V_n) - (V_0^2 W_1)(V_0^{n-2} V_{n-1}) - \cdots - (V_0^n W_{n-1})(V_0^0 V_1)$, 所以可首先对所有 $j \geq 1$ 将 (U_j, V_j) 替换为 $(V_0^j U_j, V_0^{j-1} V_j)$, 然后对 $n \geq 0$ 令 $W_n \leftarrow U_n - \sum_{k=0}^{n-1} W_k V_{n-k}$, 最后对所有 $j \geq 0$ 将 W_j 替换为 W_j / V_0^{j+1}. 对本节中其他算法也可采用类似的技巧.

3. 是的. 当 $\alpha = 0$ 时, 容易归纳证明 $W_1 = W_2 = \cdots = 0$. 当 $\alpha = 1$ 时, 利用下面这个很好玩的恒等式

$$\sum_{k=1}^{n} \left(\frac{k - (n-k)}{n} \right) V_k V_{n-k} = V_n V_0$$

可以证明 $W_n = V_n$.

4. 如果 $W(z) = e^{V(z)}$, 则 $W'(z) = V'(z) W(z)$. 可以证明 $W_0 = e^{V_0}$ 及

$$W_n = \sum_{k=1}^{n} \frac{k}{n} V_k W_{n-k}, \qquad n \geq 1.$$

如果 $W(z) = \ln V(z)$, 则 V 和 W 的角色互换. 因此, 当 $V_0 = 1$ 时, 规则是 $W_0 = 0$ 且对于 $n \geq 1$ 有 $W_n = V_n + \sum_{k=1}^{n-1} (k/n - 1) V_k W_{n-k}$.

[根据习题 6, 我们可用 $O(n \log n)$ 次运算将对数值算到 n 阶精度. 布伦特发现, 对 $f(x) = \ln x - V(z)$ 使用牛顿法可以同样的计算复杂度求出 $\exp(V(z))$. 因此, 一般的指数函数 $(1 + V(z))^\alpha = \exp(\alpha \ln(1 + V(z)))$ 的计算复杂度也是 $O(n \log n)$. 参考文献: *Analytic Computational Complexity*, 特劳布编辑 (New York: Academic Press, 1975), 172–176.]

5. 我们得到原来的级数. 这可用于测试反演算法.

6. $\phi(x) = x + x(1 - xV(z))$. 见算法 4.3.3R. 所以求出 $W_0, \ldots, W_{N-1}$ 后, 我们的做法是输入 $V_N, \ldots, V_{2N-1}$, 计算 $(W_0 + \cdots + W_{N-1} z^{N-1})(V_0 + \cdots + V_{2N-1} z^{2N-1}) = 1 + R_0 z^N + \cdots + R_{N-1} z^{2N-1} + O(z^{2N})$, 并设 $W_N + \cdots + W_{2N-1} z^{N-1} = -(W_0 + \cdots + W_{N-1} z^{N-1})(R_0 + \cdots + R_{N-1} z^{N-1}) + O(z^N)$. [*Numer. Math.* **22** (1974), 341–348. 这个算法其实首先发表在马尔特·西夫金, *Computing* **10** (1972), 153–156.] 如果使用多项式 "快速" 乘法 (习题 4.6.4–57), 则计算 N 个系数的总时间为 $O(N \log N)$ 次算术运算.

7. 当 $n = (m-1)k + 1$ 时 $W_n = \binom{mk}{k}/n$, 否则为 0. (见习题 2.3.4.4–11.)

8. G1. 输入 G_1 和 V_1. 置 $n \leftarrow 1$, $U_0 \leftarrow 1/V_1$. 输出 $W_1 = G_1 U_0$.

  G2. 将 n 加 1. 如果 $n > N$ 则结束算法, 否则输入 V_n 和 G_n.

  G3. 对于 $k = 0$, 1, ..., $n-2$（按这个顺序）, 置 $U_k \leftarrow (U_k - \sum_{j=1}^{k} U_{k-j} V_{j+1})/V_1$. 然后置 $U_{n-1} \leftarrow -\sum_{k=2}^{n} k U_{n-k} V_k / V_1$.

  G4. 输出 $W_n = \sum_{k=1}^{n} k U_{n-k} G_k / n$, 并转回到 G2. ▌

（因此这个 N^3 阶算法的运行时间只增加了 N^2 阶. ）

注记: 算法 T 和 N 求的是 $V^{[-1]}(U(z))$, 而本习题的算法求的是 $G(V^{[-1]}(z))$, 与前两个算法不一样. 当然, 这些值都可以通过一系列反演和复合运算求出来（习题 11）, 但对不同情形分别给出更直接的算法是有好处的.

9.

	$n=1$	$n=2$	$n=3$	$n=4$	$n=5$
T_{1n}	1	1	2	5	14
T_{2n}		1	2	5	14
T_{3n}			1	3	9
T_{4n}				1	4
T_{5n}					1

10. 用式 (9) 的方法求 $y^{1/\alpha} = x(1 + a_1 x + a_2 x^2 + \cdots)^{1/\alpha} = x(1 + c_1 x + c_2 x^2 + \cdots)$, 然后反演后一个级数. （见式 1.2.11.3–(11) 后面的评论. ）

11. 令 $W_0 \leftarrow U_0$, 然后对于 $1 \leq k \leq N$ 令 $(T_k, W_k) \leftarrow (V_k, 0)$. 接着对 $n = 1, 2, \ldots, N$ 做以下操作: 对于 $n \leq j \leq N$ 令 $W_j \leftarrow W_j + U_n T_j$, 然后对于 $j = N, N-1, \ldots, n+1$ 令 $T_j \leftarrow T_{j-1} V_1 + \cdots + T_n V_{j-n}$.

这里 $T(z)$ 表示 $V(z)^N$. 我们可以像算法 T 那样设计针对这个问题的在线幂级数算法, 但这样的算法需要大约 $N^2/2$ 的内存空间. 也存在只需要 $O(N)$ 的内存空间的解决本习题的在线算法: 如果对所有 k 将 U_k 替换为 $U_k V_1^k$, 将 V_k 替换为 V_k/V_1, 则我们可以假设 $V_1 = 1$. 用算法 L 将 $V(z)$ 反演, 并将反演结果作为习题 8 的算法的输入, 以及取 $G_1 = U_1$, $G_2 = U_2$, 等等, 从而求出 $U(V^{[-1][-1]}(z)) - U_0$. 也见习题 20.

布伦特和孔祥重构造了几个渐近运行时间更快的算法. 例如, 对 $x = V(z)$, 我们可将习题 4.6.4–42(c) 稍作修改用来计算 $U(x)$, 则只需用大约 $2\sqrt{N}$ 次复杂度为 $M(N)$ 的链乘法和大约 N 次复杂度为 N 的参数乘法, 其中 $M(N)$ 是与幂级数直到第 N 阶的项相乘所需的运算次数. 于是, 总的运算时间为 $O(\sqrt{N} M(N) + N^2) = O(N^2)$. 另一个更快的算法是利用恒等式 $U(V_0(z) + z^m V_1(z)) = U(V_0(z)) + z^m U'(V_0(z)) V_1(z) + z^{2m} U''(V_0(z)) V_1(z)^2/2! + \cdots$, 展开到 N/m 项左右, 其中我们选择 $m \approx \sqrt{N/\log N}$. 利用与习题 4.6.4–43 有点类似的方法, 可以用 $O(mN(\log N)^2)$ 次运算求出第一项 $U(V_0(z))$. 从 $U^{(k)}(V_0(z))$ 出发, 通过 $O(N \log N)$ 次求导和除以 $V_0'(z)$ 的运算可得到 $U^{(k+1)}(V_0(z))$. 因此整个计算过程需要 $O(mN(\log N)^2 + (N/m) N \log N) = O(N \log N)^{3/2}$ 次运算. [*JACM* **25** (1978), 581–595.]

当多项式的系数是 m 位二进制整数时, 这个算法需要大约 $N^{3/2+\epsilon}$ 次 $N \lg m$ 位二进制数的乘法, 所以总的运行时间将大于 $N^{5/2}$. 另一种渐近运行时间为 $O(N^{2+\epsilon})$ 的计算方法是由彼得·里茨曼给出的 [*Theoretical Comp. Sci.* **44** (1986), 1–16]. 当 p 是比较小的素数时, 模 p 的复合运算可以执行得快很多（见习题 26）.

12. 除 $m \geq n \geq 1$ 的情形外, 多项式除法都是平凡的. 对于 $m \geq n \geq 1$, 方程 $u(x) = q(x)v(x) + r(x)$ 等价于 $U(z) = Q(z)V(z) + z^{m-n+1}R(z)$, 其中 $U(x) = x^m u(x^{-1})$, $V(x) = x^n v(x^{-1})$, $Q(x) = x^{m-n} q(x^{-1})$, $R(x) = x^{n-1} r(x^{-1})$ 分别为 u, v, q, r 的"反序"多项式.

为求 $q(x)$ 和 $r(x)$, 我们首先求幂级数 $U(z)/V(z) = W(z) + O(z^{m-n+1})$ 的前 $m - n + 1$ 个系数, 然后求幂级数 $U(z) - V(z)W(z)$, 后者可写成 $z^{m-n+1}T(z)$ 的形式, 其中 $T(z) = T_0 + T_1 z + \cdots$. 由于对于所有 $j \geq n$ 有 $T_j = 0$, 所以 $Q(z) = W(z)$ 和 $R(z) = T(z)$ 满足要求.

13. 在习题 4.6.1–3 中取 $u(z) = z^N$, $v(z) = W_0 + \cdots + W_{N-1}z^{N-1}$. 我们需要得到的近似值是算法执行过程中得到的 $v_3(z)/v_2(z)$ 的值. 习题 4.6.1–26 告诉我们, 分子和分母互素的可能性不可能更大. 如果每个 W_i 都是整数, 则由算法 4.6.1C 修改得到的全整数算法具有所需的性质.

注记: 详细的内容见布里津斯基的书 *History of Continued Fractions and Padé Approximants* (Berlin: Springer, 1991). $N = 2n+1$ 且 $\deg(w_1) = \deg(w_2) = n$ 是特别有趣的情形, 因为它等价于一个所谓特普利茨系统. 在比尼和维克托 · 帕恩, *Polynomial and Matrix Computations 1* (Boston: Birkhäuser, 1994), §2.5 中对特普利茨系统的渐近快速算法进行了回顾. 本习题的方法可推广到任意形如 $W(z) \equiv p(z)/q(z) \pmod{(z - z_1)\ldots(z - z_N)}$ 的有理插值, 其中各个 z_i 不必互异. 所以, 我们可根据 $W(z)$ 和它的一些阶数的导数在几个点的值得到插值函数. 见布伦特、弗雷德 · 古斯塔夫森和恽元一, *J. Algorithms* **1** (1980), 259–295.

14. 如果 $U(z) = z + U_kz^k + \cdots$, $V(z) = z^k + V_{k+1}z^{k+1} + \cdots$, 则差 $V(U(z)) - U'(z)V(z)$ 等于 $\sum_{j \geq 1} z^{2k+j-1} j(U_kV_{k+j} - U_{k+j} + ($ 仅与 $U_k, \ldots, U_{k+j-1}, V_{k+1}, \ldots, V_{k+j-1}$ 有关的多项式 $))$. 因此, 对给定的 $U(z)$, $V(z)$ 唯一. 对给定的 $V(z)$ 和 U_k, $U(z)$ 唯一.

求解过程需要用到两个辅助算法, 其中第一个是对给定的 $U(z)$、$W(z)$、$S(z)$ 和 n 求方程 $V(z + z^kU(z)) = (1 + z^{k-1}W(z))V(z) + z^{k-1}S(z) + O(z^{k-1+n})$ 的解 $V(z) = V_0 + V_1z + \cdots + V_{n-1}z^{n-1}$. 如果 $n = 1$, 则取 $V_0 = -S(0)/W(0)$. 如果 $S(0) = W(0) = 0$, 则可以取 V_0 为任意值. 为了从 n 推进到 $2n$, 令

$$V(z + z^kU(z)) = (1 + z^{k-1}W(z))V(z) + z^{k-1}S(z) - z^{k-1+n}R(z) + O(z^{k-1+2n}),$$
$$1 + z^{k-1}\hat{W}(z) = (z/(z + z^kU(z)))^n(1 + z^{k-1}W(z)) + O(z^{k-1+n}),$$
$$\hat{S}(z) = (z/(z + z^kU(z)))^nR(z) + O(z^n),$$

以及 $\hat{V}(z) = V_n + V_{n+1}z + \cdots + V_{2n-1}z^{n-1}$ 满足

$$\hat{V}(z + z^kU(z)) = (1 + z^{k-1}\hat{W}(z))\hat{V}(z) + z^{k-1}\hat{S}(z) + O(z^{k-1+n}).$$

第二个算法对给定的 $V(z)$、$W(z)$ 和 n 求 $W(z)U(z) + zU'(z) = V(z) + O(z^n)$ 的解 $U(z) = U_0 + U_1z + \cdots + U_{n-1}z^{n-1}$. 如果 $n = 1$, 则取 $U_0 = V(0)/W(0)$. 如果 $V(0) = W(0) = 0$, 则可以取 U_0 为任意值. 为了从 n 推进到 $2n$, 我们设 $W(z)U(z) + zU'(z) = V(z) - z^nR(z) + O(z^{2n})$, 并设 $\hat{U}(z) = U_n + \cdots + U_{2n-1}z^{n-1}$ 为方程 $(n + W(z))\hat{U}(z) + z\hat{U}'(z) = R(z) + O(z^n)$ 的解.

按照 (27) 的记号, 第一个算法可以任意期望的精度求解 $\hat{V}(U(z)) = U'(z)(z/U(z))^k\hat{V}(z)$, 然后令 $V(z) = z^k\hat{V}(z)$. 为求 $P(z)$, 假设 $V(P(z)) = P'(z)V(z) + O(z^{2k-1+n})$. 对于 $P(z) = z + \alpha z^k$, α 的值任意, 这个方程当 $n = 1$ 时成立. 令 $V(P(z)) = P'(z)V(z) + z^{2k-1+n}R(z) + O(z^{2k-1+2n})$ 并将 $P(z)$ 替换为 $P(z) + z^{k+n}\hat{P}(z)$ 即可从 n 推进到 $2n$, 其中第二个算法用于求满足 $(k + n - zV'(P(z))/V(z))\hat{P}(z) + z\hat{P}'(z) = (z^k/V(z))R(z) + O(z^n)$ 的多项式 $\hat{P}(z)$.

15. 由微分方程 $U'(z)/U(z)^k = 1/z^k$ 可推导出存在 c 使得 $U(z)^{1-k} = z^{1-k} + c$. 因此 $U^{[n]}(z) = z/(1 + cnz^{1-k})^{1/(k-1)}$.

我们可采用类似的推导过程对任意 $V(z)$ 求解 (27): 如果 $W'(z) = 1/V(z)$, 则存在 c 使得 $W(U^{[n]}(z)) = W(z) + nc$.

16. 我们想证明 $[t^n] t^{n+1}((n+1)R'_{k+1}(t)/V(t)^n - nR'_k(t)/V(t)^{n+1}) = 0$. 由 $(n+1)R'_{k+1}(t)/V(t)^n - nR'_k(t)/V(t)^{n+1} = \frac{d}{dt}(R_k(t)/V(t)^{n+1})$ 可推导出这个等式. 进而可得 $n^{-1}[t^{n-1}] R'_1(t) t^n/V(t)^n = (n-1)^{-1}[t^{n-2}] R'_2(t) t^{n-1}/V(t)^{n-1} = \cdots = 1^{-1}[t^0] R'_n(t) t/V(t) = [t] R_n(t)/V_1 = W_n$.

17. 将 x^ly^m 的系数分别对应相等, 于是由卷积公式得 $\binom{l+m}{m}v_{n(l+m)} = \sum_k \binom{n}{k}v_{kl}v_{(n-k)m}$. 这等同于 (2) 的特殊情形 $[z^n] V(z)^{l+m} = \sum_k ([z^k]V(z)^l)([z^{n-k}] V(z)^m)$.

注记: "幂多项式" 的名称是由约翰 · 斯特芬森引入的, 他是研究这些多项式的引人注目的性质的众多学者之一 [*Acta Mathematica* **73** (1941), 333–366]. 在高德纳, *The Mathematica Journal* **2** (1992), 67–78 中可找到对历史文献的回顾以及后面几道习题的研究课题的进一步讨论. 论文里证明的其中一个结论

是渐近公式 $V_n(x) = e^{xV(s)} \left(\frac{n}{es}\right)^n (1 - V_2 y + O(y^2) + O(x^{-1}))$, 其中 $V_1 = 1$, $sV'(s) = y$, 且当 $x \to \infty$ 及 $n \to \infty$ 时 $y = n/x$.

18. 可以证明 $V_n(x) = \sum_k x^k n! \, [z^n] \, V(z)^k / k! = n! \, [z^n] \, e^{xV(z)}$. 所以当 $n > 0$ 时 $V_n(x)/x = (n-1)! \, [z^{n-1}] \, V'(z) e^{xV(z)}$. 在 $V'(z) e^{(x+y)V(z)} = V'(z) e^{xV(z)} e^{yV(z)}$ 中将 z^{n-1} 的系数对应相等即可得所求恒等式.

19. 由多项式定理 1.2.6–(42), 可推导出

$$v_{nm} = \frac{n!}{m!} \, [z^n] \left(\frac{v_1}{1!} z + \frac{v_2}{2!} z^2 + \frac{v_3}{3!} z^3 + \cdots\right)^m$$

$$= \sum_{\substack{k_1 + k_2 + \cdots + k_n = m \\ k_1 + 2k_2 + \cdots + nk_n = n \\ k_1, k_2, \ldots, k_n \geq 0}} \frac{n!}{k_1! \, k_2! \ldots k_n!} \left(\frac{v_1}{1!}\right)^{k_1} \left(\frac{v_2}{2!}\right)^{k_2} \cdots \left(\frac{v_n}{n!}\right)^{k_n}.$$

这些系数称为部分贝尔多项式 [见 *Annals of Math.* (2) **35** (1934), 258–277], 它们也出现在阿博加斯特公式, 习题 1.2.5–21, 并且根据习题的解答中的解释, 这些项可与集合分割建立对应关系. 由递推关系式

$$v_{nk} = \sum_j \binom{n-1}{j-1} v_j v_{(n-j)(k-1)}$$

可知如何根据第 1 列到第 $k-1$ 列计算第 k 列. 由于元素 n 出现在 $\{1, \ldots, n\}$ 的 $\binom{n-1}{j-1}$ 个 j 元子集中, 因此容易用 $\{1, \ldots, n\}$ 的分割来理解上式. 矩阵的前几行是

$$
\begin{array}{lllll}
v_1 & & & & \\
v_2 & v_1^2 & & & \\
v_3 & 3v_1 v_2 & v_1^3 & & \\
v_4 & 4v_1 v_3 + 3v_2^2 & 6v_1^2 v_2 & v_1^4 & \\
v_5 & 5v_1 v_4 + 10v_2 v_3 & 15v_1 v_2^2 + 10v_1^2 v_3 & 10v_1^3 v_2 & v_1^5
\end{array}
$$

20. $[z^n] \, W(z)^k = \sum_j ([z^j] \, U(z)^k)([z^n] \, V(z)^j)$, 所以 $w_{nk} = (n!/k!) \sum_j ((k!/j!) u_{jk})((j!/n!) v_{nj})$. [亚博京斯基, *Comptes Rendus Acad. Sci.* **224** (Paris, 1947), 323–324.]

21. (a) 如果 $U(z) = \alpha W(\beta z)$, 则 $u_{nk} = \frac{n!}{k!} \, [z^n] \, (\alpha W(\beta z))^k = \alpha^k \beta^n w_{nk}$. 特别地, 如果 $U(z) = V^{[-1]}(z) = -W(-z)$, 则 $u_{nk} = (-1)^{n-k} w_{nk}$. 于是由习题 20, $\sum_k u_{nk} v_{km}$ 和 $\sum_k v_{nk} u_{km}$ 对应于恒等函数 z.

(b) [艾拉·格塞尔给出的解答] 事实上, 这个恒等式等价于拉格朗日反演公式: 我们可推导出 $w_{nk} = (-1)^{n-k} u_{nk} = (-1)^{n-k} \frac{n!}{k!} \, [z^n] \, V^{[-1]}(z)^k$, 且由习题 16 得 $V^{[-1]}(z)^k$ 中 z^n 的系数是 $n^{-1} [t^{n-1}] \, kt^{n+k-1}/V(t)^n$. 另一方面, 我们定义 $v_{(-k)(-n)}$ 为 $(-k)^{\underline{n-k}} [z^{n-k}] \, (V(z)/z)^{-n}$, 后者等于 $(-1)^{n-k}(n-1) \ldots (k+1) k \, [z^{n-1}] \, z^{n+k-1}/V(z)^n$.

22. (a) 设 $V(z) = U^{\{\alpha\}}(z)$, $W(z) = V^{\{\beta\}}(z)$, 则 $W(z) = V(zW(z)^\beta) = U(zW(z)^\beta V(zW(z)^\beta)^\alpha) = U(zW(z)^{\alpha+\beta})$. (注意这个关系式与应用于迭代过程的类似公式 $U^{[1]}(z) = U(z)$, $U^{[\alpha][\beta]}(z) = U^{[\alpha\beta]}(z)$ 之间的反差.)

(b) $B^{\{2\}}(z)$ 是 2.3.4.4–(12) 中的二叉树的生成函数, 特别地, 对于算法 L 后面所列的例子 $z = t - t^2$, 这个函数是 $W(z)/z$. 并且, $B^{\{t\}}(z)$ 是习题 2.3.4.4–11 的 t 叉树的生成函数.

(c) 提示中所列等式等价于 $zU^{\{\alpha\}}(z)^\alpha = W^{[-1]}(z)$, 又等价于 $zU^{\{\alpha\}}(z)^\alpha / U(zU^{\{\alpha\}}(z)^\alpha)^\alpha = z$. 于是根据拉格朗日反演定理 (习题 8), 当 x 为正整数时, $[z^n] \, W^{[-1]}(z)^x = \frac{x}{n} [z^{-x}] \, W(z)^{-n}$. (这里 $W(z)^{-n}$ 是洛朗级数——幂级数除以 z 的某个幂. 记号 $[z^m] \, V(z)$ 既可以表示洛朗级数, 也可以表示幂级数.) 所以当 x/α 是正整数时, $[z^n] \, U^{\{\alpha\}}(z)^x = [z^n] \, (W^{[-1]}(z)/z)^{x/\alpha} = [z^{n+x/\alpha}] \, W^{[-1]}(z)^{x/\alpha}$ 就等于 $\frac{x/\alpha}{n+x/\alpha} [z^{-x/\alpha}] \, W(z)^{-n-x/\alpha} = \frac{x}{x+n\alpha} [z^{-x/\alpha}] \, z^{-n-x/\alpha} U(z)^{x+n\alpha}$. 我们已经对无穷多个 α 验证了这个结论, 这足以确保结论的正确性, 因为 $U^{\{\alpha\}}(z)^x$ 的系数是关于 α 的多项式.

我们已经在习题 1.2.6–25 和习题 2.3.4.4–29 中看到过这个结论的特殊情形. 由提示中 $\alpha = -1$ 的情形可推导出一个著名结论:

$$W(z) = zU(z) \qquad \text{当且仅当} \qquad W^{[-1]}(z) = z/U^{\{-1\}}(z).$$

(d) 当 $U_0 = 1$ 且 $V_n(x)$ 是 $V(z) = \ln U(z)$ 的幂多项式时, 我们已经证明过 $xV_n(x+n\alpha)/(x+n\alpha)$ 是 $\ln U^{\{\alpha\}}(z)$ 的幂多项式. 于是可将这个幂多项式插入到前面的恒等式中, 并在第二个公式中将 y 替换为 $y - \alpha n$.

23. (a) 我们有 $U = I + T$, 其中 T^n 的前 n 行都为零. 所以 $\ln U = T - \frac{1}{2}T^2 + \frac{1}{3}T^3 - \cdots$ 将满足条件 $\exp(\alpha \ln U) = I + \binom{\alpha}{1}T + \binom{\alpha}{2}T^2 + \cdots = U^\alpha$. U^α 的每个元素都是关于 α 的多项式, 且只要 α 是正整数, 习题 19 中的关系式就成立. 因此对所有 α, U^α 都是幂矩阵, 且它的第一列定义了 $U^{[\alpha]}(z)$. (特别地, U^{-1} 是幂矩阵, 这是另一种反演 $U(z)$ 的途径.)

(b) 因为 $U^\epsilon = I + \epsilon \ln U + O(\epsilon^2)$, 所以我们有

$$l_{nk} = [\epsilon] u_{nk}^{[\epsilon]} = \frac{n!}{k!}[z^n][\epsilon](z + \epsilon L(z) + O(\epsilon^2))^k = \frac{n!}{k!}[z^n] kz^{k-1}L(z).$$

(c) $\frac{\partial}{\partial\alpha} U^{[\alpha]}(z) = [\epsilon] U^{[\alpha+\epsilon]}(z)$, 且

$$U^{[\alpha+\epsilon]}(z) = U^{[\alpha]}(U^{[\epsilon]}(z)) = U^{[\alpha]}(z + \epsilon L(z) + O(\epsilon^2)).$$

并且, $U^{[\alpha+\epsilon]}(z) = U^{[\epsilon]}(U^{[\alpha]}(z)) = U^{[\alpha]}(z) + \epsilon L(U^{[\alpha]}(z)) + O(\epsilon^2)$.

(d) 因为 U 与 $\ln U$ 可交换, 所以可推导出这个恒等式. 当 $n \geq 4$ 时, 由这个恒等式可求出 l_{n-1}, 因为 l_{n-1} 的位于左侧的系数是 nu_2, 位于右侧的系数是 $u_{n(n-1)} = \binom{n}{2}u_2$. 类似地, 当 $u_2 = \cdots = u_{k-1} = 0$ 且 $u_k \neq 0$ 时, $l_k = u_k$, 且由 $n \geq 2k$ 时的递推关系式可求出 $l_{k+1}, l_{k+2}, \dots$: 左侧具有 $l_n + \binom{n}{k-1}l_{n+1-k}u_k + \cdots$ 的形式, 而右侧具有 $l_n + \binom{n}{k}l_{n+1-k}u_k + \cdots$ 的形式. 一般地, $l_2 = u_2$, $l_3 = u_3 - \frac{3}{2}u_2^2, l_4 = u_4 - 5u_2u_3 + \frac{9}{2}u_2^3, l_5 = u_5 - \frac{15}{2}u_2u_4 - 5u_3^2 + \frac{185}{6}u_2^2u_3 - 20u_2^4$.

(e) 有 $U = \sum_m (\ln U)^m/m!$, 且对固定的 m, 第 m 项对 $u_n = u_{n1}$ 的贡献为 $\sum l_{n_mn_{m-1}} \cdots l_{n_2n_1}l_{n_1n_0}$, 其中和式是对所有 $n = n_m > \cdots > n_1 > n_0 = 1$ 求和. 于是可应用 (b) 部分的结论. [见 *Trans. Amer. Math. Soc.* **108** (1963), 457–477.]

24. (a) 由 (21) 和习题 20, 我们有 $U = VDV^{-1}$, 其中 V 是施罗德函数的幂矩阵, D 是对角矩阵 $\mathrm{diag}(u, u^2, u^3, \dots)$. 因此可取 $\ln U = V\,\mathrm{diag}(\ln u, 2\ln u, 3\ln u, \dots)V^{-1}$. (b) 由方程 $WVDV^{-1} = VDV^{-1}W$ 得 $(V^{-1}WV)D = D(V^{-1}WV)$. 由于 D 的对角元互异, 所以 $V^{-1}WV$ 必定是一个对角矩阵 D'. 从而 $W = VD'V^{-1}$, 且 W 与 U 的施罗德函数相同. 所以 $W_1 \neq 0$ 且 $W = VD^\alpha V^{-1}$, 其中 $\alpha = (\ln W_1)/(\ln U_1)$.

25. 因为 $[z^{k+l-1}]U(V(z)) = U_{k+l-1} + V_{k+l-1} + kU_kV_l$, 所以必有 $k = l$. 要完成证明, 只需证明由 $U_k = V_k$ 及 $U(V(z)) = V(U(z))$ 可推导出 $U(z) = V(z)$. 假设 l 是满足 $U_l \neq V_l$ 的最小值, 并设 $n = k + l - 1$. 于是 $u_{nk} - v_{nk} = \binom{n}{l}(u_l - v_l)$, 对所有 $j > k$ 有 $u_{nj} = v_{nj}$, $u_{nl} = \binom{n}{k}u_k$, 且对于 $l < j < n$ 有 $u_{nj} = 0$. 因此和式 $\sum_j u_{nj}v_j = u_n + u_{nk}v_k + \cdots + u_{nl}v_l + v_n$ 必定等于 $\sum_j v_{nj}u_j$. 因此 $\binom{n}{l}(u_l - v_l)v_k = \binom{n}{k}v_k(u_l - v_l)$. 然而 $\binom{k+l-1}{k} = \binom{k+l-1}{l}$ 当且仅当 $k = l$.

[根据这道题和前一道题, 我们猜想 $U(V(z)) = V(U(z))$ 仅当 U 和 V 其中一个是另一个的迭代时成立. 然而当 U_1 和 V_1 是单位根时这不一定成立. 例如, 如果 $V_1 = -1$ 且 $U(z) = V^{[2]}(z)$, 则 V 不是 $U^{[1/2]}$ 的迭代, $U^{[1/2]}$ 也不是 V 的迭代.]

26. 将 $U(z)$ 写成 $U(z) = U_{[0]}(z^2) + zU_{[1]}(z^2)$ 的形式, 则 $U(V(z)) \equiv U_{[0]}(V_1z^2 + V_2z^4 + \cdots) + V(z)U_{[1]}(V_1z^2 + V_2z^4 + \cdots)$ (modulo 2). 运行时间满足 $T(N) = 2T(N/2) + C(N)$, 其中 $C(N)$ 是模 z^N 的多项式乘法的运行时间. 比如说, 对于习题 4.6.4–59 中的方法, 我们有 $C(N) = O(N^{1+\epsilon})$. 也见习题 4.6–5 的解答.

类似的模 p 方法运行时间为 $O(pN^{1+\epsilon})$. [伯恩斯坦, *J. Symbolic Computation* **26** (1998), 339–341.]

27. 由 $(W(qz) - W(z))V(z) = W(z)(V(q^mz) - V(z))$ 可推导出递推关系式 $W_n = \sum_{k=1}^n V_kW_{n-k}(q^{km} - q^{n-k})/(q^n - 1)$. [*J. Difference Eqs. and Applics.* **1** (1995), 57–60.]

28. 首先，因为 $t(mn) = t(m) + t(n)$，所以 $\delta(U(z)V(z)) = (\delta U(z))V(z) + U(z)(\delta V(z))$. 于是可以对 n 归纳证明，对于所有 $n \geq 0$ 有 $\delta(V(z)^n) = nV(z)^{n-1}\delta V(z)$，这个恒等式可以用于证明 $\delta e^{V(z)} = \sum_{n\geq 0}\delta(V(z)^n/n!) = e^{V(z)}\delta V(z)$. 在这个等式中将 $V(z)$ 替换为 $\ln V(z)$ 可以得到 $V(z)\,\delta\ln V(z) = \delta V(z)$，所以 $\delta(V(z)^\alpha) = \delta e^{\alpha\ln V(z)} = e^{\alpha\ln V(z)}\delta(\alpha\ln V(z)) = \alpha V(z)^{\alpha-1}$ 对所有复数 α 成立.

于是所需的递推关系式为

(a) $W_1 = 1$, $W_n = \sum_{d\backslash n,\,d>1}((\alpha+1)t(d)/t(n) - 1)V_d W_{n/d}$.

(b) $W_1 = 1$, $W_n = \sum_{d\backslash n,\,d>1}(t(d)/t(n))V_d W_{n/d}$.

(c) $W_1 = 0$, $W_n = V_n + \sum_{d\backslash n,\,d>1}(t(d)/t(n) - 1)V_d W_{n/d}$.

［见亨利·古尔德，*AMM* **81** (1974), 3–14. 当 t 为满足 $t(m) + t(n) = t(mn)$ 及 $t(n) = 0$ 当且仅当 $n = 1$ 的任意函数时，这些公式都成立. 但文中定义的 t 是最简单的. 在这里讨论的方法也适用于任意多个变量的幂级数，此时 t 为级数中一个项的总次数.］

"那肯定包含了你自己的想法，"普瓦罗饶有兴致地说，
"是的，是的，我扮演计算机的角色.
另一个人输入信息……"

"但如果你给出的答案都是错的呢？"奥利弗太太说.

"那是不可能的，"埃居尔·普瓦罗说，
"计算机不可能出现这种状况."

"它们的确不应如此，"奥利弗太太说，
"但偶尔发生的事情往往会让你目瞪口呆."

——阿加莎·克丽斯蒂，*Hallowe'en Party*（1969）

附录 A 数值表

表 1 常用于标准子例程和计算机程序分析中的数值（精确到小数点后 40 位）

$$\sqrt{2} = 1.41421\ 35623\ 73095\ 04880\ 16887\ 24209\ 69807\ 85697-$$
$$\sqrt{3} = 1.73205\ 08075\ 68877\ 29352\ 74463\ 41505\ 87236\ 69428+$$
$$\sqrt{5} = 2.23606\ 79774\ 99789\ 69640\ 91736\ 68731\ 27623\ 54406+$$
$$\sqrt{10} = 3.16227\ 76601\ 68379\ 33199\ 88935\ 44432\ 71853\ 37196-$$
$$\sqrt[3]{2} = 1.25992\ 10498\ 94873\ 16476\ 72106\ 07278\ 22835\ 05703-$$
$$\sqrt[3]{3} = 1.44224\ 95703\ 07408\ 38232\ 16383\ 10780\ 10958\ 83919-$$
$$\sqrt[4]{2} = 1.18920\ 71150\ 02721\ 06671\ 74999\ 70560\ 47591\ 52930-$$
$$\ln 2 = 0.69314\ 71805\ 59945\ 30941\ 72321\ 21458\ 17656\ 80755+$$
$$\ln 3 = 1.09861\ 22886\ 68109\ 69139\ 52452\ 36922\ 52570\ 46475-$$
$$\ln 10 = 2.30258\ 50929\ 94045\ 68401\ 79914\ 54684\ 36420\ 76011+$$
$$1/\ln 2 = 1.44269\ 50408\ 88963\ 40735\ 99246\ 81001\ 89213\ 74266+$$
$$1/\ln 10 = 0.43429\ 44819\ 03251\ 82765\ 11289\ 18916\ 60508\ 22944-$$
$$\pi = 3.14159\ 26535\ 89793\ 23846\ 26433\ 83279\ 50288\ 41972-$$
$$1° = \pi/180 = 0.01745\ 32925\ 19943\ 29576\ 92369\ 07684\ 88612\ 71344+$$
$$1/\pi = 0.31830\ 98861\ 83790\ 67153\ 77675\ 26745\ 02872\ 40689+$$
$$\pi^2 = 9.86960\ 44010\ 89358\ 61883\ 44909\ 99876\ 15113\ 53137-$$
$$\sqrt{\pi} = \Gamma(1/2) = 1.77245\ 38509\ 05516\ 02729\ 81674\ 83341\ 14518\ 27975+$$
$$\Gamma(1/3) = 2.67893\ 85347\ 07747\ 63365\ 56929\ 40974\ 67764\ 41287-$$
$$\Gamma(2/3) = 1.35411\ 79394\ 26400\ 41694\ 52880\ 28154\ 51378\ 55193+$$
$$e = 2.71828\ 18284\ 59045\ 23536\ 02874\ 71352\ 66249\ 77572+$$
$$1/e = 0.36787\ 94411\ 71442\ 32159\ 55237\ 70161\ 46086\ 74458+$$
$$e^2 = 7.38905\ 60989\ 30650\ 22723\ 04274\ 60575\ 00781\ 31803+$$
$$\gamma = 0.57721\ 56649\ 01532\ 86060\ 65120\ 90082\ 40243\ 10422-$$
$$\ln \pi = 1.14472\ 98858\ 49400\ 17414\ 34273\ 51353\ 05871\ 16473-$$
$$\phi = 1.61803\ 39887\ 49894\ 84820\ 45868\ 34365\ 63811\ 77203+$$
$$e^\gamma = 1.78107\ 24179\ 90197\ 98523\ 65041\ 03107\ 17954\ 91696+$$
$$e^{\pi/4} = 2.19328\ 00507\ 38015\ 45655\ 97696\ 59278\ 73822\ 34616+$$
$$\sin 1 = 0.84147\ 09848\ 07896\ 50665\ 25023\ 21630\ 29899\ 96226-$$
$$\cos 1 = 0.54030\ 23058\ 68139\ 71740\ 09366\ 07442\ 97660\ 37323+$$
$$-\zeta'(2) = 0.93754\ 82543\ 15843\ 75370\ 25740\ 94567\ 86497\ 78979-$$
$$\zeta(3) = 1.20205\ 69031\ 59594\ 28539\ 97381\ 61511\ 44999\ 07650-$$
$$\ln \phi = 0.48121\ 18250\ 59603\ 44749\ 77589\ 13424\ 36842\ 31352-$$
$$1/\ln \phi = 2.07808\ 69212\ 35027\ 53760\ 13226\ 06117\ 79576\ 77422-$$
$$-\ln \ln 2 = 0.36651\ 29205\ 81664\ 32701\ 24391\ 58232\ 66946\ 94543-$$

表 1 中的一些 40 位值是小伦奇针对本书第 1 版，在一个台式计算器上计算的. 在 20 世纪 70 年代，进行这类计算的计算机软件证实了他的计算是正确的. 其他基本常数的 40 位值见式 4.5.2-(6o)、4.5.3-(26)、4.5.3-(41)、4.5.4-(9)，以及习题 4.5.4–8、4.5.4–25、4.6.4–58 的答案.

表 2　常用于标准子例程和计算机程序分析中的数值（45 位八进制数字）

"=" 左边的是十进制数.

$$
\begin{array}{rl}
0.1 = & 0.06314\ 63146\ 31463\ 14631\ 46314\ 63146\ 31463\ 14631\ 46315- \\
0.01 = & 0.00507\ 53412\ 17270\ 24365\ 60507\ 53412\ 17270\ 24365\ 60510- \\
0.001 = & 0.00040\ 61115\ 64570\ 65176\ 76355\ 44264\ 16254\ 02030\ 44672+ \\
0.0001 = & 0.00003\ 21556\ 13530\ 70414\ 54512\ 75170\ 33021\ 15002\ 35223- \\
0.00001 = & 0.00000\ 24761\ 32610\ 70664\ 36041\ 06077\ 17401\ 56063\ 34417- \\
0.000001 = & 0.00000\ 02061\ 57364\ 05536\ 66151\ 55323\ 07746\ 44470\ 26033+ \\
0.0000001 = & 0.00000\ 00153\ 27745\ 15274\ 53644\ 12741\ 72312\ 20354\ 02151+ \\
0.00000001 = & 0.00000\ 00012\ 57143\ 56106\ 04303\ 47374\ 77341\ 01512\ 63327+ \\
0.000000001 = & 0.00000\ 00001\ 04560\ 27640\ 46655\ 12262\ 71426\ 40124\ 21742+ \\
0.0000000001 = & 0.00000\ 00000\ 06676\ 33766\ 35367\ 55653\ 37265\ 34642\ 01627- \\
\end{array}
$$

$$
\begin{array}{rl}
\sqrt{2} = & 1.32404\ 74631\ 77167\ 46220\ 42627\ 66115\ 46725\ 12575\ 17435+ \\
\sqrt{3} = & 1.56663\ 65641\ 30231\ 25163\ 54453\ 50265\ 60361\ 34073\ 42223- \\
\sqrt{5} = & 2.17067\ 36334\ 57722\ 47602\ 57471\ 63003\ 00563\ 55620\ 32021- \\
\sqrt{10} = & 3.12305\ 40726\ 64555\ 22444\ 02242\ 57101\ 41466\ 33775\ 22532+ \\
\sqrt[3]{2} = & 1.20505\ 05746\ 15345\ 05342\ 10756\ 65334\ 25574\ 22415\ 03024+ \\
\sqrt[3]{3} = & 1.34233\ 50444\ 22175\ 73134\ 67363\ 76133\ 05334\ 31147\ 60121- \\
\sqrt[4]{2} = & 1.14067\ 74050\ 61556\ 12455\ 72152\ 64430\ 60271\ 02755\ 73136+ \\
\ln 2 = & 0.54271\ 02775\ 75071\ 73632\ 57117\ 07316\ 30007\ 71366\ 53640+ \\
\ln 3 = & 1.06237\ 24752\ 55006\ 05227\ 32440\ 63065\ 25012\ 35574\ 55337+ \\
\ln 10 = & 2.23273\ 06735\ 52524\ 25405\ 56512\ 66542\ 56026\ 46050\ 50705+ \\
1/\ln 2 = & 1.34252\ 16624\ 53405\ 77027\ 35750\ 37766\ 40644\ 35175\ 04353+ \\
1/\ln 10 = & 0.33626\ 75425\ 11562\ 41614\ 52325\ 33525\ 27655\ 14756\ 06220- \\
\pi = & 3.11037\ 55242\ 10264\ 30215\ 14230\ 63050\ 56006\ 70163\ 21122+ \\
1° = \pi/180 = & 0.01073\ 72152\ 11224\ 72344\ 25603\ 54276\ 63351\ 22056\ 11544+ \\
1/\pi = & 0.24276\ 30155\ 62344\ 20251\ 23760\ 47257\ 50765\ 15156\ 70067- \\
\pi^2 = & 11.67517\ 14467\ 62135\ 71322\ 25561\ 15466\ 30021\ 40654\ 34103- \\
\sqrt{\pi} = \Gamma(1/2) = & 1.61337\ 61106\ 64736\ 65247\ 47035\ 40510\ 15273\ 34470\ 17762- \\
\Gamma(1/3) = & 2.53347\ 35234\ 51013\ 61316\ 73106\ 47644\ 54653\ 00106\ 66046- \\
\Gamma(2/3) = & 1.26523\ 57112\ 14154\ 74312\ 54572\ 37655\ 60126\ 23231\ 02452+ \\
e = & 2.55760\ 52130\ 50535\ 51246\ 52773\ 42542\ 00471\ 72363\ 61661+ \\
1/e = & 0.27426\ 53066\ 13167\ 46761\ 52726\ 75436\ 02440\ 52371\ 03355+ \\
e^2 = & 7.30714\ 45615\ 23355\ 33460\ 63507\ 35040\ 32664\ 25356\ 50217+ \\
\gamma = & 0.44742\ 14770\ 67666\ 06172\ 23215\ 74376\ 01002\ 51313\ 25521- \\
\ln \pi = & 1.11206\ 40443\ 47503\ 36413\ 65374\ 52661\ 52410\ 37511\ 46057+ \\
\phi = & 1.47433\ 57156\ 27751\ 23701\ 27634\ 71401\ 40271\ 66710\ 15010+ \\
e^\gamma = & 1.61772\ 13452\ 61152\ 65761\ 22477\ 36553\ 53327\ 17554\ 21260+ \\
e^{\pi/4} = & 2.14275\ 31512\ 16162\ 52370\ 35530\ 11342\ 53525\ 44307\ 02171- \\
\sin 1 = & 0.65665\ 24436\ 04414\ 73402\ 03067\ 23644\ 11612\ 07474\ 14505- \\
\cos 1 = & 0.42450\ 50037\ 32406\ 42711\ 07022\ 14666\ 27320\ 70675\ 12321+ \\
-\zeta'(2) = & 0.74001\ 45144\ 53253\ 42362\ 42107\ 23350\ 50074\ 46100\ 27706+ \\
\zeta(3) = & 1.14735\ 00023\ 60014\ 20470\ 15613\ 42561\ 31715\ 10177\ 06614+ \\
\ln \phi = & 0.36630\ 26256\ 61213\ 01145\ 13700\ 41004\ 52264\ 30700\ 40646+ \\
1/\ln \phi = & 2.04776\ 60111\ 17144\ 41512\ 11436\ 16575\ 00355\ 43630\ 40651+ \\
-\ln \ln 2 = & 0.27351\ 71233\ 67265\ 63650\ 17401\ 56637\ 26334\ 31455\ 57005- \\
\end{array}
$$

在下一版中，我计划给出这些常数的 36 位十六进制数字，以代替 45 位八进制数字.

表 3   对于小的 n 值，调和数、伯努利数和斐波那契数的值

n	H_n	B_n	F_n	n
0	0	1	0	0
1	1	$-1/2$	1	1
2	3/2	1/6	1	2
3	11/6	0	2	3
4	25/12	$-1/30$	3	4
5	137/60	0	5	5
6	49/20	1/42	8	6
7	363/140	0	13	7
8	761/280	$-1/30$	21	8
9	7129/2520	0	34	9
10	7381/2520	5/66	55	10
11	83711/27720	0	89	11
12	86021/27720	$-691/2730$	144	12
13	1145993/360360	0	233	13
14	1171733/360360	7/6	377	14
15	1195757/360360	0	610	15
16	2436559/720720	$-3617/510$	987	16
17	42142223/12252240	0	1597	17
18	14274301/4084080	43867/798	2584	18
19	275295799/77597520	0	4181	19
20	55835135/15519504	$-174611/330$	6765	20
21	18858053/5173168	0	10946	21
22	19093197/5173168	854513/138	17711	22
23	444316699/118982864	0	28657	23
24	1347822955/356948592	$-236364091/2730$	46368	24
25	34052522467/8923714800	0	75025	25
26	34395742267/8923714800	8553103/6	121393	26
27	312536252003/80313433200	0	196418	27
28	315404588903/80313433200	$-23749461029/870$	317811	28
29	9227046511387/2329089562800	0	514229	29
30	9304682830147/2329089562800	8615841276005/14322	832040	30

对任何 x, 令 $H_x = \sum\limits_{n \geq 1} \left(\dfrac{1}{n} - \dfrac{1}{n+x} \right)$. 于是

$$H_{1/2} = 2 - 2\ln 2,$$

$$H_{1/3} = 3 - \tfrac{1}{2}\pi/\sqrt{3} - \tfrac{3}{2}\ln 3,$$

$$H_{2/3} = \tfrac{3}{2} + \tfrac{1}{2}\pi/\sqrt{3} - \tfrac{3}{2}\ln 3,$$

$$H_{1/4} = 4 - \tfrac{1}{2}\pi - 3\ln 2,$$

$$H_{3/4} = \tfrac{4}{3} + \tfrac{1}{2}\pi - 3\ln 2,$$

$$H_{1/5} = 5 - \tfrac{1}{2}\pi\phi^{3/2}5^{-1/4} - \tfrac{5}{4}\ln 5 - \tfrac{1}{2}\sqrt{5}\ln\phi,$$

$$H_{2/5} = \tfrac{5}{2} - \tfrac{1}{2}\pi\phi^{-3/2}5^{-1/4} - \tfrac{5}{4}\ln 5 + \tfrac{1}{2}\sqrt{5}\ln\phi,$$

$$H_{3/5} = \tfrac{5}{3} + \tfrac{1}{2}\pi\phi^{-3/2}5^{-1/4} - \tfrac{5}{4}\ln 5 + \tfrac{1}{2}\sqrt{5}\ln\phi,$$

$$H_{4/5} = \tfrac{5}{4} + \tfrac{1}{2}\pi\phi^{3/2}5^{-1/4} - \tfrac{5}{4}\ln 5 - \tfrac{1}{2}\sqrt{5}\ln\phi,$$

$$H_{1/6} = 6 - \tfrac{1}{2}\pi\sqrt{3} - 2\ln 2 - \tfrac{3}{2}\ln 3,$$

$$H_{5/6} = \tfrac{6}{5} + \tfrac{1}{2}\pi\sqrt{3} - 2\ln 2 - \tfrac{3}{2}\ln 3,$$

一般地, 当 $0 < p < q$ 时（见习题 1.2.9–19）,

$$H_{p/q} = \frac{q}{p} - \frac{\pi}{2}\cot\frac{p}{q}\pi - \ln 2q + 2\sum_{1 \leq n < q/2} \cos\frac{2pn}{q}\pi \cdot \ln\sin\frac{n}{q}\pi.$$

附录 B　记号索引

在下列公式中，未作说明的字母的意义如下：

j, k　　整数值的算术表达式

m, n　　非负整数值的算术表达式

x, y　　实数值的算术表达式

z　　复数值的算术表达式

f　　实数值或复数值的函数

S, T　　集合或多重集合

形式符号	含义	定义位置
∎	算法、程序或证明结束	1.1
A_n 或 $A[n]$	线性数组 A 的第 n 个元素	1.1
A_{mn} 或 $A[m, n]$	矩形数组 A 的第 m 行 n 列元素	1.1
		1.1
$V \leftarrow E$	将表达式 E 的值赋给变量 V	1.1
$U \leftrightarrow V$	交换变量 U 和 V 的值	1.1
$(R?\ a{:}\ b)$	条件表达式：关系 R 为真指向 a；关系 R 为假指向 b	
$[R]$	关系 R 的特征函数：$(R?\ 1{:}\ 0)$	1.2.3
δ_{kj}	克罗内克 δ：$[j = k]$	1.2.3
$[z^n]\, g(z)$	幂级数 $g(z)$ 中 z^n 的系数	1.2.9
$\displaystyle\sum_{R(k)} f(k)$	使得变量 k 为整数且关系 $R(k)$ 为真的所有 $f(k)$ 之和	1.2.3
$\displaystyle\prod_{R(k)} f(k)$	使得变量 k 为整数且关系 $R(k)$ 为真的所有 $f(k)$ 之积	1.2.3
$\displaystyle\min_{R(k)} f(k)$	使得变量 k 为整数且关系 $R(k)$ 为真的所有 $f(k)$ 之极小值	1.2.3
$\displaystyle\max_{R(k)} f(k)$	使得变量 k 为整数且关系 $R(k)$ 为真的所有 $f(k)$ 之极大值	1.2.3
$\Re z$	z 的实部	1.2.2
$\Im z$	z 的虚部	1.2.2
$\overline{z}$	复共轭：$\Re z - i\,\Im z$	1.2.2
A^T	矩阵数组 A 的转置：AT[j,k]=A[k,j]	
x^y	x 的 y 次方（x 为正）	1.2.2
x^k	x 的 k 次方：$$\left(k \geq 0?\ \prod_{0 \leq j < k} x{:}\ \ 1/x^{-k}\right)$$	1.2.2

形式符号	含义	定义位置
$x^{\bar{k}}$	x 的 k 次升幂: $\Gamma(x+k)/\Gamma(x) =$ $$\left(k \geq 0?\ \prod_{0 \leq j < k}(x+j):\ 1/(x+k)^{\overline{-k}}\right)$$	1.2.5
$x^{\underline{k}}$	x 的 k 次降幂: $x!/(x-k)! =$ $$\left(k \geq 0?\ \prod_{0 \leq j < k}(x-j):\ 1/(x-k)^{\underline{-k}}\right)$$	1.2.5
$n!$	n 的阶乘: $\Gamma(n+1) = n^{\underline{n}}$	1.2.5
$f'(x)$	f 在 x 处的导数	1.2.9
$f''(x)$	f 在 x 处的二阶导数	1.2.10
$f^{(n)}(x)$	n 阶导数: $(n=0?\ f(x):\ g'(x))$, 其中 $g(x) = f^{(n-1)}(x)$	1.2.11.2
$f^{[n]}(x)$	第 n 次迭代: $(n=0?\ x:\ f(f^{[n-1]}(x)))$	4.7
$f^{\{n\}}(x)$	第 n 次归纳函数: $f^{\{n\}}(x) = f(xf^{\{n\}}(x)^n)$	4.7
$H_n^{(x)}$	x 阶调和数: $\displaystyle\sum_{1 \leq k \leq n} 1/k^x$	1.2.7
H_n	调和数: $H_n^{(1)}$	1.2.7
F_n	斐波那契数: $(n \leq 1?\ n:\ F_{n-1} + F_{n-2})$	1.2.8
B_n	伯努利数: $n!\,[z^n]\,z/(e^z - 1)$	1.2.11.2
$X \cdot Y$	向量 $X = (x_1, \ldots, x_n)$ 和 $Y = (y_1, \ldots, y_n)$ 的点积: $$x_1 y_1 + \cdots + x_n y_n$$	3.3.4
$j \backslash k$	j 整除 k: $k \bmod j = 0$ 且 $j > 0$	1.2.4
$S \setminus T$	集合差: $\{a \mid a$ 在 S 中且不在 T 中$\}$	
$\oplus \ominus \otimes \oslash$	舍入或特殊运算	4.2.1
$(\ldots a_1 a_0 . a_{-1} \ldots)_b$	b 进制按位记数系统: $\sum_k a_k b^k$	4.1
$/\!/x_1, x_2, \ldots, x_n/\!/$	连分数: $1/\big(x_1 + 1/(x_2 + 1/(\cdots + 1/(x_n)\ldots))\big)$	4.5.3
$\dbinom{x}{k}$	二项式系数: $(k < 0?\ 0:\ x^{\underline{k}}/k!)$	1.2.6
$\dbinom{n}{n_1, n_2, \ldots, n_m}$	多项式系数 (仅当 $n = n_1 + n_2 + \cdots + n_m$ 时)	1.2.6
$\begin{bmatrix} n \\ m \end{bmatrix}$	第一类斯特林数: $$\sum_{0 < k_1 < k_2 < \cdots < k_{n-m} < n} k_1 k_2 \ldots k_{n-m}$$	1.2.6
$\begin{Bmatrix} n \\ m \end{Bmatrix}$	第二类斯特林数: $$\sum_{1 \leq k_1 \leq k_2 \leq \cdots \leq k_{n-m} \leq m} k_1 k_2 \ldots k_{n-m}$$	1.2.6
$\{a \mid R(a)\}$	使得关系 $R(a)$ 为真的所有 a 的集合	
$\{a_1, \ldots, a_n\}$	集合或多重集合 $\{a_k \mid 1 \leq k \leq n\}$	
$\{x\}$	小数部分 (用于蕴涵实数值而非集合的范畴): $x - \lfloor x \rfloor$	1.2.11.2

形式符号	含义	定义位置
$[a\mathinner{.\,.}b]$	闭区间：$\{x \mid a \le x \le b\}$	1.2.2
$(a\mathinner{.\,.}b)$	开区间：$\{x \mid a < x < b\}$	1.2.2
$[a\mathinner{.\,.}b)$	半开区间：$\{x \mid a \le x < b\}$	1.2.2
$(a\mathinner{.\,.}b]$	半闭区间：$\{x \mid a < x \le b\}$	1.2.2
$|S|$	基数：集合 S 的元素个数	
$|x|$	x 的绝对值：$(x \ge 0?\ x{:}-x)$	
$|z|$	z 的绝对值：$\sqrt{z\bar{z}}$	1.2.2
$\lfloor x \rfloor$	x 的下整，最大整数函数：$\max_{k \le x} k$	1.2.4
$\lceil x \rceil$	x 的上整，最小整数函数：$\min_{k \ge x} k$	1.2.4
$((x))$	锯齿函数	3.3.3
$\langle X_n \rangle$	无穷序列 $X_0, X_1, X_2, \ldots$（这里的字母 n 是符号的一部分）	1.2.9
γ	欧拉常数：$\lim_{n \to \infty}(H_n - \ln n)$	1.2.7
$\gamma(x, y)$	不完全 Γ 函数：$\int_0^y e^{-t} t^{x-1} dt$	1.2.11.3
$\Gamma(x)$	Γ 函数：$(x-1)! = \gamma(x, \infty)$	1.2.5
$\delta(x)$	整数的特征函数	3.3.3
e	自然对数的底：$\sum_{n \ge 0} 1/n!$	1.2.2
$\zeta(x)$	ζ 函数：$\lim_{n \to \infty} H_n^{(x)}$（when $x > 1$）	1.2.7
$K_n(x_1, \ldots, x_n)$	连续多项式	4.5.3
$\ell(u)$	多项式 u 的前导系数	4.6
$l(n)$	n 的最短加法链长度	4.6.3
$\Lambda(n)$	曼戈尔特函数	4.5.3
$\mu(n)$	莫比乌斯函数	4.5.2
$\nu(n)$	侧向和	4.6.3
$O\big(f(n)\big)$	当变量 $n \to \infty$，$f(n)$ 的大 O	1.2.11.1
$O\big(f(z)\big)$	当变量 $z \to 0$，$f(z)$ 的大 O	1.2.11.1
$\Omega\big(f(n)\big)$	当变量 $n \to \infty$，$f(n)$ 的大 Ω	1.2.11.1
$\Theta\big(f(n)\big)$	当变量 $n \to \infty$，$f(n)$ 的大 Θ	1.2.11.1
$\pi(x)$	素数计数：$\sum_{n \le x}[n$ 是素数$]$	4.5.4
π	圆周率：$4 \sum_{n \ge 0}(-1)^n/(2n+1)$	4.3.1
ϕ	黄金分割比：$\frac{1}{2}(1+\sqrt{5})$	1.2.8
$\emptyset$	空集：$\{x \mid 0 = 1\}$	
$\varphi(n)$	欧拉函数：$\sum_{0 \le k < n}[k \perp n]$	1.2.4
∞	无穷：大于任何数	4.2.2
$\det(A)$	方阵 A 的行列式	1.2.3
$\operatorname{sign}(x)$	x 的符号：$(x = 0?\ 0{:}x/|x|)$	
$\deg(u)$	多项式 u 的次数	4.6
$\operatorname{cont}(u)$	多项式 u 的容度	4.6.1
$\operatorname{pp}\big(u(x)\big)$	多项式 u 的本原部分	4.6.1
$\log_b x$	x 的以 b 为底的对数（$x > 0, b > 0$ 且 $b \ne 1$）：使得 $x = b^y$ 的 y	1.2.2
$\ln x$	自然对数：$\log_e x$	1.2.2
$\lg x$	以 2 为底的对数：$\log_2 x$	1.2.2
$\exp x$	x 的指数：e^x	1.2.9

形式符号	含义	定义位置
$j \perp k$	j 与 k 互素：$\gcd(j,k)=1$	1.2.4
$\gcd(j,k)$	j 和 k 的最大公因数：$$\left(j=k=0?\ 0:\ \max_{d\backslash j,\,d\backslash k} d\right)$$	4.5.2
$\mathrm{lcm}(j,k)$	j 和 k 的最小公倍数：$$\left(jk=0?\ 0:\ \min_{d>0,\,j\backslash d,\,k\backslash d} d\right)$$	4.5.2
$x \bmod y$	mod 函数：$\left(y=0?\ x:\ x-y\lfloor x/y\rfloor\right)$	1.2.4
$u(x)\bmod v(x)$	多项式 u 除以多项式 v 的余式	4.6.1
$x \equiv x'\ (\mathrm{modulo}\ y)$	同余关系：$x\bmod y = x'\bmod y$	1.2.4
$x \approx y$	x 近似等于 y	3.5, 4.2.2
$\Pr\big(S(n)\big)$	对于随机正整数 n，命题 $S(n)$ 为真的概率	3.5
$\Pr\big(S(X)\big)$	对于 X 的随机值，命题 $S(X)$ 为真的概率	1.2.10
$\mathrm{E}\,X$	X 的期望值：$\sum_x x\Pr(X=x)$	1.2.10
$\mathrm{mean}(g)$	用生成函数 g 表示的概率分布的均值：$g'(1)$	1.2.10
$\mathrm{var}(g)$	用生成函数 g 表示的概率分布的方差：$$g''(1)+g'(1)-g'(1)^2$$	1.2.10
$(\min x_1,\ \mathrm{ave}\ x_2,$ $\max x_3,\ \mathrm{dev}\ x_4)$	具有最小值 x_1、平均（期望）值 x_2、最大值 x_3、标准差 x_4 的随机变量	1.2.10
␣	一个空格	1.3.1
rA	MIX 的寄存器 A（累加器）	1.3.1
rX	MIX 的寄存器 X（扩展）	1.3.1
rI1,...,rI6	MIX 的（变址）寄存器 I1, ..., I6	1.3.1
rJ	MIX 的（转址）寄存器	1.3.1
(L:R)	MIX 字的部分字段，$0 \le \mathrm{L} \le \mathrm{R} \le 5$	1.3.1
OP ADDRESS,I(F)	MIX 指令的记号	1.3.1, 1.3.2
u	MIX 中的时间单位	1.3.1
*	MIXAL中的"self"	1.3.2
0F, 1F, 2F, ..., 9F	MIXAL中的"forward"局部符号	1.3.2
0B, 1B, 2B, ..., 9B	MIXAL中的"backward"局部符号	1.3.2
0H, 1H, 2H, ..., 9H	MIXAL中的"here"局部符号	1.3.2

附录 C 　　算法和定理索引

在任何步骤中，都可以
结合算法和定理来解决问题.

——卡斯滕·霍曼和雅克·卡尔梅（1995）

人名索引

米泽斯，Richard Edler von Mises, 113, 134, 385.
闵可夫斯基，Hermann Minkowski, 452.
摩尔斯，Samuel Finley Breese Morse, 291.
摩根斯顿，Jacques Morgenstern, 408.
摩西，Joel Moses, 353, 354.
莫比乌斯，August Ferdinand Möbius, 272, 354, 357, 513.
莫茨金，Theodor (= Theodore) Samuel Motzkin, 292, 381, 385–387, 404, 555.
莫尔斯，Harrison Reed Morse, III, 145.
莫兰，François Morain, 301.
莫勒，Ole Møller, 184.
莫里森，Michael Allan Morrison, 306, 309, 519.
莫里斯，Robert Morris, 480.
莫利，Frank Vigor Morley, 151.
莫纳汉，John Francis Monahan, 98, 99, 103.
莫尼尔，Louis Marcel Gino Monier, 320, 521.
莫佩尔蒂，Pierre-Louis Moreau de Maupertuis, 419.
莫奇利，John William Mauchly, 21.
默夫斯，David John Moews, 463.
默滕斯，Franz Carl Joseph Mertens, 503, 518.
穆尔，Donald Philip Moore, 21, 24.
穆尔，Louis Robert Moore, III, 81.
穆尔，Ramon Edgar Moore, 185.
穆勒，Mervin Edgar Muller, 92, 108.
穆辛斯基，Jean Elisabeth Abramson Musinski, 395.

纳德勒，Morton Nadler, 492.
纳皮尔，John Napier, Laird of Merchiston, 147, 151.
奈恩黑斯，Albert Nijenhuis, 110.
奈斯特龙，John William Nystrom, 151.
南迪，Salil Kumar Nandi, 214.
南斯，Richard Earle Nance, 143.
倪文君，Wen-Chun Ni, 91.
尼德赖特，Harald Günther Niederreiter, 80, 81, 83, 86, 87, 89, 122, 134, 456.
尼科马彻斯，Nicomachus of Gerasa, 518.
尼桑，Noam Nisan, 243.
尼云，Ivan Morton Niven, 118.
牛顿，Isaac Newton, 349, 378, 392, 393, 402, 412, 549, 552, 566.
纽科姆，Simon Newcomb, 195.
纽曼，Donald Joseph Newman, 548.
努涅斯，Pedro Nunes (= Nuñez Salaciense = Nonius), 328.
努斯鲍默，Henri Jean Nussbaumer, 405, 559.
诺顿，Graham Hilton Norton, 287, 529.
诺顿，Karl Kenneth Norton, 296.
诺顿，Victor Thane Norton, 475.
诺尔，Wilbur Richard Knorr, 257.
诺尔芒，Jean-Marie Normand, 22.
诺普夫梅切，Arnold Knopfmacher, 265, 540.
诺普夫梅切，John Peter Louis Knopfmacher, 265.
诺特，Cargill Gilston Knott, 492.
诺瓦克，Martin R. Nowak, 316.
诺伊格鲍尔，Otto Eduard Neugebauer, 148, 172.

欧多克索斯，Eudoxus of Cnidus, son of Æschinus, 257, 276.
欧几里得，Euclid, 258–259.
欧拉，Leonhard Euler, 510.
欧拉，Leonhard Euler, vii, 275, 290, 291, 303, 314, 410, 511–513, 515.
欧文，John Owen, 1.

帕德，Henri Eugène Padé, 274, 416.
帕德格斯，Andris Padegs, 173.
帕多，Luis Isidoro Trabb Pardo, 520.

帕恩，Victor Yakovlevich Pan, 381, 383, 387, 389, 393, 395, 401, 402, 404, 406, 533, 551, 553, 555, 562, 563, 568.
帕尔默，John Franklin Palmer, 170.
帕夫拉克，Zdzisław Pawlak, 155, 492.
帕克，Stephen Kent Park, 82.
帕里，William Parry, 158.
帕利特，Beresford Neill Parlett, 147.
帕纳里奥，Daniel Nelson Panario Rodríguez, 349.
帕帕季米特里乌，Christos Harilaos Papadimitriou, 549.
帕普斯，Pappus of Alexandria, 172.
帕斯，Azaria Paz, 387.
帕斯卡，Blaise Pascal, 150.
帕特森，Cameron Douglas Patterson, 302.
派克，Ronald Pyke, 442.
派特，Attila Pethő, 475.
潘季塔，Nārāyaṇa Paṇḍita, 298.
佩恩，William Harris Payne, 24.
佩尔武申，Ivan Mikheevich Pervushin, 314.
佩龙，Oskar Perron, 274, 358, 543.
佩曼特利，Robin Alexander Pemantle, 423.
佩特科夫塞克，Marko Petkovšek, 475.
佩特森，Michael Stewart Paterson, 404, 497, 556.
彭克，Michael Alexander Penk, 507.
彭尼，Walter Francis Penney, 155.
皮尔斯，Charles Santiago Sanders Peirce, 420.
皮尔逊，Karl Pearson, 42, 43.
皮拉斯，Francesco Piras, 537.
皮彭格尔，Nicholas John Pippenger, 374, 549.
皮丘蒂，Ettore Picutti, 318.
皮特威，Michael Lloyd Victor Pitteway, 514.
皮亚诺，Giuseppe Peano, 152.
平加拉，Ācārya Piṅgala, 358.
珀西瓦尔，Colin Andrew Percival, 496.
蒲柏，Alexander Pope, 67.
普拉特，Vaughan Ronald Pratt, 274, 319.
普劳夫，Simon Plouffe, 217.
普雷斯顿，Richard Preston, 215.
普里查德，Paul Andrew Pritchard, 495.
普罗伯特，Robert Lorne Probert, 550.
普罗杰，Phillip James Plauger, 251.
普罗克斯，René Proulx, 135.
普罗思，François Toussaint Proth, 522.
普桑，Charles de La Vallée Poussin, 294.
普瓦罗，Hercule Poirot, 571.

奇波拉，Michele Cipolla, 536.
奇尔德斯，James Gregory Childers, 528.
齐尔勒，Neal Zierler, 22.
齐佩尔，Richard Eliot Zippel, 354, 531.
乔丹尼，Joshua Jordaine, 150.
切比雪夫，Pafnutii Lvovich Chebyshev (= Tschebyscheff), 526.
切博塔廖夫，Nikolai Grigorievich Chebotarev, 543.
切利恩科，Luigi Cerlienco, 537.
切萨罗，Ernesto Cesàro, 272, 487, 502.
切斯特顿，Gilbert Keith Chesterton, 322, 419.
秦九韶，Ch'in Chiu-Shao (= Qín Jiǔsháo), 220, 379.
琼斯，Hugh Jones, 151, 251.
琼斯，Terence Gordon Jones, 108.
邱奇，Alonzo Church, 134.

让森斯，Frank Janssens, 81, 86.
热贝莱安，Tudor Jebelean, 493.
热尼，François Genuys, 215.
容，Lieuwe Sytse de Jong, 401.
容凯尔，Jean Philippe Ernest de Fauque de de Jonquières, 361, 364, 371.

索　引

求，则得之.

——《马太福音》 7:7

当一条索引所指的页码包括相关习题时，请参考习题的答案了解更多信息. 习题答案的页码未编入索引，除非其中有未曾涉及的主题.

0–1 多项式, 387, 404, 556.
0–1 矩阵, 388.
[0 . . 1) 序列, 114.
β 分布, 102–103.
χ^2, 32.
$\$_N$, 128.
Γ 分布, 101–102.
∞ 分布, 133, 136–137.
∞ 分布序列, 114–122.
∞ 的表示, 256.
ϕ, 124, 217, 276, 277, 400, 513.
ϕ 的对数, 217.
ϕ 数系, 158.
π, 32, 115, 120, 122, 572.
π, 作为 "随机" 数, 433.
$\pi(x)$, 294–295, 322.
ρ 方法, 297, 304–305, 320.
ζ 函数, 279, 295.
$\{1,\dots,n\}$ 的分割, 569.
b 进制, 133.
b 进制数, 114.
b 进制序列, 114.
e, 9, 58, 276.
k 分布, 127, 134–137.
k 分布序列, 114–117.
k 中最大检验, 136.
L^3 算法, 89.
l^0-链, 373, 376, 377.
N 源, 129.
n 个整数的最大公因数, 262, 292.
p 进数, 161, 539.
p 进数系, 473.
q 级数, 418.
t 分布, 102.
t 中最大检验, 53, 57, 58, 92, 120.
t 叉树, 569.
t 中最大, 41.
u 除以 v 模 m, 272.
Z 独立向量, 408.
"打乱" 的值, 107.
《哈姆雷特》, iv.
《九章算术》, 262.
《数学函数手册》, 195.
0 测度类, 135.
0 起始的下标, 345, 399.
10 进, 496.
1 的补码, 9.
2 进, 493.
2 的补码, 12.
5 中最大, 40, 45.

ACC, 189–190.
ACC: 浮点累加器, 165–166.
ALGOL 语言, 214.
ALPAK, 325.
AND, 301–302, 528.

ANSI, 173, 188.
ANSI/IEEE 标准, 470.
ASCII, 323.
阿贝尔二项式定理, 44, 418.
阿博加斯特公式, 569.
阿达马变换, 131, 390.
阿达马不等式, 388.
阿伏伽德罗常数, 163, 173, 182, 184.
阿拉伯数学, 149, 215–216, 251, 358–359.
埃及数学, 257.
埃及数学家, 359.
埃拉托色尼筛法, 322.
按位, 142.
按位记数表示, 245–253.
按位记数系统, 147–162.
按位运算, 24, 474.
凹的, 94, 105.
凹函数, 187, 491.

BINEG, 155.
八进制, 147, 159, 174, 248–250, 252, 374.
八进制数系, 151–153.
巴比伦数学, 148, 257.
巴比伦数学家, 172.
白序列, 137.
百分比, 34, 35, 39, 54–55, 296.
半群, 421.
半在线, 412.
半正定, 458.
邦别里范数, 356, 538.
棒球, 292.
包, 546.
保密码, 145.
保密通信, 312–314, 321.
暴力计算, 504.
倍元, 327.
悖论, 196.
贝尔多项式, 569.
奔腾, 215.
本原, 327.
本原部分, 328.
本原递归, 125.
本原多项式, 338.
逼近, 422–423.
逼近, 有理函数, 340–341.
比较, 多精度, 216.
比较, 混合进制, 223.
比较, 模, 223.
比较两个分数, 255.
比率方法, 98–101, 106.
比内等式, 440.
比特, 148, 151.
编码排列, 49–50, 59–60, 110.
边界秩, 406–407.
变量, 324, 378.
标准差, 177, 186.

00 01 02 03 04 05 06 07 08 09 10 11 12 13 14 15 16 17 18 19 20 21 22 23 24
␣ A B C D E F G H I Δ J K L M N O P Q R Σ Π S T U

00	1	01	2	02	2	03	10
无操作		$rA \leftarrow rA + V$		$rA \leftarrow rA - V$		$rAX \leftarrow rA \times V$	
NOP(0)		ADD(0:5) FADD(6)		SUB(0:5) FSUB(6)		MUL(0:5) FMUL(6)	

08	2	09	2	10	2	11	2
$rA \leftarrow V$		$rI1 \leftarrow V$		$rI2 \leftarrow V$		$rI3 \leftarrow V$	
LDA(0:5)		LD1(0:5)		LD2(0:5)		LD3(0:5)	

16	2	17	2	18	2	19	2
$rA \leftarrow -V$		$rI1 \leftarrow -V$		$rI2 \leftarrow -V$		$rI3 \leftarrow -V$	
LDAN(0:5)		LD1N(0:5)		LD2N(0:5)		LD3N(0:5)	

24	2	25	2	26	2	27	2
$M(F) \leftarrow rA$		$M(F) \leftarrow rI1$		$M(F) \leftarrow rI2$		$M(F) \leftarrow rI3$	
STA(0:5)		ST1(0:5)		ST2(0:5)		ST3(0:5)	

32	2	33	2	34	1	35	$1+T$
$M(F) \leftarrow rJ$		$M(F) \leftarrow 0$		设备 F 忙吗?		控制, 设备 F	
STJ(0:2)		STZ(0:5)		JBUS(0)		IOC(0)	

40	1	41	1	42	1	43	1
$rA : 0$, 转移		$rI1 : 0$, 转移		$rI2 : 0$, 转移		$rI3 : 0$, 转移	
JA[+]		J1[+]		J2[+]		J3[+]	

48	1	49	1	50	1	51	1
$rA \leftarrow [rA]? \pm M$		$rI1 \leftarrow [rI1]? \pm M$		$rI2 \leftarrow [rI2]? \pm M$		$rI3 \leftarrow [rI3]? \pm M$	
INCA(0) DECA(1) ENTA(2) ENNA(3)		INC1(0) DEC1(1) ENT1(2) ENN1(3)		INC2(0) DEC2(1) ENT2(2) ENN2(3)		INC3(0) DEC3(1) ENT3(2) ENN3(3)	

56	2	57	2	58	2	59	2
$CI \leftarrow rA(F) : V$		$CI \leftarrow rI1(F) : V$		$CI \leftarrow rI2(F) : V$		$CI \leftarrow rI3(F) : V$	
CMPA(0:5) FCMP(6)		CMP1(0:5)		CMP2(0:5)		CMP3(0:5)	

一般形式:

C	t
描述	
OP(F)	

C = 操作码, 指令的 (5:5) 字段
F = 操作码的变形, 指令的 (4:4) 字段
M = 变址后的指令地址
V = M(F) = 位置 M 的字段 F 的内容
OP = 操作的符号名
(F) = 标准 F 设置
t = 执行时间, T = 互锁时间

25	26	27	28	29	30	31	32	33	34	35	36	37	38	39	40	41	42	43	44	45	46	47	48	49	50	51	52	53	54	55
V	W	X	Y	Z	0	1	2	3	4	5	6	7	8	9	.	,	(	)	+	−	*	/	=	$	<	>	@	;	:	'

04	*12*	**05**	*10*	**06**	*2*	**07**	*1 + 2F*
rA ← rAX/V rX ← 余数 DIV(0:5) FDIV(6)		特殊 NUM(0) CHAR(1) HLT(2)		移位 M 字节 SLA(0) SRA(1) SLAX(2) SRAX(3) SLC(4) SRC(5)		从 M 到 rI1 移动 F 字 MOVE(1)	
12	*2*	**13**	*2*	**14**	*2*	**15**	*2*
rI4 ← V LD4(0:5)		rI5 ← V LD5(0:5)		rI6 ← V LD6(0:5)		rX ← V LDX(0:5)	
20	*2*	**21**	*2*	**22**	*2*	**23**	*2*
rI4 ← −V LD4N(0:5)		rI5 ← −V LD5N(0:5)		rI6 ← −V LD6N(0:5)		rX ← −V LDXN(0:5)	
28	*2*	**29**	*2*	**30**	*2*	**31**	*2*
M(F) ← rI4 ST4(0:5)		M(F) ← rI5 ST5(0:5)		M(F) ← rI6 ST6(0:5)		M(F) ← rX STX(0:5)	
36	*1 + T*	**37**	*1 + T*	**38**	*1*	**39**	*1*
输入，设备 F IN(0)		输出，设备 F OUT(0)		设备 F 就绪? JRED(0)		转移 JMP(0) JSJ(1) JOV(2) JNOV(3) 还有下面的 [*]	
44	*1*	**45**	*1*	**46**	*1*	**47**	*1*
rI4 : 0，转移 J4[+]		rI5 : 0，转移 J5[+]		rI6 : 0，转移 J6[+]		rX : 0，转移 JX[+]	
52	*1*	**53**	*1*	**54**	*1*	**55**	*1*
rI4 ← [rI4]? ± M INC4(0) DEC4(1) ENT4(2) ENN4(3)		rI5 ← [rI5]? ± M INC5(0) DEC5(1) ENT5(2) ENN5(3)		rI6 ← [rI6]? ± M INC6(0) DEC6(1) ENT6(2) ENN6(3)		rX ← [rX]? ± M INCX(0) DECX(1) ENTX(2) ENNX(3)	
60	*2*	**61**	*2*	**62**	*2*	**63**	*2*
CI ← rI4(F) : V CMP4(0:5)		CI ← rI5(F) : V CMP5(0:5)		CI ← rI6(F) : V CMP6(0:5)		CI ← rX(F) : V CMPX(0:5)	

	[*]:		[+]:
rA = 寄存器 A	JL(4)	<	N(0)
rX = 寄存器 X	JE(5)	=	Z(1)
rAX = 寄存器 A 和 X 视作一个	JG(6)	>	P(2)
rIi = 变址寄存器 i, $1 \le i \le 6$	JGE(7)	≥	NN(3)
rJ = 寄存器 J	JNE(8)	≠	NZ(4)
CI = 比较指示器	JLE(9)	≤	NP(5)

其他 TAOCP 系列图书

▲ 卷1从基本的程序设计概念和技术开始，然后主要讨论信息结构——计算机内部信息的表示、数据元素之间的结构关系及其有效处理方法，介绍了模拟、数值方法、符号计算、软件与系统设计等方面的初等应用。

卷3扩展了卷1中信息结构的内容，推广到大小数据和内外存储器的情形。书中深入讲解了排序和查找算法，并对各种算法的效率进行了量化分析。 ▶

▲ 卷4包含多卷，卷4A全面介绍了组合算法，内容涉及布尔函数、按位操作技巧、元组和排列、组合和分区以及树。